Rothmaler – Exkursionsflora
von Deutschland

Frank Müller · Christiane M. Ritz ·
Erik Welk · Karsten Wesche

Rothmaler –
Exkursionsflora
von Deutschland

Gefäßpflanzen: Atlasband

14., neu bearbeitete Auflage

Begründet von Werner Rothmaler †
Neu konzipiert von Eckehart J. Jäger, Rudolf Schubert †,
Klaus Werner †
Herausgegeben von Frank Müller, Christiane M. Ritz,
Erik Welk, Karsten Wesche unter Mitarbeit von
Arndt Kästner, Rico Kaufmann, Heiko Korsch, Ingo Uhlemann und Gerhard Wiegleb sowie zahlreichen Fachleuten

Frank Müller
Institut für Botanik
Technische Universität Dresden
Dresden, Deutschland

Erik Welk
Institut für Biologie
Martin-Luther-Universität Halle-Wittenberg
Halle, Deutschland

Christiane M. Ritz
Karsten Wesche
Botanik, Senckenberg Museum für Naturkunde
Görlitz, Deutschland

ISBN 978-3-662-69704-7   ISBN 978-3-662-69705-4 (eBook)
https://doi.org/10.1007/978-3-662-69705-4

Die Deutsche Nationalbibliothek verzeichnet diese Publikation in der Deutschen Nationalbibliografie; detaillierte bibliografische Daten sind im Internet über http://dnb.d-nb.de abrufbar.

Springer Spektrum
© Der/die Herausgeber bzw. der/die Autor(en), exklusiv lizenziert an Springer-Verlag GmbH, DE, ein Teil von Springer Nature 2007, 2013, 2017, 2025 1.-8. Auflage: Volk und Wissen Volkseigener Verlag, 9. Auflage: Gustav Fischer Verlag, 10.-11. Auflage: Spektrum Akademischer Verlag, 12.-13. Auflage: Springer-Verlag
Das Werk einschließlich aller seiner Teile ist urheberrechtlich geschützt. Jede Verwertung, die nicht ausdrücklich vom Urheberrechtsgesetz zugelassen ist, bedarf der vorherigen Zustimmung des Verlags. Das gilt insbesondere für Vervielfältigungen, Bearbeitungen, Übersetzungen, Mikroverfilmungen und die Einspeicherung und Verarbeitung in elektronischen Systemen.
Die Wiedergabe von allgemein beschreibenden Bezeichnungen, Marken, Unternehmensnamen etc. in diesem Werk bedeutet nicht, dass diese frei durch jede Person benutzt werden dürfen. Die Berechtigung zur Benutzung unterliegt, auch ohne gesonderten Hinweis hierzu, den Regeln des Markenrechts. Die Rechte des/der jeweiligen Zeicheninhaber*in sind zu beachten.
Der Verlag, die Autor*innen und die Herausgeber*innen gehen davon aus, dass die Angaben und Informationen in diesem Werk zum Zeitpunkt der Veröffentlichung vollständig und korrekt sind. Weder der Verlag noch die Autor*innen oder die Herausgeber*innen übernehmen, ausdrücklich oder implizit, Gewähr für den Inhalt des Werkes, etwaige Fehler oder Äußerungen. Der Verlag bleibt im Hinblick auf geografische Zuordnungen und Gebietsbezeichnungen in veröffentlichten Karten und Institutionsadressen neutral.

Einbandabbildung: Sumpf-Porst (*Rhododendron tomentosum*), *Foto*: A. Gebauer
Planung/Lektorat: Stefanie Wolf

Springer Spektrum ist ein Imprint der eingetragenen Gesellschaft Springer-Verlag GmbH, DE und ist ein Teil von Springer Nature.
Die Anschrift der Gesellschaft ist: Heidelberger Platz 3, 14197 Berlin, Germany

Wenn Sie dieses Produkt entsorgen, geben Sie das Papier bitte zum Recycling.

Inhaltsverzeichnis

Vorwort zur 14. Auflage VI
Vorwort zur 12. Auflage VII
Anleitung und Ausführung der Zeichnungen X

Abbildungen 1
Armleuchteralgen 1
Gefäßsporenpflanzen 3
Samenpflanzen 26

Ergänzungen 801

Literaturverzeichnis 819

**Register
der wissenschaftlichen und deutschen Pflanzennamen** .. 821

Erklärung der Abkürzungen und Hinweise zur Benutzung auf den Vorsatzblättern und auf den letzten Seiten des Buchs.

Vorwort zur 14. Auflage

Nachdem in der 13. Auflage nur kleinere Korrekturen vorgenommen wurden, liegt nun wieder eine stärker veränderte Auflage vor. Die weitreichende Überarbeitung des Rothmaler-Grundbandes im Jahr 2021 (22. Auflage) hat größere Anpassungen und Erweiterungen des Atlasbandes erfordert, so dass jetzt beide Bände wieder besser zusammen genutzt werden können.

Insgesamt wurden 130 Arten als Habituszeichnungen neu aufgenommen, 40 bestehende Habituszeichnungen ersetzt und in über 30 bestehenden Abbildungen Details geändert. Erstmals sind im Atlasband die acht wichtigsten Arten der in Deutschland vorkommenden Armleuchteralgen (Characeae) abgebildet. Sie gehören zwar nicht zu den Gefäßpflanzen, können aber mit ähnlichen makroskopischen Methoden gut angesprochen werden und gewinnen für viele Botaniker zunehmend an Bedeutung. Hier sind wir Herrn Dr. Heiko Korsch und Jens Christian Schou für Auswahl und Betreuung der Zeichnungen zu Dank verpflichtet.

Neben der Aufnahme von vielen neu eingebürgerten Arten haben die Rubiaceae eine grundlegende Neubearbeitung erfahren. Professor Kästner hat als Bearbeiter sämtliche Rubiaceae sowie auch den Großteil der weiteren neuen Zeichnungen entworfen und zeichnerisch umgesetzt. Besonderes Augenmerk lag darüber hinaus auf der Darstellung bestimmungskritischer Sippen: so wurden die wichtigsten Sektionen und Vertreter der Gattungen *Alchemilla* und *Taraxacum* vollkommen neu dargestellt und die Abbildungen von *Ranunculus* sect. *Batrachium* in weiten Teilen überarbeitet. Wir danken hier für die ausführliche Beratung den taxonomischen Experten Dr. Rico Kaufmann, Dr. Ingo Uhlemann und Prof. Gerhard Wiegleb; ohne sie wäre die komplexe Bearbeitung der entsprechenden Gruppen nicht möglich gewesen.

Wie schon in vorangegangenen Auflagen enthält jede Abbildung einen vollständigen Habitus der Pflanze, um den charakteristischen Gesamteindruck einer Art zu zeigen. Auf die im Grundband nicht immer beschriebenen vegetativen Merkmale (z. B. Blattform, -rand, -nervatur und -behaarung) wurde weiterhin besonders geachtet, um die Bestimmung im blütenlosen Zustand zu erleichtern. Eine möglichst genaue Darstellung der Wuchsform, vor allem der Grundorgane (z. B. Wurzelsprossbildung, Wurzelstockverzweigung), illustriert die Möglichkeiten der vegetativen Vermehrung und Ausbreitung. Die Maßstäbe an den dargestellten Details sowie die Hinweispfeile auf wesentliche Unterscheidungsmerkmale sollen die Aussagekraft der Abbildungen unterstützen.

Wenn möglich, wurden die meisten Arten anhand von frischem Pflanzenmaterial gezeichnet. Wenn dies nicht möglich war, dienten Herbarbelege und aussagekräftige Detailfotos (wie z. B. aus dem von Thomas Meyer betriebenen Online-Portal „Flora-de: Flora von Deutschland", www.blumeninschwaben.de) als Grundlage. In der Literatur bereits vorhandene Abbildungen und Hinweise zu Bestimmungshilfen wurden zum Vergleich herangezogen. Die wichtigste verwendete Literatur ist auf S. 817 aufgeführt.

Die Reihenfolge der Familien entspricht der des aktuellen Grundbandes und somit weitestgehend dem von der *Angiosperm Phylogeny Group* vorgeschlagenen System (APG IV). Bei der Anordnung der einzelnen Arten innerhalb der Familien wurde aber weiterhin versucht, sehr ähnliche Taxa benachbart abzubilden. Die Nomenklatur und die biologischen Informationen (Wuchshöhe, Lebensform, Blütezeit) wurden an die Angaben vom Grundband angepasst. Neben den aktuellen Namen der Pflanzen sind auch wesentliche Synonyme im Bezug zur 13. Auflage im Register aufgeführt. Wie auch im Grundband entspricht die taxonomische Bearbeitung weitestgehend der Florenliste von Deutschland von Dr. Ralf Hand & Mitarbeitern, die vormals durch Herrn Dr. Karl Peter Buttler (†) geführt wurde. Den Autoren dieser akribisch geführten Liste gebührt unser herzlichster Dank.

VORWORT ZUR 12. AUFLAGE

Die übergreifende wissenschaftliche Betreuung lag in den Händen der Herausgeber, wäre aber ohne die genannten Kollegen Prof. A. Kästner, Dr. R. Kaufmann, Dr. H. Korsch, J. C. Schou, Dr. I. Uhlemann und Prof. G. Wiegleb nicht möglich gewesen. Unser herzlichster Dank gilt den Grafikern und Zeichnern, Maria Geyer (Wiesbaden), Johanna Krug (Göttingen), Jens Christian Schou (Hobro), Dr. Michael Schwerdtfeger (Göttingen), Sandy Theuerkauf (Neißeaue), Eckehart Mättig (Görlitz) und Dr. Martin Lay (Breisach). Für technische Unterstützung möchten wir Dr. Jens Wesenberg und Jörg Lorenz (Görlitz) danken. Herzlicher Dank gebührt auch Dr. Ralf Omlor vom Botanischen Garten Mainz für die Anzucht von Pflanzenmaterial. Ein herzlicher Dank gilt Denise Marx, Präparatorin am Herbarium der Martin-Luther-Universität Halle-Wittenberg (HAL). Wir danken den Botanikerinnen und Botanikern Birgit Beermann, Bernhard Dickoré, Ekkehard Foerster (†), Günter Gottschlich, Gerwin Kasperek, Johannes Mütterlein, Ulf Schmitz und Detlev Wiesner für wertvolle Hinweise. Doktor Meike Barth und Stefanie Wolf (Springer Spektrum) haben die Bearbeitung des Buches wie stets kompetent betreut.

Natürlich sind wir Herrn Prof. Dr. Eckehart J. Jäger zutiefst zu Dank verpflichtet, der nach langjähriger akribischer Arbeit die Herausgabe der Rothmaler-Flora in unsere Hände übergeben hatte.

Wir hoffen, dass auch diese Auflage des Rothmaler-Atlasbandes eine aussagekräftige Bestimmungshilfe sein wird und zur Kenntnis und zum Schutz der heimischen Flora beiträgt. Wir bitten alle Benutzer freundlich, uns auf Fehler, Ergänzungen und Verbesserungen der Abbildungen und der Texte hinzuweisen und an die Email-Adresse: *rothmaler.exkursionsflora@gmail.com* zu senden. Korrekturen werden dann auch regelmäßig auf unseren Internetseiten veröffentlicht (http://www.botanik.uni-halle.de/publikationen/rothmaler/).

Wer über die Rothmaler-Flora hinaus weitere gebündelte Informationen zur Flora von Deutschland erhalten möchte, sei auf das aktuell neu überarbeitete Floraweb (floraweb.de) des Bundesamtes für Naturschutz hingewiesen, über das aussagekräftige Herbarbelege zu allen in Deutschland lebenden Pflanzen, Chromosomenzahlen, biologische und chorologische Daten sowie die Fotoflora von Th. Meyer abrufbar sind.

Dresden, Halle und Görlitz im Frühjahr 2025

Vorwort zur 12. Auflage

Das Erscheinen der 20., stark bearbeiteten Auflage des Rothmaler-Grundbandes hat eine angepasste und erweiterte Auflage des Atlasbandes notwendig gemacht, um die gemeinsame Nutzung beider Bände zu gewährleisten. Da im Atlasband alle wesentlichen, im Grundband verschlüsselten Arten abgebildet sein sollen, wurden für die 12. Auflage des Rothmaler-Atlasbandes 217 Arten völlig neu gezeichnet und 60 bereits bestehende Zeichnungen ergänzt oder korrigiert. Unter anderem sind nun auch eine Vielzahl von eingebürgerten aber auch unbeständigen Sippen, die sich in Deutschland weiter ausbreiten könnten, im Atlasband zu finden. Die weitreichenden Änderungen im System der Gefäßpflanzen wurden in dieser Auflage des Atlasbandes übernommen und erforderten eine neue Reihenfolge der Pflanzenfamilien, eine zum Teil neue Zuordnung der Gattungen in die Familien und viele Umbenennungen von Gattungen und Arten. Die erstmalige Aufnahme von Synonymen ins Register soll dem Benutzer das Auffinden der Arten unter den älteren Namen ermöglichen. Alle Legenden- und Ergänzungstexte wurden kritisch durchgesehen, und Angaben zu

Wuchshöhen, Blütezeiten und Lebensformen wurden aktualisiert oder korrigiert. In Deutschland ausgestorbene Arten sind in den Legenden gekennzeichnet.
Wie schon in den vorangegangenen Auflagen haben wir auch bei den neuen Zeichnungen darauf geachtet, dass die wesentlichen Merkmale einer Pflanze trotz ihrer verkleinerten Darstellung deutlich erkennbar sind. Um den charakteristischen Gesamteindruck einer Art zu zeigen, enthält jede Abbildung einen vollständigen Habitus der Pflanze. Besondere Beachtung gilt den vegetativen Merkmalen, die im Grundband nicht immer beschrieben sind, aber die Bestimmung im blütenlosen Zustand erleichtern (z. B. Blattform, Art der Zähnung des Blattrandes, Blattnervatur, Behaarung, Verzweigungsdichte und -richtung). Eine möglichst genaue Darstellung der Wuchsform, vor allem der Grundorgane (z. B. Wurzelsprossbildung, Wurzelstockverzweigung), illustriert die Möglichkeiten der vegetativen Vermehrung und Ausbreitung. Die Maßstäbe an den dargestellten Details sowie die Hinweispfeile auf wesentliche Unterscheidungsmerkmale sollen die Aussagekraft der Abbildungen unterstützen.
Die meisten Abbildungen wurden nach Frischmaterial gezeichnet. War es nicht möglich, geeignetes Frischmaterial zu beschaffen, dienten Herbarbelege aus dem Gebiet der Exkursionsflora als Grundlage für die Abbildungen. In der Literatur bereits vorhandene Abbildungen und Hinweise aus Bestimmungshilfen für schwierig zu determinierende Taxa wurden zum Vergleich herangezogen. Die wichtigste verwendete Literatur ist auf S. 793 aufgeführt.
Die wissenschaftliche Betreuung lag in den Händen der Herausgeber und wurde für die Farne von Dr. F. Ebel übernommen. Ihm gilt unser herzlicher Dank. Wir bedanken uns bei den Grafikern und Zeichnern K. Fuhrmann (Oldenburg), U. Hannemann (Wettin), Prof. Dr. A. Kästner (Halle), Dr. H. Krisch (Potthagen), J. C. Schou (Hobro, Dänemark), S. Theuerkauf (Neißeaue) und S. Wittwer (Radebeul), die die neuen Zeichnungen und Änderungen in bestehenden Zeichnungen angefertigt haben. Eine Übersicht der überarbeiteten und neuen Zeichnungen findet sich auf S. 8 bis 9.
Unser herzlicher Dank für wertvolle Hinweise und Verbesserungsvorschläge gebührt insbesondere Herrn Dr. S. Bräutigam (Dresden), Dr. Ch. Berg (Graz), Prof. Dr. M. Fischer (Wien), Dr. D. Frank (Halle), S. E. Fröhner (Dresden), P. Gebauer (Görlitz), Dr. Th. Gregor (Frankfurt/Main), Dr. H. Henker (Neukloster), St. Jeßen (Chemnitz), Dr. G. Karste, Dr. H.-U. Kison (Wernigerode), Dr. H. Korsch (Jena), Dr. H. Krisch (Potthagen), Dr. A. Krumbiegel (Halle), Dr. W. Lippert (München), H. Melzer† (Zeltweg), St. Meyer (Göttingen), Dr. H. Reichert (Trier), Prof. Dr. P. A. Schmidt (Coswig b. Dresden), Dipl.-Geogr. W. Schnedler (Aßlar-Bechlingen), Dr. F. Speta (Linz), Prof. Dr. H. Teppner (Graz), Prof. Dr. H. Weber (Bramsche) und Dr. I. Uhlemann (Liebenau). Ein herzlicher Dank gilt den Mitarbeitern der Herbarien der Martin-Luther-Universität Halle-Wittenberg (HAL), des Botanischen Gartens und Botanischen Museums Berlin-Dahlem (B), des Herbariums Haussknecht der Friedrich-Schiller-Universität Jena (J), des Herbariums Senckenbergianum Görlitz (GLM), der Botanischen Staatssammlungen München (M) und den Mitarbeitern der Botanischen Gärten Dresden und Halle, die uns bei der Auswahl geeigneten Pflanzenmaterials sehr geholfen haben.
Wir bedanken uns ebenfalls herzlich für die technische Unterstützung bei der Bearbeitung einiger Zeichnungen, die wir von E. Mättig, M. Schwager (Görlitz), F. Richter (TU Dresden) und H. Zech (Halle) erhalten haben.
Wir danken weiterhin Dr. K. Werner †, der sich als Mitherausgeber über viele Jahre für die Verbesserung und Weiterentwicklung der Exkursionsflora eingesetzt hat. Wir sind auch Frau Dr. J. Schlüter (Jena) für ihre langjährige Betreuung der Rothmaler-Bände beim Gustav Fischer Verlag Jena sehr dankbar, und wir freuen uns über die produktive Zusammenarbeit mit Dr. U. G. Moltmann und Dr. Ch. Iven von Springer Spektrum.
Wir hoffen, dass auch diese Auflage des Rothmaler-Atlasbandes den Benutzern eine aussagekräftige Bestimmungshilfe sein wird und dazu beiträgt, die Flora unseres Landes kennenzulernen und zu schützen. Wir bitten alle Leser herzlich, uns auch weiterhin auf Fehler, Ergänzungen und Verbesserungen in den Abbildungen und im Text hinzuwei-

sen, die dann auch auf einer regelmäßig aktualisierten Internetseite veröffentlicht werden (http://www.botanik.uni-halle.de/publikationen/rothmaler/). Da sich E. J. Jäger als Herausgeber des Rothmalers verabschiedet, bitten wir die Benutzer, alle Hinweise an die neuen Herausgeber in Dresden, Halle oder Görlitz oder an unsere Email-Adresse: *rothmaler. exkursionsflora@gmail.com* zu senden.

Halle, Dresden, Görlitz im Herbst 2012
Eckehart J. Jäger, Frank Müller, Christiane M. Ritz, Erik Welk, Karsten Wesche

Anleitung und Ausführung der Zeichnungen

Für die 6. Auflage des Atlasbandes waren alle Zeichnungen unter wissenschaftlicher Anleitung und Beteiligung zahlreicher Personen neu angefertigt worden, die hier aufgelistet sind. Der größte Teil dieser Zeichnungen wurde in die nachfolgenden Auflagen übernommen. Bis zur 11. Auflage konnten, abgesehen von Änderungen der Legenden und Umstellungen, nur wenige kleine Änderungen an den Zeichnungen vorgenommen werden. Bis zur hier vorliegenden 14. Auflage wurden regelmäßig neue Zeichnungen erarbeitet, deren Ausführung, Anleitung und Betreuung hier dokumentiert sind. Die Zeichnungen von A. Kästner und E. Ladwig wurden von diesen Autoren nicht nur gezeichnet, sondern auch weitgehend selbst fachlich bearbeitet. In der folgenden Liste sind auch einzelne Zeichnungen genannt, die in den neuen Auflagen korrigiert, ergänzt oder ersetzt wurden (z.B. *Botrychium, Carlina*). Die Seitenzahlen beziehen sich auf die aktuelle 14. Auflage, die Quadranten A bis D sind zweizeilig von links zu zählen. Seiten ohne Quadranten-Angabe wurden vollständig bearbeitet.

Fachliche Anleitung der Zeichnungen:

Dr. S. Bräutigam (Dresden) mit **Prof. Dr. K. Wesche** und **Prof. Dr. C. Ritz (Görlitz):** 738B, 739BC, 741B, 744D, 745D, 746A, 747C
Dr. F. Ebel (Halle): 3–12, 13CD,14–25, 26ABC
Dr. F. Ebel mit Dr. D. Frank (Halle): 13AB
Dr. F. Ebel mit Dr. St. Rauschert (Halle): 59–64, 65ABD, 66–70, 71AB, 72, 73AB
Dr. K. F. Günther (Jena): 200CD, 201AB, 202–204, 205ACD, 206, 207ABD, 208AB, 209–211, 212ABD, 213ACD, 214BCD, 215, 216, 217ABC, 218ACD, 219AC, 220, 221ACD, 222ABC, 223, 224BC, 225–229, 230ACD, 231, 232A, 531D, 532ABC, 658B, 659ABC, 660B, 661BCD, 662, 663ACD, 664ABC, 665BCD, 666BCD, 667, 668ABC, 669, 670, 671ACD, 672ABC, 673CD, 674, 675AB, 676BCD, 677, 678, 679ABC, 680, 681ACD, 682, 683ABD, 684, 685AB
Doz. Dr. P. Gutte (Leipzig): 401, 402ACD, 403–407, 465D, 466–473, 474BD, 475, 476, 477ABD, 488D, 510D, 511, 512, 513ACD, 514, 515B, 516BCD, 517, 518, 519CD, 520–526, 527BCD, 528, 529AC, 530C, 531AB
Prof. Dr. E. J. Jäger (Halle): 30C, 35A, 37ABC, 43D, 45CD, 53D, 54, 55ABC, 56–58, 71CD, 73CD, 74–85, 86CD, 87AB, 88–90, 91BD, 96D, 186ACD, 217D, 232B, 241A, 243AB, 250B, 330, 331A, 341C, 345A, 351CD, 352, 353, 354, 355, 356, 357ABC, 361B, 376B, 378CD, 386C, 389D, 397AB, 421C, 425D, 459C, 461A, 519AB, 529D, 530AB, 553B, 579D, 582CD, 604D, 609AD, 617C, 619D, 644A, 698BCD, 699ABD, 700–706, 707C, 708AB, 709–720, 721ABC, 728–731, 732BCD, 733–737, 738ACD, 739AD, 740, 741ACD, 742, 743, 744ABC, 745ABC, 746BCD, 747BD, 748–750, 751ABC, 752–776, 777ACD, 778ABC, 779ACD, 780–787, 788ABD, 789ACD, 790–799
Dr. R. Kaufmann (Bad Wildungen): 326, 327, 328A
Dr. H. Korsch (Jena): 1, 2
Dr. H. Mühlberg (Halle): 35CD, 36, 37D, 38BC, 39ABD, 40BCD, 41, 42, 43ABC, 44, 45AB, 46–52, 53AC, 91AC, 92, 119, 120, 121D, 122A, 123BD, 124AB, 125CD, 126, 127CD, 128, 129AB, 131ABC, 143CD, 144, 145, 146ABC, 147–154, 155BC, 156AB, 157C, 158–160, 161ABC, 162–166, 167ABC, 168CD, 169ACD, 170–172, 173ABC, 174–178, 179ABD, 180–185, 186AB, 187–191, 192AB, 193, 194ABD, 195CD, 196AB, 197ACD, 198, 199, 200AB, 248C, 249AB, 612D, 617D, 618, 619ABC
Dr. Ch. Müller (Leipzig): 93CD, 94, 95, 96ABC, 97ABD, 98, 99, 100–102BCD, 103, 104, 233CD, 234, 235AB, 244C, 533AB

Dr. F. Müller (Dresden): 39C, 40A, 55D, 168A, 173D, 196C, 535A, 542D, 569B, 570D, 571B, 572B, 573D, 583D, 588A, 592AB, 595A, 602BC, 625BC, 629A, 639B, 651, 659D, 660ACD, 661A, 663B, 664D, 665A, 666A, 668D, 671B, 676A, 679D, 681B, 683C, 691AB, 699C, 788C, 789B
Prof. Dr. G. K. Müller (Leipzig): 235CD, 236, 237, 238ABD, 239, 240, 241BCD, 242, 243CD, 244ABD, 245, 246ACD, 247, 360A, 478BCD, 533CD, 594, 595BCD, 596, 597, 598ABD, 599–601, 602AD, 603, 604ABC, 605–608, 613–615, 616ABC, 617AB, 643CD, 644BCD, 645–650, 652BCD, 653–657, 658A
Prof. Dr. C. M. Ritz (Görlitz): 248A, 256AB, 262B, 267C, 272C, 279C, 280A, 281D, 320D, 340A, 341A, 342BCD, 343, 344, 383C–384C, 385A, 479A, 672D, 673C, 675CD, 751D
Prof. Dr. P. A. Schmidt (Dresden): 26D, 27–29, 30ABD, 31–34, 35B, 250AB, 251–255, 256CD, 257ABC, 258, 259ACD, 260, 261, 262ACD, 263–266, 267ABD, 268–270, 271AB, 347, 348AB, 349, 350CD, 351AB
J. C. Schou (Hobro, Dänemark): 777B
Dr. G. Stohr (Eberswalde): 105–109, 110AB, 111D, 112ABC, 117D, 118ABD, 121ABC, 122BCD, 123AC, 124CD, 125AB, 127AB, 129CD, 130BCD, 131D, 132AC, 133, 134BD, 135A, 136CD, 137, 138, 139ABC, 140, 141BCD, 142, 143B, 294ABC, 295BCD, 296–309, 310ABD, 311–319, 320ABC, 321–325, 328BCD, 329, 331BD, 332CD, 333, 334, 335CD, 336ABD, 337–339, 340BCD, 341BD, 342A, 364CD, 365AB
Dr. Ingo Uhlemann (Liebenau): 721D, 722–727
Dr. E. Welk (Halle): 38AD, 53B, 86AB, 87CD, 97C, 100–102A, 111A, 112D, 113D, 118C, 130A, 132BD, 134AC, 135BCD, 136AB, 137C, 139D, 141A, 143A, 145CD, 146D, 155AD, 156CD, 157ABD, 161D, 167D, 192CD, 194C, 195AB, 197B, 580B, 582B, 589A, 590D, 598C, 633A, 652A
Dr. K. Werner (Halle): 357D, 358ABD, 359, 372CD, 373–375, 376ACD, 377, 378AB, 379–382, 383A, 414, 415ACD, 416–418ABC, 422–424, 425ABC, 426–428, 429ACD, 430, 431, 432BD, 433–439, 440AB, 441–458, 459ABC, 460, 461BCD, 462AB, 464D, 479CD, 480–487, 488ABC, 489ACD, 490–500, 501ABD, 502–505, 506ACD, 507, 508ACD, 509, 510AC, 535BCD, 536A, 571CD, 572ACD, 573ABC, 574–578, 579ABC, 580ACD, 581, 582A, 583ABC, 584–587, 588BCD, 589BCD, 590ABC, 591, 609BC, 610, 611, 612A, 616D
Prof. Dr. Dr. h.c. K. Wesche (Görlitz): 201C, 203AB, 205B, 207AB, 213B, 214A, 224D, 230, 366A, 371A, 402B, 415B, 440CD, 457D, 474C, 479B, 489B, 513B, 515ACD, 531A, 708CD
Prof. Dr. G. Wiegleb (Cottbus): 224AC

Grafische Ausführung der Zeichnungen:

U. Abramowski-Lautenschläger (Berlin): 93CD, 94, 95, 96ABC, 97ABD, 98, 99, 100BCD, 101, 102BCD, 103, 104
H. Bach (Berlin): 357D, 358ABD, 359, 415ACD, 416–418ABC, 422–424, 425ABC, 426–428, 429ACD, 430, 431, 432BD, 433–439, 440AB, 441–458, 459ABC, 460, 461BCD, 462AB, 464D, 479CD, 480–488, 489ACD, 490–500, 501ABD, 502–505, 506ACD, 507, 508ACD, 509, 510AC, 535BCD, 536A, 571CD, 572ACD, 573ABC, 574–578, 579ABC, 580ACD, 581, 582A, 583ABC, 584–587, 588BCD, 589BCD, 590ABC, 591, 609BC, 610, 611, 612A, 616D
U. Braun (Berlin): 3, 4B, 5CD, 6, 7ABC, 8, 9AD, 10A, 11BC, 12, 13CD, 14–16, 17B, 18, 19, 20BCD, 21, 23BD, 24AB, 25, 26AD, 27–29, 30ABD, 31–34, 35B, 59–64, 65ABD, 66–70, 71AB, 72, 73AB, 347, 348AB, 349, 350CD, 351AB
S. Faust (Berlin): 296BCD, 297–309, 310AB
K. Fuhrmann (Oldenburg): 71CD, 91BD
M. Geyer (Wiesbaden): 248A, 262B, 272C, 384C, 751D

D. Gröschke (Berlin): 294ABC, 295BCD, 296A, 301C, 310D, 311–319, 320ABC, 321–325, 328BCD, 329, 331BD, 332ACD, 333, 334, 335CD, 336ABD, 337–339, 340BCD, 341BD, 342A
U. Hannemann (Wettin): 30C, 35A, 186CD, 230B, 250B, 330, 331A, 341C, 345A, 354C, 397AB, 459D, 530AB, 609AD, 716D, 747A, 759CD, 764AB, 782C, 783C, 796A, 798A
Prof. Dr. A. Kästner (Halle): 4ACD, 5AB, 7D, 9BC, 10BCD, 11AD, 13AB, 17ACD, 20A, 22, 23AC, 24CD, 26BC, 43D, 113D, 118C, 135BC, 201D, 207C, 208CD, 212C, 217D, 218B, 219BD, 221B, 222D, 224AC, 232D, 233AB, 238C, 241A, 243AB, 246B, 248BD, 257C, 259B, 271CD, 272ABD, 273–278, 279ABD, 280BCD, 281ABC, 282–293, 294D, 295A, 331C, 332B, 335AB, 336C, 340A, 341A, 342BC, 344BC, 348CD, 350AB, 353C, 358C, 360D, 361–365, 366BCD, 367–370, 371BCD, 372AB, 376B, 378CD, 386C, 389D, 391–396, 397CD, 398–400, 408–413, 416D, 417D, 420, 421, 425D, 429B, 432AC, 461A, 465ABC, 474A, 477C, 501C, 506B, 508B, 510B, 513B, 515ACD, 516A, 527A, 529BCD, 530D, 531C, 532D, 534, 535A, 542D, 553BCD, 554–560, 561ABC, 562AC, 571B, 572B, 573D, 579D, 582CD, 583D, 588A, 592AB, 602BC, 604D, 612BC, 614B, 617C, 619D, 620–632, 633BCD, 634–638, 639ACD, 640–642, 643AB, 644A, 651, 659D, 660ACD, 661A, 663B, 664D, 665A, 666A, 668D, 671B, 676A, 679D, 681B, 683C, 690BCD, 691–693, 694AB, 699C, 707CD, 708AB, 721D, 722–727, 771C, 777C, 788C, 789B, 795A
M. Kleinwächter (Berlin): 233CD, 234–237, 238ABD, 239, 240, 241BCD, 242, 243CD, 244ABC, 245D, 246A, 247BCD, 360A, 401, 402A, 403AC, 404ACD, 405, 406ABD, 510D, 511AB, 512D, 513A, 514CD, 515B, 516B, 517CD, 518BD, 519D, 520AB, 521, 522ACD, 523AD, 524–526AB, 527BCD, 528, 529A, 530C, 531AB, 533, 595B, 596D, 597, 598AB, 599A, 600D, 603A, 604BC, 605ABC, 608CD, 612D, 614D, 615ABC, 616A, 617AB, 643CD, 650CD, 652BCD, 653A, 655, 656A, 657D, 658A
Ch. Klemke (Berlin): 35CD, 36, 37D, 38BC, 39ABD, 40BCD, 41, 42, 43ABC, 44, 45AB, 46–52, 53AC, 91AC, 92, 105–109, 110AB, 111D, 112ABC, 117D, 118ABD, 119–129, 130BCD, 131, 132AC, 133, 134BD, 135A, 136CD, 137, 138, 139ABC, 140, 141BCD, 142, 143BCD, 144, 145, 146ABC, 147–154, 155BC, 156ABC, 157C, 158–160, 161ABC, 162–166, 167ABC, 168CD, 169ACD, 170–172, 173ABC, 174–178, 179ABD, 180–185, 186AB, 187–191, 192AB, 193, 194ABD, 195CD, 196AB, 197ACD, 198, 199, 200AB, 248C, 249AB, 617D, 618, 619ABC
H. Krisch (Potthagen): 519AB
J. Krug (Göttingen): 385A
I. Kube (Halle/S.): 709AB, 711A, 738CD, 739AD, 740CD, 741AC, 743AB, 744AB, 748BCD, 749AB, 755D, 757CD, 758AB, 760C, 766, 773BCD, 774A, 777D, 779CD, 781BCD, 782A, 793BCD, 794AB, 799
S. Kunath (Jena): 200CD, 201AB, 202–204, 205ACD, 206, 207ABD, 208AB, 209–211, 212ABD, 213ACD, 214BCD, 215, 216, 217ABC, 218ACD, 219AC, 220, 221ACD, 222ABC, 223, 224B, 225–229, 230ACD, 231, 232A, 531D, 532ABC, 658B, 659ABC, 660B, 661BCD, 662, 663ACD, 664ABC, 665BCD, 666BCD, 667, 668ABC, 669, 670, 671ACD, 672ABC, 673CD, 674, 675AB, 676BCD, 677, 678, 679ABC, 680, 681ACD, 682, 683ABD, 684, 685AB
Doz. Dr. E. Ladwig (Mühlhausen): 110CD, 111BC, 113ABC, 114–116, 117ABC, 232C, 249CD, 250A, 345BCD, 346, 360BC, 383B, 384D, 385BCD, 386ABD, 387, 388, 389ABC, 390, 418D, 419, 462CD, 463, 464ABC, 536BCD, 537–541, 542ABC, 543–552, 553A, 562D, 563–568, 569ACD, 570ABC, 571A, 592CD, 593, 658CD, 685CD, 686–689, 690A, 694CD, 695–697, 698A, 707AB
L. Lüders (Berlin): 709–711CD, 765CD, 792C, 793A, 798BC
M. Kleinwächter mit U. Pank: 594C, 595D, 596BC, 601D, 602D, 613, 614AC
U. Pank (Panitzsch): 244D, 245ABC, 246BC, 247A, 478ACD, 479B, 594D, 595C, 596A, 602A, 604A, 606A, 615D, 616B, 644BCD, 645A, 646–648, 649ABC, 650AB
I. Salomon (Berlin): 250AB, 251–255, 256CD, 257ABC, 258, 259ACD, 260, 261, 262ACD, 263–266, 267ABD, 268–270, 271AB

J. C. Schou (Hobro, Dänemark): 1, 2, 38AD, 53B, 55D, 86AB, 87CD, 96D, 97C, 100A, 102A, 111A, 112D, 130A, 132BD, 134AC, 135D, 136AB, 139D, 141A, 143A, 145CD, 146D, 155D, 157D, 167D, 168A, 173D, 192CD, 194C, 195AB, 196C, 197B, 205B, 213B, 214A, 256AB, 279C, 280A, 281D, 320D, 366A, 371A, 383CD, 384AB, 440CD, 580B, 582B, 589A, 590D, 598C, 633A, 639B, 652A, 672D, 673C, 675CD, 708CD, 738B, 739BC, 744D, 746A, 747C, 777B, 790B, 797D
A. Schröter (Leipzig): 594AB, 598D, 599BCD, 600ABC, 601A, 603BCD, 606BCD, 607, 608AB, 616C, 653BCD, 654, 656BCD, 657ABC
A. Schröter mit M. Kleinwächter: 601BC, 605D, 645BCD, 649D
M. Schwerdtfeger (Göttingen): 155A, 156CD, 157AB, 161D
A. Sickert (Halle): 372CD, 373–375, 376ACD, 377, 378AB, 379–382, 383A, 414ACD
A. Soest (Halle): 698BCD, 699ABD, 700–706, 708B, 710AB, 711B, 713BCD, 714ABC, 716AB, 717CD, 718–720, 721ABC, 728, 730, 731, 732BC, 733D, 736, 737, 738A, 740AB, 741D, 742, 743CD, 749BCD, 750C, 751BC, 752–754, 755ABC, 756, 757AB, 758CD, 759AB, 760ABD, 761–763, 764CD, 765AB, 767–770, 771ABD, 772, 773A, 774BCD, 775, 776, 777A, 778ABC, 779AD, 780, 781A, 783D, 784ABC, 785A, 787A, 788BD, 789ACD, 790A, 792D, 794CD, 795BCD, 796BCD, 797ABC, 798D
Ch. Stephan (Böhlitz-Ehrenberg): 37ABC, 45CD, 53D, 54, 55ABC, 56–58, 73CD, 74–85, 86CD, 87AB, 88–90, 232B, 351CD, 352, 353ABD, 354ABC, 355, 356, 357ABC, 712, 713A, 714D, 715, 716CD, 717AB, 729, 732D, 733ABC, 734, 735, 744C, 745ABC, 746BCD, 747BD, 748A, 750ABD, 751A, 782BD, 783AB, 784D, 785BCD, 786, 787BCD, 788A, 790CD, 791, 792AB
S. Theuerkauf (Neißetal): 201C, 203AB, 207AB, 224D, 326, 327, 328A, 342D, 343, 344AD, 402B, 457D, 474C, 489B, 531A, 741B, 745D
H. und R. Weber (Leipzig): 402CD, 403BD, 404B, 406C, 407, 465D, 466–473, 474BD, 475, 476, 477ABD, 511CD, 512, 513CD, 514AB, 516CD, 517A, 518AC, 519C, 520CD, 522B, 523BC, 524–526CD
S. Wittwer (Radebeul): 39C, 40A, 267C, 415B, 479A, 569B, 570D, 595A

Fachliche Anleitung neuer Zeichnungsdetails in der 12. bis 14. Auflage

Die Zeichnungen von A. Kästner und J. C. Schou wurden weitgehend von diesen Autoren selbst bearbeitet.

Dr. S. Bräutigam (Dresden) mit Prof. Dr. K. Wesche und **Prof. Dr. C. M. Ritz (Görlitz):** 747BD
Prof. Dr. E. J. Jäger (Halle): 14D, 30B, 250A, 704A, 708B, 717AB, 767C, 781A, 787C, 797C
Dr. F. Müller (Dresden): 39D, 84D, 163D, 184D, 190D, 671D
Prof. Dr. C. M. Ritz (Görlitz): 235AB, 312D, 315, 316, 317BC, 324AB, 325AB, 360A, 371B, 378B, 479B, 662AB, 673CD, 789A
Dr. E. Welk (Halle): 48BCD, 49, 50B, 52B, 142CD, 145CD, 185D
Prof. Dr. K. Wesche (Görlitz): 31CD, 200AB, 203AB, 207AB, 212AB, 223C, 224B, 225D, 230AC, 400D, 428B, 442CD, 457D, 472CD, 474B, 489A, 492A, 518C, 519CD, 520ACD, 528BCD, 529A, 533B
Prof. Dr. G. Wiegleb (Cottbus): 223D, 225BC

Grafische Ausführung neuer Zeichnungsdetails in der 12. bis 14. Auflage:

K. Fuhrmann (Oldenburg): 71CD, 91B, 91D
U. Hannemann (Wettin): 14D, 30B, 230A, 250A, 704A, 708B, 717AB, 767C, 781A, 787C, 797C
Prof. Dr. A. Kästner (Halle): 532C, 671D
J. C. Schou (Hobro, Dänemark): 142CD, 145CD
S. Theuerkauf (Neißetal): 31CD, 203AB, 207AB, 223CD, 224B, 225BCD, 230C, 235AB, 324AB, 360A, 371B, 378B, 400D, 428B, 442CD, 457D, 472D, 474B, 489A, 492A, 518C, 519CD, 520ACD, 528BCD, 529A, 533B, 662AB, 673CD, 747BD, 789A
Dr. E. Welk (Halle): 48BCD, 49, 50B, 52B, 137C, 185D
S. Wittwer (Radebeul): 39D, 84D, 163B, 184D, 190D, 200AB, 212AB, 312D, 315, 316, 317BC, 479B

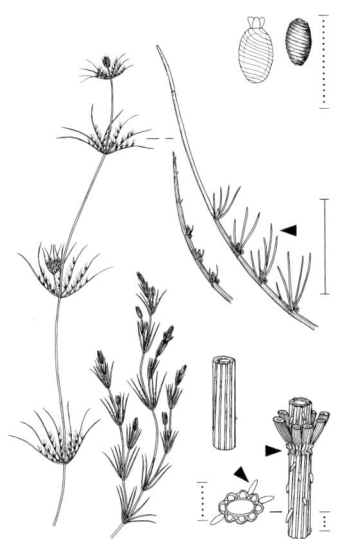

*Gewöhnliche Armleuchteralge – *Chara vulgaris* 0,05–0,50 ☉–♃ 5–10 ↗ S. 801

Feine A. – *Ch. virgata* 0,05–0,15(–0,30) ☉–♃ 5–10

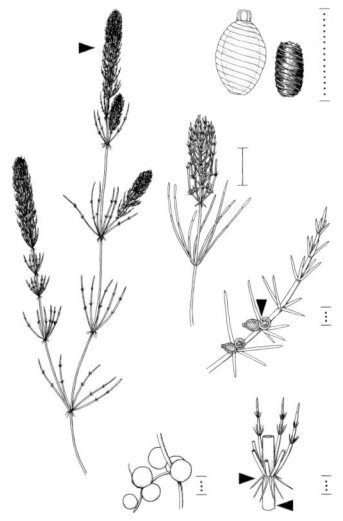

Fuchsschwanzleuchteralge – *Lamprothamnium papulosum* 0,02–0,10 ☉ 7–9

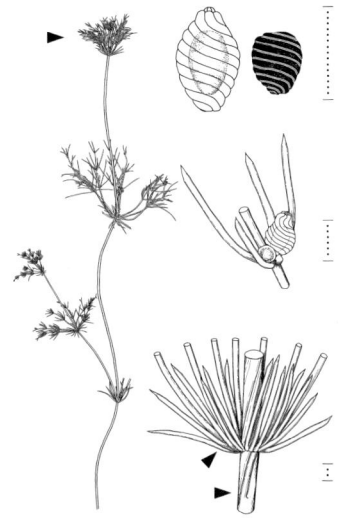

Bart-Glanzleuchteralge – *Lychnothamnus barbatus* 0,20–1,40 ☉–♃ 6–10

© Der/die Autor(en), exklusiv lizenziert an Springer-Verlag GmbH, DE, ein Teil von Springer Nature 2025
F. Müller, C. M. Ritz, E. Welk, K. Wesche, *Rothmaler – Exkursionsflora von Deutschland, Gefäßpflanzen: Atlasband*, https://doi.org/10.1007/978-3-662-69705-4_1

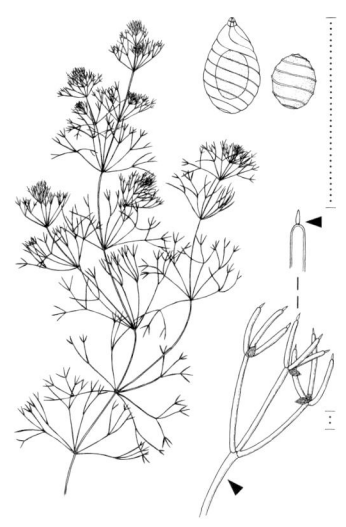

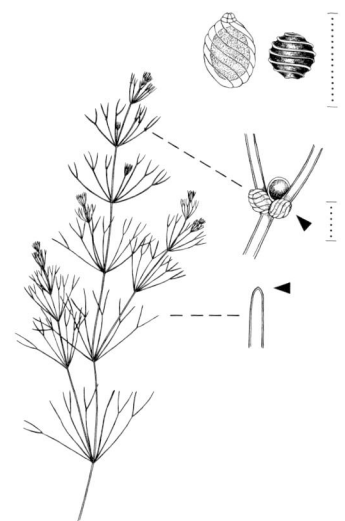

*Stachelspitzige Glanzleuchteralge – *Nitella mucronata* 0,05–0,15(–0,20) ☉–♃ 6–10 ↗ S. 801

Biegsame G. – *N. flexilis* 0,05–0,40 ☉–♃ 4–7(–10)

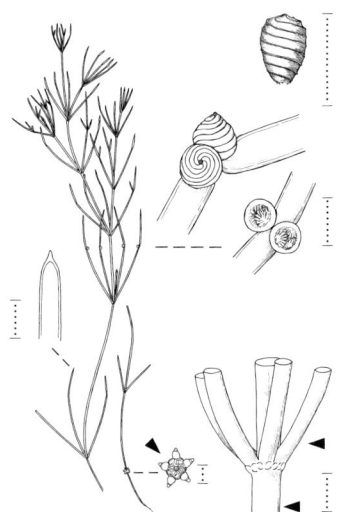

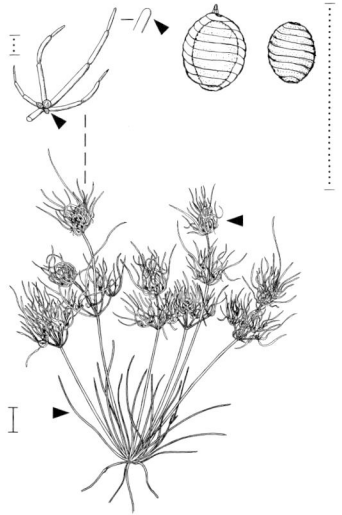

Sternglanzleuchteralge – *Nitellopsis obtusa* 0,20–1,00(–2,00) ☉–♃ 6–9

*Kleine Baumleuchteralge – *Tolypella glomerata* 0,05–0,50 ☉–♃ 4–7 ↗ S. 801

LYCOPODIACEAE

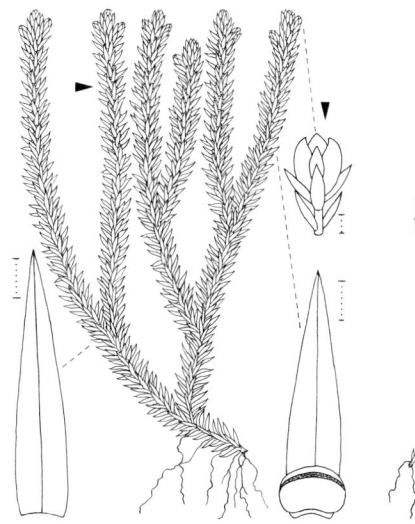

Tannen-Teufelsklaue – *Huperzia selago*
0,05–0,30 ♃ 7–10 ▽ (Brutkörperbildung)

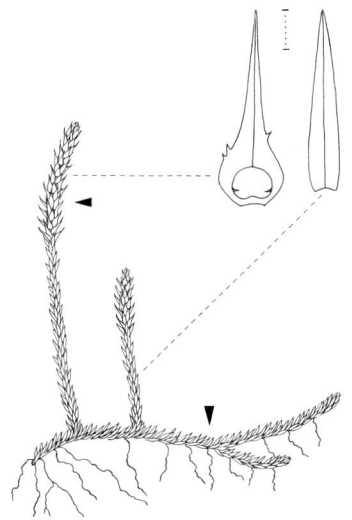

Gewöhnlicher Moorbärlapp –
Lycopodiella inundata 0,02–0,10 ♃ 8–10 ▽

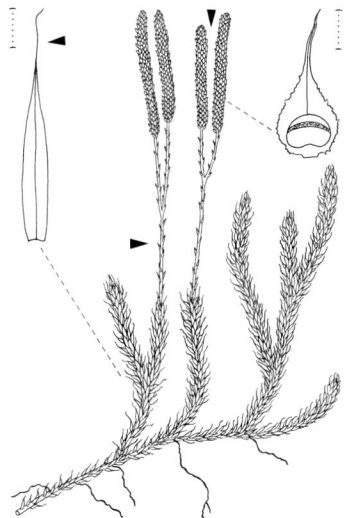

Keulen-Bärlapp – *Lycopodium clavatum*
0,5–4,00 lg, 0,05–0,30 hoch ♃ 7–8 ▽

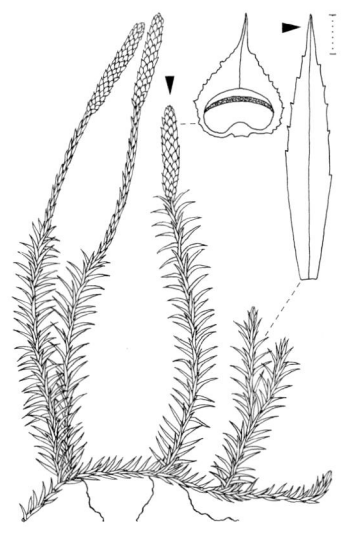

Sprossender B. – *L. annotinum* 0,10–3,00
lg, 0,15–0,30 hoch ♃ 8–9 ▽

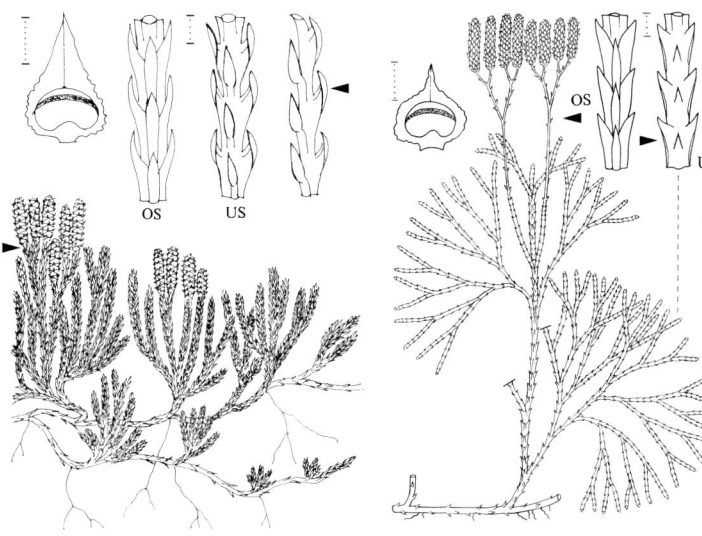

Alpen-Flachbärlapp – *Diphasiastrum alpinum* 0,02–0,30 lg, 0,03–0,10 hoch ♃ 8–9 ▽

*Gewöhnlicher F. – *D. complanatum* 0,10–0,35 ♃ 8–9 ▽ ↗ S. 801

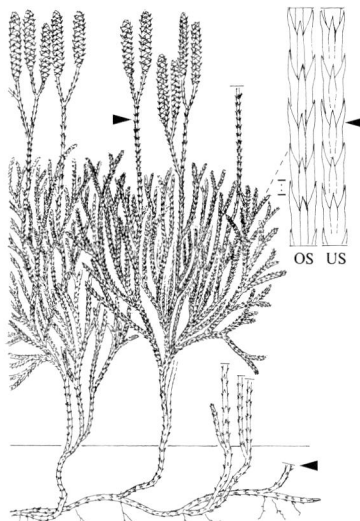

Zypressen-F. – *D. tristachyum* 0,05–0,15 (–0,25) ♃ 8–9 ▽ (Sprosse useits bereift)

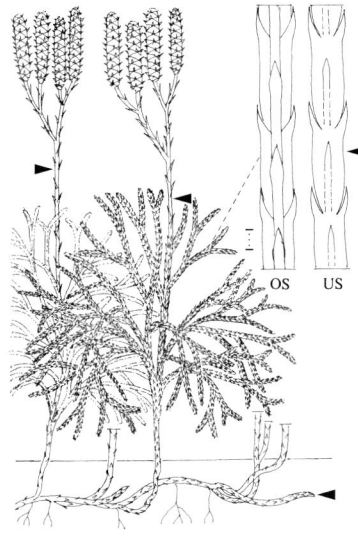

Zeiller-F. – *D. zeilleri* (0,05–)0,10–0,25 (–0,30) ♃ 8–9 ▽ (Sprosse useits nicht od. kaum bereift)

LYCOPODIACEAE · SELAGINELLACEAE

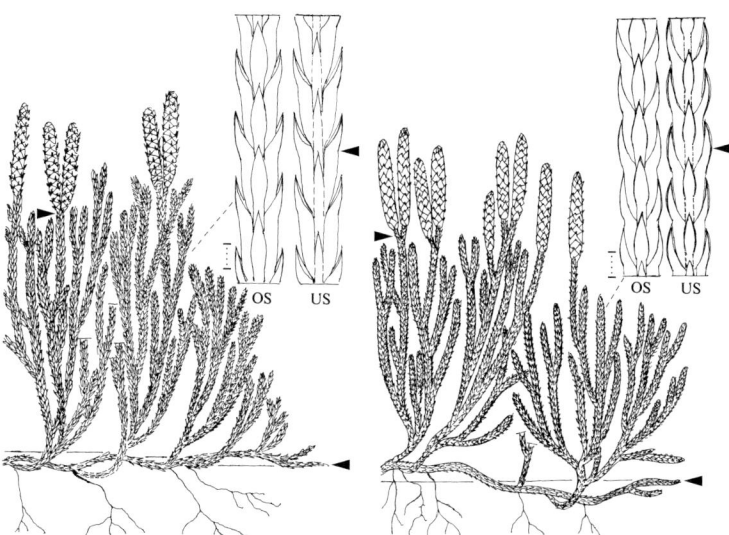

Issler-Flachbärlapp – *Diphasiastrum issleri* 0,08–0,20 ♃ 8–9 ▽ (Pfl graugrün) ↗ S. 801

Oellgaard-F. – *D. oellgaardii* (0,04–)0,08–0,18 ♃ 8–9 ▽ (Pfl bläulichgrün) ↗ S. 801

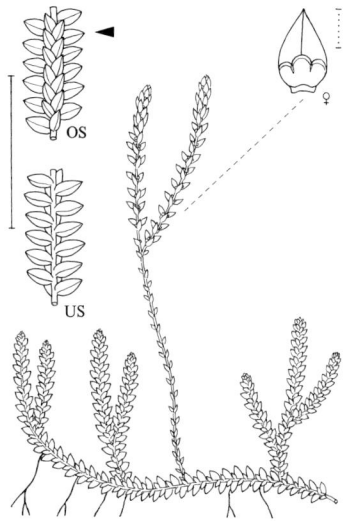

Dorniger Moosfarn – *Selaginella selaginoides* 0,03–0,12 ♃ 7–8

Schweizer M. – *S. helvetica* 0,02–0,08 ♃ 6–7

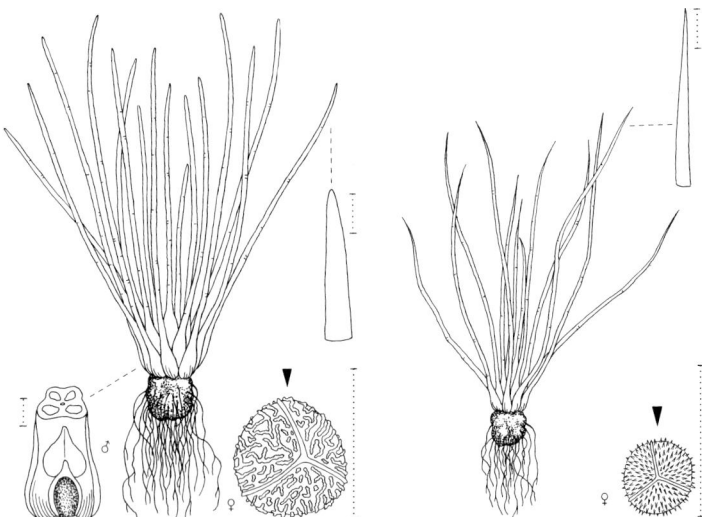

Gewöhnliches Brachsenkraut – *Isoëtes lacustris* 0,08–0,25(–0,40) ♃ 7–9 ▽ (Bla steif)

Igelsporiges B. – *I. echinospora* 0,05–0,15(–0,20) ♃ 7–9 ▽ (Bla schlaff)

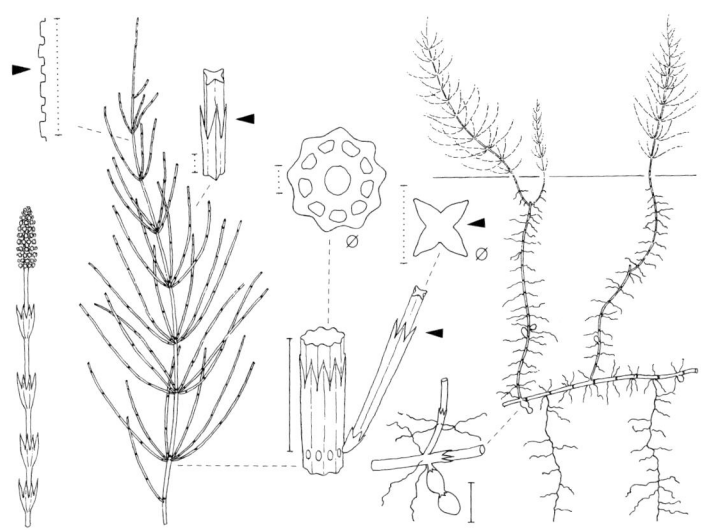

Acker-Schachtelhalm – *Equisetum arvense* 0,15–0,50 ♃ 3–4 (fruchtbare Sprosse später absterbend)

EQUISETACEAE

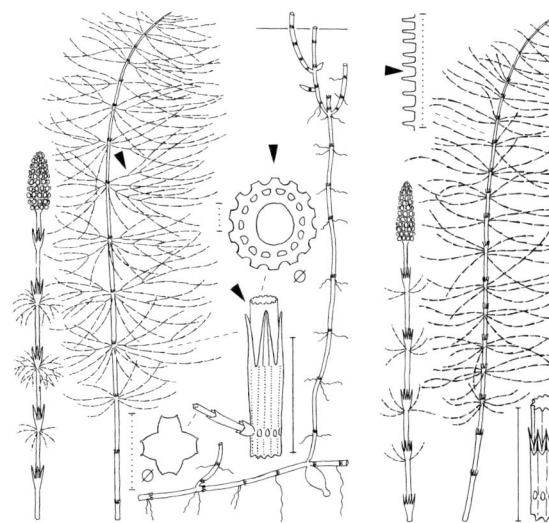

Wald-Schachtelhalm – *Equisetum sylvaticum* 0,15–0,50 ♃ 4–5 (fruchtbare Sprosse später ergrünend)

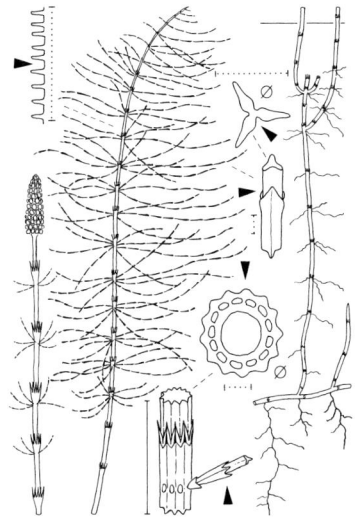

Wiesen-Sch. – *E. pratense* 0,15–0,50 ♃ 5–6 (fruchtbare Sprosse später ergrünend)

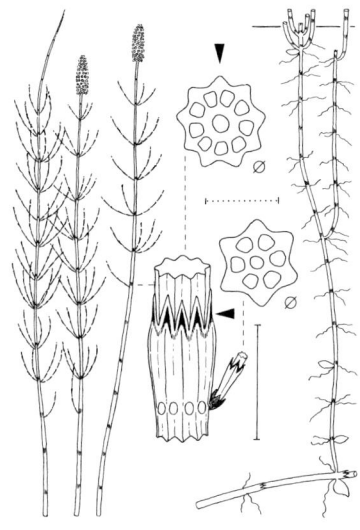

Sumpf-Sch. – *E. palustre* 0,10–0,50(–1,00) ♃ 6–9

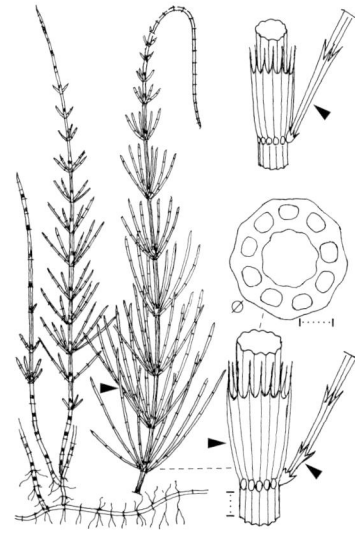

Ufer-Sch. – *E. ×litorale* 0,20–1,00 ♃ 6–7 (Pfl sommergrün. Ähren selten)

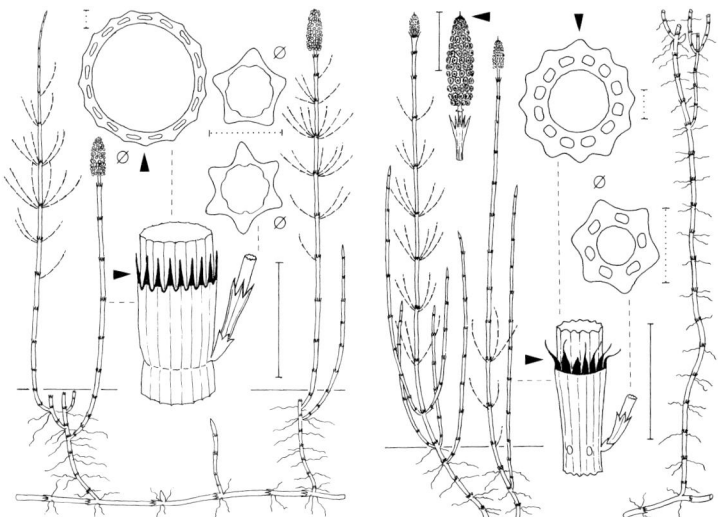

Teich-Schachtelhalm – *Equisetum fluviatile* 0,50–1,50 ♃ 5–6

Ästiger Sch. – *E. ramosissimum* 0,30–1,00 ♃ 5–7

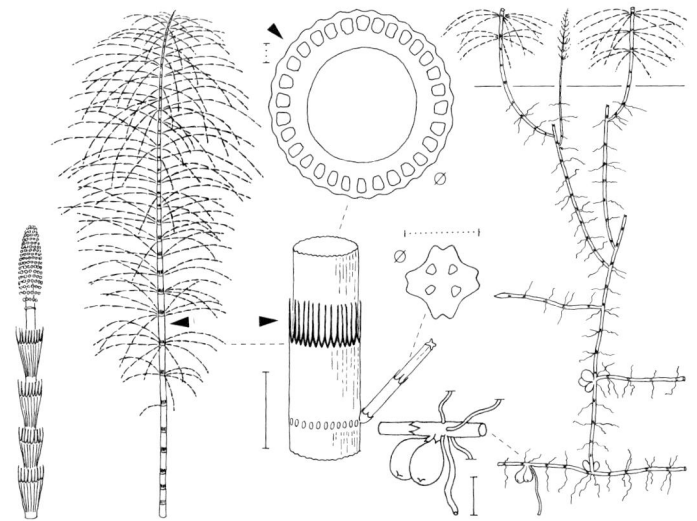

Riesen-Sch. – *E. telmateia* 0,50–2,00 ♃ 4–5 (Stg elfenbeinweiß, fruchtbare Sprosse später absterbend)

EQUISETACEAE · OPHIOGLOSSACEAE

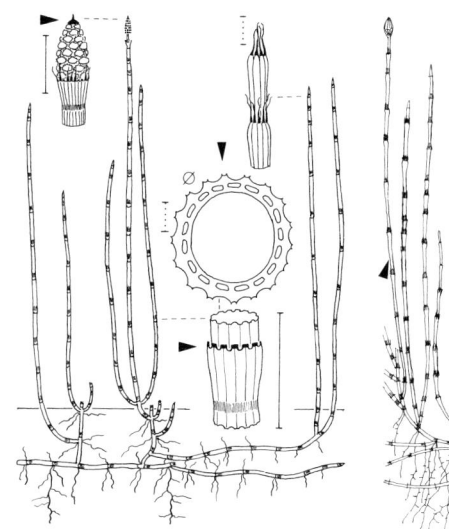

Winter-Schachtelhalm – *Equisetum hyemale* 0,40–1,50 ⚃ 6–8 (Pfl immergrün)
↗ S. 801

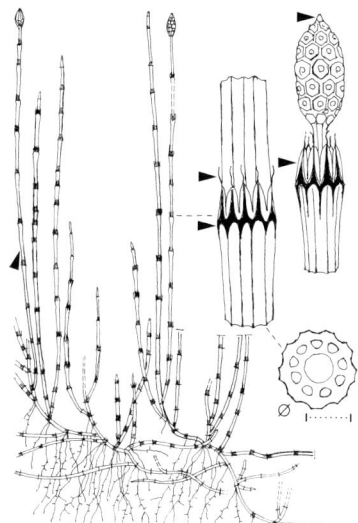

Bunter Sch. – *E. variegatum* 0,10–0,30 ⚃ 4–9 (Pfl immergrün)

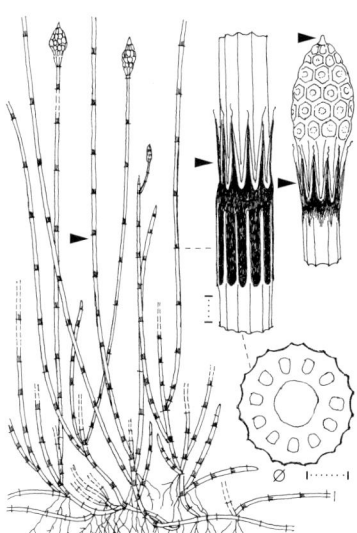

Rauzähniger Sch. – *E. ×trachyodon* 0,20–0,50 ⚃ 7–8 (Pfl immergrün)

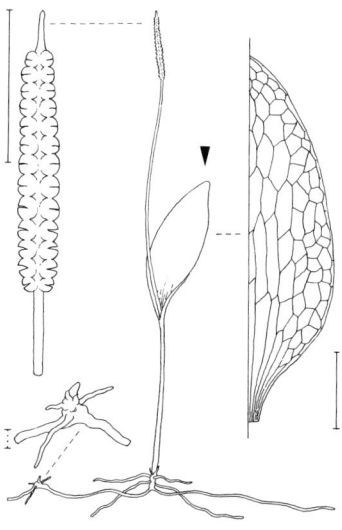

Gewöhnliche Natternzunge – *Ophioglossum vulgatum* 0,05–0,30 ⚃ 6–7

OPHIOGLOSSACEAE

Einfacher Rautenfarn – *Botrychium simplex* 0,02–0,08(–0,15) ♃ 5–6 ▽ (Bla-Form veränderlich)

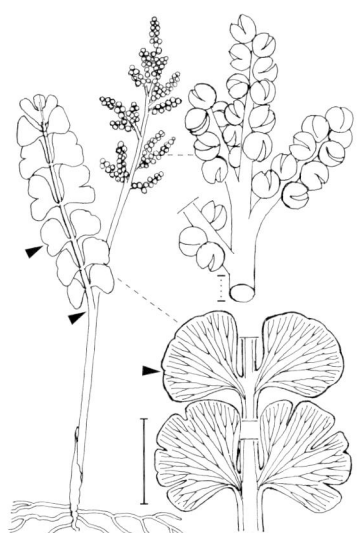

Mond-R. – *B. lunaria* 0,05–0,30 ♃ 5–8 ▽

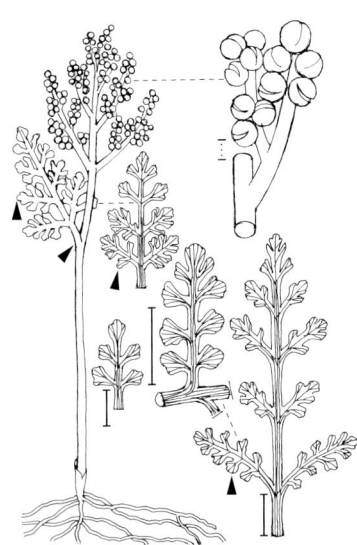

Ästiger R. – *B. matricariifolium* 0,10–0,20 ♃ 6–7 ▽ (BlaForm veränderlich)

Vielteiliger R. – *B. multifidum* 0,10–0,25 ♃ 7–9 ▽ (Bla dickfleischig)

OPHIOGLOSSACEAE · OSMUNDACEAE · HYMENOPHYLLACEAE 11

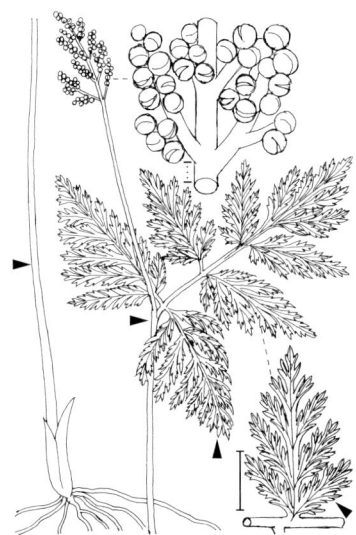

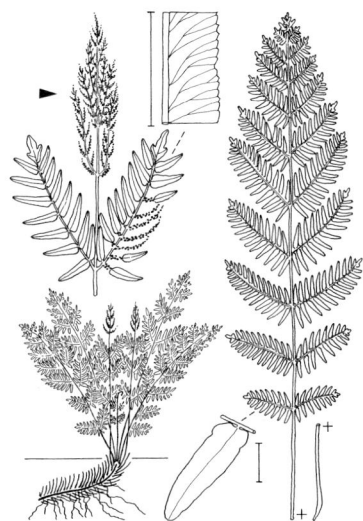

Virginischer Rautenfarn – *Botrychium virginianum* subsp. *europaeum* 0,10–0,80 ♃ 6–9 ▽ (Bla dünnhäutig)

Königs-Rispenfarn – *Osmunda regalis* 0,50–1,50 ♃ 6–7 ▽

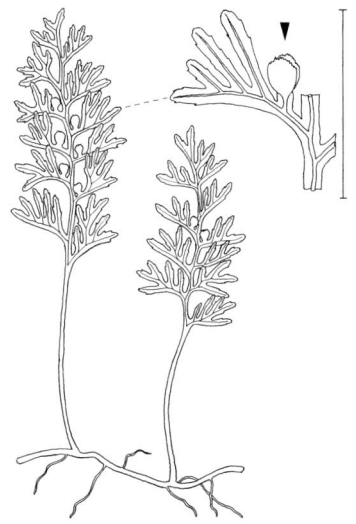

Englischer Hautfarn – *Hymenophyllum tunbrigense* 0,03–0,07 ♃ 8 ▽ (BlaSpreite nur aus 1 Zellschicht)

Prächtiger Dünnfarn – *Vandenboschia speciosa* 0,20–0,45 ♃ ▽ (in D meist als Vorkeim, 0,005–0,080) ↗ S. 801

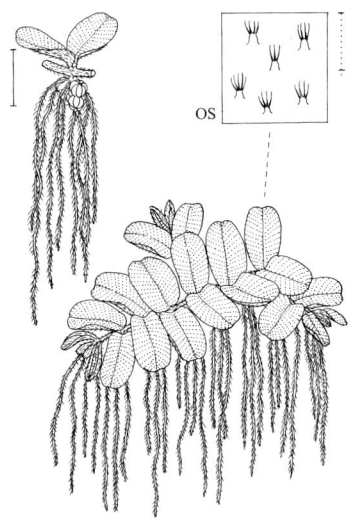
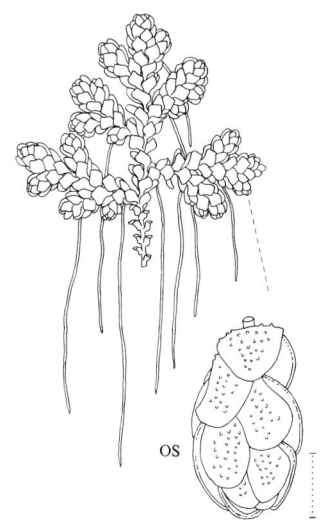

Gewöhnlicher Schwimmfarn – *Salvinia natans* 0,05–0,10 ☉ 8–10 ▽

Großer Algenfarn – *Azolla filiculoides* 0,01–0,03(–0,10) ☉ ♃ 8–10

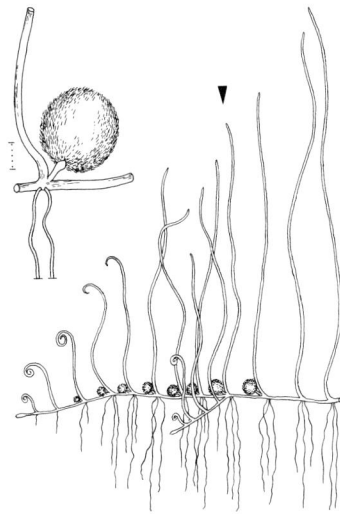

Vierblättriger Kleefarn – *Marsilea quadrifolia* 0,05–0,15 ♃ 9–10 ▽

Pillenfarn – *Pilularia globulifera* 0,05–0,10 ♃ 7–9

DENNSTAEDTIACEAE · PTERIDACEAE · CYSTOPTERIDACEAE 13

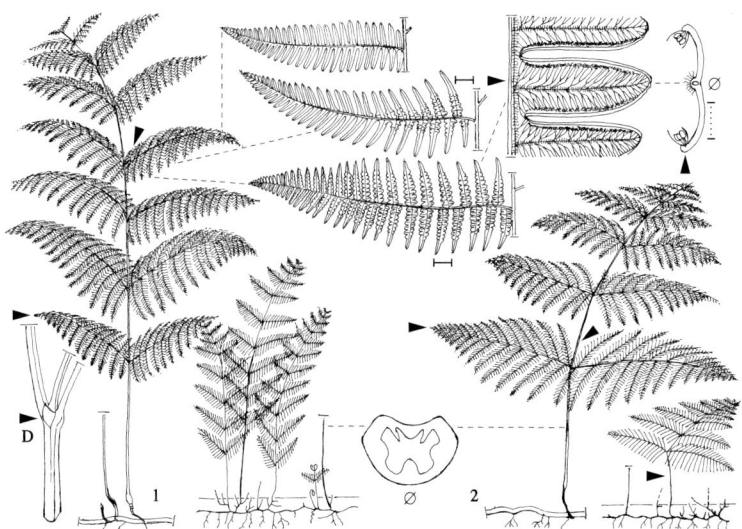

Adlerfarn – *Pteridium aquilinum* (1) subsp. *aquilinum* (0,30–)0,80–2,00 ♃ 7–9. (2) subsp. *pinetorum* 0,30–1,00 ♃ D: Nektarium, während der BlaEntwicklung eine zuckerhaltige Flüssigkeit bildend ↗ S. 801

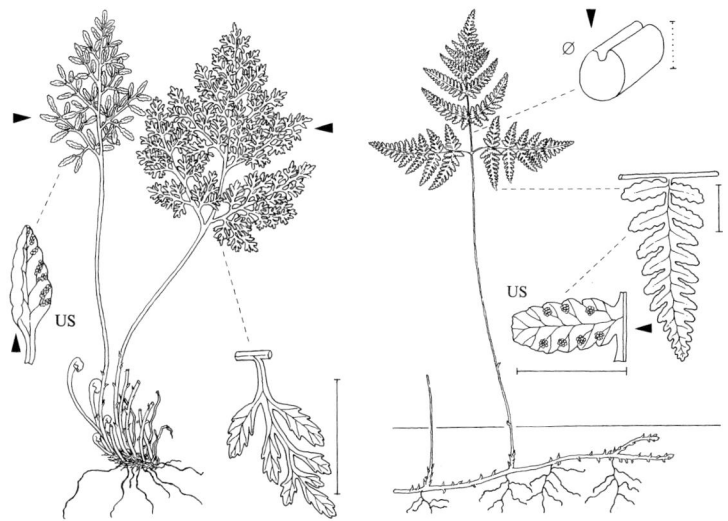

Krauser Rollfarn – *Cryptogramma crispa* 0,15–0,30 ♃ 8–9 ▽

Eichenfarn – *Gymnocarpium dryopteris* 0,10–0,45 ♃ 7–8

CYSTOPTERIDACEAE

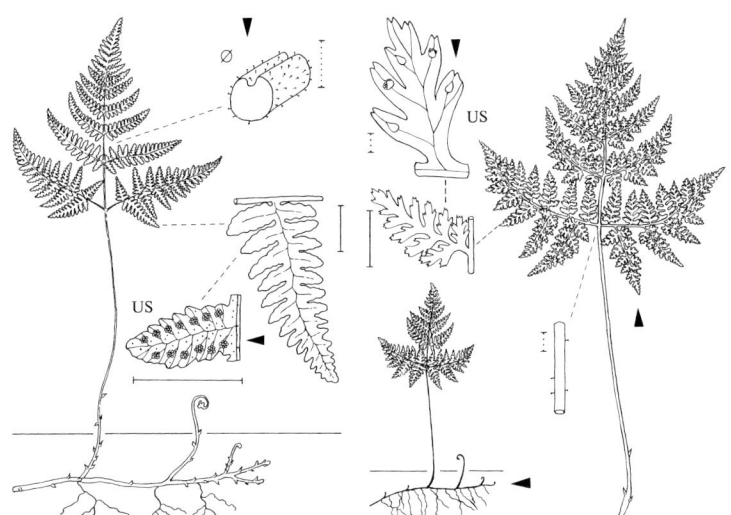

Ruprechtsfarn – *Gymnocarpium robertianum* 0,15–0,55 ♃ 7–8

Berg-Blasenfarn – *Cystopteris montana* 0,15–0,45 ♃ 7–8 ▽

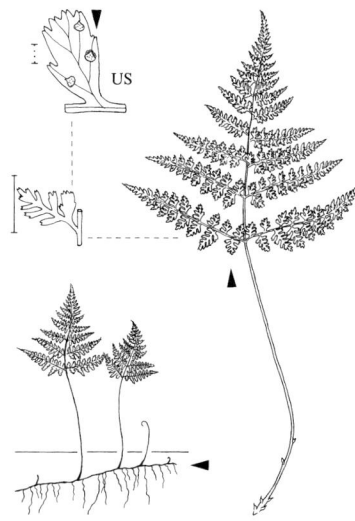

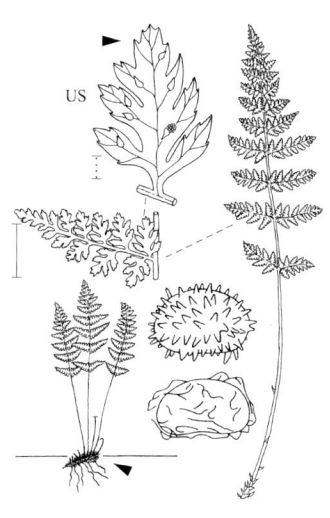

Sudeten-B. – *C. sudetica* 0,20–0,40 ♃ 7–9 ▽

*Zerbrechlicher B. – *C. fragilis* 0,10–0,50 ♃ 7–9 (Spore unten: **Runzelsporiger B.** – *C. dickieana*) ↗ S. 801

CYSTOPTERIDACEAE · WOODSIACEAE 15

Alpen-Blasenfarn – *Cystopteris alpina* 0,08–0,40 ♃ 7–9

Zierlicher Wimperfarn – *Woodsia glabella* subsp. *pulchella* 0,05–0,12 ♃ 7–8 ▽

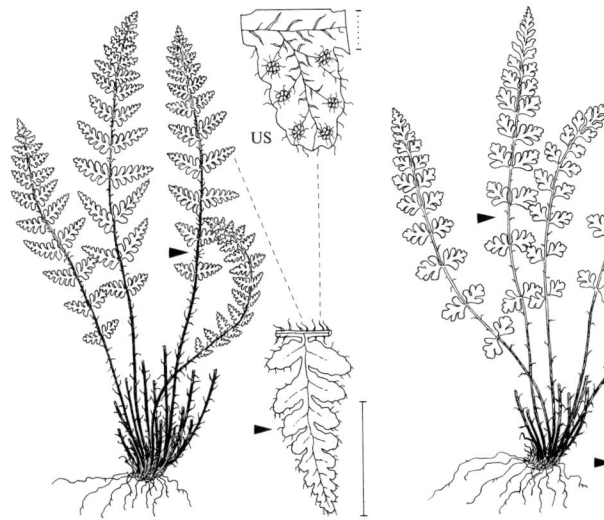

Rostroter W. – *W. ilvensis* 0,10–0,20 ♃ 7–8 ▽

Alpen-W. – *W. alpina* 0,05–0,15 ♃ 7–8 ▽

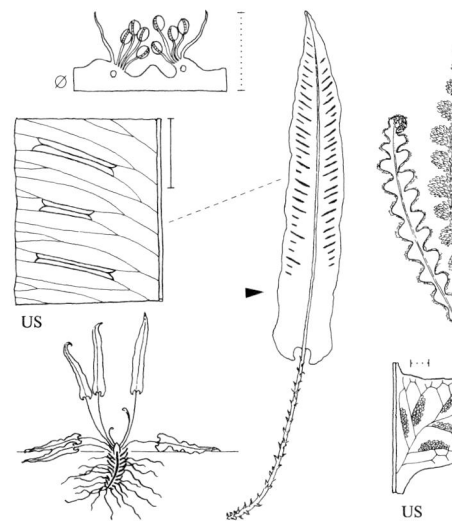

Hirschzunge – *Asplenium scolopendrium* 0,15–0,50(–0,60) ♃ 7–8 ▽ (Pfl immergrün)

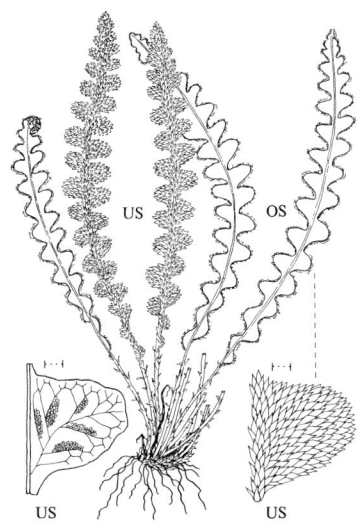

Milzfarn – *A. ceterach* 0,05–0,20 ♃ 6–8 ▽

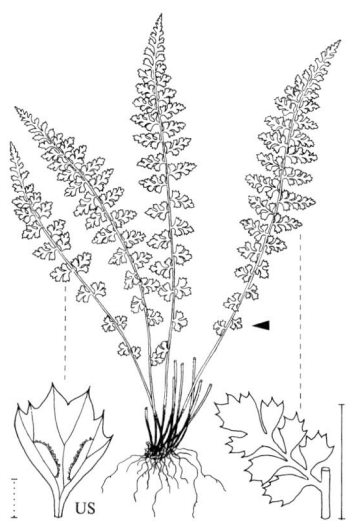

Jura-Streifenfarn – *A. fontanum* 0,05–0,20 ♃ 7–9 ▽

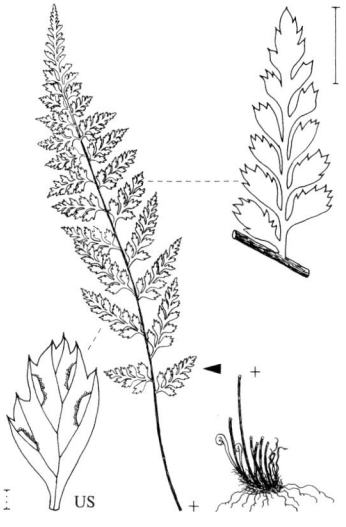

Lanzettblättriger St. – *A. obovatum* subsp. *lanceolatum* 0,15–0,40 ♃ 4–7 ▽

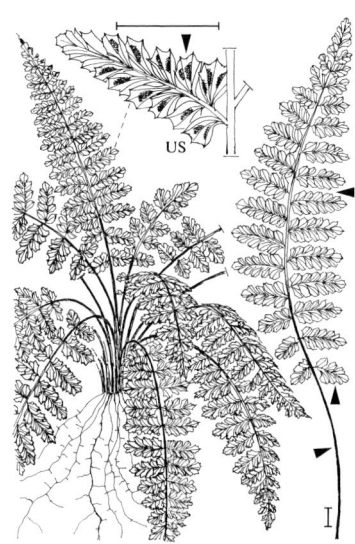

Französischer Streifenfarn – *Asplenium foreziense* 0,10–0,25 ♃ 6–9 ▽

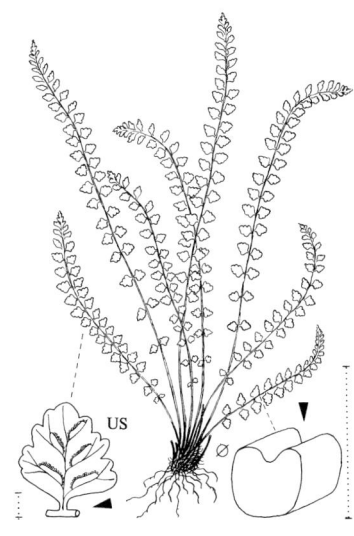

Grünstieliger St. – *A. viride* 0,05–0,20 ♃ 7–8 (BlaStiel nur am Grund braun)

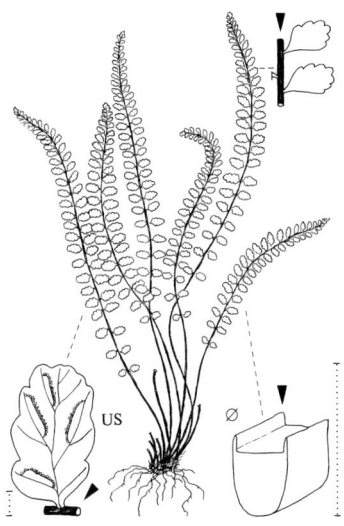

**Braunstieliger St. – *A. trichomanes* 0,02–0,30 ♃ 7–8 (BlaStiel u. BlaSpindel bis zur Spitze braun)

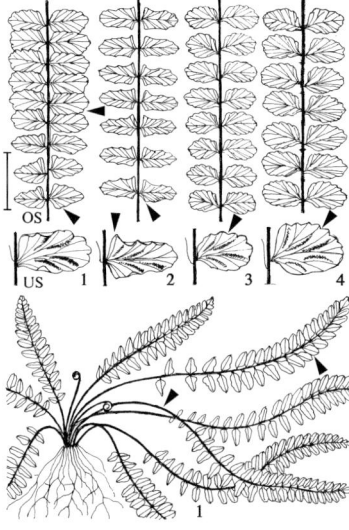

Braunstieliger St. – *A. trichomanes*
1: subsp. *pachyrachis* 0,02–0,12(–0,18).
2: subsp. *hastatum*. 3 u. 4: ↗ S. 801

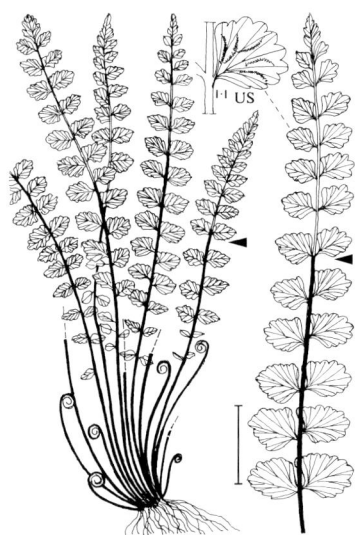

Braungrüner Streifenfarn – *Asplenium adulterinum* 0,05–0,20 ♃ 7–8 ▽ (BlaStiel u. größter Teil der BlaSpindel rotbraun)

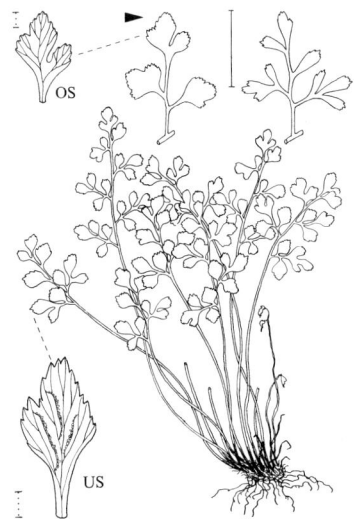

Mauer-St., Mauerraute – *A. ruta-muraria* 0,03–0,15 ♃ 7–9

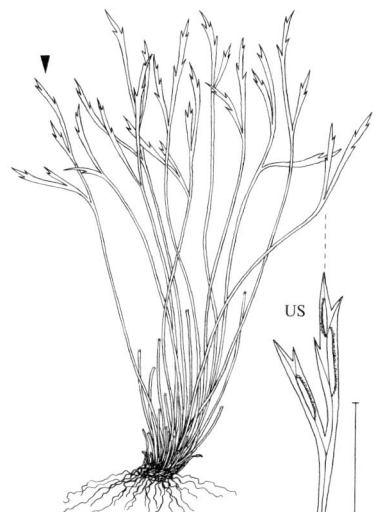

Nördlicher St. – *A. septentrionale* 0,08–0,15 ♃ 7–8

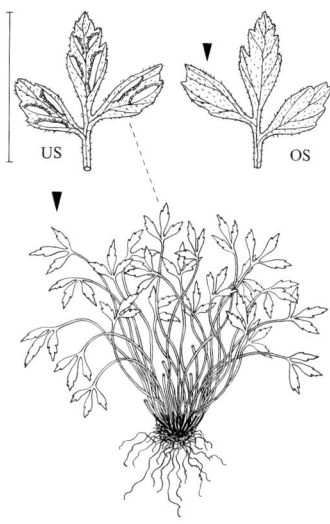

Dolomit-St. – *A. seelosii* 0,02–0,10 ♃ 7–8

ASPLENIACEAE

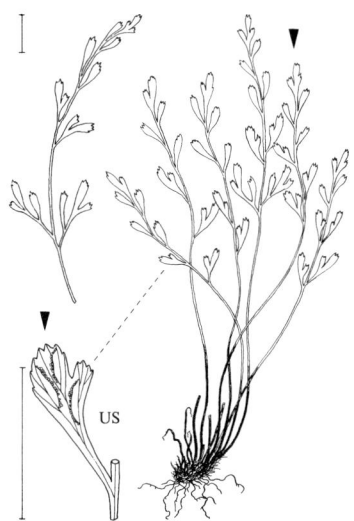

**Deutscher Streifenfarn –
Asplenium ×*alternifolium* 0,05–0,20 ⚥ 7–9

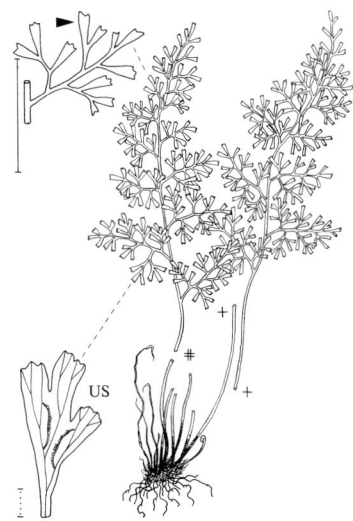

Zerschlitzter St. – *A. fissum* 0,10–0,25
⚥ 7–9 ▽

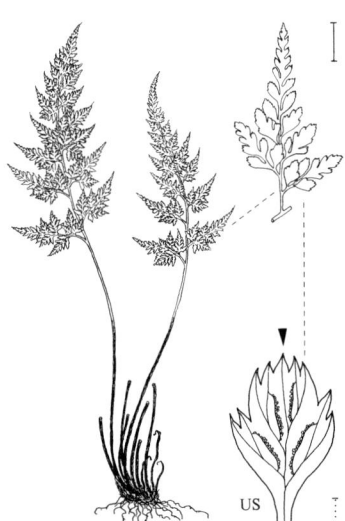

Schwarzstieliger St. – *A. adiantum-nigrum* 0,15–0,45 ⚥ 7–8 (Bla glänzend, ledrig, überwinternd)

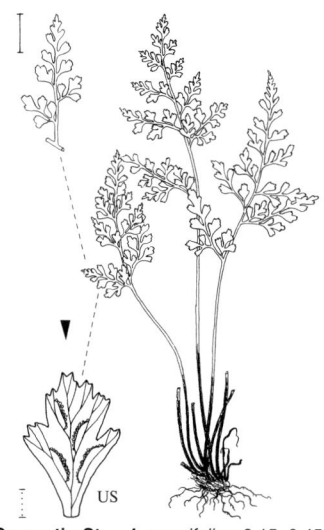

Serpentin-St. – *A. cuneifolium* 0,15–0,45
⚥ 7–8 ▽ (Bla weich, meist nicht überwinternd)

ONOCLEACEAE · BLECHNACEAE · THELYPTERIDACEAE

Perlfarn – *Onoclea sensibilis* 0,30–0,90 ♃ 8–10 (Bla sommergrün)

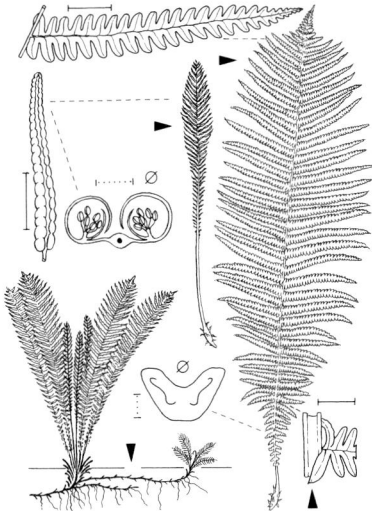

Straußenfarn – *Matteuccia struthiopteris* 0,30–1,50 ♃ 7–8 ▽

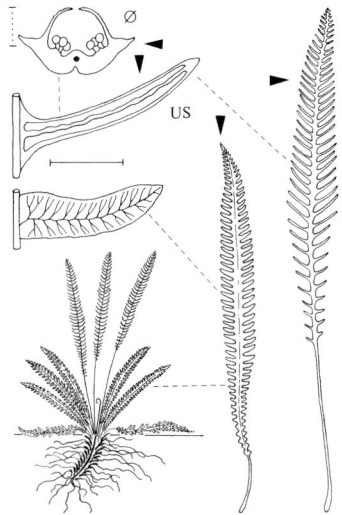

Rippenfarn – *Blechnum spicant* 0,15–0,50 ♃ 7–9 (Bla immergrün)

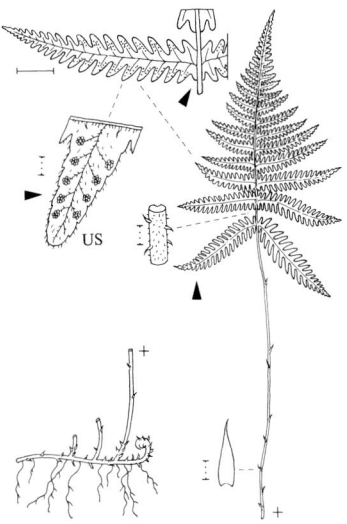

Buchenfarn – *Phegopteris connectilis* 0,15–0,30 ♃ 7–8

THELYPTERIDACEAE · ATHYRIACEAE

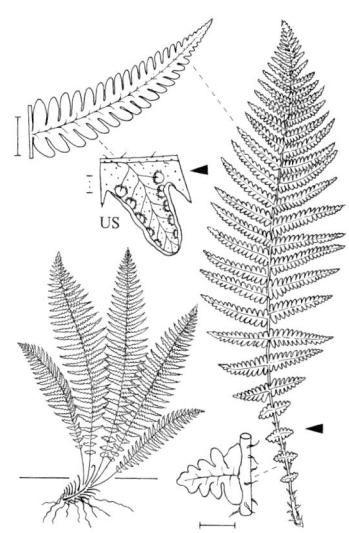

Bergfarn – *Oreopteris limbosperma* 0,50–1,00 ⚄ 7–8 (Pfl mit Zitronengeruch. Schleier früh abfallend)

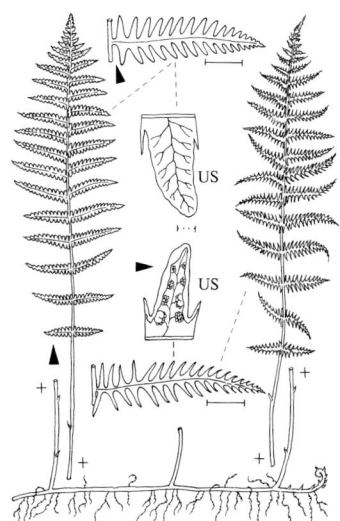

Sumpffarn – *Thelypteris palustris* 0,30–0,80 ⚄ 7–9

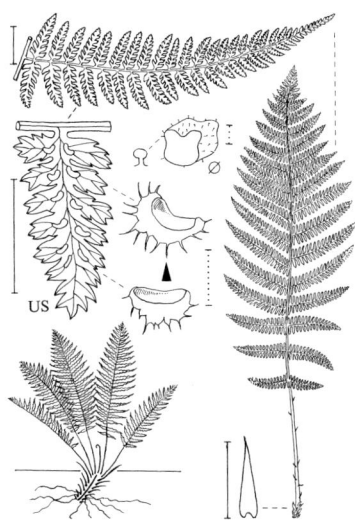

Gewöhnlicher Frauenfarn – *Athyrium filix-femina* 0,30–1,00 ⚄ 7–8

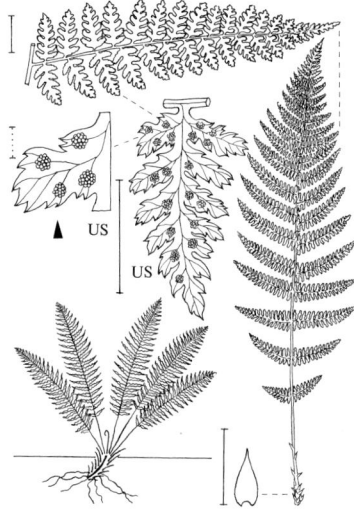

Gebirgs-F. – *A. distentifolium* 0,50–1,50 ⚄ 7–8 (Schleier früh abfallend)

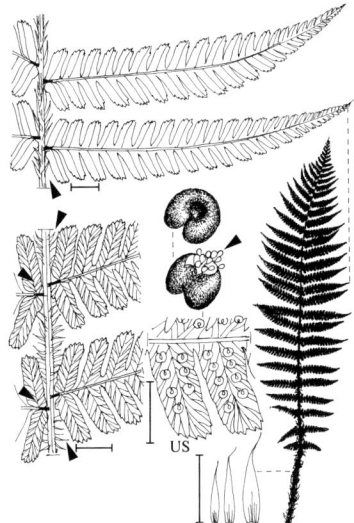

Schuppen-Wurmfarn – *Dryopteris affinis* 0,80–1,40 ♃ 7–9 ↗ S. 801

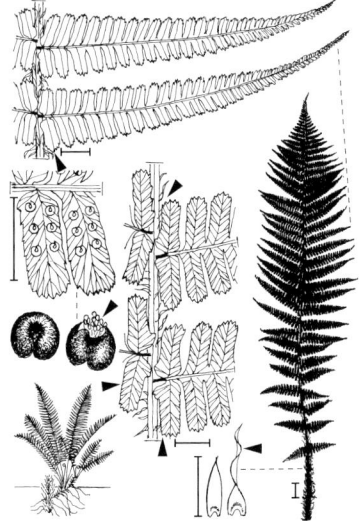

Walisischer Schuppen-W. – *D. cambrensis* 0,80–1,20 ♃ 7–8 ↗ S. 801

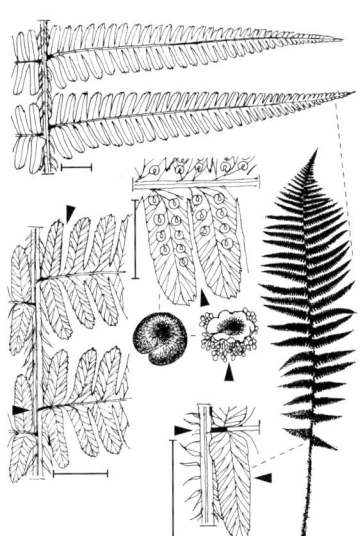

Eleganter Schuppen-W. – *D. pseudodisjuncta* 1,00–1,20(–2,00) ♃ 7–8

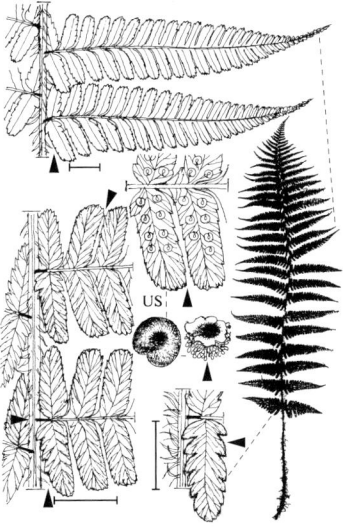

Borrer-Schuppen-W. – *D. borreri* 0,80–1,60 ♃ 7–8

DRYOPTERIDACEAE

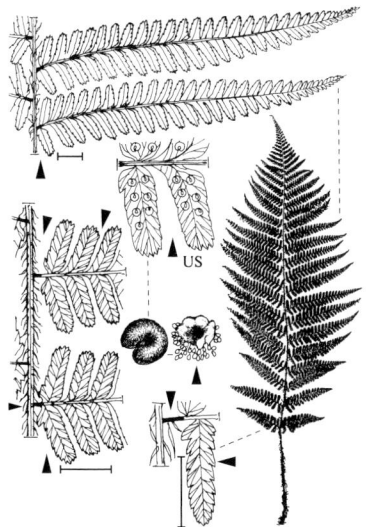

Lückiger Schuppen-Wurmfarn –
Dryopteris lacunosa 0,80–1,00(-1,20) ♃
7–9

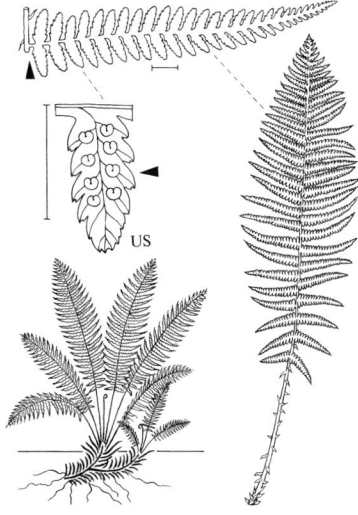

Gewöhnlicher W. – *D. filix-mas*
(0,15–)0,30–1,20(–1,50) ♃ 7–9

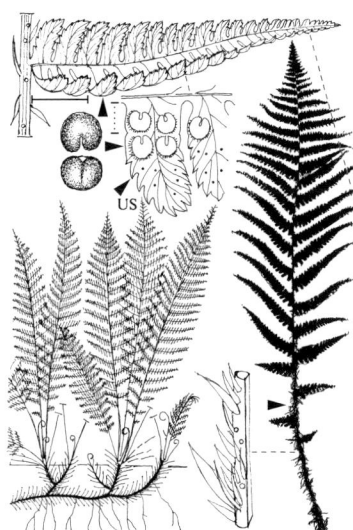

Geröll W. – *D. oreades* 0,30–0,50(–1,20)
♃ 7–8

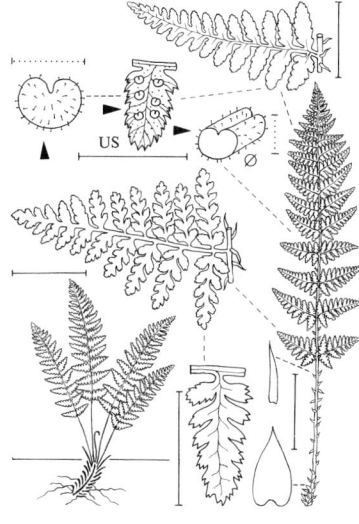

Starrer W. – *D. villarii* 0,15–0,45 ♃ 7–8
(Bla beidseits gelbdrüsig, wohlriechend)

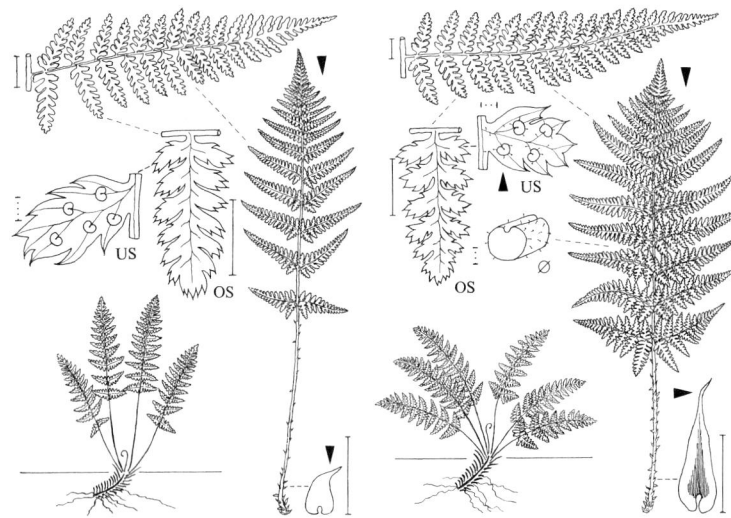

*Dorniger W. – *D. carthusiana* 0,15–0,60
♃ 7–8 ↗ S. 801

Breitblättriger W. – *D. dilatata* 0,40–1,20
♃ 7–9

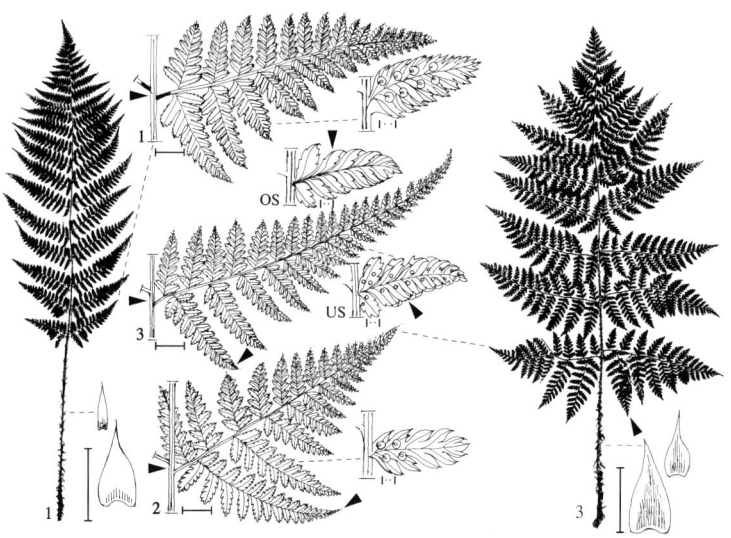

Entferntfiedriger Wurmfarn – 1: *Dryopteris remota* 0,20–0,90 ♃ 7–8. 2: **Feingliedriger W.** – *D. expansa* 0,40–1,50 ♃ 7–9. 3: **Breitblättriger W.** – *D. dilatata* 0,40–1,20 ♃ 7–9 ↗ S. 802)

DRYOPTERIDACEAE

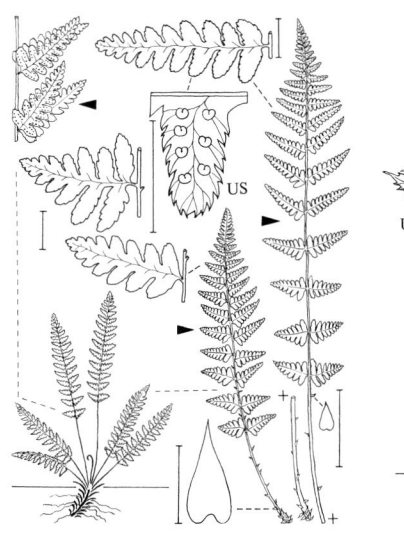

Kamm–Wurmfarn, Kammfarn –
Dryopteris cristata 0,30–0,80 ♃ 7–9 ▽

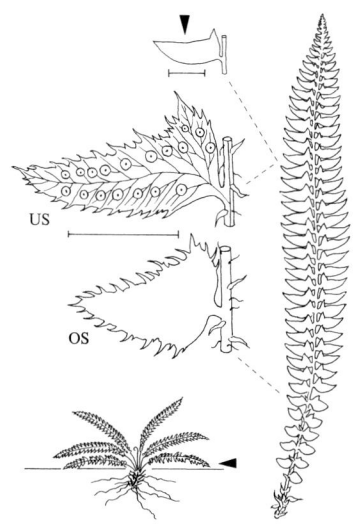

Lanzen-Schildfarn – *Polystichum lonchitis*
0,10–0,50 ♃ 7–9 ▽ (Bla immergrün)

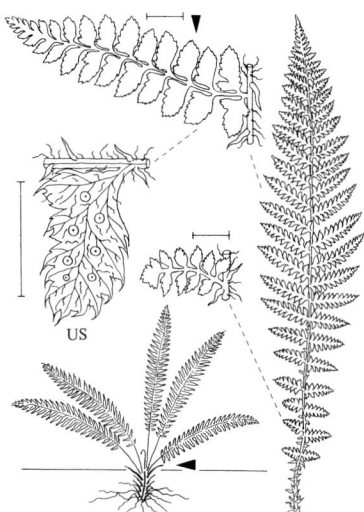

Weicher Sch. – *P. braunii* 0,50–0,60 ♃
7–8 ▽ (Bla sommergrün)

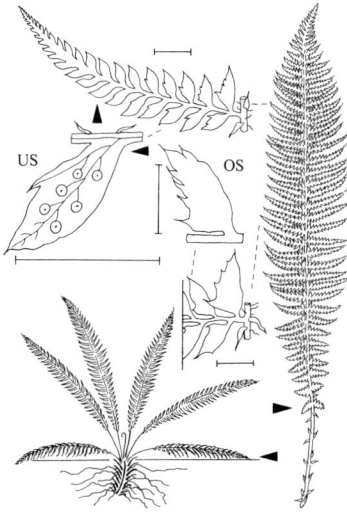

*Dorniger Sch. – *P. aculeatum* 0,60–1,00
♃ 8–9 ▽ (Bla ledrig, immergrün) ↗ S. 802

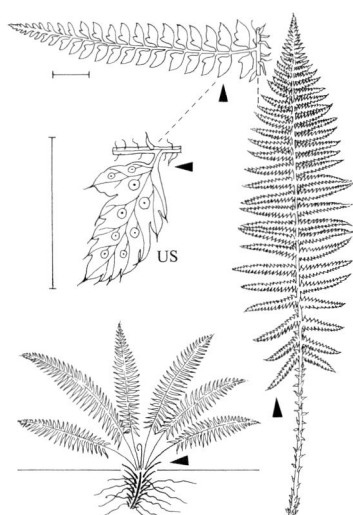

Grannen-Schildfarn – *Polystichum setiferum* 0,60–1,00 ♃ 8–9 ▽ (Bla weich, meist nicht überwinternd)

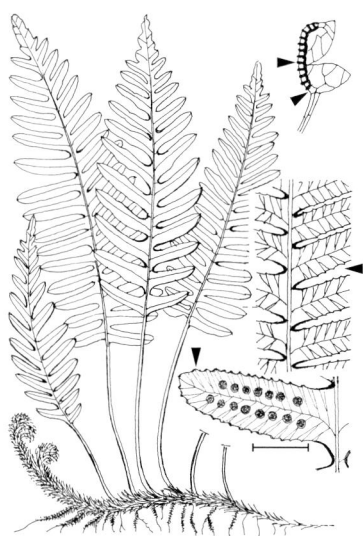

*****Gewöhnlicher Tüpfelfarn** – *Polypodium vulgare* 0,10–0,50 ♃ 8–9 (Sori schleierlos)

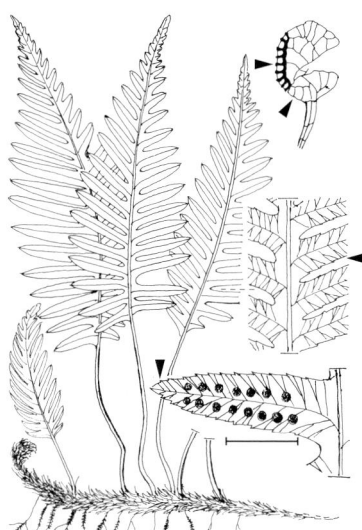

Gesägter T. – *P. interjectum* 0,10–0,50 ♃ 9–10 (Sori schleierlos) ↗ S. 802

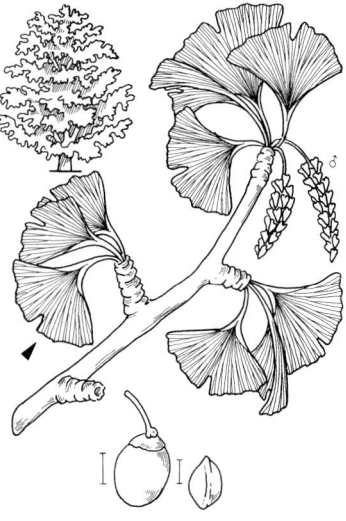

Ginkgo – *Ginkgo biloba* Bis 30,00 ♄ 5 (fleischige Samenschale gelb. Herbstlaub gelb)

PINACEAE

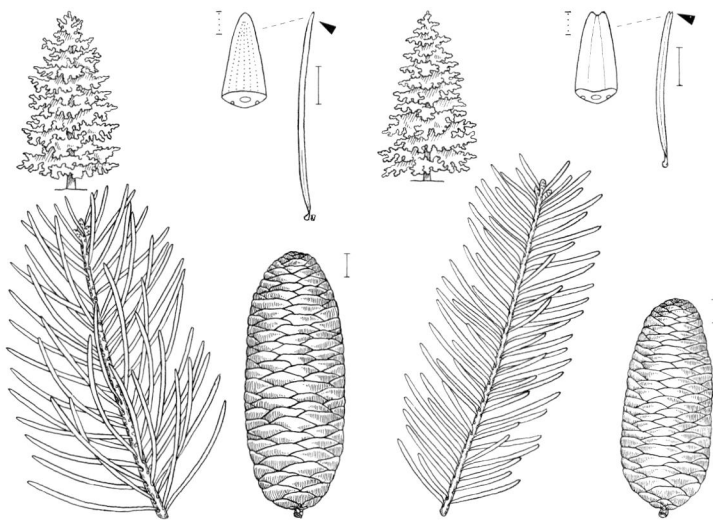

Kolorado-Tanne – <u>A</u>bies c<u>o</u>ncolor
Bis 35,00 ♄ 5 (Zapfen oft dunkelviolett.
Nadeln beidseits graugrün)

Küsten-T. – *A. gr<u>a</u>ndis* Bis 30,00(–50,00)
♄ 5 (Nadeln oseits dunkelgrün, useits 2
weiße Streifen) ↗ S. 802

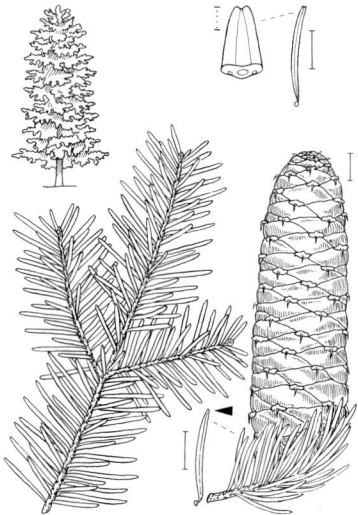

Weiß-T. – *A. <u>a</u>lba* Bis 65,00 ♄ 5–6
(Nadeln oseits dunkelgrün, useits 2 weiße
Streifen)

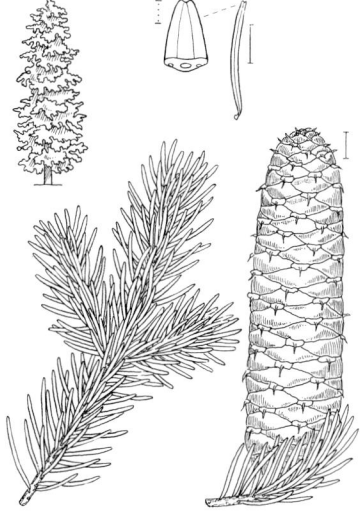

Nordmann-T. – *A. nordmanni<u>a</u>na*
Bis 30,00(–40,00) ♄ 5 (Nadeln oseits
dunkelgrün, useits 2 weiße Streifen)

PINACEAE

Kanadische Hemlocktanne – *Tsuga canadensis* Bis 20,00 ♄ 4–5 (Nadeln oseits dunkelgrün, useits 2 weiße Streifen)

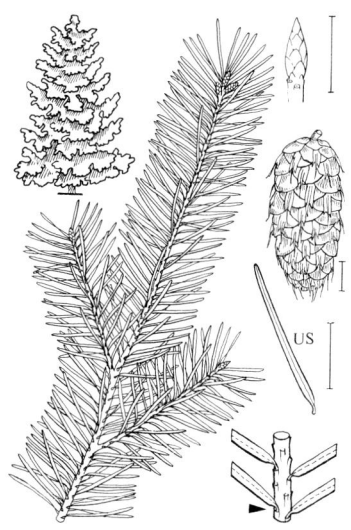

Douglasie – *Pseudotsuga menziesii* Bis 40,00(–55,00) ♄ 4–5 (Nadeln grün bis blaugrau, Orangengeruch)

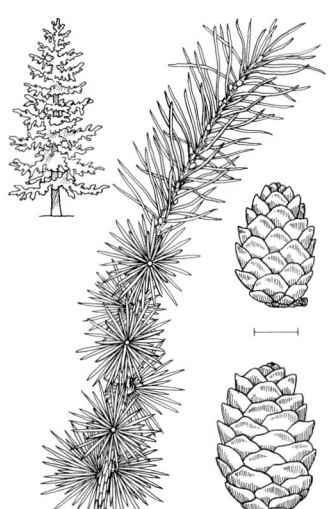

Europäische Lärche – *Larix decidua* Bis 35,00(–55,00) ♄ 3–6 (Nadeln hellgrün. Jungtrieb gelblich, unbereift)

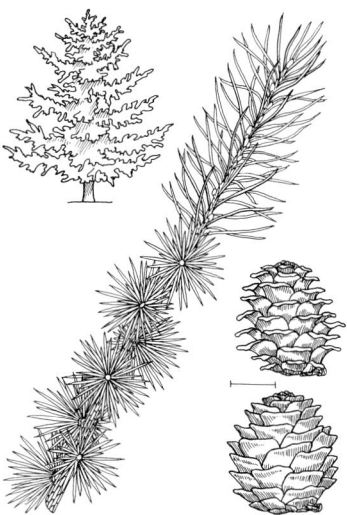

Japanische L. – *L. kaempferi* Bis 30,00 ♄ 4–5 (Nadeln blaugrün. Jungtrieb rötlich, blauweiß bereift)

PINACEAE

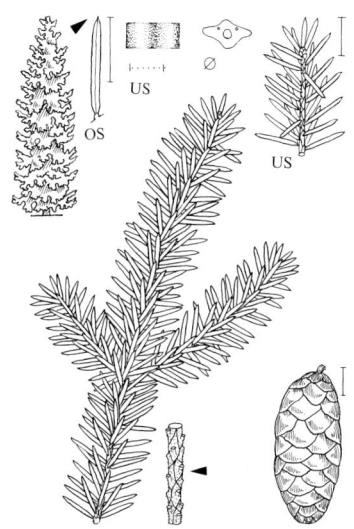

Serbische Fichte – *Picea omorika* Bis 30,00(–35,00) ♄ 5 (Nadeln ± stumpf, dunkelgrün, useits 2 weiße Streifen)

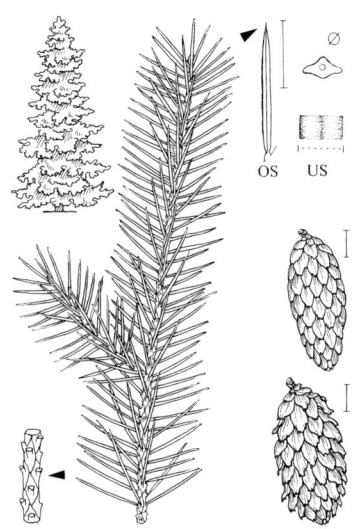

Sitka-F. – *P. sitchensis* Bis 40,00 ♄ 5 (Nadeln stechend, dunkelgrün. Zapfen braun)

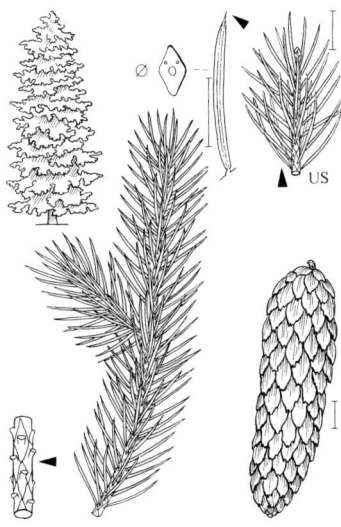

Stech-F. – *P. pungens* Bis 25,00 ♄ 4–6 (Nadeln blaugrün, stechend. Zapfen blass hellbraun) ↗ S. 802

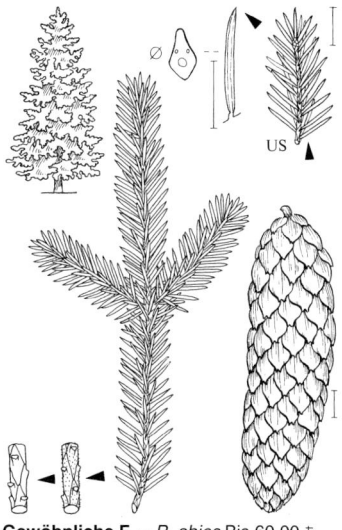

Gewöhnliche F. – *P. abies* Bis 60,00 ♄ 4–6 (Nadeln allseits dunkelgrün. Zapfen braun)

PINACEAE

Zirbel-Kiefer – *Pinus cembra* Bis 25,00 ↑
6–7 (Zapfen erst violett, reif zimtbraun. Sa flügellos) ↗ S. 802

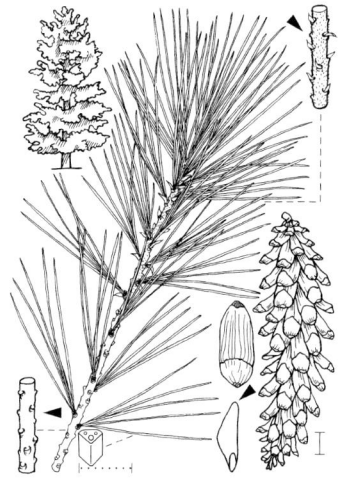

Weymouth-K. – *P. strobus* Bis 30,00 ↑
4–5 (Jungtriebe zuerst behaart. Nadeln weich. Zapfen matt hellbraun)

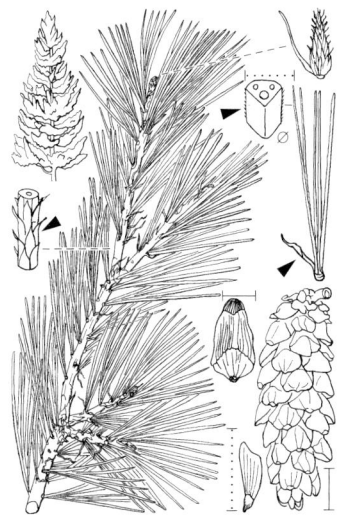

Rumelische K. – *P. peuce* Bis 20,00 ↑
5–6 (Jungtriebe kahl. Zapfen mattbraun)

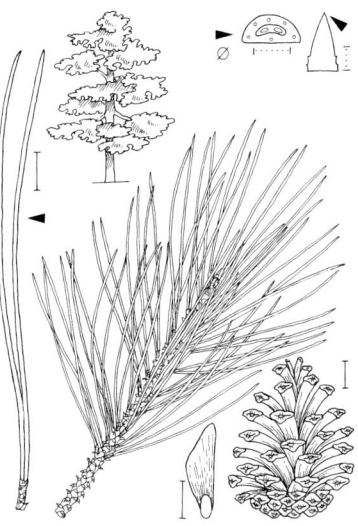

Schwarz-Kiefer – *P. nigra*
Bis 30,00(–45,00) ↑ 5–6 (Zapfen glänzend hellbraun. Stamm schwarzgrau)

PINACEAE

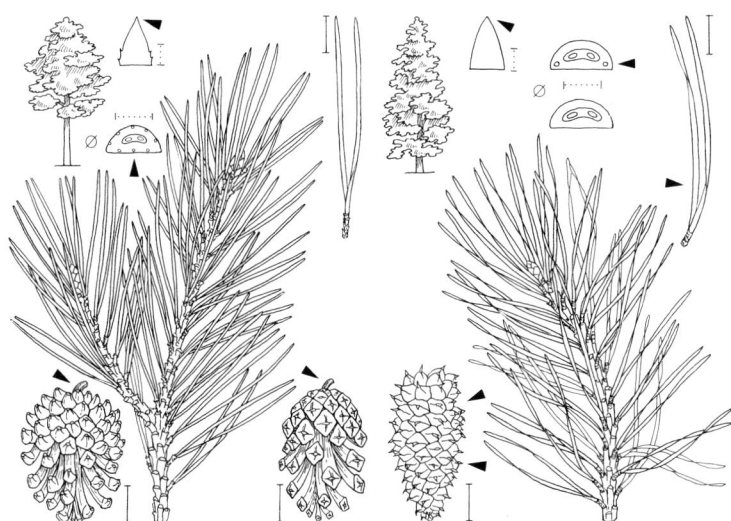

**Gewöhnliche Kiefer – *Pinus sylvestris* Bis 40,00 ♄ 5–6 (Zapfen matt graubraun. Stamm oben hell rotbraun)

Dreh-K. – *P. contorta* Bis 20,00(–25,00) ♄ 4–6 (Zapfen z. T. mehrere Jahre geschlossen bleibend) ↗ S. 802

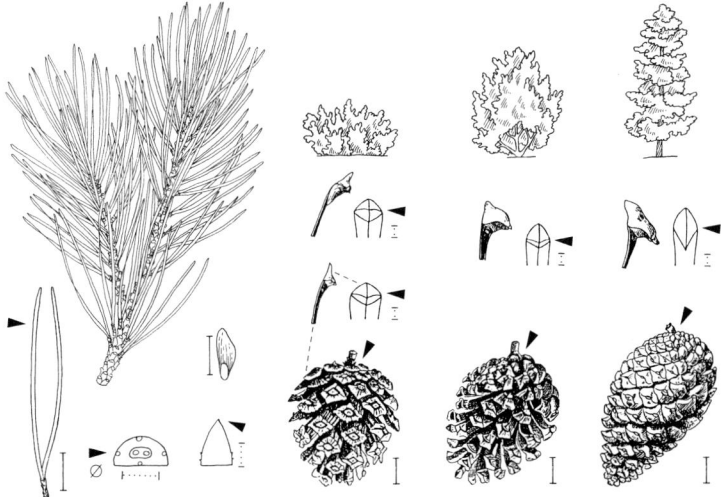

Artengruppe Berg-K. – *P. mugo* agg. ♄ (sehr variabel. Stamm einfarbig grau. Nadeln dunkel- od. hellgrün). R: **Haken-K.** – *P. uncinata* 10,00–12,00(–25,00) 6–7; M: **Moor-K.** – *P. rotundata* 1,00–10,00(–18,00) 5–7; L: **Krummholz-K.** – *P. mugo* 1,00–3,00(–5,00) 6–7

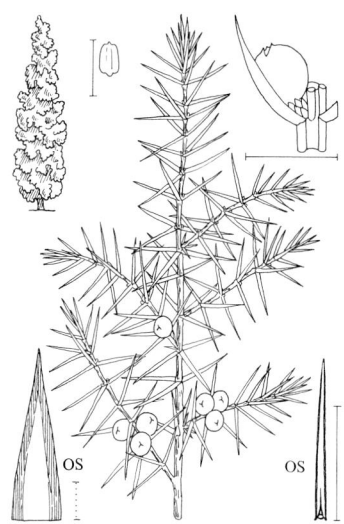

Gewöhnlicher Wacholder – *Juniperus communis* Bis 8,00(–15,00) ♄ 4–5 (Beerenzapfen reif schwarzblau)

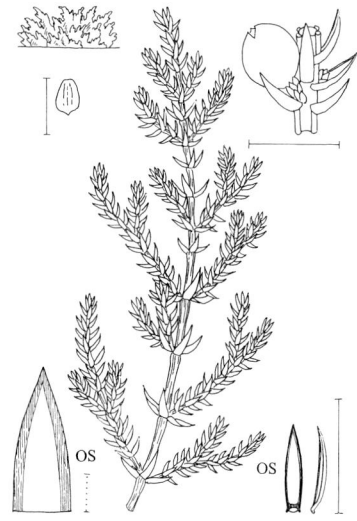

Zwerg-W. – *J. communis* subsp. *nana* Bis 0,80 ♄ 7–8 (Beerenzapfen reif schwarzblau, bereift)

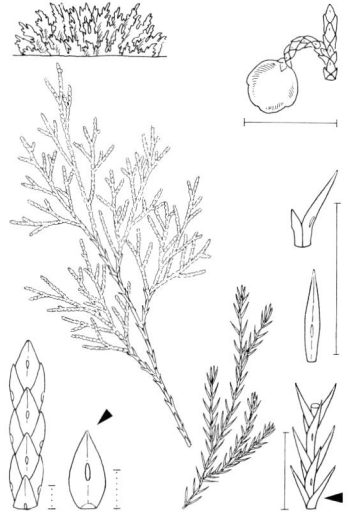

Sadebaum – *J. sabina* Bis 2,00(–4,00) ♄ 4–5 (beblätterte Triebe zerrieben unangenehm riechend) ↗ S. 802

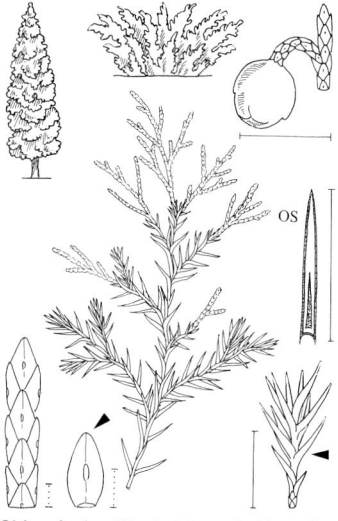

Chinesischer Wacholder – *J. chinensis* Bis 10,00 ♄ 3–4 (Zapfen stark bereift. Variabel)

CUPRESSACEAE 33

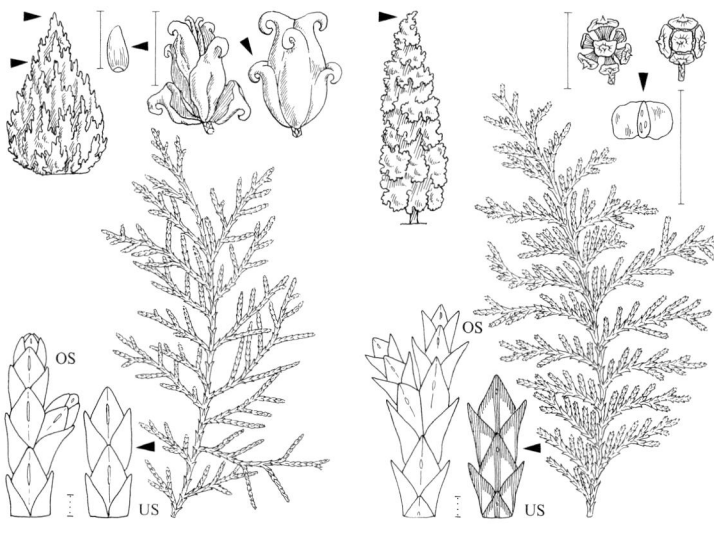

Orientlebensbaum – *Platycladus orientalis* Bis 10,00 ♄ 4 (Laubtriebe beidseits gleichfarbig. Sa flügellos)

Erbsenfrüchtige Scheinzypresse – *Chamaecyparis pisifera* Bis 20,00 ♄ 3–4 (Bla der ZweigUSeite weiß gefleckt)

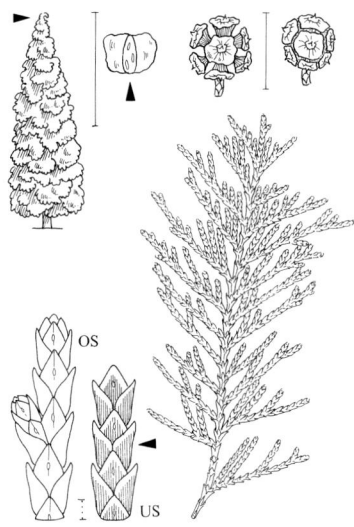

Lawson-Sch. – *Ch. lawsoniana* Bis 20,00 ♄ 3–4 (Bla der ZweigUSeite mit weißen Linien)

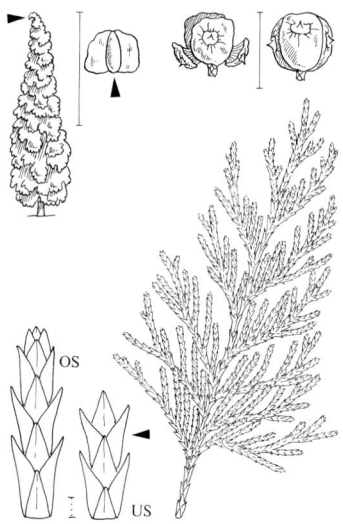

Nutka-Sch. – *Ch. nootkatensis* Bis 20,00 ♄ 3–4 (Bla der ZweigUSeite grün)

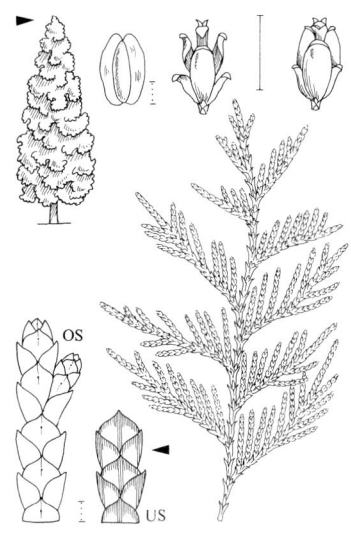

Riesen-Lebensbaum – *Thuja plicata* Bis 15,00(–30,00) ♄ 4 (Bla der ZweigOSeite glänzend grün, der USeite weißfleckig)

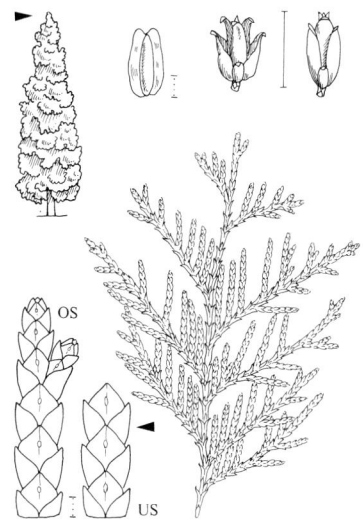

Abendländischer L. – *T. occidentalis* Bis 20,00 ♄ 3–4 (Zweige oseits matt dunkelgrün, useits blaugrün)

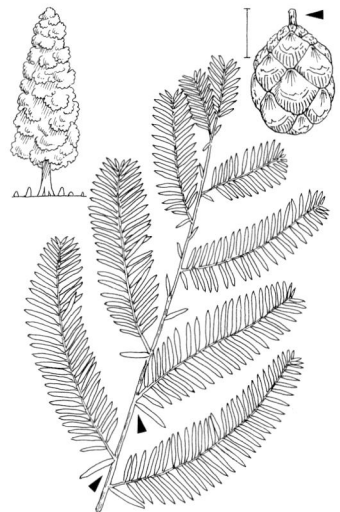

Sumpfzypresse – *Taxodium distichum* Bis 50,00 ♄ 5 (Nadeln hellgrün, sommergrün)

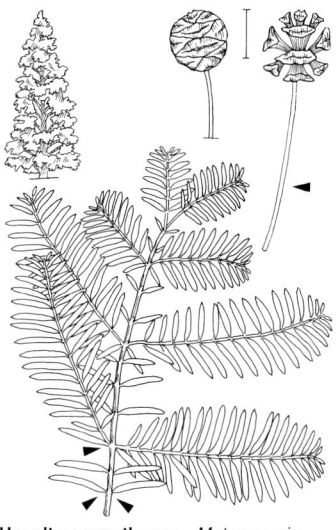

Urweltmammutbaum – *Metasequoia glyptostroboides* Bis 35,00 ♄ 5 (Nadeln hellgrün, sommergrün)

CUPRESSACEAE · TAXACEAE · NYMPHAEACEAE 35

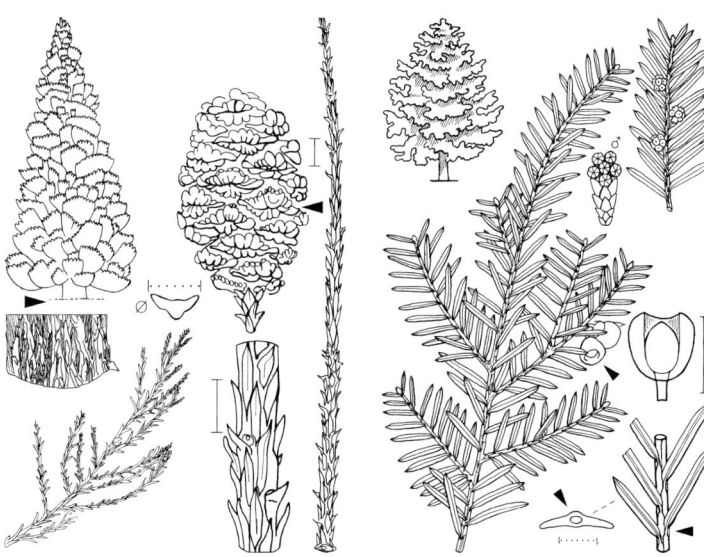

Riesenmammutbaum – *Sequoiadendron giganteum* Bis 55,00 ♄ 5 (Zapfen ganz abfallend. Borke rotbraun)

Gewöhnliche Eibe – *Taxus baccata* Bis 15,00 ♄ 3–5 ▽ (Nadeln oseits dunkelgrün, useits heller. Samenmantel rot)

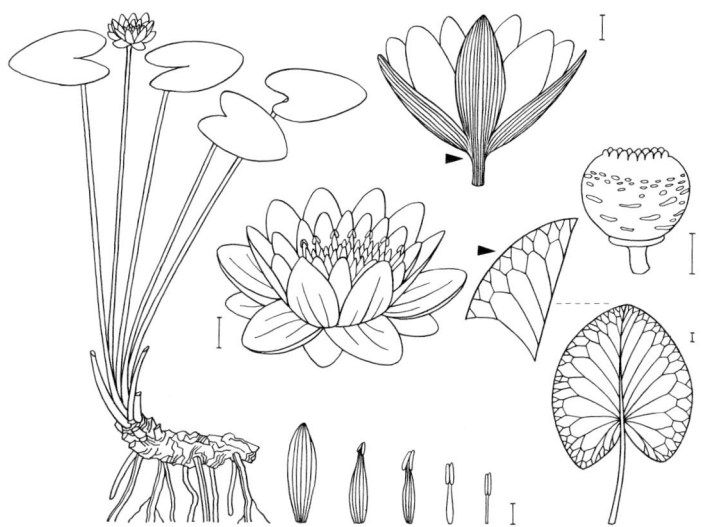

Weiße Seerose – *Nymphaea alba* 0,50–2,50 ⚃ 6–8 ▽ (weiß)

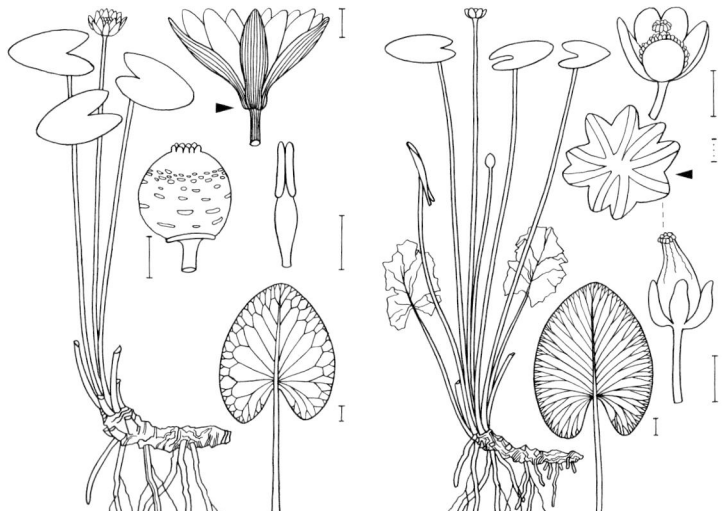

Kleine Seerose – *Nymphaea candida*
0,50–1,60 ♃ (5–)6–8 ▽ (weiß)

Zwerg-Teichrose – *Nuphar pumila*
0,70–1,50 ♃ 7–8 ▽ (gelb)

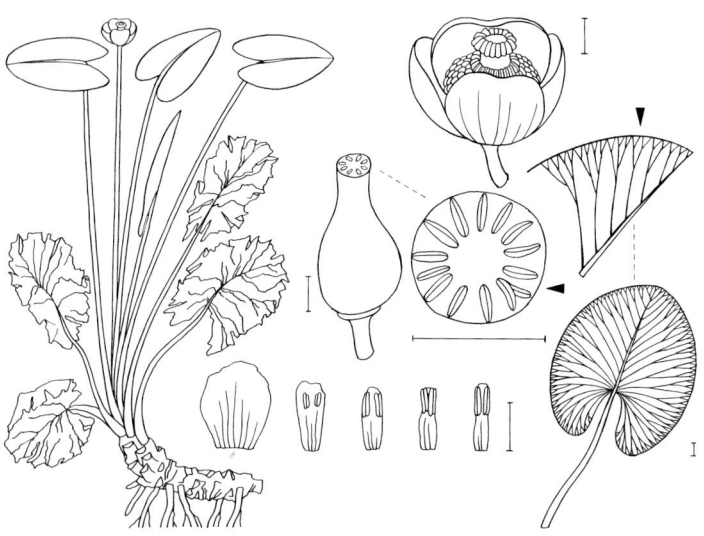

Große T. – *N. lutea* 0,50–2,50 ♃ 6–8 ▽ (gelb) ↗ S. 802

ARISTOLOCHIACEAE · ACORACEAE

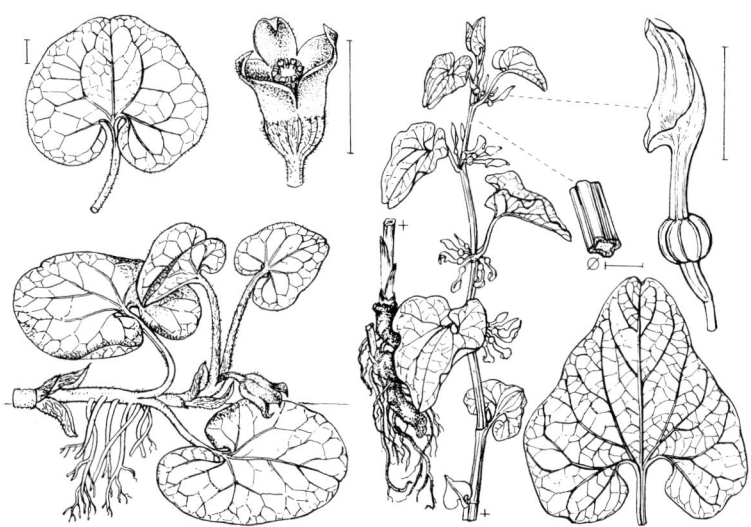

**Haselwurz – *Asarum europaeum*
0,05–0,10 ♃ 3–5 (braunpurpurn)

Osterluzei – *Aristolochia clematitis*
0,30–0,70 ♃ 5–6 (grünlichgelb)

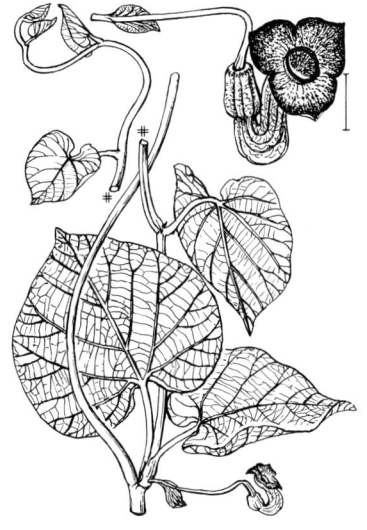

Amerikanische Pfeifenwinde –
A. macrophylla 3,00–6,00 ♄ 6–8 (bräunlichgrün)

Kalmus – *Acorus calamus* 0,60–1,20 ♃
6–7

Gelbe Scheinkalla – *Lysichiton americanum* 0,80–1,20 ⚄ 4–5 (HochBla leuchtend gelb)

Sumpf-Schlangenwurz – *Calla palustris* 0,15–0,30 ⚄ 5–9 ▽ (HochBla innen weiß, Beeren rot)

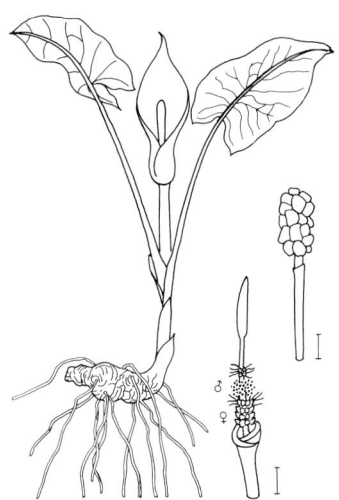

Gefleckter Aronstab – *Arum maculatum* 0,15–0,40 ⚄ 4–6 (HochBla grünlichweiß bis rötlichweiß. Beeren rot)

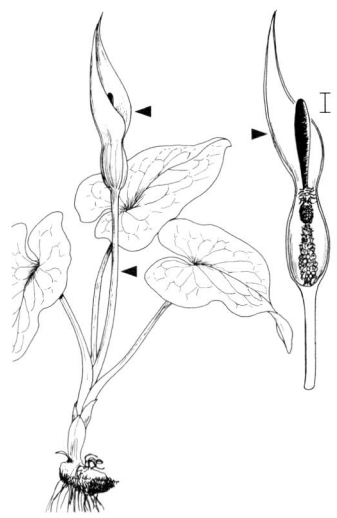

Südöstlicher A. – *A. cylindraceum* 0,15–0,40 ⚄ 4–6 (HochBla grünlichweiß bis rötlichweiß. Beeren rot)

ARACEAE

Untergetauchte Wasserlinse – *Lemna trisulca* 0,007–0,01 ♃ 6

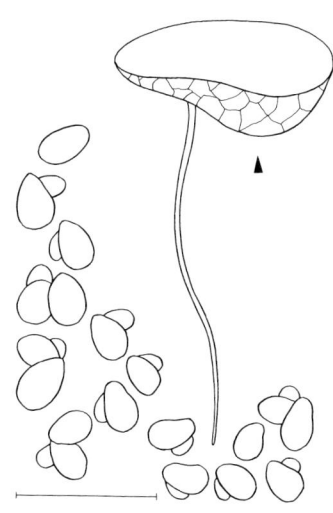

Bucklige W. – *L. gibba* 0,003–0,006 ♃ 4–6

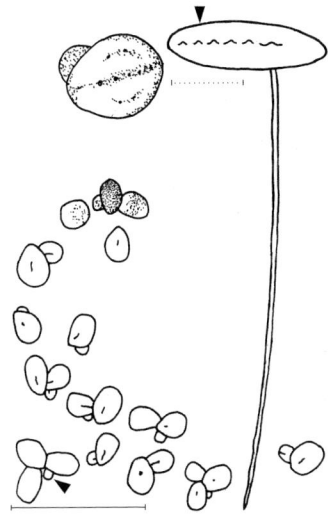

Rote W. – *L. turionifera* 0,002–0,003 ♃ 6–7

Kleine W. – *L. minor* 0,002–0,006 ♃ 5–6

ARACEAE · HYDROCHARITACEAE

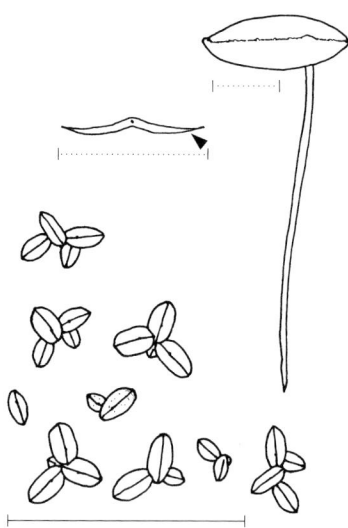

Winzige Wasserlinse – *Lemna minuta* 0,001–0,003 ♃ 5–6

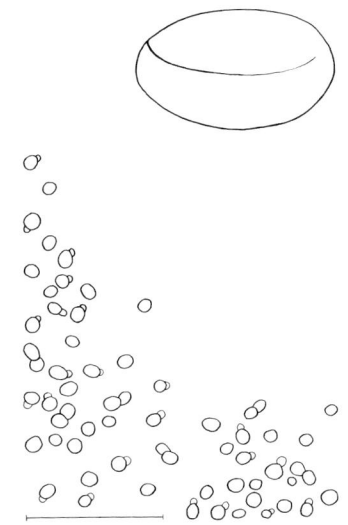

Zwergwasserlinse – *Wolffia arrhiza* 0,001 ♃

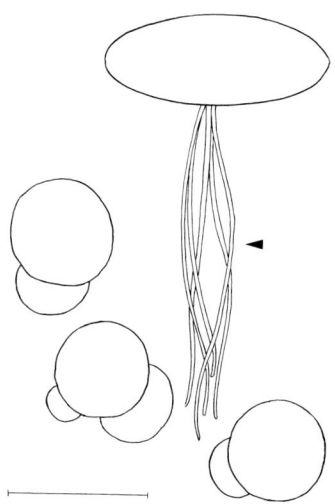

Vielwurzlige Teichlinse – *Spirodela polyrhiza* 0,005–0,01 ♃ 6–8? (unterseits meist rot)

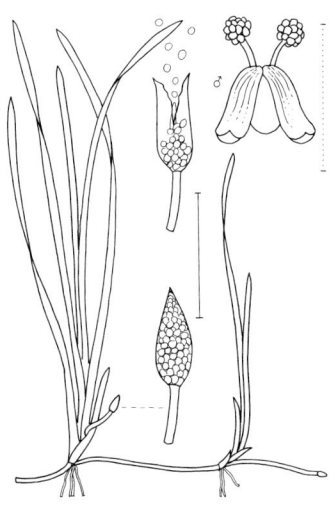

Gewöhnliche Wasserschraube – *Vallisneria spiralis* 0,20–0,80 ♃ 6–9 (weiß)

HYDROCHARITACEAE

Kanadische Wasserpest – *Elodea canadensis* 0,30–0,60 ♃ 5–8 (Kr weißlich, Ke grün od. rötlich)

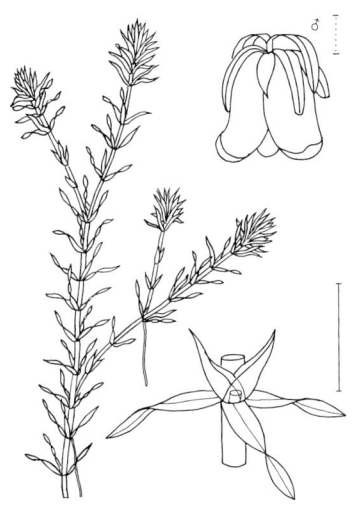

Nuttall-W. – *E. nuttallii* 0,30–0,60 ♃ 6–8 (Kr farblos, Ke grün, innen braun)

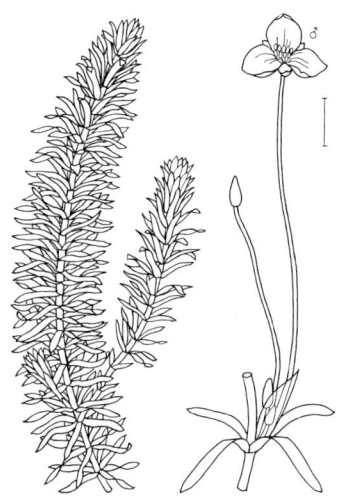

Dichtblättrige Wasserpest – *Egeria densa* 0,30–0,60 ♃ 5–8 (weiß)

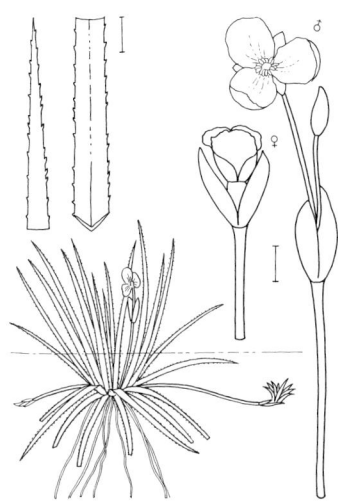

Krebsschere – *Stratiotes aloides* 0,15–0,45 ♃ 5–8 ▽ (weiß)

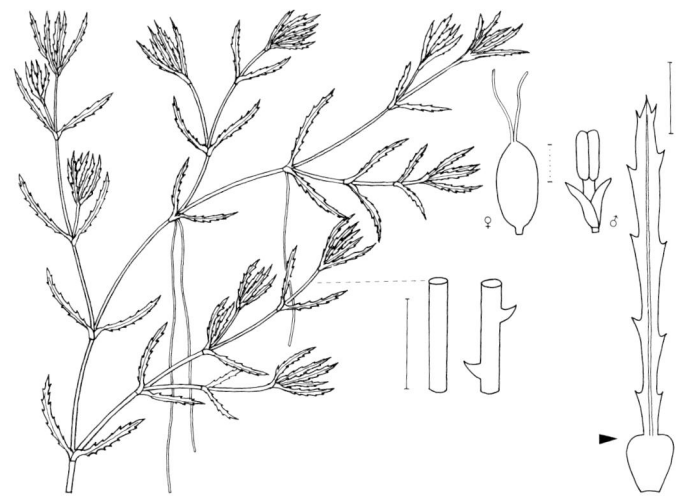

**Großes Nixkraut – *Najas marina* 0,05–0,50 ⊙ 6–8 (blassgrün, unscheinbar) ↗ S. 802

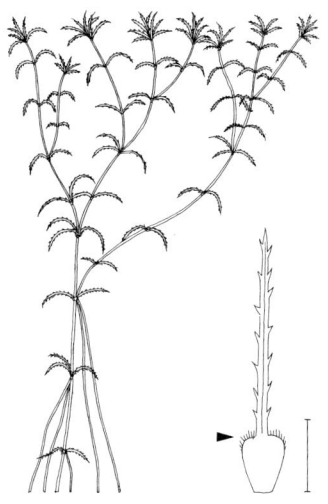

Kleines N. – *N. minor* 0,05–0,20 ⊙ 6–8 (blassgrün, unscheinbar)

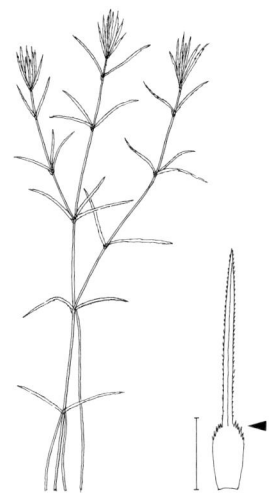

Biegsames N. – *N. flexilis* 0,10–0,30 ⊙ 6–8 ▽ (†)

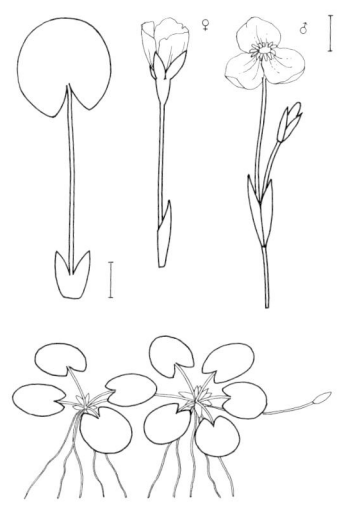

Europäischer Froschbiss – *Hydrocharis morsus-ranae* 0,15–0,30 ♃ 6–8 (weiß, Grund gelb)

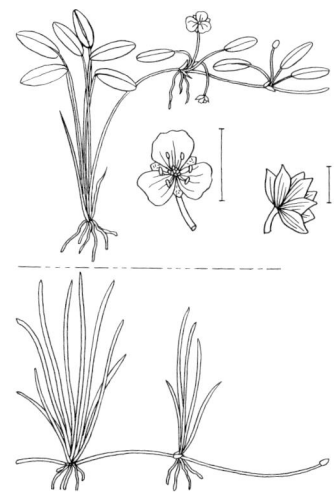

Schwimmendes Froschkraut – *Luronium natans* 0,10–0,45 ♃ 5–8 ▽ (weiß, Grund gelb)

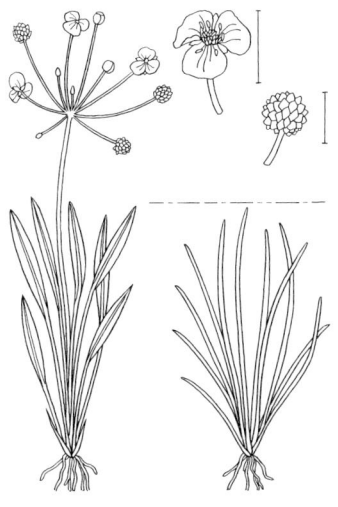

Igelschlauch – *Baldellia ranunculoides* subsp. *ranunculoides* 0,05–0,60 ♃ 7–10 (meist weiß)

Kriech-I. – *B. ranunculoides* subsp. *repens* 0,05–0,30 ♃ 7–10 (meist rosa)

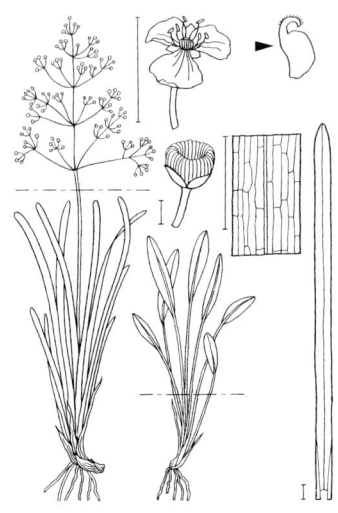

Grasblättriger Froschlöffel – *Alisma gramineum* 0,10–0,30 ♃ 7–8 (weiß)

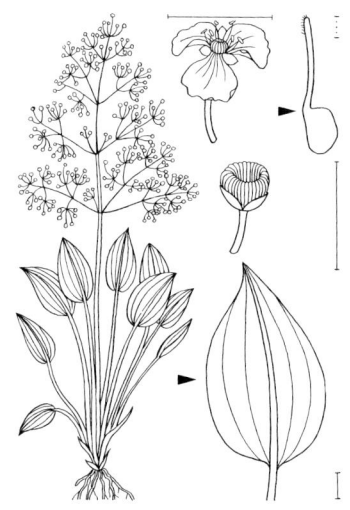

Gewöhnlicher F. – *A. plantago-aquatica* 0,30–1,00 ♃ 7–8 (weiß)

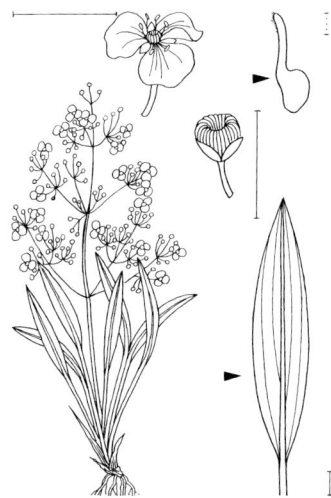

Lanzett-F. – *A. lanceolatum* 0,20–0,60 ♃ 6–7 (rosa)

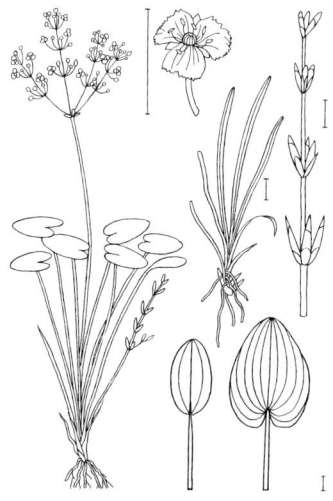

Herzlöffel – *Caldesia parnassiifolia* 0,10–0,30 ♃ 7–9 ▽ (weiß)

ALISMATACEAE · BUTOMACEAE · TOFIELDIACEAE

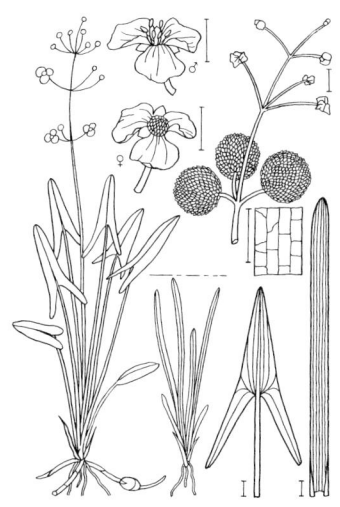

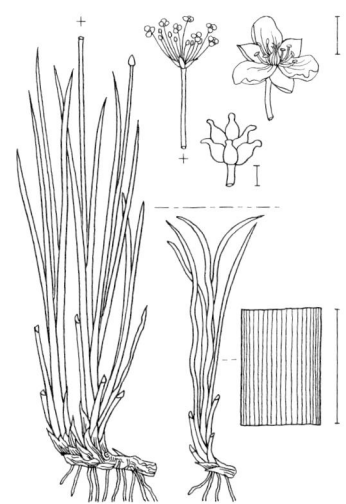

Gewöhnliches Pfeilkraut – *Sagittaria sagittifolia* 0,30–1,00 ⚄ 6–8 (weiß, Grund purpurn)

Schwanenblume – *Butomus umbellatus* 0,50–1,50 ⚄ 6–8 (rötlichweiß, dunkler geadert)

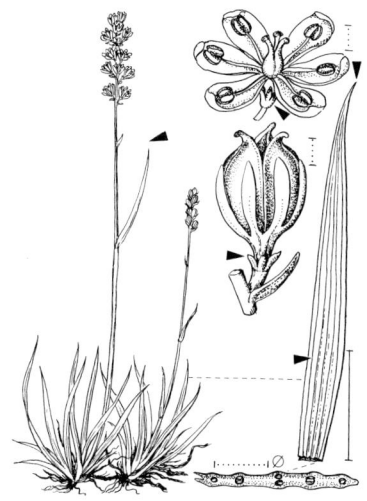

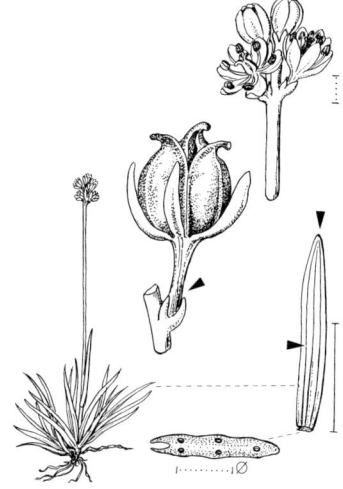

Kelch-Simsenlilie – *Tofieldia calyculata* 0,15–0,30 ⚄ 6–7 (gelblichweiß)

Zwerg-S. – *T. pusilla* 0,05–0,12 ⚄ 7 (weißlich)

JUNCAGINACEAE · ZOSTERACEAE

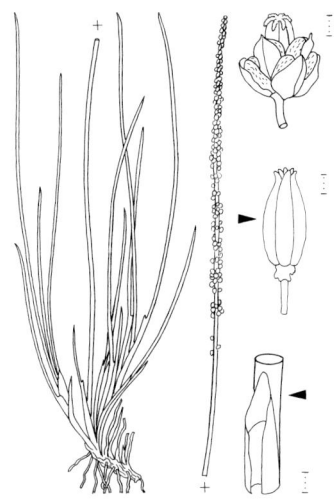

Strand-Dreizack – *Triglochin maritimum* 0,15–0,75 ⚷ 6–8 (rötlichgrün)

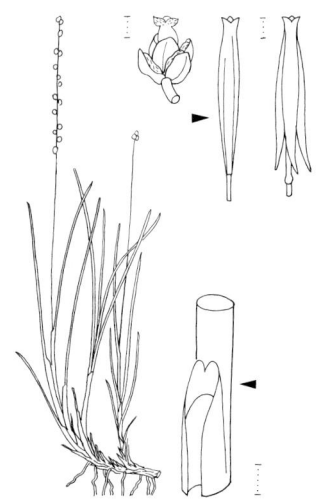

Sumpf-D. – *T. palustre* 0,15–0,40 ⚷ 6–8 (weiß bis hellviolett)

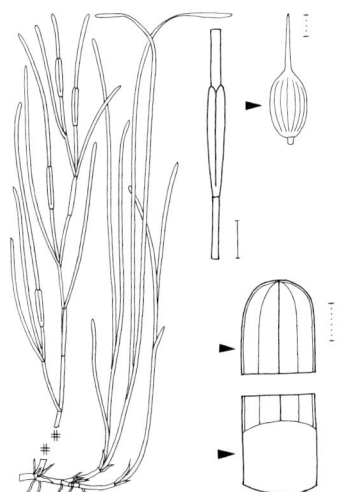

Echtes Seegras – *Zostera marina* 0,30–1,00 ⚷ 6–9 (MeeresPfl) (blassgrün)

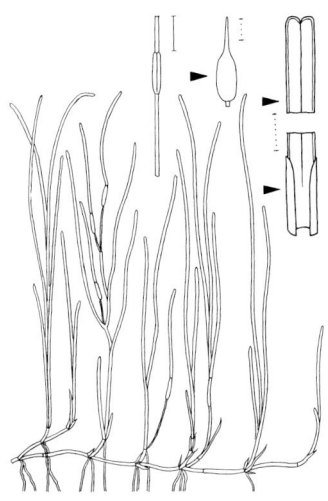

Zwerg-S. – *Z. noltei* 0,20–0,40 ⚷ 6–8 (MeeresPfl) (blassgrün)

RUPPIACEAE · POTAMOGETONACEAE

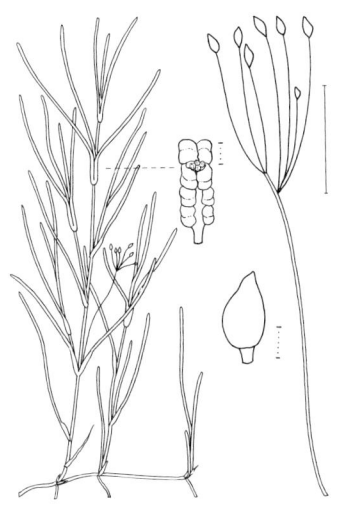

*Meeres-Salde – *Ruppia maritima*
0,15–0,40 ♃ 6–10 (blassgrün)

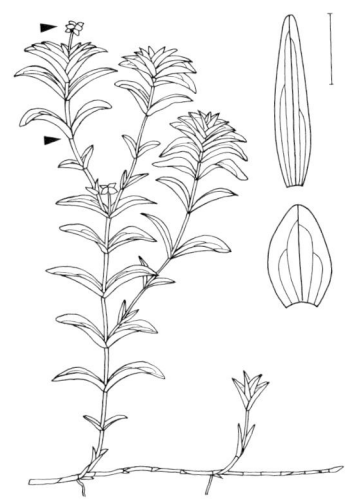

Dichtes Fischkraut – *Groenlandia densa*
0,30–0,45 ♃ 6–9 (grün)

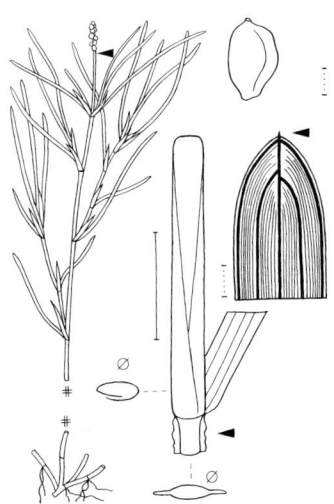

Flachstängliges Laichkraut –
Potamogeton compressus 0,50–1,50 ♃
7–8 (grünlich)

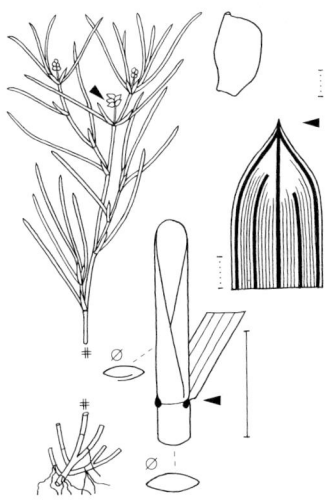

Spitzblättriges L. – *P. acutifolius*
0,30–0,60 ♃ 6–8 (grünlich)

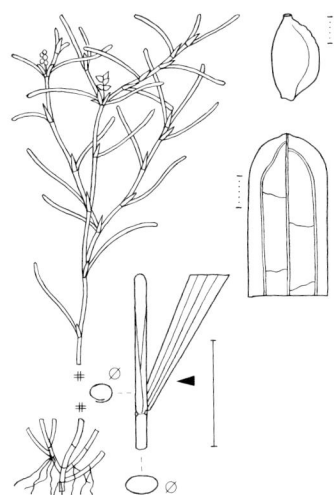

Stumpfblättriges Laichkraut – *Potamogeton obtusifolius* 0,30–0,90 ⚁ 6–8 (Bla oft bräunlich, fast undurchsichtig)

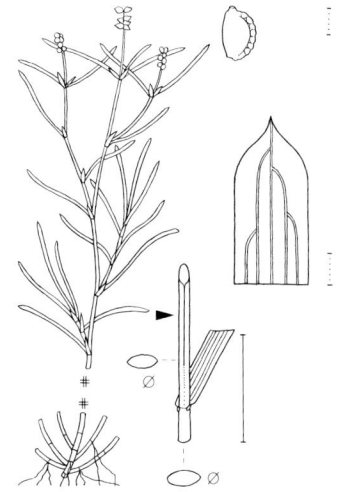

Stachelspitziges L. – *P. friesii* 0,30–1,20 ⚁ 6–8 (grünlich)

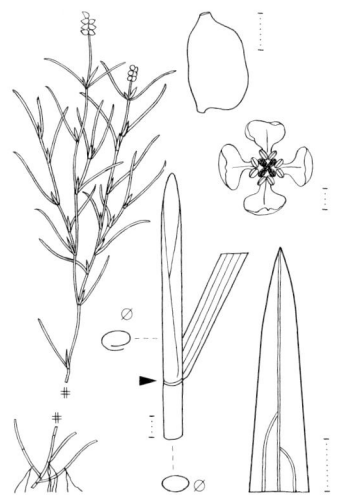

Rötliches L. – *P. rutilus* 0,30–0,50 ⚁ 7–8

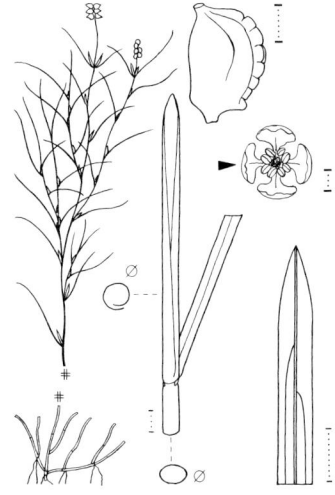

Haarblättriges L. – *P. trichoides* 0,30–0,50 ⚁ 6–7

POTAMOGETONACEAE 49

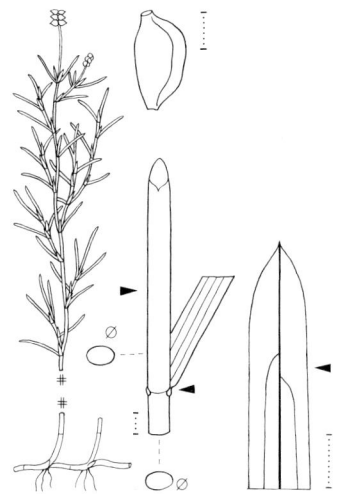

Zwerg-Laichkraut – *Potamogeton pusillus* 0,20–1,00 ♃ 6–9

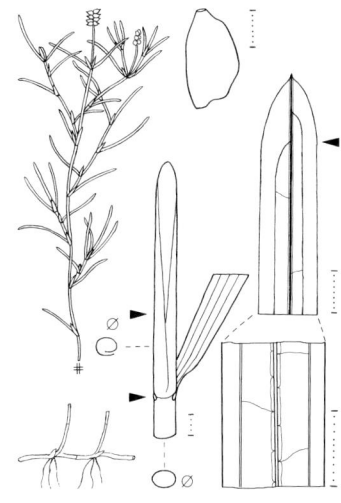

Berchtold-L. – *P. berchtoldii* 0,10–1,00 ♃ 6–9 (Artrang fraglich, evtl. Ökomorphose von *P. pusillus*)

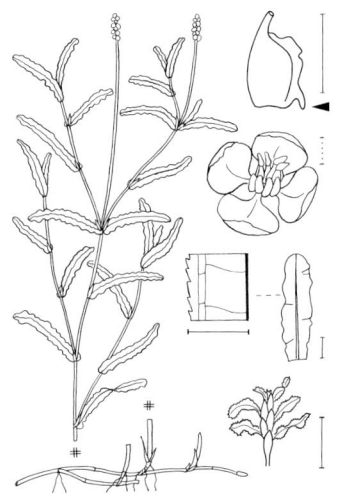

Krauses L. – *P. crispus* 0,30–2,00 ♃ 5–9 (Bla oft rötlich, unten rechts: Winterknospe)

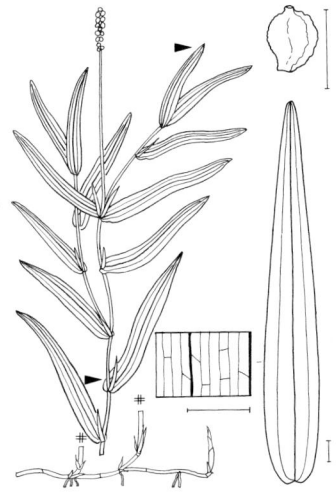

Gestrecktes L. – *P. praelongus* 0,80–3,00 ♃ 6–7 (grünlich)

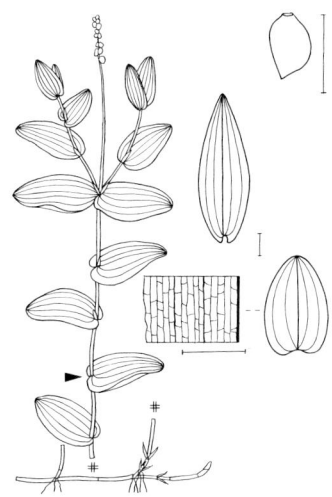

Durchwachsenes Laichkraut –
Potamogeton perfoliatus 0,30–1,00 ♃ 6–8

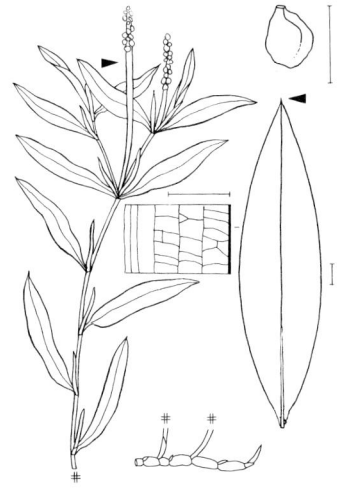

Spiegelndes L. – *P. lucens* 0,60–3,00 ♃ 6–8 (grünlich)

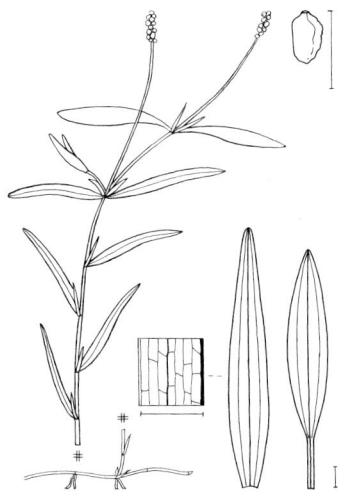

Alpen-L. – *P. alpinus* 0,30–3,00 ♃ 6–8 (grünlich, oft rötlich überlaufen)

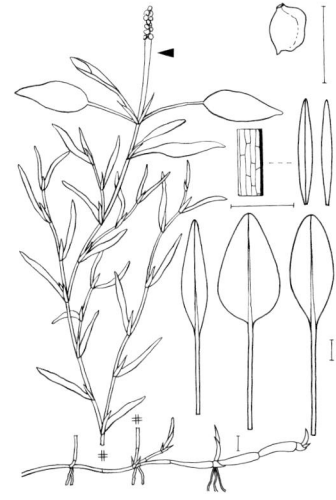

Gras-L. – *P. gramineus* 0,30–1,20 ♃ 6–7 (grünlich)

POTAMOGETONACEAE

Schmalblättriges Laichkraut –
Potamogeton ×angustifolius 0,30–1,50 ⚷ 6–7 (grünlich)

Glanz-L. – *P. ×nitens* 0,30–1,20 ⚷ 6–7 (grünlich)

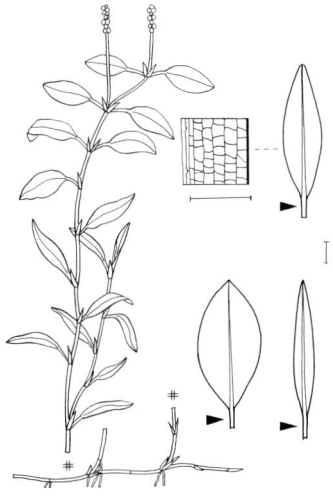

Gefärbtes L. – *P. coloratus* 0,30–0,80 ⚷ 6–8 (grünlich, oft rötlich)

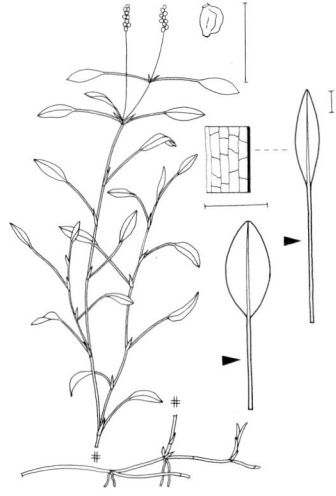

Knöterich-L. – *P. polygonifolius* 0,10–1,00 ⚷ 6–8 (bräunlich-grün)

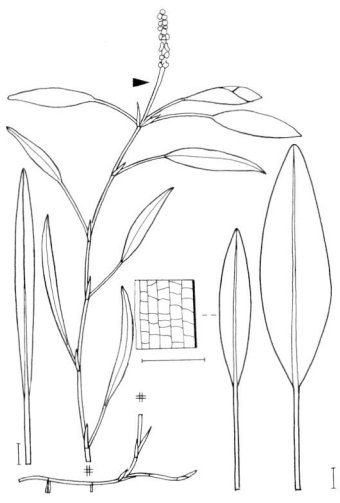

Knoten-Laichkraut – *Potamogeton nod_osus* 1,50–3,00 ⚳ 6–8 (grünlich-bräunlich)

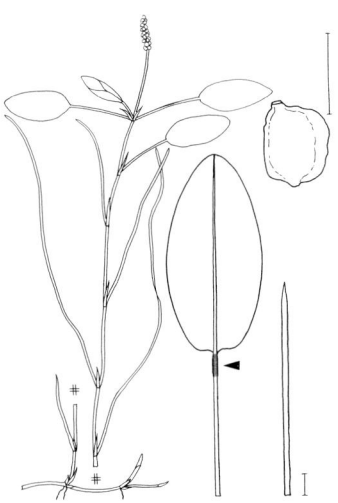

Schwimmendes L. – *P. n_atans* 0,60–1,50 ⚳ 6–8 (blass bräunlichgrün)

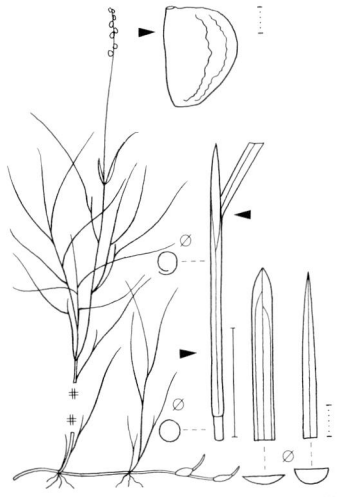

Kamm-L. – *Stuck_enia pectin_ata* 0,30–3,00 ⚳ 6–8 (grünlich)

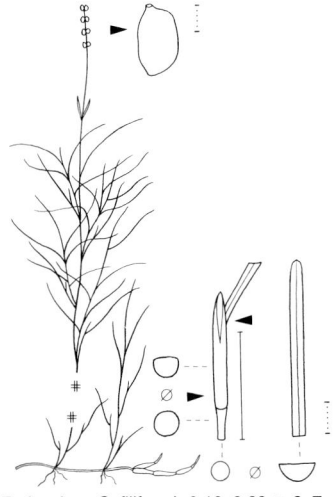

Faden-L. – *S. filif_ormis* 0,10–0,60 ⚳ 6–7 (grünlich)

POTAMOGETONACEAE · SCHEUCHZERIACEAE · NARTHECIACEAE

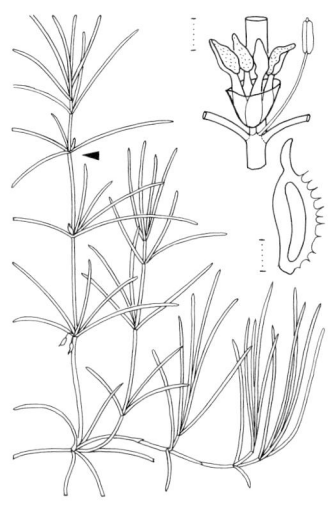

Sumpf-Teichfaden – *Zannichellia palustris* subsp. *palustris* 0,10–0,80 ♃ 5–9 (blassgrün) ↗ S. 802

Salz-T. – *Z. palustris* subsp. *pedicellata* 0,10–0,80 ♃ 5–9 (blassgrün)

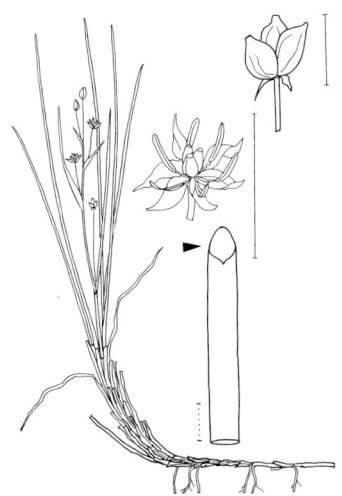

Blasenbinse – *Scheuchzeria palustris* 0,10–0,20 ♃ 5–6 (gelbgrün)

Beinbrech – *Narthecium ossifragum* 0,10–0,30 ♃ 7–8 ▽ (innen gelb, außen grün, StaubBla ziegelrot)

MELANTHIACEAE · COLCHICACEAE

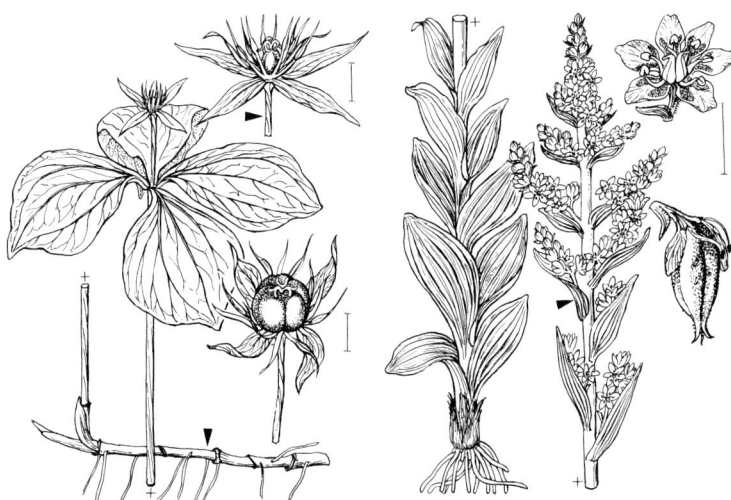

Einbeere – *Paris quadrifolia* 0,10–0,30 ♃ 5–6 (gelbgrün, selten 3–7zählig. Beere blauschwarz)

**Weißer Germer – *Veratrum album* 0,50–1,50 ♃ 6–8 (weiß, außen grünlich od. beiderseits gelblichgrün)

Herbst-Zeitlose – *Colchicum autumnale* 0,05–0,40 ♃ 8–11 (violettrosa. Zur BlüZeit ohne Bla; Bla u. Fr im Frühjahr erscheinend)

DIOSCOREACEAE · LILIACEAE

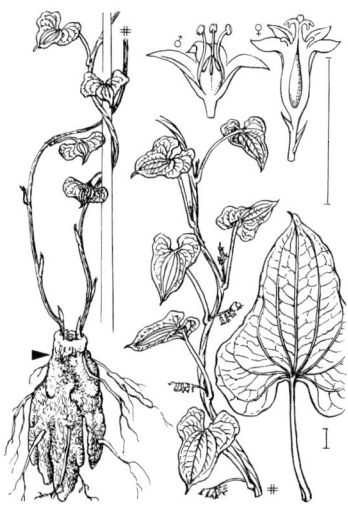

Gewöhnliche Schmerwurz – *Dioscorea communis* 1,50–3,00 ♃ 5–6 (hell grünlichgelb. Beere rot)

Stängelumfassender Knotenfuß – *Streptopus amplexifolius* 0,30–1,00 ♃ 6–7 (weißlich. Beere rot)

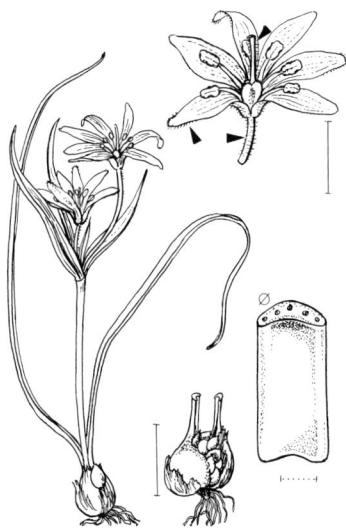

Acker-Goldstern – *Gagea villosa* 0,10–0,15 ♃ 3–5 (zitronengelb, außen grün. BlaGrund rötlich)

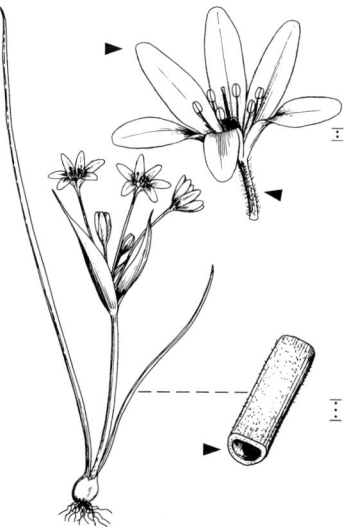

Röhriger G. – *G. fragifera* 0,10–0,20 ♃ 6–7 (gelb, außen gelblichgrün)

LILIACEAE

Felsen-Goldstern – *Gagea bohemica* 0,03–0,08 ♃ 3–4 (gelb, außen grün) ↗ S. 802

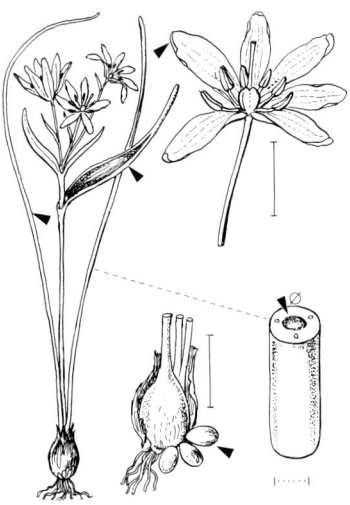

Scheiden-G. – *G. spathacea* 0,10–0,20 ♃ 4–5 (gelb, außen grün. BlaGrund weiß)

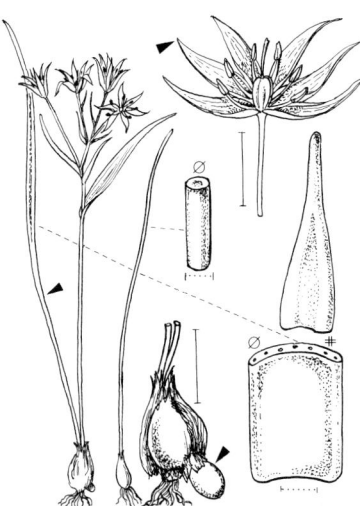

Zwerg-G. – *G. minima* 0,08–0,15 ♃ 3–4 (gelb, außen grün. BlaGrund karminrot)

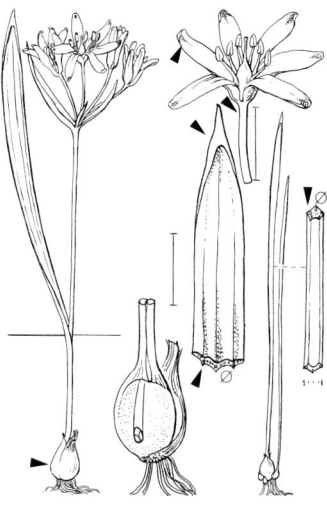

Wald-G. – *G. lutea* 0,10–0,30 ♃ 4–5 (gelb, außen grün. BlaGrund weiß, selten schwach braunrötlich)

LILIACEAE

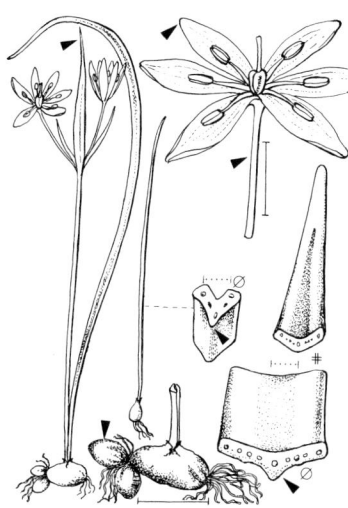

Wiesen-Goldstern – *Gagea pratensis* 0,08–0,20 ♃ 3–5 (goldgelb, außen grün. BlaGrund weinrot)

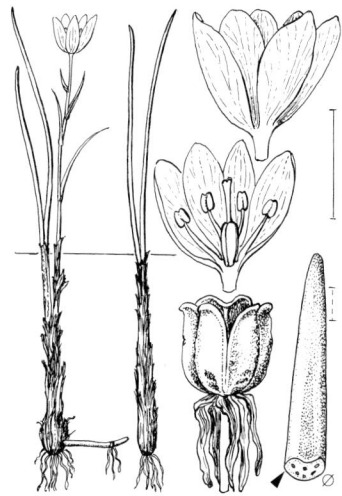

Späte Faltenlilie – *G. serotina* 0,07–0,10 ♃ 7–8 ▽ (weiß, oberseits rötlich gestreift)

**Feuer-Lilie – *Lilium bulbiferum* 0,50–1,00 ♃ 6–7 ▽ (feuerrot, z. T. mit braunen Flecken) ↗ S. 802

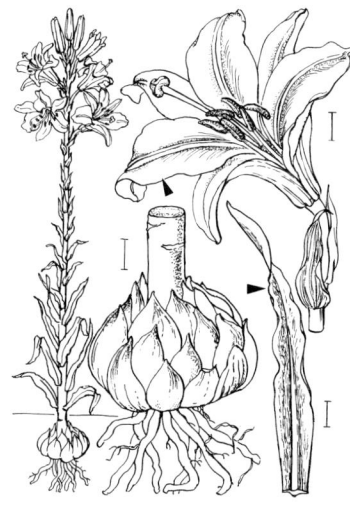

Weiße L. – *L. candidum* 0,60–1,50 ♃ 6–7 (weiß)

LILIACEAE

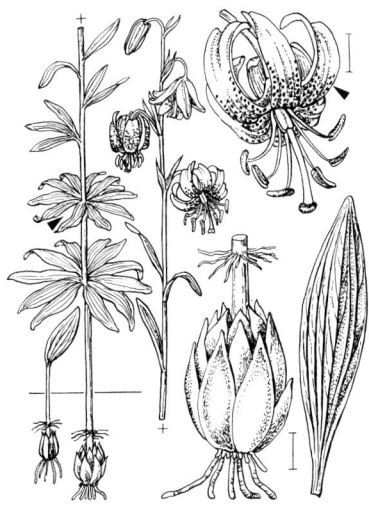

Türkenbund-Lilie – *Lilium martagon* 0,40–1,00 ♃ 6–7 ▽ (hellpurpurn mit dunkleren Flecken)

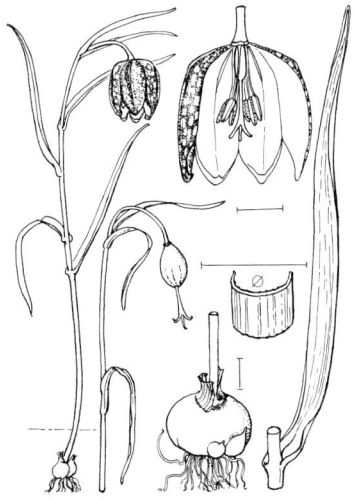

Schachblume – *Fritillaria meleagris* 0,15–0,30 ♃ 4–5 ▽ (purpurbraun mit helleren Flecken, selten weiß)

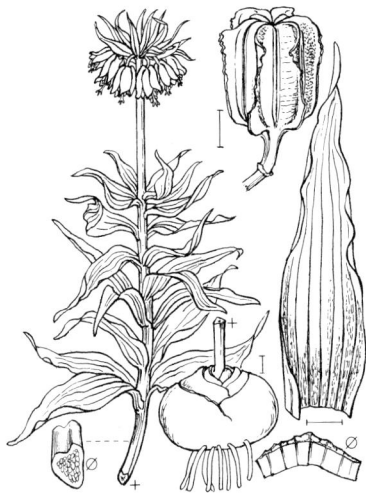

Kaiserkrone – *F. imperialis* 0,60–1,00 ♃ 4–5 (gelb od. orangerot)

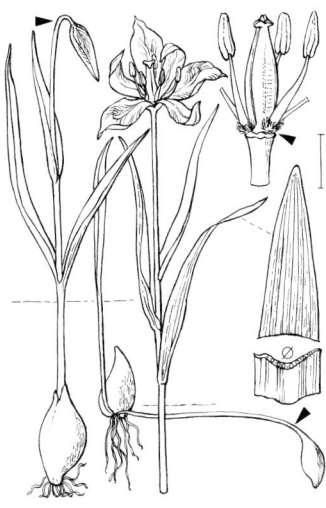

Wilde Tulpe – *Tulipa sylvestris* 0,20–0,45 ♃ 4–5 ▽ (gelb)

ORCHIDACEAE

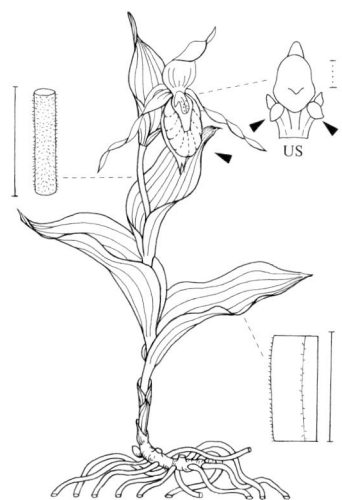

Frauenschuh – *Cypripedium calceolus* 0,15–0,50 ♃ 5–6 ▽ (purpurbraun, Lippe gelb)

Rotes Waldvöglein – *Cephalanthera rubra* 0,30–0,50 ♃ 6–7 ▽ (rosa, Vorderglied der Lippe weiß u. rot)

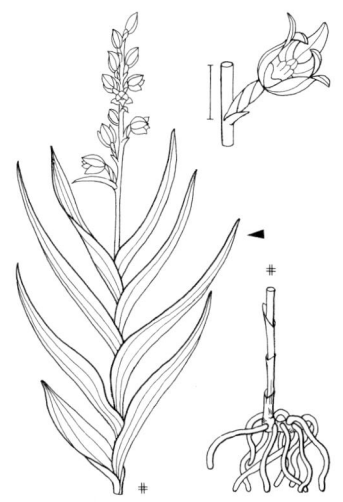

Langblättriges W. – *C. longifolia* 0,15–0,45 ♃ 5–6 ▽ (weiß)

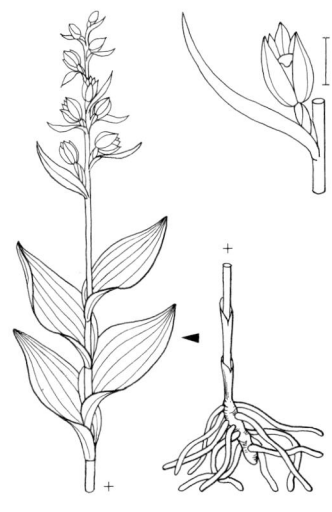

Bleiches W. – *C. damasonium* 0,30–0,60 ♃ 5–6 ▽ (gelblichweiß)

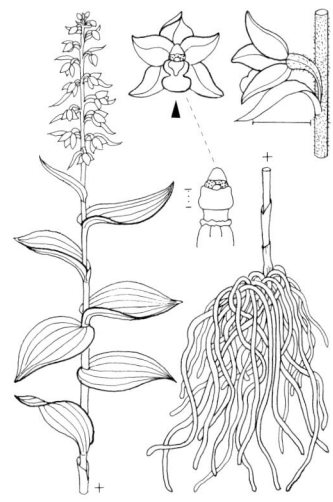

**Breitblättrige Sitter – *Epipactis helleborine* 0,20–0,75 ⚳ 6–8 ▽ (grünlich, rosapurpurn u. braun)

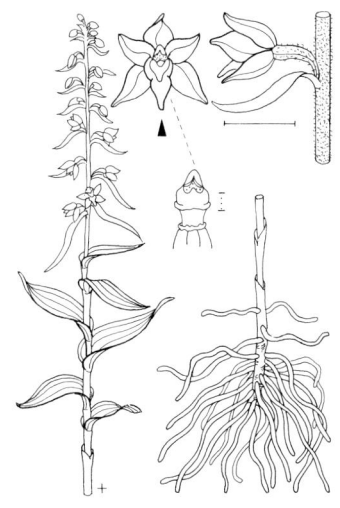

**Schmallippige S. – *E. leptochila* 0,20–0,70 ⚳ 7 ▽ (weißlich u. grünlich) ↗ S. 802

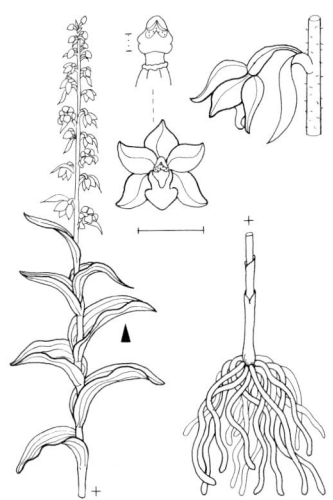

Müller-S. – *E. muelleri* 0,25–0,75 ⚳ 7–8 ▽ (weißlich u. rot)

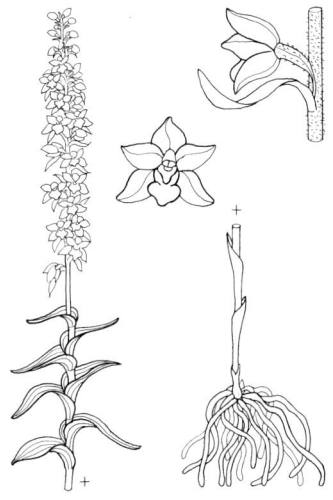

Violette S. – *E. purpurata* 0,15–0,60 ⚳ 8–9 ▽ (gelbgrün u. violett)

ORCHIDACEAE

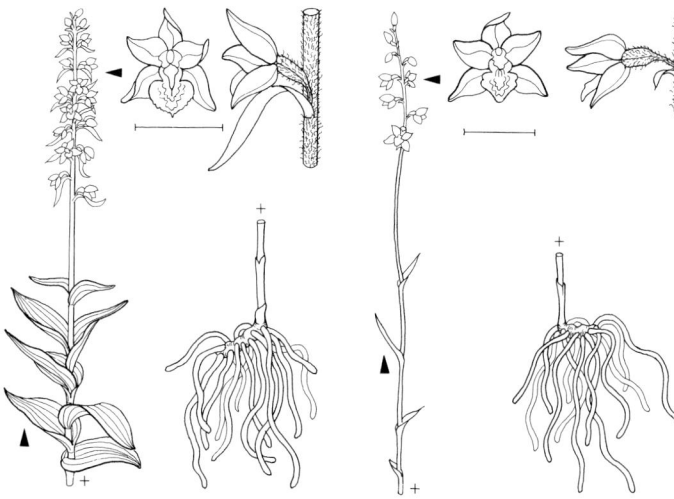

Braunrote Sitter–*Epipactis atrorubens*
0,30–0,60 ♃ 6–8 ▽ (braunrot)

Kleinblättrige S. – *E. microphylla*
0,10–0,30 ♃ 6–8 ▽ (grünlich, oft rötlich überlaufen)

Sumpf-S. – *E. palustris* 0,30–0,50 ♃ 6–8 ▽ (weiß u. rosa)

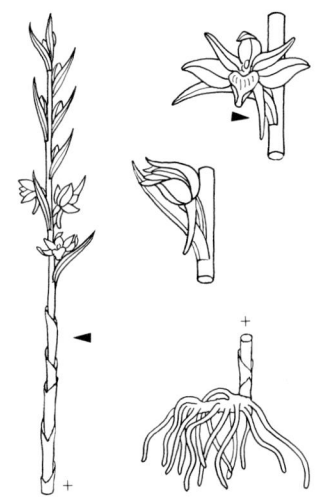

Dingel – *Limodorum abortivum* 0,20–0,50 ♃ 5–7 ▽ (Pfl violett)

ORCHIDACEAE

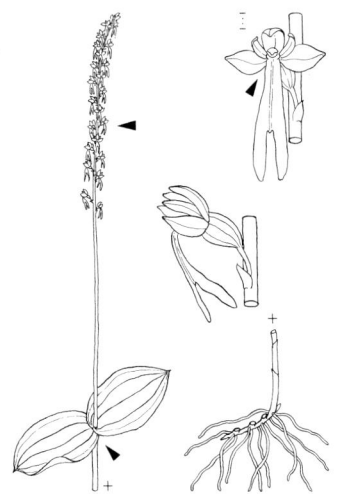

Großes Zweiblatt – *Listera ovata* 0,20–0,50 ♃ 5–6 ▽ (gelblichgrün)

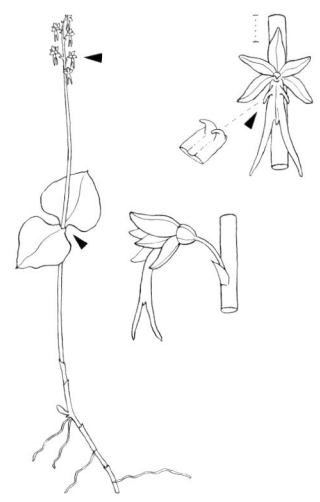

Kleines Z. – *L. cordata* 0,05–0,20 ♃ 5–7 ▽ (rötlich)

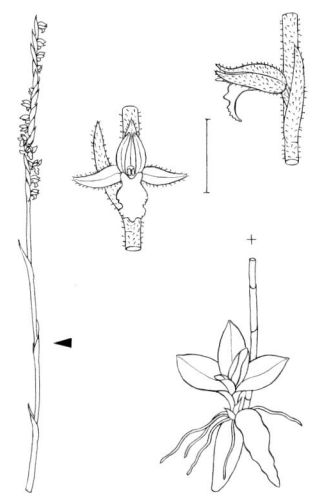

Herbst-Wendelorchis – *Spiranthes spiralis* 0,07–0,25 ♃ 8–10 ▽ (innen weiß, außen grünlich)

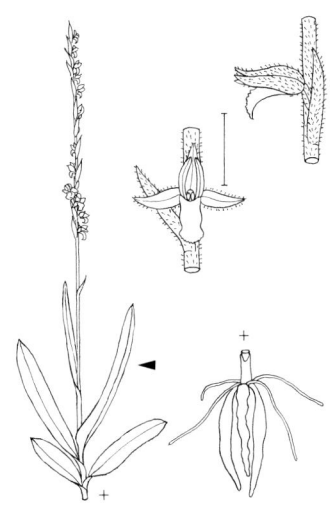

Sommer-W. – *S. aestivalis* 0,10–0,35 ♃ 7 ▽ (weiß)

ORCHIDACEAE

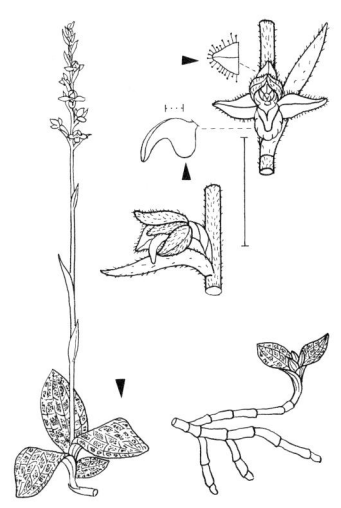

Kriechendes Netzblatt – *Goodyera repens* 0,10–0,30 ⚥ 7–8 ▽ (weiß, süßlich duftend)

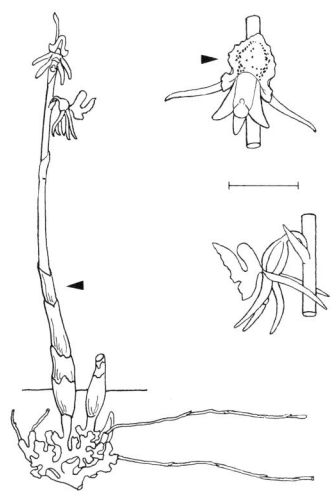

Blattloser Widerbart – *Epipogium aphyllum* 0,10–0,20 ⚥ 7–8 ▽ (blassgelb, rötlich gestrichelt)

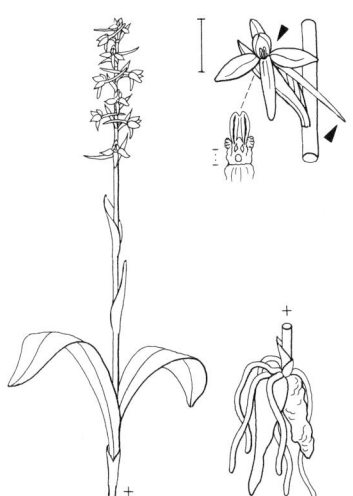

**Weiße Waldhyazinthe – *Platanthera bifolia* 0,15–0,45 ⚥ 5–7 ▽ (weiß, nach Maiglöckchen duftend) ↗ S. 802

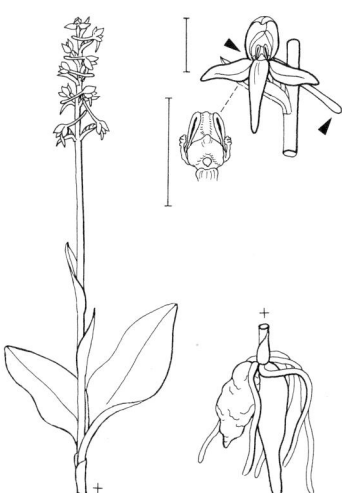

Grünliche W. – *P. chlorantha* 0,20–0,60 ⚥ 5–7 ▽ (gelblichweiß, meist geruchlos)

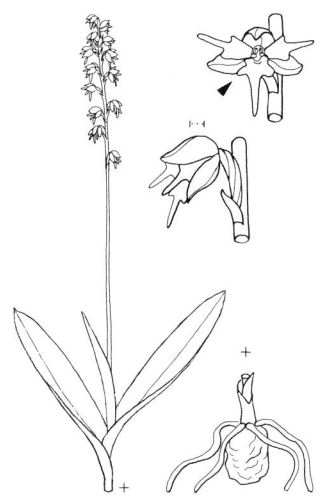

Einknollige Honigorchis – *Herminium monorchis* 0,08–0,30 ♃ 6–7 ▽ (grünlichgelb, nach Honig duftend)

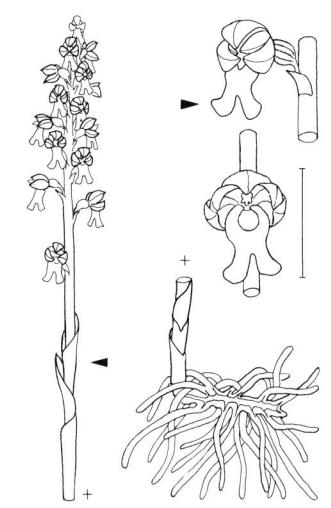

Nestwurz – *Neottia nidus-avis* 0,25–0,50 ♃ 5–6 ▽ (Pfl u. Blü braun bis graubraun)

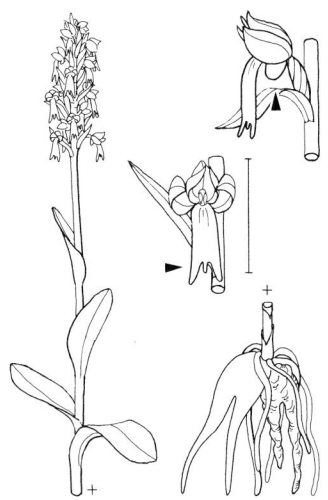

Grüne Hohlzunge – *Coeloglossum viride* 0,10–0,25 ♃ 5–6 ▽ (bräunlichgrün od. grün)

**Weißzunge – *Pseudorchis albida* 0,10–0,30 ♃ 6–8 ▽ (weiß bis gelblichweiß, schwach duftend) ↗ S. 803

ORCHIDACEAE

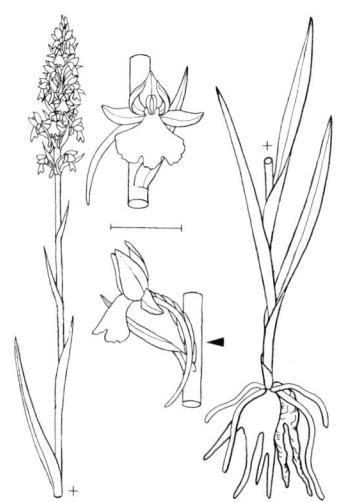

**Große Händelwurz – *Gymnadenia conopsea* 0,25–0,60 ♃ 5–8 ▽ (hellpurpurn) ↗ S. 803

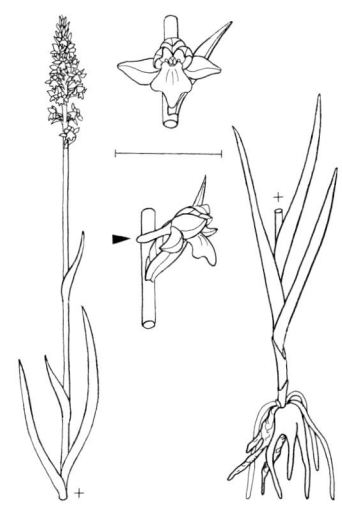

Duft-H. – *G. odoratissima* 0,15–0,30 ♃ 6–7 ▽ (hellpurpurn, nach Gewürznelken duftend)

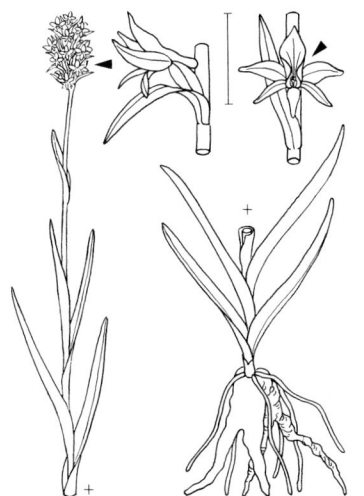

Rotes Kohlröschen – *Nigritella miniata* 0,08–0,20 ♃ 6–8 ▽ (leuchtend hellrot, nach Vanille duftend)

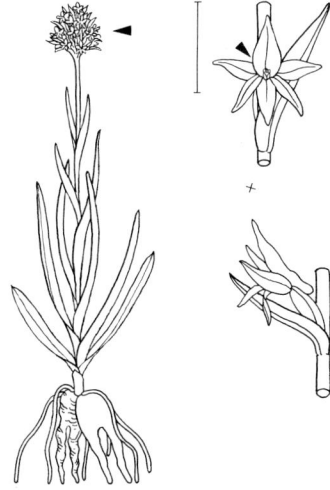

Österreichisches K. – *N. austriaca* 0,08–0,20 ♃ 6–8 ▽ (schwarzpurpurn, selten hellrosa, nach Vanille duftend) ↗ S. 803

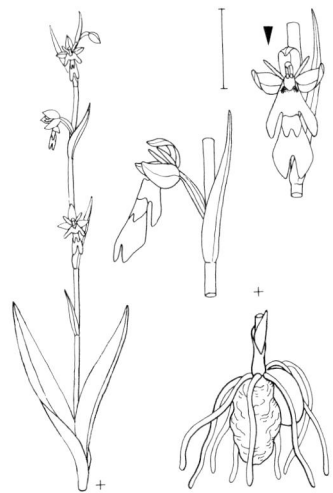

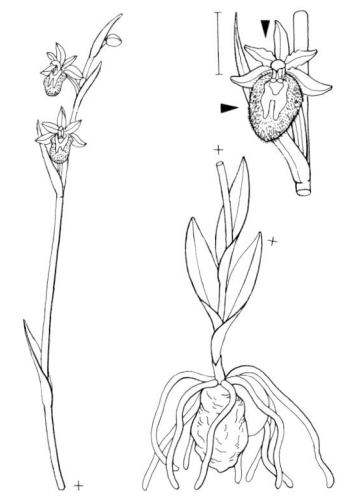

Fliegen-Ragwurz – *Ophrys insectifera* 0,15–0,40 ♃ 5–6 ▽ (purpurbraun, Helm grünlich)

Spinnen-R. – *O. sphegodes* 0,15–0,40 ♃ 4–5 ▽ (Lippe purpurbraun, Blü veränderlich)

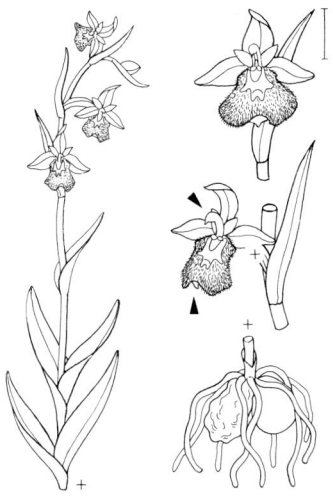

Bienen-R. – *O. apifera* 0,20–0,40 ♃ 5–6 ▽ (rosa u. rotbraun). Lippenanhängsel in Abb. verdeckt.

**Hummel-R. – *O. holoserica* 0,15–0,30 ♃ 5–6 ▽ (rosa u. rotbraun, Blü veränderlich)

ORCHIDACEAE 67

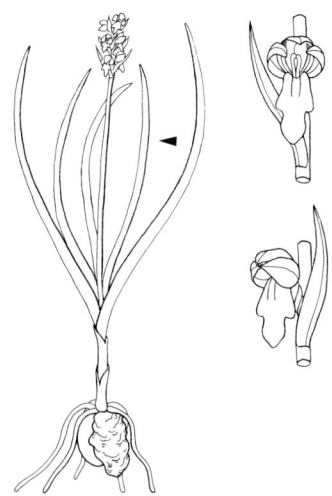

Zwergorchis – *Chamorchis alpina* 0,05–0,10 ⚃ 7–8 ▽ (gelblichgrün)

Kugelorchis – *Traunsteinera globosa* 0,30–0,60 ⚃ 6–7 ▽ (hellpurpurn, Lippe dunkelpurpurn punktiert)

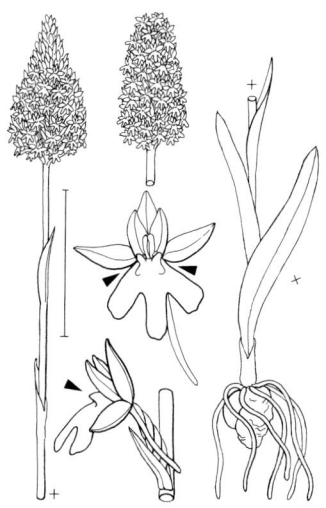

Pyramiden-Spitzorchis – *Orchis pyramidalis* 0,25–0,50 ⚃ 6–7 ▽ (leuchtend purpurrot)

Ohnhorn – *O. anthropophora* 0,20–0,35 ⚃ 5–6 ▽ (gelbgrün u. rotbraun)

Kleines Knabenkraut – <u>O</u>rchis m<u>o</u>rio 0,08–0,40 ♃ 4–6 ▽ (rot, zuweilen rosa, selten weiß)

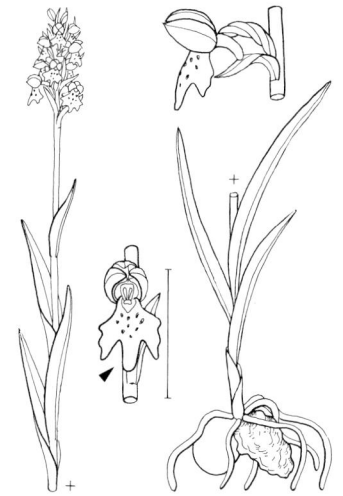

Wanzen-K. – *O. coriophora* 0,15–0,30 ♃ 6–7 ▽ (bräunlich-rot, nach Wanzen riechend)

**Brand-K. – *O. ustul<u>a</u>ta* 0,20–0,30 ♃ 5–6 ▽ (Helm außen schwarzpurpurn, Lippe weiß, spärlich punktiert) ↗ S. 803

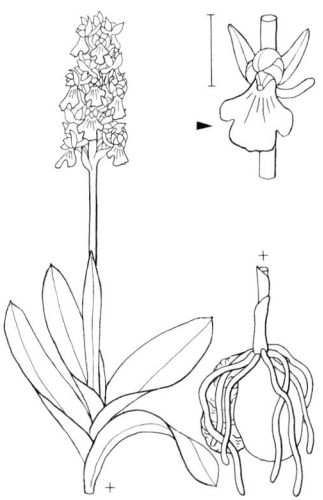

Blasses K. – *O. p<u>a</u>llens* 0,20–0,40 ♃ 4–5 ▽ (blassgelb)

ORCHIDACEAE

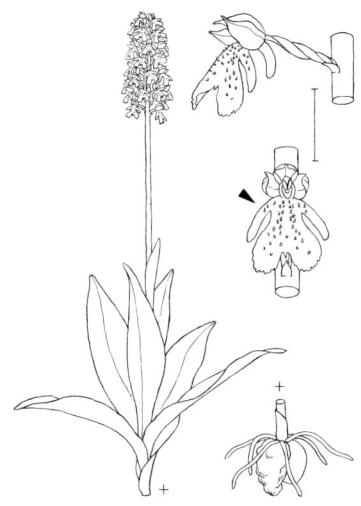

Purpur-Knabenkraut – *Orchis purpurea* 0,30–0,75 ♃ 5–6 ▽ (dunkelpurpurn u. weißlich)

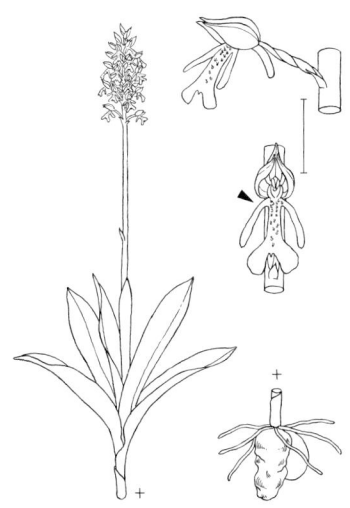

Helm-K. – *O. militaris* 0,25–0,45 ♃ 5–6 ▽ (Lippe hellrot, mit behaarten dunklen Wärzchen)

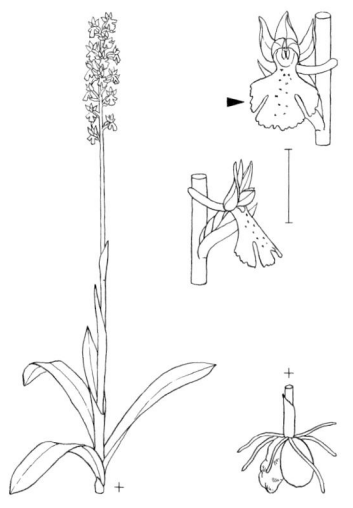

**Stattliches K. – *O. mascula* 0,15–0,50 ♃ 5–6 ▽ (purpurn) ↗ S. 803

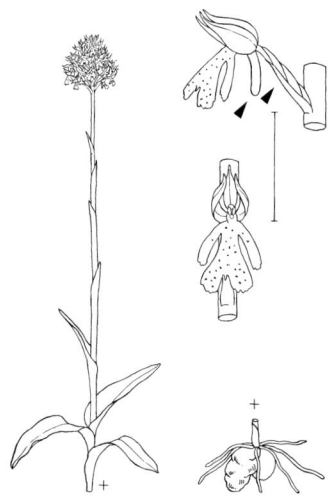

Dreizähniges K. – *O. tridentata* 0,15–0,30 ♃ 5–6 ▽ (rosa, Lippe weißlich mit roten Punkten)

ORCHIDACEAE

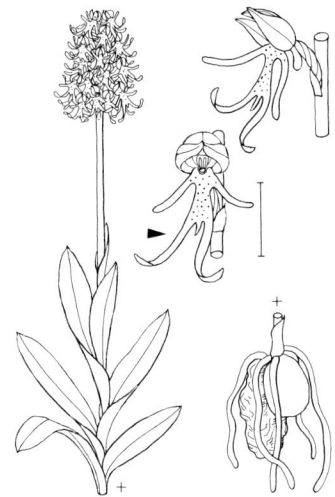

Affen-Knabenkraut – <u>O</u>rchis simia 0,30–0,40 ♃ 5–6 ▽ (weiß od. rosa u. rot)

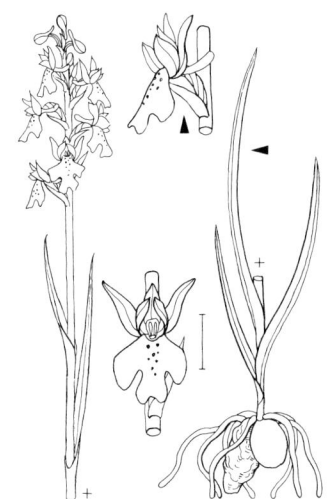

Sumpf-K. – O. pal<u>u</u>stris 0,30–0,50 ♃ 6–7 ▽ (purpurn. TragBla 3–5nervig)

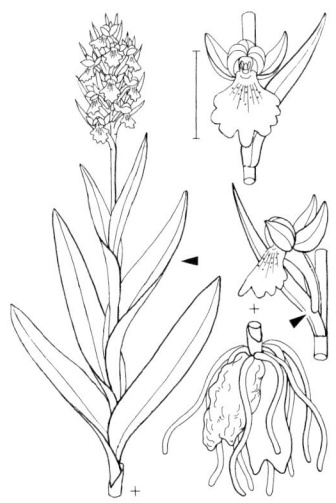

Holunder-Fingerwurz – Dactylorhiza samb<u>u</u>cina 0,15–0,25 ♃ 4–6 ▽ (trübrot od. hellgelb)

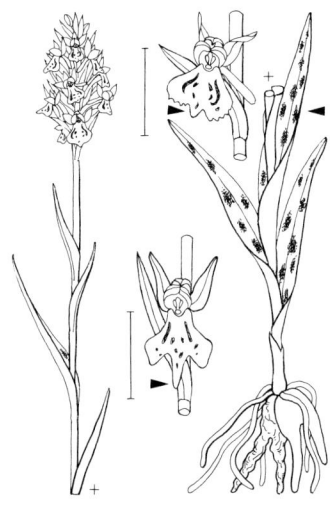

Gefleckte F. – D. maculata 0,10–0,60 ♃ 5–8 ▽ (rosa). Blü unten: ****Fuchs-F. – D. f<u>u</u>chsii (rosa)

ORCHIDACEAE

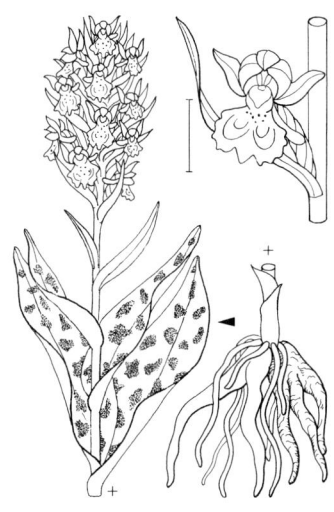

**Breitblättrige Fingerwurz –
Dactylorhiza majalis 0,15–0,60 ♃ 5–6 ▽
(purpurn)

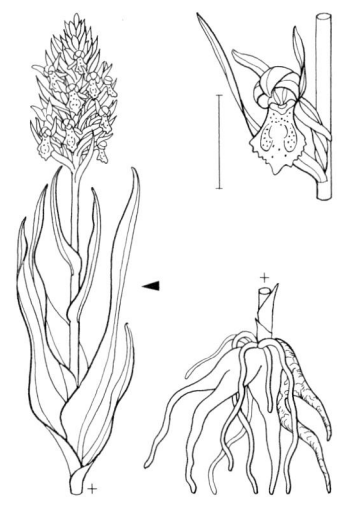

**Steifblättrige F. – *D. incarnata* 0,20–
1,00 ♃ 5–7 ▽ (hellpurpurn od. gelblich)

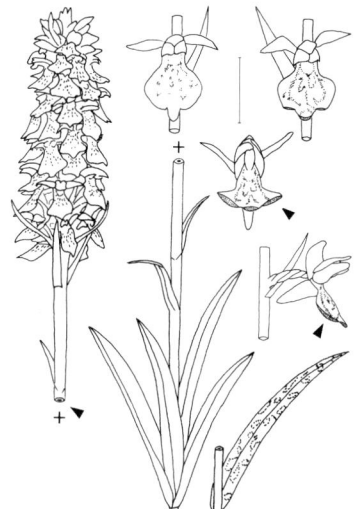

Übersehene F. – *D. praetermissa*
0,20–0,70 ♃ 5–7 ▽ (rosa, Lippe hellrosa
mit dunkleren Punktlinien)

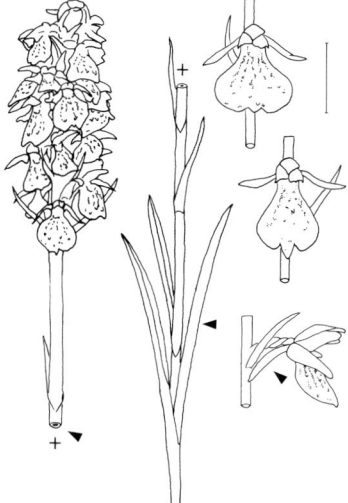

Torf-F. – *D. sphagnicola* 0,20–0,70 ♃
5–7 ▽ (hellrosa bis rosa, Lippe mit verschwommener Punktzeichnung)

Traunsteiner-Fingerwurz – *Dactylorhiza traunsteineri* 0,10–0,20 ♃ 7–8 ▽ (purpurn, Blü veränderlich)

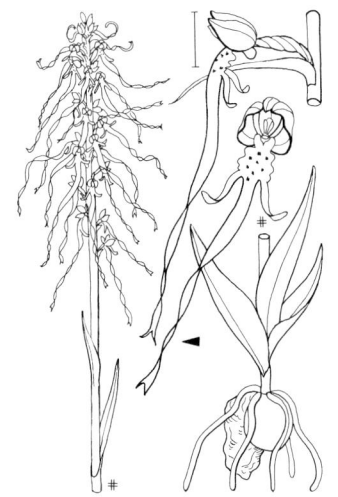

Bocks-Riemenzunge – *Himantoglossum hircinum* 0,30–0,60 ♃ 5–6 ▽ (gelblichgrün, Blü mit Bocksgeruch)

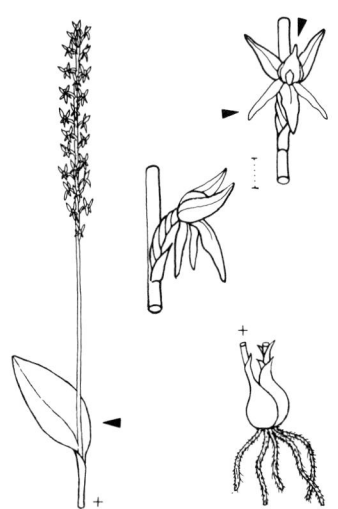

Kleinblütiges Einblatt – *Malaxis monophyllos* 0,07–0,30 ♃ 6–7 ▽ (grünlichgelb)

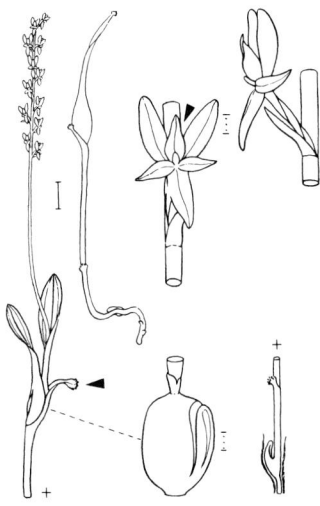

Sumpf-Weichwurz – *Hammarbya paludosa* 0,05–0,20 ♃ 7–8 ▽ (gelbgrün, Lippe aufrecht)

ORCHIDACEAE · IRIDACEAE

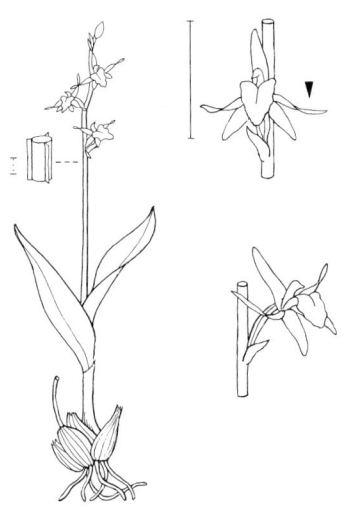

Sumpf-Glanzkraut – *Liparis loeselii* 0,06–0,20 ♃ 6–7 ▽ (blass gelbgrün. Laub-Bla fettig glänzend)

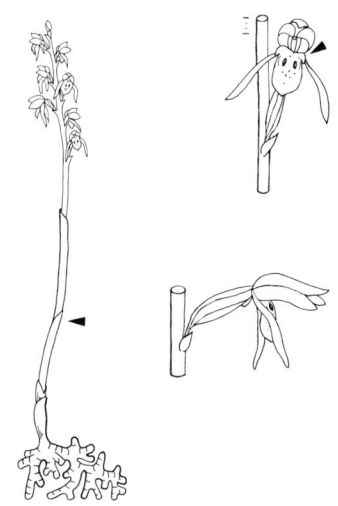

Korallenwurz – *Corallorhiza trifida* 0,08–0,25 ♃ 5–7 ▽(grünlichgelb u. weißlich, rot punktiert)

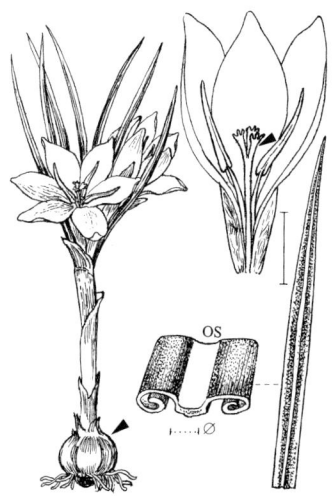

Gold-Krokus – *Crocus flavus* 0,05–0,20 ♃ 2–4 (goldgelb) ↗ S. 803

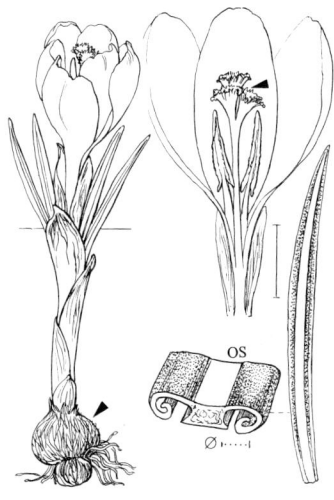

Frühlings-K. – *C. albiflorus* 0,08–0,12 ♃ 2–4 ▽ (weiß, seltener hellviolett)

Kleiner Krokus – *Crocus chrysanthus* 0,04–0,10 ♃ 2–4 (hellgelb bis bläulichweiß)

Zwerg-Schwertlilie – *Iris pumila* 0,05–0,15 ♃ 4(–5) ▽ (violett, selten hellblau od. weiß)

Nacktstängel-Sch. – *I. aphylla* 0,10–0,40 ♃ 4–5 ▽ (violett, am Grund weißlich, rotbraun geadert, Bart lila)

Bunte Sch. – *I. variegata* 0,12–0,20 ♃ 5–6 ▽ (äußere BlüBla gelblichweiß, dunkler geadert, innere goldgelb)

IRIDACEAE

Holunder-Schwertlilie – *Iris sambucina* 0,40–0,60 ♃ 5–6 ▽ (violett, dunkler geadert, am Grund weißlich, Bart weiß)

Deutsche Sch. – *I. germanica* 0,30–1,00 ♃ 5–6 ▽ (violett, Basis gelblich, selten ganz gelb, Bart gelb)

Wasser-Sch. – *I. pseudacorus* 0,50–1,00 ♃ 5–6 ▽ (hell goldgelb mit dottergelbem, oft dunkel geadertem Schlundfleck)

Sibirische Schwertlilie – *Iris sibirica* 0,30–0,80 ♃ 5–6 ▽ (blauviolett, Nagel braungelb, purpurn geadert. HochBla braun)

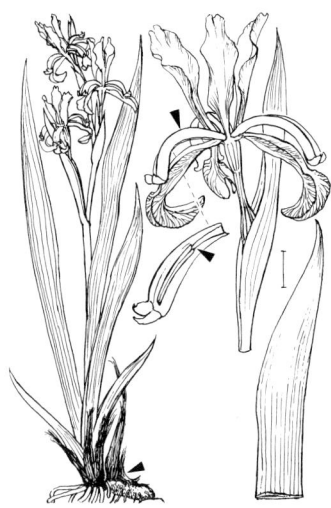

Wiesen-Sch. – *I. spuria* 0,30–0,60 ♃ 5–6 ▽ (blauviolett. Nagel weißlich, purpurn geadert)

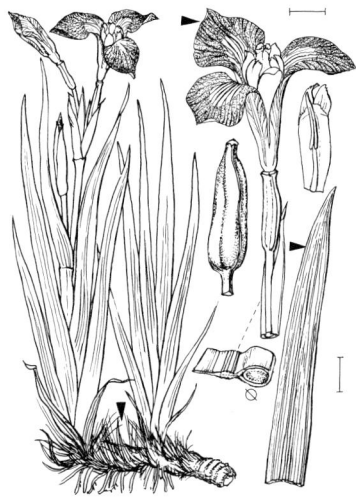

Verschiedenfarbige Sch. – *I. versicolor* 0,50–1,00 ♃ 6–7 ▽ (blau- od. rotviolett)

IRIDACEAE

Gras-Schwertlilie – *Iris graminea*
0,15–0,30 ♃ 5–6 ▽ (hellviolett mit dunkleren Adern)

Sumpf-Siegwurz – *Gladiolus palustris*
0,30–0,60 ♃ 6–7 ▽ (purpurrot). Mitte R: Narbe

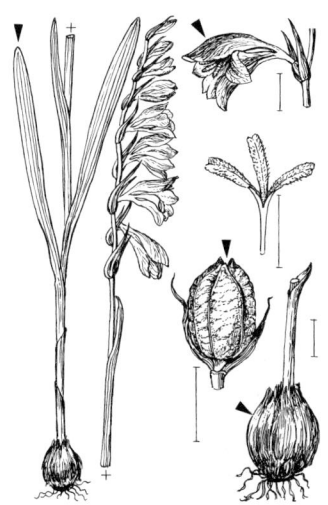

Dachziegelige S. – *G. imbricatus*
0,30–0,60 ♃ 7 ▽ (purpurrot).
Mitte R: Narbe

Gewöhnliche S. – *G. communis* 0,50–1,00 ♃ 7–10 ▽ (rosa, rot od. rotviolett)

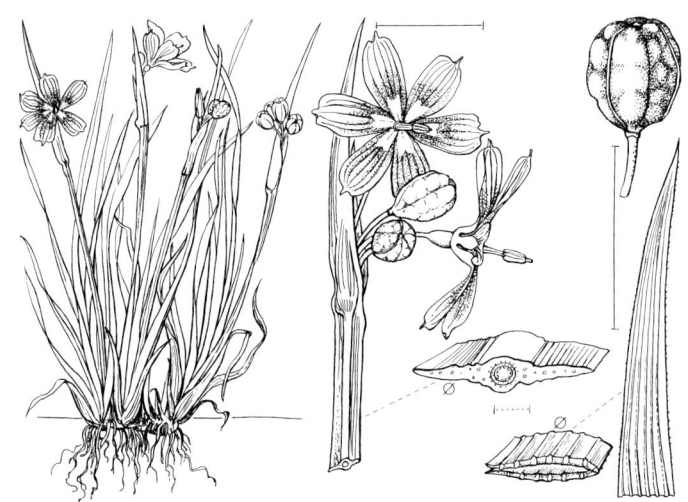

Schmalblättriges Grasschwertel – *Sisyrinchium montanum* 0,15–0,30 ⚇ 5–6 (blau-violett, selten weiß, im Schlund gelb)

Gelbe Taglilie – *Hemerocallis lilioasphodelus* 0,60–1,00 ⚇ 6 (hellgelb)

Rotgelbe T. – *H. fulva* 0,60–1,50 ⚇ 7–8 (rotgelb)

AMARYLLIDACEAE

Allermannsharnisch – *Allium victorialis* 0,40–0,60 ♃ 7–8 ▽ (grünlichgelb)

Bären-Lauch – *A. ursinum* 0,20–0,50 ♃ 4–5(–6) (reinweiß) ↗ S. 803

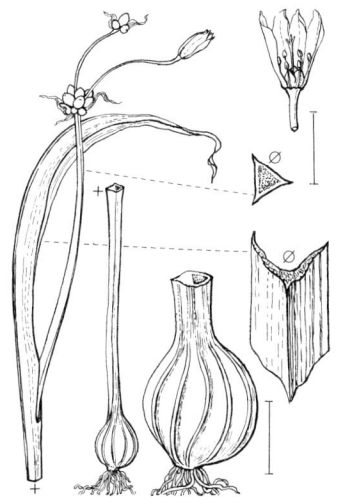

Wunder-L. – *A. paradoxum* 0,30–0,40 ♃ 4–5 (weiß)

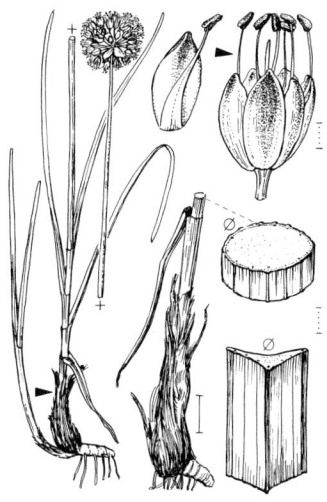

Duft-L. – *A. suaveolens* 0,20–0,40 ♃ 7–9 (hellpurpurn)

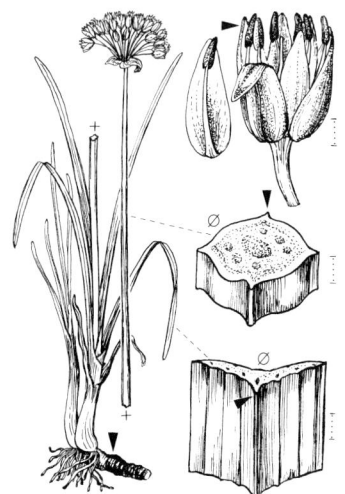

Kantiger Lauch – *Allium angulosum* 0,30–0,60 ♃ 7–8 ▽ (hellpurpurn, selten weiß. Ohne Blatthäutchen)

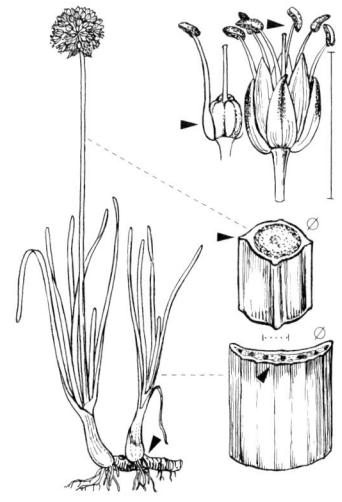

Berg-L. – *A. lusitanicum* 0,15–0,30 ♃ 7–8 ▽ (lilapurpurn. Ohne Blatthäutchen)

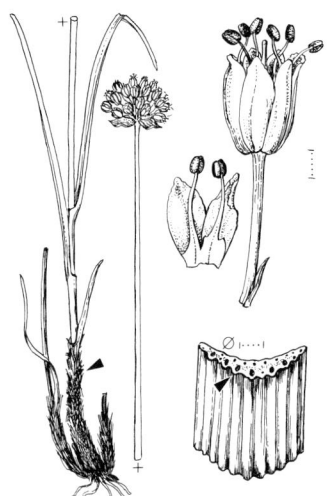

Steifer L. – *A. strictum* 0,15–0,45 ♃ 6–8 ▽ (hellpurpurn. Ohne Blatthäutchen)

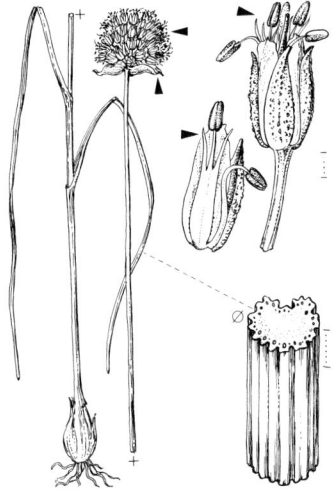

Kugelköpfiger L. – *A. sphaerocephalon* 0,30–0,60 ♃ 6–7 (hellpurpurn)

AMARYLLIDACEAE

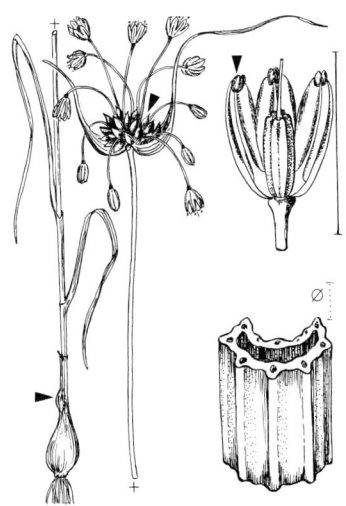

Gemüse-Lauch – *Allium oleraceum* 0,30–0,60 ⚃ 7–8 (lilapurpurn. Ohne Blatthäutchen)

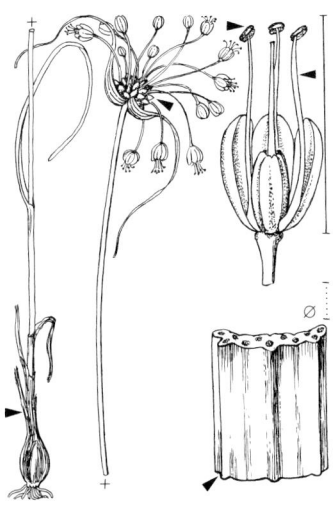

Gekielter L. – *A. carinatum* subsp. *carinatum* 0,30–0,60 ⚃ 6–7 (lilapurpurn. Ohne Blatthäutchen)

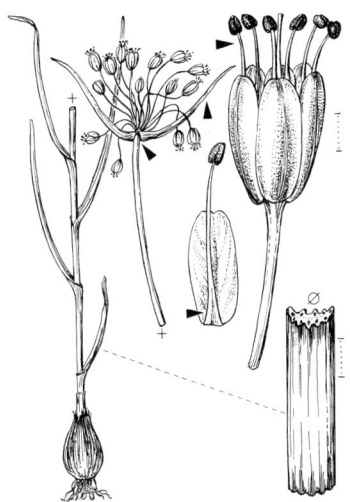

Schöner L. – *A. carinatum* subsp. *pulchellum* 0,20–0,60 ⚃ 7–8 (lilapurpurn)

Knoblauch – *A. sativum* 0,25–0,70 ⚃ 7–8 (rötlichweiß)

AMARYLLIDACEAE

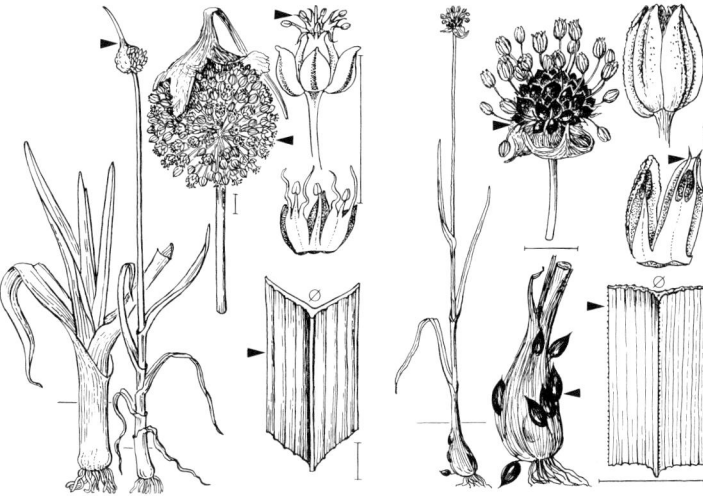

Porree – <u>Allium</u> ampel<u>o</u>prasum 0,40–0,90 ☉ ♃ 6–8 (rosa)

Schlangen-Lauch – A. scorodoprasum 0,60–1,00 ♃ 6–7 (dunkelpurpurn)

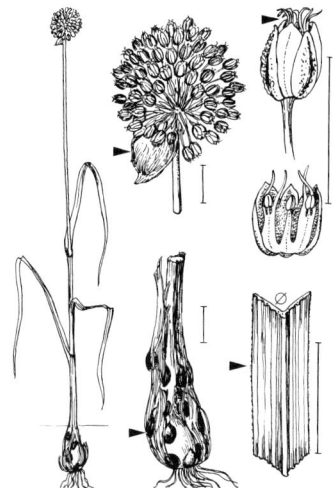

Runder L. – A. rot<u>u</u>ndum 0,30–0,60 ♃ 6–8 (purpurn, selten hellrosa)

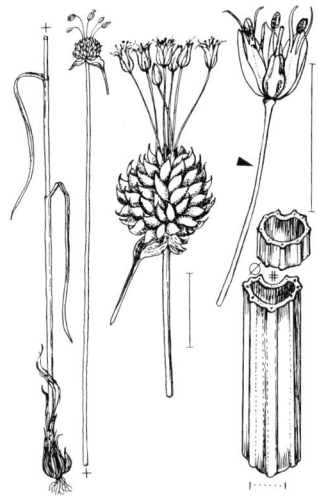

Weinberg-L. – A. vine<u>a</u>le 0,30–0,70 ♃ 6–8 (purpurn, selten weiß)

AMARYLLIDACEAE

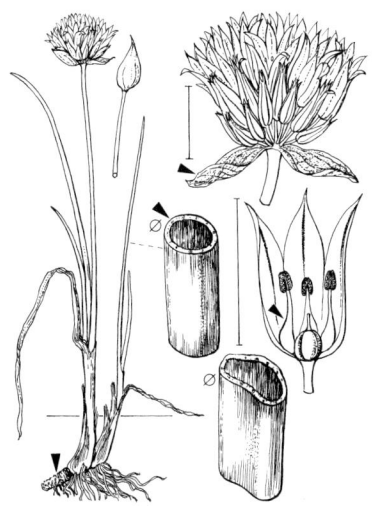

Schnittlauch – *Allium schoenoprasum* 0,15–0,50 ♃ 5–6 (hellpurpurn mit dunklerem Streifen)

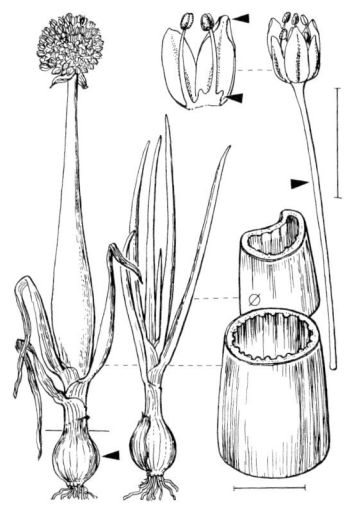

Zwiebel – *A. cepa* 0,15–1,20 ⊙ ♃ 6–8 (weißlich)

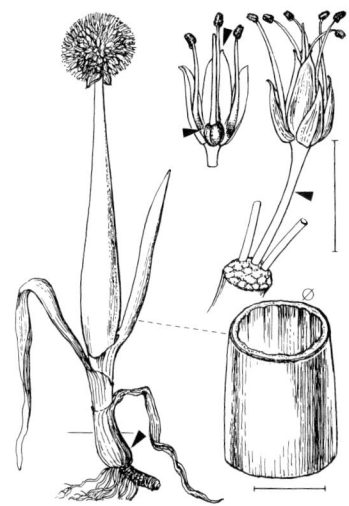

Winterzwiebel – *A. fistulosum* 0,30–1,00 ♃ 6–8 (weißlich)

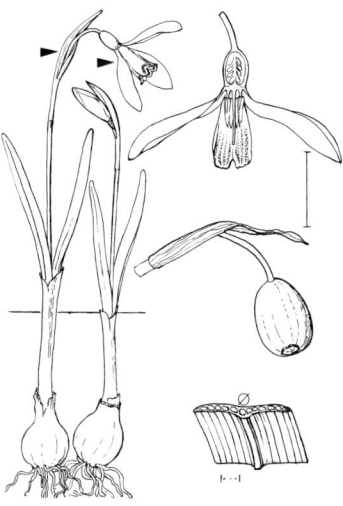

Kleines Schneeglöckchen – *Galanthus nivalis* 0,08–0,20 ♃ 2–3 ▽ (weiß, innere BlüBla mit grünem Fleck. Bla blaugrün)

Märzbecher – *Leucojum vernum* 0,10–0,30 ⚃ 2–4 ▽ (weiß mit gelbem Spitzenfleck. Bla reingrün)

Sommer-Knotenblume – *L. aestivum* 0,35–0,60 ⚃ 5–6 ▽ (weiß mit grünlichem Spitzenfleck)

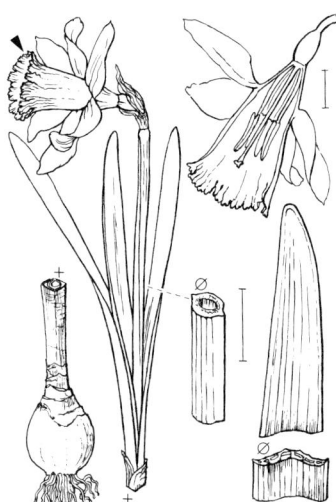

Gelbe Narzisse – *Narcissus pseudonarcissus* 0,15–0,40 ⚃ 3–4 ▽ (hellgelb. Nebenperigon dottergelb)

Weiße N. – *N. poeticus* 0,30–0,50 ⚃ 4–5 ▽ (reinweiß, Nebenperigon gelb, rotrandig). Blü u. Bla UR: **Stern-N.** – *N. radiiflorus*

AMARYLLIDACEAE

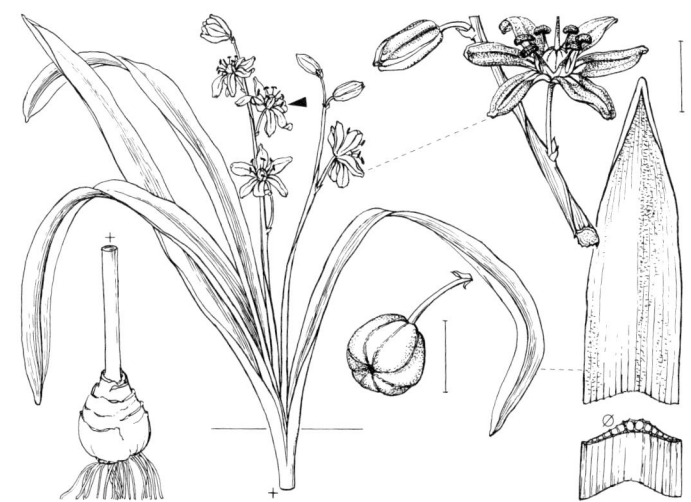

Schöner Blaustern – *Scilla amoena* 0,15–0,30 ♃ 4–5 ▽ (azurblau)

*Zweiblättriger B. – *S. bifolia* 0,15–0,20 ♃ 3–4 ▽ (azurblau)

Russischer B. – *S. siberica* 0,05–0,15 ♃ 3–4 ▽ (kornblumenblau, selten weiß)

AMARYLLIDACEAE

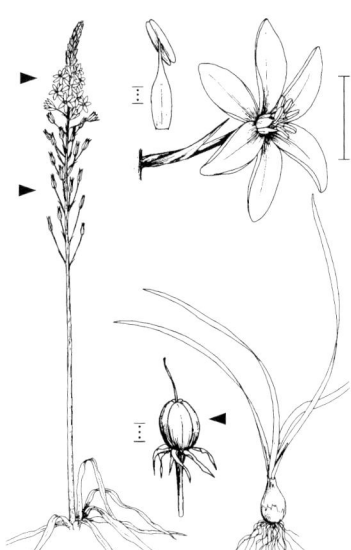

Pyrenäen-Milchstern – *Ornithogalum pyrenaicum* 0,30–0,80 ♃ 5–7 (gelblichgrün)

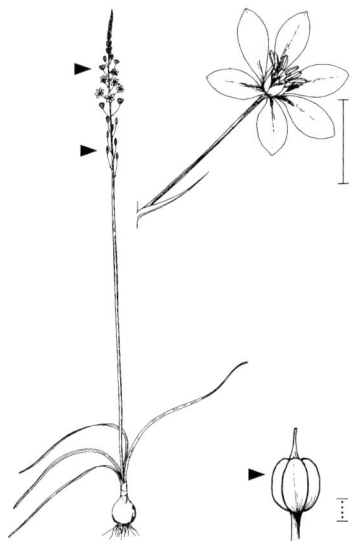

Pyramiden-M. – *O. pyramidale* 0,30–1,00 ♃ 6–7 (weiß)

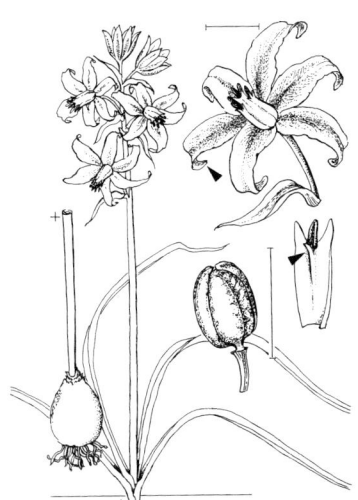

Bouché-M. – *O. boucheanum* 0,15–0,50 ♃ 4–5 (glasig weiß, außen grünlich)

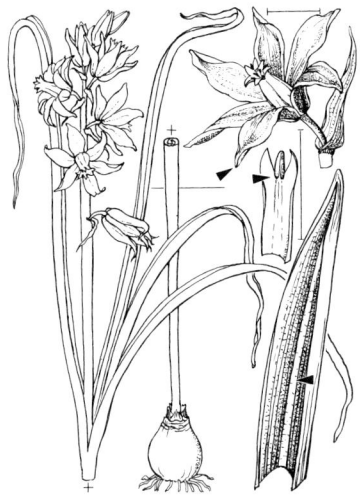

Nickender M. – *O. nutans* 0,15–0,50 ♃ 4–5 (glasig weiß, außen grünlich)

AMARYLLIDACEAE

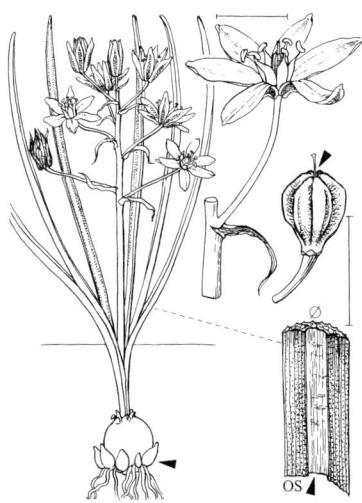

*Dolden-Milchstern – *Ornithogalum umbellatum* 0,10–0,30 ⚵ 4–5 (weiß mit grünem Rückenstreifen) ↗ S. 803

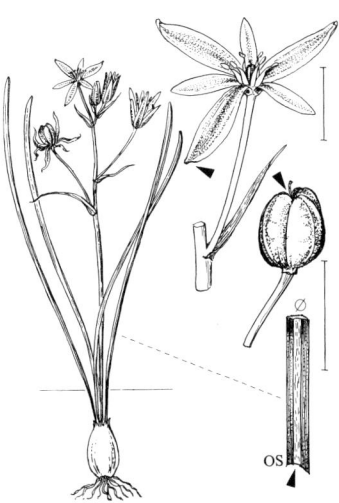

Schmalblättriger M. – *O. angustifolium* 0,08–0,30 ⚵ 4–5 (weiß mit grünem Rückenstreifen)

*Weinbergs-Träubel – *Muscari neglectum* 0,15–0,30 ⚵ 4–5 ▽ (untere Blü dunkel- bis schwarzblau, bereift, obere dtl. heller)

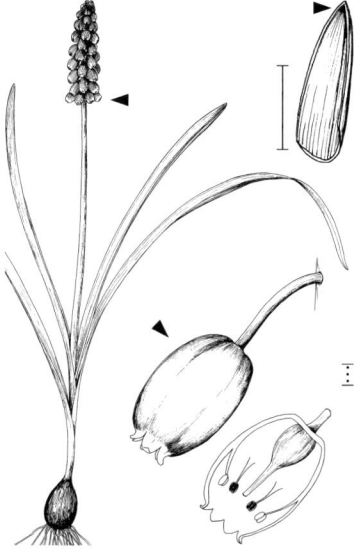

Armenisches T. – *M. armeniacum* 0,15–0,30 ⚵ 4–5 ▽ (untere Blü hellblau, unbereift, obere nur etwas heller) ↗ S. 803

AMARYLLIDACEAE

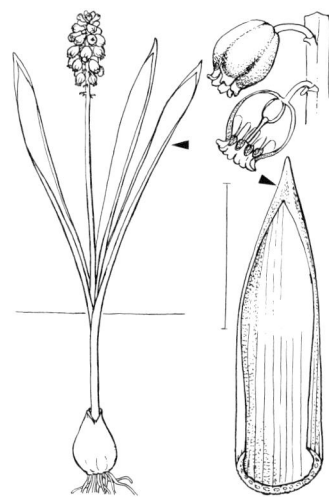

Kleines Träubel – *Muscari botryoides* 0,10–0,20 ♃ 4–5 ▽ (himmelblau mit weißem Saum, geruchlos)

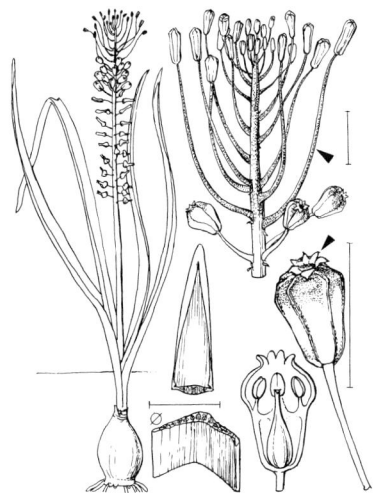

Schopf-T. – *M. comosum* 0,30–0,70 ♃ 5–6 ▽ (untere Blü oliv mit grünlichen Zipfeln, obere violett, steril)

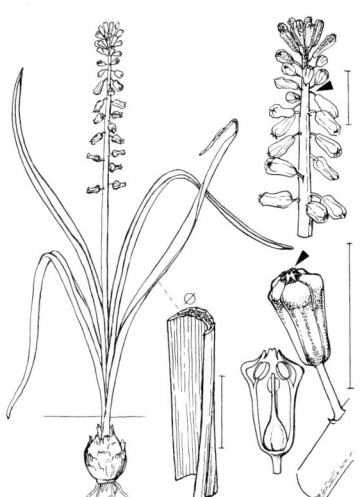

Schmalblütiges T. – *M. tenuiflorum* 0,25–0,50 ♃ 5–6 ▽ (untere Blü grünlich-weiß, obere violett, steril)

Hasenglöckchen – *Hyacinthoides non-scripta* 0,15–0,40 ♃ 4–5 ▽ (blau, selten weiß)

ASPARAGACEAE

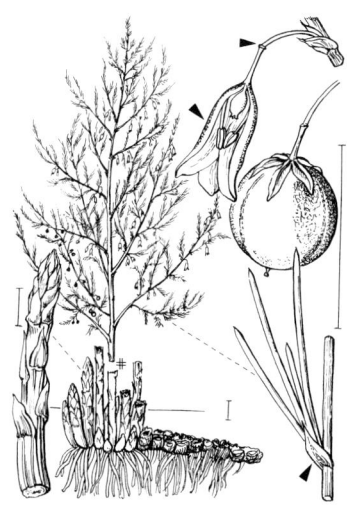

Gemüse-Spargel – *Asparagus officinalis* 0,30–1,50 ⚄ 5–7 (grünlichgelb. Beere rot)

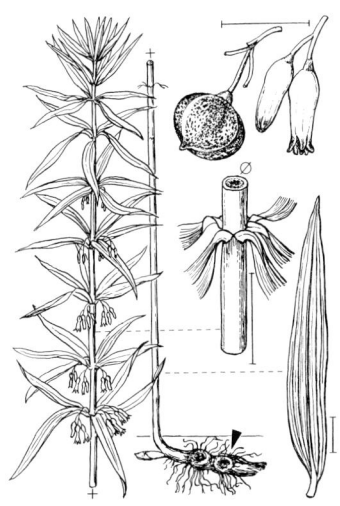

Quirl-Weißwurz – *Polygonatum verticillatum* 0,30–0,70 ⚄ 5–6 (weiß. Beere dunkel blaugrün)

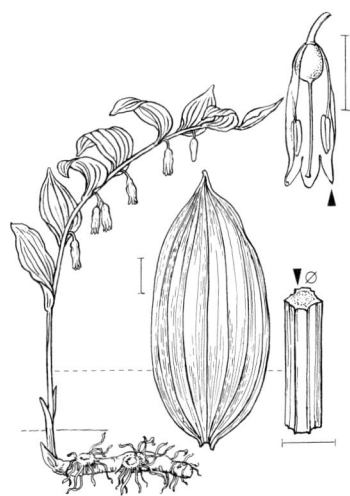

Duftende W. – *P. odoratum* 0,15–0,45 ⚄ 5–6 (weiß, duftend. Beere blauschwarz)

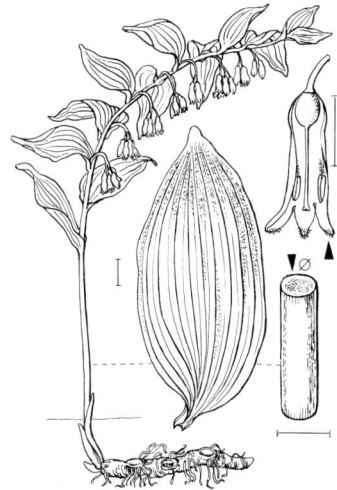

Vielblütige W. – *P. multiflorum* 0,30–0,80 ⚄ 5–6 (weiß, geruchlos. Beere blauschwarz)

ASPARAGACEAE

Zweiblättrige Schattenblume – *Maianthemum bifolium* 0,05–0,20 ⚄ 5–6 (gelblichweiß. Beere rot)

Maiglöckchen – *Convallaria majalis* 0,10–0,20 ⚄ 5–6 (weiß. Beere rot)

Astlose Graslilie – *Anthericum liliago* 0,30–0,60 ⚄ 5–6 ▽ (weiß)

Ästige G. – *A. ramosum* 0,30–0,80 ⚄ 6–8 ▽ (weiß)

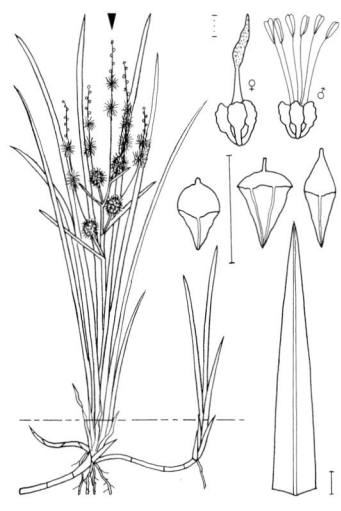

**Ästiger Igelkolben – *Sparganium erectum* 0,30–0,50 ♃ 6–8, ↗ S. 803

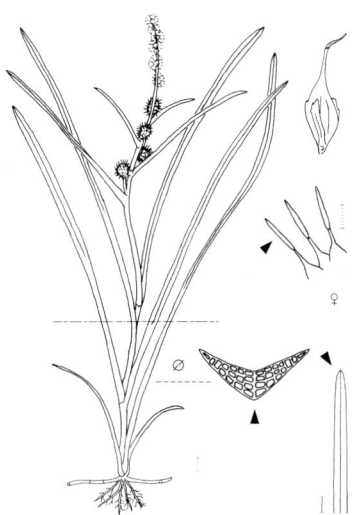

Einfacher I. – *S. emersum* 0,20–0,60 ♃ 6–7

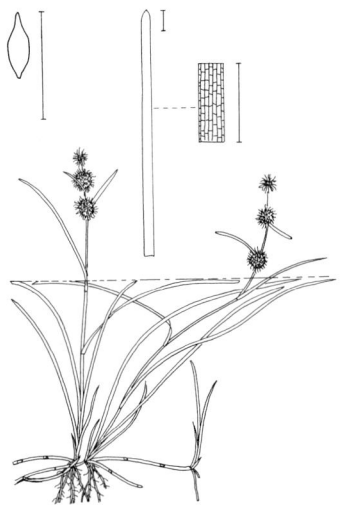

Zwerg-I. – *S. natans* 0,10–0,30 ♃ 7–8

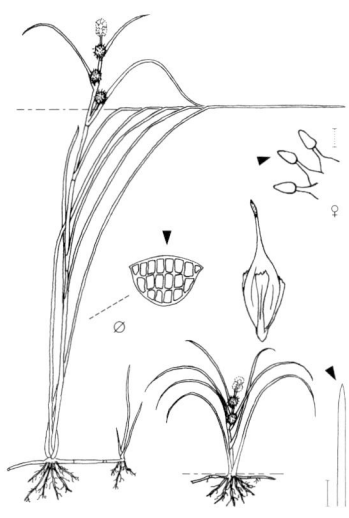

Schmalblättriger I. – *S. angustifolium* 0,10–1,00 ♃ 6–8

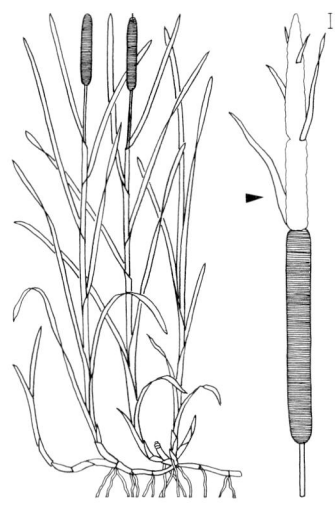

Breitblättriger Rohrkolben – *Typha latifolia* 1,00–2,00 ♃ 7–8 (♀ Kolbenteil schwarzbraun)

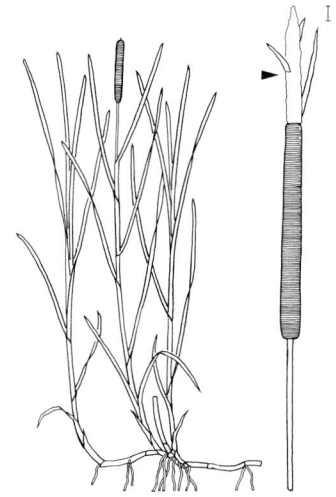

Shuttleworth-R. – *T. shuttleworthii* 1,00–1,50 ♃ 6–8 (♀ Kolbenteil grau, schwarz punktiert)

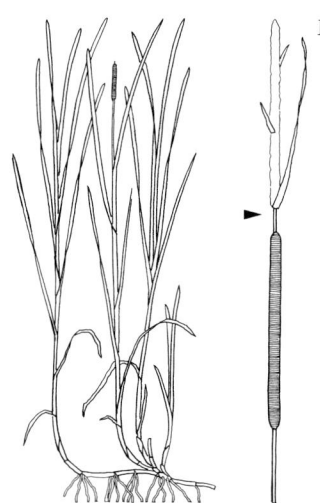

Schmalblättriger R. – *T. angustifolia* 1,00–2,00 ♃ 7–8 (♀ Kolbenteil zimtbraun)

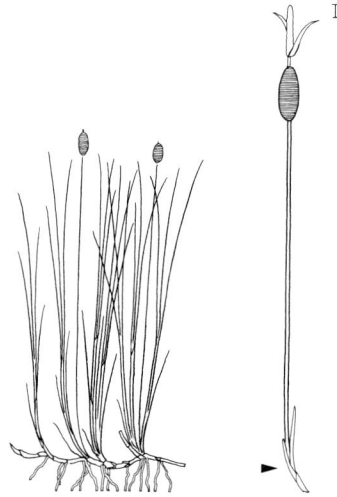

Zwerg-R. – *T. minima* 0,30–0,75 ♃ 5–6

JUNCACEAE

Dreiblatt-Berg-Binse – *Oreojuncus trifidus* 0,08–0,25 ♃ 7–8 (kastanienbraun, oft mit grünem Mittelstreifen)

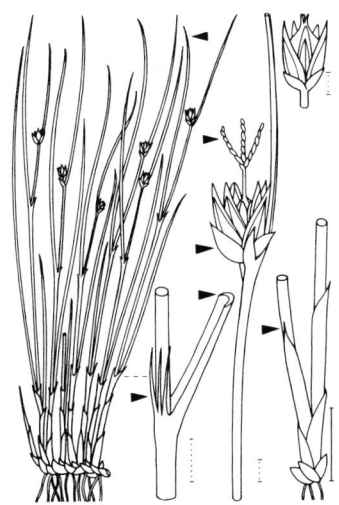

Einblütige B. – *O. monanthos* 0,08–0,25 ♃ 7–8 (kastanienbraun, oft mit grünem Mittelstreifen)

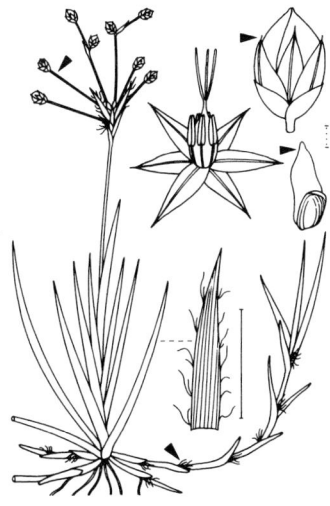

Gelbliche Hainbinse – *Luzula luzulina* 0,10–0,25 ♃ 6–7 (gelblich, breit hautrandig)

Forster-H. – *L. forsteri* 0,15–0,30 ♃ 4–5 (braun, schmal hautrandig. Kapsel strohgelb)

**Schmalblättrige Hainbinse – *Luzula luzuloides* 0,30–0,70 ⚁ 6–7 (gelblichweiß, seltener kupferrot) ↗ S. 803

Schneeweiße H. – *L. nivea* 0,40–0,90 ⚁ 6–8 (schneeweiß, häutig)

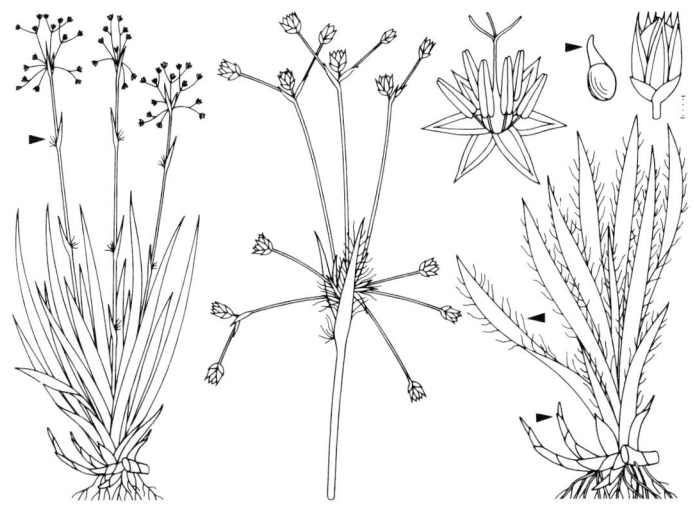

Haar-H. – *L. pilosa* 0,15–0,30 ⚁ 4–5 (braun, breit hautrandig. Kapsel gelblichgrün)

**Wald-Hainbinse – *Luzula sylvatica* 0,30–0,90 ⚁ 5–6 (braun od. rotbraun mit grünem Mittelstreifen, hautrandig) ↗ S. 803

Kahle H. – *L. glabrata* 0,15–0,30 ⚁ 6–7 (braun bis schwarzbraun)

Desvaux-H. – *L. desvauxii* 0,30–0,60 ⚁ 6–7 (braun bis schwarzbraun)

Braunblütige Hainbinse – *Luzula alpinopilosa* 0,10–0,30 ♃ 6–8 (braun bis schwarzbraun)

**Ähren-H. – *L. spicata* 0,10–0,30 ♃ 6–8 (hellbraun, zur Spitze hin hautrandig)
↗ S. 803

Gewöhnliche H. – *L. campestris* 0,05–0,20 ♃ 3–4 (dunkel kastanienbraun, hautrandig)

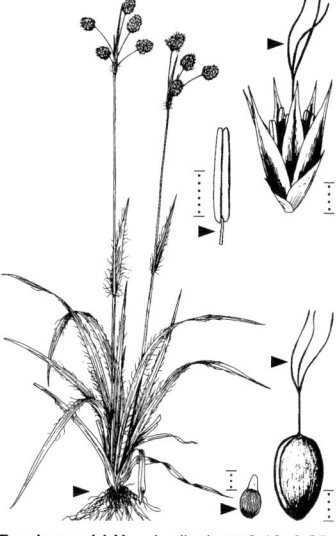

Trockenwald-H. – *L. divulgata* 0,10–0,35 ♃ 3–4 (braun bis dunkelbraun, hautrandig)

JUNCACEAE

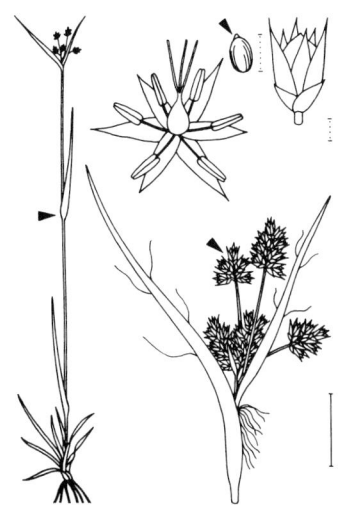

Sudeten-Hainbinse – *Luzula sudetica* 0,20–0,40 ⚃ 6–8 (schwarzbraun, hautrandig)

Bleiche H. – *L. pallescens* 0,10–0,30 ⚃ 4–5 (hellbraun, breit hautrandig)

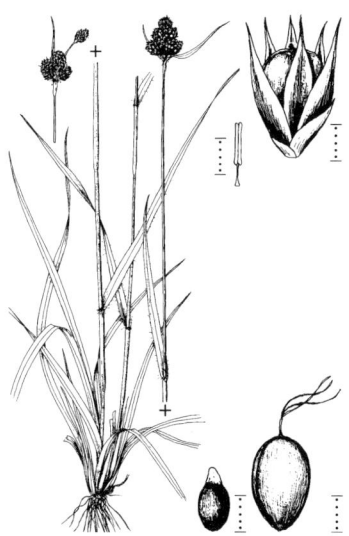

Gedrängte H. – *L. congesta* 0,25–0,60 ⚃ 5–6 (gelblichbraun bis hellbraun, schmal bis breit hautrandig)

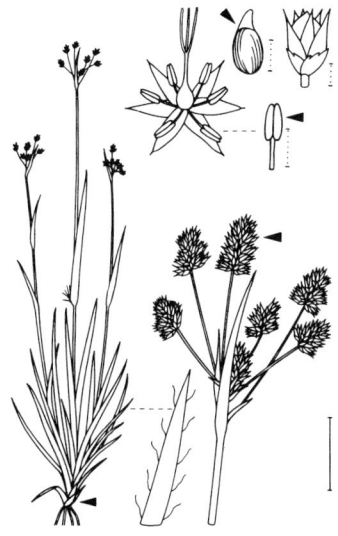

Vielblütige H. – *L. multiflora* 0,20–0,50 ⚃ 4–5 (hell- bis dunkelbraun, schmal bis breit hautrandig)

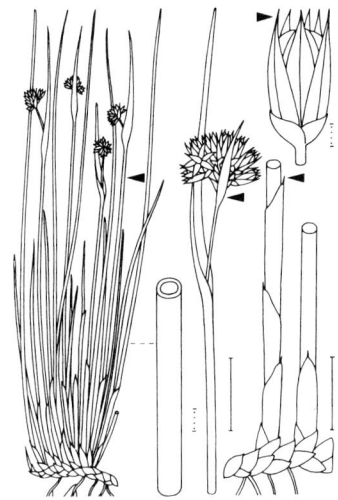

Jacquin-Binse – *Juncus jacquinii* 0,10–0,25 ♃ 7–9 (glänzend schwarzbraun)

Strand-B. – *J. maritimus* 0,30–1,00 ♃ 7–8 (strohgelb, oft rötlich überlaufen)

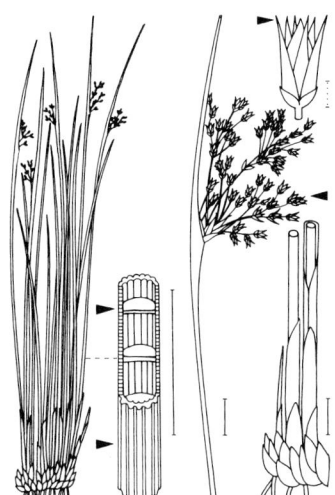

Blaugrüne B. – *J. inflexus* 0,30–0,60 ♃ 6–8 (bräunlich, Mittelstreifen grün. Stg u. Bla blaugrün)

Flatter-B. – *J. effusus* 0,30–1,50 ♃ 6–8 (meist grün, br hautrandig. Stg gelblichgrün)

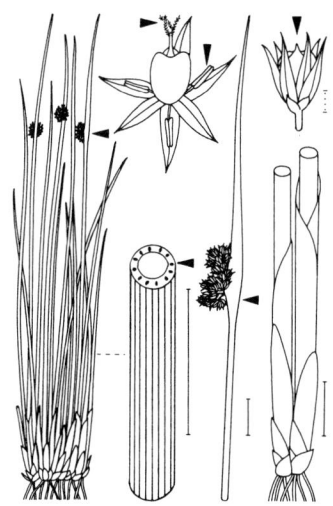

Knäuel-Binse – *Juncus conglomeratus* 0,20–1,00 ⚁ 5–7 (rotbraun, selten grünlich. Stg graugrün)

Baltische B. – *J. balticus* 0,30–0,75 ⚁ 7–8 (rotbraun mit grünlichem Mittelstreifen, hautrandig)

Faden-B. – *J. filiformis* 0,15–0,45 ⚁ 6–8 (weißlich. Stg mit strohfarbigen Grundscheiden)

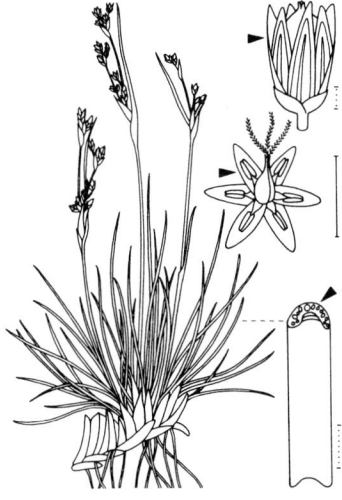

Sparrige B. – *J. squarrosus* 0,15–0,30 ⚁ 6–8 (braun od. oliv, breit hautrandig)

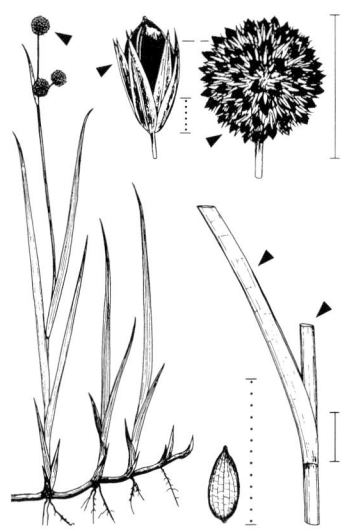

Schwertblättrige Binse – *Juncus ensifolius* 0,25–0,80 ⚄ 6–8 (kastanienbraun, mit breit grünem Mittelstreifen)

*Zarte B. – *J. tenuis* 0,15–0,40 ⚄ 6–9 (gelbbraun, hautrandig)

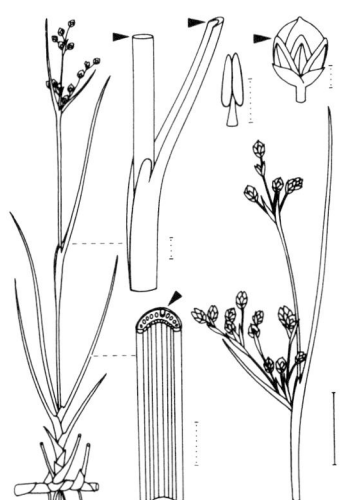

Zusammengedrückte B. – *J. compressus* 0,15–0,30 ⚄ 7–8 (rötlichbraun, breit weißrandig)

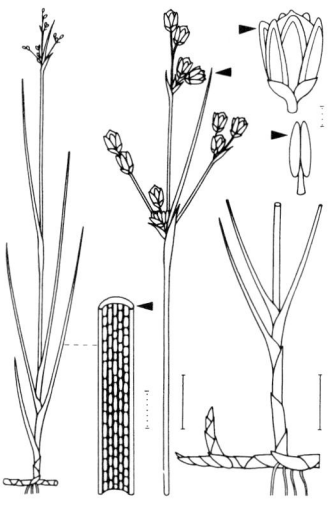

Salz-B. – *J. gerardii* 0,15–0,50 ⚄ 6–7 (dunkelbraun mit grünem Mittelstreifen)

JUNCACEAE

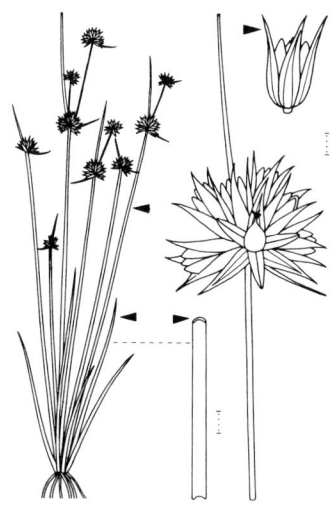

Kopf-Binse – *Juncus capitatus* 0,03–0,10 ⊙ 6–9 (weißlich, später rotbraun)

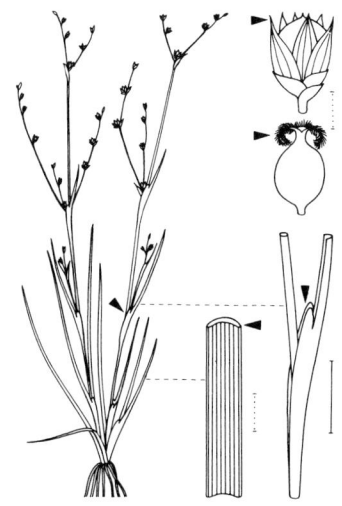

Sand-B. – *J. tenageia* 0,05–0,30 ⊙ 6–8 (braun mit grünem Mittelstreifen. BlaScheiden mit Öhrchen)

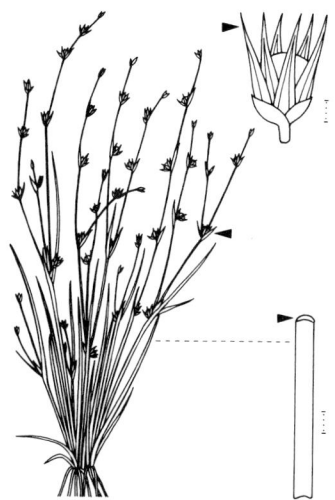

Kugelfrucht-B. – *J. sphaerocarpus* 0,05–0,20 ⊙ 6–8 (weißlichgrün, breit hautrandig)

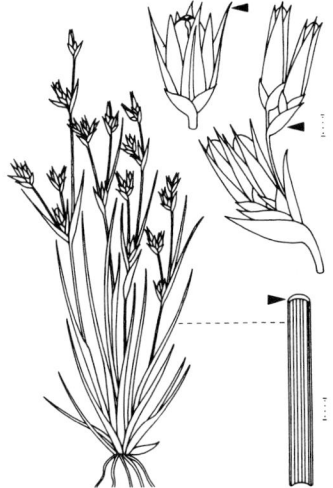

Frosch-B. – *J. ranarius* 0,05–0,20 ⊙ 5–8 (weißlich mit grünem Mittelstreifen. BlaScheiden rötlich)

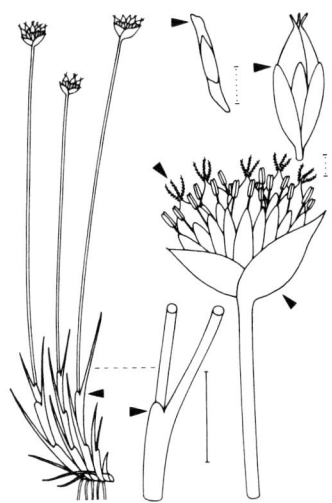

Dreiblütige Binse – *Juncus triglumis* 0,06–0,15 ♃ 7–8 (rotbraun. Sa mit häutigen Anhängseln)

Moor-B. – *J. stygius* 0,10–0,25 ♃ 7–8 ▽ (grünlich. Sa mit häutigen Anhängseln)

Kleinste B. – *J. minutulus* 0,005–0,05 ☉ 6–9 (braun mit grünem Mittelstreifen, breit hautrandig)

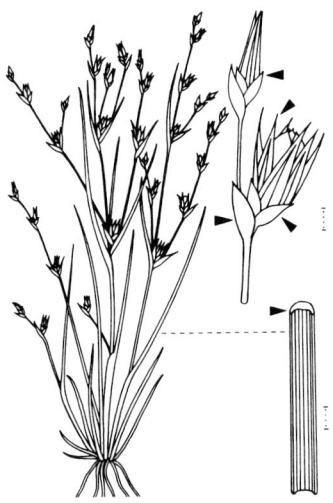

Kröten-B. – *J. bufonius* 0,10–0,25 ☉ 5–8 (weißlich mit grünem Mittelstreifen. BlaScheiden bräunlich)

JUNCACEAE

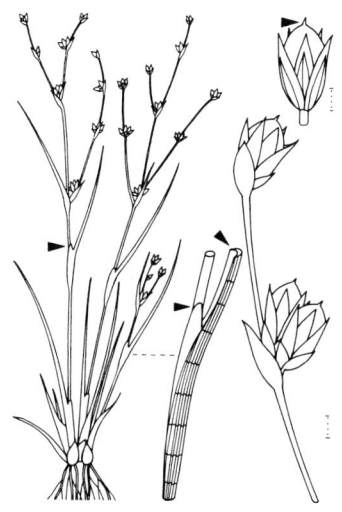

**Zwiebel-Binse – *Juncus bulbosus*
0,03–0,30 ♃ 7–9 (grün bis bräunlich)
↗ S. 803

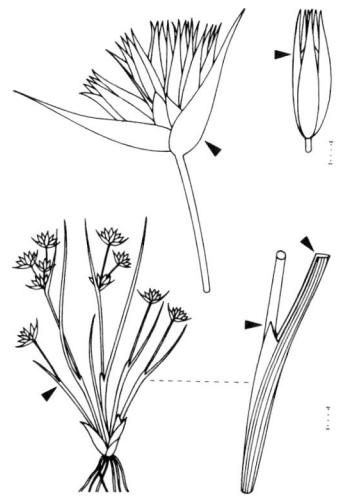

Zwerg-B. – *J. pygmaeus* 0,02–0,10 ⊙ 5–9
(grün od. rötlich, hautrandig)

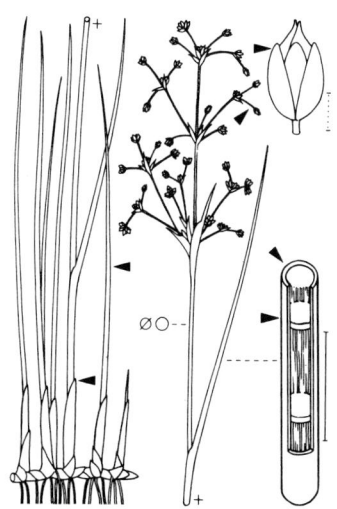

Stumpfblütige B. – *J. subnodulosus*
0,50–1,20 ♃ 7–8 (strohfarben od. rötlich-
braun, hautrandig)

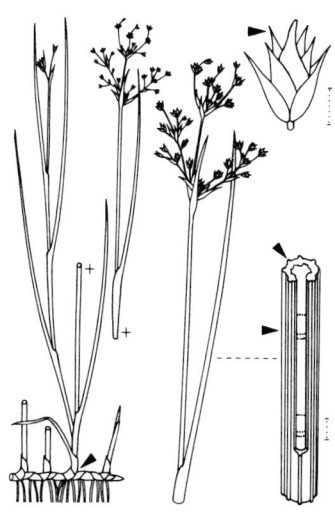

Schwarzblütige B. – *J. atratus* 0,30–1,00
♃ 7–9 (schwarzbraun mit grünem Mittel-
streifen)

Spitzblütige Binse – *Juncus acutiflorus* 0,30–1,00 ♃ 7–9 (lederbraun, deutlich hautrandig)

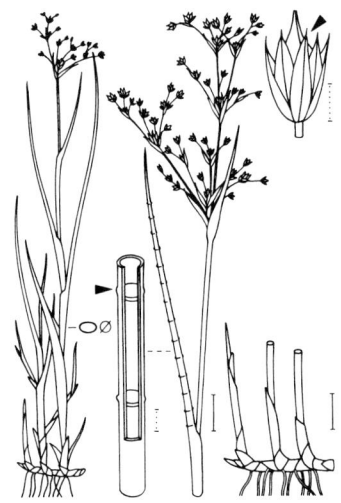

Glieder-B. – *J. articulatus* 0,20–0,50 ♃ 7–9 (rötlich bis kastanienbraun)

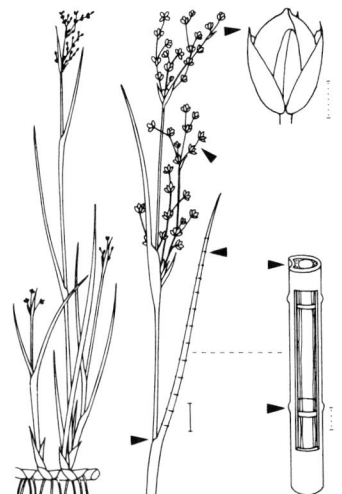

Alpen-B. – *J. alpinoarticulatus* 0,20–0,50 ♃ 7–8 (kastanienbraun bis fast schwarz)

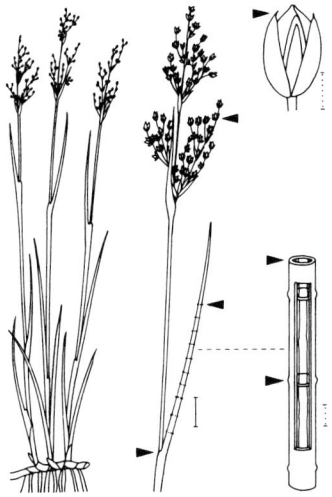

Zweischneidige B. – *J. anceps* 0,20–0,50 ♃ 7–8 (kastanien- od. rotbraun)

Weißes Schnabelried – *Rhynchospora alba* 0,15–0,40 ⚥ 7–8 (Sp zuerst schneeweiß, dann rötlich)

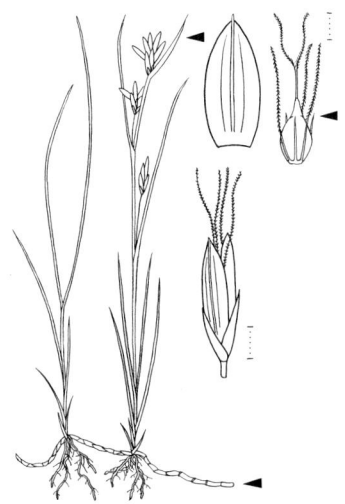

Braunes Sch. – *R. fusca* 0,10–0,30 ⚥ 6–7 (Sp gelblich bis rötlichbraun)

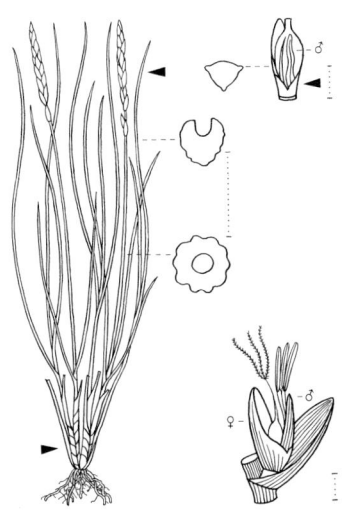

Nacktried – *Carex myosuroides* 0,10–0,30 ⚥ 6–8 (Sp braun, weißrandig)

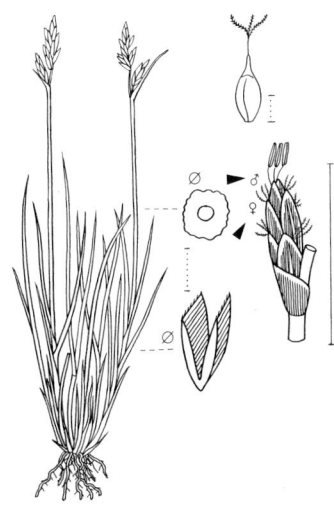

Schuppenried – *C. simpliciuscula* 0,05–0,20 ⚥ 7–8 (Sp braun, weißrandig)

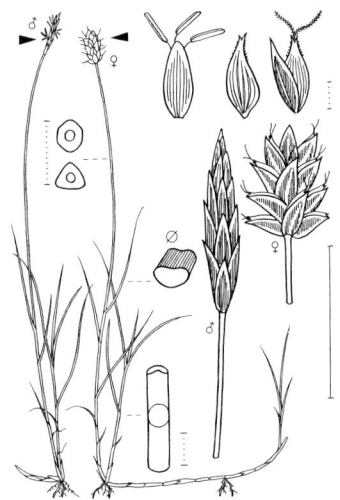

Zweihäusige Segge – *Carex dioica* 0,10–0,30 ♃ 5–6 (Sp hellbraun, ♀ Sp dunkelbraun, weißrandig)

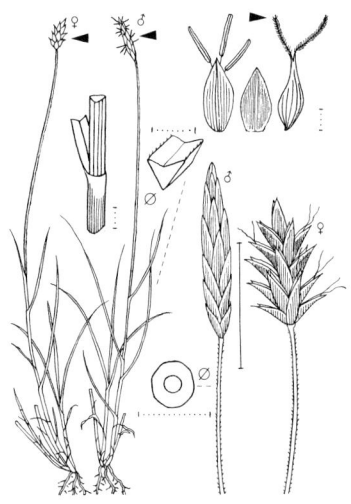

Torf-S. – *C. davalliana* 0,10–0,40 ♃ 5–6 (♂ Sp hellbraun, ♀ Sp dunkelbraun, weißrandig)

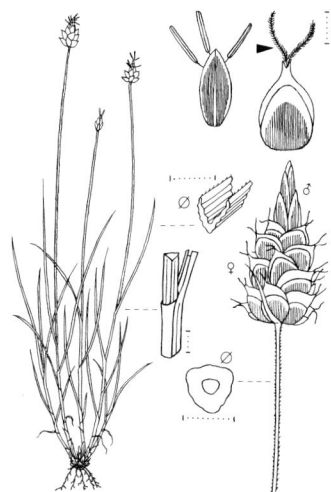

Kopf-S. – *C. capitata* 0,10–0,35 ♃ 5–6 (Sp hellbraun, weißrandig) ✝

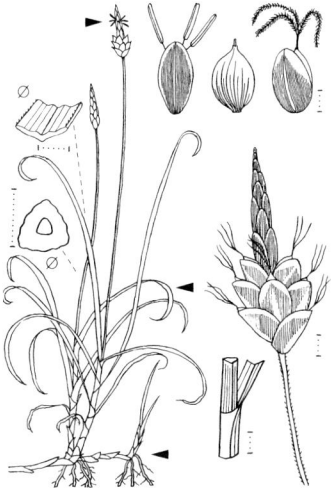

Felsen-S. – *C. rupestris* 0,05–0,15 ♃ 6–7 (Sp braun bis rotbraun, Schläuche grün bis braun)

CYPERACEAE

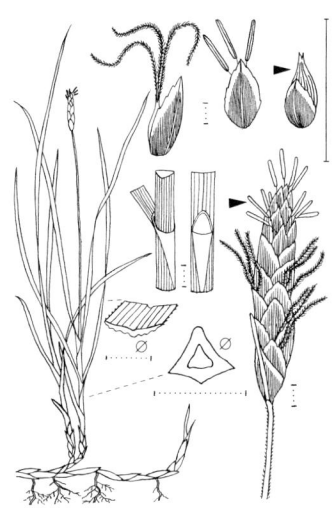

Stumpfe Segge – *Carex obtusata* 0,05–0,30 ♃ 4–5 (Sp braun bis hellbraun, weißrandig, Schläuche gelbbraun. Pfl unten rotbraun)

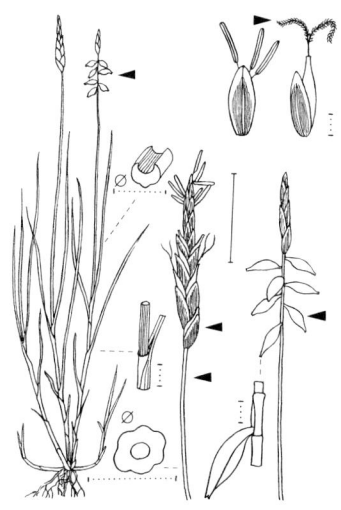

Floh-S. – *C. pulicaris* 0,10–0,15 ♃ 5–6 (Sp rotbraun, grün gekielt, Schläuche dunkelbraun)

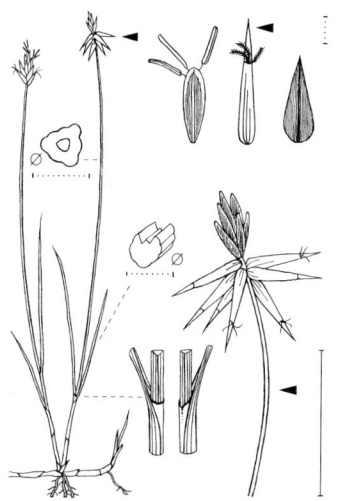

Kleingrannige S. – *C. microglochin* 0,07–0,15 ♃ 5–7 (Sp dunkelbraun, grün gekielt, Schläuche braun) ⚥

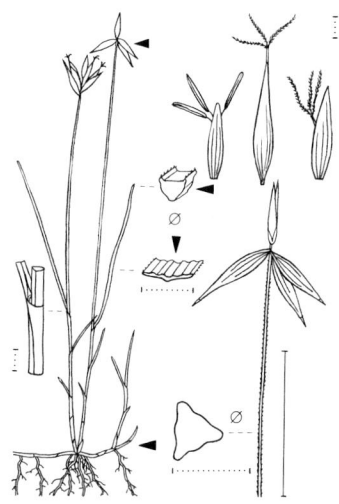

Wenigblütige S. – *C. pauciflora* 0,05–0,15 ♃ 5–7 (Sp hellbraun, Schläuche strohgelb)

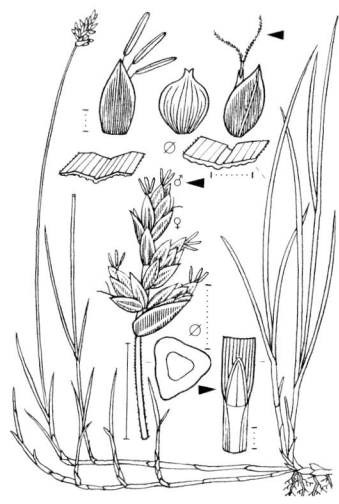

Strick-Segge – Carex chordorrhiza 0,05–0,15 ♃ 5–6 (Sp rotbraun, Schläuche dunkelbraun)

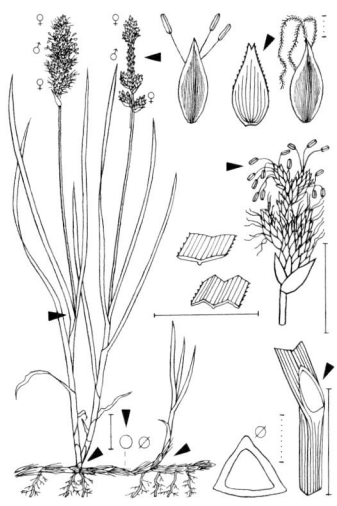

Zweizeilige S. – C. disticha 0,20–0,70 ♃ 5–6 (Sp rotbraun, weißrandig)

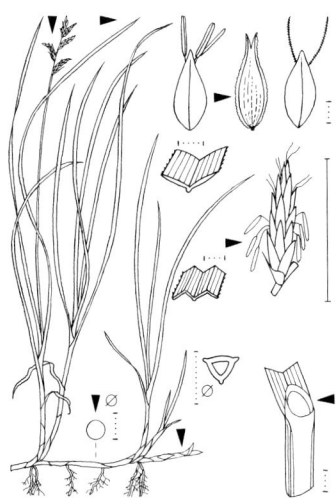

Zittergras-S. – C. brizoides 0,30–0,70 ♃ 5–6 (Sp wie Schläuche gelblichweiß bis grünlich od. bräunlich)

Französische S. – C. ligerica 0,15–0,30 ♃ 4–5 (Sp dunkel kastanienbraun, Schläuche hellbraun)

CYPERACEAE

Sand-Segge – *Carex arenaria* 0,15–0,60 ♃ 5–10 (Sp gelblich, Schläuche gelbbraun)

Reichenbach-S. – *C. pseudobrizoides* 0,30–0,50 ♃ 4–6 (Sp blass rostbraun bis strohgelb, Schläuche grün)

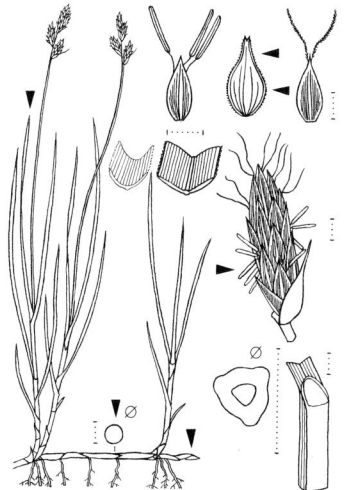

Frühe S. – *C. praecox* subsp. *praecox* 0,10–0,30 ♃ 4–6 (Sp braun, weißrandig, grün gekielt, Schläuche hellbraun)

Gekrümmte S. – *C. p.* subsp. *intermedia* 0,30–0,60 ♃ 5–6 (Sp hellbraun, grün gekielt, Schläuche grün bis hellbraun)

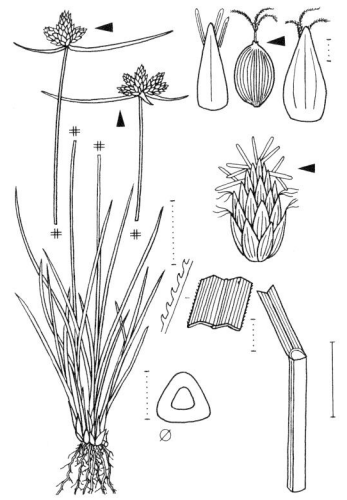

Monte-Baldo-Segge – *Carex baldensis* 0,15–0,30 ⚁ 6–7 ▽ (Sp weißhäutig, grün gekielt, Schläuche dunkelbraun)

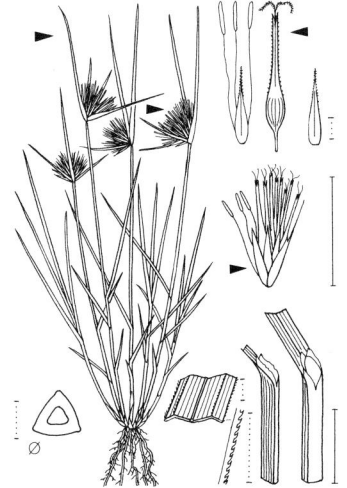

Zypergras-S. – *C. bohemica* 0,08–0,30 ⚁ 6–9 (Sp weißhäutig, grün gekielt, Schläuche hellgrün bis -gelb)

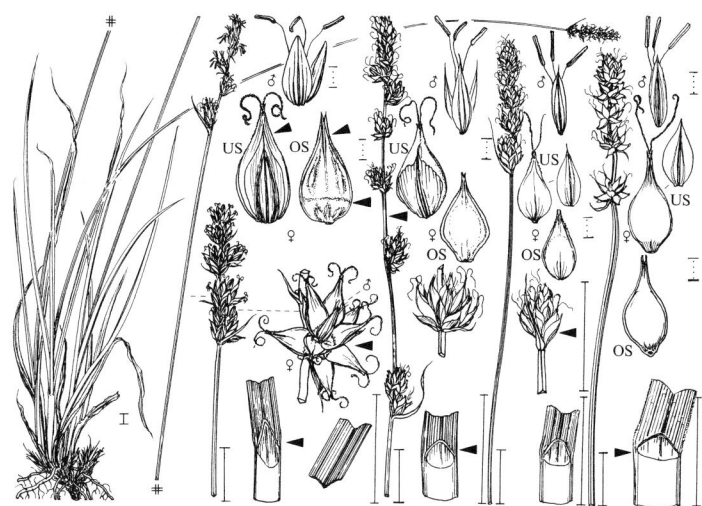

***Sparrige S.** – *C. muricata* 0,20–0,60 ⚁ 5–8 (Sp meist braun bis rotbraun). Von L nach R: *C. spicata*, *C. divulsa* (Sp blassbraun), *C. pairae*, *C. leersii* ↗ S. 803

CYPERACEAE

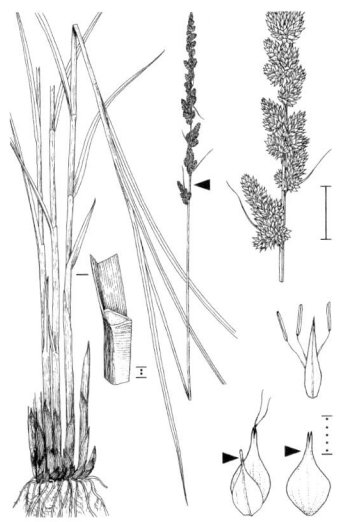

Fuchsartige Segge – *Carex vulpinoidea* 0,30–1,00 ⚃ 5–6 (Sp hellbraun, grün gekielt, Schläuche gelbgrün)

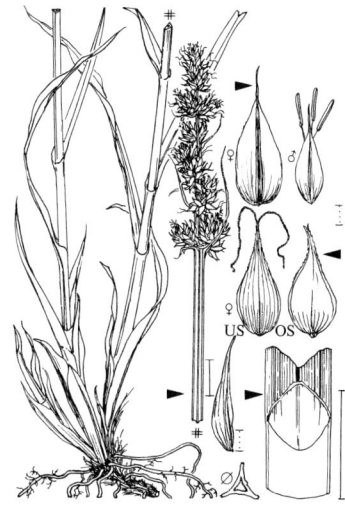

Fuchs-S. – *C. vulpina* 0,30–0,80 ⚃ 5–6 (Sp braun, grün gekielt, Schläuche grünlich bis braun)

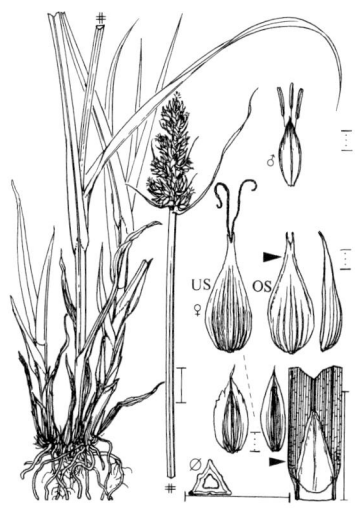

Falsche Fuchs-S. – *C. otrubae* 0,30–0,80 ⚃ 5–7 (Sp grün gekielt, wie die Schläuche grünlich bis hellbraun)

Draht-S. – *C. diandra* 0,20–0,60 ⚃ 5–6 (Sp rotbraun, weißrandig, Schläuche kastanienbraun)

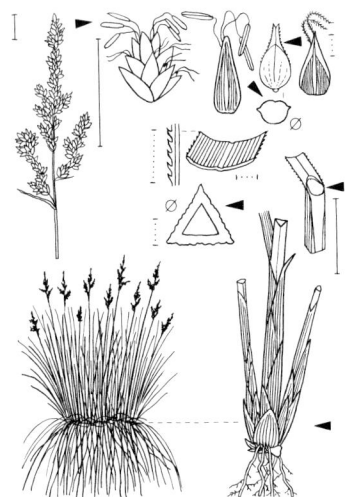

Rispen-Segge – *Carex paniculata* 0,40–1,00 ⚄ 5–6 (Sp weißrandig, wie die Schläuche hellbraun)

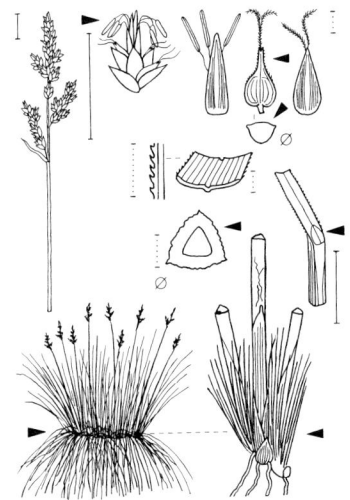

Schwarzschopf-S. – *C. appropinquata* 0,30–0,60 ⚄ 5–6 (Sp rotbraun, Schläuche dunkelbraun)

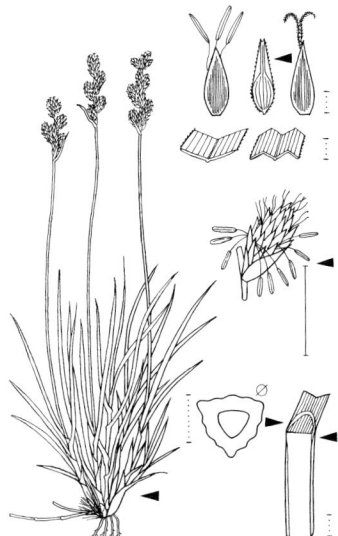

Hasenpfoten-S. – *C. leporina* 0,20–0,60 ⚄ 6–7 (Sp hellbraun, weißrandig, grün gekielt)

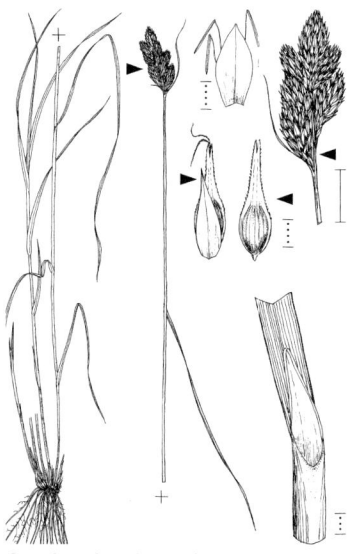

Crawford-S. – *C. crawfordii* 0,30–0,80 ⚄ 6–7 (Sp gold- bis dunkelbraun, hellgrünlich bis braun gekielt)

CYPERACEAE 113

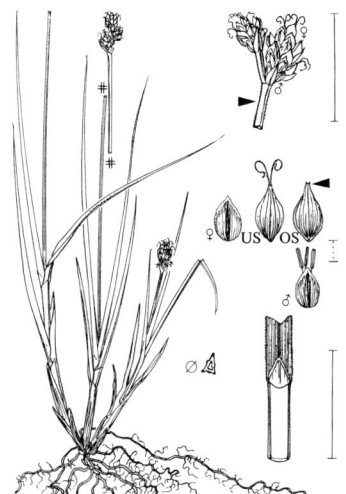

Schlenken-Segge – *Carex heleonastes* 0,15–0,30 ♃ 5–6 (Sp hellbraun, hellrandig, Schläuche graubraun)

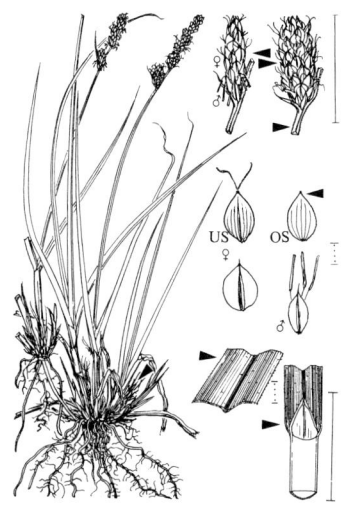

Grau-S. – *C. canescens* 0,20–0,45 ♃ 5–6 (Sp grauweiß, grün gekielt, Schläuche hellgrün. Bla graugrün)

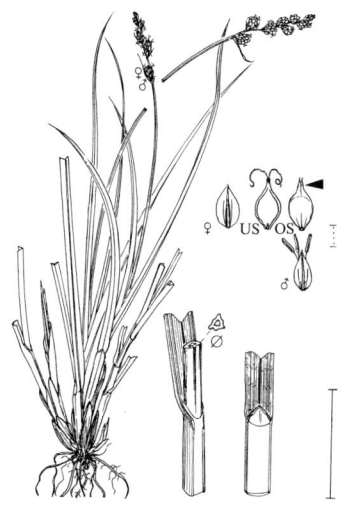

**Bräunliche S. – *C. brunnescens* 0,15–0,40 ♃ 7 (Sp weißrandig, wie die Schläuche braun)

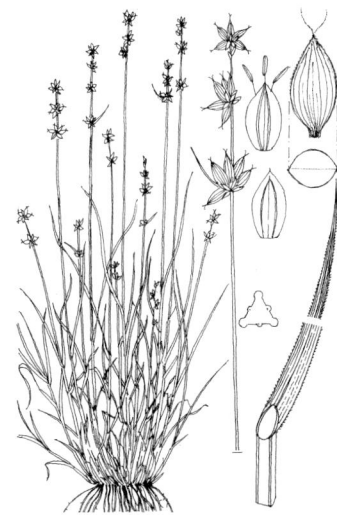

Lolch-S. – *C. loliacea* 0,20–0,40 ♃ 6–7 (Sp weißlich, grün gekielt, Schläuche grün, gerieft. Bla grün)

Winkel-Segge – *Carex remota* 0,30–0,60 ♃ 6–7 (Sp weißlich bis bräunlich, Schläuche weißlichgrün)

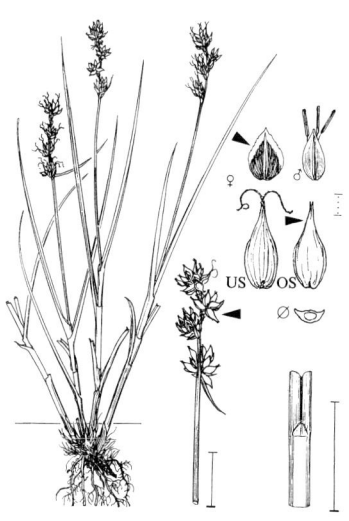

Igel-S. – *C. echinata* 0,10–0,40 ♃ 5–6 (Sp hellbraun, grün gekielt, Schläuche grün bis braun)

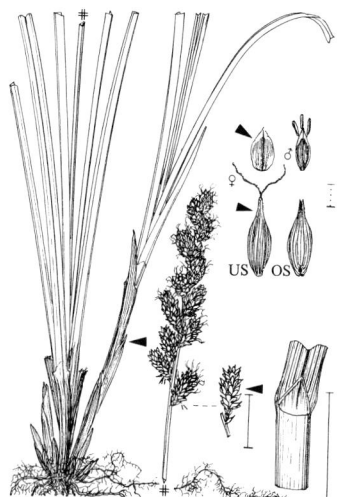

Langährige S. – *C. elongata* 0,30–0,70 ♃ 5–6 (Sp hellbraun, kaum blassgrün gekielt, Schläuche braun)

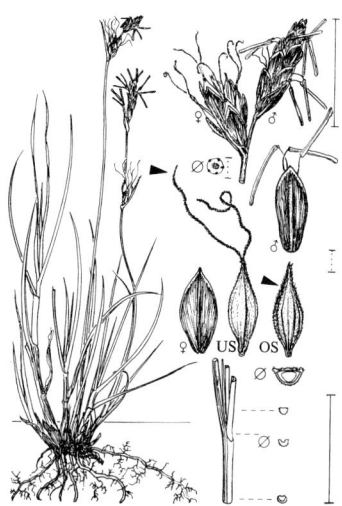

Stachelspitzige S. – *C. mucronata* 0,10–0,30 ♃ 5–8 (Sp rotbraun, Rand u. Mitte hell, Schläuche braun)

CYPERACEAE

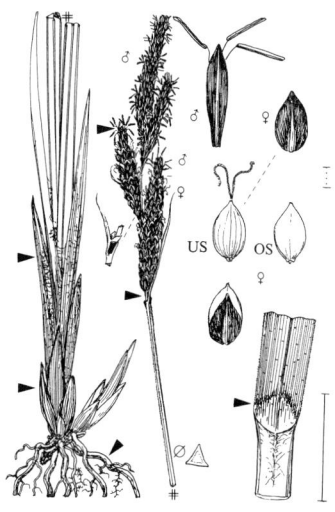

**Steif-Segge – *Carex elata* 0,45–1,20 ⚥ 4–5 (Sp schwarzbraun, grün gekielt, Schläuche u. Pfl graugrün)

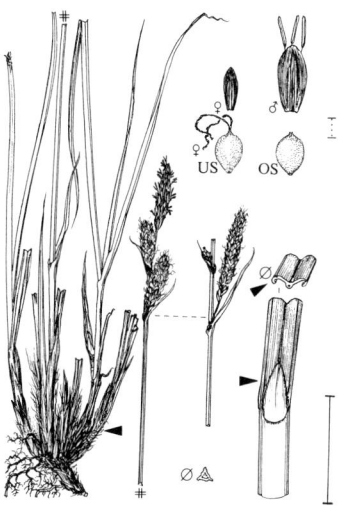

Rasen-S. – *C. cespitosa* 0,25–0,50 ⚥ 5–6 (Sp schwarz, rotbraun gekielt. Pfl unten schwarzrot)

Banat-S. – *C. buekii* 0,50–0,90 ⚥ 5 (♀ Sp schwarz, grün gekielt. Pfl unten rot- bis schwarzbraun)

Starre S. – *C. bigelowii* 0,10–0,25 ⚥ 6–7 (Sp schwarz, Rand u. Mitte heller. Bla graugrün) ↗ S. 804

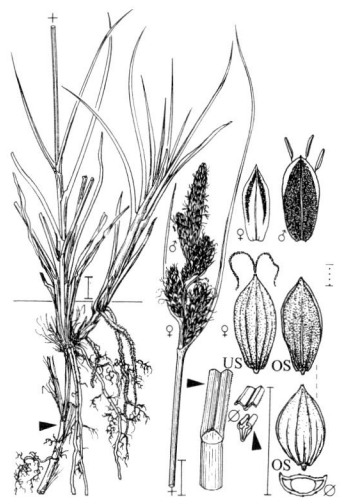

Dreinervige Segge – *Carex trinervis* 0,20–0,30 ♃ 6–7 (Sp dunkel rotbraun, heller gekielt, Schläuche mattgrün)

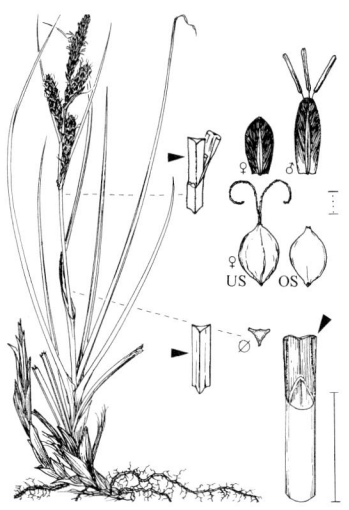

Wiesen-S. – *C. nigra* 0,05–0,25 ♃ 5–6 (Sp schwarz, grün gekielt, Schläuche grün. Bla graugrün)

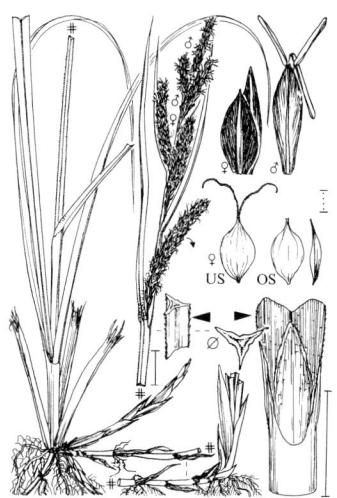

*Schlank-S. – *C. acuta* 0,60–1,20 ♃ 5–6 (Sp rot- bis schwarzbraun, grün gekielt. Pfl unten braun)

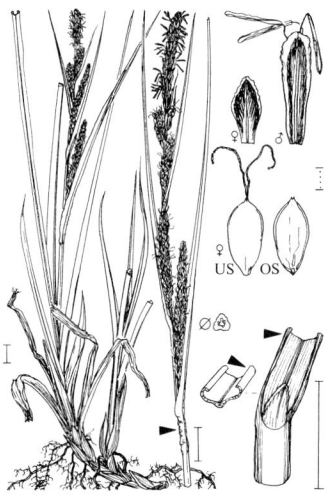

Wasser-S. – *C. aquatilis* 0,60–1,40 ♃ 6–7 (Sp schwarzrot bis rotbraun, grün gekielt. Pfl unten rotbraun)

CYPERACEAE

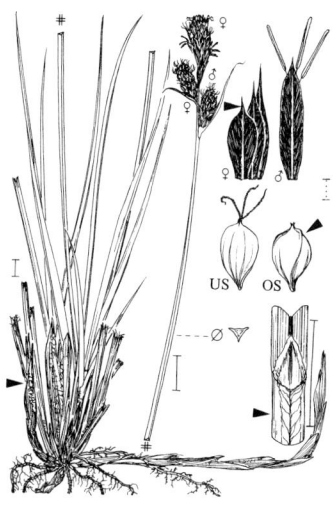

Hartman-Segge – *Carex hartmaniorum* 0,30–0,70 ⚘ 5–6 (Sp schwarzrot, Schläuche braungrün. Pfl unten dunkelbraun)

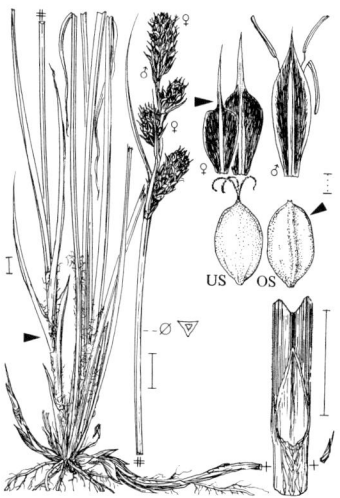

Buxbaum-S. – *C. buxbaumii* 0,30–0,70 ⚘ 5–6 (Sp schwarzrot. Bla graugrün. Pfl unten schwarzbraun)

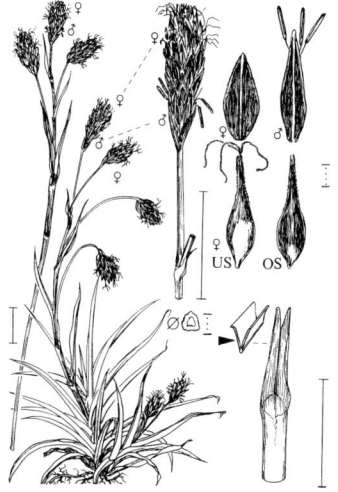

Ruß-S. – *C. fuliginosa* 0,10–0,30 ⚘ 6–8 (Sp schwarzviolett bis dunkel rotbraun, weißrandig)

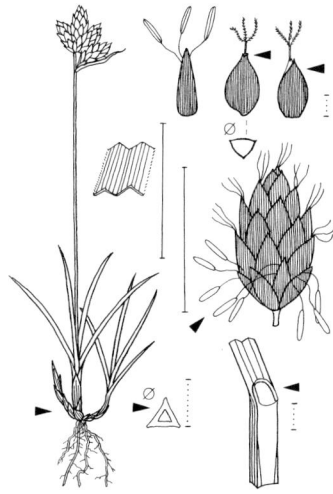

Kleinblütige S. – *C. parviflora* 0,05–0,20 ⚘ 7–8 (Sp u. Schläuche schwarz)

**Trauer-Segge – *Carex atrata* 0,15–0,60 ⚃ 6–8 (Sp schwarz, Schläuche gelbbraun, selten schwarz)

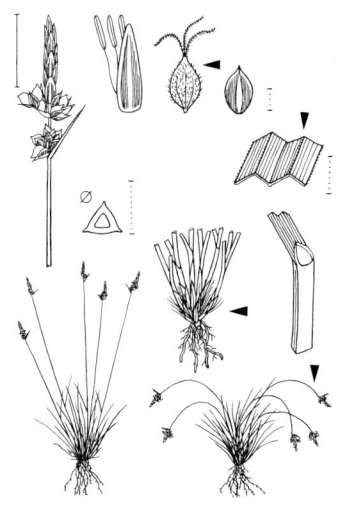

Pillen-S. – *C. pilulifera* 0,10–0,40 ⚃ 5–6 (Sp grau bis dunkelbraun, weißrandig, Schläuche grauweiß)

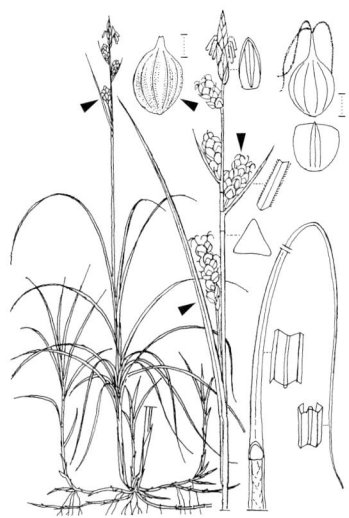

Glanzfrucht-S. – *C. liparocarpos* 0,05–0,20 ⚃ 4–5 (Sp rot- bis dunkelbraun. Pfl unten rotbraun)

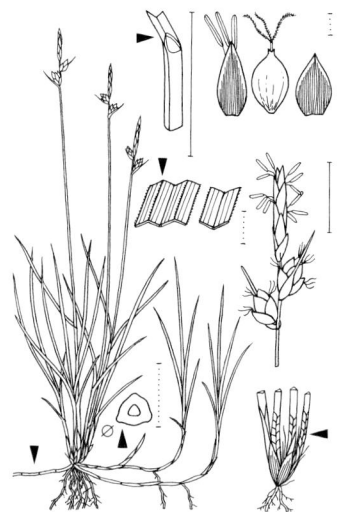

Steppen-S. – *C. supina* 0,05–0,20 ⚃ 4–5 (Sp rot- bis dunkelbraun. Pfl unten rotbraun)

CYPERACEAE

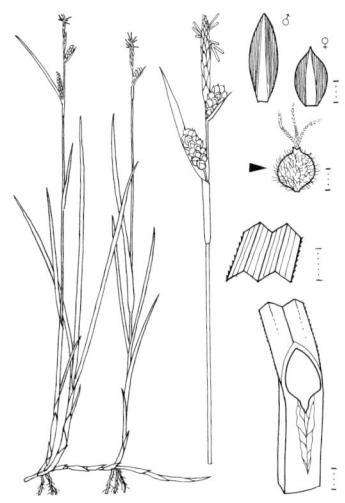

Filz-Segge – *Carex tomentosa* 0,15–0,60 ⚄ 5–6 (Sp rotbraun, grün gekielt. Pfl unten schwarzpurpurn)

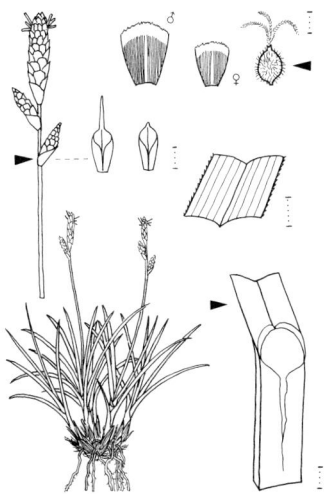

Heide-S. – *C. ericetorum* 0,10–0,30 ⚄ 4–5 (Sp dunkel rotbraun, weißrandig)

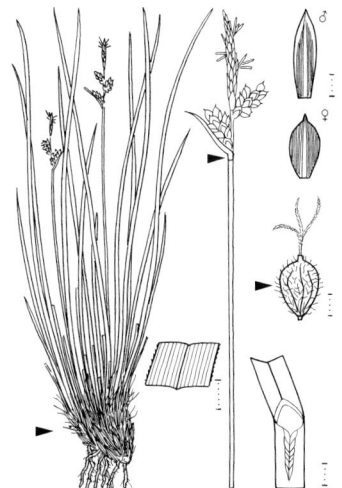

Fritsch-S. – *C. fritschii* 0,30–0,65 ⚄ 4–6 (Sp braun, Rand u. Mitte heller). Ob in D?

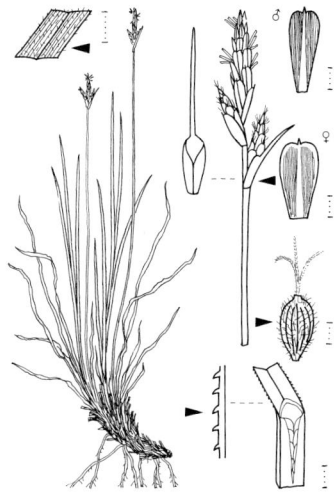

Berg-S. – *C. montana* 0,10–0,30 ⚄ 3–5 (Sp braun, Schläuche grün, oben oft braun. Pfl unten rot)

Frühlings-Segge – *Carex caryophyllea* 0,05–0,30 ♃ 4–5 (Sp rot- bis hellbraun, grün gekielt)

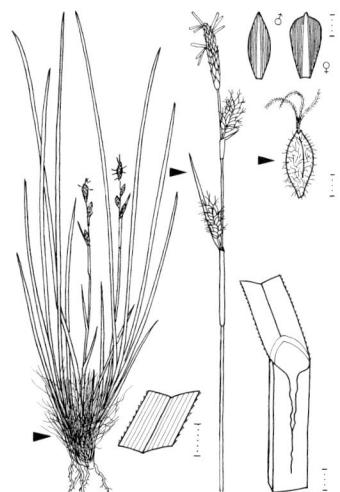

Schatten-S. – *C. umbrosa* 0,15–0,50 ♃ 5–6 (Sp braun bis rotbraun, grün gekielt, Schläuche grün bis braun)

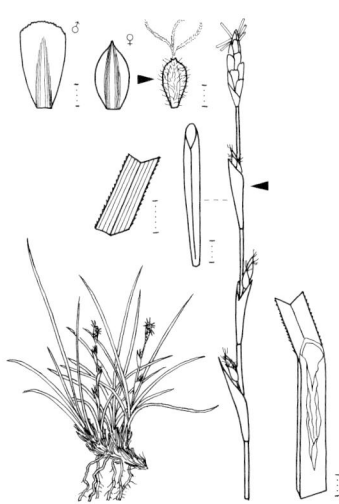

Erd-S. – *C. humilis* 0,03–0,15 ♃ 4–5 (Sp braun, weißrandig. Pfl unten rot. Bla graugrün)

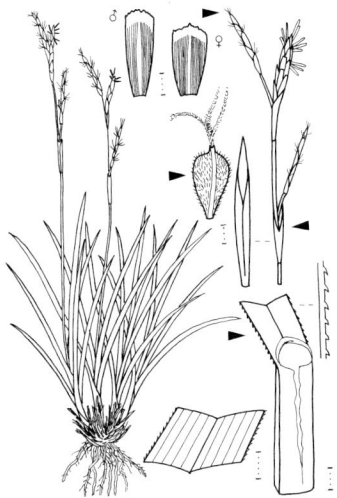

Finger-S. – *C. digitata* 0,10–0,30 ♃ 5 (Sp rotbraun, grün gekielt, weißrandig. Pfl unten dunkelrot)

CYPERACEAE

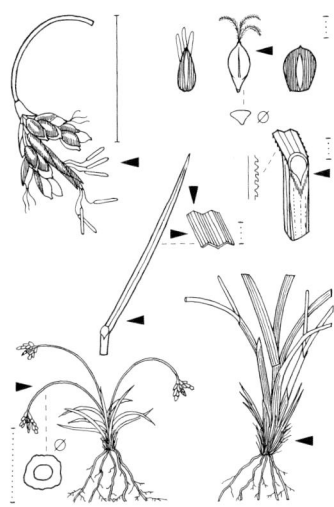

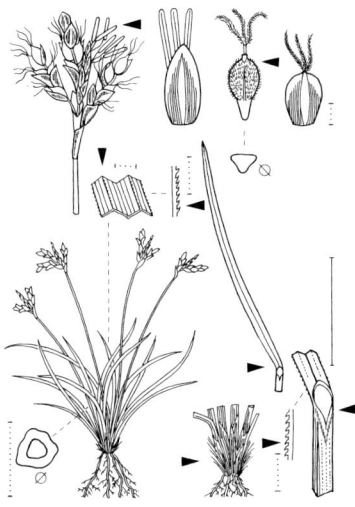

Alpen-Vogelfuß-Segge – *Carex ornithopodioides* 0,05–0,10 ♃ 7–8 (Sp schwarzpurpurn, weißrandig)

**Vogelfuß-S. – *C. ornithopoda* 0,08–0,15 ♃ 5 (Sp gelbbraun bis rotbraun, grün gekielt, weißrandig)

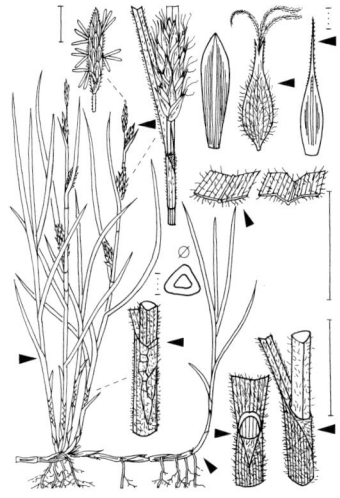

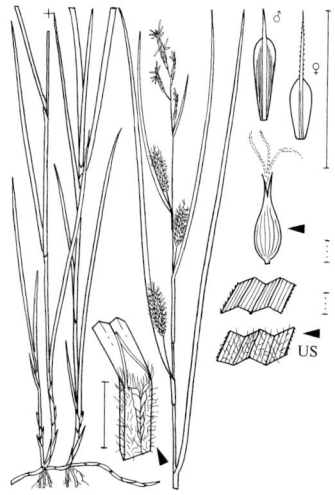

Behaarte S. – *C. hirta* 0,10–0,80 ♃ 5–6 (Sp braun, Schläuche gelbgrün bis braun. Pfl unten oft rot)

Grannen-S. – *C. atherodes* 0,60–1,20 ♃ 5–6 (♀ Sp blassgrün. Pfl unten oft schwarzbraun)

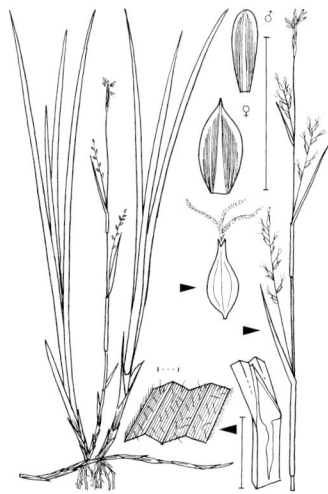

Wimper-Segge – *Carex pilosa* 0,30–0,60 ♃ 5–6 (♀ Sp rotbraun u. grün, ♂ Sp dunkel rotbraun. Pfl unten rot)

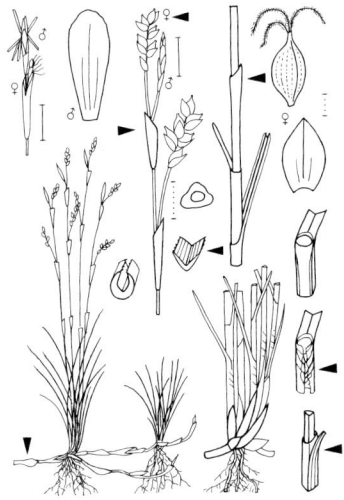

Weiße S. – *C. alba* 0,10–0,30 ♃ 5–6 (Sp weiß, grün gekielt, Schläuche dunkelbraun)

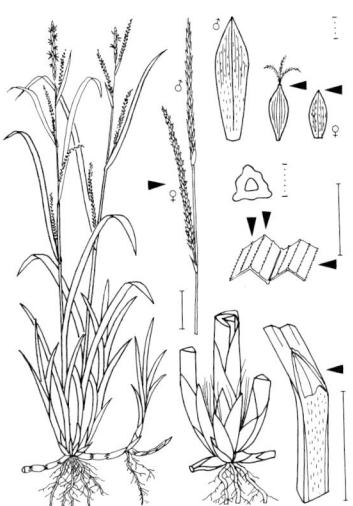

Dünnährige S. – *C. strigosa* 0,40–1,00 ♃ 6–7 (Sp grünlichweiß, Schläuche grün)

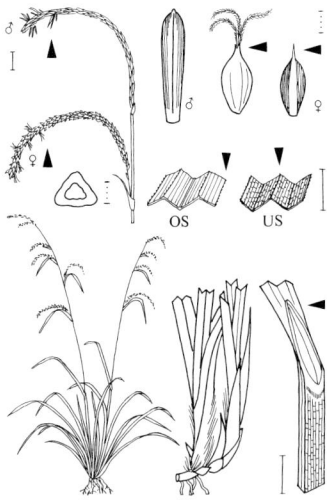

*Riesen-S. – *C. pendula* 0,50–1,50 ♃ 6 (Sp rotbraun, grün gekielt, Schläuche blassgrün. Pfl unten rot)

CYPERACEAE 123

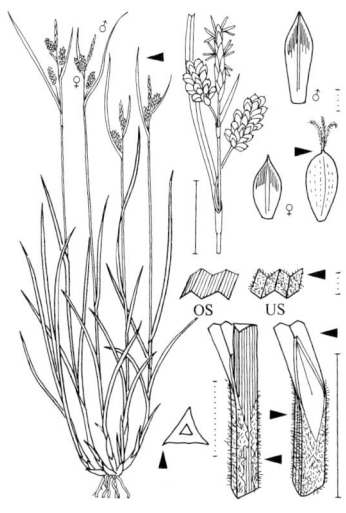

Bleich-Segge – *Carex pallescens* 0,20–0,45 ♃ 5–7 (Sp weißlich, grün gekielt, Schläuche u. Pfl gelbgrün)

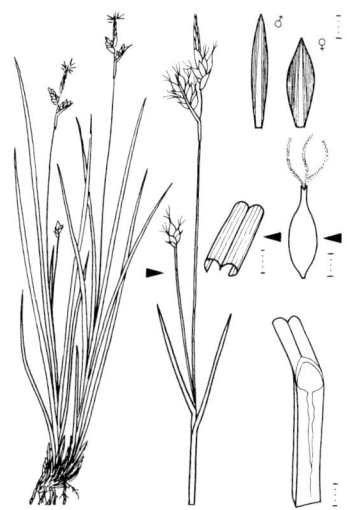

Grundstielige S. – *C. halleriana* 0,10–0,30 ♃ 4–5 (Sp braun bis rotbraun, weißrandig)

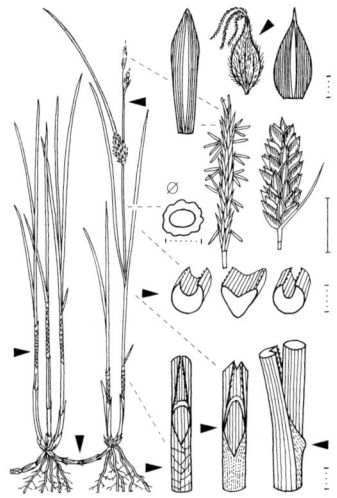

Faden-S. – *C. lasiocarpa* 0,30–1,00 ♃ 6–7 (Sp dunkelbraun. Pfl graugrün)

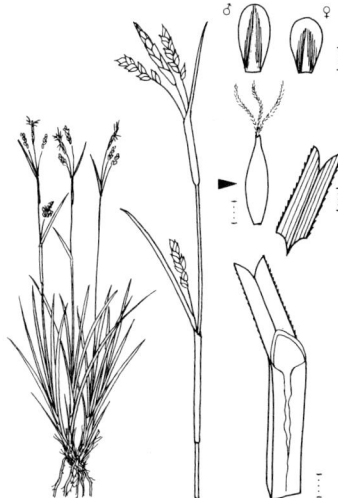

Haarstiel-S. – *C. capillaris* 0,08–0,30 ♃ 5–7 (Sp braun, weißrandig, Schläuche braun)

Schlamm-Segge – *Carex limosa* 0,20–0,45 ⚁ 6–7 (Sp rot- bis schwarzbraun od. grün, Schläuche u. Bla graugrün)

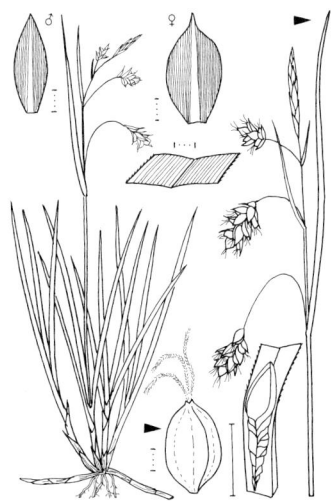

Riesel-S. – *C. magellanica* 0,10–0,30 ⚁ 6–8 (Sp kastanienbraun, Schläuche u. Bla grasgrün)

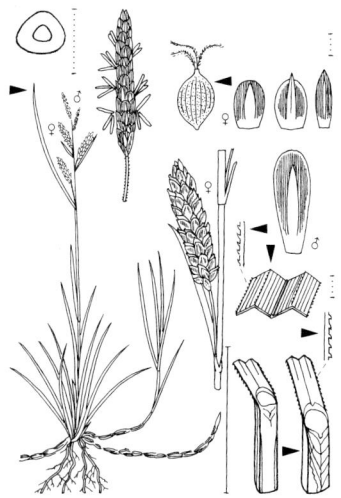

Blaugrüne S. – *C. flacca* 0,20–0,60 ⚁ 5–7 (Sp schwarzbraun, Schläuche grün od. schwarz)

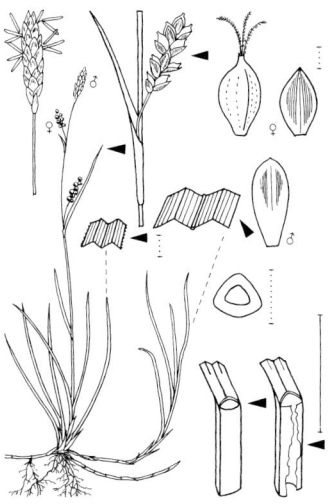

Hirse-S. – *C. panicea* 0,10–0,50 ⚁ 5–6 (Sp braun- bis schwarzrot, grün gekielt, Schläuche u. Pfl graugrün)

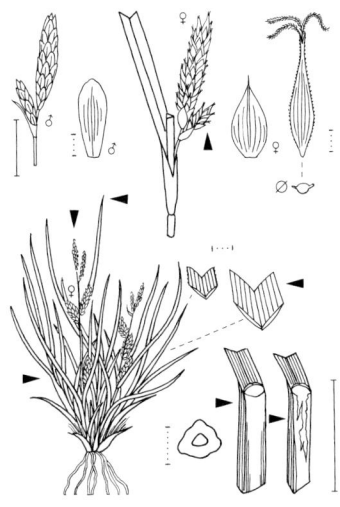

Roggen-Segge – *Carex secalina* 0,10–0,30 ♃ 6 (Sp weißlich, gelbbraun gekielt, Schläuche blassgelb bis hellbraun)

Gersten-S. – *C. hordeistichos* 0,10–0,30 ♃ 6 (Sp hellbraun, weißrandig, Schläuche strohgelb bis rotbraun)

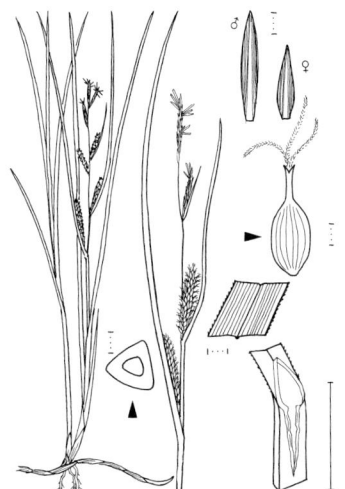

Schnabel-S. – *C. rostrata* 0,30–0,70 ♃ 6 (Sp rotbraun, Schläuche gelbgrün bis braun. Bla blaugrün, Stomata mehr oseits)

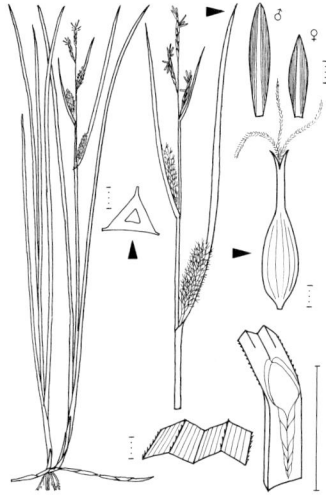

Blasen-S. – *C. vesicaria* 0,30–0,80 ♃ 6 (Sp braun, Schläuche grün bis hellbraun. Pfl unten rot. Stomata useits)

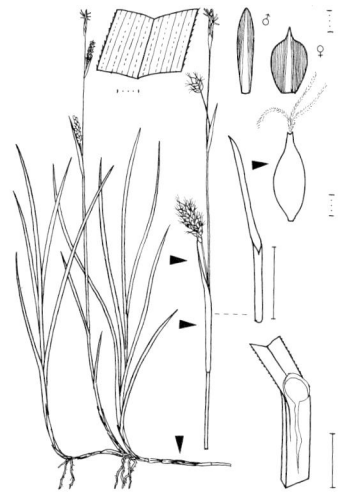

Scheiden-Segge – *Carex vaginata* 0,25–0,30 ♃ 6–7 (Sp rotbraun, grün gekielt, Schläuche grün bis braun)

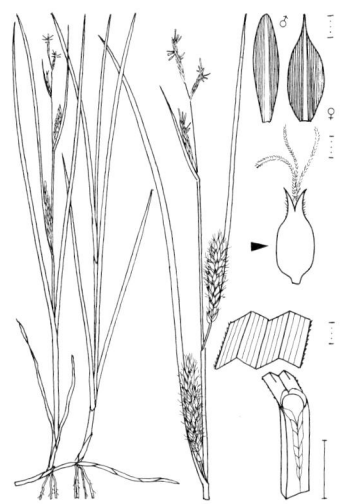

Schwarzährige S. – *C. melanostachya* 0,30–0,50 ♃ 5–6 (Sp braun bis schwarzrot. Pfl unten rot)

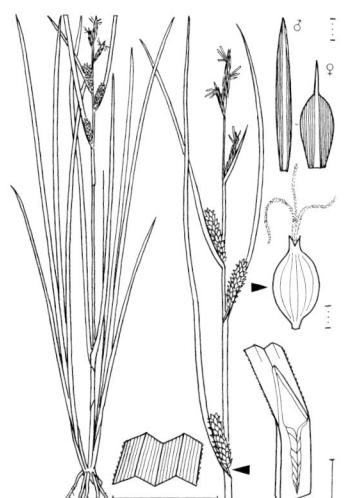

Sumpf-S. – *C. acutiformis* 0,30–1,20 ♃ 6–7 (Sp dunkelbraun bis schwarzrot, Schläuche grün)

Ufer-S. – *C. riparia* 0,60–1,50 ♃ 6–7 (Sp rotbraun bis dunkelbraun, Schläuche graubraun. Bla blaugrün)

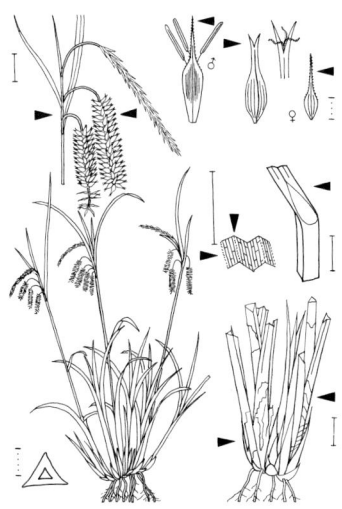

Scheinzypergras-Segge – *Carex pseudocyperus* 0,40–1,00 ♃ 6–7 (Sp hellgrün od. braun, Schläuche wie Pfl gelbgrün)

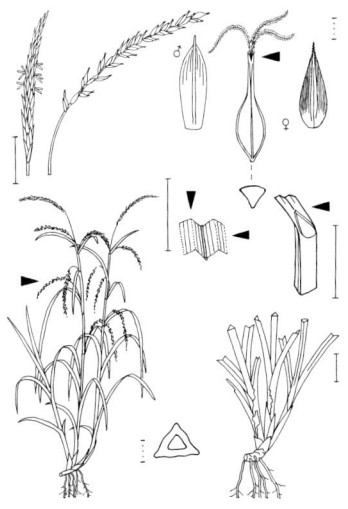

Wald-S. – *C. sylvatica* 0,30–0,70 ♃ 6–7 (Sp weißlich bis grün od. braun, Schläuche grün bis braun)

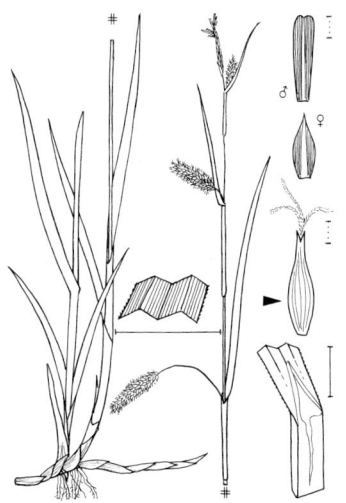

Glatte S. – *C. laevigata* 0,60–1,00 ♃ 4–5 (Sp braun bis rotbraun, Schläuche grün bis braun)

Eis-S. – *C. frigida* 0,10–0,40 ♃ 6–8 (Sp u. Schläuche rot- bis schwarzbraun. Pfl unten hellbraun)

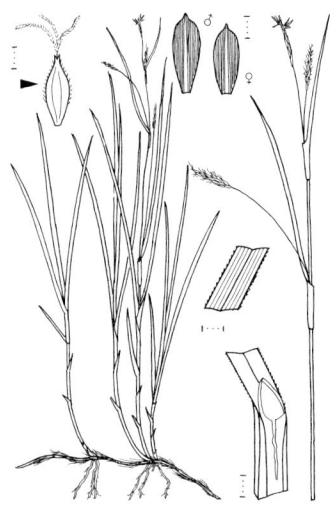

Rost-Segge – *Carex ferruginea* 0,30–0,60 ♃ 6–9 (Sp schwarz- bis rotbraun, Schläuche grün bis schwarzbraun)

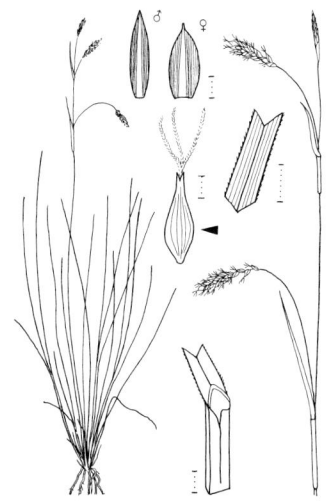

Kurzährige S. – *C. brachystachys* 0,15–0,40 ♃ 6–8 (Sp rotbraun, grün gekielt, Schläuche grün)

Horst-S. – *C. sempervirens* 0,20–0,40 ♃ 6–8 (Sp dunkelbraun, weißrandig, Schläuche grün)

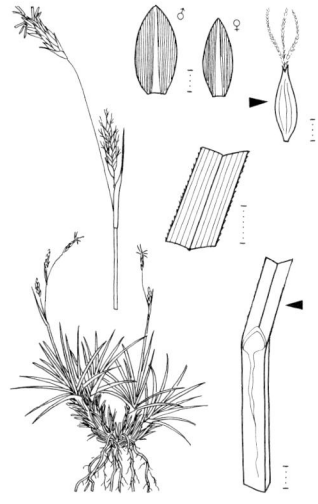

Polster-S. – *C. firma* 0,05–0,20 ♃ 6–8 (Sp rostbraun, grün gekielt, Schläuche grün bis braun)

CYPERACEAE 129

Verarmte Segge – *Carex depauperata* 0,30–0,60 ♃ 4–5 (Sp grün, braunrandig, Schläuche braun bis grau) ⊕

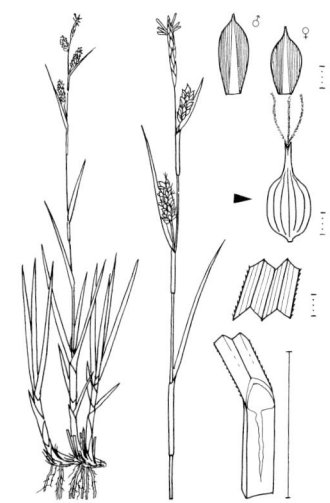

Saum-S. – *C. hostiana* 0,25–0,45 ♃ 6–7 (Sp rot- bis dunkelbraun, Schläuche gelbgrün. Pfl blaugrün)

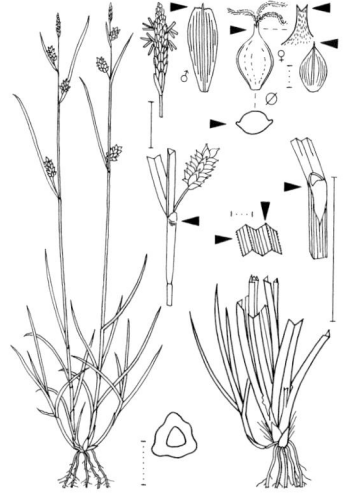

Punktierte S. – *C. punctata* 0,15–0,45 ♃ 5–7 (Sp braun, grün gekielt, Schläuche gelbgrün)

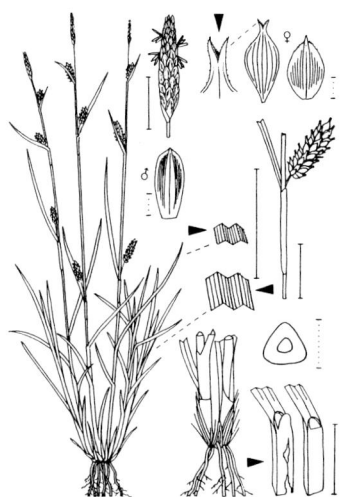

Entferntährige S. – *C. distans* 0,20–0,60 ♃ 6–7 (Sp rostbraun, grün gekielt. Schläuche grün. Bla graugrün)

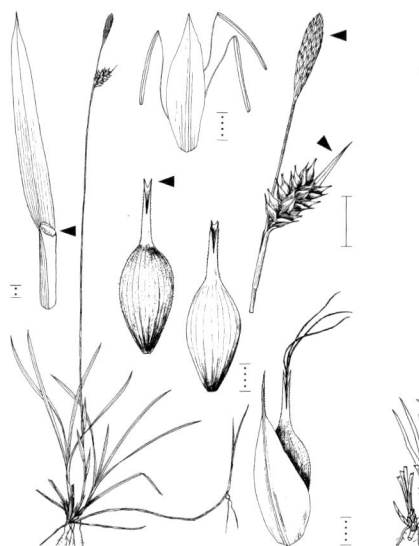

Micheli-Segge – *Carex michelii* 0,20–0,35 ♃ 4–5 (Sp blassbraun, breit grün gekielt, weißrandig)

Zweinervige S. – *C. binervis* 0,30–1,00 ♃ 5–6 (Sp rotbraun, Schläuche schwarzbraun. Bla graugrün)

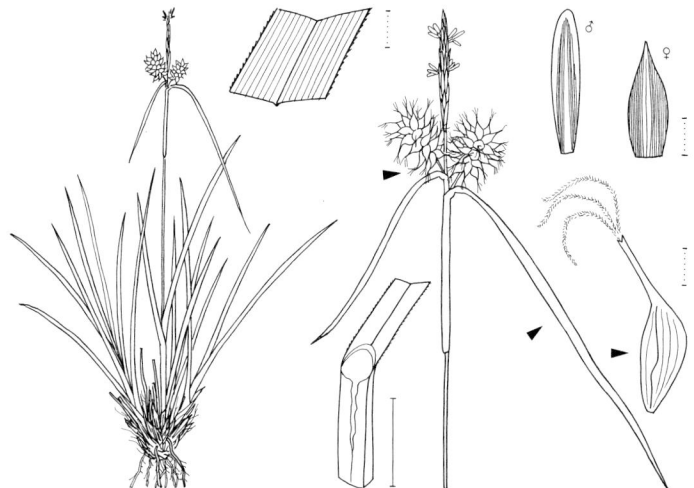

Gelb-S. – *C. flava* 0,20–0,60 ♃ 5–9 (Sp gelb- bis rostbraun, grün gekielt, Schläuche hellgelb. Pfl gelbgrün)

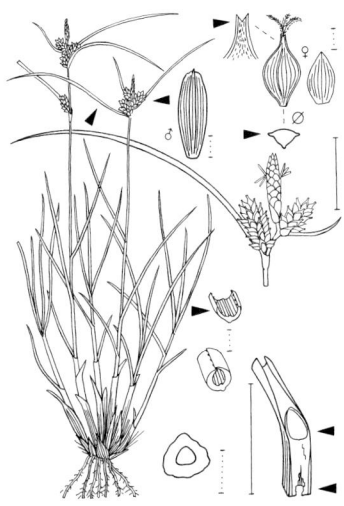

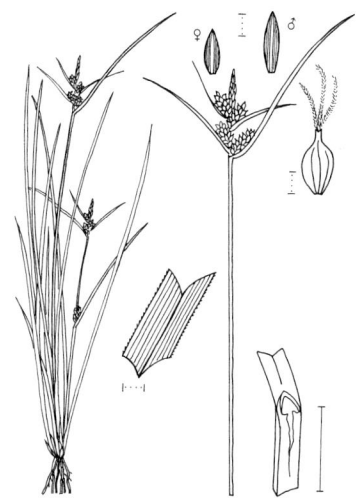

Strand-Segge – *Carex extensa* 0,10–0,30 ♃ 7–8 (Sp gelb bis rotbraun, grün gekielt, Schläuche wie Pfl graugrün)

Späte Gelb-S. – *C. viridula* 0,05–0,20 ♃ 5–9 (Farben wie *C. flava*)

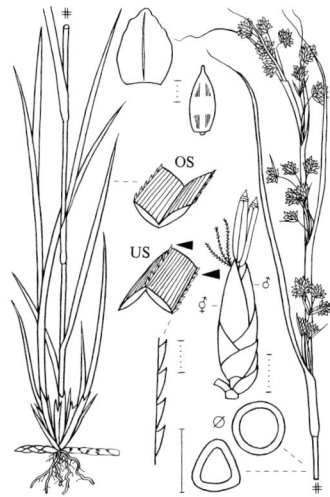

Grünliche Gelb-S. – *C. demissa* 0,05–0,30 ♃ 5–7 (Farben wie *C. flava*)

Binsen-Schneide – *Cladium mariscus* 0,80–2,00 ♃ 6–7 (Sp hellbraun)

Wald-Simse – *Scirpus sylvaticus* 0,60–1,00 ⚥ 5–7 (Sp schwarz- bis braungrün mit hellem Kiel)

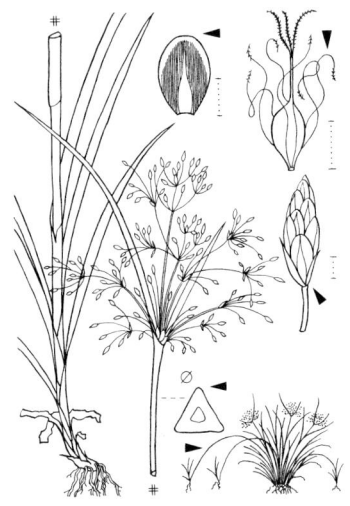

Wurzelnde S. – *S. radicans* 0,40–1,00 ⚥ 6–7 (Sp schwarz- bis braungrün mit grünem Kiel)

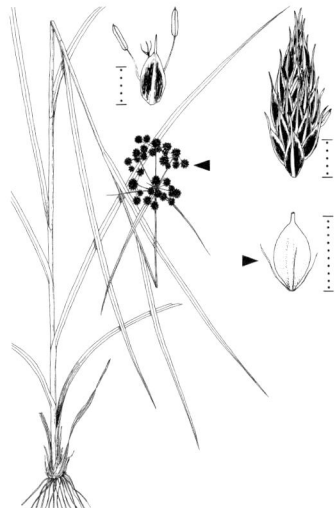

Dunkelgrüne S. – *S. georgianus* 0,30–1,00 ⚥ 5–7 (Sp rotbraun mit hellerem Kiel)

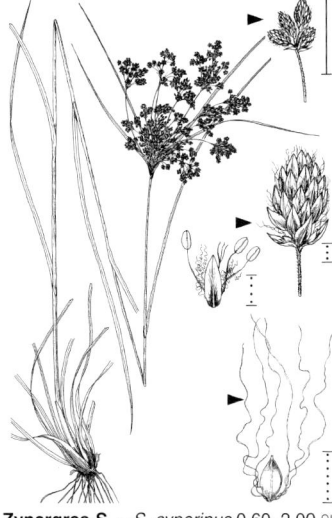

Zypergras-S. – *S. cyperinus* 0,60–2,00 ⚥ 6–7 (Sp hellbraun-rotbraun mit grünem-hellbraunem Kiel)

Liegende Teichsimse – *Schoenoplectiella supina* 0,05–0,15 ☉ 7–9 (Sp hell, Rand rotbraun, Kiel grün)

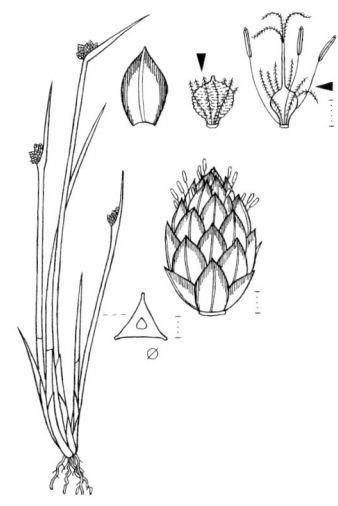

Stachelspitzige T. – *S. mucronata* 0,30–2,00 ♃ 8–10 (Sp am Rand rotbraun, Mitte blassgrünlich)

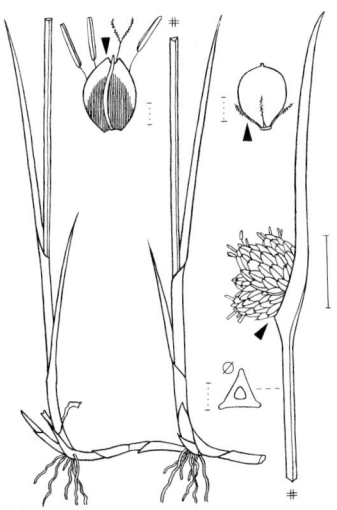

Amerikanische T. – *Schoenoplectus pungens* 0,30–0,60 ♃ 7–8 (Sp rotbraun, oft mit hellem Rand)

Dreikant-T. – *S. triqueter* 0,50–1,50 ♃ 6–7 (Sp rotbraun, oft mit hellem od. grünem Kiel)

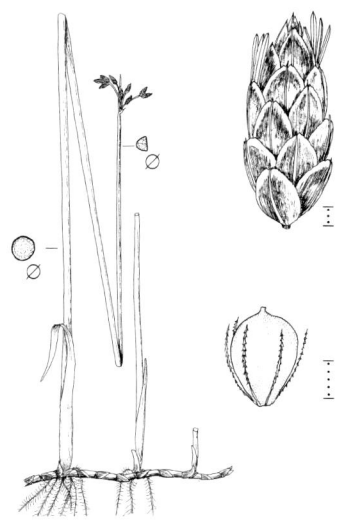

Gekielte Teichsimse –
Schoenoplectus ×carinatus 1,00–4,00 ♃
7–9 (Sp hell, Rand rotbraun, Kiel grün)

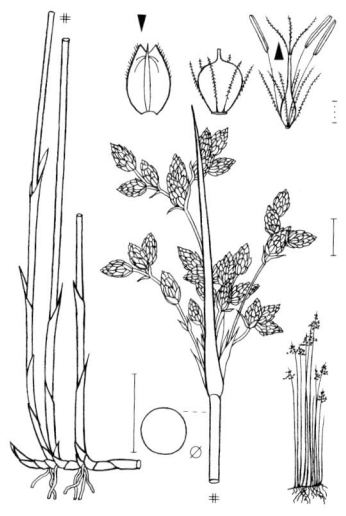

Gewöhnliche T. – *S. lacustris* 1,00–4,00
♃ 5–7 (Sp rotbraun. Pfl grün)

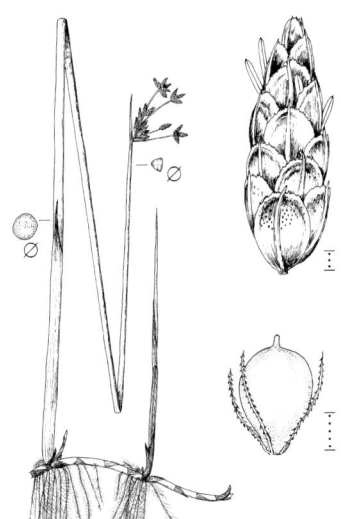

Kükenthal-T. – *S. ×kuekenthalianus*
1,00–3,00 ♃ 7–9 (Sp hell, Rand rotbraun,
Kiel grün)

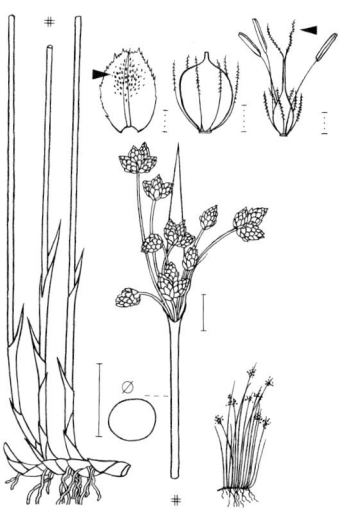

Salz-T. – *S. tabernaemontani* 0,60–2,00 ♃
6–7 (Sp rotbraun. Pfl grau- bis braungrün)

CYPERACEAE

Gewöhnliche Strandsimse –
Bolboschoenus maritimus 0,50–1,20 ♃
6–8 (Sp hell- bis rostbraun. Blü wie 134B)

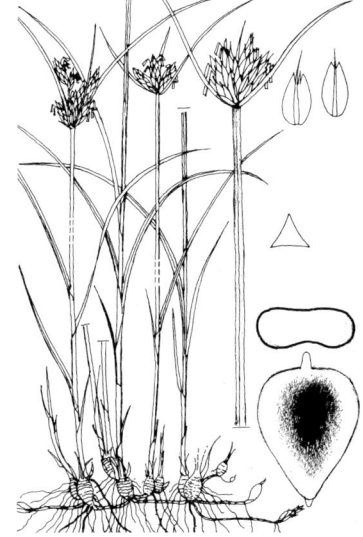

Flachfrüchtige S. – *B. planiculmis*
0,40–1,10 ♃ 6–8 (Sp hell- bis rostbraun)

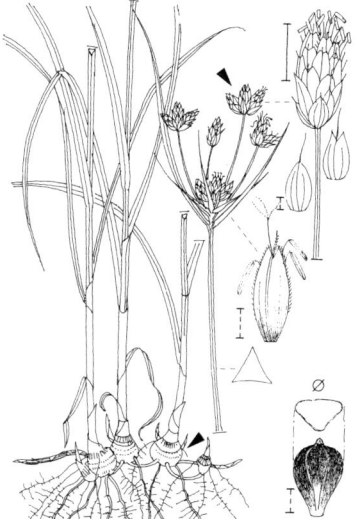

Breitfrüchtige S. – *B. laticarpus* 0,50–
1,20 ♃ 6–9 (Sp hell- bis rostbraun)

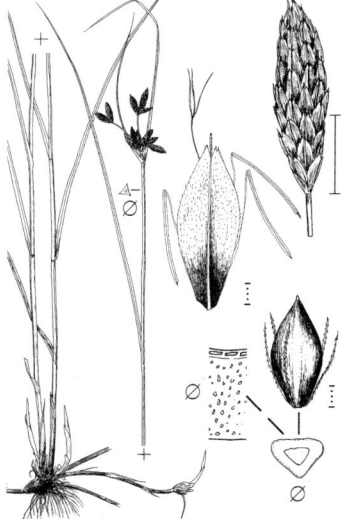

Yagara-S. – *B. yagara* 0,80–1,50 ♃ 7–10
(Sp hell- bis rostbraun)

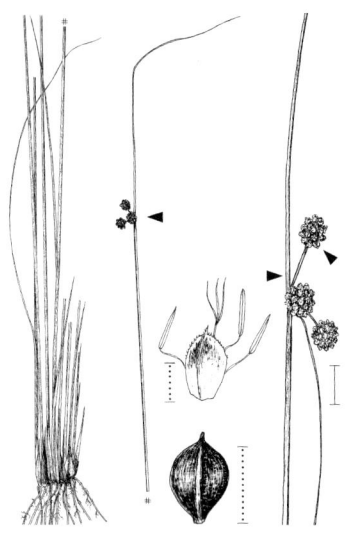

Südliche Kugelsimse – *Scirpoides holoschoenus* subsp. *australis* 0,50–0,70 ♃ 6–8 (Sp schwarzrot mit grüner Spitze)

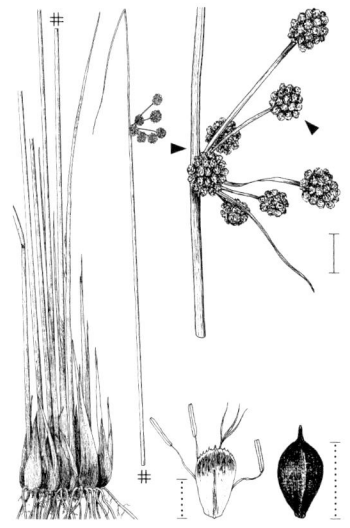

Gewöhnliche K. – *S. holoschoenus* subsp. *holoschoenus* 1,00–1,50 ♃ 6–8 (Sp schwarzrot mit grüner Spitze)

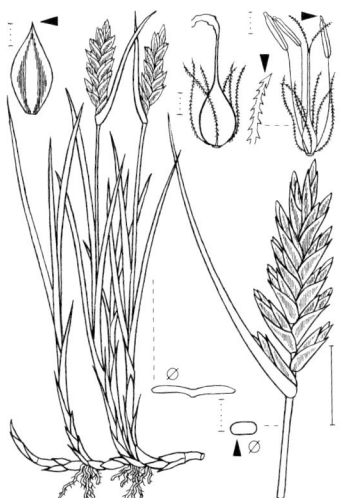

Flaches Quellried – *Blysmus compressus* 0,10–0,40 ♃ 6–7 (Sp rotbraun. Pfl grasgrün)

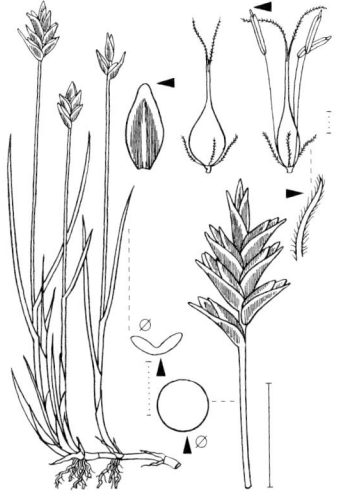

Rotbraunes Qu. – *B. rufus* 0,10–0,25 ♃ 5–7 (Sp kastanienbraun. Pfl graugrün)

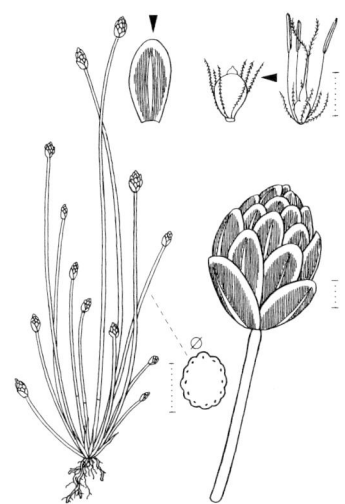

Ei-Sumpfsimse – *Eleocharis ovata* 0,05–0,30 ⊙ 7–9 (Sp braun, weißrandig, grün gekielt)

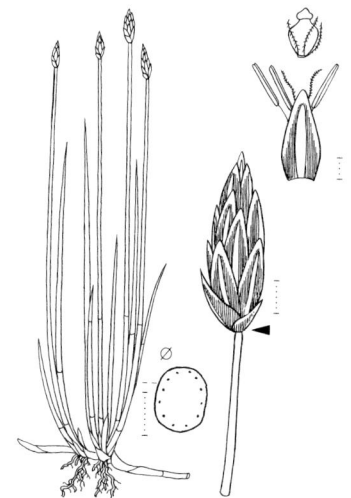

Einspelzige S. – *E. uniglumis* 0,05–0,40 ♃ 5–8 (Sp braun, weißrandig, grün gekielt. Fr wie Gewöhnliche S.)

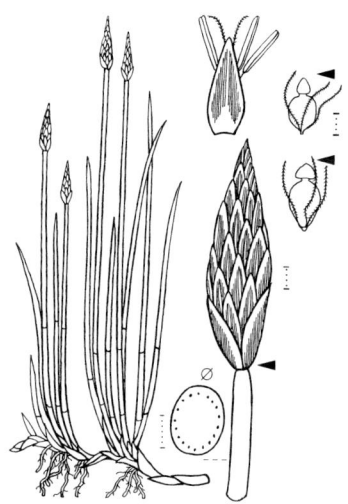

Echte S. – *E. palustris* (oben), **Gewöhnliche S.** – *E. vulgaris* (unten) 0,05–1,00 ♃ 5–8 (Sp braun bis rotbraun, weißrandig, oft grün gekielt)

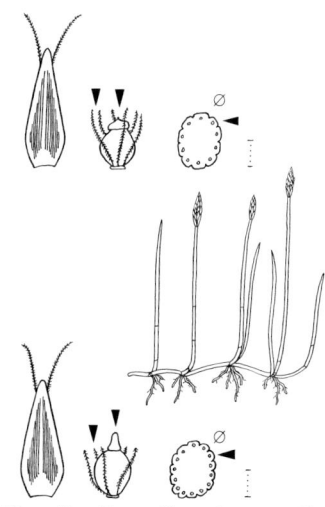

Zitzen-S. – *E. mamillata* subsp. *mamillata* (oben), **Österreichische S.** – *E. mamillata* subsp. *austriaca* (unten) 0,15–0,40 ♃ 5–8

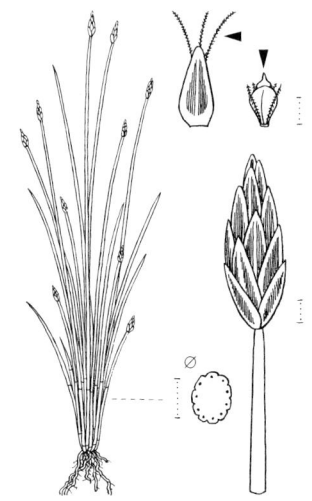

Vielstänglige Sumpfsimse – *Eleocharis multicaulis* 0,15–0,45 ♃ 6–7 (Sp braun, weißrandig)

Wenigblütige S. – *E. quinqueflora* 0,05–0,15 ♃ 5–6 (Sp braun, schmal weißrandig)

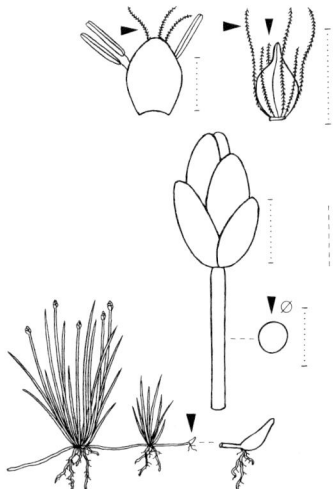

Kleine S. – *E. parvula* 0,02–0,08 ♃ 6–9 (Sp bleich)

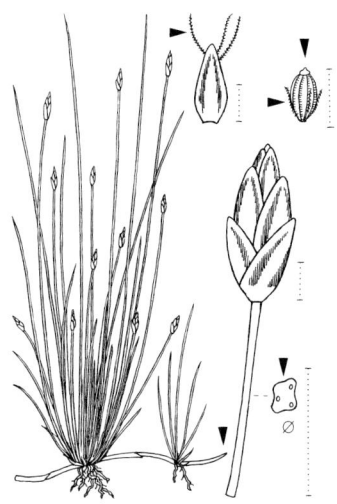

Nadel-S. – *E. acicularis* 0,02–0,10 ♃ 6–10 (Sp braun, schmal weißrandig, grün gekielt)

CYPERACEAE

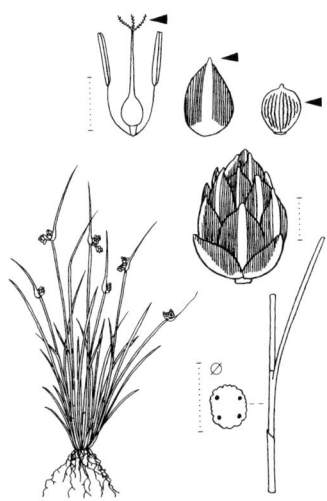

Borstige Schuppensimse – *Isolepis setacea* 0,02–0,10 ⊙–♃ 7–10 (Sp (rot) braun, grün gekielt od. grün)

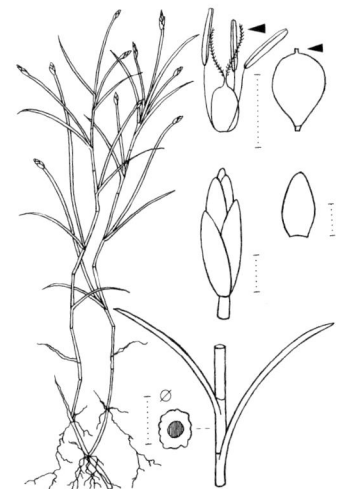

Flutende Sch. – *I. fluitans* 0,15–0,30 ♃ 7–9 (Sp weißlich, grün gekielt)

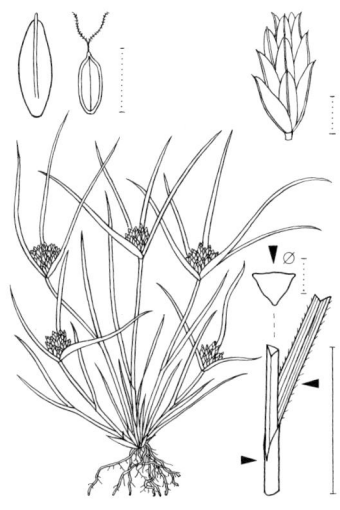

Micheli-Zypergras – *Cyperus michelianus* 0,02–0,10 ⊙ 7–9 (Sp weißlich, grün gekielt)

Frischgrünes Z. – *C. eragrostis* 0,25–1,00 ♃ 6–8 (Sp strohgelb-hellbraun, grün gekielt)

Langes Zypergras – *Cyperus longus* subsp. *longus* 0,50–1,20 ♃ 7–9 (Sp rotbraun, grün gekielt, hell hautrandig)

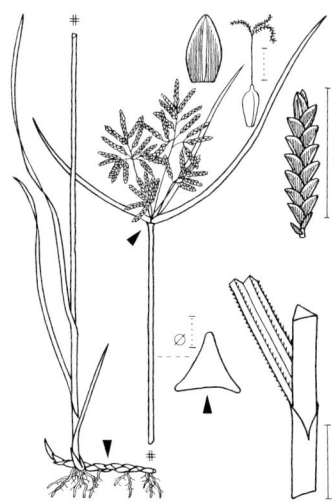

Kastanienbraunes Z. – *C. longus* subsp. *badius* 0,20–0,70 ♃ 7–9 (Sp kastanienbraun, blassgrün gekielt) ⊕

Braunes Z. – *C. fuscus* 0,03–0,25 ⊙ 6–9 (Sp schwarzbraun, grün gekielt. Wurzeln schwarzrot)

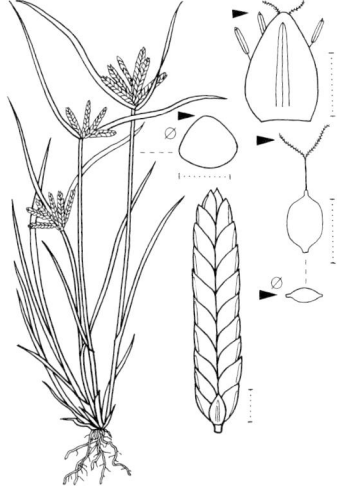

Gelbliches Z. – *C. flavescens* 0,03–0,30 ⊙ 7–10 (Sp gelblich, grün gekielt. Wurzeln gelbbraun)

CYPERACEAE 141

Erdmandel – *Cyperus esculentus* 0,20–0,60 ♃ 7–9 (Sp gelblich-gelbbraun)

Scheidiges Wollgras – *Eriophorum vaginatum* 0,30–0,60 ♃ 3–4 (Sp silberhäutig, Mitte grau)

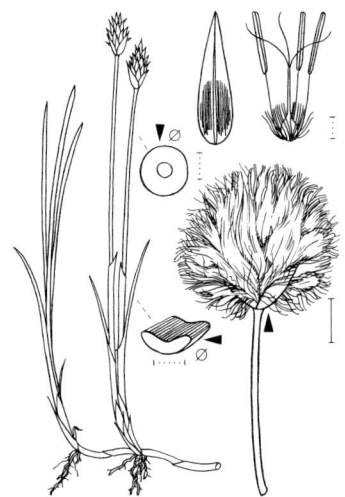

Scheuchzer-W. – *E. scheuchzeri* 0,10–0,30 ♃ 6–9 (Sp silberhäutig, Mitte grau. FrHaare weiß)

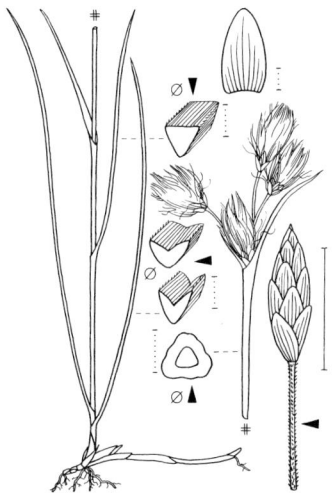

Zierliches W. – *E. gracile* 0,10–0,40 ♃ 5–6 (Sp gelb- od. rotbraun bis grau, oft weißrandig)

Schmalblättriges Wollgras – *Eriophorum angustifolium* 0,30–0,60 ♃ 4–5 (Sp grau bis braun, weißrandig)

Breitblättriges W. – *E. latifolium* 0,30–0,60 ♃ 4–6 (Sp grau bis braun, weißrandig. FrHaare weiß)

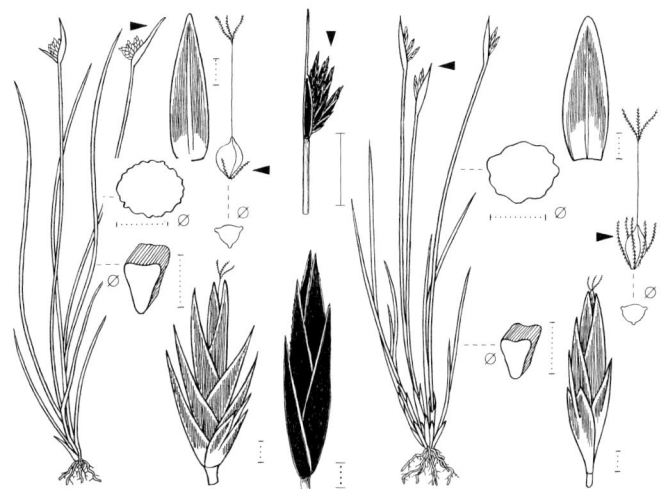

L: **Schwarzes Kopfried** – *Schoenus nigricans* 0,15–0,45 ♃ 6–7 (Sp u. BlaScheiden schwarzbraun) Mitte: **Bastard-K.** – *S. intermedius* 0,15–0,35 ♃ 6–7 (Sp u. BlaScheiden schwarzbraun bis dunkel rotbraun) R: **Rostrotes K.** – *S. ferrugineus* 0,15–0,30 ♃ 5–6 (Sp u. BlaScheiden dunkel rotbraun)

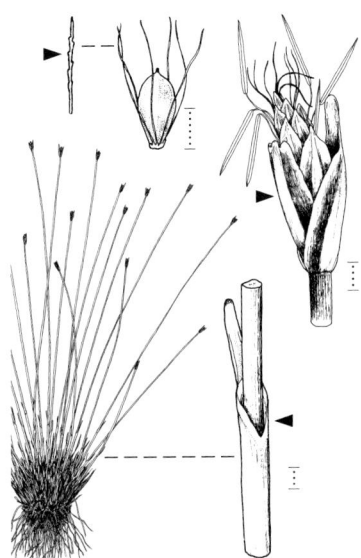

*Deutsche-Haarsimse – *Trichophorum germanicum* 0,10–0,40 ♃ 5–6 (Sp gelbbraun bis rotbraun) ↗ S. 804

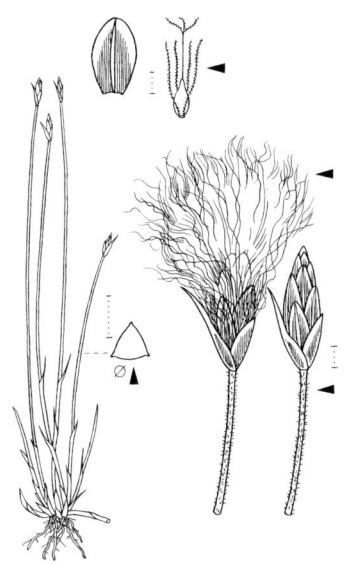

Alpen-H. – *T. alpinum* 0,10–0,30 ♃ 4–5 (Sp gelbbraun, Perigonborsten weiß)

Späte Wald-Trespe – *Bromus ramosus* 0,80–1,50 ♃ 7–8

Frühe Wald-T. – *B. benekenii* 0,50–1,20 ♃ 6–7

Unbegrannte Trespe – *Bromus inermis* 0,30–0,90 ♃ 6–7

**Aufrechte T. – *B. erectus* 0,30–0,90 ♃ 5–10

Taube T. – *B. sterilis* 0,30–0,60 ☉ ① 5–6

Dach-T. – *B. tectorum* 0,10–0,45 ① 5–6

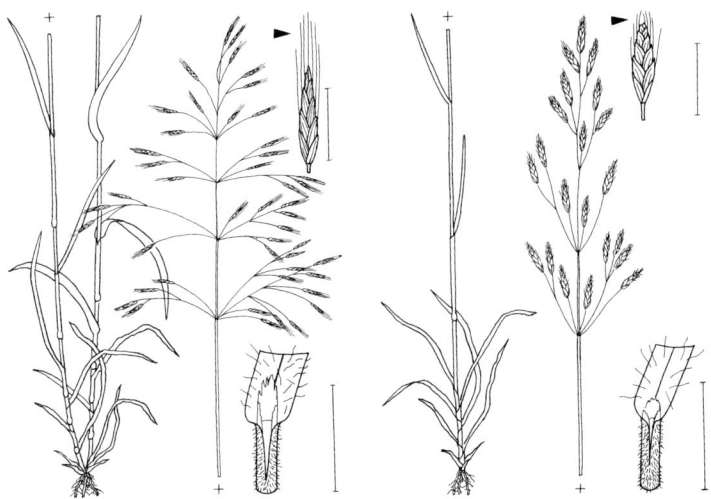

**Acker-Trespe – *Bromus arvensis*
0,30–1,00 ⊙ ① 5–7

Kurzährige T. – *B. brachystachys*
0,20–0,30 ⊙ 6–7 ⊕

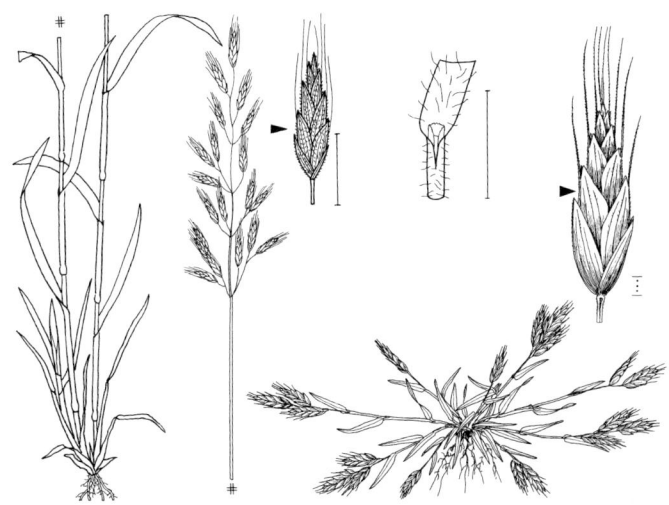

Weiche T. – *B. hordeaceus* 0,05–0,80 ⊙ ① ⊖ 5–7(–10), R: **Dünen-T. – *B. h.* subsp. *thominei* 0,05–0,15 ⊙ ① ⊖ 5–7 ↗ S. 804

**Roggen-Trespe – *Bromus secalinus*
0,40–1,00 ⊙ ① 6–7

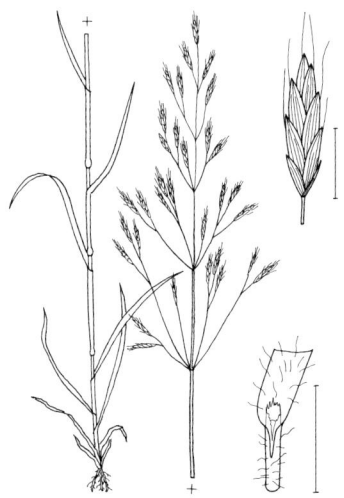

**Verwechselte T. – *B. commutatus*
0,30–0,90 ⊙ ① 6

**Trauben-T. – *B. racemosus* 0,20–0,90
① 6

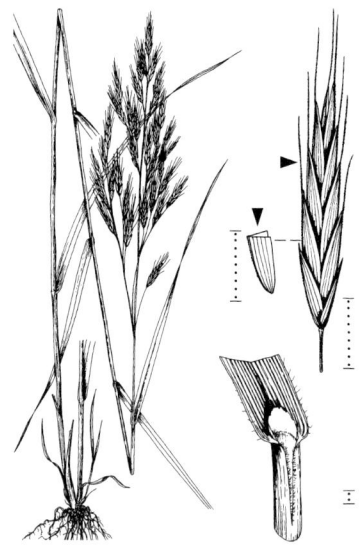

Plattähren-T. – *B. carinatus* 0,30–0,80 ①
5(–11)

POACEAE

Japanische Trespe – *Bromus japonicus* 0,15–0,60 ① 5–6

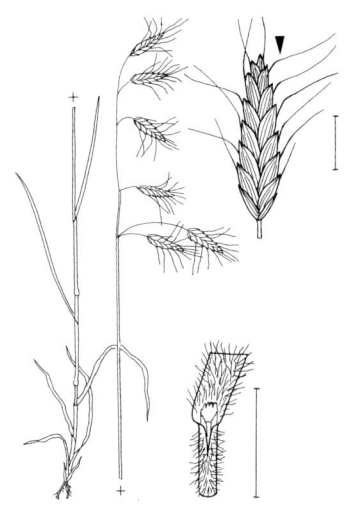

Sparrige T. – *B. squarrosus* 0,30–0,60 ⊙ ① 5–6

*Fieder-Zwenke – *Brachypodium pinnatum* 0,60–1,00 ⚄ 6–7

Wald-Z. – *B. sylvaticum* 0,60–1,20 ⚄ 7–8

POACEAE

Deutsches Weidelgras – *Lolium perenne* 0,10–0,60 ⚥ 5–10

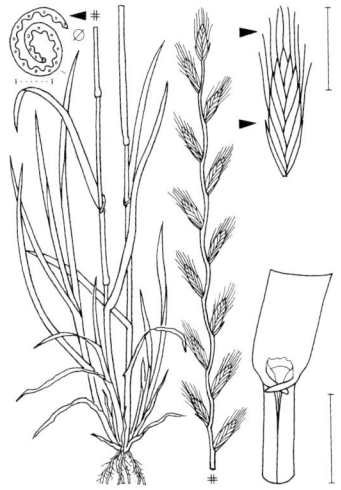

Welsches W. – *L. multiflorum* 0,30–1,00 ① ☉ ⊗ 6–8

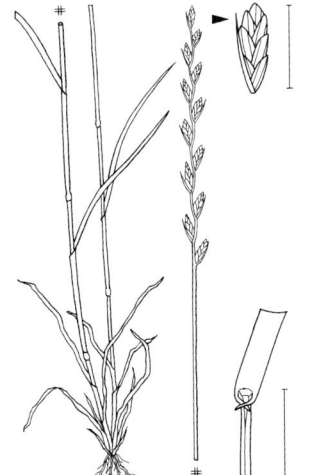

Lein-Lolch – *L. remotum* 0,30–0,60 ☉ 6–8

Taumel-L. – *L. temulentum* 0,30–0,90 ☉ 6–8

POACEAE

Wiesen-Schwingel – *Festuca pratensis* 0,40–1,00 ⚄ 6–7 (Sp selten auch begrannt. GrundBlaScheiden braun) ↗ S. 804

**Rohr-Sch. – *F. arundinacea* 0,60–1,80 ⚄ 6–7 (GrundBlaScheiden weißlich)

Riesen-Sch. – *F. gigantea* 0,60–1,50 ⚄ 7–8

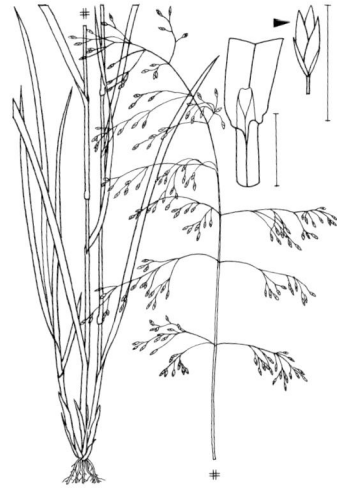

Wald-Sch. – *F. altissima* 0,60–1,20 ⚄ 6–7

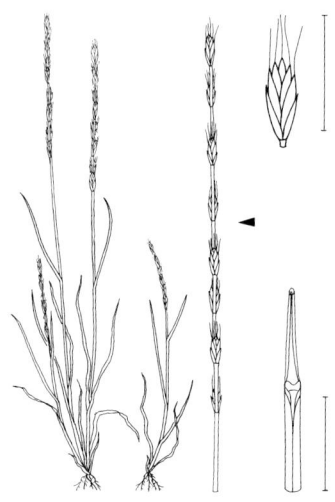

Kies-Dünnschwingel – *Festuca lachenalii* 0,10–0,40 ☉ 5–7 (Halmknoten dunkelviolett) ⊕ ↗ S. 804

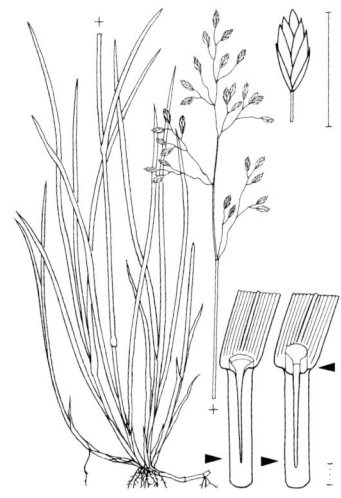

**Zierlicher Schwingel – *F. pulchella* 0,20–0,50 ♃ 7–8 (Ährchen meist braunrot) ↗ S. 804

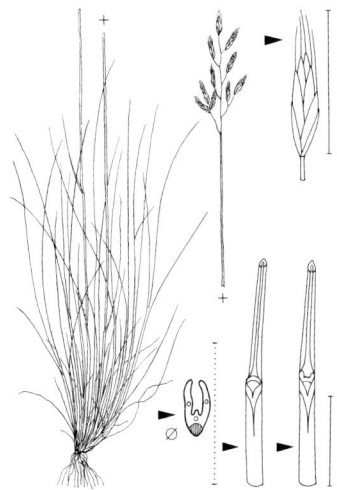

Alpen-Sch. – *F. alpina* 0,05–0,10 ♃ 6–7 (Dsp meist blassgrün, Staubbeutel 1 mm lg)

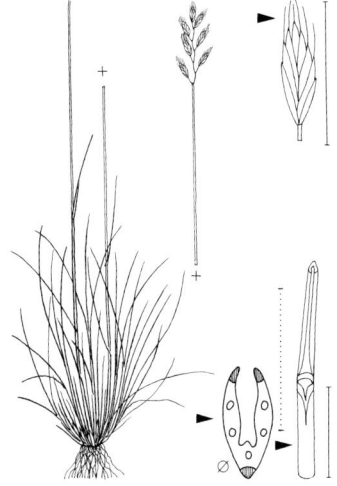

Gämsen-Sch. – *F. rupicaprina* 0,10–0,20 ♃ 6–7 (Dsp grauviolett, Staubbeutel 2–3 mm lg)

POACEAE 151

Zwerg-Schwingel – *Festuca pumila*
0,10–0,25 ♃ 7–8

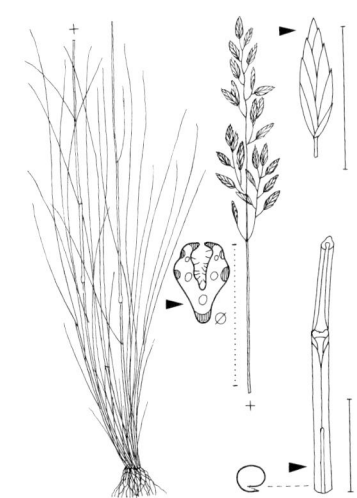

**Amethyst-Sch. – *F. amethystina* 0,50–
1,20 ♃ 6 (BlaScheiden oft rötlichviolett)

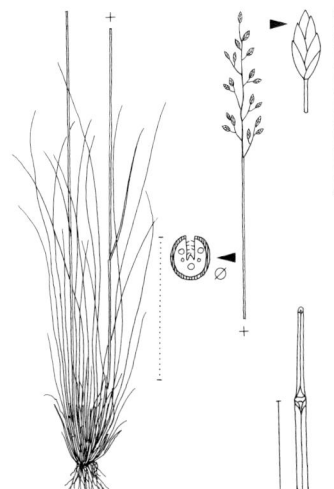

Haar-Sch. – *F. filiformis* 0,20–0,70 ♃ 5–7

Blaugrüner Sch. – *F. csikhegyensis*
0,10–0,70 ♃ 5–6 (Bla blaugrün) ↗ S. 804

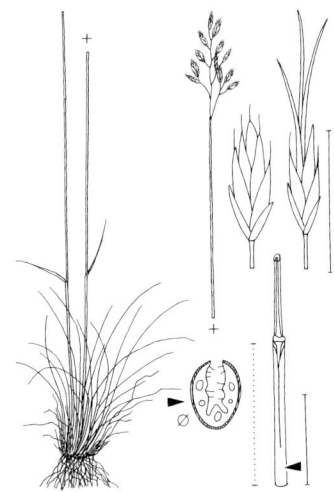

Sudeten-Schwingel – *Festuca airoides* 0,10–0,30 ♃ 6–7

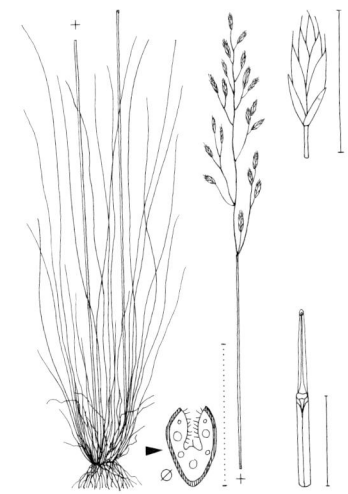

**Schaf-Sch. – *F. ovina* 0,20–0,70 ♃ 5–8

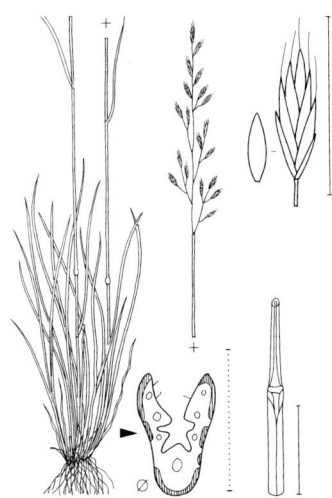

Raublatt-Sch. – *F. brevipila* 0,15–0,50 ♃ 5–7 (Bla blaugrün, Dsp meist rötlich)

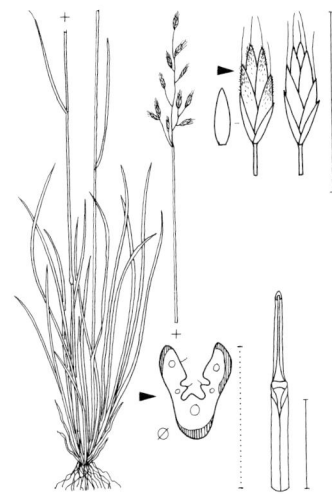

Furchen-Sch. – *F. rupicola* 0,15–0,80 ♃ 5–7

POACEAE   153

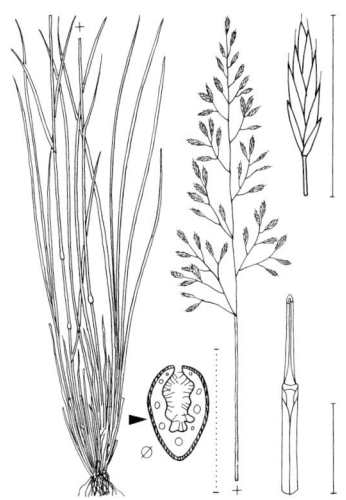

Dünen-Schwingel – *Festuca polesica*
0,20–0,70 ♃ 6–7 (Bla blaugrün)

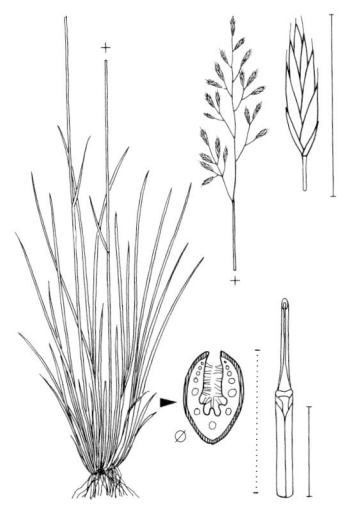

Sand-Sch. – *F. psammophila* 0,20–0,70 ♃
6–7 (Bla weißlichgrün)

Falscher Schaf-Sch. – *F. pulchra*
0,05–0,35 ♃ 6–7 (Bla nicht od. schwach
blaugrün)

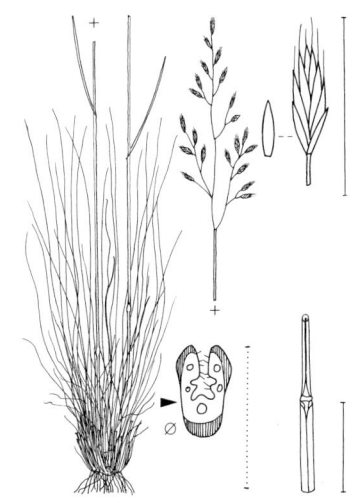

Walliser Sch. – *F. valesiaca* 0,15–0,60 ♃
6–7 (Bla blaugrau)

Rot-Schwingel – *Festuca rubra* 0,30–0,80 ♃ 5–7 (Ährchen rötlich, bräunlich od. schwarzviolett)

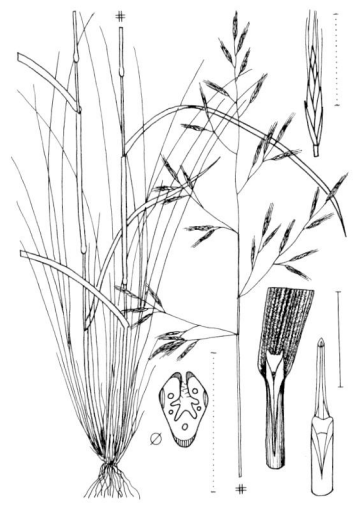

Verschiedenblättriger Sch. – *F. heterophylla* 0,60–1,00 ♃ 6–8 (Ährchen grün)

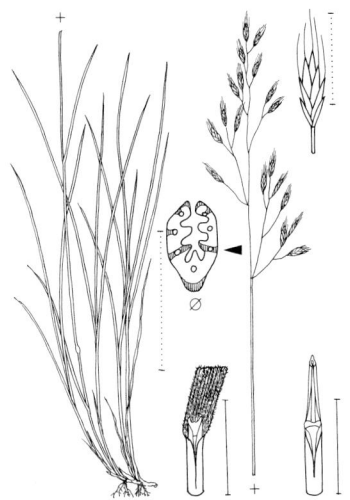

Norischer Sch. – *F. norica* 0,40–0,50 ♃ 7–8 (Ährchen hellviolett gescheckt, BlaScheiden zerfasernd)

Schwarzvioletter Sch. – *F. nigricans* 0,30–0,40 ♃ 7–8 (Ährchen dunkelviolett gescheckt, BlaScheiden nicht zerfasernd)

POACEAE

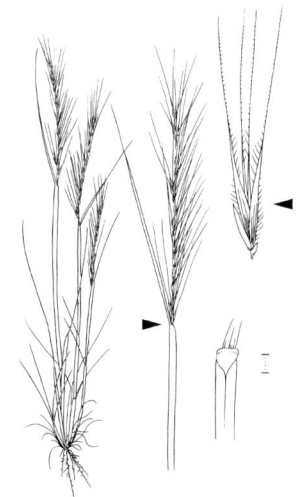

Behaarter-Federschwingel – *Vulpia ciliata* 0,05–0,40 ⊙ ① 4–6

Mäuseschwanz-F. – *V. myuros* 0,25–0,45 ⊙ ① 6–10

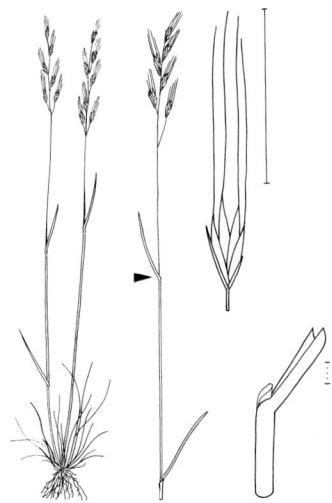

Trespen-F. – *V. bromoides* 0,10–0,30 ① 6–8

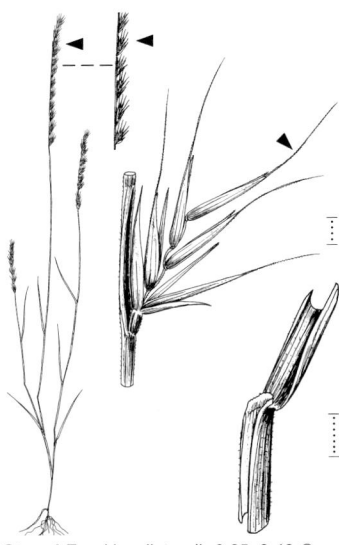

Strand-F. – *V. unilateralis* 0,05–0,40 ① 4–6

Steifgras – *Catapodium rigidum* 0,05–0,20 ⊙ 5–9

Strand-Salzschwaden – *Puccinellia maritima* 0,15–0,60 ♃ 6–9

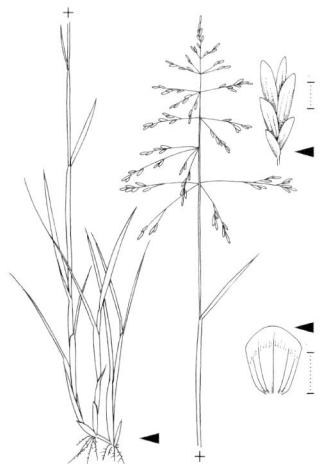

Gewöhnlicher S. – *P. distans* 0,15–0,50 ♃ 6–10

Sumpf-S. – *P. limosa* 0,20–0,40 ♃ 6–8

Quell-Salzschwaden – *Puccinellia fontana* 0,10–0,40 ⚶ 6–8

Haar-S. – *P. capillaris* 0,10–0,40 ⚶ 6–8

**Wasser-Schwaden – *Glyceria maxima* 0,90–2,00 ⚶ 7–8 ↗ S. 804

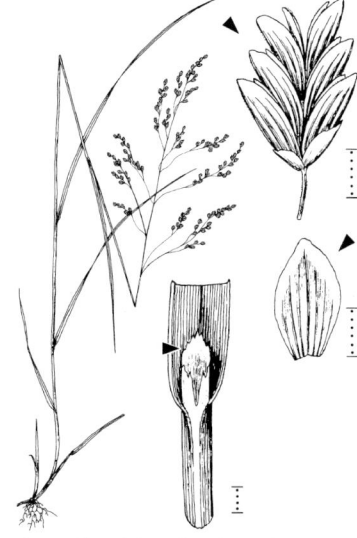

Gestreifter Sch. – *G. striata* subsp. *stricta* 0,30–1,00 ⚶ 6–8

Falt-Schwaden – *Glyceria notata* 0,30–0,80 ⚥ 6–7

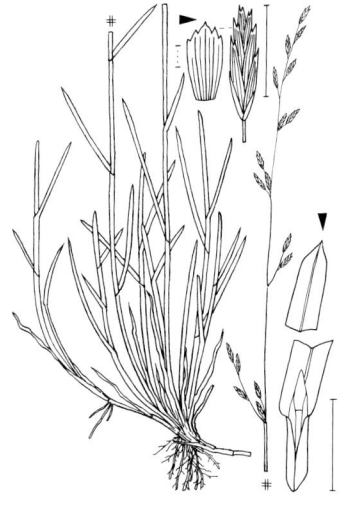

Blaugrüner Sch. – *G. declinata* 0,10–0,60 ⚥ 6–8 (Bla blaugrün)

Flutender Sch. – *G. fluitans* 0,40–1,00 ⚥ 5–8

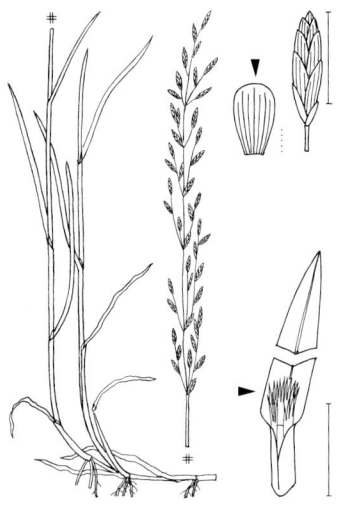

Hain-Sch. – *G. nemoralis* 0,30–1,00 ⚥ 6–7

POACEAE

Einjähriges Rispengras – *Poa annua*
0,02–0,30 ⊙ ♃ 1–12

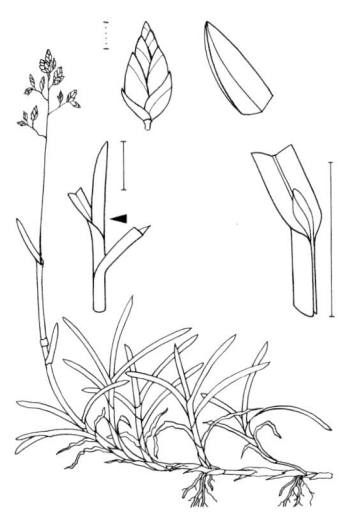

Läger-R. – *P. supina* 0,05–0,30 ♃ 4–6

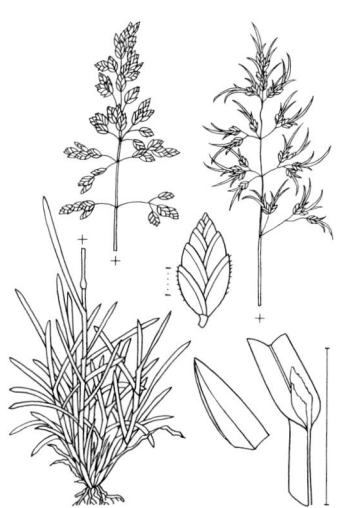

Alpen-R. – *P. alpina* 0,20–0,50 ♃ 6–8
(Bla grün)

Badener R. – *P. badensis* 0,15–0,40 ♃
5–7 (Bla bläulichgrün, mit Knorpelrand)

Zwiebel-Rispengras – *Poa bulbosa* 0,20–0,40 ♃ 5–6

Kleines R. – *P. minor* 0,05–0,25 ♃ 7–8 (Ährchen dunkelviolett überlaufen)

Mont-Cenis-R. – *P. cenisia* 0,20–0,40 ♃ 6–8 (Ährchen grünlich)

Großes R. – *P. hybrida* 0,50–1,50 ♃ 6–7

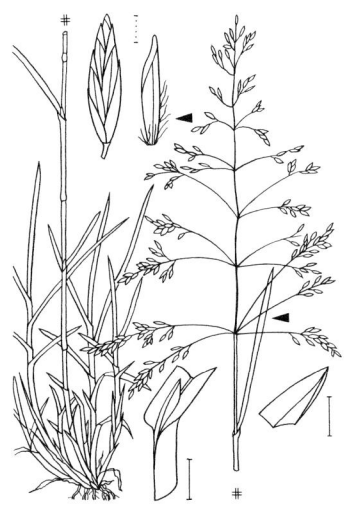

Entferntähriges Rispengras – *Poa remota* 0,60–1,20 ♃ 6–7 (Pfl gelbgrün)

Berg-R. – *P. chaixii* 0,60–1,20 ♃ 6–7 (Pfl dunkel-blaugrün)

Wiesen-R. – *P. pratensis* 0,10–0,80 ♃ 5–7

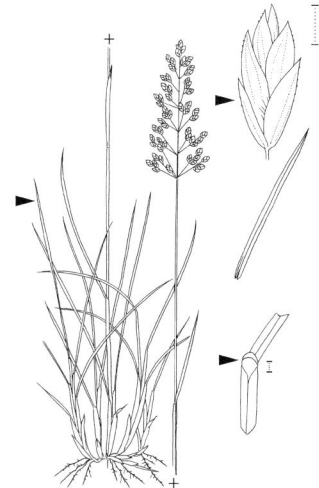

Schmalblättriges Wiesen-R. – *P. angustifolia* 0,20–1,00 ♃ 5–6

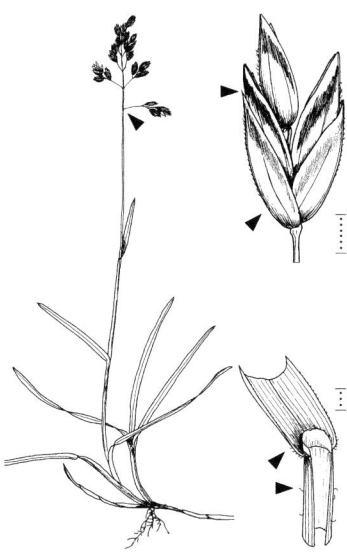

Bläuliches Wiesen-Rispengras – *Poa humilis* 0,10–0,50 ♃ 6–7

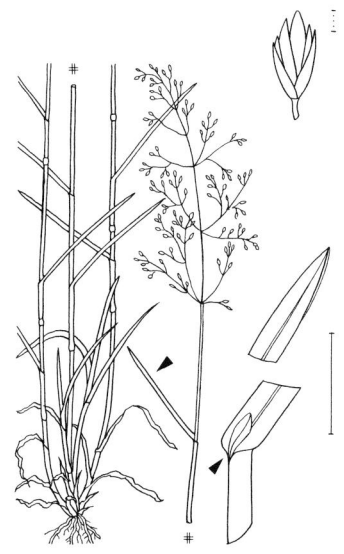

Hain-R. – *P. nemoralis* 0,30–0,80 ♃ 6–7

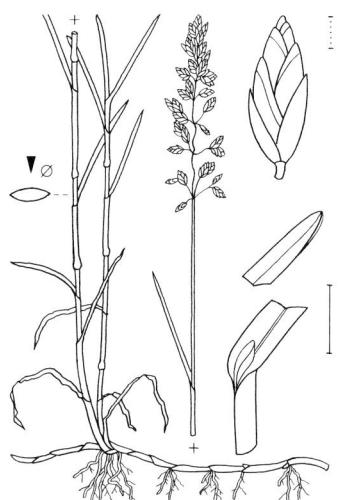

Platthalm-R. – *P. compressa* 0,20–0,80 ♃ 6–7

Sumpf-R. – *P. palustris* 0,30–1,00 ♃ 6–7 (BlaUS matt)

POACEAE 163

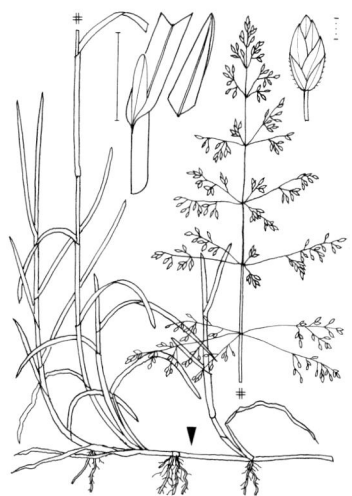

Gewöhnliches Rispengras – *Poa trivialis*
0,50–0,90 ♃ 6–7 (BlaUS glänzend)

Quellgras – *Catabrosa aquatica*
0,20–0,50 ♃ 6–9

**Gewöhnliches Knaulgras – *Dactylis glomerata* 0,50–1,20 ♃ 5–7

Wald-K. – *D. polygama* 0,50–1,20 ♃ 6–7

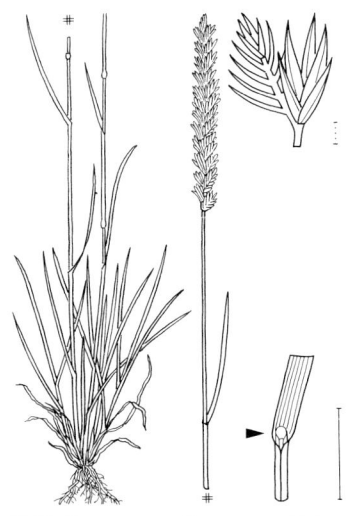

Weide-Kammgras – *Cynosurus cristatus* 0,30–0,60 ⚁ 6–7

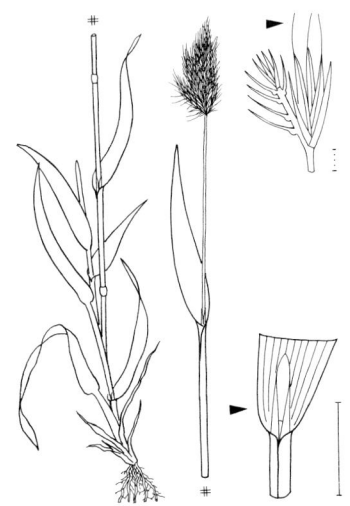

Igel-K. – *C. echinatus* 0,20–0,60 ⊙ ① 5

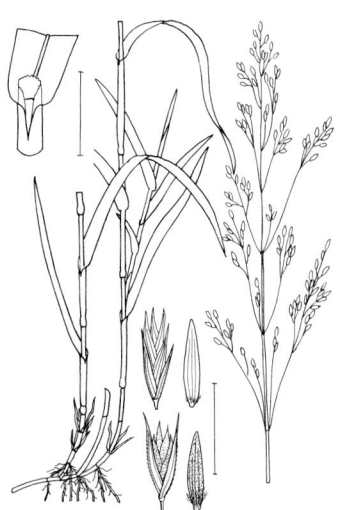

Gewöhnliches Schwingelschilf
– *Scolochloa festucacea* 0,90–1,80 ⚁ 6–7.
U: **Märkisches Sch.** – *S. marchica* ↗ S. 804

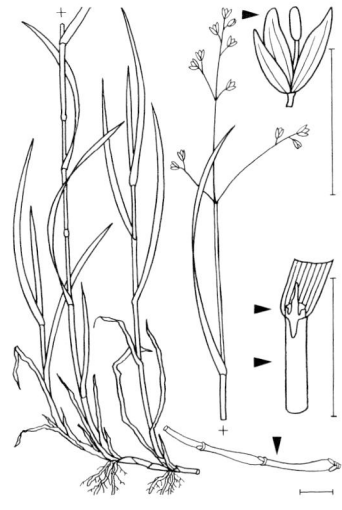

Einblütiges Perlgras – *Melica uniflora* 0,30–0,50 ⚁ 5–6

Buntes Perlgras – *M̱elica picta* 0,30–0,60 ⚇ 5–6 (Bla graugrün, Hsp violett gestreift)

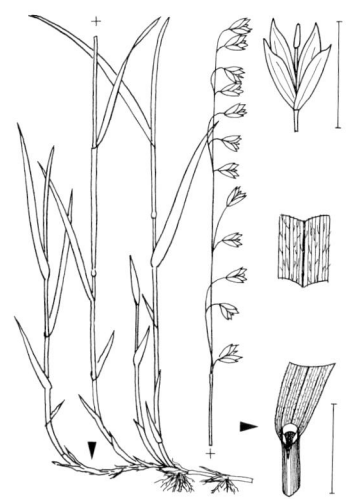

Nickendes P. – *M. nu̱tans* 0,30–0,60 ⚇ 5–6 (Hsp braunrot)

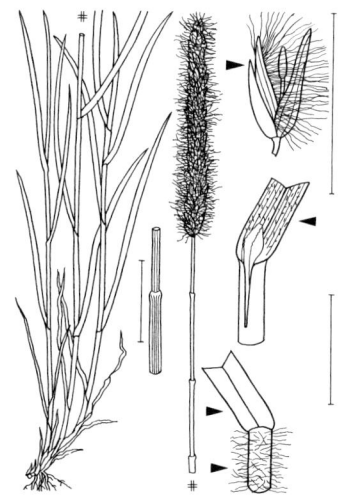

Siebenbürgener P. – *M. transsilva̱nica* 0,30–1,20 ⚇ 6

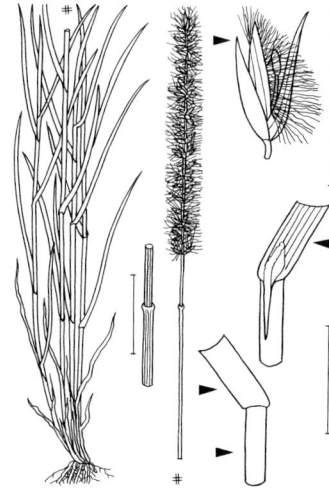

**Wimper-P. – *M. cilia̱ta* 0,20–0,70 ⚇ 6 (Bla graugrün)

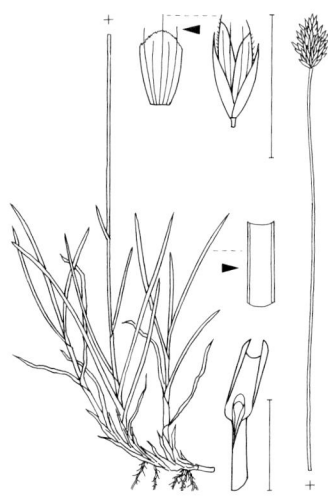

Sumpf-Blaugras – *Sesleria uliginosa* 0,10–0,45 ⚥ 5–7. Nicht in D!

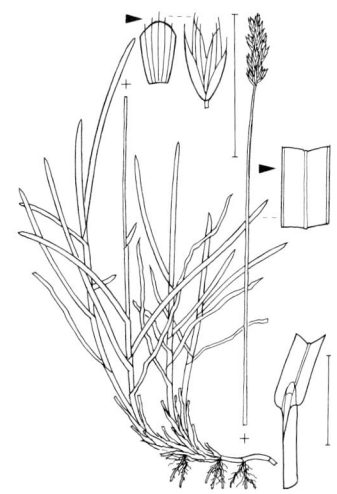

Kalk-B. – *S. coerulea* 0,10–0,45 ⚥ 3–5

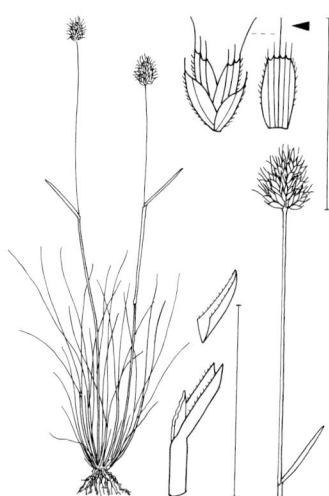

Zwerg-B. – *S. ovata* 0,05–0,10 ⚥ 7–8

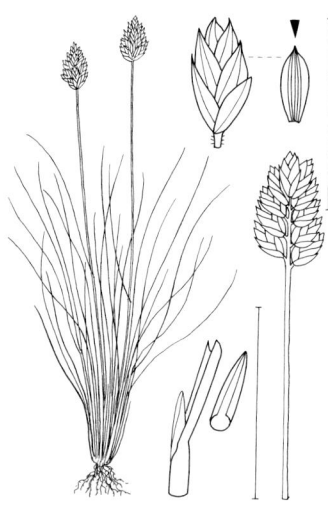

Zweizeiliges Kopfgras – *Oreochloa disticha* 0,10–0,20 ⚥ 7–8

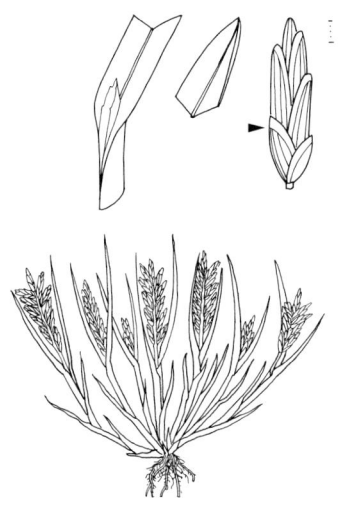

Hartgras – *Sclerochloa dura* 0,05–0,15
⊙ 4–7

Gewöhnliches Zittergras – *Briza media*
0,20–0,60 ♃ 5–6

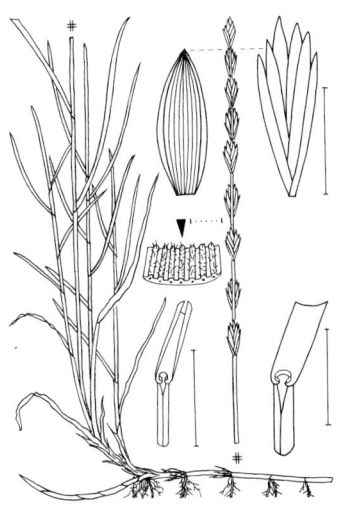

Strandweizen – *Elymus junceiformis*
0,30–0,60(–0,90) ♃ 6–8

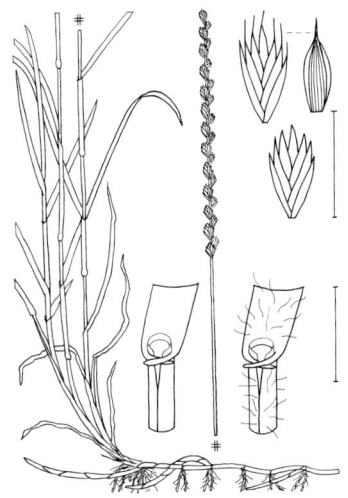

**Gewöhnliche Quecke – *E. repens*
0,30–1,50 ♃ 6–8

Strand-Quecke – *Elymus athericus*
0,30–0,60 ⚥ 5–7 (Bla graugrün)

Stumpfspelzige Qu. – *E. hispidus*
0,30–0,80 ⚥ 6–7 (Bla graugrün)

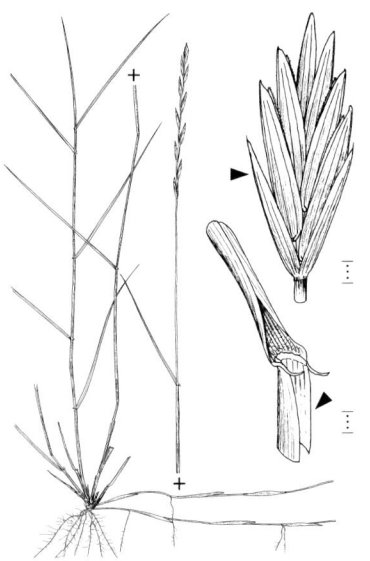

Sand-Qu. – *E. arenosus* 0,15–0,60 ⚥ 6–7
(Pfl graublau)

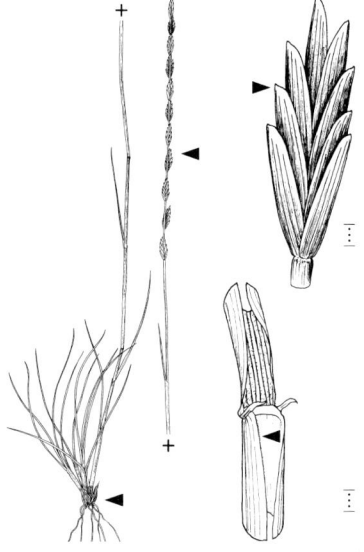

Pontische Qu. – *E. obtusiflorus* 0,50–1,20
⚥ 7–8

POACEAE

Hunds-Quecke – *Elymus caninus* 0,50–1,20 ♃ 6–7 (BlUS dunkelgrün glänzend)

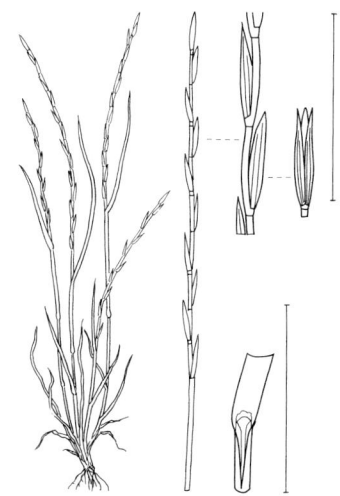

Gestreifter Dünnschwanz – *Parapholis strigosa* 0,05–0,20 ⊙ 6–7

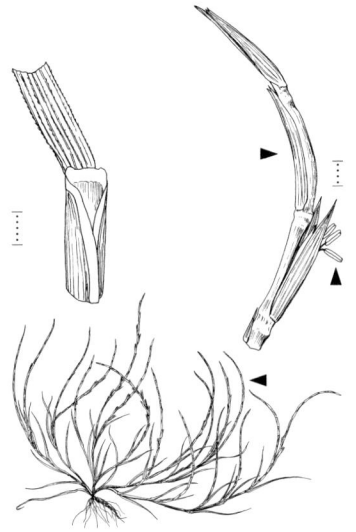

Gekrümmter D. – *P. incurva* 0,05–0,15 ⊙ 6–7? Nicht in D!

Weizen – *Triticum aestivum* 0,70–1,60 ⊙ ① 6–7

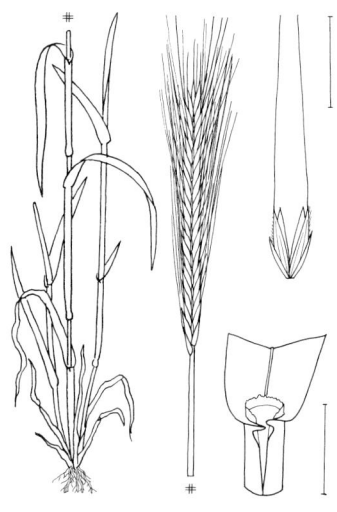

Roggen – *Secale cereale* 0,70–2,00 ⊙ ①
5–6 (Bla blau bereift)

Saat-Gerste – *Hordeum vulgare*
0,60–1,20 ⊙ ① 5–7 Ähre L: **Vierzeilige G.**,
Ähre R: **Zweizeilige G.**

Wiesen-G. – *H. secalinum* 0,20–0,70 ♃
6–7

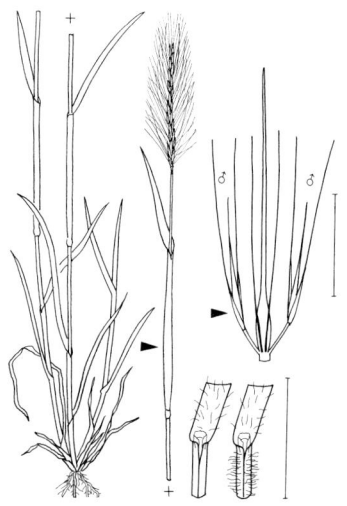

**Strand-G. – *H. marinum* 0,10–0,40 ⊙
5–7 ⊕

POACEAE 171

**Mäuse-Gerste – Ho̱rdeum murinum
0,15–0,40 ☉ ① 6–10 ↗ S. 804

Mähnen-G. – H. juba̱tum 0,20–0,60 ⚄ 6–7

Waldgerste – Horde̱lymus europae̱us
0,60–1,20 ⚄ 6–8

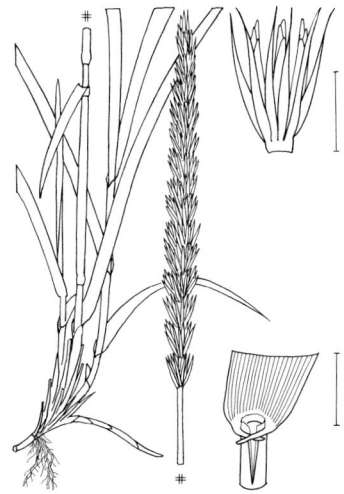

Strandroggen – Le̱ymus arena̱rius
0,60–1,20 ⚄ 6–8 (Bla blaugrün)

Strandhafer – *Ammophila arenaria*
0,60–1,20 ♃ 6–7

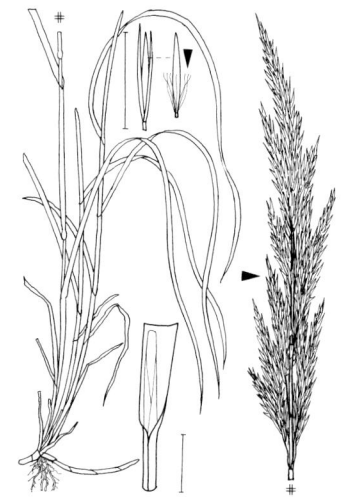

Bastardstrandhafer – ×*Calammophila baltica* 0,60–1,30 ♃ 6–7

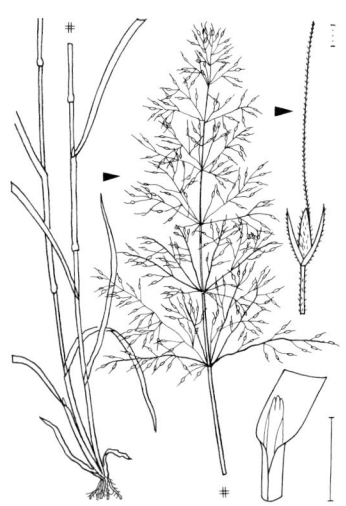

Gewöhnlicher Windhalm – *Apera spicaventi* 0,30–1,00 ☉ ① 6–7

Unterbrochener W. – *A. interrupta*
0,20–0,40 ☉ 6–7

Riesen-Straußgras – *Agrostis gigantea* 0,40–1,20 ⚳ 6–7

Weißes S. – *A. stolonifera* 0,10–0,70 ⚳ 6–7

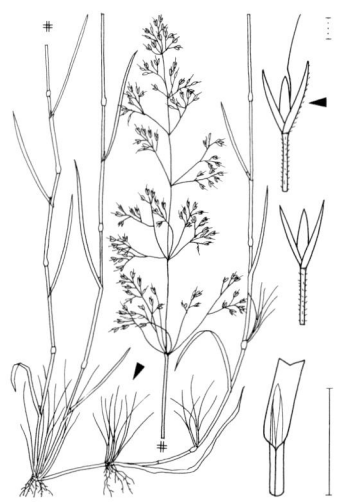
Hunds-S. – *A. canina* 0,20–0,75 ⚳ 6–8

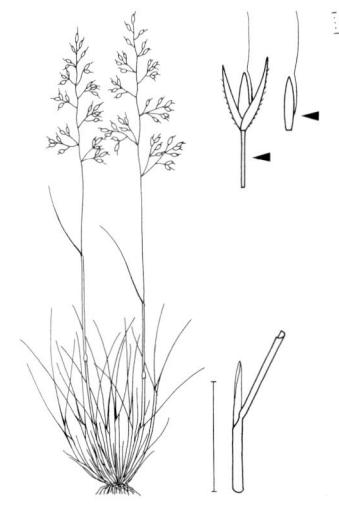
Felsen-S. – *A. rupestris* 0,05–0,10 ⚳ 7–8

Raues Straußgras – Agrostis sca̱bra
0,30–0,70 ♃ 7–8

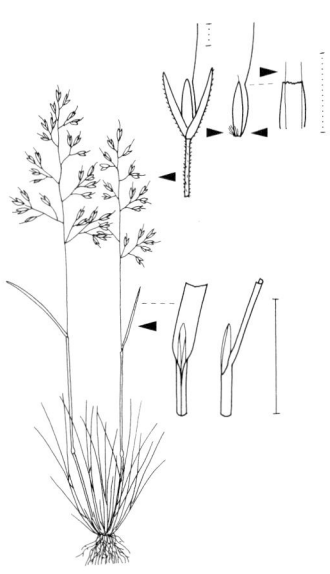

Alpen-S. – *A. alpina* 0,10–0,20 ♃ 7–9
(Hsp meist schwarzviolett bis rotbraun)

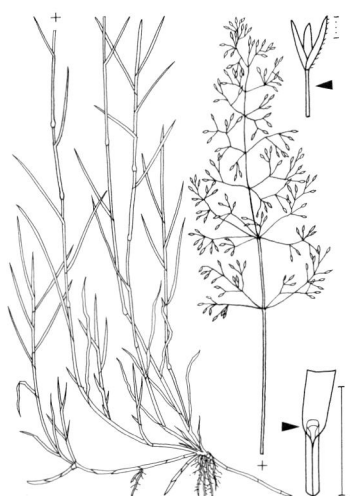

Rotes S. – *A. capilla̱ris* 0,20–0,80 ♃ 6–7
(variabel)

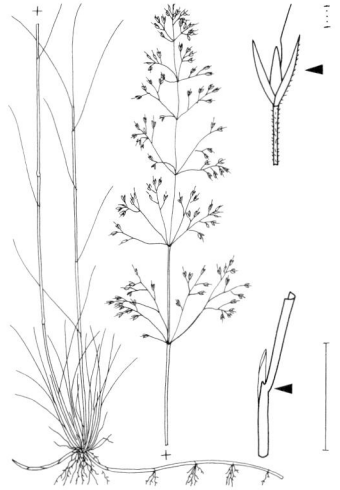

Schmalrispiges S. – *A. vinea̱lis* 0,20–0,40
♃ 6–9 (Rispe nach der Blüte zusammen-
gezogen)

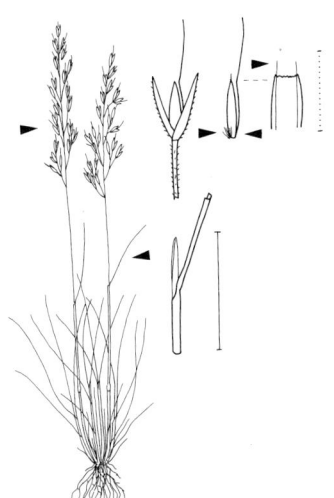

Schleicher-Straußgras – *Agrostis schleicheri* 0,20–0,40 ⚥ 7–9 (Hsp farblos, selten am Grunde hellviolett)

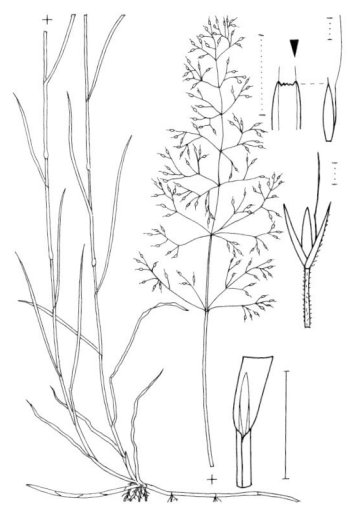

Kastilisches S. – *A. castellana* 0,15–0,40 ⚥ 6–7 (Bla graugrün)

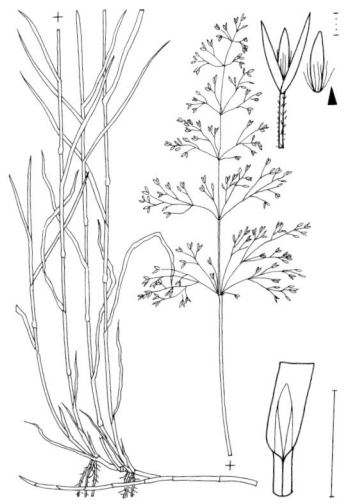

Schilf-S. – *A. schraderiana* 0,40–0,60 ⚥ 7–8

**Sumpf-Reitgras – *Calamagrostis canescens* 0,60–1,20 ⚥ 7–8 (Bla unterseits etwas glänzend)

Purpur-Reitgras – *Calamagrostis phragmitoides* 0,80–1,50 ⚥ 7–8 (Bla meist graugrün)

Sächsisches R. – *C. rivalis* 1,00–2,00 ⚥ 6–7 (Bla blau- bis graugrün)

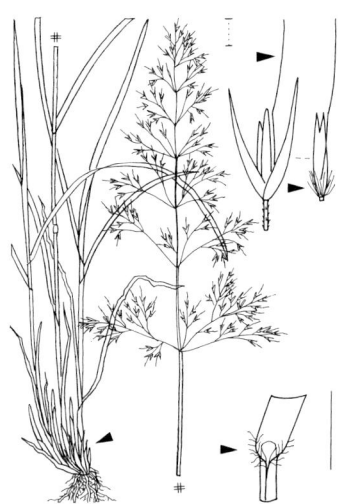

Wald-R. – *C. arundinacea* 0,60–1,20 ⚥ 6–7

Ufer-R. – *C. pseudophragmites* 0,60–1,20 ⚥ 6–7 (Bla blaugrün)

Berg-Reitgras – *Calamagrostis varia* 0,40–1,00 ⚄ 7–8

Wolliges R. – *C. villosa* 0,60–1,20 ⚄ 7–8 (Dsp durchscheinend, häutig)

Moor-R. – *C. stricta* 0,40–1,00 ⚄ 7–8 (Dsp grünlich, derb)

Land-R. – *C. epigejos* 0,60–1,50 ⚄ 7–8 (Bla blau- bis graugrün)

Flug-Hafer – *Avena fatua* 0,60–1,20 ⊙ 6–8

Saat-H. – *A. sativa* 0,60–1,50 ⊙ 6–8

Sand-H. – *A. strigosa* 0,45–0,90 ⊙ 6–8

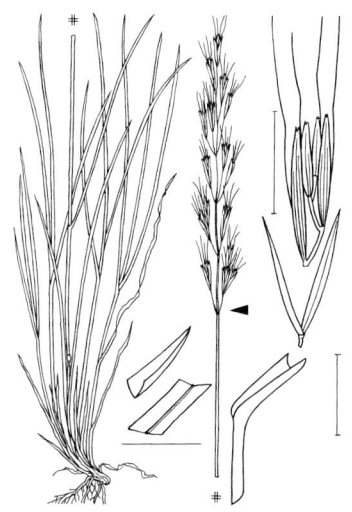

Echter Wiesenhafer – *Helictotrichon pratense* 0,30–0,80 ♃ 5–6 (Hsp silberweiß)

POACEAE

Bunter Wiesenhafer – *Helictotrichon versicolor* 0,15–0,40 ⚥ 7–8 (Hsp violett mit grünem Mittelstreif u. goldgelbem Hautrand)

Staudenhafer – *H. parlatoreï* 0,40–1,50 ⚥ 7–8

Flaumiger W. – *H. pubescens* 0,30–1,00 ⚥ 5–6

**Goldhafer – *Trisetum flavescens* 0,30–0,70 ⚥ 5–6 (Rispe später zusammengezogen. Ährchen goldgelb)

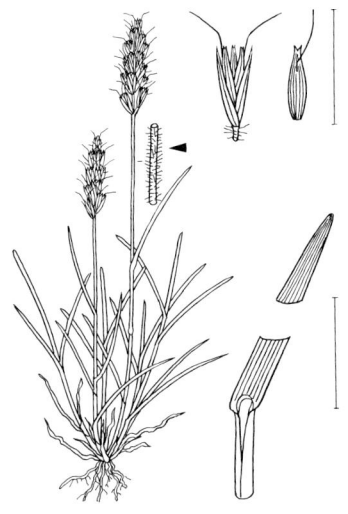

Ähren-Grannenhafer – *Trisetum spicatum* subsp. *ovatipaniculatum* 0,10–0,20 ♃ 7–8 (Ährchen violett, grün u. gelb gescheckt)

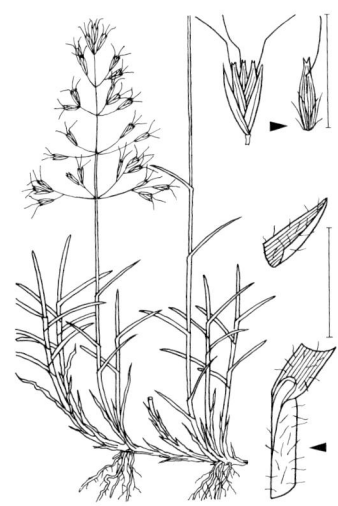

Zweizeiliger G. – *T. distichophyllum* 0,10–0,20 ♃ 7–8 (Ährchen violett, grün u. braun gescheckt)

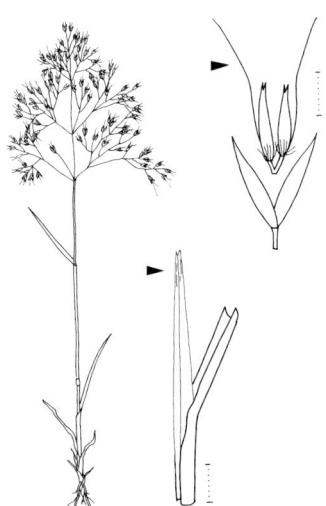

**Nelken-Haferschmiele – *Aira caryophyllea* 0,10–0,20 ☉ ① 6–7

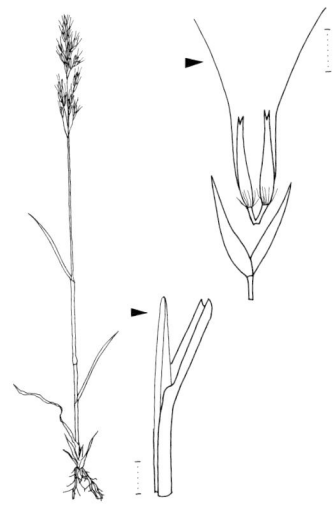

Frühe H. – *A. praecox* 0,05–0,20 ☉ ① 5–6

POACEAE

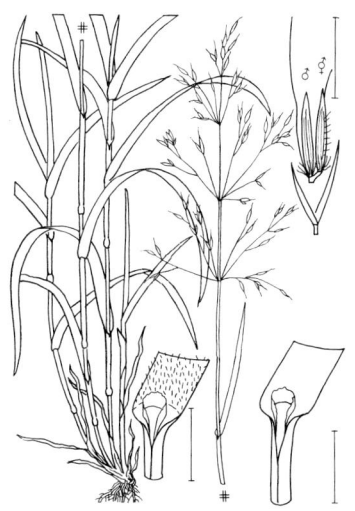

Glatthafer – *Arrhenatherum elatius*
0,60–1,20 ♃ 6–7

Schmielenhafer – *Ventenata dubia*
0,30–0,60 ☉ ① 6

Zerbrechlicher Ährenhafer – *Gaudinia fragilis* 0,20–0,60 ☉ 6

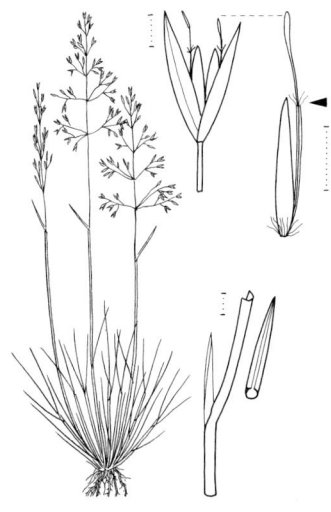

Silbergras – *Corynephorus canescens*
0,15–0,30 ♃ 6–7 (Bla graugrün)

POACEAE

Borstblatt-Schmiele – *Deschampsia setacea* 0,30–0,50 ⚘ 7–8

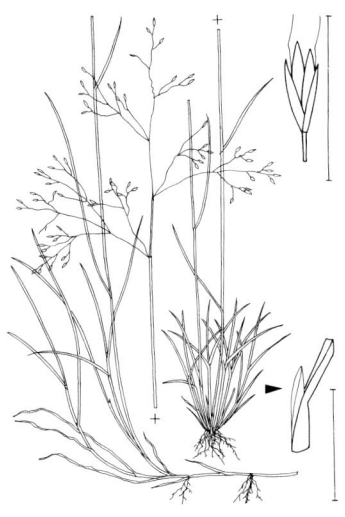

Draht-Sch. – *D. flexuosa* 0,30–0,60 ⚘ 6–8

Wibel-Sch. – *D. wibeliana* 0,40–1,20 ⚘ 5–6

**Rasen-Sch. – *D. cespitosa* 0,30–1,50 ⚘ 6–7

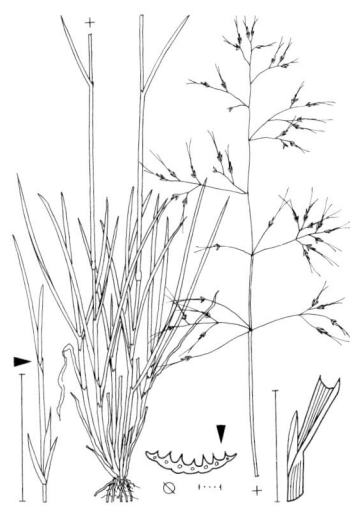

Ufer-Schmiele – *Deschampsia littoralis* 0,60–0,80 ♃ 7–8.

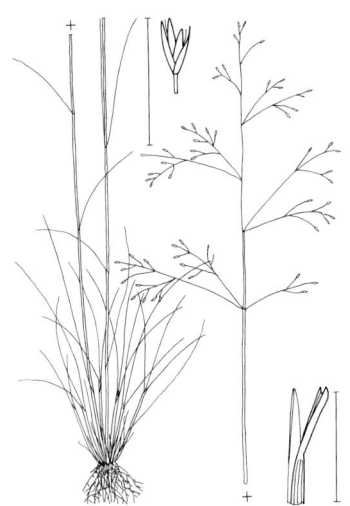

Binsen-Sch. – *D. media* 0,30–0,60 ♃ 6–7

Wald-Flattergras – *Milium effusum* 0,60–1,20 ♃ 5–7

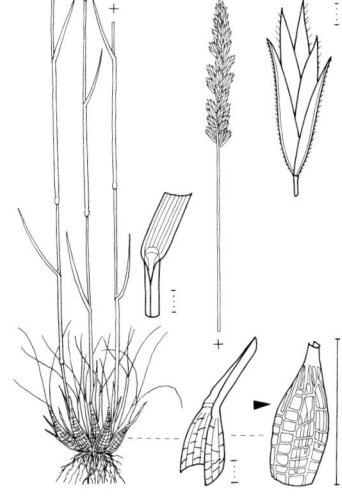

Walliser Schillergras – *Koeleria vallesiana* 0,10–0,40 ♃ 5–6 (Bla graugrün)

POACEAE

Blaugrünes Schillergras – *Koeleria glauca* 0,30–0,60 ⚷ 5–7 (Bla blaugrün)

Weißliches Sch. – *K. arenaria* 0,10–0,25 ⚷ 5–6 (Bla graugrün)

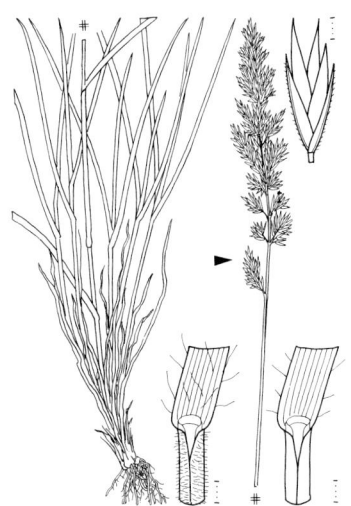

Großes Sch. – *K. pyramidata* 0,30–1,00 ⚷ 6–7

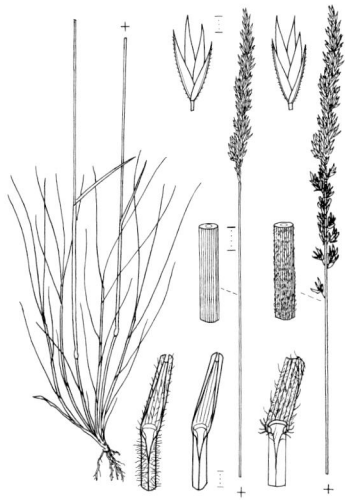

Zierliches Sch. – *K. macrantha* 0,20–0,50 ⚷ 6–7. Bla u. Stg R: **Erhabenes Sch.** – *K. grandis* 0,50–1,00 ⚷ 6

POACEAE 185

Wolliges Honiggras – *Holcus lanatus* 0,30–1,00 ♃ 6–8 (Bla blaugrün)

Weiches H. – *H. mollis* 0,30–0,80 ♃ 6–8 (Bla blaugrün)

Kelch-Traubenhafer – *Danthonia alpina* 0,30–0,60 ♃ 5–6

Dreizahn – *D. decumbens* 0,15–0,45 ♃ 6–7

Pfriemengras – *Stipa capillata* 0,30–1,00
♃ 7–8 ▽

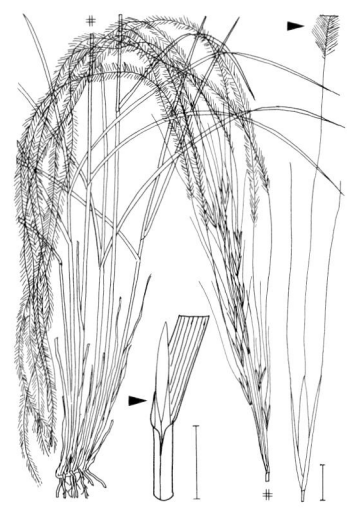

*Federgras – *S. pennata* s. l. 0,25–1,00
♃ 5–6 ▽

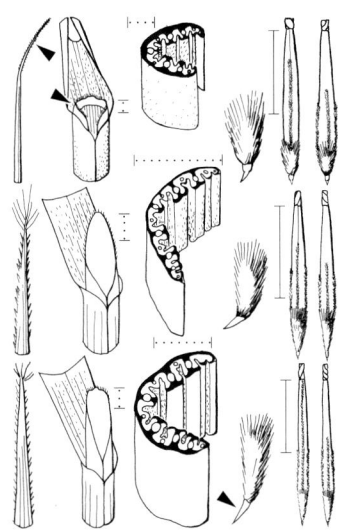

Rossschweif-F. – *S. tirsa* (O), **Echtes F.** – *S. pennata* s. str. (M), ****Sand-F.** – *S. borysthenica* (U) ↗ S. 804

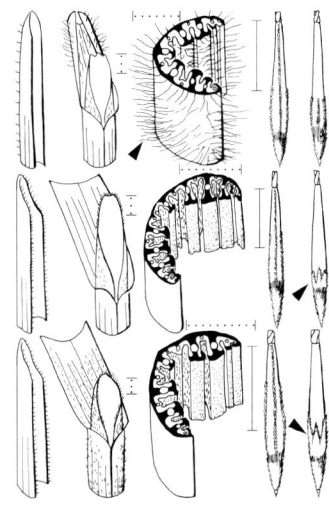

Weichhaariges F. – *S. dasyphylla* (O), ****Schönes F.** – *S. pulcherrima* (M), ****Zierliches F.** – *S. eriocaulis* (U) ↗ S. 804

POACEAE

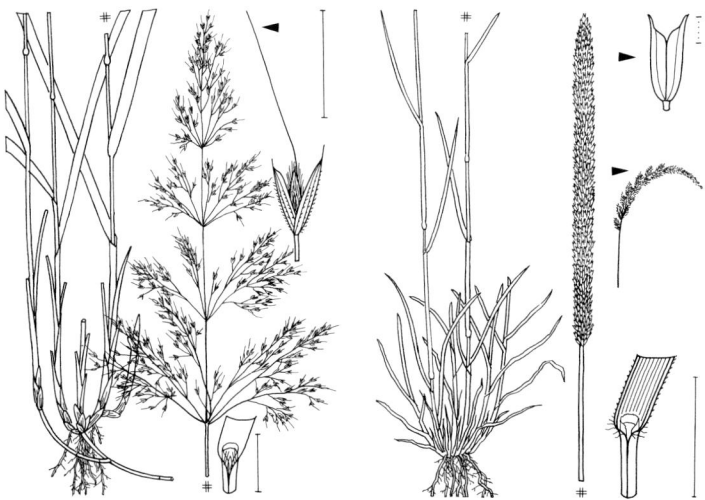

Silber-Raugras – *Achnatherum calamagrostis* 0,60–1,20 ♃ 6–9

Steppen-Lieschgras – *Phleum phleoides* 0,30–0,60 ♃ 6–7

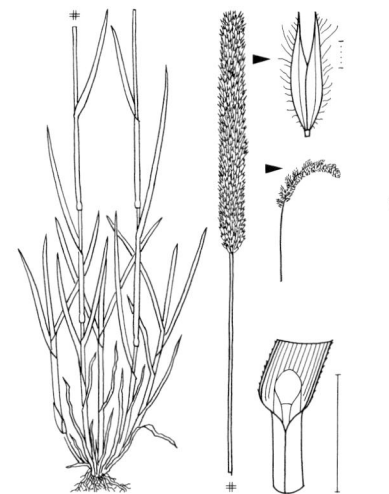

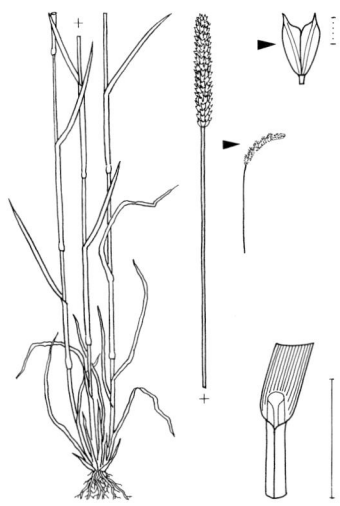

Rauhaariges L. – *Ph. hirsutum* 0,30–0,60 ♃ 7–8

Rispen-L. – *Ph. paniculatum* 0,15–0,30 ⊙ ① 5–7

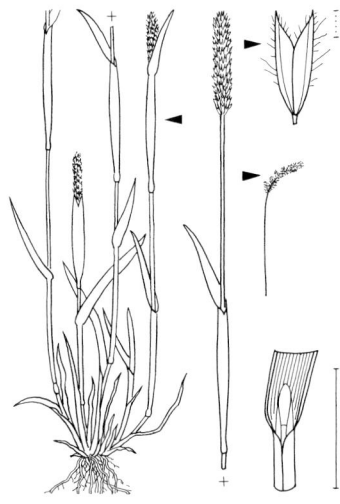

Sand-Lieschgras – *Phleum arenarium*
0,05–0,25 ☉ 5–6

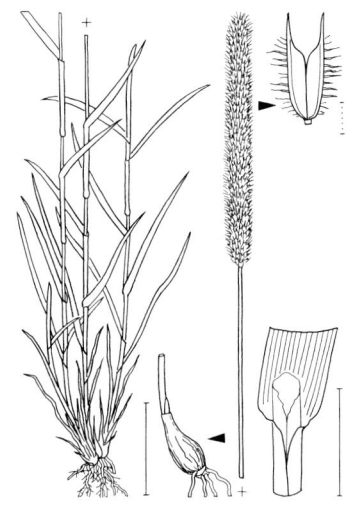

*Wiesen-L. – *Ph. pratense* 0,20–1,00 ♃
6–8 (Ährenrispe grün, selten (im Gebirge) etwas violett überlaufen)

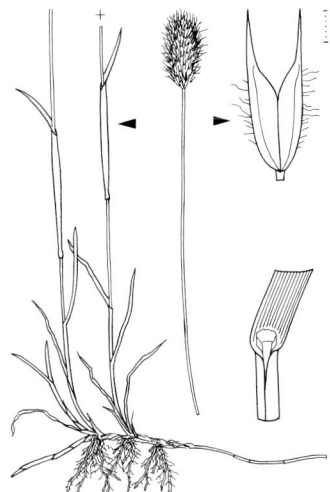

Alpen-L. – *Ph. alpinum* 0,10–0,25 ♃ 7–8
(Ährenrispe trübviolett)

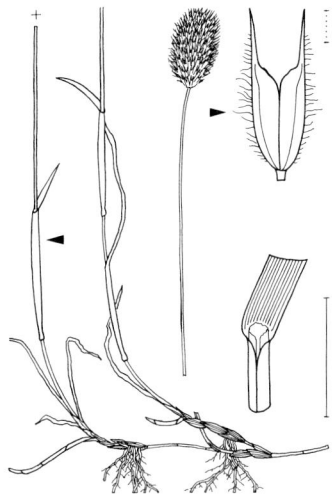

Graubündener L. – *Ph. rhaeticum*
0,20–0,50 ♃ 7–8 (Ährenrispe grün od. schwach violett)

Acker-Fuchsschwanz – *Alopecurus myosuroides* 0,20–0,45 ☉ ① 5–10

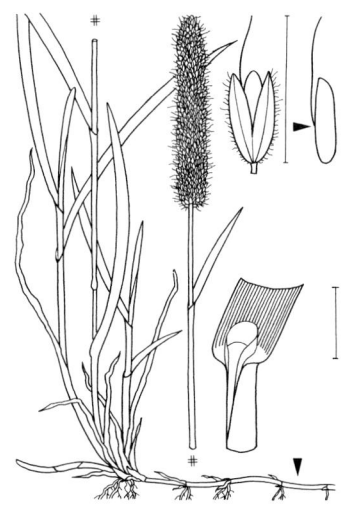

Rohr-F. – *A. arundinaceus* subsp. *exserens* 0,60–1,30 ♃ 5–6

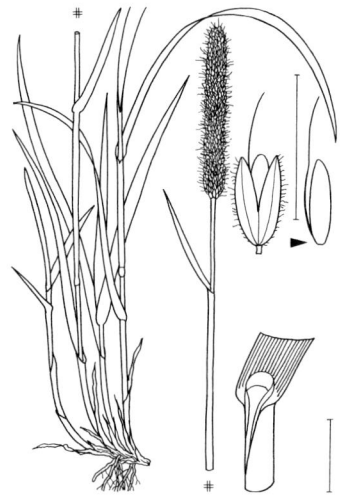

**Wiesen-F. – *A. pratensis* 0,30–1,00 ♃ 5–6

Zwiebel-F. – *A. bulbosus* 0,30–0,50 ♃ 5–7

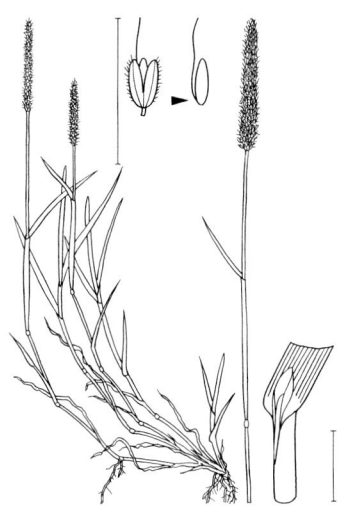

Knick-Fuchsschwanz – *Alopecurus geniculatus* 0,15–0,40 ☉ ♃ 5–10 (Staubbeutel später braun)

Rotgelber F. – *A. aequalis* 0,10–0,25 ① ♃ 5–10 (Staubbeutel später ziegelrot)

Aufgeblasener F. – *A. rendlei* 0,10–0,50 ☉ ① 5–6

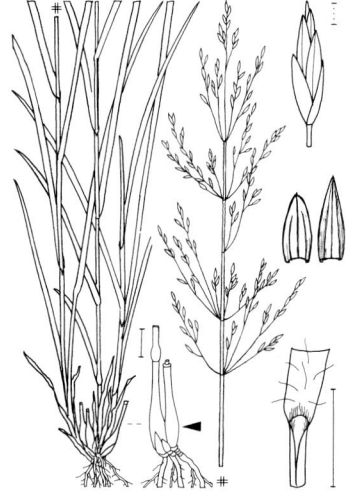

Pfeifengras – *Molinia caerulea* 0,30–0,90 ♃ 7–9 Dsp R: **Rohr-Pf.** – *M. arundinacea*

POACEAE

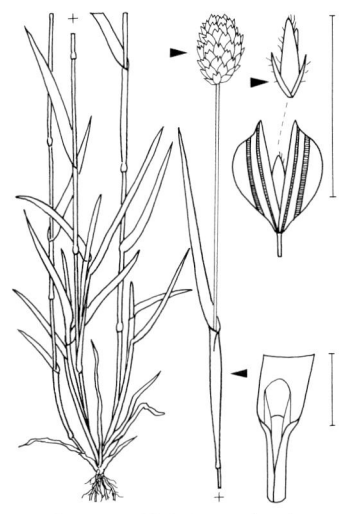

Kanariengras – *Phalaris canariensis*
0,15–0,40 ⊙ 6–9

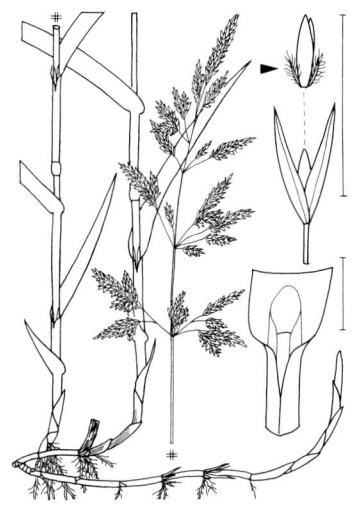

Rohr-Glanzgras – *Ph. arundinacea*
0,80–2,50 ♃ 6–7

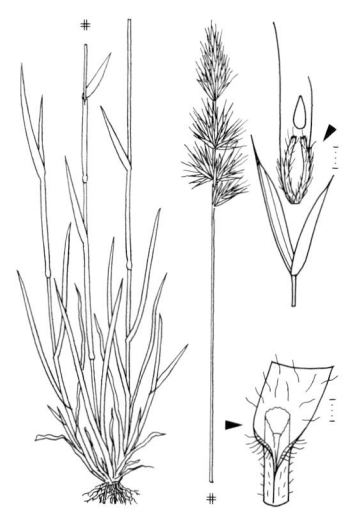

*Gewöhnliches Ruchgras –
Anthoxanthum odoratum 0,15–0,45 ♃ 5–6

Grannen-R. – *A. aristatum* 0,05–0,30 ⊙
① 5–7

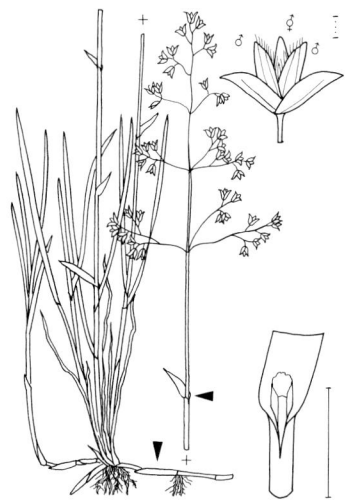

*Duft-Mariengras – *Hierochloë odorata* 0,30–0,50 ⚥ 5–6

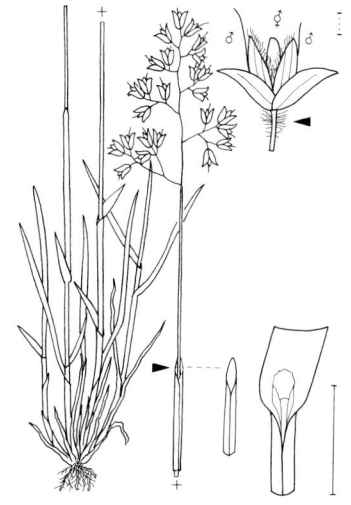

Südliches M. – *H. australis* 0,15–0,45 ⚥ 4–5

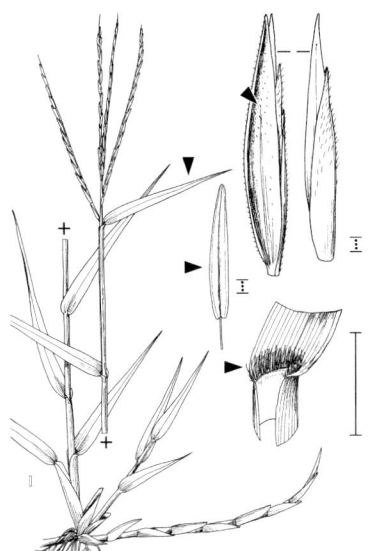

Englisches Schlickgras – *Spartina anglica* 0,30–1,30 ⚥ 7–8

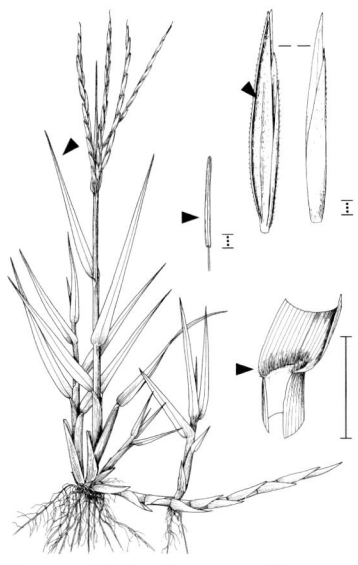

Townsend-Sch. – *S. ×townsendii* 0,30–1,30 ⚥ 7–10

POACEAE 193

**Gewöhnliches Schilf – *Phragmites australis* 1,00–4,00 ♃ 7–9 (Bla graugrün)

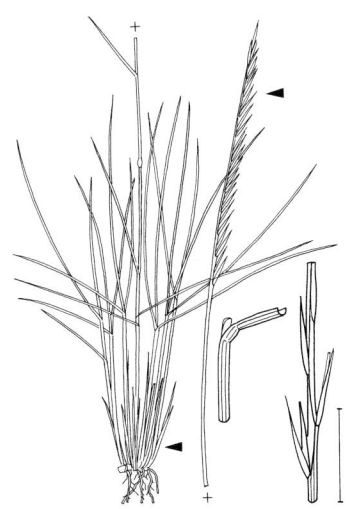

Borstgras – *Nardus stricta* 0,10–0,30 ♃ 5–6 (Bla graugrün)

Sand-Zwerggras – *Mibora minima* 0,03–0,10 ☉ 3–5

Scheidenblütgras – *Coleanthus subtilis* 0,03–0,06 ☉ 5–10 ▽

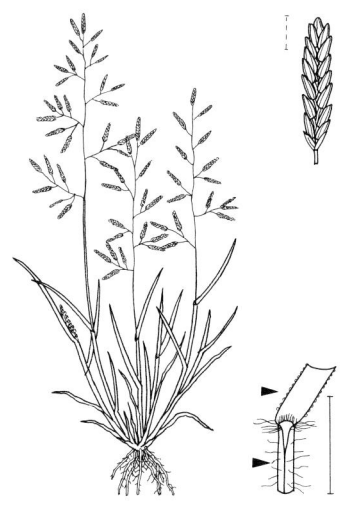

Kleines Liebesgras – *Eragrostis minor* 0,10–0,40 ⊙ 7–8

Großes L. – *E. cilianensis* 0,10–0,50 ⊙ 7–10

Japanisches L. – *E. multicaulis* 0,05–0,20 ⊙ 6–9

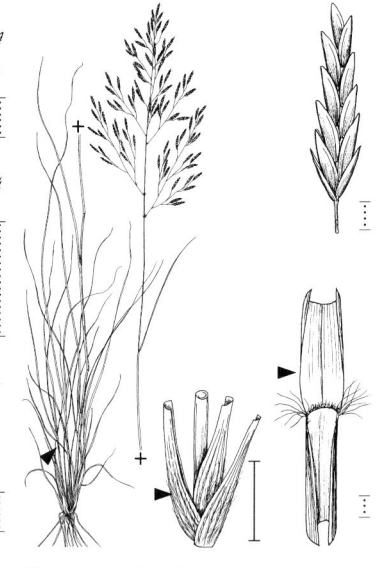

Krummblatt-L. – *E. curvula* 0,30–1,20 ♃ 7–9

Behaartes Liebesgras – *Eragrostis pilosa*
0,10–0,30 ⊙ 7–8

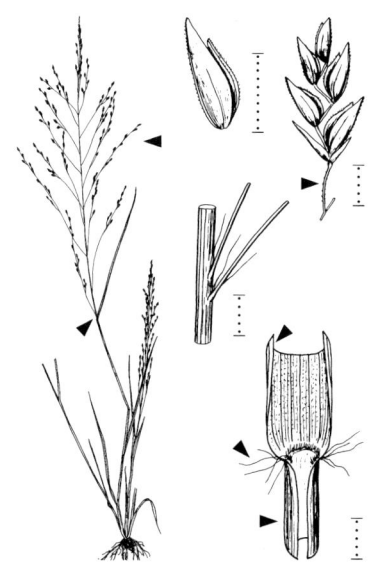

Elb-L. – *E. albensis* 0,10–0,80 ⊙ 6–9

**Echte Hirse – *Panicum miliaceum*
0,30–1,00 ⊙ 6–9

Haarästige H. – *P. capillare* 0,20–0,75
⊙ 7–8

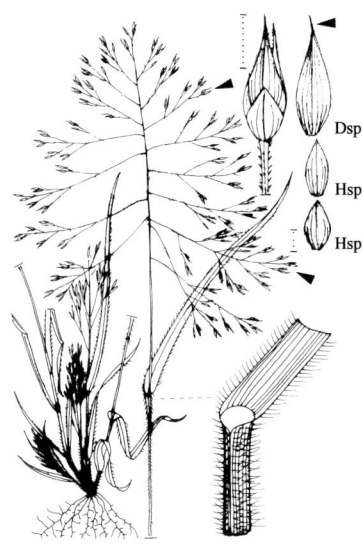

Fluss-Hirse – *Panicum barbipulvinatum*
0,15–0,35 ⊙ 8–10

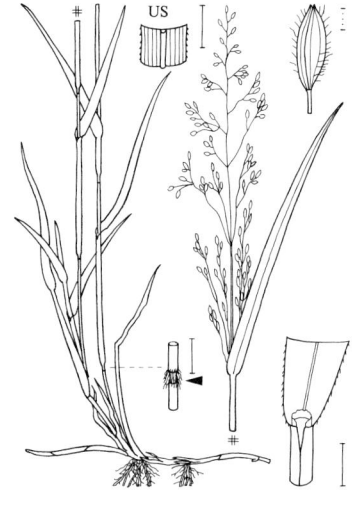

Reisquecke – *Leersia oryzoides*
0,50–1,50 ♃ 8–10 (Bla gelbgrün)

Traubiges Klettengras – *Tragus racemosus* 0,10–0,30 ⊙ 6–7

Gewöhnliche Hühnerhirse – *Echinochloa crus-galli* 0,30–0,90 ⊙ 7–10

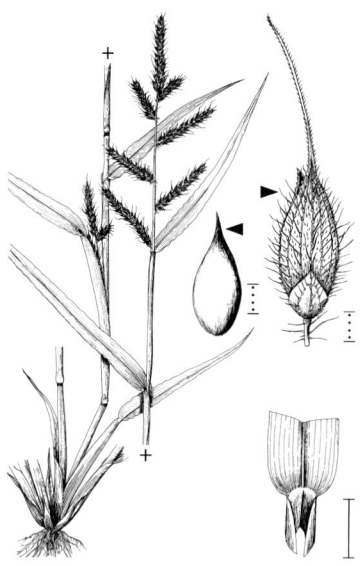

Stachel-Hühnerhirse – *Echinochloa muricata* 0,30–0,90 ☉ 7–10

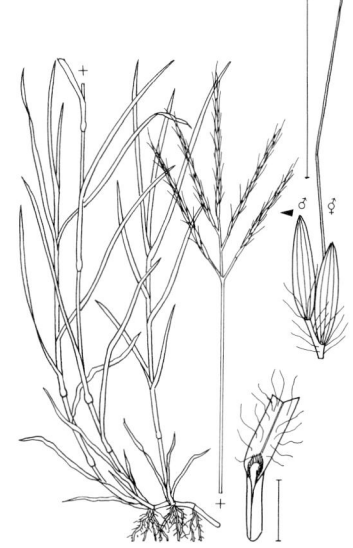

Gewöhnliches Bartgras – *Bothriochloa ischaemum* 0,15–0,60 ♃ 7–9

Gewöhnliches Hundszahngras – *Cynodon dactylon* 0,20–0,40 ♃ 7–9 (Bla graugrün)

**Blutrote Fingerhirse – *Digitaria sanguinalis* 0,15–0,60 ☉ 7–10

POACEAE

Kahle Fingerhirse – *Digitaria ischaemum*
0,10–0,45 ☉ 7–10

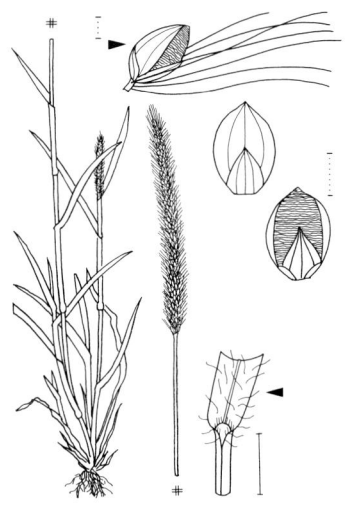

Fuchsrote Borstenhirse – *Setaria pumila*
0,10–0,60 ☉ 7–10 (Bla graugrün, Borsten fuchsrot)

Grüne B. – *S. viridis* 0,05–0,60 ☉ 6–10
(Borsten grün)

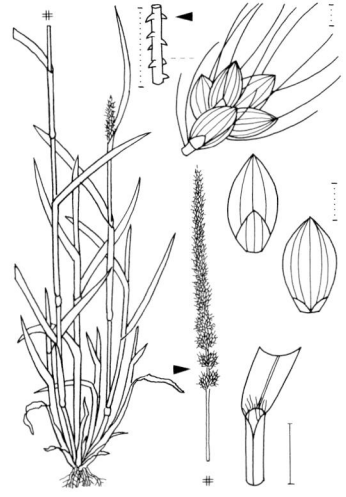

Kletten-B. – *S. verticillata* 0,30–0,60 ☉ 6–9 (Ährenrispe aufwärts rau)

Täuschende Borstenhirse – *Setaria verticilliformis* 0,30–0,60 ⊙ 6–9 (Ährenrispe nicht aufwärts rau)

Kolbenhirse – *S. italica* 0,40–1,00 ⊙ 6–10

Mais – *Zea mays* 1,00–3,00 ⊙ 7–10

CERATOPHYLLACEAE · PAPAVERACEAE

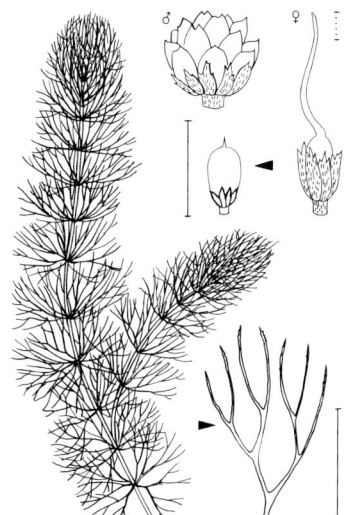

Zartes Hornblatt – *Ceratophyllum submersum* 0,30–0,80 ⚥ 6–8

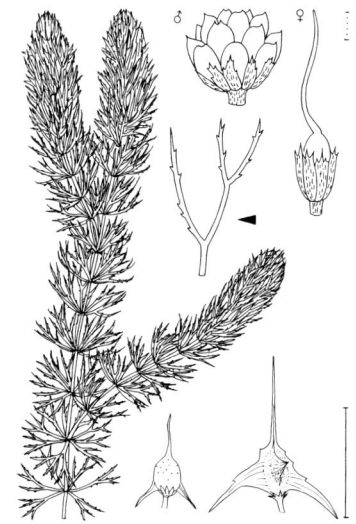

Raues H. – *C. demersum* 0,30–0,80 ⚥ 6–9. Fr R: **Breitstachliges H.** – *C. platyacanthum* 0,30–0,80 ⚥ 6–9

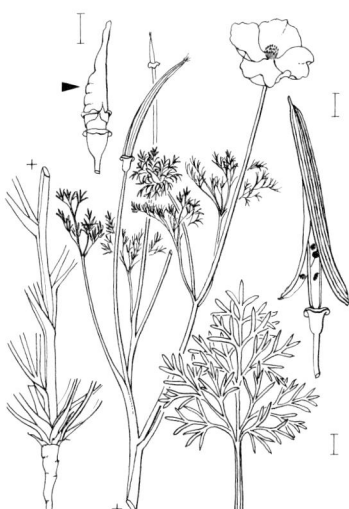

Schlafmützchen – *Eschscholzia californica* 0,30–0,50 ⊙ ⚥ 6–10 (orange bis hellgelb. Milchsaft orange)

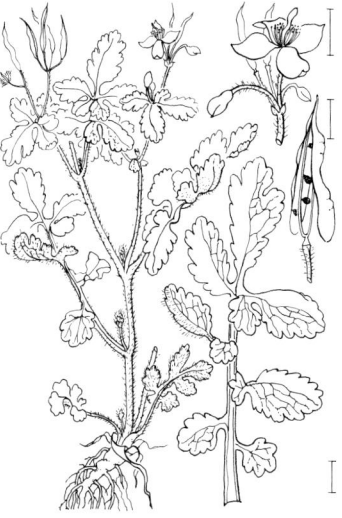

Schöllkraut – *Chelidonium majus* 0,30–0,70 ⚥ 4–10 (gelb. Milchsaft orange)

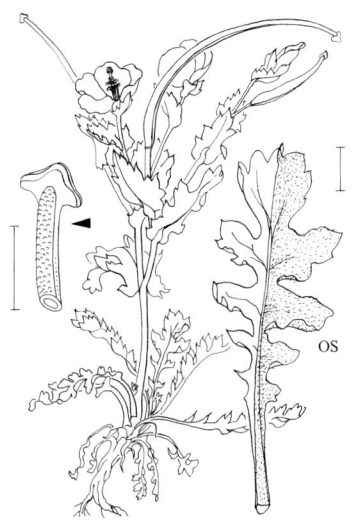

Gelber Hornmohn – *Glaucium flavum* 0,30–0,70 ⊙ ⚄ 6–7 (zitronengelb. Milchsaft weiß)

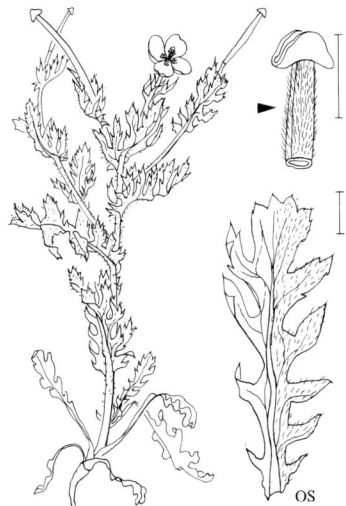

Roter H. – *G. corniculatum* 0,15–0,50 ⊙ 6–8 (orangegelb bis rot, am Grund schwarzviolett. Milchsaft weiß)

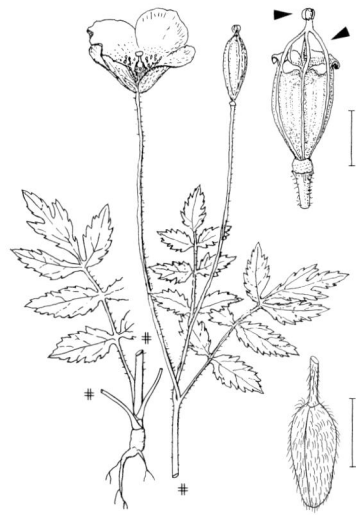

Wald-Mohn, Scheinmohn – *Papaver cambricum* 0,25–0,45 ⚄ (5–)6(–10) (zitronen- bis orangegelb)

Orient-M. – *P. orientale* 0,40–0,70(–1,00) ⚄ 5–6 (hell orangerot)

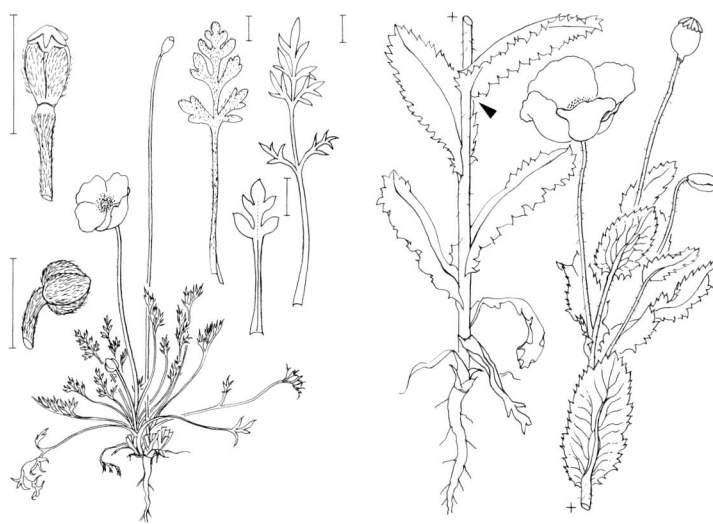

Alpen-Mohn – *Papaver alpinum* subsp. *sendtneri* 0,05–0,20 ♃ 7–8 ▽ (weiß)

**Schlaf-M. – *P. somniferum* 0,40–1,50 ⊙ 6–8 (weiß, am Grund violett od. völlig violett)

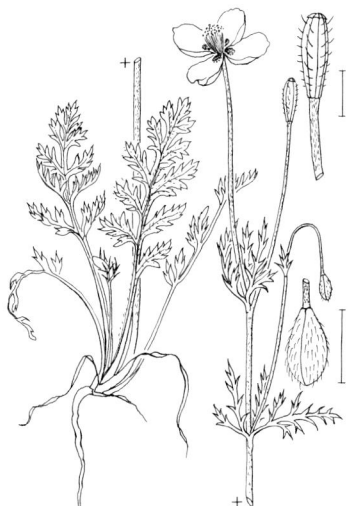
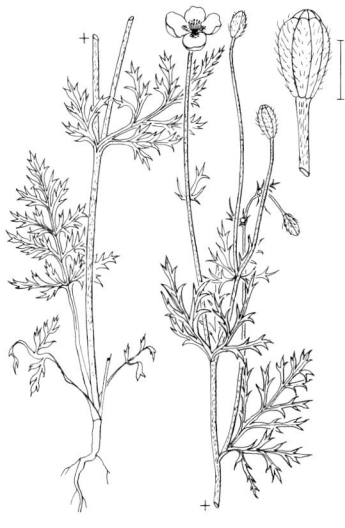

Sand-M. – *P. argemone* 0,15–0,30 ⊙ ① 5–7 (orangerot, am Grund schwarz)

Krummborstiger M. – *P. hybridum* 0,20–0,50 ⊙ ① 5–7 (weinrot, am Grund schwarz)

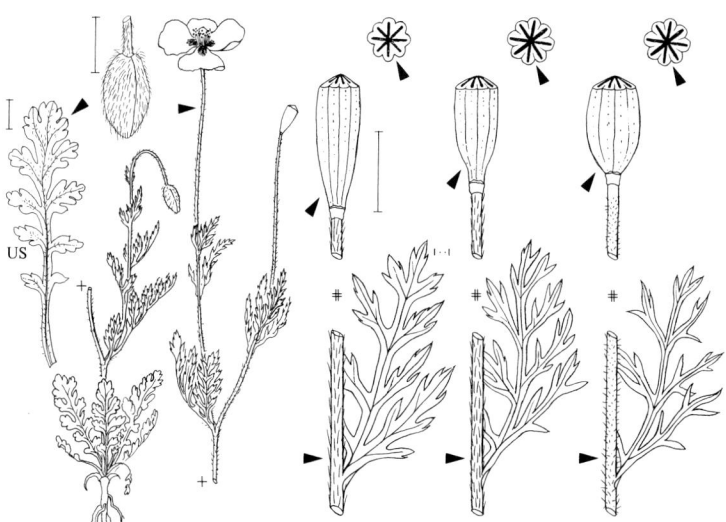

***Saat-Mohn** – *Papaver dubium* 0,30–0,60 ☉ ① 5–7 (hell rot, Grund oft schwarz. Saft frisch weiß, dann dunkelbraun). M: **Gelbmilchender M.** – *P. lecoqii* 0,30–0,70 5–7 (Saft gelb, dann rot). R: **Verkannter M.** – *P. confine* 0,40–0,80 4–5 (Blü rein rot. Saft weiß, dann hellrot) ↗ S. 804

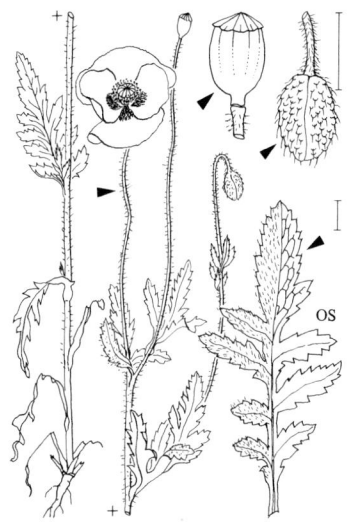

Klatsch-M. – *P. rhoeas* 0,30–0,90 ☉ ① 4–7 (scharlachrot bis purpurrot, am Grund schwarz)

Tränendes Herz – *Lamprocapnos spectabilis* 0,50–0,90 ♃ 5–6 (dunkelrosa)

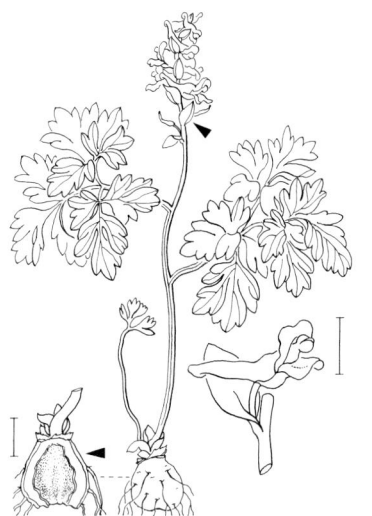

Hohler Lerchensporn – *Corydalis cava*
0,10–0,35 ⚄ 3–4 (trübpurpurn od. weiß)

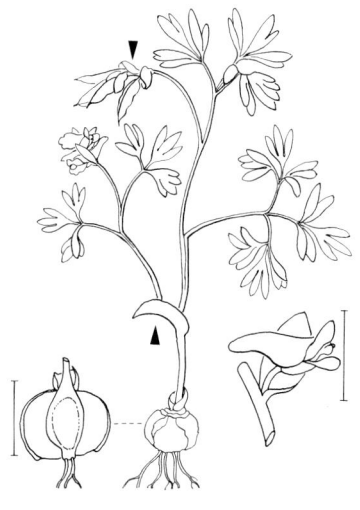

Mittlerer L. – *C. intermedia* 0,08–0,20 ⚄
3–4 (trübpurpurn)

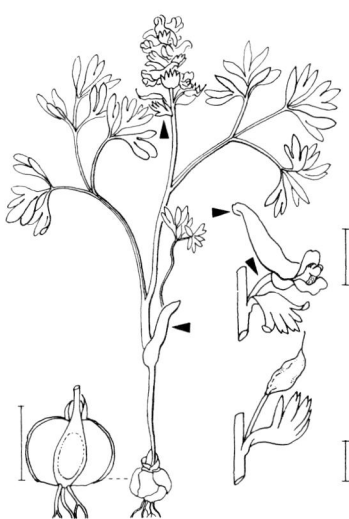

Finger-L. – *C. solida* 0,10–0,20 ⚄ 4–5
(trübrot)

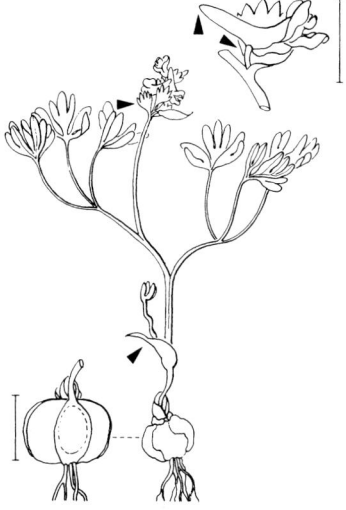

Zwerg-L. – *C. pumila* 0,05–0,20 ⚄ 3–4
(trübpurpurn)

PAPAVERACEAE

Gelber Scheinerdrauch – *Pseudofumaria lutea* 0,10–0,20(–40) ⚃ 4–10 (goldgelb. Bla oseits grün)

Blassgelber S. – *P. alba* 0,10–0,40 ⚃ 6–10 (weißlich, Spitze dunkler, gelblich. Bla beidseits blaugrün)

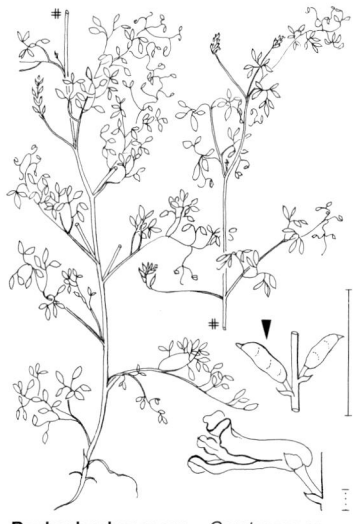

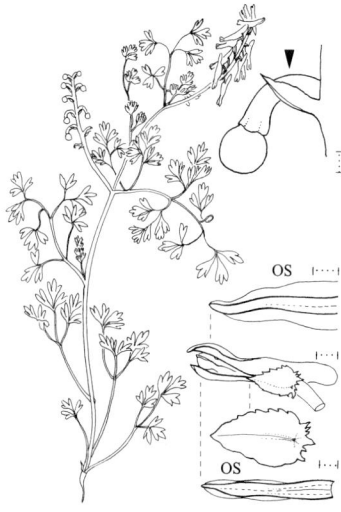

Rankenlerchensporn – *Ceratocapnos claviculata* 0,50–1,00 ⊙ 6–9 (gelblichweiß)

Ranken-Erdrauch – *Fumaria capreolata* 0,30–1,00 ⊙ 5–9 (gelblichweiß bis rosa, Spitze dunkel purpurrot)

**Mauer-Erdrauch – *Fumaria muralis* 0,30–0,60 ⊙ 6–9 (purpurrosa, Spitze fast schwarz)

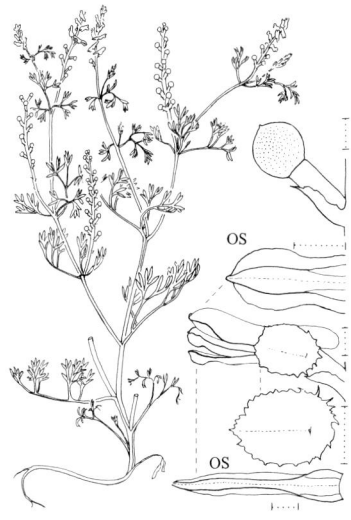

Schnabel-E. – *F. rostellata* 0,15–0,45 ⊙ 6–9 (rosa bis purpurrot, Spitze dunkler, Kiel des obersten KrBla rötlich)

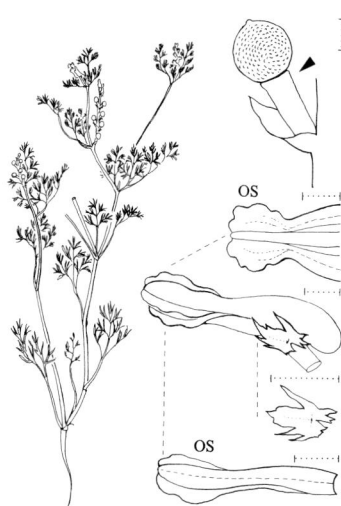

Kleinblütiger E. – *F. parviflora* 0,15–0,30 ⊙ 6–9 (weißlich, Spitze dunkel purpurrot)

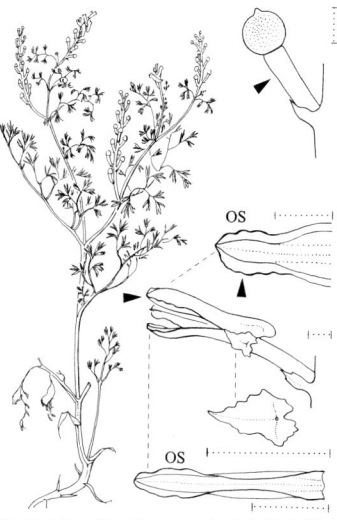

Schleicher-E. – *F. schleicheri* 0,15–0,30 ⊙ ⓘ 6–9 (tiefrosa, Spitze dunkel purpurrot)

PAPAVERACEAE 207

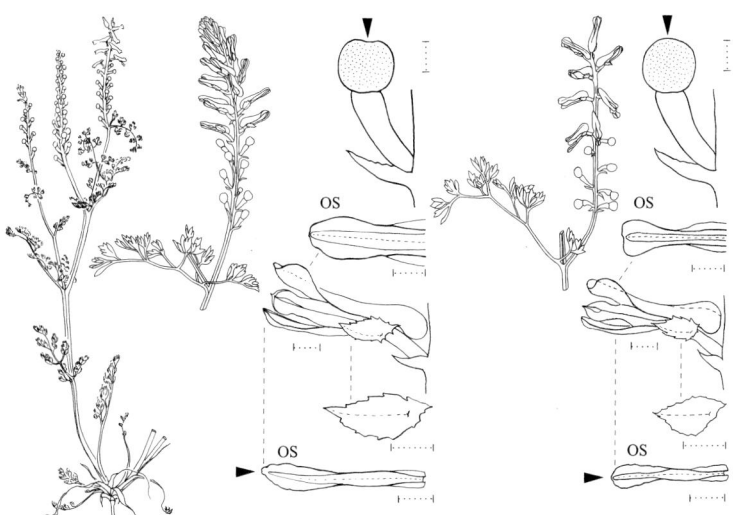

Gewöhnlicher Erdrauch – *Fumaria officinalis* 0,15–0,30 ⊙ ① 5–10 (purpurrot, Spitze dunkler). R: **Wirtgen-E.** – *F. wirtgenii* 0,15–0,25 5–10 (purpurrot, Spitze dunkler)

Dichtblütiger-E. – *F. densiflora* 0,15–0,40 ⊙ 5–9 (rosa bis purpurrot, Kiel oberstes KrBla grün)

**Vaillant-E. – *F. vaillantii* 0,06–0,20 ⊙ ① 5–9 (blassrosa, Spitze dunkel purpurrot)

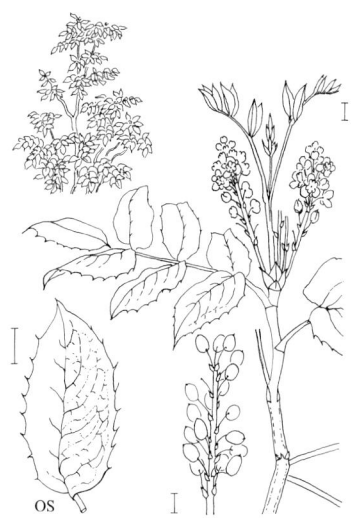

Mahonie – *Mahonia aquifolium* 0,50–1,50 ♄ 4–6 (gelb. Fr blau bereift) ↗ S. 805

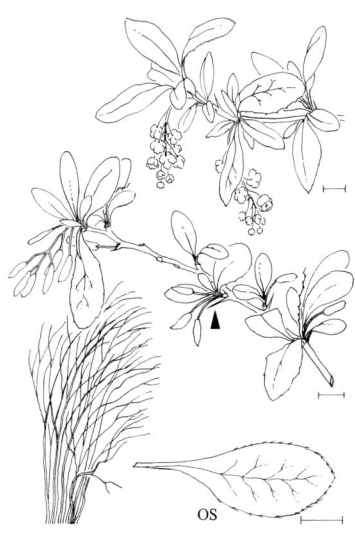

Gewöhnliche Berberitze – *Berberis vulgaris* Bis 3,00 ♄ 4–6 (goldgelb. Fr rot)

Juliana-B. – *B. julianae* Bis 3,00 ♄ 4–6 (zitronengelb. Fr blauschwarz. Bla immergrün)

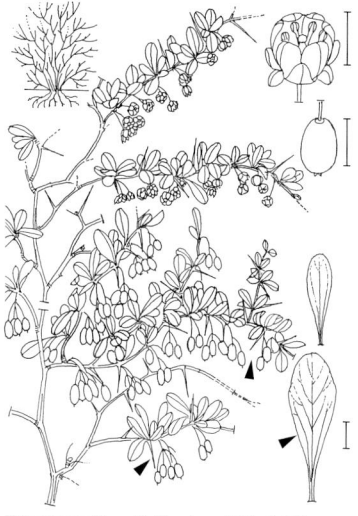

Thunberg-B. – *B. thunbergii* Bis 1,00(–3,00) ♄ 5 (blassgelb, außen rötlich. Fr rot)

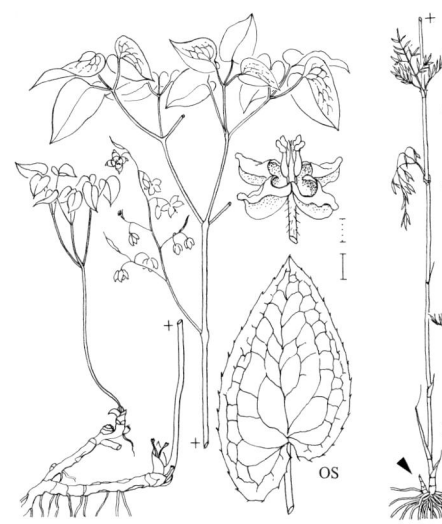
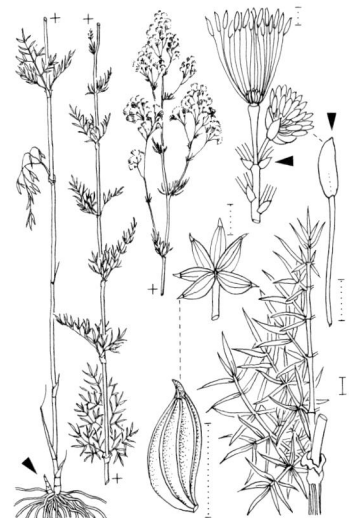

Alpen-Sockenblume – *Epimedium alpinum* 0,20–0,30 ♃ 3–5 (grünlichrot u. blutrot, innen gelblich) ↗ S. 805

Glanz-Wiesenraute – *Thalictrum lucidum* 0,60–1,20 ♃ 6–7 (gelb)

**Einfache W. – *Th. simplex* 0,30–1,10 ♃ 6–9 (gelblich bis grünlich). L: subsp. *galioides*. R: subsp. *simplex* ⊕ ↗ S. 805

Gelbe Wiesenraute – *Thalictrum flavum* 0,40–1,00 ♃ 6–8 (gelb)

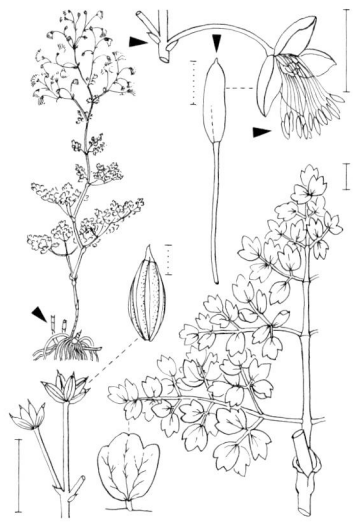

**Kleine W. – *Th. minus* 0,15–1,20 ♃ 5–8 (gelblich)

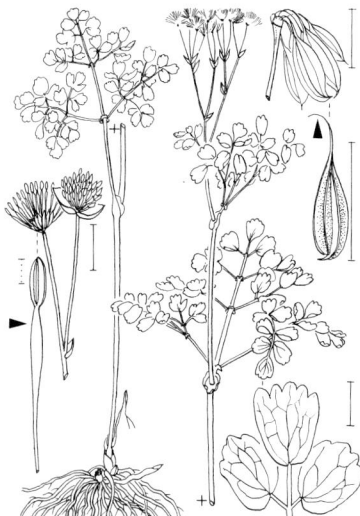

Akelei-W. – *Th. aquilegiifolium* 0,40–1,20 ♃ 5–7 (violett)

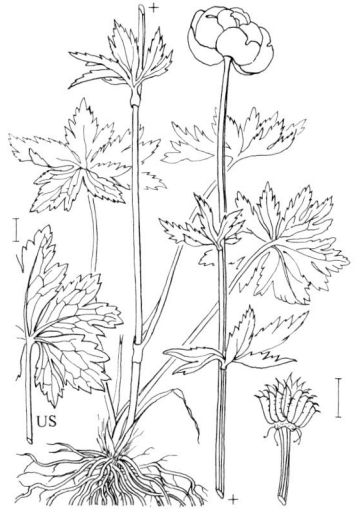

Trollblume – *Trollius europaeus* 0,30–0,60 ♃ 5(–6) ▽ (goldgelb bis grüngelb)

*Gewöhnliche Akelei – *Aquilegia vulgaris* 0,40–0,80 ♃ 5–7 ▽ (blauviolett, selten rosa od. weiß) ↗ S. 805

Schwarzviolette A. – *A. atrata* 0,30–0,70 ♃ 6–7 ▽ (braunviolett, selten weiß)

Kleinblütige A. – *A. einseleana* 0,15–0,40 ♃ 6–7 ▽ (blauviolett)

Frühlings-Adonisröschen – *Adonis vernalis* 0,10–0,40 ♃ 4–5 ▽ (goldgelb)

RANUNCULACEAE

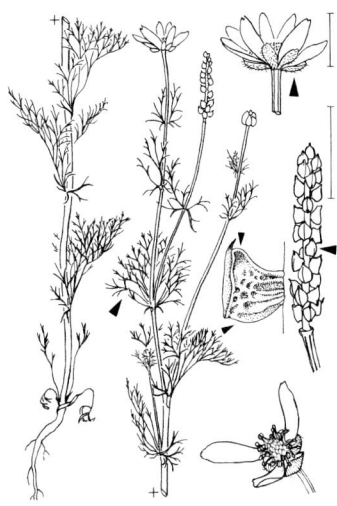

Flammen-Adonisröschen – *Adonis flammea* 0,20–0,50 ☉ ① 5–7 (blutrot, am Grund schwarz)

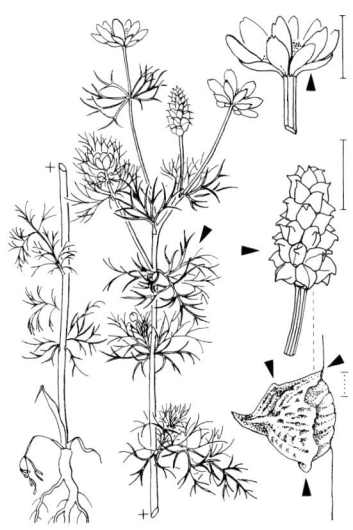

Sommer-A. – *A. aestivalis* 0,20–1,00 ☉ ① 5–7 (orangerot od. gelb, am Grund schwarz)

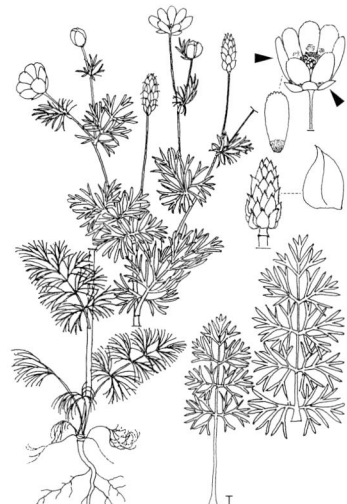

Herbst-A. – *A. annua* 0,25–0,60 ☉ ① 6–9 (blutrot, am Grund schwarz)

Gelber Eisenhut – *Aconitum lycoctonum* 0,50–1,50 ♃ (5–)6–8 ▽ (hellgelb)

RANUNCULACEAE

*Blauer Eisenhut – *Aconitum napellus* subsp. *lusitanicum* 0,30–2,00 ⚃ 6–8 ▽ (tiefblau bis dunkelviolett) ↗ S. 805

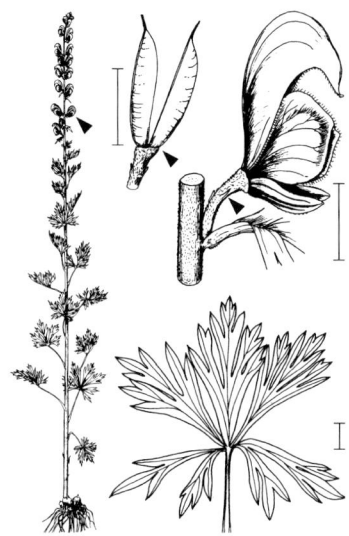

Sudeten-E. – *A. plicatum* 0,50–1,50 ⚃ 7–9 ▽ (tiefblau bis dunkelviolett)

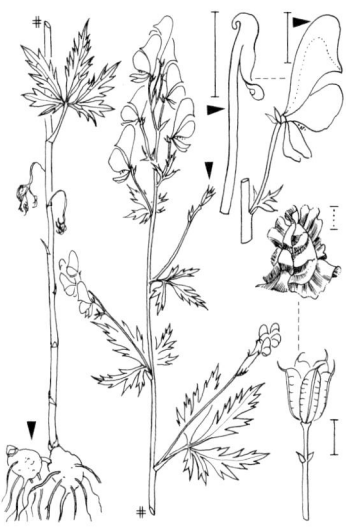

*Bunter E. – *A. variegatum* 0,25–2,50 ⚃ 7–9 ▽ (hell- od. dunkelviolett, oft weiß gescheckt) ↗ S. 805

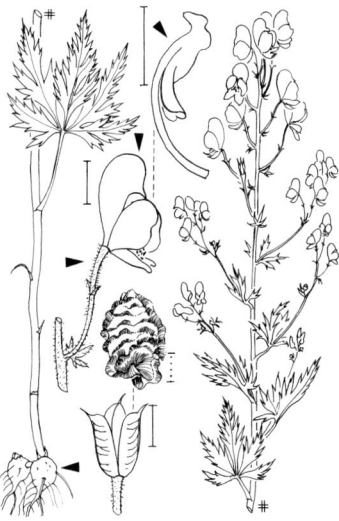

Rispen-E. – *A. degenii* 0,50–2,50 ⚃ 7–9 ▽ (blau od. violett)

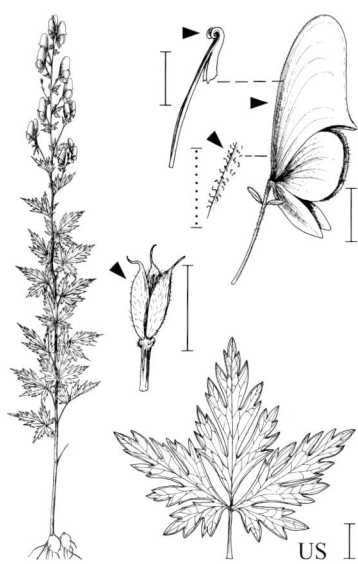

Behaarter Eisenhut – *Aconitum pilipes*
0,30–1,50 ⚄ 7–9 ▽ (blauviolett)

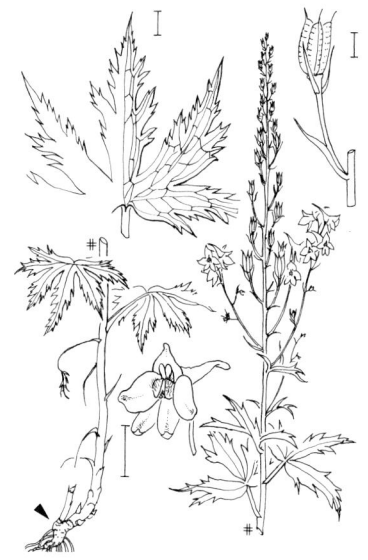

Hoher Rittersporn – *Delphinium elatum*
0,80–2,00 ⚄ 6–7 ▽ (blau bis violett, NektarBla schwarzbraun)

Garten-R. – *D. ajacis* 0,30–1,00 ☉
6–8(–10) (blauviolett, Gartenformen auch hellblau, weiß od. rosa)

Orientalischer R. – *D. hispanicum*
0,30–0,70 ☉ 6–8 (rotviolett)

Feld-Rittersporn – *Delphinium consolida* 0,20–0,60 ⊙ ① 5–8(–10) (leuchtend blau)

Acker-Schwarzkümmel – *Nigella arvensis* 0,10–0,30 ⊙ 7–9 (weißlich bis blassblau)

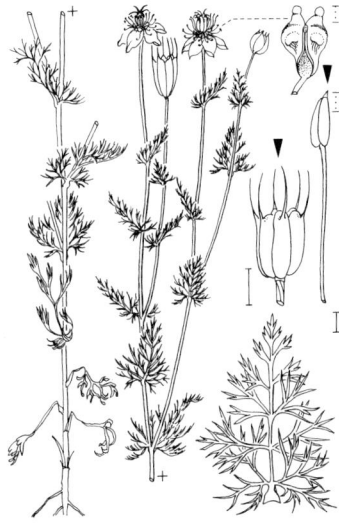

Echter Sch. – *N. sativa* 0,20–0,40 ⊙ 6–8 (weiß bis bläulichweiß, Spitzen bläulich od. grünlich)

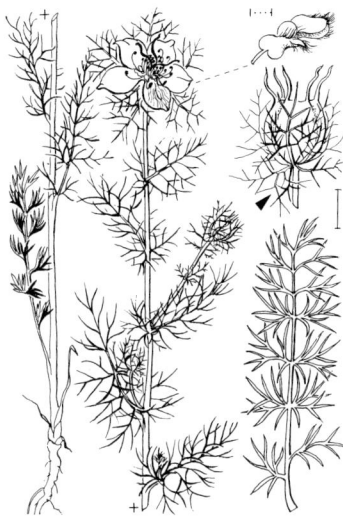

Jungfer im Grünen – *N. damascena* 0,15–0,30 ⊙ ① 5–8 (hellblau bis weiß, Gartenformen auch rosa)

RANUNCULACEAE

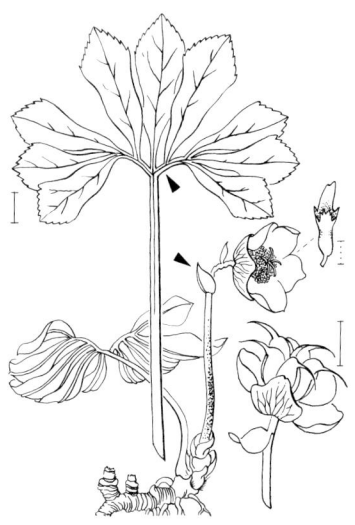

Christrose – *Helleborus niger* 0,15–0,30 ♃ (12–)1–4 ▽ (weiß od. rötlich, später grünlich)

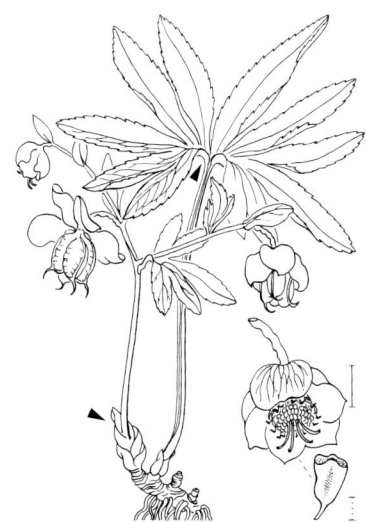

**Grüne Nieswurz – *H. viridis* 0,15–0,40 ♃ 3–4 ▽ (grün)

Stinkende N. – *H. foetidus* 0,30–0,80 ♃ 3–5 ▽ (gelbgrün, am Rand rötlich)

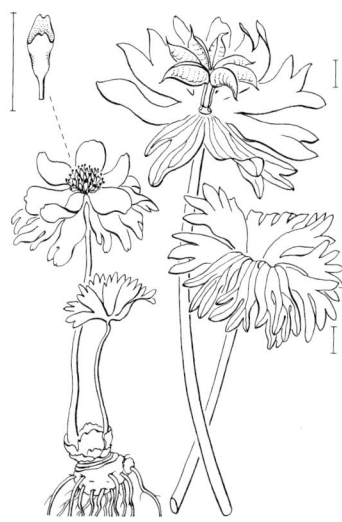

Winterling – *Eranthis hyemalis* 0,05–0,15 ♃ 2–4 (gelb)

RANUNCULACEAE

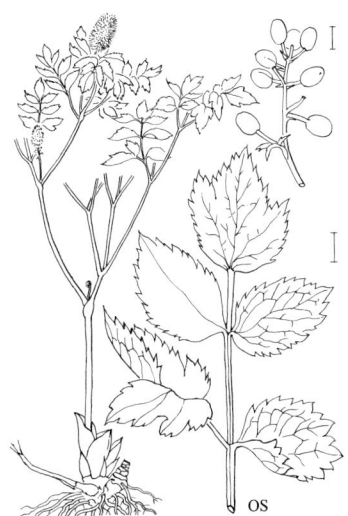

Christophskraut – *Actaea spicata*
0,30–0,60 ♃ 5–6 (weiß. Fr schwarz)

Sumpf-Dotterblume – *Caltha palustris*
0,15–0,30 ♃ 4–6 (gelb, formenreich)

Leberblümchen – *Hepatica nobilis*
0,05–0,15 ♃ (2–)3–4 ▽ (blau)

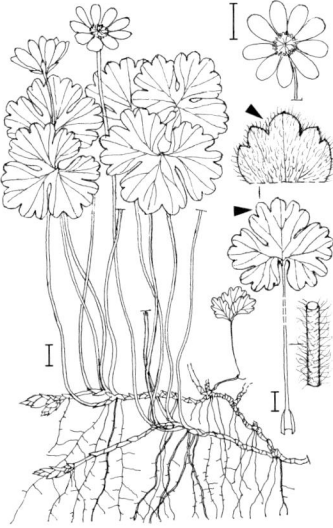

Siebenbürger L. – *H. transsilvanica*
0,20–0,30 ♃ 2–4 (blau bis violett)

Berghähnlein – *Anemone narcissiflora*
0,20–0,40 ♃ 5–7 ▽ (weiß)

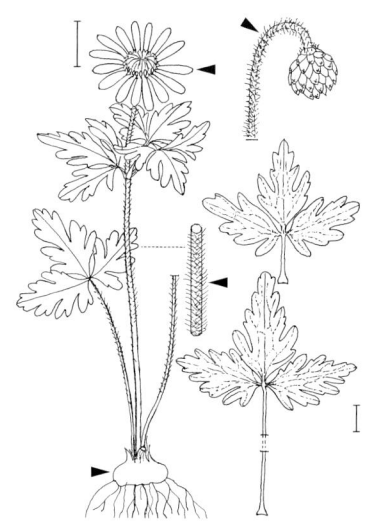

Balkan-Windröschen – *Anemone blanda*
0,07–0,20 ♃ 3–4 (blau)

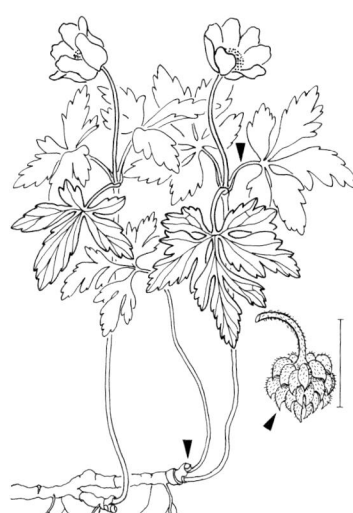

Busch-W. – *A. nemorosa* 0,10–0,25 ♃
3–5 (weiß, außen oft purpurn überlaufen)

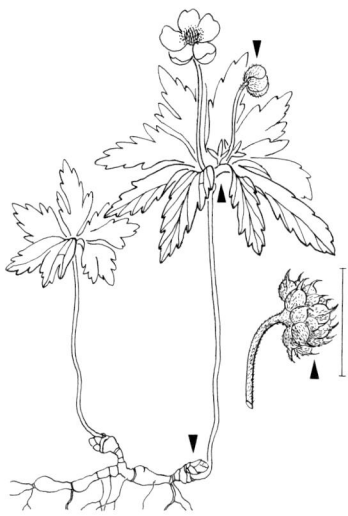

Gelbes W. – *A. ranunculoides* 0,10–0,20
♃ 4–5 (gelb) ↗ S. 805

RANUNCULACEAE 219

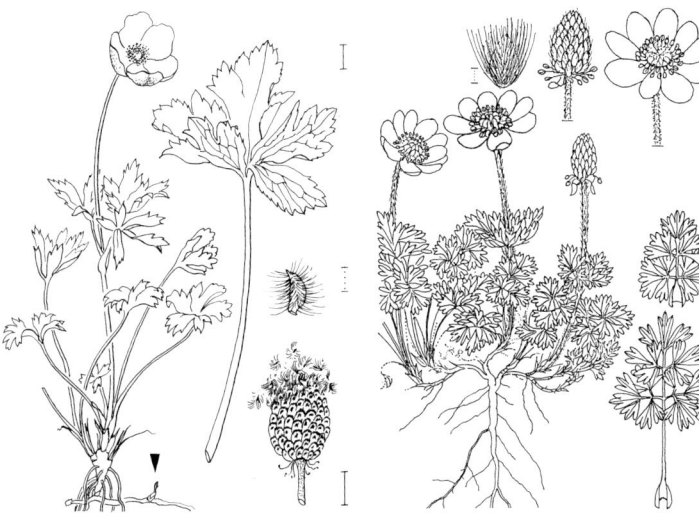

Großes Windröschen – *Anemone sylvestris* 0,15–0,35 ♃ 4–6 ▽ (weiß, außen bisweilen violett überlaufen)

Baldo-W. – *A. baldensis* 0,05–0,12 ♃ 6–8 (weiß)

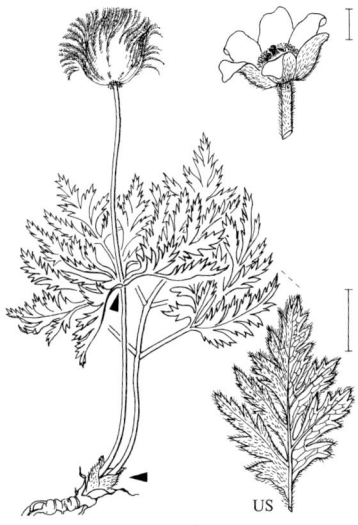

**Alpen-Küchenschelle – *Pulsatilla alpina* 0,20–0,45 ♃ 5–8 ▽ (weiß od. schwefelgelb, außen oft blaurot) ↗ S. 805

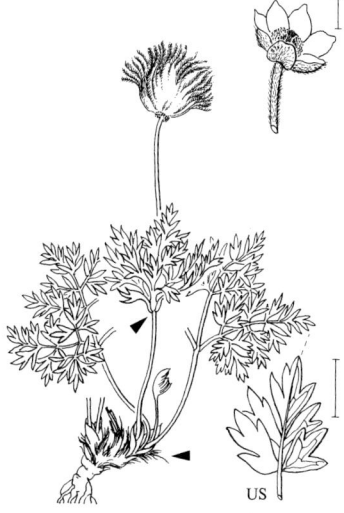

Brocken-K. – *P. alpina* subsp. *alba* 0,15–0,30 ♃ 5–8 ▽ (weiß, außen blau od. rötlich)

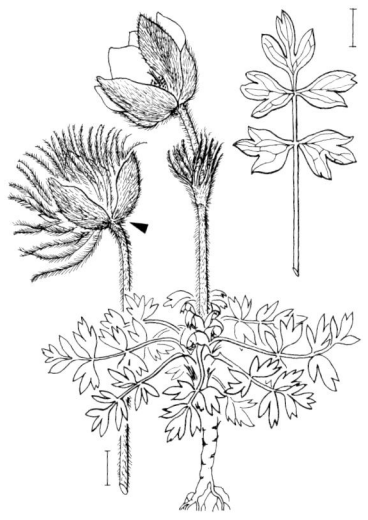
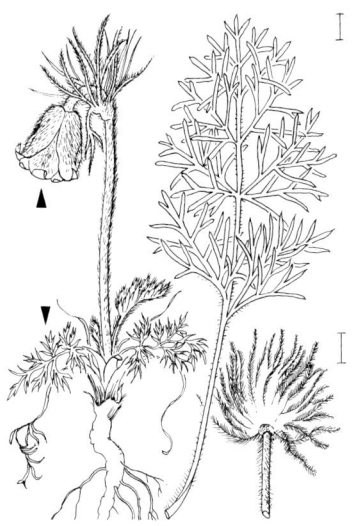

Frühlings-Küchenschelle – *Pulsatilla vernalis* 0,05–0,30 ♃ 4–6 ▽ (gelblichweiß, außen hellviolett überlaufen)

**Wiesen-K. – *P. pratensis* 0,10–0,50 ♃ (3–)4–5 ▽ (hell- od. schwarzviolett)

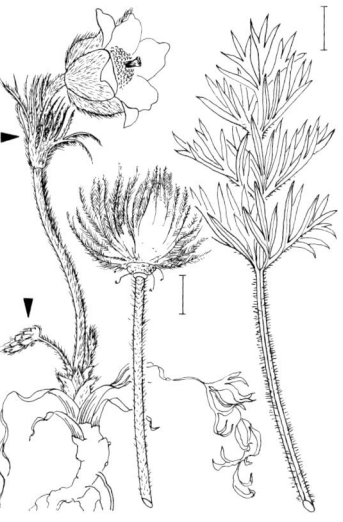

Finger-K. – *P. patens* 0,07–0,35 ♃ 3–5 ▽ (violett)

Gewöhnliche K. – *P. vulgaris* 0,05–0,50 ♃ (3–)4–5 ▽ (violett)

RANUNCULACEAE

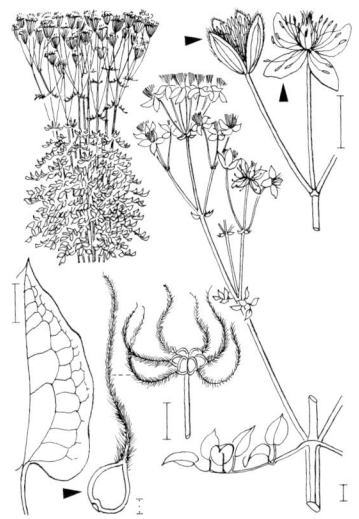

Aufrechte Waldrebe – *Clematis recta* 0,50–1,50 ♃ 6–7 (weiß)

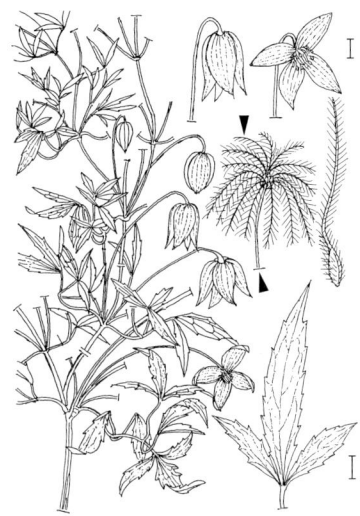

Mongolische W. – *C. tangutica* 0,50–5,00 ♃ 6–8 (leuchtend gelb)

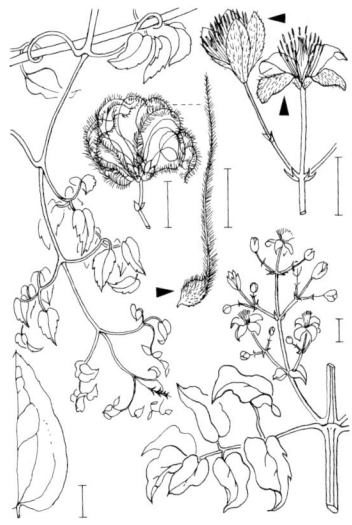

Gewöhnliche W. – *C. vitalba* 1,00–15,00 ♄ 6–8 (weißlich)

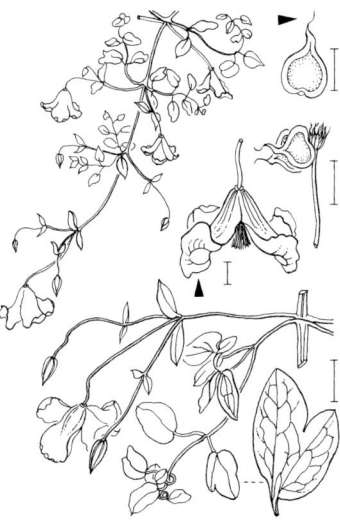

Italienische W. – *C. viticella* 2,00–5,00 ♄ 6–8 (violett od. blau, selten rot)

RANUNCULACEAE

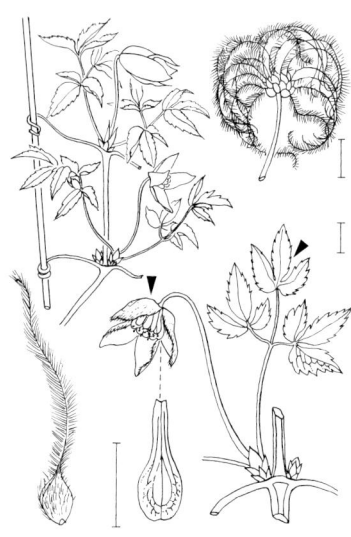

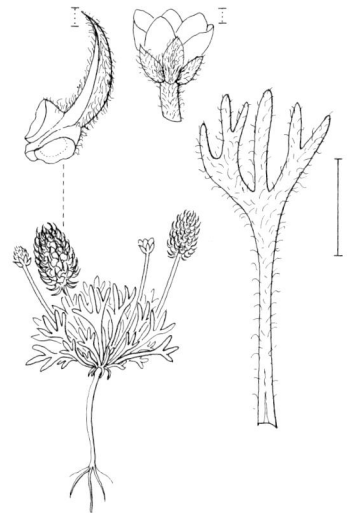

Alpen-Waldrebe – *Clematis alpina*
1,00–2,00 ♄ 5–7 ▽ (blau, NektarBla weiß)

Sichelfrüchtiges Hornköpfchen –
Ceratocephala falcata 0,03–0,10 ① ☉ 3–5
(gelb) ↗ S. 805

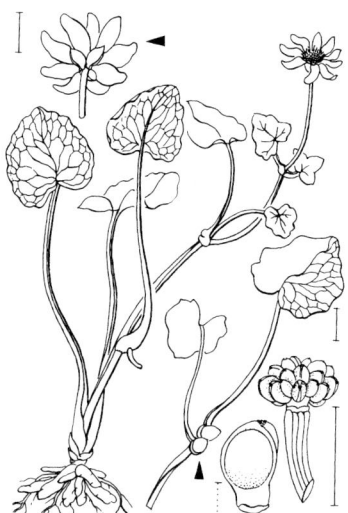

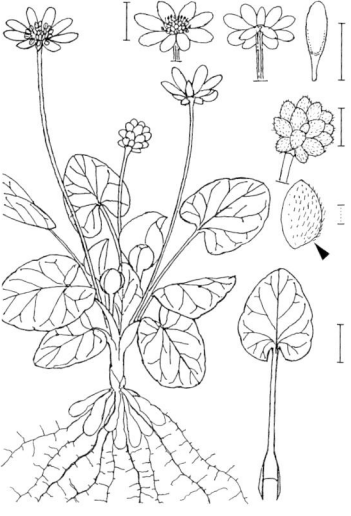

Knöllchen-Scharbockskraut – *Ficaria verna* 0,05–0,20 ♃ 3–5 (gelb, glänzend)

Nacktstängel-Sch. – *F. calthifolia*
0,03–0,07 ♃ 3–4 (gelb, glänzend)

RANUNCULACEAE

Mäuseschwänzchen – *Myosurus minimus* 0,02–0,10(–0,17) ⊙ 3–5 (grünlich)

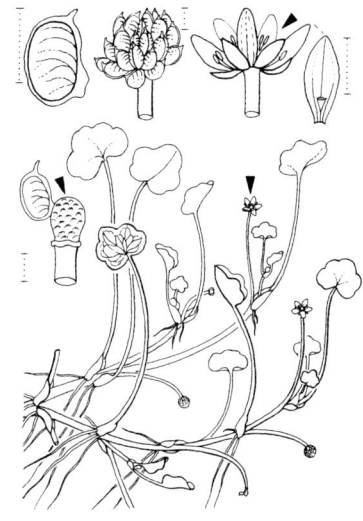

Efeu-Wasserhahnenfuß – *Ranunculus hederaceus* 0,10–0,40(–0,55) ⊙ ⚁ 4–6 (weiß)

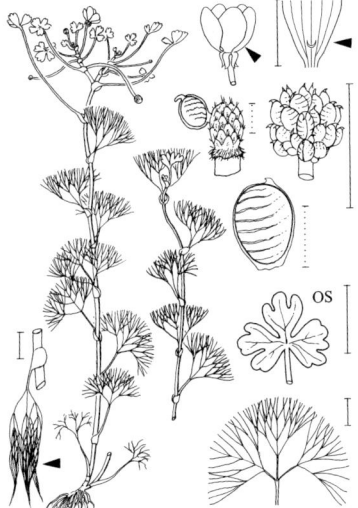

Reinweißer W. – *R. ololeucos* 0,10–0,60 ⚁ ⊙ 3–5 (weiß) ↗ S. 805

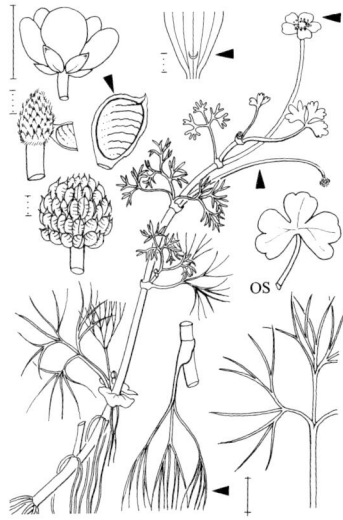

Brackwasser-W. – *R. baudotii* 0,20–0,50(–1,50) ⊙ ⚁ 5–9

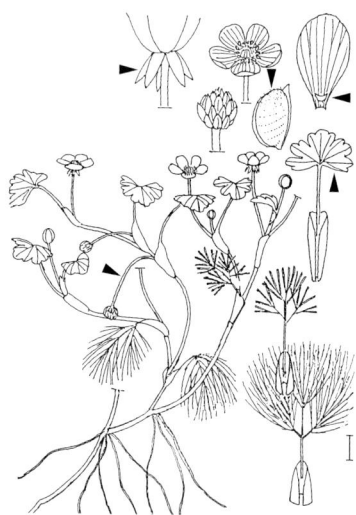

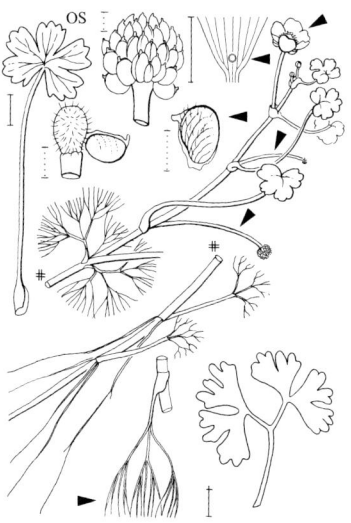

Sanikelblättriger Wasserhahnenfuß –
Ranunculus saniculifolius 0,20–1,00 ♃ ☉
5–6 (weiß, Grund gelb)

Gewöhnlicher W. – *R. aquatilis* 0,10–2,00
♃ ☉ 5–9 (weiß, am Grund gelb)

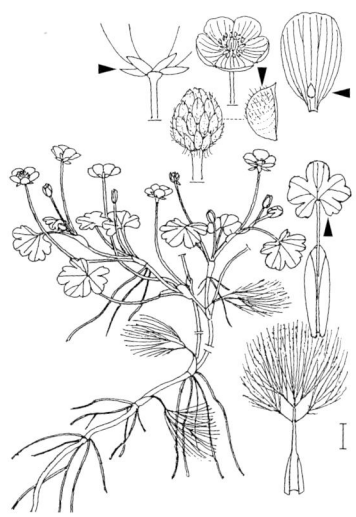

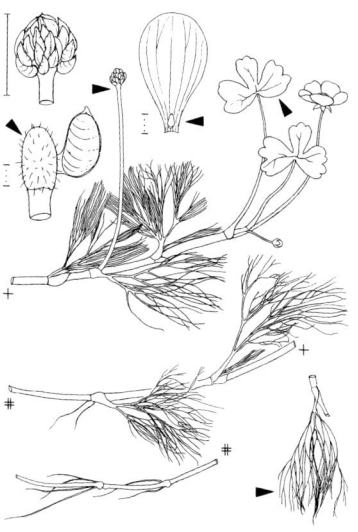

Schild-W. – *R. peltatus* 0,20–2,50 ♃ ☉
5–9 (weiß, Grund gelb)

Pinselblättriger W. – *R. penicillatus*
1,00–6,00(–8,0) ♃ 5–8 (weiß, am Grund
gelb)

RANUNCULACEAE

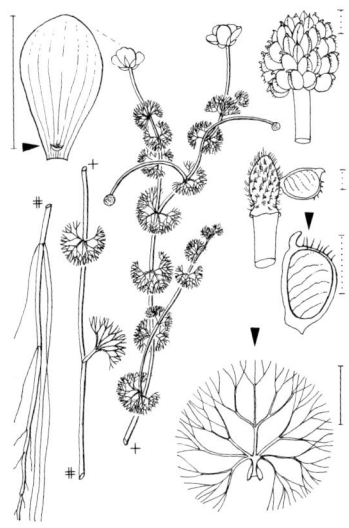

Spreizender Wasserhahnenfuß – *Ranunculus circinatus* 0,05–3,00 ⚃
5–8 (weiß, am Grund gelb)

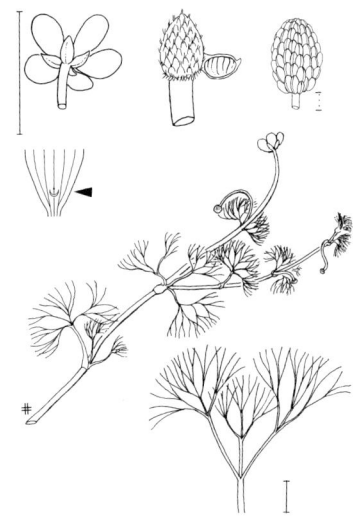

Zarter W. – *R. rionii* 0,10–0,50 ☉ 6–8
(weiß, am Grund gelb)

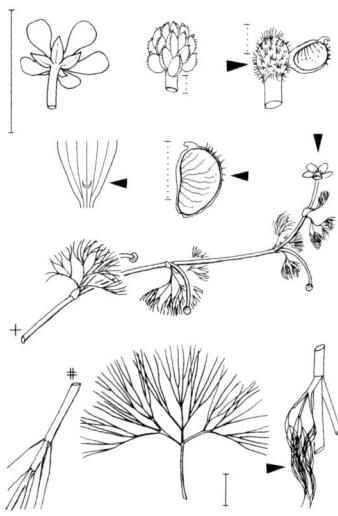

Haarblättriger W. – *R. trichophyllus*
0,10–2,00 ⚃ ☉ 5–7 (weiß, am Grund gelb)
↗ S. 805

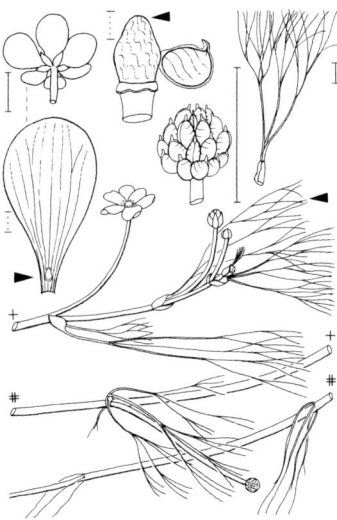

Flutender W. – *R. fluitans* 0,50–6,00 ⚃
6–8 (weiß, am Grund gelb) ↗ S. 805

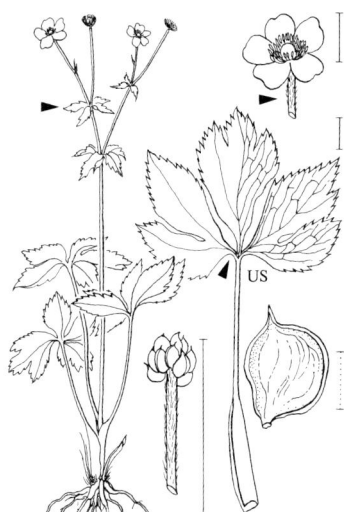

Eisenhut-Hahnenfuß – *Ranunculus aconitifolius* 0,20–1,50 ⚄ 5–7 (weiß, außen rötlich bis bläulich)

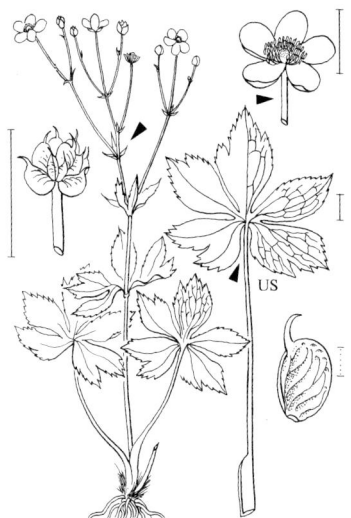

Platanen-H. – *R. platanifolius* 0,40–1,20 ⚄ 5–7 (weiß)

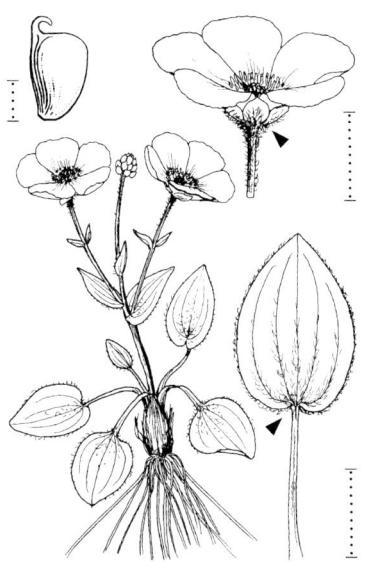

Herzblättriger H. – *R. parnassiifolius* subsp. *heterocarpus* 0,04–0,10 ⚄ 6–8 (weiß)

Alpen-H. – *R. alpestris* 0,05–0,15 ⚄ 6–9 (weiß) ↗ S. 805

RANUNCULACEAE 227

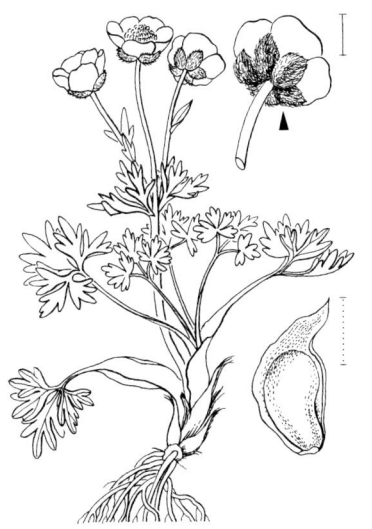

Gletscher-Hahnenfuß – *Ranunculus glacialis* 0,05–0,15 ⚥ 7–8 (weiß, außen rosa bis tiefrot. Ke außen rostbraun behaart)

Ufer-H. – *R. reptans* 0,05–0,30 ⚥ 6–8 (blassgelb, glänzend)

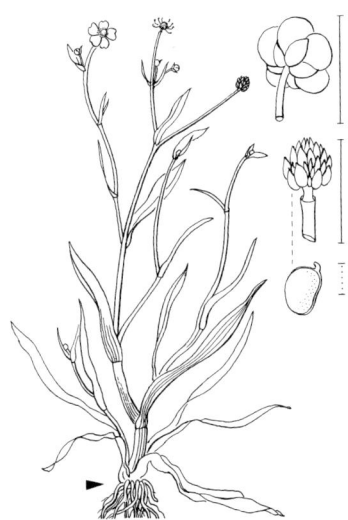

Brennender H. – *R. flammula* 0,05–0,50 ⚥ 5–9 (goldgelb, glänzend)

Zungen-H. – *R. lingua* 0,50–1,50 ⚥ 6–8 ▽ (goldgelb, glänzend)

Illyrischer Hahnenfuß – *Ranunculus illyricus* 0,30–0,50 ⚃ 5–6 (gelb, glänzend. Pfl seidenhaarig)

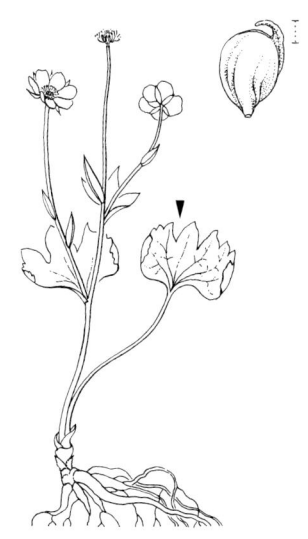

Nierenblättriger H. – *R. hybridus* 0,05–0,15 ⚃ 6–8 (gelb, glänzend. Bla bereift)

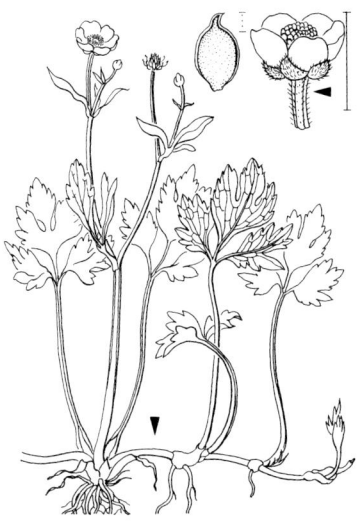

Kriechender H. – *R. repens* 0,15–0,40 ⚃ 5–8 (goldgelb, glänzend)

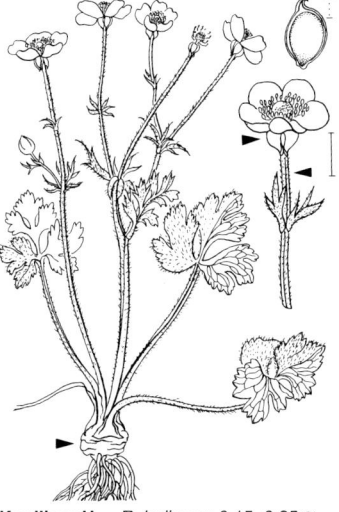

Knolliger H. – *R. bulbosus* 0,15–0,35 ⚃ 4–5(–7) (gelb, glänzend)

RANUNCULACEAE

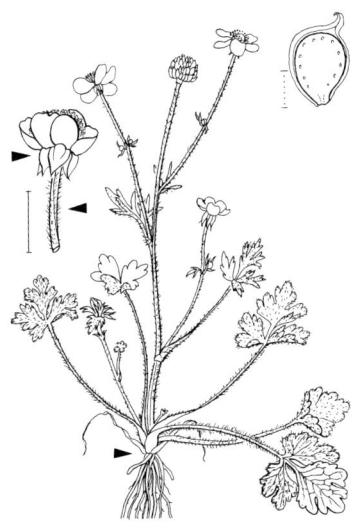

Rauer Hahnenfuß – *Ranunculus sardous* 0,10–0,30 ☉ 5–8 (gelb, glänzend)

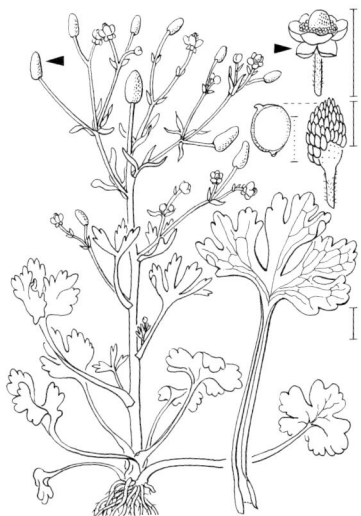

Gift-H. – *R. sceleratus* 0,20–0,60 ☉ ① 6–10 (blassgelb)

**Vielblütiger H. – *R. polyanthemos* subsp. *polyanthemos* 0,30–1,00 ♃ 5–7 (goldgelb, glänzend) ↗ S. 805

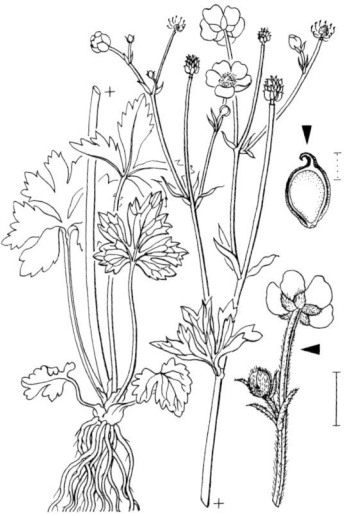

**Hain-H. – *R. polyanthemos* subsp. *nemorosus* 0,20–0,80 ♃ 5–7 (goldgelb, glänzend) ↗ S. 805

RANUNCULACEAE

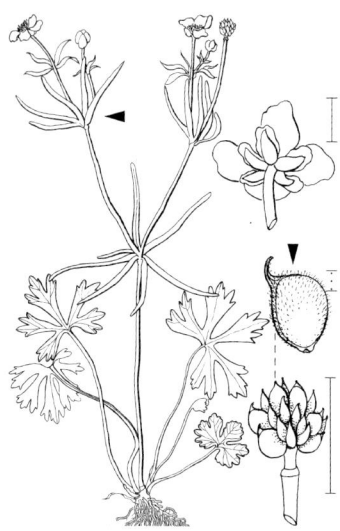

*****Gold-Hahnenfuß** – *Ranunculus auricomus* 0,15–0,45 ⚁ 4–5 (goldgelb, glänzend) ↗ S. 805

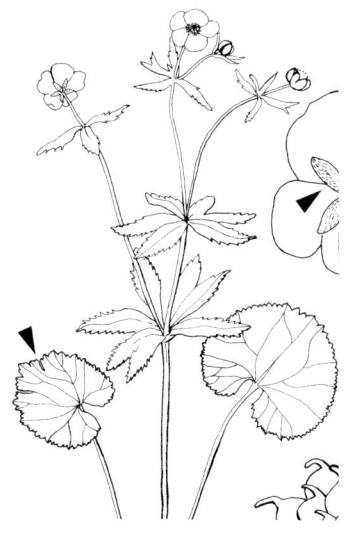

*****Kaschubischer Gold-H.** – *R. cassubicus* 0,15–0,45 ⚁ 4–5 (goldgelb, glänzend)

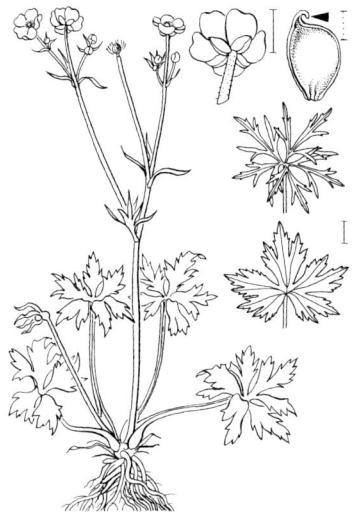

******Scharfer H.** – *R. acris* 0,30–1,20 ⚁ 5–9 (goldgelb, glänzend). O: subsp. *acris*. U: subsp. *friesianus*

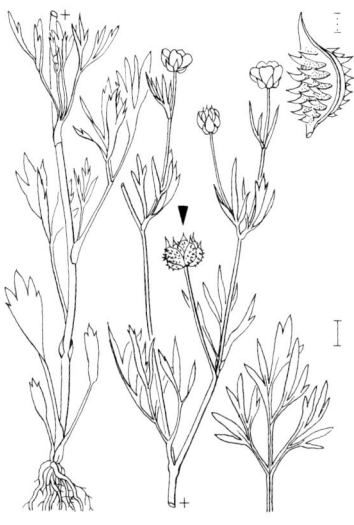

Acker-H. – *R. arvensis* 0,20–0,60 ① ☉ 5–7 (hellgelb)

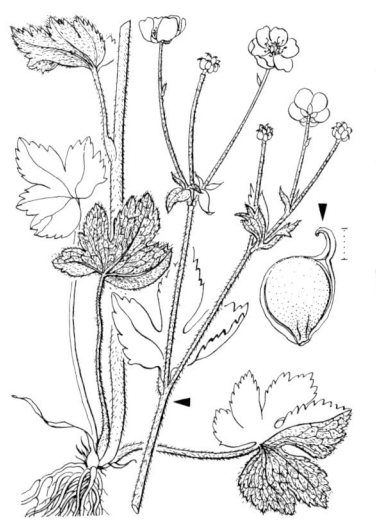

Wolliger Hahnenfuß – *Ranunculus lanuginosus* 0,30–0,70 ♃ 5–7 (ockergelb, glänzend)

*Berg-H. – *R. montanus* 0,05–0,25 ♃ 4–7(–9) (goldgelb, glänzend) ↗ S. 805

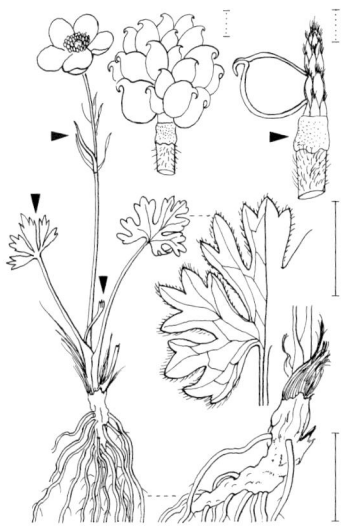

Kärntner H. – *R. carinthiacus* 0,05–0,20 ♃ 4–6 (goldgelb, glänzend)

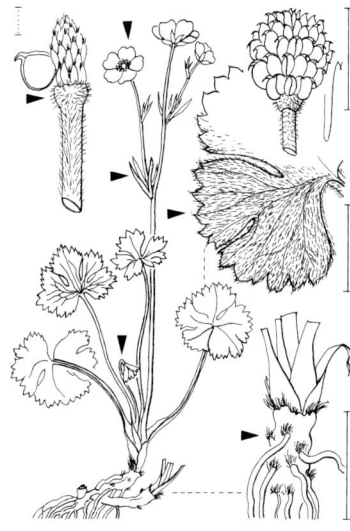

Gebirgs-H. – *R. breyninus* 0,05–0,20 ♃ 5–7 (hellgelb bis goldgelb, glänzend)

RANUNCULACEAE · PLATANACEAE · BUXACEAE

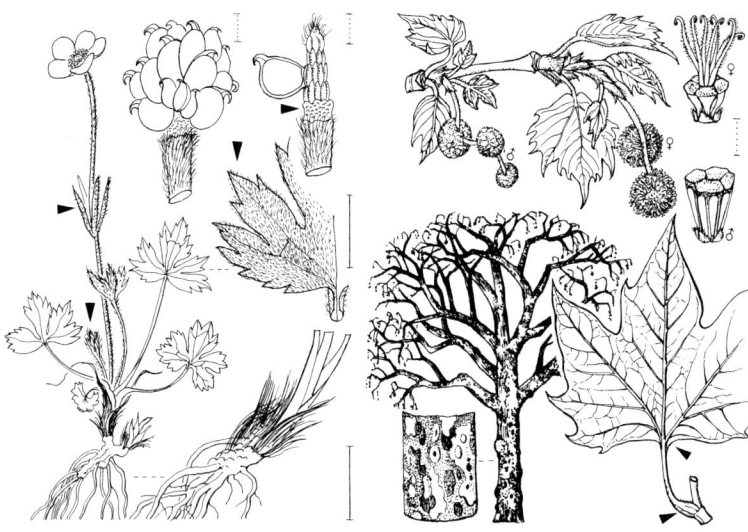

Villars-Hahnenfuß – *Ranunculus villarsii*
0,05–0,25 ♃ 5–7(–9) (goldgelb, glänzend)

Bastard-Platane – *Platanus ×hispanica*
Bis 40,00 ♄ 5 (grünlich) ↗ S. 806

Buchsbaum – *Buxus sempervirens*
0,30–4,00 ♄ 3–4 ▽ (♂ gelblichweiß, ♀
hellgrün. Bla immergrün)

Dickmännchen – *Pachysandra terminalis*
0,12–0,20 h 4–5 (♂ grünlich, Staubbeutel
braunrot, ♀ grünlich. Fr weiß)

PAEONIACEAE · GROSSULARIACEAE

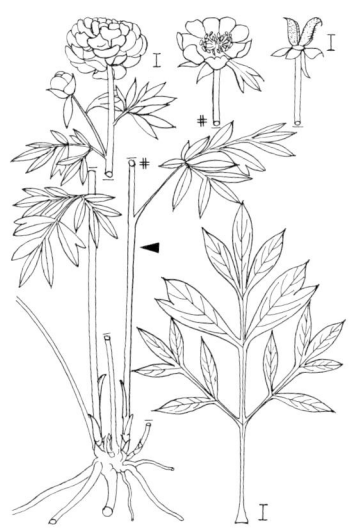

Garten-Pfingstrose – *Paeonia officinalis* 0,50–0,90 ⚄ 5–6 ▽ (purpurrot od. weiß)

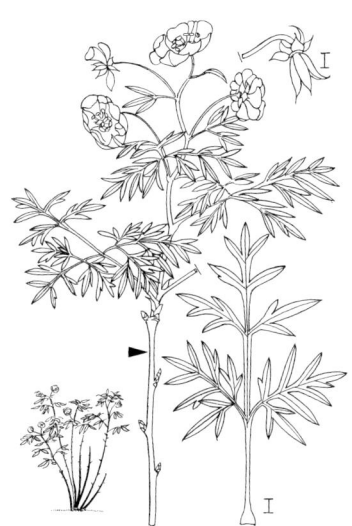

Gelbe P. – *P. delavayi* 1,50–3,00 ♄ 5–6 (gelb, am Grund zuweilen rosa)

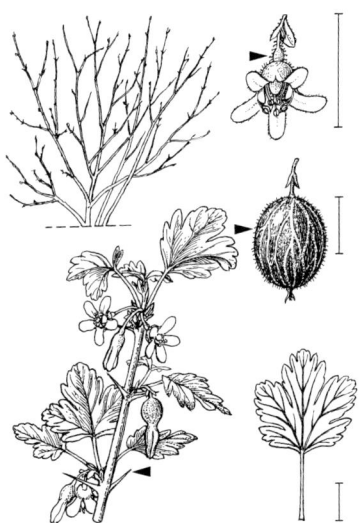

Stachelbeere – *Ribes uva-crispa* 0,60–1,20 ♄ 4–5 (Ke grünlichgelb, Kr weiß. Fr grün, gelb od. purpurn)

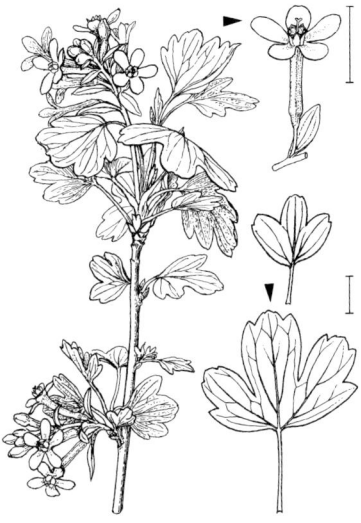

Gold-Johannisbeere – *R. aureum* 1,50–2,50 ♄ 4–6 (Ke goldgelb, Kr gelb. Fr schwarz, rot od. gelb)

GROSSULARIACEAE

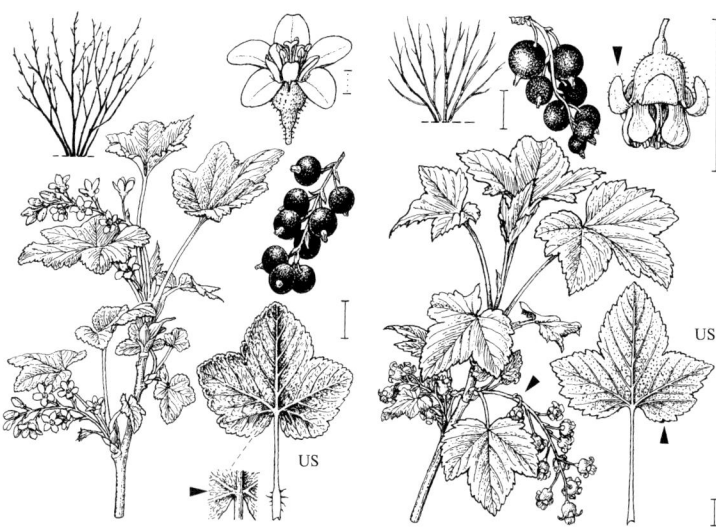

Blut-Johannisbeere – *Ribes sanguineum* 1,25–2,00 ♄ 4–5 (Ke purpurrot, Kr weiß. Fr blauschwarz, bereift)

Schwarze J. – *R. nigrum* 0,80–1,50 ♄ 4–5 (grünlich. Fr schwarz)

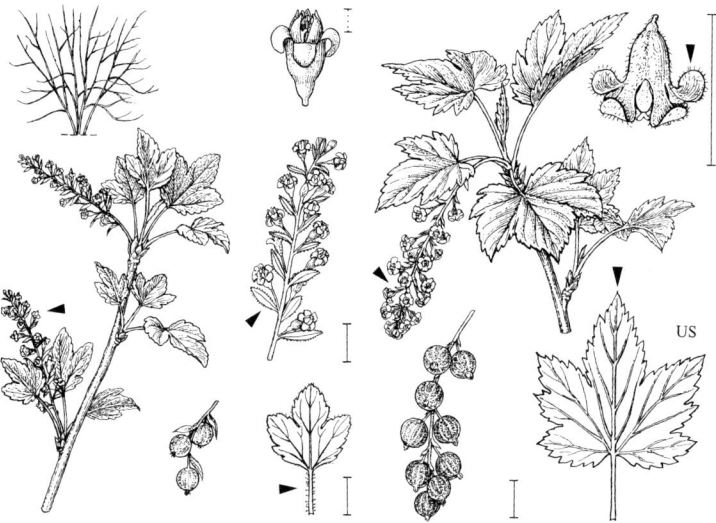

Alpen-J. – *R. alpinum* 0,80–1,50 ♄ 4–5 (grünlichgelb, unvollkommen zweihäusig. Fr rot)

Felsen-J. – *R. petraeum* 1,00–2,00 ♄ 4–6 (grünlichgelb. Fr rot)

***Rote Johannisbeere** – *Ribes rubrum* 0,80–2,00 ♄ 4–5 (grünlich. Fr rot, gelblichweiß od. selten rosa) Bla u. StaubBla L: *R. rubrum,* Bla u. StaubBla R: **Ährige J.** – *R. spicatum*

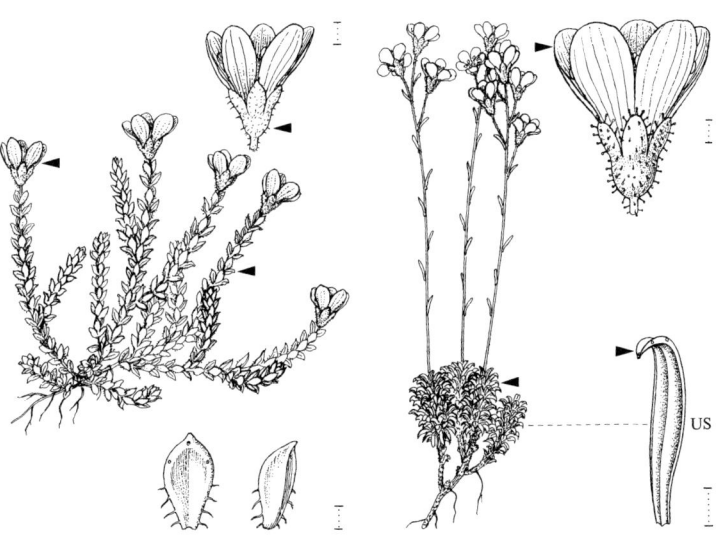

****Roter Steinbrech** – *Saxifraga oppositifolia* 0,03–0,05 ⚃ 5–6 ▽ (rosenrot, später blau)

Blaugrüner St. – *S. caesia* 0,05–0,10 ⚃ 6–9 ▽ (weiß. GrundBla graugrün)

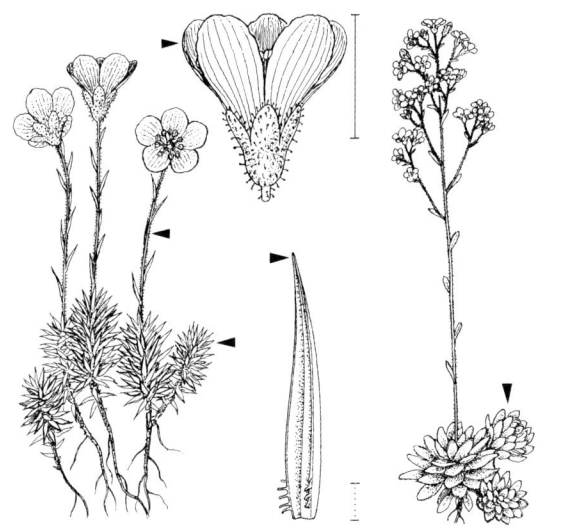

Burser-Steinbrech – *Saxifraga burseriana* 0,03–0,10 ♃ 6–8 ▽ (weiß. GrundBla blaugrün)

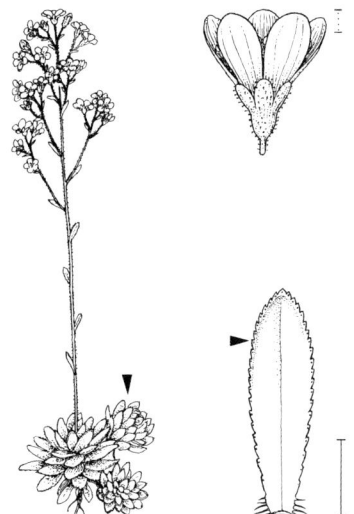

Trauben-St. – *S. paniculata* 0,15–0,30 ♃ 5–7 ▽ (weiß, oft rot punktiert)

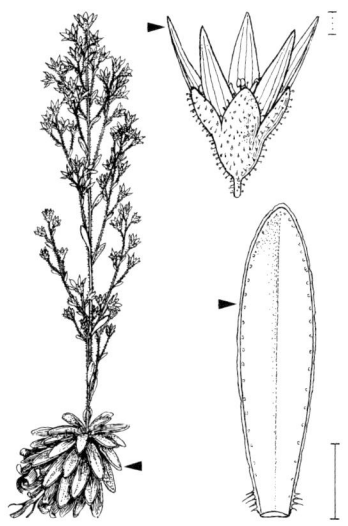

Kies-St. – *S. mutata* 0,15–0,30 ⊗ ♃ 6–7 ▽ (gelb bis orange)

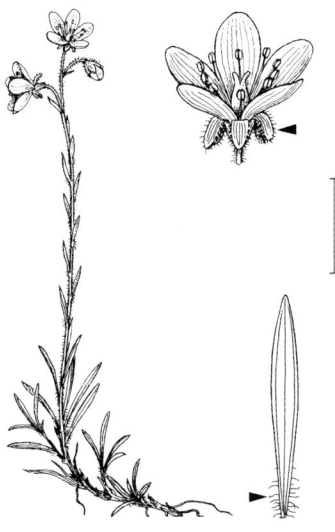

Moor-St. – *S. hirculus* 0,10–0,40 ♃ 7–9 ▽ (gelb) ⊕

SAXIFRAGACEAE

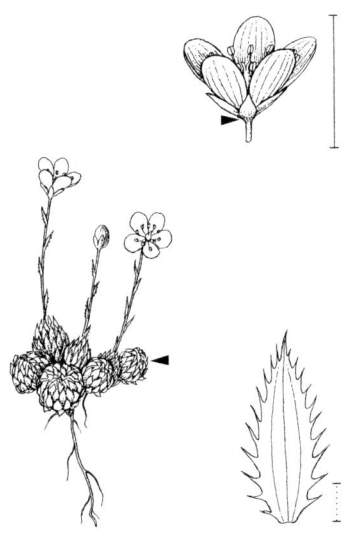

Moos-Steinbrech – *Saxifraga bryoides* 0,01–0,08 ♃ 7–8 ▽ (gelblichweiß)

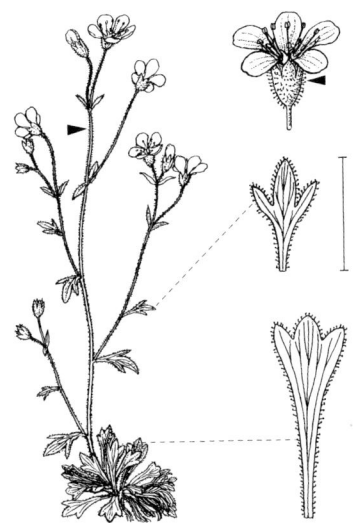

Finger-St. – *S. tridactylites* 0,02–0,18 ①
☉ 4–6 (weiß)

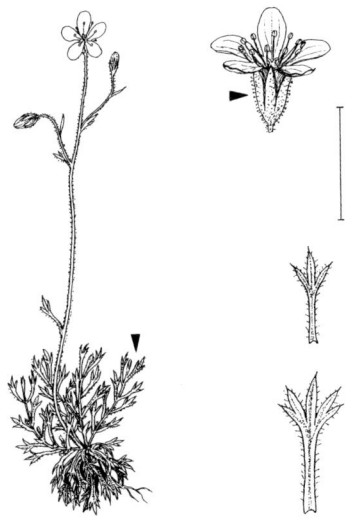

Astmoos-St. – *S. hypnoides* 0,12–0,30 ♃
5–6 ▽ (weiß. Bla starr)

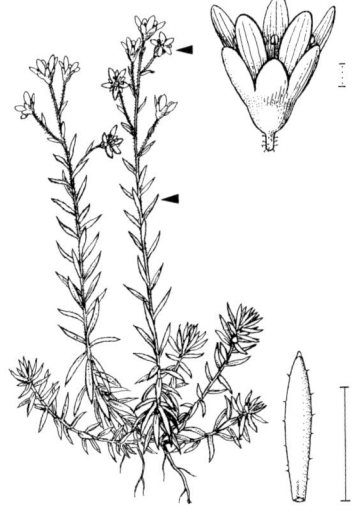

Fetthennen-St. – *S. aïzoides* 0,03–0,30 ♃
6–9 ▽ (goldgelb)

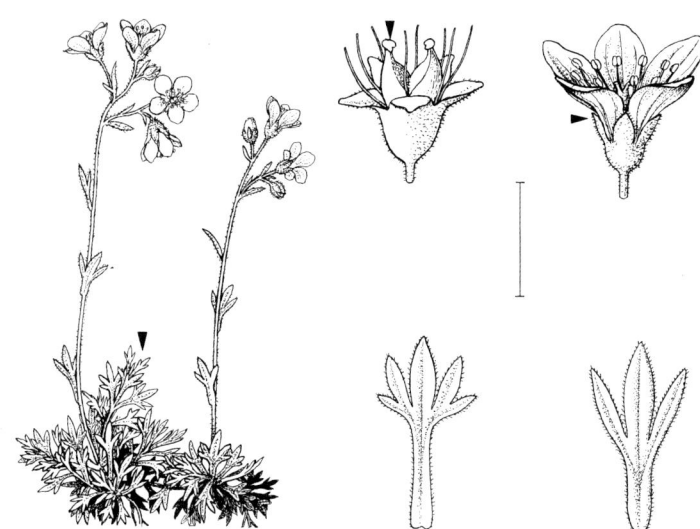

**Rasen-Steinbrech – *Saxifraga rosacea* 0,05–0,25 ♃ 5–7 ▽ (weiß. Bla weich. Dargestellt ist subsp. *rosacea*)

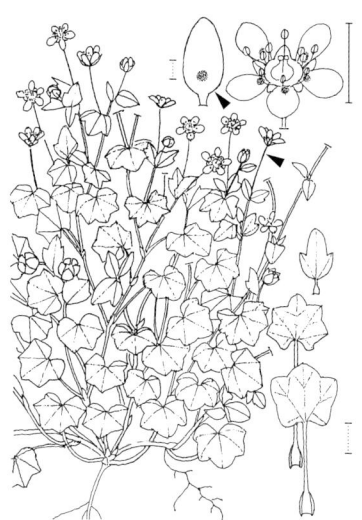

Zimbelkraut-St. – *S. cymbalaria* 0,10–0,25 ☉ 4–9 ▽ (hellgelb mit orangegelben Punkten)

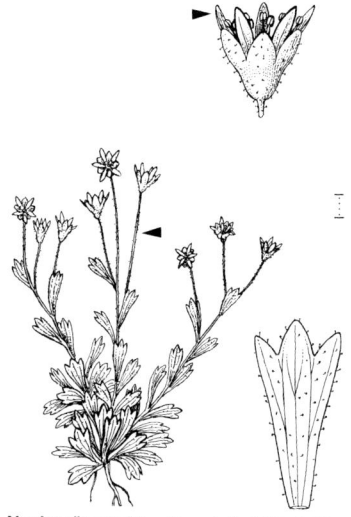

Nacktstängel-St. – *S. aphylla* 0,01–0,03 ♃ 7–9 ▽ (blassgelb)

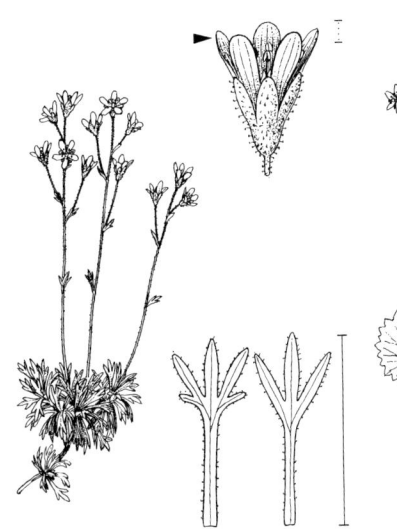

Moschus-Steinbrech – *Saxifraga moschata* 0,03–0,10 ♃ 6–8 ▽ (grünlichgelb)

Rundblättriger St. – *S. rotundifolia* 0,15–0,60 ♃ 6–9 ▽ (weiß mit roten u. gelben Punkten)

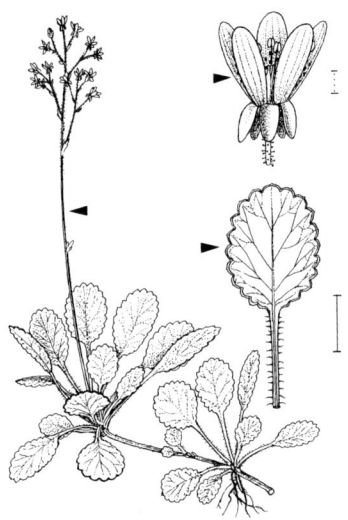
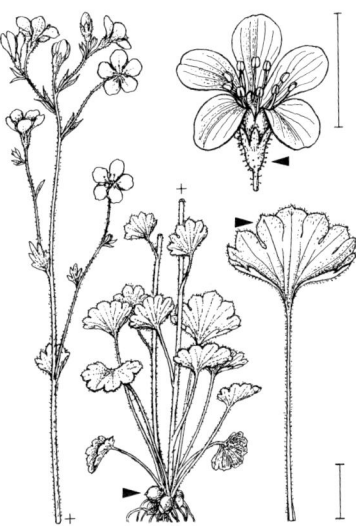

Schatten-St. – *S.* ×*geum* 0,10–0,40 ♃ 6–8 (weiß mit roten u. gelben Punkten)

Körnchen-St. – *S. granulata* 0,15–0,40 ♃ 5–6 ▽ (weiß)

SAXIFRAGACEAE

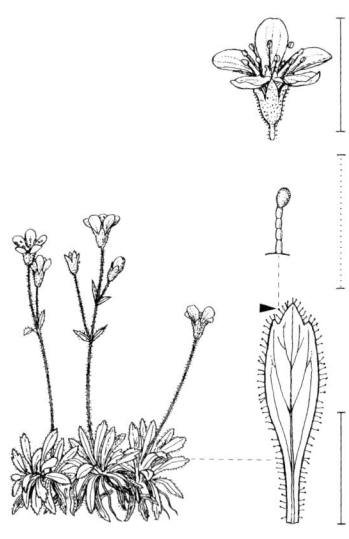

Mannsschild-Steinbrech – *Saxifraga androsacea* 0,01–0,10 ⚇ 6–8 ▽ (weiß)

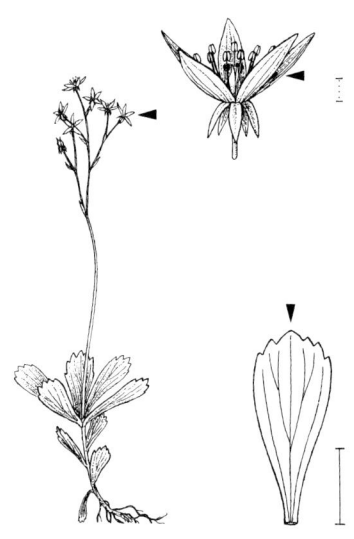

Gewöhnlicher Sternsteinbrech – *Micranthes stellaris* 0,05–0,15 ⚇ 5–8 ▽ (weiß mit 2 gelben Punkten je KrBla)

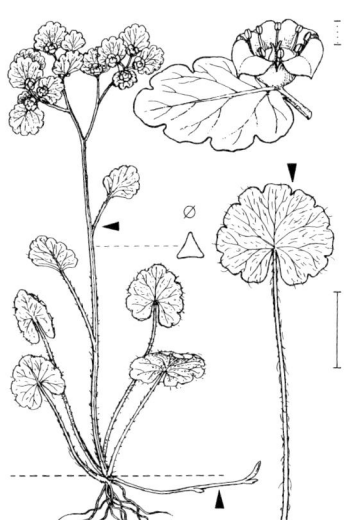

Wechselblättriges Milzkraut – *Chrysosplenium alternifolium* 0,15–0,20 ⚇ 4–6 (gelb. HochBla gelbgrün)

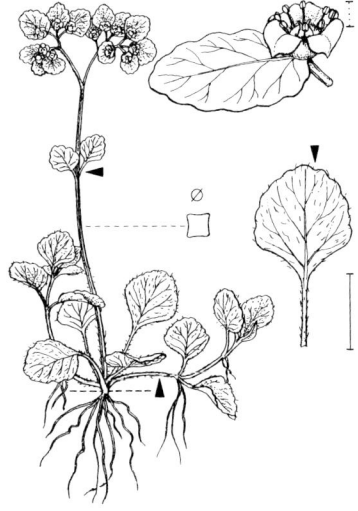

Gegenblättriges M. – *Ch. oppositifolium* 0,05–0,15 ⚇ 4–6 (gelb. HochBla gelbgrün)

Großblütige Fransenblume – *Tellima grandiflora* 0,30–0,80 ⚃ 5–6 (grünlichweiß, später rötlich)

Echte Rosenwurz – *Rhodiola rosea* 0,10–0,35 ⚃ 6–8 (gelblich bis rötlich. Pfl 2häusig)

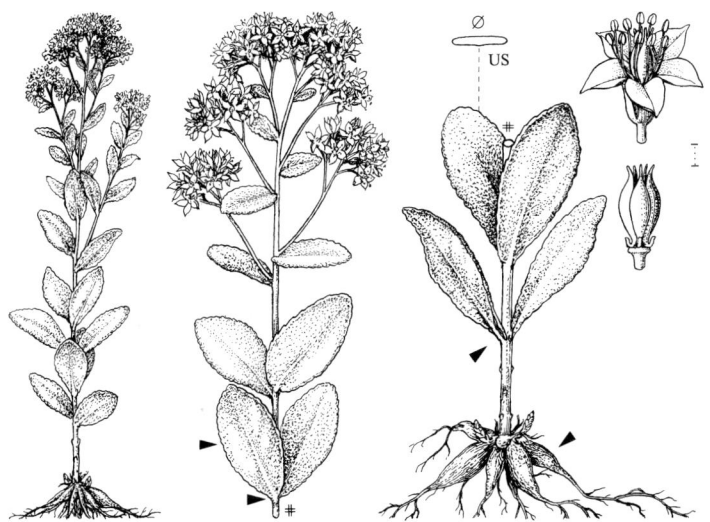

Große Waldfetthenne – *Hylotelephium maximum* 0,30–0,80 ⚃ 7–9 (grünlich, selten rötlich). Ähnlich **Purpur-F.** – *H. telephium* (Kr rosa bis dunkelrot. Fr außen rinnig. BlaGrund keilförmig verschmälert, alle Bla wechselständig)

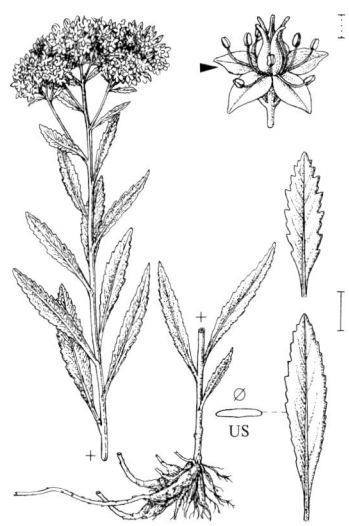

Fels-Waldfetthenne – *Hylotelephium vulgare* 0,20–0,40 ♃ 7–9 (Kr purpurrot. Fr nicht rinnig)

*Kaukasus-Glanzfetthenne – *Phedimus spurius* 0,05–0,20 ♃ 7–8 (purpurrot od. rosa), ↗ S. 806

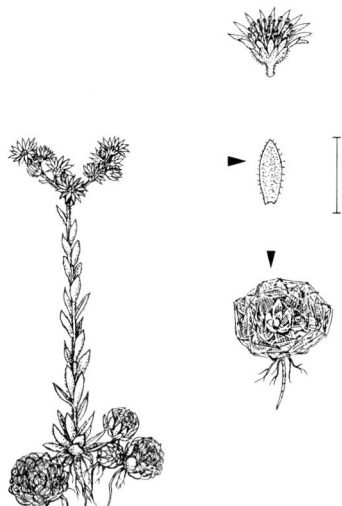

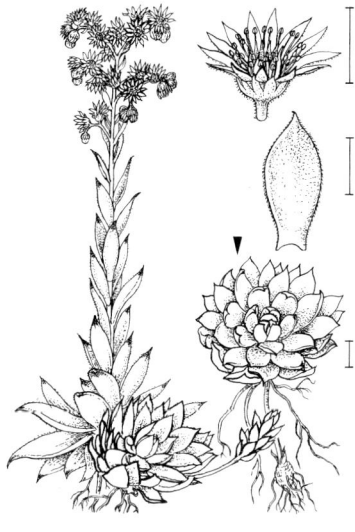

**Spinnweben-Hauswurz – *Sempervivum arachnoideum* 0,05–0,15 ♃ 7–9 ▽ (rot, Mittelnerv dunkler)

Dach-H. – *S. tectorum* 0,15–0,50 ♃ 7–8 ▽ (rosa, Mittelnerv gelblich)

CRASSULACEAE

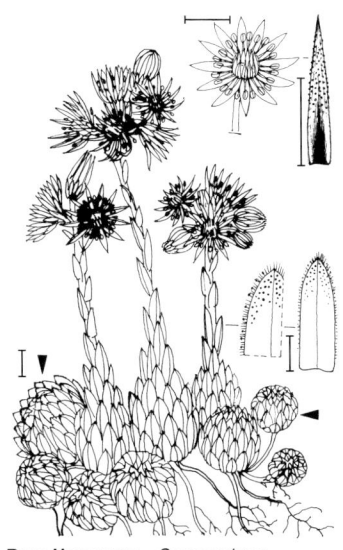

Berg-Hauswurz – *Sempervivum montanum* 0,05–0,20 ♃ 7–9 ▽ (blau-karminrosa, Mittelnerv dunkler)

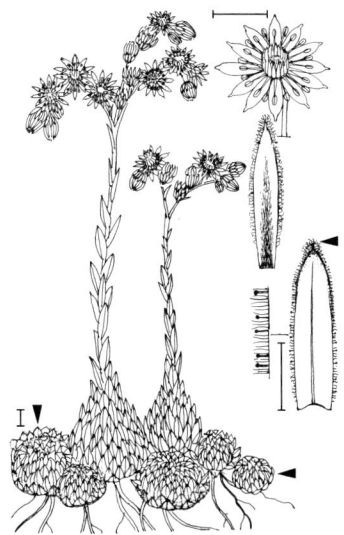

Funck-H. – *S. ×funckii* 0,10–0,25 ♃ 7–9 ▽ (rosa)

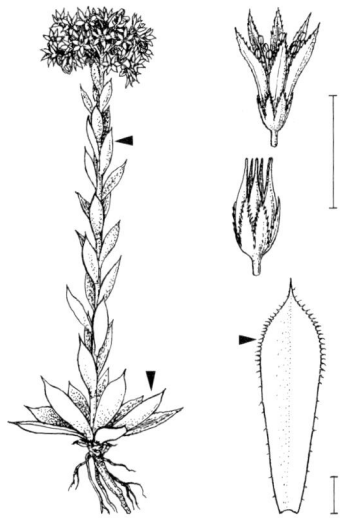

Sprossende Fransenhauswurz – *Jovibarba globifera* subsp. *globifera* 0,20–0,30(–0,40) ♃ 7–9 ▽ (blassgelb)

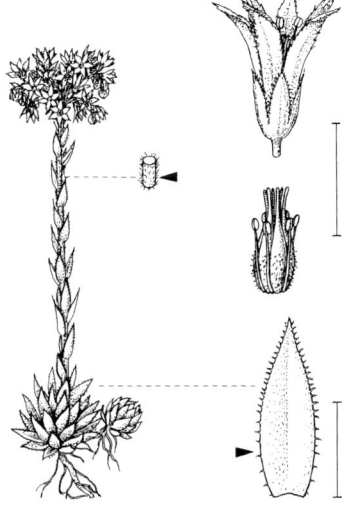

Sand-F. – *J. globifera* subsp. *arenaria* 0,10–0,20 ♃ 7–9 ▽ (blassgelb)

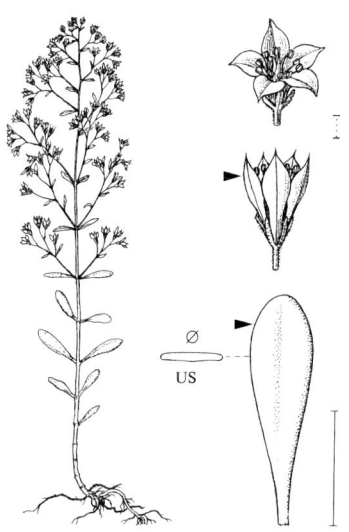

Thyrsen-Fetthenne – *Sedum cepaea* 0,10–0,30 ☉ ⊖ 6–7 (weiß od. rosa mit dunklerem Mittelnerv)

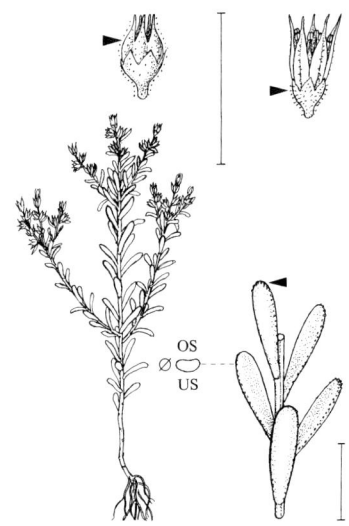

Rötliche F. – *S. rubens* 0,05–0,15 ☉ 6–7 (weiß, selten rosa, mit rotem Mittelnerv)

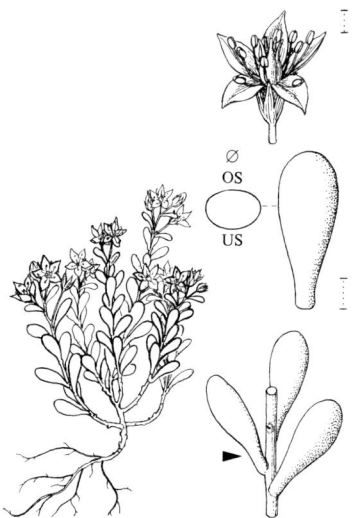

Schwärzliche F. – *S. atratum* 0,03–0,08 ☉ ⊖ 6–8 (gelblich, rot überlaufen)

Blaugrüne F. – *S. hispanicum* 0,07–0,15 ☉ ♃ 6–7 (weiß mit dunklem Mittelstreifen)

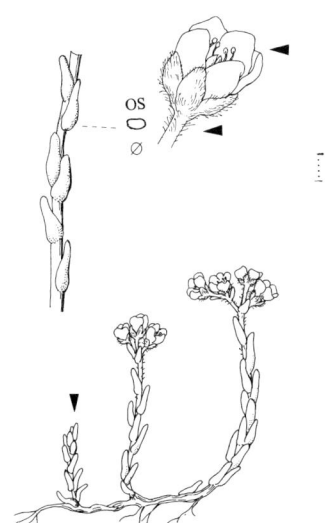
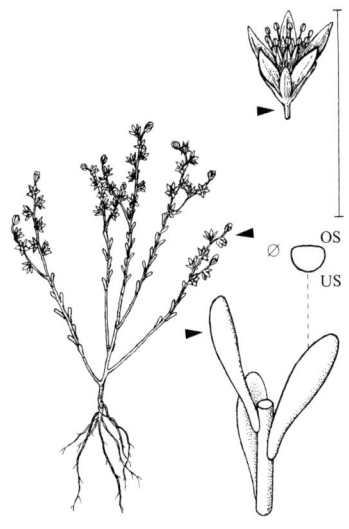

Behaarte Fetthenne – *Sedum villosum* (0,05–)0,10–0,20 ☉ ⊙ ⚄ 6–7 (rosa)

Einjährige F. – *S. annuum* 0,05–0,15 ⊙ 6–8 (gelb)

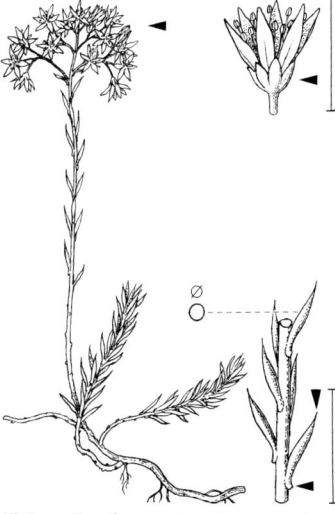

Weiße F. – *S. album* subsp. *album* 0,08–0,20 ⚄ 6–9 (weiß)

*Felsen-F. – *S. rupestre* subsp. *rupestre* 0,10–0,35 ⚄ 6–8 (gelb) ↗ S. 806

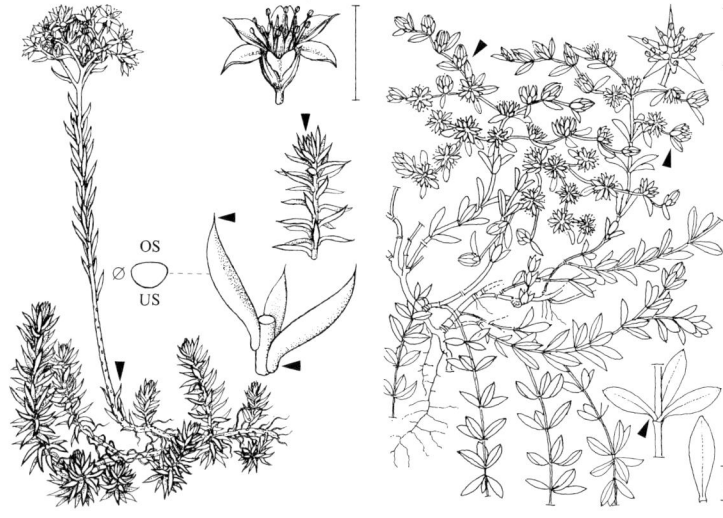

Zierliche Fetthenne – *Sedum forsterianum* 0,15–0,35 ♃ 6–8 (gelb)

Ausläufer-F. – *S. sarmentosum* 0,03–0,15 ♃ 7–8 (gelb)

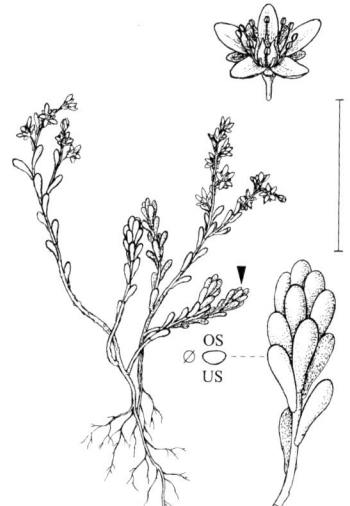

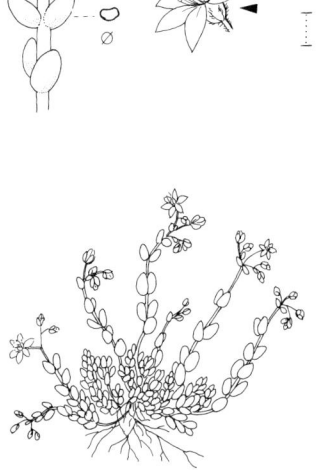

Alpen-F. – *S. alpestre* 0,05–0,08 ♃ 6–8 (mattgelb)

Buckel-F. – *S. dasyphyllum* 0,03–0,10 ♃ 6–8 (weiß, außen zuweilen rötlich)

CRASSULACEAE

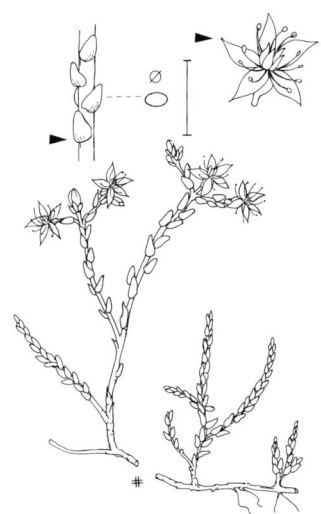

Scharfer Mauerpfeffer – *Sedum acre* 0,03–0,15 ♃ 6–8 (gelb)

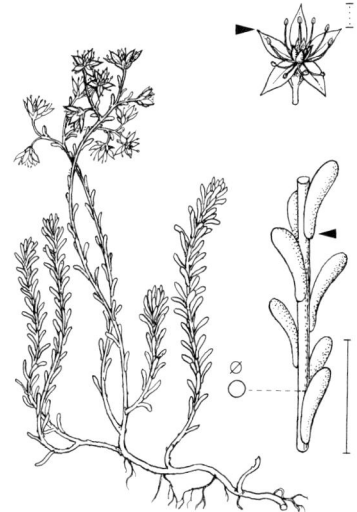

Milder M. – *S. sexangulare* 0,05–0,15 ♃ 6–7 (gelb)

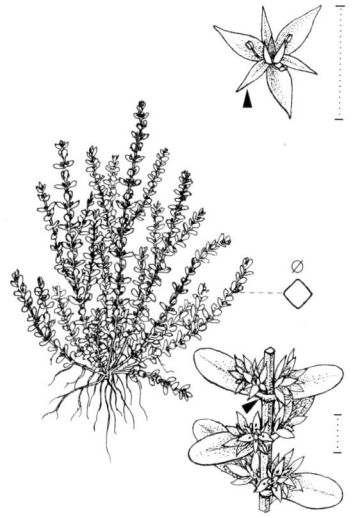

Moos-Dickblatt – *Crassula tillaea* 0,01–0,05 ☉ 5–9 (weiß od. blassrosa)

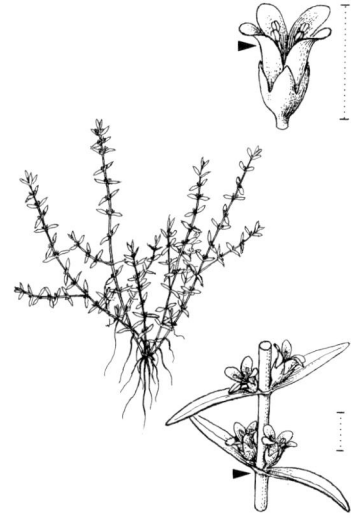

Wasser-D. – *C. aquatica* 0,02–0,05 ☉ 7–9 (weiß)

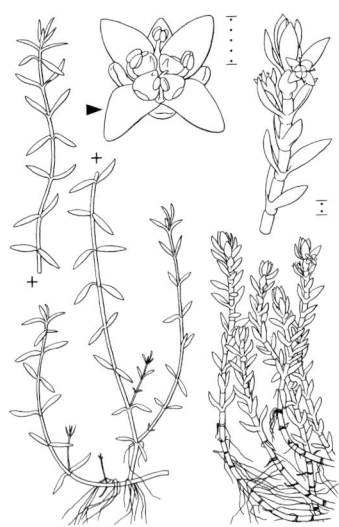

Nadelkraut – *Crassula helmsii* 0,10–0,30
♃ 8–9 (weiß)

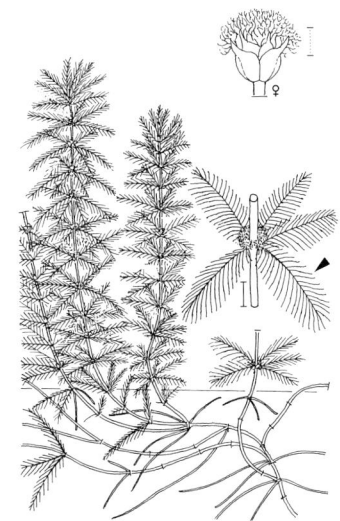

Brasilianisches Tausendblatt –
Myriophyllum aquaticum 0,30–1,00(–6,00)
♃ 5–7 (weißlich)

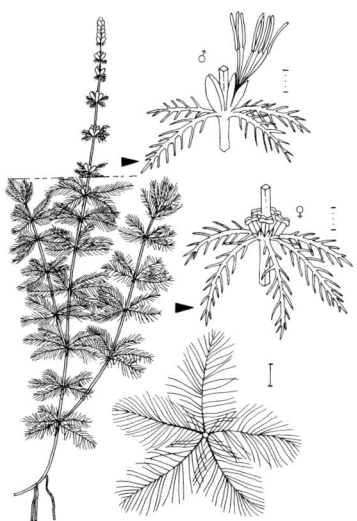

Quirl-T. – *M. verticillatum* 0,10–3,00 ♃
6–8 (weißlich)

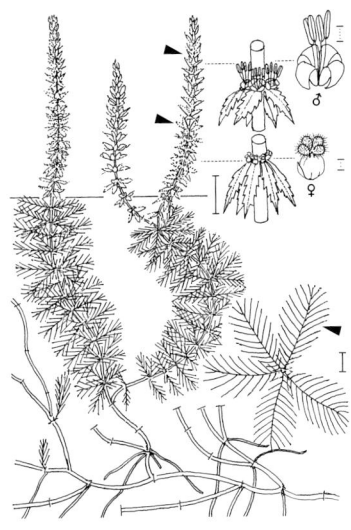

Verschiedenblättriges T. –
M. heterophyllum 0,30–1,50 ♃ 6–9
(weißlich)

HALORAGACEAE · VITACEAE

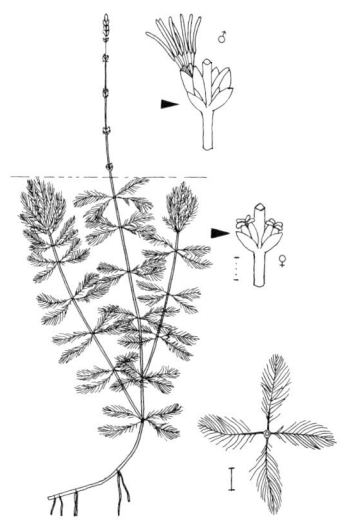

Ähren-Tausendblatt – *Myriophyllum spicatum* 0,30–2,00 ♃ 7–8 (rosa)

Wechselblütiges T. – *M. alterniflorum* 0,10–1,00 ♃ 6–8 (gelblich)

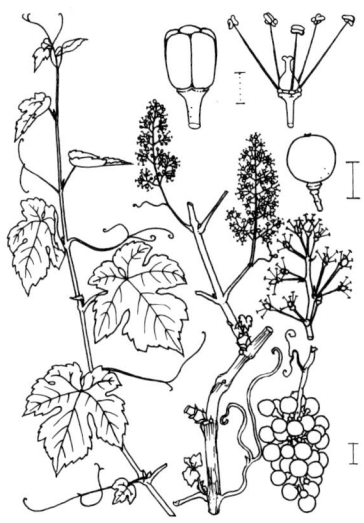

***Echte Weinrebe** – *Vitis vinifera* Bis 10,00 ♄ 6–7 (gelbgrün. Fr grün, rot od. blau)
↗ S. 806

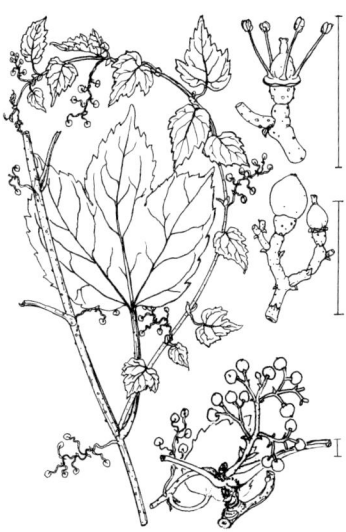

Dreilappige Jungfernrebe – *Parthenocissus tricuspidata* 5,00–20,00 ♄ 6–7 (gelbgrün. Fr blauschwarz, bereift)

VITACEAE · FABACEAE

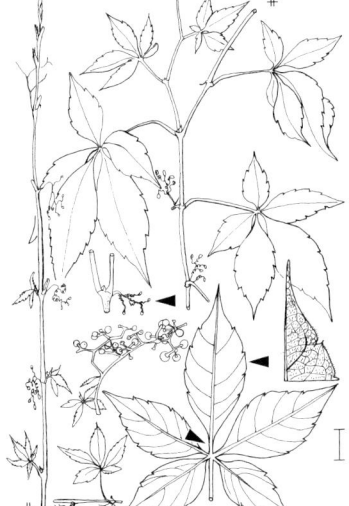

Gewöhnliche Jungfernrebe –
Parthenocissus inserta 5,00–10,00 ↑ 6–7
(gelbgrün. Fr blau)

Selbstkletternde J. – *P. quinquefolia*
5,00–15,00 ↑ 7–8 (gelbgrün. Fr blau)

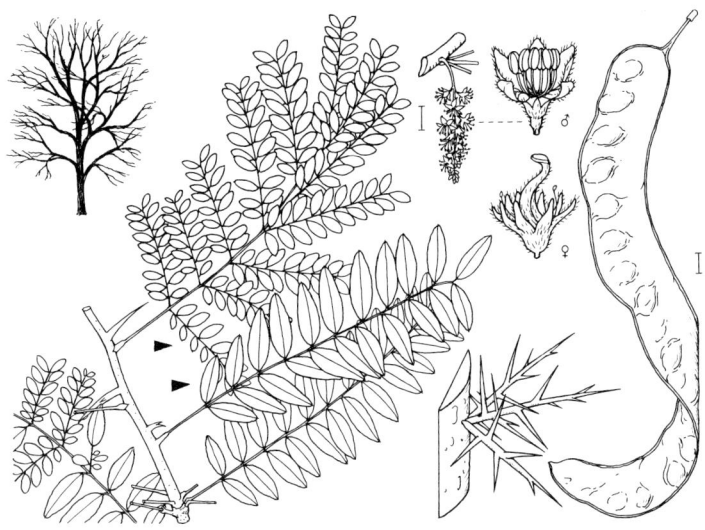

Amerikanische Gleditschie – *Gleditsia triacanthos* Bis 30,00 ↑ 5–6 (gelbgrün. Hülse reif rotbraun. Dornen glänzend rotbraun, teilweise auch fehlend. Bla hellgrün, im Herbst gelb)

FABACEAE

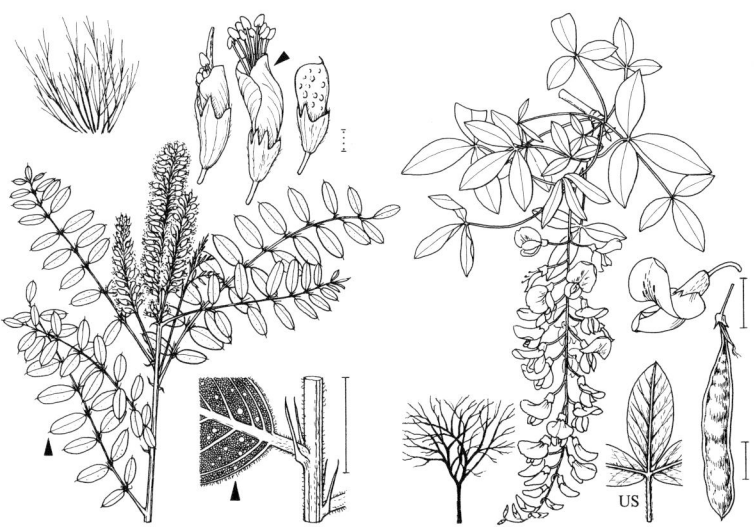

Gewöhnlicher Bastardindigo – *Amorpha fruticosa* 1,00–4,00 ♄ 6–9 (blau- bis braunviolett)

Gewöhnlicher Goldregen – *Laburnum anagyroides* 3,00–8,00 ♄ 5 (goldgelb, Fahne an der Basis braun)

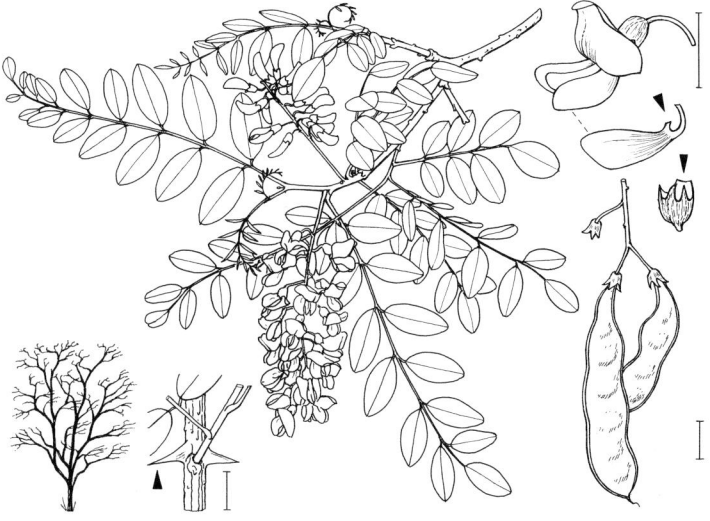

Gewöhnliche Robinie – *Robinia pseudoacacia* Bis 25,00 ♄ 5(–6) (weiß. Blü duftend)

FABACEAE

Gewöhnlicher Stechginster – *Ulex europaeus* 0,60–1,20 ♄ 5–6 (gelb. Zweige grün)

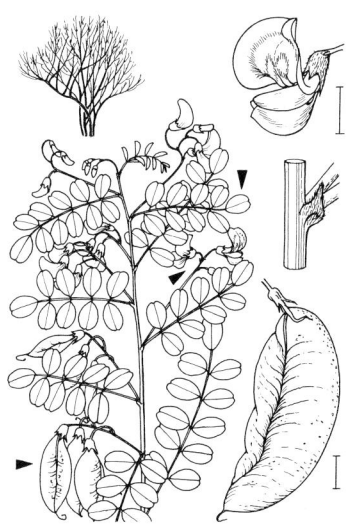

Gewöhnlicher Blasenstrauch – *Colutea arborescens* 2,50–5,00 ♄ 6–8 (hellgelb, Fahne rotbraun gezeichnet)

Gewöhnlicher Erbsenstrauch – *Caragana arborescens* 2,00–6,00 ♄ 5 (goldgelb)

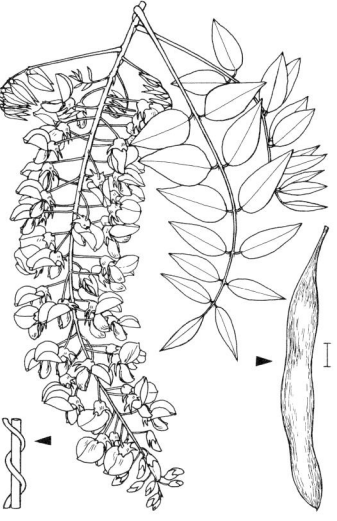

Japanischer Blauregen – *Wisteria floribunda* Bis 20,00 ♄ 4–6 (hell blauviolett) ↗ S. 806

FABACEAE

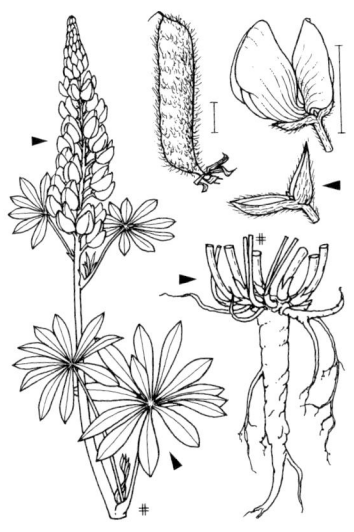

Stauden-Lupine – *Lupinus polyphyllus* 1,00–1,50 ⚄ 6–8 (blau, selten weißlich)

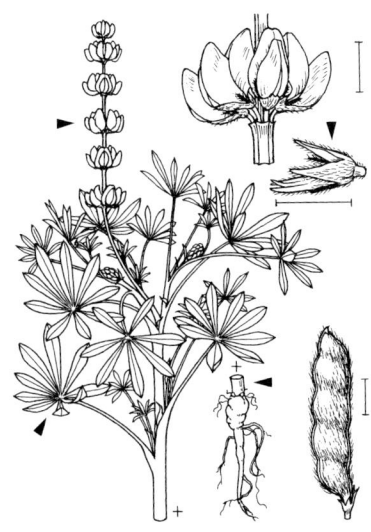

Gelbe L. – *L. luteus* 0,30–0,60 ☉ 6–9 (gelb)

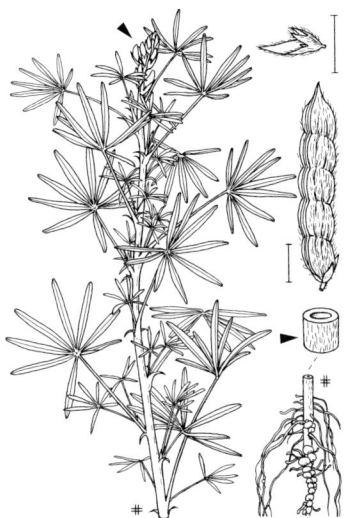

Blaue L. – *L. angustifolius* 0,30–0,60 ☉ 6–9 (bläulich od. weiß)

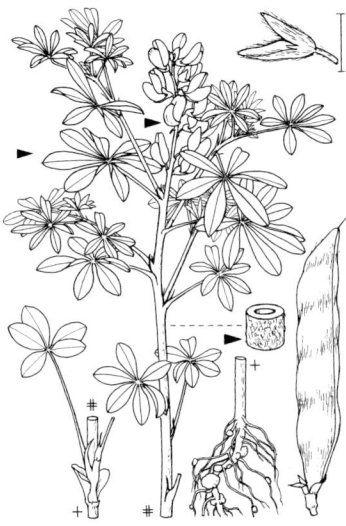

Weiße L. – *L. albus* 0,30–1,00 ☉ 6–9 (weiß)

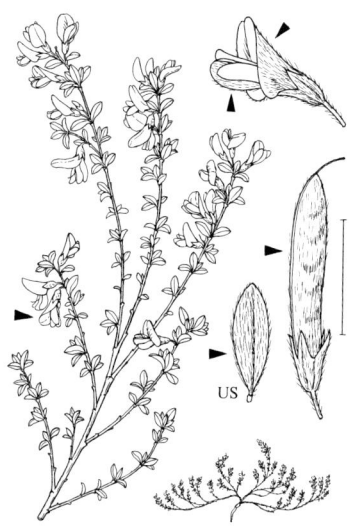

Haar-Ginster – *Genista pilosa* 0,15–0,30 ♄ 5–6 (goldgelb)

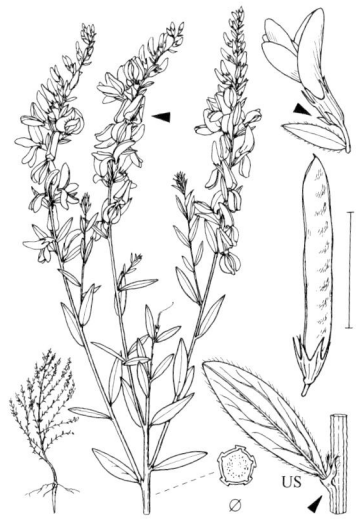

**Färber-G. – *G. tinctoria* 0,10–0,60(–2,00) ♄ ♄ 5–8 (gelb)

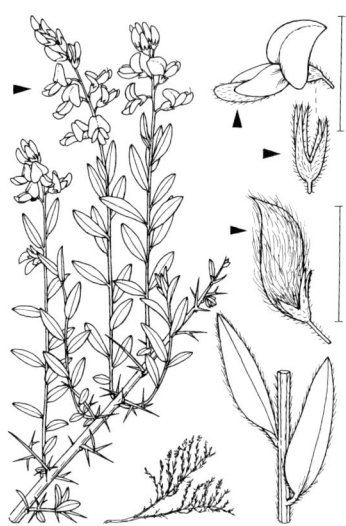

Deutscher G. – *G. germanica* 0,20–0,60 ♄ 5–6 (gelb)

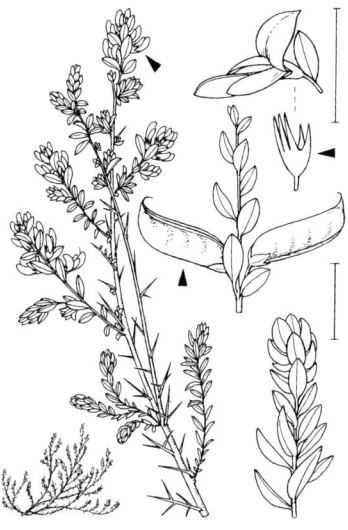

Englischer G. – *G. anglica* 0,30–0,80 ♄ 4–6 (goldgelb)

Flügel-Ginster – *Genista sagittalis* 0,15–0,25 ♄ 5–6 (hell goldgelb. Bla hinfällig)

Schwarzwerdender Geißklee – *Cytisus nigricans* 0,30–1,20 h ♄ 6–8 (gelb. Bla trocken schwarz)

**Gewöhnlicher Besenginster – *C. scoparius* 0,20–2,50 ♄ 5–6 (hellgelb. Zweige grün, trocken schwarz werdend. 3zählige Bla hinfällig, einfache Bla an Langtrieben oft bis zum Winter bleibend)

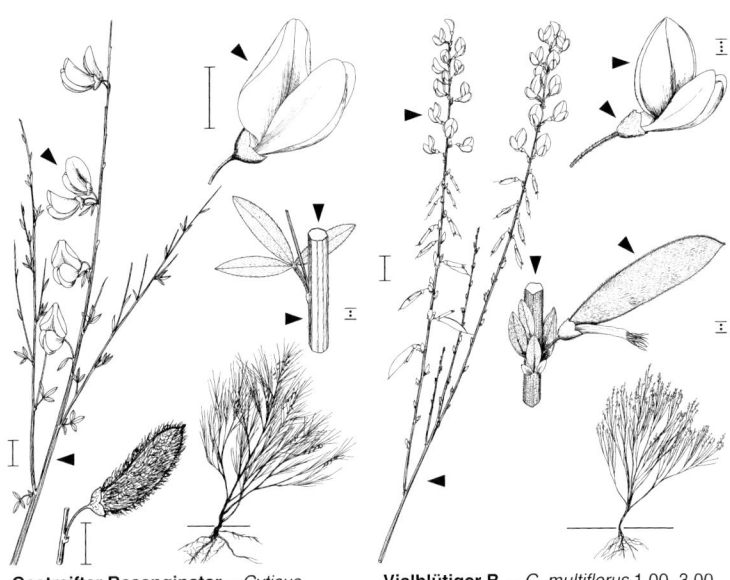

Gestreifter Besenginster – *Cytisus striatus* 1,00–3,00 ♅ 5–7 (gelb)

Vielblütiger B. – *C. multiflorus* 1,00–3,00 ♅ 5–7 (weiß)

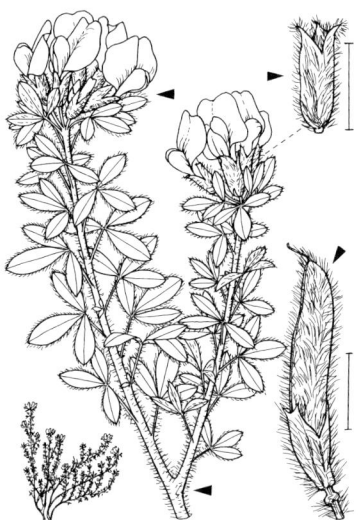

Kopf-Zwergginster – *Cytisus capitatus* 0,20–1,00 ♄ ♅ 6–8 (gelb, Fahne mit braunem Fleck)

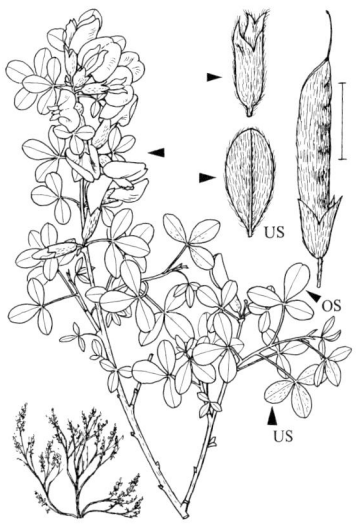

Regensburger Z. – *C. ratisbonensis* 0,10–0,60 ♄ ♅ 5–6 (gelb, Fahne mit braunem Fleck)

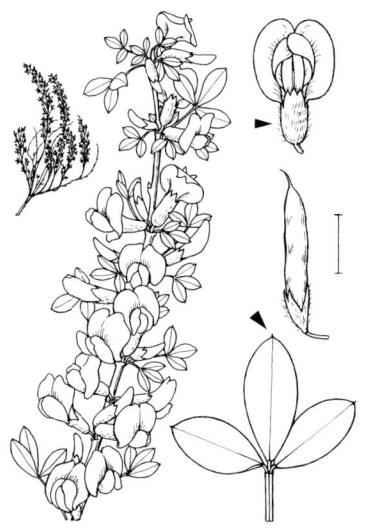

Purpur-Zwerginster – *Cytisus purpureus* 0,30–1,00 h ħ 4–6 (purpurn. Pfl fast kahl)

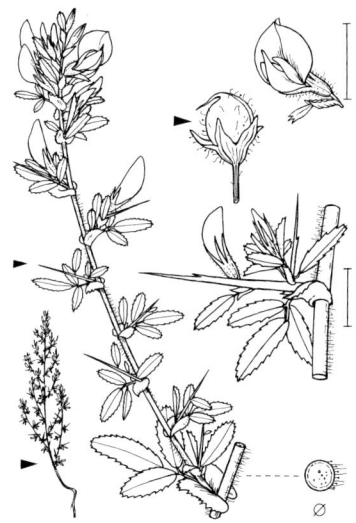

Dornige Hauhechel – *Ononis spinosa* 0,30–0,60 ♃ 6–7 (hell- bis purpurrot, dunkler gestreift)

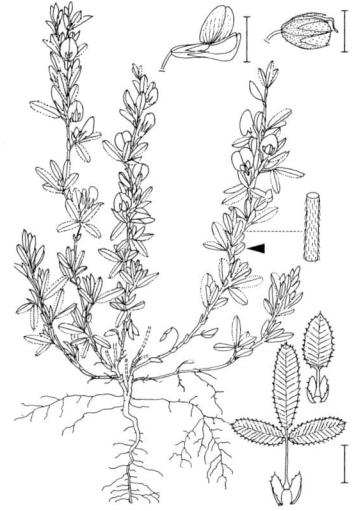

Stinkende H. – *O. foetens* 0,30–0,60 ♃ 6–7 (hell- bis purpurrot, dunkler gestreift)

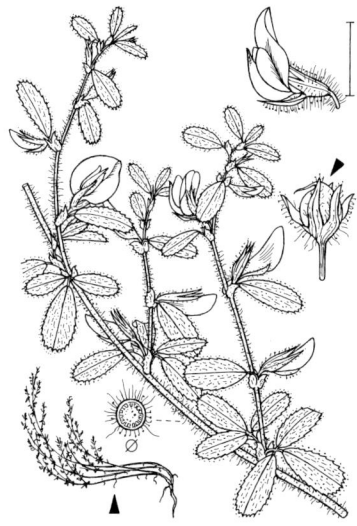

Kriechende H. – *O. repens* subsp. *procurrens* 0,20–0,40(–0,60) ♃ 6–7 (hell- bis purpurrot, dunkler gestreift)

Gelbe Hauhechel – *Ononis natrix* 0,20–0,50 ♃ 5–7 (gelb, Flügel u. Schiffchen oft mit roten Strichen)

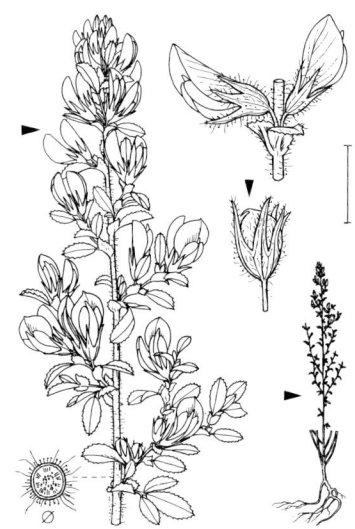

Bocks-H. – *O. arvensis* 0,40–0,60 ♃ 6–7 (rosa, purpurn gestreift, selten weiß)

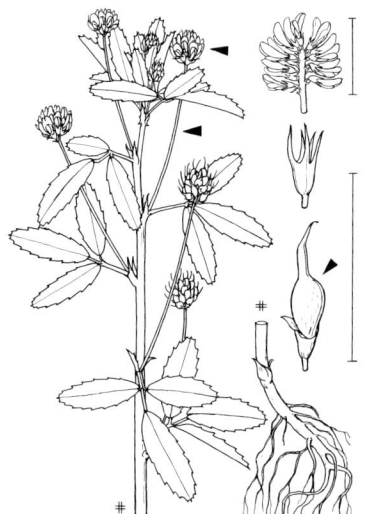

Schabzigerklee – *Trigonella caerulea* 0,30–0,60 ☉ ① 6–7 (blau. Sa gelblich bis braun)

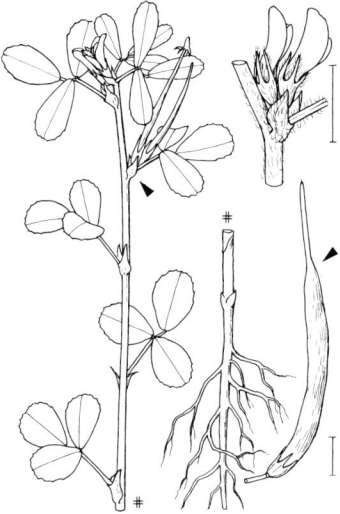

Bockshornklee – *T. foenum-graecum* 0,30–0,60 ☉ ① 6–7 (gelblich. Sa gelbbraun od. braunrot)

FABACEAE 259

Weißer Steinklee – *Melilotus albus* 0,30–1,50 ☉ ⊙ 6–9 (weiß. Fr netzig-runzlig, kahl)

Wolga-St. – *M. wolgicus* 0,40–1,20 ⊙ 6–9 (weiß. Fr netzig-runzlig, kahl)

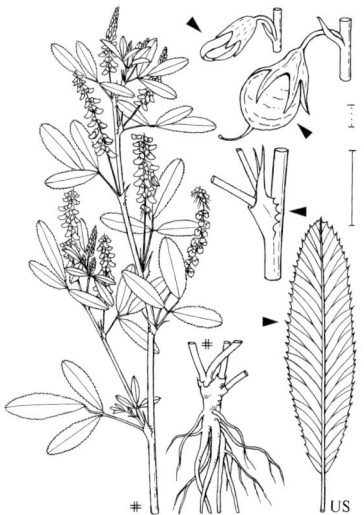

Salz-St. – *M. dentatus* 0,15–0,80 ☉ ⊙ 7–9 (blassgelb. Fr fast glatt, wenig netzig-runzlig, kahl)

Hoher St. – *M. altissimus* 0,60–1,20 ☉ ⊙ 7–9 (gelb. Fr netzig-runzlig, kurz behaart)

Echter Steinklee – *Melilotus officinalis* 0,30–1,00 ☉ ☉ 6–9 (gelb, später oft verblassend. Fr querfaltig, kahl)

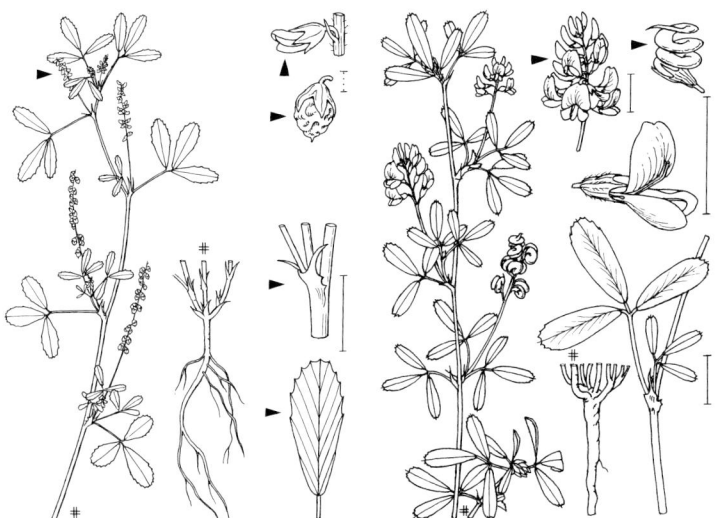

Kleinblütiger St. – *M. indicus* 0,10–0,50 ☉ 6–7 (gelb. Fr schwach netzig-runzlig, kahl)

Bastard-Luzerne – *Medicago ×varia* 0,30–0,80 ♃ 6–8 (blauviolett od. grünlich)

FABACEAE

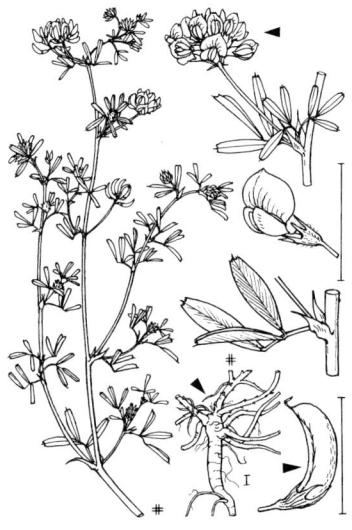

Sichel-Luzerne – *Medicago falcata* 0,20–0,50 ⚁ 6–9 (gelb)

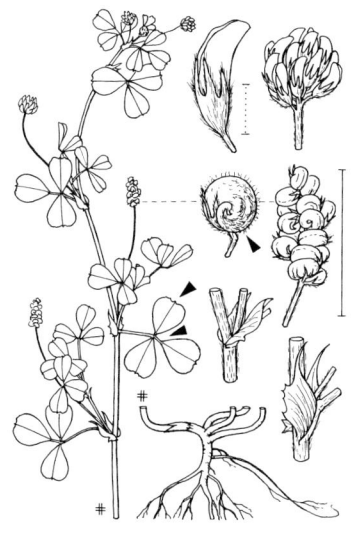

Hopfen-L. – *M. lupulina* 0,15–0,60 ① bis ⚁ 5–10 (gelb)

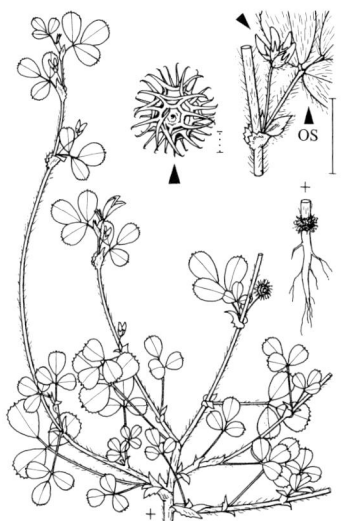

Zwerg-Schneckenklee – *Medicago minima* 0,10–0,30 ① ☉ 5–6 (gelb. Fr innen ohne Querwände. Blchen behaart)

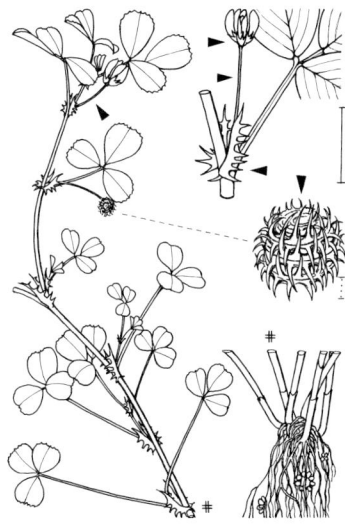

Schwarzer Sch. – *M. polymorpha* 0,15–0,40 ☉ 5–6 (gelb. Fr innen mit Querwänden. BlaOSeite kahl)

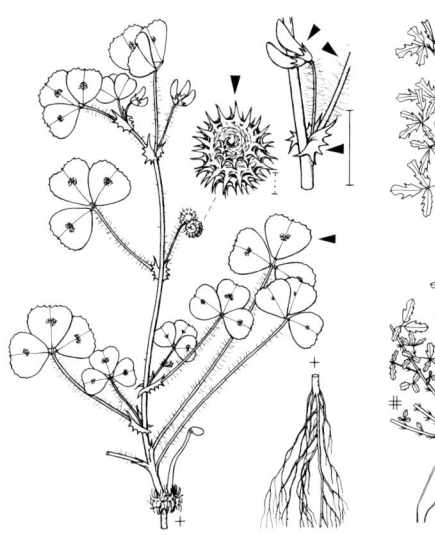

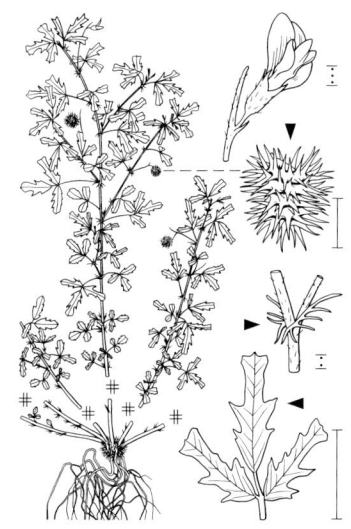

Arabischer Schneckenklee – *Medicago arabica* 0,15–0,50 ☉ 4–6 (gelb. Fr innen mit Querwänden. BlaOSeite kahl)

Gelappter Sch. – *M. laciniata* 0,10–0,40 ☉ 5–6 (gelb. Fr innen mit Querwänden. BlaOSeite kahl)

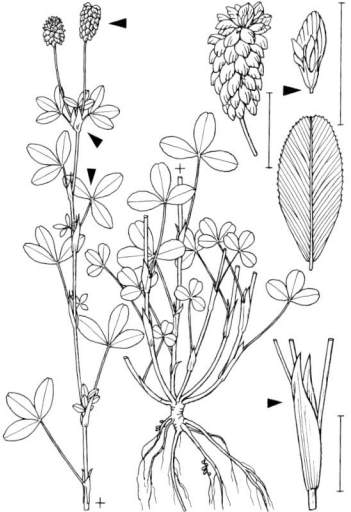

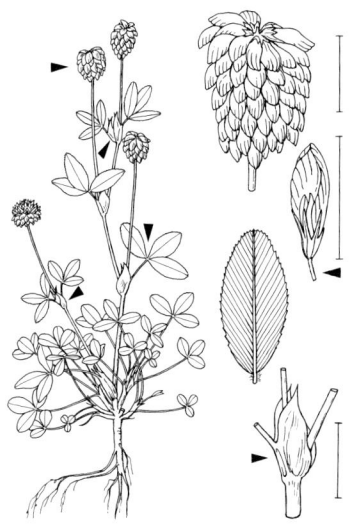

Moor-Klee – *Trifolium spadiceum* 0,10–0,30 ☉ bis ♃ 7–8 (erst goldgelb, dann kastanienbraun)

Braun-K. – *T. badium* 0,10–0,20 ☉ bis ♃ 7–8 (erst goldgelb, dann kastanienbraun)

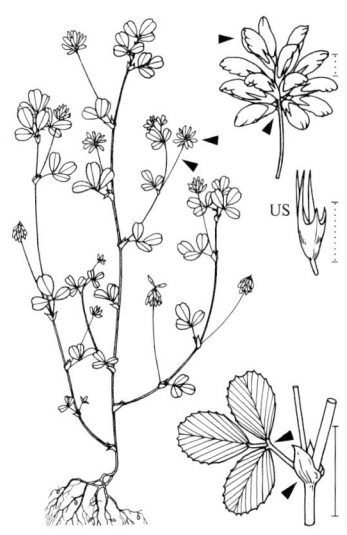

***Kleiner Klee** – *Trifolium dubium*
0,10–0,25 ☉ 5–9 (gelb, verblüht hellbraun.
Fahne gefaltet) ↗ S. 806

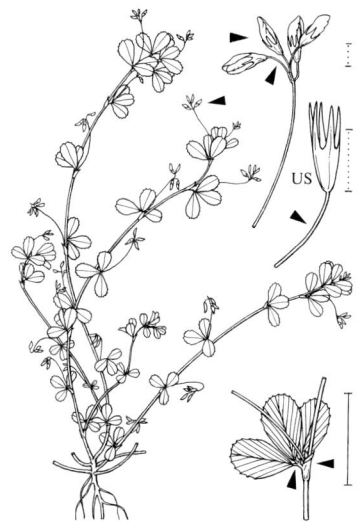

Armblütiger K. – *T. micranthum* 0,05–
0,25 ☉ ① 5–7 (gelb, verblüht hellbraun.
Fahne gefaltet)

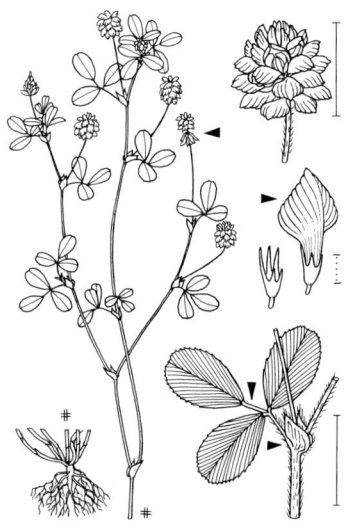

Feld-K. – *T. campestre* 0,15–0,30 ☉ ①
6–9 (gelb, verblüht gelbbraun. Fahne ge-
furcht, nicht gefaltet)

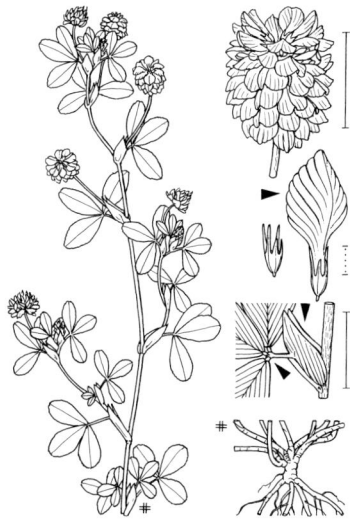

Gold-K. – *T. aureum* 0,20–0,40 ① ☉ ☉
6–7 (gelb, verblüht gelbbraun. Fahne ge-
furcht, nicht gefaltet)

Vogelfuß-Klee – *Trifolium ornithopodioides* 0,03–0,10 ☉ 6–7 (rosa)

Kleinblütiger K. – *T. retusum* 0,05–0,30 ☉ 5–6 (rosa od. weißlich)

**Weiß-K. – *T. repens* 0,15–0,50 ♃ 5–9 (Kr weiß od. hellrosa, verblüht hellbraun. NebenBla trockenhäutig)

Rasiger K. – *T. thalii* 0,04–0,10 ♃ 7–8 (weiß, bald lebhaft rosa, verblüht bräunend. NebenBla zarthäutig)

FABACEAE 265

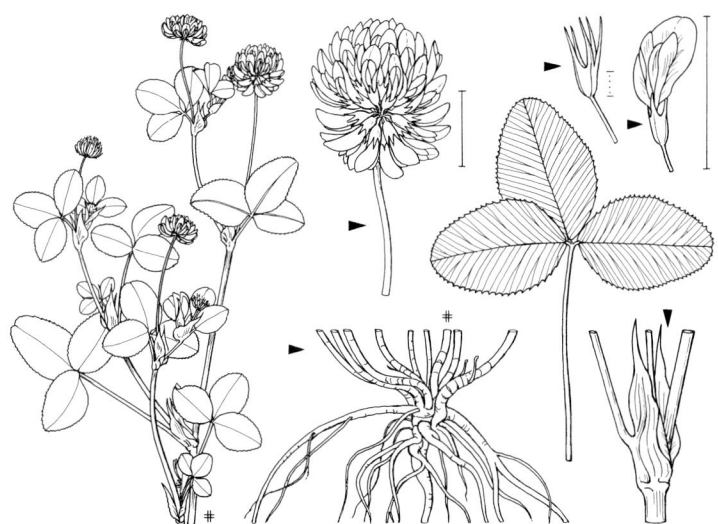

**Schweden-Klee – *Trifolium hybridum* 0,30–0,50 ⚃ 5–9 (Kr erst weiß, dann rötlich, verblüht bräunlich, BlüStand daher meist vielfarbig. NebenBla krautig. Stg nicht wurzelnd)

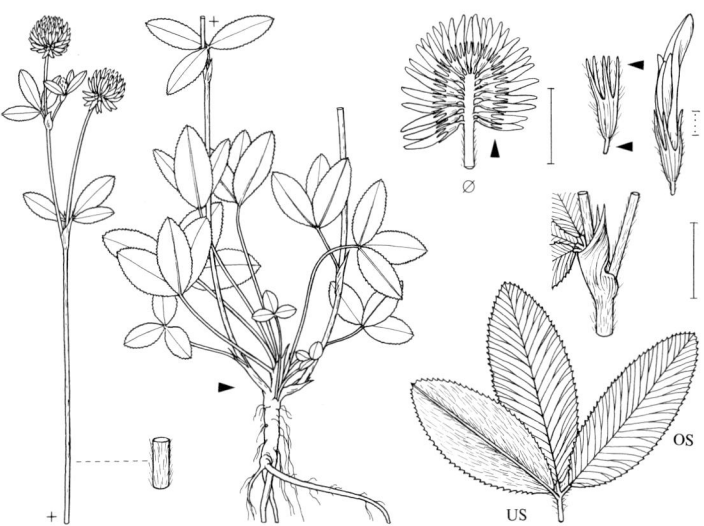

Berg-K. – *T. montanum* 0,15–0,40 ⚃ 5–7 (Kr weiß, oft etwas gelblich, selten rötlich, beim Verblühen rötlich graubraun. Ke meist gelblichweiß od. rötlich)

Erdbeer-Klee – *Trifolium fragiferum* 0,07–0,20 ♃ 6–9 (hellrosa bis rot, Fahne karminrot gestreift)

Persischer K. – *T. resupinatum* 0,20–0,40 ☉ ⊕ 4–6 (rosa bis purpurviolett. Blü umgewendet)

Hasen-K. – *T. arvense* 0,08–0,30 ⊕ ☉ 6–9 (Kr weißlich, später rötlich. Ke weißlichgrün, KeZähne rötlich bis rotviolett)

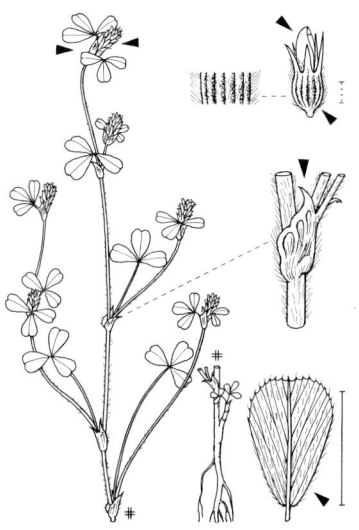

Streifen-Klee – *Trifolium striatum*
0,08–0,30 ⊙ ① 6–7 (rosa, dunkler geadert.
KeZähne krautig bleibend)

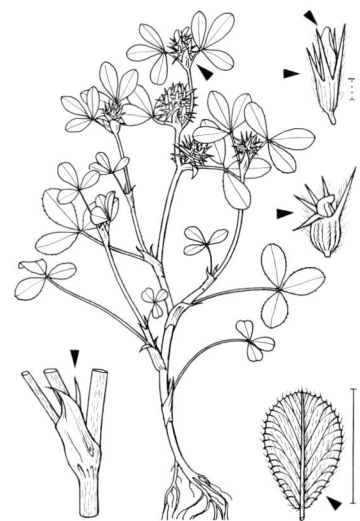

Rauer K. – *T. scabrum* 0,08–0,15 ⊙ 5–7
(weißlich. KeZähne zur Fruchtzeit starr u.
stachlig)

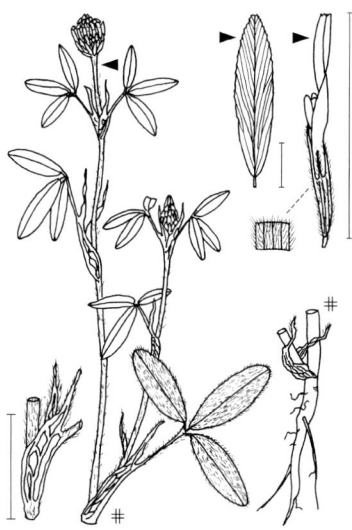

Alexandriner K. – *T. alexandrinum*
0,40–0,70 ⊙ ① 6–9 (weiß)

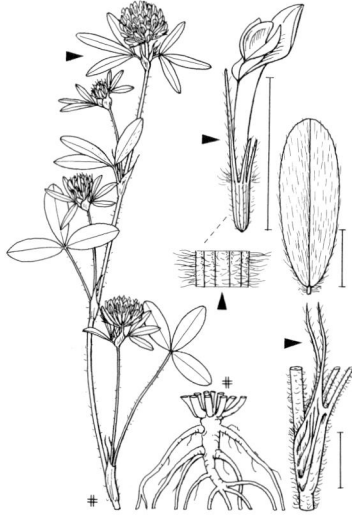

Blassgelber K. – *T. ochroleucon*
0,20–0,40 ⚷ 6–7 (gelblichweiß, verblüht
rotbraun)

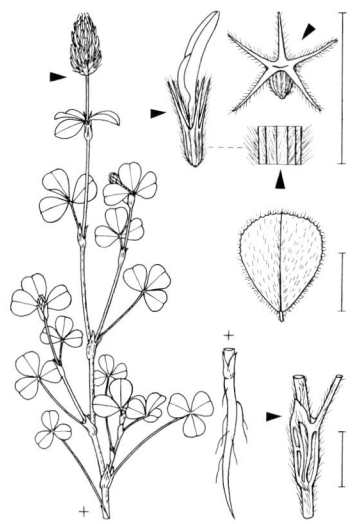

Inkarnat-Klee – *Trifolium incarnatum* 0,20–0,40 ① ⊙ 6–8 (blutrot od. gelblichweiß)

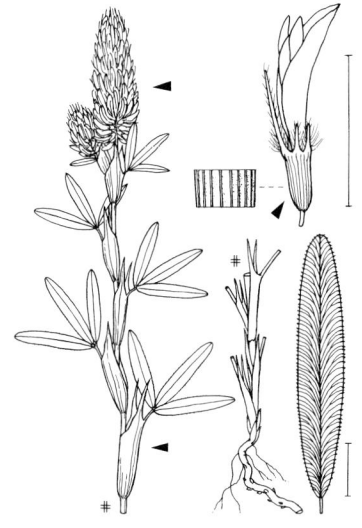

Purpur-K. – *T. rubens* 0,30–0,60 ♃ 6–7 (purpurrot)

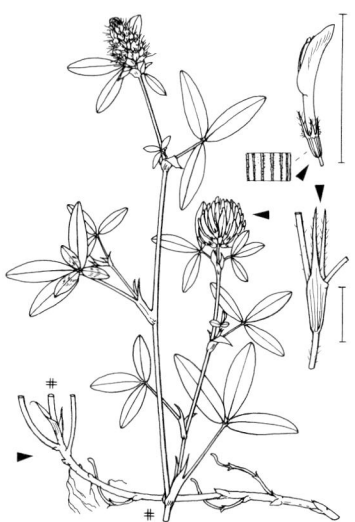

Zickzack-K. – *T. medium* 0,15–0,45 ♃ 6–8 (karminrot)

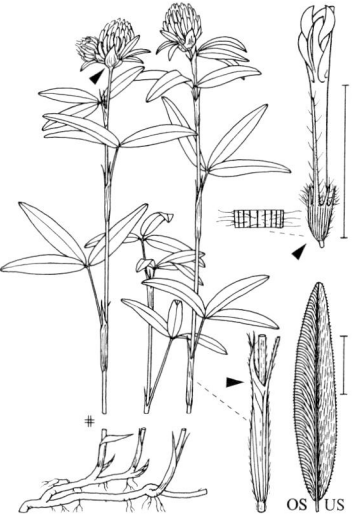

Hügel-K. – *T. alpestre* 0,15–0,30 ♃ 6–8 (hell-bis purpurrot)

FABACEAE

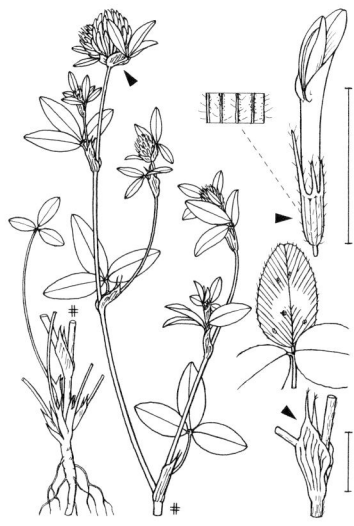

Rot-Klee – *Trifolium pratense* 0,05–0,80 ♃ ☉ 6–9 (hellkarmin- bis fleischrot. BlaO-Seite oft gefleckt)

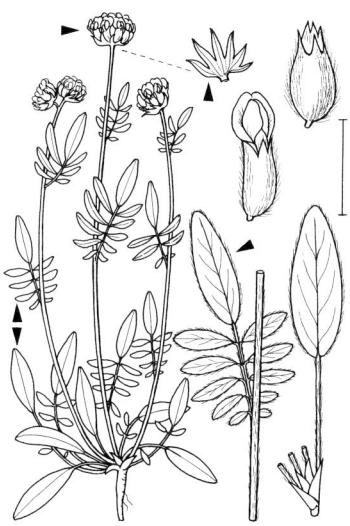

Gewöhnlicher Wundklee – *Anthyllis vulneraria* 0,05–0,60(–0,90) ♃ 5–8 (gelb, weißlich od. rötlich)

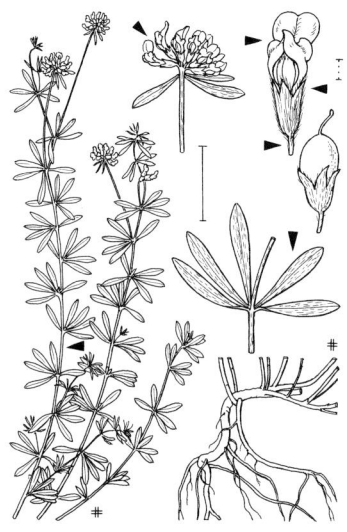

Seidiger Backenklee – *Lotus germanicus* 0,15–0,30 ♄ 7 (weiß, Schiffchen bläulich mit purpurner Spitze)

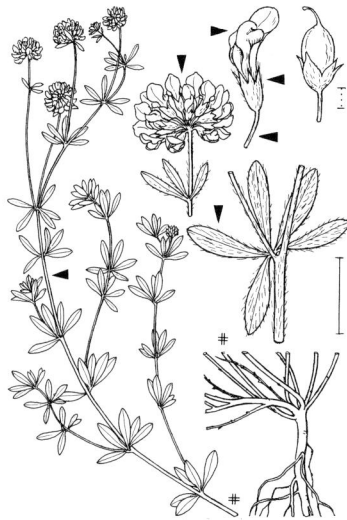

Vielblütiger B. – *L. herbaceus* 0,15–0,60 ♄ 6–7 (weiß, Schiffchen bläulich mit purpurner Spitze)

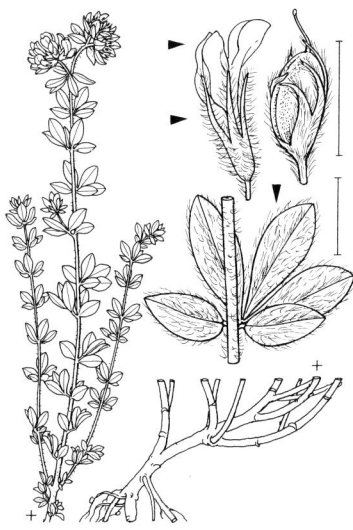

Behaarter Backenklee – *Lotus hirsutus* 0,20–0,50 ♄ 5–7 (weiß bis rosa, Schiffchenspitze purpurn)

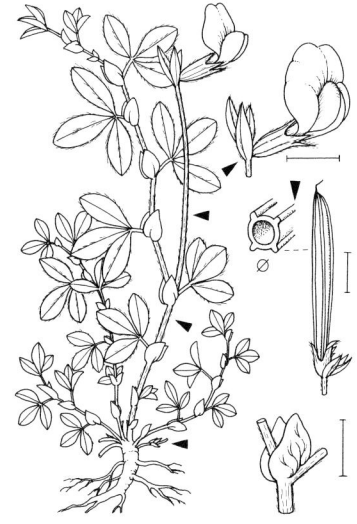

Gelbe Spargelerbse – *Lotus maritimus* 0,10–0,30 ♃ 5–6 (hellgelb, oft rötlich überlaufen)

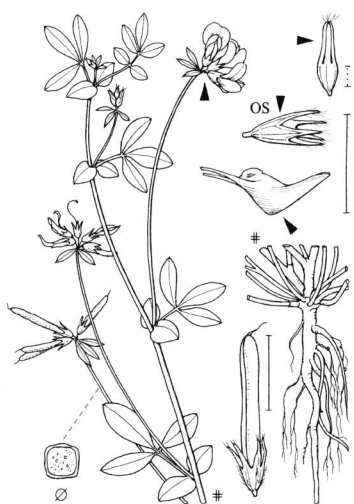

*****Gewöhnlicher Hornklee** – *Lotus corniculatus* 0,05–0,30 ♃ 6–8 (gelb, außen ± rot -gezeichnet, getrocknet grünlich) ↗ S. 806

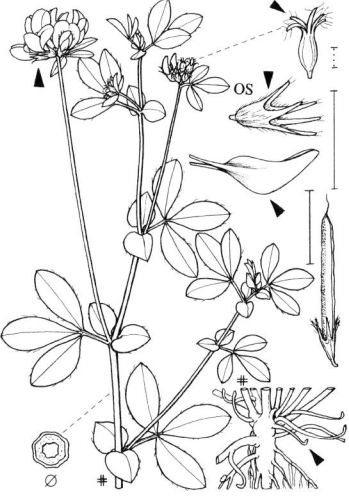

Sumpf-H. – *L. pedunculatus* 0,20–0,50 ♃ 6–7 (gelb, vor dem Aufblühen oft rot überlaufen)

Schmalblatt-Hornklee – *Lotus tenuis* 0,20–0,60 ⚄ 6–8 (gelb, außen auch rötlich, trocken grünlich, duftend)

Alpen-H. – *L. alpinus* 0,02–0,10 ⚄ 6–8 (gelb, außen oft rot, Schiffchenspitze rotbraun, duftlos) Nicht in D!

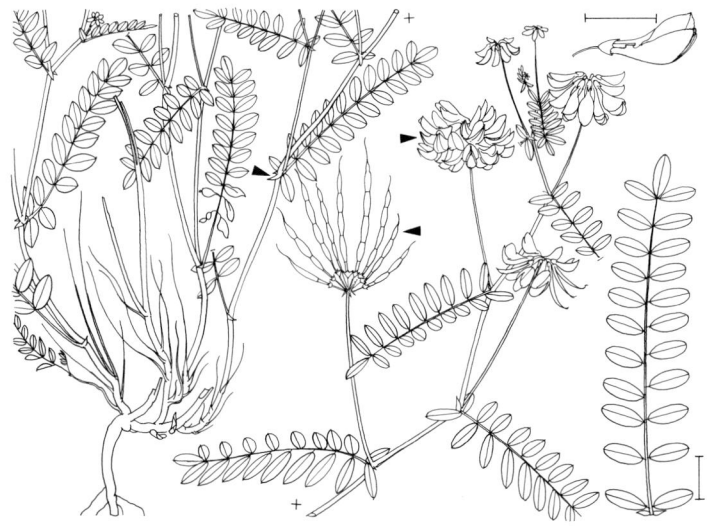

Bunte Beilwicke – *Securigera varia* 0,30–0,60 ⚄ 6–8 (weiß, rötlich u. violett)

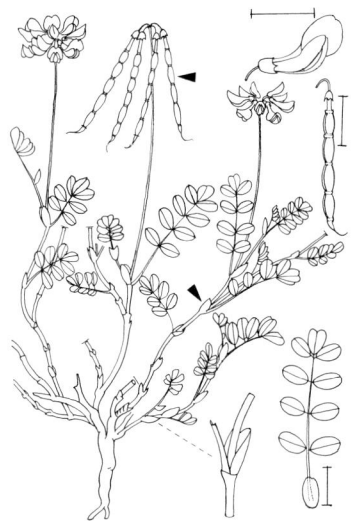

Scheiden-Kronwicke – *Coronilla vaginalis*
0,05–0,10 ♄ 5–7 (gelb)

Berg-K. – *C. coronata* 0,30–0,50 ⚄ 5–7 (gelb)

Skorpions-K. – *C. scorpioides* 0,20–0,40 ☉ 5–6 (gelb)

Hufeisenklee – *Hippocrepis comosa*
0,08–0,25 ⚄ ♄ 5–7 (gelb)

FABACEAE

Strauchwicke – *Hippocrepis emerus* 1,00–2,00 ♄ 5–7 (gelb)

Alpen-Süßklee – *Hedysarum hedysaroides* 0,10–0,40 ♃ 7–8 (purpurn)

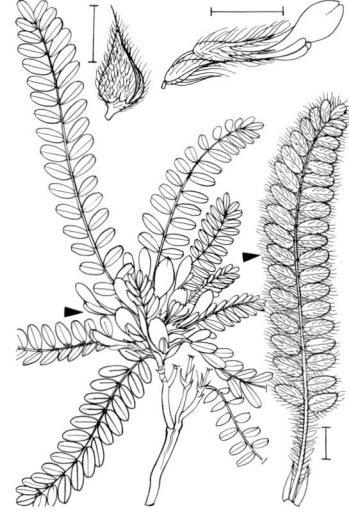

Stängelloser Tragant – *Astragalus exscapus* 0,03–0,08 ♃ 5 (gelb)

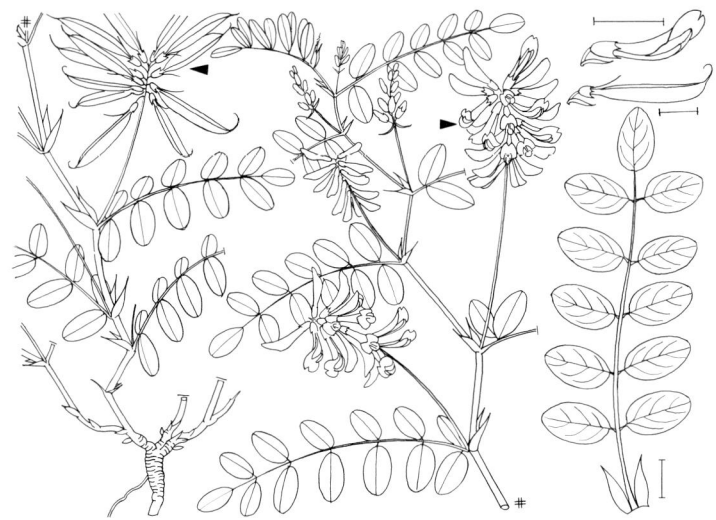

Süßholz-Tragant – *Astragalus glycyphyllos* 0,50–1,50 ♃ 6–7 (hellgelb)

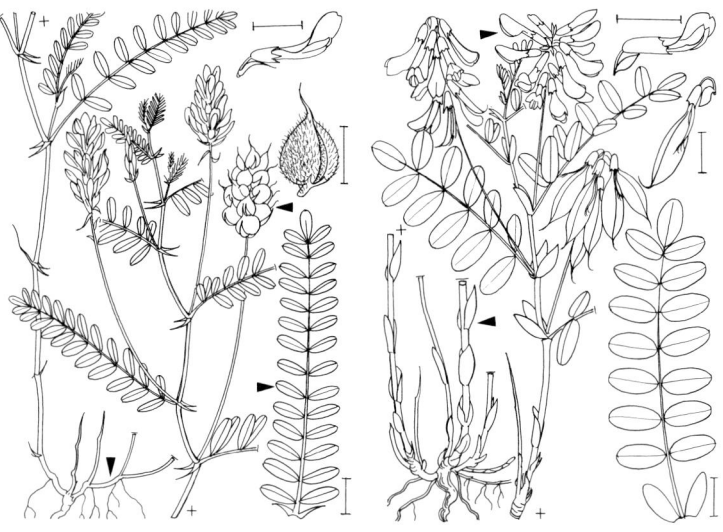

Kicher-T. – *A. cicer* 0,30–0,60 ♃ 6–8 (hellgelb)

Gletscher-T. – *A. frigidus* 0,10–0,35 ♃ 7–8 (hellgelb)

FABACEAE 275

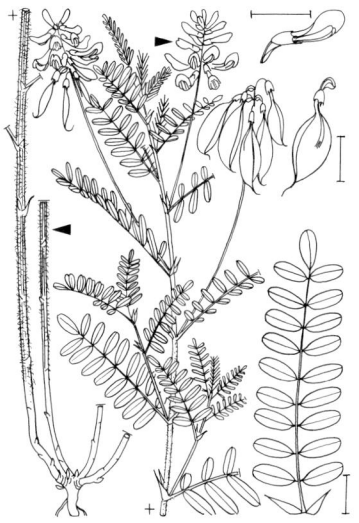

Blasen-Tragant – *Astragalus penduliflorus* 0,30–0,50 ⚤ 7–8 (gelb)

Südlicher T. – *A. australis* 0,10–0,20 ⚤ 5–6 (gelblichweiß, Schiffchenspitze violett)

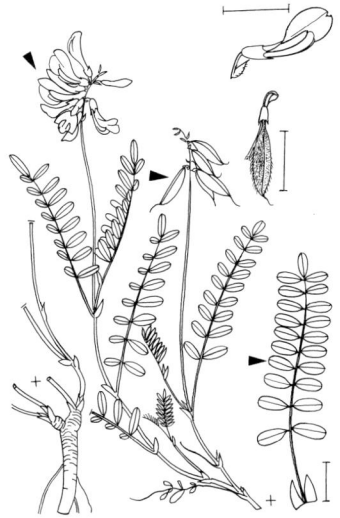

Alpen-T. – *A. alpinus* 0,05–0,20 ⚤ 6–8 (Fahne u. Schiffchenspitze violett, Flügel weiß)

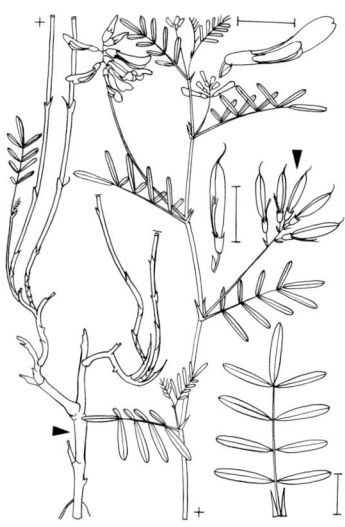

Sand-T. – *A. arenarius* 0,10–0,30 ⚤ 6–7 ▽ (hellpurpurn, selten weiß)

Fahnen-Tragant – *Astragalus onobrychis* 0,10–0,30 ♃ 6–7 (hellviolett) †

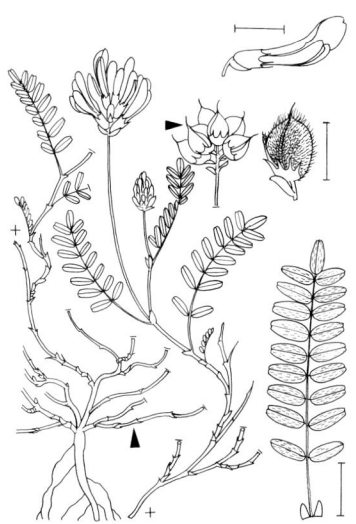

Dänischer T. – *A. danicus* 0,08–0,25 ♃
5–6 (violett)

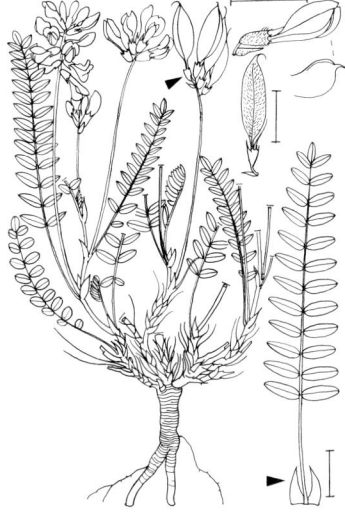

Berg-Spitzkiel – *Oxytropis montana*
0,04–0,10 ♃ 7–8 (violett)

FABACEAE 277

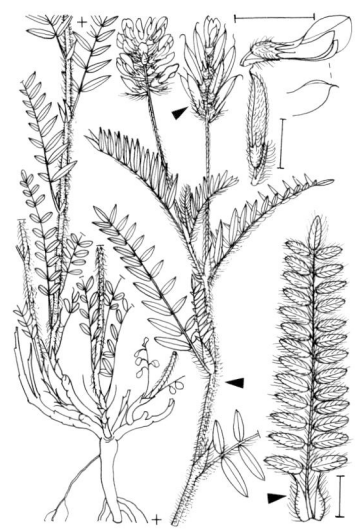

Steppen-Spitzkiel – *Oxytropis pilosa*
0,15–0,30 ♃ 6–7 ▽ (hellgelb)

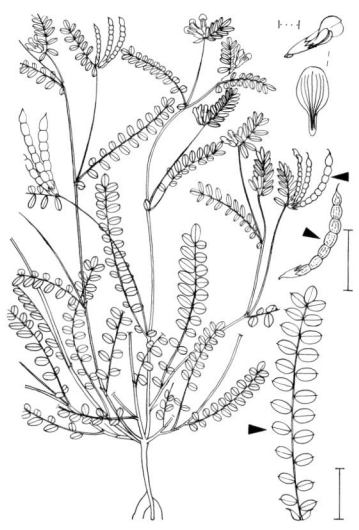

Kleiner Vogelfuß – *Ornithopus perpusillus*
0,05–0,30 ① ☉ 5–6 (weißlich u. gelblich,
rot gestreift)

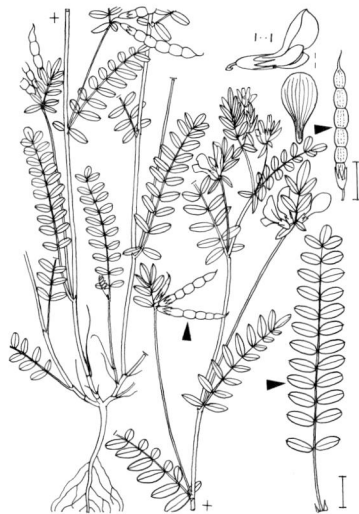

Serradella – *O. sativus* 0,30–0,60 ① ☉
6–8 (rosa od. karmin, selten weiß)

Berg-Esparsette – *Onobrychis montana*
0,05–0,15 ♃ 7–8 (rosa)

Saat-Esparsette – *Onobrychis viciifolia* 0,30–0,60 ⚥ 5–7 (rosa)

Sand-E. – *O. arenaria* 0,10–0,30 ⚥ 6–7 (rosa)

Echte Geißraute – *Galega officinalis* 0,60–1,20 ⚥ 6–8 (bläulichweiß. Pfl meist ganz kahl)

FABACEAE

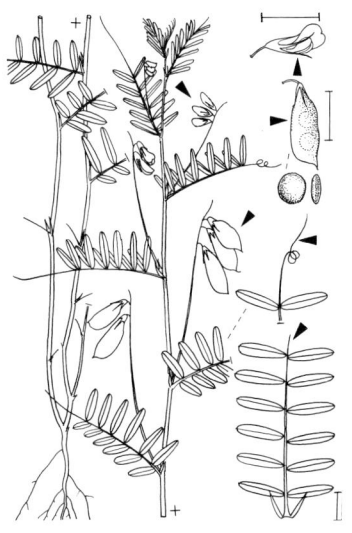

Küchen-Linse – *Vicia lens* 0,15–0,30 ① ☉ 6–7 (bläulichweiß)

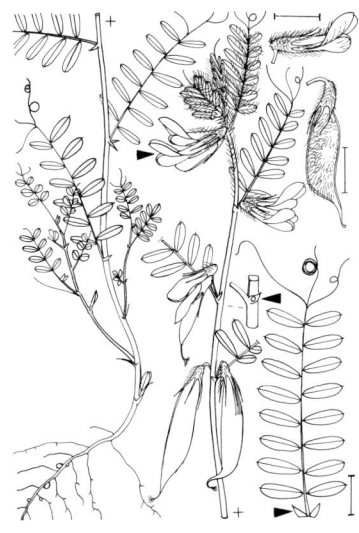

Pannonische Wicke – *V. pannonica* 0,30–0,60 ① ☉ 5–7 (weißlich bis ockergelb)

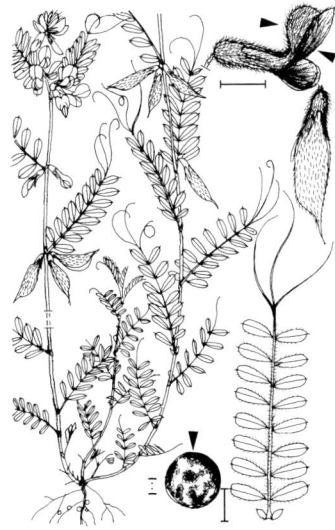

Streif-W. – *V. striata* 0,30–0,60 ① ☉ 5–7 (schmutzigviolett)

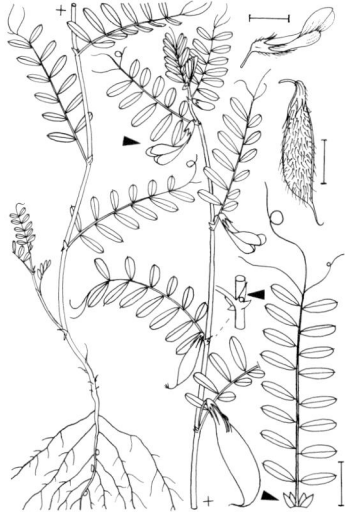

Gelbe W. – *V. lutea* 0,30–0,60 ① ☉ 6–7 (hellgelb, Fahne bräunlich od. bläulich)

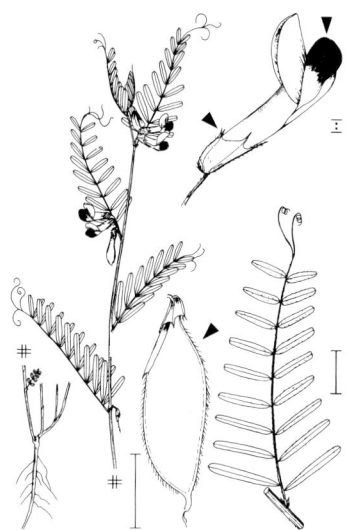

Grünblütige Wicke – *Vicia m<u>e</u>lanops* 0,20–0,80 ⊙ 6 (grünlichgelb, Flügel mit schwarzem Fleck)

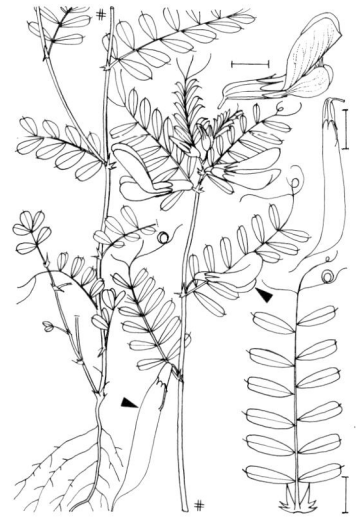

Großblütige W. – *V. grandiflora* subsp. *grandiflora* 0,30–0,60(–1,50) ⊙ 5–6 (blassgelb u. grünlich)

Zaun-W. – *V. sepium* 0,30–0,60 ♃ 5–8 (trüblila)

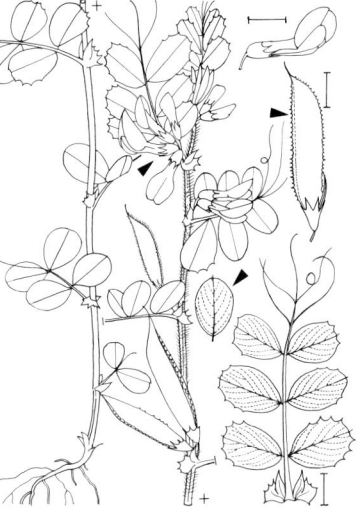

Maus-W. – *V. narbon<u>e</u>nsis* 0,30–0,80 ⊙ 5–6 (violett)

FABACEAE 281

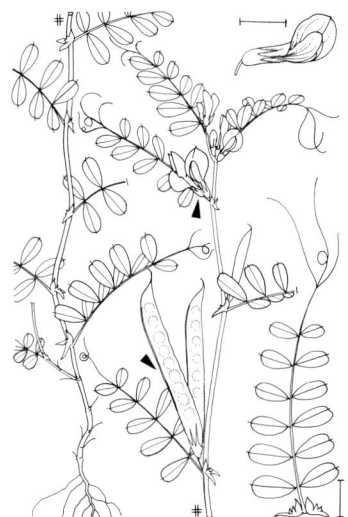

*Saat-Wicke – *Vicia sativa* 0,30–1,00(–1,50) ☉ ① 5–7 (bläulich u. purpurn) ↗ S. 806

*Schmalblättrige W. – *V. angustifolia* 0,15–0,50 ☉ ① 5–7 (rotviolett) ↗ S. 806

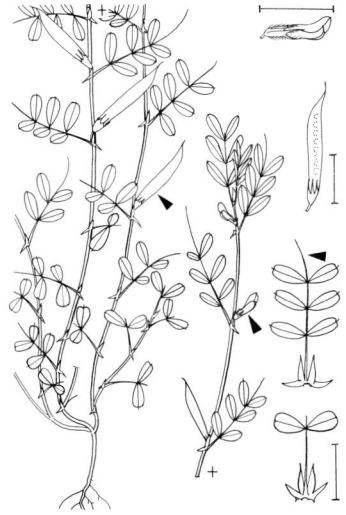

Platterbsen-W. – *V. lathyroides* 0,07–0,20 ① ☉ 4–6 (hellviolett)

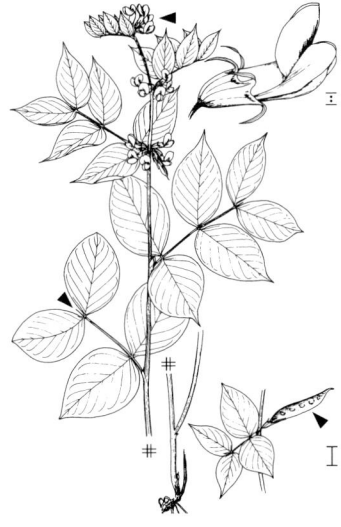

Walderbsen-W. – *V. oroboides* 0,25–0,50 ♃ 5–7 (hellgelb, Fahne purpurn überlaufen)

Puffbohne – *Vicia faba* 0,50–1,00 ⊙ 5–7
(weiß, Flügel mit schwarzem Fleck)

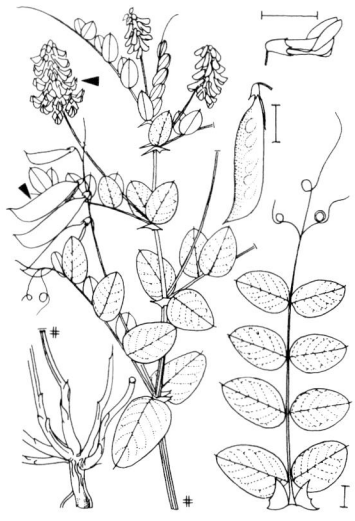

Erbsen-Wicke – *V. pisiformis* 1,00–2,00 ♃
6–8 (hellgelb)

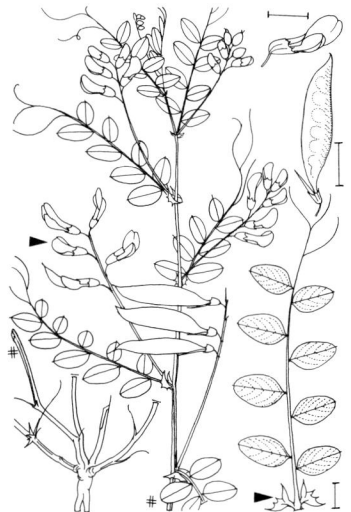

Hecken-W. – *V. dumetorum* 1,00–2,00 ♃
6–8 (purpurn, später schmutziggelb)

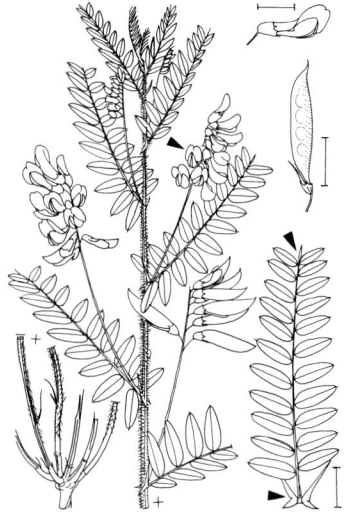

Heide-W. – *V. orobus* 0,20–0,50 ♃ 7–8
(weiß, Fahne violett geadert)

FABACEAE

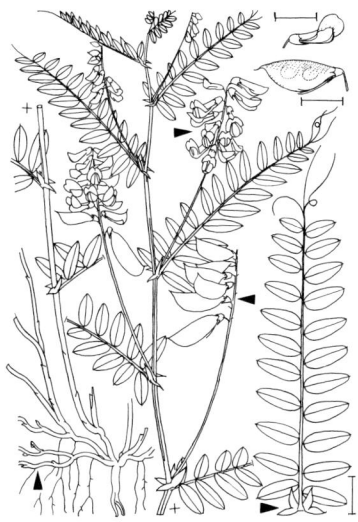

Kaschuben-Wicke – *Vicia cassubica*
0,30–0,60 ♃ 6–7 (purpurviolett)

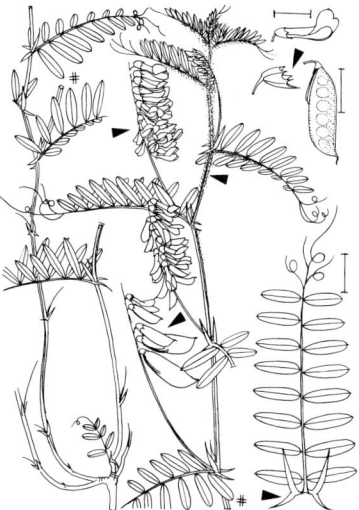

***Vogel-W.** – *V. cracca* 0,30–1,20 ♃ 6–8
(blauviolett bis purpurn) ↗ S. 806

Feinblättrige W. – *V. tenuifolia* 0,30–1,50
♃ 6–7 (hellblau, Flügel oft weißlich)

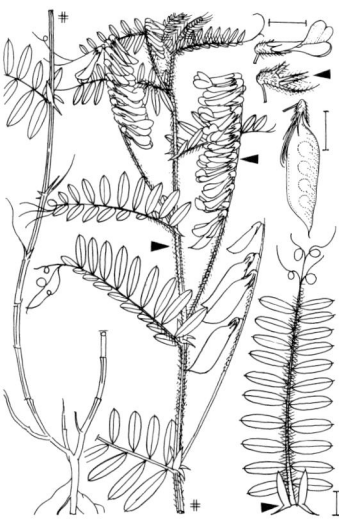

***Zottel-W.** – *V. villosa* 0,30–1,20 ☉ ⊙ 6–8
(blauviolett od. violett) ↗ S. 806

FABACEAE

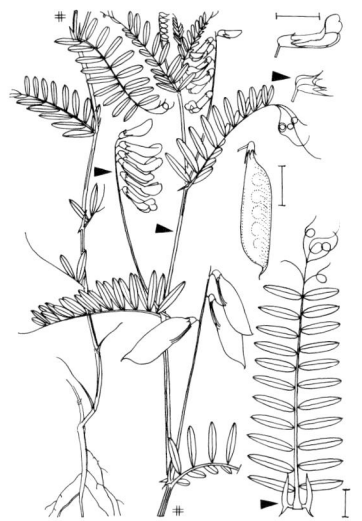

Bunte Wicke – *Vicia glabrescens*
0,30–1,00 ① ⊙ 6–8 (purpurn)

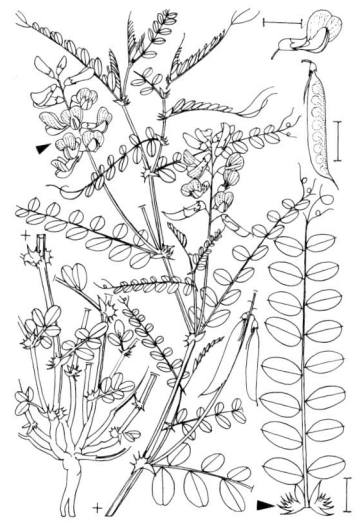

Wald-Ervilie – *Ervilia sylvatica* 0,50–2,00
♃ 6–8 (weiß, violett geadert)

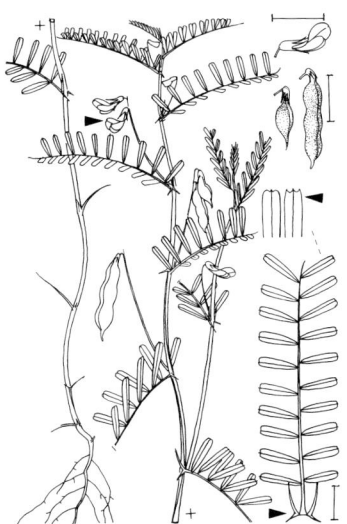

Linsen-E. – *E. sativa* 0,30–0,60 ⊙ 6–7
(hellrosa)

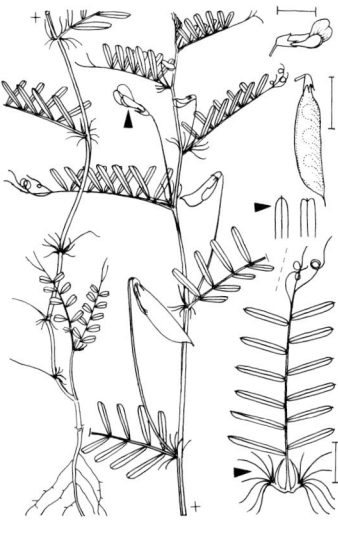

Einblütige E. – *E. articulata* 0,20–0,60 ⊙
6–8 (hellblau)

FABACEAE

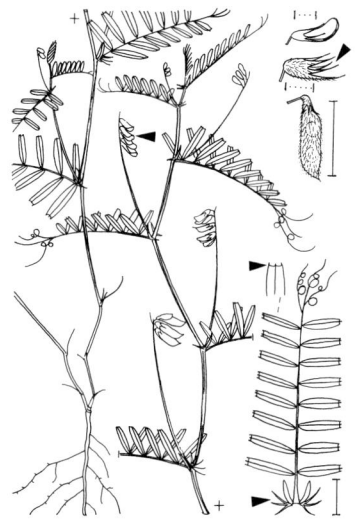

Behaarte Ervilie – *Ervilia hirsuta*
0,15–0,60 ① ⊙ 6–7 (weiß)

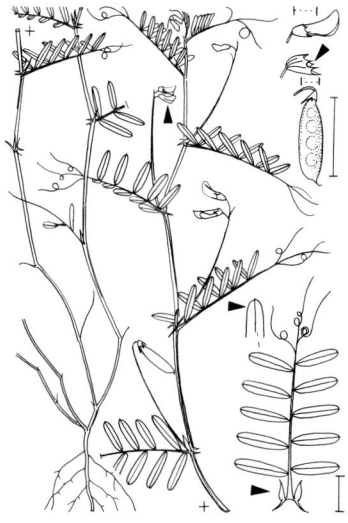

*****Viersamige Erve** – *Ervum tetraspermum*
0,15–0,60 ① ⊙ 6–7 (rosa) ↗ S. 806

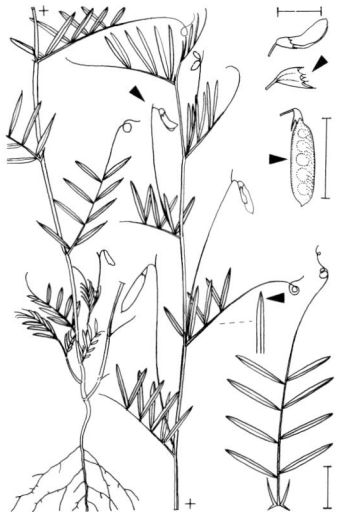

Zierliche E. – *E. gracile* 0,10–0,40 ① ⊙
6–7 (blauviolett)

Ranken-Platterbse – *Lathyrus aphaca*
0,15–0,30 ⊙ 6–7 (hellgelb)

FABACEAE

Gras-Platterbse – *Lathyrus nissolia* 0,30–0,50(–0,70) ☉ 5–7 (purpurn)

Knollen-P. – *L. tuberosus* 0,30–1,00 ♃ 6–8 (karminrot)

Wiesen-P. – *L. pratensis* 0,30–1,00 ♃ 6–8 (gelb)

Garten-Erbse – *Lathyrus oleraceus* 0,30–1,00 ☉ 5–7 (weiß od. purpurn)

FABACEAE 287

Strand-Platterbse – *Lathyrus japonicus* subsp. *maritimus* 0,15–0,50 ♃ 6–8 ▽ (lilapurpurn, später blau)

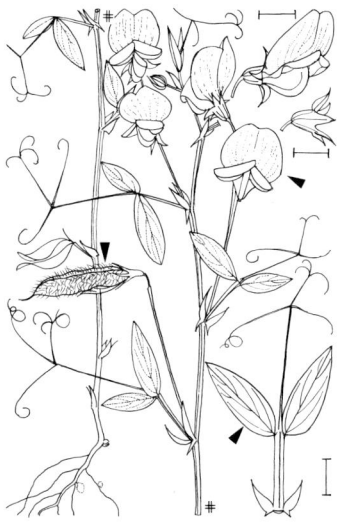

Duftende P. – *L. odoratus* 0,80–1,60 ⊙ ①
6–8 (rot, violett, blau od. weiß)

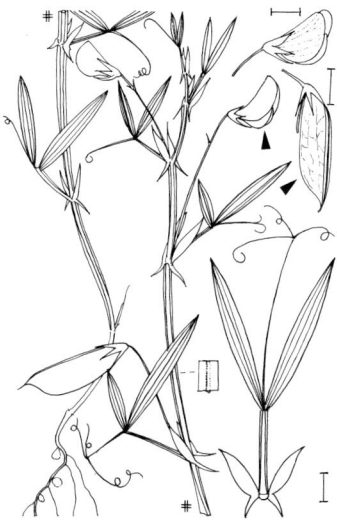

Saat-P. – *L. sativus* 0,30–1,00 ⊙ 5–6
(weiß, bläulich geadert)

Behaarte P. – *L. hirsutus* 0,30–1,00 ⊙ ①
6–8 (violett, später blau)

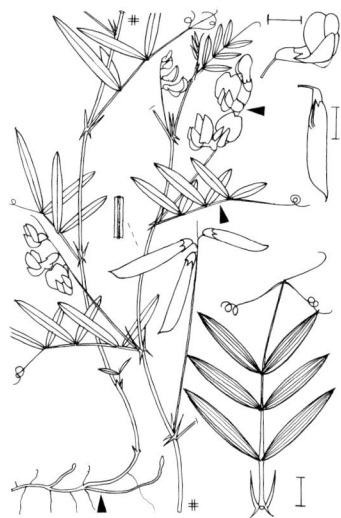

Sumpf-Platterbse – *Lathyrus palustris* 0,30–1,00 ⚷ 7–8 ▽ (schmutzigblau)

**Wald-P. – *L. sylvestris* 1,00–2,00 ⚷ 7–8 (gelblichgrün, rot überlaufen)

Verschiedenblättrige P. – *L. heterophyllus* 1,00–2,00 ⚷ 7–8 (purpurrot)

FABACEAE

Breitblättrige Platterbse – L̲athyrus latifo̲lius 1,00–3,00 ♃ 7–8 (purpurrot, blassrosa od. weiß)

Pannonische P. – *L. panno̲nicus* subsp. *coll̲inus* 0,15–0,55 ♃ 5–6 ▽ (gelblichweiß, Fahne außen oft rot)

**Gelbe P. – *L. laevig̲atus* 0,20–0,60 ♃ 6–8 (gelb)

Berg-Platterbse – *Lathyrus linifolius* 0,15–0,30 ⚲ 4–6 (hellpurpurn, später trübblau)

Schwarze P. – *L. niger* 0,30–0,80 ⚲ 6–7 (purpurn, später violett)

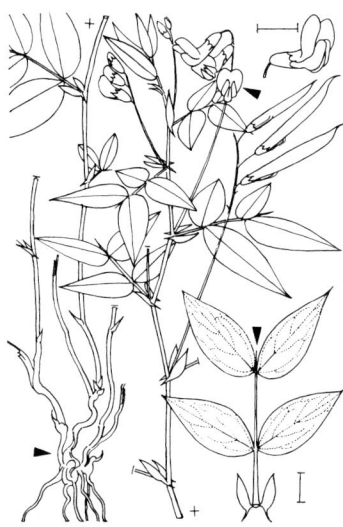

Frühlings-P. – *L. vernus* 0,20–0,40 ⚲ 4–5 (purpurn, später blaugrün)

Schwert-P. – *L. bauhini* 0,20–0,50 ⚲ 5–7 ▽ (purpurn od. blauviolett)

Feuer-Bohne – *Phaseolus coccineus* 2,00–3,00 ⊙ 6–9 (scharlachrot, selten weiß)

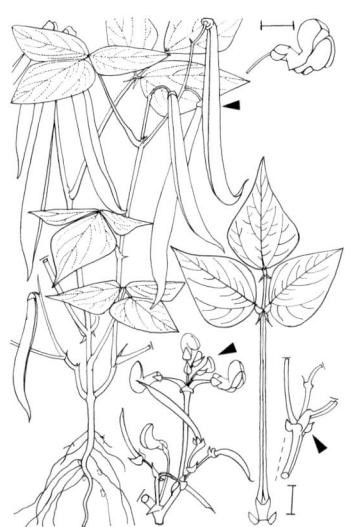

Garten-B. – *Ph. vulgaris* 0,30–4,00 ⊙ 6–9 (meist weiß)

Zwergbuchs – *Polygala chamaebuxus* 0,10–0,25 ♄ 4–8 (gelb-weiß, selten rötlich überlaufen)

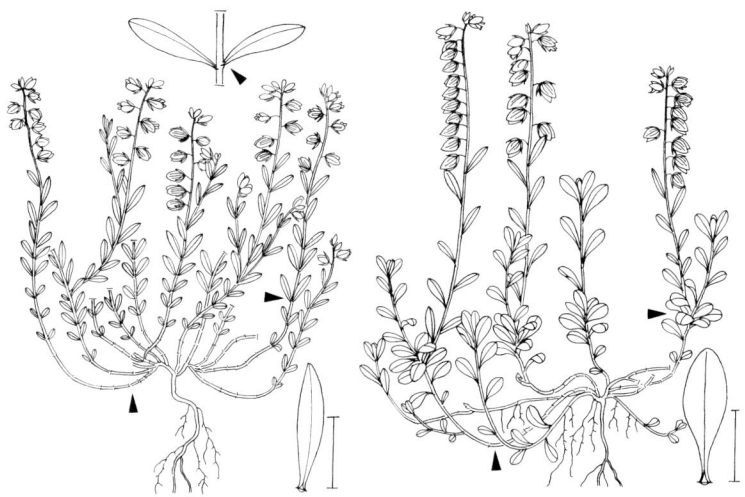

Quendel-Kreuzblümchen – *Polygala serpyllifolia* 0,06–0,12 ♃ 5–9 (hellblau)

Kalk-K. – *P. calcarea* 0,10–0,20 ♃ 4–6 (tiefblau)

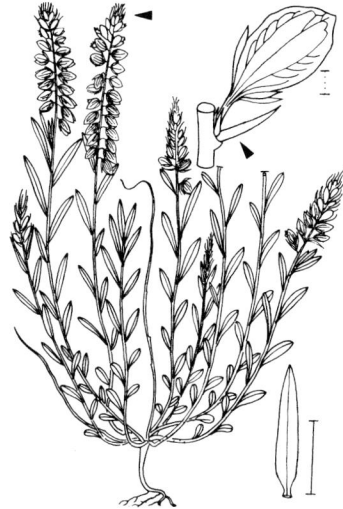

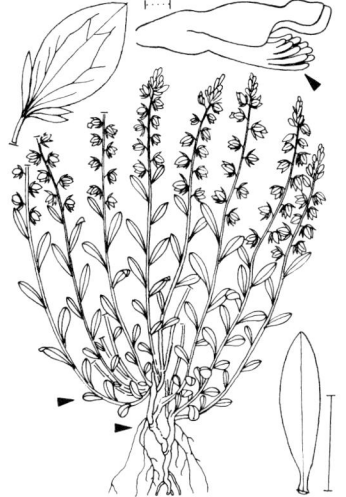

Schopf-K. – *P. comosa* 0,15–0,30 ♃ 5–7 (rotviolett, selten blau od. weiß)

Alpen-K. – *P. alpestris* 0,05–0,15 ♃ 6–7 (tiefblau)

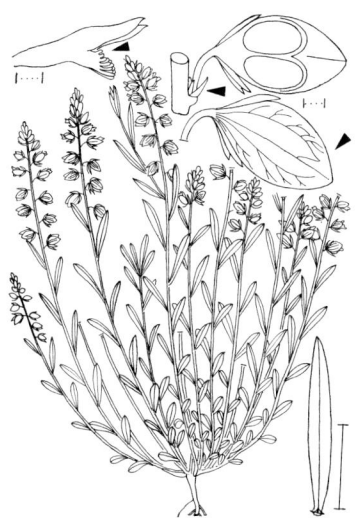

**Gewöhnliches Kreuzblümchen – *Polygala vulgaris* subsp. *vulgaris* 0,05–0,25 ♃ 5–9 (blau, selten rötlichviolett) ↗ S. 806

Spitzflügeliges K. – *P. vulgaris* subsp. *oxyptera* 0,15–0,25 ♃ 5–9 (grünweiß od. blassblau)

*Bitteres K. – *P. amara* subsp. *brachyptera* 0,05–0,25 ♃ 5–6 (blau od. purpurn, selten weiß) ↗ S. 806

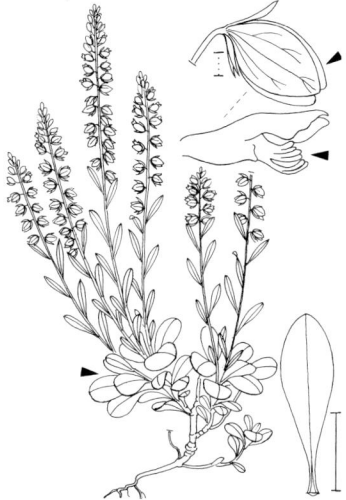

Sumpf-K. – *P. amarella* 0,05–0,30 ♃ 4–6 (blau od. purpurn, selten weiß)

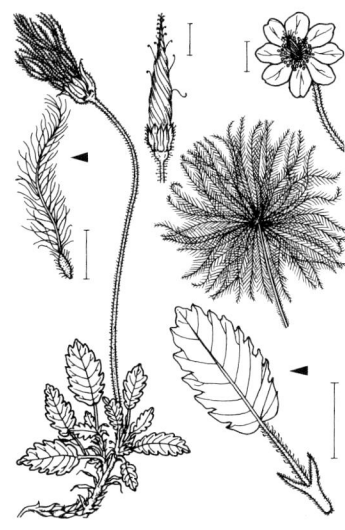

Silberwurz – *Dryas octopetala* 0,02–0,10
♄ 6–8 (weiß)

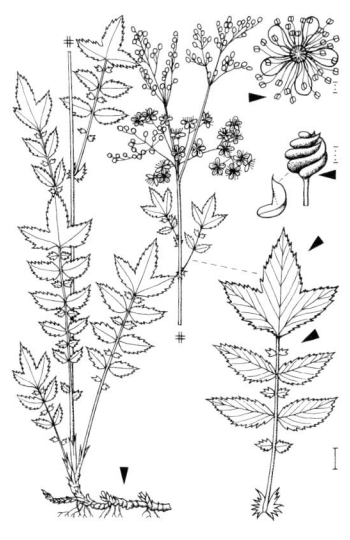

Echtes Mädesüß – *Filipendula ulmaria*
0,50–1,50 ♃ 6–8 (gelblichweiß, duftend)

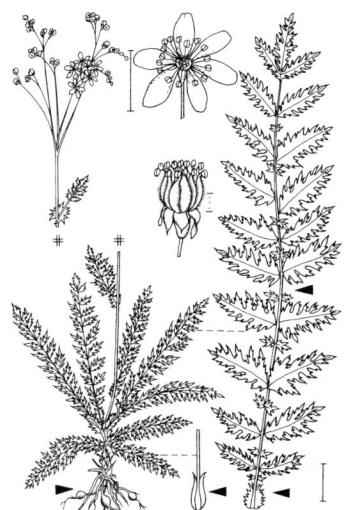

Kleines M. – *F. vulgaris* 0,30–0,60 ♃
6(–7) (weiß, außen oft rötlich)

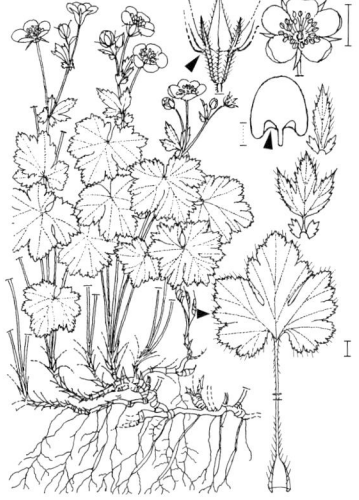

Gelapptblättrige Waldsteinie –
Waldsteinia geoides 0,15–0,25 ♃ 4–5
(gelb)

ROSACEAE 295

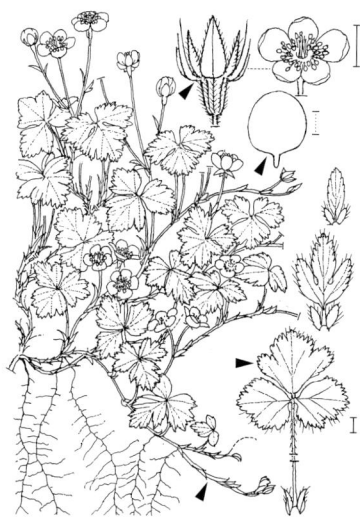

Dreiteilige Waldsteinie – *Waldsteinia ternata* subsp. *trifolia* 0,10–0,15 ♃ 4–5 (gelb)

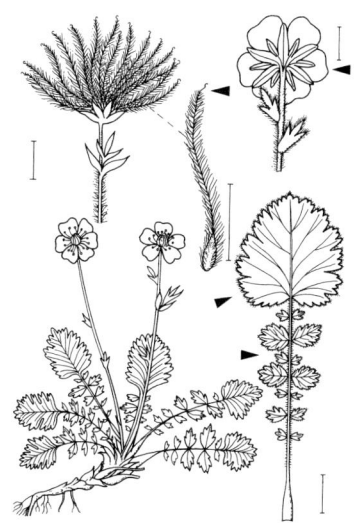

Berg-Nelkenwurz – *Geum montanum* 0,05–0,40 ♃ 5–10 (lebhaft gelb, Ke grün bis rotviolett)

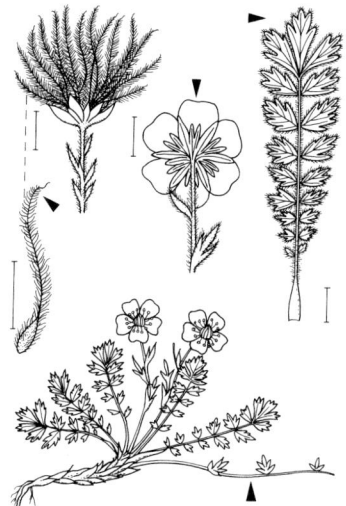

Kriechende N. – *G. reptans* 0,05–0,15 ♃ 7–8 (lebhaft gelb, Ke oft rotviolett)

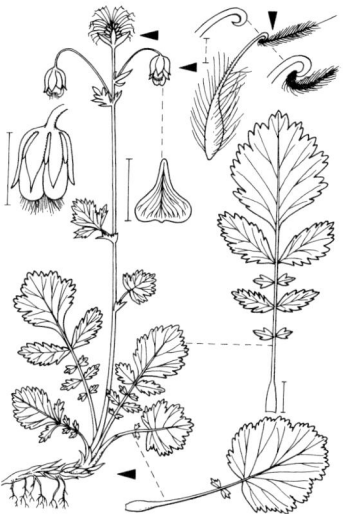

Bach-N. – *G. rivale* 0,30–0,70 ♃ 4–7 (Kr außen hellrot, innen gelb, Ke rotbraun)

ROSACEAE

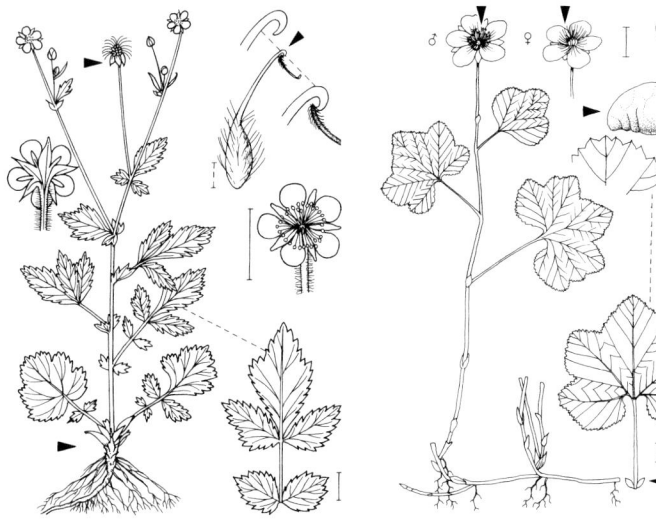

Echte Nelkenwurz – *Geum urbanum*
0,30–1,20 ♃ 5–10 (gelb)

Moltebeere – *Rubus chamaemorus*
0,05–0,25 ♃ 5–6 ▽ (weiß. Fr orangegelb)

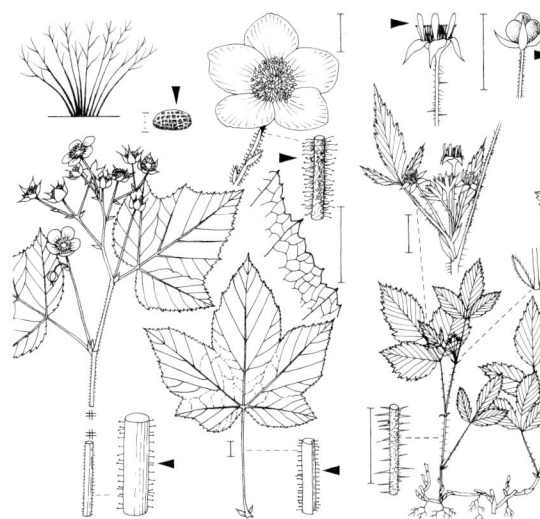

Zimt-Himbeere – *Rubus odoratus* 1,50–2,00(–2,50) ♄ 5–7 (blassrot, duftend)

Felsen-H. – *R. saxatilis* 0,10–0,30 ♃ 5–6 (weiß. Fr glasig rot)

ROSACEAE 297

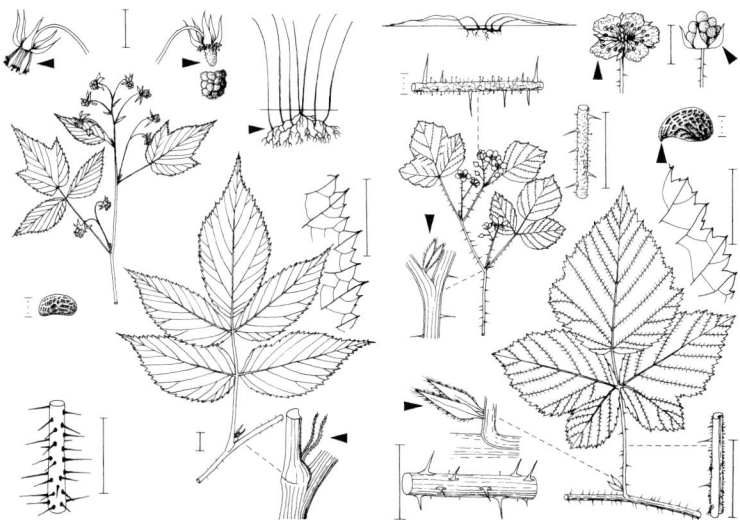

Himbeere – *Rubus idaeus* 0,60–2,00 ♃
5–6 (weiß. Fr rot. BlaUSeite weißfilzig.
Stacheln violett)

Kratzbeere – *R. caesius* 1,50–3,00 lg ♃
5–10 (weiß. Fr schwarz, blaugrau bereift.
Stg grauweiß bereift)

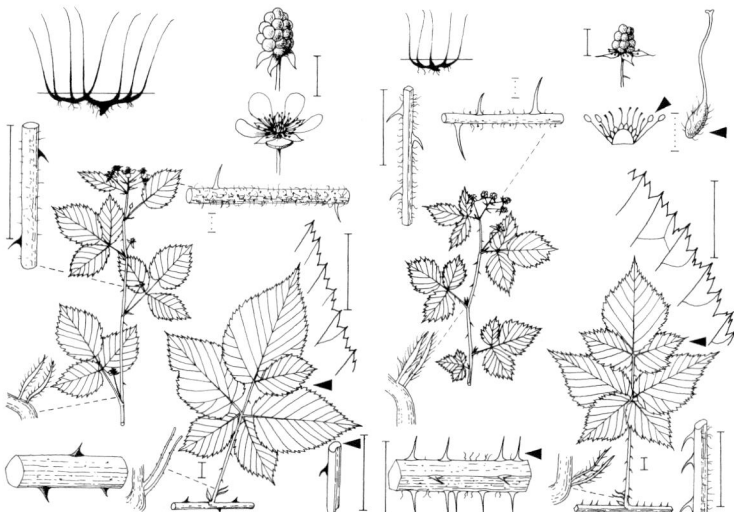

Fuchsbeere – *R. nessensis* 0,50–2,00
♃ 5–6 (weiß, Fr schwarzrot. Stacheln
dunkelviolett)

Eingeschnittene Brombeere – *R. scissus*
0,50–0,80 ♃ 5–6 (weiß. Fr schwarzrot)

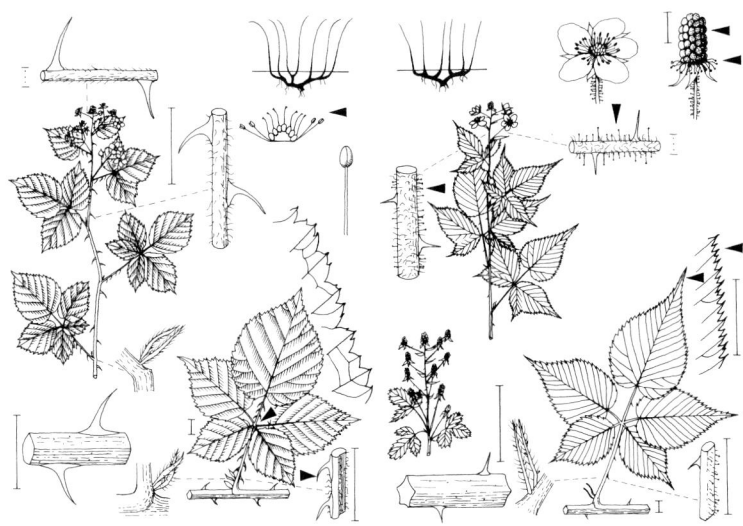

Falten-Brombeere – *Rubus plicatus*
1,00–2,00 ♄ 6–7 (weiß od. blassrosa)

Allegheny-B. – *R. alleghaniensis*
1,50–2,50 ♄ 5–6 (weiß. Fr wie folgende Arten schwarz, glänzend)

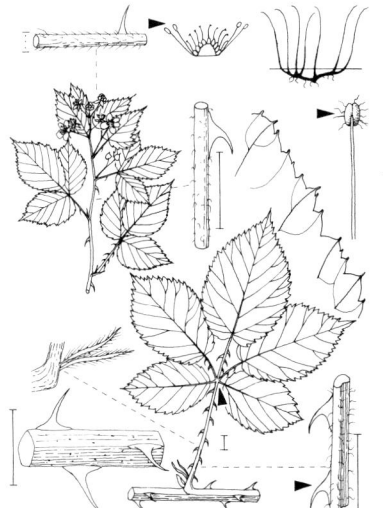

Dunkle B. – *R. opacus* 1,50–2,50 ♄ 6–7
(weiß od. blassrosa)

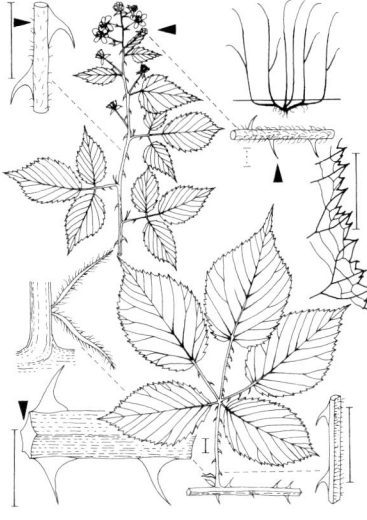

Gefurchte B. – *R. sulcatus* 2,00–3,50 ♄
6–7 (weiß)

ROSACEAE 299

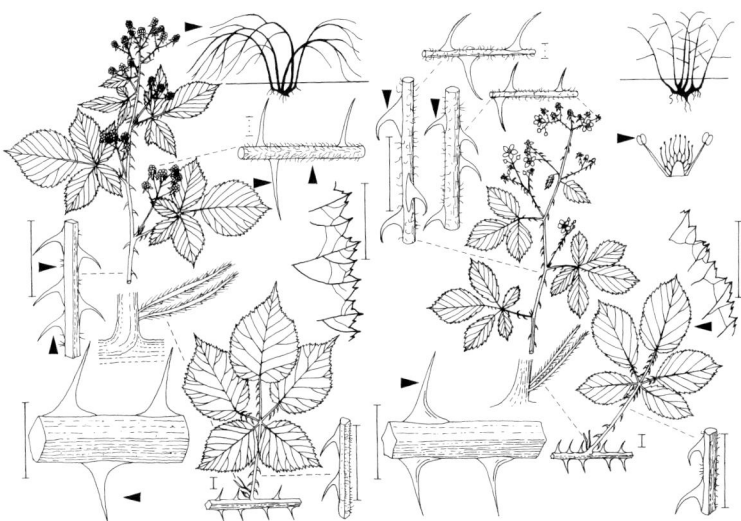

Üppige Brombeere – *Rubus affinis*
2,00–4,00 lg ℏ 6–7 (weiß od. blassrosa)

Sparrige B. – *R. divaricatus* 1,00–2,00 ℏ
6–7 (blassrosa bis fast weiß)

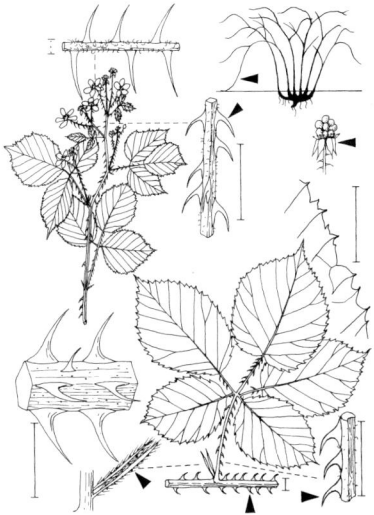

Dornige Brombeere – *Rubus senticosus*
1,50–2,00 ℏ 6–7 (weiß)

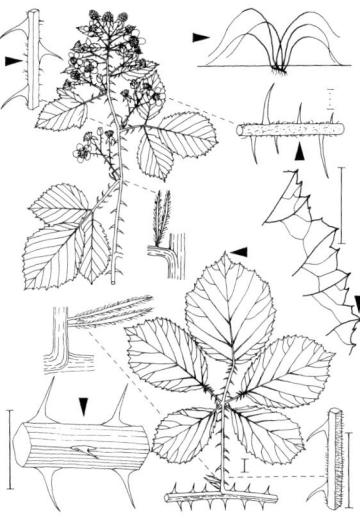

Sorbische B. – *R. sorbicus* 2,00–3,00 lg
ℏ 6–7 (blassrosa)

Mittelmeer-Brombeere – *Rubus ulmifolius* 2,50–5,00 lg ♄ 7–8 (rosarot, Griffel rötlich. BlaUSeite grauweißfilzig)

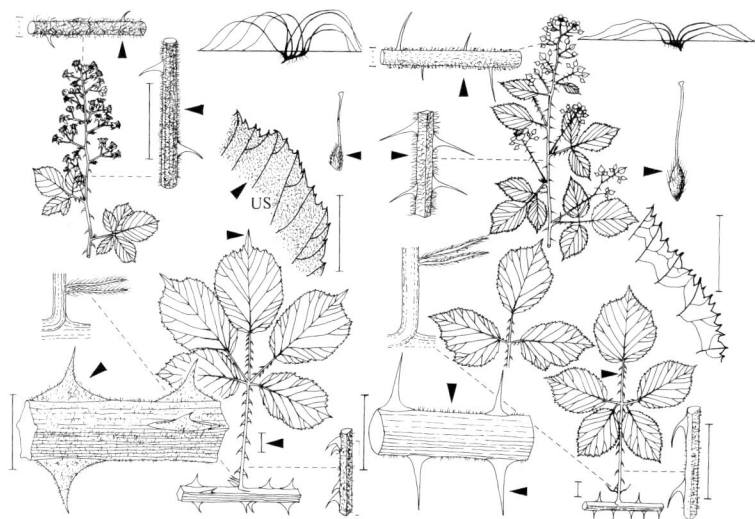

Zweifarbige B. – *R. bifrons* 2,50–3,50 lg ♄ 6–7 (blass-bis kräftig rosa. BlaUSeite weißfilzig)

Armenische B. – *R. armeniacus* 2,50–5,00 lg ♄ 6–7 (rosa. BlaUSeite grauweißfilzig. Stacheln rot)

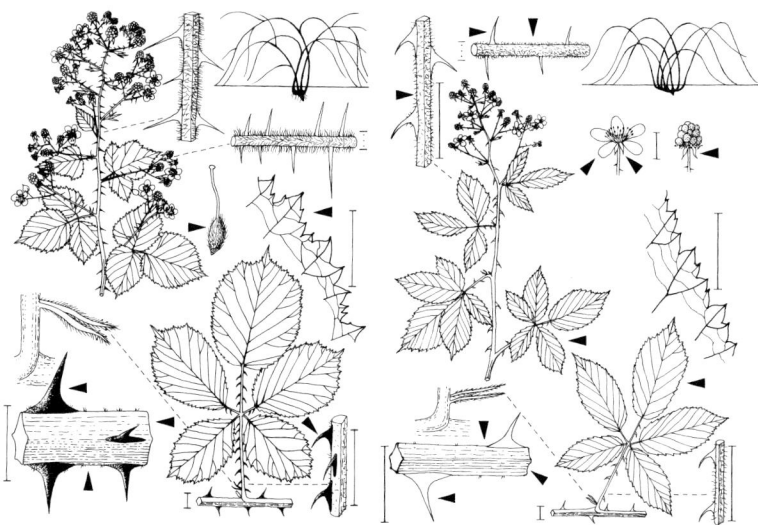

Mittelgebirgs-B. – *R. montanus* 2,50–4,00 lg ♄ 6–7 (blassrosa bis fast weiß. BlaUSeite graugrün)

ROSACEAE

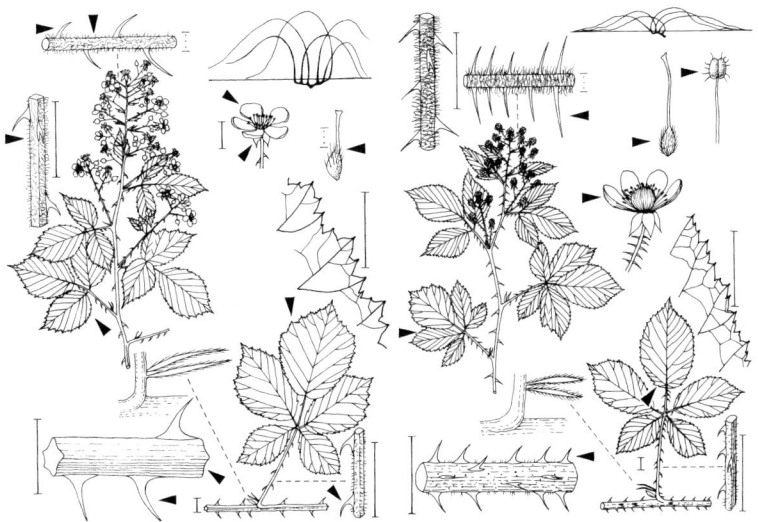

Grabowski-Brombeere – *Rubus grabowskii* 2,50–4,00 lg ♄ 6–7 (blassrosa bis fast weiß. BlaUSeite graugrün)

Wald-B. – *R. silvaticus* 2,50–4,00 lg ♄ 7–9 (weiß)

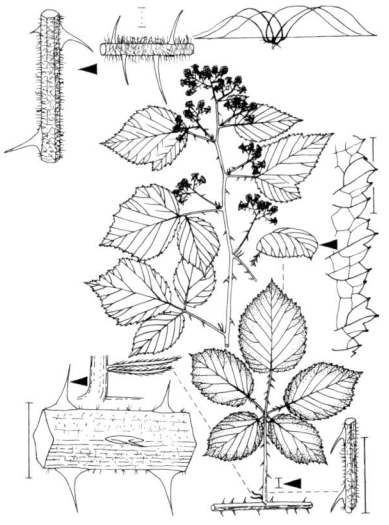

Großblättrige B. – *R. macrophyllus* 3,00–8,00 lg ♄ 7–8 (blassrosa od. weiß)

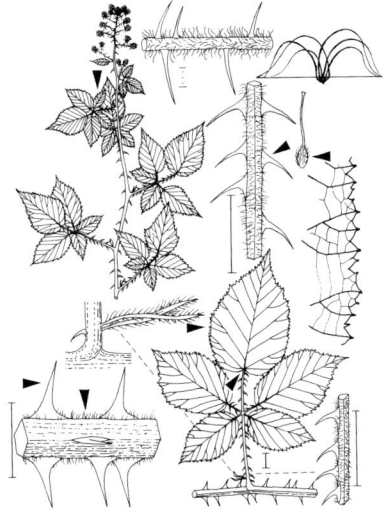

Hainbuchenblättrige B. – *R. adspersus* 2,50–4,00 lg ♄ 7–8 (weiß. Stacheln gelbgrün)

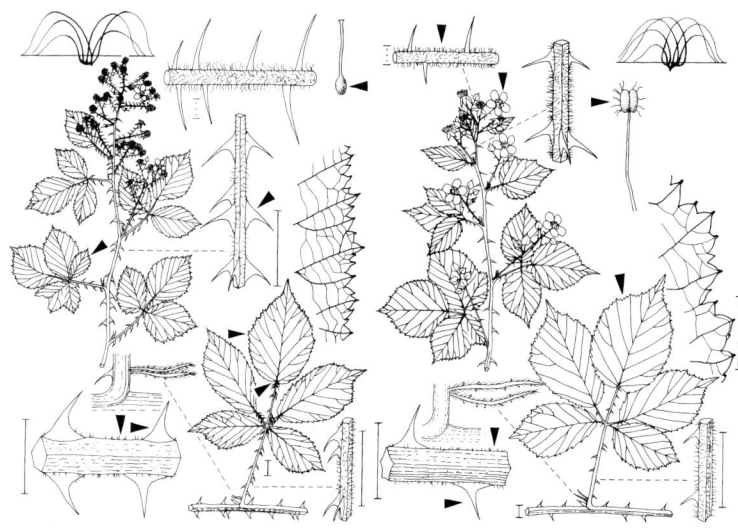

Breitstachlige Brombeere – *Rubus platyacanthus* 2,50–4,00 lg ♄ 7–8 (weiß. Stacheln gelbgrün)

Angenehme B. – *R. gratus* 2,50–3,50 lg ♄ 7–8 (blassrosa bis fast weiß)

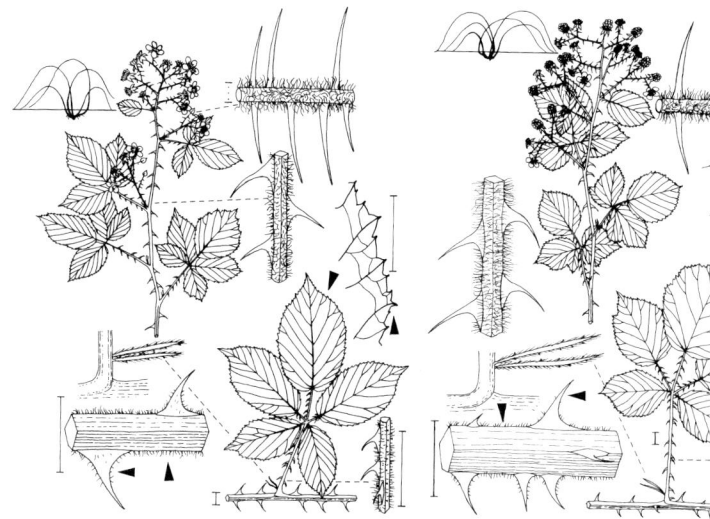

Haarstänglige B. – *R. gracilis* 2,50–4,50 lg ♄ 7–8 (blassrosa, Griffelbasis rötlich)

Hain-B. – *R. nemoralis* 2,50–4,00 lg ♄ 7–8 (blassrosa)

Schlitzblättrige Brombeere – *Rubus laciniatus* 2,00–4,00 lg ♄ 7–8 (blassrosa)

Gewöhnliche B. – *R. vulgaris* 2,00–4,50 lg ♄ 7 (weiß bis blassrosa. BlaUSeite graugrün)

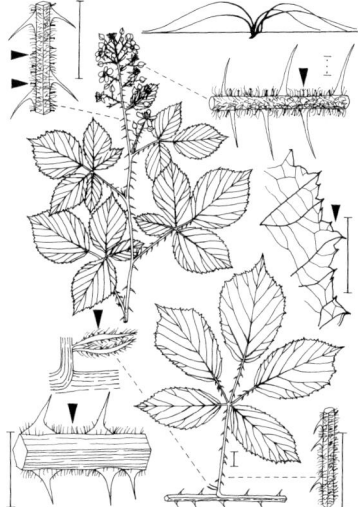

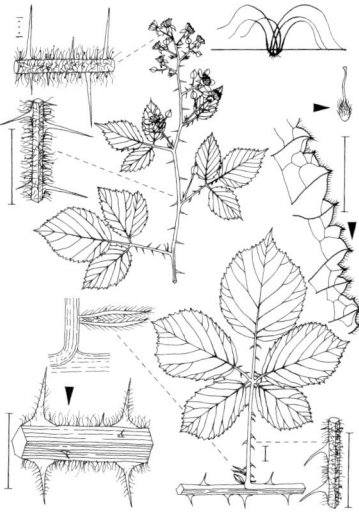

Pyramiden-B. – *R. umbrosus* 2,50–4,00 lg ♄ 7–8 (blassrosa bis weiß, Griffel grünlichweiß)

Samt-B. – *R. vestitus* 2,50–4,00 lg ♄ 7–8 (dunkelrosa od. weiß)

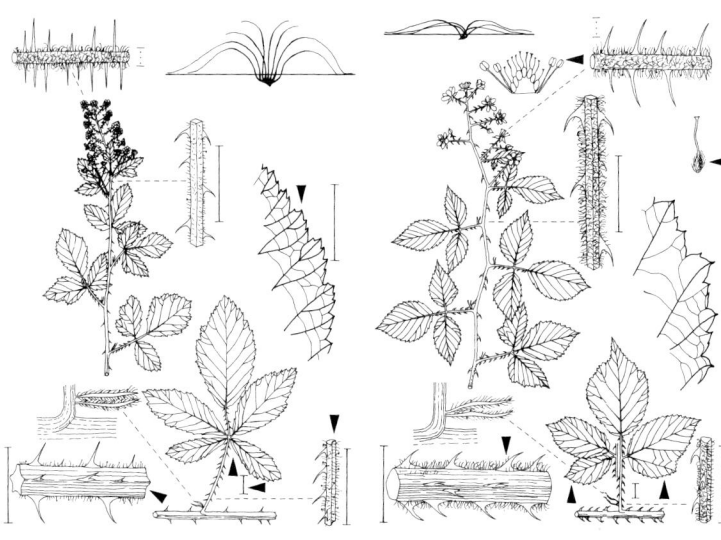

Filz-Brombeere – *Rubus canescens* 2,00–4,00 lg ♄ 6–8 (weiß, beim Trocknen gelblich. BlaUSeite weißfilzig)

Sprengel-B. – *R. sprengelii* 2,50–4,00 lg ♄ 6–8 (kräftig rosa)

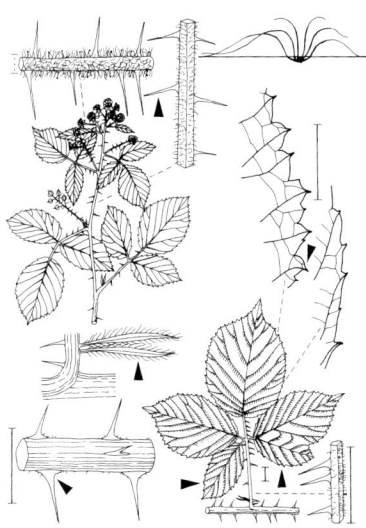

Samtblättrige B. – *R. hypomalacus* 2,50–4,00 lg ♄ 7–8 (weiß)

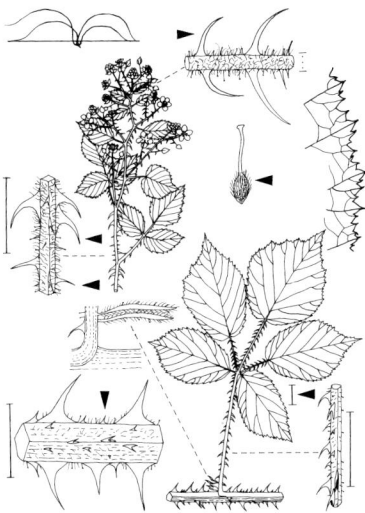

Feindliche B. – *R. infestus* 2,50–4,00 lg ♄ 7–8 (weiß bis blassrosa)

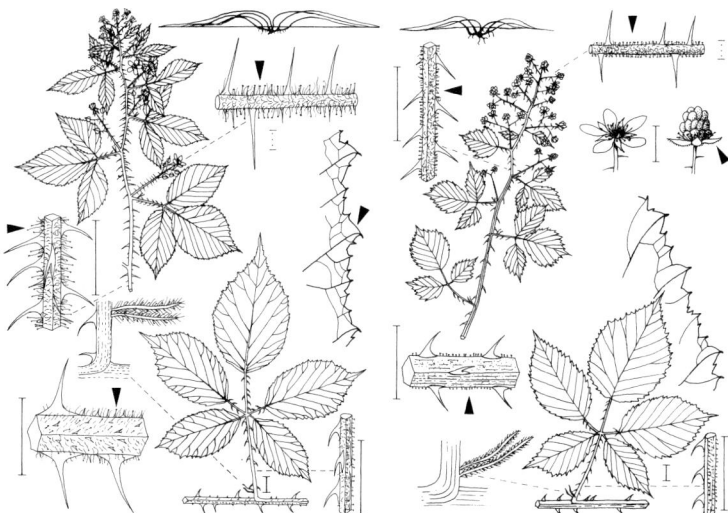

Raspel-Brombeere – *Rubus radula* 2,50–4,00 lg ♄ 7–8 (blassrosa bis weiß. BlaUSeite graugrün)

Raue B. – *R. rudis* 2,50–4,00 lg ♄ 7–8 (blassrosa. BlaUSeite graugrün)

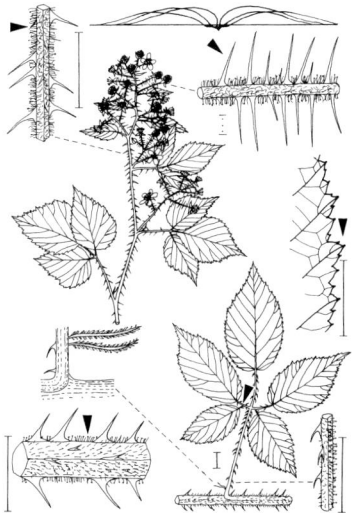

Bleiche B. – *R. pallidus* 2,50–4,00 lg ♄ 7 (weiß, Griffel am Grund rot)

Scharfe B. – *R. scaber* 2,50–4,00 lg ♄ 7–8 (weiß bis gelblichweiß. Stg blaugrau bereift)

Rundstänglige Brombeere – *Rubus tereticaulis* 2,50–4,00 lg ♄ 7–8 (weiß. Stg blaugrün bereift)

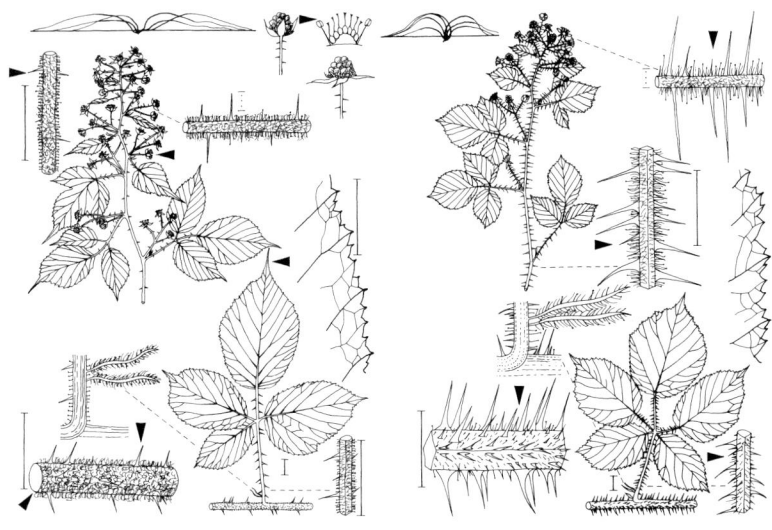

Koehler-B. – *R. koehleri* 2,50–4,00 lg ♄ 6–8 (weiß)

Schleicher-B. – *R. schleicheri* 2,50–4,00 lg ♄ 7–8 (weiß. Stacheln blassgelblich)

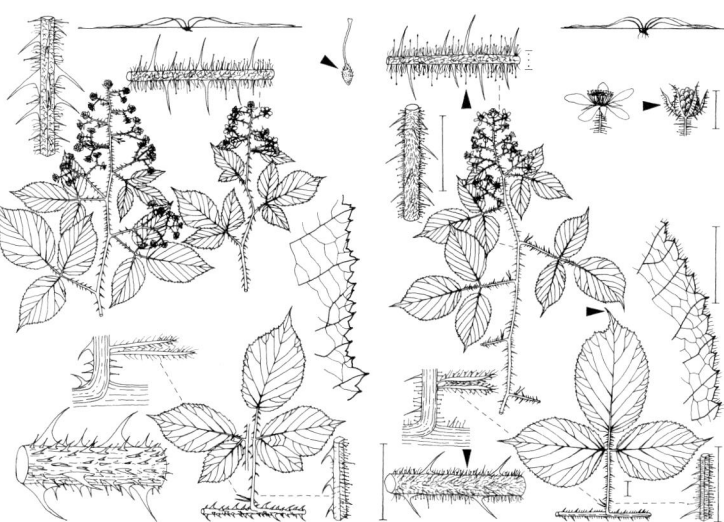

Träufelspitzen-B. – *R. pedemontanus* 2,50–4,00 lg ♄ 7–8 (weiß. Drüsen gelblich bis blassrötlich)

ROSACEAE

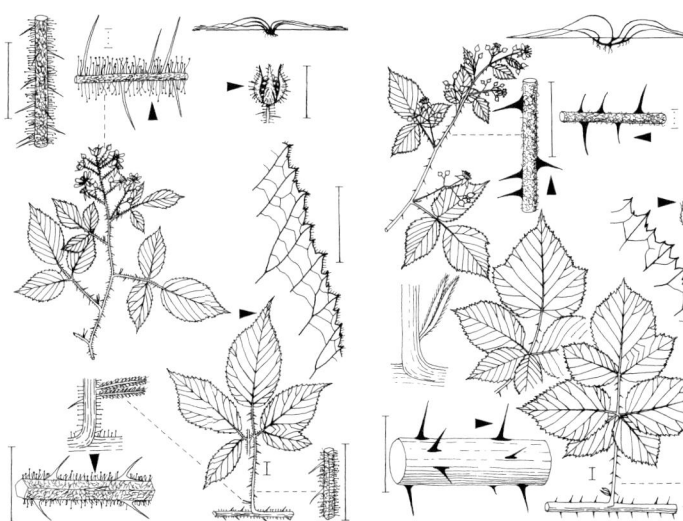

Günther-Brombeere – *Rubus guentheri* 2,50–4,00 lg ♄ 7–8 (weiß, Griffel rosa. Drüsen des BlüStandes schwarzrot)

Bereifte Haselblattbrombeere – *Rubus pruinosus* 2,00–3,00 lg ♄ 5–6 (weiß, blassrosa. Fr schwarzrot. Stacheln violett)

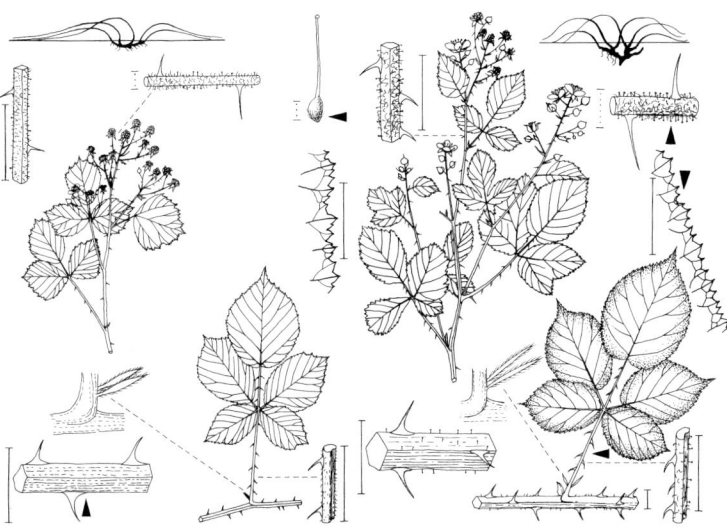

Geradachsige H. – *R. orthostachys* 2,00–3,00 lg ♄ 5–6 (blassrosa, Griffel rosa. Fr schwarz, matt)

Feingesägte H. – *R. lamprocaulos* 2,00–3,00 lg ♄ 5–6 (blassrosa. Fr wie vorige u. folgende)

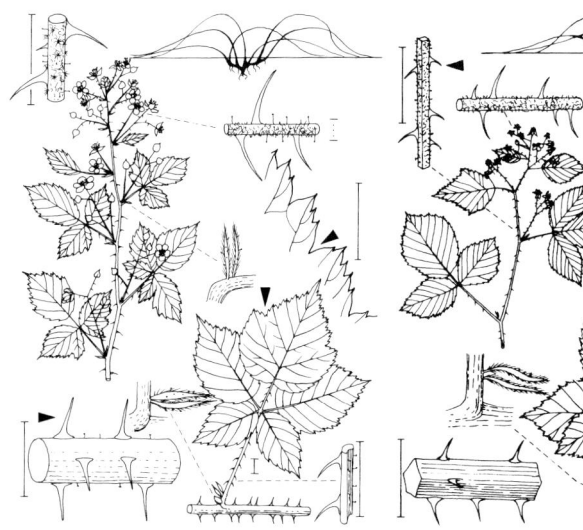
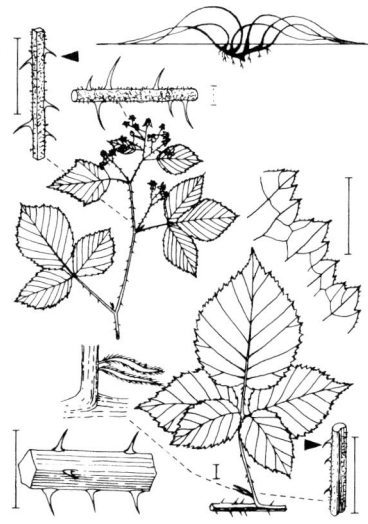

Lappenzähnige Haselblattbrombeere – *Rubus lobatidens* 2,00–3,00 lg ♄ 5–6 (weiß bis blassrosa, Griffel grünlich od. rötlich)

Krummnadlige H. – *R. curvaciculatus* 2,00–3,00 lg ♄ 5–6 (weiß)

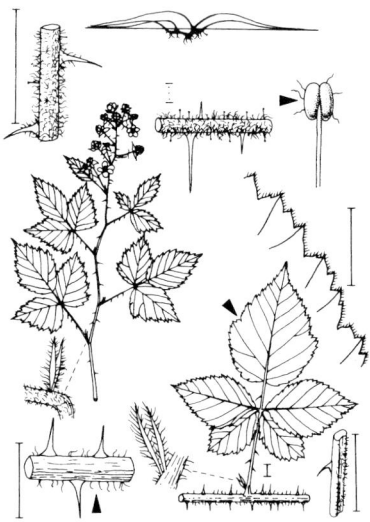
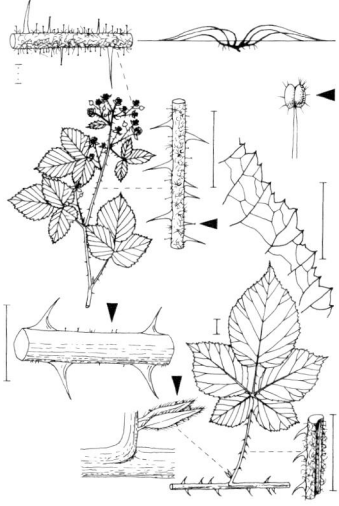

Hain-H. – *R. nemorosus* 2,00–3,00 lg ♄ 5–7 (rosa, Griffel rötlich)

Friedliche H. – *R. placidus* 2,00–3,00 lg ♄ 6–7 (rosa, Griffel rötlich)

ROSACEAE

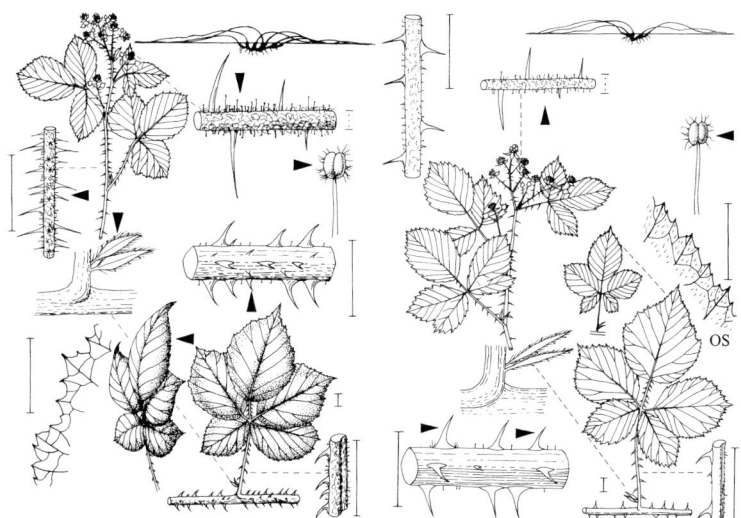

Wildere Haselblattbrombeere – *Rubus ferocior* 2,00–3,00 lg ♄ 5–6 (kräftig rosa, Griffel rosa)

Bewimperte H. – *R. camptostachys* 2,00–3,00 lg ♄ 5–6 (weiß)

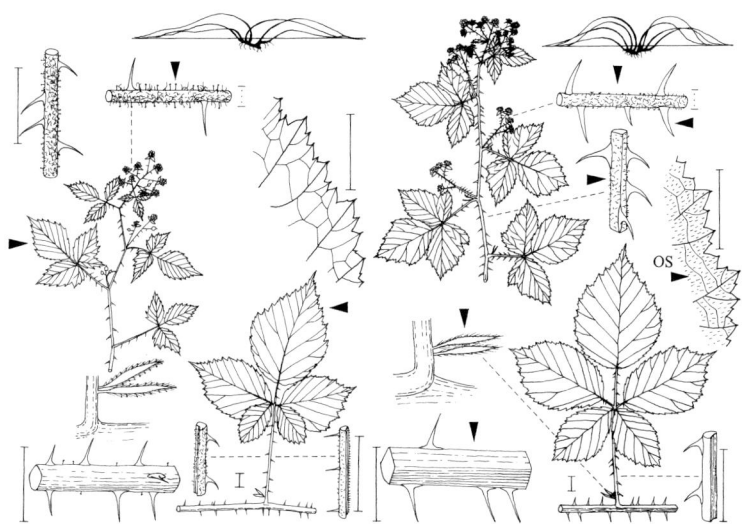

Gotische H. – *R. gothicus* 2,00–3,00 lg ♄ 6–7 (weiß)

Büschelblütige H. – *R. fasciculatus* 2,00–3,00 lg ♄ 6–7 (weiß)

Weiche Haselblattbrombeere – *Rubus mollis* 2,00–3,00 lg ♄ 5–6 (weiß)

Schmiedeberger H. – *R. fabrimontanus* 2,00–3,00 lg ♄ 6–7 (rosa)

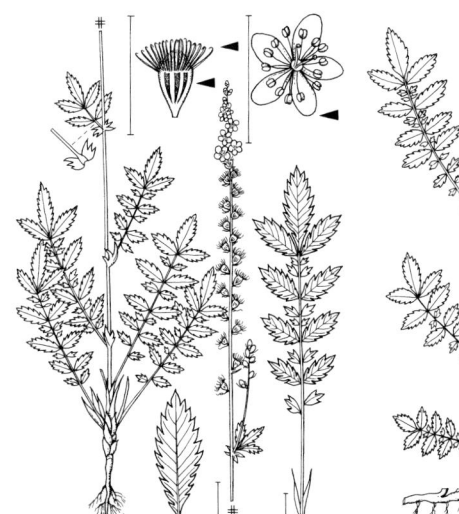

Kleiner Odermennig – *Agrimonia eupatoria* 0,30–1,00 ⚃ 6–9 (gelb)

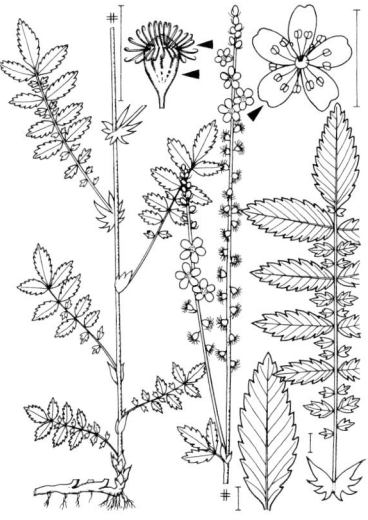

Großer O. – *A. procera* 0,50–1,80 ⚃ 6–8 (gelb)

ROSACEAE 311

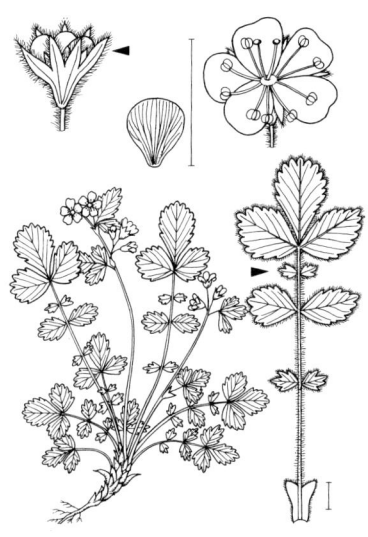

Aremonie – *Aremonia agrimonoides* 0,05–0,40 ⚁ 5–6 (gelb)

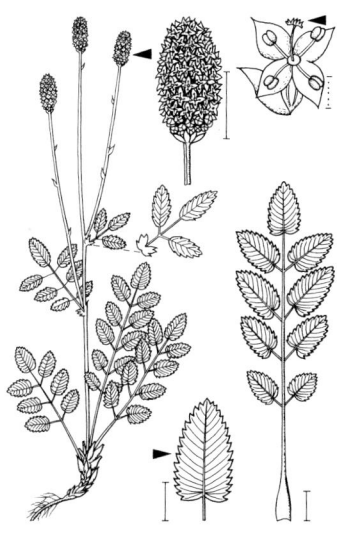

Großer Wiesenknopf – *Sanguisorba officinalis* 0,30–1,50 ⚁ 6–9 (dunkel rotbraun)

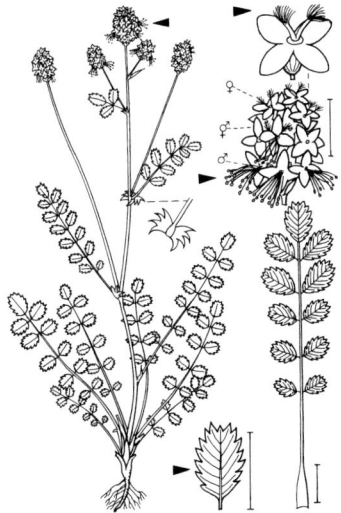

**Kleiner W. – *S. minor* 0,15–0,50(–0,80) ⚁ 5–8 (erst grünlich, dann rötlich)

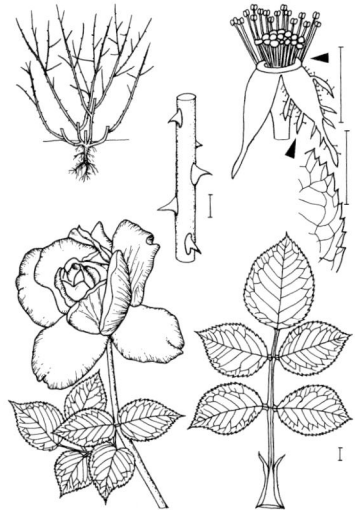

*China-Rose (Edelrose) – *Rosa chinensis* (Teehybride) 1,00–2,00 ♄ 6–10 (weiß, gelb, rosa od. rot)

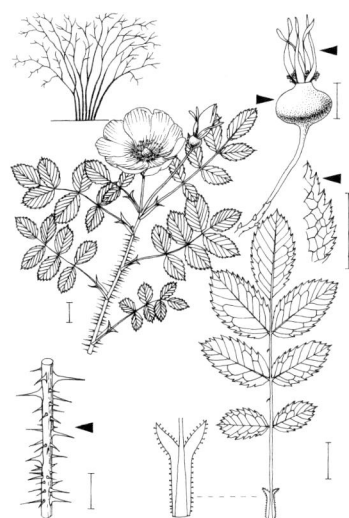

Gelbe Rose – *Rosa foetida* 1,00–4,00 ♄ 6 (goldgelb od. innen -scharlachrot, nach Wanzen riechend)

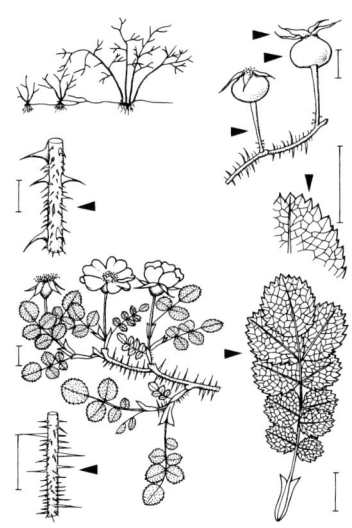

Pimpinell-R. – *R. spinosissima* 0,20–1,20 ♄ 5–6 (weiß, gelblich, selten blassrosa. Fr schwarzbraun)

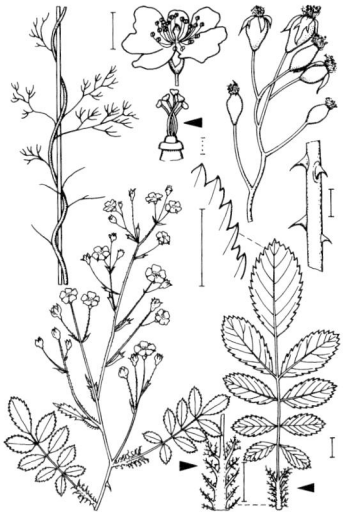

Büschel-R. – *R. multiflora* 1,00–5,00 ♄ 6–7 (weiß, selten blassrosa)

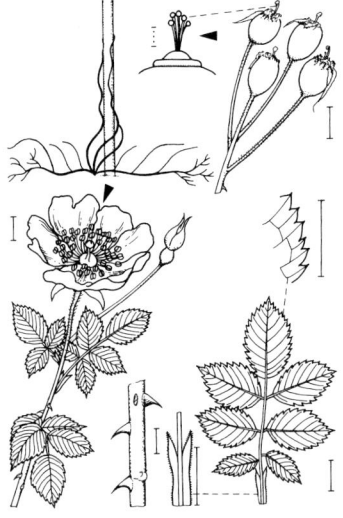

Kriechende R. – *R. arvensis* 0,30–1,00(–1,50) ♄ 6–7 (weiß)

ROSACEAE

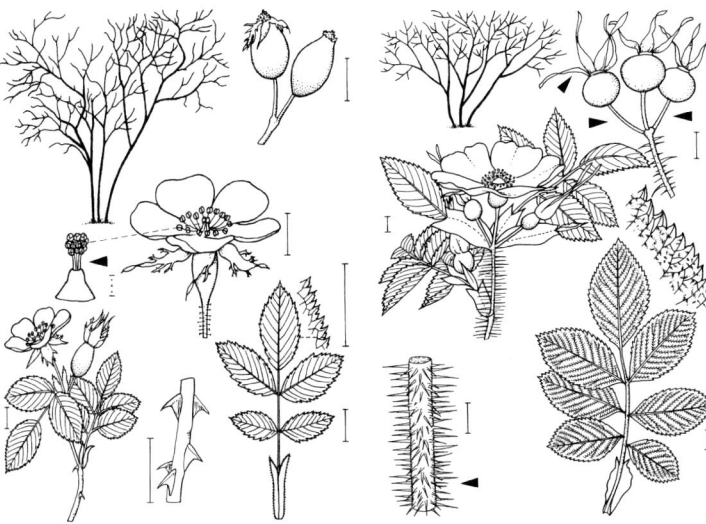

Verwachsengrifflige Rose – *Rosa stylosa* 0,50–3,00 ♄ 6–7 (weiß od. blassrosa)

Runzel-R. – *R. rugosa* 1,00–2,00 ♄ 5–8 (dunkelrosa od. weiß)

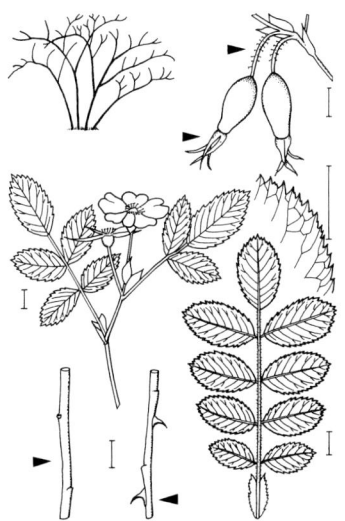

Gebirgs-R. – *R. pendulina* 0,50–2,00 ♄ 6–7 (karminrot)

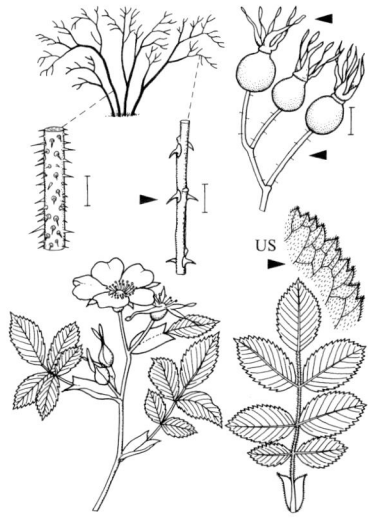

Zimt-R. – *R. majalis* 1,00–1,50 ♄ 5–7 (karminrot bis rosa. Zweige braunrot glänzend)

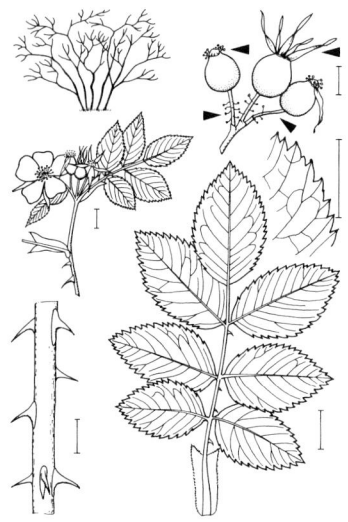

Rotblättrige Rose – *Rosa glauca* 1,00–3,00 ♄ 6–7 (karminrot. Zweige u. Bla hechtblau bereift)

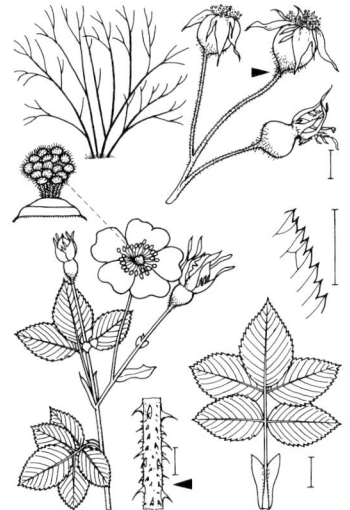

Essig-R. – *R. gallica* 0,30–1,50 ♄ 6–7 (kräftig rosa bis karminrot, selten weiß)

Raublättrige R. – *R. marginata* 0,30–1,00(–2,00) ♄ 6–7 (kräftig rosa, selten blassrosa)

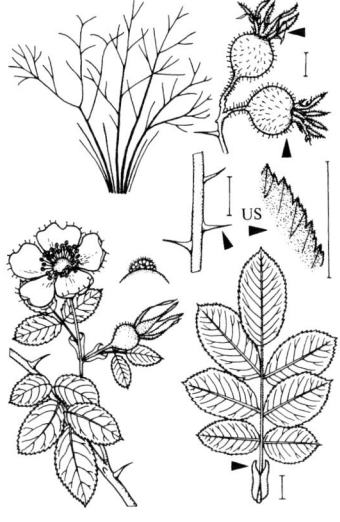

Apfel-R. – *R. villosa* 0,50–2,00 ♄ 6–7 (karminrot. BlaUSeite graugrün)

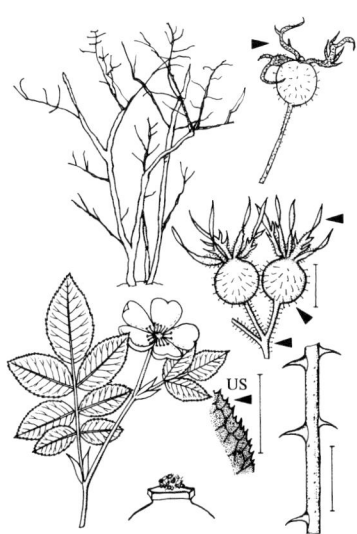

Sherard-Rose – *Rosa sherardii* 0,50–2,00 ♄ 6–7 (kräftig rosa bis rot. Bla harzig duftend, USeite bläulichgrün) ↗ S. 806

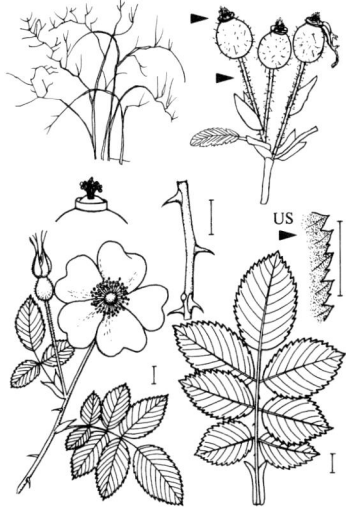

Filz-R. – *R. tomentosa* (0,50–)1,00–3,00 ♄ 6–7 (blassrosa od. weiß. Bla harzig duftend, USeite bläulichgrün)

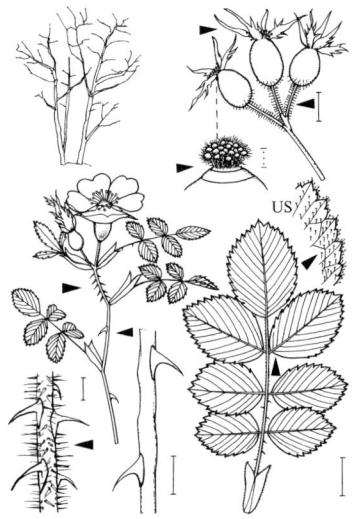

Wein-R. – *R. rubiginosa* 1,00–2,00(–2,50) ♄ 6–7 (kräftig rosa. Bla apfelartig duftend. Formenreich)

Kleinblütige R. – *R. micrantha* (1,00–)2,00–3,00 ♄ 6–7 (weiß od. blassrosa. Bla schwach nach Apfel duftend)

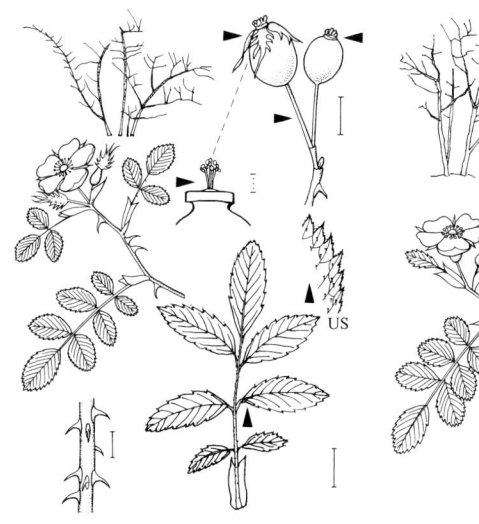
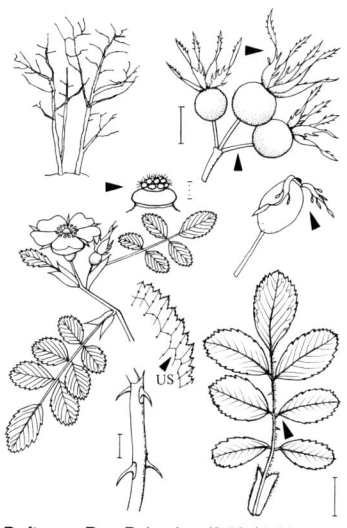

Acker-Rose – *Rosa agrestis* 1,00–3,00 (–3,50) ♄ 6–7 (weiß, selten blassrosa. Bla schwach nach Apfel duftend)

Duftarme R. – *R. inodora* (0,50–)1,00– 2,00(–2,50) ♄ 6–7 (kräftig rosa bis blassrosa. Bla nach Apfel duftend. Formenreich)

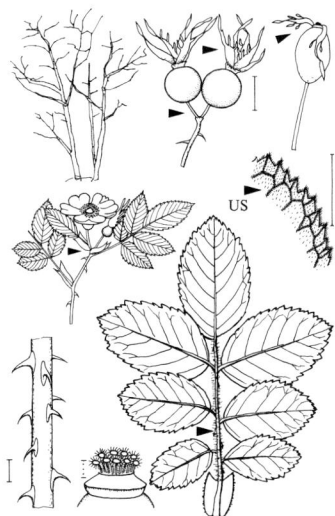
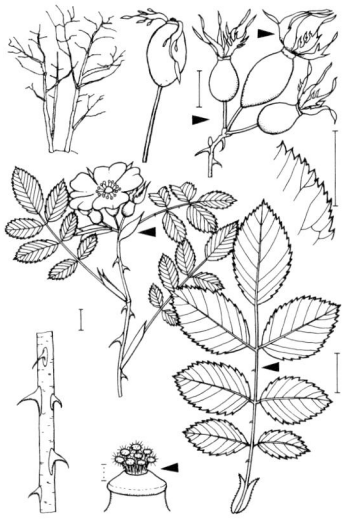

Lederblättrige R. – *R. caesia* 1,00–2,00 ♄ 6 (kräftig rosa. Bla graugrün) ↗ S. 806

Vogesen-R. – *R. dumalis* 1,00–2,00(– 2,50) ♄ 6–7 (karminrot. Bla bläulichgrün) ↗ S. 806

ROSACEAE

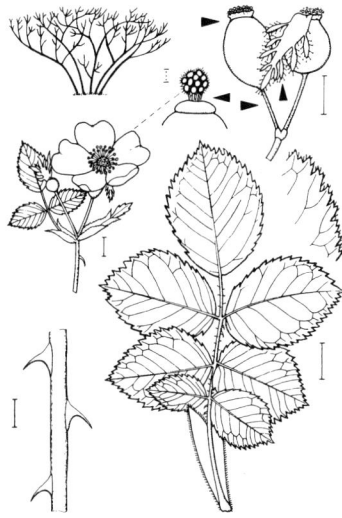

Flaum-Rose – *Rosa balsamica* 1,00–2,00 ♄ 6–7 (weiß, selten blassrosa)

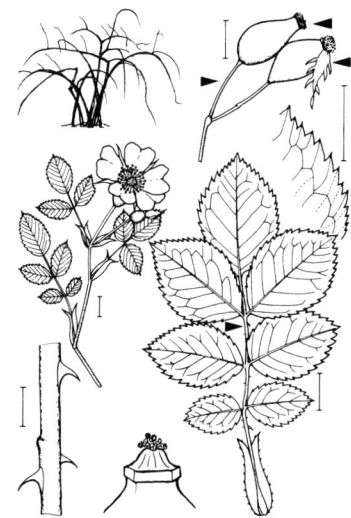

Hunds-R. – *R. canina* 1,00–3,50 ♄ 5–7 (blassrosa od. weiß. Formenreich)

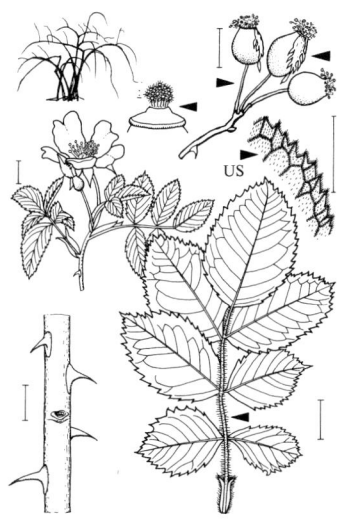

Hecken-R. – *R. corymbifera* 1,00–3,00 ♄ 6–7 (blassrosa od. weiß)

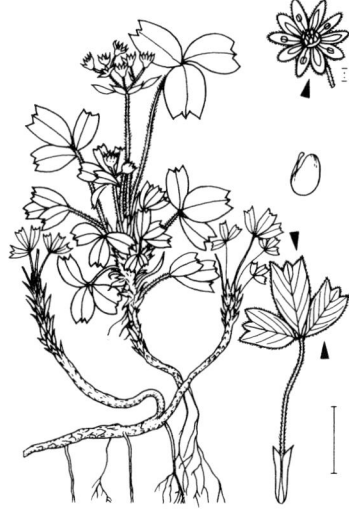

Gelbling – *Sibbaldia procumbens* 0,02–0,04 ⚃ 6–8 (gelbgrün. Bla graugrün)

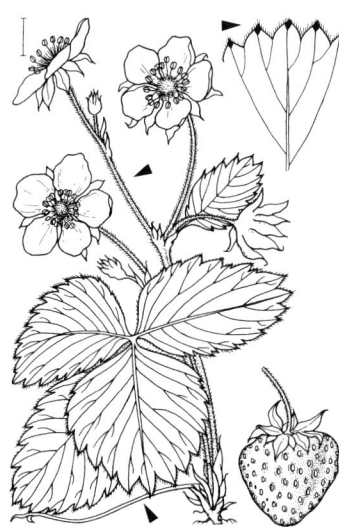

Garten-Erdbeere – *Fragaria* ×*ananassa* 0,20–0,30 ♃ 5–6 (weiß. Spitzen der BlaZähne rot)

Wald-E. – *F. vesca* 0,05–0,20 ♃ 5–6 (weiß. Spitzen der BlaZähne hellrosa, grün gesäumt)

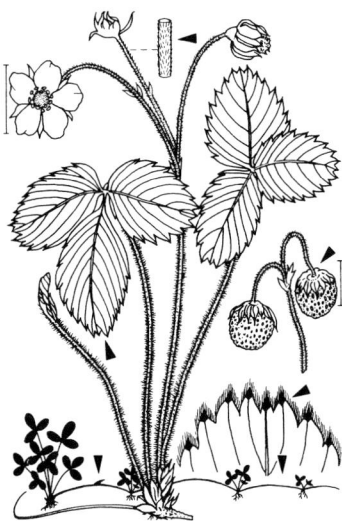

Knack-E. – *F. viridis* 0,05–0,15 ♃ 5–6 (gelblichweiß, später weiß. Spitzen der BlaZähne rot)

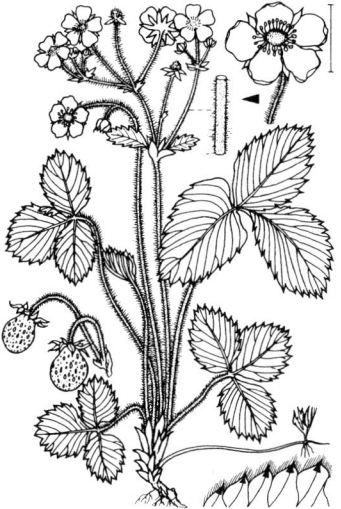

Zimt-E. – *F. moschata* 0,15–0,35 ♃ 5–6 (weiß. Spitzen der BlaZähne rosa, grün gesäumt)

ROSACEAE

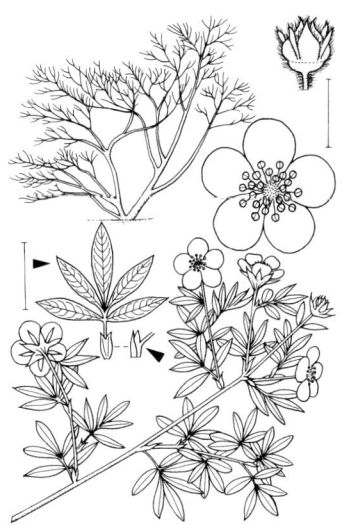

Strauchfingerkraut – *Dasiphora fruticosa* 0,50–1,40 ♄ ♅ 5–9 (gelb od. weiß)

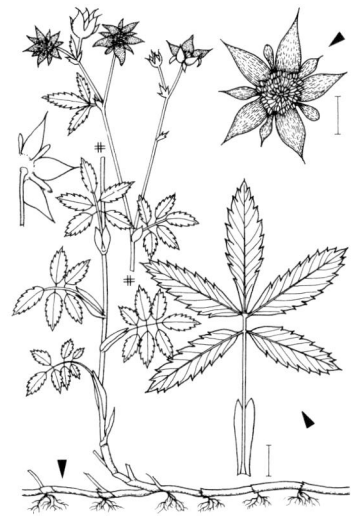

Sumpf-Blutauge – *Comarum palustre* 0,25–0,35 ♃ 6–7 (Ke oberseits u. Kr dunkel rotbraun, AußenKe grün)

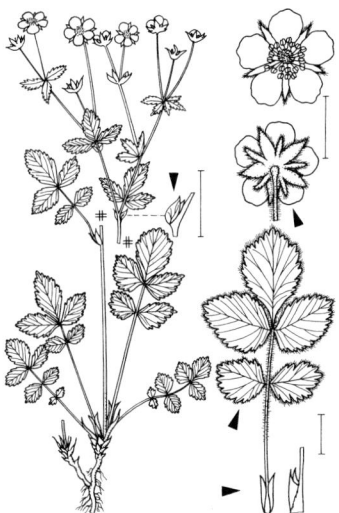

Steinfingerkraut – *Drymocallis rupestris* 0,40–0,70 ♃ 5–7 (weiß)

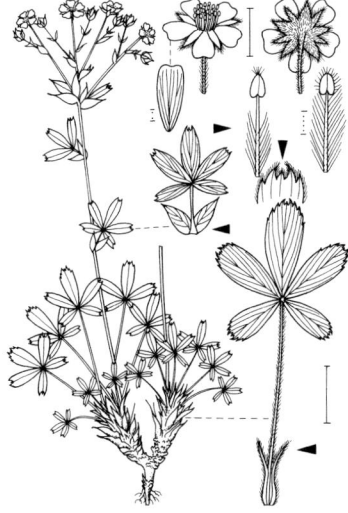

Stängel-Fingerkraut – *Potentilla caulescens* 0,10–0,30 ♃ 7–9 (weiß, innen oft etwas rötlich)

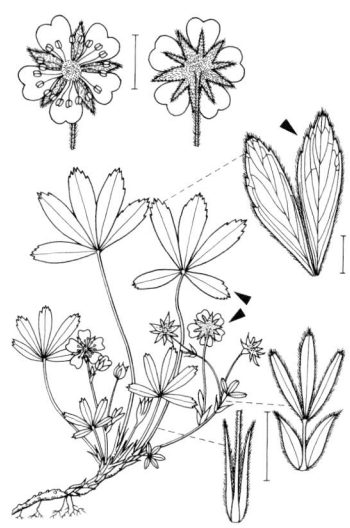

Weißes Fingerkraut – *Potent_i_lla _a_lba* 0,05–0,20 ⚥ 4–6 (weiß)

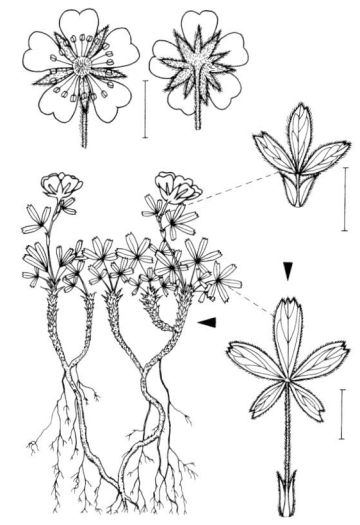

Ostalpen-F. – *P. clusi_a_na* 0,05–0,10 ⚥ 6–8 (gelblichweiß, Staubfäden u. Griffel oft rötlich)

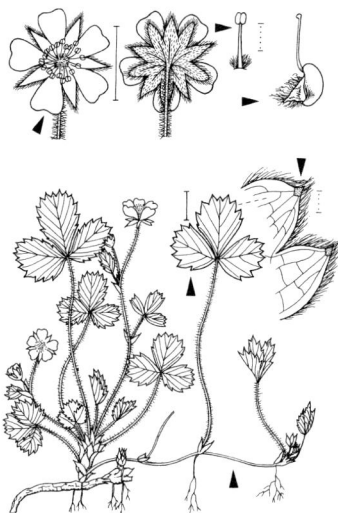

Erdbeer-F. – *P. sterilis* 0,05–0,15 ⚥ 3–5 (weiß. BlaUSeite blaugrün)

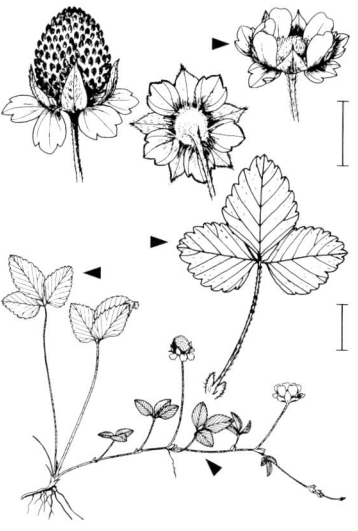

Scheinerdbeer-F. – *P. indica* 0,10–0,20 ⚥ 5–10 (gelb. Fr rot)

ROSACEAE 321

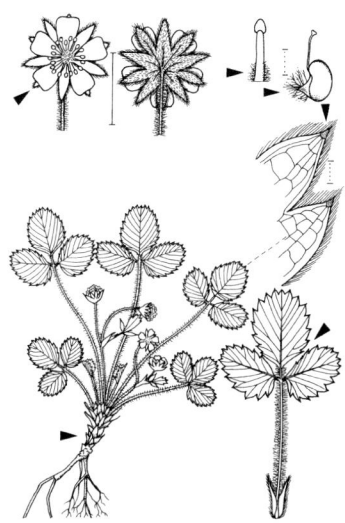

Kleinblütiges Fingerkraut – *Potentilla micrantha* 0,05–0,15 ⚤ 3–5 (weiß, am Nagel od. selten ganz rosa)

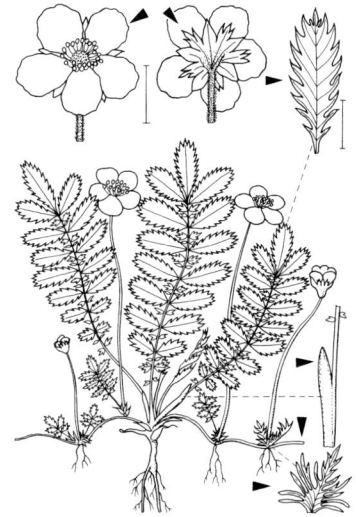

Gänse-F. – *P. anserina* 0,10–0,20 ⚤ 5–8 (goldgelb. BlaUSeite weißglänzend bis weißfilzig)

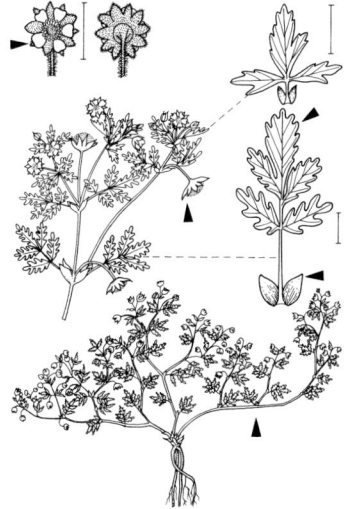

Niedriges F. – *P. supina* 0,10–0,40 ☉ bis ⚤ 6–10 (gelb)

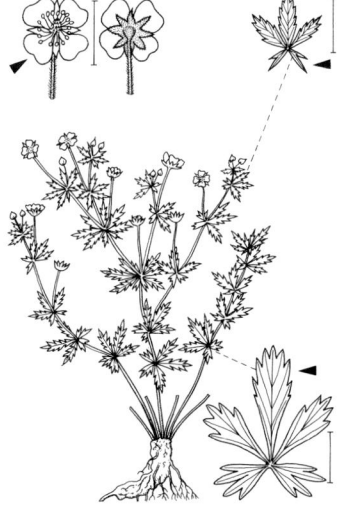

Blutwurz – *P. erecta* 0,10–0,35 ⚤ 5–8 (gelb. Rhizom innen blutrot)

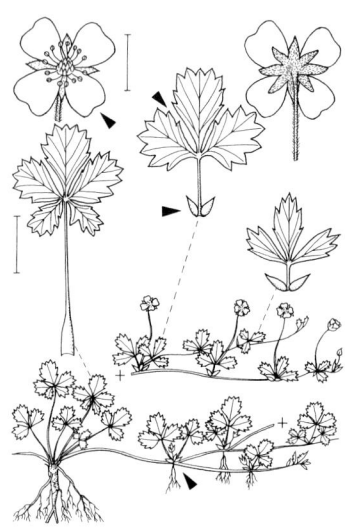

Englisches Fingerkraut – *Potentilla anglica* 0,15–0,70 lg ⚄ 5–9 (goldgelb)

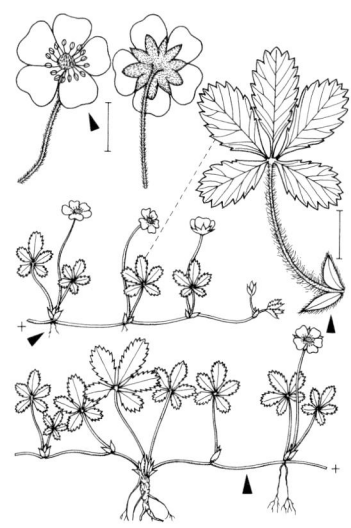

Kriechendes F. – *P. reptans* 0,10–0,20 ⚄ 6–8 (goldgelb)

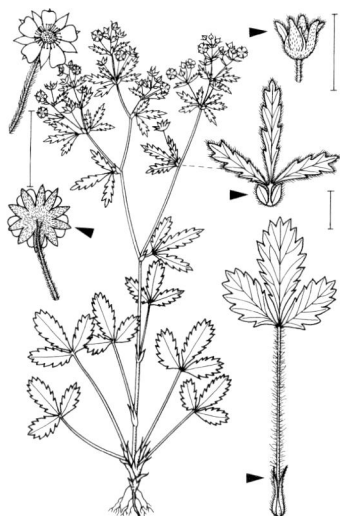

Norwegisches F. – *P. norvegica* 0,20–0,50 ⊙ bis ⚄ 6–9 (gelb. Stg rötlich)

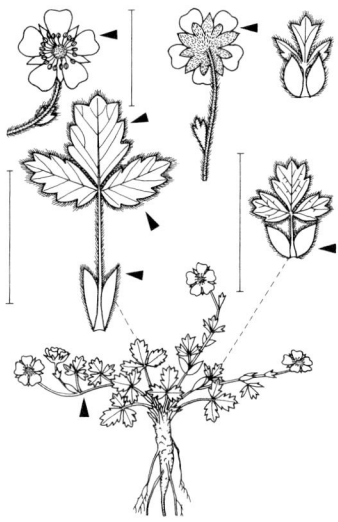

Zwerg-F. – *P. brauneana* 0,02–0,05 ⚄ 7–8 (gelb)

ROSACEAE 323

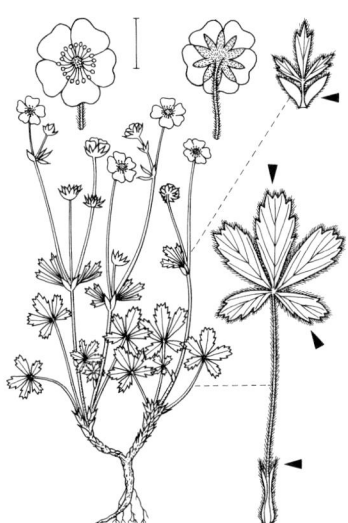

Gold-Fingerkraut – *Potentilla aurea* 0,05–0,20 ♃ 6–9 (goldgelb, am Grund mit orangefarbenem Fleck)

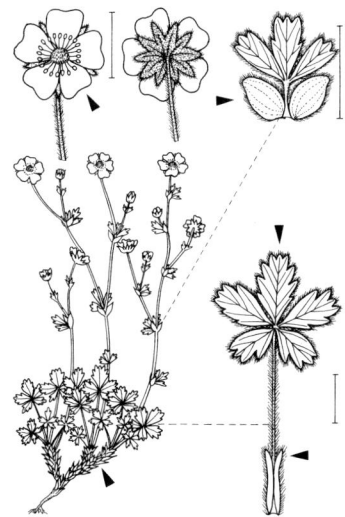

Zottiges F. – *P. crantzii* 0,10–0,30 ♃ 6–7 (dottergelb, am Grund oft mit orangefarbenem Fleck)

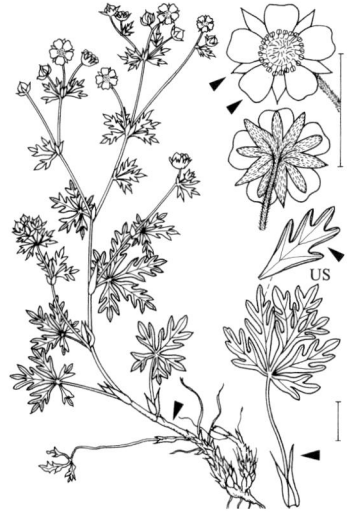

*Silber-F. – *P. argentea* 0,20–0,50 ♃ 6–10 (gelb, BlaUSeite weißfilzig)

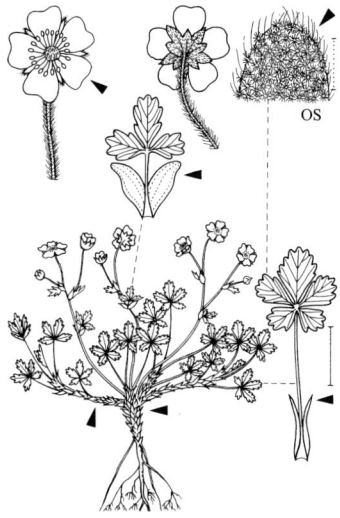

Sand-F. – *P. cinerea* subsp. *incana* 0,05–0,15 ♃ 3–5 (gelb, BlaUSeite graufilzig)

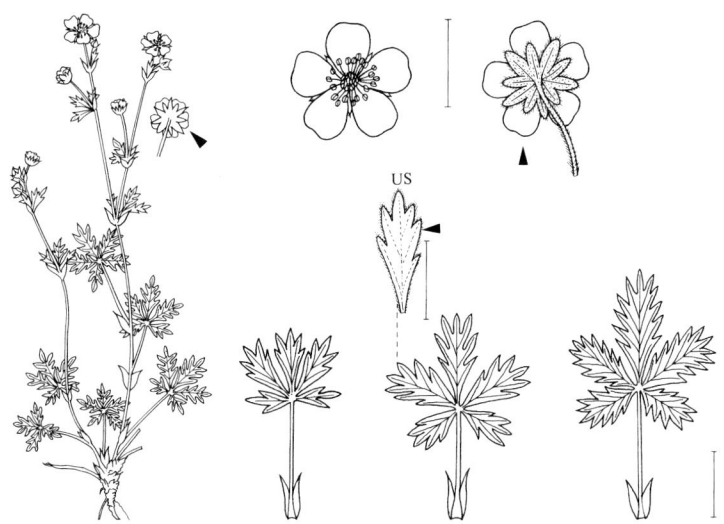

Rheinisches Fingerkraut – *Potentilla rhenana* 0,10–0,30 ⚥ 4–8 (gelb. BlaUSeite grau). Bla L: *P. rhenana*, M: *P. leucopolitana*, R: *P. lindackeri*

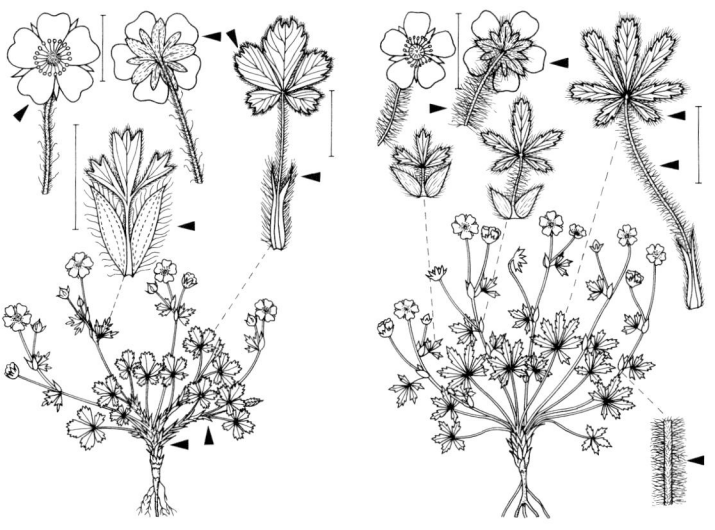

Frühlings-F. – *P. verna* 0,05–0,10(–0,15) ⚥ 3–6 (gelb. BlaUSeite grün)

Rötliches F. – *P. heptaphylla* 0,10–0,15 ⚥ 4–6 (gelb. Stg u. Ke oft rötlich)

ROSACEAE

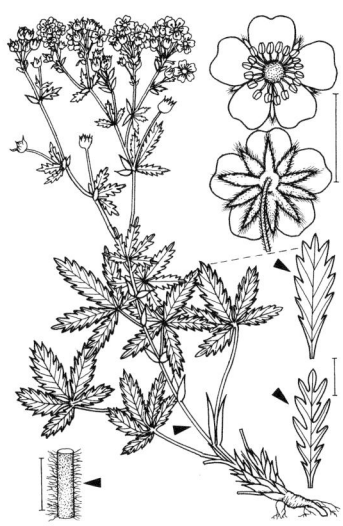

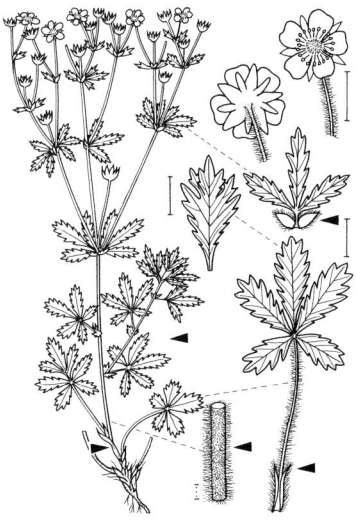

Graues Fingerkraut – *Potentilla inclinata* 0,20–0,50 ♃ 5–8 (gelb. Stg unten oft violett. BlaUSeite graugrün)

Mittleres F. – *P. intermedia* 0,20–0,50 ☉ ♃ 6–9 (gelb)

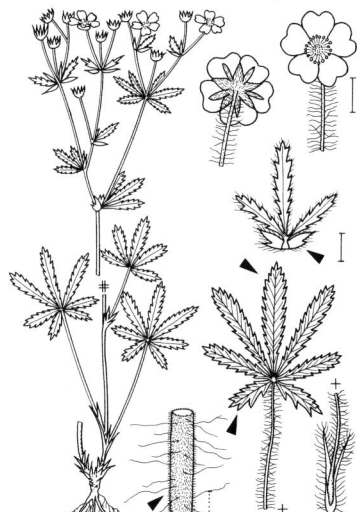

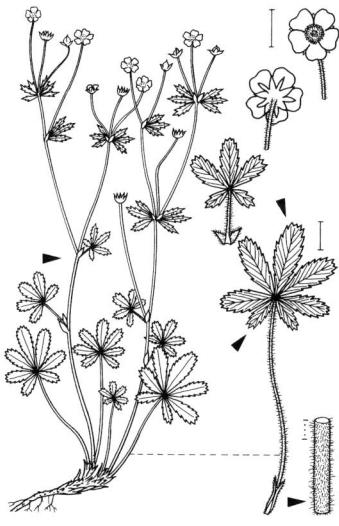

Aufrechtes F. – *P. recta* 0,25–0,70 ♃ 6–7 (blass-bis goldgelb)

Thüringisches F.– *P. thuringiaca* 0,20–0,60 ♃ 5–7 (goldgelb)

Filziger Frauenmantel – *Alchemilla glaucescens* 0,05–0,30 ⚁ 5–10 (gelbgrün, BlaOSeite graugrün)

Zerschlitzter F. – *A. fissa* 0,05–0,30 ⚁ 6–10 (gelbgrün, BlaOSeite grün)

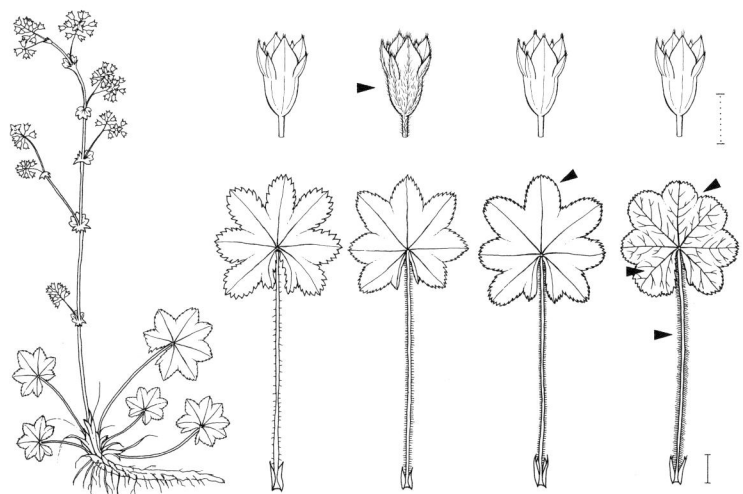

*Fadenstängel-F. – *A. filicaulis* 0,10–0,50 ⚁ 5–10 (gelbgrün). Bla L: *A. subcrenata*, Mitte L: *A. filicaulis*, Mitte R: *A. monticola*, R: *A. crinita* ↗ S. 806

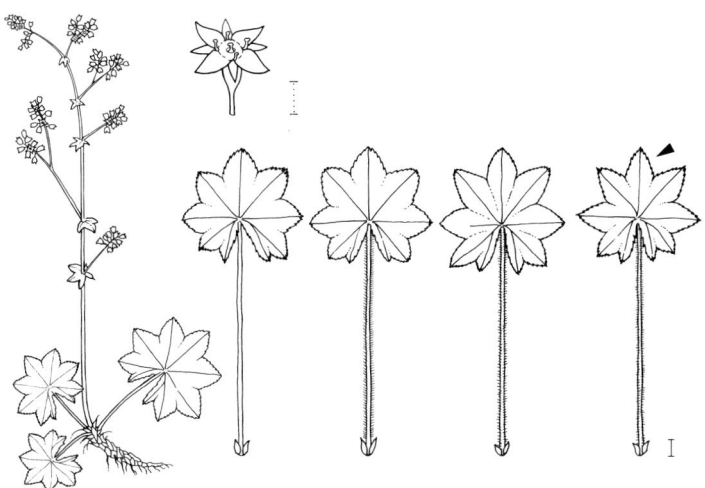

***Gewöhnlicher Frauenmantel** – *Alchemilla vulgaris* 0,07–0,70 ♃ 5–10 (gelbgrün). Bla L:
A. glabra, Mitte L: *A. micans*, Mitte R: *A. xanthochlora*, R: *A. vulgaris* ↗ S. 806

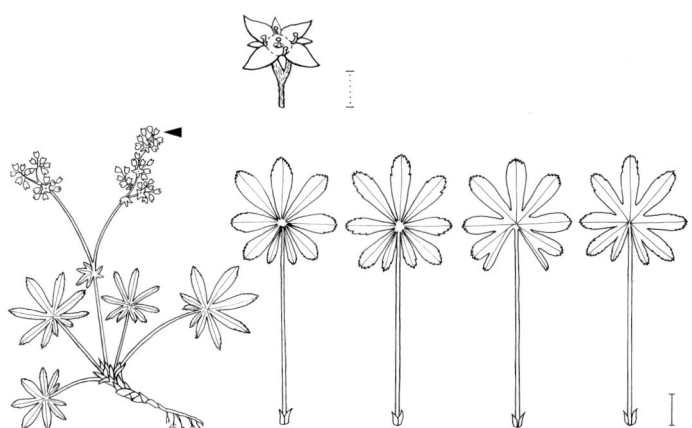

*****Hoppe-F.** – *A. hoppeana* 0,07–0,25 ♃ 6–10 (gelbgrün. BlaUSeite silberglänzend). Bla L:
A. alpigena, Mitte L: *A. nitida*, Mitte R: *A. hoppeana*, R: *A. pallens* ↗ S. 807

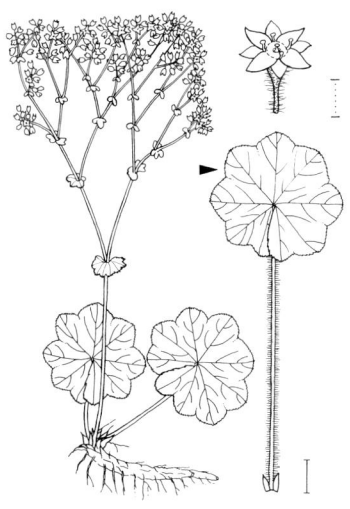

Samt-Frauenmantel – *Alchemilla mollis* 0,30–0,80 ♃ 6–8 (gelbgrün, BlaOSeite hell blaugrün)

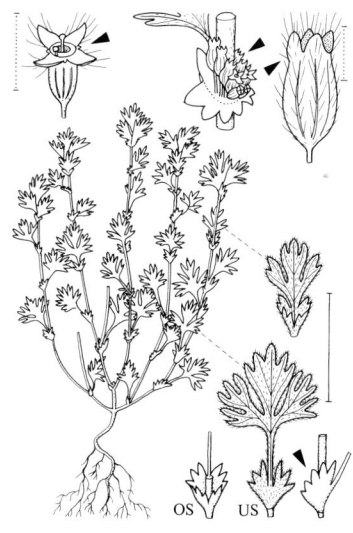

Gewöhnlicher Ackerfrauenmantel – *Aphanes arvensis* 0,05–0,20 ☉ ① 5–9 (gelbgrün. Pfl graugrün)

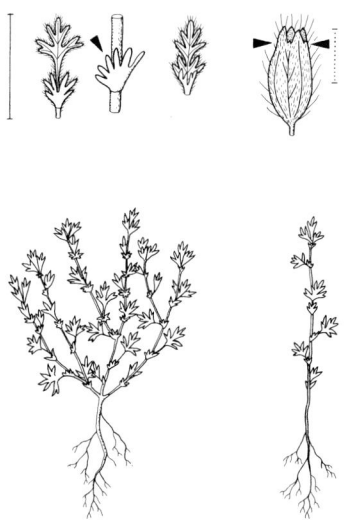

Südlicher A. – *A. australis* 0,03–0,15 ☉ ① 5–9 (gelbgrün. Pfl grün)

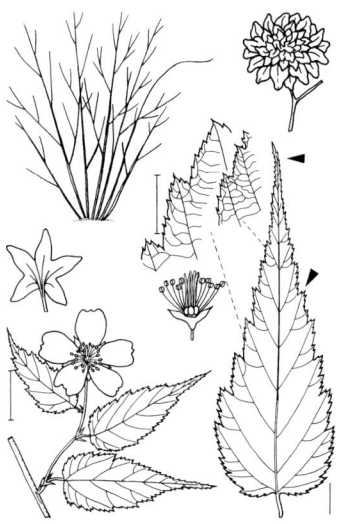

Japanisches Goldröschen – *Kerria japonica* 1,00–3,00 ♄ 5 (gelb)

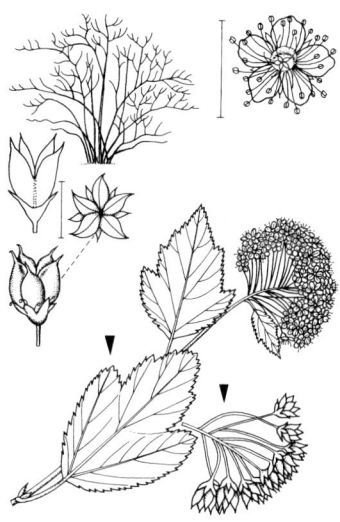

Schneeballblättrige Blasenspiere – *Physocarpus opulifolius* Bis 3,00 ♄ 5–7 (weiß)

Ebereschen-Fiederspiere – *Sorbaria sorbifolia* 1,00–2,00 ♄ 6–8 (weiß)

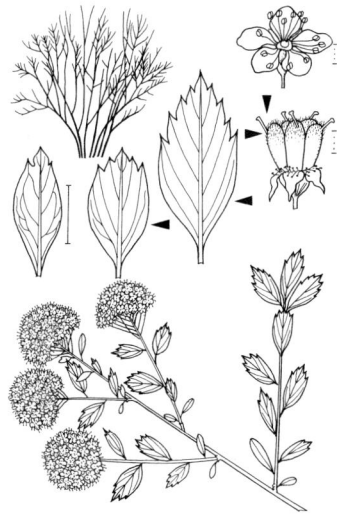

Karpaten-Spierstrauch – *Spiraea media* Bis 1,60 ♄ 5–6 (weiß) Nicht in D eingebürgert.

Ulmen-Sp. – *Sp. chamaedryfolia* Bis 2,00 ♄ 5–7 (weiß)

Japanischer Spierstrauch – *Spiraea japonica* Bis 1,50 ℏ 7–8 (rosa)

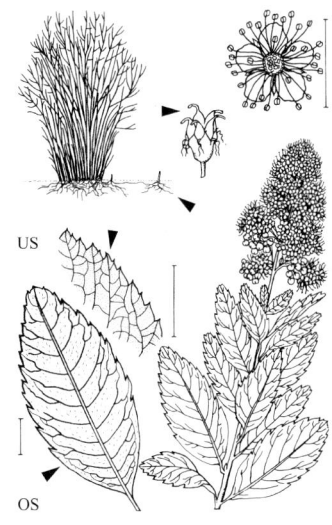

Bastard-Sp. – *Sp. ×billardii* Bis 2,00 ℏ 6–10 (rosa. BlaUSeite dünnfilzig)

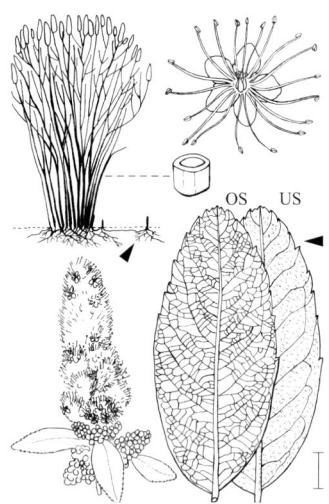

Douglas-Sp. – *Sp. douglasii* Bis 2,00 ℏ 6–8 (dunkelrosa. Zweige weißfilzig)

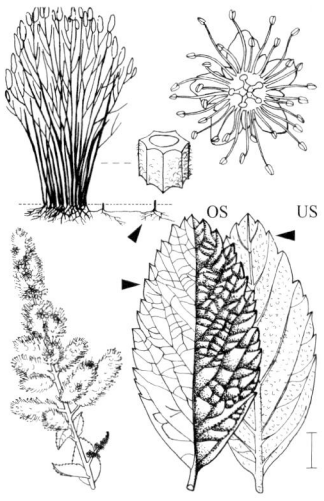

Filziger Sp. – *Sp. tomentosa* Bis 1,20 ℏ 7–9 (rosenrot, selten weiß. Zweige braunfilzig)

ROSACEAE

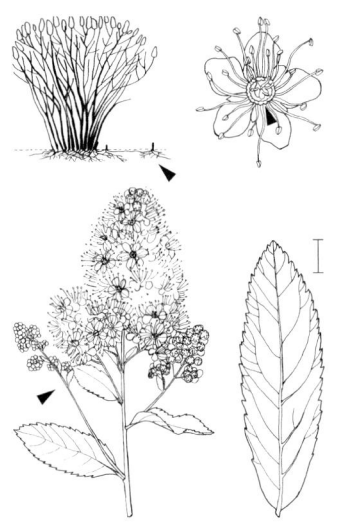

Weißer Spierstrauch – *Spiraea alba* Bis 2,00 ♄ 6–8 (weiß)

Wald-Geißbart – *Aruncus dioicus* 0,80–1,50 ♃ 6–7 (♂ gelblichweiß, ♀ weiß)

Kirschlorbeer – *Prunus laurocerasus* Bis 3,00 ♄ 4–5 (weiß. Fr rot)

Späte Traubenkirsche – *Prunus serotina* Bis 15,00 ♄ 5–7 (gelblichweiß. Fr schwarzrot)

**Gewöhnliche Traubenkirsche – *Prunus padus* Bis 25,00 ♄ 4–5 (weiß. Fr schwarz)

Virginische T. – *P. virginiana* Bis 10,00 ♄ 5–6 (gelblichweiß. Fr schwarzrot)

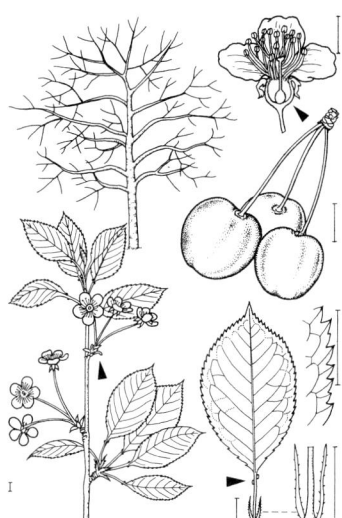

**Vogel-Kirsche, Süß-Kirsche – *P. avium* Bis 25,00 ♄ 4–5 (weiß. Fr schwarzrot bis gelbrot)

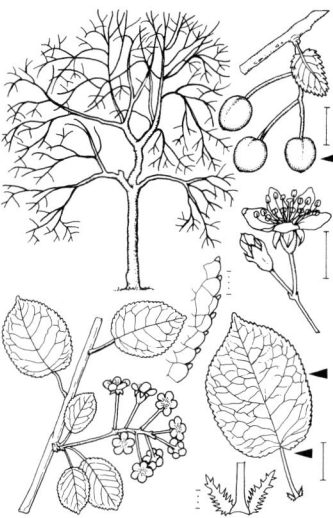

Steinweichsel – *P. mahaleb* Bis 10,00 ♄ 4–5 (weiß. Fr schwarz)

ROSACEAE

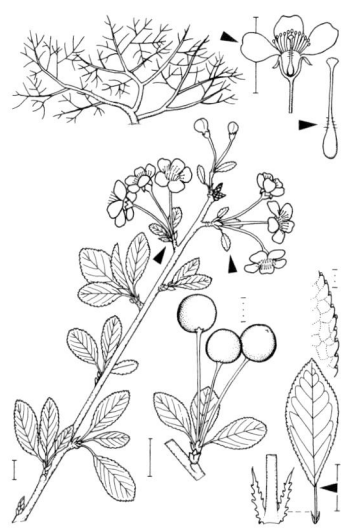

Zwerg-Kirsche – *Prunus fruticosa* 0,10–3,50 ħ 4–5 (weiß. Fr korallenrot)

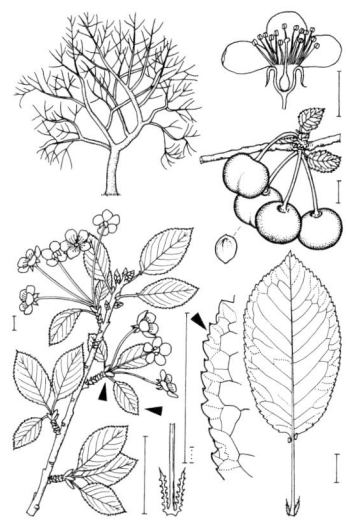

**Sauer-K. – *P. cerasus* Bis 10,00 ħ 4–5 (weiß. Fr hell- bis dunkelrot)

Pfirsich – *P. persica* Bis 8,00 ħ 4–5 (kräftig rosa. Fr grünlich od. rötlich)

Aprikose – *P. armeniaca* Bis 10,00 ħ 3–4 (weiß bis blassrosa. Fr gelb bis orange)

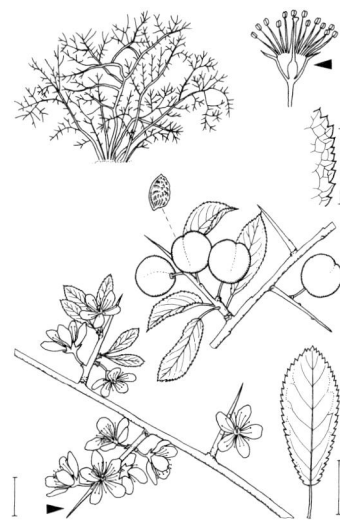

**Schlehe – *Prunus spinosa* 1,00–3,00 ♄
4–5 (weiß. Fr dunkelblau, graublau bereift)

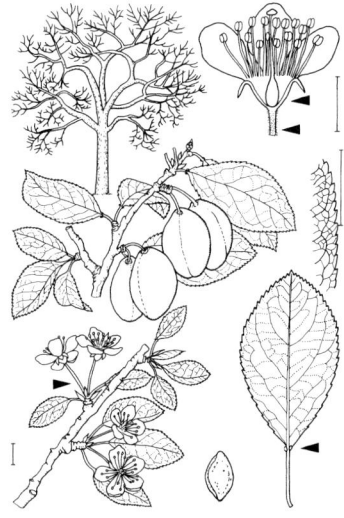

**Pflaume – *P. domestica* Bis 10,00 ♄
4 (weiß bis grünlichweiß. Fr dunkelblau,
graublau bereift)

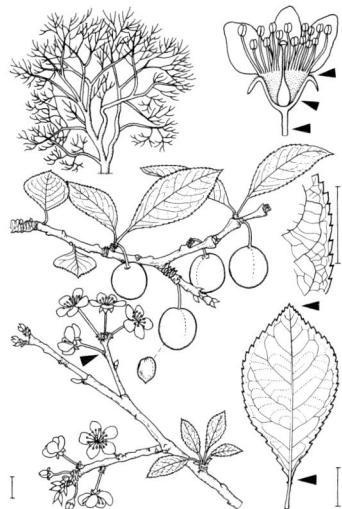

Kirsch-Pflaume – *P. cerasifera* Bis 10,00
♄ 3–4 (weiß bis rötlich. Fr rot od. gelb. Bla
oft dunkelrot)

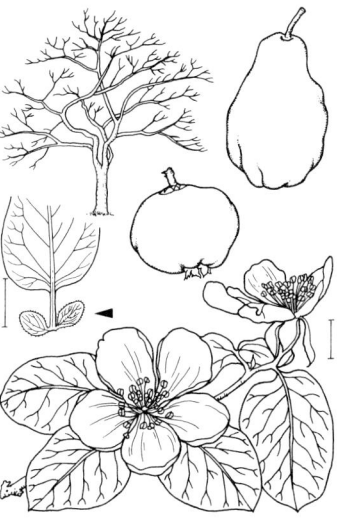

Echte Quitte – *Cydonia oblonga* Bis 6,00
♄ 5–6 (rosa od. weiß, dunkler geadert,
StaubBla violett)

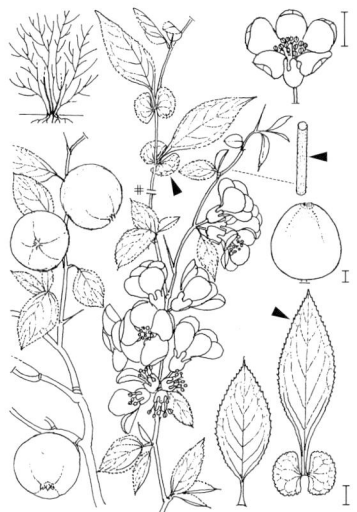

Chinesische Scheinquitte –
Chaenomeles speciosa 0,50–3,00 ♄ 5–6
(rosa bis dunkelrot. Fr gelbbraun)

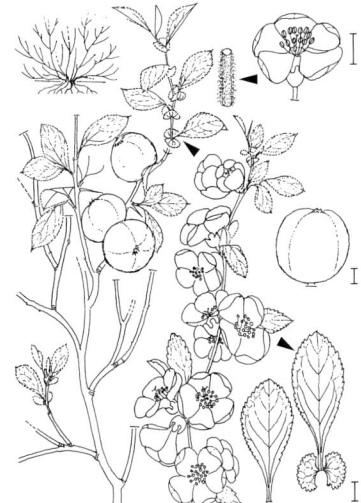

Japanische Sch. – *Ch. japonica*
0,30–0,90 ♄ 4–5 (braunrot bis orange. Fr
gelb, stark duftend)

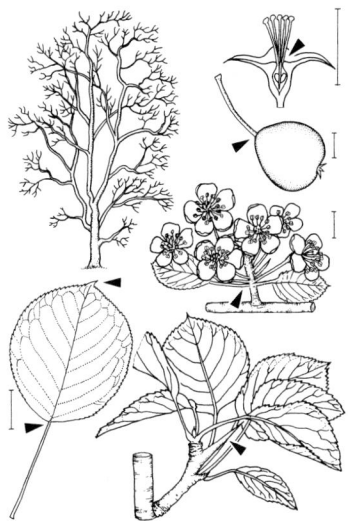

Wild-Birne – *Pyrus pyraster* Bis 20,00
♄ 4–5 (weiß, Staubbeutel rot. BlaUSeite
blaugrün)

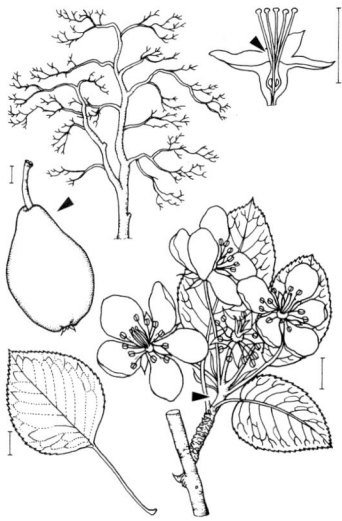

Kultur-B. – *P. communis* Bis 20,00 ♄
4–5 (weiß, Staubbeutel rot. BlaUSeite
blaugrün)

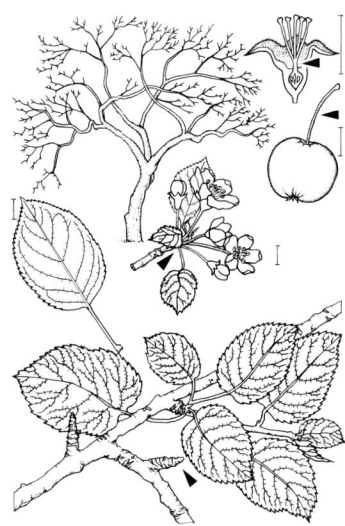

Wild-Apfel – *Malus sylvestris* Bis 10,00 ♄ 5 (weiß bis rosa, Staubbeutel gelb)

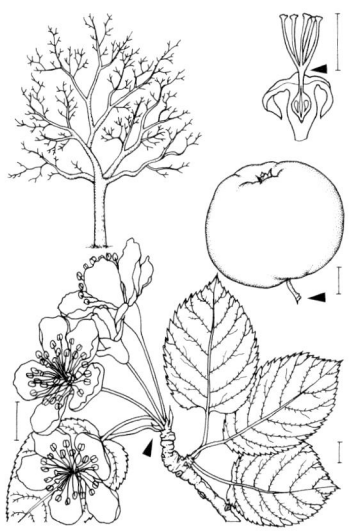

Kultur-A. – *M. domestica* Bis 10,00 ♄ 4–5 (weiß bis rosa, außen oft rot, Staubbeutel gelb)

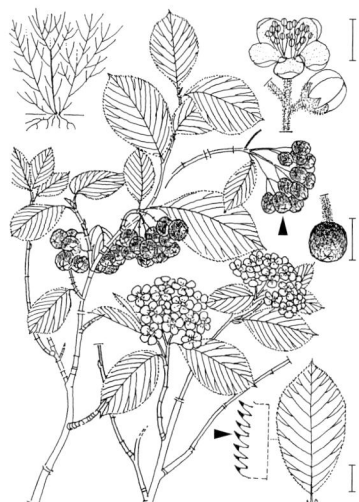

Pflaumenblättrige Apfelbeere – *Aronia prunifolia* 1,00–2,00 ♄ 5–6 (weiß bis blassrosa, Fr schwarzrot)

Echte Mispel – *Mespilus germanica* Bis 6,00 ♄ 5–6 (weiß, Staubbeutel rot. Fr bräunlich)

ROSACEAE

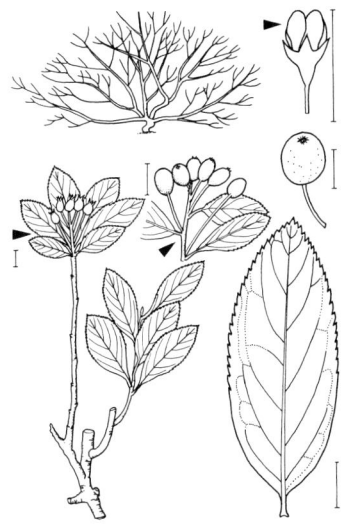

Zwerg-Mehlbeere – *Sorbus chamaemespilus* 0,40–2,00 ↑ 6–7 (rosa bis rot. BlaUSeite hell blaugrün)

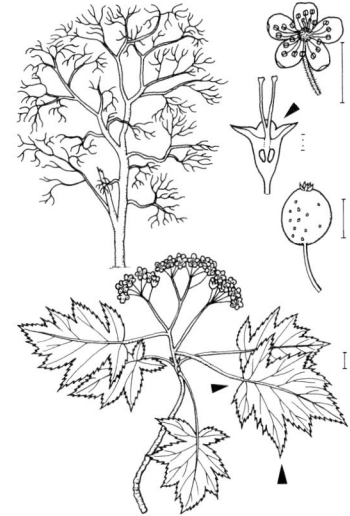

Elsbeere – *S. torminalis* Bis 20,00 ↑ 4–5 (weiß. Fr gelbrot, später braun)

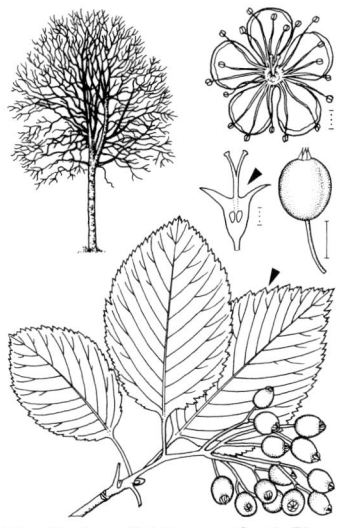

***Gewöhnliche Mehlbeere** – *S. aria* Bis 15,00 ↑ 5–6 (weiß. Fr orange bis rot. BlaUSeite weißfilzig)

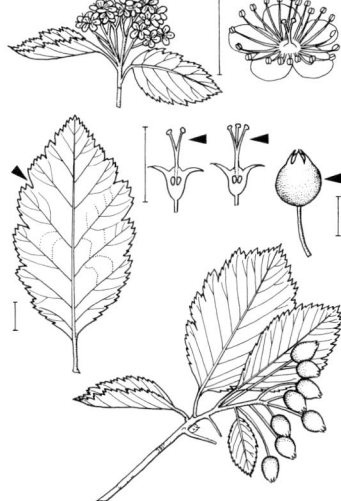

Vogesen-M. – *S. mougeotii* Bis 10,00 ↑ 5–6 (weiß. Fr rot. BlaUSeite weißgrau filzig)

ROSACEAE

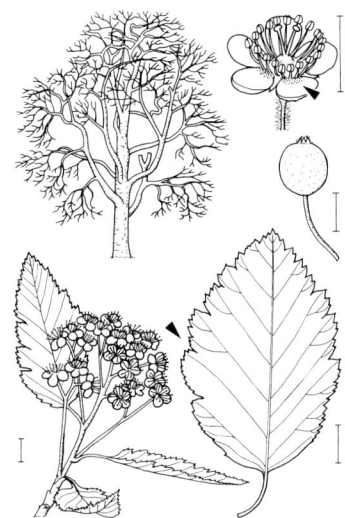

Schwedische Mehlbeere – *Sorbus intermedia* Bis 12,00 ♄ 5–6 (weiß. Fr rot. BlaUSeite gelbgrau filzig)

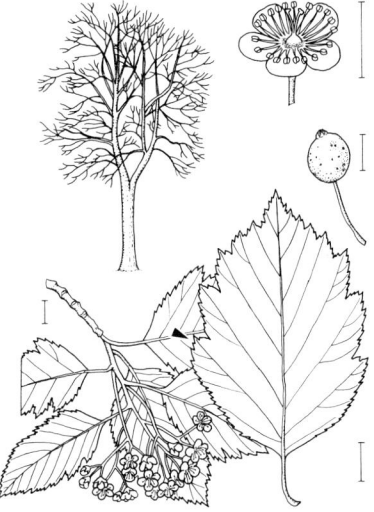

*Breitblättrige M. – *S. latifolia* Bis 8,00 ♄ 5 (weiß. Fr gelbbraun. BlaUSeite gelblich filzig)

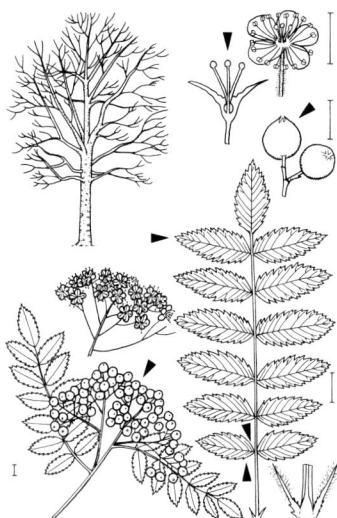

**Eberesche – *S. aucuparia* Bis 15,00 ♄ 5–6 (weiß. Fr rot)

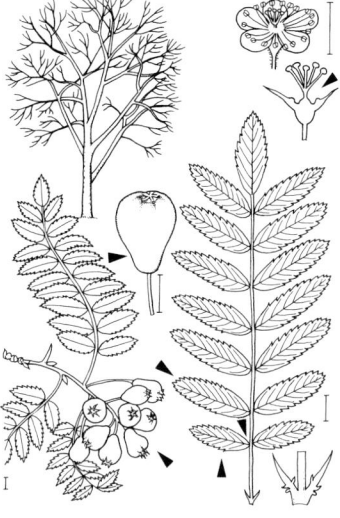

Speierling – *S. domestica* Bis 20,00 ♄ 4–5 (weiß bis schwach rot. Fr rötlichgelb. BlaUSeite blaugrün)

ROSACEAE

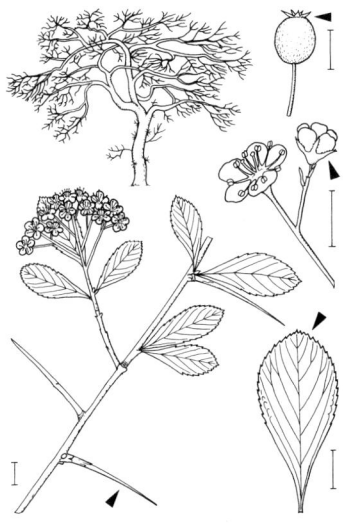

Hahnensporn-Weißdorn – *Crataegus crus-galli* Bis 10,00 ♄ 6 (weiß. Fr blassrot, oft schwach bereift)

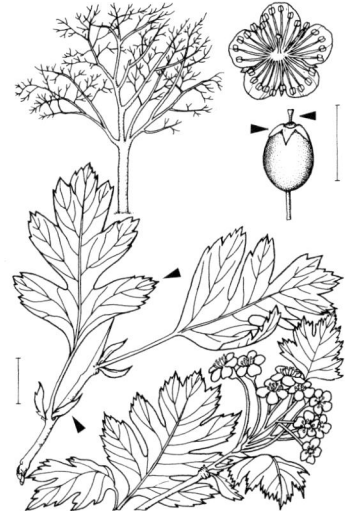

Eingriffliger W. – *C. monogyna* Bis 12,00 ♄ 5–6 (weiß od. rot. Fr dunkelrot. BlaU-Seite bläulichgrün. Auch Strauch)

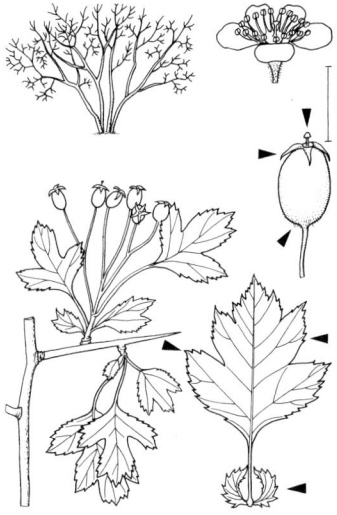

Krummkelch-W. – *C. rhipidophylla* Bis 5,00 ♄ 5–6 ↗ S.807

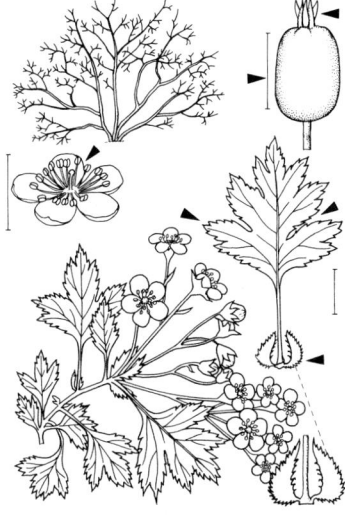

Langkelch-W. – *C. lindmanii* Bis 5,00 ♄ 5 (weiß. Bla beiderseits gleichfarbig. Fr hell korallenrot)

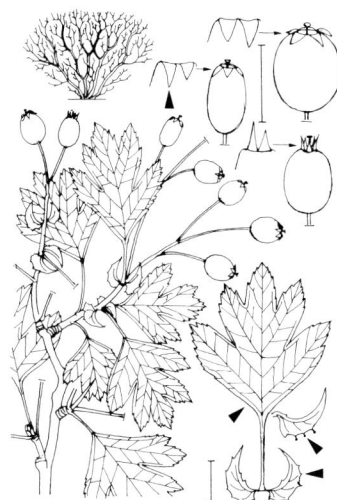

**Verschiedenzähniger Weißdorn – *Crataegus* ×*subsphaerica* Bis 10,00 ♄ 5–6 (weiß. BlaUSeite bläulichgrün. Fr rot)
↗ S. 807

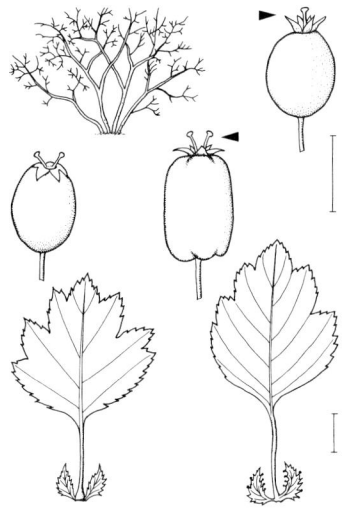

**Großfrüchtiger W. – *C.* ×*macrocarpa* Bis 8,00 ♄ 5–6 (weiß. BlaUSeite heller als OSeite. Fr rot. Auch Baum)

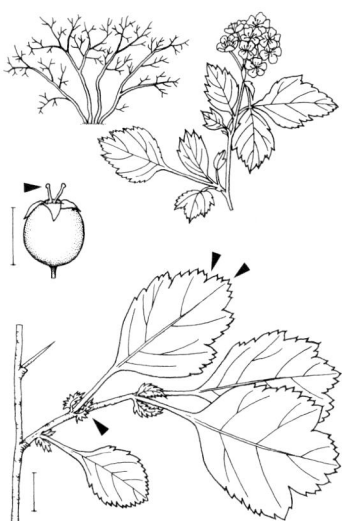

Zweigriffliger W. – *C. laevigata* subsp. *laevigata* Bis 8,00 ♄ 5 (weiß. Fr dunkelrot. Auch Baum)

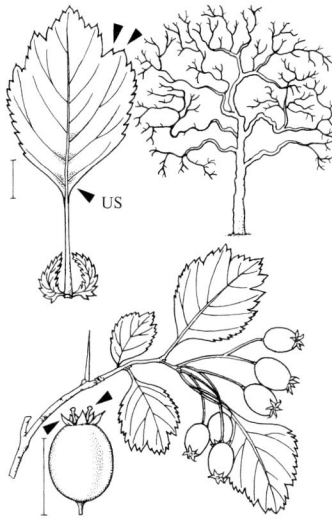

Palmstruch-W. – *C. laevigata* subsp. *palmstruchii* Bis 8,00 ♄ 5 (weiß. Fr rot)

ROSACEAE

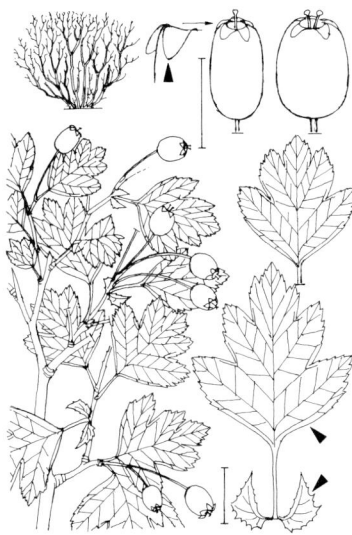

Mittlerer Weißdorn – *Crataegus ×media* 5–6 Bis 8,00 ♄ 5–6 (weiß. BlaUSeite bläulichgrün. Fr rot)

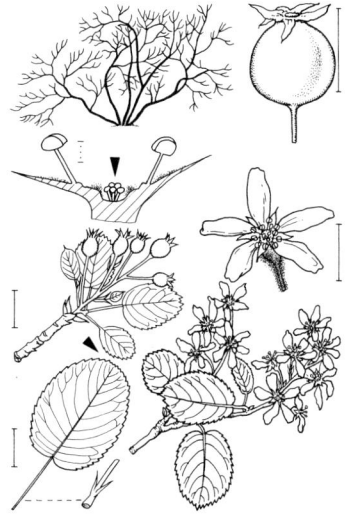

Echte Felsenbirne – *Amelanchier ovalis* subsp. *embergeri* 1,00–3,00 ♄ 4–5 (weiß bis gelblichweiß. Fr schwarz, bereift) ↗ S. 807

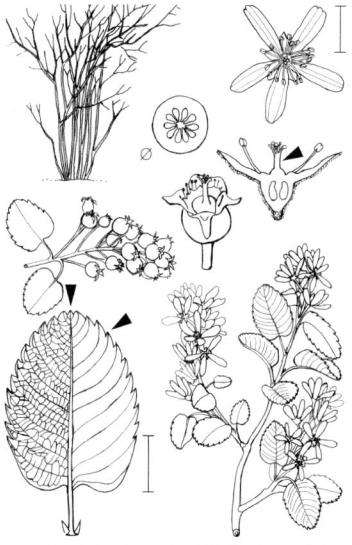

Erlenblättrige F. – *A. alnifolia* 2,00–4,00 ♄ 4–5 (weiß. Fr rötlichschwarz)

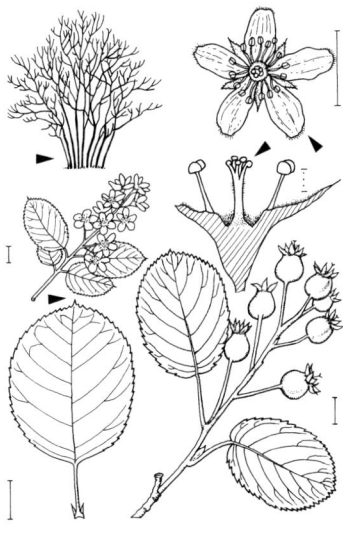

Ährige F. – *A. spicata* 0,30–2,00 ♄ 4–5 (weiß. Fr blauschwarz. BlaUSeite anfangs gelbfilzig)

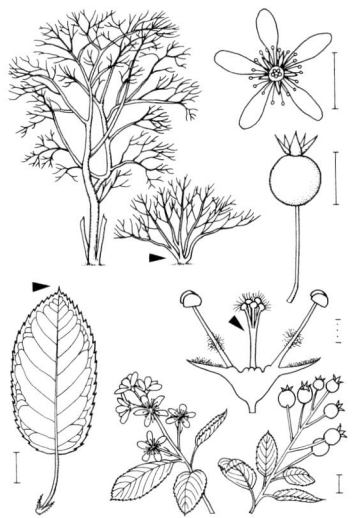

Kupfer-Felsenbirne – *Amelanchier lamarckii* Bis 10,00 ♄ 4–5 (weiß. Fr blauschwarz. Bla oft kupferrot)

Gewöhnliche Zwergmispel – *Cotoneaster integerrimus* 0,50–2,00 ♄ 4–5 ▽ (weiß od. rosa. Fr rot, selten weiß)

Filz-Z. – *C. tomentosus* 1,00–2,00 ♄ 4–5 (blassrosa bis weiß. Fr blutrot)

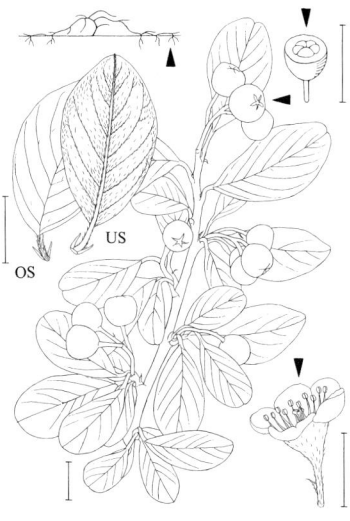

Teppich-Z. – *C. dammeri* 0,05–0,25 ♄ 5–6 (weiß. Fr rot)

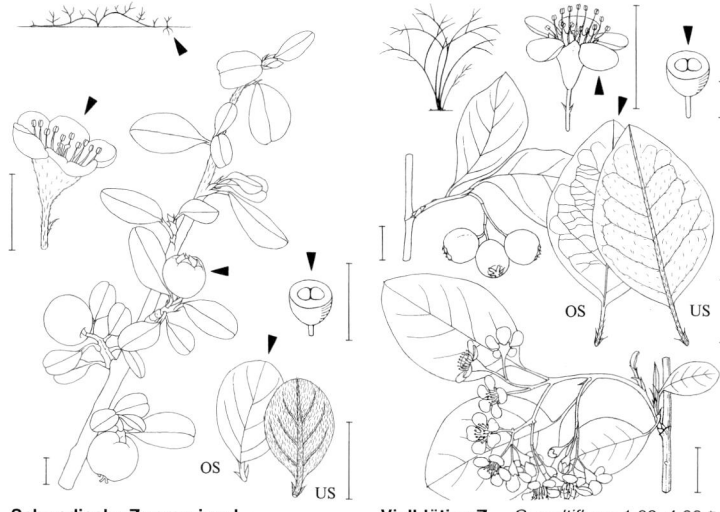

Schwedische Zwergmispel – *Cotoneaster ×suecicus* 0,20–1,00 ♄ 5–6 (weiß. Fr rot)

Vielblütige Z. – *C. multiflorus* 1,00–4,00 ♄ 5 (weiß. Fr rot)

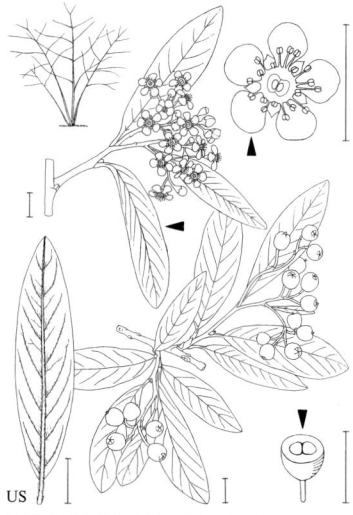

Weidenblättrige Z. – *C. salicifolius* 1,00–8,00 ♄ 6 (weiß. Fr rot)

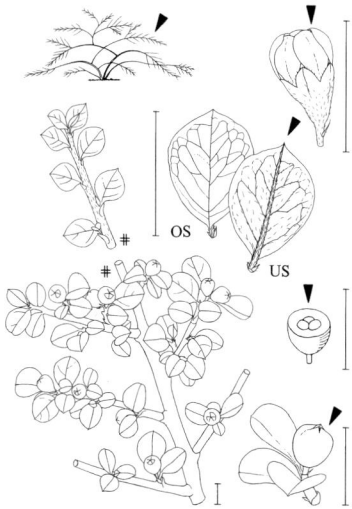

Fächer-Z. – *C. horizontalis* 0,30–1,00 ♄ 5–6 (rosa. Fr orangerot)

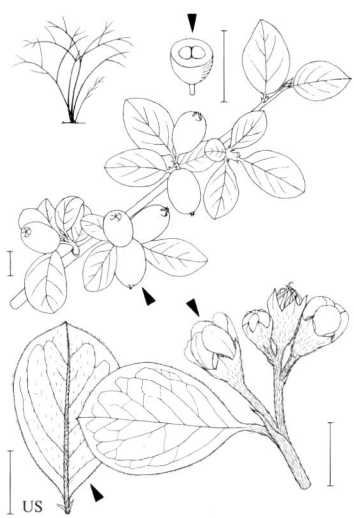

Gespreizte Zwergmispel – *Cotoneaster divaricatus* 1,00–3,00 ℏ 5–6 (rosa. Fr dunkelrot)

Dielssche Z. – *C. dielsianus* 1,00–2,00 ℏ 5–6 (rosa. Fr scharlachrot)

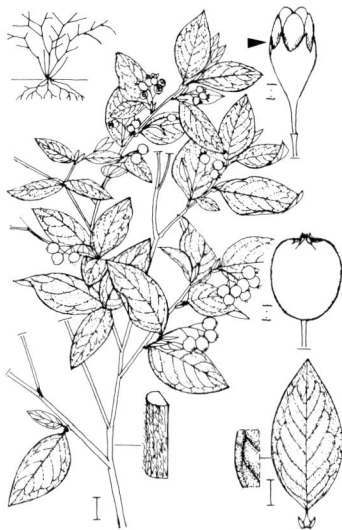

Runzel-Z. – *C. bullatus* 1,00–3,50 ℏ 5–6 (rosa. Fr rot)

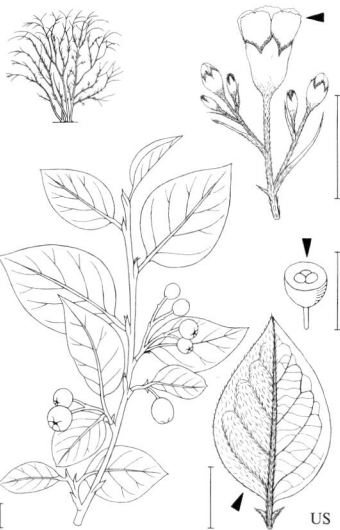

Peking-Z. – *C. acutifolius* 1,00–4,00 ℏ 5–6 (rosa. Fr erst rot, dann dunkelviolett)

ROSACEAE · ELAEAGNACEAE

Feuerdorn – *Pyracantha coccinea* 0,50–4,00 ♄ 5–6 (weiß. Fr leuchtend rot, orange od. gelb)

**Sanddorn – *Hippophaë rhamnoides* Bis 5,00 ♄ 3–5 (bronzebräunlich. Fr orangerot bis gelborange)

Schmalblättrige Ölweide – *Elaeagnus angustifolia* Bis 10,00 ♄ 5–6 (innen gelb, duftend. Fr hellgelb)

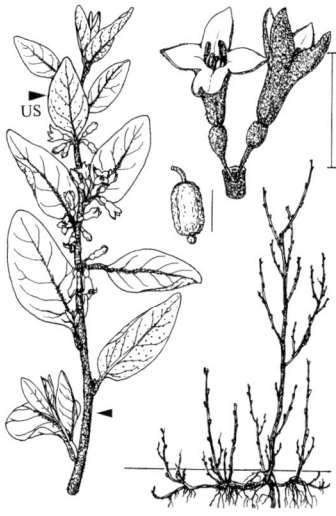

Silber-Ö. – *E. commutata* 1,50–4,00 ♄ 5–6 (gelb, außen silbrig. Fr silbrig)

Zwerg-Kreuzdorn – *Rhamnus pumila* 0,05–0,20 ♄ 6–7 (gelblichgrün. Fr blauschwarz)

Purgier-K. – *Rh. cathartica* 1,00–3,00 ♄ 5–6 (gelblichgrün. Fr von grün sofort schwarz färbend)

Felsen-K. – *Rh. saxatilis* 0,20–1,00 ♄ 4–5 (gelbgrün. Fr schwarz)

Echter Faulbaum – *Frangula alnus* 1,00–4,00 ♄ 5–6 (blassgrün. Fr erst braun, dann braunrot u. schwarz)

ULMACEAE · CANNABACEAE

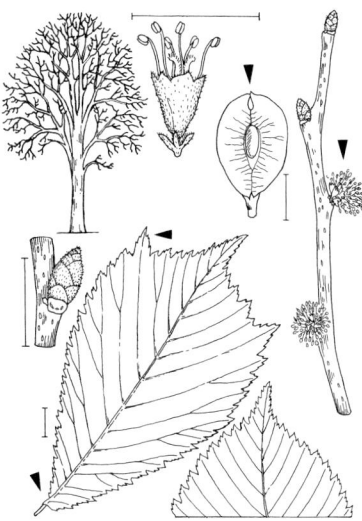

Berg-Ulme – <u>U</u>lmus gl<u>a</u>bra Bis 30,00 ♄ 3–4 (purpurrot, Narben rot. BlaUSeite behaart, OSeite sehr rau)

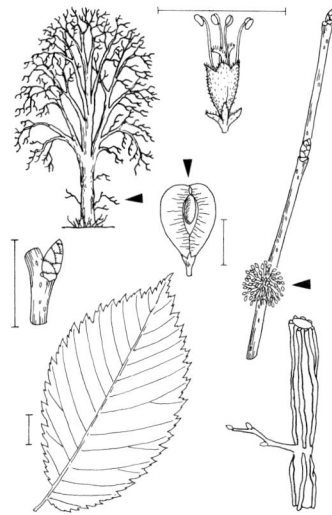

Feld-U. – *U. m<u>i</u>nor* 2,00–25,00(–40,00) ♄ 3–4 (rot, Narben weiß. BlaUSeite ± nur in Nervenwinkeln behaart)

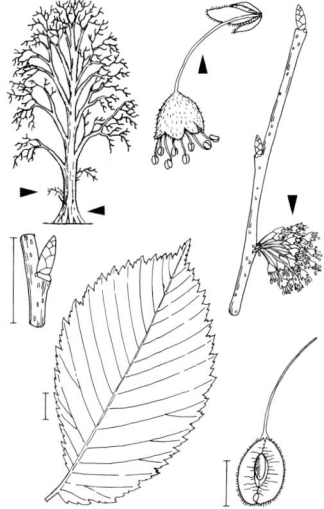

Flatter-U. – *U. l<u>a</u>evis* Bis 35,00 ♄ 3–4 (rötlich bis braunviolett, Narben weiß. BlaUSeite behaart)

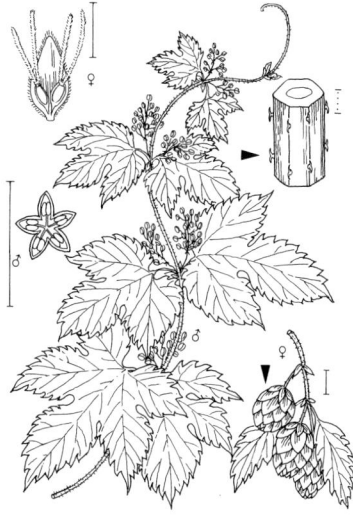

Gewöhnlicher Hopfen – *H<u>u</u>mulus l<u>u</u>pulus* 2,00–6,00 ♃ 7–8 (grünlich, Staubbeutel gelb. Pfl meist 2häusig)

Hanf – *Cannabis sativa* 0,40–2,00 ⊙ 7–8 (♂ BlüHülle weißlich-gelbgrün, StaubBla gelbgrün, ♀ BlüHülle grün, Griffel grünlichweiß, Narbe purpurrot. Fr graubraun)

Nordamerikanischer Zürgelbaum – *Celtis occidentalis* Bis 25,00 ♄ 3–4 (grünlich. Fr orange-dunkelpurpurn) Bla R: *C. australis*

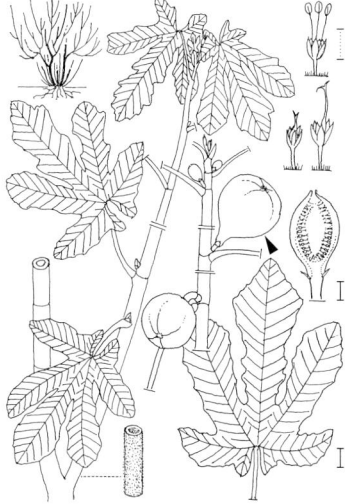

Gewöhnlicher Feigenbaum – *Ficus carica* 3,00–6,00 ♄ 5–10 (BlüStand grün. FrStand violett od. blassgrün)

MORACEAE · URTICACEAE

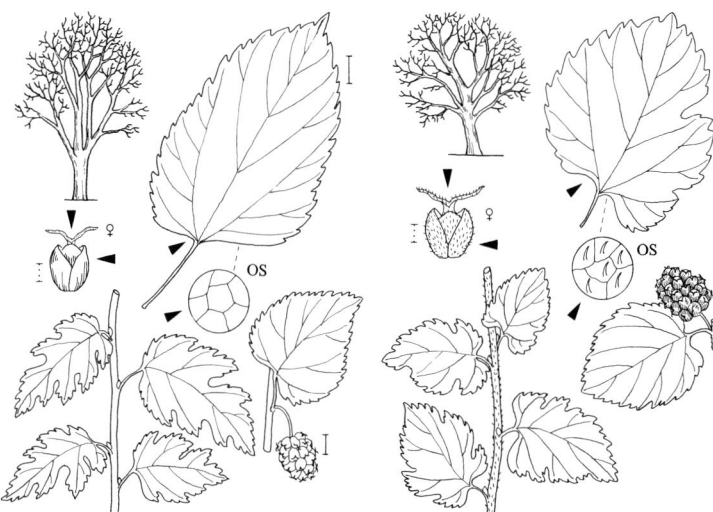

Weiße Maulbeere – *Morus alba* Bis 15,00 ♄ 5 (grünlich. Bla glatt. Fr weißlich, auch rosa od. purpurrot)

Schwarze M. – *M. nigra* Bis 15,00 ♄ 5 (grünlich. Bla oseits rau. Fr erst rot, dann schwarzviolett)

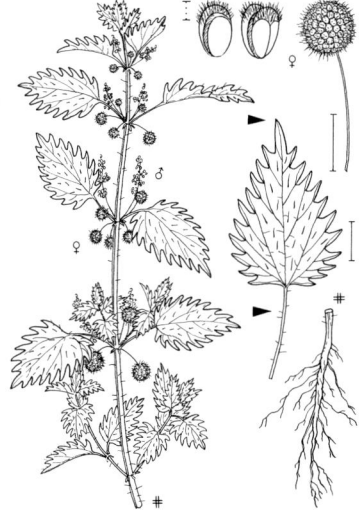

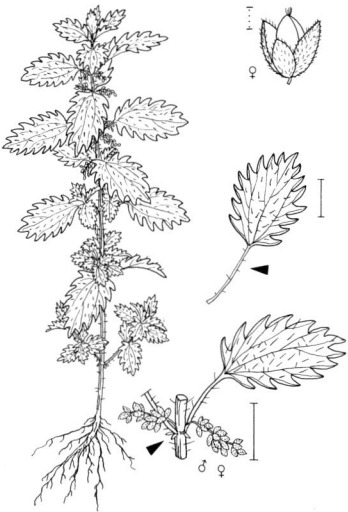

Pillen-Brennnessel – *Urtica pilulifera* 0,30–0,90 ⊙ 6–10 (grün. Kurze Haare u. Brennhaare an Nerven der BlaUSeite)

Kleine B. – *U. urens* 0,10–0,60 ⊙ 6–9 (grün. Pfl einhäusig. BlüStände mit ♂ u. ♀ Blü. Nur Brennhaare)

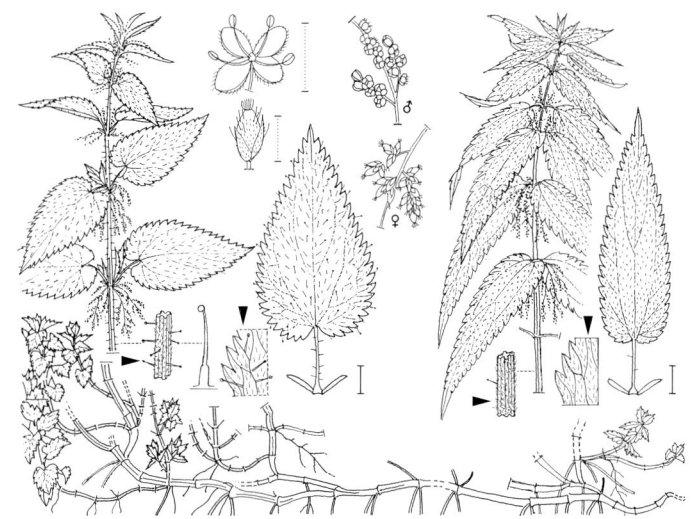

Große Brennnessel – *Urtica dioica* 0,30–1,50 ⚥ 7–10 (grün. Pfl meist 2häusig, seltener 1häusig. Brennhaare u. kurze drüsenlose Haare. BlaStiele flaumhaarig. BlaOSeite dunkelgrün, matt od. kaum glänzend) Stg u. Bla R: **Auen-Brennnessel** – *U. subinermis*. Bla ohne Brennhaare.

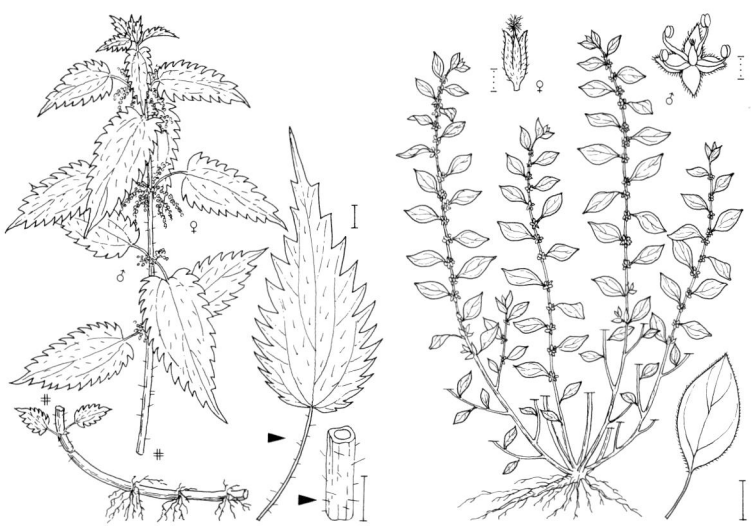

Röhricht-B. – *U. kioviensis* 0,60–2,00 ⚥ 7–8 (Pfl 1häusig. BlaOSeite hellgrün, glänzend)

Ausgebreitetes Glaskraut – *Parietaria judaica* 0,05–0,80 ⚥ 6–10 (grün. Fr reif schwarz)

URTICACEAE · FAGACEAE

Pennsylvanisches Glaskraut – *Parietaria pensylvanica* 0,20–0,80 ⊙ 5–11 (grün. Fr reif braun)

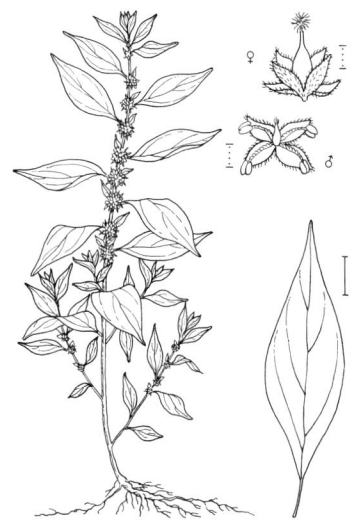

Aufrechtes G. – *P. officinalis* 0,30–1,00 ⚲ 6–10 (grün. Fr reif schwarz)

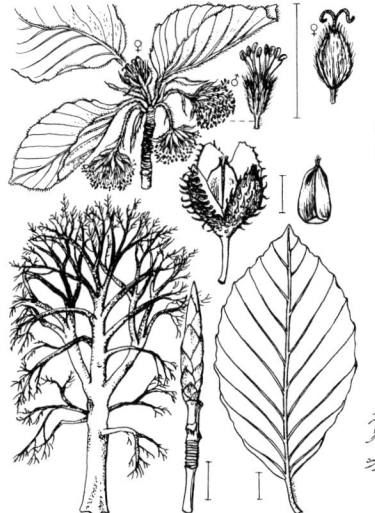

Rot-Buche – *Fagus sylvatica* Bis 40,00 ♄ 4–5 (rötlichbraun)

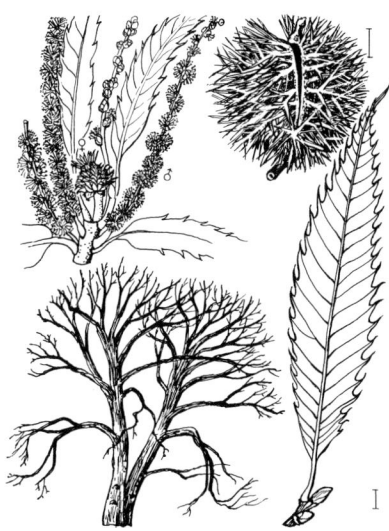

Ess-Kastanie – *Castanea sativa* Bis 30,00 ♄ 6 (♂ gelblichweiß, ♀ grün, Narben weißlich)

Sumpf-Eiche – *Quercus palustris*
Bis 25,00 ♄ 5 (♂ gelblichgrün, ♀ grün)

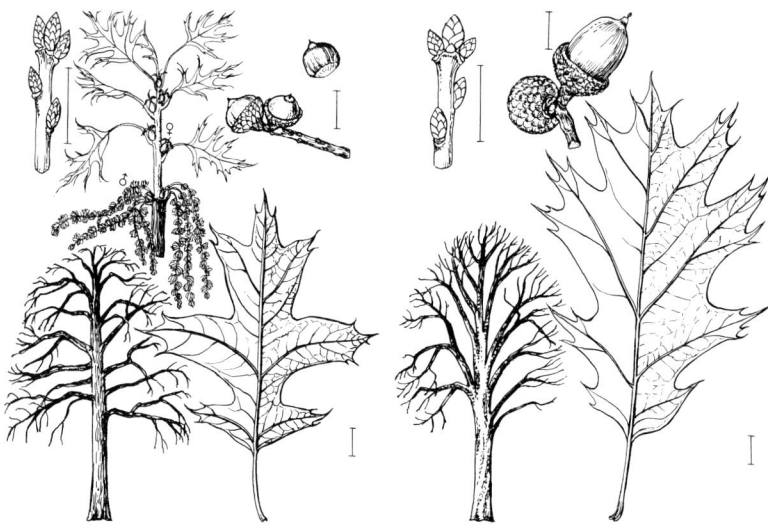

Rot-E. – *Qu. rubra* Bis 25,00 ♄ 5
(♂ gelblichgrün, ♀ grün)

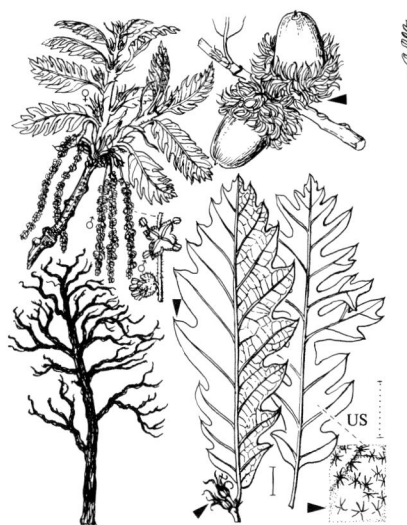

Zerr-E. – *Qu. cerris* Bis 35,00 ♄ 4
(♂ gelblich, ♀ graugrün)

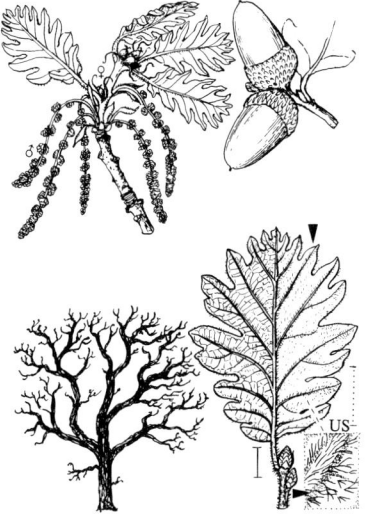

Flaum-E. – *Qu. pubescens* Bis 20,00 ♄ 5
(♂ gelblichgrün, ♀ grün) ↗ S. 807

FAGACEAE · MYRICACEAE 353

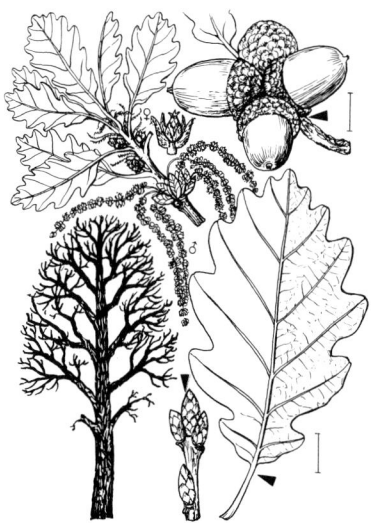

Trauben-Eiche – *Quercus petraea* Bis 35,00 ♄ 5 (♂ gelblichgrün, ♀ grün, Narben rosa) ↗ S. 807

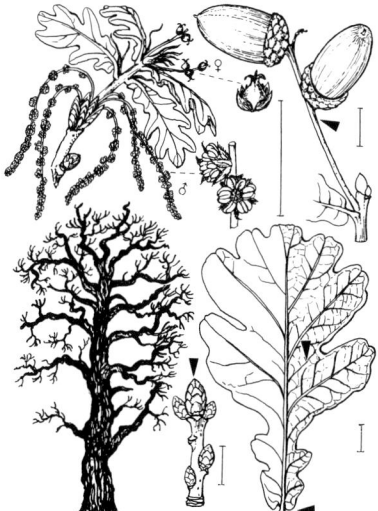

Stiel-E. – *Qu. robur* Bis 40,00 ♄ 5 (♂ gelblichgrün, ♀ grün) ↗ S. 807

Nördliche Gagel – *Myrica pensylvanica* 0,50–2,50 ♄ 4–5 (grün od. rötlich. Fr weiß bewachst. Strauch aromatisch duftend)

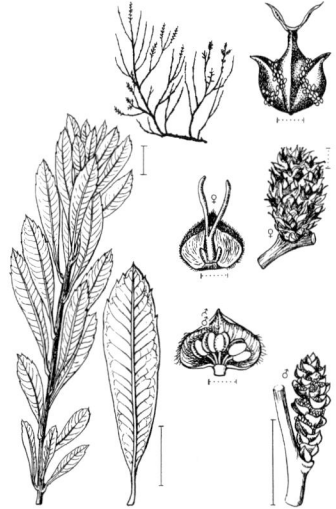

Moor-G. – *M. gale* 0,50–2,50 ♄ 4–5 (♂ braun u. gelblich, ♀ bräunlichweiß, Narben purpurrot. Strauch durch Harzdrüsen aromatisch duftend)

JUGLANDACEAE · BETULACEAE

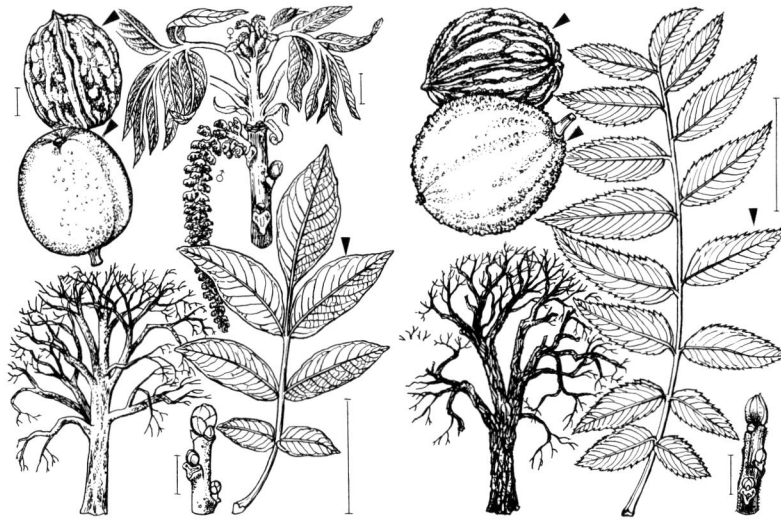

Echte Walnuss – *Juglans regia* Bis 25,00 ♄ 5 (grün u. gelb, Narben gelblich)

Schwarze W. – *J. nigra* Bis 30,00 ♄ 5 (grün u. gelb, Narben oft rötlich. Bla selten auch unpaarig)

Kaukasische Flügelnuss – *Pterocarya fraxinifolia* Bis 30,00 ♄ 5 (grün, Narben oft rötlich)

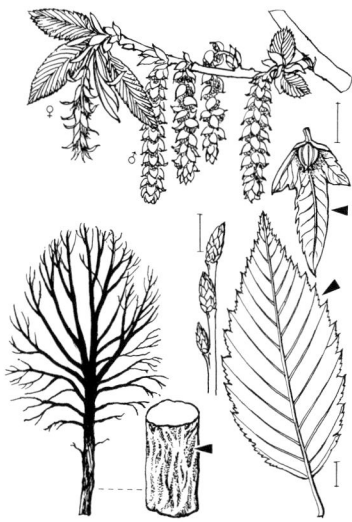

Hainbuche – *Carpinus betulus* Bis 20,00 ♄ 4–5 (♀ grün, ♂ braungelb)

BETULACEAE 355

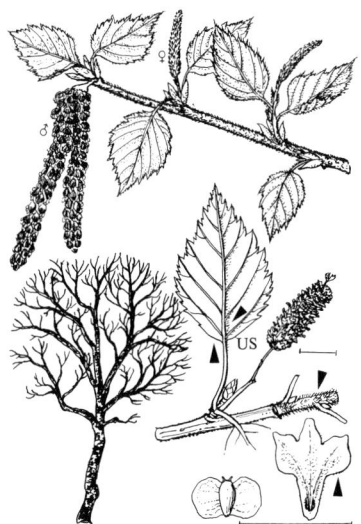

**Moor-Birke – *Betula pubescens* Bis 25,00 ♄ 4–5 (♂ hell bräunlichgelb, ♀ grün)

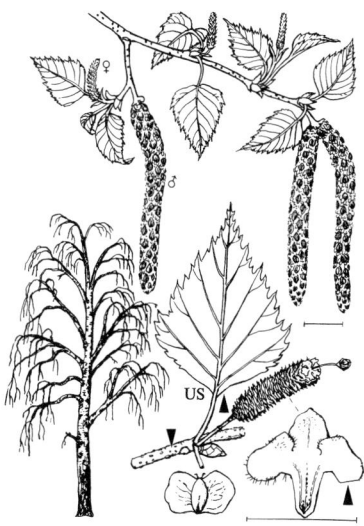

Gewöhnliche B. – *B. pendula* Bis 25,00 ♄ 4–5 (♂ hell bräunlichgelb, ♀ grün)

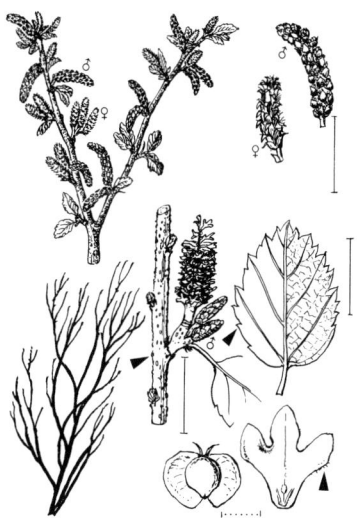

Niedrige B. – *B. humilis* 0,50–2,00 ♄ 4–5 ▽ (♂ bräunlichgelb, ♀ grün)

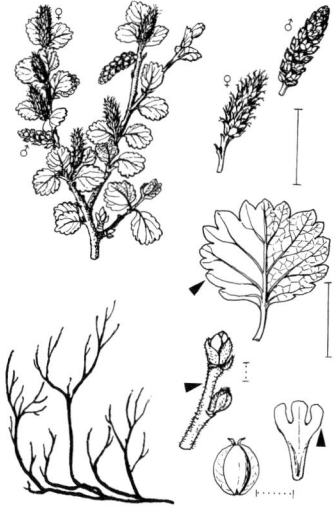

Zwerg-B. – *B. nana* 0,30–0,80 h ♄ 4–6 ▽ (♂ bräunlichgelb, ♀ grün)

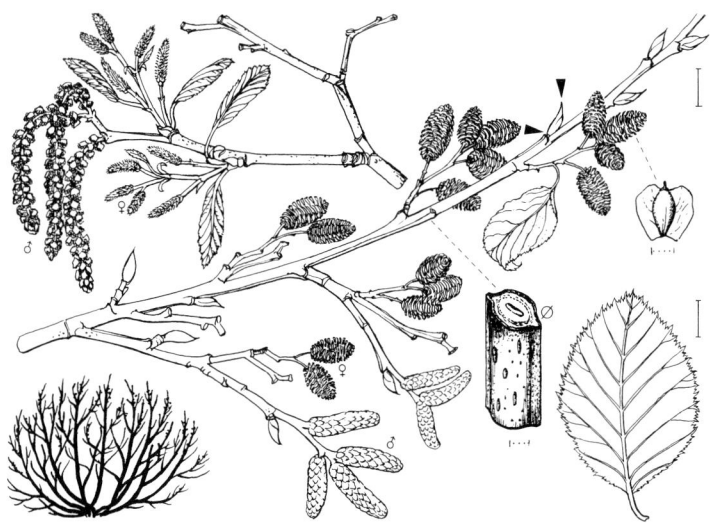

Grün-Erle – *Alnus alnobetula* 2,00–4,00 ♄ 4–6 (♀ grün, Narben rot, ♂ rotbraun u. gelblich. Bla beiderseits grün)

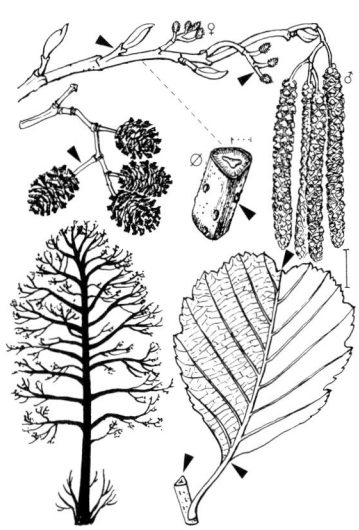

Schwarz-E. – *A. glutinosa* Bis 20,00 ♄ 3–4 (♀ bräunlich, Narben rot, ♂ braun u. gelb. Junge Bla klebrig)

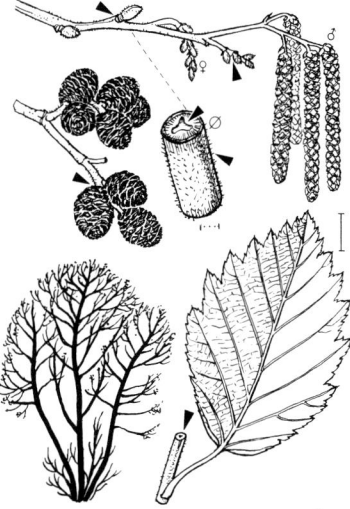

Grau-E. – *A. incana* Bis 25,00 ♄ 2–4 (♀ bräunlich, ♂ braun u. gelb. Bla unterseits graugrün)

BETULACEAE · CUCURBITACEAE

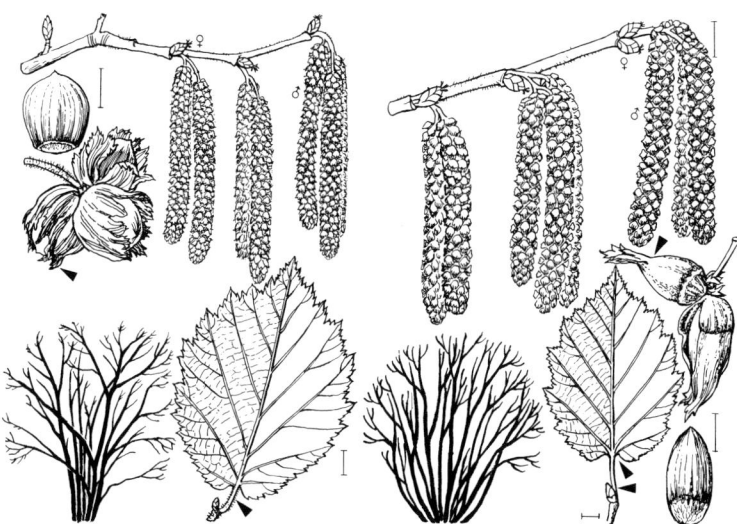

Gewöhnliche Hasel – *Corylus avellana* 2,00–6,00 ♄ 2–4 (♀ grün, Narben rot, ♂ grünlichgelb)

Lambert-H. – *C. maxima* 3,00–5,00 ♄ 2–4 (♀ grün od. rötlich, Narben rot, ♂ oft purpurn)

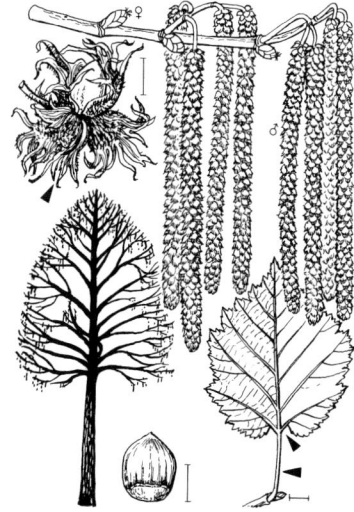

Baum-H. – *C. colurna* Bis 20,00 ♄ 2–3 (♀ grün, Narben rot, ♂ grünlichgelb)

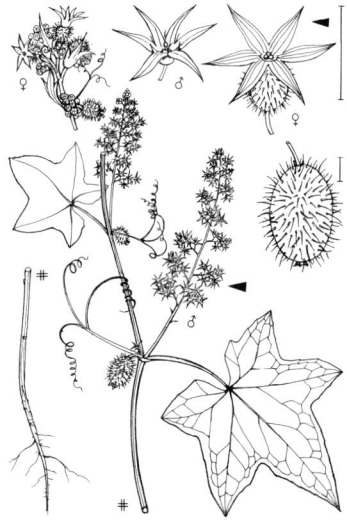

Gelappte Stachelgurke – *Echinocystis lobata* 1,00–6,00 ⊙ 6–8 (weiß)

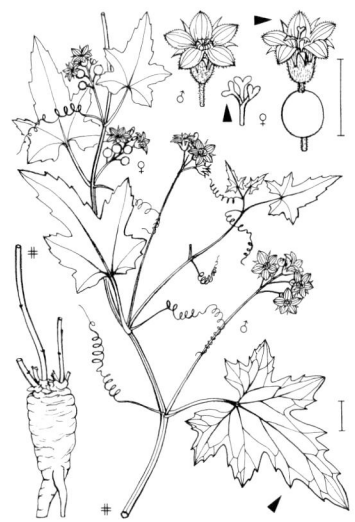

Weiße Zaunrübe – *Bryonia alba* 2,00–4,00 ⚃ 6–7 (grünlichweiß. Fr schwarz)

Rotbeerige Z. – *B. dioica* 2,00–4,00 ⚃ 6–9 (grünlichweiß. Fr rot)

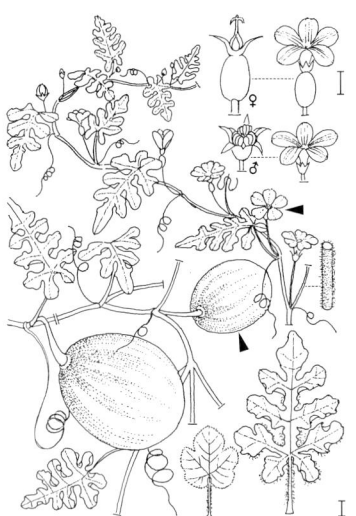

Wassermelone – *Citrullus lanatus* subsp. *vulgaris* 1,00–3,00 ⊙ 6–9 (gelb)

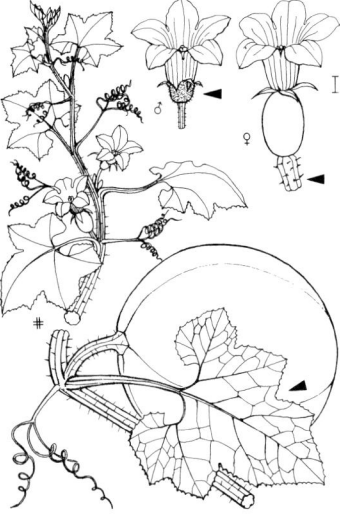

Garten-Kürbis – *Cucurbita pepo* 3,00–8,00 ⊙ 6–8 (gelb)

CUCURBITACEAE 359

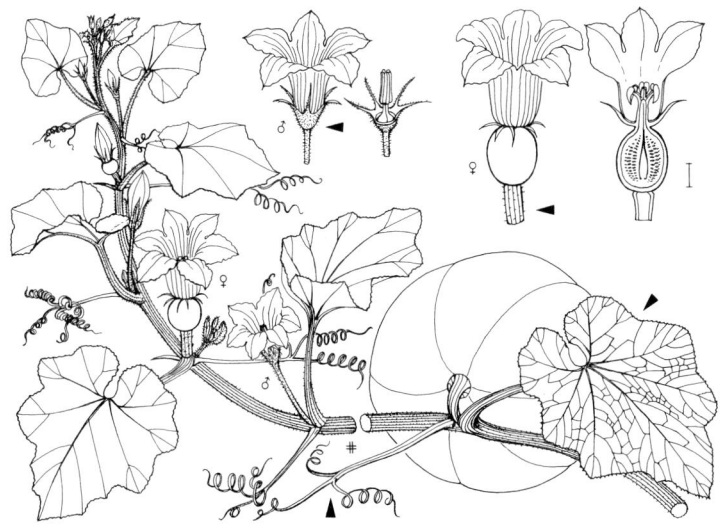

Riesen-Kürbis – *Cucurbita maxima* 4,00–10,00 ⊙ 6–9 (gelb)

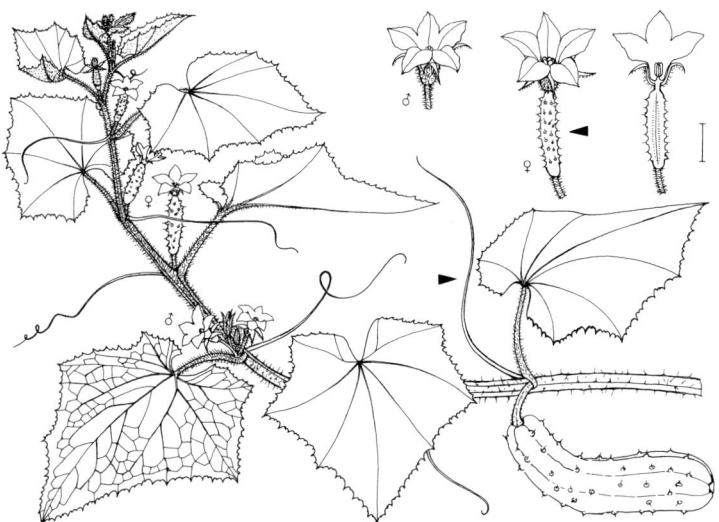

Gurke – *Cucumis sativus* 0,50–3,00 ⊙ 6–9 (gelb)

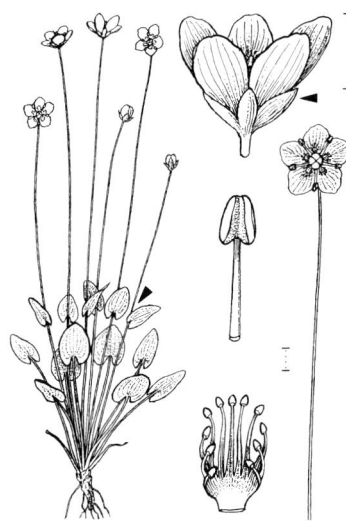

Sumpf-Herzblatt – *Parnassia palustris* 0,10–0,25 ♃ 7–9 ▽ (weiß, Staminodienbündel gelbgrün)

Europäisches Pfaffenhütchen – *Euonymus europaeus* 1,50–3,00 ♄ 5–6 (hellgrün. Fr rosa, SaMantel orange)

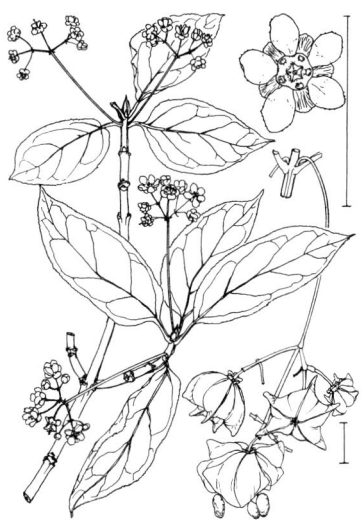

Breitblättriges P. – *E. latifolius* 1,50–6,00 ♄ 5–6 (grünlich, rot gerandet. Fr rot, SaMantel orange)

Kletter-Spindelstrauch – *Euonymus fortunei* Bis 10,00 ♄ 6–7 (grünlich. Fr rosa, SaMantel orange)

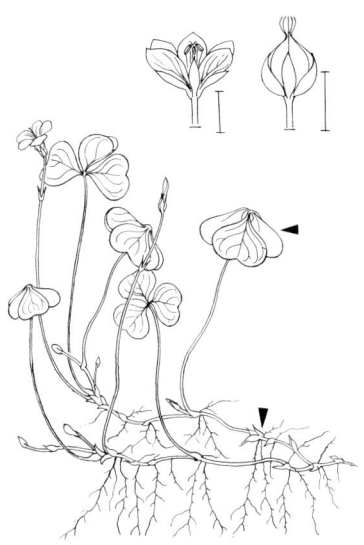

Wald-Sauerklee – *Oxalis acetosella*
0,05–0,12 ♃ 4–5 (weiß, purpurn geadert)

Zehnblättriger S. – *O. decaphylla*
0,16–0,20 ♃ 6–9 (rosa, trocken blau)

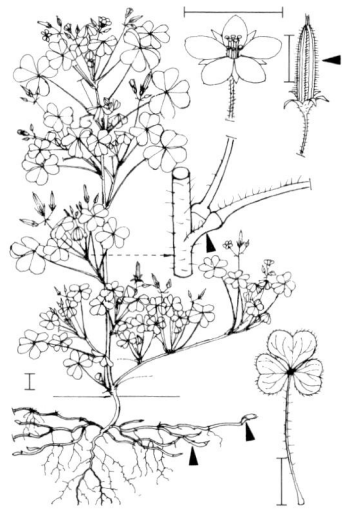

Steifer S. – *O. stricta* 0,10–0,40 ♃ 6–10 (gelb)

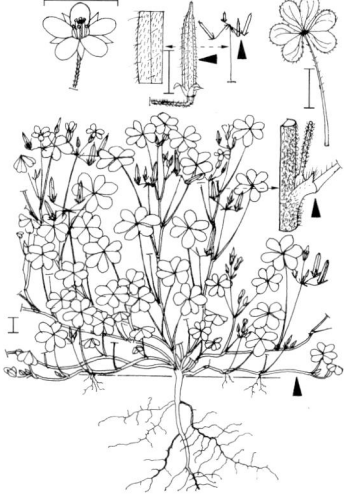

Gehörnter S. – *O. corniculata* 0,05–0,15 ☉ ♃ 5–9 (gelb)

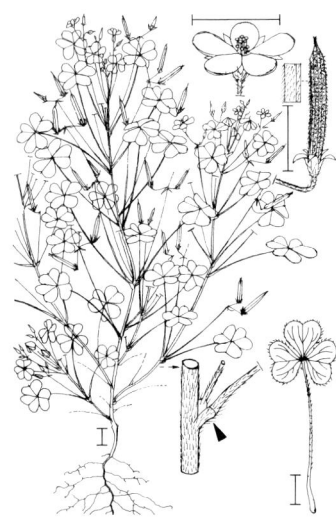

Dillenius-Sauerklee – *Oxalis dillenii*
0,10–0,40 ⊙ ♃ 7–10 (gelb)

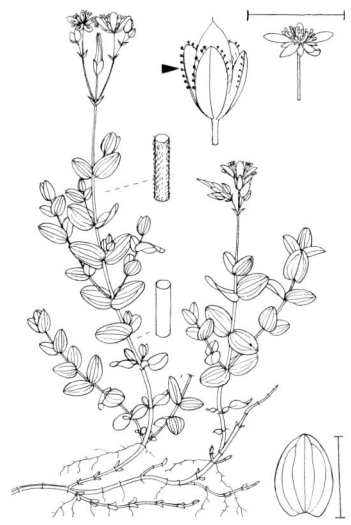

Sumpf-Hartheu – *Hypericum elodes*
0,10–0,30 ♃ 8–9 ▽ (zitronengelb, KeBla u. DeckBla am Rand rotdrüsig)

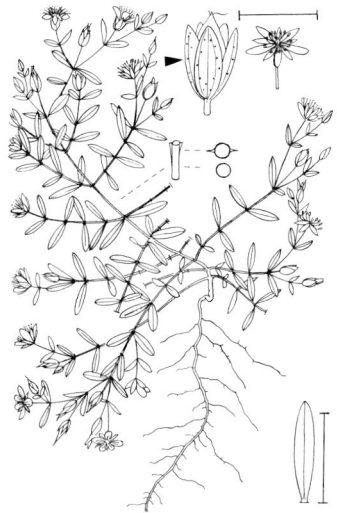

Liegendes H. – *H. humifusum* 0,05–0,15 ♃ ⊙ 6–10 (hell- bis weißlichgelb, Rand schwarzdrüsig)

Behaartes H. – *H. hirsutum* 0,40–1,00 ♃ 7–8 (blassgelb, KeBla am Rand schwarzdrüsig)

HYPERICACEAE

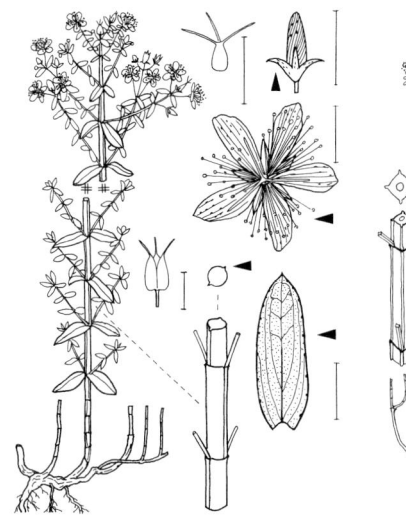

**Tüpfel-Hartheu – *Hypericum perforatum* 0,15–0,60 ⚥ 6–8 (goldgelb, wie KeBla schwarz punktiert)

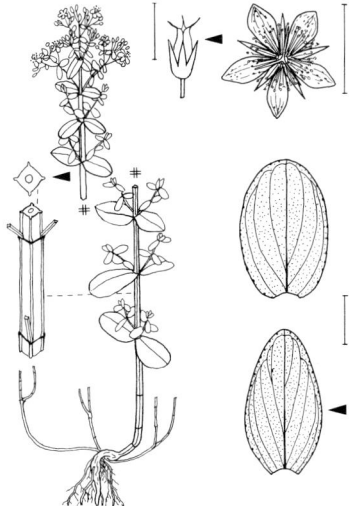

Flügel-H. – *H. tetrapterum* 0,30–0,80 ⚥ 7–8 (hellgelb, an der Spitze wie KeBla dunkel punktiert)

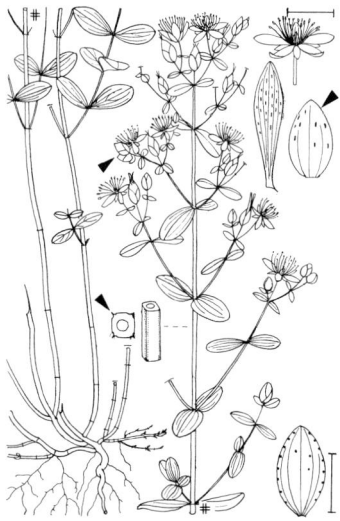

*Kanten-H. – *H. maculatum* 0,20–1,00 ⚥ 7–8 (goldgelb, bisweilen wie KeBla schwarz punktiert) ↗ S. 807

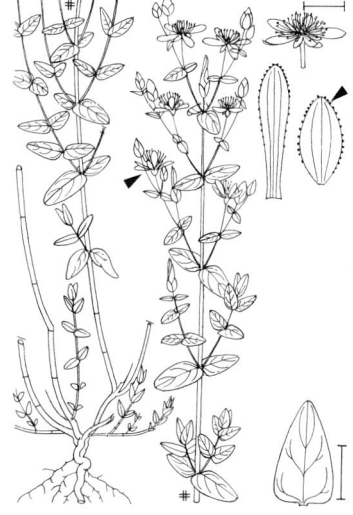

Schönes H. – *H. pulchrum* 0,20–0,60 ⚥ 7–9 (goldgelb, oft rot überlaufen, Rand schwarzrot drüsig)

HYPERICACEAE · ELATINACEAE

Berg-Hartheu – *Hypericum montanum* 0,40–0,80 ⚥ 6–8 (blassgelb. BlaUSeite bläulichgrün)

Zierliches H. – *H. elegans* 0,15–0,35 ⚥ 6–7 ▽ (hell goldgelb, am Rand schwarz punktiert)

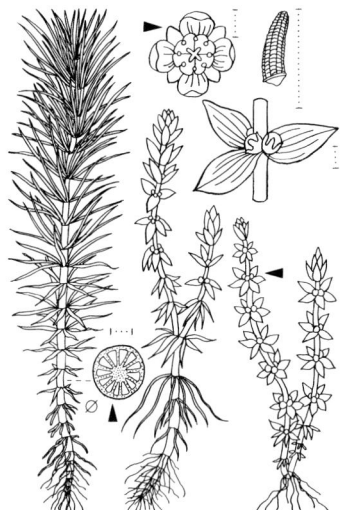

Quirl-Tännel – *Elatine alsinastrum* 0,02–0,50 ☉ ⊗ 7–8 (grünlich) ↗ S. 807

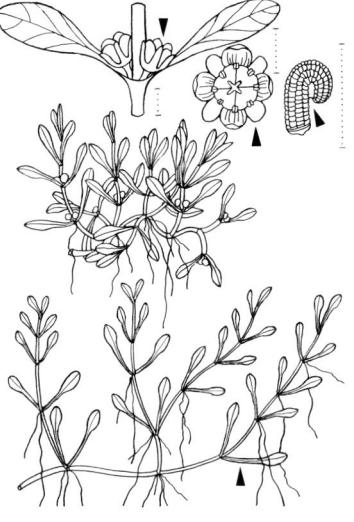

*Wasserpfeffer-T. – *E. hydropiper* 0,02–0,12 ☉ 6–9 (rötlichweiß) Wasser- u. Landform

ELATINACEAE · VIOLACEAE

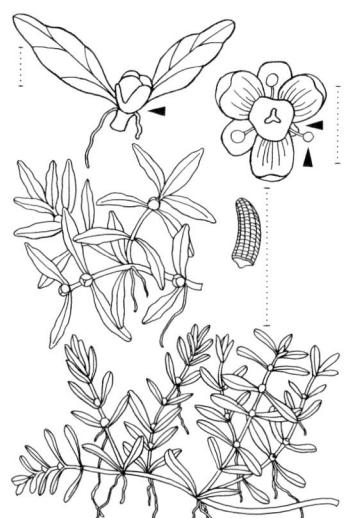

Dreimänniges Tännel – *Elatine triandra*
0,02–0,20 ☉ 6–9 (weiß od. rötlich) Wasser- u. Landform

Sechsmänniges T. – *E. hexandra*
0,02–0,20 ☉ ☉ 6–8 (rötlichweiß) Wasser- u. Landform

Feld-Stiefmütterchen – *Viola arvensis*
0,05–0,20(–0,40) ① ☉ ☉ 4–10 (blassgelb, selten violett od. bläulich)

**Wildes St. – *V. tricolor* 0,10–0,35 ① ☉
☉ ♃ 4–9 (gelb bis blauviolett)

Kleines Stiefmütterchen – *Viola kitaibeliana* 0,02–0,10 ⊙ 4–5 (hellgelb, selten violett, Sporn violett überlaufen)

Sporn-St. – *V. calcarata* 0,04–0,10 ⚳ 6–7 ▽ (violett, selten gelb od. weiß)

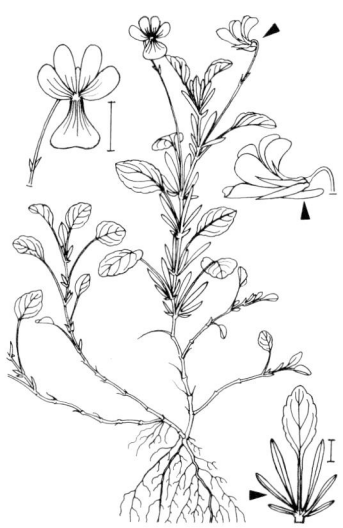

Gelbes Galmei-St. – *V. calaminaria* 0,10–0,25 ⚳ 6–8 ▽ (gelb, selten bläulich überlaufen)

Garten-St. – *V. wittrockiana* 0,10–0,30 ⊙ 4–7 (ein- bis vielfarbig)

VIOLACEAE 367

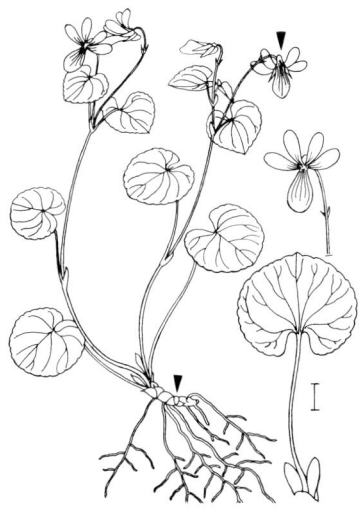

Zweiblütiges Veilchen – *Viola biflora* 0,08–0,15 ♃ 5–8 (gelb, bräunlich gestreift)

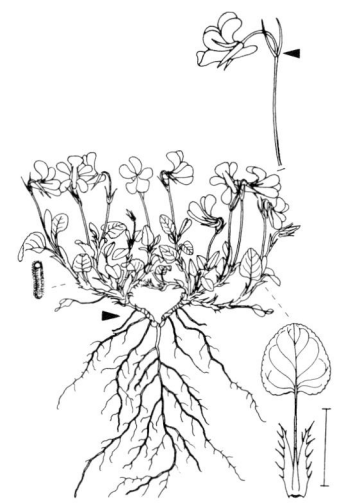

Sand-V. – *V. rupestris* 0,03–0,08 ♃ 5–6 (blauviolett, selten rötlich)

Hain-V. – *V. riviniana* 0,10–0,25(–0,40) ♃ 4–6 (hell blauviolett, Sporn weißlich, selten blassviolett)

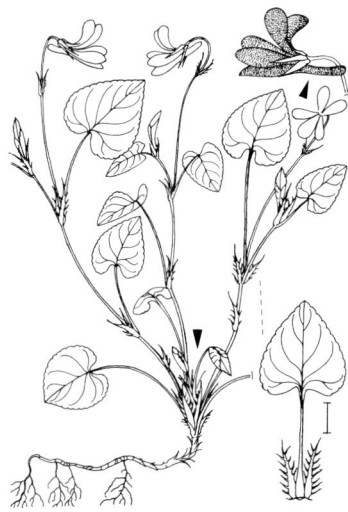

Wald-V. – *V. reichenbachiana* 0,10–0,25 ♃ 4–5 (rötlichviolett, Sporn dunkelviolett)

***Hunds-Veilchen** – *Viola canina*
0,05–0,15 ♃ 5–6 (tiefblau, Sporn gelblich)
↗ S. 807

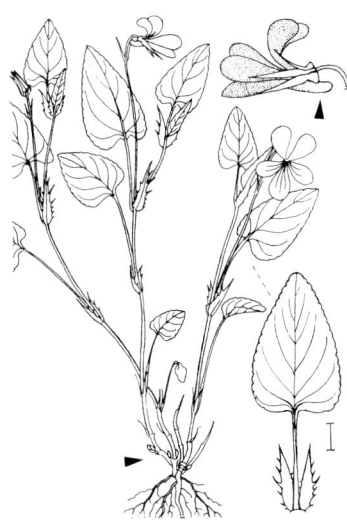

Berg-V. – *V. ruppii* 0,10–0,40 ♃ 5–6
(blassblau, Sporn weiß)

Hohes V. – *V. elatior* 0,20–0,50 ♃ 5–6
(hellblau, Grund weiß)

Zwerg-V. – *V. pumila* 0,10–0,15(–0,30) ♃
5–6 (hellviolett, dunkel geadert)

VIOLACEAE 369

Graben-Veilchen – *Viola stagnina* 0,10–0,30 ♃ 6–7 (milchweiß, violett geadert)

Wunder-V. – *V. mirabilis* 0,10–0,30 ♃ 4–6 (grundständige Blü blasslila)

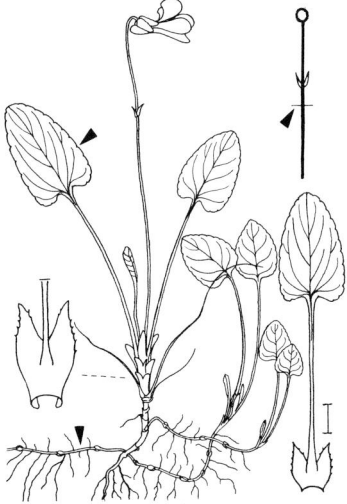

Moor-V. – *V. uliginosa* 0,10–0,20 ♃ 3–4 (violett)

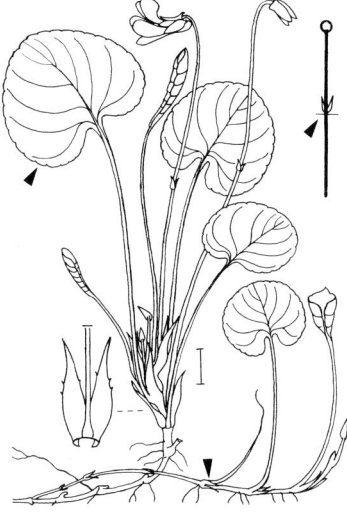

Sumpf-V. – *V. palustris* 0,05–0,15(–0,30) ♃ 4–6 (blasslila)

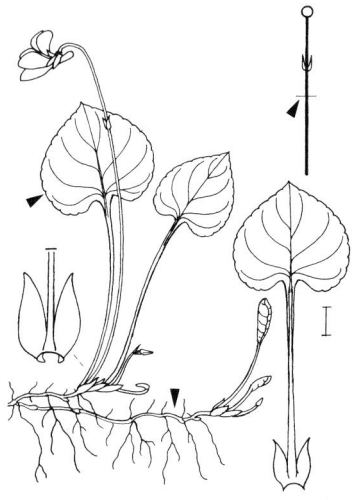

Torf-Veilchen – *Viola epipsila* 0,08–0,15(–0,25) ⚥ 3–4 (lila bis blassblau)

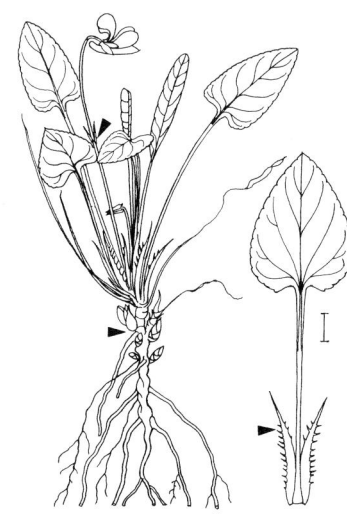

Steppen-V. – *V. ambigua* 0,05–0,10 ⚥ 4–5 (satt rotviolett, Sporn blassviolett). Nicht in D.

Hügel-V. – *V. collina* 0,06–0,15 ⚥ 3–4 (hellviolett, Grund u. Sporn weißlich)

Behaartes V. – *V. hirta* 0,05–0,25 ⚥ 3–5 (blau, Sporn rötlichviolett)

VIOLACEAE 371

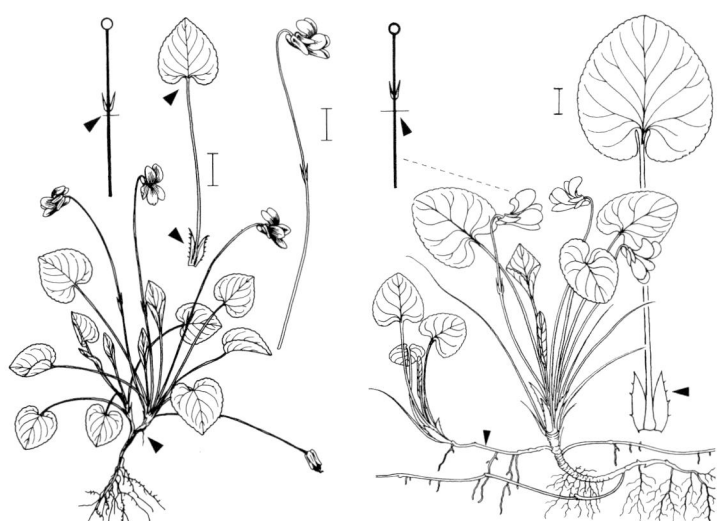

Pyrenäen-Veilchen – *Viola pyrenaica* 0,05–0,15 ⚄ 4–6 (lila bis hellviolett, Sporn weißlich)

März-V. – *V. odorata* 0,05–0,15 ⚄ 3–4 (dunkelviolett, selten weiß od. rosa)

Weißes V. – *V. alba* 0,05–0,10 ⚄ 3–4 (weiß, Sporn grünlich)

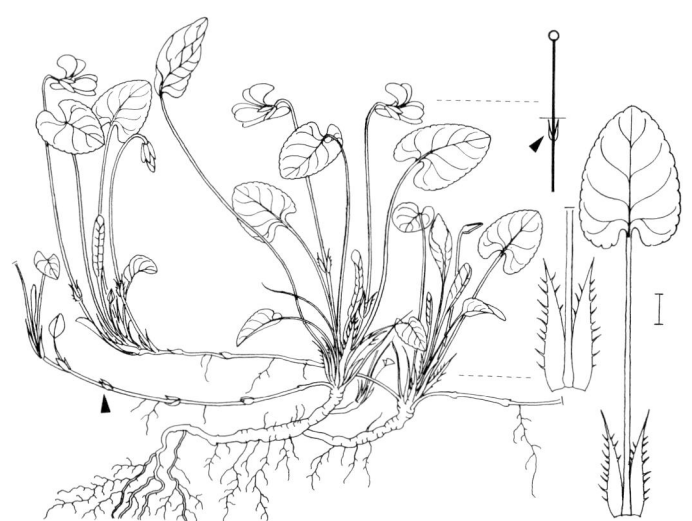

Blau-Veilchen – *Viola suavis* 0,06–0,20 ♃ 3–4 (blauviolett od. blau, Grund weiß)

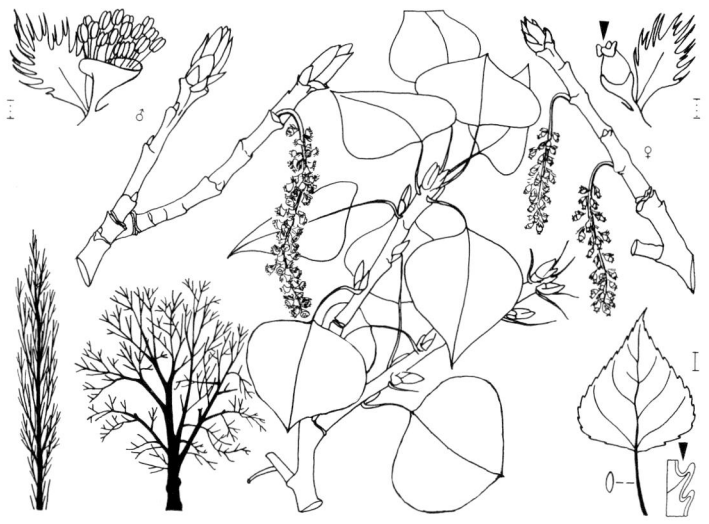

**Schwarz-Pappel – *Populus nigra* Bis 30,00(–40,00) ♄ 4 (♂ purpurn, ♀ hellgrün)

SALICACEAE

Hybrid-Schwarz-Pappel – *Populus ×canadensis* Bis 30,00(–40,00) ♄ 4 (♂ purpurn, ♀ hellgrün)

Nordamerikanische Schwarz-P. – *P. deltoides* Bis 30,00 ♄ 4 (♂ purpurn, ♀ hellgrün)

Balsam-P. – *P. balsamifera* Bis 30,00 ♄ 4 (♂ purpurn, ♀ hellgrün. BlaUSeite weißlich)

Westliche Balsam-P. – *P. trichocarpa* Bis 25,00 ♄ 3–4 (♂ purpurn, ♀ hellgrün. BlaUSeite weißlich)

Zitter-Pappel – *Populus tremula* Bis 25,00 ♄ 3–4 (♂ purpurgrau, ♀ rötlich, Narben purpurn)

Silber-P. – *P. alba* Bis 30,00 ♄ 3–4 (♂ purpurn, ♀ hellgrün, Narben gelb. Zweige u. BlaUSeite weißfilzig)

Bruch-Weide – *Salix fragilis* Bis 15,00 ♄ 4–5 (♂ gelb, ♀ grün. Zweige am Grund leicht abbrechend. BlaUSeite bläulichgrün)

SALICAEAE

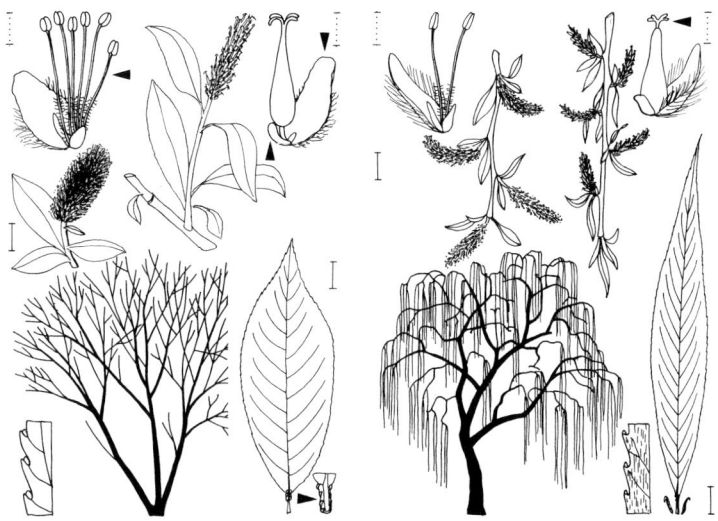

Lorbeer-Weide – *Salix pentandra* Bis 15,00 ♄ 5–6 (♂ gelb, ♀ grün. BlaOSeite stark glänzend)

Trauer-W. – *S. ×sepulcralis* Bis 15,00 ♄ 4–5 (♂ gelb, ♀ gelbgrün. Zweige gelb)

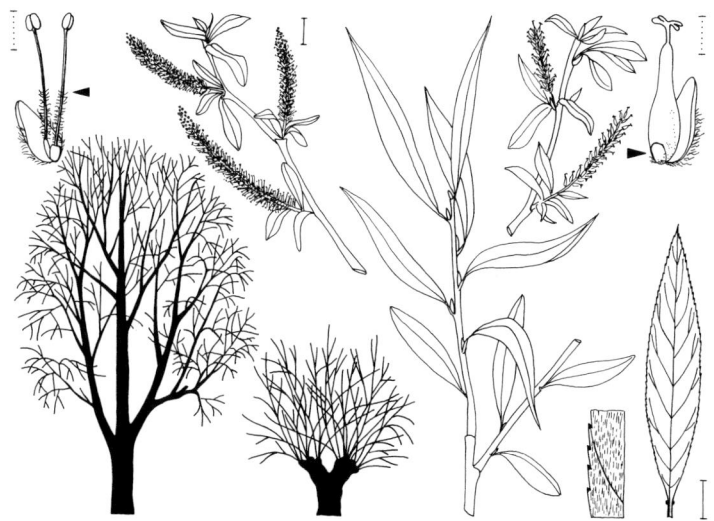

Silber-W. – *S. alba* Bis 25,00 ♄ 4–5 (♂ gelb, ♀ gelbgrün. Bla silbrigweiß seidenhaarig, oberseits verkahlend)

**Mandel-Weide – *Salix triandra*
Bis 4,00(–7,00) ♄ 4–5 (♂ gelb, ♀ grün.
Zweige etwas brüchig)

Blaugrüne W. – *S. caesia* 0,30–1,50 ♄
5–7 (♂ erst purpurn, dann violett, ♀ grün)

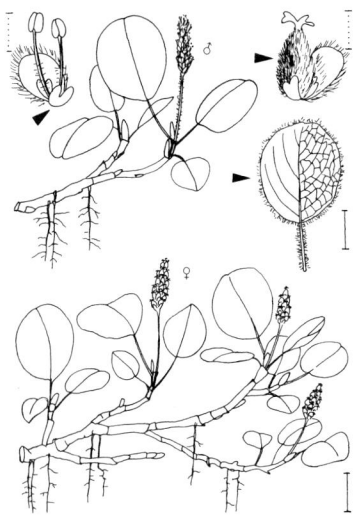

Netz-W. – *S. reticulata* 0,02–0,10 ♄ 6–8
(♂ braun, ♀ purpurn. Bla runzlig)

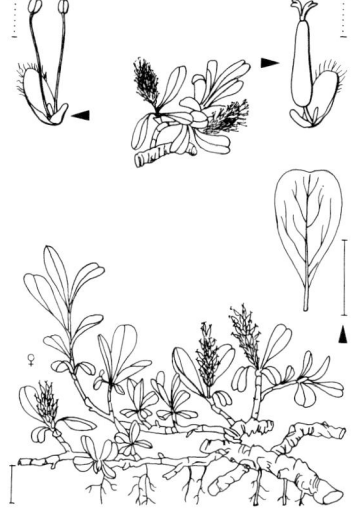

*Stumpfblättrige W. – *S. retusa*
0,01–0,10 ♄ 7–8 (♂ oft zuerst purpurn,
♀ grün) ↗ S. 807

SALICACEAE

Quendelblättrige Weide – *Salix serpillifolia* 0,01–0,05 ↧ 7–8 (♂ gelb, ♀ grün)

*Alpen-W. – *S. alpina* 0,05–0,30 ↧ 6–7 (♂ erst purpurn, dann violett, ♀ purpurn) ↗ S. 807

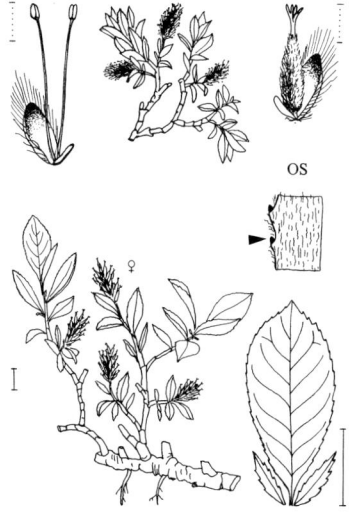

Matten-W. – *S. breviserrata* 0,05–0,60 ↧ 6–7 (♂ erst purpurn, dann violett, ♀ purpurn)

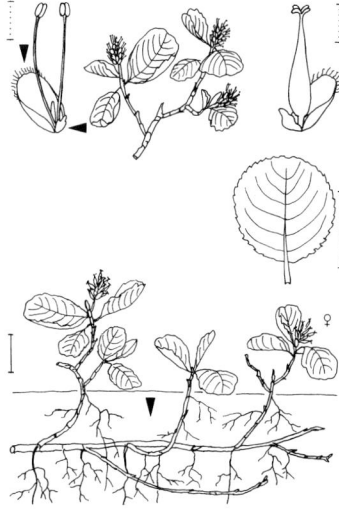

Kraut-W. – *S. herbacea* 0,01–0,10 ↧ 6–8 (♂ erst purpurn, ♀ rötlichgrün)

SALICACEAE

Heidelbeer-Weide – *Salix myrtilloides* 0,20–0,50(–1,00) ℏ 4–5 (♂ erst rötlich, ♀ grün. Bla beiderseits blaugrün)

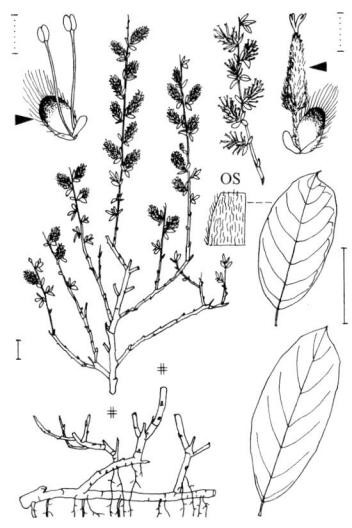

**Kriech-W. – *S. repens* 0,20–1,00(–2,00) ℏ ℏ 4–5 (♂ erst purpurn, ♀ grün) ↗ S. 807

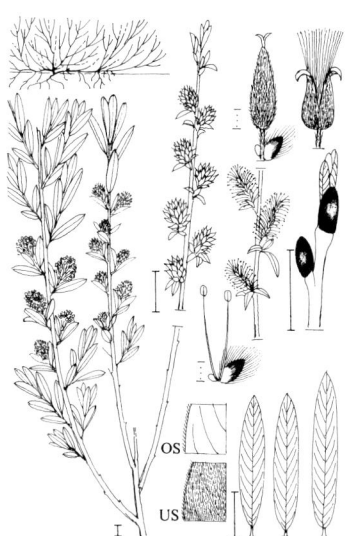

Rosmarin-W. – *S. rosmarinifolia* 0,20–1,50 ℏ 4–5 (♂ gelb ♀ grün)

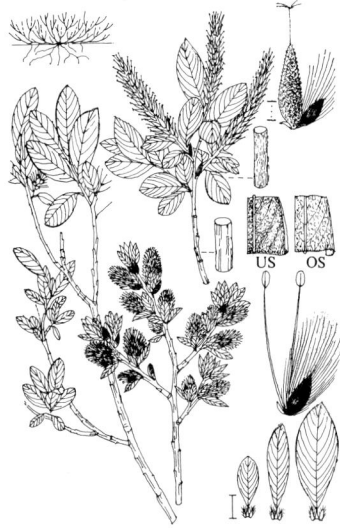

Schweizer W. – *S. helvetica* 0,30–1,50 ℏ 6–7 (♂ gelb, dann rötlich, ♀ grün)

SALICACEAE

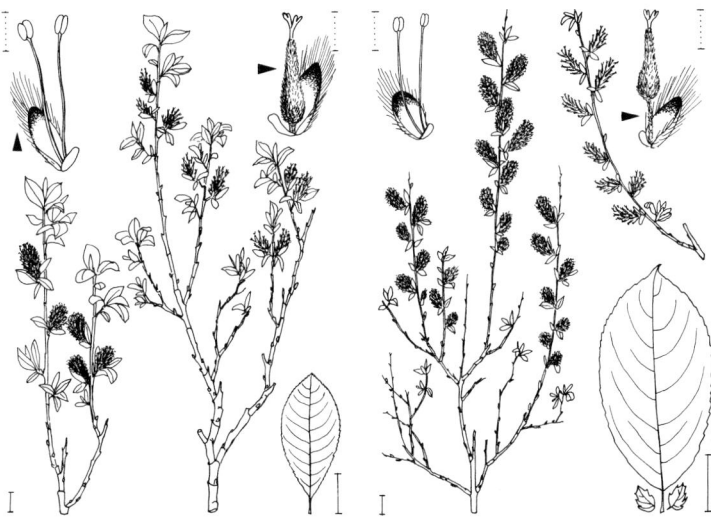

Bäumchen-Weide – *Salix waldsteiniana* 0,30–2,00 h ⨅ 5–7 (♂ gelb, ♀ grün. BlaUSeite blaugrau)

Bleiche W. – *S. starkeana* 0,20–1,00 h ⨅ 4–5 (♂ goldgelb, ♀ grün)

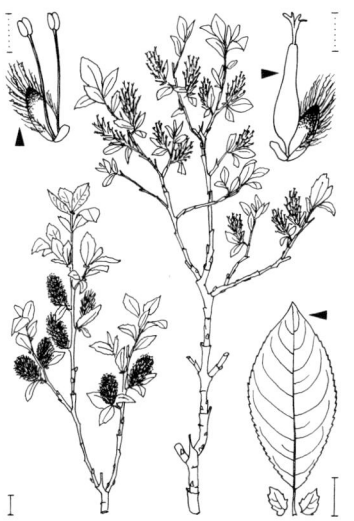

Spieß-W. – *S. hastata* 0,50–1,50 ⨅ 5–6 (♂ gelb, ♀ grün. BlaUSeite graugrün bis zur Spitze)

Kahle W. – *S. glabra* 0,30–1,50 ⨅ 5–6 (♂ oft erst rot, ♀ grün. BlaOSeite stark glänzend, USeite graugrün)

Zweifarben-Weide – *Salix bicolor*
0,60–2,00(–4,00) ♄ 5–7 (♂ gelb, ♀ grün.
BlaUSeite blaugrau bis zur Spitze)

Schwarz-W. – *S. myrsinifolia* Bis 8,00 ♄
4–6 (♂ gelb, ♀ grün. BlaUSeite blaugrau,
Spitze grün)

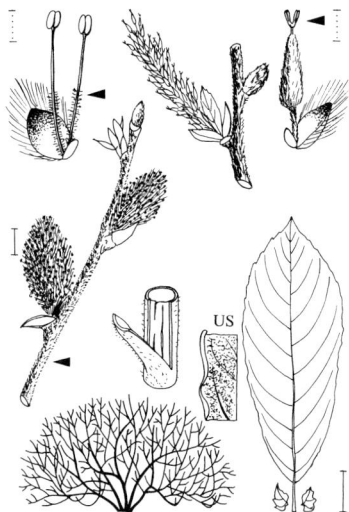

**Grau-W. – *S. cinerea* Bis 4,00(–12,00)
♄ 3–4 (♂ goldgelb, ♀ grün. Zweige dicht
grau- bis schwarzfilzig)

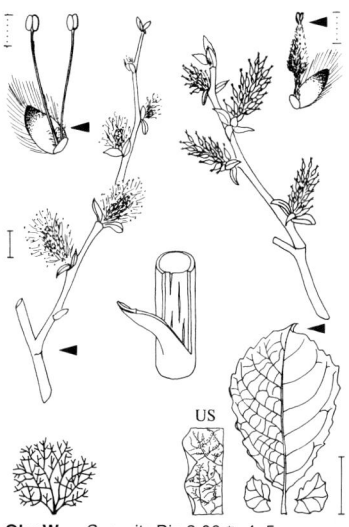

Ohr-W. – *S. aurita* Bis 3,00 ♄ 4–5
(♂ goldgelb, ♀ grün. Bla stark runzlig)

SALICACEAE

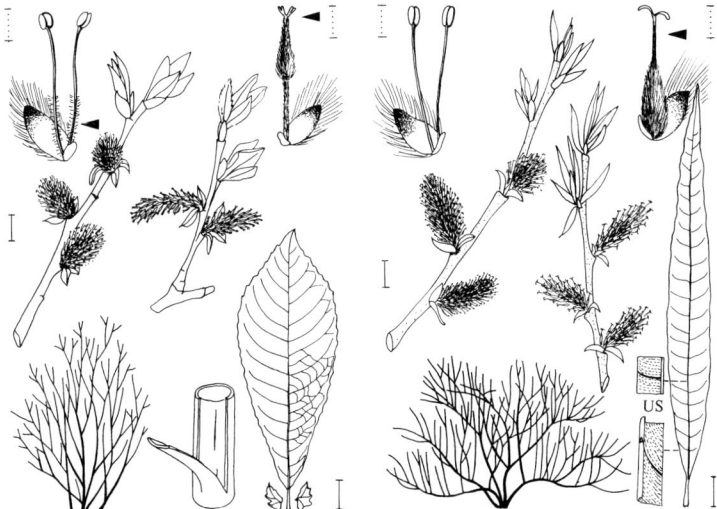

Großblättrige Weide – *Salix appendiculata* Bis 6,00 ♄ 4–5 (♂ gelb, ♀ grün. Bla seidigfilzig, verkahlend)

Korb-W. – *S. viminalis* Bis 10,00 ♄ 3–4 (♂ goldgelb, ♀ grün. BlaUSeite silbrigweiß seidig)

Sal-W. – *S. caprea* Bis 12,00 ♄ 3–4 (♂ goldgelb, ♀ grün. Zweige kahl, nur anfangs weißhaarig)

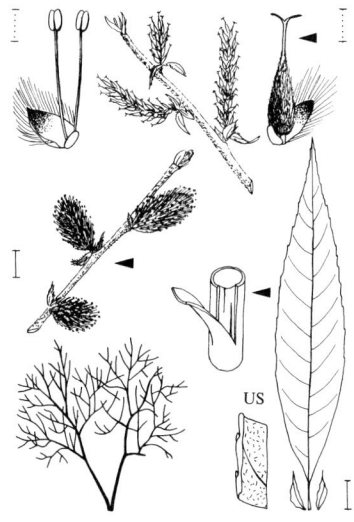

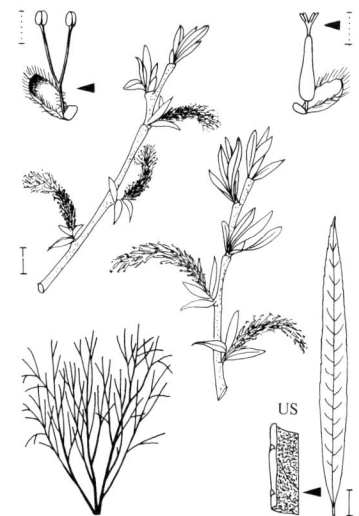

Filzast-Weide – *Salix gmelinii* Bis 6,00 ♄ 3–4 (♂ gelb, ♀ grün. Zweige grau- bis schwarzfilzig)

Lavendel-W. – *S. eleagnos* Bis 15,00 ♄ 4–5 (♂ gelb, ♀ grün. Bla weißfilzig, OSeite verkahlend)

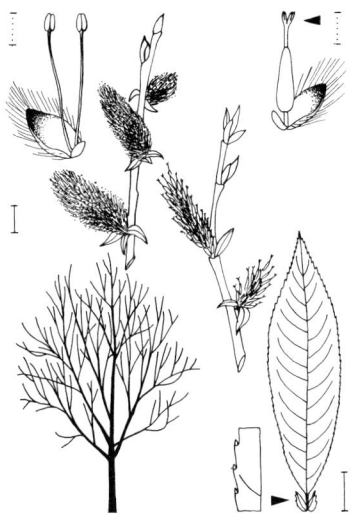

Purpur-W. – *S. purpurea* Bis 10,00 ♄ 3–4 (♂ erst purpurn, dann braun, ♀ grün. Bla beiderseits kahl)

Reif-W. – *S. daphnoides* Bis 10,00 ♄ 2–4 (♂ gelb, ♀ grün. Zweige gelblich, blau bereift, brüchig)

Spitzblättrige Weide – *Salix acutifolia*
Bis 10,00 ♅ 2–4 (♂ gelb, ♀ grün. Zweige rot, blau bereift, zäh)

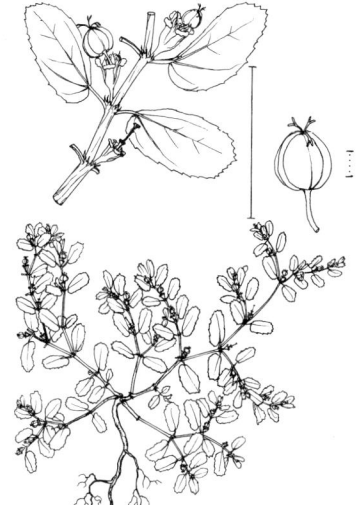

Niederliegende Wolfsmilch – *Euphorbia humifusa* 0,02–0,15 lg ⊙ 6–9 (grün, rot überlaufen)

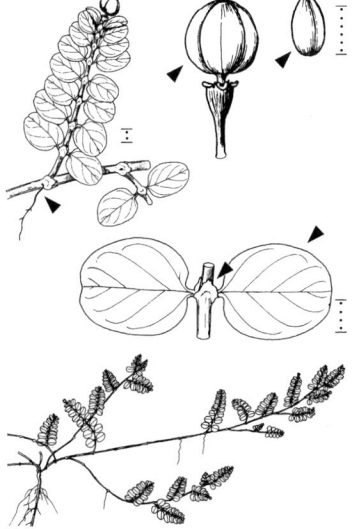

Schlängelnde W. – *E. serpens* 0,08–0,25 lg ⊙ 6–9 (grün. Drüsen weiß od. rötlich)

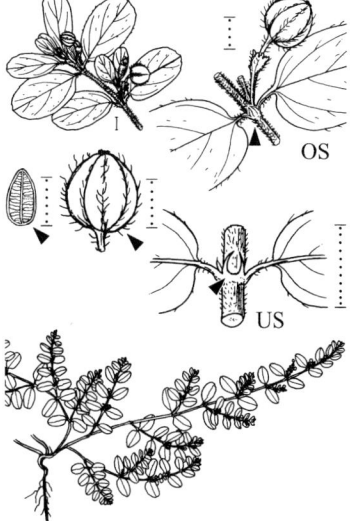

Hingestreckte W. – *E. prostrata* 0,05–0,20(–0,30) lg ⊙ 7–8 (grün. Drüsen rötlich)

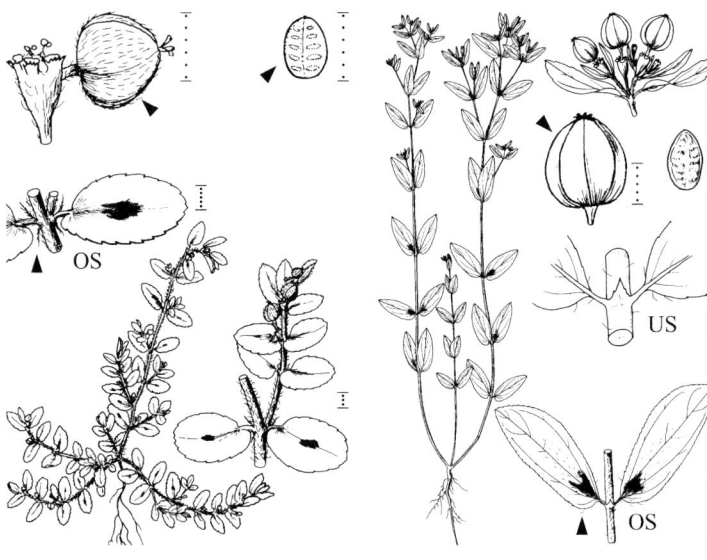

Gefleckte Wolfsmilch – *Euphorbia maculata* 0,05–0,20 lg ⊙ 6–9 (grün. Drüsen weiß)

Nickende W. – *E. nutans* 0,15–0,40 ⊙ 7–9 (grün. Drüsen weiß od. rötlich)

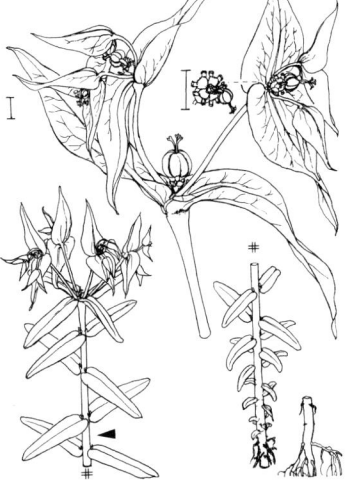

Weißrand-W. – *E. marginata* 0,80–1,00 ⊙ 7–10 (hellgrün. HochBla u. obere StgBla weiß berandet)

Spring-W. – *E. lathyris* 0,20–1,00 ⊙ ⊙ 6–8 (hellgrün. Bla dunkelgrün. Stg oft gerötet)

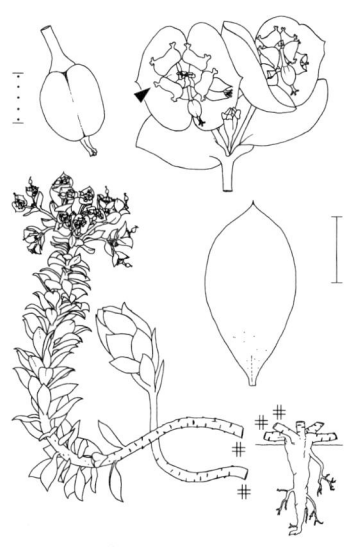

Walzen-Wolfsmilch – *Euphorbia myrsinites* 0,20–0,50 ♃ 4–7 (gelbgrün. Bla blaugrün)

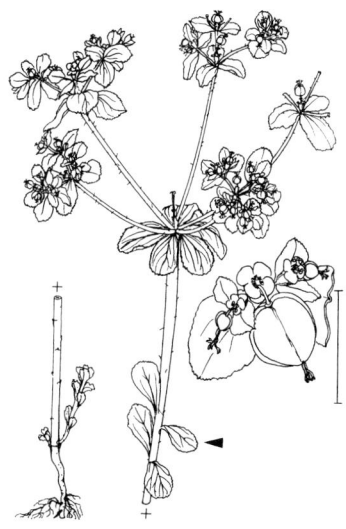

Sonnenwend-W. – *E. helioscopia* 0,10–0,30 ☉ 6–9 (gelbgrün. Drüsen am Hüllbecher orange)

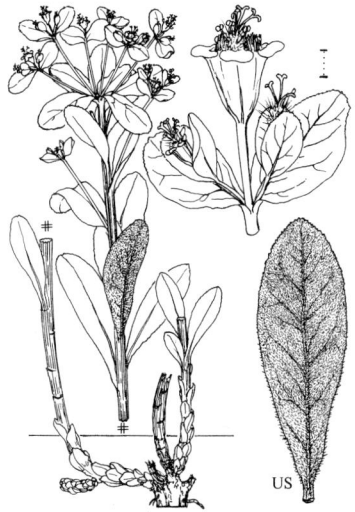

Wollige W. – *E. illirica* 0,50–0,80 ♃ 5–6 (gelbgrün) ⊕

Steppen-W. – *E. seguieriana* 0,50–0,60 ♃ 6 (grünlich-chromgelb)

Sumpf-Wolfsmilch – *Euphorbia palustris*
0,50–1,50 ♃ 5–6 ▽ (grünlich-chromgelb)

Vielfarbige W. – *E. epithymoides*
0,30–0,50 ♃ 5(–6) (leuchtend chromgelb.
Reife Kapseln orangerot) ⊕

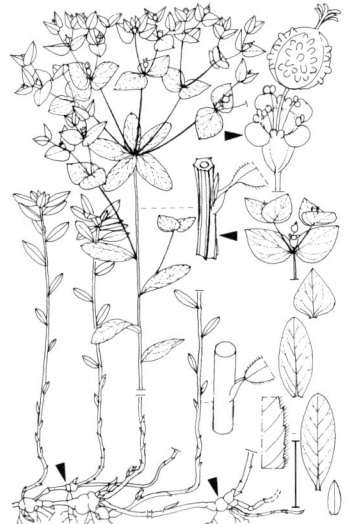

Kanten-W. – *E. angulata* 0,20–0,50 ♃ 5–6
(grünlich bis gelbrot)

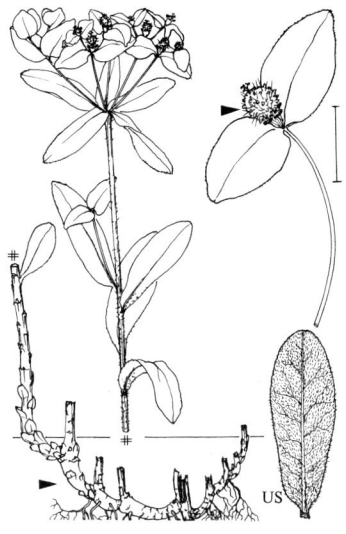

**Süße W. – *E. dulcis* 0,20–0,50 ♃ 5
(dunkelgrün. Drüsen gelbgrün, später
purpurrot)

EUPHORBIACEAE

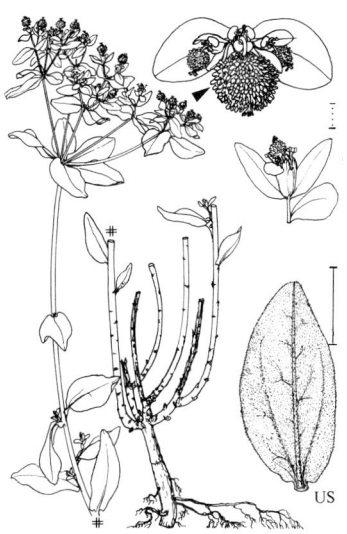

Warzen-Wolfsmilch – *Euphorbia verrucosa* 0,30–0,50(–1,00) ⚂ 5–6 (gelbgrün. Drüsen am Hüllbecher gelb)

Breitblättrige W. – *E. platyphyllos* 0,25–0,60 ⊙ 7–8 (gelbgrün. Drüsen am Hüllbecher gelb)

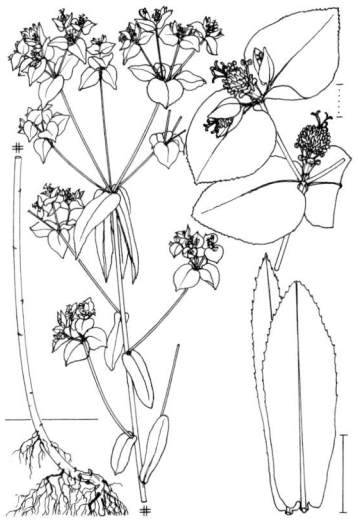

Steife W. – *E. stricta* 0,20–0,45 ⊙ 6–9 (gelbgrün. Drüsen am Hüllbecher gelb)

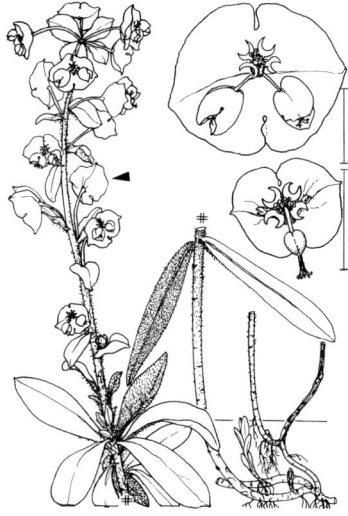

Mandel-W. – *E. amygdaloides* 0,30–0,60 ⚂ 4–5 (gelbgrün. Bla immergrün. Stg gerötet)

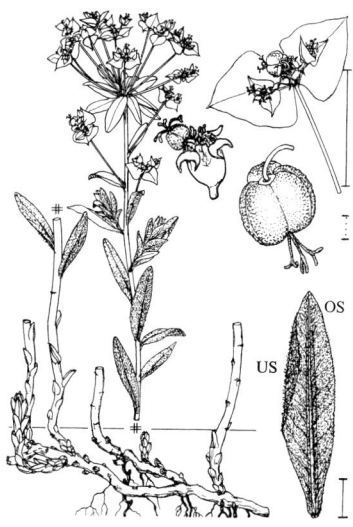

Weidenblatt-Wolfsmilch – *Euphorbia salicifolia* 0,30–0,70 ♃ 5–6 (gelbgrün. Drüsen am Hüllbecher lang gehörnt)

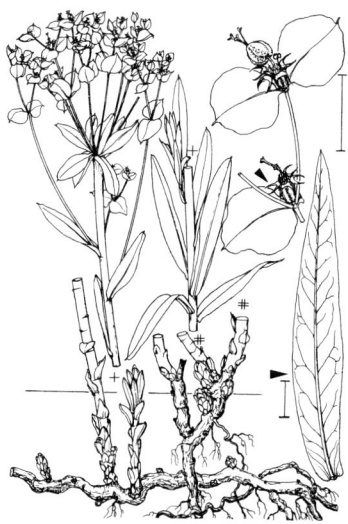

Glanz-W. – *E. lucida* 0,40–1,30 ♃ 5–7 ▽ (gelbgrün. Bla stark glänzend)

Kleine W. – *E. exigua* 0,06–0,20 ☉ 6–10 (ganze Pfl hellgrün)

Sichel-W. – *E. falcata* 0,10–0,40 ☉ 6–10 (ganze Pfl blaugrün)

EUPHORBIACEAE

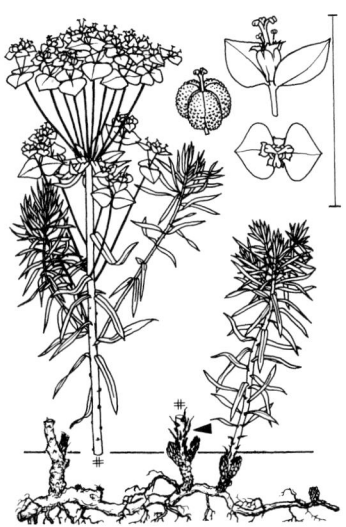

Zypressen-Wolfsmilch – *Euphorbia cyparissias* 0,15–0,30 ⚃ 4–5 (grünlichgelb, später rötend)

*Esels-W. – *E. esula* 0,30–0,60 ⚃ 5–7 (grün bis gelblich. Bla jung braunrot bis schwarzpurpurn) ↗ S. 807

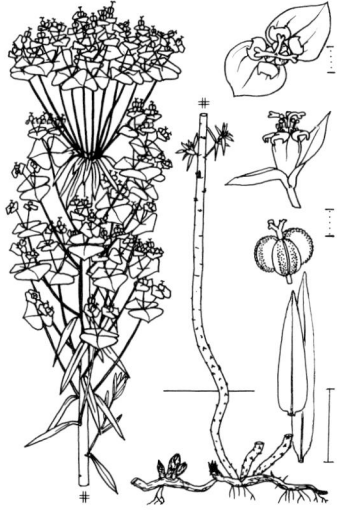

Ruten-W. – *E. virgata* 0,60–0,80 ⚃ 5–7 (gelblich-chromgrün. Bla jung graugrün bis grün)

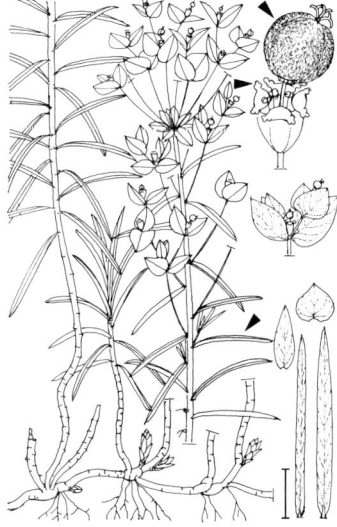

Schein-Ruten-W. – *E. saratoi* 0,40–1,00 ⚃ 5–7 (gelblichgrün. Bla jung graugrün)

Garten-Wolfsmilch – *Euphorbia peplus* 0,10–0,30 ⊙ ① 7–10 (grün bis gelblichgrün, unauffällig)

Einjähriges Bingelkraut – *Mercurialis annua* 0,20–0,50 ⊙ 6–10 (♂ gelbgrün, ♀ grün)

Ausdauerndes B. – *M. perennis* 0,15–0,30 ♃ 4–5 (♂ gelbgrün, ♀ grün)

Eiblatt-B. – *M. ovata* 0,15–0,40 ♃ 4–5 (♂ gelbgrün, ♀ grün)

EUPHORBIACEAE · LINACEAE

Rizinus – *Ricinus communis* 1,00–2,00 ☉
4–5 (♂ rosa, ♀ purpurn)

Purgier-Lein – *Linum catharticum*
0,05–0,30 ☉ ♃ 6–7 (weiß, Grund gelb)

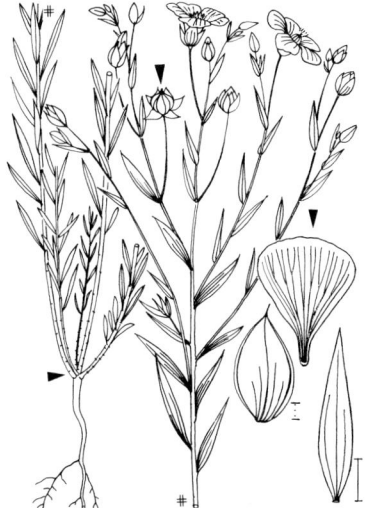

Saat-L. – *L. usitatissimum* 0,20–1,00 ☉ ①
☉ 6–7 (blau)

Gelber L. – *L. flavum* 0,20–0,50 ♃ 6–7
▽ (gelb)

Klebriger Lein – *Linum viscosum* 0,30–0,60 ♃ 5–7 ▽ (rosa)

***Ausdauernder L.** – *L. perenne* 0,30–0,80 ♃ 5–7 ▽ (blau) ↗ S. 807

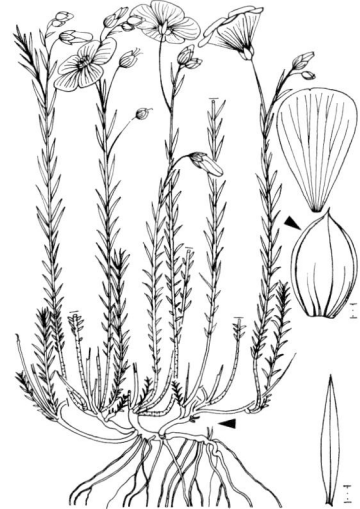

Alpen-L. – *L. alpinum* 0,10–0,30 ♃ 6–8 ▽ (blau)

Österreichischer L. – *L. austriacum* 0,30–0,60 ♃ 5–7 ▽ (blau)

Lothringer Lein – *Linum leonii* 0,05–0,15(–0,30) ♃ 5–7 ▽ (blau)

Schmalblättriger L. – *L. tenuifolium* 0,15–0,50 ♃ 6–7 ▽ (blassrosa bis blassviolett)

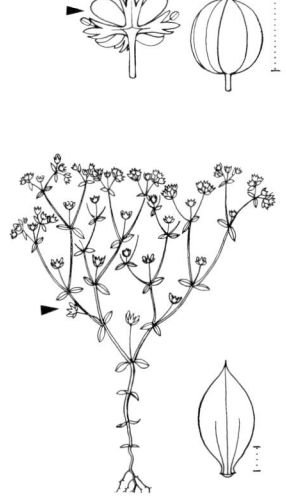

Zwergflachs – *Radiola linoides* 0,01–0,10 ⊙ 7–8 (weiß)

Glänzender Storchschnabel – *Geranium lucidum* 0,15–0,30 ① ⊙ 5–8 (rosarot)

Purpur-Storchschnabel – *Geranium purpureum* 0,20–0,40 ① ☉ 4–9 (dunkelpurpurn od. purpurn)

**Stinkender St. – *G. robertianum* 0,20–0,40 ① ☉ 5–10 (hellpurpurn) ↗ S. 807

Blut-St. – *G. sanguineum* 0,15–0,50 ♃ 6–8 (purpurrot)

Wald-Storchschnabel – *Geranium sylvaticum* 0,20–0,60 ♃ 5–7 (rötlichviolett)

Wiesen-St. – *G. pratense* 0,20–0,80 ♃ 6–8 (blau bis hell blaulila)

Sumpf-Storchschnabel – <u>Ger</u>anium pal<u>u</u>stre 0,25–1,00 ♃ 6–9 (hellpurpurn) ↗ S. 807

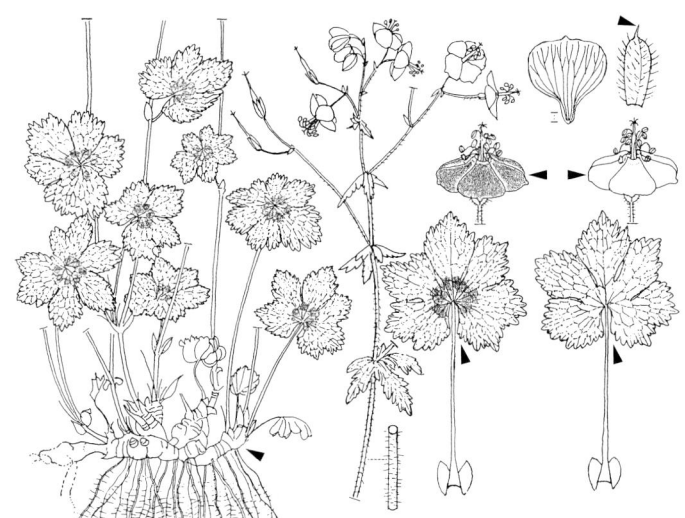

**Brauner St. – *G. ph<u>ae</u>um* 0,30–0,60 ♃ 5–6. L: subsp. *ph<u>ae</u>um* (rotbraun od. schwarz-violett). R: subsp. *l<u>i</u>vidum* (schmutziglila)

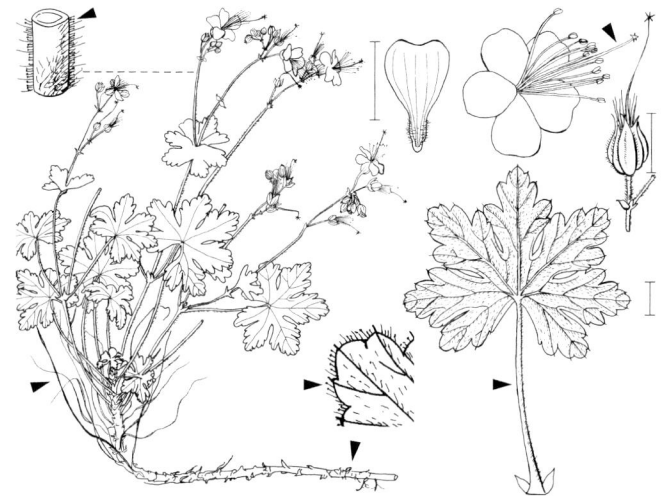

Balkan-Storchschnabel – *Geranium macrorrhizum* 0,20–0,50 ♃ 6 (blassrosa od. violett)

Pyrenäen-St. – *G. pyrenaicum* 0,25–0,70 ⊙ ♃ 5–10 (violett)

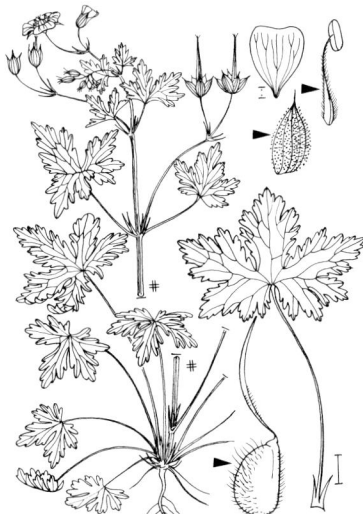

Böhmischer Storchschnabel – *Geranium bohemicum* 0,25–1,00 ① ⊙ 6–7 (blauviolett) ⚥

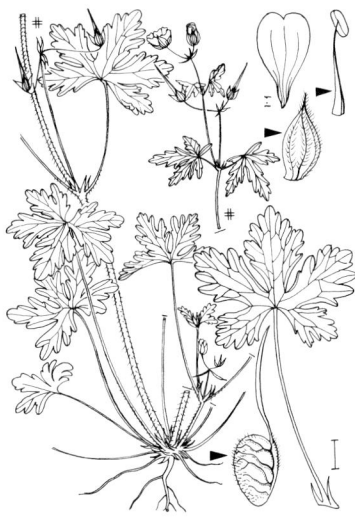

Spreizender St. – *G. divaricatum* 0,25–0,60 ⊙ 6–8 (rosa) ↗ S. 807

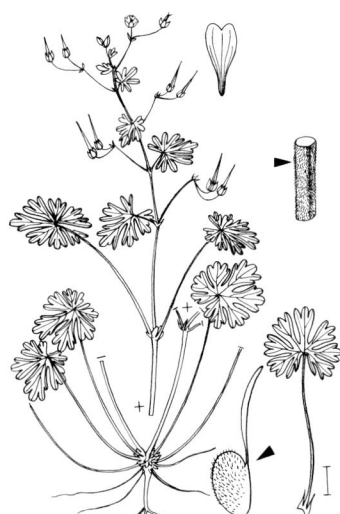

Zwerg-St. – *G. pusillum* 0,15–0,30 ① ⊙ 5–10 (rosa bis lila)

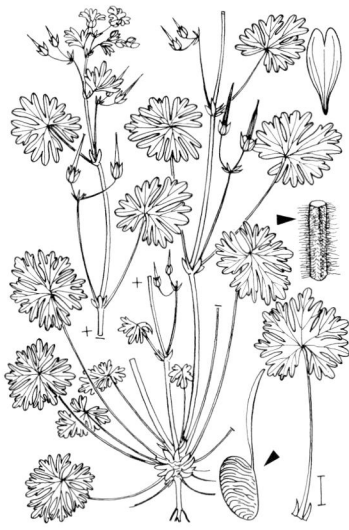

Weicher St.– *G. molle* 0,10–0,30 ① ⊙ 5–10 (rotviolett)

Tauben-Storchschnabel – *Geranium columbinum* 0,10–0,60 ① ⊙ 5–7 (purpurn. Ke hautrandig)

Schlitzblättriger St. – *G. dissectum* 0,10–0,60 ① ⊙ 5–8 (purpurn. Ke grün)

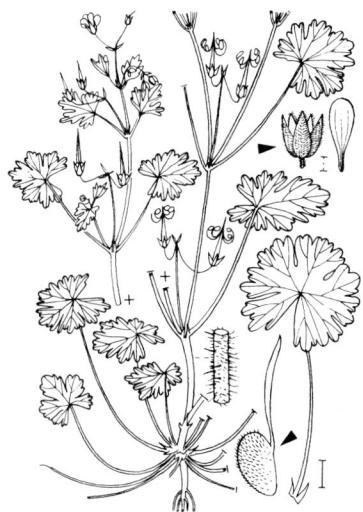
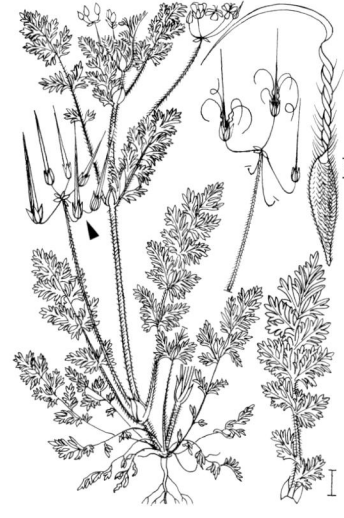

Rundblättriger St. – *G. rotundifolium* 0,10–0,30 ① ⊙ 6–10 (rosenrot)

*Gewöhnlicher Reiherschnabel – *Erodium cicutarium* 0,10–0,30 ① ⊙ 4–10 (rosa) ↗ S. 807

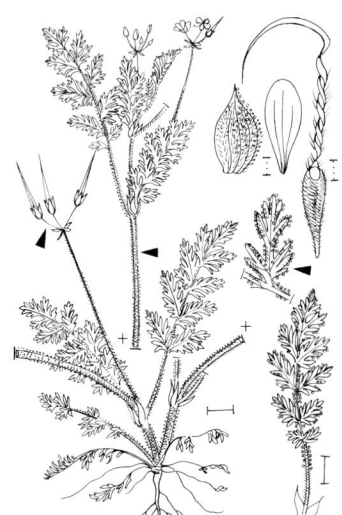

Drüsiger Reiherschnabel – *Erodium lebelii* 0,25–0,75 lg, liegend ① ☉ 4–10 (rosa)

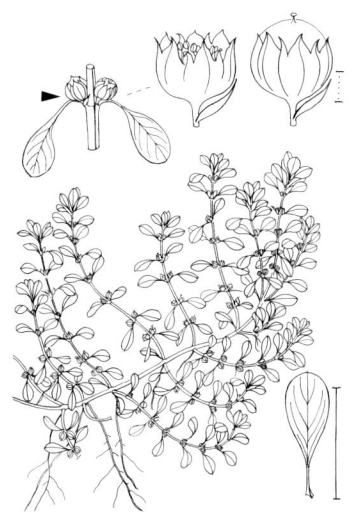

Gewöhnlicher Sumpfquendel – *Lythrum portula* 0,05–0,20 ☉ 7–9 (rosa)

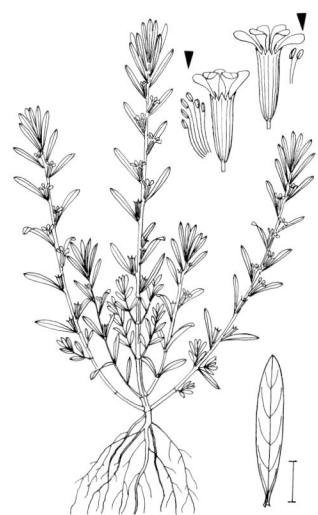

Ysop-Blutweiderich – *L. hyssopifolia* 0,07–0,30 ☉ 7–9 (violettrot) ↗ S. 807

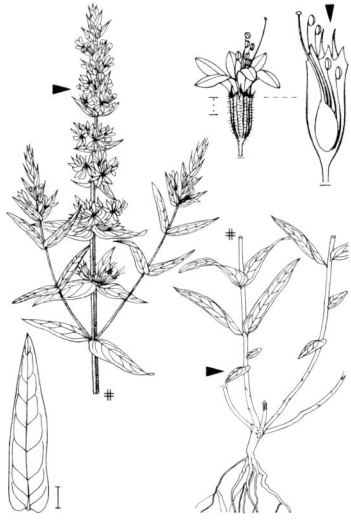

Gewöhnlicher B. – *L. salicaria* 0,50–1,50 ♃ 7–9 (purpurrot) ↗ S. 808

LYTHRACEAE · ONAGRACEAE

Wassernuss – *Trapa natans* 0,60–3,00 ☉ 7–8 ▽ (weiß)

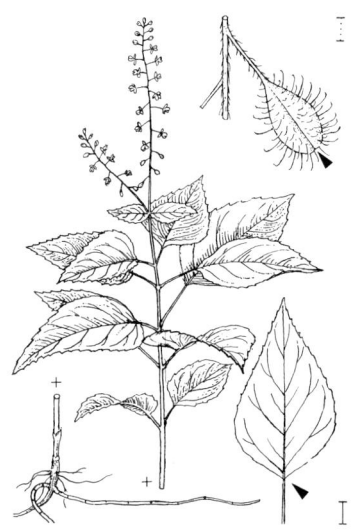

Großes Hexenkraut – *Circaea lutetiana* 0,20–0,70 ♃ 6–8 (weiß)

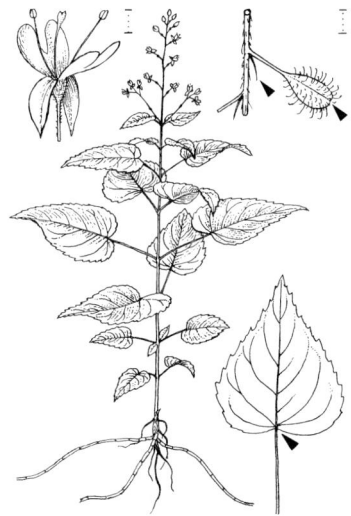

Mittleres H. – *C. ×intermedia* 0,10–0,45 ♃ 6–8 (weiß)

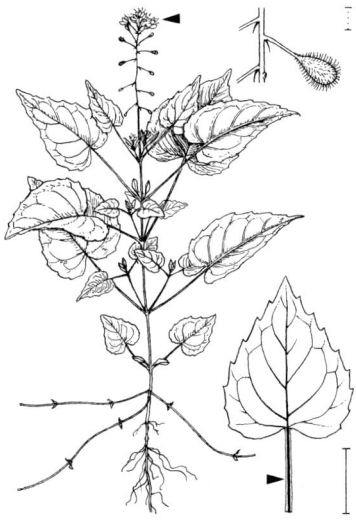

Alpen-H. – *C. alpina* 0,05–0,30 ♃ 6–8 (weiß)

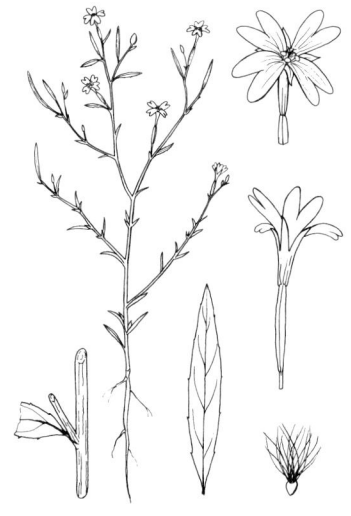

Sumpf-Heusenkraut – *Ludwigia palustris* 0,15–0,30 lg kriechend ♃ ☉ 7–8 (grünlich. Stg oft rot)

Kurzfrüchtiges Weidenröschen – *Epilobium brachycarpum* 0,30–0,80(–2,00) ☉ 7–9 (hellrosa)

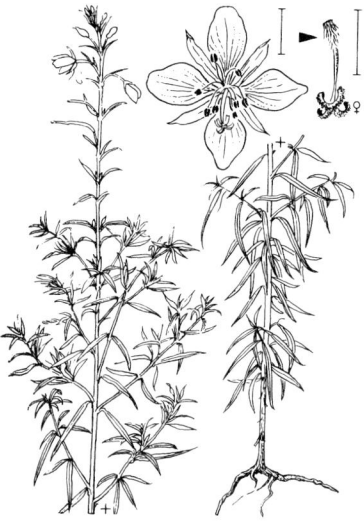

Schmalblättriges W. – *E. angustifolium* 0,60–1,20 ♃ 6–7 (purpurrot. Bla unterseits blaugrün)

Rosmarin-W. – *E. dodonaei* 0,20–1,00 ♃ 7–9 (rosa)

ONAGRACEAE

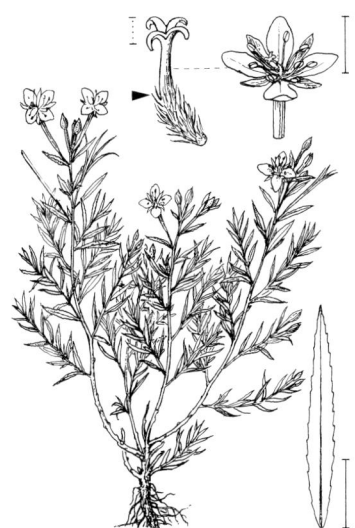

Fleischer-Weidenröschen – *Epilobium fleischeri* 0,20–0,40 ♃ 7–9 (purpurrot)

Behaartes W. – *E. hirsutum* 0,80–1,50 ♃ 6–9 (tiefrosa)

Kleinblütiges W. – *E. parviflorum* 0,30–0,80 ♃ 6–9 (blassrosa)

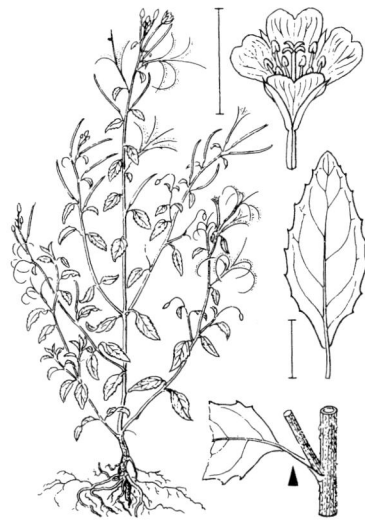

Lanzett-W. – *E. lanceolatum* 0,30–0,60 ♃ 6–8 (erst blassrosa, dann dunkler)

ONAGRACEAE

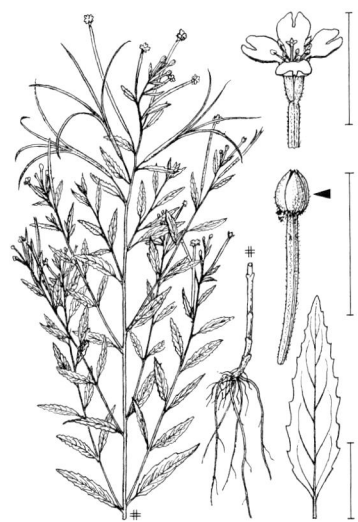

Hügel-Weidenröschen – *Epilobium collinum* 0,10–0,40 ⚆ 6–9 (rosa. Stg graugrün)

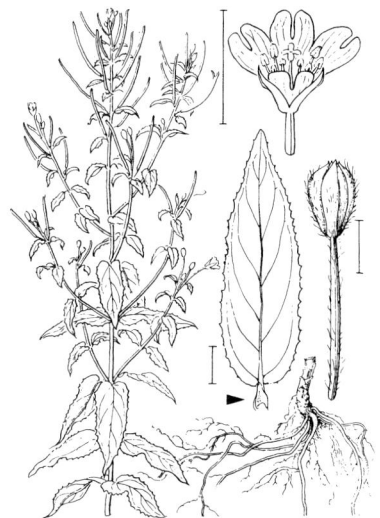

Berg-W. – *E. montanum* 0,10–0,80 ⚆ 6–9 (rosa. Stg grasgrün) ↗ S. 808

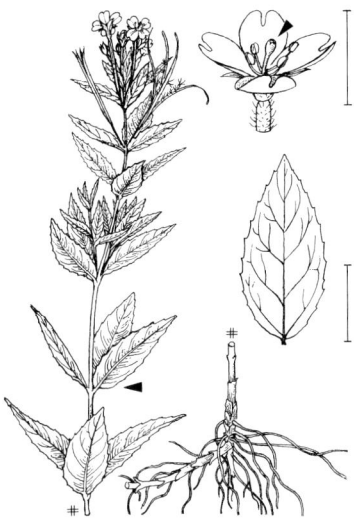

Quirl-W. – *E. alpestre* 0,30–1,00 ⚆ 7–8 (hellpurpurn)

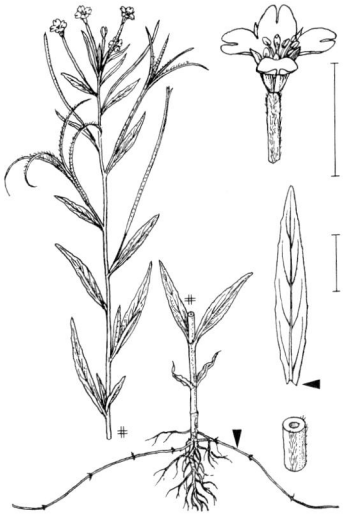

Sumpf-W. – *E. palustre* 0,10–0,50 ⚆ 7–9 (rötlichweiß bis weiß)

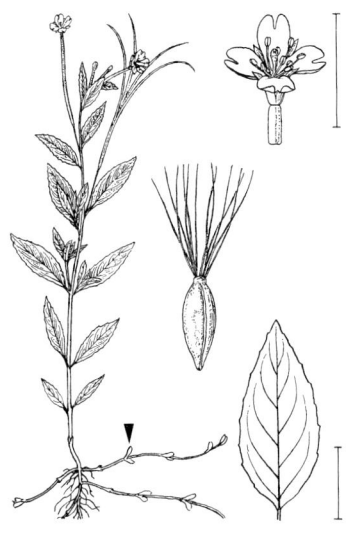

Mieren-Weidenröschen – *Epilobium alsinifolium* 0,10–0,30 ♃ 7–8 (rosenrot)

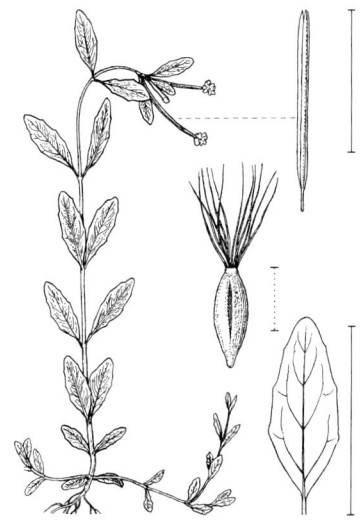

Gauchheil-W. – *E. anagallidifolium* 0,04–0,15 ♃ 7–8 (hellpurpurn)

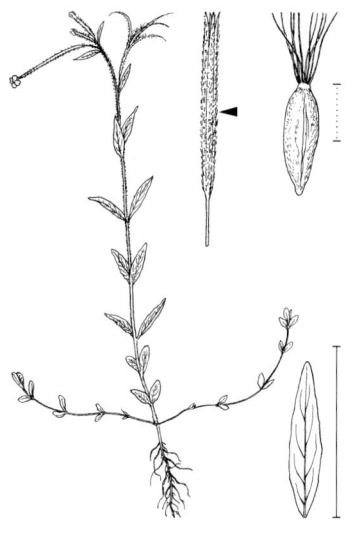

Nickendes W. – *E. nutans* 0,05–0,20 ♃ 7–8 (hellpurpurn)

Rosenrotes W. – *E. roseum* 0,25–0,80 ♃ 7–9 (erst weißlich, dann rosa)

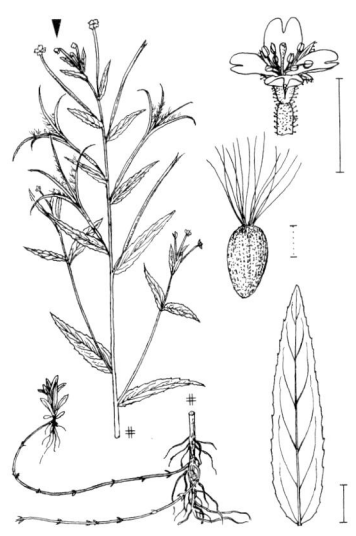

Dunkelgrünes Weidenröschen –
Epilobium obscurum 0,30–1,00 ♃ 6–9
(trüb rosenrot)

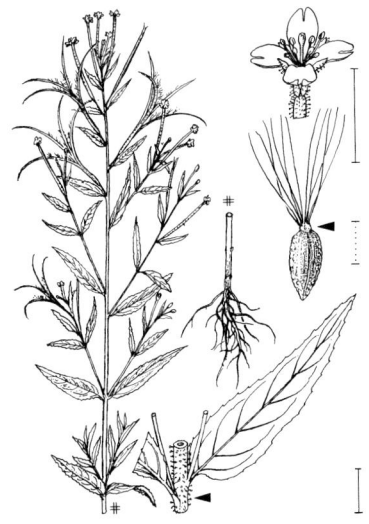

**Drüsiges W. – *E. ciliatum* 0,30–1,50 ♃
6–9 (rosa)

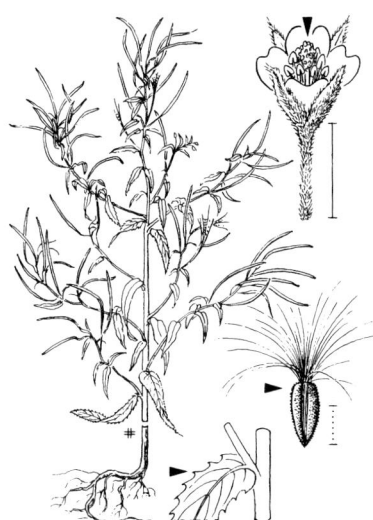

*Vierkantiges W. – *E. tetragonum* 0,30–
1,00 ♃ 7–8 (rosa. Bla hellgrün) ↗ S. 808

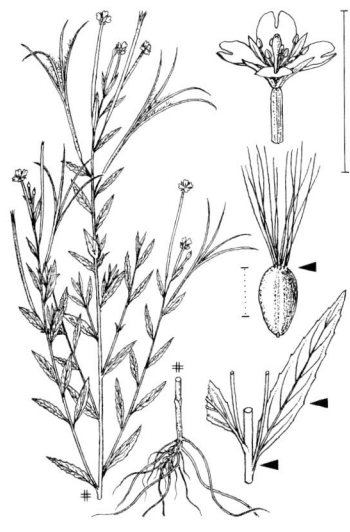

Graugrünes W. – *E. lamyi* 0,20–0,60 ♃
7–9 (purpurn. Bla graugrün)

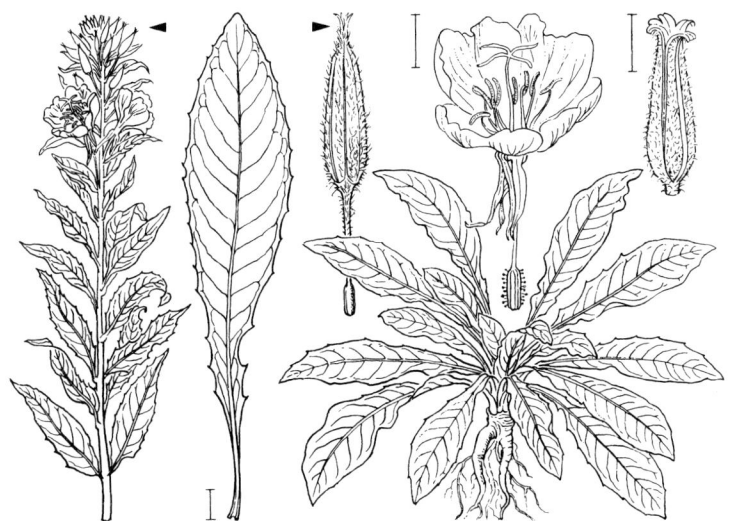

*****Gewöhnliche Nachtkerze** – *Oenothera biennis* agg. 0,40–2,00 ⊙ 6–9 (gelb)

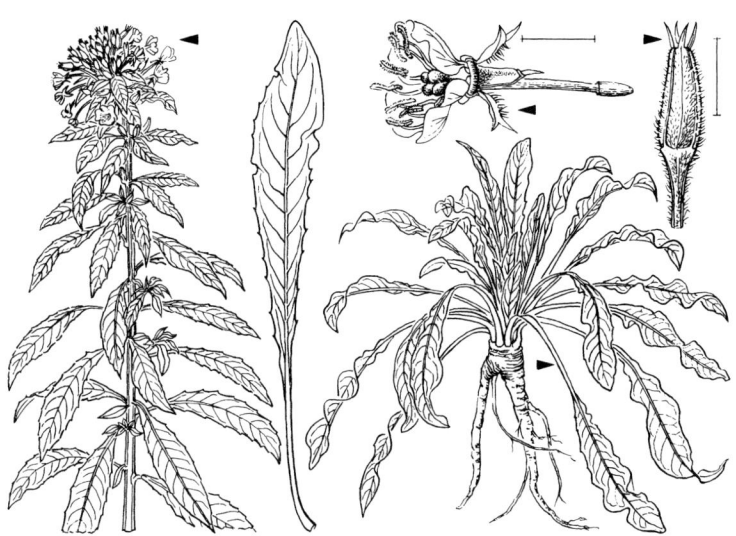

*****Kleinblütige N.** – *Oe. parviflora* 0,40–2,00 ⊙ 6–9 (gelb). Dargestellte Art: *Oe. parviflora* s.str.

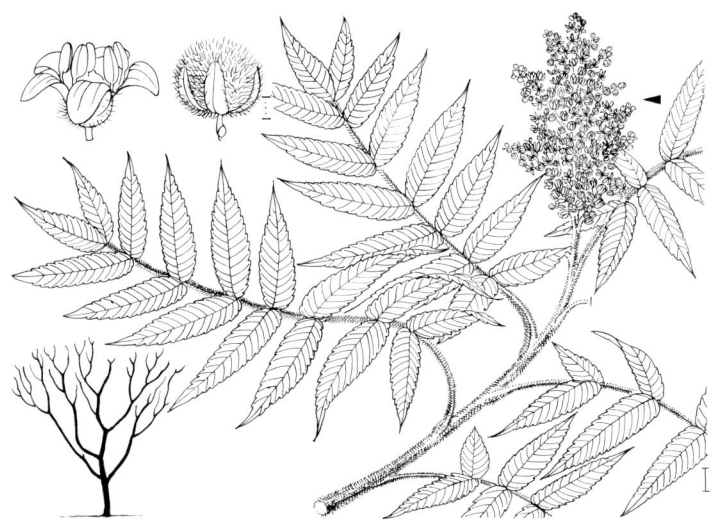

Kolben-Sumach, Essigbaum – *Rhus typhina* Bis 6,00 ♄ 6–7 (gelb od. rot)

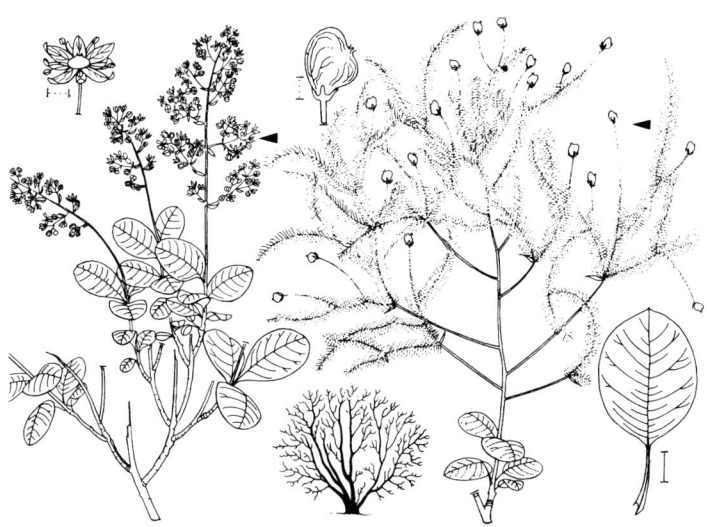

Gewöhnlicher Perückenstrauch – *Cotinus coggygria* 1,00–3,00 ♄ 6–7 (weiß)

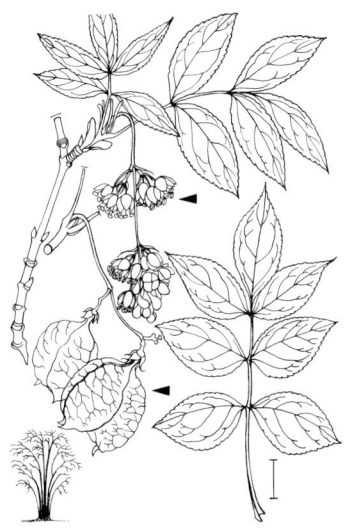

Gewöhnliche Pimpernuss – *Staphylea pinnata* Bis 5,00 ♄ 5–6 (weißlich)

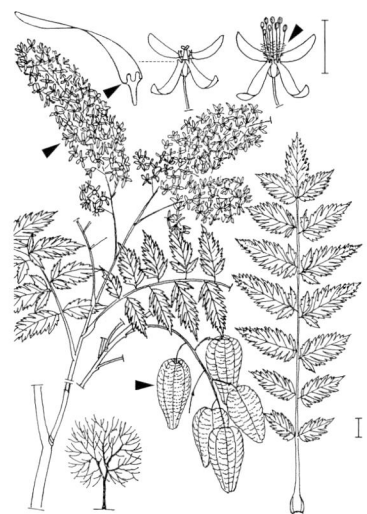

Blasenesche – *Koelreuteria paniculata* Bis 10,00 ♄ 7–8 (gelb)

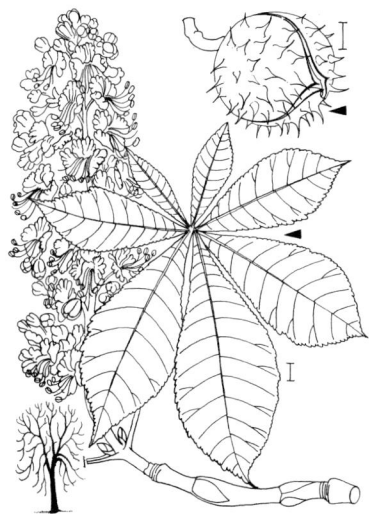

Gewöhnliche Rosskastanie – *Aesculus hippocastanum* Bis 20,00 ♄ 5–6 (weiß u. gelb, rot gefleckt)

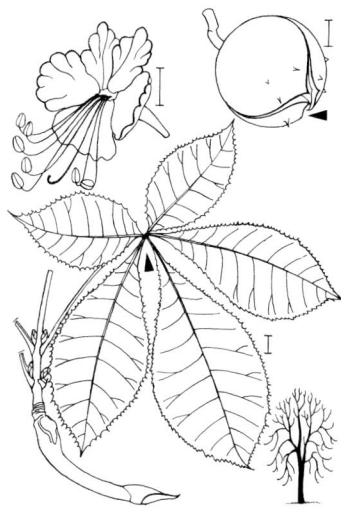

Rote R. – *Ae. ×carnea* Bis 20,00 ♄ 5 (rot od. gelb) ↗ S. 808

Steppen-Ahorn – *Acer tataricum* subsp. *tataricum* Bis 6,00 ♄ 5–6 (weiß bis hellgrün. Bla useits behaart)

Mongolischer Steppen-A. – *A. tataricum* subsp. *ginnala* Bis 6,00 ♄ 5–6 (weiß bis hellgrün. Bla useits kahl)

Silber-A. – *A. saccharinum* Bis 40,00 ♄ 3–4 (gelbgrün bis rötlich)

Schneeball-A. – *A. opalus* Bis 12,00 ♄ 3–4 (gelblich)

SAPINDACEAE

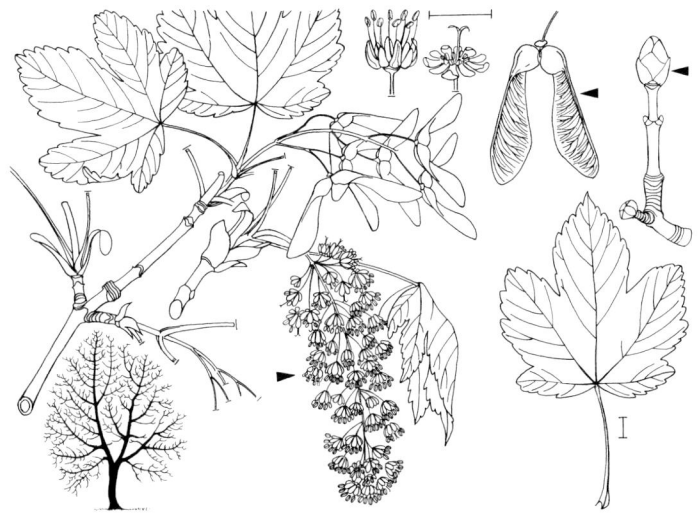

Berg-Ahorn – <u>A</u>cer pseudopl<u>a</u>tanus Bis 30,00 ♄ 5 (grüngelblich)

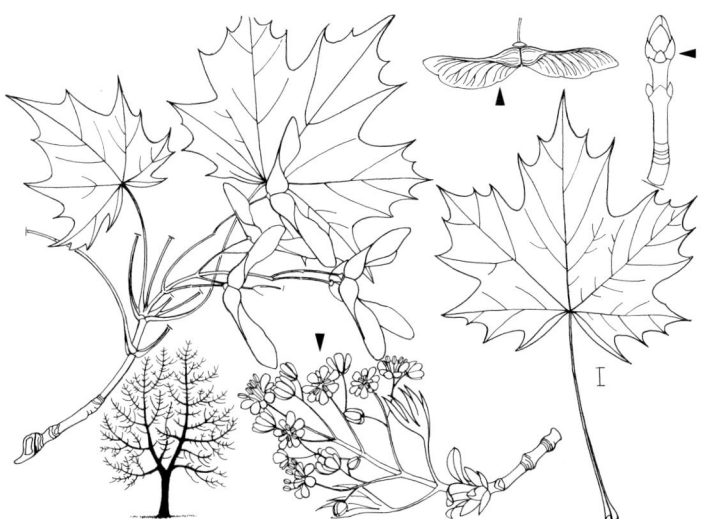

Spitz-A. – A. platanoides Bis 25,00 ♄ 4–5 (grüngelblich)

SAPINDACEAE · RUTACEAE

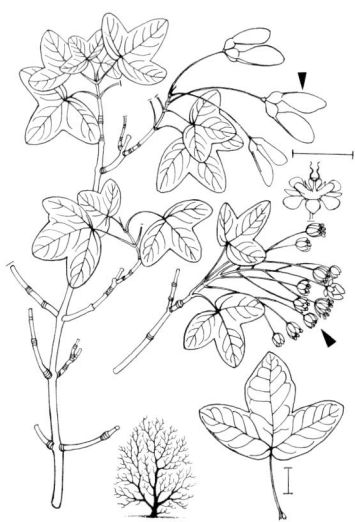

Französischer Ahorn – *Acer monspessulanum* Bis 6,00 ↑ 4–5 (gelbgrün)

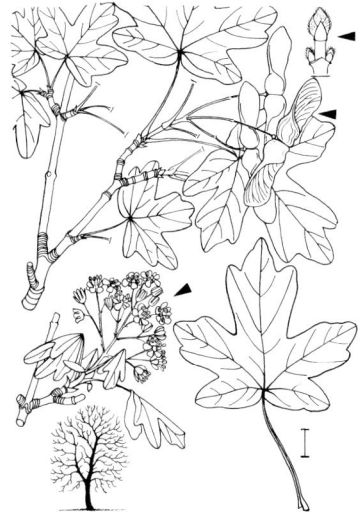

Feld-A. – *A. campestre* Bis 20,00 ↑ 5–6 (grüngelblich)

Eschen-A. – *A. negundo* Bis 20,00 ↑ 4 (grüngelblich)

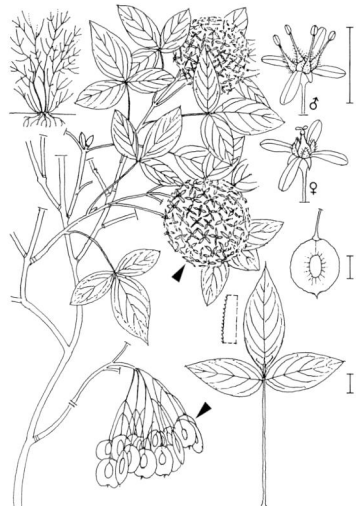

Lederstrauch, Kleeulme – *Ptelea trifoliata* Bis 6,00 ↑ 5–6 (weißlich bis gelb)

RUTACEAE · SIMAROUBACEAE 413

Wein-Raute – *Ruta graveolens* 0,30–0,80(–1,00) ♄ 6–8 (gelb)

Gewöhnlicher Diptam – *Dictamnus albus* 0,60–1,20 ♃ 5–6 ▽ (rötlich, dunkler geadert)

Drüsiger Götterbaum – *Ailanthus altissima* Bis 25,00 ♄ 7 (grünlichgelb)

MALVACEAE

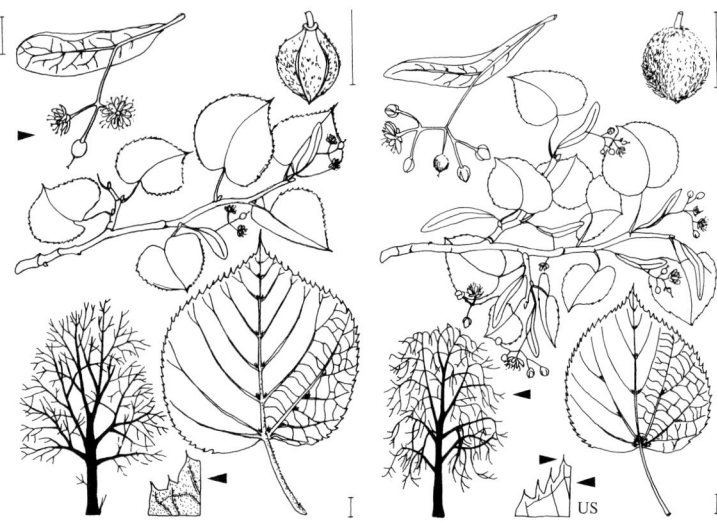

Sommer-Linde – *Tilia platyphyllos* Bis 30,00 ♄ 6 (blassgelb. Bla beiderseits weichhaarig, hellgrün)

Krim-L. – *T. ×euchlora* Bis 20,00 ♄ 7 (blassgelb. Bla beiderseits dunkelgrün, OSeite stark glänzend)

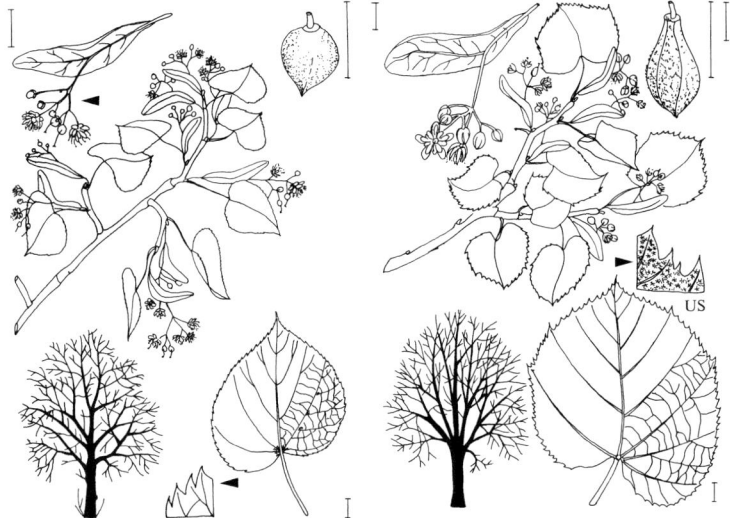

Winter-L. – *T. cordata* Bis 25,00 ♄ 6–7 (blassgelb. BlaOSeite kahl, dunkelgrün, USeite heller) ↗ S. 808

Silber-L. – *T. tomentosa* Bis 30,00 ♄ 7–8 (blassgelb. Bla useits weiß oder silbergrau filzig)

MALVACEAE 415

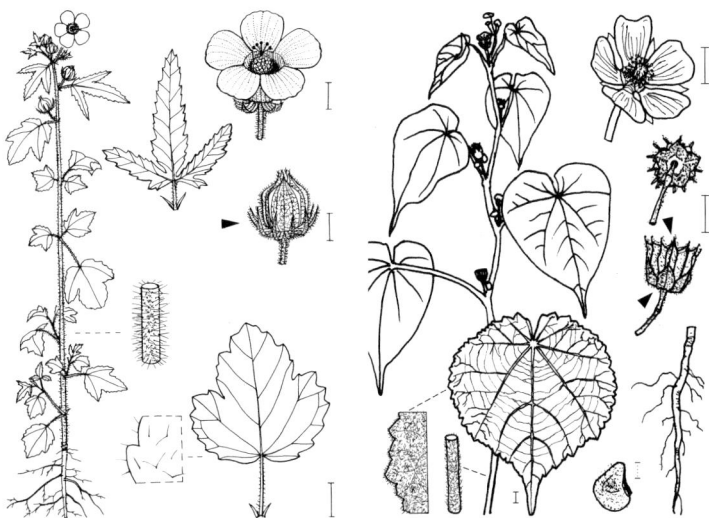

Gelbe Stundenblume – *Hibiscus trionum*
0,15–0,60 ⊙ 7–8 (hellgelb, Grund purpurn,
Staubfäden blutrot)

Samtpappel – *Abutilon theophrasti*
0,20–1,50 ⊙ 7–8 (gelb)

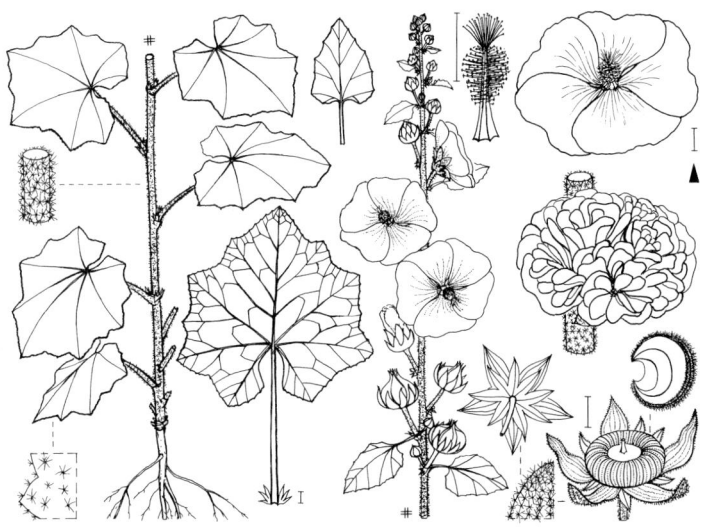

Stockrose – *Alcea rosea* 1,00–3,00 ⚄ ⊙ 6–10 (purpurn bis schwarzpurpurn, gelb od. weiß)

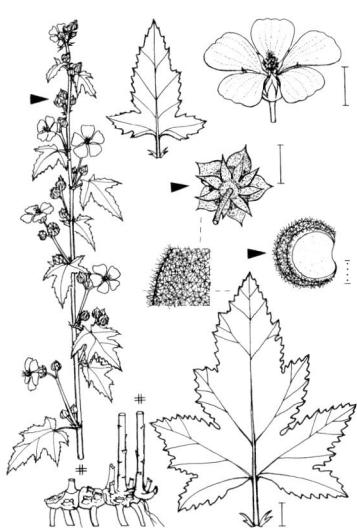

Echter Eibisch – *Althaea officinalis* 0,60–1,20 ♃ 7–9 ▽ (rosa bis weiß)

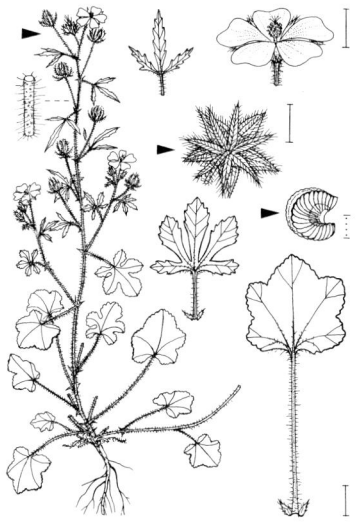

Rauhaar-E. – *A. hirsuta* 0,15–0,50 ☉ ☉ 7–8 (rosa)

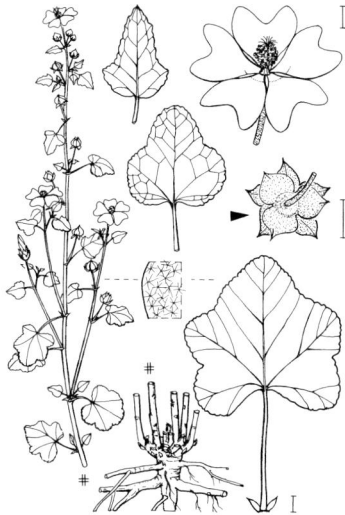

Thüringer Strauchpappel – *Malva thuringiaca* 0,50–1,25 ♃ 7–8 (hellrosa, dunkler geadert)

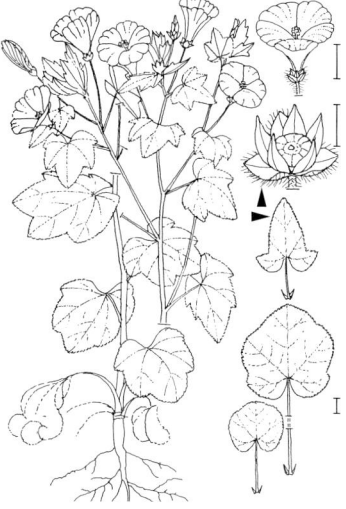

Sommer-St. – *M. trimestris* 0,15–1,20 ☉ 7–10 (hellrosa)

MALVACEAE

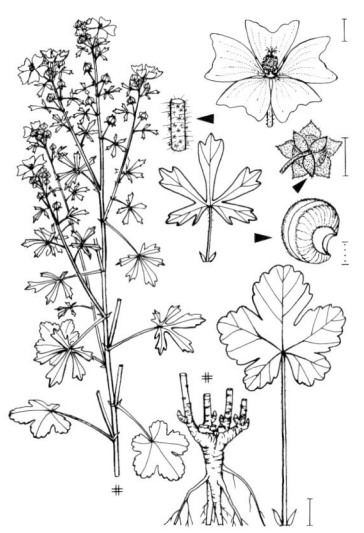

Siegmarswurz – *Malva alcea* 0,40–1,25
♃ 6–10 (rosa)

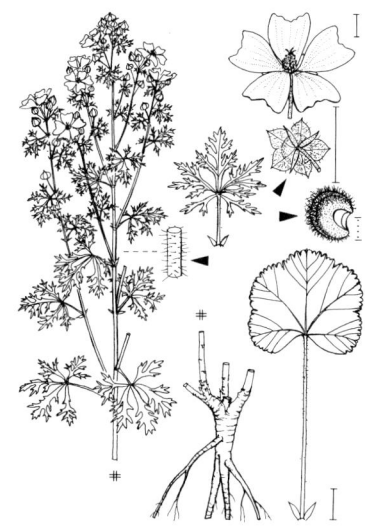

Moschus-Malve – *M. moschata* 0,20–0,80
♃ 6–10 (rosa bis weiß)

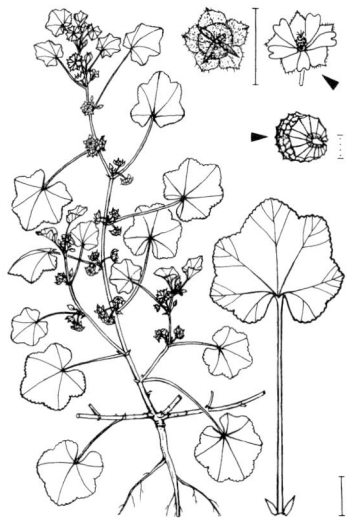

Nordische M. – *M. pusilla* 0,08–0,30 ⊙
6–9 (weißlich)

Kleinblütige M. – *M. parviflora* 0,20–0,50
⊙ 3–5 (blassrosa)

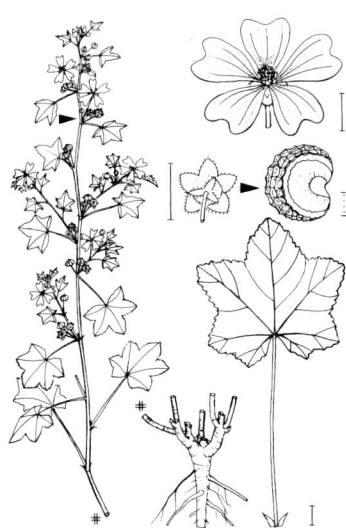

**Wilde Malve – *Malva sylvestris* 0,30–1,00 ⊙ ♃ 6–10 (hellpurpurn, dunkler gestreift) ↗ S. 808

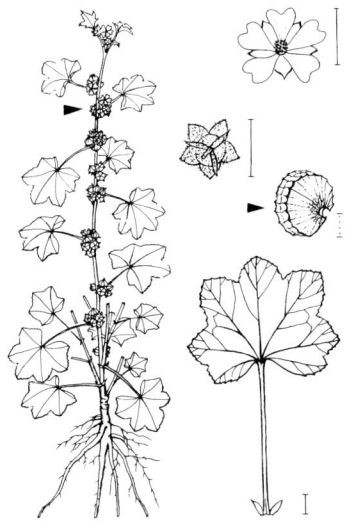

Quirl-M. – *M. verticillata* 0,80–1,50 ⊙ ① 7–9 (blassrosa)

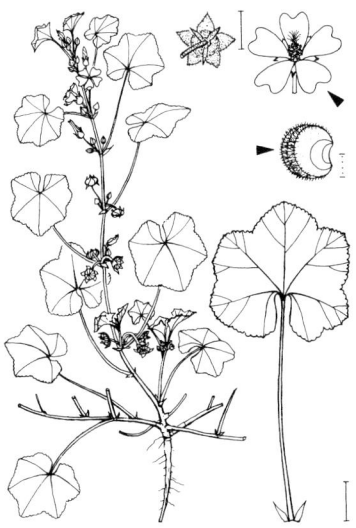

Weg-M. – *M. neglecta* 0,15–0,50 ⊙ ⊙ 6–10 (rosa bis weiß) ↗ S. 808

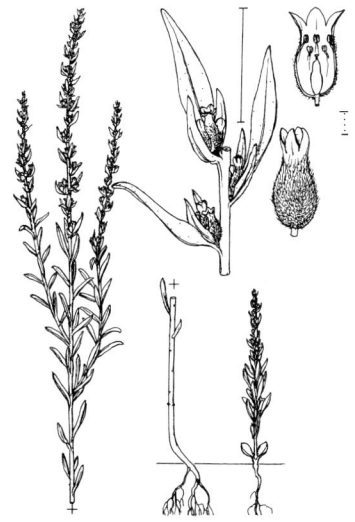

Acker-Spatzenzunge – *Thymelaea passerina* 0,15–0,40 ⊙ 7 (grün, unauffällig. Pfl giftig!)

Lorbeer-Seidelbast – *Daphne laureola* 0,40–1,20 ♄ 2–4 ▽ (gelblichgrün. Fr schwarz, giftig!)

Gewöhnlicher S. – *D. mezereum* 0,40–1,20 ♄ 3–4 ▽ (rosa, stark duftend. Fr rot, giftig!)

Rosmarin-S. – *D. cneorum* 0,10–0,40 ♄ 5–8 ▽ (dunkelrosa. Fr rot, giftig!)

Gestreifter S. – *D. striata* 0,10–0,35 ♄ 5–7 ▽ (hellrosa, längsgestreift. Fr rot, giftig!)

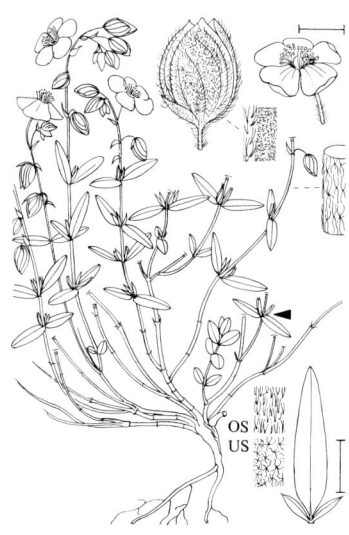

**Gewöhnliches Sonnenröschen –
Helianthemum nummularium 0,10–0,20 ♄
5–10 (gelb od. gelblichweiß)

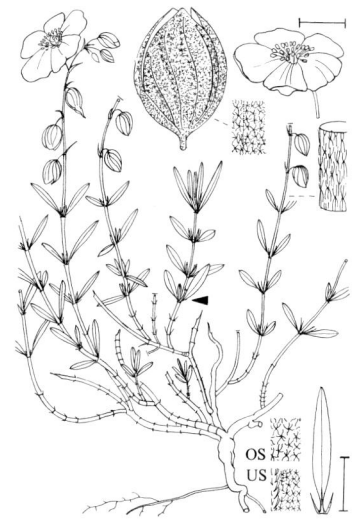

Apenninen-S. – *H. apenninum* 0,10–0,30
♄ 5–7 ▽ (weiß, am Grund gelb)

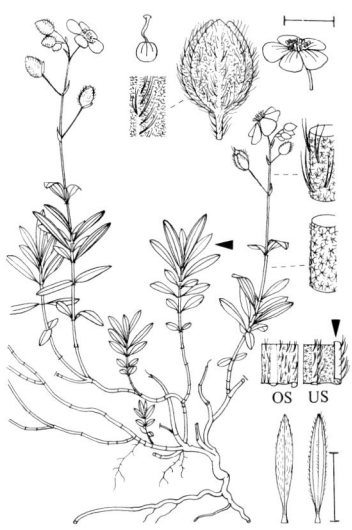

Graues S. – *H. canum* 0,10–0,20 ♄ 5–6 ▽
(gelb. Bla useits weißfilzig)

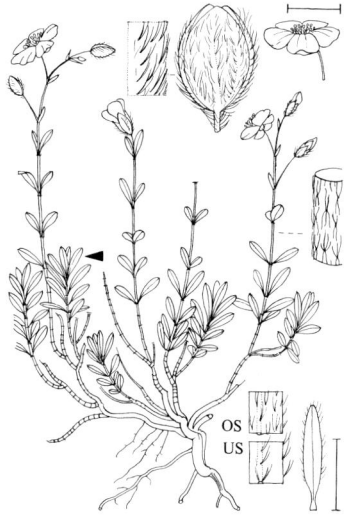

Alpen-S. – *H. alpestre* 0,03–0,12 ♄ 6–8
(gelb)

CISTACEAE · TROPAEOLACEAE · RESEDACEAE

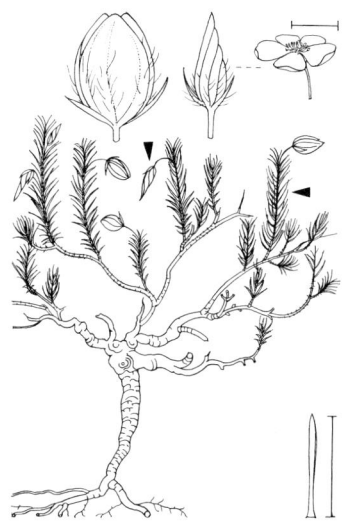

Gewöhnliches Nadelröschen – *Fumana procumbens* 0,10–0,20 ♄ 6–10 (goldgelb)

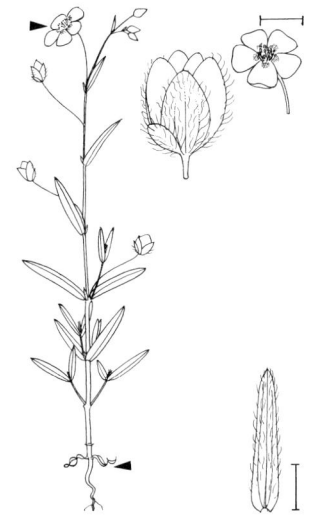

Geflecktes Sandröschen – *Tuberaria guttata* 0,07–0,30 ⊙ 6–9 (gelb, am Grund oft schwarzbraun gefleckt)

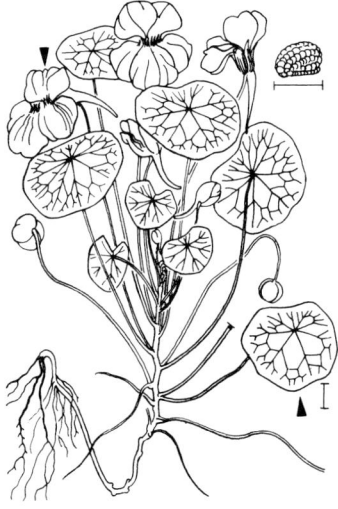

Große Kapuzinerkresse – *Tropaeolum majus* 0,30–3,00 ⊙ 6–10 (gelb, orange od. rot)

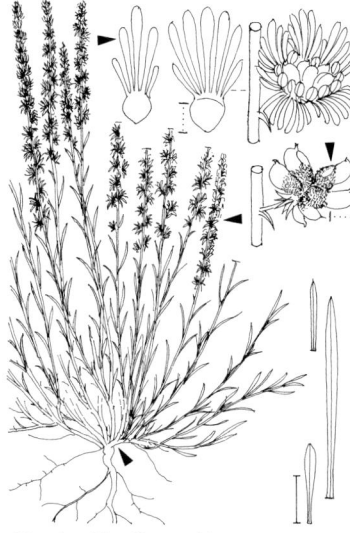

Sternfrucht – *Sesamoides purpurascens* 0,05–0,35 ♃ 6–8 (weiß bis cremegelb)

RESEDACEAE · BRASSICACEAE

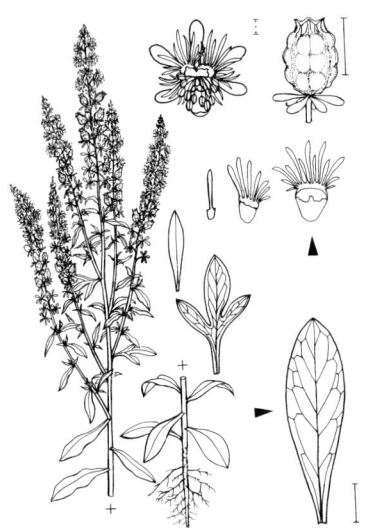

Garten-Resede – *Reseda odorata* 0,15–0,30 ☉ 7–9 (grünlich bis grünlichgelb, duftend) ↗ S. 808

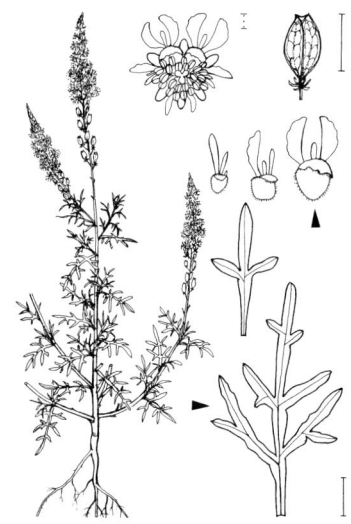

Gelbe R. – *R. lutea* 0,20–0,60 ☉ ☉ ⊗ 5–9 (hellgelb) ↗ S. 808

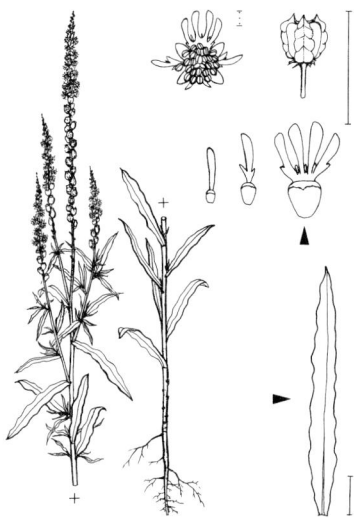

Färber-R. – *R. luteola* 0,40–1,20 ① ☉ 6–9 (hellgelb)

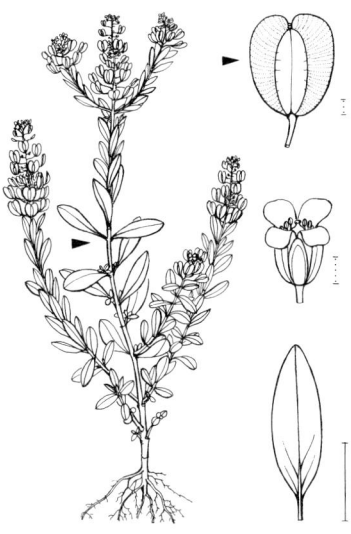

Steintäschel – *Aethionema saxatile* 0,05–0,20 ♄ ♃ ☉ ⊗ 4–6 (fleischrot bis weiß. Pfl blaugrün, kahl)

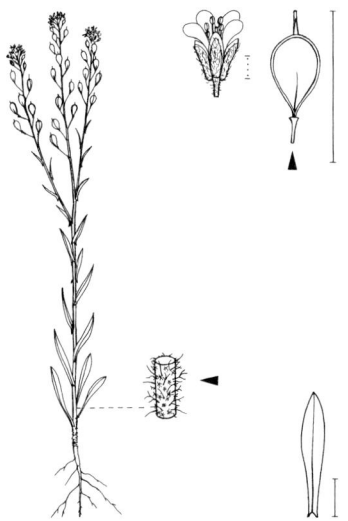

**Kleinfrüchtiger Leindotter – *Camelina microcarpa* 0,30–0,70 ① ⊙ 5–7 (gelb)

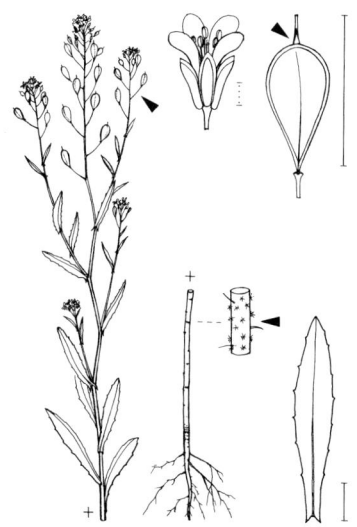

Saat-L. – *C. sativa* 0,30–0,70 ① ⊙ 5–8 (gelb)

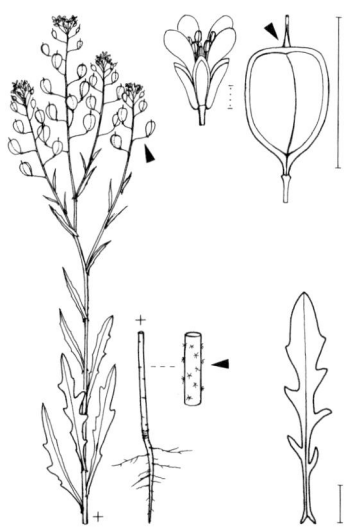

Gezähnter L. – *C. alyssum* 0,15–0,60 ⊙ 5–8 (gelb) (†)

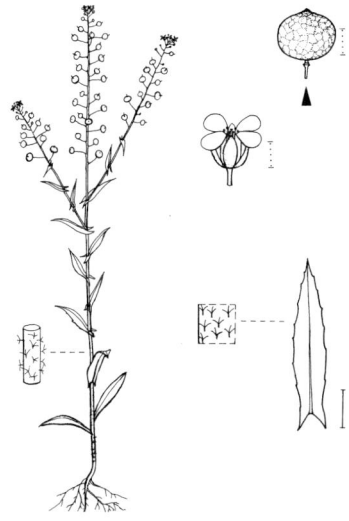

**Finkensame – *Neslia paniculata* 0,15–0,80 ⊙ 5–7 (goldgelb)

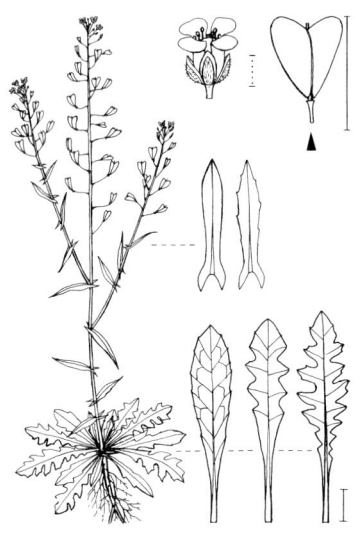

Gewöhnliches Hirtentäschel – *Capsella bursa-pastoris* 0,02–0,70 ① ☉ 1–12 (weiß. Formenreich) ↗ S. 808

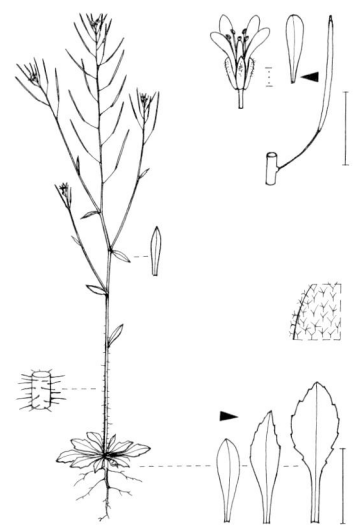

Acker-Schmalwand – *Arabidopsis thaliana* 0,05–0,30 ① 4–5 (weiß)

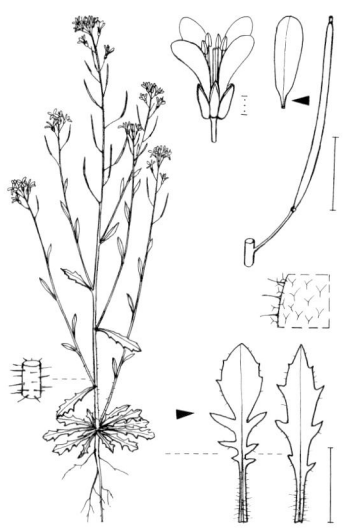

Schwedische Sch. – *A. suecica* 0,10–0,30 ☉ ☉ 5–6 (weiß) (†)

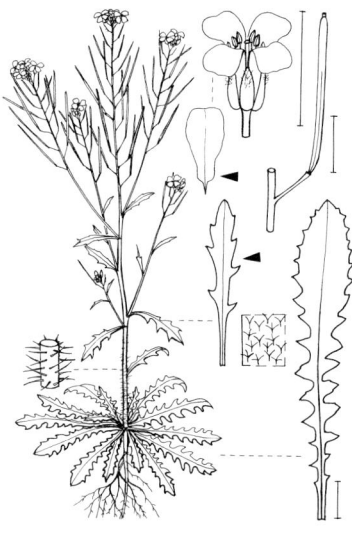

**Sand-Sch. – *A. arenosa* 0,15–0,40 ☉ ♃ 4–8 (weiß bis hellpurpurn)

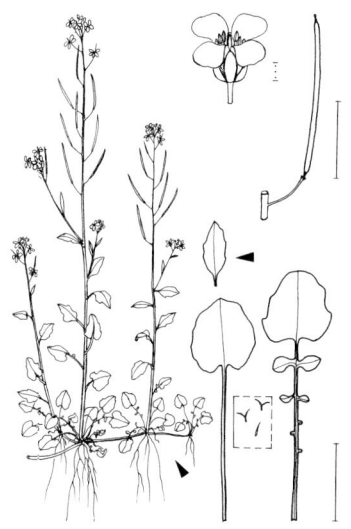

Haller-Schmalwand – *Arabidopsis halleri* 0,15–0,50 ⚁ 4–6 (weiß)

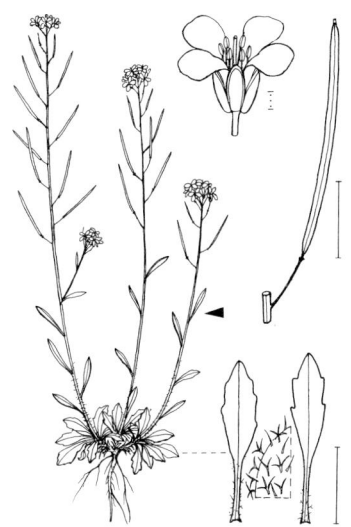

Felsen-Sch. – *A. petraea* 0,10–0,25 ⚁ 5–7 (weiß)

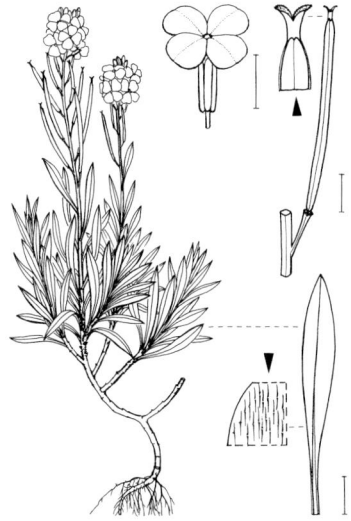

Goldlack – *Erysimum cheiri* 0,20–0,60 ♄ 4–6 (goldgelb bis violettbraun, duftend. Pfl graufilzig)

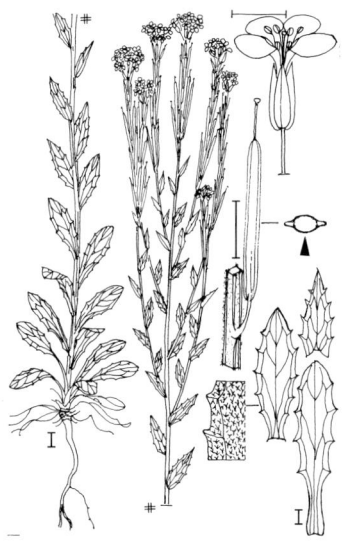

Stachelspitziger Schöterich – *E. cuspidatum* 0,70–0,80 ① ☉ 6–10 (schwefelgelb)

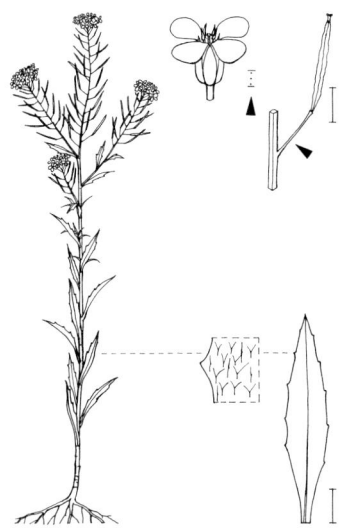

Acker-Schöterich – *Erysimum cheiranthoides* 0,15–0,60(–1,10) ① ⊙ 5–9 (sattgelb)

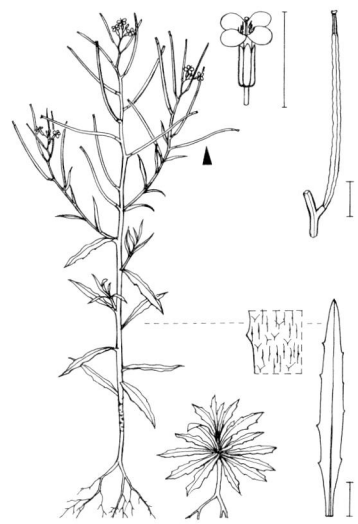

Spreiz-Sch. – *E. repandum* 0,15–0,50 ⊙ 3–6 (hellgelb)

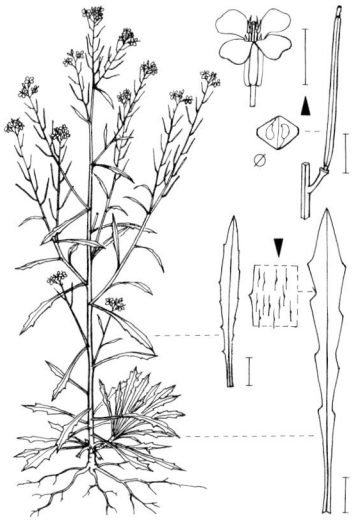

Bleicher Sch. – *E. crepidifolium* 0,15–0,80 ⊙ ⊗ ♃ 4–6 (hellgelb) ↗ S. 808

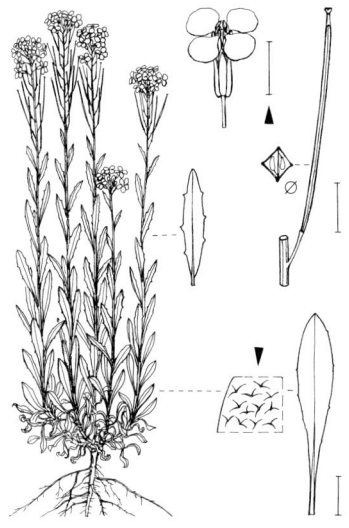

Duft-Sch. – *E. odoratum* 0,20–0,90 ① ⊙ ♃ 5–7 (sattgelb, duftend)

BRASSICACEAE 427

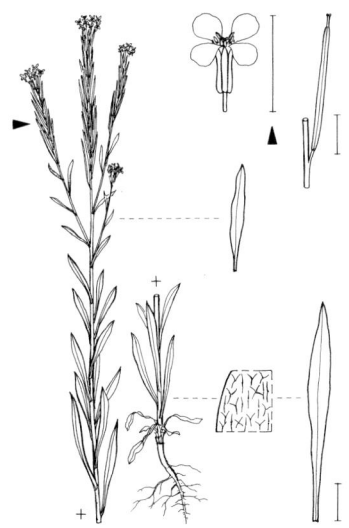

Harter Schöterich – *Erysimum marschallianum* 0,20–0,90 ⊙ 6–9 (schwefelgelb)

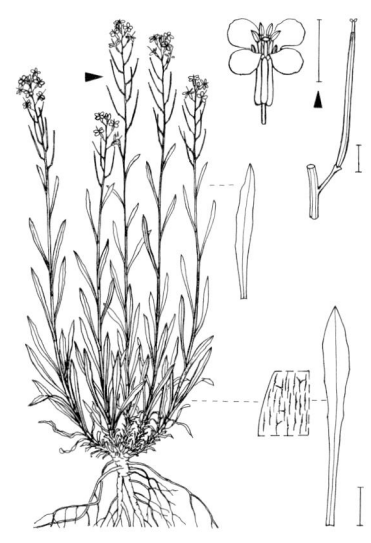

Ruten-Sch. – *E. hieraciifolium* 0,30–1,10 ⊙ ♃ 5–7 (gelb) ↗ S. 808

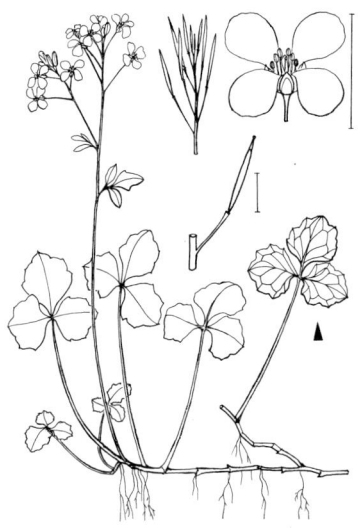

Kleeblatt-Schaumkraut – *Cardamine trifolia* 0,20–0,30 ♃ 4–6 (weiß)

Alpen-Sch. – *C. alpina* 0,02–0,12 ♃ 7–8 (weiß)

Reseden-Schaumkraut – *Cardamine resedifolia* 0,02–0,15 ♃ 5–8 (weiß)

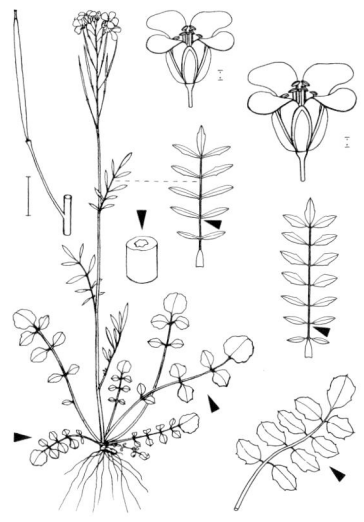

Wiesen-Sch. – *C. pratensis* 0,10–0,60 ♃ 4–6 (blasslila bis weiß, Staubbeutel gelb). Blü u Bla R: **Zahn-Sch.** – *C. dentata* 0,20–0,50

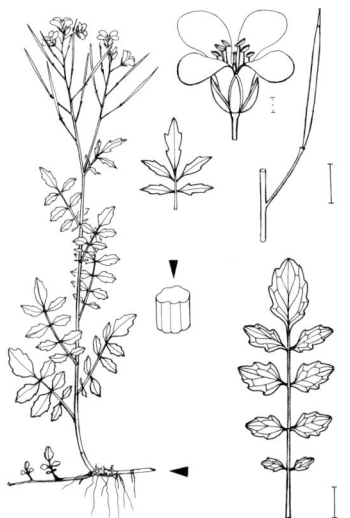

**Bitteres Sch. – *C. amara* 0,10–0,60 ♃ 4–6 (weiß, Staubbeutel violett)

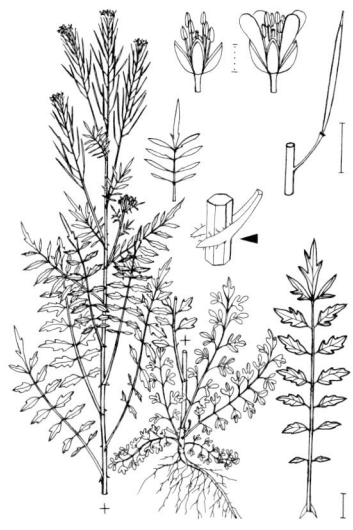

Spring-Sch. – *C. impatiens* 0,10–0,85 ☉ ☉ 5–7 (Kr weiß, oft fehlend)

BRASSICACEAE

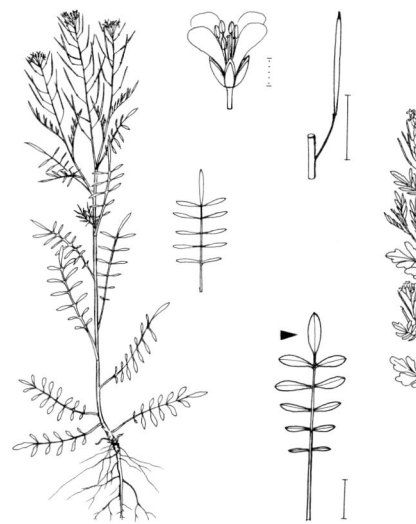

Kleinblütiges Schaumkraut – *Cardamine parviflora* 0,05–0,25 ☉ 5–7 (weiß)

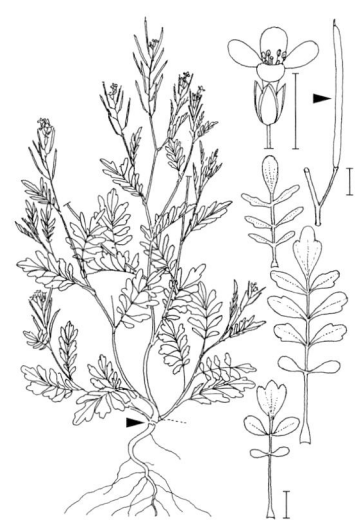

Japanisches Sch. – *C. occulta* 0,15–0,30 ① ☉ 4–7 (weiß) ↗ S. 808

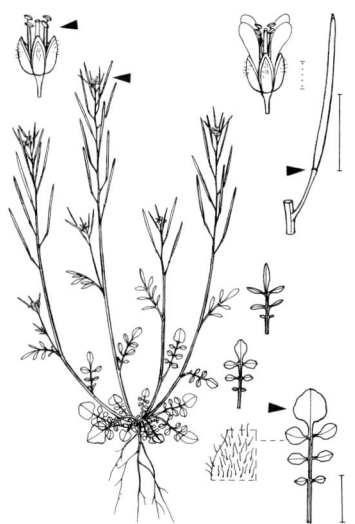

Viermänniges Sch. – *C. hirsuta* 0,03–0,30 ① ☉ 3–6 (weiß)

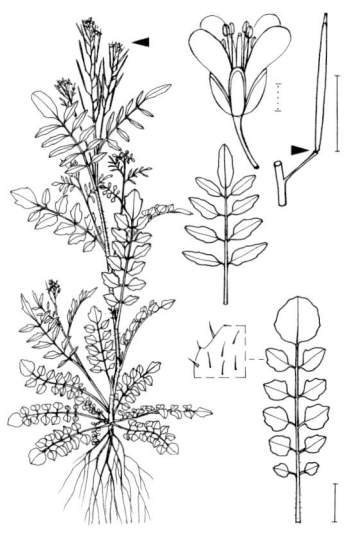

Wald-Sch. – *C. flexuosa* 0,10–0,50 ☉ ① ♃ 4–10 (weiß)

Quirl-Schaumkraut – *Cardamine enneaphyllos* 0,20–0,30 ♃ 4–6 (gelblichweiß)

Zwiebel-Sch. – *C. bulbifera* 0,30–0,60 ♃ 5–6 (hellviolett, rosa od. weiß. Brutzwiebeln braunviolett)

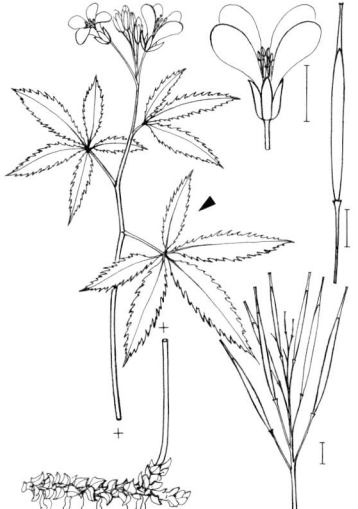

Finger-Sch. – *C. pentaphyllos* 0,25–0,50 ♃ 4–6 (purpurn bis violett)

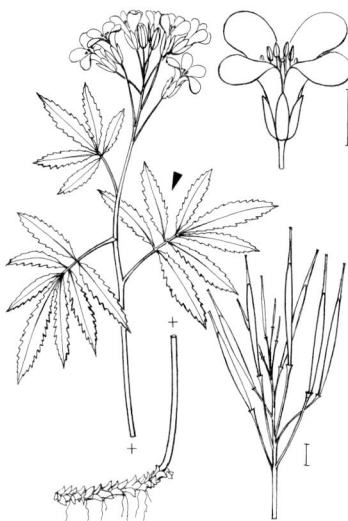

Fieder-Sch. – *C. heptaphyllos* 0,30–0,60 ♃ 4–5 (weiß bis blassviolett)

BRASSICACEAE

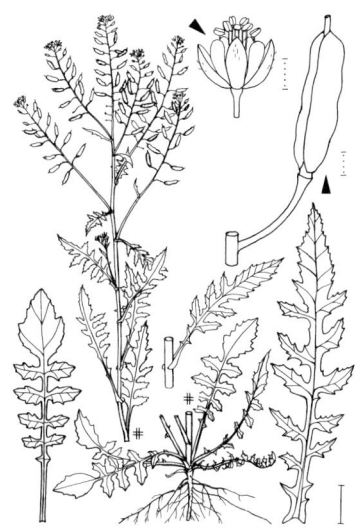

Gewöhnliche Sumpfkresse – *Rorippa palustris* 0,10–0,80 ① ⊙ 6–9 (blassgelb)
↗ S. 808

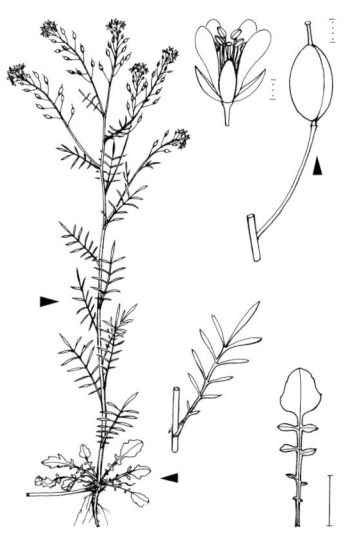

Pyrenäen-S. – *R. pyrenaica* 0,05–0,40 ⚁ 5–8 (sattgelb)

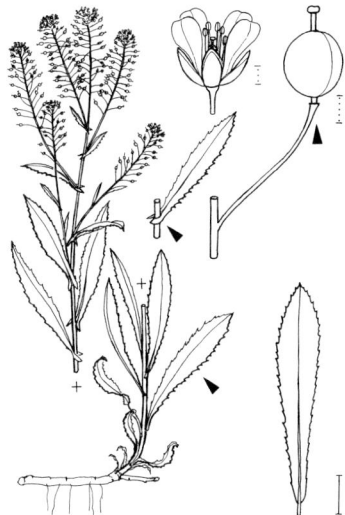

Österreichische S. – *R. austriaca* 0,40–1,00 ⚁ 6–8 (sattgelb)

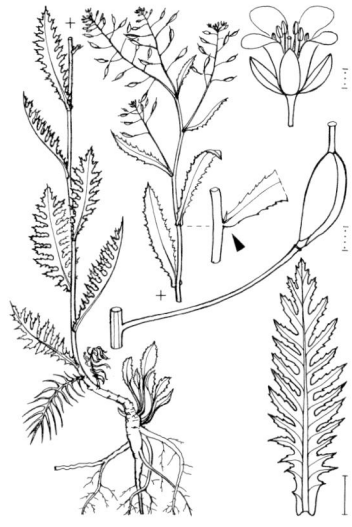

Wasser-S. – *R. amphibia* 0,40–1,20 ⚁ 5–8 (sattgelb)

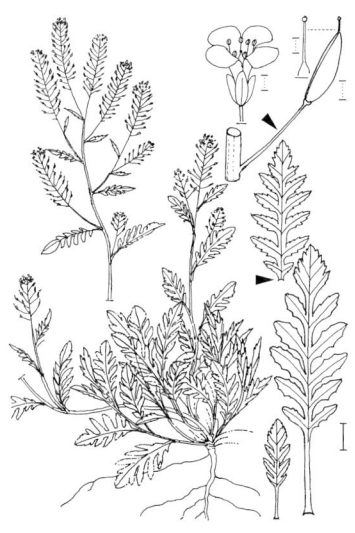

Niederliegende Sumpfkresse – *Rorippa* ×*anceps* 0,30–1,00 ⚃ 5–9 (sattgelb. Bla dunkelgrün)

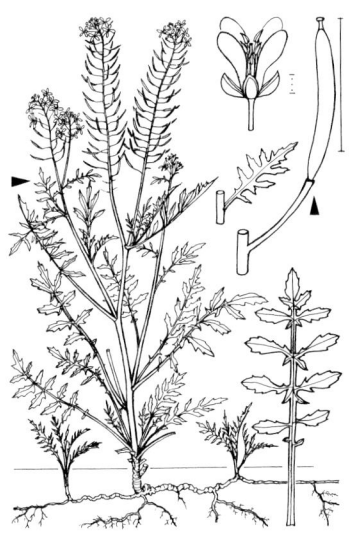

Wilde S. – *R. sylvestris* 0,20–0,60 ⚃ 5–9 (sattgelb. Bla hellgrün)

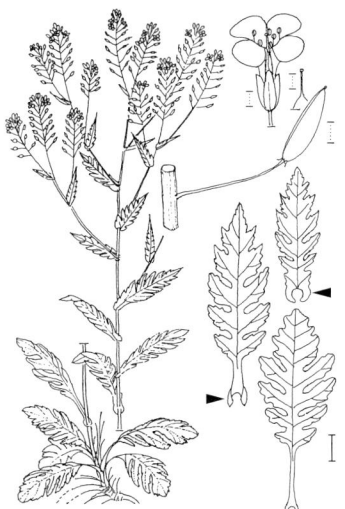

Meerrettichblättrige S. – *R.* ×*armoracioides* 0,30–0,60 ⚃ 5–8 (sattgelb)

Meerrettich – *Armoracia rusticana* 0,60–1,25 ⚃ 5–7 (weiß)

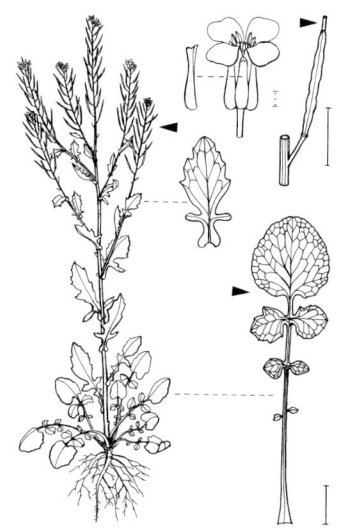

*Echte Winterkresse – *Barbarea vulgaris* subsp. *rivularis* 0,30–0,90 ⊙ ⚃ 5–7 (sattgelb) ↗ S. 808

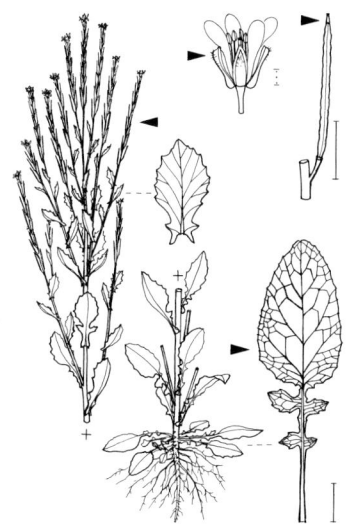

Steife W. – *B. stricta* 0,60–1,00 ⊙ 4–6 (hellgelb)

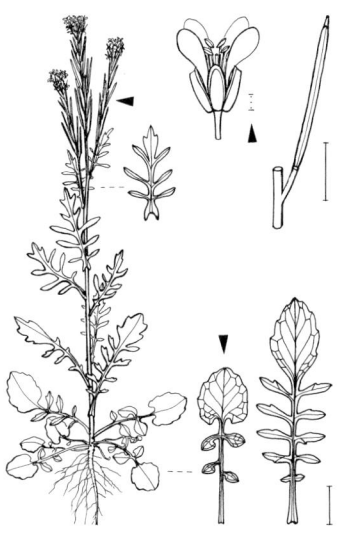

Mittlere W. – *B. intermedia* 0,20–0,60 ⊙ 4–5 (hellgelb)

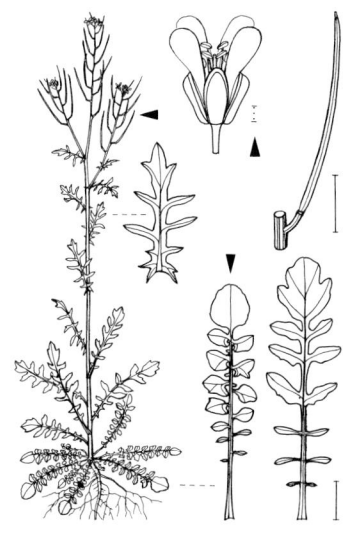

Frühe W. – *B. verna* 0,20–0,70 ⊙ 4–6 (hellgelb)

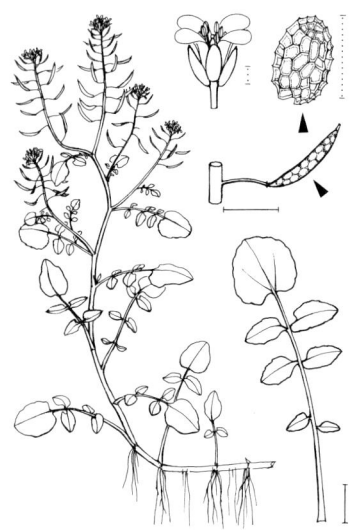

Gewöhnliche Brunnenkresse – *Nasturtium officinale* 0,20–0,80 ♃ 5–10 (weiß. Bla grün bleibend)

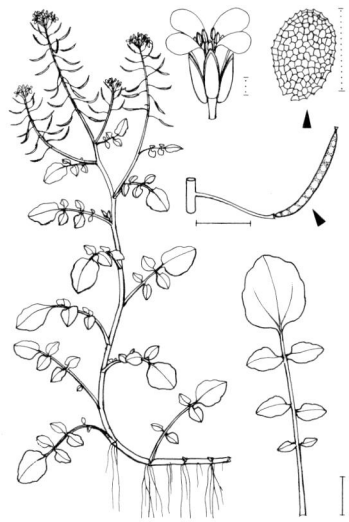

Braune B. – *N. microphyllum* 0,20–0,80 ♃ 5–10 (weiß. Bla im Herbst rotbraun werdend)

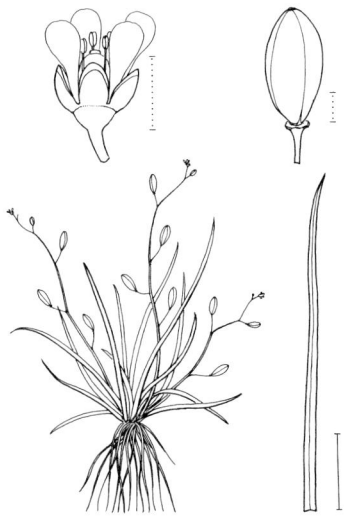

Pfriemenkresse – *Subularia aquatica* 0,02–0,08 ☉ ☉ 6–7 (weiß. Meist untergetauchte UferPfl) ✝

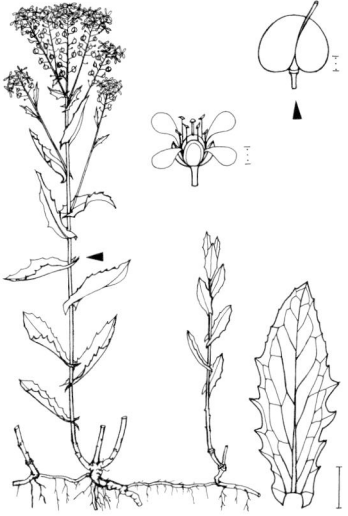

Pfeilkresse – *Lepidium draba* 0,20–0,50 ♃ 5–7 (weiß. Pfl grauhaarig)

BRASSICACEAE 435

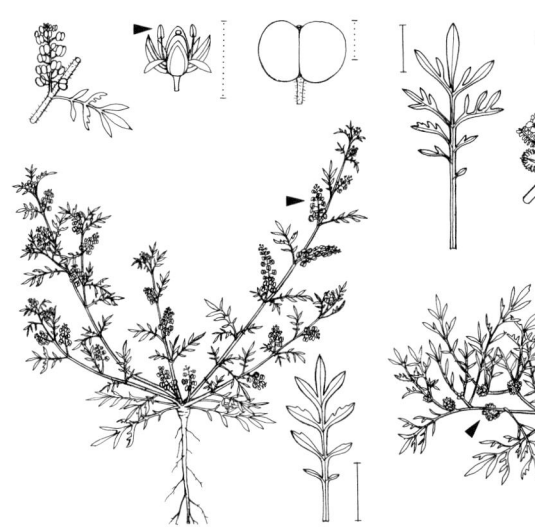
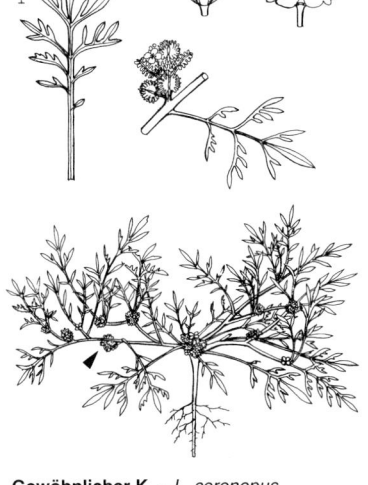

Zweiknotiger Krähenfuß – *Lepidium didymum* 0,10–0,30 ⊙ 6–8 (Kr gelblich od. fehlend. Pfl unangenehm riechend)

Gewöhnlicher K. – *L. coronopus* 0,05–0,30 ⊙ 5–8 (weiß. Pfl kresseartig riechend)

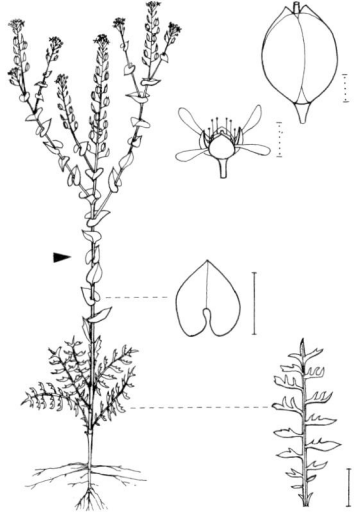
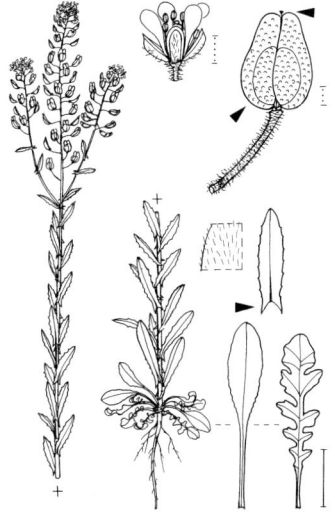

Durchwachsenblättrige Kresse – *L. perfoliatum* 0,20–0,40 ① 5–6 (blassgelb)

Feld-K. – *L. campestre* 0,20–0,60 ① ⊙ 5–6 (weiß)

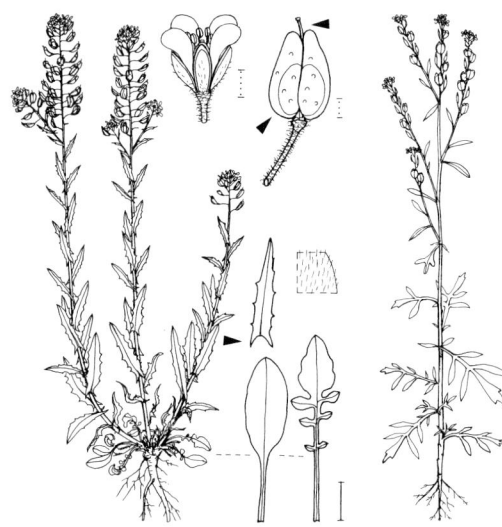
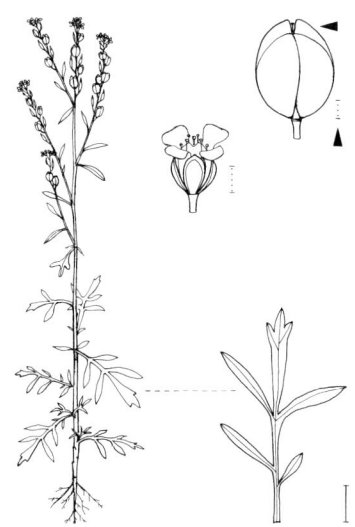

Verschiedenblättrige Kresse – *Lepidium heterophyllum* 0,15–0,45 ♃ 5–6 (weiß)

Garten-K. – *L. sativum* 0,20–0,40 ☉ ①
5–7 (weiß od. rötlich)

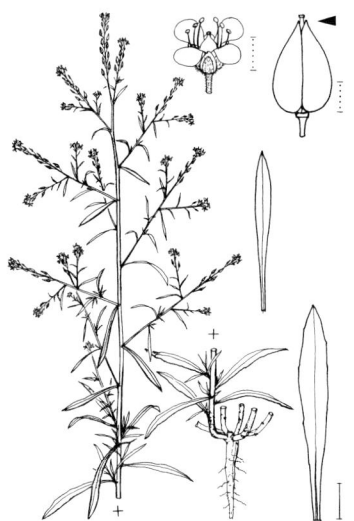
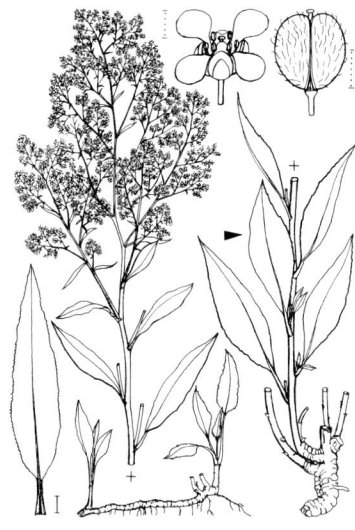

Grasblättrige K. – *L. graminifolium*
0,40–0,70 ♃ 6–8 (weiß)

Breitblättrige K. – *L. latifolium* 0,50–1,00
♃ 5–7 (weiß)

BRASSICACEAE 437

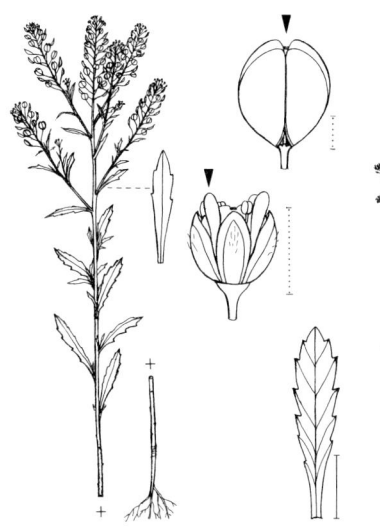

Virginische Kresse – *Lepidium virginicum* 0,30–0,50 ⊙ ① 5–8 (weiß)

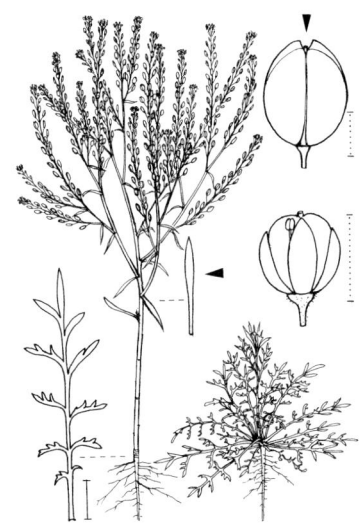

Schutt-K. – *L. rudera̱le* 0,10–0,30 ⊙ ① 5–10 (grün, Kr fehlend. Pfl stinkend)

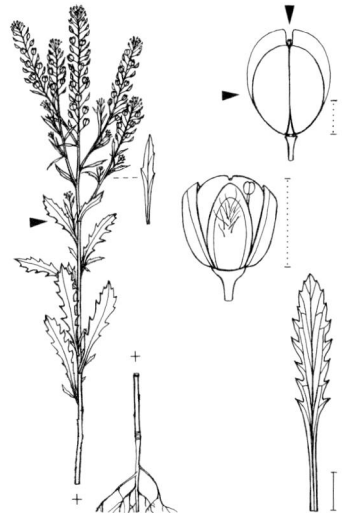

Dichtblütige K. – *L. densiflo̱rum* 0,15–0,40 ⊙ ① 5–7 (grün, Kr meist fehlend)

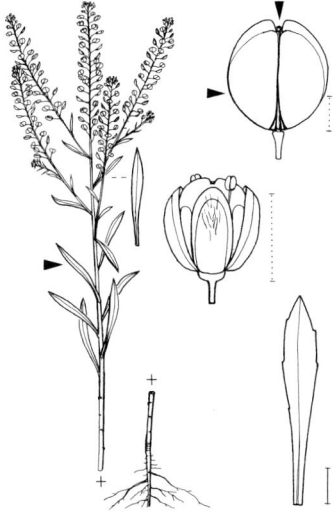

Verkannte K. – *L. negle̱ctum* 0,20–0,40 ⊙ ① 5–8 (grün, Kr verkümmert)

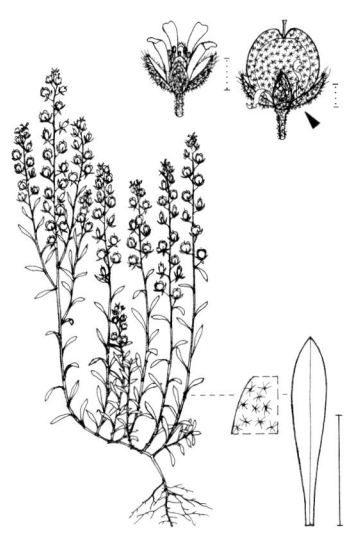

Kelch-Steinkraut – *Alyssum alyssoides* 0,07–0,30 ① ⊙ 4–9 (blassgelb, später weißlich)

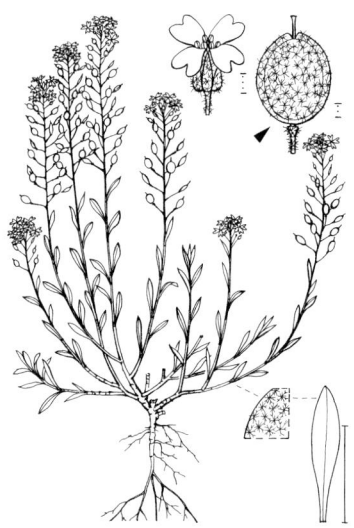

**Berg-St. – *A. montanum* 0,10–0,20 ♃ 3–5 ▽ (goldgelb) ↗ S. 809

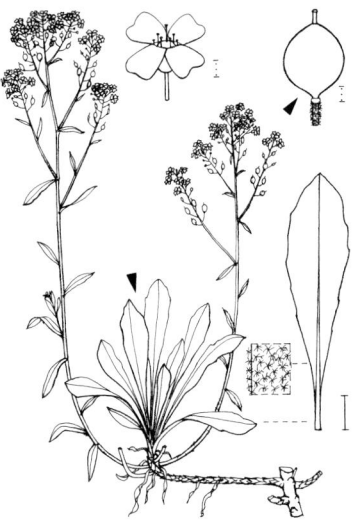

Felsensteinkraut – *Aurinia saxatilis* 0,15–0,35 ♄ 4–5 ▽ (leuchtend gelb)

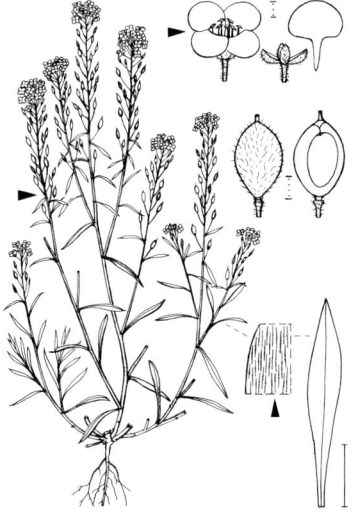

Strand-Silberkraut – *Lobularia maritima* 0,10–0,25 ⊙ ① ♃ 6–10 (weiß od. rosa, duftend)

BRASSICACEAE

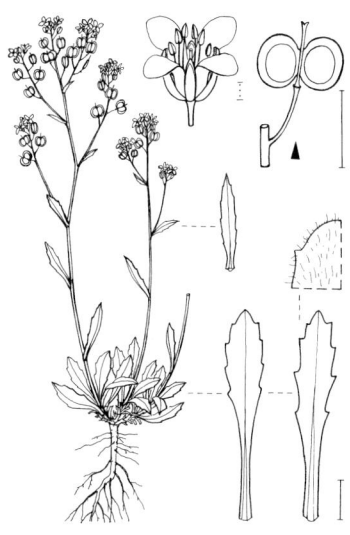

**Glattes Brillenschötchen – *Biscutella laevigata* 0,15–0,30 ♃ 5–7 ▽ (hellgelb. Formenreich)

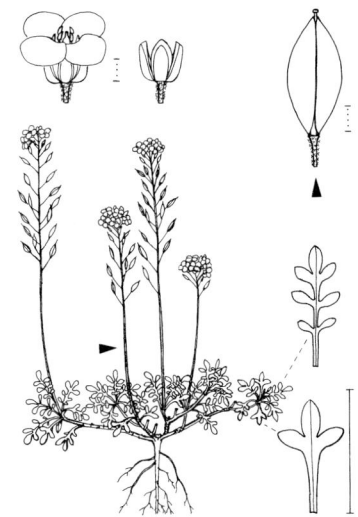

Alpen-Gämskresse – *Hornungia alpina* 0,05–0,12 ♃ 5–8 (weiß. Fr 2–4samig)

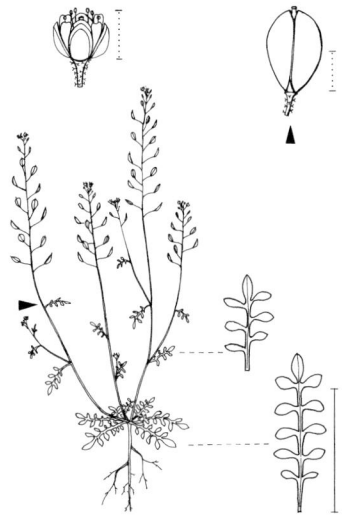

Zwerg-Steppenkresse – *H. petraea* 0,02–0,15 ☉ 3–5 (weiß. Fr 4samig)

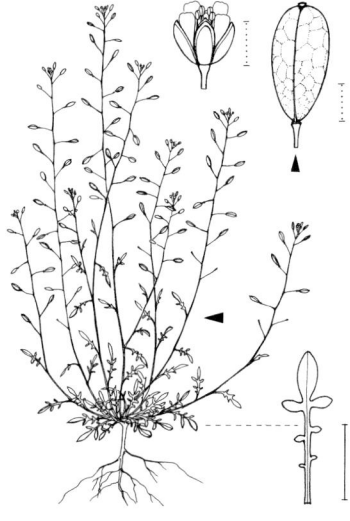

Salztäschel – *H. procumbens* 0,05–0,15 ☉ ☽ 4–5 (weiß. Fr vielsamig)

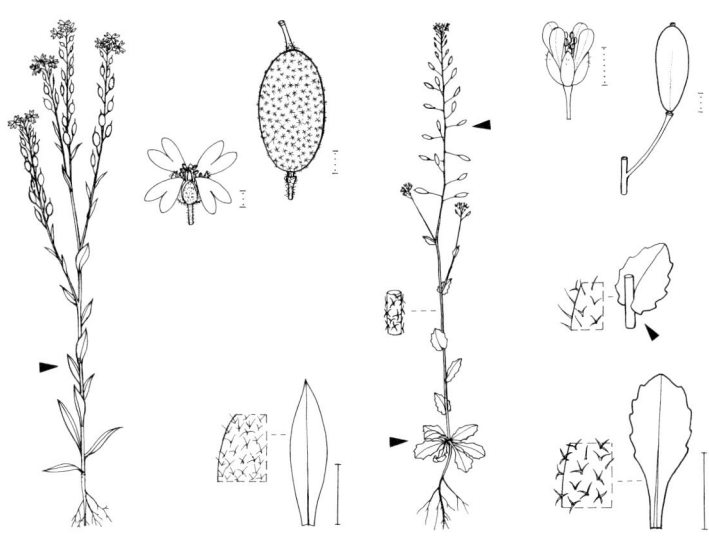

Graukresse – *Berteroa incana* 0,20–0,60
♃ ① ☉ 6–10 (weiß. Pfl graugrün)

Mauer-Felsenblümchen – *Draba muralis*
0,10–0,30 ☉ ① 5–6 (weiß. Sa < 20)

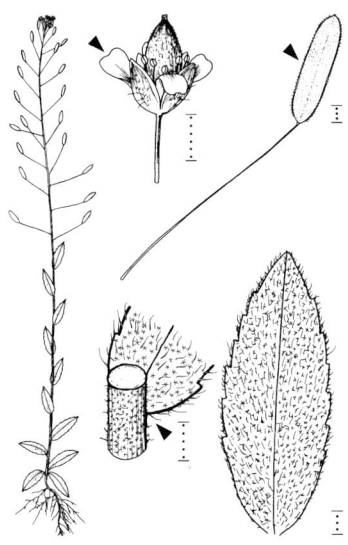

Hain-F. – *D. nemorosa* 0,10–0,20 ☉ ①
5–6 (hellgelb. Sa > 20)

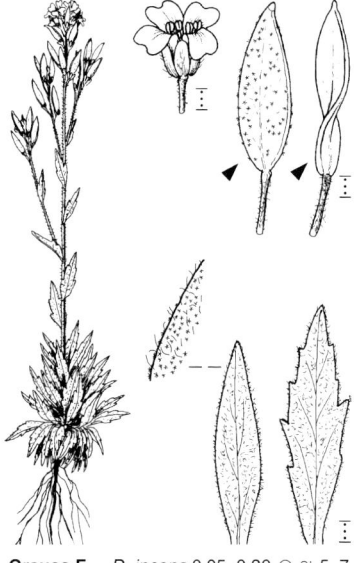

Graues F. – *D. incana* 0,05–0,30 ☉ ♃ 5–7
▽ (weiß)

BRASSICACEAE 441

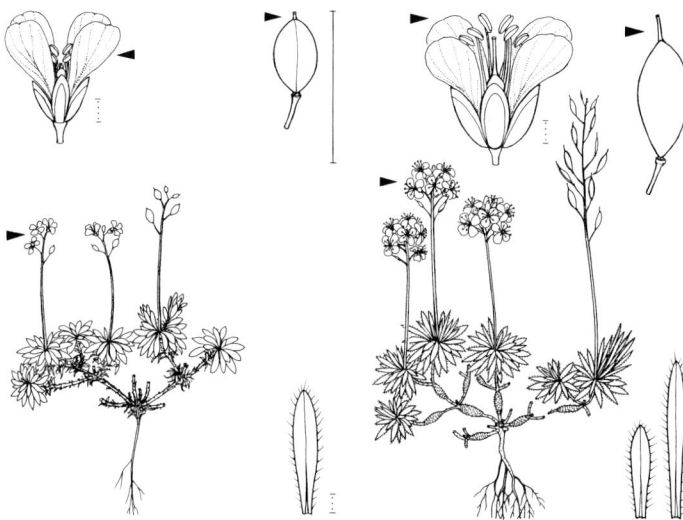

Sauter-Felsenblümchen – *Draba sauteri* 0,01–0,10 ♃ 6–7 ▽ (hellgelb)

Immergrünes F. – *D. aïzoides* 0,03–0,10 ♃ 4–8 ▽ (goldgelb)

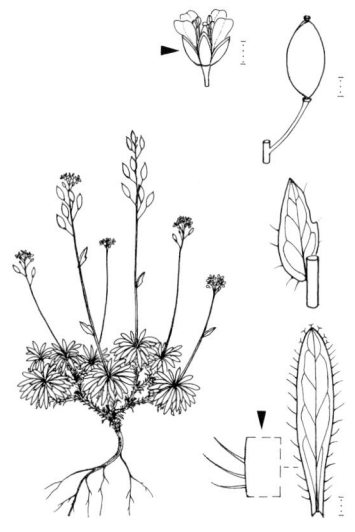
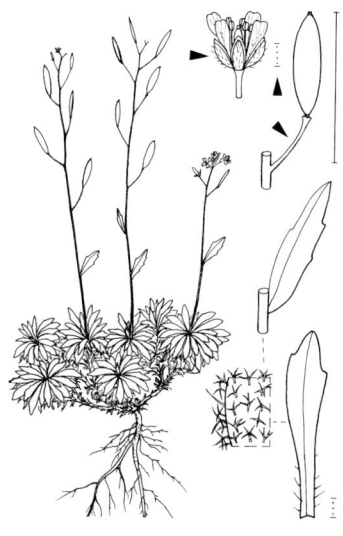

Flattnitzer F. – *D. fladnizensis* 0,01–0,05 ♃ 6–8 ▽ (weiß)

Kärntner F. – *D. siliquosa* 0,03–0,15 ♃ 5–7 ▽ (weiß)

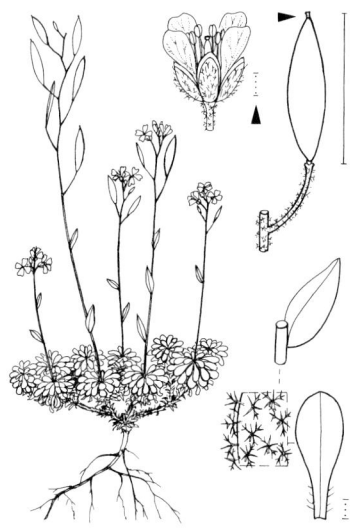

Eis-Felsenblümchen – *Draba dubia* 0,03–0,15 ⚥ 5–7 ▽ (weiß)

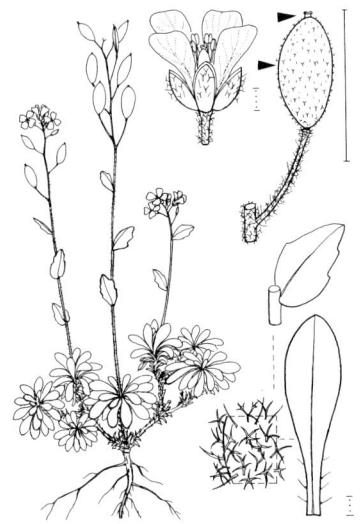

Filz-F. – *D. tomentosa* 0,03–0,10 ⚥ 6–8 ▽ (weiß)

*****Frühlings-Hungerblümchen** – *Draba verna* 0,03–0,15 ① ☉ 3–5 (weiß). M: **Rundfrüchtiges H.** – *D. boerhaavii* 0,03–0,10 3–5. R: **Frühes H.** – *D. praecox* 0,03–0,08 3–4
↗ S. 809

BRASSICACEAE 443

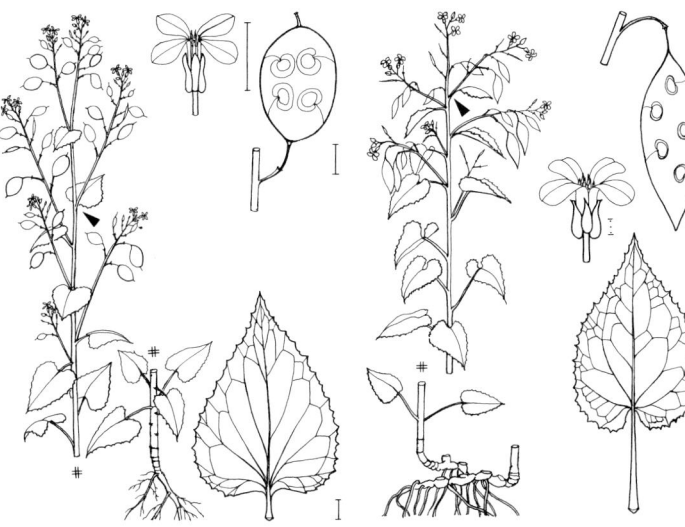

Einjähriges Silberblatt – *Lunaria annua* 0,30–1,00 ⱨ ① ☉ 4–6 (purpurn bis dunkelviolett)

Ausdauerndes S. – *L. rediviva* 0,30–1,40 ♃ 5–7 ▽ (hellviolett bis weißlich)

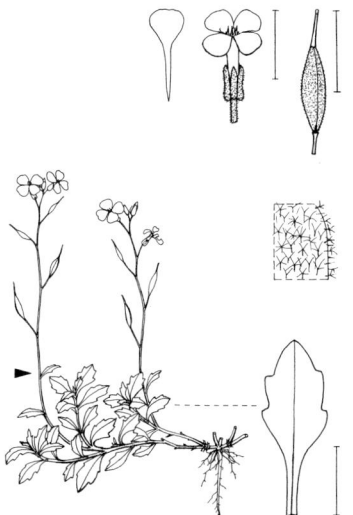

Griechisches Blaukissen – *Aubrieta deltoidea* 0,10–0,20 ♃ 4–5 (blau- bis rotviolettt)

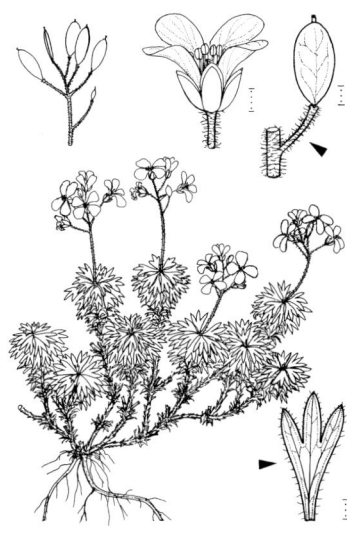

Pyrenäen-Steinschmückel – *Petrocallis pyrenaica* 0,02–0,08 ⱨ ♃ 6–7 ▽ (lila)

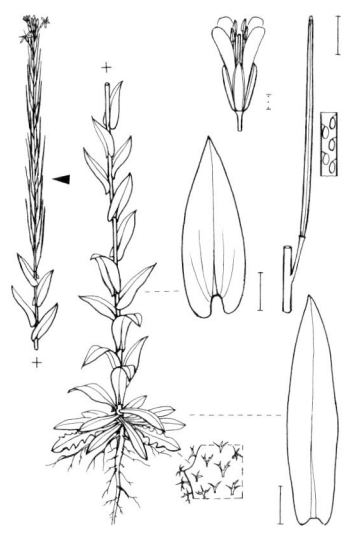

Turmkraut– *Turritis glabra* 0,60–1,20 ☉
5–7 (gelblichweiß. StgBla kahl, blaugrün)

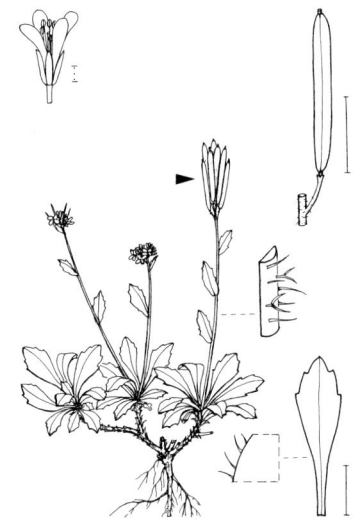

Blaue Gänsekresse – *Arabis caerulea*
0,02–0,12 ♃ 7–8 (bläulich)

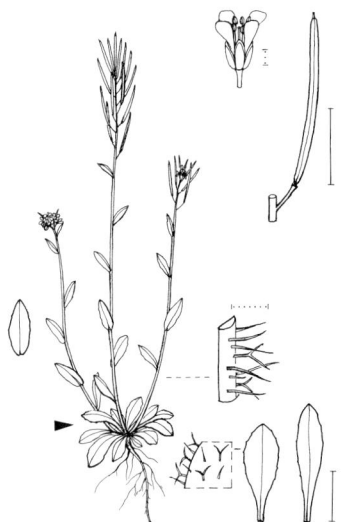

Dolden-G. – *A. ciliata* 0,08–0,20 ♄ ☉ ♃
5–7 (weiß)

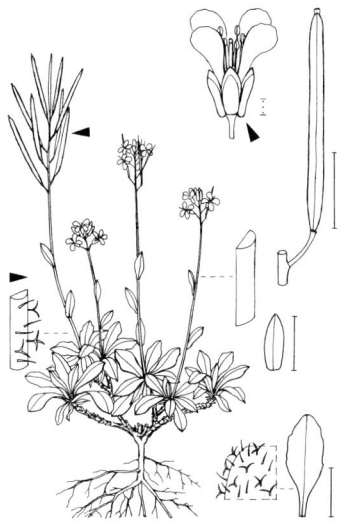

**Zwerg-G. – *A. bellidifolia* 0,05–0,15 ♄ ♃
6–8 (weiß)

BRASSICACEAE 445

Glanz-Gänsekresse – *Arabis soyeri* subsp. *subcoriacea* 0,15–0,30 ♄ ⚄ 5–8 (weiß)

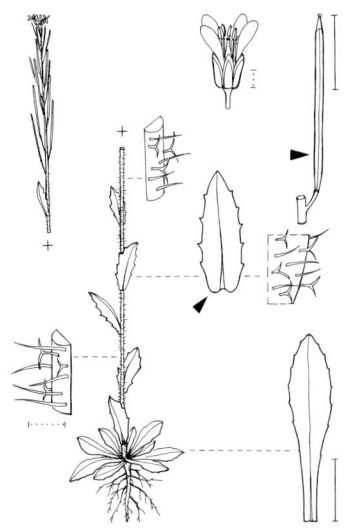

***Behaarte G.** – *A. hirsuta* 0,10–0,80 ☉ ⚄ 5–7 (weiß) ↗ S. 809

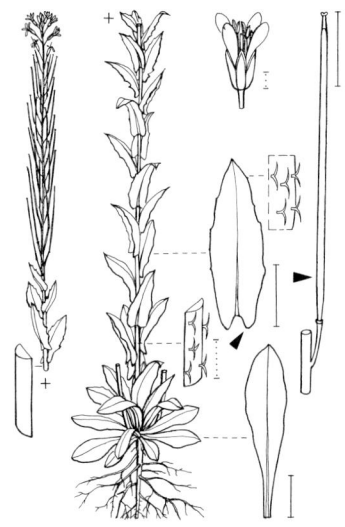

Gerard-G. – *A. nemorensis* 0,50–0,80 ☉ ⚄ 5–7 (weiß)

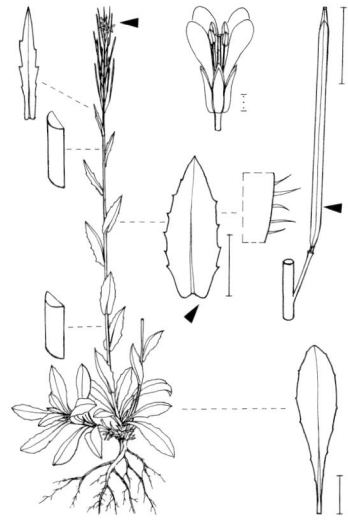

Sudeten-G. – *A. sudetica* 0,20–0,45 ⚄ 6–7 (weiß). Nicht in D.

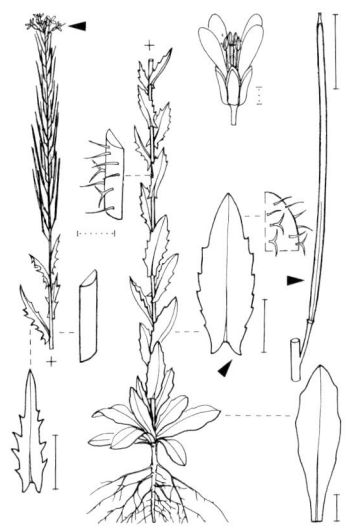

Pfeilblättrige Gänsekresse – *Arabis sagittata* 0,35–0,80 ⊙ ⚄ 5–7 (weiß)

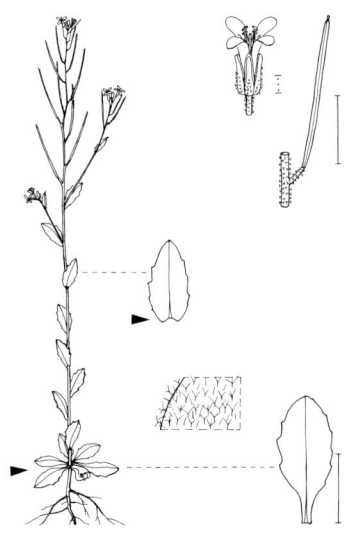

Öhrchen-G. – *A. auriculata* 0,10–0,40 ⊙ 4–5 (weiß)

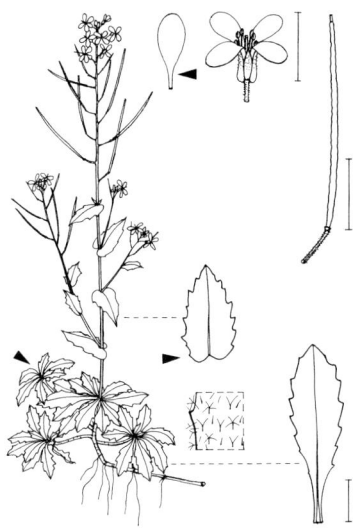

***Alpen-G.** – *A. alpina* 0,05–0,40 ⚄ 3–10 (weiß) ↗ S. 809

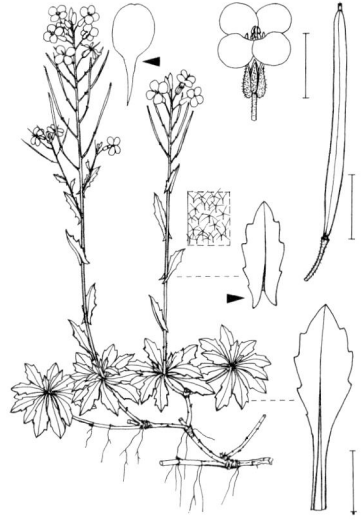

Garten-G. – *A. caucasica* 0,15–0,30 ⚄ 3–4 (weiß)

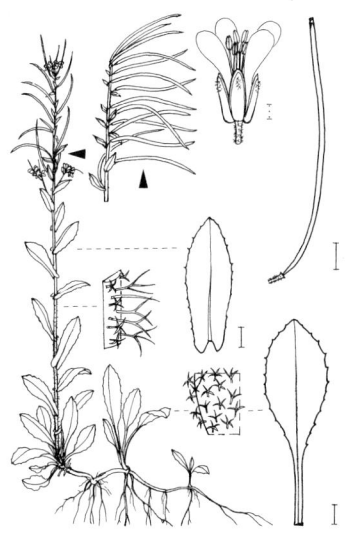

Turmgänsekresse – *Pseudoturritis turrita*
0,10–0,70 ⚥ 4–6 (gelblichweiß)

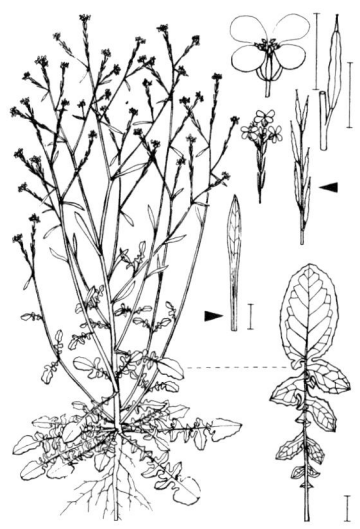

Schwarzer Senf – *Brassica nigra*
0,50–1,50 ① ⊙ 6–9 (gelb, dunkler geadert)

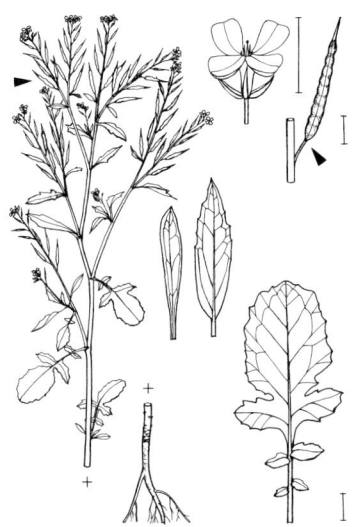

Ruten-Kohl – *B. juncea* 0,60–1,00 ⊙ 6–9
(hellgelb)

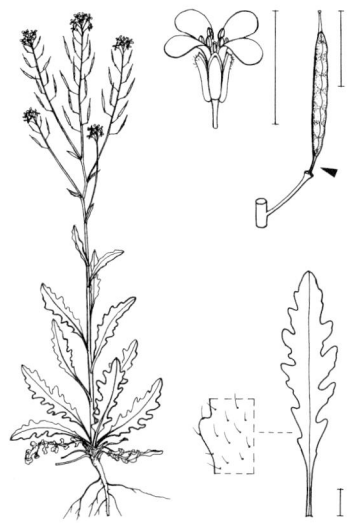

Langtraubiger K. – *B. elongata* 0,50–1,00
⊙ ⚥ 6–9 (blassgelb)

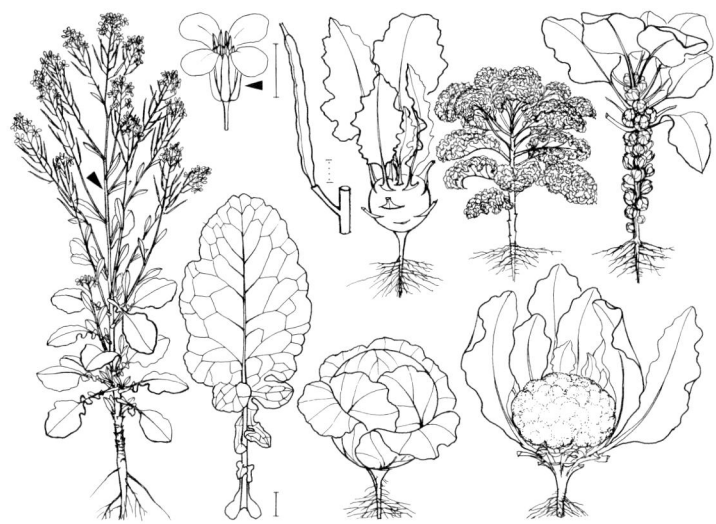

**Gemüse-Kohl – *Brassica oleracea* 0,40–2,00 ⊙ ⊙ ⚄ 5–9 (schwefelgelb) ↗ S. 809

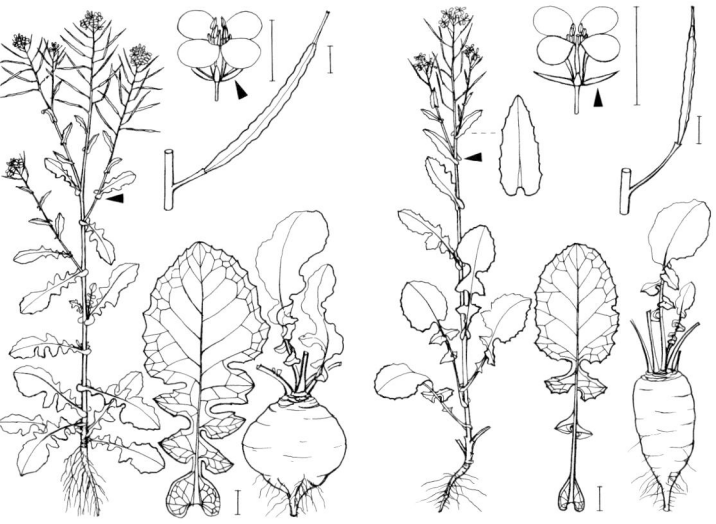

Raps – *Brassica napus* 1,00–1,40 ⊙ ⚄ ♄ ⊙ ⊙ 4–9 (sattgelb). L: **Raps – subsp. *napus*. R: **Kohlrübe** – subsp. *rapifera*

Rübsen – *B. rapa* 0,40–0,80 ⊙ ⊙ 4–9 (sattgelb). L: **Rübsen – subsp. *oleifera*. R: **Wasserrübe** – subsp. *rapa*

BRASSICACEAE

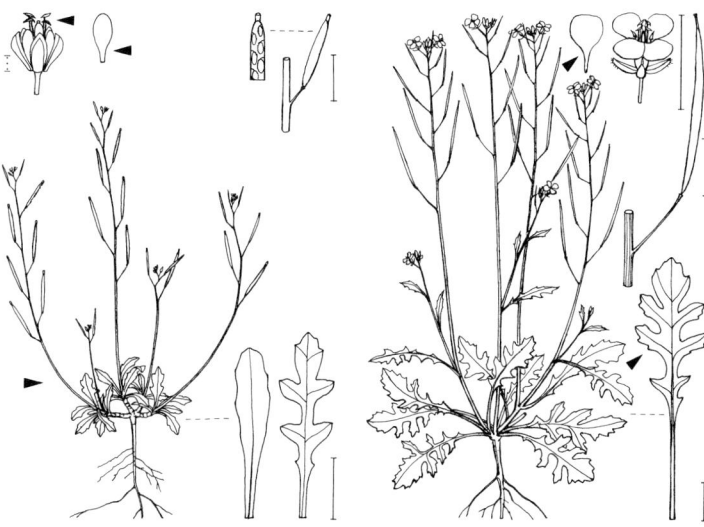

Ruten-Doppelsame – *Diplotaxis viminea* 0,10–0,20 ⊙ ① 6–9 (blassgelb)

Mauer-D. – *D. muralis* 0,15–0,60 ⊙ ① 6–9 (hell schwefelgelb)

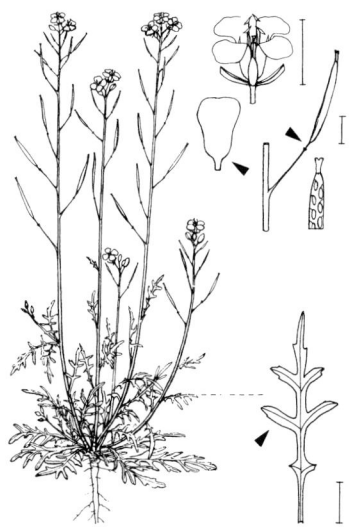

Schmalblättriger D. – *D. tenuifolia* 0,30–0,80 ♃ 5–10 (schwefelgelb)

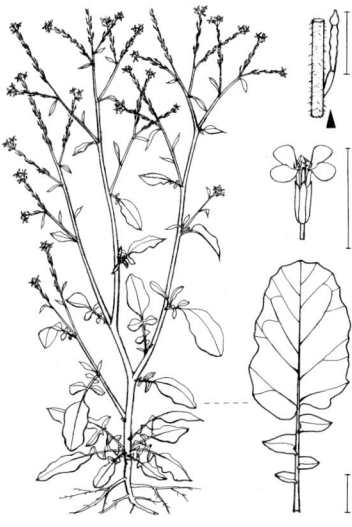

Grauer Bastardsenf – *Hirschfeldia incana* 0,20–1,00 ⊙ ① 5–10 (blassgelb, oft dunkler geadert)

Französische Hundsrauke – *Erucastrum gallicum* 0,30–0,60 ⊙ ⊖ 5–10 (weißlich-gelb, grünlich geadert)

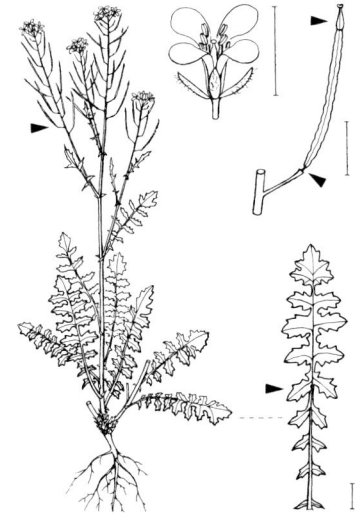

Stumpfkantige H. – *E. nasturtiifolium* 0,40–0,80 ⊙ ♃ 5–6 (gelb, oft geadert)

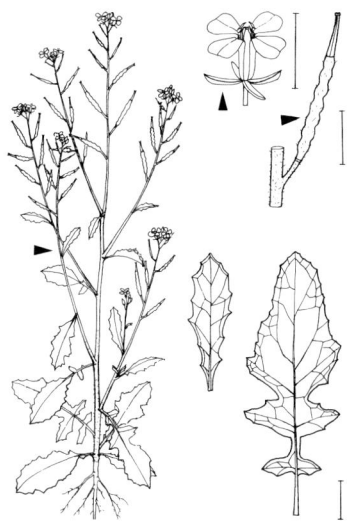

Acker-Senf – *Sinapis arvensis* 0,30–0,60 ⊙ 6–10 (schwefelgelb)

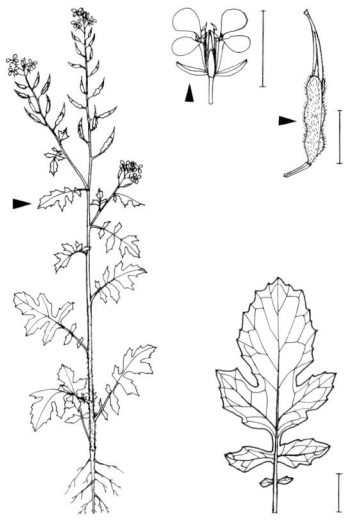

Weißer S. – *S. alba* 0,30–0,60 ⊙ 6–7 (hellgelb)

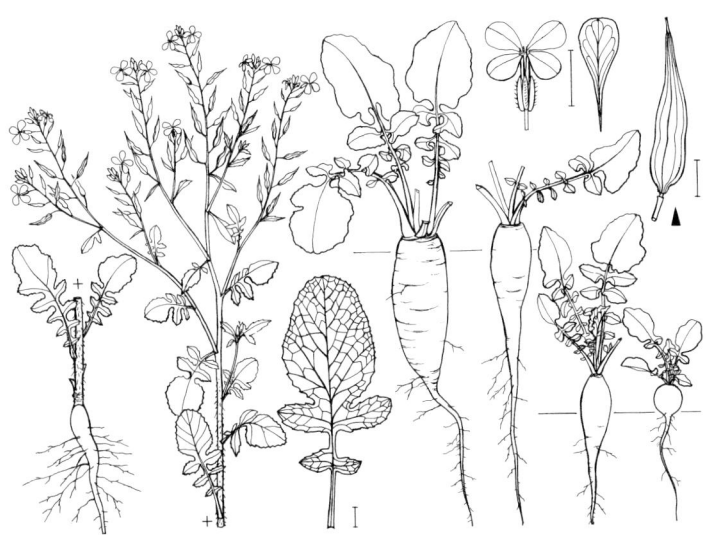

Kultur-Rettich – *Raphanus sativus* 0,30–1,00 ⊙ ① 5–10 (violett od. weiß u. dunkel geadert). L: **Ölrettich – convar. *oleifer*, blühende Pfl. R: **Gemüse-R.** – convar. *sativus* (Formenreich, von L nach R: **Schwarzer R., Weißer R., Radieschen**)

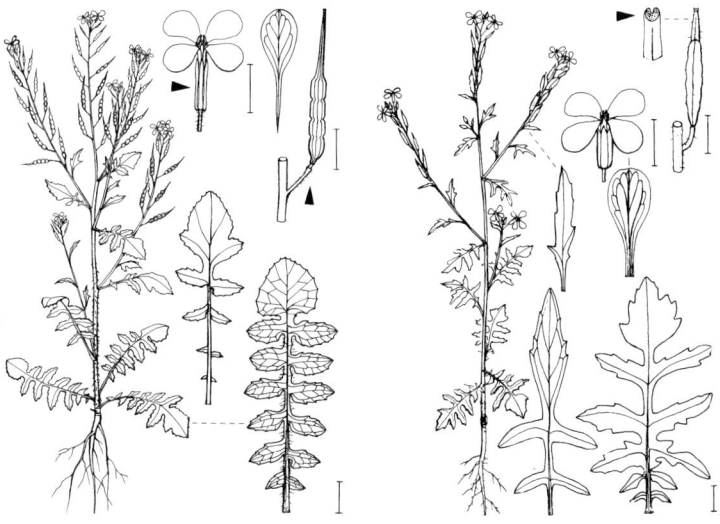

Hederich – *R. raphanistrum* 0,30–0,60 ⊙ 6–10 (hellgelb od. weiß u. violett geadert)

Ölrauke – *Eruca vesicaria* 0,05–0,40 ① ⊙ 5–6 (gelblichweiß, violett geadert)

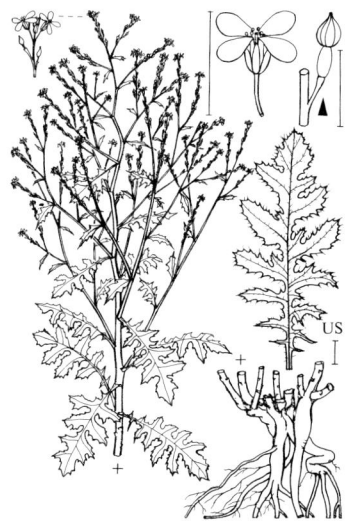

Ausdauernder Windsbock – *Rapistrum perenne* 0,30–1,00 ♃ 6–8 (lebhaft gelb)

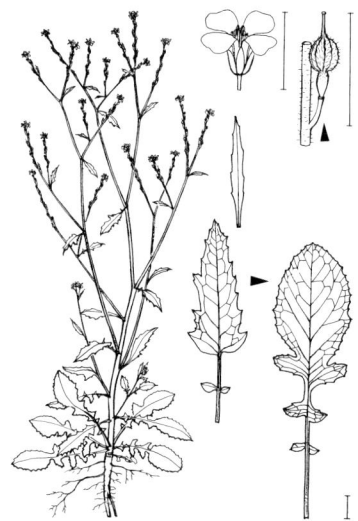

**Runzliger W. – *R. rugosum* 0,25–0,60 ☉ ⊕ 6–10 (zitronengelb)

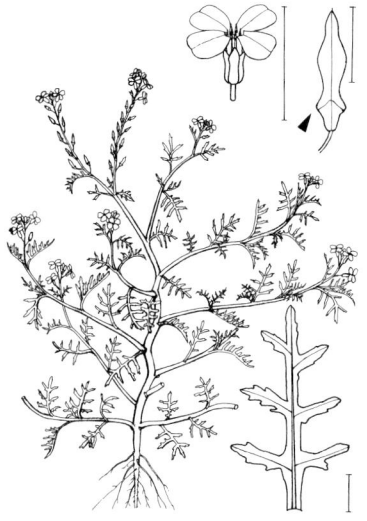

**Europäischer Meersenf – *Cakile maritima* 0,15–0,30 ☉ 7–10 (hell lilarosa. Bla fleischig)

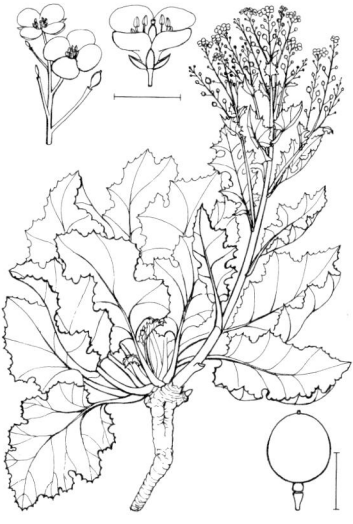

Echter Meerkohl – *Crambe maritima* 0,30–0,75 ♃ 5–7 ▽ (weiß. Pfl blaugrün)

BRASSICACEAE 453

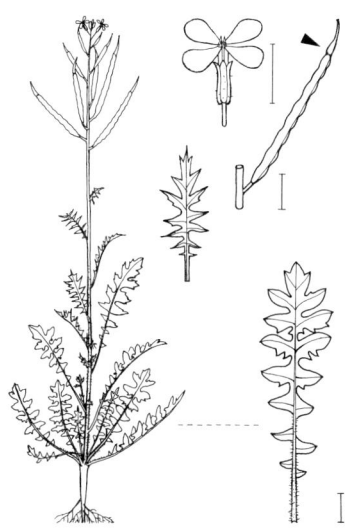

Schnabelsenf – *Coincya monensis* subsp. *cheiranthos* 0,50–0,60 ⊙ ♃ 6–10 (schwefelgelb, dunkler geadert)

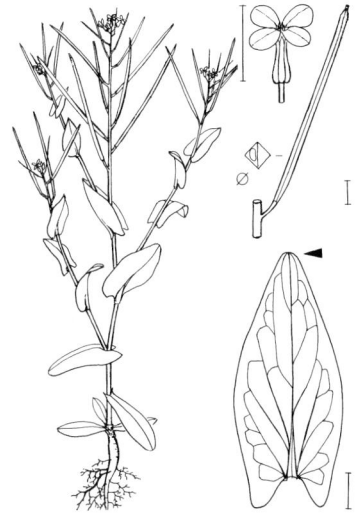

Ackerkohl – *Conringia orientalis* 0,10–0,50 ⊙ ① 5–7 (weiß. Pfl kahl, blaugrün bereift)

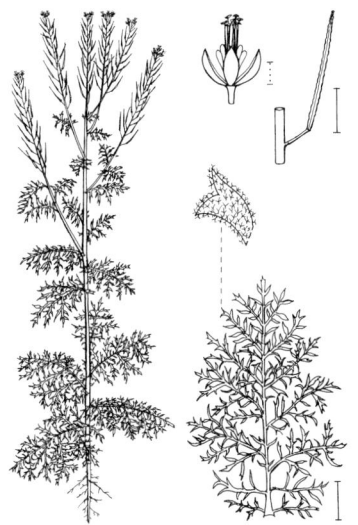

Gewöhnliche Besenrauke – *Descurainia sophia* 0,20–0,70 ⊙ ① 5–9 (blassgelb)

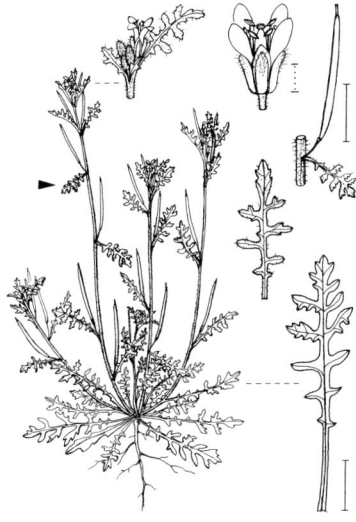

Niedrige Rauke – *Sisymbrium supinum* 0,05–0,25 ⊙ ① 7–8 (weiß) ↗ S. 809

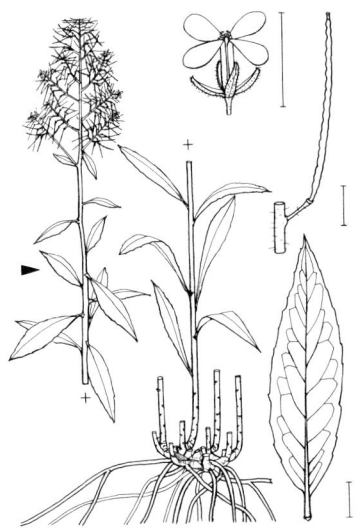

Steife Rauke – *Sisymbrium strictissimum*
0,50–1,00 ⚷ 6–7 (sattgelb)

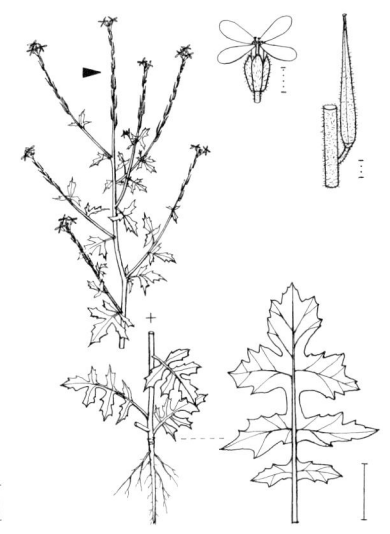

Wege-R. – *S. officinale* 0,30–0,60 ☉ ①
5–10 (blassgelb)

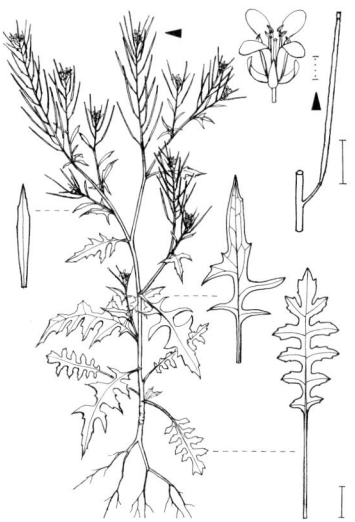

Glanz-R. – *S. irio* 0,10–0,50 ☉ ① 5–8
(blassgelb)

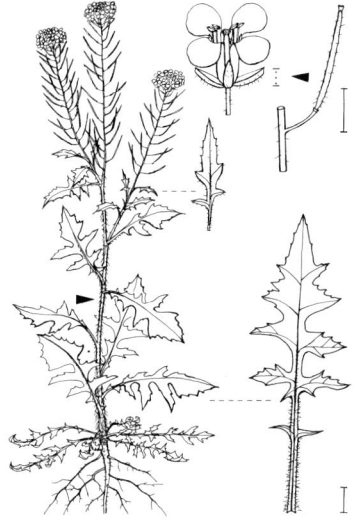

Loesel-R. – *S. loeselii* 0,30–1,50(–2,00) ①
☉ 5–8 (goldgelb)

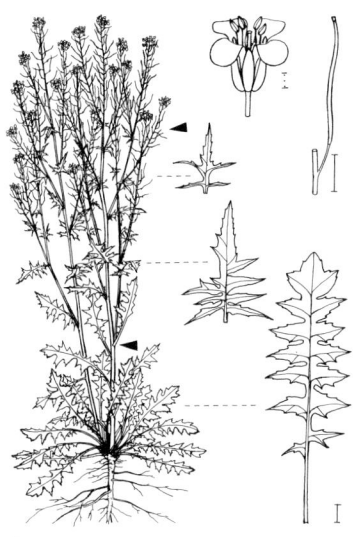

Österreichische Rauke – *Sisymbrium austriacum* 0,30–0,60 ☉ ⚥ 5–6 (goldgelb)

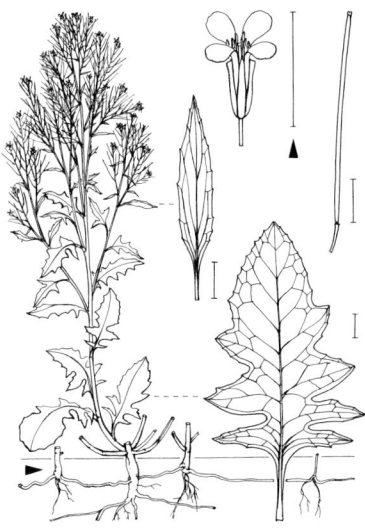

Wolga-R. – *S. volgense* 0,30–0,75 ⚥ 5–8 (sattgelb)

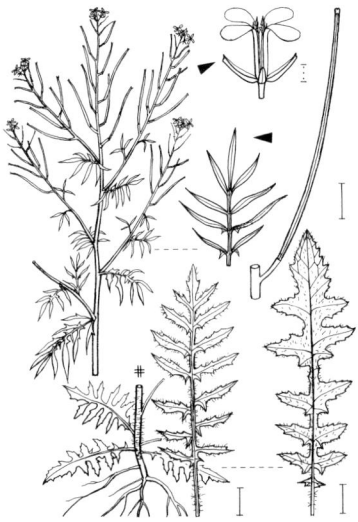

Hohe R. – *S. altissimum* 0,30–0,60 ① ☉ 5–7 (hellgelb)

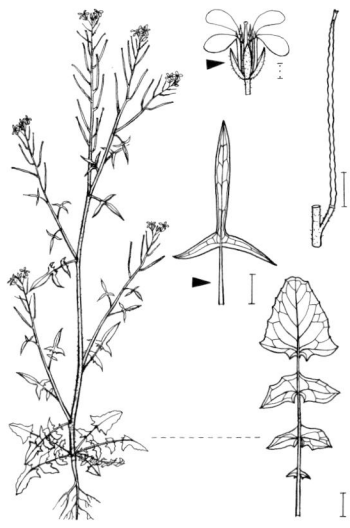

Orientalische R. – *S. orientale* 0,40–0,60 ① ☉ ☉ 6–7 (blassgelb)

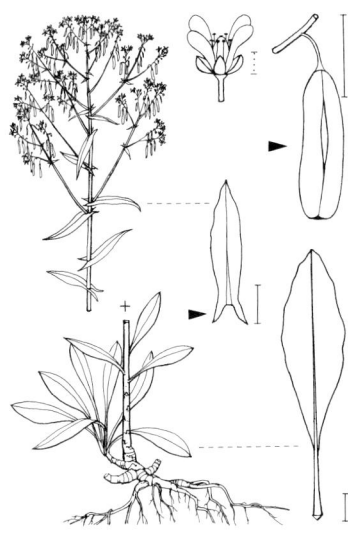

Färber-Waid – *Isatis tinctoria* 0,40–1,20
⊙ ♃ 5–7 (gelb. Pfl blaugrün)

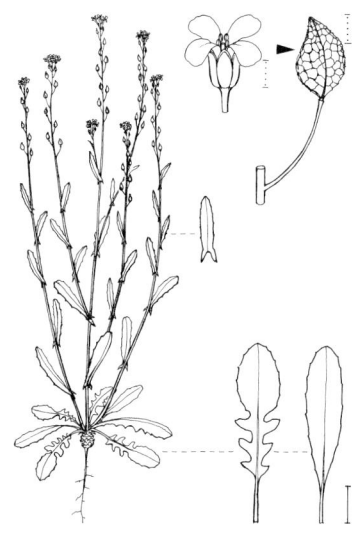

Calepine – *Calepina irregularis* 0,20–0,50
① ⊙ 5–6 (weiß)

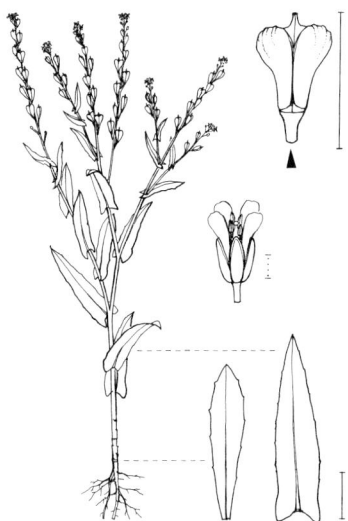

Hohldotter – *Myagrum perfoliatum*
0,20–0,50 ① ⊙ 5–7 (hellgelb. Pfl blaugrün)

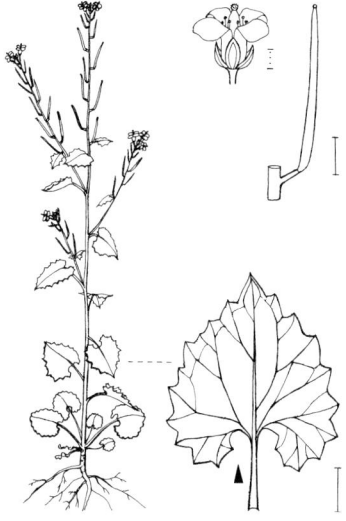

Knoblauchsrauke – *Alliaria petiolata*
0,20–1,00 ⊙ ♃ 4–6 (weiß. Pfl nach Knoblauch riechend)

BRASSICACEAE 457

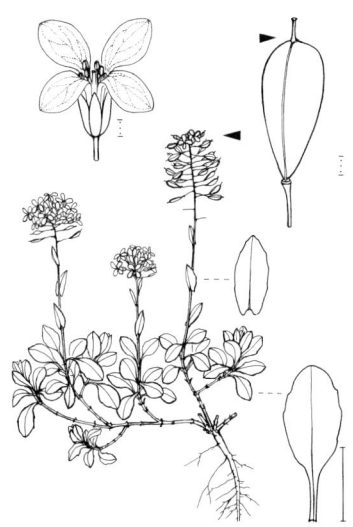

Rundblättriges Täschelkraut – *Noccaea rotundifolia* 0,05–0,12 ♃ 6–9 (hellviolett, dunkler geadert)

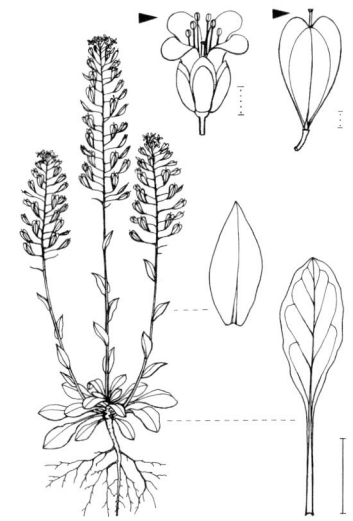

**Gebirgs-T. – *N. caerulescens* 0,10–0,30 ♄ ☉ ⊗ 4–6 (weiß, Staubbeutel dunkelviolett werdend)

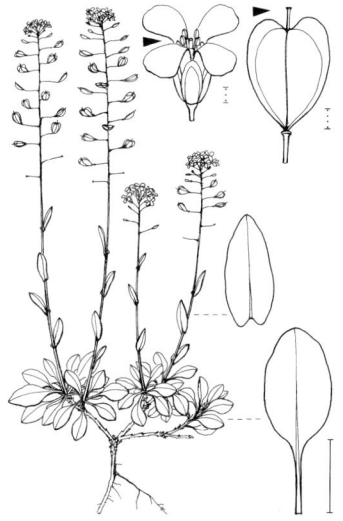

Berg-T. – *N. montana* 0,10–0,20 ♃ 4–5 (weiß, Staubbeutel gelb bleibend)

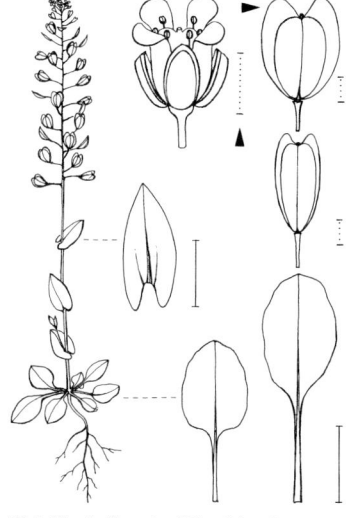

Kleintäschelkraut – *Microthlaspi* spp. 0,07–0,20 ① 3–6 (weiß). Fr oben: **Durchwachsenblättriges K.** – *M. perfoliatum*. Fr Mitte: **Verwechseltes K.** – *M. erraticum*

BRASSICACEAE

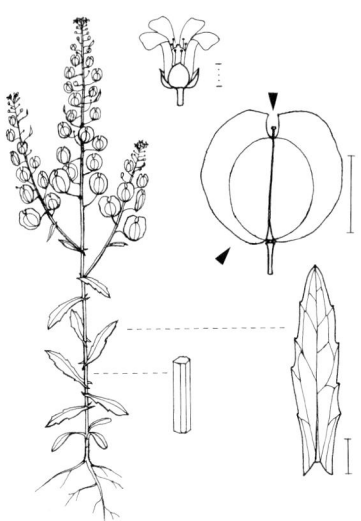

Acker-Hellerkraut – *Thlaspi arvense* 0,10–0,50 ☉ ① 4–9 (weiß. Pfl mit schwachem Lauchgeruch)

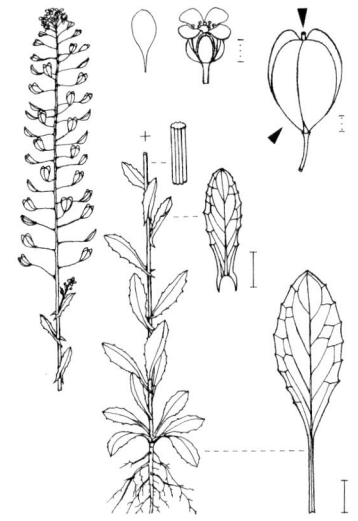

Lauch-H. – *Th. alliaceum* 0,20–0,60 ☉ 4–6 (weiß. Pfl mit Lauchgeruch)

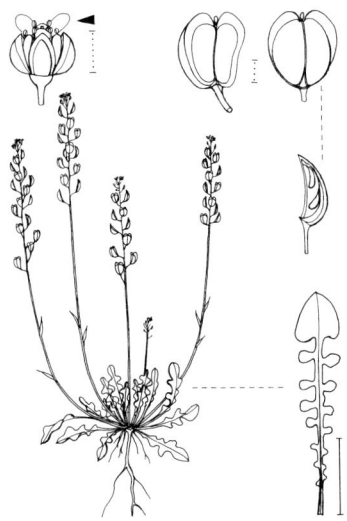

Bauernsenf – *Teesdalia nudicaulis* 0,08–0,15 ① 4–5 (weiß)

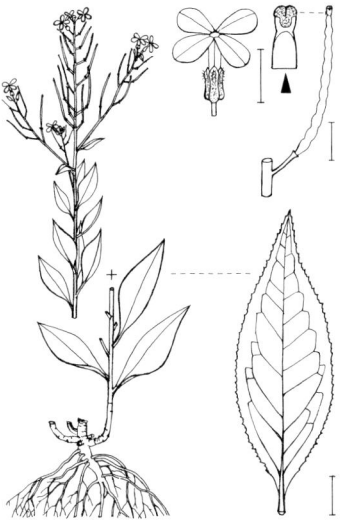

Gewöhnliche Nachtviole – *Hesperis matronalis* 0,40–1,00 ☉ ♃ 5–7 (violett bis purpurn, duftend. Pfl grün)

BRASSICACEAE

Orientalische Zackenschote – *Bunias orientalis* 0,25–1,20 ♃ 5–8 (gelb)

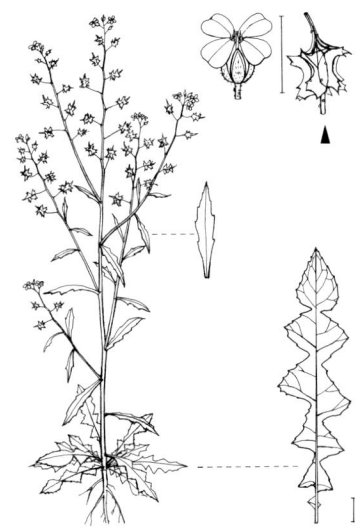

Echte Z. – *B. erucago* 0,15–0,50 ☉ ♃ 5–7 (gelb)

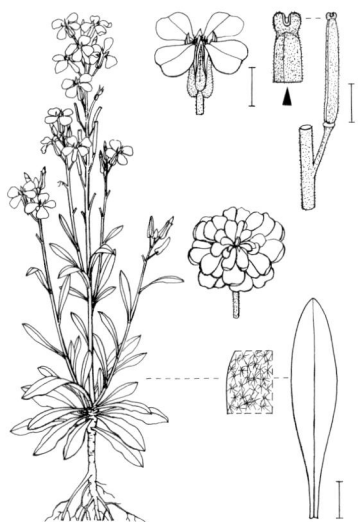

Garten-Levkoje – *Matthiola incana* 0,20–0,80 ☉ 4–10 (verschiedenfarbig, duftend. Pfl graufilzig)

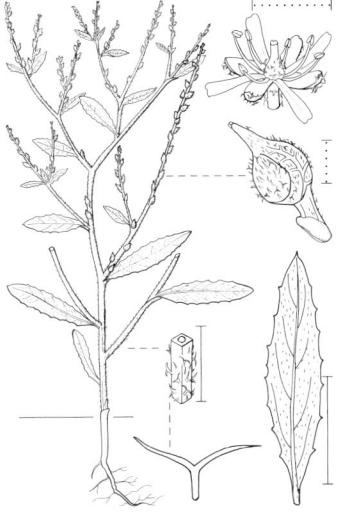

Syrisches Schnabelschötchen – *Euclidium syriacum* 0,20–0,40 ☉ 5 (weiß)

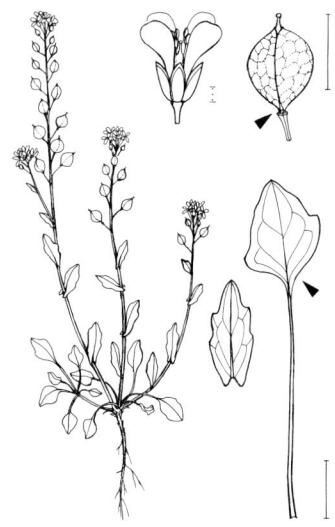

Englisches Löffelkraut – *Cochlearia anglica* 0,20–0,30 ① ⊙ ♃ 5–7 ▽ (weiß)

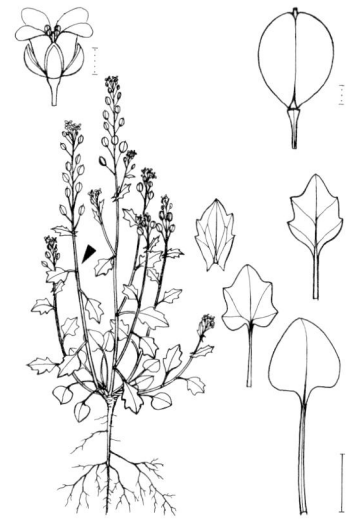

Dänisches L. – *C. danica* 0,10–0,20 ① ⊙ ♃ 5–6 ▽ (weiß)

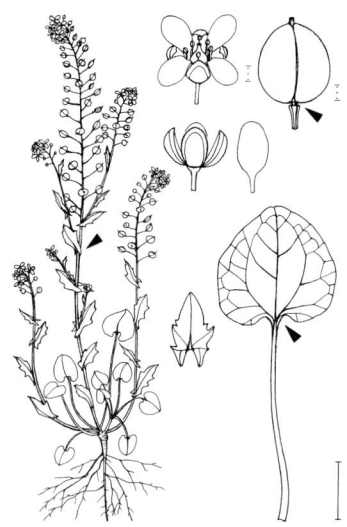

*****Gebräuchliches L.** – *C. officinalis* 0,20–0,50 ⊙ ♃ 5–6 ▽ (weiß) ↗ S. 809

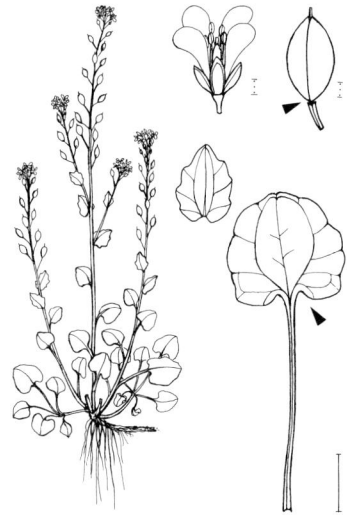

Pyrenäen-L. – *C. pyrenaica* 0,10–0,30 ⊙ ♃ 4–6 ▽ (weiß)

BRASSICACEAE

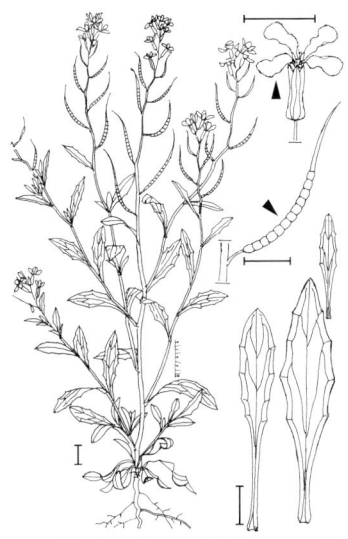

Zarte Gliederschote – *Chorispora tenella*
0,10–0,50 ⊙ 4–6 (purpurn)

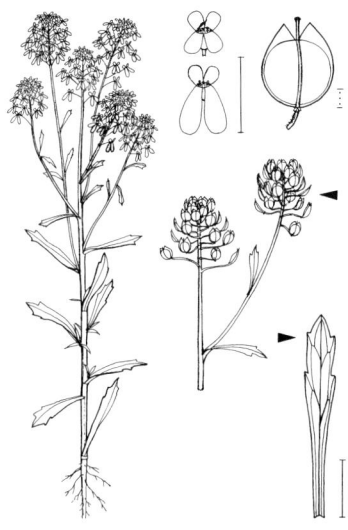

Bittere Schleifenblume – *Iberis amara*
0,10–0,30 ⊙ ⊙ 5–8 (weiß bis blassviolett)

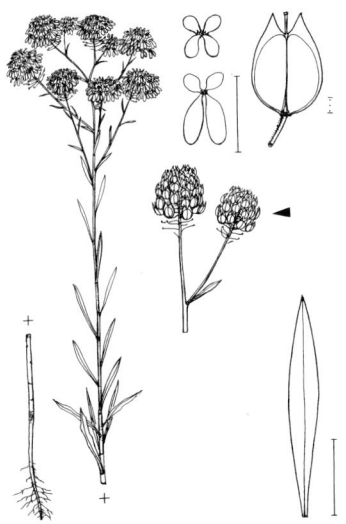

Mittlere Sch. – *I. linifolia* subsp. *boppardensis* 0,30–0,60 ⊙ ⊙ 6–7 (weiß bis rosa)

Doldige Sch. – *I. umbellata* 0,15–0,40 ⊙ ⊙ 6–8 (purpurn)

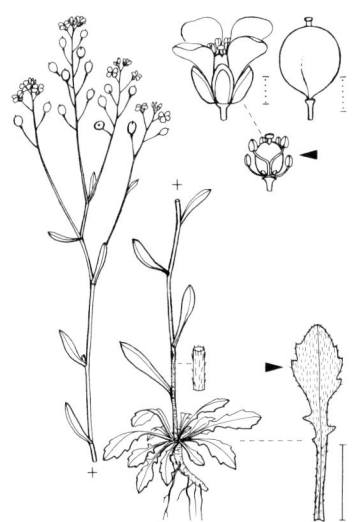

Felsen-Kugelschötchen – *Kernera saxatilis* 0,10–0,30 ♃ 6–8 (weiß)

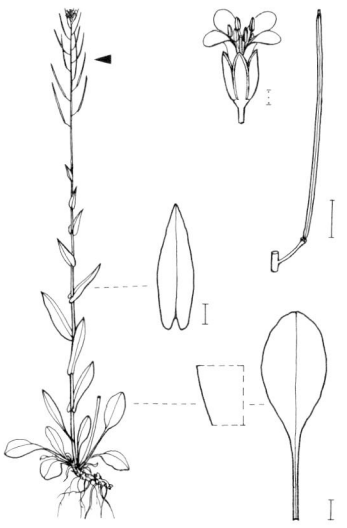

Wenigblütige Kohlkresse – *Fourraea alpina* 0,30–1,00 ♃ 5–7 (weiß. Pfl kahl, blau bereift)

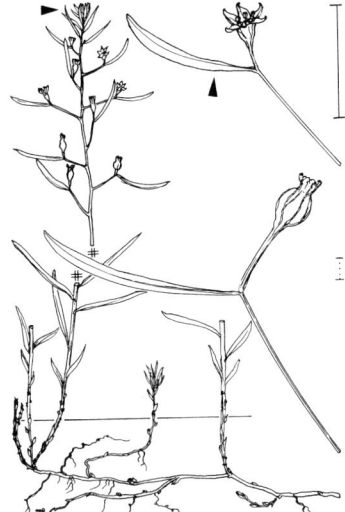

Vorblattloses Vermeinkraut – *Thesium ebracteatum* 0,10–0,30 ♃ 5–6 ▽ (weißrandig)

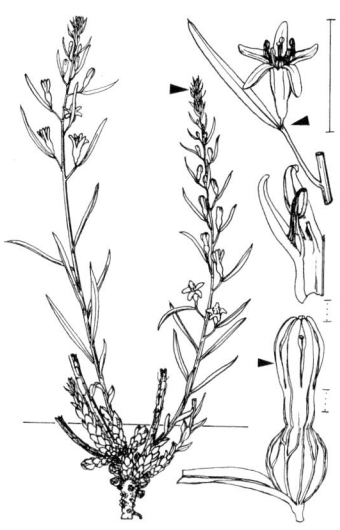

Geschnäbeltes V. – *Th. rostratum* 0,20–0,30 ♃ 5–7 (weiß. Fr beerenartig, gelblich)

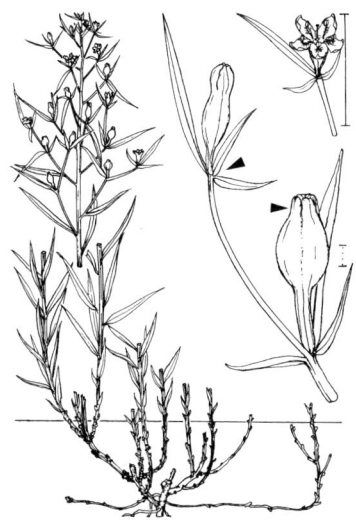

Mittleres Vermeinkraut – *Thesium linophyllon* 0,10–0,30 ⚃ 6–7 (innen weiß. Stg gelbgrün. Bla hellgrün)

Bayerisches V. – *Th. bavarum* 0,25–0,60 ⚃ 6–9 (innen weiß. Pfl bläulichgrün)

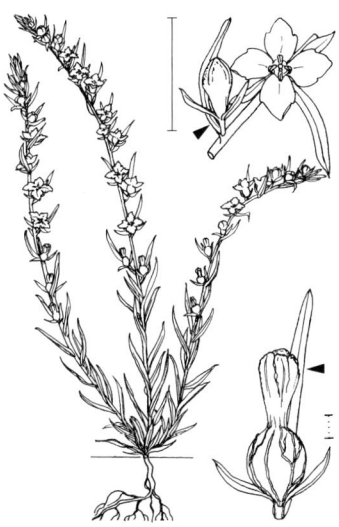

Alpen-V. – *Th. alpinum* 0,10–0,25 ⚃ 6–7 (reinweiß. Pfl hellgrün)

**Pyrenäen-V. – *Th. pyrenaicum* 0,10–0,45 ⚃ 6–7 (innen weiß)

VISCACEAE · LORANTHACEAE · TAMARICACEAE

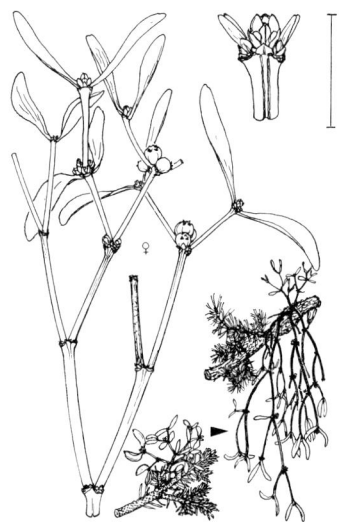

Kiefern-Mistel – *Viscum laxum* 0,20–0,50 ♄ 3–5 (grünlichgelb. Fr glasig weißlich bis gelblich)

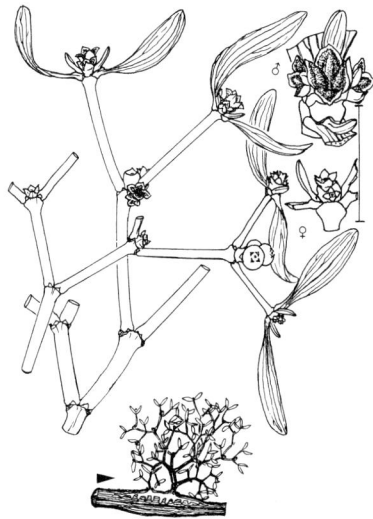

**Gewöhnliche M. – *V. album* 0,40–0,80 ♄ 2–4 (grünlichgelb. Fr glasig weiß)

Europäische Riemenmistel – *Loranthus europaeus* 0,30–1,00 ♄ 4–5 (hellgelb. Fr orange)

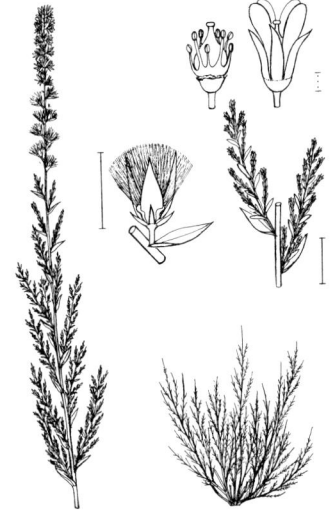

Rispelstrauch – *Myricaria germanica* 0,60–2,00 ♄ 6–8 (hellrosa bis weiß)

PLUMBAGINACEAE · POLYGONACEAE

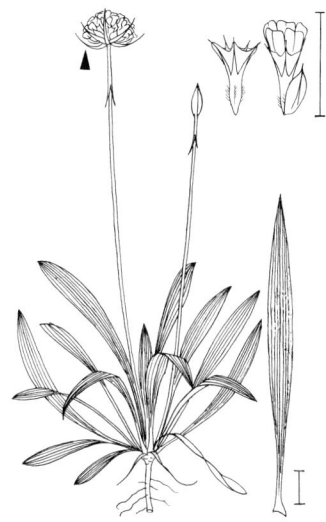

Sand-Grasnelke – *Armeria arenaria* 0,20–0,50 ⚘ 6–7 ▽ (rosa) ⊕

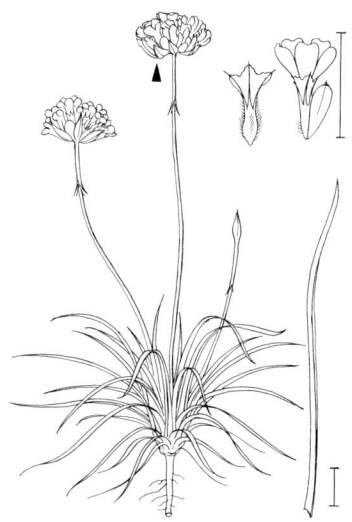

**Gewöhnliche G. – *A. maritima* 0,05–0,50 ⚘ 5–11 ▽ (rosa od. purpurn)

Gewöhnlicher Strandflieder – *Limonium vulgare* 0,20–0,50 ⚘ 8–9 ▽ (blauviolett) ↗ S. 809

Weidenblatt-Ampfer – *Rumex triangulivalvis* 0,30–1,00 ⚘ 6–9 (grünlich)

Strand-Ampfer – *Rumex maritimus* 0,10–0,60 ☉ ⊙ 7–9 (grünlich. Fruchtende Pfl goldgelb)

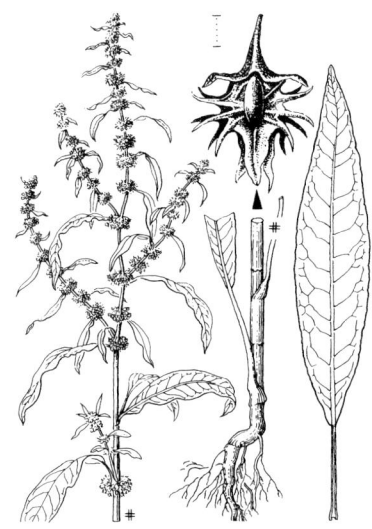

Sumpf-A. – *R. palustris* 0,10–0,80 ☉ ⊙ 7–9 (grünlich. Fruchtende Pfl bräunlich- od. rötlichgrün)

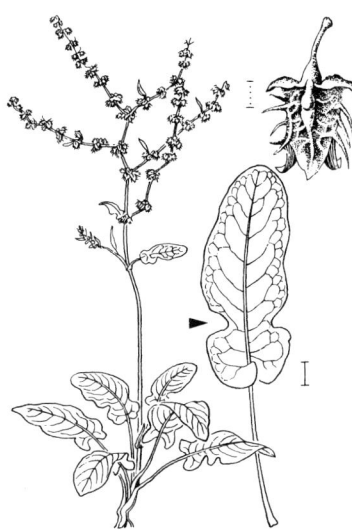

Schöner A. – *R. pulcher* 0,15–0,60 ♃ 5–7 (grünlich)

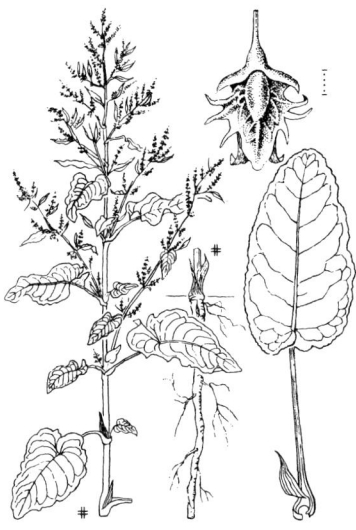

**Stumpfblättriger A. – *R. obtusifolius* 0,50–1,20 ♃ 7–8 (grünlich)

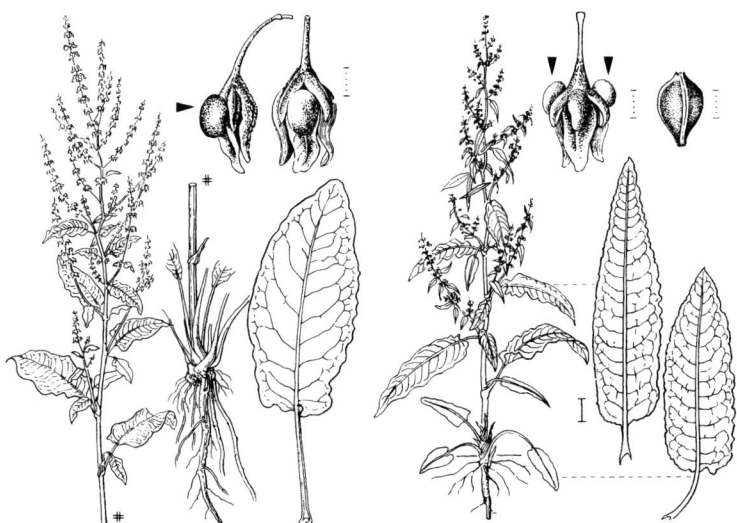

Blut-Ampfer – *Rumex sanguineus* 0,50–0,80 ♃ 6–8 (grünlich, Schwiele rotbraun od. blutrot)

Knäuel-A. – *R. conglomeratus* 0,30–0,80 ♃ 7–8 (grünlich)

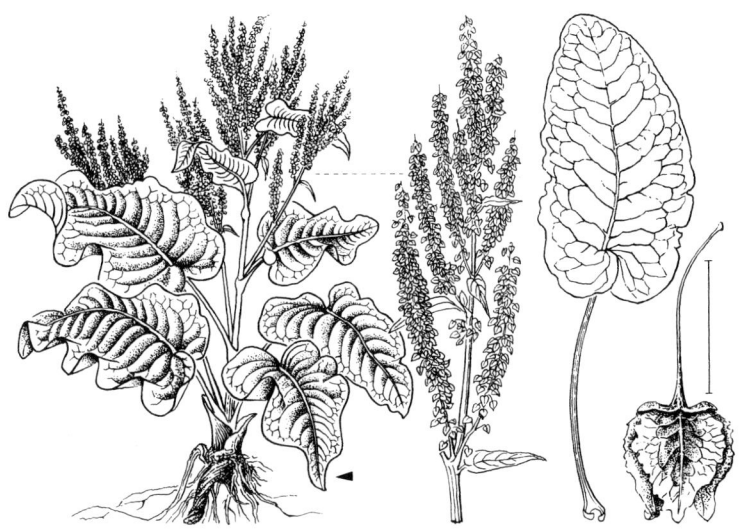

Wasser-A. – *R. aquaticus* 0,80–1,70 ♃ 7–8 (grünlich)

Alpen-Ampfer – *Rumex alpinus* 0,50–1,50 ⚥ 6–8 (grünlich)

Fluss-A. – *R. hydrolapathum* 1,00–2,00 ⚥ 7–8 (grünlich) ↗ S. 809

Nordischer A. – *R. longifolius* 0,60–1,50 ⚥ 7–8 (grünlich)

POLYGONACEAE

Schmalblättriger Ampfer – *Rumex stenophyllus* 0,60–1,00 ♃ 7–8 (grünlich)

Krauser A. – *R. crispus* 0,30–1,50 ♃ 6–8 (grünlich) ↗ S. 809

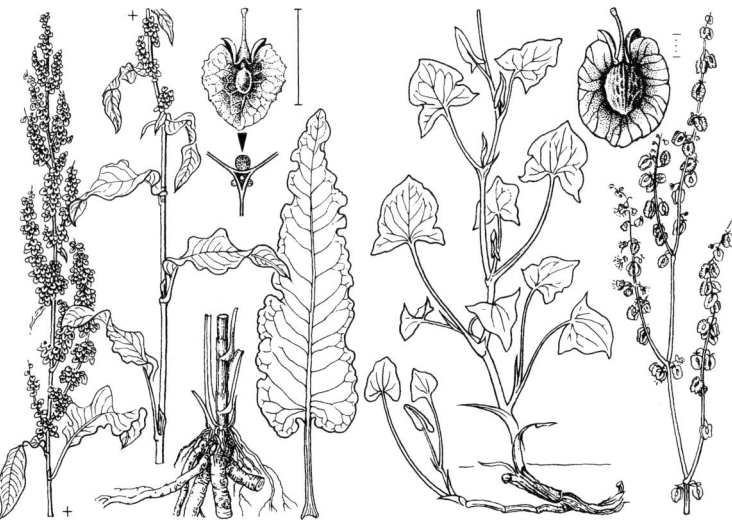

Gemüse-A. – *R. patientia* 0,80–1,50 ♃ 7–8 (grünlich)

Schild-Sauerampfer – *Rumex scutatus* 0,20–0,40 ♃ 5–8 (grünlich. Pfl blaugrün)

**Kleiner Sauerampfer – *Rumex acetosella* 0,10–0,30 ♃ 5–7 (grünlich. Formenreich)

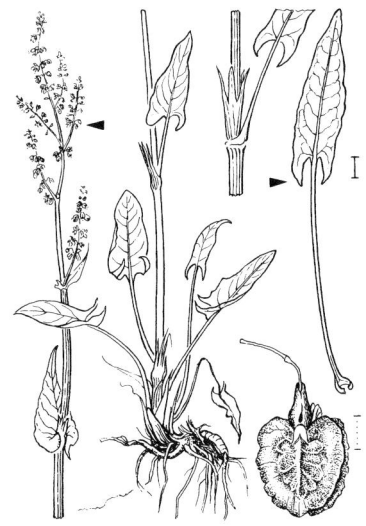

Wiesen-S. – *R. acetosa* 0,30–1,00 ♃ 5–7 (rötlichgrün)

Rispen-S. – *R. thyrsiflorus* 0,30–1,20 ♃ 6–8 (rötlichgrün)

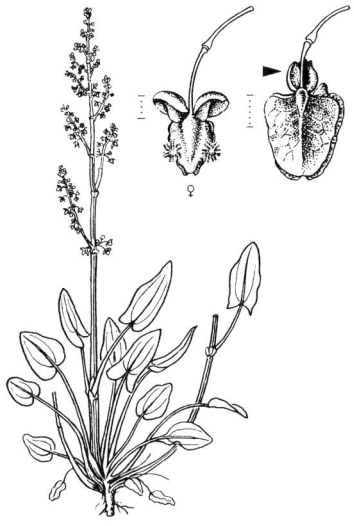

Schnee-S. – *R. nivalis* 0,10–0,20 ♃ 7–9 (grünlich)

POLYGONACEAE 471

Gebirgs-Sauerampfer – *Rumex arifolius* 0,30–1,00 ♃ 6–8 (grünlich)

Garten-S. – *R. rugosus* 0,60–1,20 ♃ 5–7 (rötlichgrün)

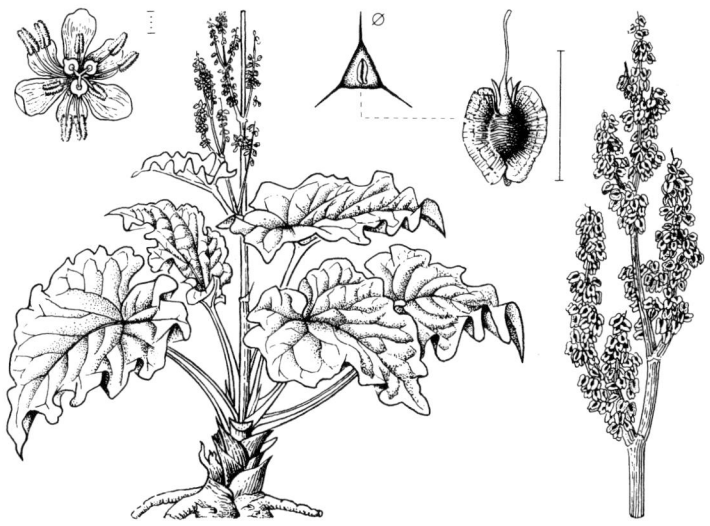

Gewöhnlicher Rhabarber – *Rheum rhabarbarum* 0,80–2,00 ♃ 5–6 (weiß)

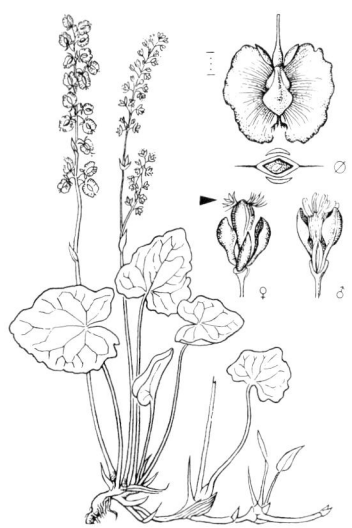

Alpen-Säuerling – *Oxyria digyna*
0,05–0,25 ♃ (6) 7–8 (grünlich)

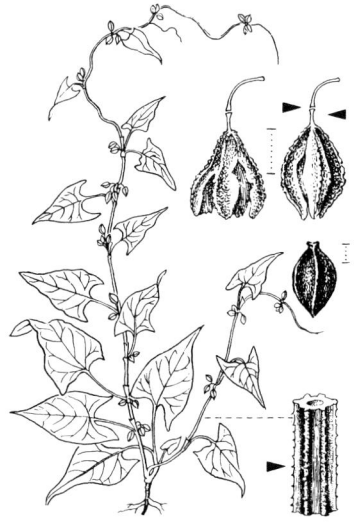

Gewöhnlicher Windenknöterich –
Fallopia convolvulus 0,20–1,50 ☉ 6–9
(grünlich. Nuss matt)

Hecken-W. – *F. dumetorum* 1,0–3,00 ☉
7–9 (grünlich. Nuss glänzend)

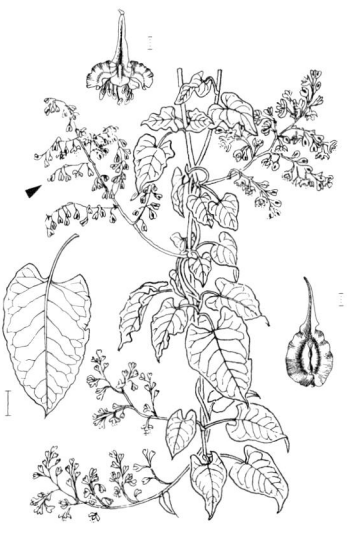

Silberregen – *F. baldschuanica* 4,00–
10,00 ♄ 5–10 (weiß)

POLYGONACEAE 473

Japanischer Flügelknöterich – *Fallopia japonica* 1,50–3,00 ♃ 8–9 (weiß)

Sachalin-F. – *F. sachalinensis* 3,00–4,50 ♃ 8–9 (grünlich) ↗ S. 809

POLYGONACEAE

Himalaja-Bergknöterich – *Koenigia polystachya* 1,00–2,00 ♃ 9–10 (weißlich)

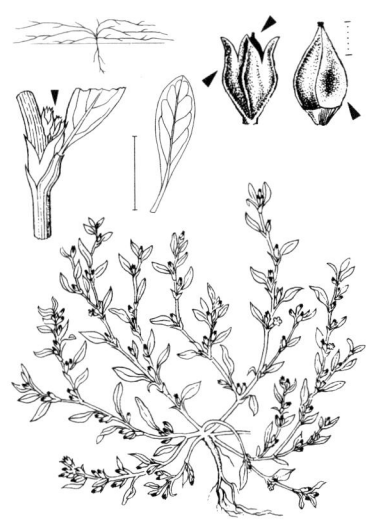

**Gewöhnlicher Vogelknöterich – *Polygonum arenastrum* 0,05–0,50 lg ⊙ 7–11 (weiß od. blassrosa)

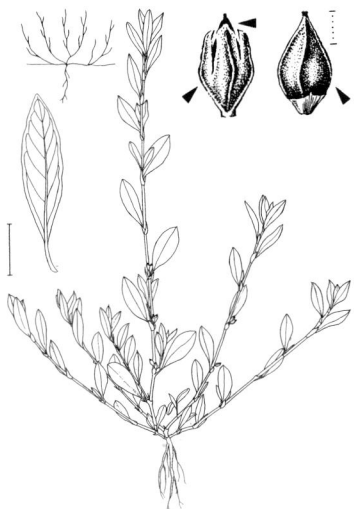

**Echter V. – *P. aviculare* 0,10–1,00 lg ⊙ 6–11 (rot bis rosa)

Strand-V. – *P. oxyspermum* 0,10–0,50 lg ⊙ 7–9 (grünlichrot) ↗ S. 809

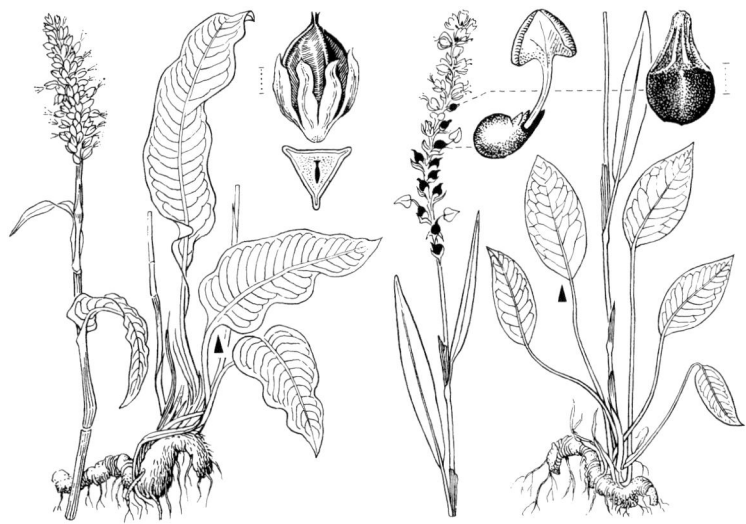

Schlangen-Wiesenknöterich – *Bistorta officinalis* 0,30–1,00 ♃ 5–6 (rötlichweiß. Bla useits bläulichgrün)

Knöllchen-W. – *B. vivipara* 0,05–0,30 ♃ 6–8 (weißlich. Pfl mit Brutknöllchen)

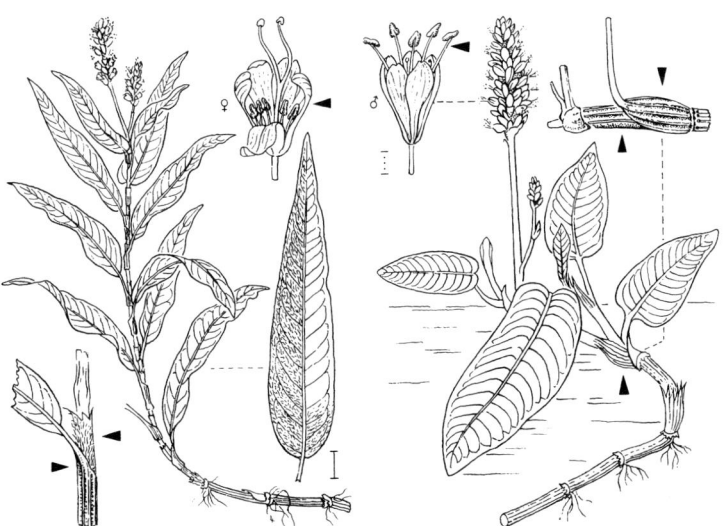

Wasser-Knöterich – *Persicaria amphibia* ♃ 7–9 (rosa). L: Landform 0,30–1,00 lg. R: Wasserform Bis 3,00 lg

POLYGONACEAE

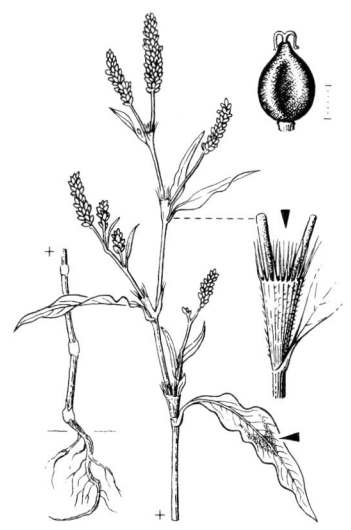

Floh-Knöterich – *Persicaria maculosa* 0,20–0,80 ⊙ 6–10 (rosa, selten rein weiß) ↗ S. 809

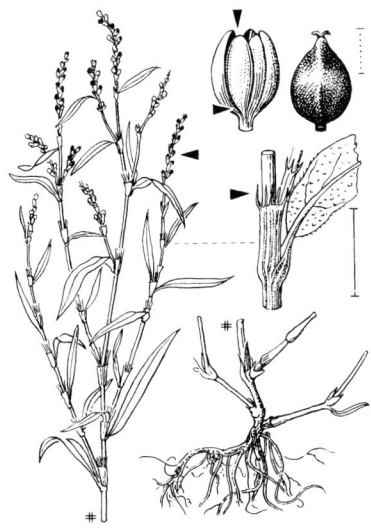

Kleiner K. – *P. minor* 0,10–0,40 ⊙ 7–10 (grünlich)

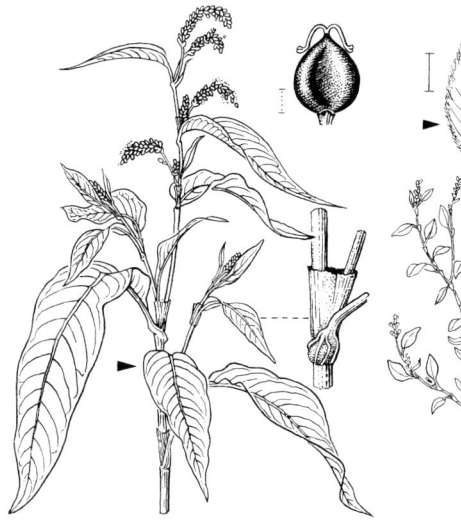

**Ampfer-K. – *P. lapathifolia* 0,20–1,60 ⊙ 6–10 (rosa od. grünlichweiß) ↗ S. 809

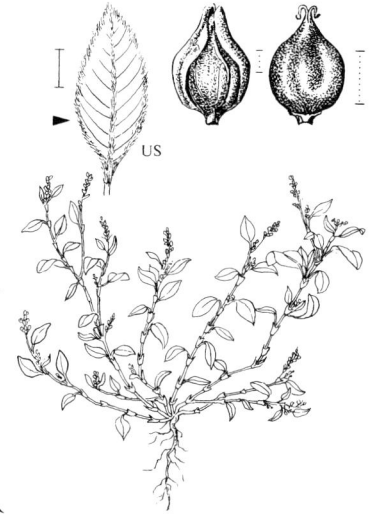

Donau-K. – *P. lapathifolia* subsp. *brittingeri* 0,20–1,00 ⊙ 7–10 (rosa od. grünlichweiß)

POLYGONACEAE 477

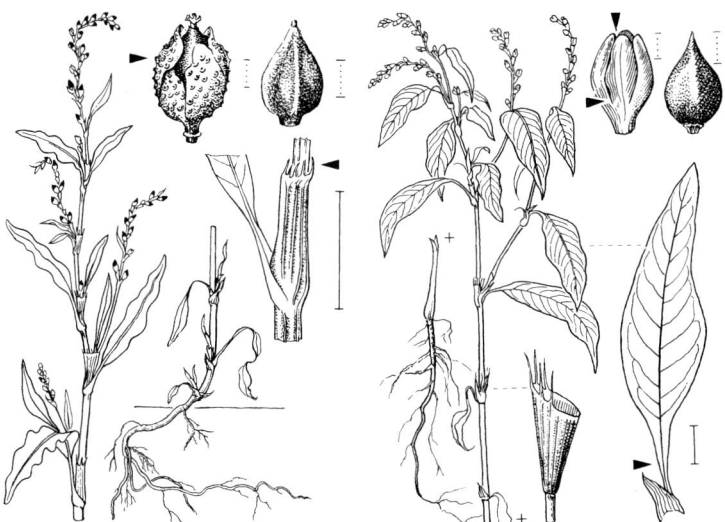

Wasserpfeffer – *Persicaria hydropiper* 0,20–0,70 ☉ 7–9 (grünlich. Bla pfefferartig scharf schmeckend)

Milder Knöterich – *P. mitis* 0,20–0,70 ☉ 7–9 (grünlich. Bla mild schmeckend)

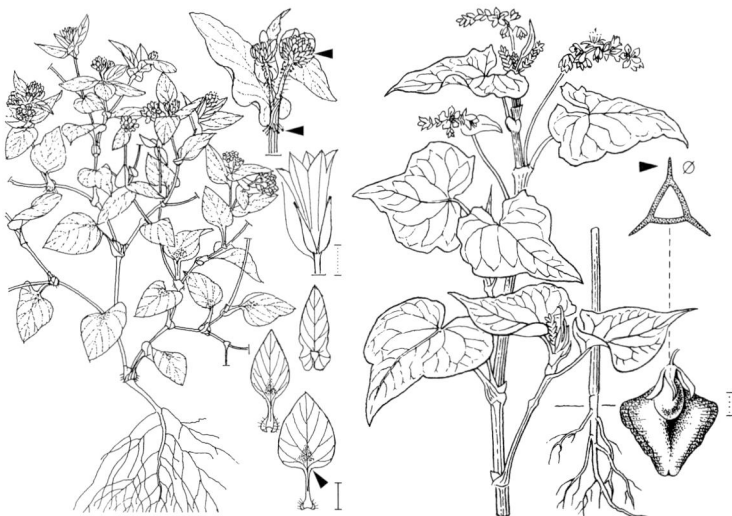

Nepalesischer K. – *P. nepalensis* 0,05–0,30 ☉ 6–10 (rosa bis blau-violett)
↗ S. 810

Echter Buchweizen – *Fagopyrum esculentum* 0,20–1,00 ☉ 6–9 (weiß bis hellrosa. Stg oft rötlich)

POLYGONACEAE · DROSERACEAE

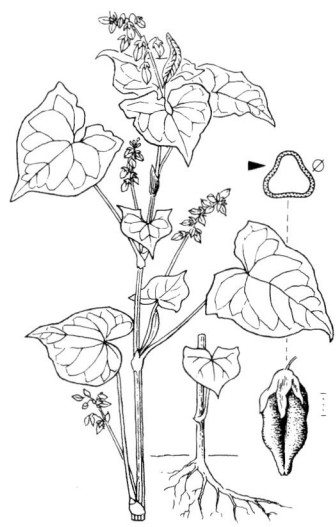

Tataren-Buchweizen – *Fagopyrum tataricum* 0,30–1,00 ⊙ 6–9 (grünlich. Stg meist grün)

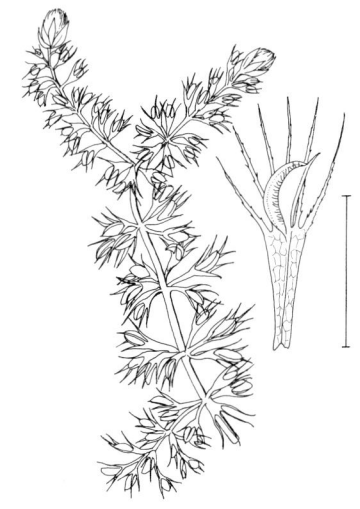

Wasserfalle – *Aldrovanda vesiculosa* 0,10–0,30 ♃ 7–8 ▽ (grünlichweiß. Pfl schwimmend) ⊕

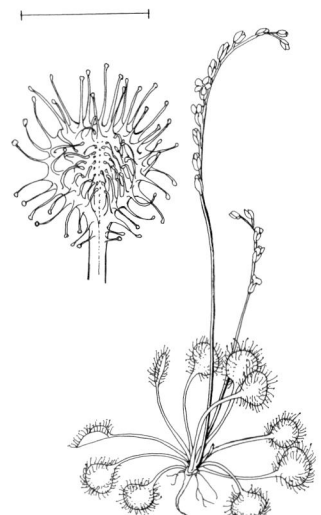

Rundblättriger Sonnentau – *Drosera rotundifolia* 0,07–0,20 ♃ 7–8 ▽ (weiß)

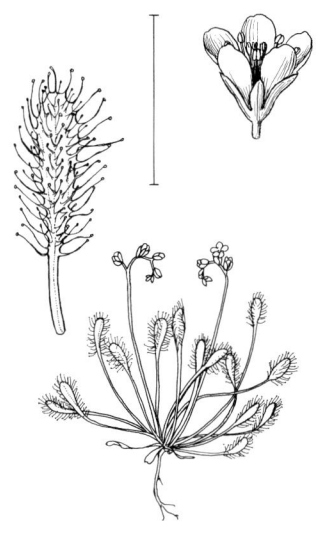

Mittlerer S. – *D. intermedia* 0,03–0,10 ♃ 7–8 ▽ (weiß)

DROSERACEAE · CARYOPHYLLACEAE 479

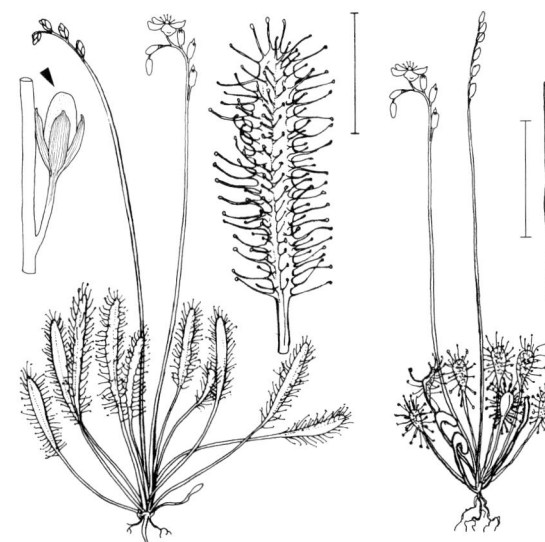

Langblättriger Sonnentau – *Drosera anglica* 0,05–0,25 ♃ 7–8 ▽ (weiß)

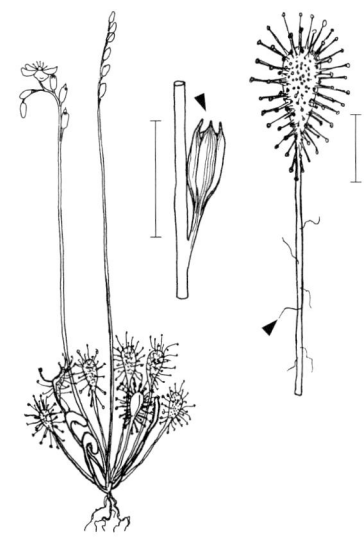

Bastard-S. – *D.* ×*obovata* 0,05–0,15 ♃ 7–8 (weiß. Sa steril)

Frühlings-Spergel – *Spergula morisonii* 0,05–0,25 ☉ ① 4–6 (weiß. SaFlügel bräunlich)

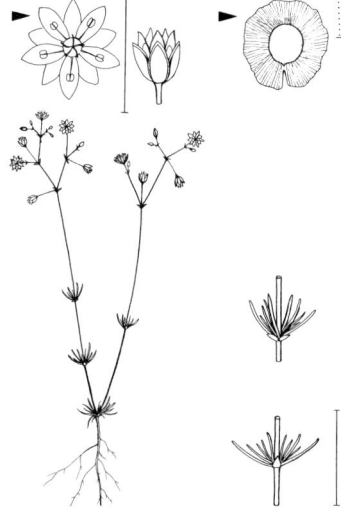

Fünfmänniger S. – *S. pentandra* 0,05–0,20 ① 4–5 (weiß. SaFlügel weißlich)

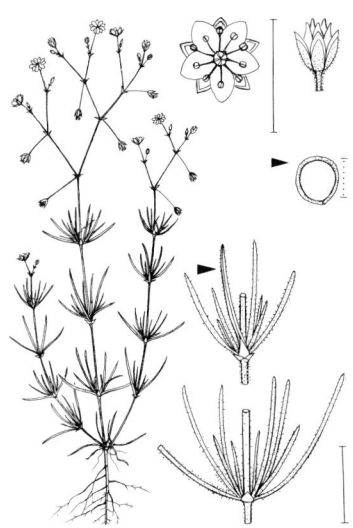

Acker-Spergel – *Spergula arvensis* 0,10–0,50 ⊙ 6–10 (weiß)

Saat-Schuppenmiere – *Spergularia segetalis* 0,03–0,10 ⊙ 6–7 (weiß)

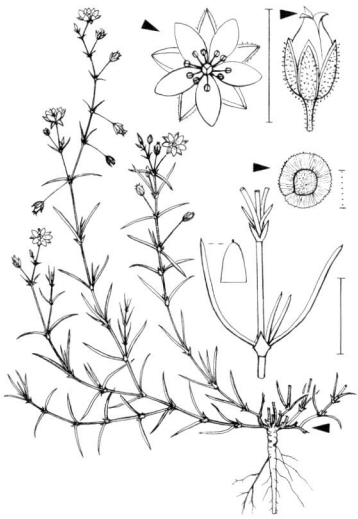

Flügelsamige Sch. – *S. media* 0,05–0,40 ♃ 7–9 (blassrosa, am Grund weiß. Bla fleischig)

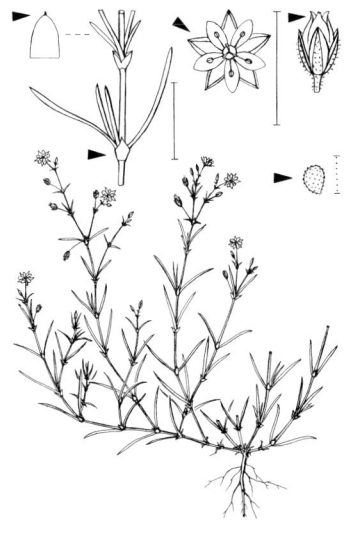

Salz-Sch. – *S. marina* 0,05–0,20 ⊙ ① 5–9 (tiefrosa, Grund weiß. Bla fleischig, NebenBla kaum glänzend)

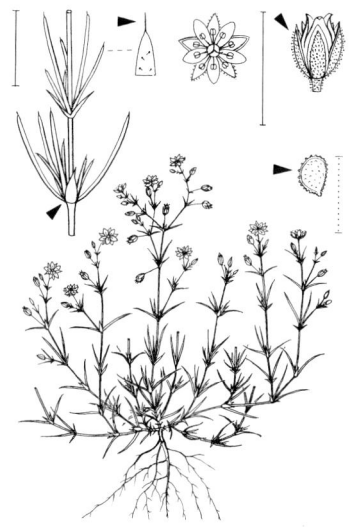

Rote Schuppenmiere – *Spergularia rubra* 0,04–0,25 ⊙ ① ♃ 5–9 (rosenrot. NebenBla glänzend silberweiß)

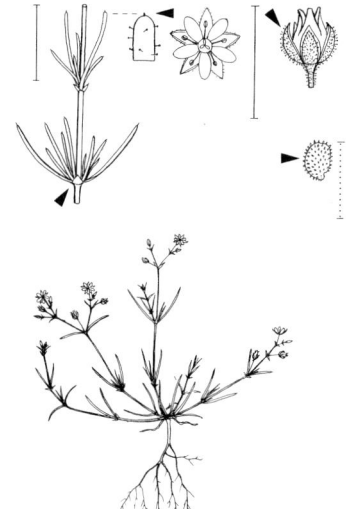

Igelsamige Sch. – *S. echinosperma* 0,04–0,10 ⊙ ♃ 6–10 (tiefrosa. NebenBla glanzlos)

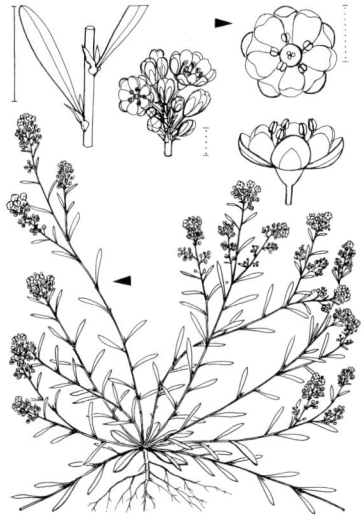

Hirschsprung – *Corrigiola litoralis* 0,07–0,50 lg ⊙ 7–10 (weiß. Pfl blaugrün, kahl)

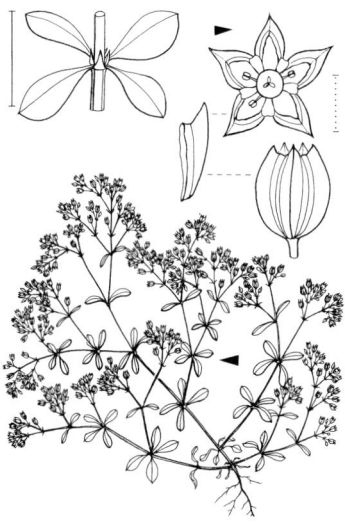

Vierblättriges Nagelkraut – *Polycarpon tetraphyllum* 0,05–0,15 ⊙ 7–9(–11) (weiß)

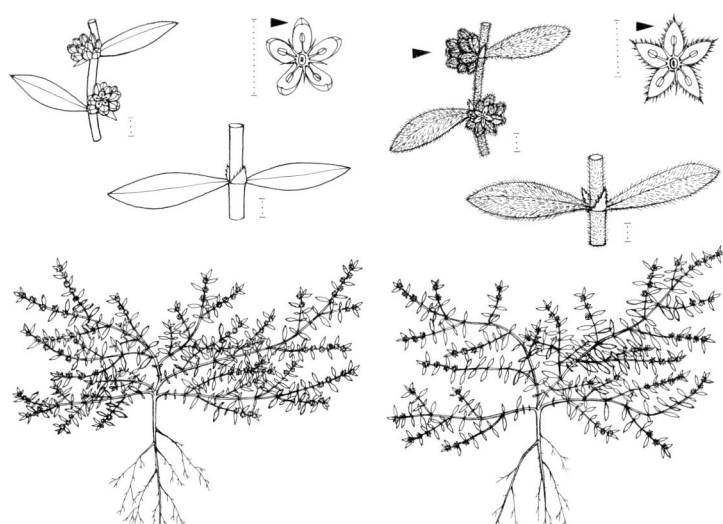

Kahles Bruchkraut – *Herniaria glabra* 0,05–0,30 ☉ ⚳ 6–10 (gelbgrün. Pfl frisch- bis gelbgrün)

Behaartes B. – *H. hirsuta* 0,05–0,20 ☉ ⚳ 7–9(–10) (grün. Pfl graugrün)

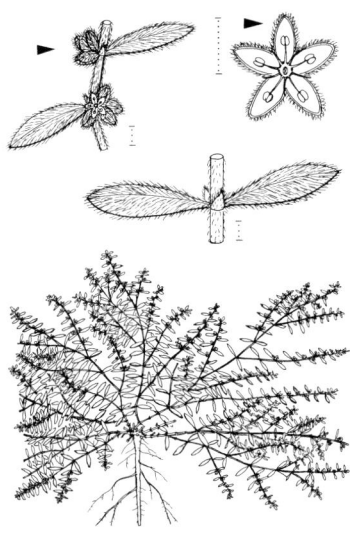

Graues B. – *H. incana* 0,05–0,20 ⚳ 7–10 (grün. Pfl graugrün)

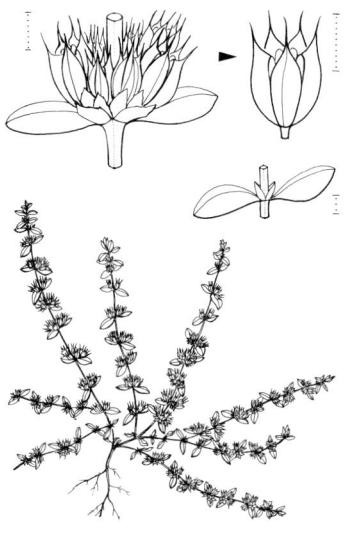

Quirlige Knorpelmiere – *Illecebrum verticillatum* 0,05–0,25 lg ☉ 7–9 (weiß. Stg meist rot. Pfl kahl)

CARYOPHYLLACEAE

**Quendel-Sandkraut – *Arenaria serpyllifolia* 0,03–0,30 ① ⊙ 5–9 (weiß. Pfl graugrün) ↗ S. 810

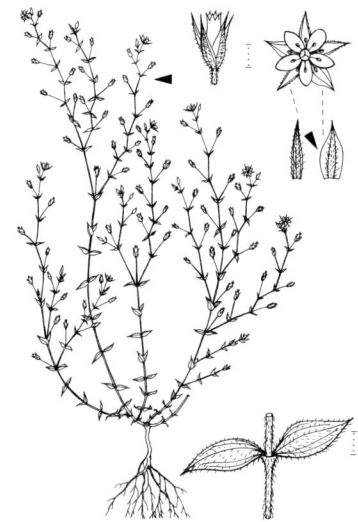

Dünnstängliges S. – *A. leptoclados* 0,05–0,15 ① ⊙ 5–9 (weiß. Pfl gelbgrün)

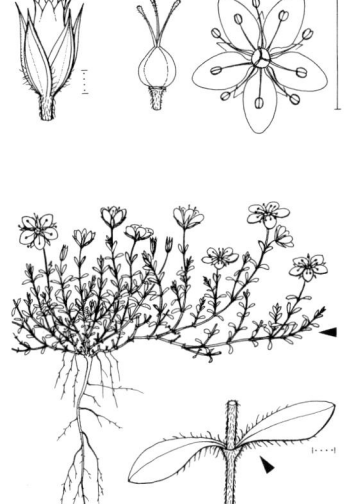

**Wimper-S. – *A. ciliata* 0,03–0,10 ⚃ ⊙? 7–8 (weiß)

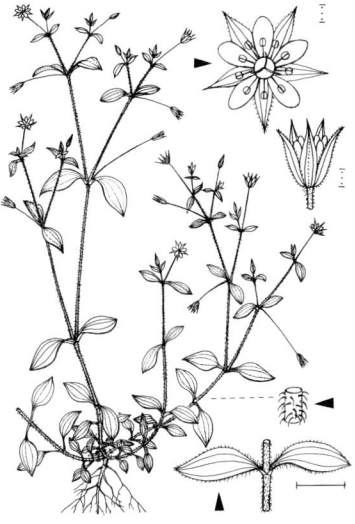

Dreinervige Nabelmiere – *Moehringia trinervia* 0,10–0,30 ① ⚃ 5–7 (weiß)

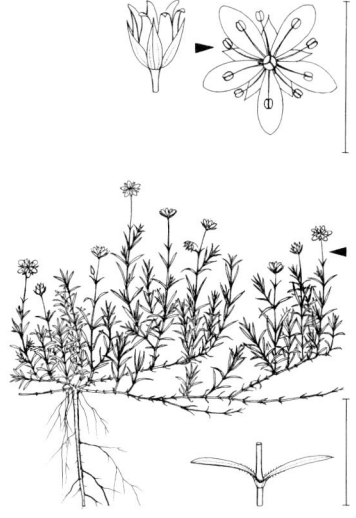

Moos-Nabelmiere – *Moehringia muscosa* 0,05–0,20 ⚄ 5–9 (weiß)

Wimper-N. – *M. ciliata* 0,05–0,20 ⚄ 6–8 (weiß)

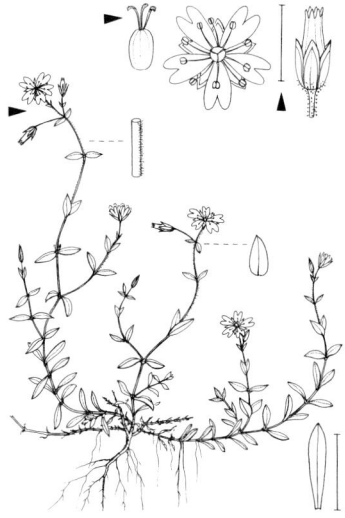
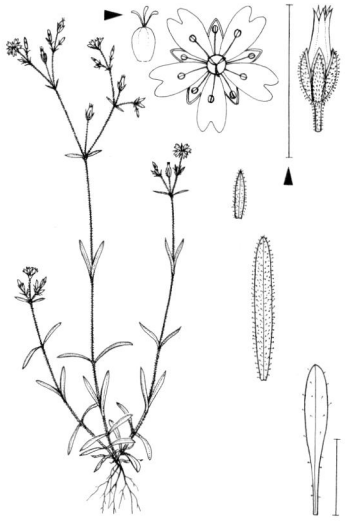

Dreigriffliger Spaltzahn – *Dichodon cerastoides* 0,05–0,15 ⚄ 7–8 (weiß. Bla frischgrün)

Drüsiger Sp. – *D. viscidum* 0,06–0,30 ☉ 4–6 (weiß. Pfl hellgrün)

CARYOPHYLLACEAE

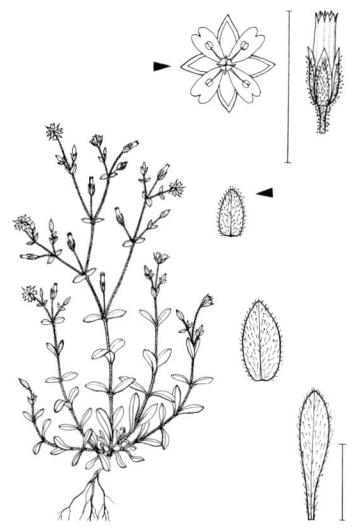

Viermänniges Hornkraut – *Cerastium diffusum* 0,04–0,15 ☉ ① 5–7 (weiß. Pfl frischgrün, oft rötlich)

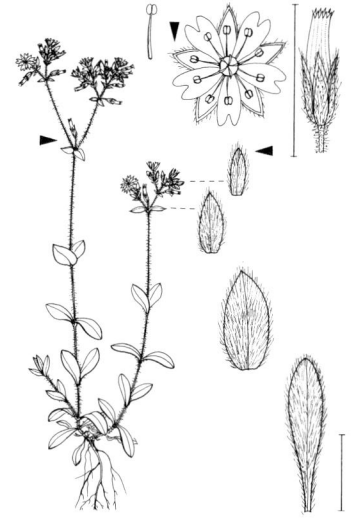

Knäuel-H. – *C. glomeratum* 0,02–0,45 ☉ ① 3–9 (weiß. Pfl gelbgrün bis hellgrün)
↗ S. 810

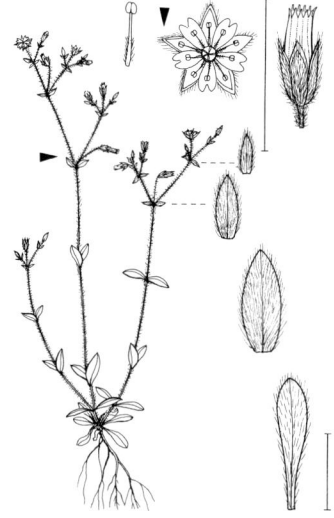

**Kleinblütiges H. – *C. brachypetalum* 0,05–0,40 ① ☉ 4–6 (weiß. Pfl graugrün)

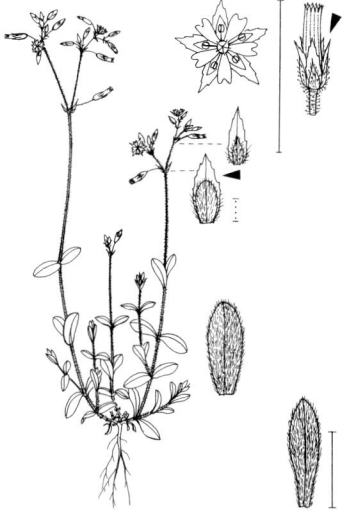

Fünfmänniges H. – *C. semidecandrum* 0,03–0,20 ① ☉ 3–6 (weiß. Pfl gelbgrün)

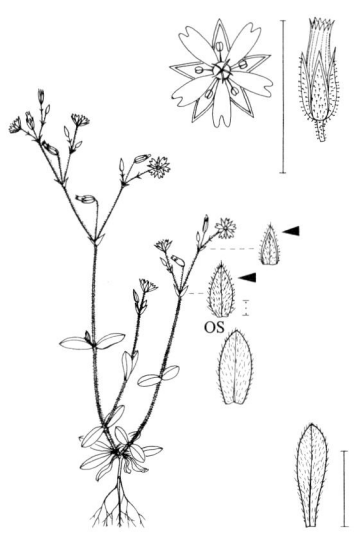

*Dunkles Zwerg-Hornkraut – *Cerastium pumilum* 0,03–0,15 ① ☉ 3–6 (weiß. Pfl dunkelgrün, unten oft rötlich) ↗ S. 810

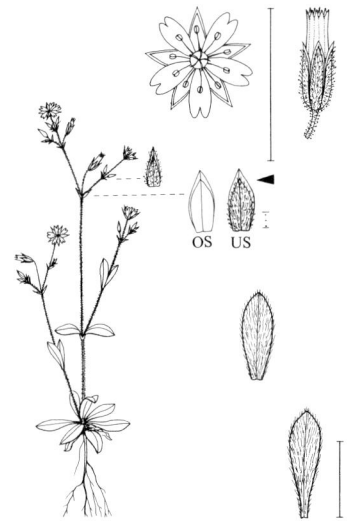

Bleiches Zwerg-H. – *C. glutinosum* 0,03–0,15 ① ☉ 3–6 (weiß. Pfl meist gelbgrün)

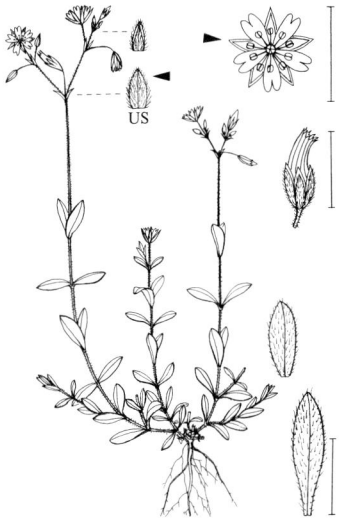

Gewöhnliches H. – *C. holosteoides* 0,05–0,50 ♃ 4–10 (weiß. Pfl hell- bis dunkelgrün)

Großfrüchtiges H. – *C. lucorum* 0,10–0,60 ♃ 5–8 (weiß. Pfl frischgrün)

CARYOPHYLLACEAE 487

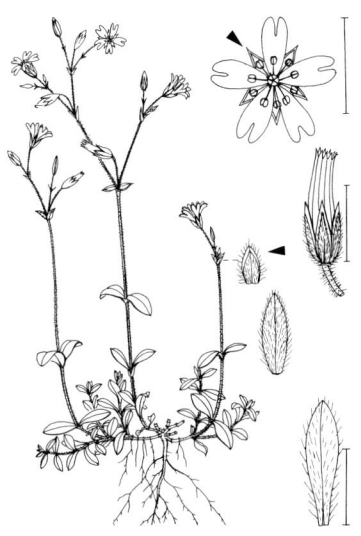

*Quellen-Hornkraut – *Cerastium fontanum* 0,20–0,40 ♃ 7–8 (weiß. Pfl dunkel- bis graugrün) ↗ S. 810

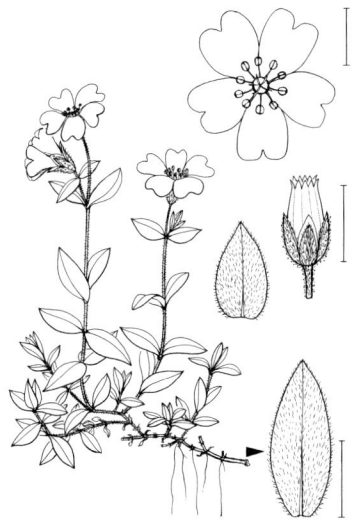

Breitblättriges H. – *C. latifolium* 0,03–0,10 ♃ 7–8 (weiß. Pfl bläulichgrün)

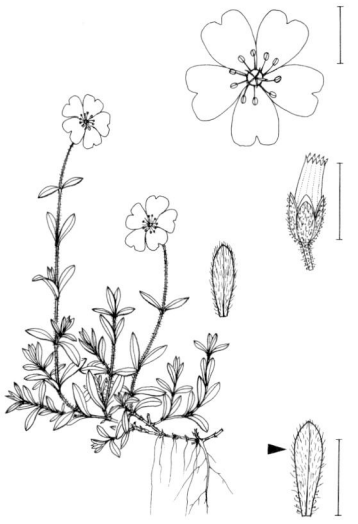

Einblütiges H. – *C. uniflorum* 0,02–0,08 ♃ 7–8 (weiß. Pfl grauhaarig)

**Alpen-H. – *C. alpinum* 0,06–0,20 ♃ 7–8 (weiß. Pfl grauflaumig bis -wollig)

CARYOPHYLLACEAE

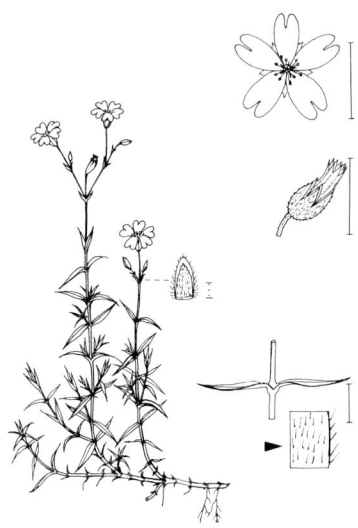

Acker-Hornkraut – *Cerastium arvense* 0,03–0,30 ⚥ 4–8 (weiß. Pfl grauflaumig)

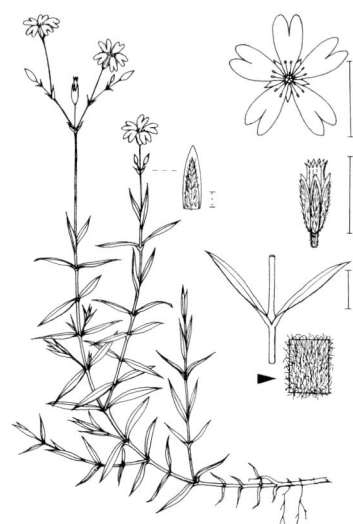

Filziges H. – *C. tomentosum* 0,15–0,30 ⚥ 5–7 (weiß. Pfl dicht weißfilzig)

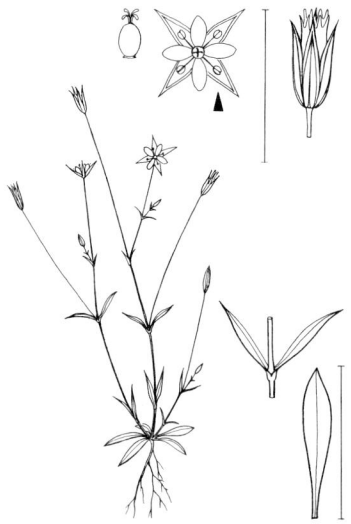

Aufrechte Weißmiere – *Moenchia erecta* 0,03–0,10 ① ⊙ 4–5 (weiß. Pfl blaugrün)

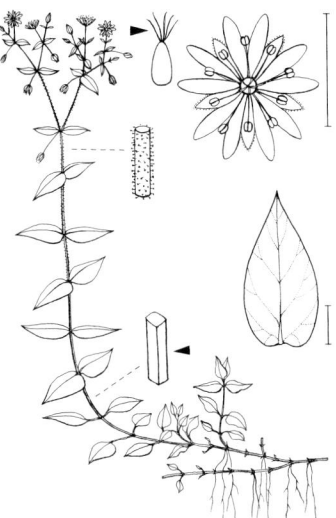

Gewöhnlicher Wasserdarm – *Stellaria aquatica* 0,15–1,20 ⚥ 6–10 (weiß, Staubbeutel gelblich od. blasslila)

CARYOPHYLLACEAE

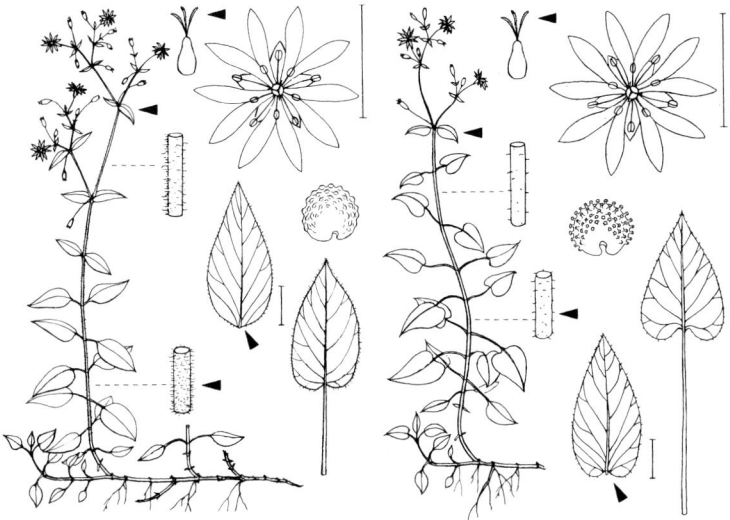

*Hain-Sternmiere – *Stellaria nemorum*
0,20–0,50 ♃ 5–6(–9) (weiß, Staubbeutel weißlich) ↗ S. 810

Stachelsamige St. – *S. glochidiosperma*
0,15–0,30 ♃ 5–8 (weiß, Staubbeutel weißlich)

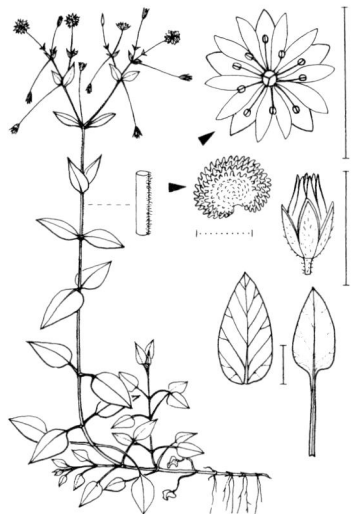

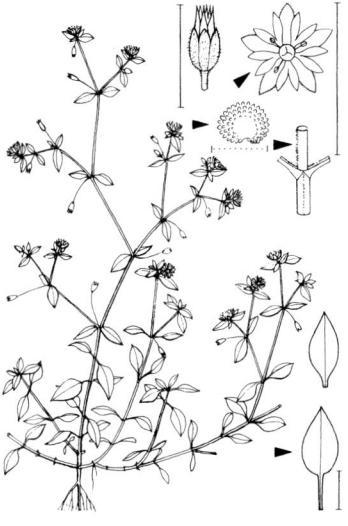

Auwald-St. – *S. neglecta* 0,20–0,80 ☉ ♃? 4–7 (weiß, Staubbeutel purpurrot)

*Vogel-St. – *S. media* 0,03–0,40 ☉ ☉ 1–12 (weiß, Staubbeutel rot- od. grau-violett) ↗ S. 810

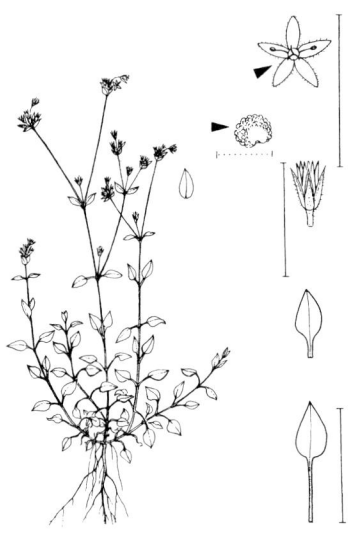

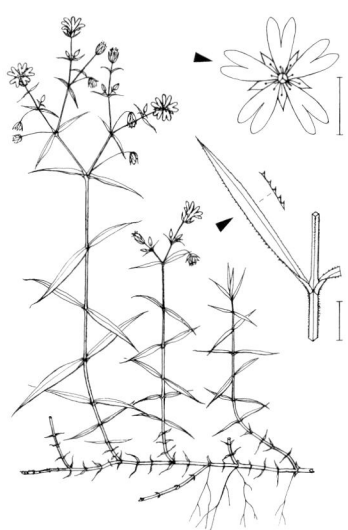

Bleiche Sternmiere – *Stellaria apetala* 0,05–0,25 ⊙ ① 3–5 (Kr fehlend, Staubbeutel grauviolett)

Echte St. – *S. holostea* 0,15–0,30 ♃ 4–5 (weiß. Bla dunkelgrün, steif) ↗ S. 810

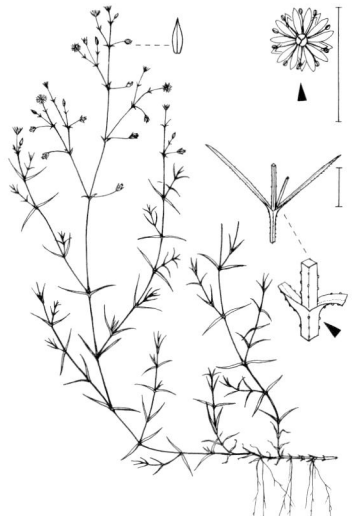

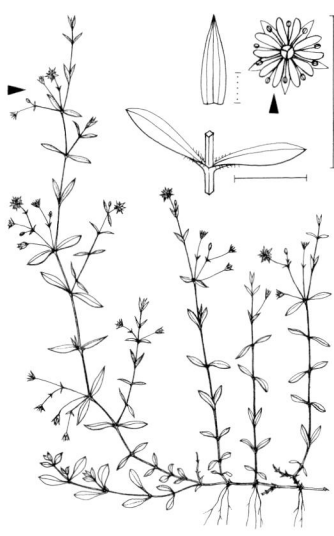

Langblättrige St. – *S. longifolia* 0,10–0,25 ♃ 6–8 (weiß. Pfl hellgrün)

Quell-St. – *S. alsine* 0,10–0,40 ♃ 5–7 (weiß. Bla bläulichgrün. DeckBla trockenhäutig)

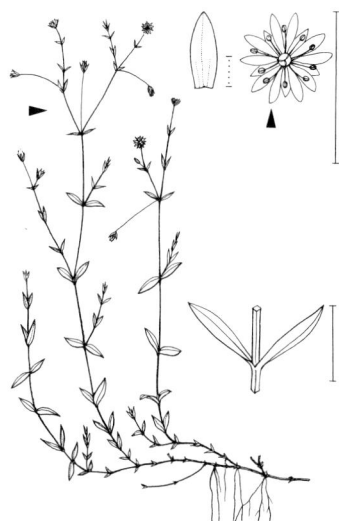

Dickblättrige Sternmiere – *Stellaria crassifolia* 0,03–0,15(–0,30) ⚁ 7–8 (weiß. DeckBla krautig) ⊕

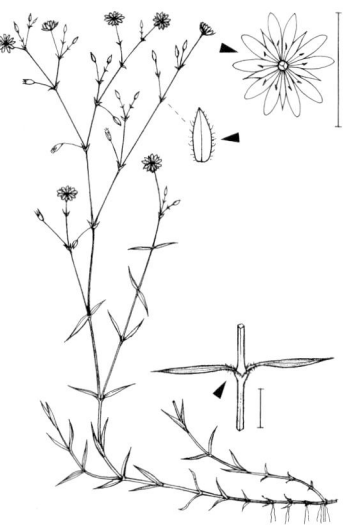

Gras-St. – *S. graminea* 0,10–0,50 ⚁ 5–7 (weiß. Pfl grasgrün)

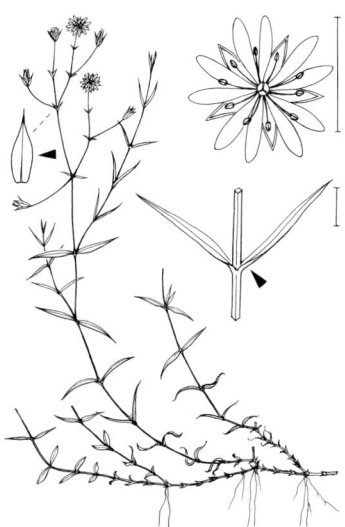

Graugrüne St. – *S. palustris* 0,10–0,45 ⚁ 5–7 (weiß. Pfl blaugrün)

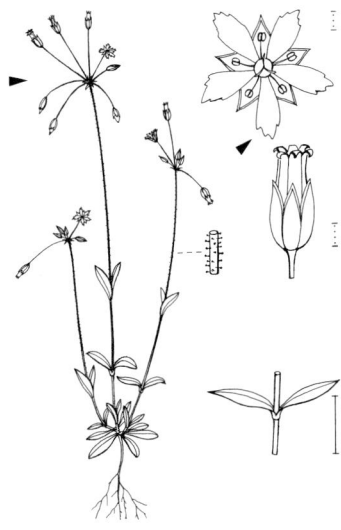

Dolden-Spurre – *Holosteum umbellatum* 0,05–0,25 ① ☉ 3–5 (weiß. Pfl blaugrün)

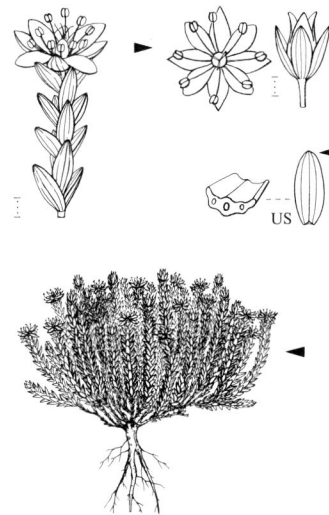

Polster-Felsenmiere – *Facchinia cherlerioides* 0,02–0,05 ♃ ♄ 7–8 (weiß)

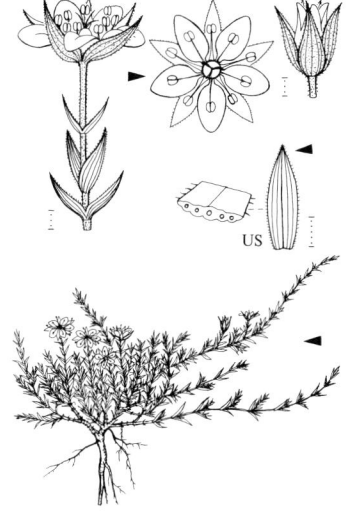

Felsen-F. – *F. rupestris* 0,04–0,15 ♃ ♄ 7–8 (weiß)

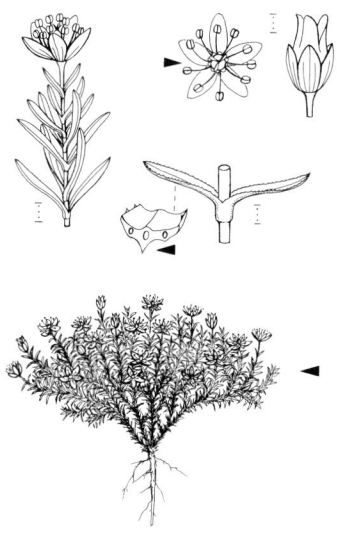

Zwerg-Bergmiere – *Cherleria sedoides* 0,04–0,08 ♃ 7–8 (grünlich, Kr meist fehlend)

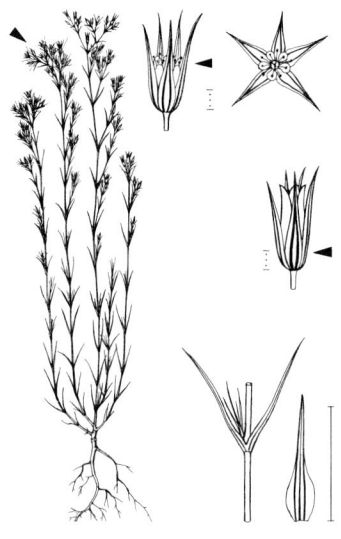

Büschel-Miere – *Minuartia rubra* 0,08–0,35 ☉ ☉ 7–8 (weiß)

CARYOPHYLLACEAE

Borsten-Miere – *Minuartia setacea*
0,05–0,20 h ♃ 5–8 (weiß)

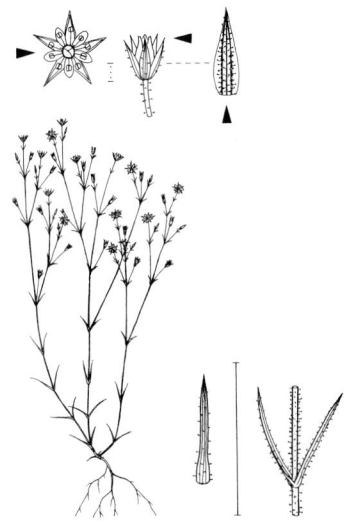

Sändling – *Sabulina viscosa* 0,03–0,10 ①
⊙ 5–7 (weiß. Pfl drüsig behaart)

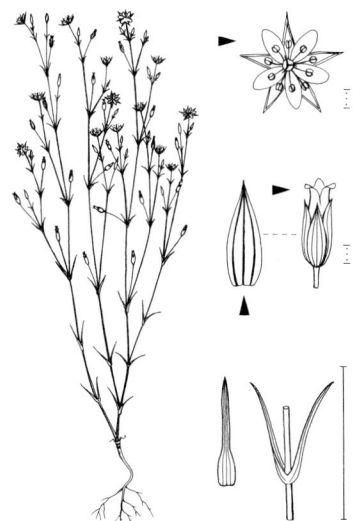

**Schmalblättriger S. – *S. tenuifolia*
0,07–0,20 ① ⊙ 5–7 (weiß. Pfl meist kahl)

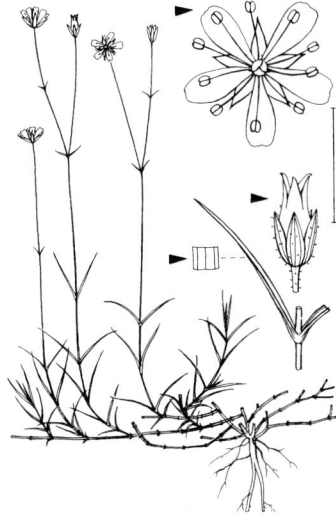

Österreichischer S. – *S. austriaca*
0,08–0,20 ♃ h 6–8 (weiß)

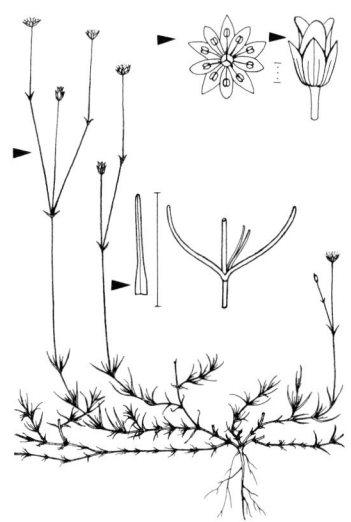

Steifer Sändling – *Sabulina stricta* 0,05–0,20 ♄ ♃ 6–8 (weiß)

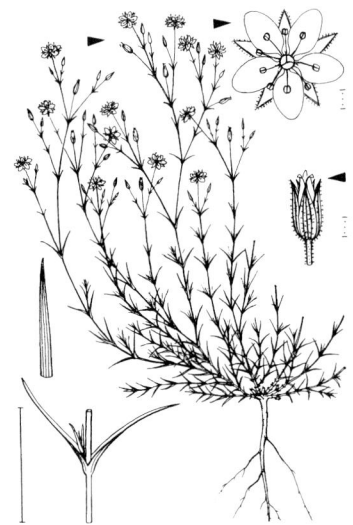

**Frühlings-S. – *S. verna* 0,05–0,15 ♃ 5–8 (weiß)

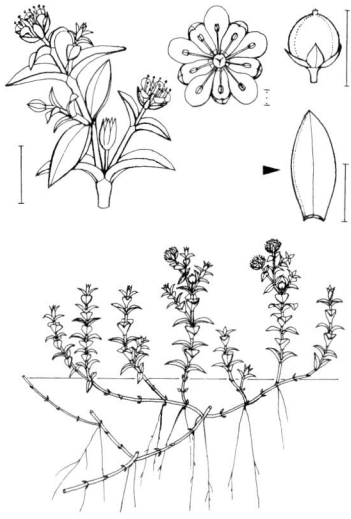

Salzmiere – *Honckenya peploides* 0,10–0,30 ♃ 6–7 (weiß. Pfl gelbgrün, fleischig)

Aufrechtes Mastkraut – *Sagina micropetala* 0,03–0,15 ☉ ① 5–9 (Kr weiß, hinfällig)

CARYOPHYLLACEAE

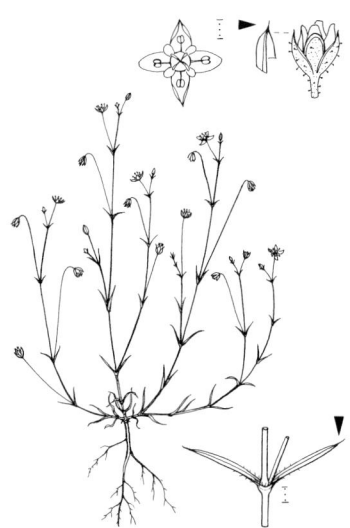

*Wimper-Mastkraut – *Sagina apetala* 0,03–0,10 ⊙ ① 4–7 (Kr weiß, hinfällig)
↗ S. 810

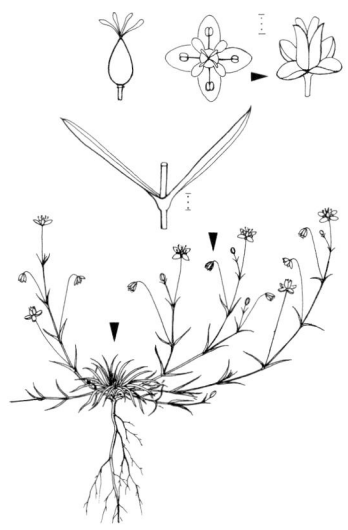

Liegendes M. – *S. procumbens* 0,02–0,15 ♃ 5–9 (Kr weiß, hinfällig od. fehlend)

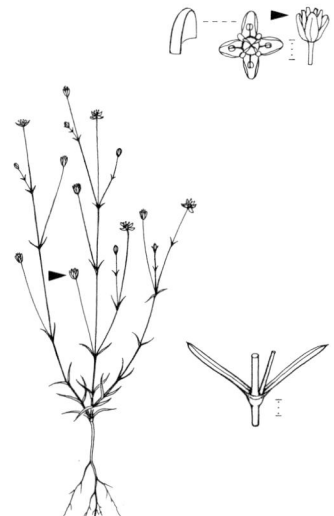

Strand-M. – *S. maritima* 0,05–0,07 ⊙ ① 5–8 (Kr weiß, hinfällig od. fehlend)

Knotiges M. – *S. nodosa* 0,05–0,15 ♃ 6–8 (weiß)

CARYOPHYLLACEAE

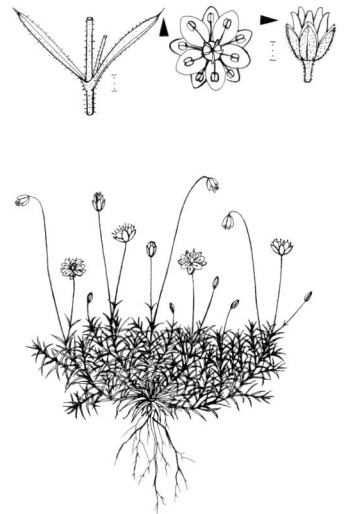

Pfriemen-Mastkraut – *Sagina alexandrae* 0,03–0,10 ♃ 6–8 (weiß)

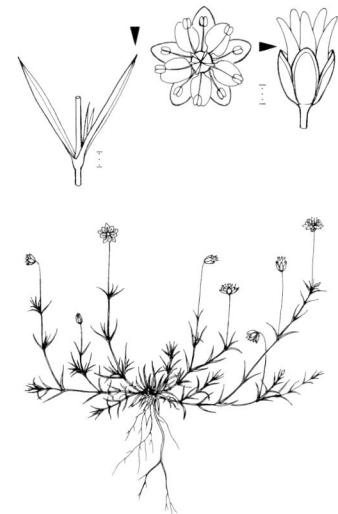

Alpen-M. – *S. saginoides* 0,02–0,07 ♃ 6–8 (weiß)

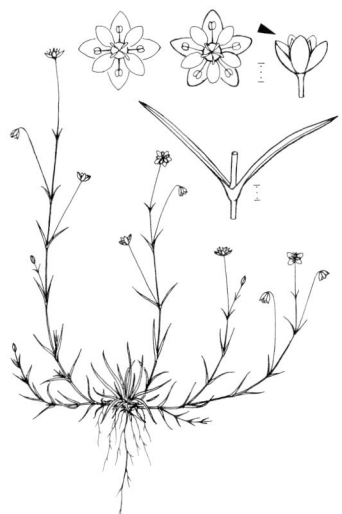

Norman-M. – *S. ×normaniana* 0,03–0,15 ♃ 6–8 (weiß)

Ausdauernder Knäuel – *Scleranthus perennis* 0,05–0,20 ♃ 5–9 (weißlichgrün. Pfl graugrün)

CARYOPHYLLACEAE

*Einjähriger Knäuel – *Scleranthus annuus* 0,05–0,20 ⊙ ① 4–10 (grün. Pfl grasgrün) ↗ S. 810

Triften-K. – *S. polycarpos* 0,03–0,15 ⊙ ① 4–7 (grün. Pfl grasgrün)

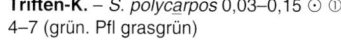

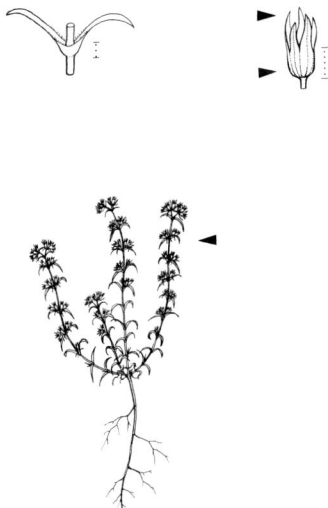

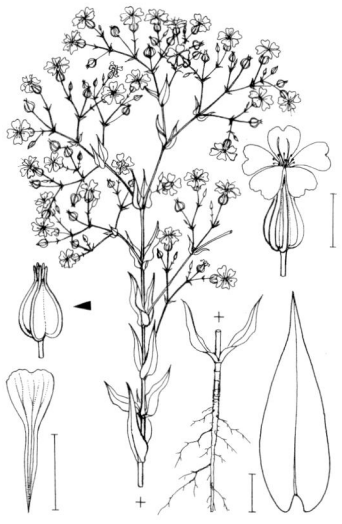

Quirl-K. – *S. verticillatus* 0,03–0,10 ⊙ ① 4–5 (grün. Pfl gelbgrün)

Saat-Kuhnelke – *Gypsophila vaccaria* 0,30–0,60 ⊙ 6–8 (rosa. Pfl blaugrün)

CARYOPHYLLACEAE

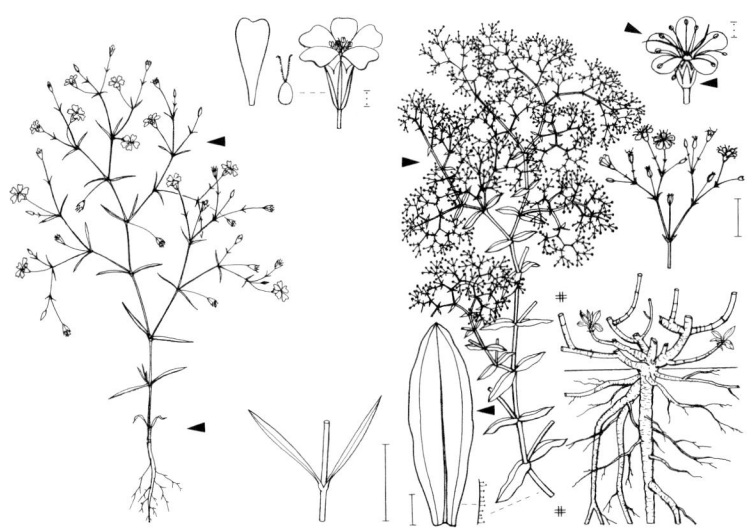

Acker-Gipskraut – *Gypsophila muralis*
0,04–0,25 ⊙ 6–10 (rosa, dunkler geadert)

Durchwachsenblättriges G. –
G. perfoliata 0,30–0,80 ♃ 6–9 (außen lilarot, innen heller)

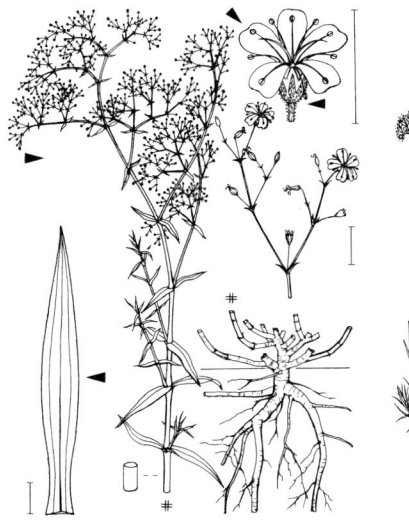

Schwarzwurzelblättriges G. –
G. scorzonerifolia 0,50–1,80 ♃ 6–9 (außen lilarosa, innen fast weiß)

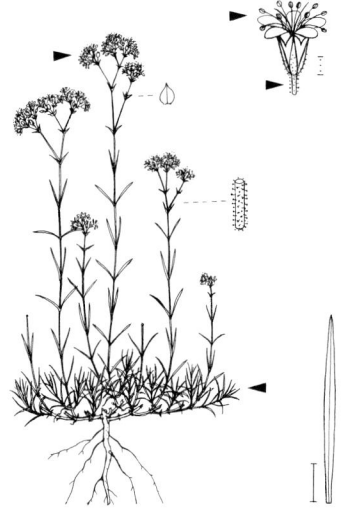

Ebensträußiges G. – *G. fastigiata*
0,20–0,50 ♃ ♄ 6–9 ▽ (weiß od. rosa)

CARYOPHYLLACEAE 499

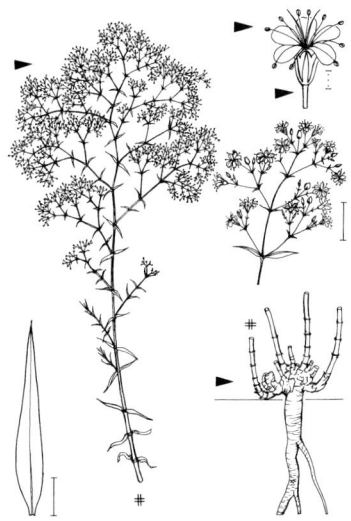

Rispiges Gipskraut – *Gypsophila paniculata* 0,60–1,00 ♃ 6–9 (weiß, selten hellrosa)

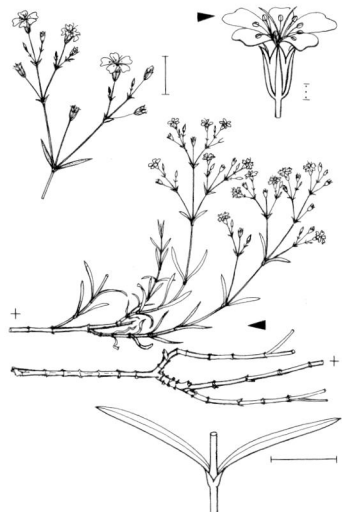

Kriechendes G. – *G. repens* 0,08–0,25 ♃ 5–8 (weiß bis rosa. Pfl blaugrün)

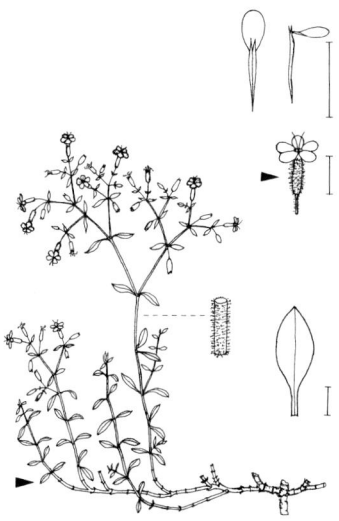

Rotes Seifenkraut – *Saponaria ocymoides* 0,10–0,30 ♃ 4–10 (purpurrot)

Echtes S. – *S. officinalis* 0,30–0,80 ♃ 6–9 (blassrosa bis weiß)

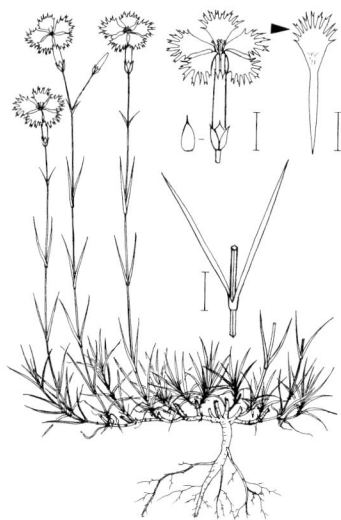

Feder-Nelke – *Dianthus plumarius*
0,15–0,30 ♃ ♄ 6–8 ▽ (rosa bis weiß. Bla blaugrün)

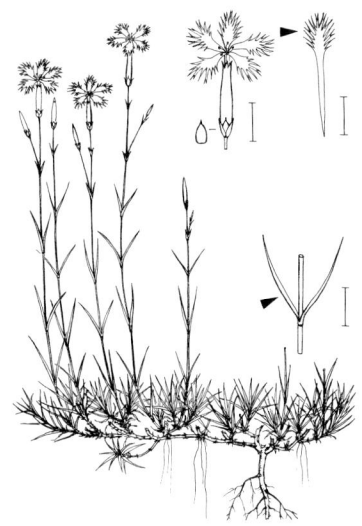

Sand-N. – *D. arenarius* subsp. *borussicus*
0,20–0,45 ♃ 6–9 ▽ (weiß, Schlund grünlich. Bla grasgrün)

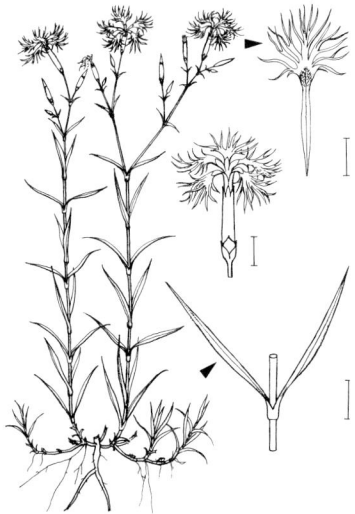

**Pracht-N. – *D. superbus* 0,20–0,80 ♃
6–10 ▽ (hellrosa bis purpurn, Schlund grünlich. Bla grasgrün)

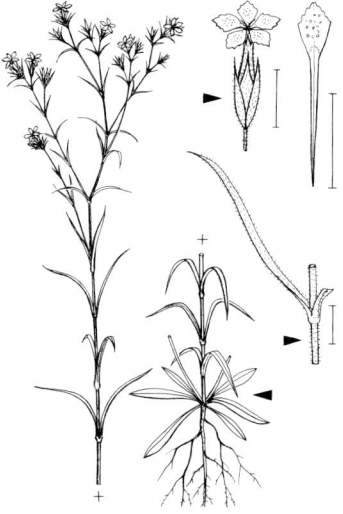

Raue N. – *D. armeria* 0,30–0,60 ♃ ☉
6–8 ▽ (purpurn, weiß punktiert, Schlund dunkler)

CARYOPHYLLACEAE   501

Bart-Nelke – *Dianthus barbatus* 0,30–0,70 ♃ ♄ 6–9 (dunkelrot bis weiß, oft weiß punktiert, Schlund dunkler)

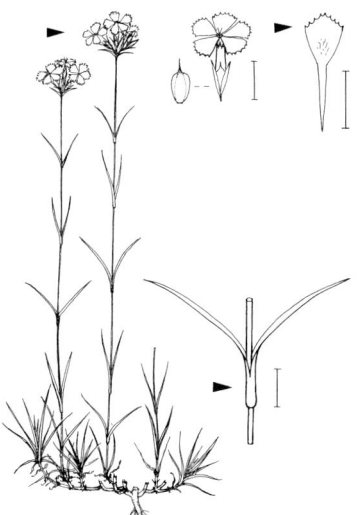

Kartäuser-N. – *D. carthusianorum* 0,15–0,45 ♃ 6–9 ▽ (dunkel-purpurn bis rosa, dunkler geadert)

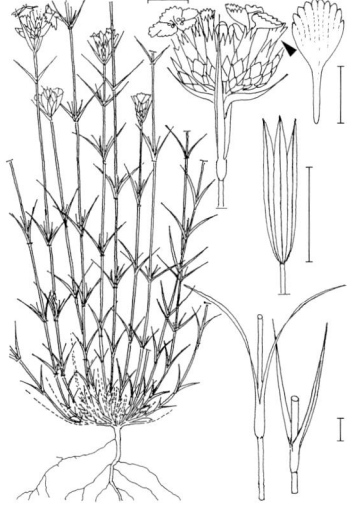

Große N. – *D. giganteus* 0,40–1,00 ♃ (purpurrosa)

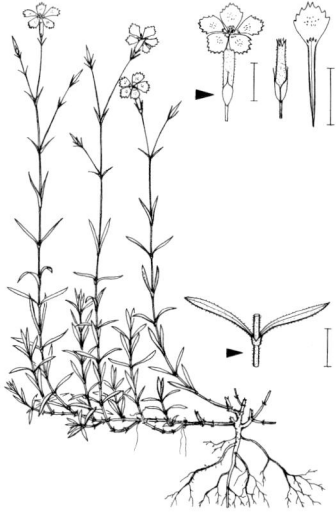

Heide-N. – *D. deltoides* 0,15–0,40 ♃ 6–9 ▽ (purpurn, weiß punktiert, Schlund mit dunklerem Ring)

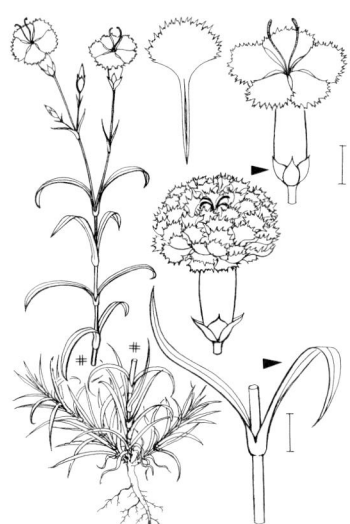

Garten-Nelke – *Dianthus caryophyllus* 0,40–0,80 ♄ 7–8 (rot od. verschiedenfarbig. Pfl blaugrün)

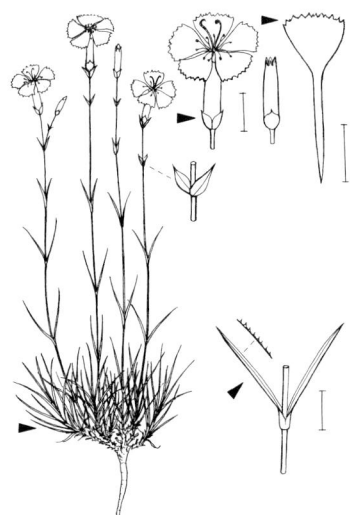

Stein-N. – *D. sylvestris* 0,05–0,40 ⚳ 6–8 ▽ (rosa bis purpurn, ohne Zeichnung)

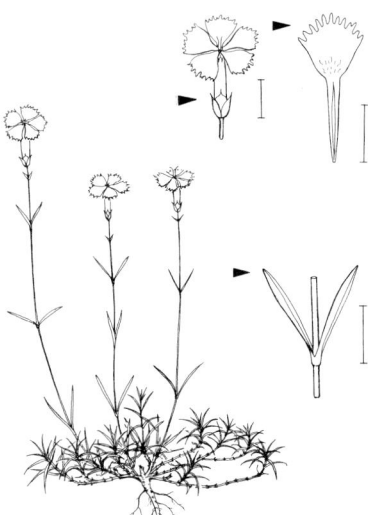

Pfingst-N. – *D. gratianopolitanus* 0,10–0,25 ⚳ ♄ 5–6 ▽ (hellpurpurn, ohne Zeichnung. Bla blaugrün)

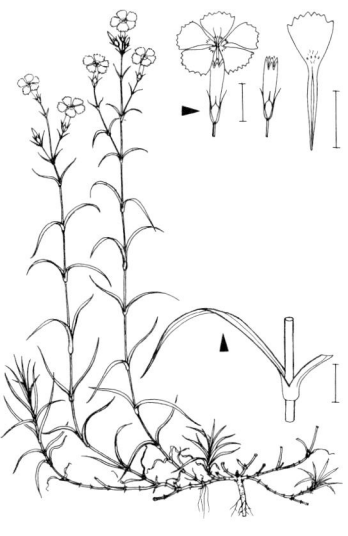

Busch-N. – *D. sylvaticus* 0,25–0,50 ⚳ 6–8 ▽ (rosa, Schlund dunkler punktiert. Bla graugrün)

CARYOPHYLLACEAE 503

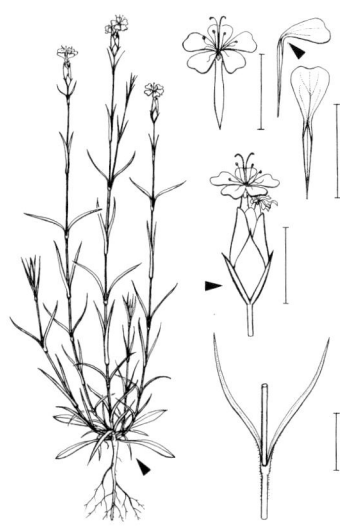

Sprossendes Nelkenköpfchen –
Petrorhagia prolifera 0,15–0,45 ① ☉ 6–10
(rosa)

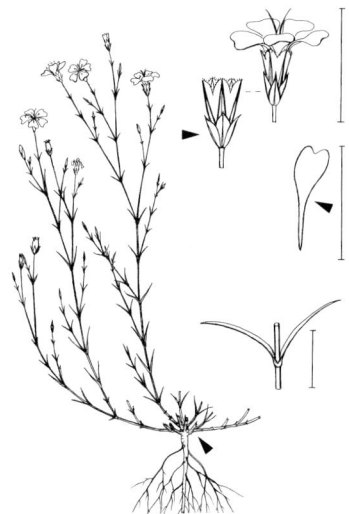

Felsennelke – *P. saxifraga* 0,10–0,35 ♃ ℏ
6–9 (helllila bis sattrosa, dunkler geadert)

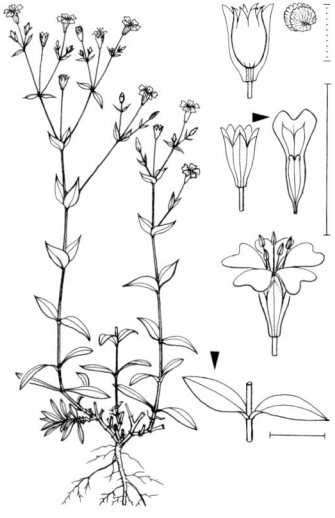

Gewöhnliches Felsenleimkraut –
Atocion rupestris 0,10–0,25 ♃ 7–8 (weiß
bis rosa. Pfl bläulichgrün)

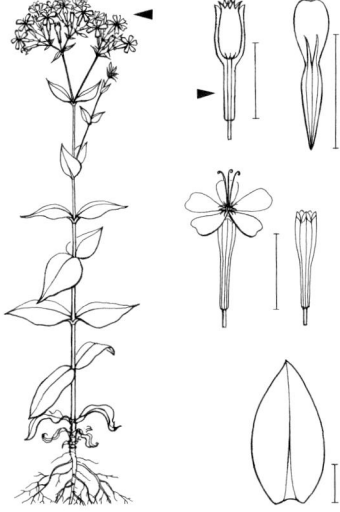

Nelken-F. – *A. armeria* 0,15–0,60 ☉ 6–9
(rosa bis hell-purpurn. Bla bläulichgrün)

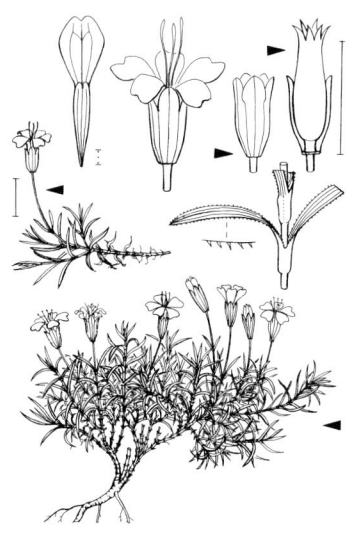

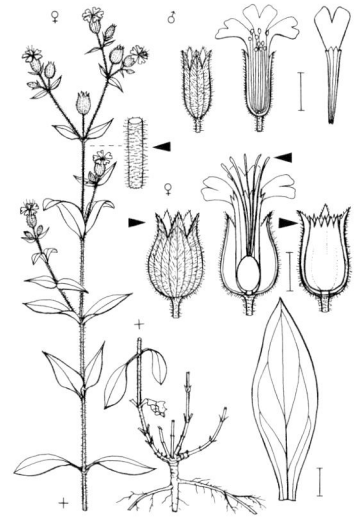

Stängelloses Leimkraut – *Silene acaulis* subsp. *longiscapa* 0,01–0,03 ♄ 6–9 (purpurrot)

Weiße Lichtnelke – *S. latifolia* subsp. *alba* 0,30–1,00 ⚷ 6–9 (weiß, duftend, sich erst nachmittags öffnend)

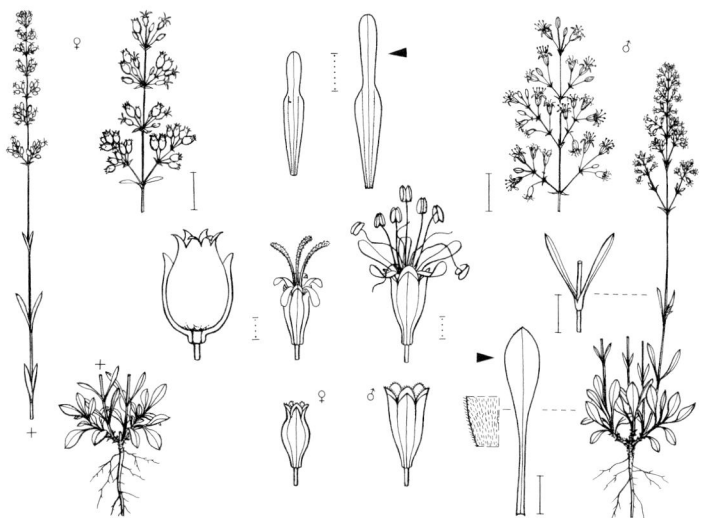

Ohrlöffel-Leimkraut – *S. otites* 0,20–0,60 ⚷ 5–8 (gelbgrün)

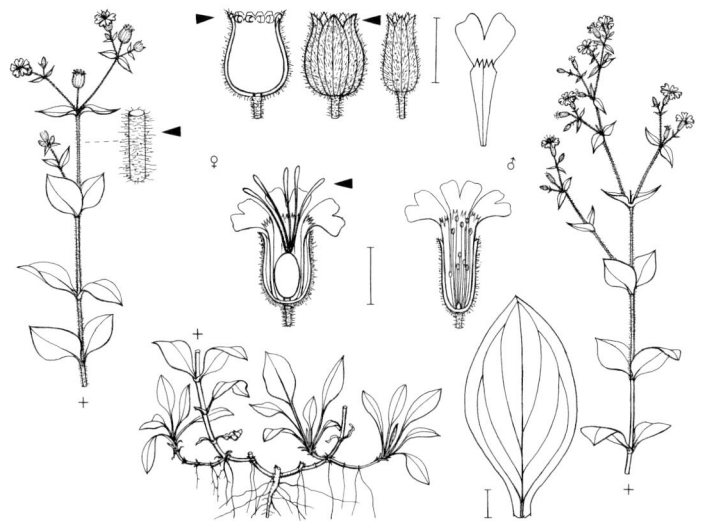

Rote Lichtnelke – *Silene dioica* 0,30–0,90 ♃ 4–9 (rot, geruchlos, am Tage geöffnet)

Hühnerbiss – *S. baccifera* 0,60–1,50 ♃ 7–9 (grünlichweiß. Beere schwarz)

**Gewöhnliches Leimkraut – *S. vulgaris* 0,10–0,60 ♃ 6–9 (weiß. Ke grünlichweiß od. rötlich. Pfl blaugrün)

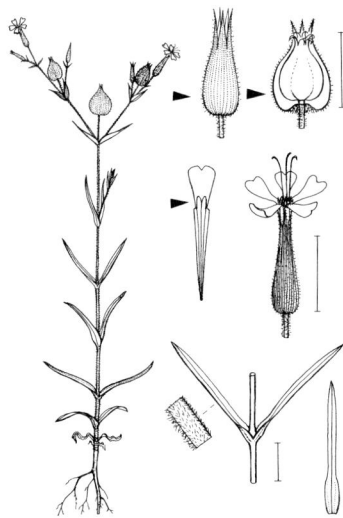

Kegel-Leimkraut – *Silene conica*
0,10–0,40 ⊙ 6–7 (rosa)

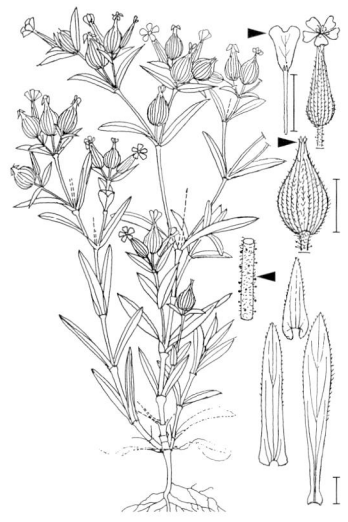

Kugel-L. – *S. conoidea* 0,20–0,60 ⚇ 6–7
(rosa)

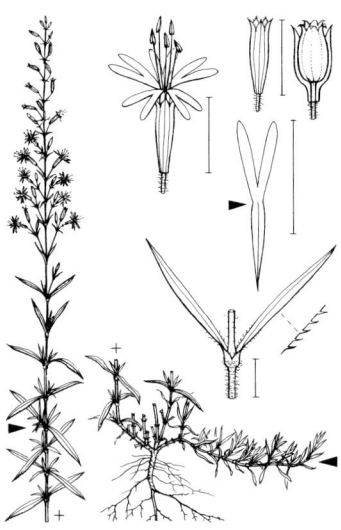

Tataren-L. – *S. tatarica* 0,30–0,60 ⚇ 7–9
(weiß, grünlichweiß od. cremefarben)

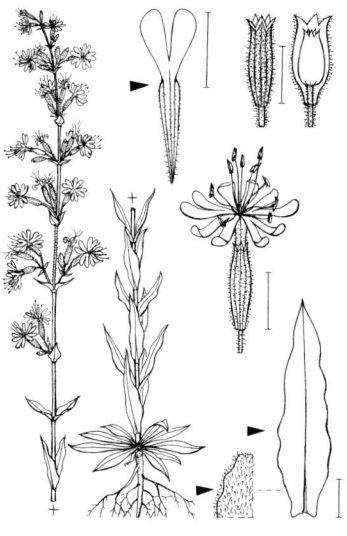

Klebriges L. – *S. viscosa* 0,30–0,70 ⊗ ⚇
5–7 (reinweiß. Pfl stark klebrig)

CARYOPHYLLACEAE 507

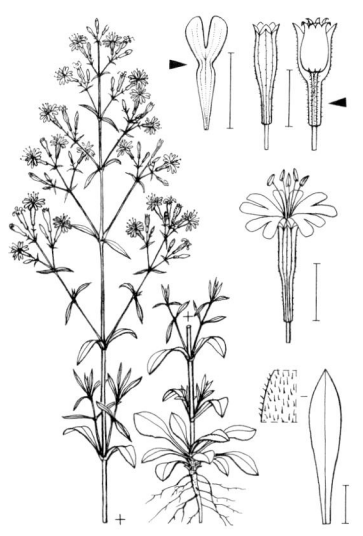

Hain-Leimkraut – *Silene nemoralis* 0,60–0,80 ☉ ⚭ 5–7 (weiß, USeite rötlich, grünlich od. grau. Stg klebrig beringelt)

Grünblütiges L. – *S. chlorantha* 0,30–0,60 ♃ 6–8 (gelbgrün bis grünlich)

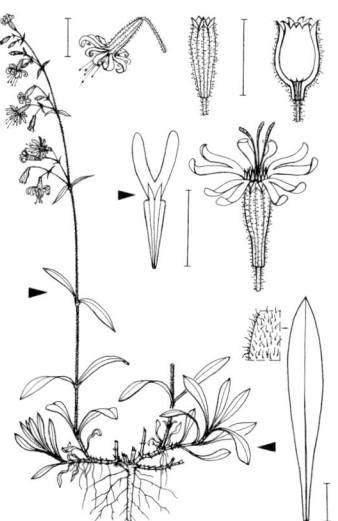

Nickendes L. – *S. nutans* 0,30–0,50 ♃ 5–8 (weiß, USeite oft grünlich od. rötlich, nur nachts geöffnet)

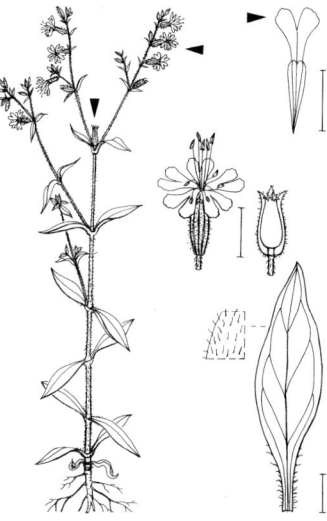

Gabel-L. – *S. dichotoma* 0,30–0,70 ☉ ☉ ① 6–8 (weiß, duftend, abends geöffnet)

Acker-Leimkraut – *Silene noctiflora* 0,15–0,40 ① ⊙ 6–9 (blassrosa, duftend, nur nachts geöffnet)

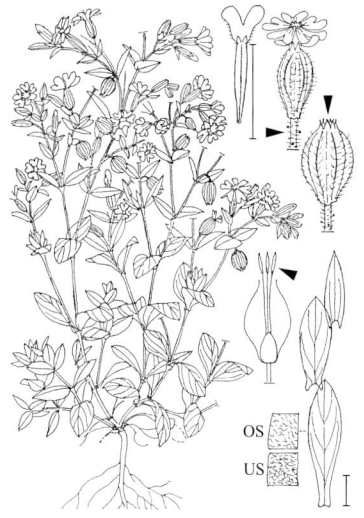

Hängendes L. – *S. pendula* 0,15–0,45 ⊙ 6–8 (purpurn)

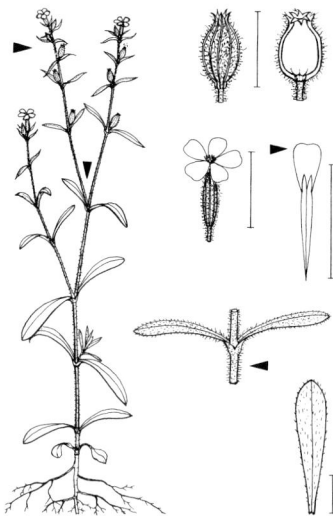

Französisches L. – *S. gallica* 0,10–0,45 ⊙ ⊙ 6–8 (weiß od. rosa)

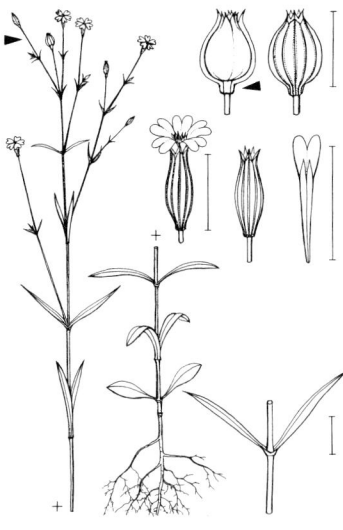

Kreta-L. – *S. cretica* 0,10–0,70 ① ⊙ 6–7 (rosa)

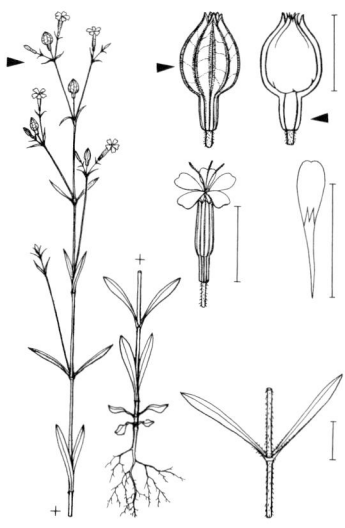

Flachs-Leimkraut – *Silene linicola* 0,30–0,60 ⊙ 6–9 (rosa, purpurn gestreift) ⊕

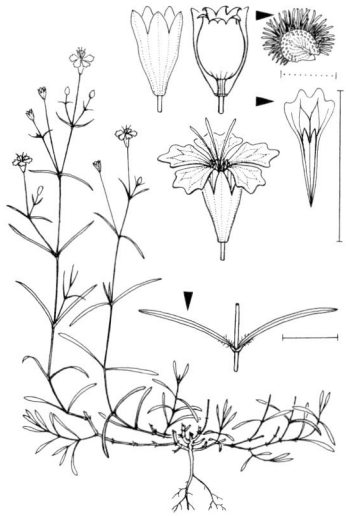

Kleiner Strahlensame – *Heliosperma pusillum* 0,05–0,20 ⚄ ♄ 6–9 (weiß)

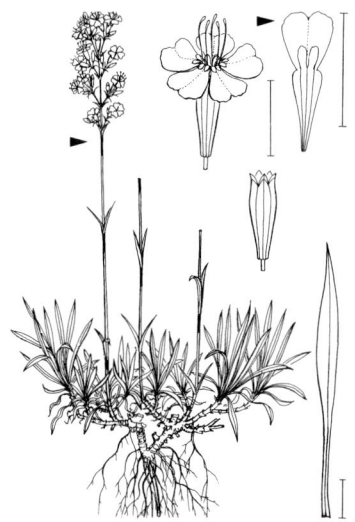

Pechnelke – *Viscaria vulgaris* 0,30–0,60 ⚄ 5–7 (purpurn. Stg oft rötlich, mit dunklen Leimringen)

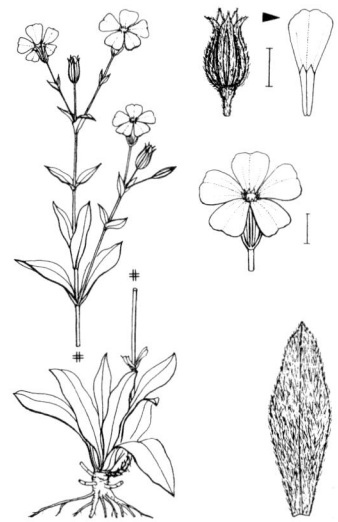

Kronen-Lichtnelke – *Lychnis coronaria* 0,40–0,90 ⚄ 6–8 (dunkelpurpurn. Pfl weißfilzig)

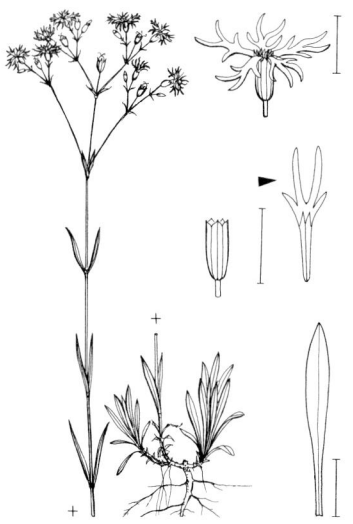

Kuckucks-Lichtnelke – *Lychnis flos-cuculi* 0,30–0,80 ⚥ 5–7 (rosa. Stg oft rötlich, etwas klebrig)

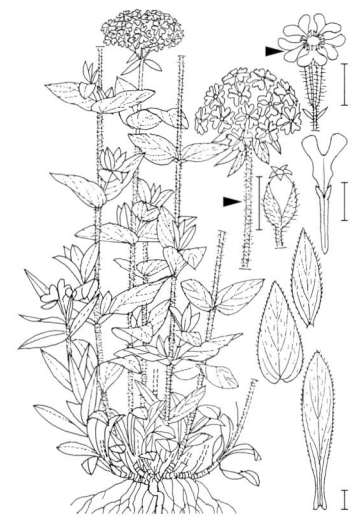

Scharlach-L. – *L. chalcedonica* 0,30–1,00 ⚥ 6–7 (rot)

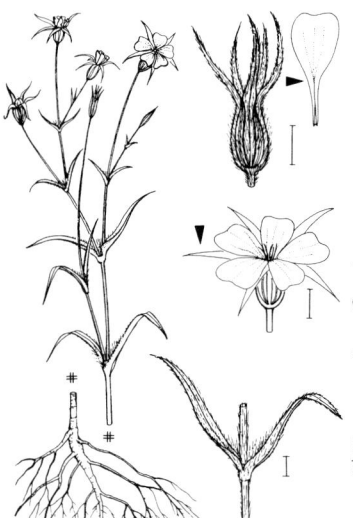

Korn-Rade – *Agrostemma githago* 0,50–1,00 ☉ 6–7 (trübpurpurn)

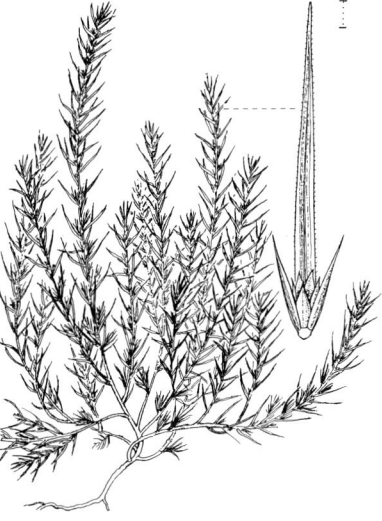

Großes Knorpelkraut – *Polycnemum majus* 0,10–0,20 ☉ 7–10 (grün)

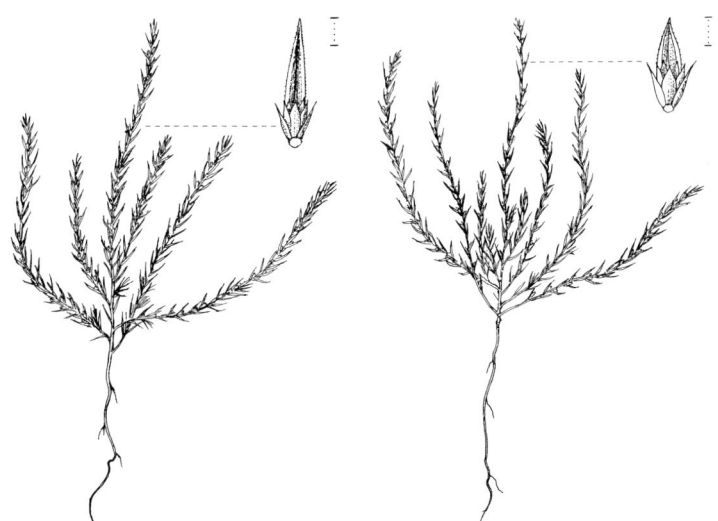

Acker-Knorpelkraut – *Polycnemum arvense* 0,05–0,30 ⊙ 7–10 (grün od. rötlich)

Warzen-K. – *P. verrucosum* 0,05–0,15 ⊙ 7–10 (grün. Pfl oft rot überlaufen) ⚥

Silber-Brandschopf – *Celosia argentea* 0,30–0,60 ⊙ 7–9 (gelb od. rot). L: Wildform. R: Kulturform.

AMARANTHACEAE

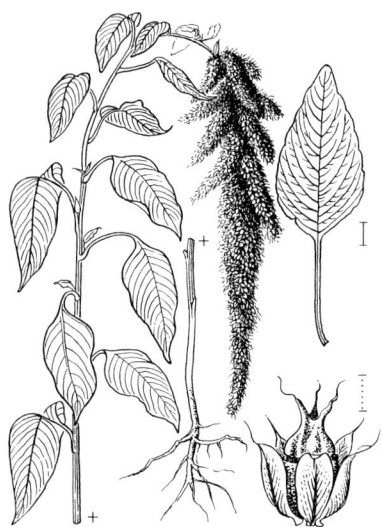

Garten-Fuchsschwanz – *Amaranthus caudatus* 0,30–1,20 ⊙ 7–9 (dunkelpurpurn) ↗ S. 810

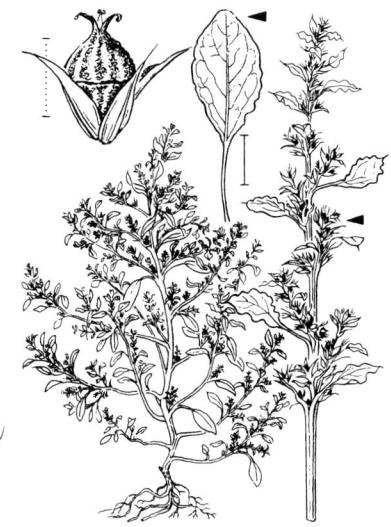

Weißer Amarant – *A. albus* 0,10–0,50 ⊙ 7–10 (hellgrün. Stg weißlich)

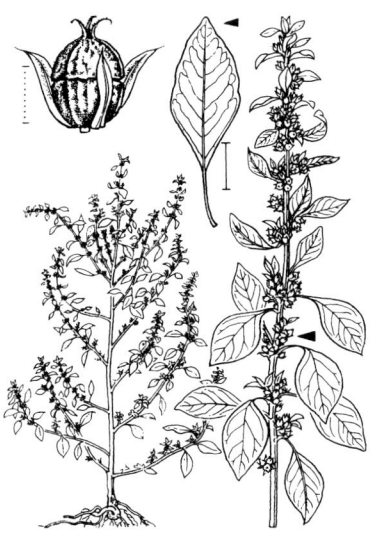

Wilder A. – *A. graecizans* subsp. *sylvestris* 0,15–0,70 ⊙ 7–9 (Stg reingrün)

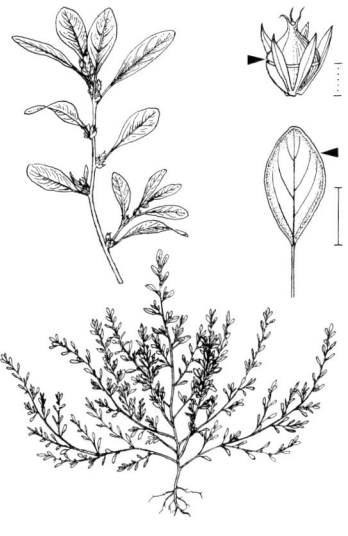

Westamerikanischer A. – *A. blitoides* 0,15–0,50 ⊙ 7–9 (grün. Bla mit weißem Hautrand)

AMARANTHACEAE

**Aufsteigender Amarant – *Amaranthus blitum* subsp. *blitum* 0,10–1,00 ⊙ 6–10 (rötlich bis grün)

Ausgerandeter A. – *A. blitum* subsp. *emarginatus* 0,20–1,00 ⊙ 6–10 (hellgrün)

Herabgebogener A. – *A. deflexus* 0,20–0,40 ⊙ ♃ 6–10 (grün)

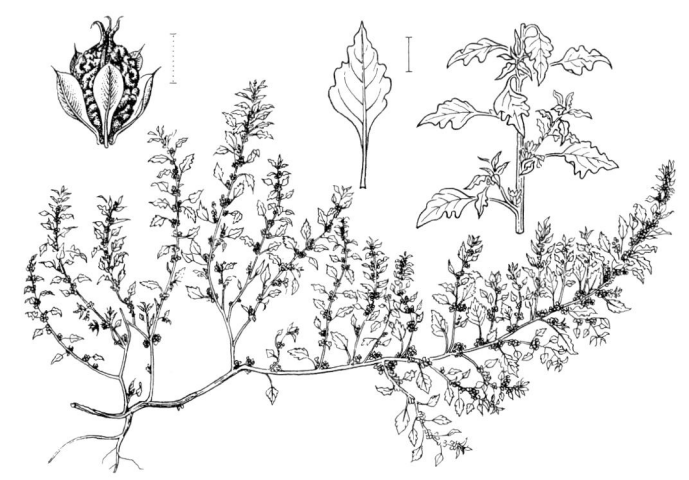

Krauser Amarant – *Amaranthus crispus* 0,10–0,40 ⊙ 7–9 (grün)

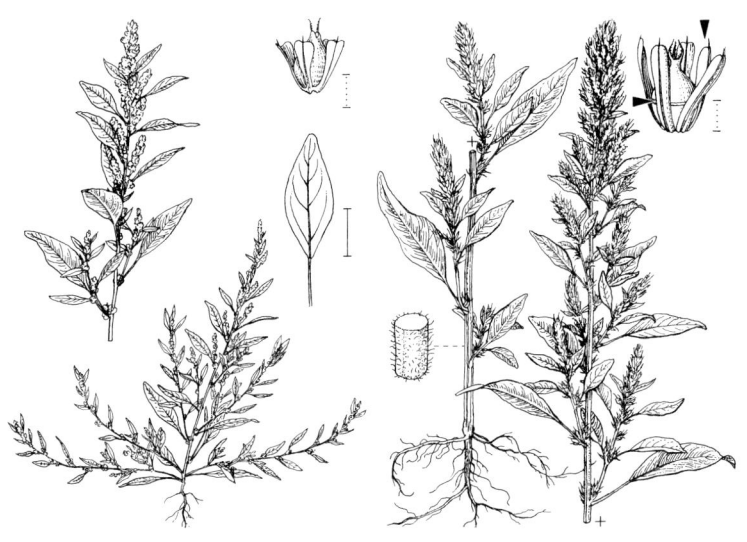

Standley-A. – *A. standleyanus* 0,20–0,70 ⊙ 7–9 (grün)

Zurückgebogener A. – *A. retroflexus* 0,15–1,00 ⊙ 7–9 (blassgrün)

AMARANTHACEAE

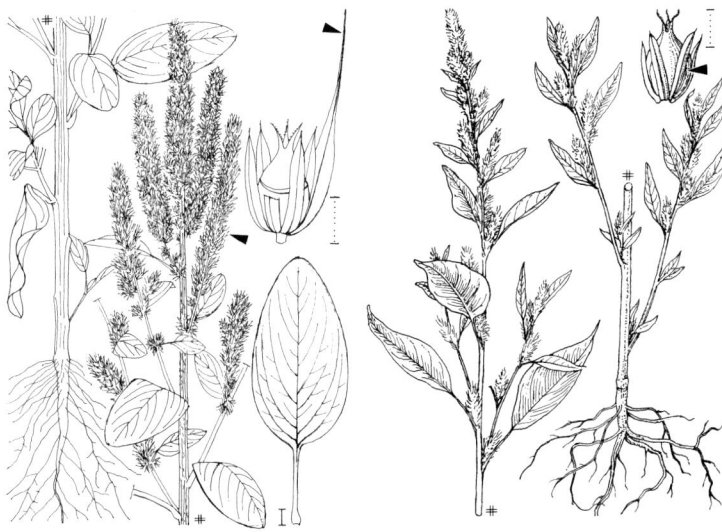

Grünähriger Amarant – *Amaranthus powellii* subsp. *powellii* 0,20–1,00 ⊙ 7–9 (hellgrün)

Bouchon-A. – *A. powellii* subsp. *bouchonii* 0,20–1,00 ⊙ 7–9 (grün)

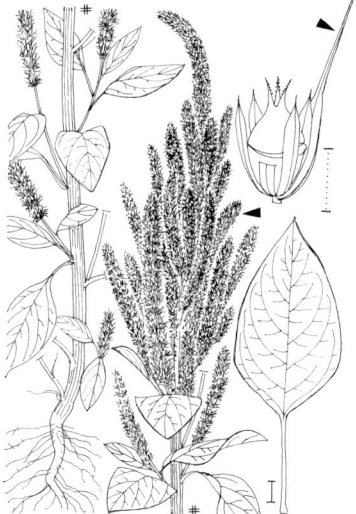

Trauer-A. – *A. hypochondriacus* 0,20–1,50 ⊙ 7–9 (rötlich bis gelblich) ↗ S. 810

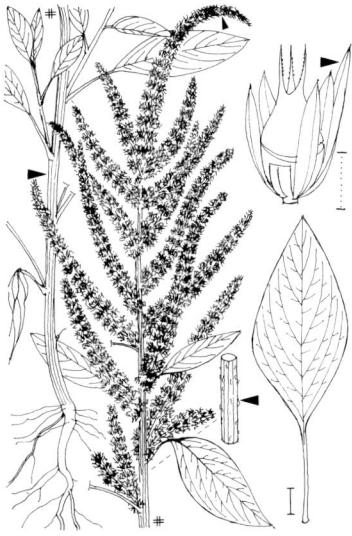

Rispiger A. – *A. cruentus* 0,20–1,50 ⊙ 6–10 (rötlich bis gelblich-grün)

AMARANTHACEAE · CHENOPODIACEAE

Ausgebreiteter Amarant – *Amaranthus hybridus* 0,20–1,00 ⊙ 7–10 (dunkelgrün) ↗ S. 810

Guter Heinrich – *Blitum bonus-henricus* 0,20–0,60 ♃ 6–9 (grün)

Durchblätterter Erdbeerspinat – *Blitum virgatum* 0,15–0,70 ⊙ 6–9 (grün. FrKnäuel scharlachrot)

Kopfiger E. – *B. capitatum* 0,20–0,60 ⊙ 6–8 (grün. FrKnäuel scharlachrot)

CHENOPODIACEAE 517

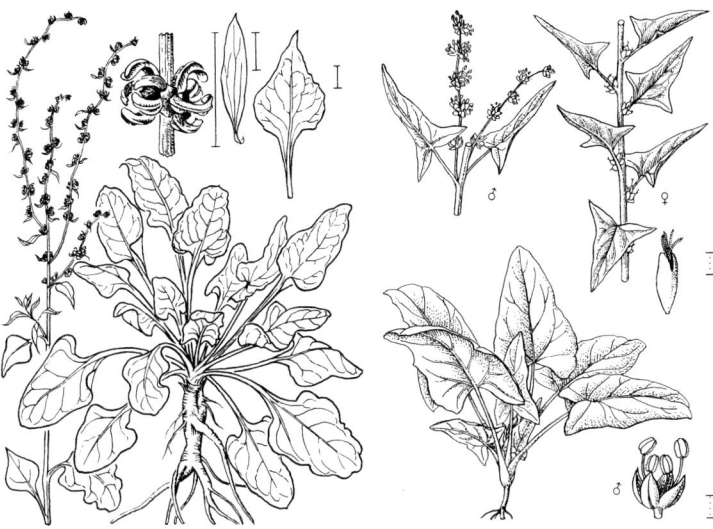

Beta-Rübe – *Beta vulgaris* 0,50–1,50 ⊙ ⊙ ⊗ 7–9 (grünlich. Dargestellt: **Wild-R. – subsp. *maritima*)

Spinat – *Spinacia oleracea* 0,30–0,45 ⊙ ① 6–9 (grünlich)

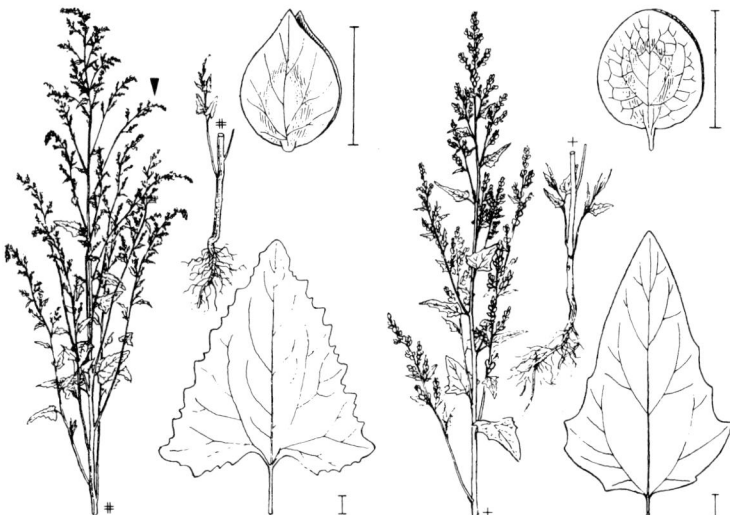

Glanz-Melde – *Atriplex sagittata* 0,60–1,50 ⊙ 7–9 (grünlich)

Garten-M. – *A. hortensis* 0,30–1,50 ⊙ 7–9 (grünlich. Pfl oft rot überlaufen)

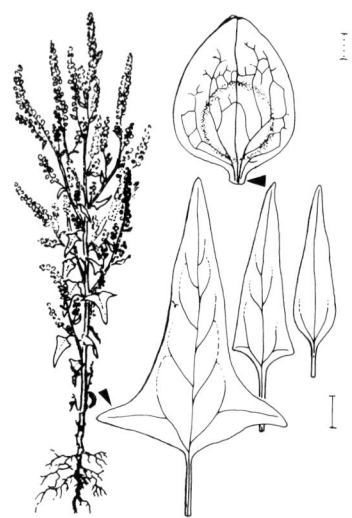

Verschiedenfrüchtige Melde – *Atriplex micrantha* 0,50–1,50 ☉ 7–9 (grünlich)

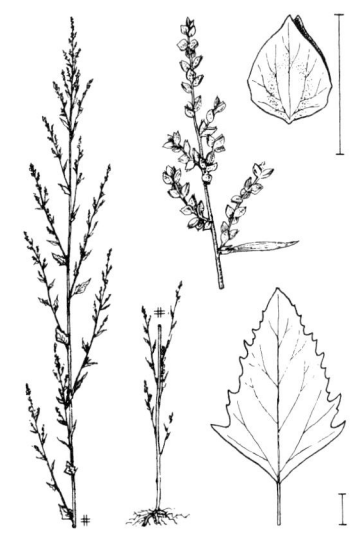

Langblättrige M. – *A. oblongifolia* 0,30–1,20 ☉ 7–9 (grünlich) ↗ S. 810

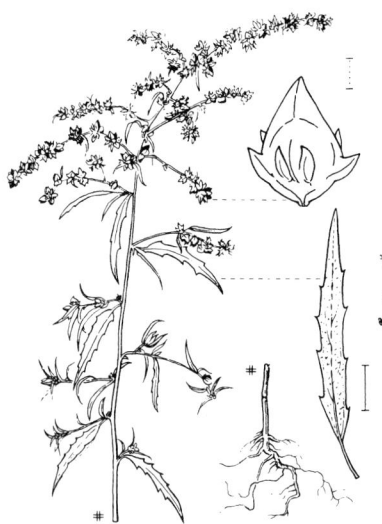

Strand-M. – *A. littoralis* 0,30–1,20 ☉ 7–9 (grünlich)

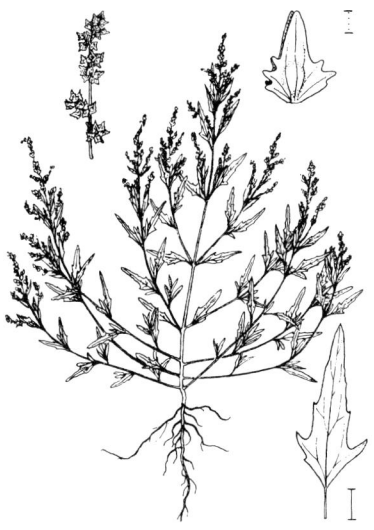

Spreizende M. – *A. patula* 0,30–1,20 ☉ 7–10 (grünlich)

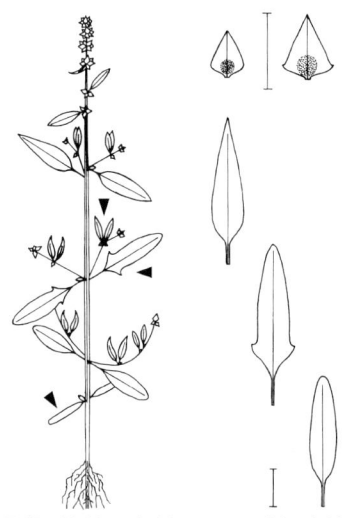

Frühe Melde – *Atriplex praecox* 0,05–0,20
⊙ 5–6 (grünlich, Pfl zeitig rötlich werdend.
FrReife 6–7)

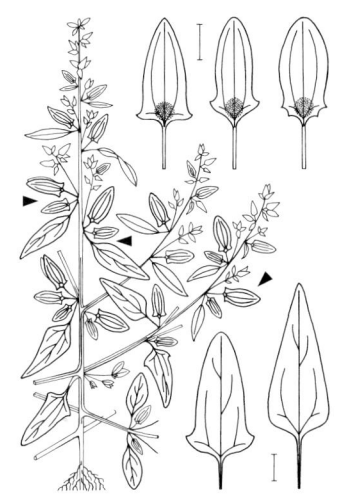

Gestieltfrüchtige M. – *A. longipes*
0,20–0,50 ⊙ 6 (grünlich, Pfl später gelblich. FrReife 8)

Pfeilblättrige M. – *A. calotheca* 0,30–0,90
⊙ 7–8 (grünlich)

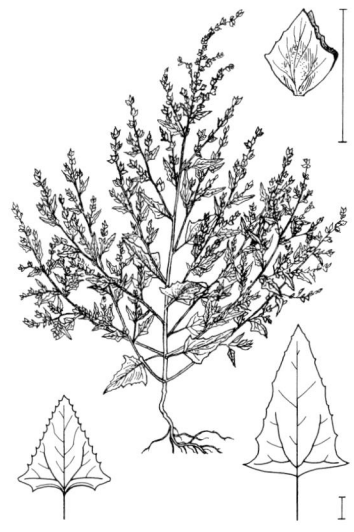

**Spießblättrige M. – *A. prostrata*
0,10–0,90 ⊙ 7–8 (grünlich. FrReife 9–10)
↗ S. 810

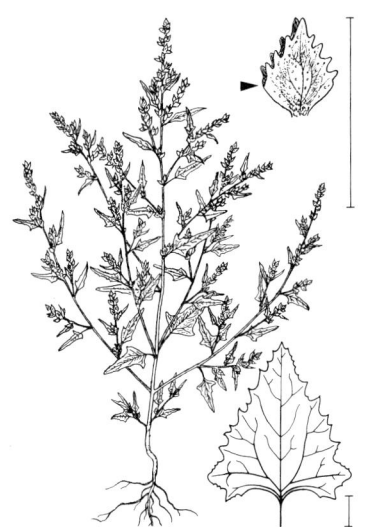

Kahle Melde – *Atriplex glabriuscula*
0,20–0,60 ⊙ 7–8 (grünlich. FrReife 9)

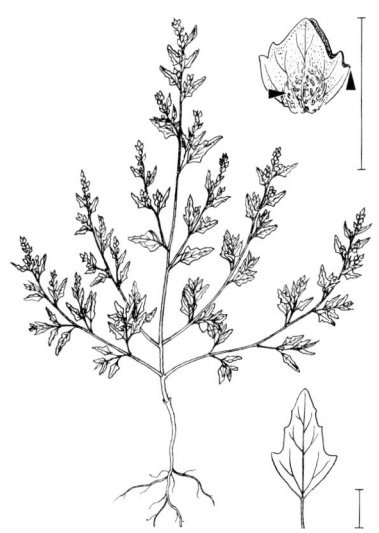

Gelapptblättrige M. – *A. laciniata*
0,10–0,50 ⊙ 8–9 (grünlich) ⊕ ?

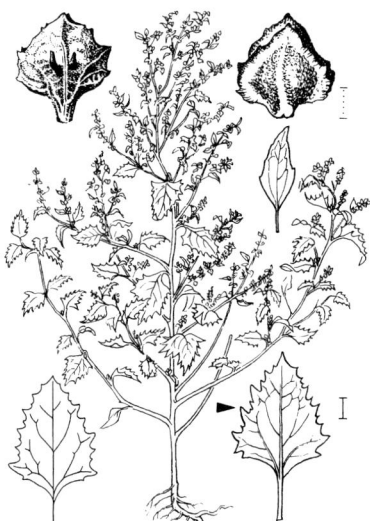

Rosen-M. – *A. rosea* 0,20–0,60 ⊙ 7–9
(grünlich)

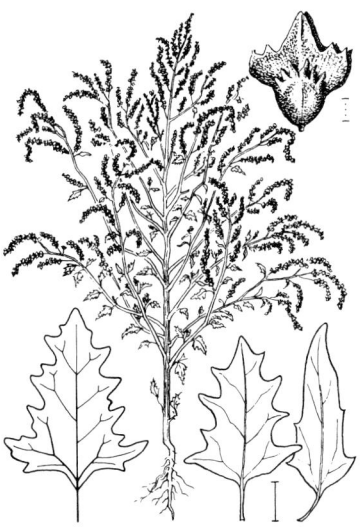

Tataren-M. – *A. tatarica* 0,20–0,060 ⊙ 7–9
(grünlich)

CHENOPODIACEAE 521

Salz-Melde – *Atriplex pedunculata*
0,10–0,50 ⊙ 7–9 (graugrün)

Ausdauernde M. – *A. portulacoides*
0,20–0,50 ♃ 7–8 (graugrün)

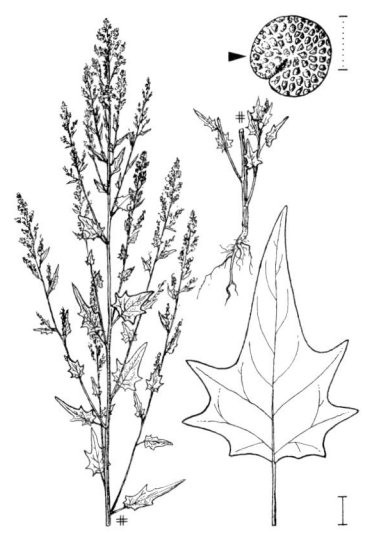

Stechapfelblättriger Gänsefuß –
Chenopodium hybridum 0,30–0,80 ⊙ 6–9
(grün)

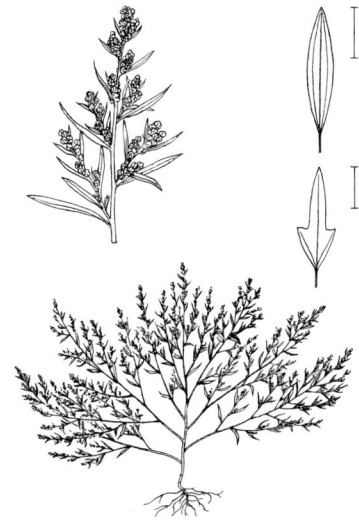

Schmalblättriger G. – *Ch. pratericola*
0,50–1,00 ⊙ 8–10 (graugrün)

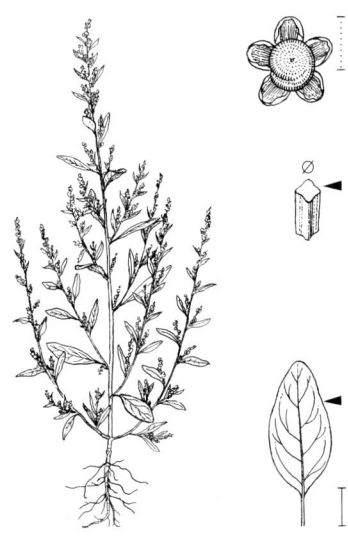

Vielsamiger Gänsefuß – *Chenopodium polyspermum* 0,10–0,50 ⊙ 7–9 (grünlichbraun od. rötlich)

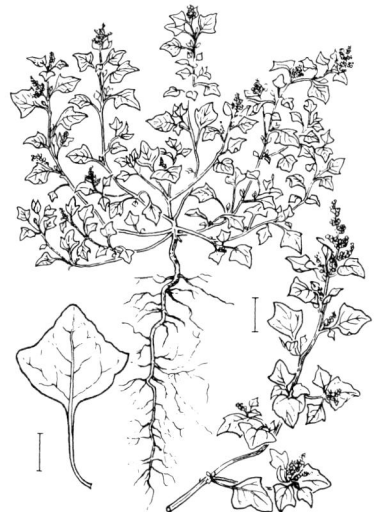

Stink-G. – *Ch. vulvaria* 0,10–0,40 ⊙ 6–9 (graugrün. Pfl stinkend)

Graugrüner G. – *Ch. glaucum* 0,10–0,50 ⊙ 7–10 (grünlich)

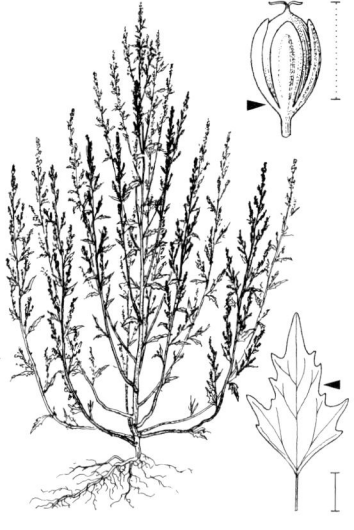

Roter G. – *Ch. rubrum* 0,05–1,50 ⊙ 7–9 (grünlich)

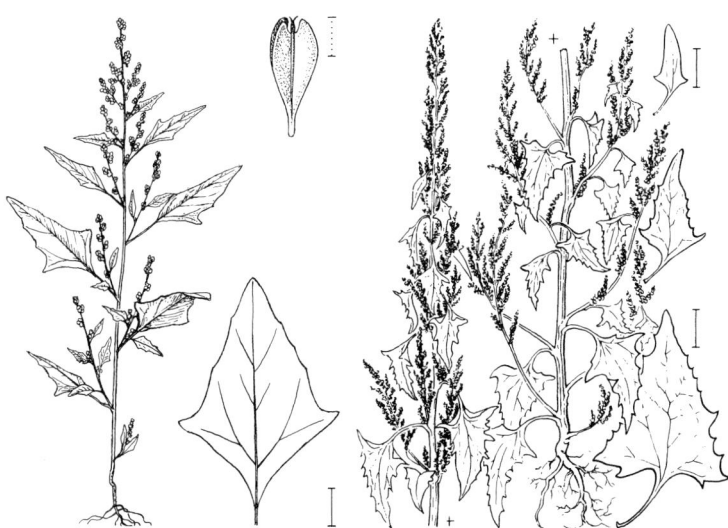

Dickblättriger Gänsefuß – *Chenopodium chenopodioides* 0,05–0,30 ⊙ 8–10 (grünlich. Aufrechte Form)

Straßen-G. – *Ch. urbicum* 0,30–1,00 ⊙ 7–8 (grünlich) ↗ S. 810

Mauer-G. – *Ch. murale* 0,15–0,60 ⊙ 7–9 (grün. Pfl stinkend)

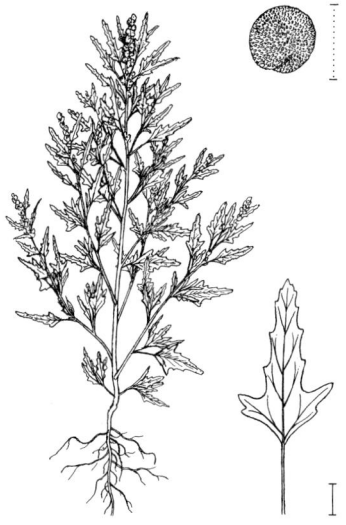

Feigenblättriger G. – *Ch. ficifolium* 0,30–1,20 ⊙ 6–9 (grün)

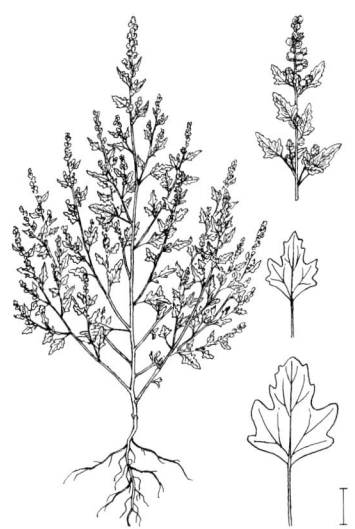

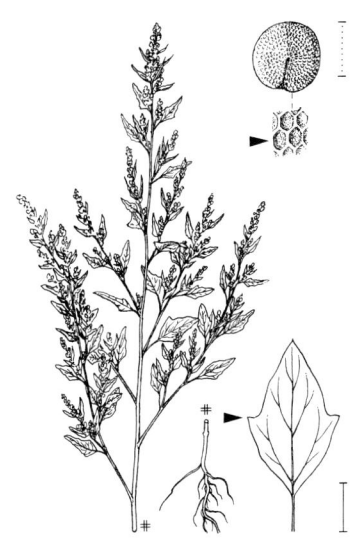

Bocks-Gänsefuß – *Chenopodium hircinum* 0,20–1,00 ⊙ 8–10 (grünlich. Pfl stinkend)

Berlandier-G. – *Ch. berlandieri* 0,50–1,50 ⊙ 7–9 (grünlich)

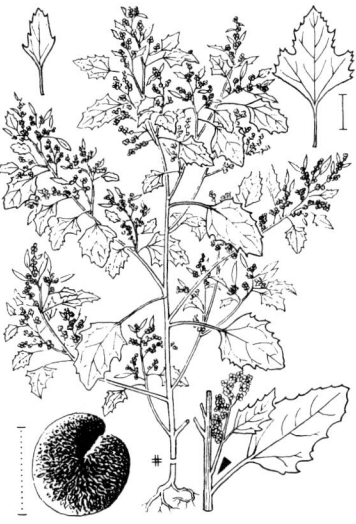

Schneeballblättriger G. – *Ch. opulifolium* 0,30–1,00 ⊙ 7–9 (grünlich)

Grüner G. – *Ch. suecicum* 0,30–1,00 ⊙ 6–8 (grünlich)

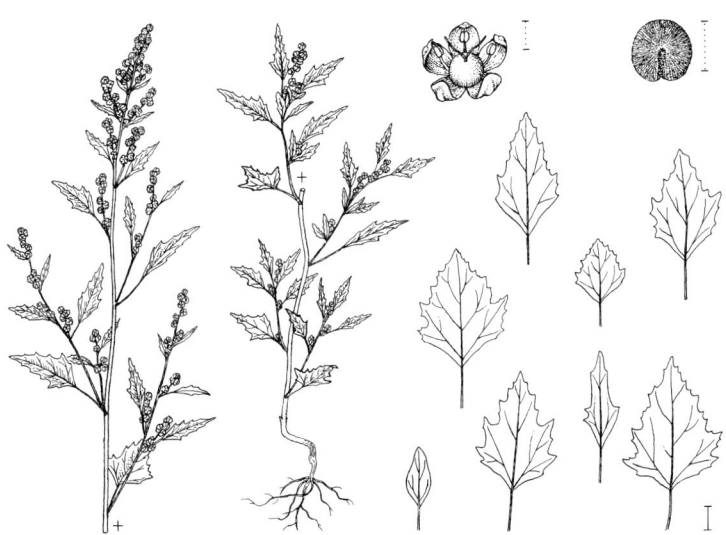

**Weißer Gänsefuß – *Chenopodium album* 0,20–1,50 ⊙ 7–10 (weißlichgrün. Stg grünstreifig od. ± rot überlaufen. Sehr formenreich). R: verschiedene Blattformen ↗ S. 810

Gestreifter G. – *Ch. strictum* 0,20–1,00 ⊙ 8–10 (dunkelolivgrün. Stg stets rot gestreift. Bla oft rotrandig) ↗ S. 810

Mexikanischer Tee – *Dysphania ambrosioides* 0,25–0,80 ⊙ 6–9 (grün)

Australischer Drüsengänsefuß – *D. pumilio* 0,20–0,80 ⊙ 6–9 (grün)

Klebriger D. – *D. botrys* 0,30–0,70 ⊙ 5–8 (grün)

Schrader-D. – *D. schraderiana* 0,30–0,90 ⊙ 7–9 (grün)

CHENOPODIACEAE 527

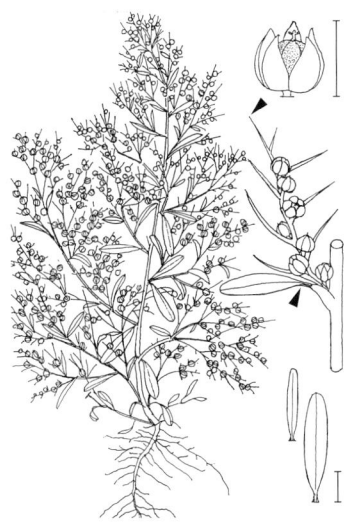

Grannengänsefuß – *Teloxys aristata* 0,05–0,20 ⊙ 8–10 (grün)

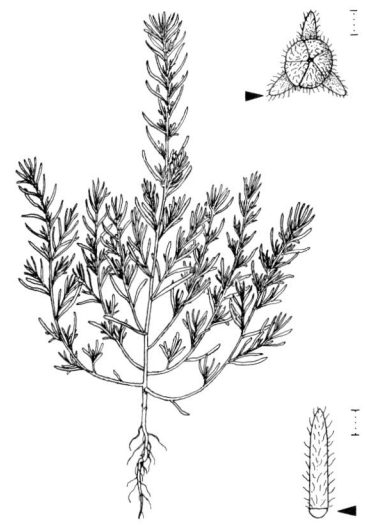

Rauhaarige Drehmelde – *Spirobassia hirsuta* 0,05–0,30 ⊙ 8–9 (grünlich. Pfl in D kahl)

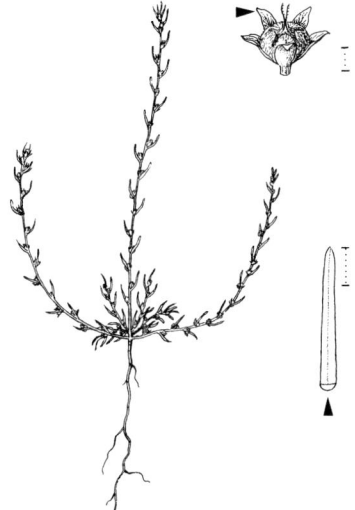

Sand-Radmelde – *Bassia laniflora* 0,10–0,40 ⊙ 8–10 (grünlich)

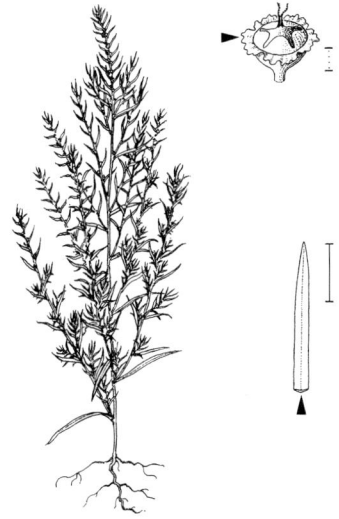

****Besen-R.** – *B. scoparia* 0,20–1,50 ⊙ 7–9 (grünlich)

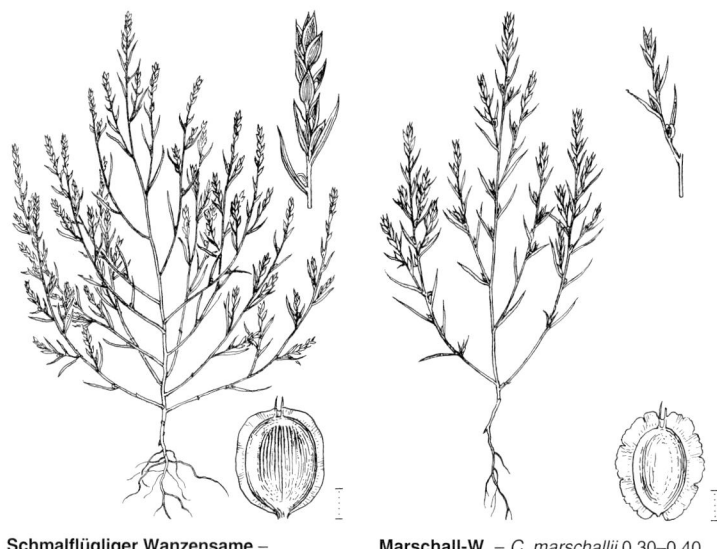

Schmalflügliger Wanzensame – *Corispermum leptopterum* 0,10–0,60 ⊙ 6–9 (grünlich)

Marschall-W. – *C. marschallii* 0,30–0,40 ⊙ 7–9 (grünlich)

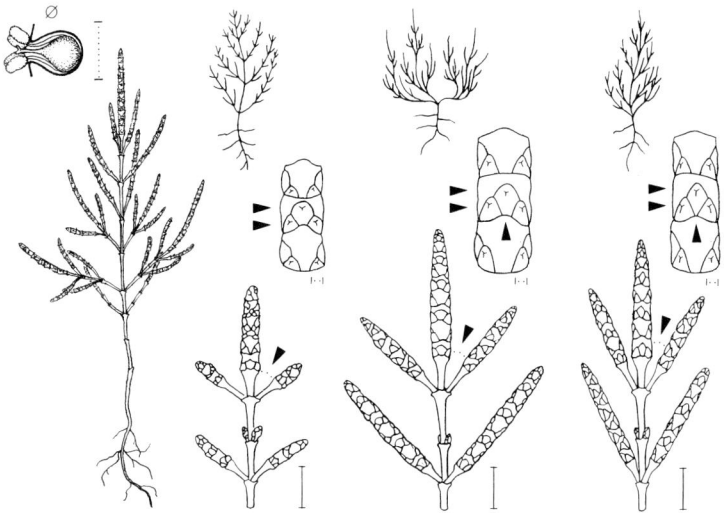

*****Gewöhnlicher Queller** – *Salicornia europaea* 0,05–0,30(–0,45) ⊙ 8–10 (grünlich. Stg oft purpurrot). M: **Sandwatt-Qu.** – *S. procumbens* subsp. *procumbens* (grünlich. Stg im Herbst gelblich bis bräunlich). R: **Schlickwatt-Qu.** – *S. procumbens* subsp. *strictissima* (grünlich. Pfl später nicht verfärbt) ↗ S. 811

CHENOPODIACEAE · NYCTAGINACEAE

Küsten-Salzkraut – *Salsola kali* 0,10–0,60 ⊙ 7–9 (grünlichbraun. Pfl graugrün).

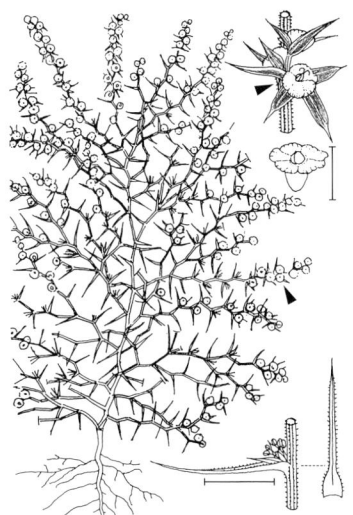

Kali-S. – *S. tragus* 0,10–1,00 ⊙ 7–9 (grünlichbraun. Pfl graugrün)

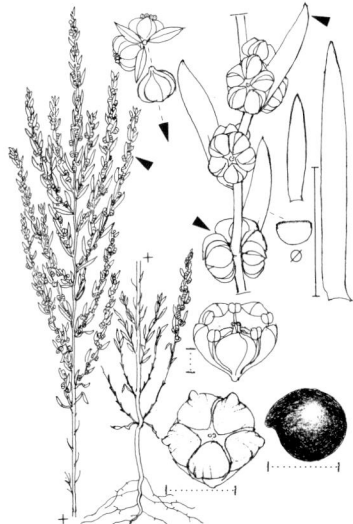

Strand-Sode – *Suaeda maritima* 0,10–0,35 ⊙ 7–9 (grünlich)

Regenschirmkraut – *Oxybaphus nyctagineus* 0,50–0,90 ♃ 7–8 (rosa od. grün)

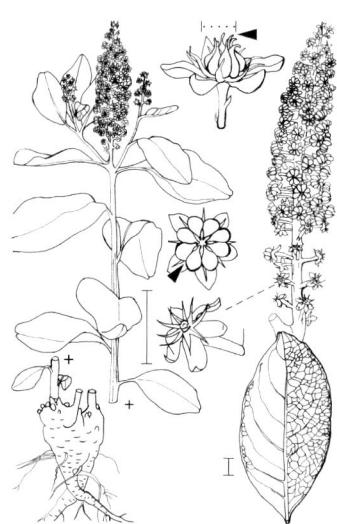

Asiatische Kermesbeere – *Phytolacca esculenta* 1,00–2,00 ⚄ 7–9 (weiß, später grünlichweiß. Fr schwarz)

Amerikanische K. – *Ph. americana* 1,00–3,00 ⚄ 6–9 (weiß bis grünlichweiß. Fr schwarz werdend, selten weiß)

Tellerkraut – *Claytonia perfoliata* 0,07–0,20(–0,35) ⊙ ① 4–6 (weiß)

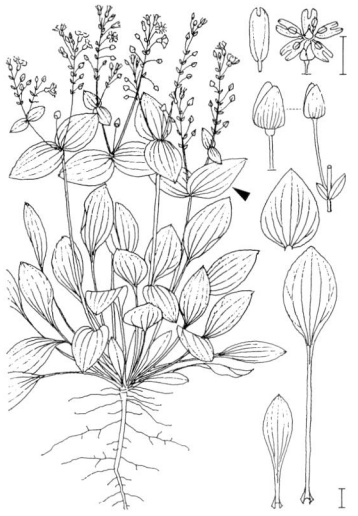

Sibirische Claytonia – *C. sibirica* 0,05–0,30 ⊙ ⚄ 4–6 (rosa bis weiß)

MONTIACEAE · PORTULACACEAE · CORNACEAE

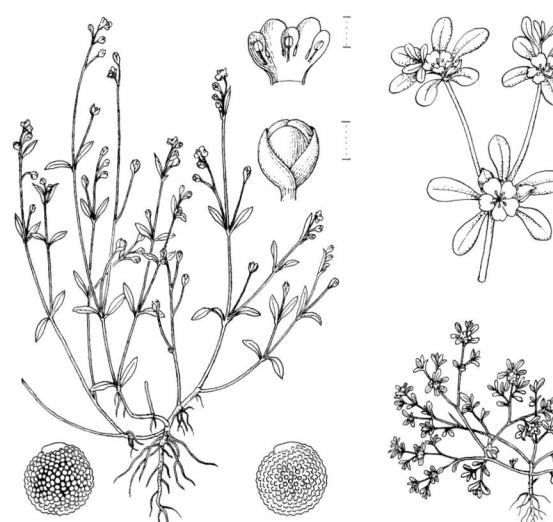

Bach-Quellkraut – *Montia fontana* 0,02–0,50 ⊙ ① ⚃ 6–8 (weiß. Sa z. T. warzig, glänzend). UR: **Acker-Qu. – *M. arvensis* (Fr ganz warzig)

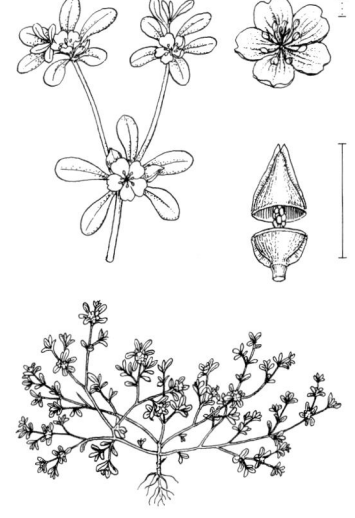

**Gemüse-Portulak – *Portulaca oleracea* 0,02–0,30 ⊙ 6–9 (gelb. Stg oft rot überlaufen)

Großblütiger P. – *P. grandiflora* 0,10–0,15 ⊙ 6–9 (rot, gelb, rosa, weiß, oft gefüllt)

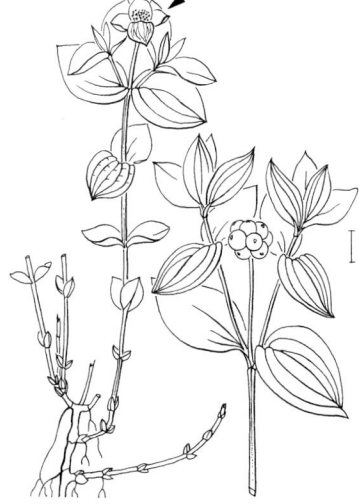

Schwedischer Hartriegel – *Cornus suecica* 0,05–0,25 ⚃ 5 ▽ (dunkel braunrot, HüllBla weißlich. Fr rot)

Kornelkirsche – *Cornus mas* 2,00–5,00 ♄
3–4 (gelb. Fr rot)

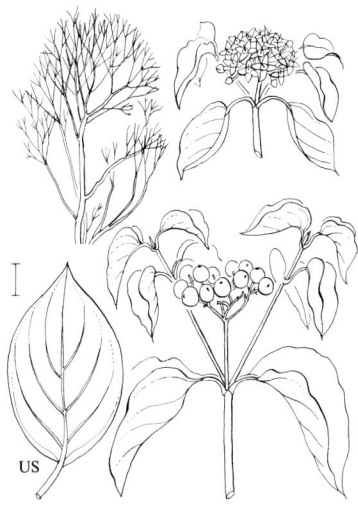

**Blutroter Hartriegel – *C. sanguinea*
1,00–5,00 ♄ 5–6 (weiß. Fr blauschwarz)

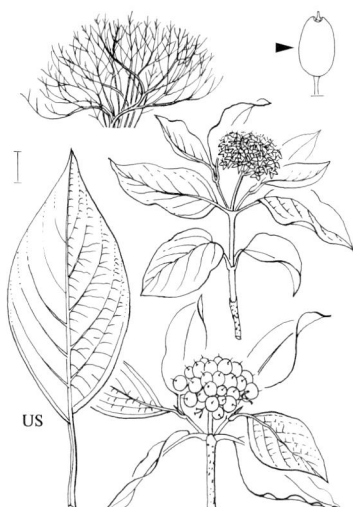

Tatarischer H. – *C. alba* 1,00–3,00 ♄
6–7 (weiß. Fr weiß od. hellblau, Bla useits
graugrün, kahl)

Seidiger H. – *C. sericea* 1,00–3,00 ♄
6–7 (weiß. Fr weiß od. hellblau, Bla useits
graugrün, kahl)

HYDRANGEACEAE

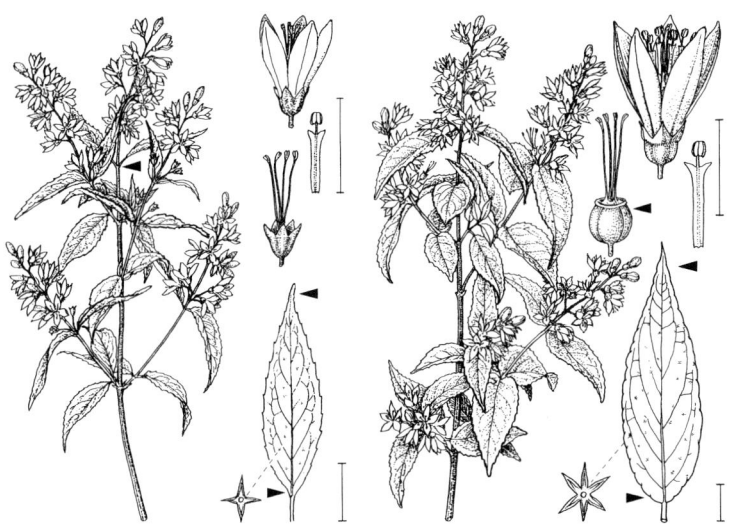

Zierliche Deutzie – *Deutzia gracilis* 0,50–1,00 ♄ 5–6 (weiß)

Gekerbte D. – *D. crenata* 1,00–2,50 ♄ 6–7 (weiß, außen oft rötlich, oft gefüllt) ↗ S. 811

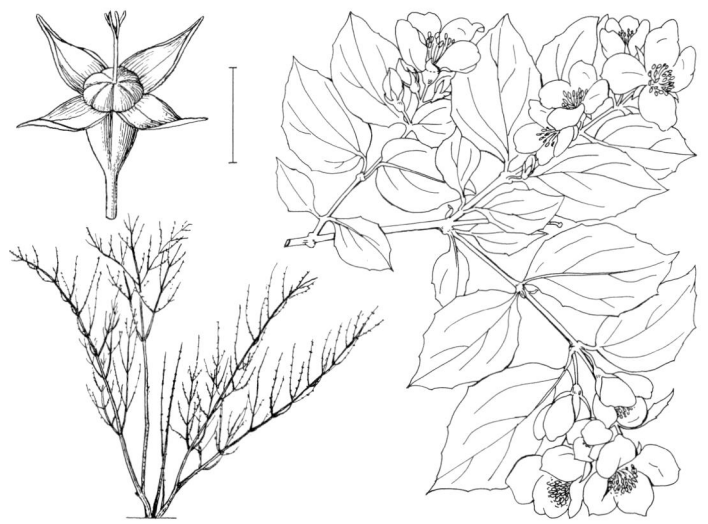

Großer Pfeifenstrauch – *Philadelphus coronarius* 1,50–4,00 ♄ 5–6 (weiß, stark duftend)

Garten-Springkraut – *Impatiens balsamina* 0,30–0,45(–0,70) ⊙ 7–9 (rot, rosa, orange, weiß od. bunt)

Drüsiges S. – *I. glandulifera* 0,50–2,50 ⊙ 7–10 (purpurn u. blassrosa, selten weiß)

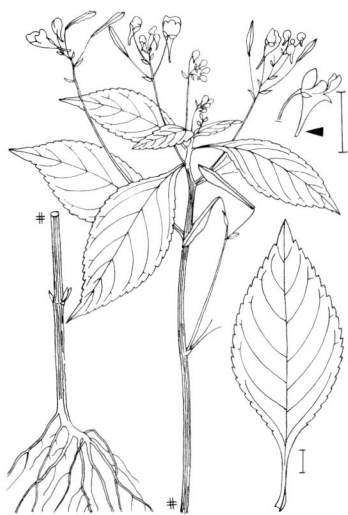

Kleinblütiges S. – *I. parviflora* 0,30–0,60 ⊙ 6–9 (hellgelb)

Großes S. – *I. noli-tangere* 0,30–1,00 ⊙ 7–8 (goldgelb)

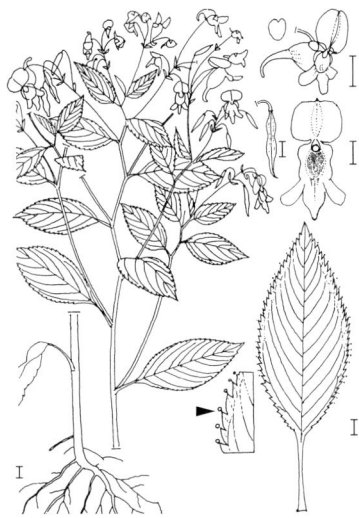

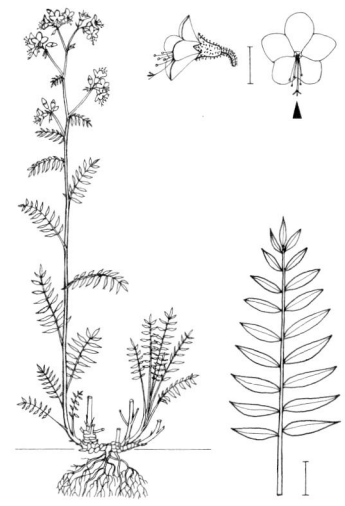

Buntes Springkraut – *Impatiens edgeworthii* 0,60–1,80 ⊙ 7–10 (gelb, weißlich od. blassviolett, Schlund rötlich)

Blaue Himmelsleiter – *Polemonium caeruleum* 0,30–0,80 ♃ 6–7 ▽ (himmelblau, seltener weiß)

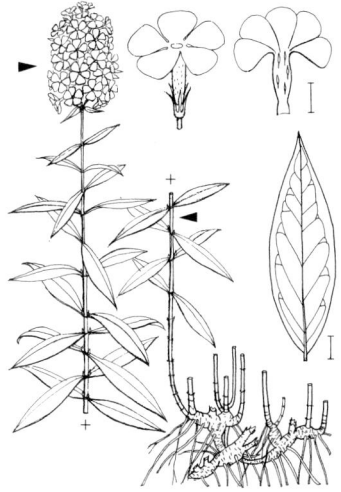

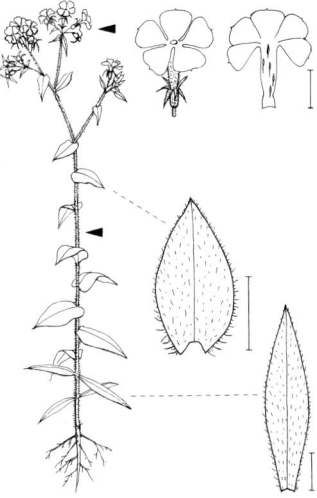

Stauden-Phlox – *Phlox paniculata* 0,60–0,80(–1,50) ♃ 7–9 (hellrosa bis dunkelpurpurn, violett od. weiß)

Einjähriger Ph. – *Ph. drummondii* 0,05–0,50 ⊙ 6–9 (rosa bis purpurrot, weiß od. violett)

POLEMONIACEAE · PRIMULACEAE

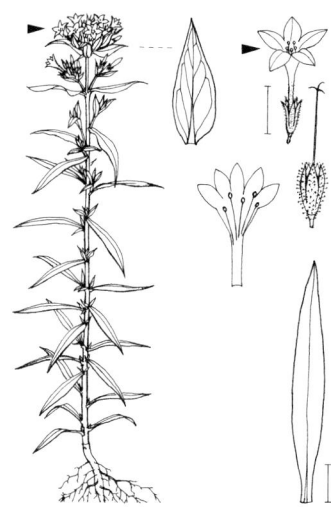

Großblütige Leimsaat – *Collomia grandiflora* 0,30–0,60 ☉ 6–7 (erst hellorange, dann rötlich überlaufen)

Europäischer Siebenstern – *Trientalis europaea* 0,05–0,20 ♃ 5–7 (weiß. Fr bläulichgrau)

Hain-Gilbweiderich – *Lysimachia nemorum* 0,10–0,30 ♃ 5–8 (hellgelb. Bla durchscheinend punktiert)

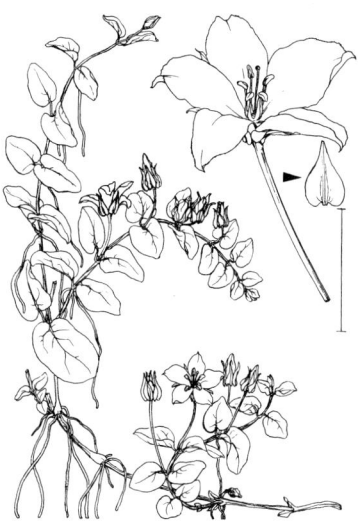

Pfennig-G. – *L. nummularia* 0,01–0,02 hoch, 0,10–0,50 lg ♃ 5–7 (sattgelb, innen rotdrüsig)

PRIMULACEAE 537

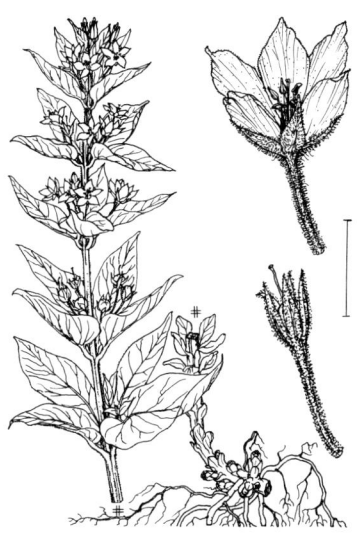

Drüsiger Gilbweiderich – *Lysimachia punctata* 0,50–1,00 ⚄ 6–8 (zitronengelb, am Grund rötlich, Rand drüsig gewimpert)

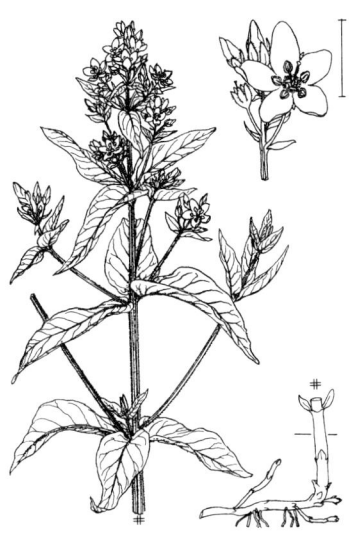

Gewöhnlicher G. – *L. vulgaris* 0,50–1,50 ⚄ 6–8 (goldgelb, am Grund rötlich)

Strauß-G. – *L. thyrsiflora* 0,30–0,70 ⚄ 5–7 (gelb, rotdrüsig punktiert)

Zarter Gauchheil – *Anagallis tenella* 0,04–0,20 ⚄ 7–8 ▽ (rosa, dunkler geadert)

PRIMULACEAE

Acker-Gauchheil – *Anagallis arvensis* 0,05–0,20 ⊙ 6–10 (mennigrot od. fleischfarben, seltener weiß, blau od. lila)

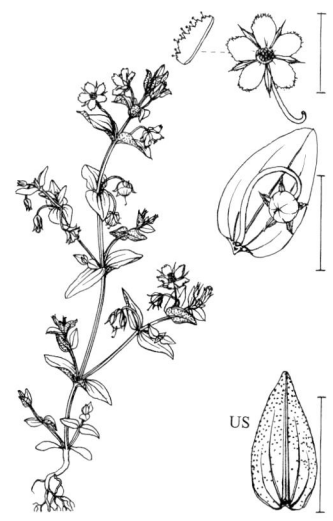

Blauer G. – *A. foemina* 0,05–0,20 ⊙ 6–9 (stets blau, Zentrum violett bis lila gezeichnet)

Zwerg-G. – *A. minima* 0,02–0,08 ⊙ 5–6 (rötlich bis weiß)

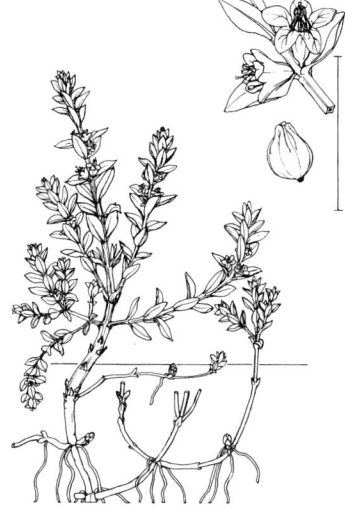

Strand-Milchkraut – *Glaux maritima* 0,03–0,20 ♃ 5–8 (rosa, selten weiß, StaubBla rosenrot)

PRIMULACEAE 539

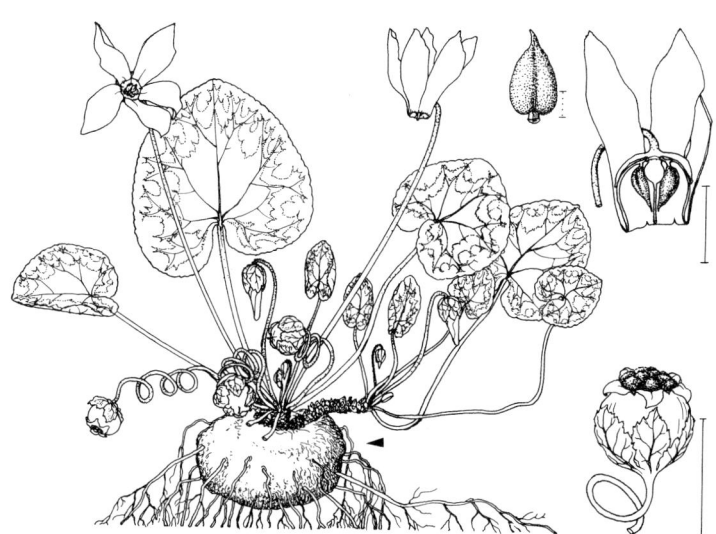

Wildes Alpenveilchen – *Cyclamen purpurascens* 0,05–0,15 ♃ 7–9 ▽ (rosa mit dunklerem Auge, wohlriechend. BlaOSeite mit silbriger Fleckenzeichnung, USeite violettrot, selten nur grün)

Langstieliger Mannsschild – *Androsace elongata* 0,02–0,08 ☉ 4–5 (weiß, Schlund gelb)

Nördlicher M. – *A. septentrionalis* 0,08–0,20 ① ☉ 4–6 (weiß bis rötlich, Schlund gelb)

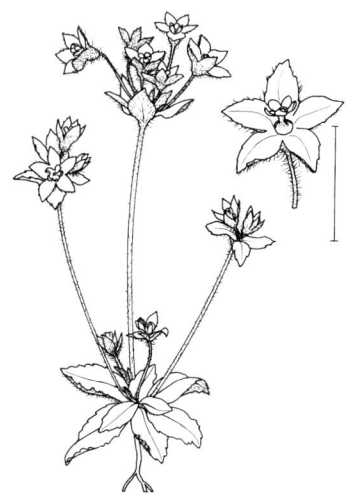

Riesen-Mannsschild – *Androsace maxima* 0,02–0,15 ① ⊙ 4–5 (weiß bis blassrosa, Schlund gelb) ⚰

Milchweißer M. – *A. lactea* 0,02–0,20 ♃ 6–7 ▽ (weiß, Schlund gelb)

Stumpfblättriger M. – *A. obtusifolia* 0,02–0,10 ♃ 6–7 ▽ (weiß bis rötlich, Schlund gelb)

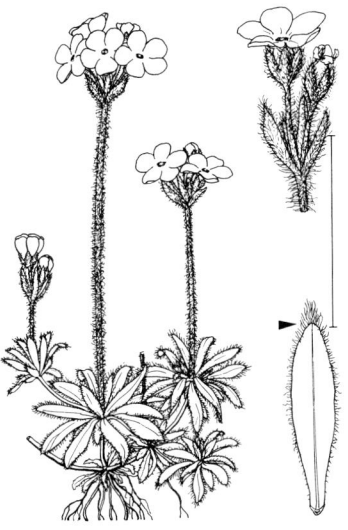

Wimper-M. – *A. chamaejasme* 0,01–0,04 (–0,10) ♃ 6–7 ▽ (weiß od. rötlich, Schlund gelb)

PRIMULACEAE

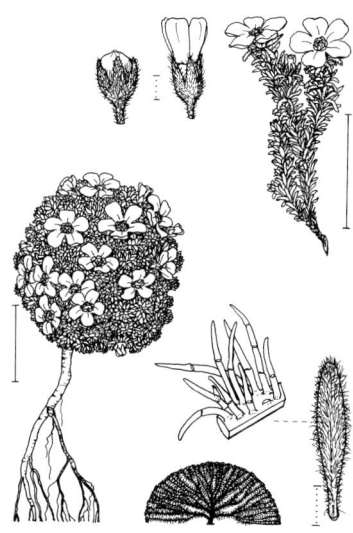

Schweizer Mannsschild – *Androsace helvetica* 0,01–0,05 ⚃ 5–7 ▽ (weiß, Schlund gelb, getrocknet rot)

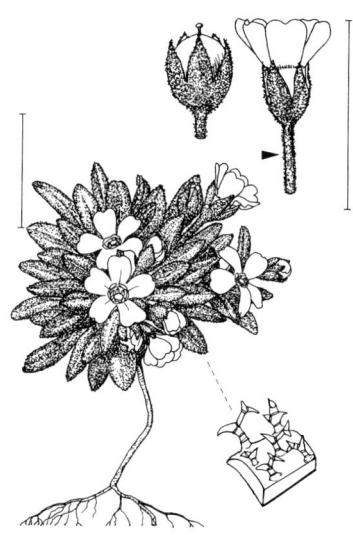

Dolomiten-M. – *A. hausmannii* 0,01–0,04 ⚃ 7–8 ▽ (rosa bis rötlichweiß)

Salzbunge – *Samolus valerandi* 0,10–0,50 ⚃ 6–10 (weiß)

Schaftlose Primel – *Primula vulgaris* 0,08–0,15 ⚃ (1–)2–5 ▽ (schwefelgelb, ZierPfl mehrfarbig)

Mehl-Primel – *Primula farinosa* 0,10–0,30 ♃ 5–7 ▽ (hellpurpurn bis rotlila, Schlund gelb. BlaUSeite weißmehlig)

Hohe Schlüsselblume – *P. elatior* 0,10–0,30 ♃ 3–5 ▽ (hellgelb, Schlund dunkler)

Wiesen-Sch. – *P. veris* 0,10–0,30 ♃ 4–6 ▽ (dottergelb, Schlund mit 5 rotgelben, lg Flecken)

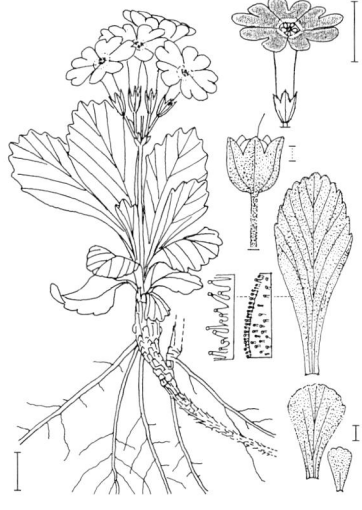

Behaarte Primel – *P. hirsuta* 0,03–0,10 ♃ 4–7 ▽ (helllila od. purpurrot)

PRIMULACEAE

Garten-Aurikel – *Primula ×pubescens* 0,10–0,30 ♃ 5–7 ▽ (verschiedenfarbig, Mitte hellgelb, mehlig)

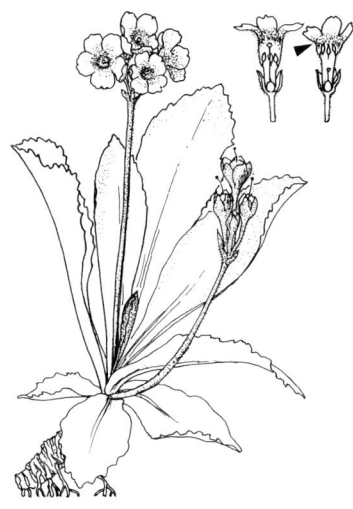

Alpen-A. – *P. auricula* 0,05–0,25 ♃ 4–6 ▽ (gelb, Schlund weiß. Pfl weißmehlig, verkahlend)

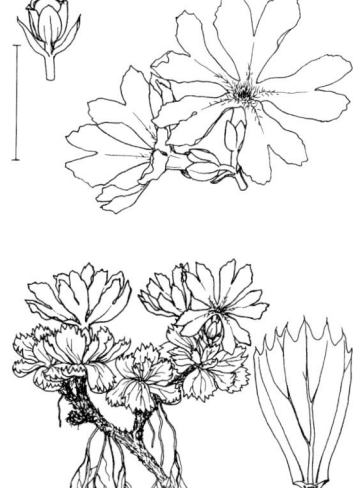

Zwerg-Primel – *P. minima* 0,01–0,04 ♃ 7–8 ▽ (leuchtend rosa, zum Schlund hin weißlich)

Clusius-P. – *P. clusiana* 0,03–0,10 ♃ 5–7 ▽ (rosa, abblühend lila. BlaRand feindrüsig)

Alpen-Heilglöckel – *Primula matthioli* 0,20–0,50 ⚇ 7–8 ▽ (kräftig purpurrosa. Pfl zottig u. drüsig behaart)

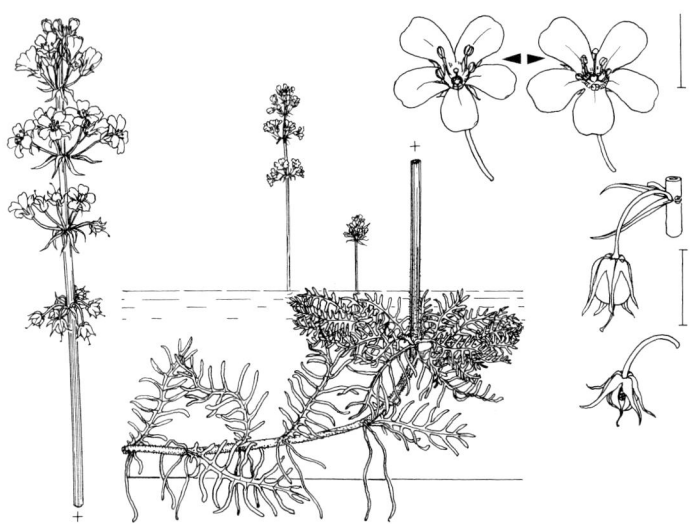

Wasserfeder – *Hottonia palustris* 0,15–0,50 ⚇ 5–7 ▽ (blassrosa od. weißlich, rosa geadert. Stg u. BlüStand dicht mit roten Stieldrüsen besetzt)

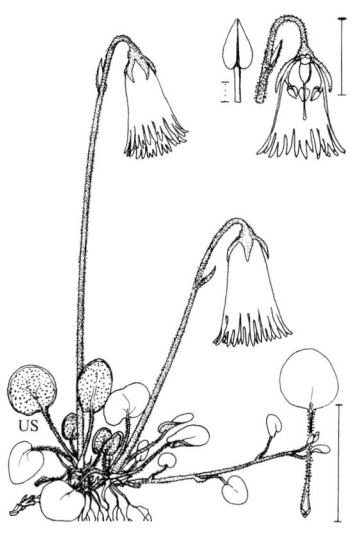

*Kleinstes Alpenglöckchen – *Soldanella minima* 0,03–0,10 ♃ 5–6 ▽ (blasslila bis fast weiß) ↗ S. 811

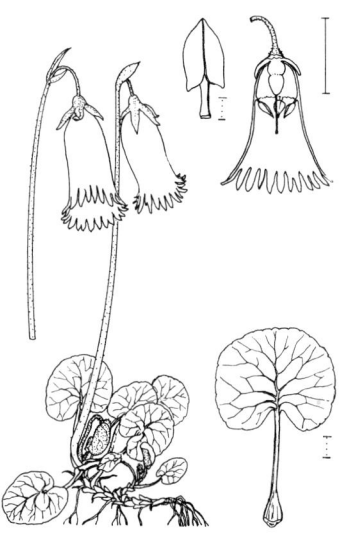

Zwerg-A. – *S. pusilla* subsp. *alpicola* 0,03–0,10 ♃ 5–6 ▽ (rötlichviolett, selten weiß, getrocknet blau)

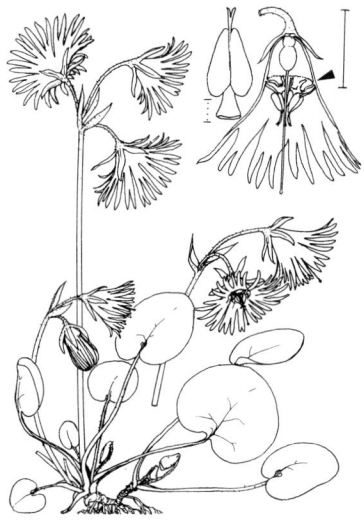

Gewöhnliches A. – *S. alpina* 0,05–0,20 ♃ 4–7 ▽ (blauviolett, selten weiß)

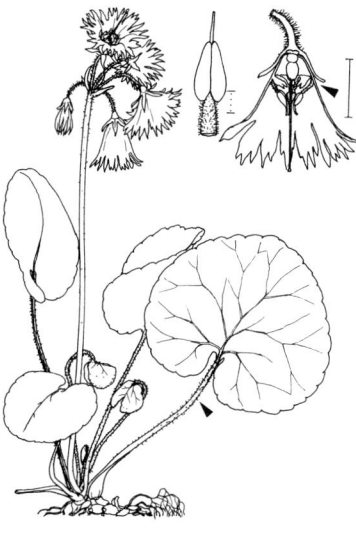

Berg-A. – *S. montana* 0,10–0,35 ♃ 5–6 ▽ (blauviolett, selten weiß)

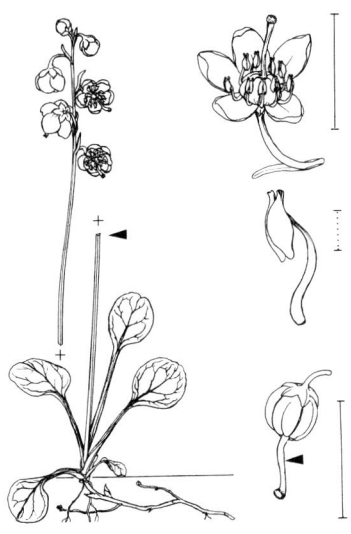

Grünblütiges Wintergrün – *Pyrola chlorantha* 0,10–0,25 ♃ 6–7 (grünlichweiß. Stg rot getönt)

**Rundblättriges W. – *P. rotundifolia* 0,15–0,30 ♃ 6–7 (rahmweiß, mit rosa Anflug) ↗ S. 811

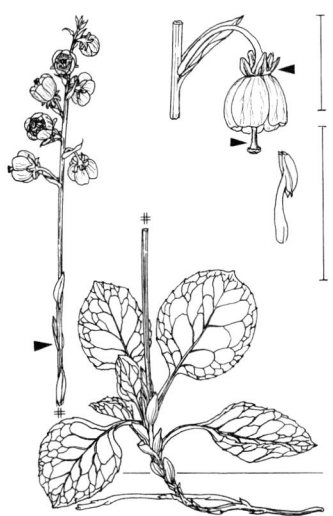

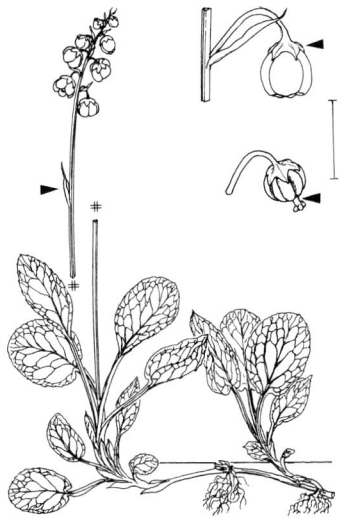

Mittleres W. – *P. media* 0,15–0,30 ♃ 6–7 (rahmweiß, mit rosa Anflug, besonders an der Knospe)

Kleines W. – *P. minor* 0,07–0,25 ♃ 6–7 (weiß bis hellrosa)

ERICACEAE

Moosauge – *Moneses uniflora* 0,05–0,10 ⚄ 5–7 (weiß, wohlriechend)

Dolden-Winterlieb – *Chimaphila umbellata* 0,07–0,15 ♄ 6–8 ▽ (weiß bis hellrosa)

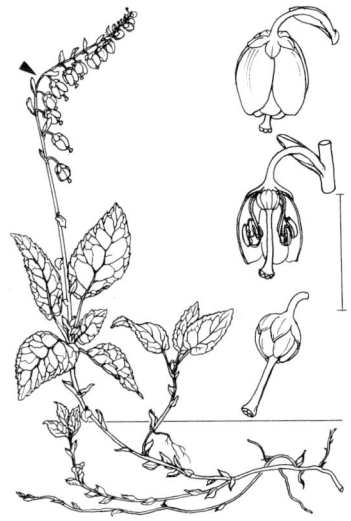
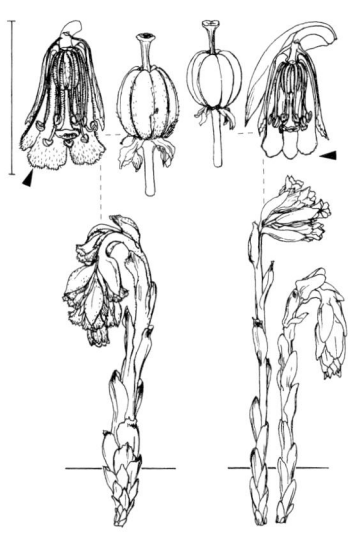

Birngrün – *Orthilia secunda* 0,07–0,25 ⚄ 6–7 (grünlichweiß, unauffällig)

Echter Fichtenspargel – *Hypopitys monotropa* 0,10–0,25 ⚄ 6–7 (Pfl gelblich). R: **Kahler F.** – *H. hypophegea*

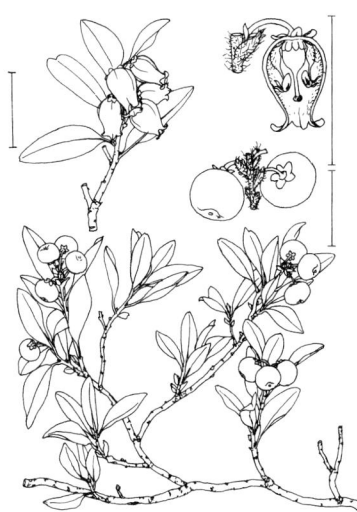

Echte Bärentraube – *Arctostaphylos uva-ursi* 0,20–0,60 ♄ 3–7 ▽ (weiß bis rosa, KrZipfel rötlich. Fr rot)

Alpen-B. – *A. alpinus* 0,15–0,30 ♄ 5–6 (grünlichweiß, oft rosa überlaufen. Fr schwarz. BlaRand lg bewimpert)

Sumpf-Porst – *Rhododendron tomentosum* 0,60–1,50 ♄ 5–7 ▽ (weiß, stark duftend)

Grönländischer P. – *Rh. groenlandicum* 0,50–1,50 ♄ 5–7 (weiß, duftend)

ERICACEAE

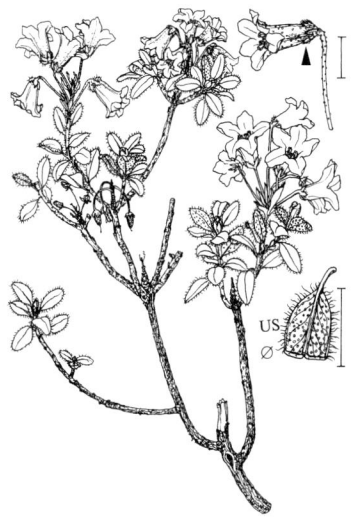

Bewimperte Alpenrose – *Rhododendron hirsutum* 0,20–1,00 ♄ 6–8 (hellrot. Bla beidseits grün, am Rand bewimpert)

Rostblättrige A. – *Rh. ferrugineum* 0,30–1,50 ♄ 5–7 (dunkelrot. BlaUSeite rostbraun schuppig)

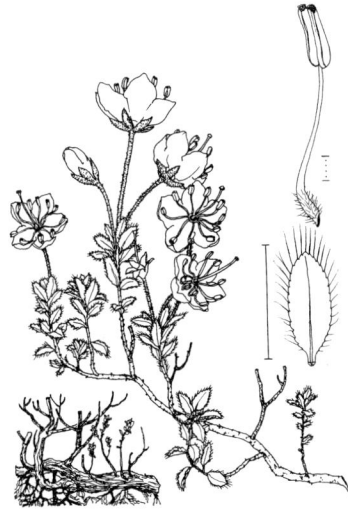

Zwergalpenrose – *Rhodothamnus chamaecistus* 0,20–0,40 ♄ 6–7 (hellrosa, Staubbeutel purpurn)

Schmalblättrige Lorbeerrose – *Kalmia angustifolia* 0,50–1,00 ♄ 6–7 (tiefrosa)

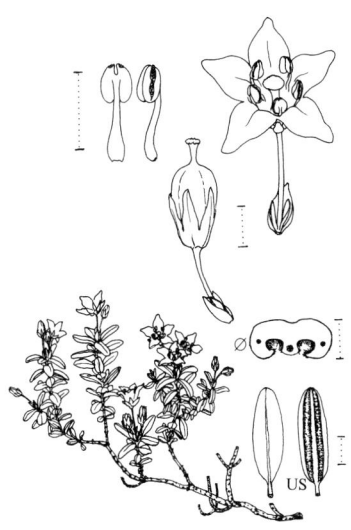

Gämsheide – *Kalmia procumbens*
0,05–0,15 h 6–7 (Kr hellrosa, Ke rot)

Heidekraut – *Calluna vulgaris* 0,30–1,00 h
8–10 (rotlila, auch nach Verblühen längere Zeit)

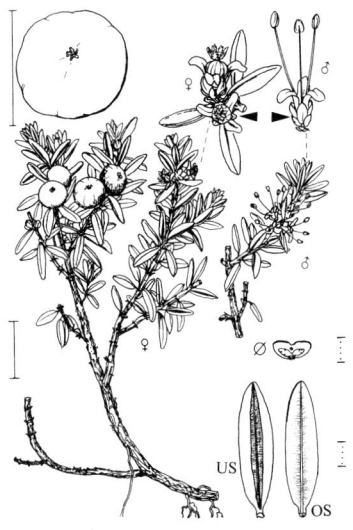

Gewöhnliche Krähenbeere – *Empetrum nigrum* 0,15–0,45 h 4–5 (blassrot bis purpurn. BlüKnospen rot)

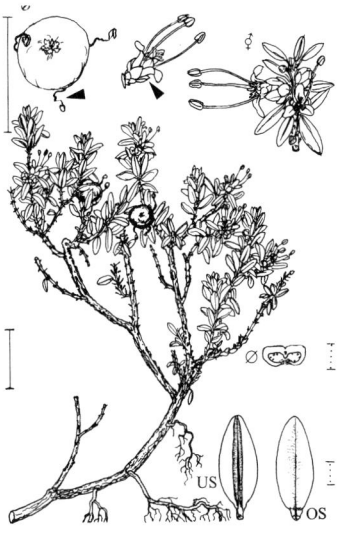

Zwittrige K. – *E. hermaphroditum*
0,15–0,50 h 4–5 (blassrot bis purpurn. BlüKnospen grün. Fr schwarz)

ERICACEAE

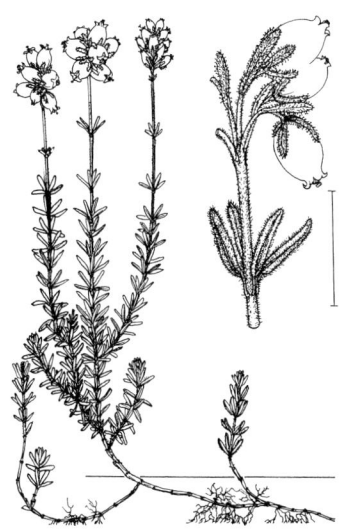

Glocken-Heide – *Erica tetralix* 0,15–0,50 ℏ 6–9 (fleischrosa, selten weiß, Staubbeutel dunkelrot)

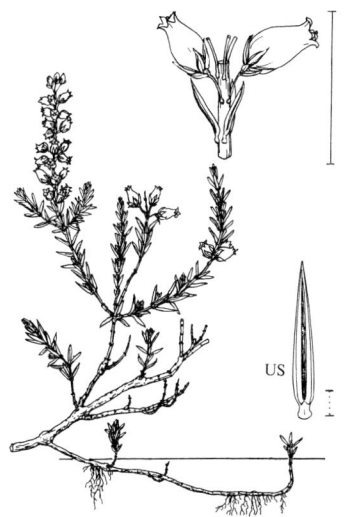

Grau-H. – *E. cinerea* 0,20–0,60 ℏ 6–7 (purpurrosa, auch heller, selten weiß)

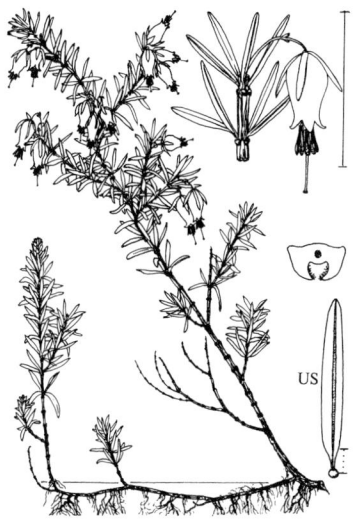

Schnee-H. – *E. carnea* 0,15–0,30 ℏ (1–)2–6 (fleischfarben, in Kultur auch weiß, dunkel- od. hellrosa)

Rosmarinheide – *Andromeda polifolia* 0,15–0,30 ℏ 5–8 (hellrosa, auch BlüStiel)

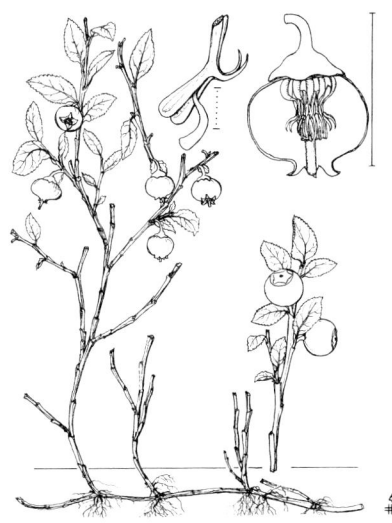

Heidelbeere – *Vaccinium myrtillus* 0,15–0,50 h 4–8 (weißlich- bis rötlichgrün. Fr schwarzblau)

*Moor-H. – *V. uliginosum* 0,05–1,00 h 5–7 (weiß bis rötlich. Fr schwarzblau) ↗ S. 811

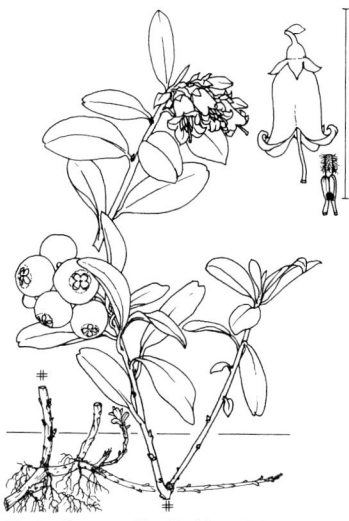

Preiselbeere – *V. vitis-idaea* 0,05–0,15 (–0,30) h 5–6(–8) (weiß bis rosa. Fr rot)

Großfrüchtige Moosbeere – *V. macrocarpon* 0,03–0,06 hoch, 0,20–1,00 lg h 6 (rosa. Fr rotbackig bis gelbrot)

ERICACEAE · GARRYACEAE · RUBIACEAE

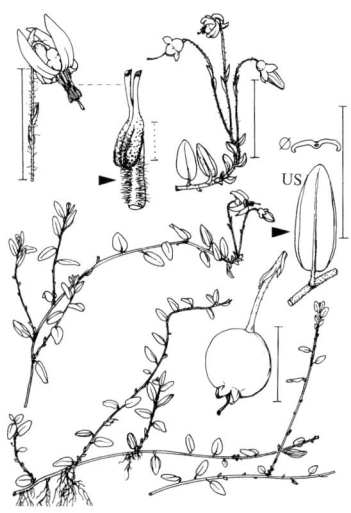

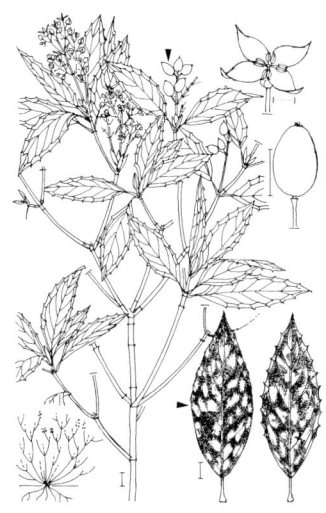

*Gewöhnliche Moosbeere – *Vaccinium oxycoccos* 0,02–0,04 hoch, 0,15–0,80 lg ♄ 6–8 (rosa. Fr stumpfgelb bis bräunlich od. rot) ↗ S. 811

Japanische Aukube – *Aucuba japonica* 0,50–3,00(–5,00) ♄ 4–5 (braunrot. Fr rot)

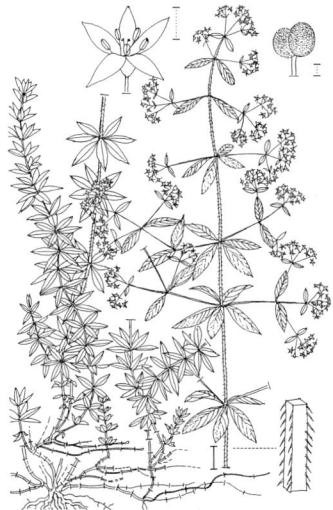

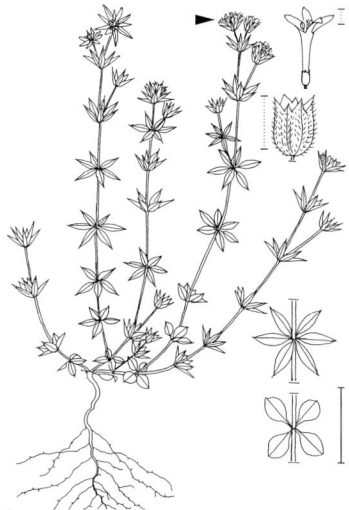

Färberröte – *Rubia tinctorum* 0,50–1,00(–1,50) ♃ 6–8 (grünlichgelb bis hellgelb)

Ackerröte – *Sherardia arvensis* 0,05–0,20 ⊙ ☉ 6–10 (lila)

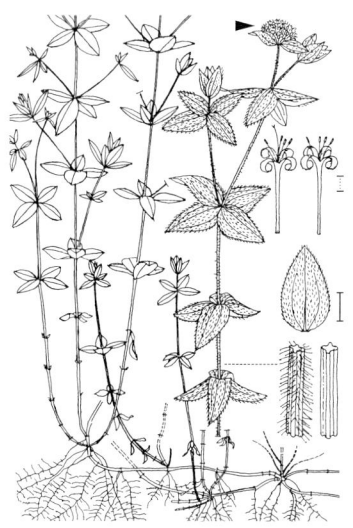

Italienischer Meier – *Asperula taurina* (0,10–)0,20–0,50 ♃ 5–6 (weiß od. blass gelblich)

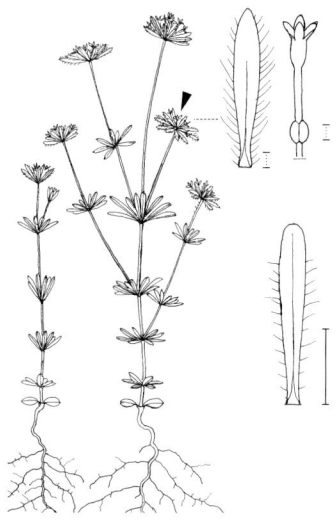

Acker-M. – *A. arvensis* (0,05–)0,15–0,30 ① ☉ 5–6 (bläulichviolett, selten weiß)

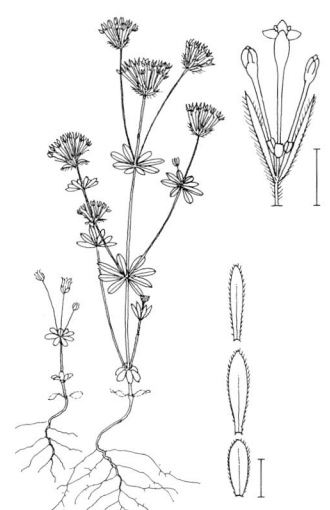

Orientalischer M. – *A. orientalis* (0,05–)0,10–0,30(–0,40) ① ☉ 5–6 (hellblau)

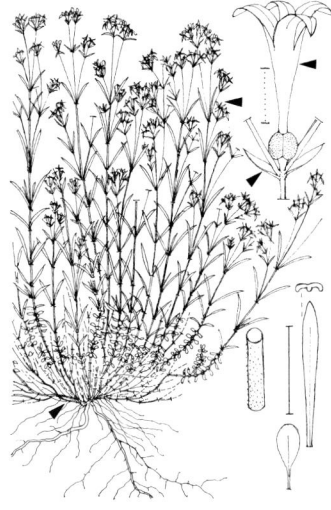

Felsen-M. – *A. neilreichii* (0,05–)0,10–0,15 ♃ 6–9 (rosa, selten weiß)

RUBIACEAE

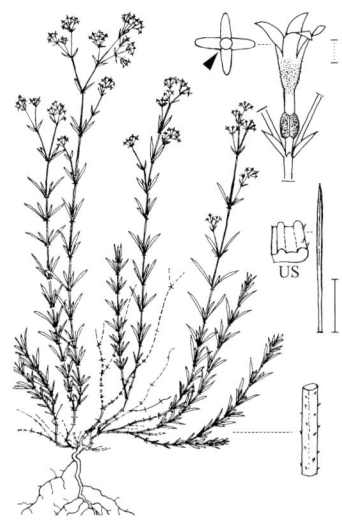

Hügel-Meier – *Asperula cynanchica*
0,05–0,25(–0,30) ♃ 6–9 (weiß, außen rosa überlaufen)

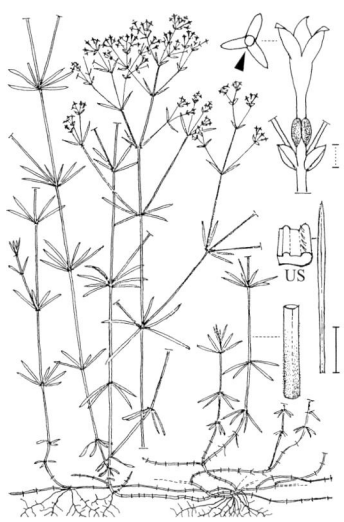

Färber-M. – *A. tinctoria* (0,20–)0,30–0,60 ♃ 6–8 (weiß)

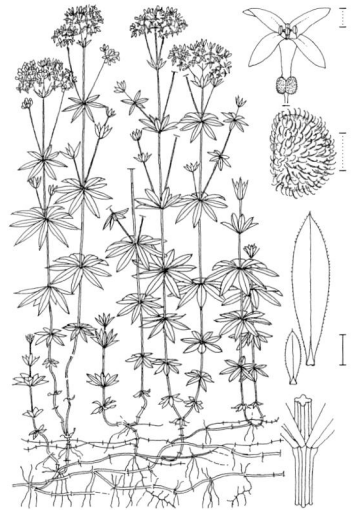

Waldmeister – *Galium odoratum*
0,10–0,30 ♃ 5–6 (weiß)

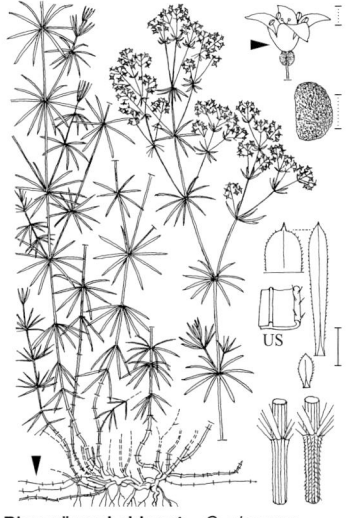

Blaugrünes Labkraut – *G. glaucum*
0,30–0,70 ♃ 5–7 (weiß. Bla u. Stg blaugrün bis weißlichgrün)

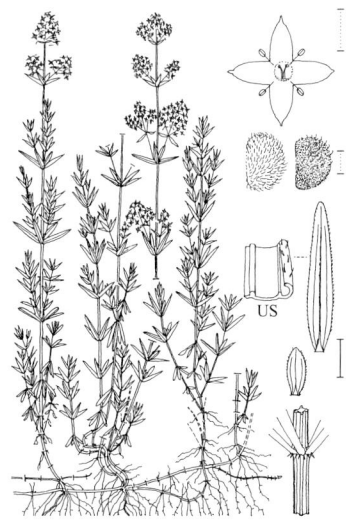

Nordisches Labkraut – *Galium boreale* (0,20–)0,30–0,60 ⚄ 6–8 (mattweiß)

Krapp-L. – *G. rubioides* 0,30–0,70(–1,20) ⚄ 6–8 (weiß)

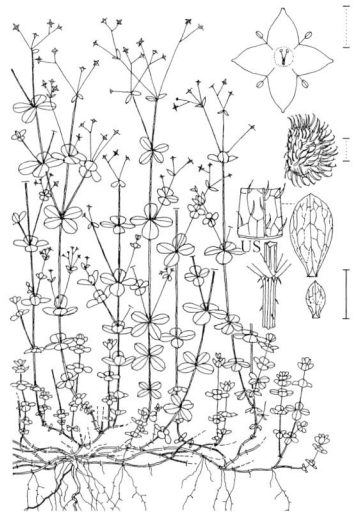

Rundblatt-L. – *G. rotundifolium* 0,10–0,20(–0,30) ⚄ 6–8(–9) (weiß)

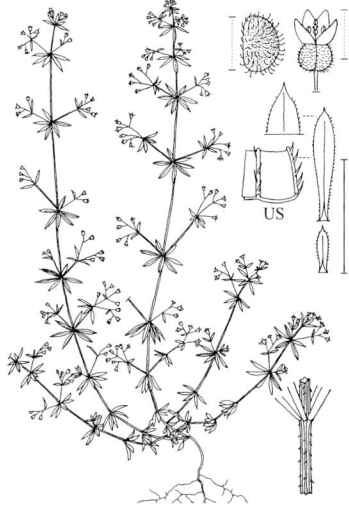

Pariser L. – *G. parisiense* 0,10–0,20 ① ☉ 6–8 (grünlichgelb, außen rötlich)

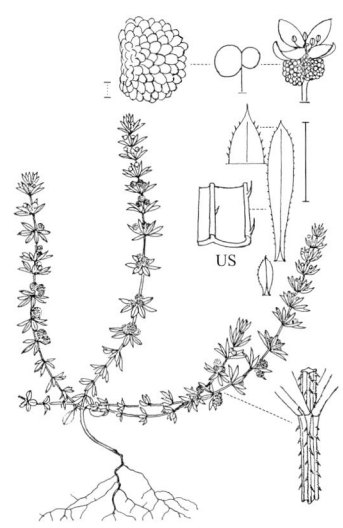

Anis-Labkraut – *Galium verrucosum*
0,05–0,20 ⊙ ① 6–7 (grünlichweiß)

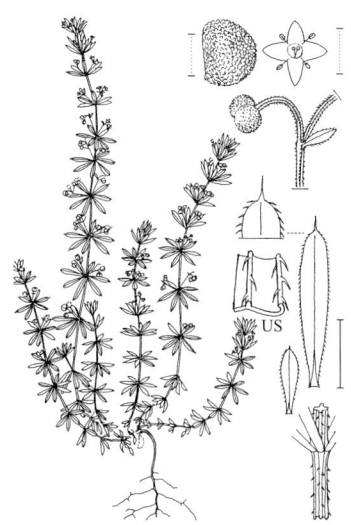

Dreihörniges L. – *G. tricornutum* (0,10–)
0,15–0,45(–1,00) ① ⊙ 7–9 (grünlichweiß)

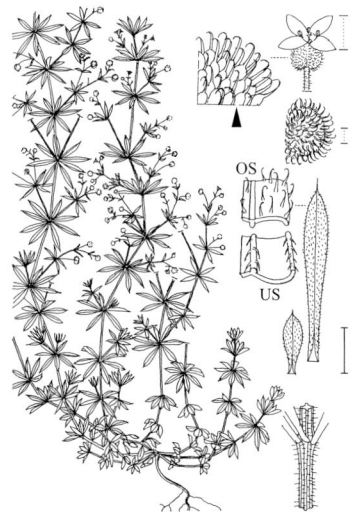

Kletten-L. – *G. aparine* (0,30–)0,50–>2,00
⊙ ① 6–10 (weiß, selten grünlichweiß)

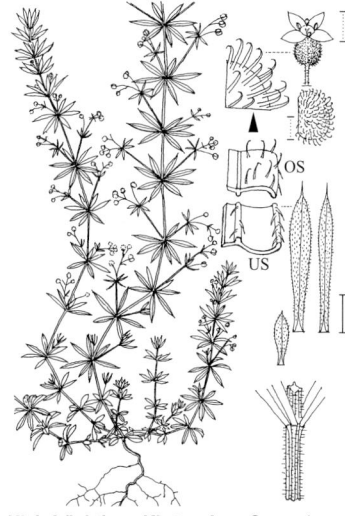

Kleinfrüchtiges Kletten-L. – *G. spurium*
0,30–1,00 ① ⊙ 5–8(–10) (grünlichweiß)

RUBIACEAE

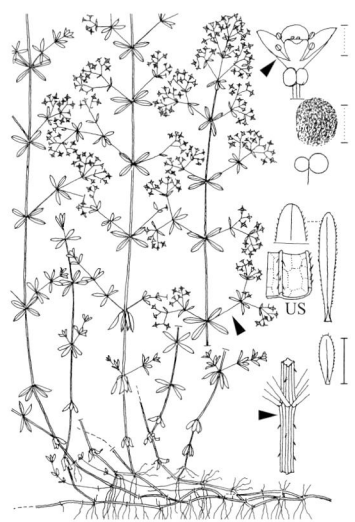

Sumpf-Labkraut – *Galium palustre* 0,10–1,00(–1,50) ♃ 5–8 (weiß, Staubbeutel rot, trocken schwarz)

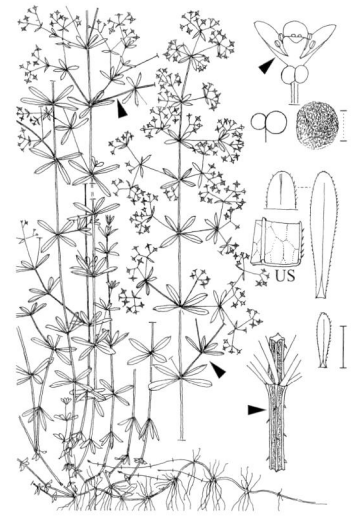

Verlängertes L. – *G. elongatum* 0,30–1,00(–1,50) ♃ 6–8 (weiß)

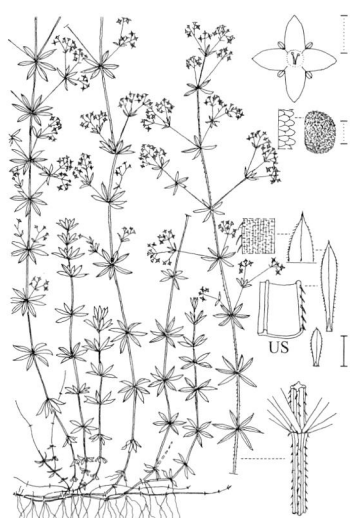

Moor-L. – *G. uliginosum* 0,10–0,40(–0,60) ♃ 6–9 (weiß, Staubbeutel gelb)

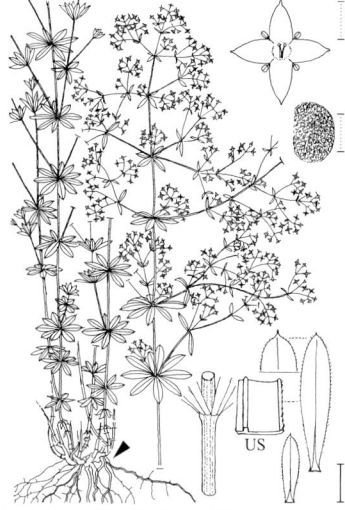

Wald-L. – *G. sylvaticum* 0,30–1,00 ♃ 7–8 (weiß. Ganze Pfl blaugrün)

RUBIACEAE 559

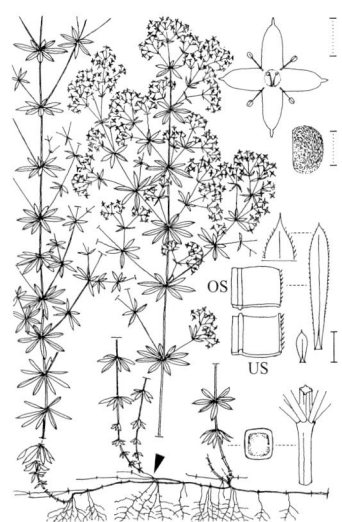

Glattes Labkraut – *Galium intermedium* 0,30–1,00(–1,20) ⚃ 6–9 (weiß. Pfl mattgrün, BlaUSeite blaugrün)

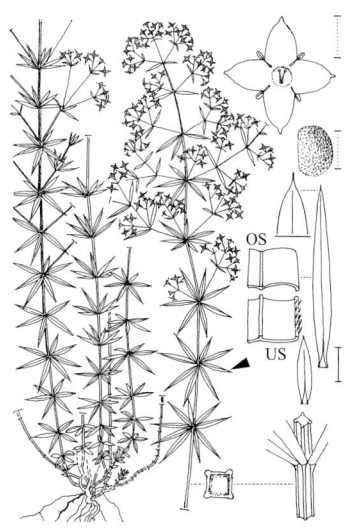

Grannen-L. – *G. aristatum* (0,20–)0,40–0,65(–0,80) ⚃ 6–8 (weiß)

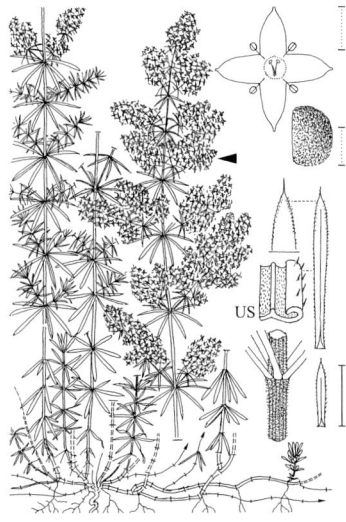

***Echtes L.** – *G. verum* 0,20–1,00 ⚃ 6–9 (zitronen- bis goldgelb) ↗ S. 811

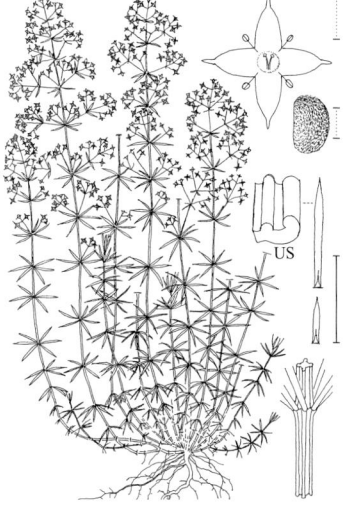

Traunsee-L. – *G. truniacum* 0,20–0,40 ⚃ 6–8 (blassgelb)

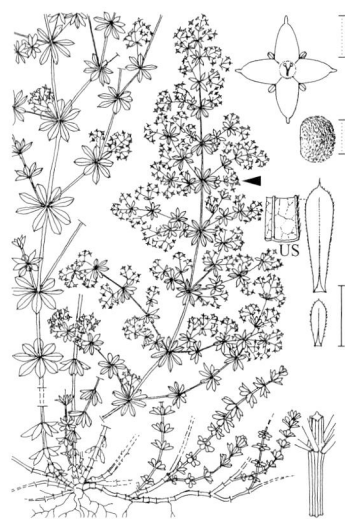

Wiesen-Labkraut – *Galium mollugo* 0,30–0,80(–1,00) ♃ 5–7(–10) (weiß)

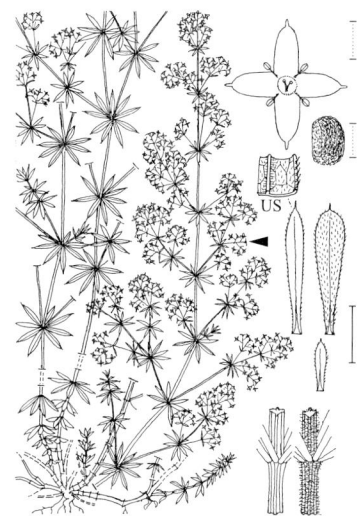

**Weißes L. – *G. album* 0,30–1,00(–1,50) ♃ 6–9 (weiß, selten schwach gelblich) ↗ S. 811

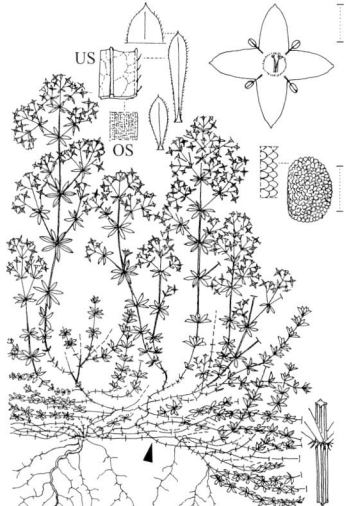

Harzer L. – *G. saxatile* 0,08–0,25(–0,35) ♃ 6–8 (weiß, in der Knospe manchmal leicht rosa getönt)

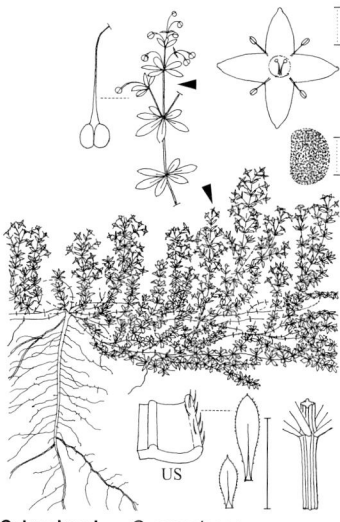

Schweizer L. – *G. megalospermum* 0,02–0,05(–0,10) ♃ 7–8 (gelblichweiß)

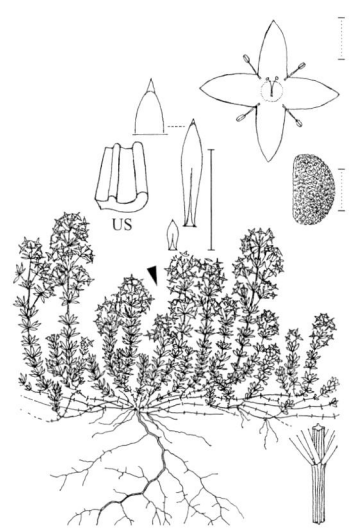

Norisches Labkraut – *Galium noricum*
0,02–0,12(–0,15) ⚁ 7–9 (weißlichgelb)

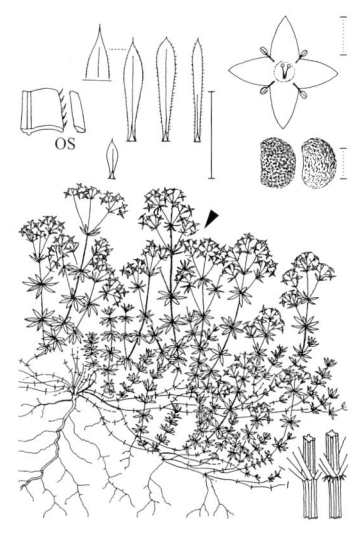

Ungleichblättriges L. – *G. anisophyllon*
(0,02–)0,05–0,15(–0,25) ⚁ 7–9 (weiß bis gelblichweiß)

Heide-L. – *G. pumilum* 0,10–0,30(–0,70)
⚁ 6–8 (weiß)

Mährisches L. – *G. valdepilosum*
0,10–0,30(–0,40) ⚁ 6–7 (weiß)

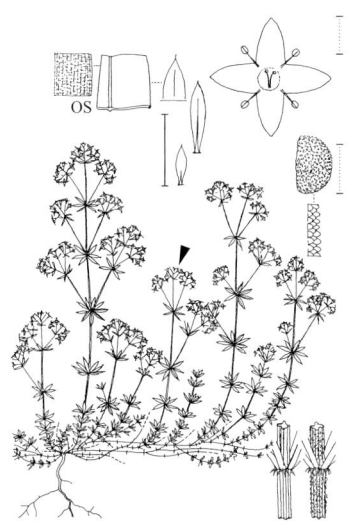

Sterner-Labkraut – *Galium sterneri* 0,05–0,15(–0,25) ⚷ 6–8 (weiß bis cremeweiß)

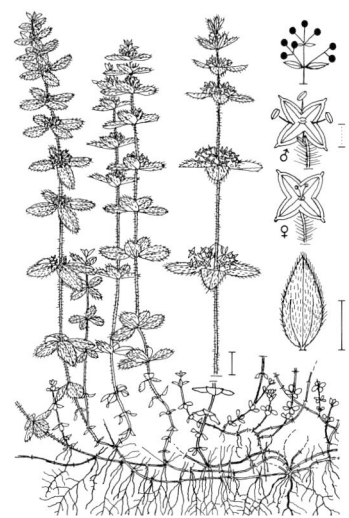

Bewimpertes Kreuzlabkraut – *Cruciata laevipes* 0,15–0,50(–0,80) ⚷ 4–6 (gelb, zur BlüZeit auch die HochBla)

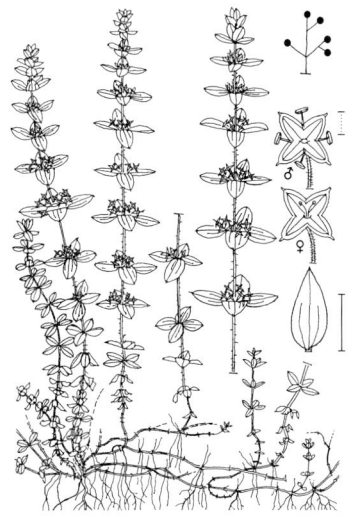

Kahles K. – *C. verna* (0,05–)0,10–0,50 ⚷ 4–6 (gelb, bald grünlich)

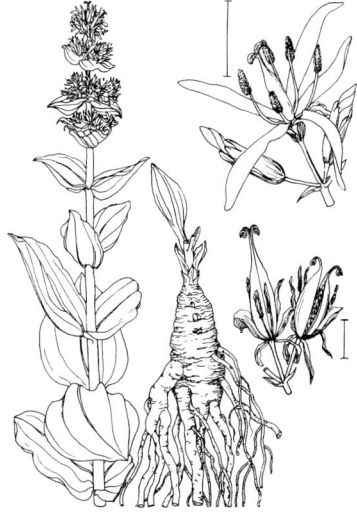

Gelber Enzian – *Gentiana lutea* 0,50–1,40 ⚷ 6–8 ▽ (goldgelb)

GENTIANACEAE

Kreuz-Enzian – *Gentiana cruciata* 0,15–0,50 ♃ 7–8 ▽ (blau, außen grünlich getönt)

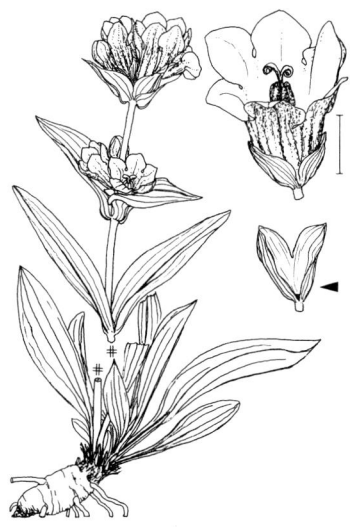

Purpur-E. – *G. purpurea* 0,25–0,60 ♃ 7–8 ▽ (purpurn, innen blassgelblich)

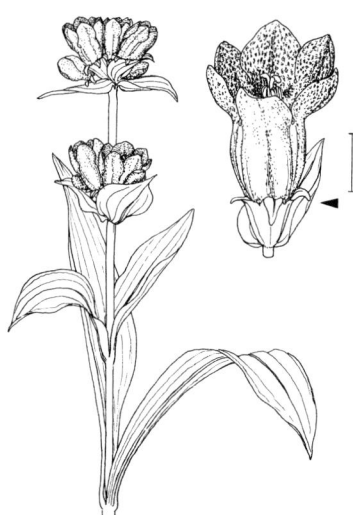

Ungarn-E. – *G. pannonica* 0,20–0,60 ♃ 7–8 ▽ (trüb- od. bräunlich-purpurn, schwarzrot punktiert, selten weiß)

Tüpfel-E. – *G. punctata* 0,20–0,60 ♃ 7–8 ▽ (blassgelb, schwarzpurpurn punktiert)

Schlauch-Enzian – *Gentiana utriculosa* 0,08–0,25 ⊙ 5–8 ▽ (tiefblau, außen ± grünlich)

Schwalbenwurz-E. – *G. asclepiadea* (0,15–)0,30–0,80 ♃ 7–9 ▽ (tiefblau, selten weiß)

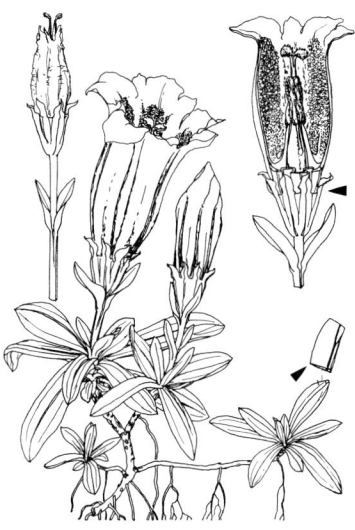

Kalk-Glocken-E. – *G. clusii* 0,05–0,10 ♃ 4–8 ▽ (azurblau, innen mit helleren Längsstreifen)

Kiesel-Glocken-E. – *G. acaulis* 0,05–0,15 ♃ 6–8 ▽ (azurblau, innen mit olivgrünen Flecken)

GENTIANACEAE 565

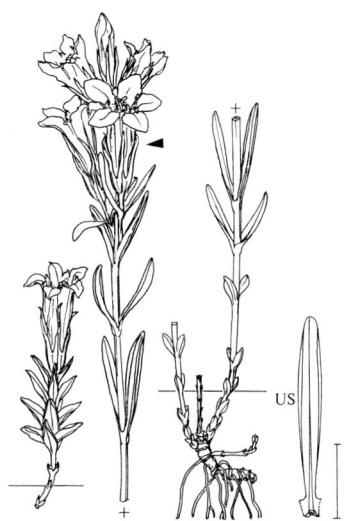

Lungen-Enzian – *Gentiana pneumonanthe* (0,05–)0,15–0,40 ♃ 7–9 ▽ (leuchtend blau)

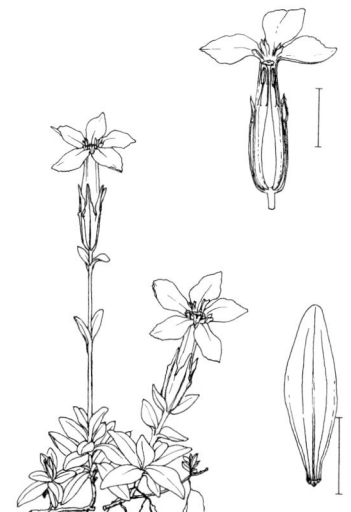

Frühlings-E. – *G. verna* 0,03–0,20 ♃ 3–6(–8) ▽ (tief himmelblau mit weißem Auge)

Bayerischer E. – *G. bavarica* 0,04–0,20 ♃ 7–8 ▽ (tiefblau mit hellerer Röhre)

Schnee-E. – *G. nivalis* 0,02–0,15 ⊙ 7–8 ▽ (tiefblau mit hellerer Röhre)

GENTIANACEAE

Rundblättriger Enzian – *Gentiana orbicularis* 0,03–0,08 ♃ 7–8 ▽ (tiefblau)

Fransenenzian – *Gentianopsis ciliata* 0,07–0,30 ♃ 8–10 ▽ (leuchtend blau)

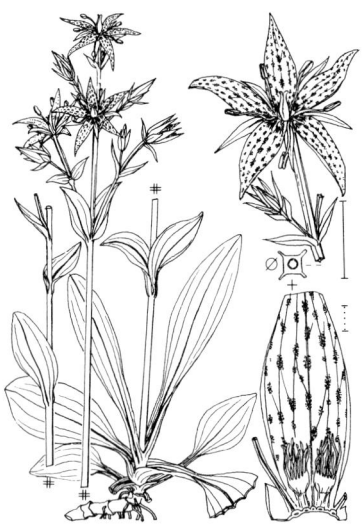

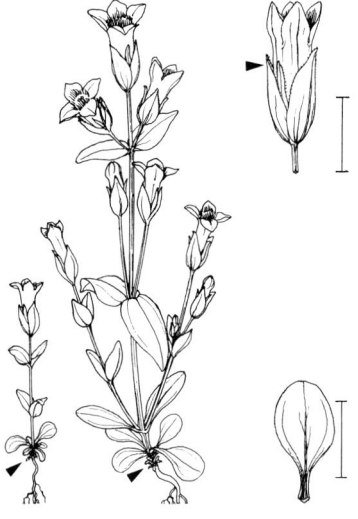

Blauer Tarant – *Swertia perennis* 0,15–0,50 ♃ 6–8 ▽ (dunkelviolett bis stahlblau, dunkler punktiert)

Feld-Kranzenzian – *Gentianella campestris* 0,05–0,35 ☉ ☉ 5–10 ▽ (lila, später verblassend)

GENTIANACEAE

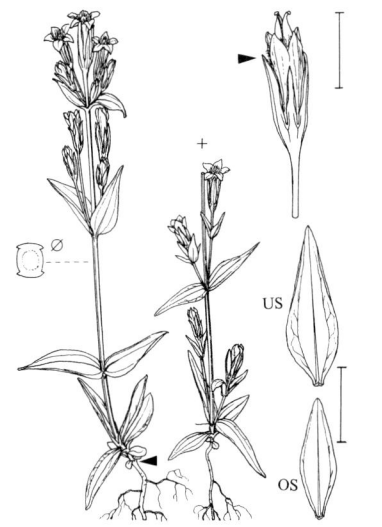

Sumpf-Kranzenzian – *Gentianella uliginosa* 0,02–0,20 ⊙ 8–10 ▽ (rötlichlila)

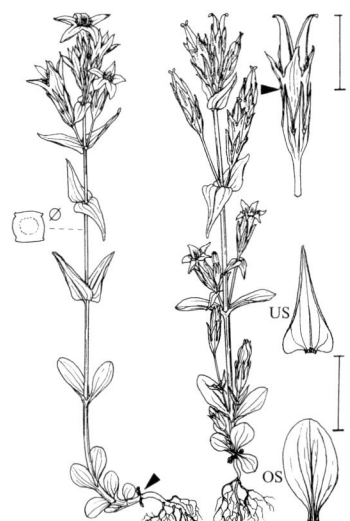

Bitterer K. – *G. amarella* 0,05–0,50 ⊙ 8–10 ▽ (rötlichlila)

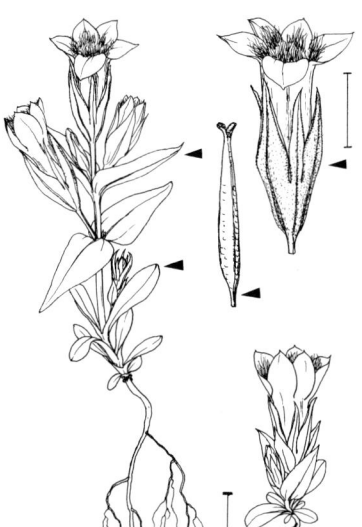

Rauer K. – *G. obtusifolia* 0,05–0,20 ⊙ 5–10 ▽ (violett)

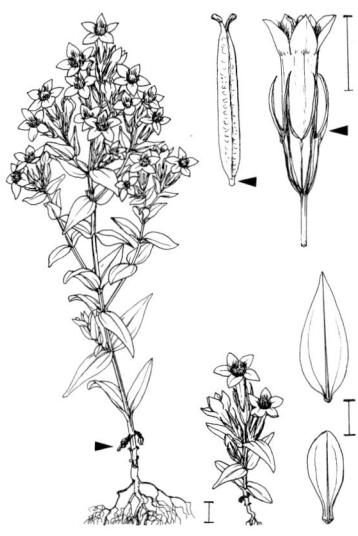

Deutscher K. – *G. germanica* 0,05–0,40 ⊙ 6–10 ▽ (violett, selten weißlich od. gelblich)

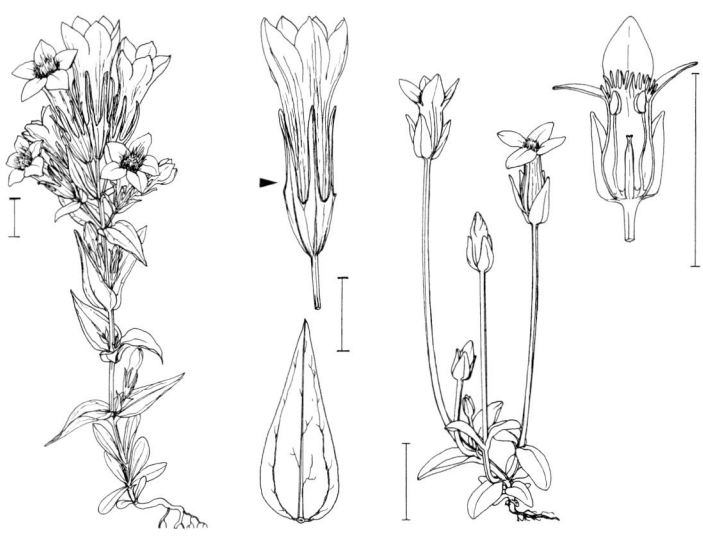

Böhmischer Kranzenzian – *Gentianella praecox* 0,03–0,40 ☉ 6–10 ▽ (hellviolett, Röhre heller bis gelblich) ↗ S. 811

Zarter Haarschlund – *Comastoma tenellum* 0,02–0,12 ☉ 7–9 ▽ (himmelblau)

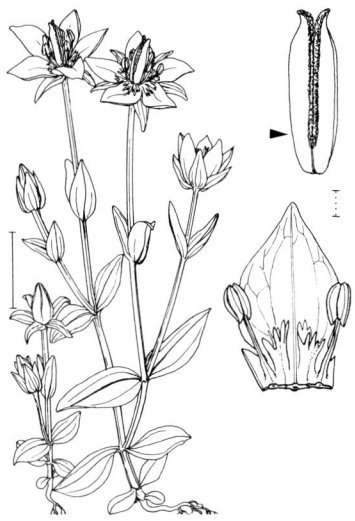

Tauernblümchen – *Lomatogonium carinthiacum* 0,01–0,15 ☉ 8–9 ▽ (blassblau)

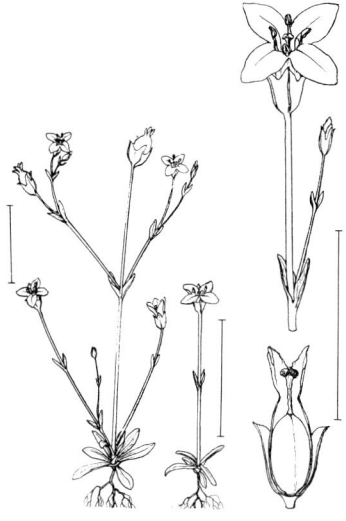

Heide-Zindelkraut – *Cicendia filiformis* 0,03–0,10 ☉ 7–10 (gelb)

GENTIANACEAE

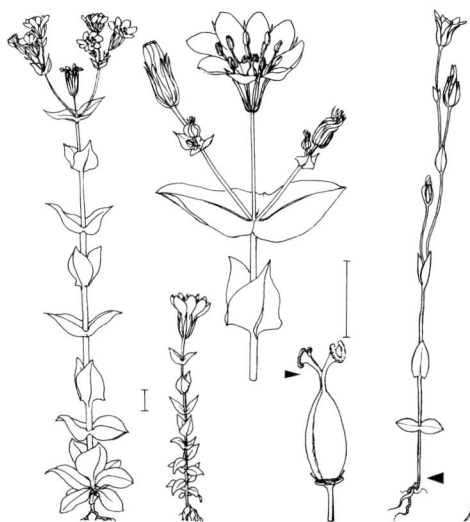

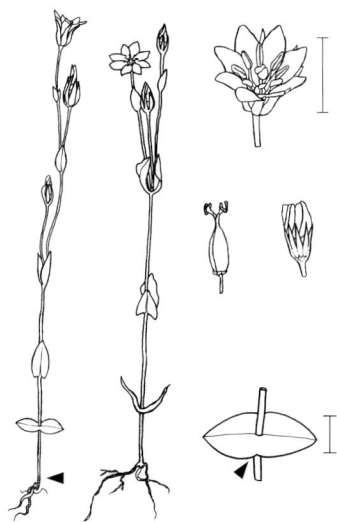

Durchwachsenblättriger Bitterling – *Blackstonia perfoliata* 0,15–0,40 ⊕ 6–8 (goldgelb. Bla bläulich bereift)

Später B. – *B. acuminata* 0,10–0,30 ⊕ 8–10 (goldgelb. Bla bläulich bereift)

Zierliches Tausendgüldenkraut – *Centaurium pulchellum* 0,02–0,15 ⊙ 7–9 ▽ (dunkelrosa)

**Strand-T. – *C. littorale* 0,05–0,25 ⊙ ⊕? 7–9 ▽ (rosa) ↗ S. 811

GENTIANACEAE · APOCYNACEAE

Kopfiges Tausendgüldenkraut – *Centaurium capitatum* 0,02–0,08 ☉ ① 7–8 ▽ (rosa)

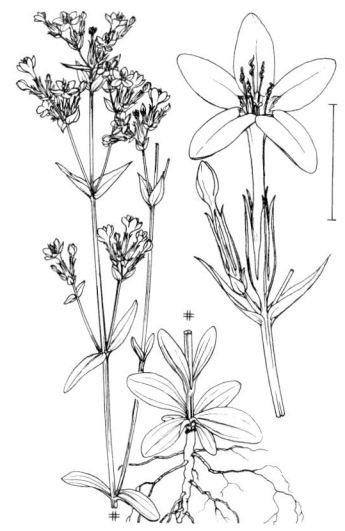

Echtes T. – *C. erythraea* 0,10–0,50 ☉ ①? 7–9 ▽ (rosa, Staubbeutel hellgelb)

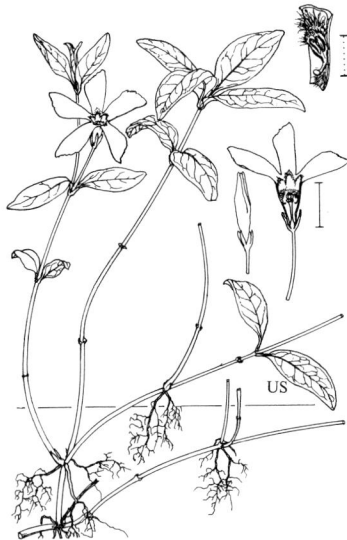

Kleines Immergrün – *Vinca minor* 0,10–0,20 ♄ 1–6(–9) (hellblau, Schlund heller)

Großes I. – *V. major* 0,15–0,30 ♄ 4–5(–9) (hellblau, Schlund heller)

APOCYNACEAE · BORAGINACEAE

Weiße Schwalbenwurz – *Vincetoxicum hirundinaria* 0,30–0,80(–1,40) ♃ 5–8 (gelblichweiß)

Echte Seidenpflanze – *Asclepias syriaca* 1,00–1,50 ♃ 6–8 (fleischrot)

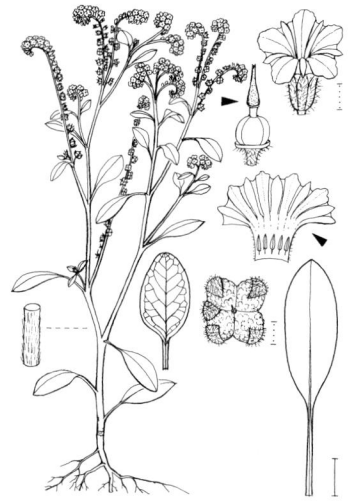

Europäische Sonnenwende – *Heliotropium europaeum* 0,15–0,30(–0,50) ☉ 7–9 (weiß bis bläulichweiß, Schlund gelb)

Kleine Wachsblume – *Cerinthe minor* 0,15–0,60 ☉ ⊛ 5–7 (gelb. Pfl kahl, blaugrün. Bla oft weiß gefleckt)

Alpen-Wachsblume – *Cerinthe alpina* 0,30–0,60 ♃ 5–7 (gelb, mit purpurnen Flecken. Pfl kahl, blaugrün. Bla nie gefleckt)

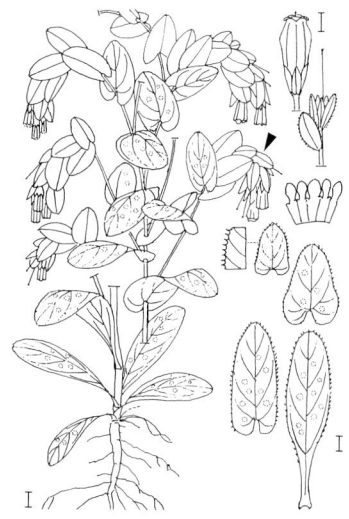

Große W. – *C. major* 0,20–0,80 ☉ 5–7 (gelb, selten blauviolett bis rötlich)

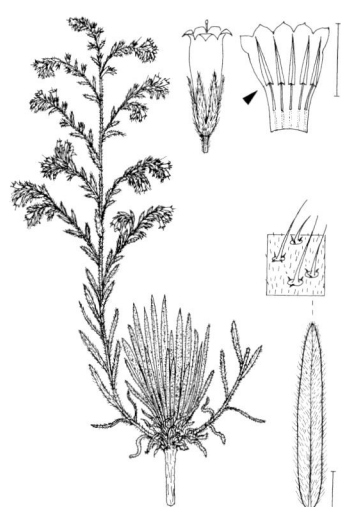

Sand-Lotwurz – *Onosma arenaria* 0,30–0,50 ☉ ⊗? 5–6 ▽ (blassgelb)

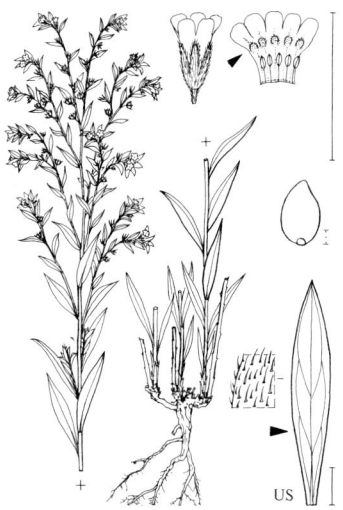

Echter Steinsame – *Lithospermum officinale* 0,30–0,80 ♃ 5–7 (gelblich- od. grünlichweiß. Fr glänzend weiß)

BORAGINACEAE 573

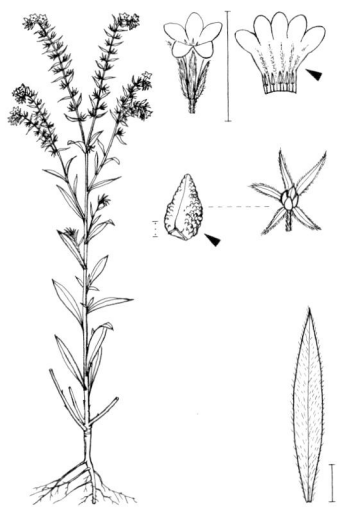

*Acker-Rindszunge – *Buglossoides arvensis* 0,05–0,60 ⊙ ① 4–7 (weiß, selten bläulich. Fr braun) ↗ S. 811

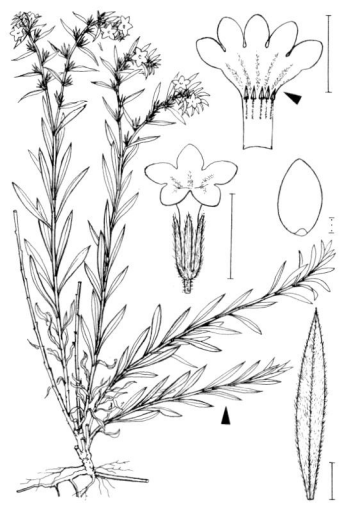

Purpurblaue R. – *B. purpurocaerulea* 0,30–0,60 ♃ 4–6 (erst purpurn, dann tiefblau. Fr glänzend weiß)

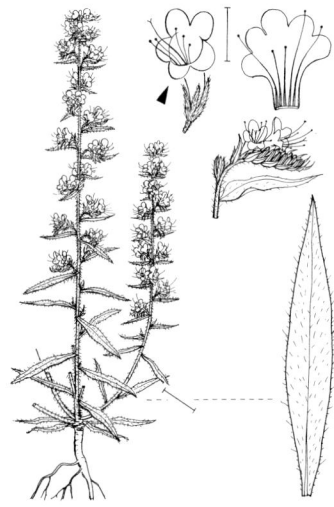

Gewöhnlicher Natternkopf – *Echium vulgare* 0,25–0,80 ⊙ 5–10 (erst rosarot, dann leuchtendblau)

Wegerich-N. – *E. plantagineum* 0,15–0,60 ⊙ ⊙ 5–7 (violettblau bis purpurn)

BORAGINACEAE

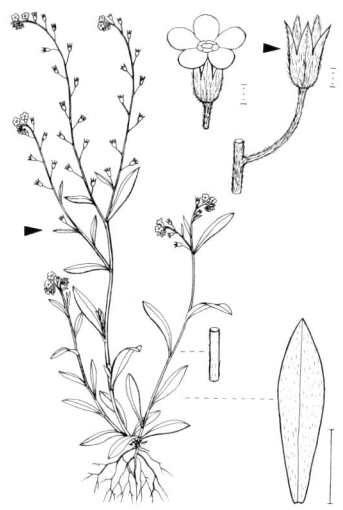

Rasen-Vergissmeinnicht – *Myosotis laxa* 0,20–0,50 ☉ 5–7 (himmelblau, Schlundschuppen gelb)

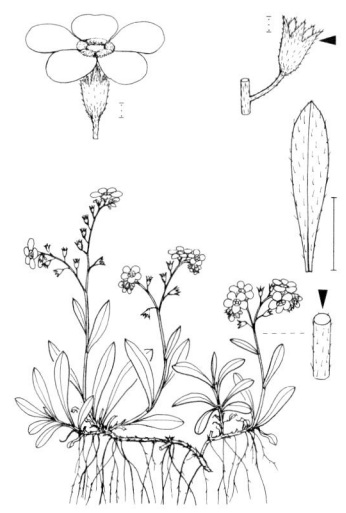

Bodensee-V. – *M. rehsteineri* 0,02–0,10(–0,20) ⚷ 4–5 ▽ (leuchtend himmelblau, Schlundschuppen gelb)

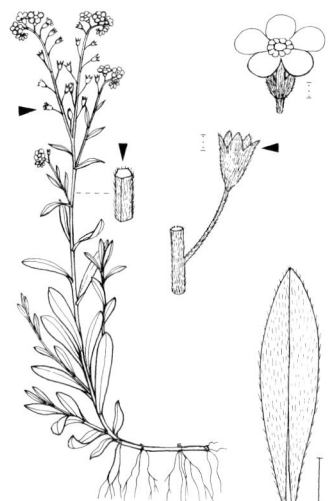

*Sumpf-V. – *M. scorpioides* 0,10–1,00 ⚷ 5–9 (himmelblau, Schlundschuppen gelb) ↗ S. 811

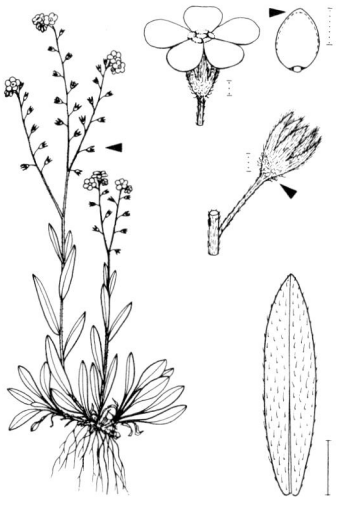

Alpen-V. – *M. alpestris* 0,05–0,20 ⚷ 7–9 (tief azurblau, Schlundschuppen gelb)

BORAGINACEAE

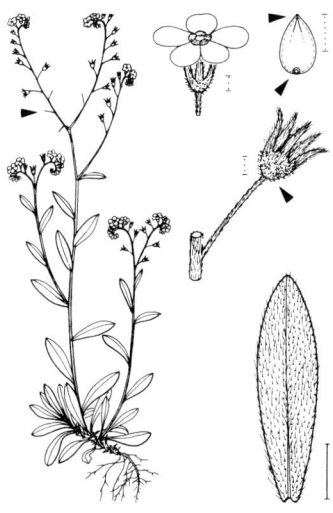

Wald-Vergissmeinnicht – *Myosotis sylvatica* 0,15–0,45 ☉ ♃ 4–5 (hellblau, seltener rosa bleibend, Schlundschuppen gelb)

Niederliegendes V. – *M. decumbens* 0,20–0,40 ♃ 6–8 (hellblau, Schlundschuppen gelb)

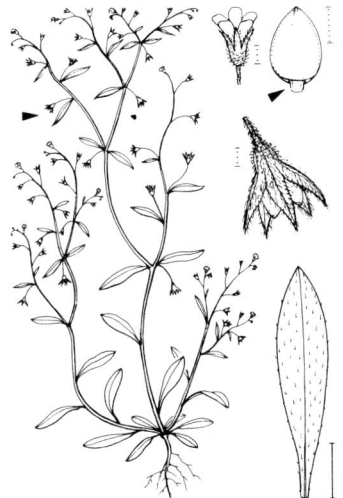

Zerstreutblütiges V. – *M. sparsiflora* 0,10–0,40 ① ☉ 4–6 (hellblau, Schlundschuppen gelb)

**Acker-V. – *M. arvensis* 0,10–0,40(–1,00) ☉ ① ☉? 4–9 (hellblau, Schlundschuppen gelb) ↗ S. 811

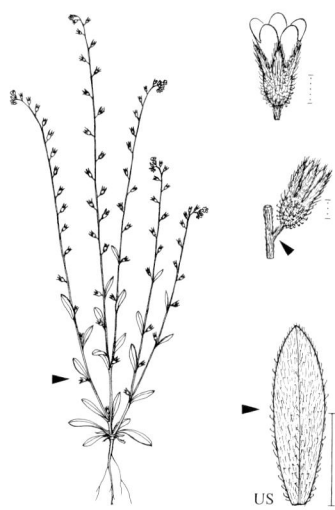

Sand-Vergissmeinnicht – *Myosotis stricta* 0,03–0,20 ① 3–6 (hellblau, Schlundschuppen gelb. Fr schwarzbraun)

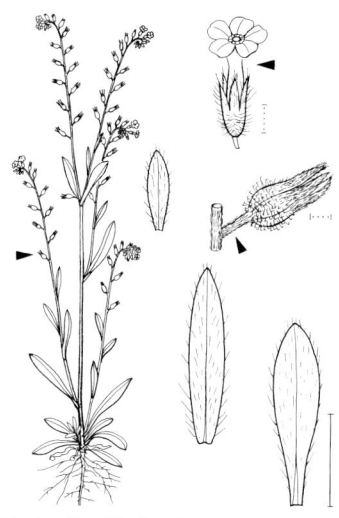

Buntes V. – *M. discolor* 0,05–0,30 ⊙ ① 4–6 (erst hellgelb, dann rötlich, dann blau bis violett. Fr schwarzbraun)

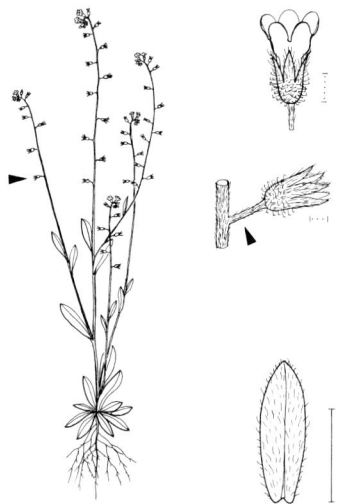

Raues V. – *M. ramosissima* 0,05–0,25 ① 4–6 (hellblau, Schlundschuppen gelb. Fr hellbraun)

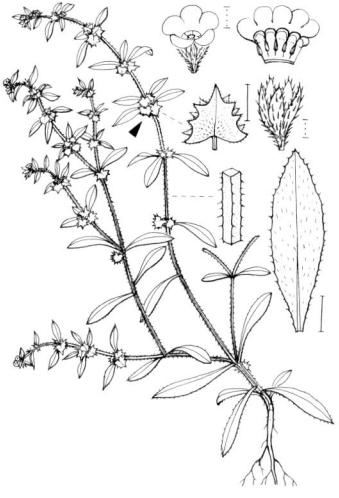

Schlangenäuglein – *Asperugo procumbens* 0,20–0,50 lg ⊙ ① 5–8 (erst violett, dann blau, Schlundschuppen weiß)

BORAGINACEAE

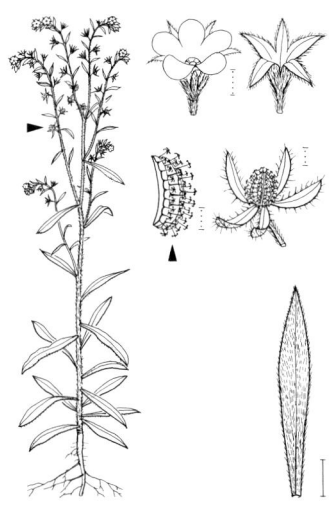

Kletten-Igelsame – *Lappula squarrosa* 0,10–0,40 ① 6–7 (hellblau, Schlundschuppen gelb)

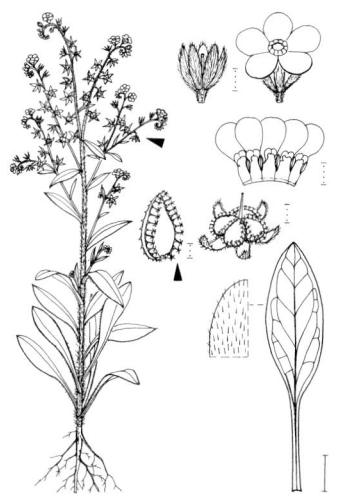

Herabgebogener I. – *L. deflexa* 0,20–0,60 ① ☉ 6–8 (hellblau, Schlundschuppen gelb)

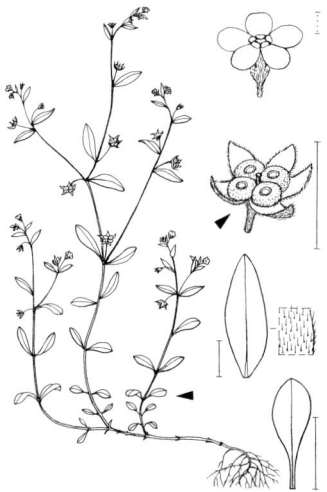

Wald-Gedenkemein – *Memoremea scorpioides* 0,10–0,30 ① 4–5 (hellblau, Schlundschuppen gelb)

Frühlings-Gedenkemein – *Omphalodes verna* 0,05–0,20 ♃ 4–5 (himmelblau, Schlundschuppen weiß, meist rot punktiert)

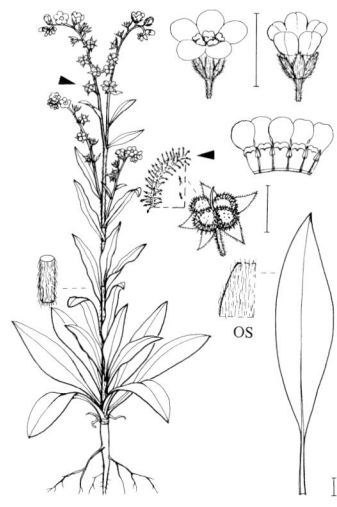

Echte Hundszunge – *Cynoglossum officinale* 0,30–0,80 ☉ ⊗ 5–7 (braunrot, Schlundschuppen purpurn)

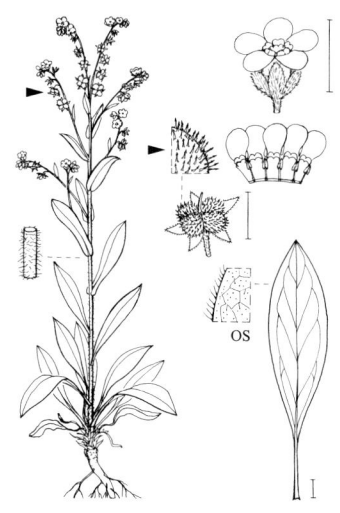

Deutsche H. – *C. germanicum* 0,30–1,00 ☉ ⊗ 5–7 (rotviolett, Schlundschuppen ebenso)

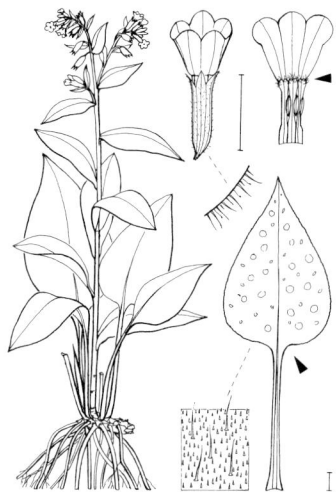

*Echtes Lungenkraut – *Pulmonaria officinalis* 0,10–0,30 ♃ 3–5 (erst hellrot, dann rot- bis blauviolett) ↗ S. 811

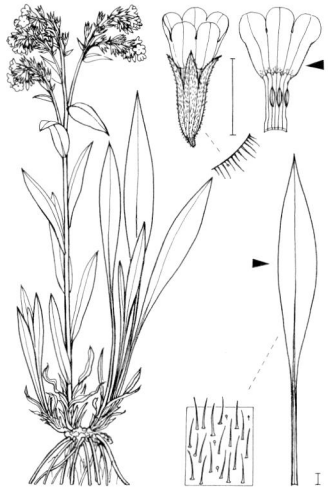

Schmalblättriges L. – *P. angustifolia* 0,10–0,30 ♃ 3–5 ▽ (erst hellrot, dann azurblau)

BORAGINACEAE 579

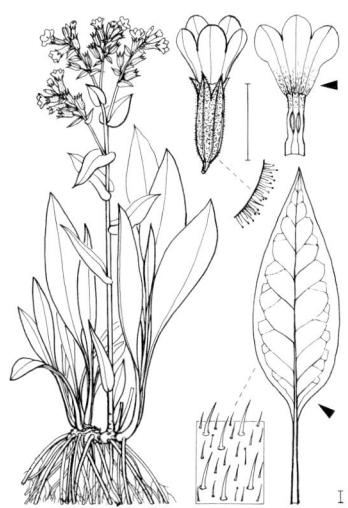

**Weiches Lungenkraut – *Pulmonaria mollis* 0,15–0,40 ⚷ 4–5 ▽ (erst hellrot, dann rot- bis blauviolett. SommerBla graugrün) ↗ S. 811

Hügel-L. – *P. collina* 0,10–0,25 ⚷ 3–5 (erst hellrot, dann blauviolett)

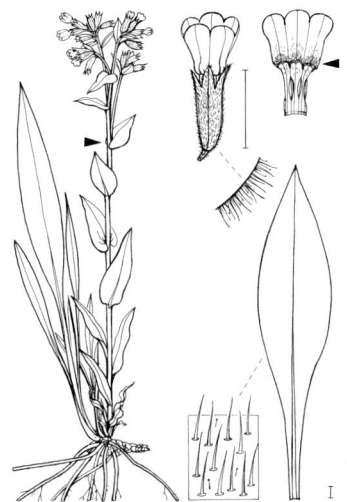

Knolliges L. – *P. montana* 0,10–0,50 ⚷ 3–5 ▽ (erst hellrot, dann dunkelviolett)

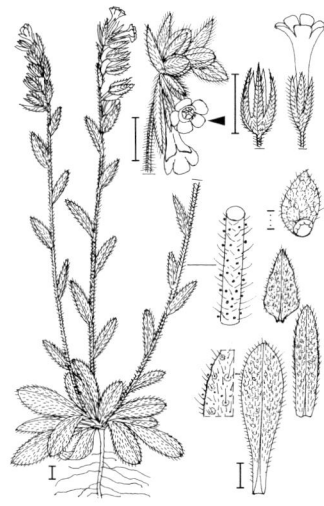

Gelbes Mönchskraut – *Nonea lutea* (0,15–)0,20–0,30(–0,40) ① ☉ 4–6(–9) (gelb)

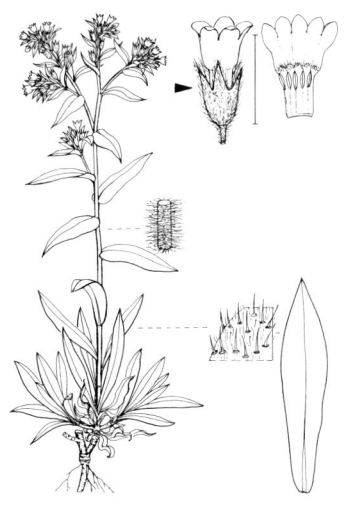

Braunes Mönchskraut – *Nonea pulla* 0,20–0,50 ♃ 5–8 (dunkel purpurbraun bis schwarzviolett)

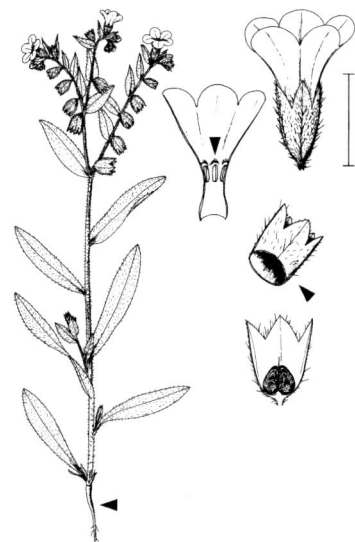

Rosa M. – *N. versicolor* 0,20–0,40 ☉ ⊙ 6–7 (erst purpurrosa, dann braunviolett)

***Gewöhnlicher Beinwell** – *Symphytum officinale* 0,30–1,00 ♃ 5–7 (rotviolett od. gelblichweiß) ↗ S. 812

***Futter-B.** – *S.* ×*uplandicum* 1,00–2,00 ♃ 6–9 (purpurn) ↗ S. 812

BORAGINACEAE 581

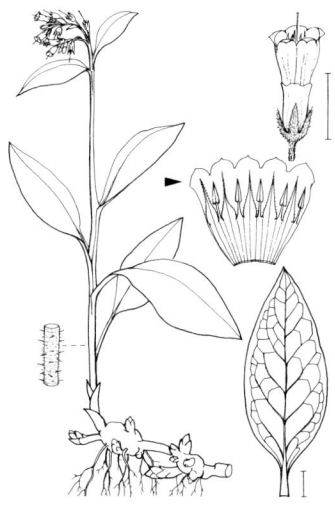

Knoten-Beinwell – *Symphytum tuberosum* 0,15–0,40 ♃ 4–5 (blassgelb)

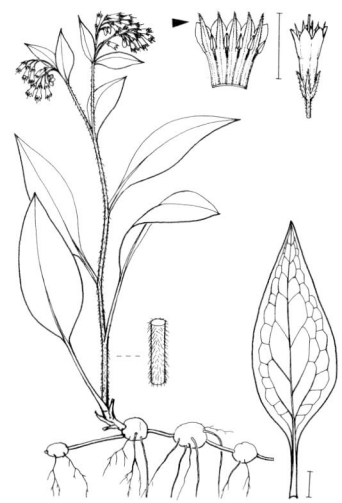

Knollen-B. – *S. bulbosum* 0,20–0,50 ♃ 4–5 (blassgelb)

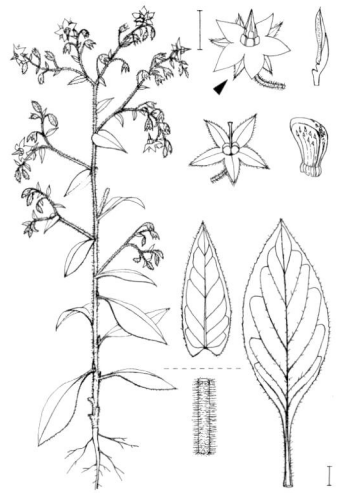

Borretsch – *Borago officinalis* 0,15–0,60 ☉ 6–7(–10) (himmelblau, Schlundschuppen weiß, StaubBla violett)

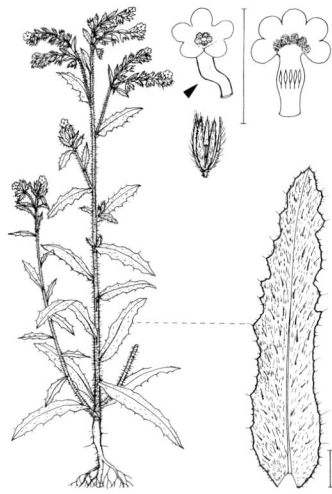

Acker-Krummhals – *Anchusa arvensis* 0,20–0,40 ☉ ① 5–9 (blassblau, Schlundschuppen u. Röhre weiß)

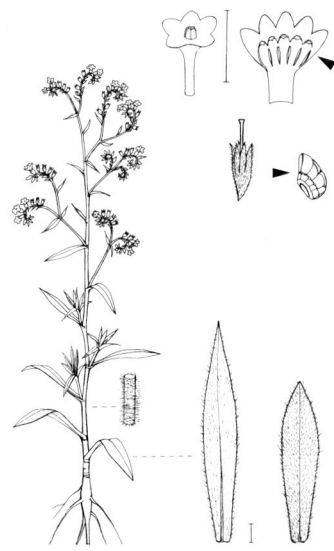

Gebräuchliche Ochsenzunge – *Anchusa officinalis* 0,30–0,80 ⊙ ⊛ 5–9 (blauviolett, Schlundschuppen weiß)

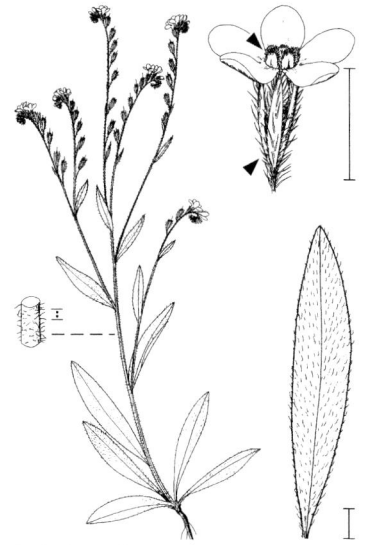

Italienische O. – *A. azurea* 0,60–1,30 ⊙ ⊛ 5–9 (himmelblau, Schlundschuppen weiß)

Großblättriges Kaukasusvergissmeinnicht – *Brunnera macrophylla* 0,20–0,50 ♃ 4–5 (himmelblau)

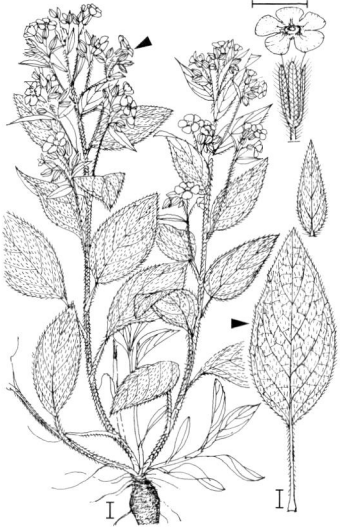

Immergrüne Fünfzunge – *Pentaglottis sempervirens* 0,30–0,70 ♃ 4–6 (himmelblau, Schlundschuppen weiß)

BORAGINACEAE · CONVOLVULACEAE

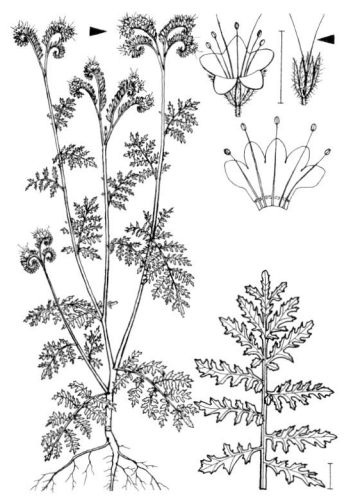

Rainfarn-Phazelie – *Phacelia tanacetifolia* 0,30–0,70 ☉ 6–10 (hellblau bis blauviolett) ↗ S. 812

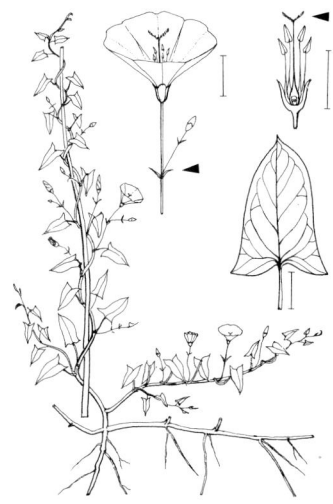

Acker-Winde – *Convolvulus arvensis* 0,20–0,80 ⚹ 6–9 (weiß mit rosa Streifen od. rosa, außen dunkler)

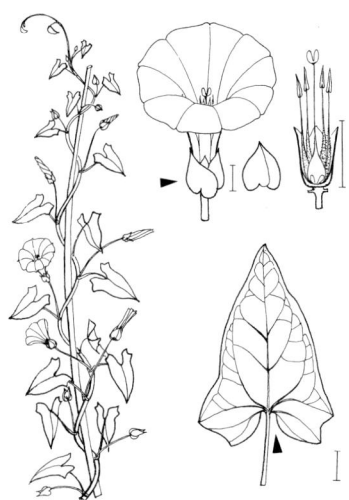

Wald-Zaunwinde – *Calystegia silvatica* 1,00–3,00 ⚹ 6–9 (weiß od. hellrosa u. weiß gestreift)

Schöne Z. – *C. pulchra* 1,00–3,00 ⚹ 6–9 (rosa, meist weiß gestreift)

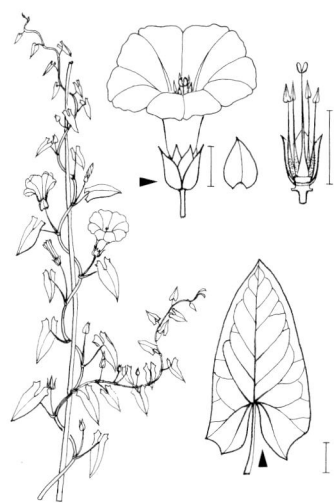

**Gewöhnliche Zaunwinde – *Calystegia sepium* 1,00–3,00 ♃ 6–9 (weiß, selten blassrosa) ↗ S. 812

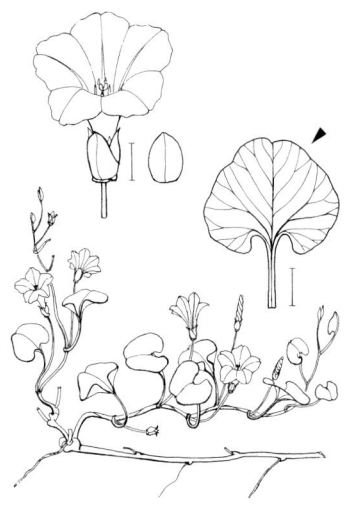

Strandwinde – *C. soldanella* 0,10–0,50 ♃ 7–8 ▽ (rosa, weiß gestreift. Bla fleischig)

Pappel-Seide – *Cuscuta lupuliformis* 0,50–2,00 ⊙ 7–9 (rötlich bis weiß. Stg gelblich bis purpurn)

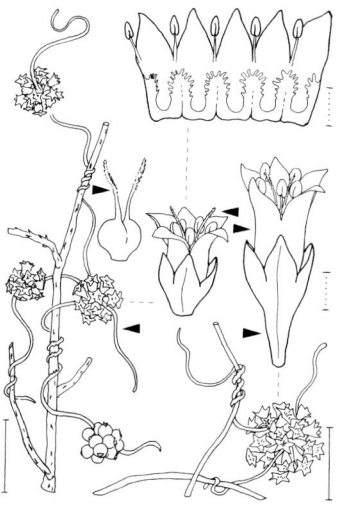

**Quendel-S. – *C. epithymum* 0,20–0,80 ⊙ 7–9 (rosa bis weiß. Stg meist purpurrot). ↗ S. 812

CONVOLVULACEAE

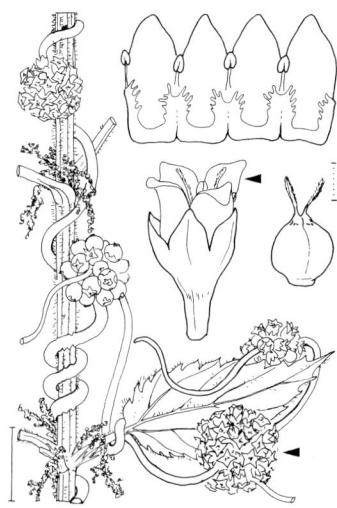

Europäische Seide – *Cuscuta europaea* 0,30–1,50 ⊙ 6–8 (rötlich od. weißlich. Stg gelblich bis rötlich)

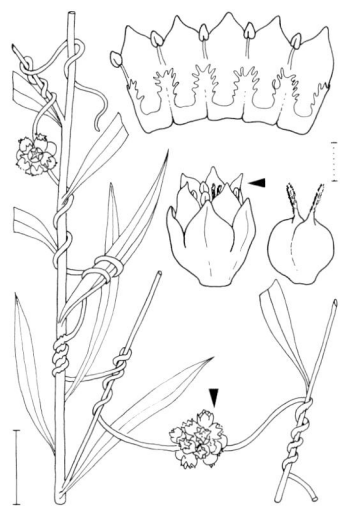

Flachs-S. – *C. epilinum* 0,30–0,50 ⊙ 6–8 (gelblichweiß. Stg grünlichgelb) †

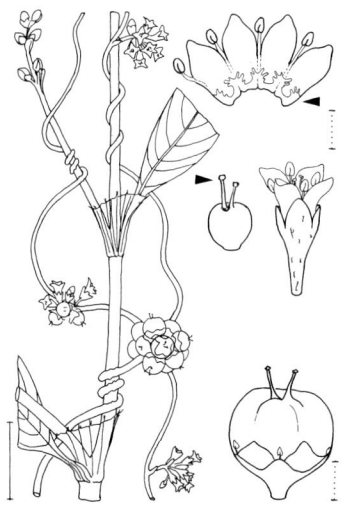

Südliche S. – *C. scandens* 0,20–0,50 ⊙ 6–9 (weißlich, duftend. Stg gelblich bis orange)

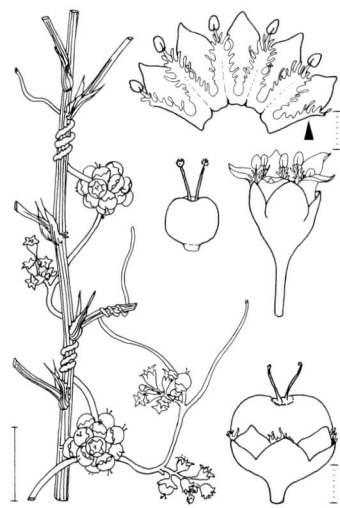

Nordamerikanische S. – *C. campestris* 0,20–0,50 ⊙ 7–9 (grünlichweiß. Stg gelborange)

CONVOLVULACEAE · SOLANACEAE

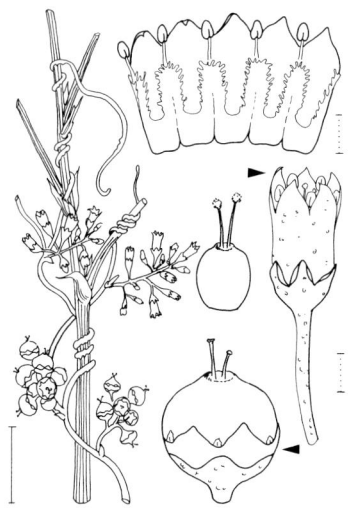

Chilenische Seide – *Cuscuta suaveolens* 0,20–0,50 ⊙ 8–9 (weißlich, duftend. Stg gelborange)

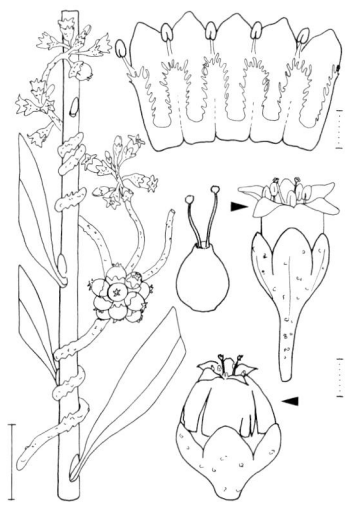

Gronovius-S. – *C. gronovii* 0,50–2,00 ⊙ 8–9 (weiß. Stg lebhaft orange)

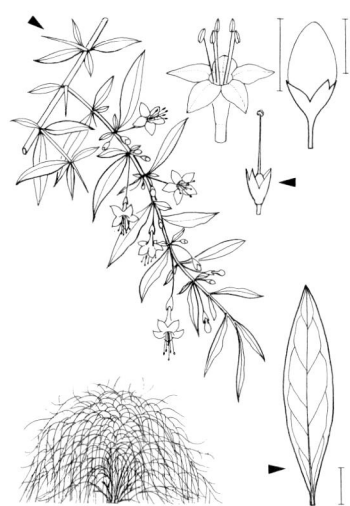

Gewöhnlicher Bocksdorn – *Lycium barbarum* 1,00–3,00 ♄ 6–9 (hellpurpurn. Beere scharlachrot)

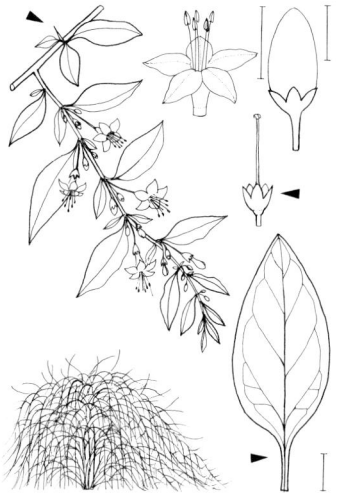

Chinesischer B. – *L. chinense* 1,00–3,00 ♄ 6–9 (purpurviolett. Beere scharlachrot)

SOLANACEAE 587

Echte Tollkirsche – *Atropa bella-donna* 0,50–1,50 ♃ 6–8 (außen violett-braun, innen schmutziggelb, purpurn geadert. Beere glänzend schwarz)

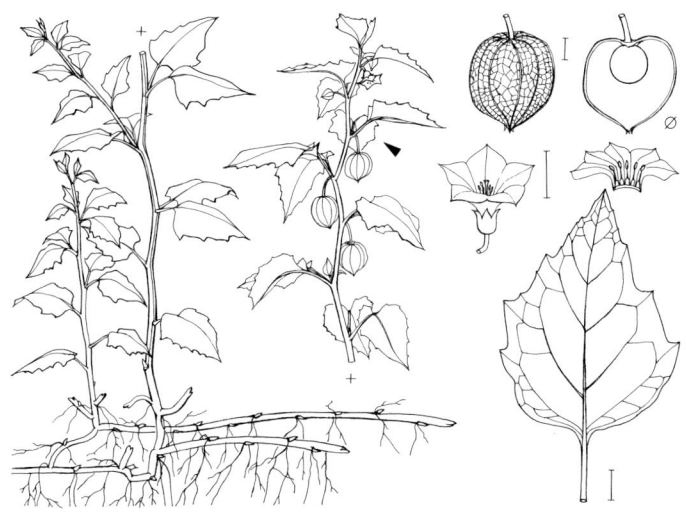

Gewöhnliche Blasenkirsche – *Physalis alkekengi* 0,25–0,60(–1,00) ♃ 5–8 (grünlichweiß. FrKn u. Beere orangerot)

Peruanische Blasenkirsche – *Physalis peruviana* 0,30–1,00 ⊙ 7–8 (gelb mit dunklen Schlundflecken. FrKn u. Beere gelb)

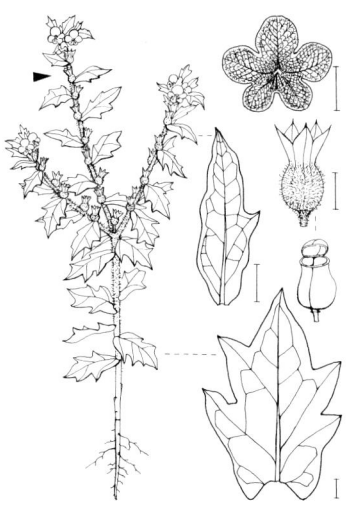

Schwarzes Bilsenkraut – *Hyoscyamus niger* 0,20–0,80 ⊙ ⊙ 6–10 (gelblich, violett geadert)

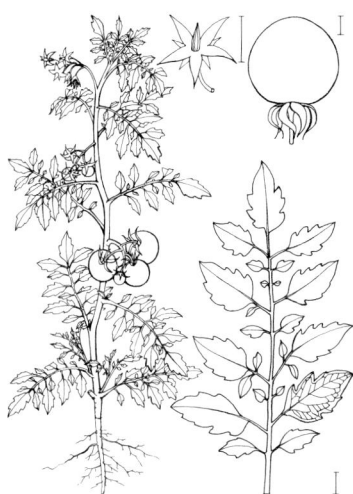

Garten-Tomate – *Solanum lycopersicon* 0,40–1,50 ⊙ 5–10 (gelb. Beere rot, selten gelb)

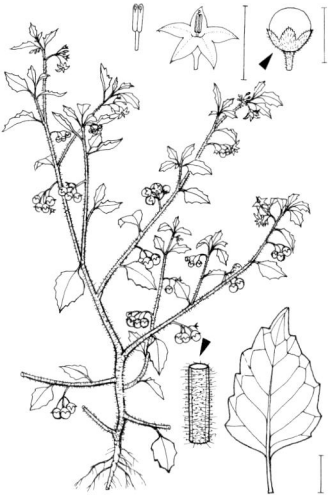

Argentinischer Nachtschatten – *S. nitidibaccatum* 0,10–0,40 ⊙ 6–10 (weiß. Beere dunkelgrün bis braunviolett)

SOLANACEAE

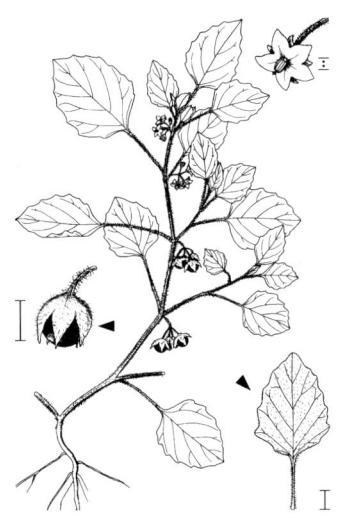

Saracha-Nachtschatten – *Solanum sarrachoides* 0,25–0,60 ⊙ 6–10 (weiß. Beere blassgrün)

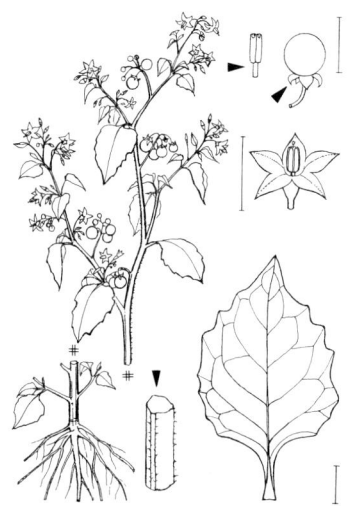

*Schwarzer N. – *S. nigrum* 0,10–0,80 ⊙ 6–10 (weiß. Beere meist schwarz. Pfl dunkelgrün) ↗ S. 812

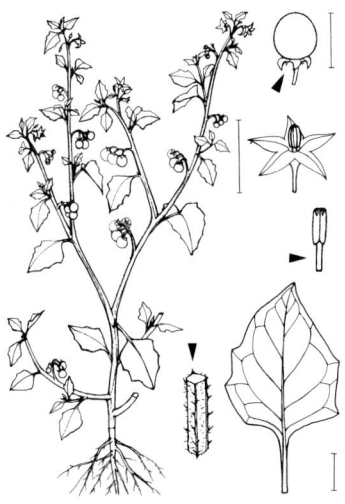

Rotbeeriger N. – *S. alatum* 0,10–0,45 ⊙ 6–10 (weiß. Beere mennigrot. Pfl dunkelgrün)

Gelbbeeriger N. – *S. villosum* 0,10–0,50 ⊙ 6–10 (weiß. Beere meist goldgelb. Pfl gelbgrün)

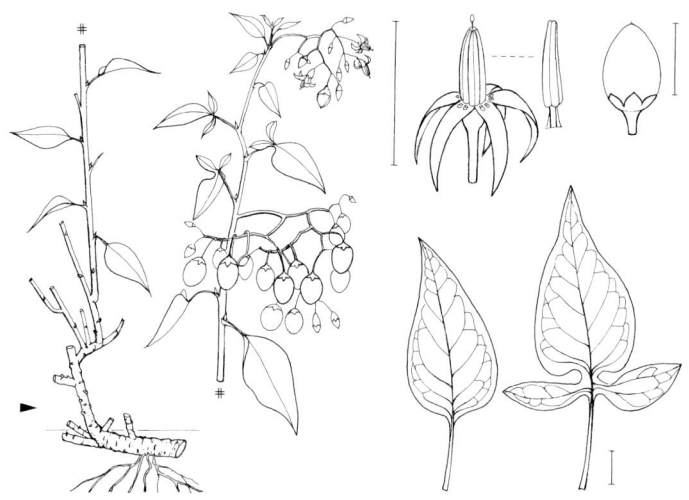

Bittersüßer Nachtschatten – *Solanum dulcamara* 0,30–2,00 ♄ 6–8 (violett, am Grund grün gefleckt. Beere scharlachrot)

Kartoffel – *S. tuberosum* 0,40–1,00 ♃ 7–10 (weiß, bläulich od. lila. Beere hellgrün)

Dreiblütiger N. – *S. triflorum* 0,15–1,00 ☉ 6–9 (weiß. Beere grün u. weiß marmoriert)

SOLANACEAE

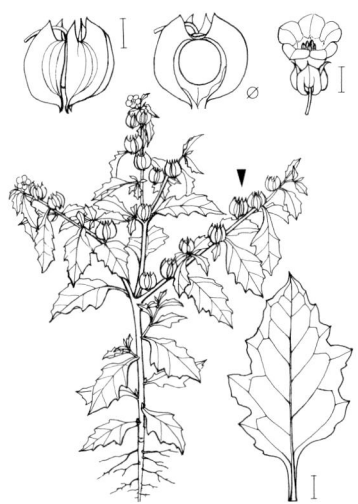

Giftbeere – *Nicandra physalodes*
0,30–1,00 ☉ 7–10 (hellblau, Grund weiß.
FrKn grasgrün)

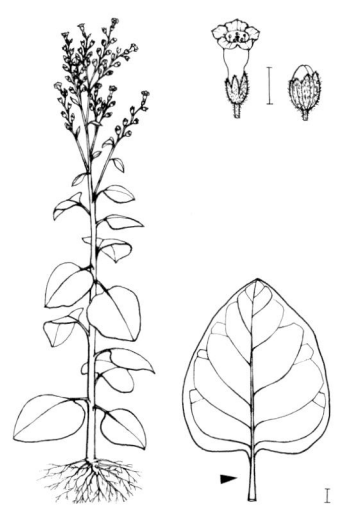

Bauern-Tabak – *Nicotiana rustica*
0,60–1,20 ☉ 6–9 (grünlichgelb)

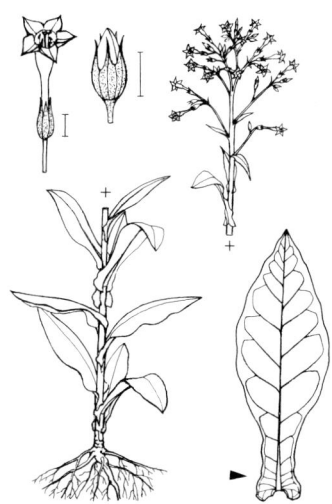

Virginischer T. – *N. tabacum* 0,75–3,00 ☉
6–9 (rot, rosa od. weiß)

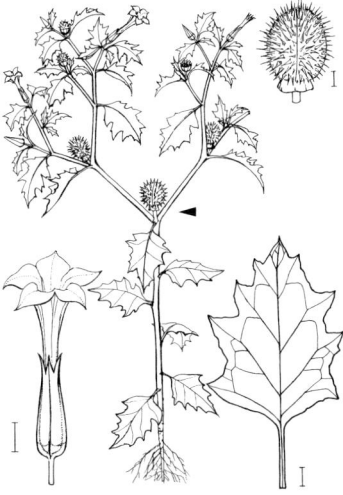

Weißer Stechapfel – *Datura stramonium*
0,30–1,20 ☉ 6–10 (weiß, selten blauviolett. Fr auch stachellos)

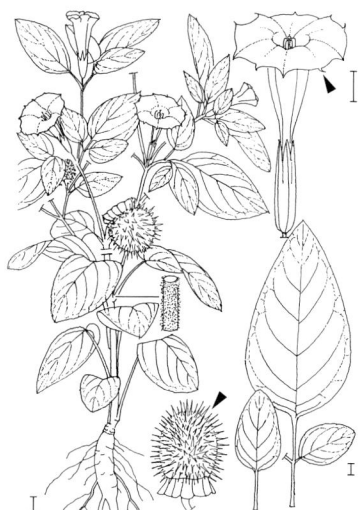

Feinstacheliger Stechapfel – *Datura innoxia* 0,50–1,20 ⊙ 8–10 (weiß)

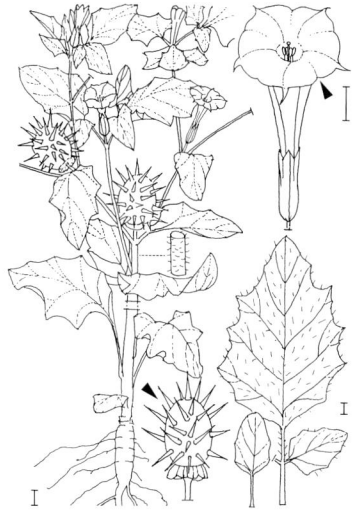

Furchtbarer S. – *D. ferox* 0,30–1,40 ⊙ 6–9 (weiß)

Hängende Forsythie – *Forsythia suspensa* 1,50–3,00 ♄ 4–5 (gelb bis dottergelb, Schlund dunkler)

Blumen-Esche – *Fraxinus ornus* Bis 10,00 ♄ 4–6 (weiß. Knospen graufilzig)

OLEACEAE

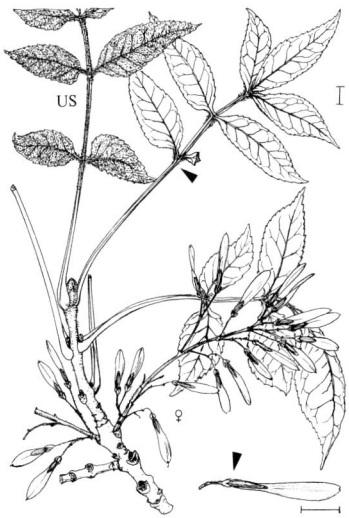

Gewöhnliche Esche – *Fraxinus excelsior* Bis 40,00 ♄ 4–5 (braun, dann schwärzlich. Knospen schwarzfilzig)

Rot-E. – *F. pennsylvanica* Bis 25,00 ♄ 4–5 (hellbraun. Knospen zimtbraun filzig) ↗ S. 812

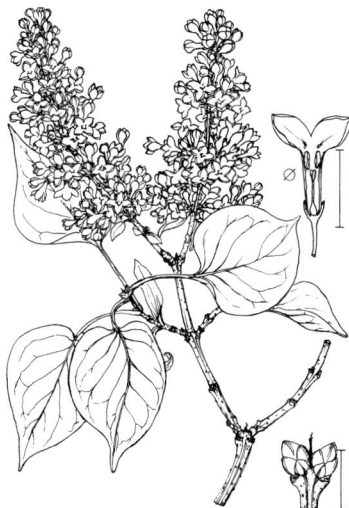

Gewöhnlicher Flieder – *Syringa vulgaris* 2,00–8,00 ♄ 4–5 (hell- bis dunkelviolett od. weiß)

Gewöhnlicher Liguster – *Ligustrum vulgare* 0,50–5,00 ♄ 6–7 (rahmweiß, StaubBla gelb. Fr schwarz, glänzend) ↗ S. 812

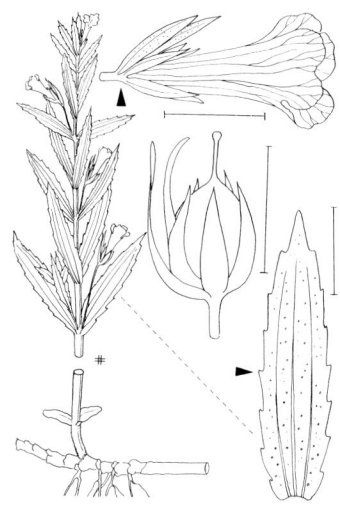

Gottes-Gnadenkraut – *Gratiola officinalis*
0,15–0,40 ⚁ 6–8 ▽ (weiß, rötlich geadert)
↗ S. 812

Garten-Löwenmaul – *Antirrhinum majus*
0,30–0,70 ⊙ ⚁ ℎ 6–9 (verschiedenfarbig,
Gaumen meist gelb)

Klaffmund – *Chaenorhinum minus*
0,05–0,25 ⊙ 6–10 (gelblich-weiß bis hell-
lila, Gaumen gelblich) ↗ S. 812

Ackerlöwenmaul – *Misopates orontium*
0,10–0,30 ⊙ 7–10 (purpurrosa, dunkler
gestreift)

PLANTAGINACEAE

Asarine – *Asarina procumbens* 0,10–0,50 lg ♃ 7–9 (blassgelb, rosa gestreift, Gaumen gelb)

Mauer-Zimbelkraut – *Cymbalaria muralis* 0,10–0,40 lg ☉ ♃ 6–9 (hellviolett, Gaumen gelb)

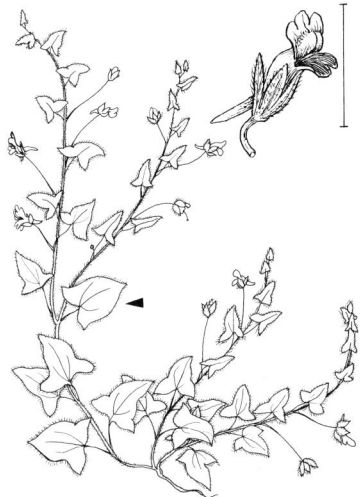

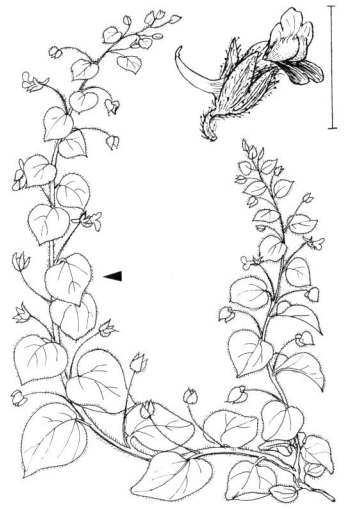

Spießblättriges Tännelkraut – *Kickxia elatine* 0,08–0,40 ☉ 6–10 (hellgelb, Oberlippe innen violett)

Eiblättriges T. – *K. spuria* 0,08–0,40 ☉ 7–9 (hellgelb, Oberlippe innen violett)

Gänseblümchen-Lochschlund –
Anarrhinum bellidifolium 0,25–0,70 ⊙ ⚃
6–8 (hellviolett)

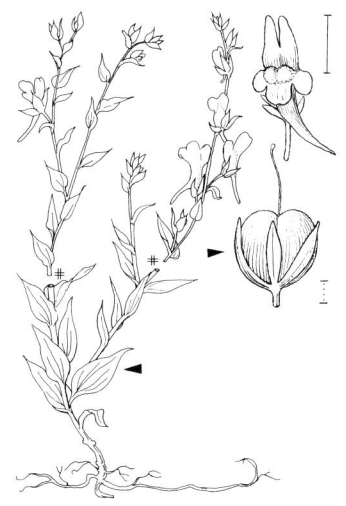

Ginsterblättriges Leinkraut – *Linaria genistifolia* 0,30–1,00 ⚃ 6–10 (hellgelb, Gaumen orange) ↗ S. 812

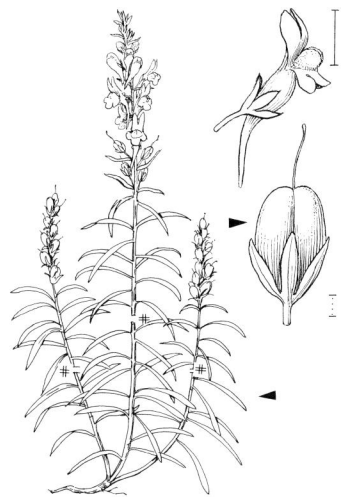

Gewöhnliches L. – *L. vulgaris* 0,20–0,75 ⚃ 6–10 (hellgelb, Gaumen orange)

Ruten-L. – *L. spartea* 0,20–0,60 ⊙ 5–8 (hellgelb, Gaumen orange)

PLANTAGINACEAE

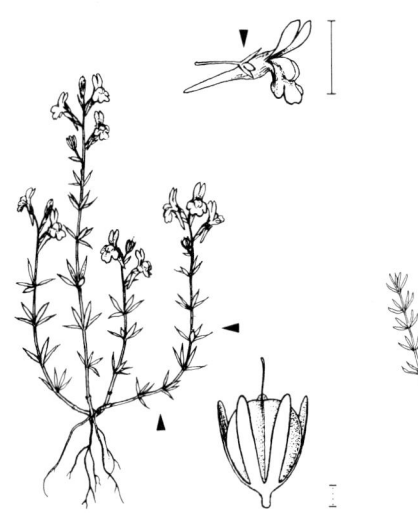

Alpen-Leinkraut – *Linaria alpina* 0,05–0,10 ⚃ 6–7 (blauviolett, Gaumen orangegelb)

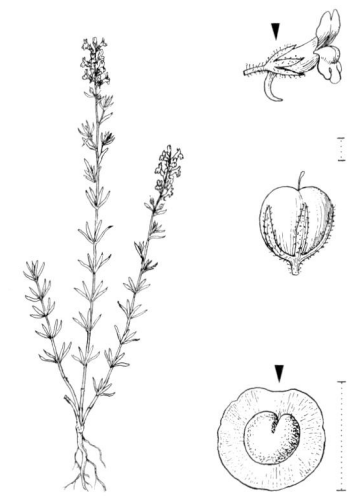

Acker-L. – *L. arvensis* 0,15–0,30 ⊙ 7–9 (blaulila, Gaumen weißlich, violett geadert)

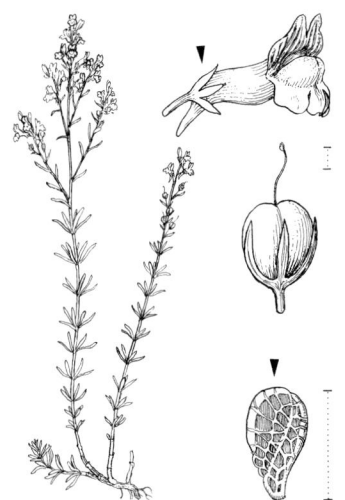

Streifen-L. – *L. repens* 0,20–0,60 ⚃ 7–8 (bläulich- bis gelblichweiß, Gaumen gelb, Oberlippe violett gestreift) ↗ S. 812

Roter Fingerhut – *Digitalis purpurea* 0,70–1,50 ⊙ ⚃ 6–8 (purpurn, innen dunkelrot gefleckt)

PLANTAGINACEAE

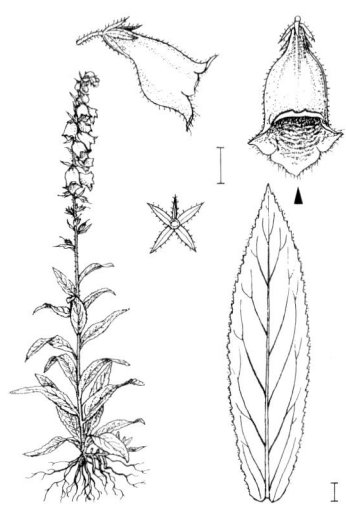

Großblütiger Fingerhut – *Digitalis grandiflora* 0,40–1,00 ⚇ 6–8 ▽ (hellgelb, innen braun geadert)

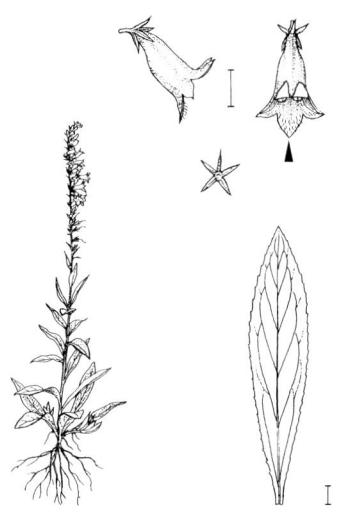

Gelber F. – *D. lutea* 0,50–1,00 ⚇ 6–8 ▽ (hellgelb)

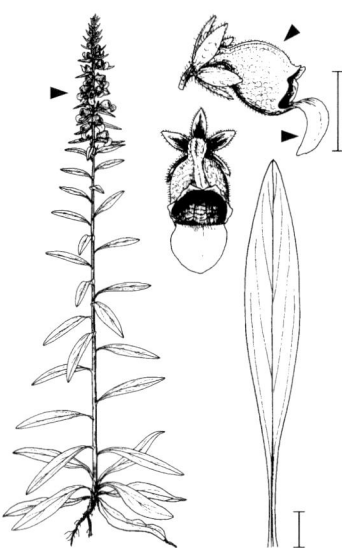

Wolliger F. – *D. lanata* 0,50–1,20 ☉ 6–7 (weiß bis cremegelb, innen braun od. violett geadert)

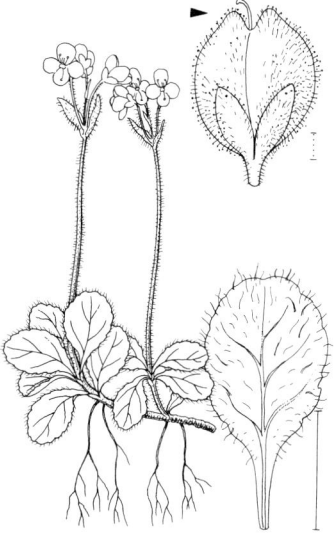

Nacktstiel-Ehrenpreis – *Veronica aphylla* 0,03–0,08 ⚇ 6–8 (hell lilablau)

PLANTAGINACEAE

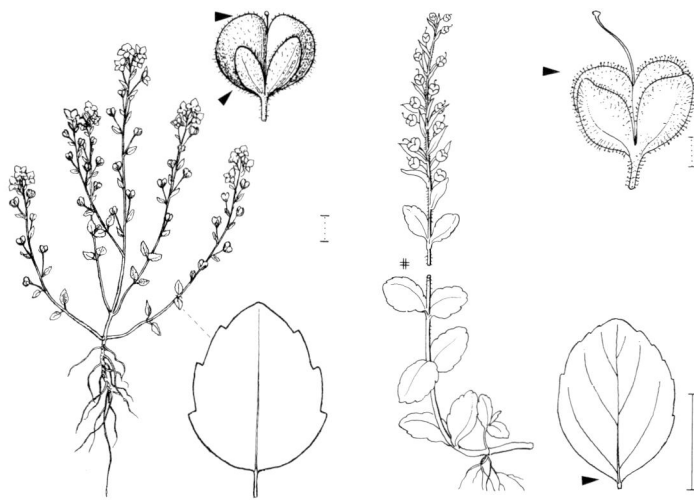

Kölme-Ehrenpreis – *Ver_o_nica acinif_o_lia* 0,05–0,15 ⊙ 4–6 (blau, dunkler geadert)

Quendel-E. – *V. serpyllif_o_lia* 0,03–0,40 lg ♃ 5–9 (weiß od. bläulich, blau geadert)

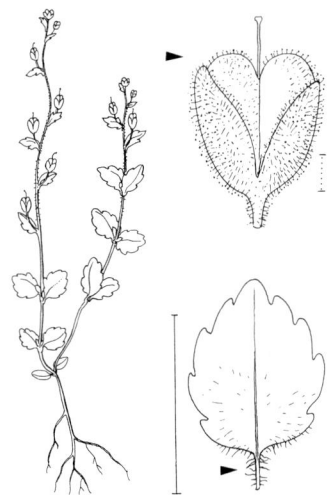

Früher E. – *V. pr_ae_cox* 0,05–0,20 ⊙ 3–5 (blau)

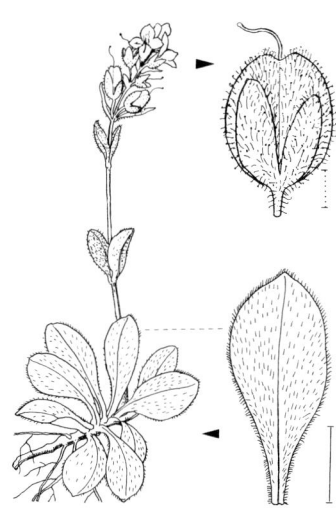

Gänseblümchen-E. – *V. bellidi_oi_des* 0,05–0,25 ♃ 7–8 (dunkelblau)

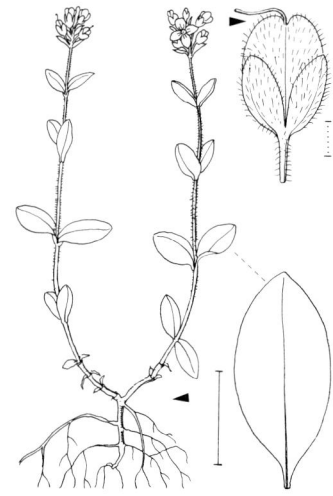

Alpen-Ehrenpreis – *Veronica alpina* 0,03–0,20 ♃ 7–8 (tiefblau)

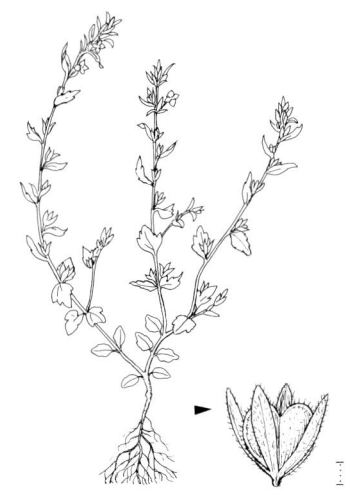

Feld-E. – *V. arvensis* 0,03–0,25 ☉ 3–6(–10) (azurblau)

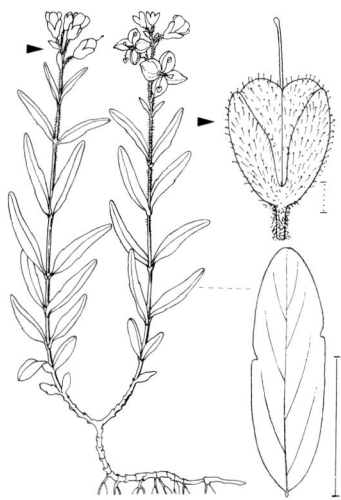

Halbstrauch-E. – *V. fruticulosa* 0,10–0,25 ♄ 6–7 (rosa, dunkler geadert)

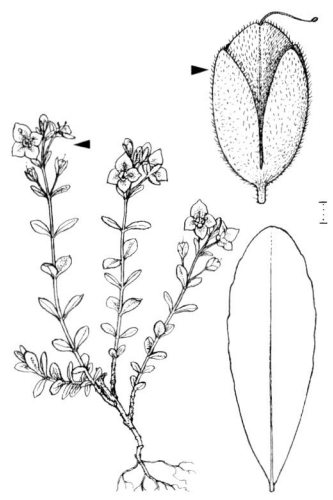

Felsen-E. – *V. fruticans* 0,05–0,15 ♄ 6–8 (tiefblau mit purpurnem Schlundring u. weißem Schlund)

PLANTAGINACEAE

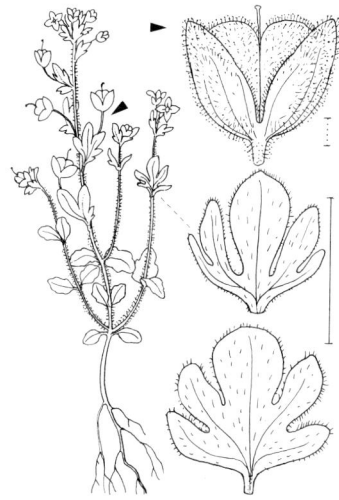

Finger-Ehrenpreis – *Veronica triphyllos* 0,05–0,20 ① (3–)4–5 (dunkelblau)

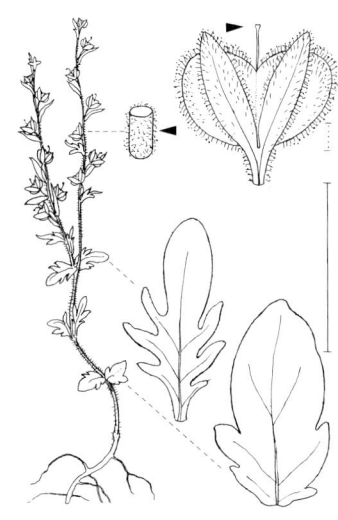

Dillenius-E. – *V. dillenii* 0,05–0,30(–0,40) ① 4–5 (dunkelblau)

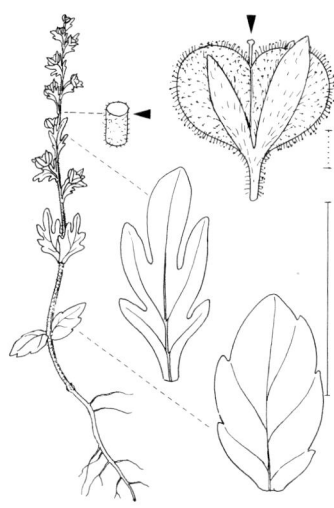

Frühlings-E. – *V. verna* 0,03–0,15(–0,20) ① 4–5 (himmelblau)

Fremder E. – *V. peregrina* 0,05–0,25 ⊙ ⊙ 5–6 (weiß)

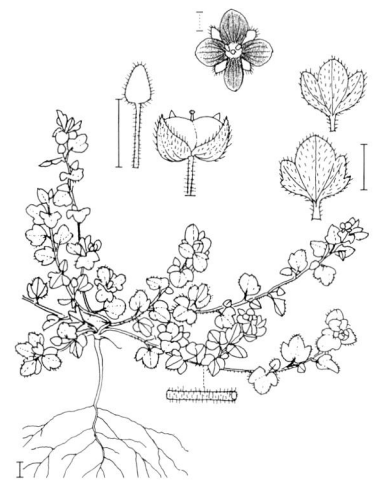

Efeu-Ehrenpreis – *Veronica hederifolia* 0,02–0,15 hoch, 0,05–0,40 lg ① 3–5 (hellblau od. blasslila, Zentrum weiß)

Dreilappen-E. – *V. triloba* 0,02–0,05 hoch, 0,05–0,30 lg ① 3–5 (dunkelblau, Zentrum meist weiß)

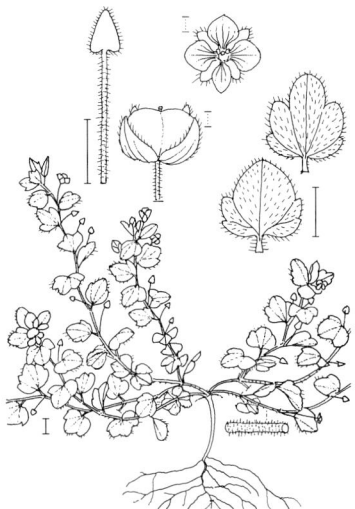

Hecken-E. – *V. sublobata* 0,05–0,15 hoch, 0,05–0,40 lg ① 3–5 (blass(purpur)lila, Zentrum kaum heller)

Persischer E. – *V. persica* 0,03–0,15 hoch, 0,10–0,60 lg ① 1–12 (himmelblau, Schlund gelblich)

PLANTAGINACEAE

Faden-Ehrenpreis– *Veronica filiformis* 0,02–0,07 hoch, 0,20–0,50 lg ⚄ 3–6 (hellblau, dunkler geadert, Schlund gelblich)

Acker-E. – *V. agrestis* 0,10–0,30 lg ☉ 4–10 (weiß od. rosa geadert od. blassblau)

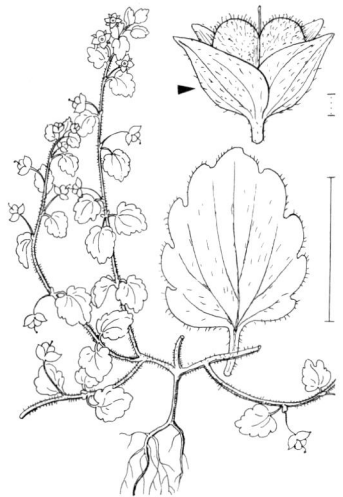

Glanz-E. – *V. polita* 0,10–0,25 lg ☉ 3–10 (Oberlappen tiefblau, Unterlappen hellblau bis weiß)

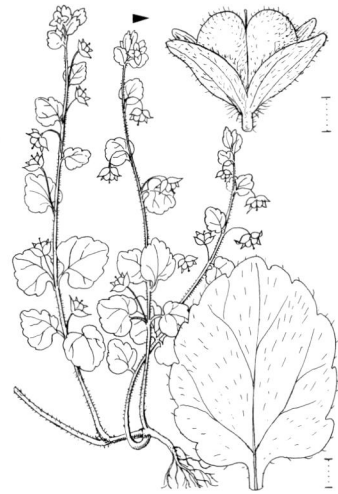

Glanzloser E. – *V. opaca* 0,10–0,40 lg ☉ 3–10 (einfarbig dunkelblau)

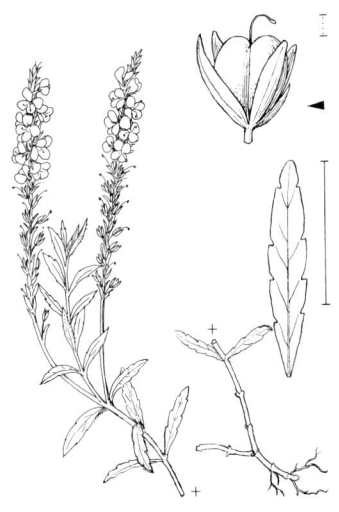
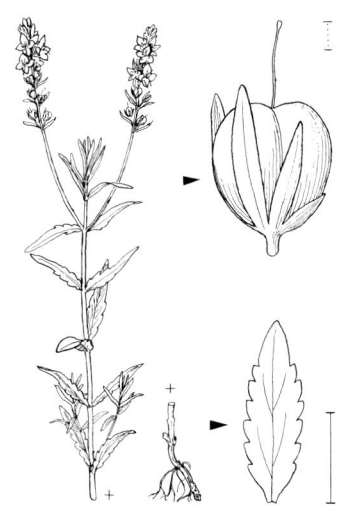

*Liegender Ehrenpreis – *Veronica prostrata* 0,08–0,25 ♃ 4–6 (blaulila, dunkler geadert) ↗ S. 812

Österreichischer E. – *V. austriaca* 0,20–0,40 ♃ 5–6 (dunkelblau)

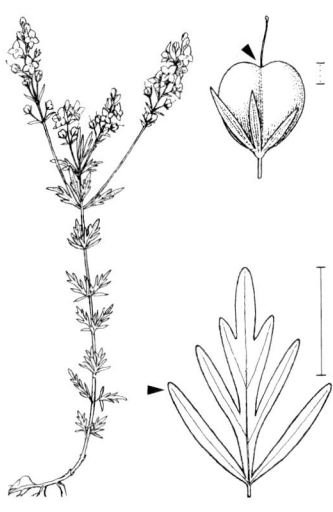
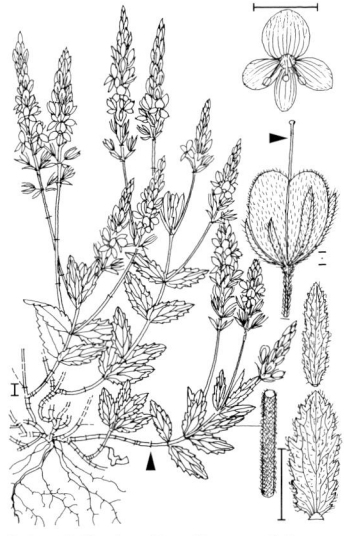

Jacquin-E. – *V. jacquinii* 0,20–0,50 ♃ 5–7 (dunkelblau)

Schmalblättriger E. – *V. angustifolia* 0,05–0,15(–0,20) ♃ 5–7 (himmelblau)

PLANTAGINACEAE

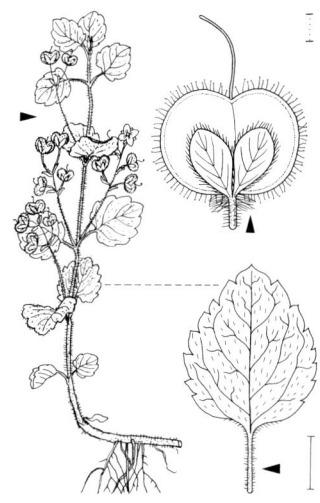

Berg-Ehrenpreis – *Veronica montana* 0,05–0,10 hoch, 0,20–0,50 lg ⚃ 5–6 (lilablau bis blasslila, selten hellblau)

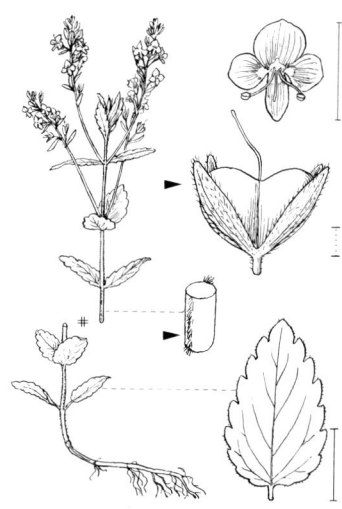

Gamander-E. – *V. chamaedrys* 0,15–0,30(–0,40) ⚃ 4–10 (hellblau bis azurblau, dunkler geadert)

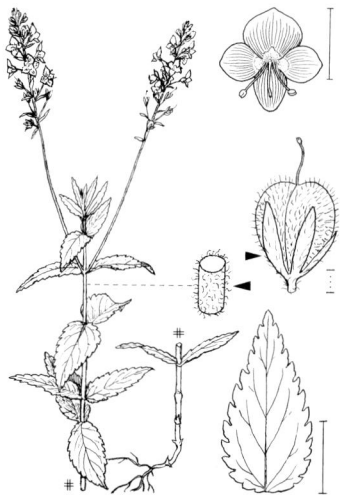

Großer E. – *V. teucrium* (0,30–)0,40–0,80 ⚃ 6–8 (tiefblau, dunkler geadert)

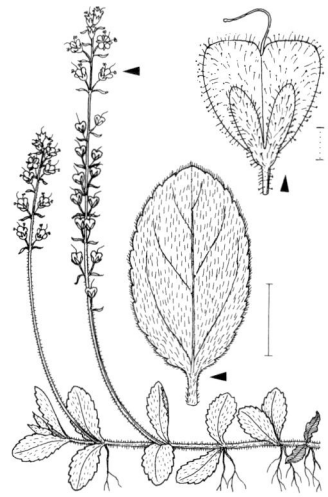

Echter E. – *V. officinalis* 0,05–0,10 hoch, 0,15–0,40 lg ⚃ 6–8 (hell- bis purpurlila, dunkler geadert)

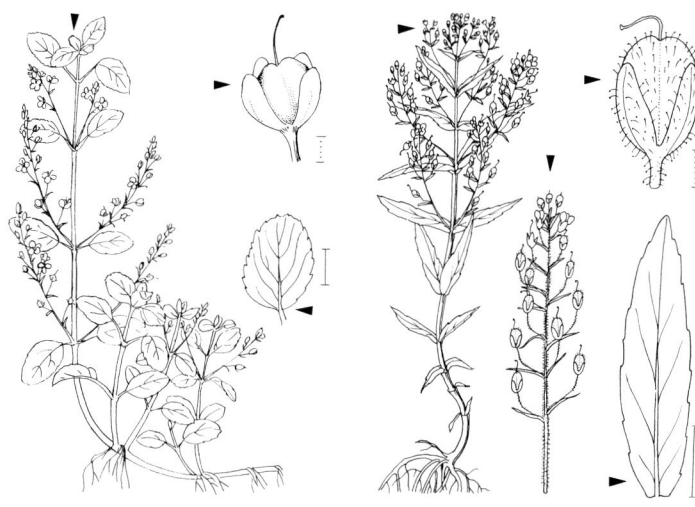

Bach-Ehrenpreis – *Veronica beccabunga* 0,05–0,20 hoch, 0,20–0,60 lg ⚄ 5–8 (himmelblau)

Schlamm-E. – *V. anagalloides* 0,15–0,60 ⊙ 6–10 (weißlich, violett geadert)

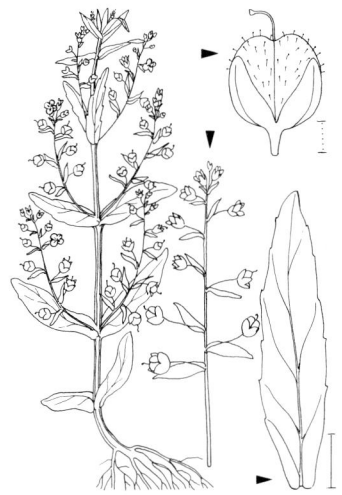
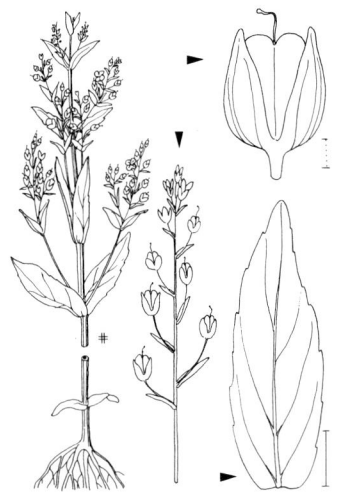

Roter Wasser-E. – *V. catenata* 0,15–0,70 ⊙ ⚄? 6–10 (weiß bis hellrosa, purpurn geadert)

Blauer Wasser-E. – *V. anagallis-aquatica* 0,10–0,80 ⊙ ⚄ 5–10 (blaulila bis lila, dunkler geadert)

Rispen-Blauweiderich – *Veronica spuria* 0,50–1,20 ♃ 7 (azurblau) †

Ähren-B. – *V. spicata* 0,15–0,40(–0,50) ♃ (6–)7–9 ▽ (blaulila)

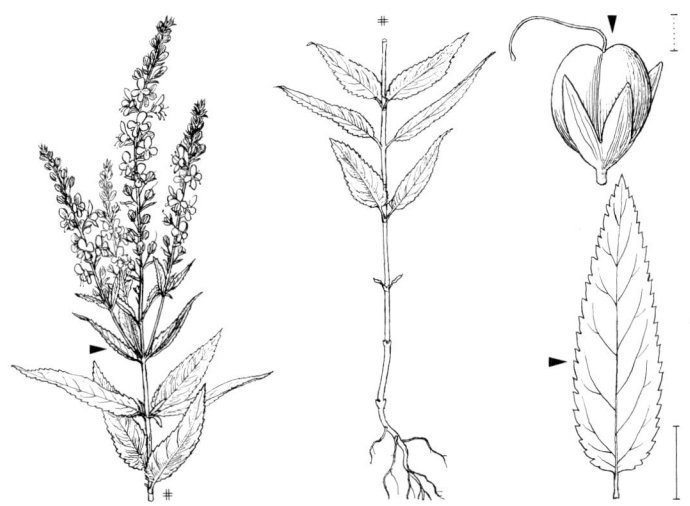

Langblättriger Blauweiderich – *Veronica longifolia* 0,50–1,20 ♃ 6–8 ▽ (blaulila)

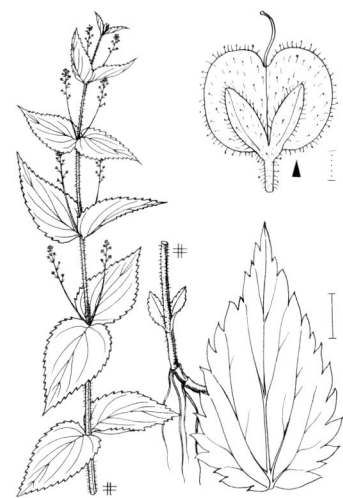

Nesselblatt-Ehrenpreis – *Veronica urticifolia* 0,30–0,70 ⚃ 5–8 (blassrosa od. weiß)

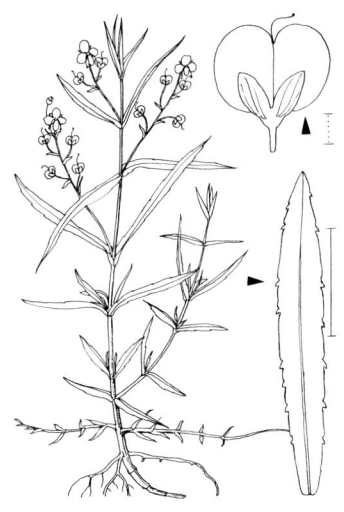

Schild-E. – *V. scutellata* 0,10–0,45 ⚃ 6–9 (weißlich, rosa- od. blaugestreift)

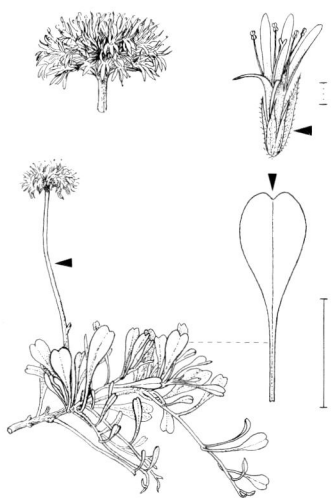

Herzblättrige Kugelblume – *Globularia cordifolia* 0,03–0,10 ℏ 5–7 ▽ (blaulila)

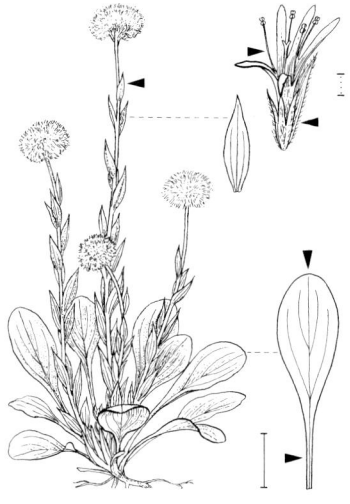

Gewöhnliche K. – *G. bisnagarica* 0,05–0,30 ⚃ (4–)5 ▽ (blaulila)

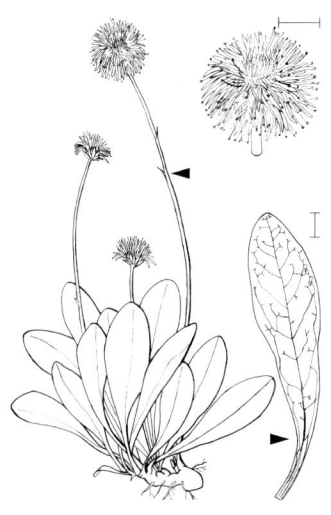

Nacktstängel-Kugelblume – *Globularia nudicaulis* 0,05–0,30 ⚁ 5–7 ▽ (blaulila)

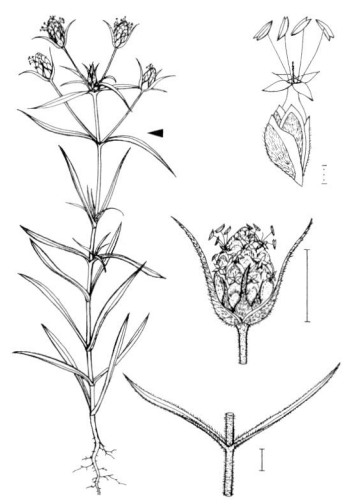

Sand-Wegerich – *Plantago arenaria* 0,15–0,30(–0,60) ⊙ 6–9 (StaubBla gelblich, Kr bräunlichweiß)

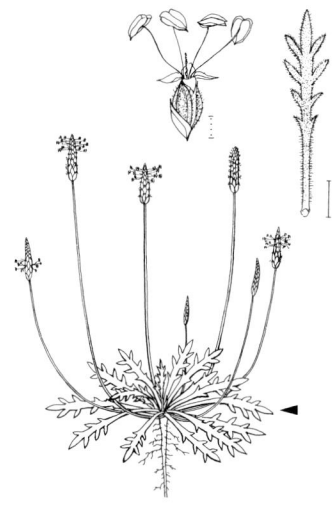

**Krähenfuß-W. – *P. coronopus* 0,03–0,30 ⊙ ① ⊛ 6–9 (StaubBla gelb, Kr weißlich)
↗ S. 812

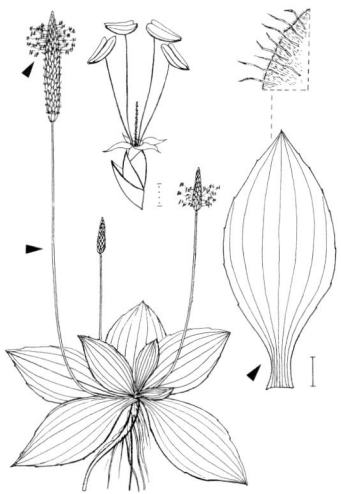

Mittel-W. – *P. media* 0,10–0,45 ⚁ 5–9 (StaubBla lila, Kr weißlich, Blü duftend)

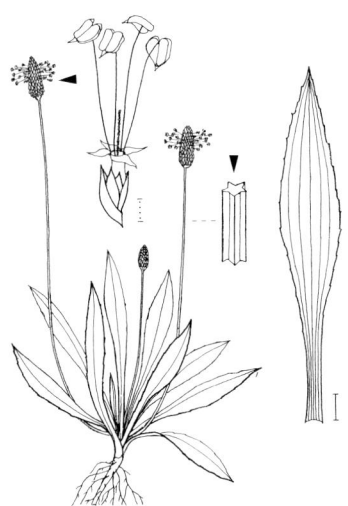

Spitz-Wegerich – *Plantago lanceolata* 0,10–0,50 ♃ 5–9 (StaubBla blassgelb, Kr bräunlich)

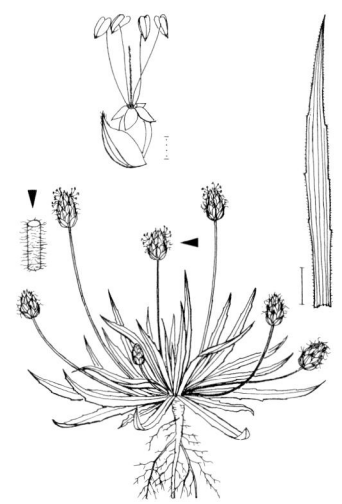

Berg-W. – *P. atrata* 0,05–0,20 ♃ 5–8 (StaubBla blassgelb, Kr bräunlich)

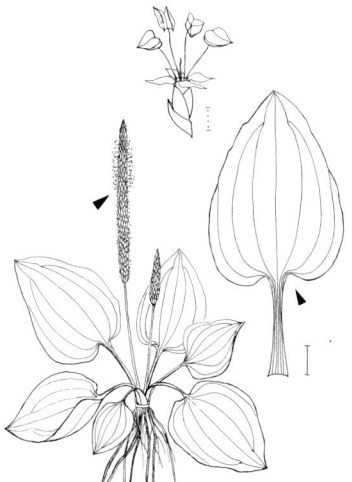

Breit-W. – *P. major* subsp. *major* 0,05–0,40 ♃ 6–10 (StaubBla schmutziggelb, Kr gelblich. Fr mit 6–10 Sa)

Salz-Breit-W. – *P. major* subsp. *winteri* 0,05–0,15 ♃ 6–8 (StaubBla gelblich, Kr gelblich. Fr mit 8–12 Sa)

PLANTAGINACEAE 611

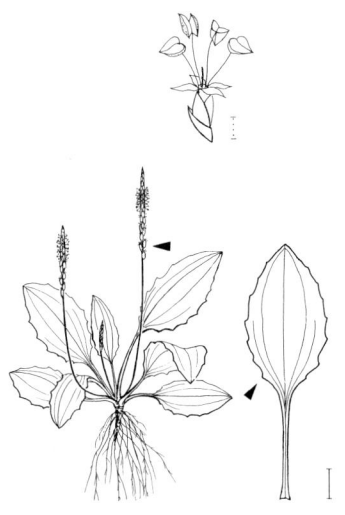

Kleiner Wegerich – *Plantago uliginosa* 0,03–0,15 ⊙ ⊙? 6–10 (StaubBla gelblich, Kr gelblich. Fr mit 9–35 Sa)

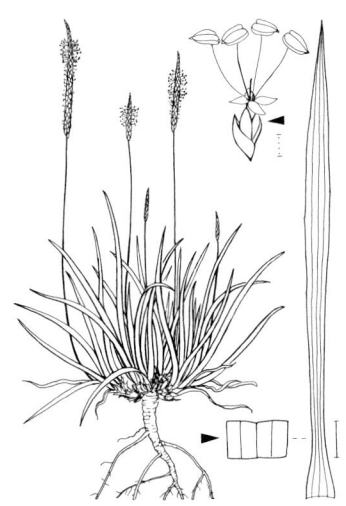

Strand-W. – *P. maritima* 0,15–0,40 ♃ 7–10 (StaubBla sattgelb, Kr bräunlich)

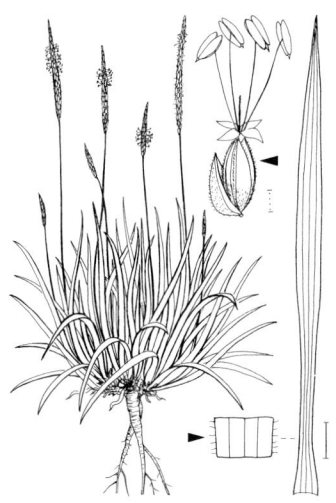

Schlangen-W. – *P. strictissima* 0,10–0,30 ♃ 6–8 (StaubBla sattgelb, Kr weißlich)

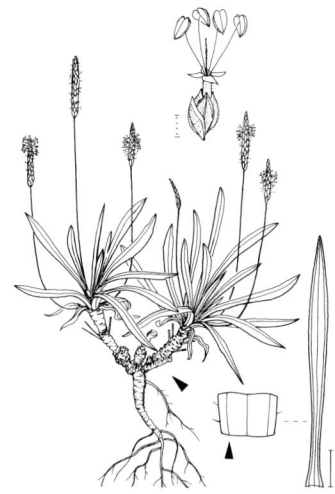

Alpen-W. – *P. alpina* 0,05–0,15 ♃ 5–7 (StaubBla sattgelb, Kr weißlich)

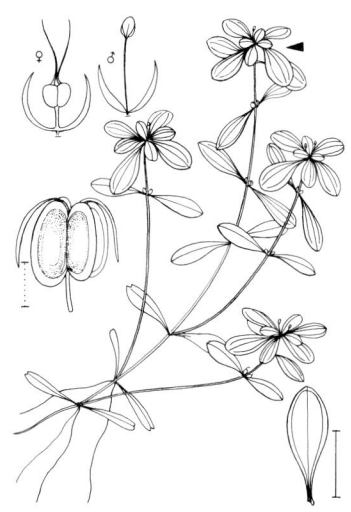

Strandling – *Littorella uniflora* 0,04–0,15 ♃ 5–8 (weißlich. Oft untergetauchte UferPfl)

*Gewöhnlicher Wasserstern – *Callitriche palustris* 0,02–1,00 ♃ ⊙ 4–10 ↗ S. 812

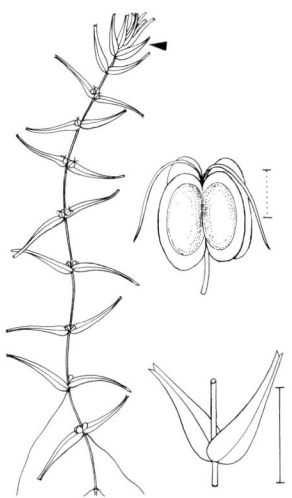

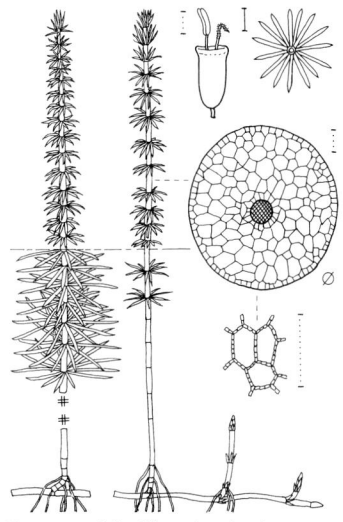

*Herbst-W. – *C. hermaphroditica* 0,10–0,60 ⊙ ♃ 6–9 ↗ S. 812

Tannenwedel – *Hippuris vulgaris* 0,10–1,00 ♃ 6–8 (Stgo vgl. Quirl-Tännel S. 364)

SCROPHULARIACEAE 613

Großblütige Königskerze – *Verbascum densiflorum* 0,50–2,50 ☉ ⊛ 7–9 (hellgelb, 3 Staubfäden weißwollig)

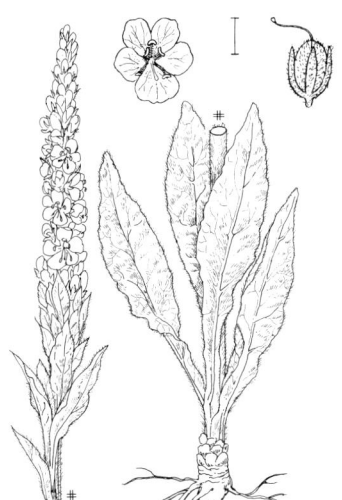

Kleinblütige K. – *V. thapsus* 0,30–1,70 ☉ ⊛ 7–9 (hellgelb, 3 Staubfäden weißwollig)

Windblumen-K. – *V. phlomoides* 0,50–2,00 ☉ 7–8 (hellgelb, 3 Staubfäden weißwollig)

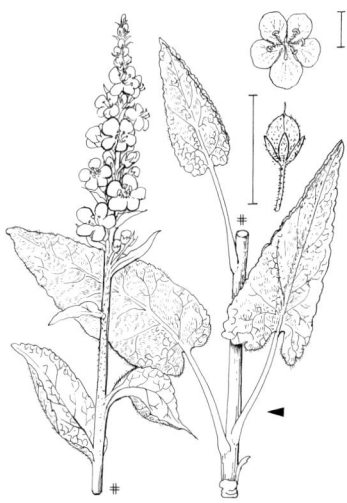

Schwarze K. – *V. nigrum* 0,50–1,20 ♃ 6–9 (gelb mit roten Flecken im Grund, Staubfäden violettwollig)

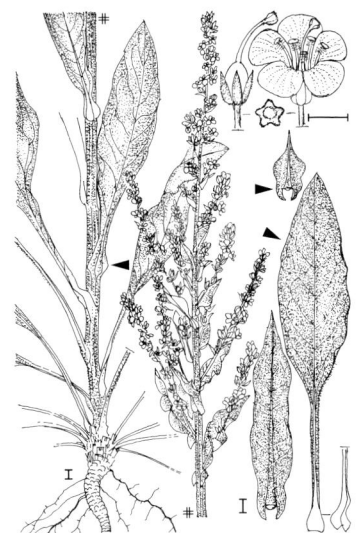

Mehlige Königskerze – *Verbascum lychnitis* 0,60–1,20 ⊙ ⊗ 6–8 (hellgelb od. weiß, Staubfäden weißwollig)

Pracht-K. – *V. speciosum* (0,50–)1,00–1,50(–2,30) ⊙ 6(–7) (gelb, Staubfäden weißwollig)

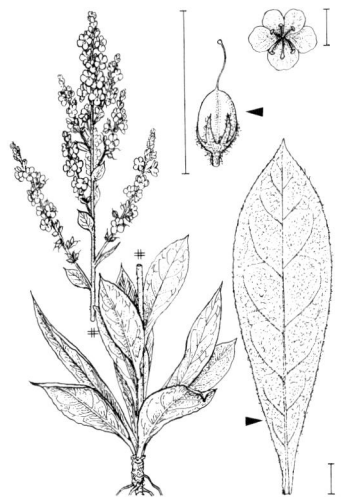

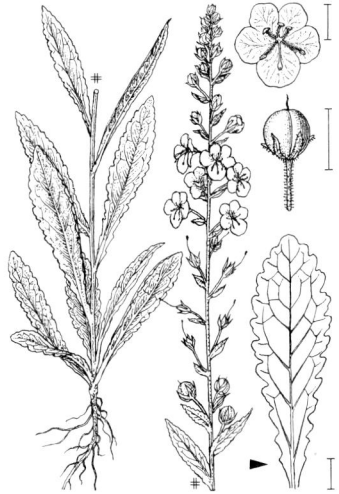

Flockige K. – *V. pulverulentum* 0,60–1,30 ⊙ 7–8 (hellgelb, Staubfäden weißwollig)

Motten-K. – *V. blattaria* 0,50–1,20 ⊙ ⊗ 6–8 (hellgelb, Knospen rötlich, Staubfäden violettwollig) ↗ S. 813

SCROPHULARIACEAE

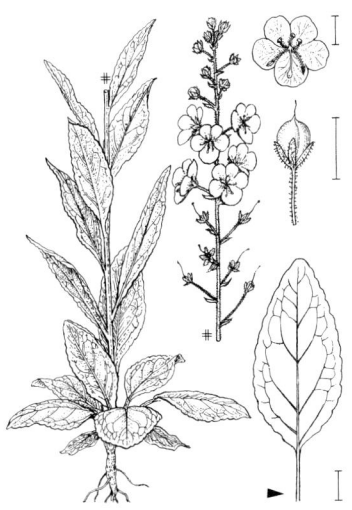

Purpur-Königskerze – *Verbascum phoeniceum* 0,30–0,80 ⚳ 5–6(–7) (purpurn, Staubfäden violettwollig)

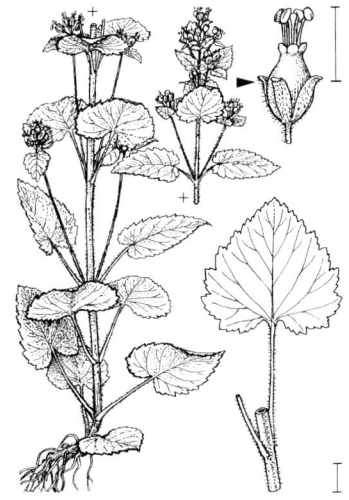

Frühlings-Braunwurz – *Scrophularia vernalis* 0,30–0,70 ⚳ (4–)5(–6) (blassgelb)

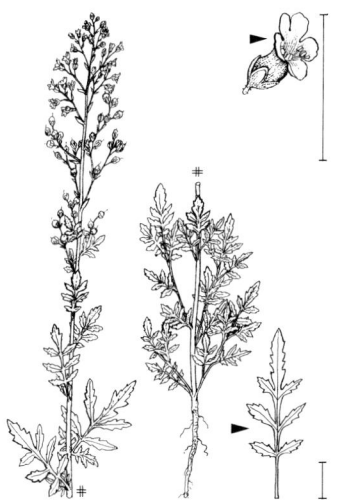

Hunds-B. – *S. canina* 0,20–0,60 ⚳ ♄ 6–8 (purpurbraun)

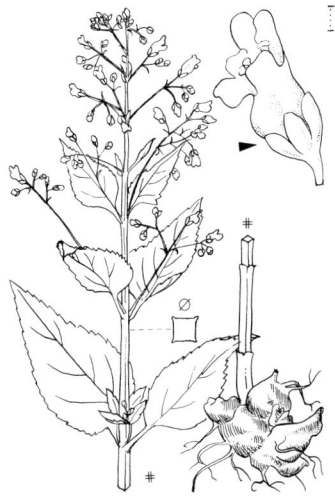

Knoten-B. – *S. nodosa* 0,40–1,20 ⚳ 6–9 (rotbraun, useits grünlich)

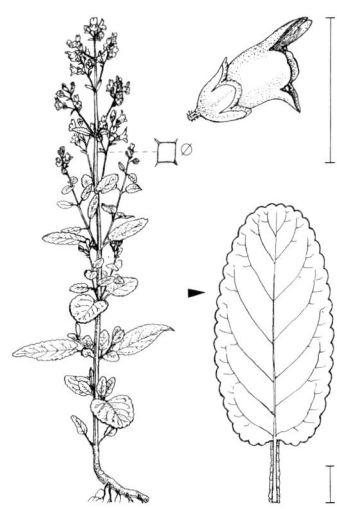

Wasser-Braunwurz – *Scrophularia auriculata* 0,40–1,00 ⚁ 6–8 (purpurbraun, useits grünlich)

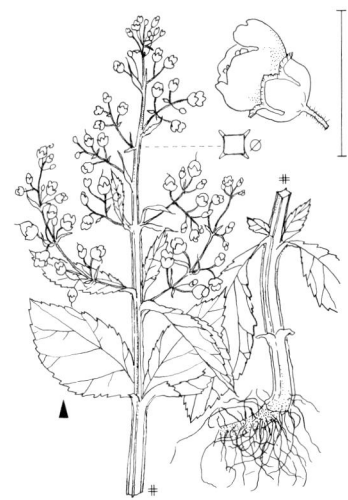

Flügel-B. – *S. umbrosa* 0,50–1,30 ⚁ 6–9 (rotbraun, useits grünlichgelb) ↗ S. 813

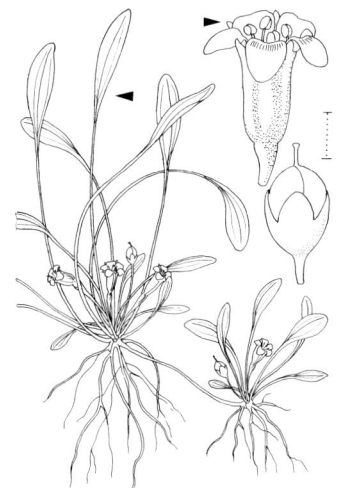

Gewöhnliches Schlammkraut – *Limosella aquatica* 0,02–0,08(–0,20) ☉ 6–10 (rosa od. weiß)

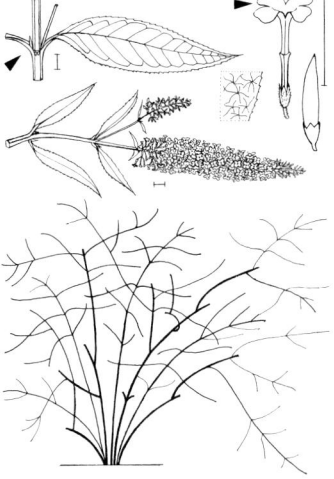

Gewöhnlicher Sommerflieder – *Buddleja davidii* 1,00–2,00 ♄ 7–8 (lila, auch weiß, rosa bis purpurn od. blau)

LINDERNIACEAE · BIGNONIACEAE · LENTIBULARIACEAE 617

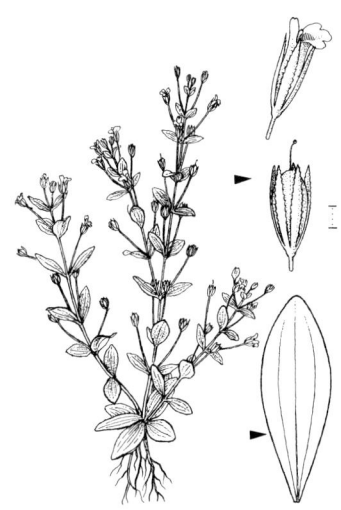

Gewöhnliches Büchsenkraut – *Lindernia procumbens* 0,03–0,15 ⊙ 8–10 ▽ (weiß, oben rosa)

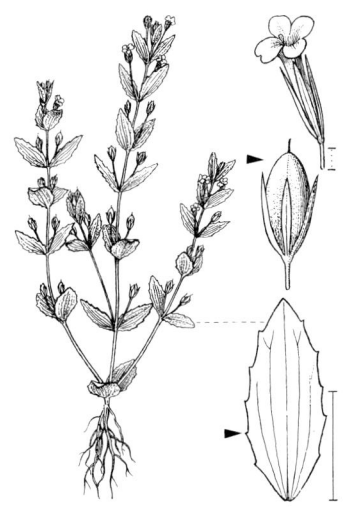

Großes B. – *L. dubia* 0,05–0,20 ⊙ 8–9 (weißlich, Unterlippe am Rand violett)

Gewöhnlicher Trompetenbaum – *Catalpa bignonioides* Bis 18,00 ♄ 6–7 (weiß, innen gelb u. purpurn gezeichnet)

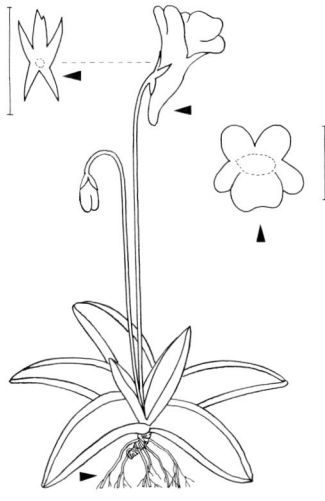

Alpen-Fettkraut – *Pinguicula alpina* 0,02–0,15 ♃ 5–6 ▽ (weiß)

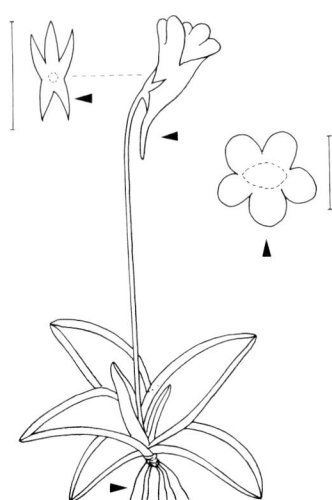

Echtes Fettkraut – *Pinguicula vulgaris* 0,05–0,15 ♃ 5–6 ▽ (violettblau)

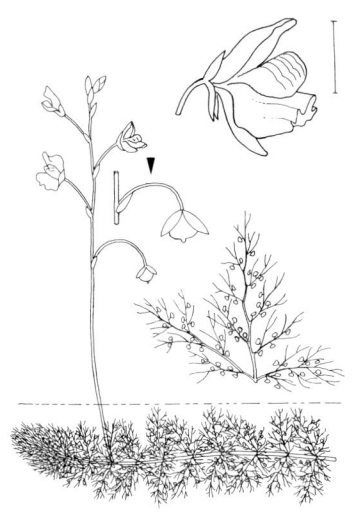

Gewöhnlicher Wasserschlauch – *Utricularia vulgaris* 0,15–0,35 ♃ 6–8 (dottergelb)

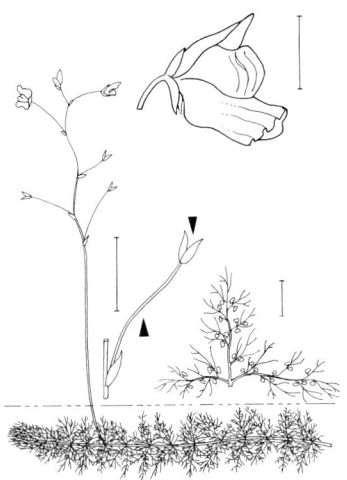

Südlicher W. – *U. australis* 0,10–0,40(–0,60) ♃ 6–8 (hell zitronengelb bis gelb)

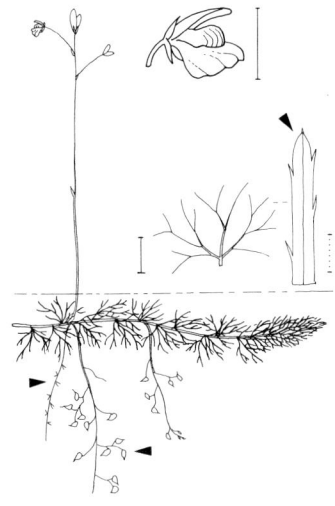

Mittlerer W. – *U. intermedia* 0,10–0,20 ♃ 7–8 (zitronengelb)

LENTIBULARIACEAE · VERBENACEAE 619

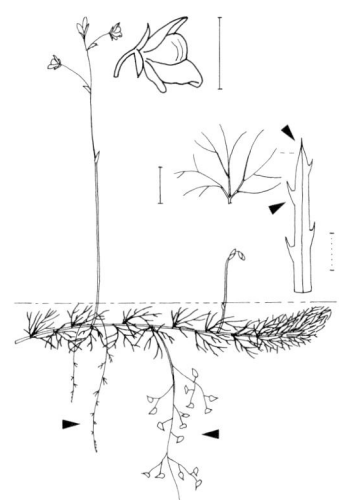

Ockergelber Wasserschlauch –
Utricularia ochroleuca 0,10–0,15 ♃ 7–8 ▽
(hellgelb) ↗ S. 813

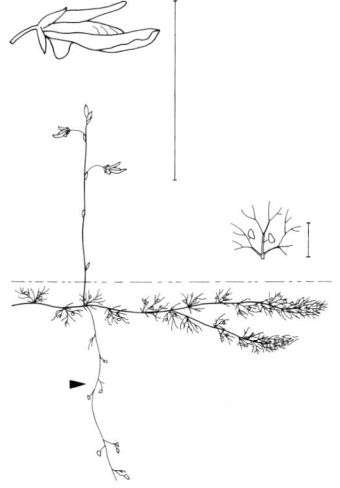

Kleiner W. – *U. minor* 0,04–0,15 ♃ 6–8
(blassgelb, braun gestreift)

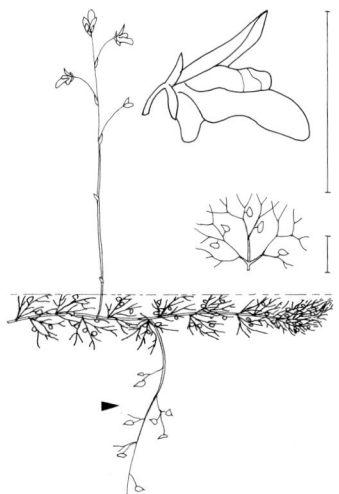

Zierlicher W. – *U. bremii* 0,08–0,30 ♃
7–9(–11) ▽ (blassgelb bis sattgelb, rot-
braun gestreift)

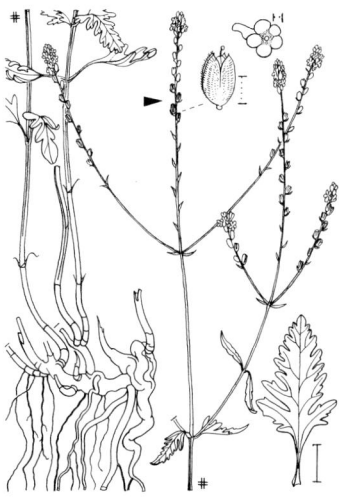

Echtes Eisenkraut – *Verbena officinalis*
0,30–1,00 ⊙ ♃ 7–9 (blasslila)

Trauben-Gamander – *Teucrium botrys*
0,10–0,40 ☉ ☉ 7–9 (blassrosa)

Salbei-G. – *T. scorodonia* 0,30–0,50 ♃
7–9 (blassgelb)

Lauch-G. – *T. scordium* 0,10–0,50 ♃ 7–8
(purpurrosa. Pfl mit Knoblauchgeruch)

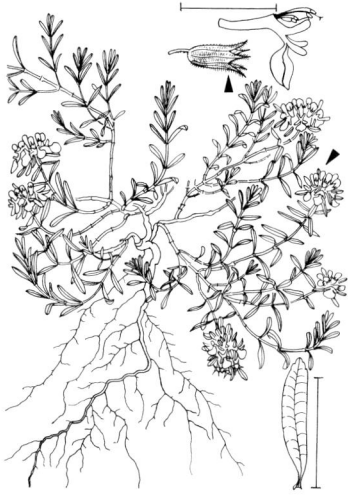

Berg-G. – *T. montanum* 0,05–0,35 ♄ 6–9
(hellgelb)

LAMIACEAE 621

Edel-Gamander – _Teucrium chamaedrys_
0,10–0,30 ♄ 7–9 (hellpurpurn)

Gelber Günsel – _Ajuga chamaepitys_
0,05–0,15 ☉ ☉ 5–9 (gelb)

Kriech-G. – _A. reptans_ 0,07–0,30 ♃ 5–8
(blau od. rötlich, selten weiß)

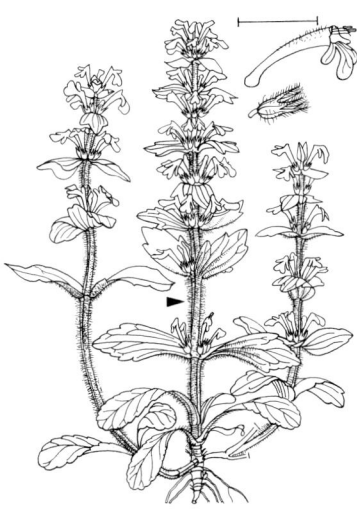

Heide-G. – _A. genevensis_ 0,07–0,30 ♃
4–6 (dunkelblau)

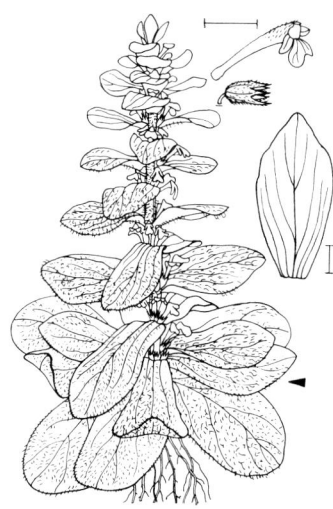

Pyramiden-Günsel – *Ajuga pyramidalis*
0,07–0,30 ⚄ 5–8 (hellblau)

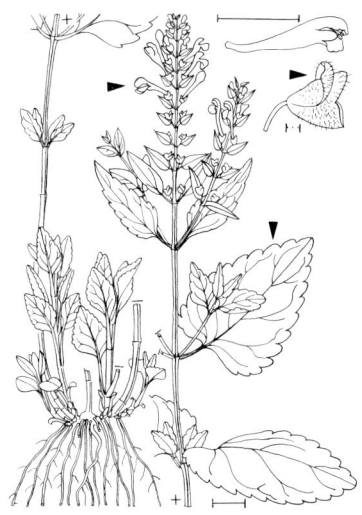

Hohes Helmkraut – *Scutellaria altissima*
0,60–1,00 ⚄ 6–7 (blauviolett, selten weißlich)

Kleines H. – *S. minor* 0,10–0,25 ⚄ 7–9 (rotviolett)

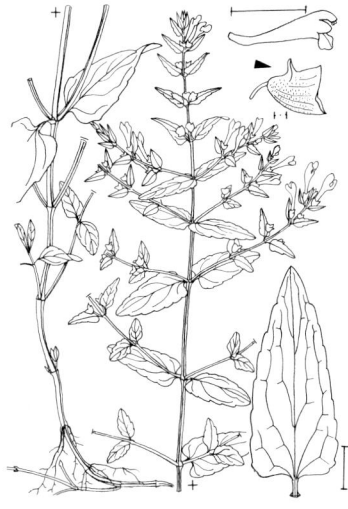

Gewöhnliches H. – *S. galericulata*
0,10–0,40 ⚄ 6–9 (blauviolett, selten rosa)

LAMIACEAE 623

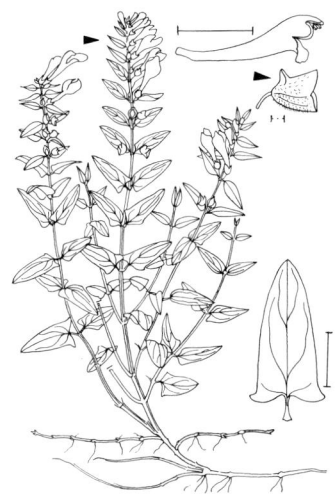

Spießblättriges Helmkraut – *Scutellaria hastifolia* 0,10–0,40 ⚃ 6–8 (blauviolett, selten rosa)

Immenblatt – *Melittis melissophyllum* 0,20–0,50 ⚃ 5–6 ▽ (weiß, ULippe meist rosa)

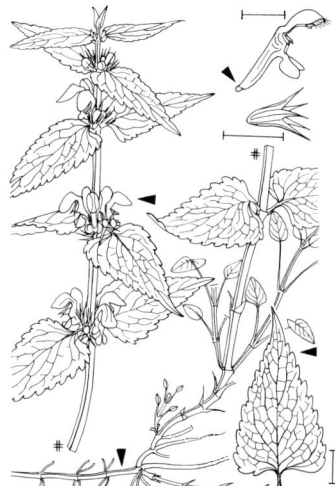

Weiße Taubnessel – *Lamium album* 0,20–0,50 ⚃ 4–10 (weiß bis gelblichweiß)

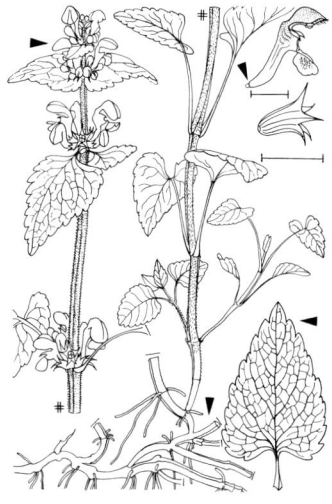

Gefleckte T. – *L. maculatum* 0,15–0,60 ⚃ 4–9 (purpurn, selten weiß)

Stängelumfassende Taubnessel – *Lamium amplexicaule* 0,10–0,30 ⊙ ① 4–8 (purpurrot)

Mittlere T. – *L. confertum* 0,20–0,40 ⊙ ① 5–9 (purpurrot)

Eingeschnittene T. – *L. hybridum* 0,10–0,30 ⊙ ① 3–10 (hellpurpurn)

Purpurrote T. – *L. purpureum* 0,10–0,40 ① 3–10 (hellpurpurn)

Echte Goldnessel – *Galeobdolon luteum*
0,15–0,40 ♃ 5–7 (gelb)

Silberblättrige G. – *G. argentatum*
0,20–0,50 ♃ 4–6 (gelb)

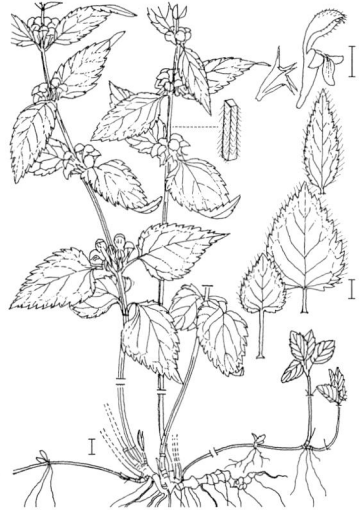

Berg-G. – *G. montanum* 0,25–0,60 ♃ 5–6
(gelb)

Saat-Hohlzahn – *Galeopsis segetum*
0,10–0,45 ☉ 7–8 (hellgelb, selten rötlich)

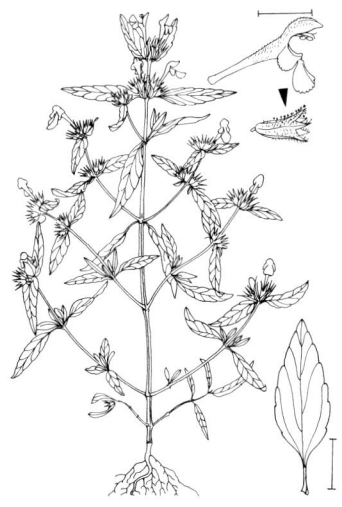

Acker-Hohlzahn – *Galeopsis ladanum*
0,10–0,80 ⊙ 6–10 (hellpurpurn)

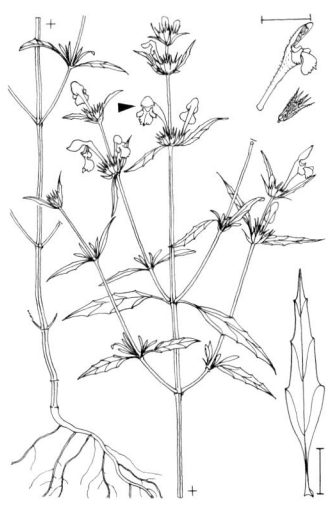

Schmalblättriger H. – *G. angustifolia*
0,10–0,70 ⊙ 6–10 (hellpurpurn)

Bunter H. – *G. speciosa* 0,50–1,00 ⊙
6–10 (hellgelb. Mittelzipfel der Unterlippe violett)

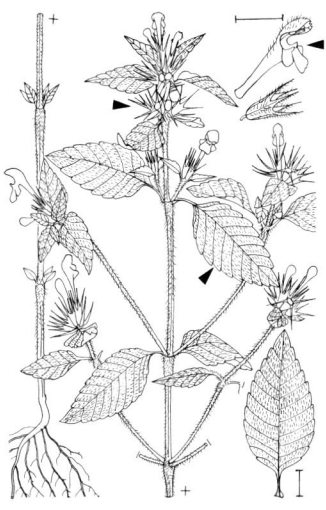

**Weichhaariger H. – *G. pubescens*
0,20–0,50 ⊙ 7–9 (purpurn, hellrot, selten blassgelb)

LAMIACEAE 627

Stechender Hohlzahn – *Galeopsis tetrahit* 0,10–0,80 ⊙ 6–10 (hellrot, purpurn, bläulichviolett, selten weiß)

Kleinblütiger H. – *G. bifida* 0,30–0,70 ⊙ 6–10 (blassrot)

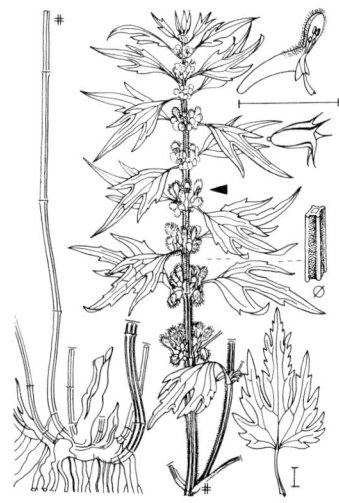

**Echtes Herzgespann – *Leonurus cardiaca* 0,30–1,00 ♃ 6–9 (hellpurpurn)
↗ S. 813

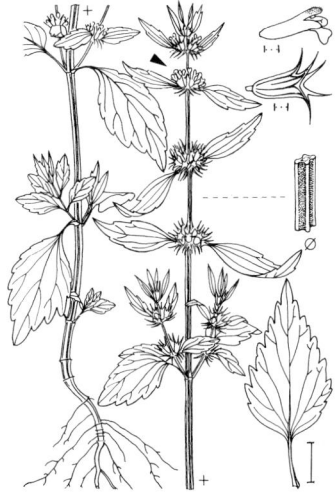

Katzenschwanz – *L. marrubiastrum* 0,50–1,20 ⊙ ⊙ 7–8 (hellrosa)

Knollen-Brandkraut – *Phlomoides tuberosa* 0,60–1,50 ♃ 6–7 (hellpurpurn)

Sumpf-Ziest – *Stachys palustris* 0,30–1,00 ♃ 6–9 (blass purpurn)

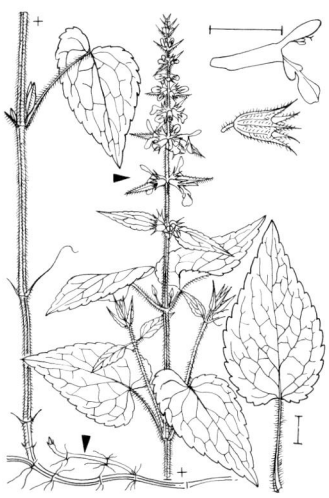

Wald-Z. – *S. sylvatica* 0,30–1,00 ♃ 6–9 (dunkel braunrot)

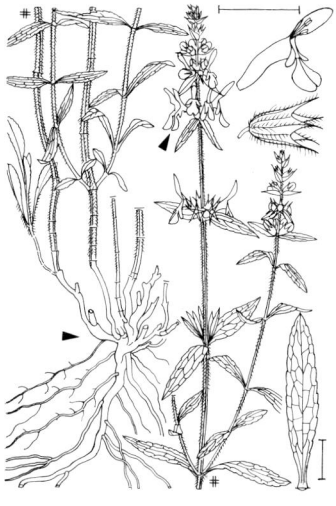

Aufrechter Z. – *S. recta* 0,20–0,60 ♃ 6–10 (gelblichweiß)

LAMIACEAE 629

Wolliger Ziest – *Stachys byzantina*
0,30–0,80 ♃ 6–8 (dunkelrosa bis purpurn)

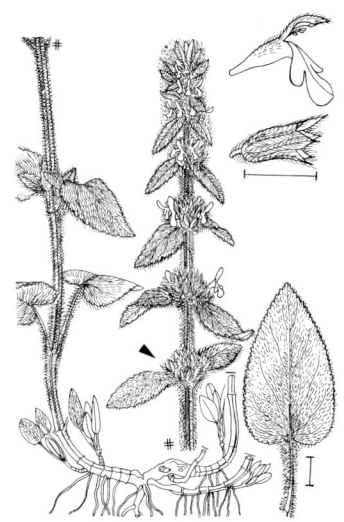

Deutscher Z. – *S. germanica* 0,30–1,00
☉ ♃ 6–8 (rosa bis purpurn)

Einjähriger Z. – *S. annua* 0,10–0,30 ☉
6–10 (hellgelb)

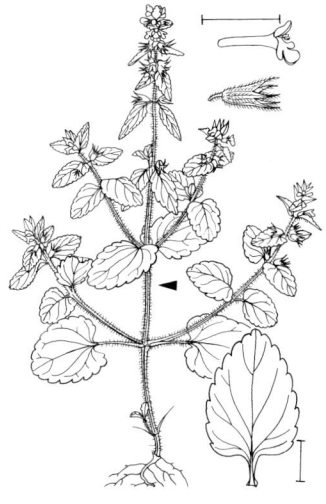

Acker-Z. – *S. arvensis* 0,10–0,30 ☉ 7–10
(blassrosa)

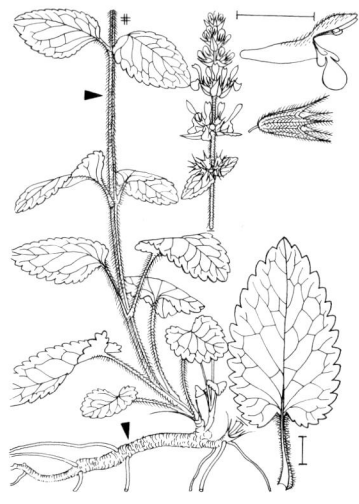

Alpen-Ziest – Stachys alpina 0,40–1,00 ⚃
7–9 (braunpurpurn)

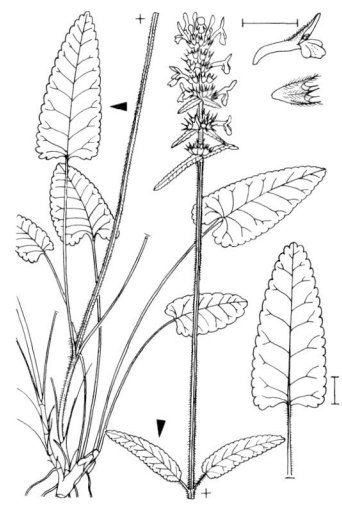

Gewöhnliche Betonie – Betonica officinalis 0,30–1,00 ⚃ 7–8 (purpurrot) ↗ S. 813

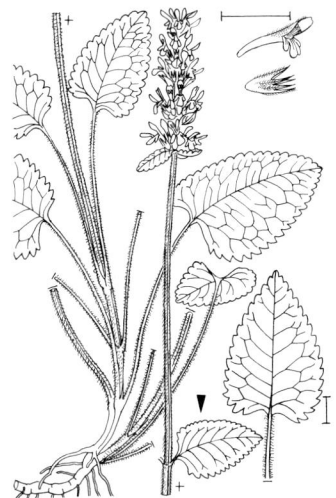

Gelbe B. – B. alopecuros 0,20–0,50 ⚃
6–9 (blassgelb)

**Schwarznessel – Ballota nigra
0,30–1,00 ⚃ 6–9 (purpurn) ↗ S. 813

LAMIACEAE 631

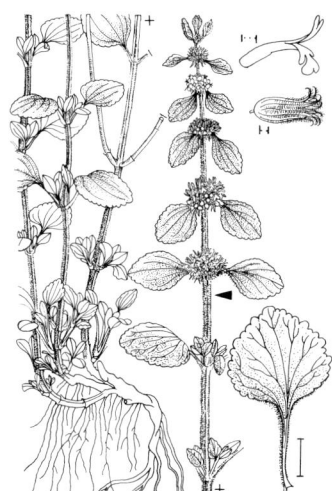

Gewöhnlicher Andorn – *Marrubium vulgare* 0,40–0,50 ♃ 6–8 (weiß)

Wander-A. – *M. peregrinum* 0,30–0,60 ♃ 7–8 (weiß)

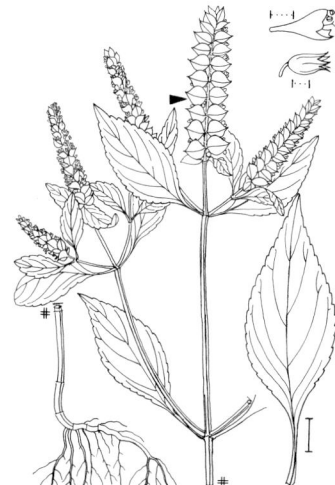

Echte Kammminze – *Elsholtzia ciliata* 0,30–0,50 ☉ 7–9 (rötlichlila)

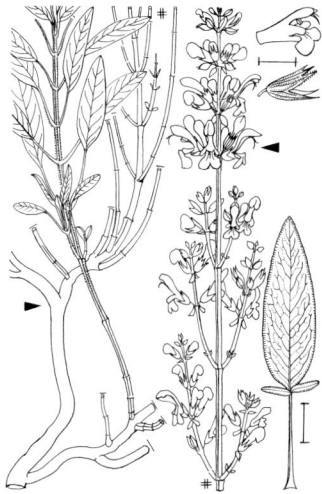

Echter Salbei – *Salvia officinalis* 0,20–0,80 ♄ 5–7 (hellviolett)

Quirl-Salbei – *Salvia verticillata* 0,30–0,60 ⚃ 6–9 (hellblau bis lila)

Kleb-S. – *S. glutinosa* 0,40–0,80 ⚃ 7–10 (hellgelb)

Steppen-S. – *S. nemorosa* 0,30–0,70 ⚃ 6–7 (blauviolett, selten rötlich)

Wiesen-S. – *S. pratensis* 0,30–0,60 ⚃ 5–8 (blau od. violett, selten rötlich) ↗ S. 813

LAMIACEAE

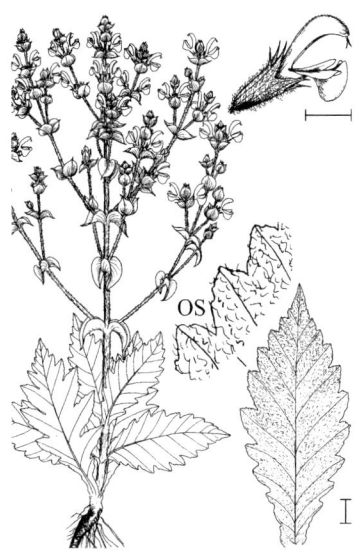

Ungarischer Salbei – *Salvia aethiopis* 0,50–1,00 ⊙ ♃ 6–8 (weiß)

Echter Ysop – *Hyssopus officinalis* 0,30–0,50 ♄ 7–10 (dunkelblau, selten rosa od. weiß)

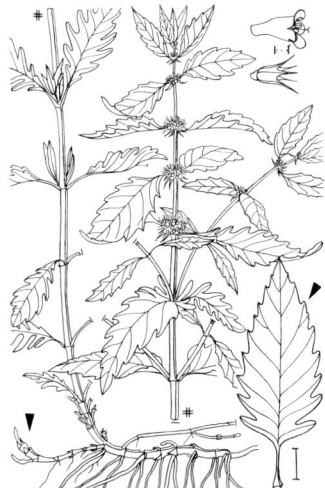

**Ufer-Wolfstrapp – *Lycopus europaeus* 0,20–1,30 ♃ 7–9 (weiß, purpurn punktiert) ↗ S. 813

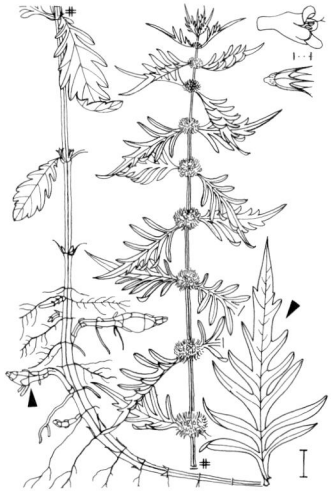

Hoher W. – *L. exaltatus* 0,60–1,50 ♃ 7–9 (weiß, purpurn punktiert) ⊕

Wasser-Minze – *Mentha aquatica* 0,30–0,90 ⚥ 7–10 (violett, rosa od. lila, selten weiß)

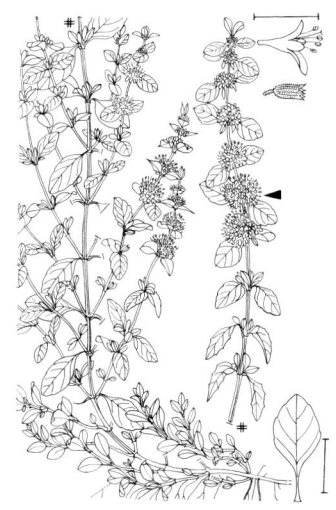

Polei-M. – *M. pulegium* 0,10–0,30 ⚥ 7–9 (rötlichlila)

*****Quirl-M.** – *M. ×verticillata* 0,20–0,80 ⚥ 7–8 (rötlichlila, rosa od. weiß) ↗ S. 813

******Acker-M.** – *M. arvensis* 0,15–0,45 ⚥ 6–10 (rosa, lila od. violett)

LAMIACEAE 635

*Pfeffer-Minze – Mentha ×piperita 0,50–0,90 ⚄ 6–7 (lila) ↗ S. 813

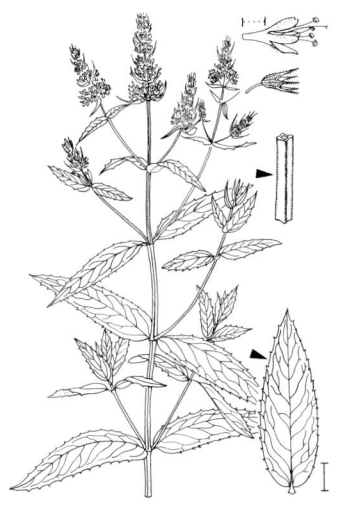

Grüne M. – M. spicata 0,30–0,90 ⚄ 7–9
(rötlichlila, rosa od. weiß)

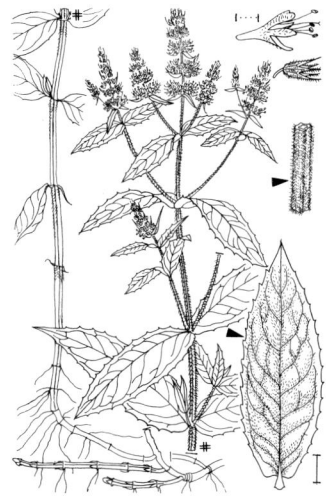

Ross-M. – M. longifolia 0,50–1,20 ⚄ 7–9
(rötlichlila)

Rundblättrige Minze – *Mentha suaveolens* 0,30–0,80 ⚄ 7–9 (helllila od. weiß)

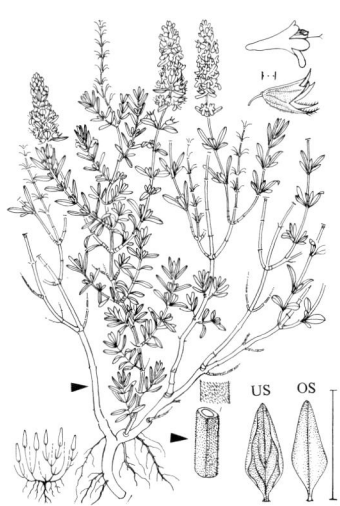

Echter Thymian – *Thymus vulgaris* 0,20–0,40 h 5–10 (lila, rosa od. weißlich)

*Arznei-Th. – *Th. pulegioides* 0,05–0,30 h (6–)7–9 (hell-bis dunkelpurpurn) ↗ S. 813

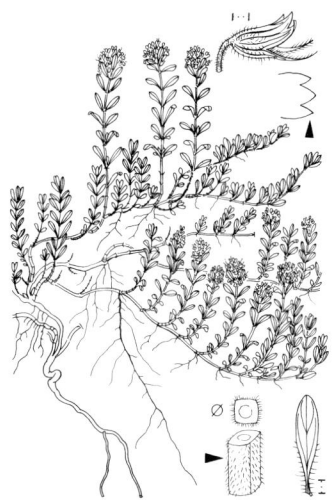

Sand-Th. – *Th. serpyllum* 0,02–0,10 h 7–9 (hell- bis dunkelpurpurn)

LAMIACEAE 637

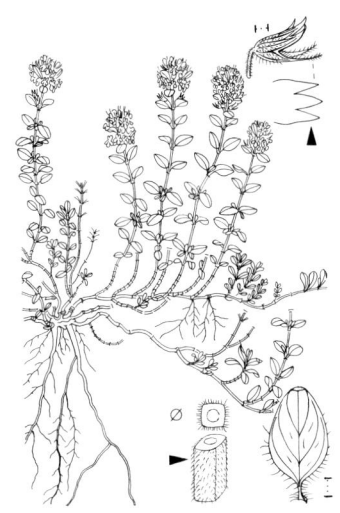

**Frühblühender Thymian – *Thymus praecox* 0,03–0,15 ♄ 5–7 (hell- bis dunkelpurpurn) ↗ S. 813

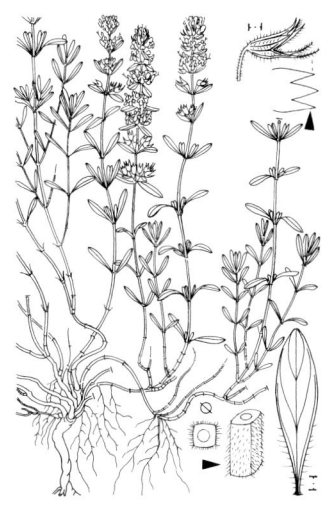

Steppen-Th. – *Th. pannonicus* 0,05–0,30 ♄ 6–8 (hell- bis dunkelpurpurn)

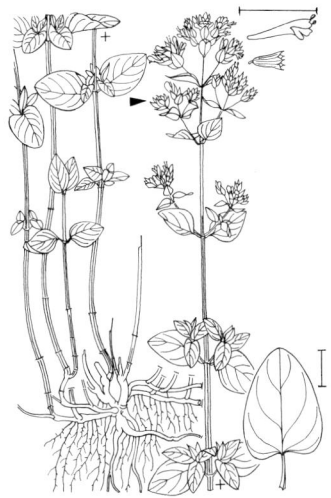

**Gewöhnlicher Dost – *Origanum vulgare* 0,20–0,60 ♃ 7–9 (hellpurpurn, selten weiß) ↗ S. 813

Garten-Majoran – *O. majorana* 0,10–0,30 ⊙ 7–9 (weiß od. hellrötlich)

Wirbeldost – *Clinopodium vulgare*
0,30–0,60 ⚁ 7–9 (hellpurpurn)

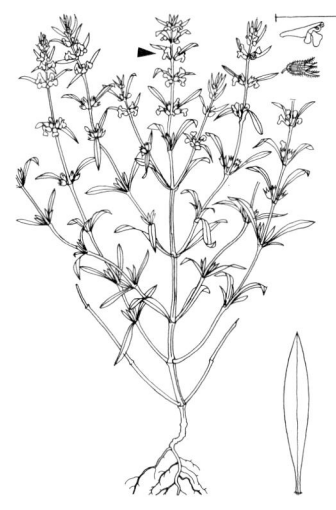

Echtes Bohnenkraut – *Satureja hortensis*
0,10–0,30 ⊙ 7–9 (weißlich bis lila)

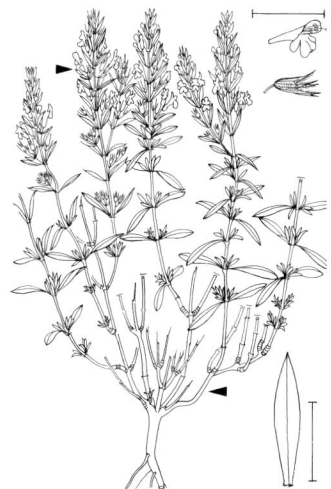

Winter-B. – *S. montana* 0,10–0,50 ♄ 7–10
(weiß, rosa od. violett)

Scharlach-Monarde – *Monarda didyma*
0,50–0,90 ⚁ 7–9 (scharlachrot)

LAMIACEAE

Wald-Bergminze – *Calamintha menthifolia* 0,30–0,80 ⚃ 7–9 (violett bis purpurn)

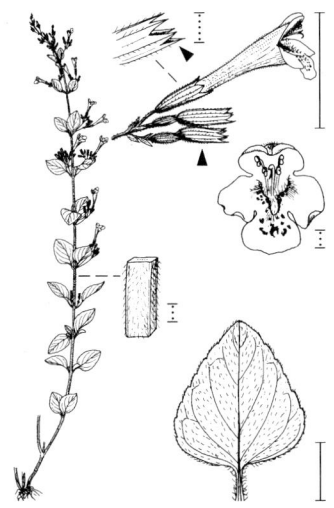

Kleinblütige B. – *C. nepeta* 0,30–0,80 ⚃ 7–9 (lila) ↗ S. 813

Alpen-Steinquendel – *Acinos alpinus* 0,10–0,25 ⚃ 7–9 (blauviolett)

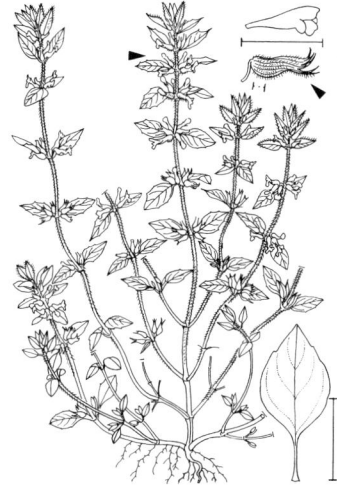

Gewöhnlicher S. – *A. arvensis* 0,10–0,30 ☉ ☉ 6–9 (blasslila)

LAMIACEAE

Weiße Braunelle – *Prunella laciniata* 0,05–0,30 ♃ 6–8 (gelblichweiß)

Gewöhnliche B. – *P. vulgaris* 0,05–0,30 ♃ 6–9 (blauviolett, selten rötlich od. weiß)

Großblütige B. – *P. grandiflora* 0,10–0,30 ♃ 6–8 (blauviolett, selten rötlich od. weiß)

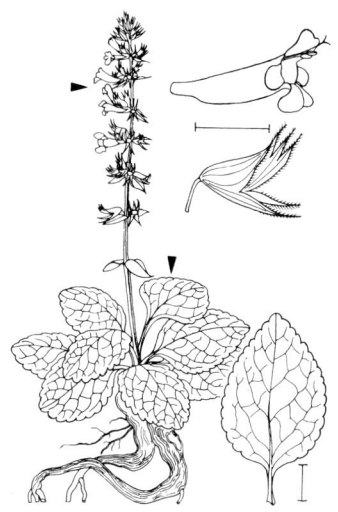

Pyrenäen-Drachenmaul – *Horminum pyrenaicum* 0,10–0,35 ♃ 6–9 ▽ (blauviolett)

LAMIACEAE

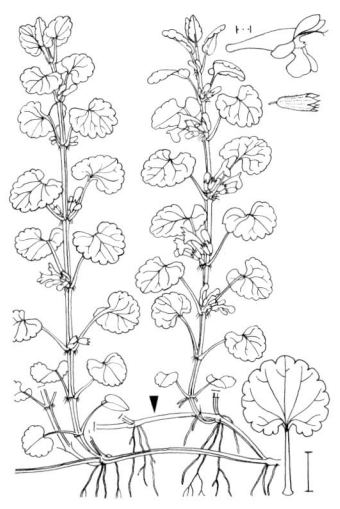

Gewöhnlicher Gundermann – *Glechoma hederacea* 0,10–0,40 ⚂ 4–6 (blauviolett)

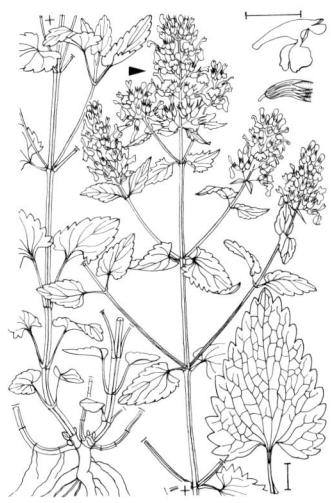

Echte Katzenminze – *Nepeta cataria* 0,40–1,00 ⚂ 7–9 (weiß od. blass rötlich)

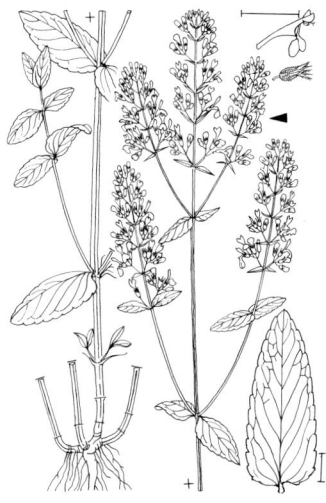

Pannonische K. – *N. nuda* 0,50–1,00 ⚂ 7–8 (hellviolett od. weiß)

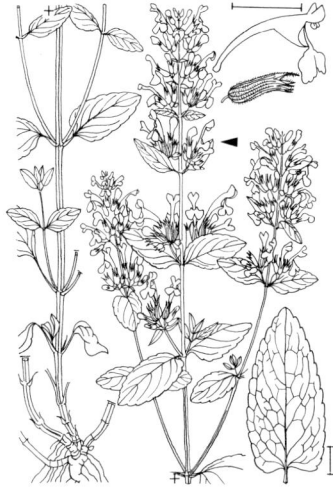

Großblütige K. – *N. grandiflora* 0,40–1,00 ⚂ 7–8 (blau) ↗ S. 813

Nordischer Drachenkopf –
Dracocephalum ruyschiana 0,30–0,60 ♃
7–8 ▽ (blau) ⊕

Echter Lavendel – *Lavandula angustifolia*
0,20–0,60 ♄ 6–8 (blauviolett)

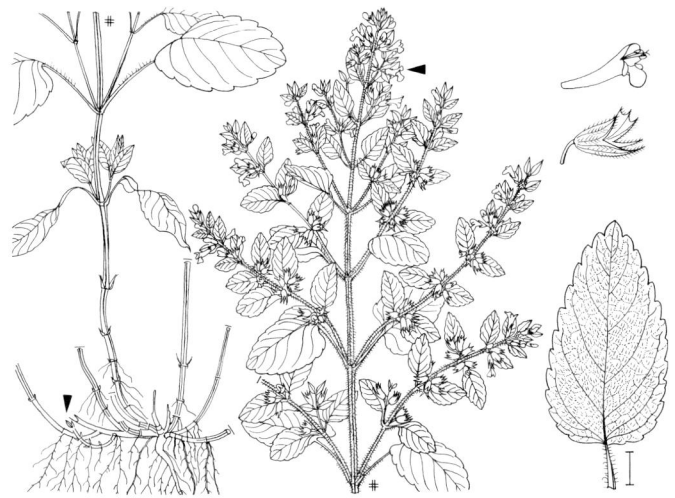

Zitronen-Melisse – *Melissa officinalis* 0,30–0,80 ♃ 6–8 (weiß, gelblich od. blassrosa Pfl stark nach Zitrone duftend)

LAMIACEAE · PHRYMACEAE

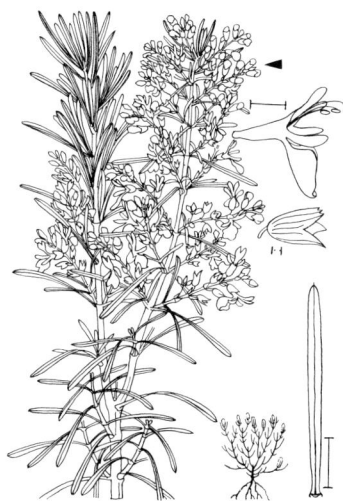

Rosmarin – *Rosmarinus officinalis*
0,50–1,50 ♄ 5–7 (blassblau)

Basilienkraut – *Ocimum basilicum*
0,20–0,45 ⊙ 6–9 (weiß od. rötlich)

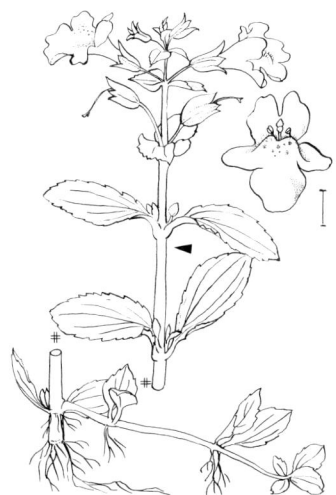

Gefleckte Gauklerblume – *Mimulus guttatus* 0,20–0,60 ♃ 6–10 (gelb, Schlund rot gefleckt)

Moschus-G. – *M. moschatus* 0,10–0,25 ♃ 6–8 (gelb, Schlund rot gestreift)

PAULOWNIACEAE · OROBANCHACEAE

Kaiser-Paulownie – *Paulownia tomentosa*
5,00–15,00 ♄ 4–5 (blauviolett)

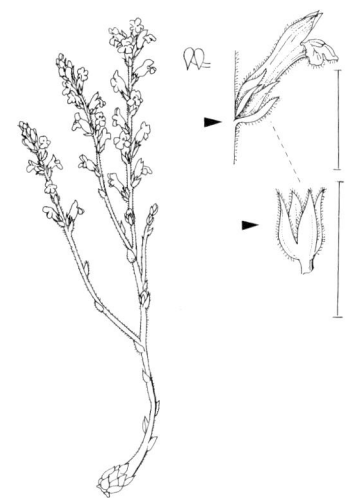

Ästiger Blauwürger – *Phelipanche ramosa*
(0,05–)0,15–0,25(–0,40) ☉ (5–)7–8(–11)
(blassgelblich od. hellbläulich, Saum lila)

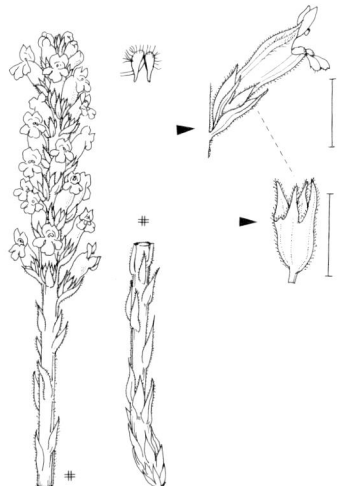

Sand-B. – *Ph. arenaria* 0,10–0,30(–0,50)
⊗ ♃ 6–8 (hell blauviolett bis lilablau)

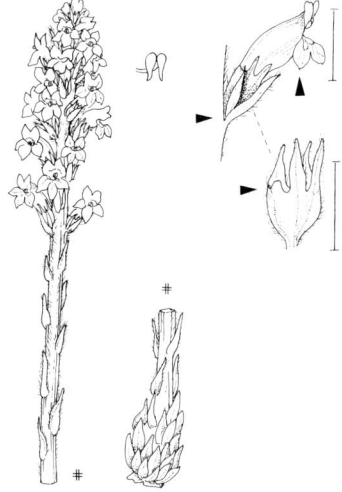

*Violetter B. – *Ph. purpurca* (0,10–)0,15–
0,50(–0,80) ⊗ ♃ 6–8(–9) (blauviolett, Narbe
u. Staubbeutel gelblichweiß) ↗ S. 813

OROBANCHACEAE

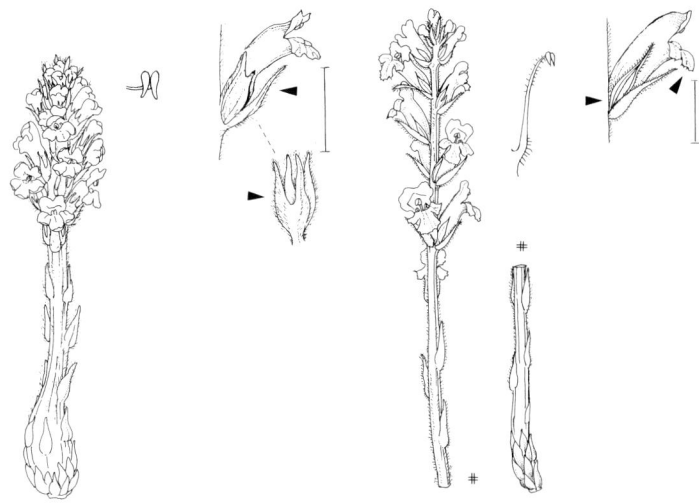

Bläuliche Sommerwurz – *Orobanche coerulescens* 0,10–0,40 ⊗ ♃ 6–7 (hell blauviolett, weißblau)

Quendel-S. – *O. alba* (0,10–)0,20–0,40 (–0,60) ⊗ ♃ 6–7 (weiß, Saum rötlich)

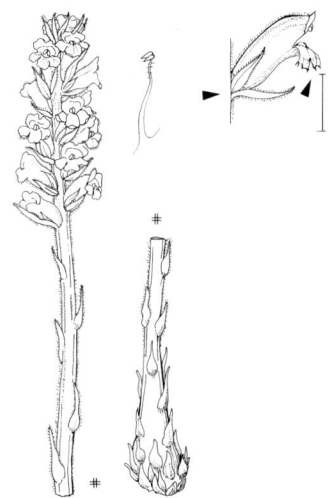

Distel-S. – *O. reticulata* 0,30–0,80 ♃ ⊙? 6–7(–10) (gelblich od. violett)

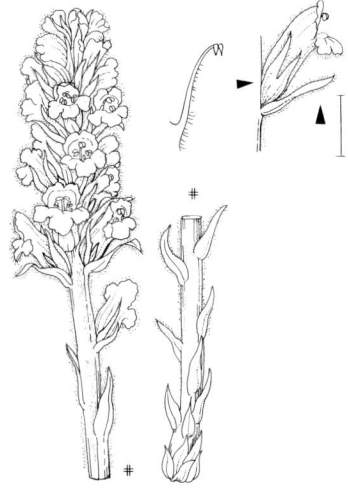

Bitterkraut-S. – *O. picridis* 0,10–0,50 ⊙ ⊗ ♃ 6–7 (gelblichweiß, Oberlippe zartviolett)

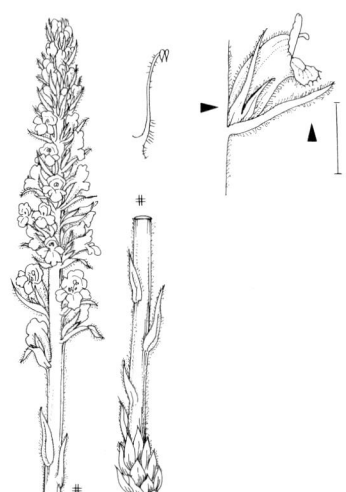

Panzer-Sommerwurz – *Orobanche artemisiae-campestris* 0,15–0,50 ⊗ ♃ 6 (gelblichweiß, rotviolett geadert)

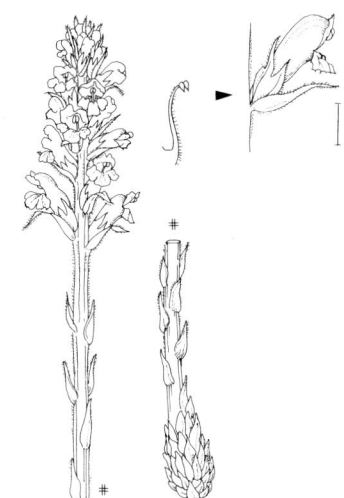

Gelbe S. – *O. lutea* 0,10–0,60 ⊗ ♃ 5–6 (gelblichbraun)

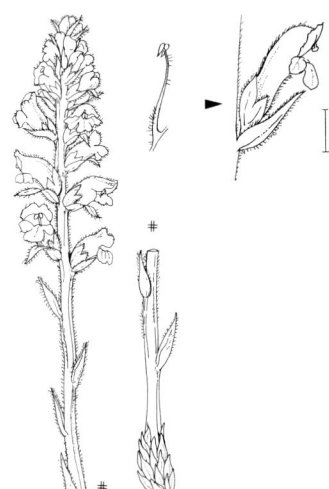

Gewöhnliche S. – *O. caryophyllacea* (0,10–)0,25–0,50(–0,80) ⊗ ♃ (4–)5–6 (rötlich fleischfarben, rosa, hellpurpurn-braunviolett, selten bleich weiß od. hellgelb)

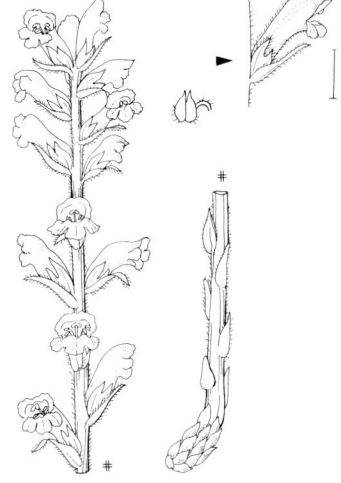

Gamander-S. – *O. teucrii* (0,10–)0,15–0,30(–0,40) ⊗ ♃ 6–7 (violettbraun)

OROBANCHACEAE

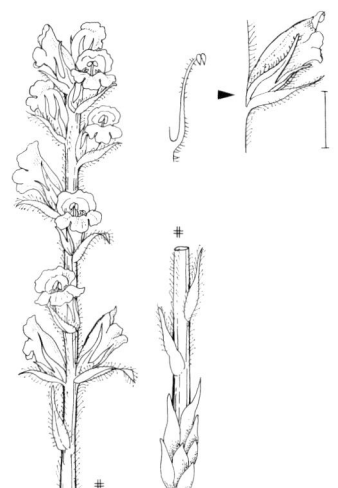

Blutrote Sommerwurz – *Orobanche gracilis* 0,10–0,40(–0,80) ⊗ ⚃ 5–8 (rot, außen gelb, Saum purpurrot)

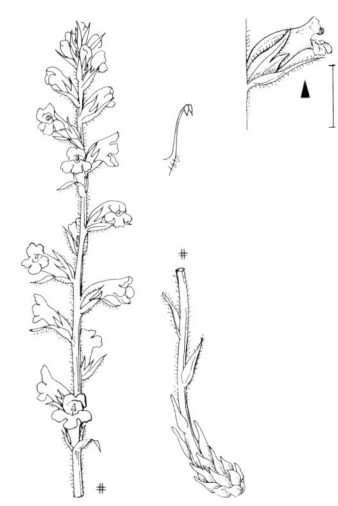

Kleine S. – *O. minor* (0,10–)0,15–0,40 (–0,50) ⊙ ⊗ ⚃ 5–6 (gelblichweiß, lila gestreift)

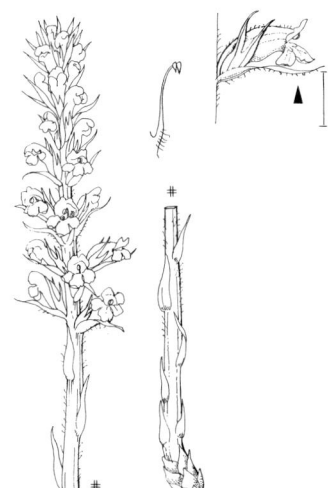

Amethyst-S. – *O. amethystea* 0,10–0,50 ⊗ ⚃ 6–7 (weiß, violett geadert)

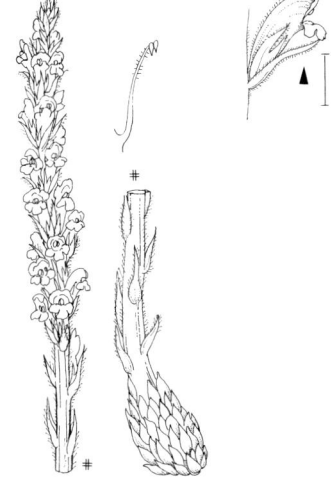

Ginster-S. – *O. rapum-genistae* (0,10–) 0,25–0,60(–0,90) ⊗ ⚃ 5–6 (braun, rosa, rötlichbraun od. hellgelb)

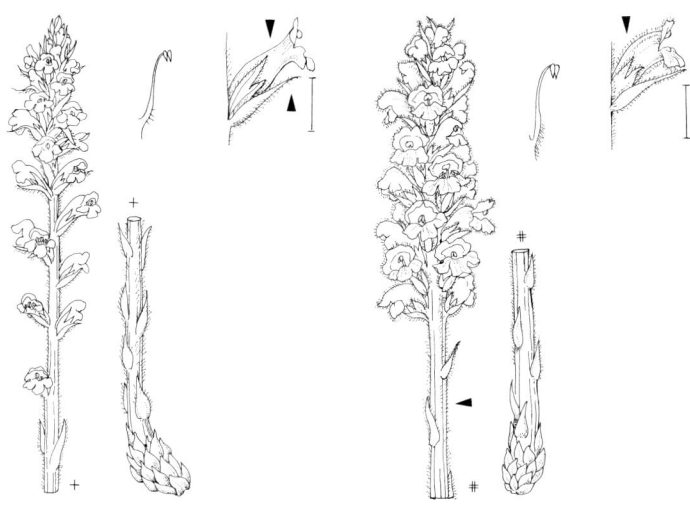

Efeu-Sommerwurz – *Orobanche hederae* 0,15–0,60 ♃ 5–8(–10) (weißlich, rötlich geadert)

**Elsässer S. – *O. alsatica* subsp. *alsatica* 0,30–0,70 ⊗ ♃ 6–7 (gelblich u. braunviolett) ↗ S. 814

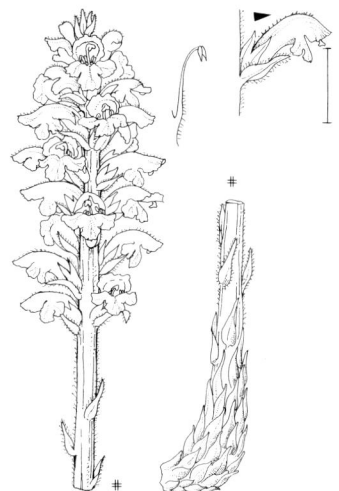

Heilwurz-S. – *O. alsatica* subsp. *libanotidis* 0,15–0,50 ⊗ ♃ 6–7 (rötlichfleischfarben)

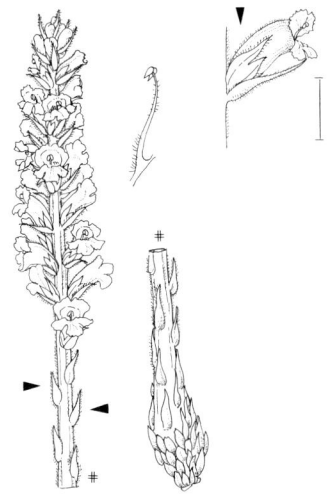

Große S. – *O. elatior* (0,12–)0,30–0,70(–0,95) ⊗ ♃ 6–7 (gelblichbraun, hellgelb od. dunkelrosa)

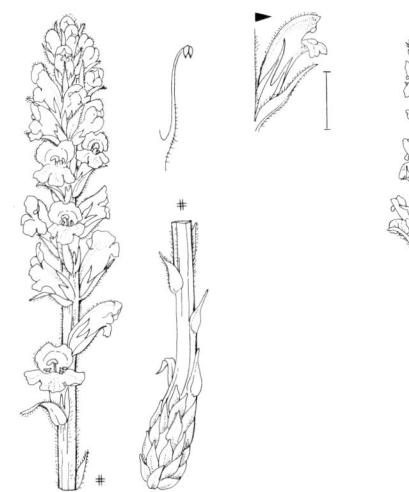

Berberitzen-Sommerwurz – *Orobanche lucorum* 0,10–0,55 ⊗ ♃ 6–8 (rötlichgelb)

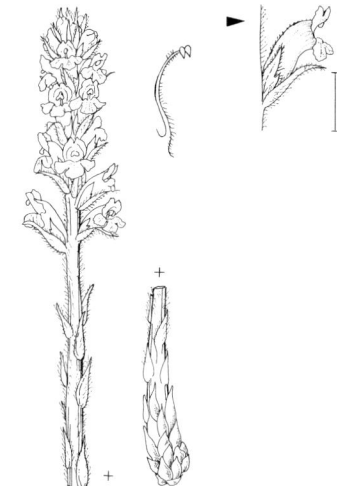

Pestwurz-S. – *O. flava* (0,12–)0,30–0,65(–0,80) ⊗ ♃ 5–7 (ockergelb)

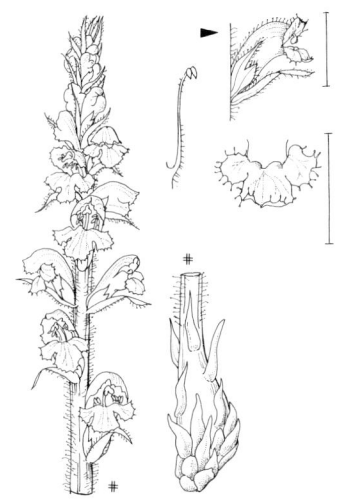

Salbei-S. – *O. salviae* 0,12–0,55 ⊗ ♃ 6–8 (gelbbraun)

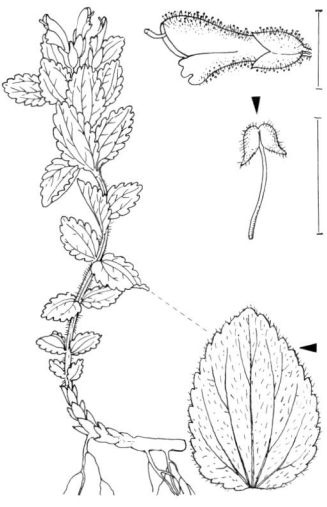

Alpenhelm – *Bartsia alpina* 0,05–0,15 ♃ 6–8 (dunkelviolett. Obere Bla trübviolett)

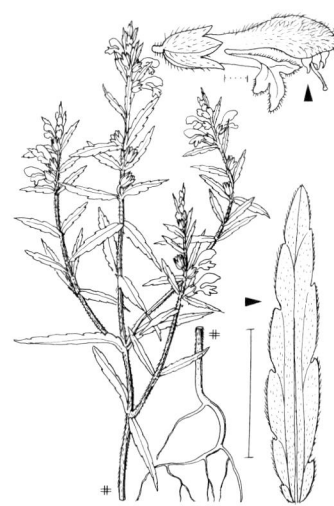

*Roter Zahntrost – *Odontites vernus* 0,05–0,50 ⊙ 5–10 (schmutzig rötlich bis hellpurpurn) ↗ S. 814

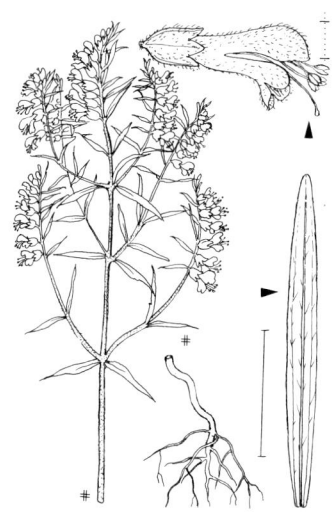

Gelber Z. – *O. luteus* 0,15–0,60 ⊙ 7–10 (gelb)

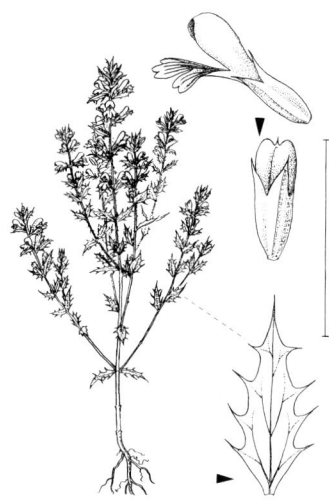

Salzburger Augentrost – *Euphrasia salisburgensis* 0,01–0,20 ⊙ 7–10 (weiß, bläulich u. gelb)

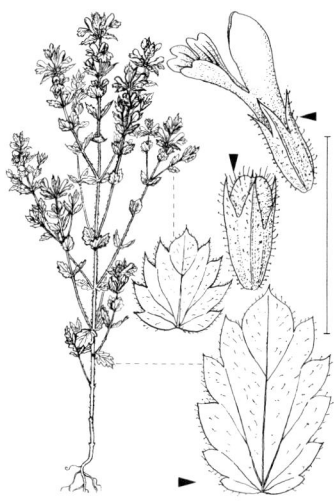

Gewöhnlicher A. – *E. officinalis* 0,01–0,45 ⊙ 5–10 (weiß, bläulich od. gelb) ↗ S. 814

OROBANCHACEAE 651

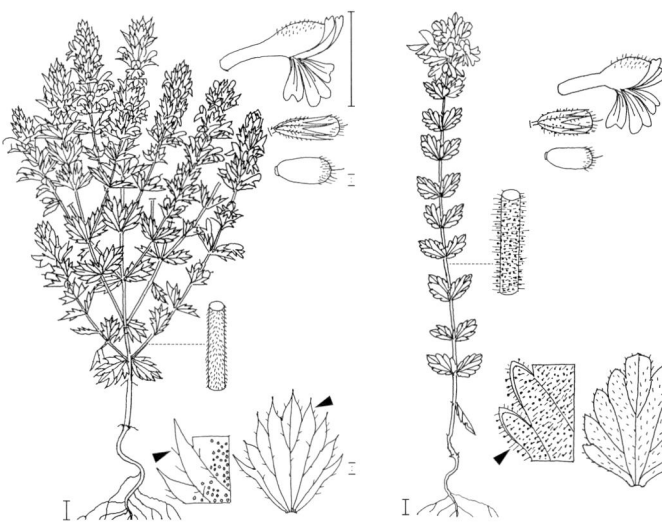

Steifer Augentrost – *Euphrasia stricta* 0,05–0,30(–0,40) ☉ (7–)8–10 (weiß od. violett)

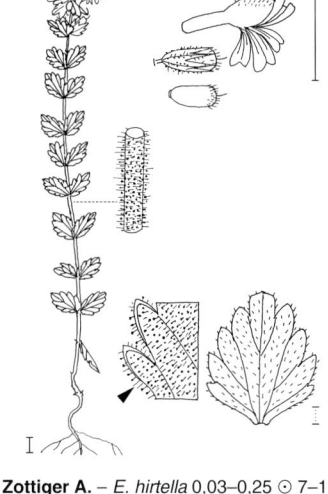

Zottiger A. – *E. hirtella* 0,03–0,25 ☉ 7–10 (weiß, oft violett gestreift, ULippe mit gelbem Fleck) ↗ S. 814

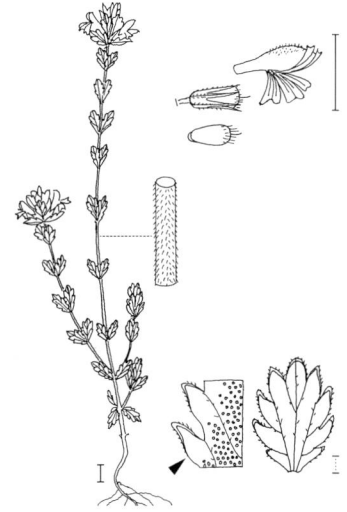

Schlanker A. – *E. micrantha* 0,05–0,25(–0,30) ☉ (7–)8–10 (weiß bis violett)

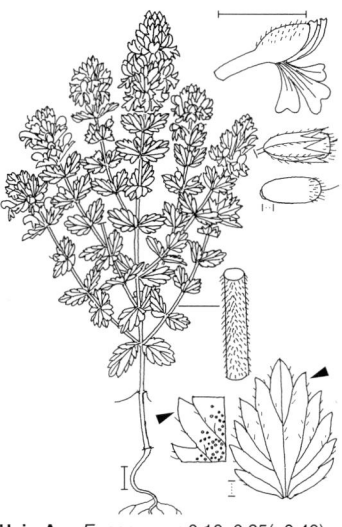

Hain-A. – *E. nemorosa* 0,10–0,35(–0,40) ☉ (7–)8–10 (weiß bis bläulichviolett)

Gelbes Teerkraut – *Bellardia viscosa*
0,10–0,50 ☉ 6–8 (gelb)

Moorkönig – *Pedicularis sceptrum-carolinum* 0,30–1,00 ♃ 6–8 ▽ (schwefelgelb, Unterlippenspitze rot)

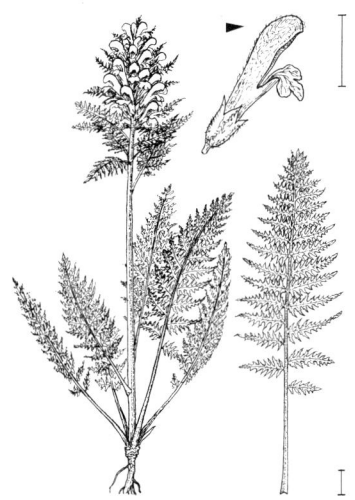

Reichblättriges Läusekraut – *P. foliosa*
0,15–0,50 ♃ 6–8 ▽ (blassgelb)

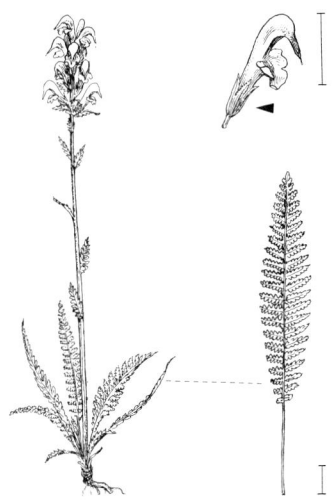

Langähriges L. – *P. elongata* 0,15–0,40
♃ 7–8 ▽ (blassgelb)

OROBANCHACEAE 653

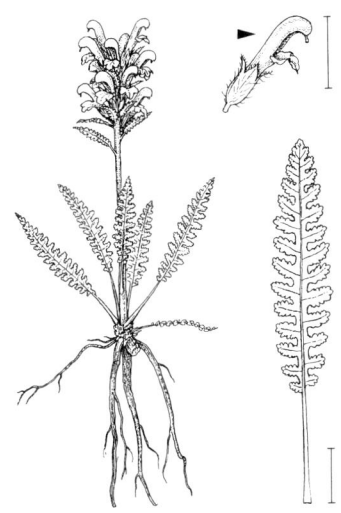

Buntes Läusekraut – *Pedicularis oederi* 0,05–0,20 ⚥ 6–8 ▽ (schwefelgelb, Oberlippe mit roten Flecken)

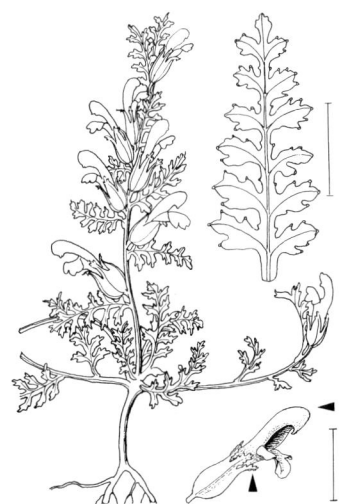

Wald-L. – *P. sylvatica* 0,05–0,20 ☉ ⊛ 5–7 ▽ (rosa)

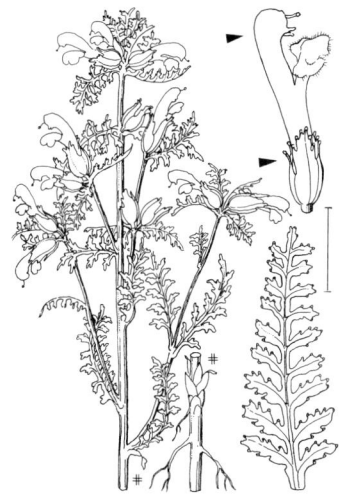

**Sumpf-L. – *P. palustris* 0,20–0,50 ☉ ⊛ 5–8 ▽ (rosenrot) ↗ S. 814

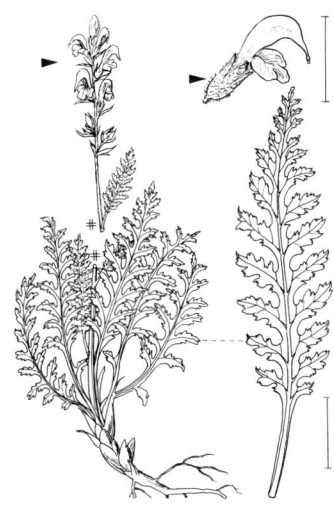

Ähren-L. – *P. rostratospicata* 0,15–0,45 ⚥ 7–8 ▽ (hellpurpurn)

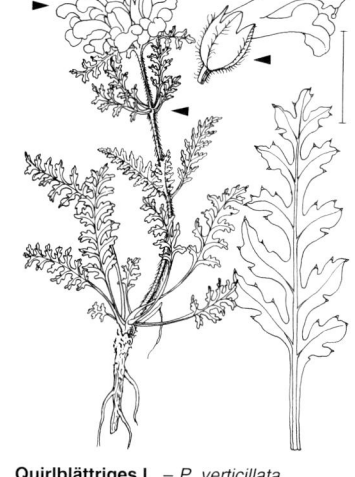

Kopfiges Läusekraut – *Pedicularis rostratocapitata* 0,05–0,20 ♃ 6–8 ▽ (hellpurpurn)

Quirlblättriges L. – *P. verticillata* 0,05–0,30 ♃ 6–8 ▽ (purpurn)

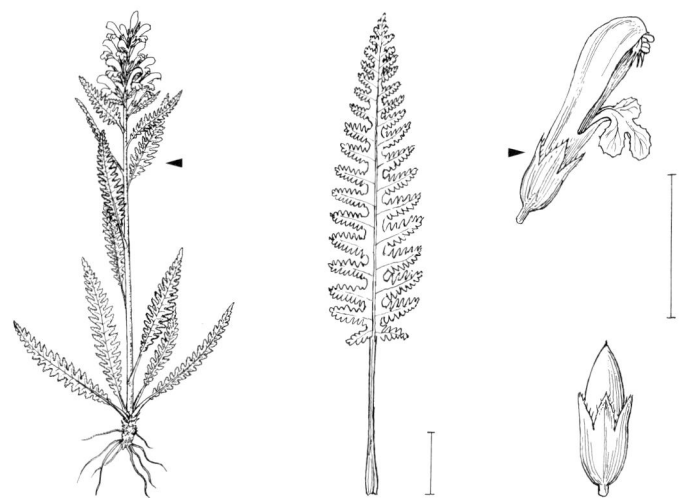

Gestutztes Läusekraut – *Pedicularis recutita* 0,20–0,60 ♃ 7–8 ▽ (braunrot, selten grünlich)

OROBANCHACEAE

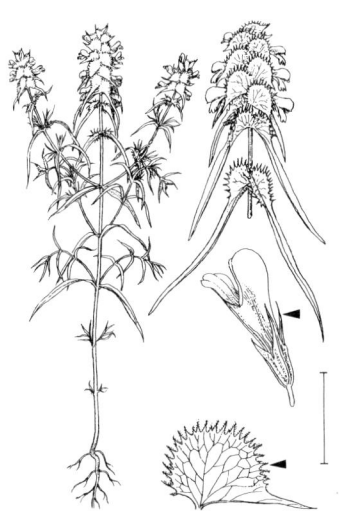

Kamm-Wachtelweizen – *Melampyrum cristatum* 0,08–0,50 ⊙ 5–9 (gelblich u. purpurn. DeckBla grünlichweiß)

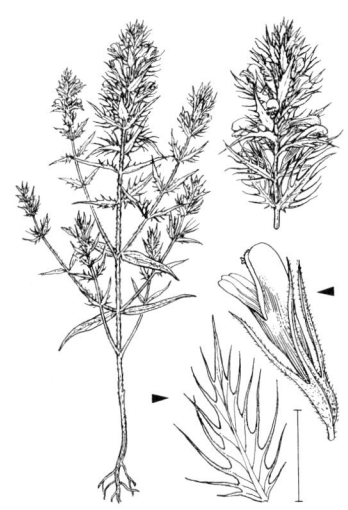

Acker-W. – *M. arvense* 0,15–0,50 ⊙ 5–8 (purpurn u. bleichgelb. Obere DeckBla purpurn)

*Hain-W. – *M. nemorosum* 0,20–0,50(–0,70) ⊙ 5–9 (goldgelb. DeckBla blauviolett, selten weißlich od. grün)

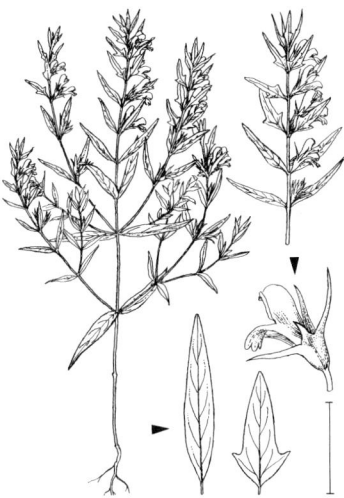

Wald-W. – *M. sylvaticum* 0,10–0,35 ⊙ 5–8 (goldgelb)

Wiesen-Wachtelweizen – *Melampyrum pratense* 0,10–0,50 ⊙ 5–8 (bleichgelb, selten goldgelb)

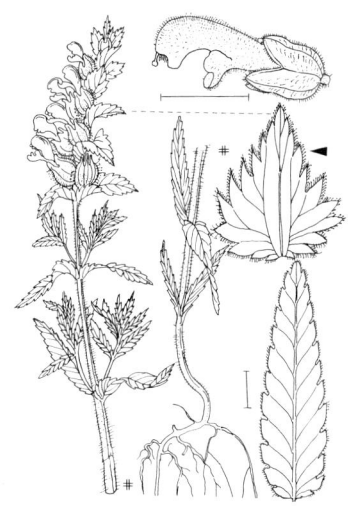

Drüsiger Klappertopf – *Rhinanthus rumelicus* 0,15–0,60 ⊙ 6–8 (hellgelb, Zahn der Oberlippe violett)

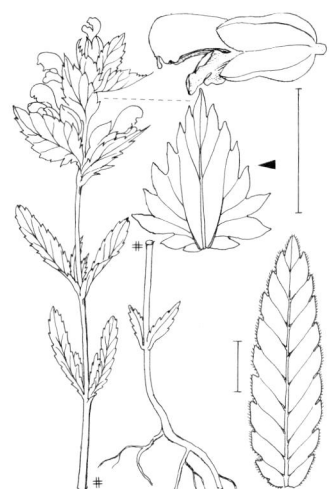

Kleiner K. – *R. minor* 0,05–0,50 ⊙ 5–9 (dunkelgelb, Zahn der Oberlippe weißlich od. blassblau)

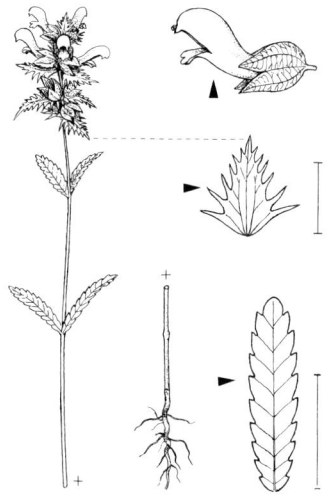

Alpen-K. – *R. riphaeus* 0,15–0,50 ⊙ 6 7 (hellgelb, Zahn der Oberlippe blau) ⊕

OROBANCHACEAE 657

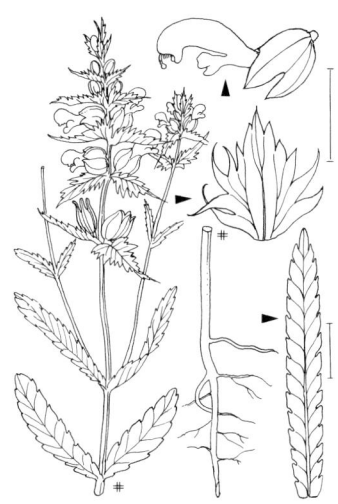

Begrannter Klappertopf – *Rhinanthus glacialis* 0,05–0,60 ⊙ 6–9 (hellgelb, Zahn der Oberlippe blau)

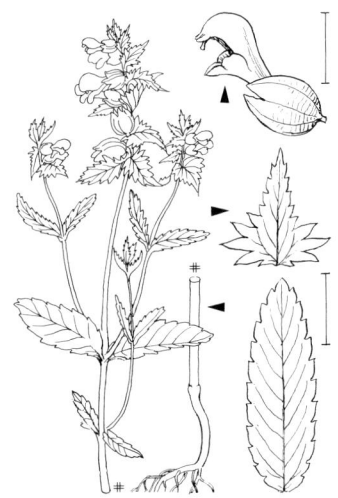

Großer K. – *R. serotinus* 0,10–0,70 ⊙ 5–9 (hellgelb, Zahn der Oberlippe blau)

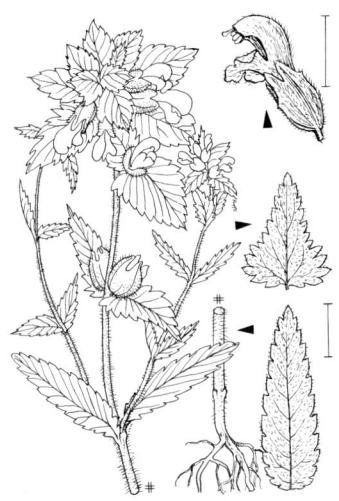

Zottiger K. – *R. alectorolophus* 0,05–0,80 ⊙ 5–9 (hellgelb, Zahn der Oberlippe blau)

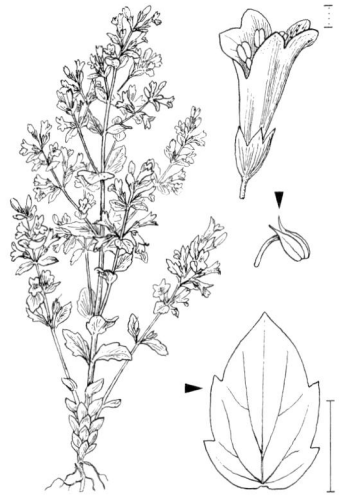

Alpenrachen – *Tozzia alpina* 0,10–0,50 ♃ 6–8 (goldgelb, Unterlippe purpurn punktiert)

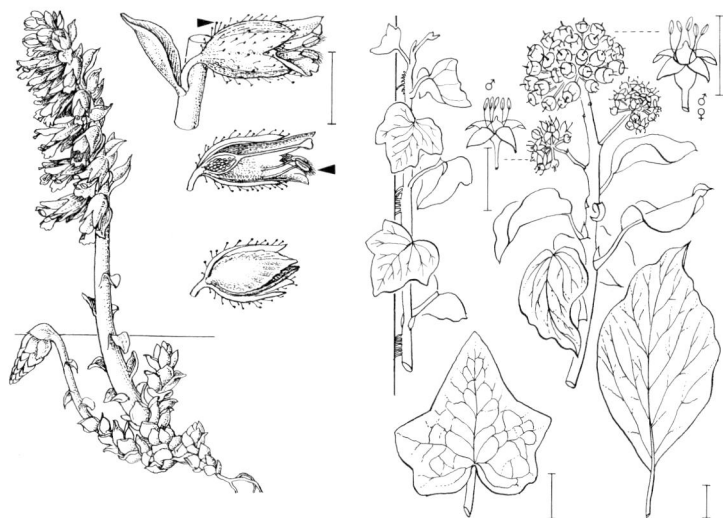

**Schuppenwurz – *Lathraea squamaria* 0,10–0,30 ♃ 3–7 (trübrosa. Bleiche Schmarotzerpflanze) ↗ S. 814

Gewöhnlicher Efeu – *Hedera helix* 0,50–20,00 ♄ 9–11 (gelbgrün. Fr schwarz)

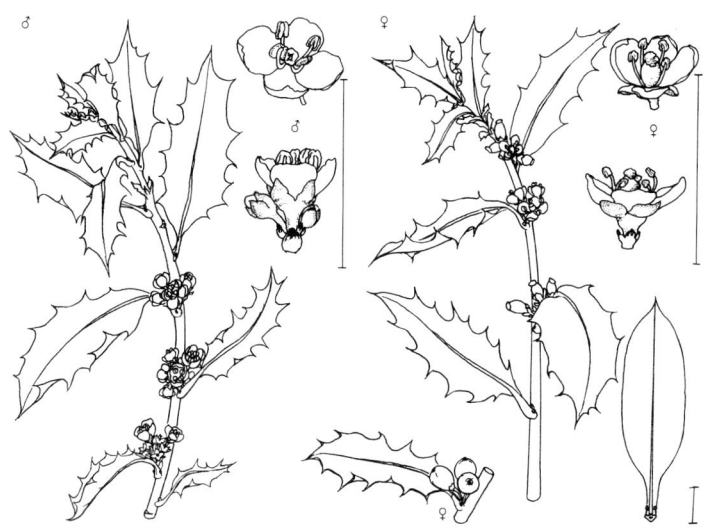

Europäische Stechpalme – *Ilex aquifolium* 1,00–6,00 ♄ 5–6 ▽ (weiß. SteinFr rot. Pfl zweihäusig)

APIACEAE

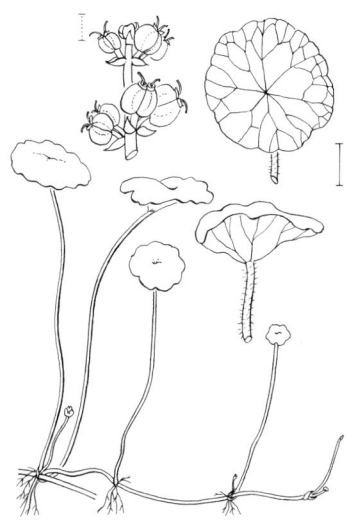

Gewöhnlicher Wassernabel – *Hydrocotyle vulgaris* 0,03–0,18 hoch, 0,10–1,00 lg ♃ 7–8 (weiß od. rötlich) ↗ S. 814

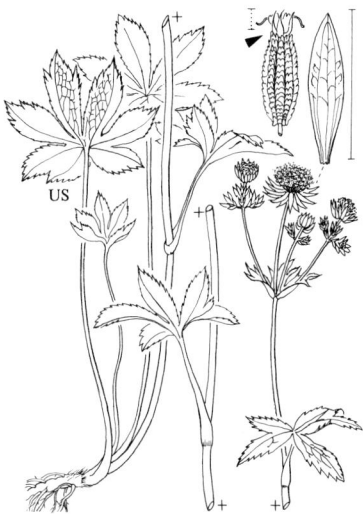

**Große Sterndolde – *Astrantia major* 0,30–0,90 ♃ 6–8 (rötlichweiß, HüllBla grünlichweiß od. rötlich) ↗ S. 814

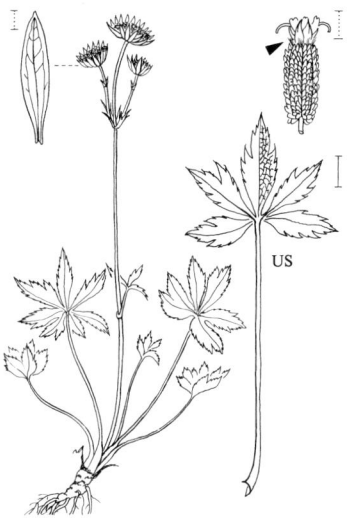

Bayerische St. – *A. bavarica* 0,20–0,50 ♃ 6–8 (weiß od. rötlich, HüllBla schneeweiß od. rötlich)

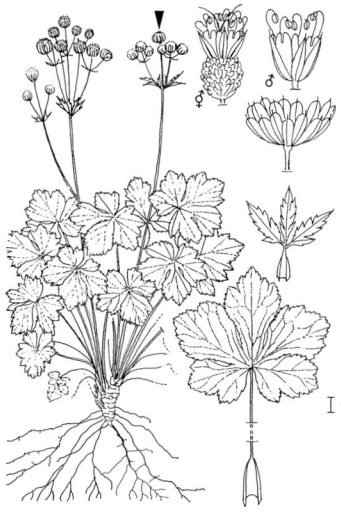

Sanikel – *Sanicula europaea* 0,20–0,45 (–0,60) ♃ 5–6 (weißlich od. rötlich)

APIACEAE

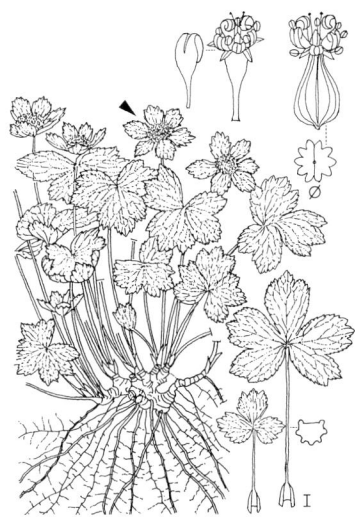

Schaftdolde – *Hacquetia epipactis*
0,10–0,25 ♃ 4–5 (grünlichgelb)

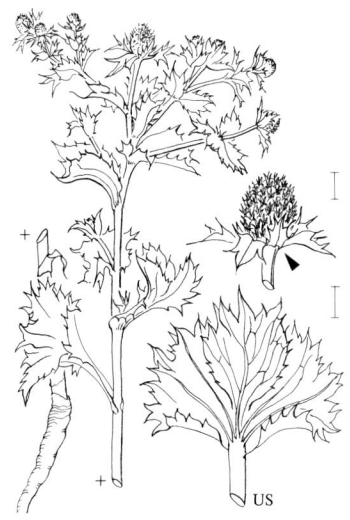

Stranddistel – *Eryngium maritimum*
0,20–0,60 ☉ ♃ 6–8 ▽ (hellgrün bis hellblau. Pfl weißgrün, oft blau überlaufen)

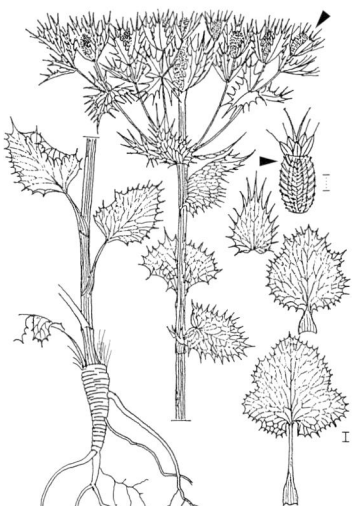

Riesen-Mannstreu – *E. giganteum* 0,50–1,50(–2,00) ☉ ⊗ 6–8 (grün bis hellblau)

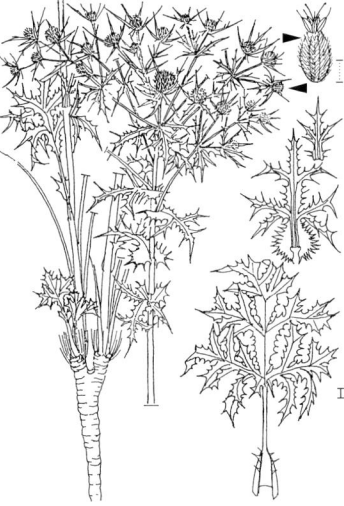

Feld-M. – *E. campestre* 0,15–0,60 ♃ 7–8 ▽ (weißlich od. graugrün. Pfl weißlichgrün)

Flachblättriger Mannstreu – *Eryngium planum* 0,30–0,60 ⚄ 7–9 (blau. Pfl oberwärts blau überlaufen)

Aromatischer Kälberkropf – *Chaerophyllum aromaticum* 0,60–1,20 ⚄ 7–8 (weiß. Pfl würzig riechend)

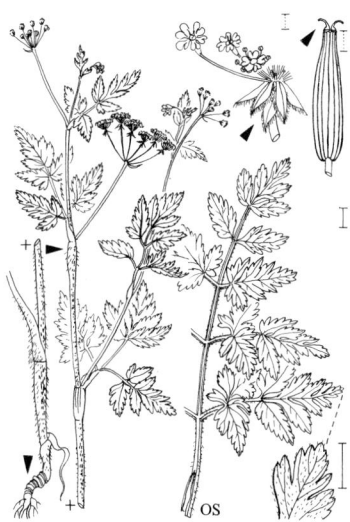

Rüben-K. – *Ch. bulbosum* 0,80–1,80 ☉ ⊗ 6–8 (weiß. Stg bereift. Pfl unangenehm riechend)

Taumel-K. – *Ch. temulum* 0,30–1,00 ① ☉ 5–7 (weiß)

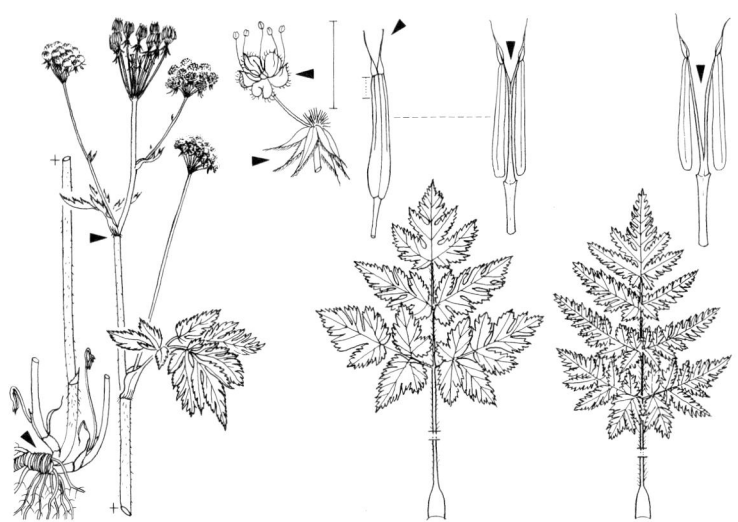

L: **Rauhaariger Kälberkropf** – *Chaerophyllum hirsutum* 0,50–1,20 ⚃ 5–7 (weiß od. rosa bis hellpurpurn) R: **Alpen-K.** – *Ch. villarsii* 0,50–1,00 ⚃ 6–8 (weiß od. rosa bis hellpurpurn)

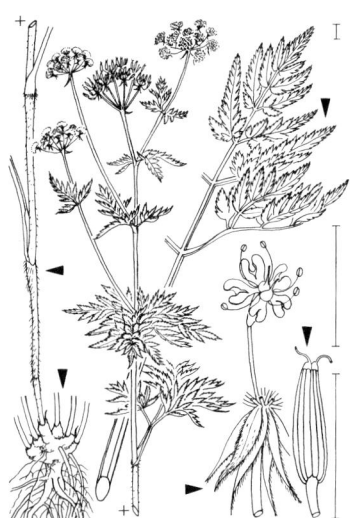

Gold-K. – *Ch. aureum* 0,80–1,20 ⚃ 6–7 (weiß)

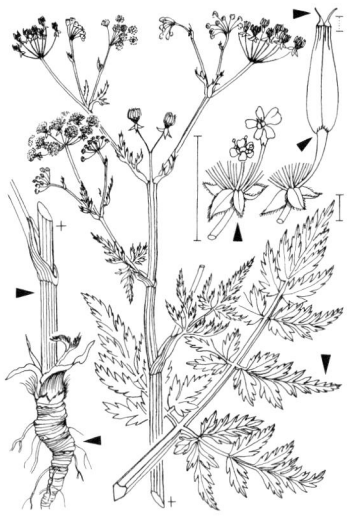

***Wiesen-Kerbel** – *Anthriscus sylvestris* 0,60–1,50 ⚃ 5–8 (weiß) ↗ S. 814

APIACEAE 663

Glanz-Kerbel – *Anthriscus nitidus*
0,60–1,20 ♃ 6–8 (weiß)

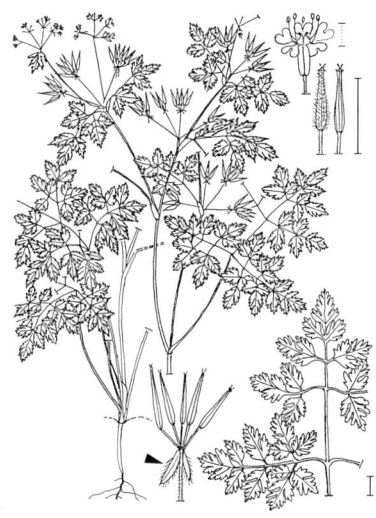

Garten-K. – *A. cerefolium* 0,20–0,70 ① ⊙
5–8 (weiß. Pfl aromatisch riechend)

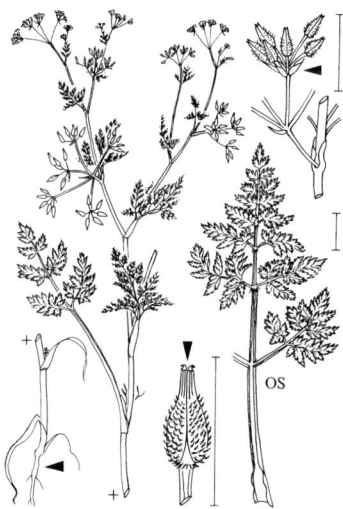

Hunds-K. – *A. caucalis* 0,15–0,80 ① 5–6
(grünlichweiß. Pfl unangenehm riechend)

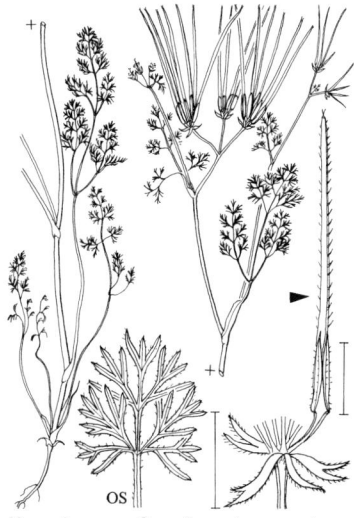

Venuskamm – *Scandix pecten-veneris*
0,15–0,30 ⊙ ① 5–7 (weiß)

Süßdolde – *Myrrhis odorata* 0,60–1,20 ♃ 6–7 (weiß. Pfl stark nach Anis riechend)

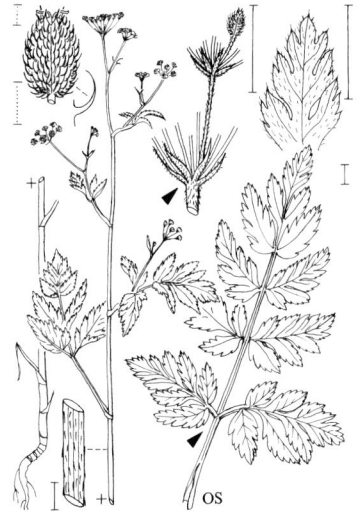

Gewöhnlicher Klettenkerbel – *Torilis japonica* 0,30–1,20 ☉ ⊙ 6–8 (weiß bis hellpurpurn) ↗ S. 814

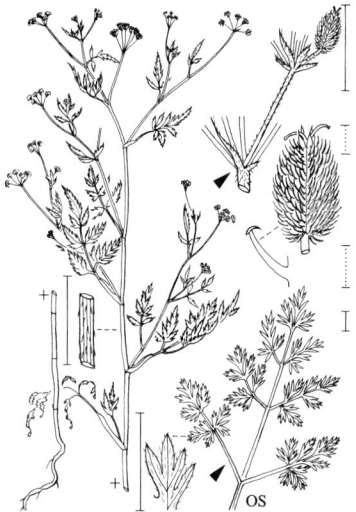

**Feld-K. – *T. arvensis* 0,30–0,90 ⊙ ☉ 7–8 (weiß od. rötlich)

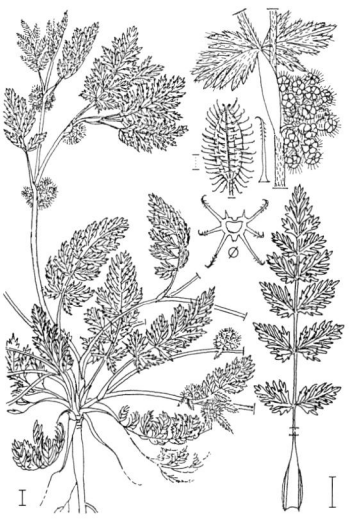

Knäuel-K. – *T. nodosa* 0,15–0,30 ⊙ 4–5 (weiß)

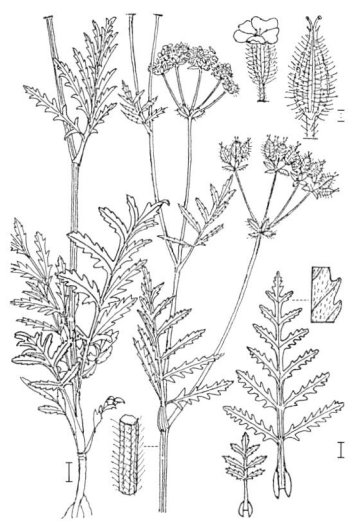

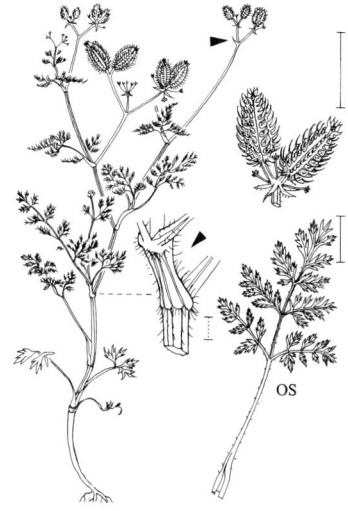

Turgenie – *Turgenia latifolia* 0,15–0,50 ☉
6–8 (weiß od. rosa bis braunrot)

**Acker-Haftdolde – *Caucalis platycarpos*
0,10–0,30 ① 5–7 (weiß od. rötlich)
↗ S. 814

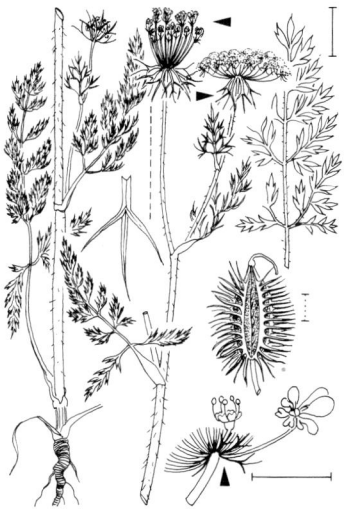

Strahlen-Breitsame – *Orlaya grandiflora*
0,10–0,30 ① 6–8 (weiß, getrocknet hell-
gelb)

**Gewöhnliche Möhre – *Daucus carota*
0,30–1,00 ☉ ⊗ 6–9 (weiß od. gelblich,
MittelBlü der Dolde oft schwarzpurpurn)
↗ S. 814

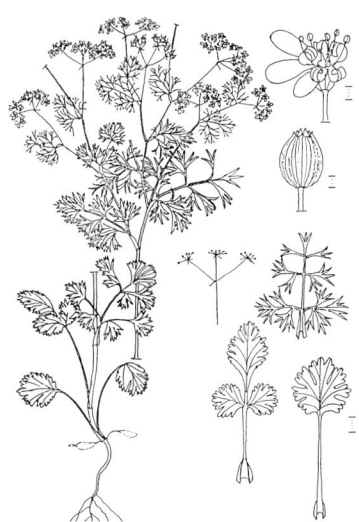

Koriander – *Coriandrum sativum*
0,30–0,50 ⊙ 6–7 (weiß od. rötlich. Pfl nach Wanzen riechend)

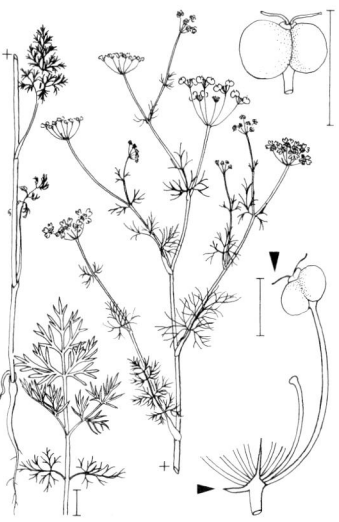

Strahlen-Hohlsame – *Bifora radians*
0,15–0,40 ⊙ 5–8 (weiß. Pfl nach Wanzen riechend)

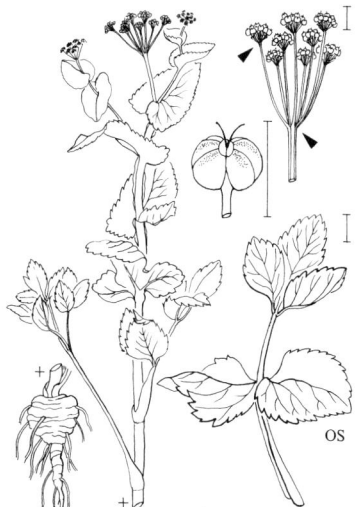

Stängelumfassende Gelbdolde –
Smyrnium perfoliatum 0,50–1,20 ⊗
(4–)5(–6) (gelb. Obere Bla grünlichgelb)
↗ S. 814

Gefleckter Schierling – *Conium maculatum* 0,80–1,80 ⊙ ① 6–9 (weiß. Stg bereift. Pfl unangenehm riechend)

APIACEAE 667

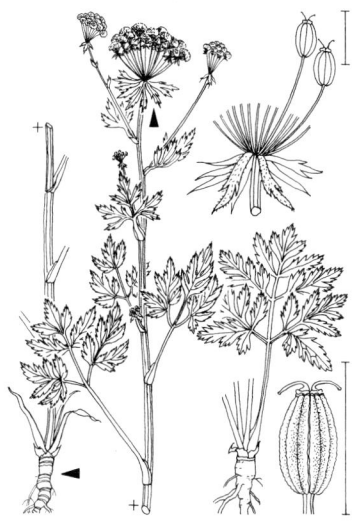

Österreichischer Rippensame – *Pleurospermum austriacum* 0,60–1,20 ☉ ⊛ 6–7 (weiß)

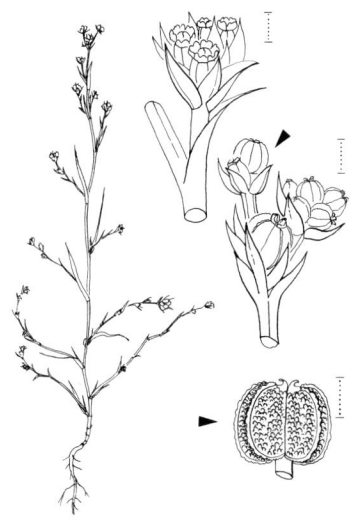

Salz-Hasenohr – *Bupleurum tenuissimum* 0,05–0,30 ☉ 8–9 (gelb)

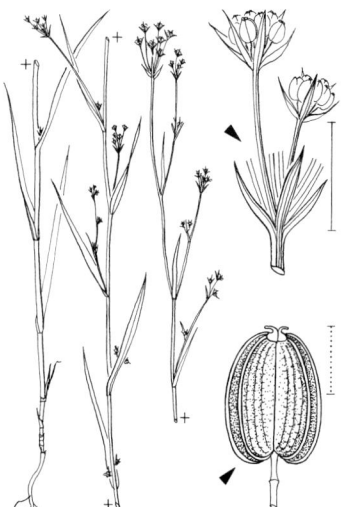

Ruten-H. – *B. virgatum* 0,20–0,60 ① 7–8 (grünlichviolett od. rötlich)

Sichel-H. – *B. falcatum* 0,20–1,00 ♃ 7–9 (gelb)

Hahnenfuß-Hasenohr – *Bupleurum ranunculoides* 0,10–0,50 ⚇ 7–8 (gelb, zuweilen rot überlaufen, Hüllchen gelb)

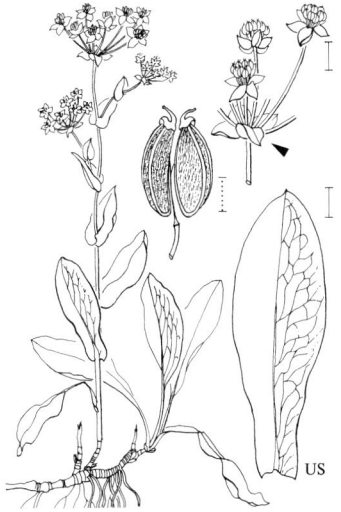

Langblättriges H. – *B. longifolium* 0,30–1,00 ⚇ ⊗ 7–8 (gelb, Hülle u. Hüllchen gelbgrün bis grün)

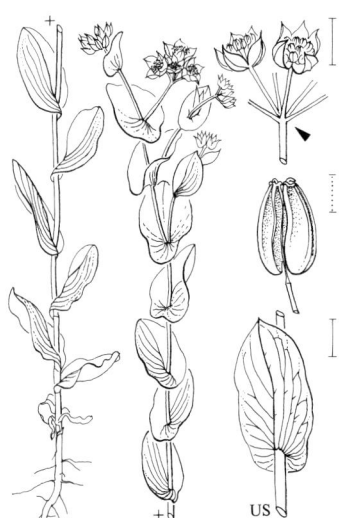

Rundblättriges H. – *B. rotundifolium* 0,15–0,45(–0,80) ⊙ 6–8 (gelb, Hüllchen gelblichgrün)

Eirundblättriges H. – *B. subovatum* 0,10–1,00 ⊙ 6–10 (gelb, Hüllchen gelblichgrün)

APIACEAE 669

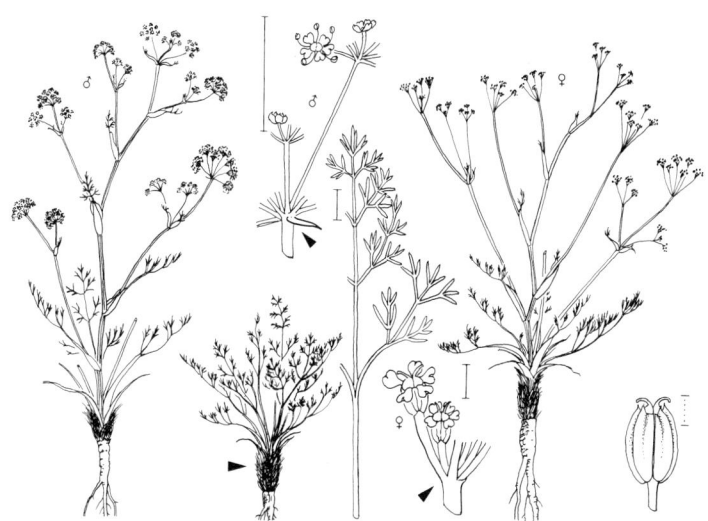

Blaugrüner Faserschirm – *Trinia glauca* 0,15–0,50 ☉ ⊛ 4–5 (♂ grünlichweiß, ♀ rötlichweiß)

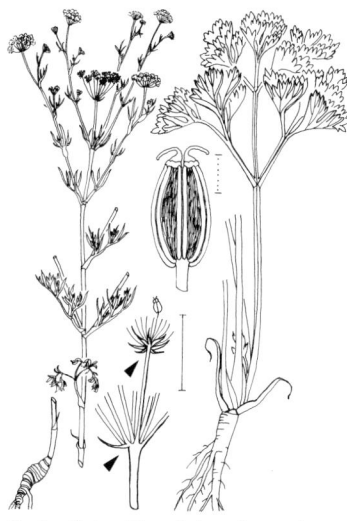

Garten-Petersilie – *Petroselinum crispum* 0,40–0,90 ☉ 6–7 (grünlichgelb. Pfl würzig riechend)

Wasserschierling – *Cicuta virosa* 0,60–1,20 ♃ 7–9 (weiß)

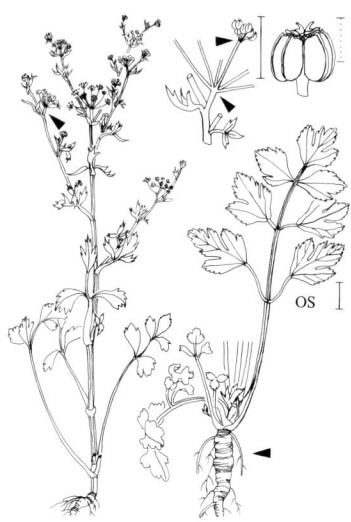

Sellerie – *Apium graveolens* 0,30–1,00 ⊙ 7–9 (grünlichweiß. Pfl würzig riechend)

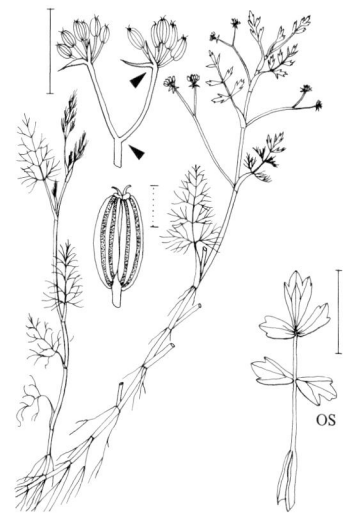

Untergetauchter Sumpfsellerie – *Helosciadium inundatum* 0,10–0,60 ♃ 6–7 ▽ (weiß)

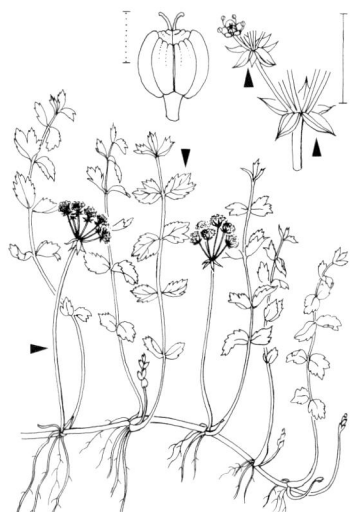

Kriechender S. – *H. repens* 0,10–0,30 ♃ 7–9 ▽ (weiß)

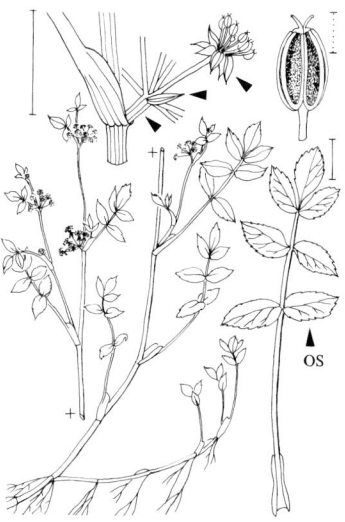

Knotenblütiger S. – *H. nodiflorum* 0,30–0,60 lg ♃ 7–9 (weiß od. grünlichweiß)

APIACEAE 671

Große Knorpelmöhre – *Ammi majus* 0,30–1,00 ⊙ 6–9 (weiß)

Zahnstocher-K. – *A. visnaga* 0,50–1,00 ⊙ ⊙ 7–9 (weiß)

Gewöhnliche Sichelmöhre – *Falcaria vulgaris* 0,30–0,80 ♃ 7–9 (weiß)

Wiesen-Kümmel – *Carum carvi* 0,30–0,80 ⊙ 5–7 (weiß od. rötlich)

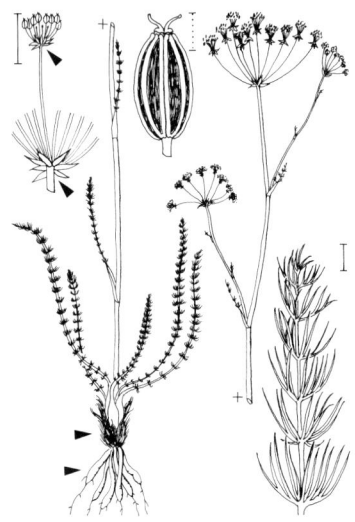

Quirl-Kümmel – *Carum verticillatum* 0,30–0,80 ♃ 7–8 (weiß od. rötlich) ⚥

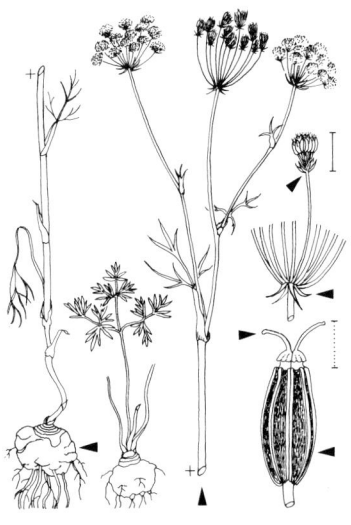

Echter Knollenkümmel – *Bunium bulbocastanum* 0,20–0,60 ♃ 6–7 (weiß)

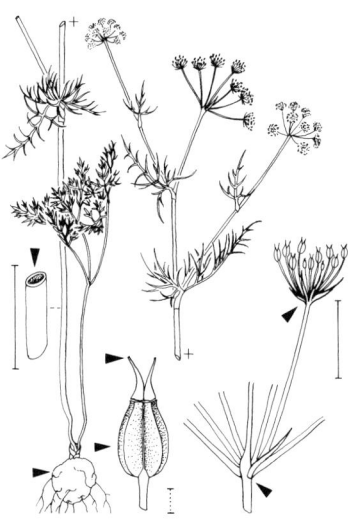

Französische Erdkastanie – *Conopodium majus* 0,20–0,50 ♃ 5–6 (weiß)

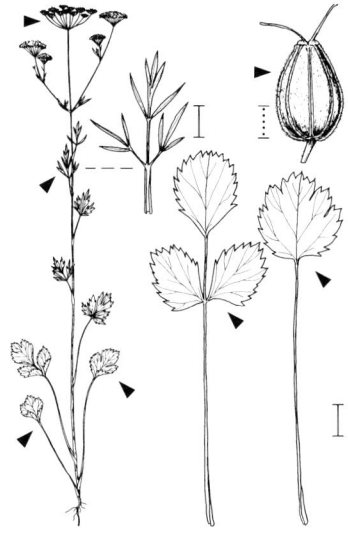

Anis – *Pimpinella anisum* 0,15–0,50 ☉ 7–8 (weiß)

APIACEAE 673

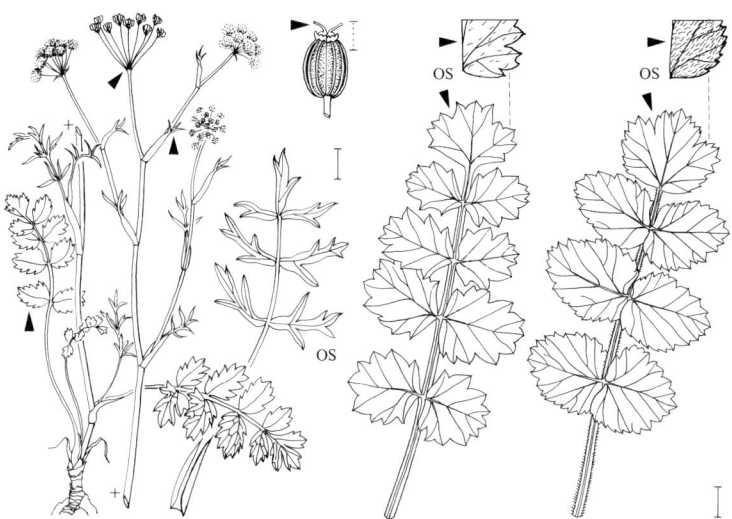

L: **Kleine Pimpinelle** – *Pimpinella saxifraga* 0,05–0,60 ⚥ 7–9 (weiß od. gelblichweiß, selten rosa bis purpurn) R: **Schwarze P.** – *P. nigra* 0,40–0,80 ⚥ 7–9 (weiß od. gelblichweiß)

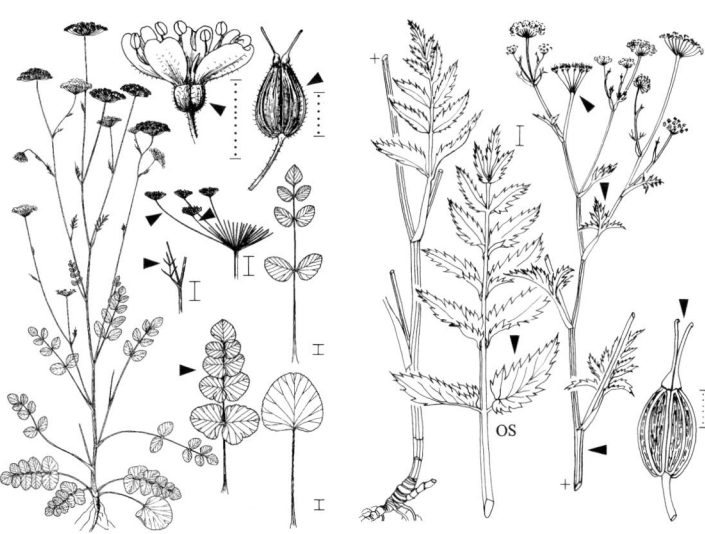

Fremde P. – *P. peregrina* 0,60–0,90 ☉ 6–7 (weiß)

**Große P. – *P. major* 0,20–1,00 ⚥ 6–9 (weiß bis dunkelrosa) ↗ S. 814

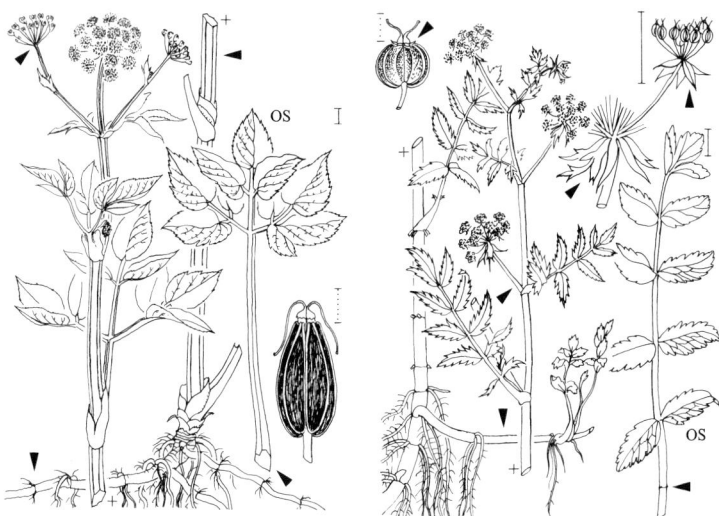

Gewöhnlicher Giersch – *Aegopodium podagraria* 0,50–0,90 ⚁ 6–7 (weiß, selten rosa)

Berle – *Berula erecta* 0,30–0,80 ⚁ 7–9 (weiß. Pfl würzig riechend)

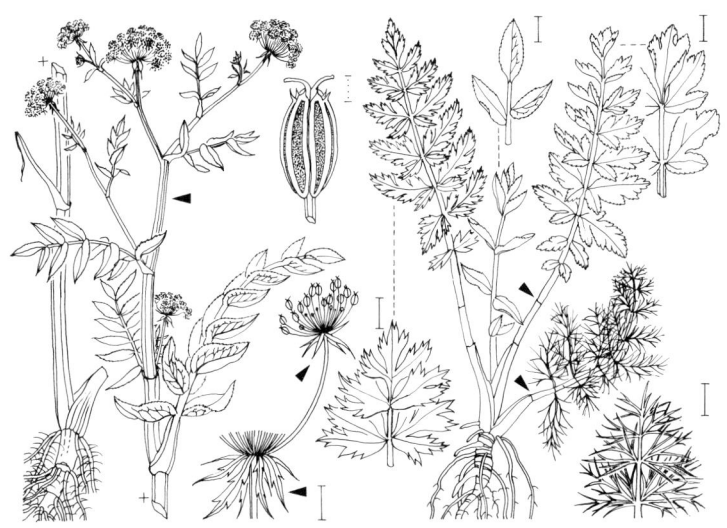

Breitblättriger Merk – *Sium latifolium* 0,60–1,20 ⚁ 7–8 (weiß). R: Pfl mit Unterwasserblatt

APIACEAE 675

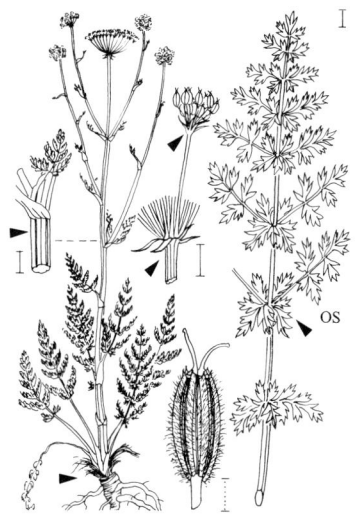

Berg-Heilwurz – *Seseli libanotis*
0,60–1,20 ⊗ 7–8 (weiß od. rötlich)

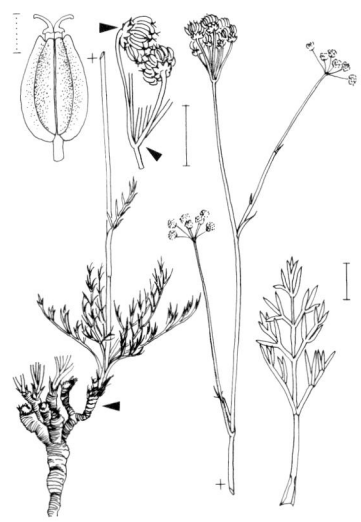

Pferde-Sesel – *S. hippomarathrum*
0,15–0,50 ⚷ 7–9 (weiß od. rötlich)

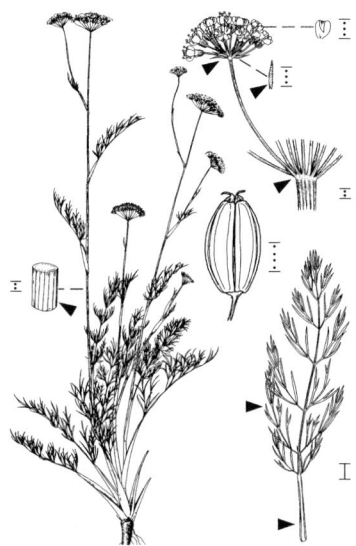

Berg-S. – *S. montanum* 0,30–0,60 ⚷ 7–9
(weiß od. rötlich) ↗ S. 814

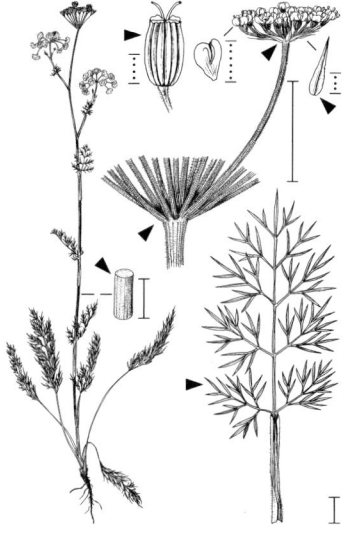

Steppen-S. – *S. annuum* 0,10–0,90 ① ☉
⊗ 7–9 (weiß od. rötlich)

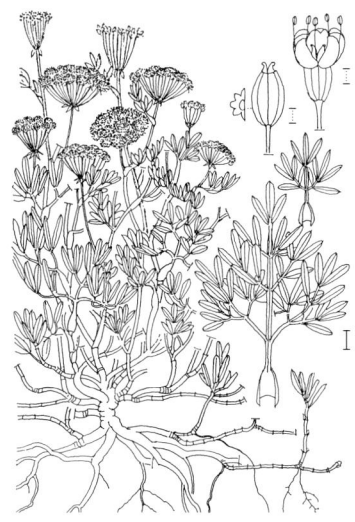

Gewöhnlicher Meerfenchel – *Crithmum maritimum* 0,20–0,50 ⚥ 6–10 (gelb od. gelblich-grünlichweiß)

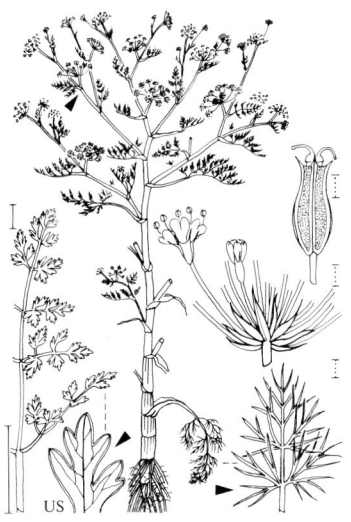

Wasserfenchel – *Oenanthe aquatica* 0,30–1,20 ☉ ⊗ 6–8 (weiß)

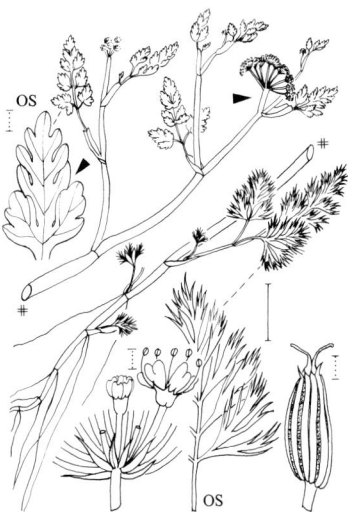

*Fluss-Pferdesaat – *Oe. fluviatilis* 1,00–3,00 flutend ① ⊗ 6–7 (weiß) (†)↗ S. 815

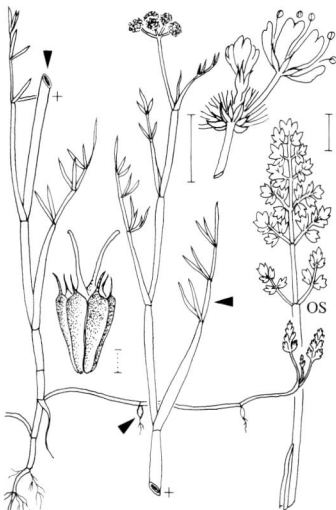

Röhrige Pf. – *Oe. fistulosa* 0,30–0,60 ⚥ 6–8 (weiß od. rötlich)

APIACEAE

Wiesen-Pferdesaat – *Oenanthe lachenalii*
0,40–0,60 ♃ 7–9 (weiß) ↗ S. 815

Haarstrang-Pf. – *Oe. peucedanifolia*
0,30–0,60 ♃ 6–7 (weiß)

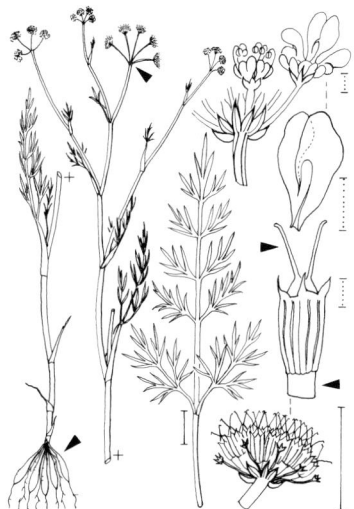

Silau-Pf. – *Oe. silaïfolia* 0,30–0,60 ♃ 5–7
(weiß od. rötlich)

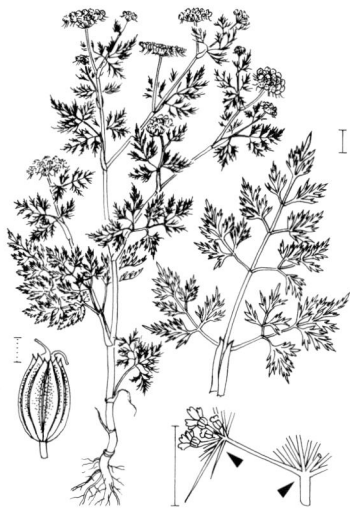

**Hundspetersilie – *Aethusa cynapium*
0,05–2,10 ① ⊙ ⊙ 6–9 (weiß)

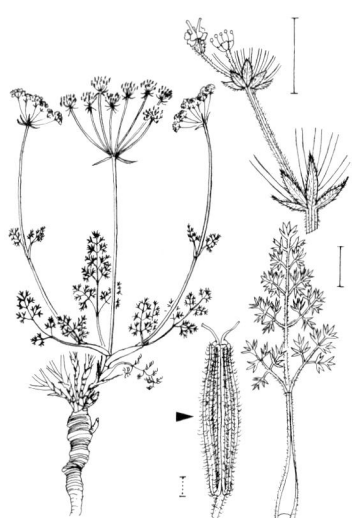

Zottige Augenwurz – *Athamantha cretensis* 0,10–0,40 ⚄ 5–8 (weiß. Pfl würzig riechend)

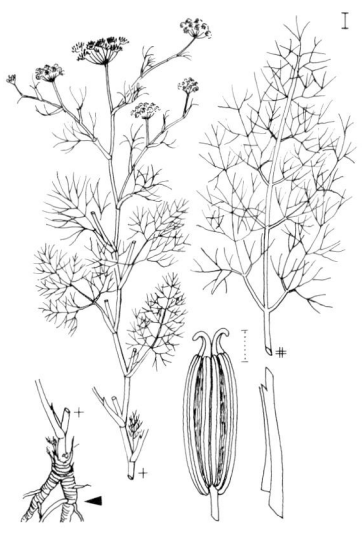

Echter Fenchel – *Foeniculum vulgare* 0,80–1,80 ⚄ 7–9 (gelb. Pfl würzig riechend)

Dill – *Anethum graveolens* 0,50–1,20 ☉ 7–9 (gelb. Pfl würzig riechend)

Wiesen-Silau – *Silaum silaus* 0,30–1,00 ⚄ 6–9 (grünlichgelb)

APIACEAE 679

Bärwurz – *Meum athamanticum* 0,15–0,45 ♃ 5–6 (weiß. Pfl würzig riechend)

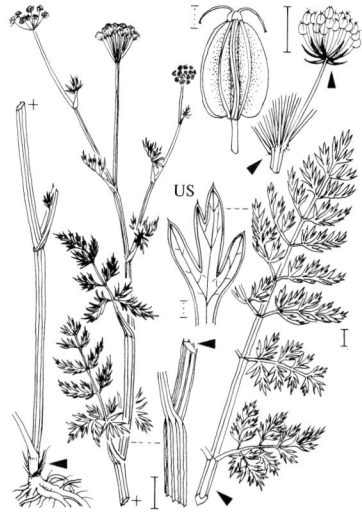

Kümmel-Silge – *Selinum carvifolia* 0,30–0,90 ♃ 7–8 (weiß od. rötlich)

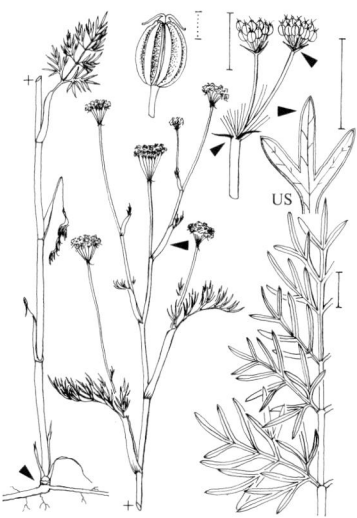

Brenndolden-S. – *S. dubium* 0,30–0,90 ⊙ ♃ 8–9(–11) (weiß)

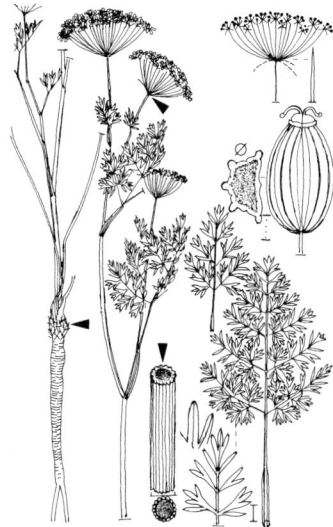

Silaublättrige S. – *S. silaifolium* 0,60–1,20 ♃ 6–8 (weiß)

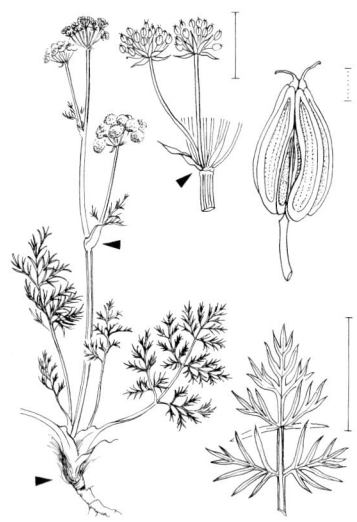

Adonisblättrige Mutterwurz – *Mutellina adonidifolia* 0,10–0,50 ⚥ 6–8 (weiß od. rosa bis purpurn)

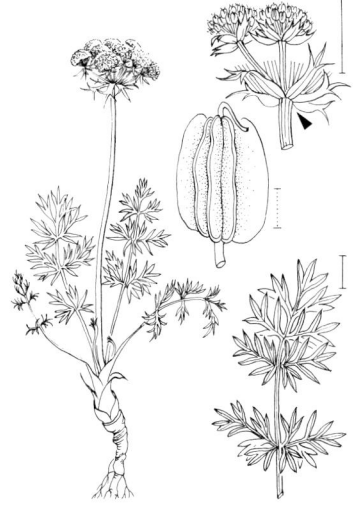

Einfache Zwergmutterwurz – *Pachypleurum mutellinoides* 0,03–0,15 ⚥ 7–8 (weiß, selten rötlich bis purpurn)

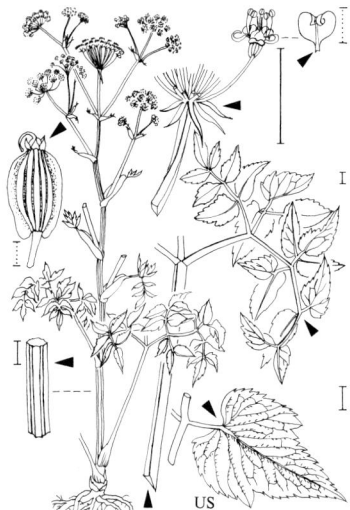

Sumpf-Engelwurz – *Angelica palustris* 0,50–1,00 ⊗ 7–8 ▽ (weiß od. weißlich)

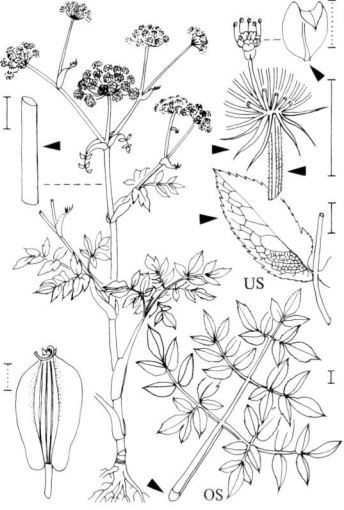

**Wilde E. – *A. sylvestris* 0,80–1,50 ⊗ 7–9 (weiß od. rötlich) ↗ S. 815

APIACEAE 681

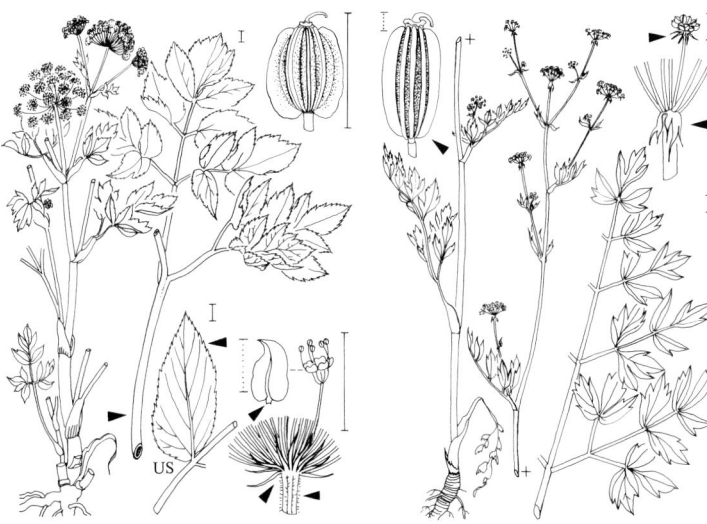

**Echte Engelwurz – *Angelica archangelica* 1,20–3,00 ☉ ⊗ 6–8 (grünlichgelb od. grünlichweiß. Pfl aromatisch riechend)

Garten-Liebstöckel – *Levisticum officinale* 1,00–2,00 ♃ 7–8 (blassgelb. Pfl würzig riechend)

Meisterwurz – *Peucedanum ostruthium* 0,30–1,00 ♃ 7–8 (weiß od. rötlich. Pfl würzig riechend)

Echter Haarstrang – *P. officinale* 0,60–2,00 ♃ 7–9 (blassgelb)

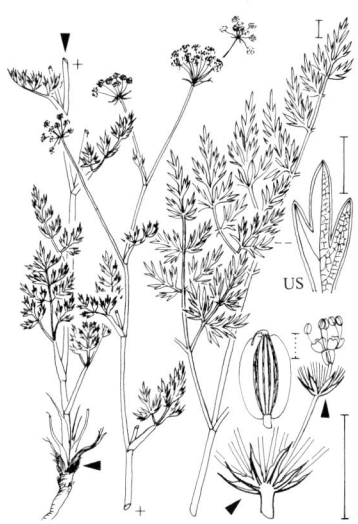

Elsässer Haarstrang – *Peucedanum alsaticum* 0,60–1,20 ⚥ 7–9 (blassgelb)

Sumpf-H. – *P. palustre* 0,80–1,50 ⚥ ⊗ 7–8 (weiß. Pfl mit wenig weißlichem Milchsaft)

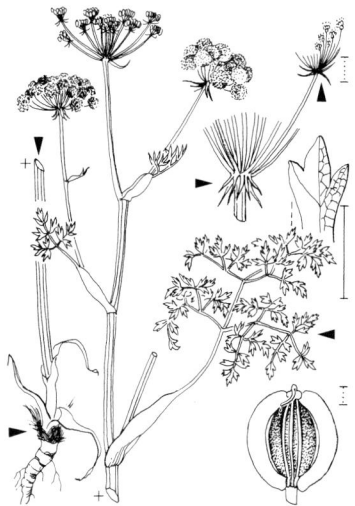

Berg-H. – *P. oreoselinum* 0,30–1,00 ⚥ 7–8 (weiß od. rötlich)

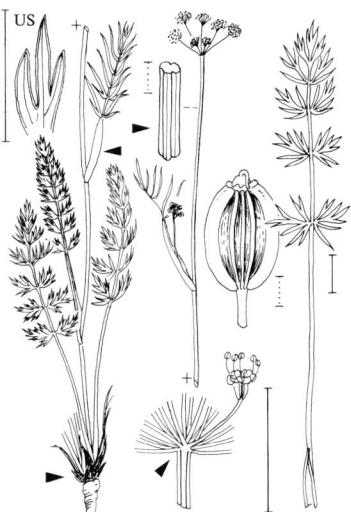

Kümmelblatthaarstrang – *Dichoropetalum carvifolia* 0,30–1,00 ⚥ 6–8 (gelblich od. grünlichweiß, außen oft rötlich)

APIACEAE

Echte Hirschwurz – *Cervaria rivini*
0,50–1,00 ♃ 7–9 (weiß)

**Gewöhnlicher Pastinak – *Pastinaca sativa* 0,30–1,90(–3,00) ⊙ 7–9 (gelb)

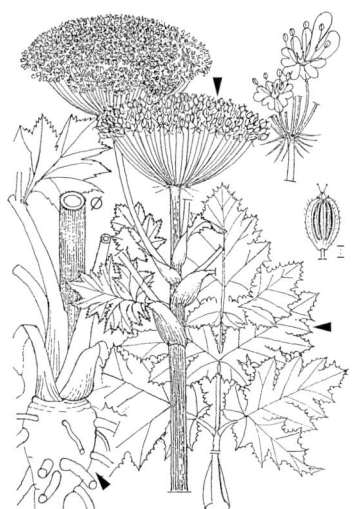

Riesen-Bärenklau – *Heracleum mantegazzianum* 2,00–4,00 ⊙ ⊗ 7–9 (weiß)

**Wiesen-B. – *H. sphondylium* 0,50–1,50(–2,00) ♃ 6–9 (weiß od. grünlichweiß bis gelbgrün)

APIACEAE

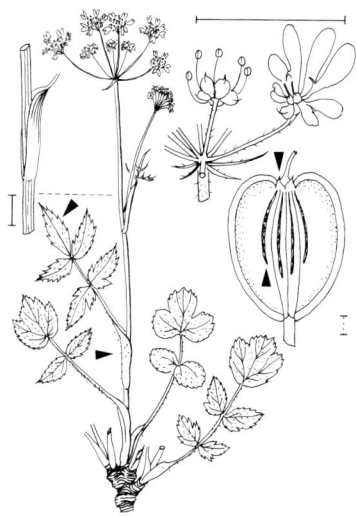

Österreichische Bärenklau – *Heracleum austriacum* 0,10–0,60 ♃ 7–8 (weiß bis rosa)

Große Zirmet – *Tordylium maximum* 0,60–1,20 ☉ 6–8 (weiß, getrocknet gelblich)

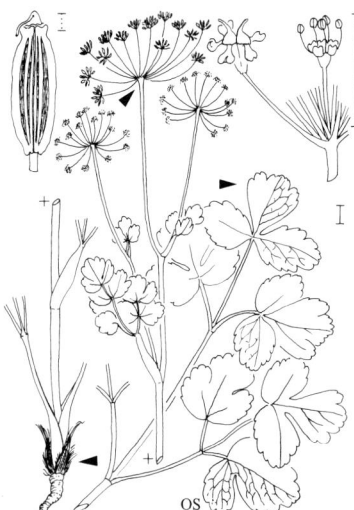

Rosskümmel – *Laser trilobum* 0,30–1,20 ♃ 5–6 ▽ (weiß, anfangs oft rötlich. Pfl nach Kümmel riechend)

Breitblättriges Laserkraut – *Laserpitium latifolium* 0,60–1,50 ♃ 7–8 (weiß od. purpurn)

Preußisches Laserkraut – *Laserpitium prutenicum* 0,30–1,00 ⊙ ⊗ 7–8 (weiß, getrocknet hellgelb)

Berg-L. – *L. siler* 0,30–1,00 ♃ 6–8 (weiß. Pfl würzig riechend)

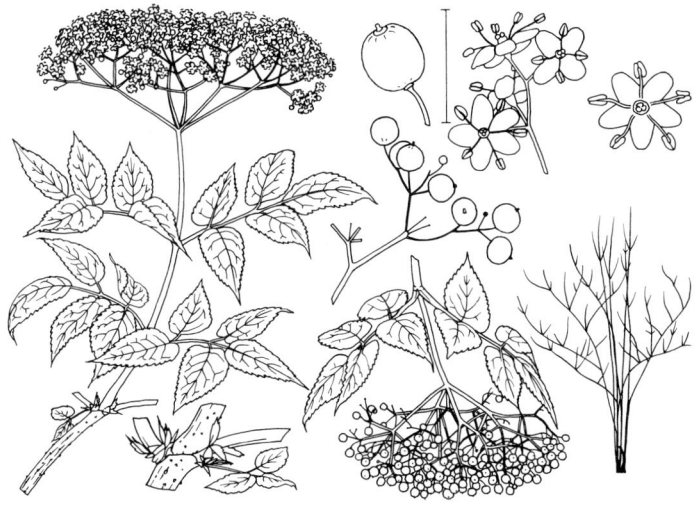

Schwarzer Holunder – *Sambucus nigra* 3,00–7,00 ♄ 6–7 (weiß, Staubbeutel hellgelb. Fr über rötlichbraun reif schwarz. FrStiele oft rot überlaufen. StgMark weiß)

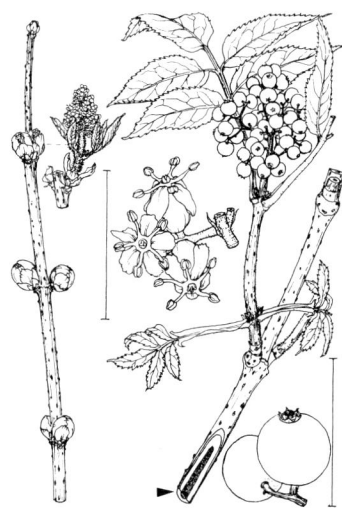

Roter Holunder – *Sambucus racemosa* 1,50–3,00 ♄ 4–5 (grünlichgelb. Fr rot. StgMark gelbbraun)

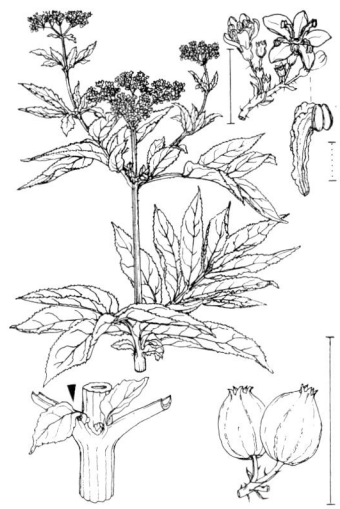

Zwerg-H. – *S. ebulus* 0,60–1,50 ♃ 6–7 (weiß, Staubbeutel rot. Fr schwarz)

Gewöhnlicher Schneeball – *Viburnum opulus* 1,50–3,00 ♄ 5–6 (RandBlü weiß, fruchtbare Blü gelblichweiß. Fr rot)

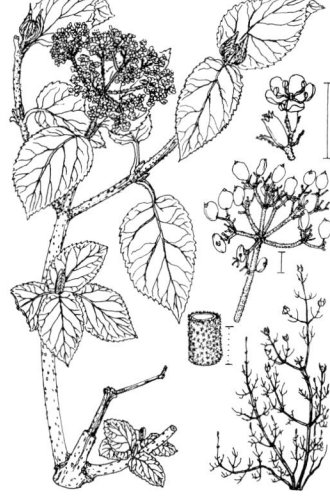

Wolliger Sch. – *V. lantana* 1,00–3,00 ♄ 4–6 (schmutzigweiß. Fr erst rot, vollreif schwarz)

ADOXACEAE · CAPRIFOLIACEAE

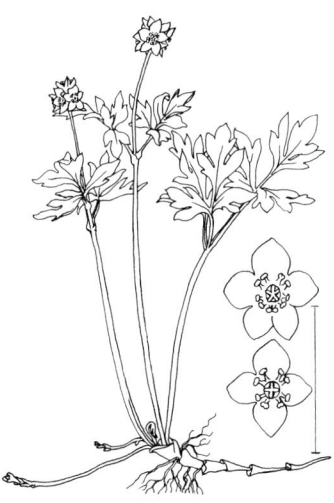

Moschuskraut – *Adoxa moschatellina*
0,05–0,15 ♃ 3–5 (blassgrünlich, typischer Duft)

Echtes Geißblatt – *Lonicera caprifolium*
3,00–5,00(–10,00) ♄ 5–6 (weiß, rosa überlaufen, dann gelb)

Deutsches G. – *L. periclymenum*
2,00–3,00(–5,00) ♄ 6–8 (gelblichweiß, rötlich überlaufen, später gelb. Fr rot)

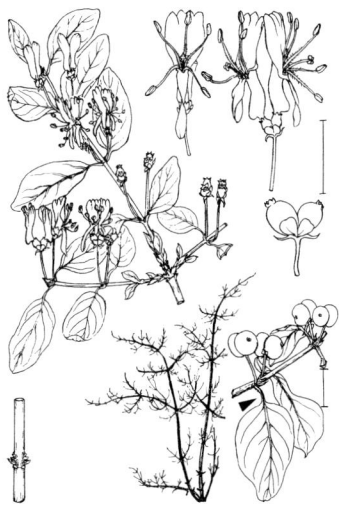

Rote Heckenkirsche – *L. xylosteum*
1,00–2,00 ♄ 5–6 (gelblichweiß, später mattgelb. Fr scharlachrot)

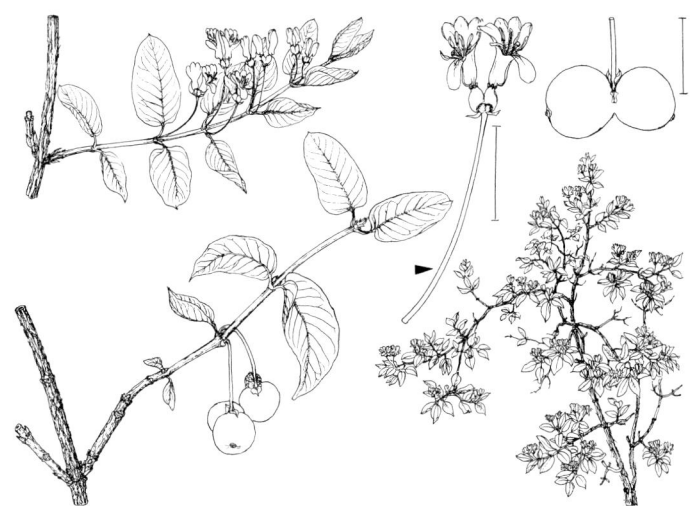

Schwarze Heckenkirsche – *Lonicera nigra* 0,50–1,50 ♄ 5–6 (weiß od. rötlichweiß, außen trübpurpurn überlaufen. Fr schwarz, bläulich bereift)

Tataren-H. – *L. tatarica* 1,00–3,00 ♄ 5–6 (tiefrosa bis weiß. Fr scharlach-, tomatenrot od. gelborange)

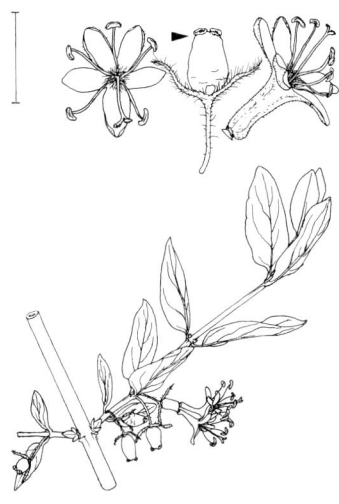

Blaue H. – *L. caerulea* 1,00–1,30 ♄ 5–6 (gelblichweiß. Fr blauschwarz)

CAPRIFOLIACEAE 689

Alpen-Heckenkirsche – *Lonicera alpigena* 0,60–1,50 ħ 5–7 (gelblich-trübrot. Fr kirschrot)

Weiße Schneebeere – *Symphoricarpos albus* 1,00–2,00 ħ 7–8 (hellrosa, innen weiß behaart. Fr weiß)

Rosenrote Weigelie – *Weigela florida* 1,00–3,00 ħ 5–7 (rosa bis weiß od. dunkelrot, beim Abblühen mit intensiverem Farbton)

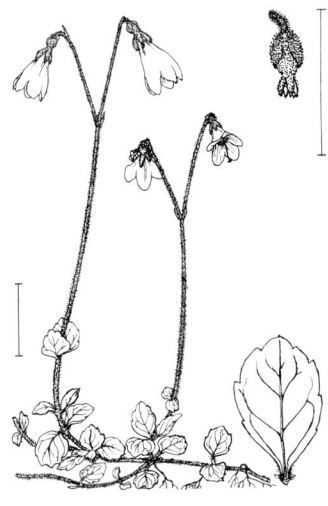

Moosglöckchen – *Linnaea borealis*
0,15–1,20 lg ♄ 6–8 ▽ (blassrosa od. weiß, innen blutrot gestreift)

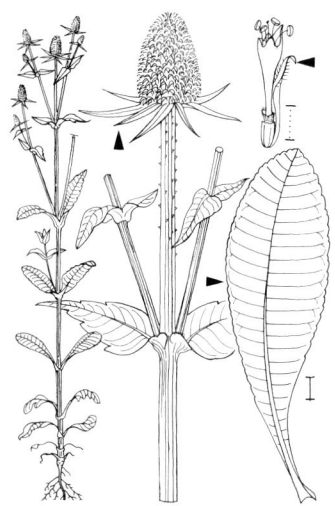

Weber-Karde – *Dipsacus sativus*
1,00–1,50 ☉ ⊗ 7–8 (lila)

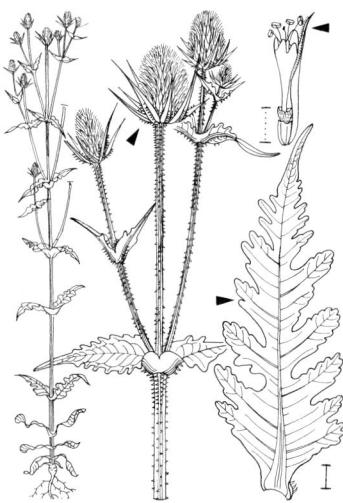

Schlitzblatt-K. – *D. laciniatus* 0,50–1,20
☉ ⊗ 7–8 (weißlich bis lila)

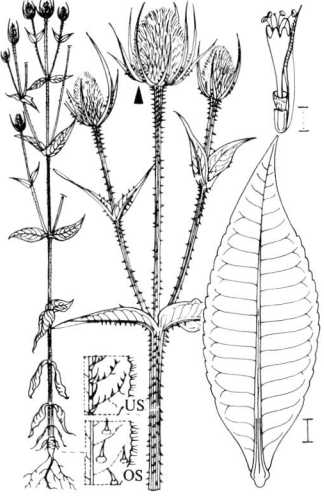

Wilde K. – *D. fullonum* 0,70–2,00 ☉ ⊗
7–8 (lila, selten weiß)

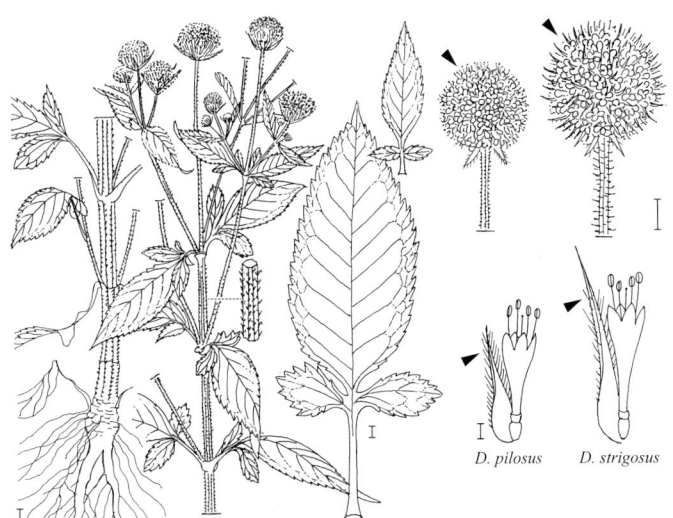

L: **Behaarte Karde** – *Dipsacus pilosus* 0,60–1,20(–2,00) ⊙ ⊗ 7–8 (weißlich)
R: **Schlanke K.** – *D. strigosus* 0,80–2,00(–2,50) ⊙ ⊗ 7–8 (blassgelb)

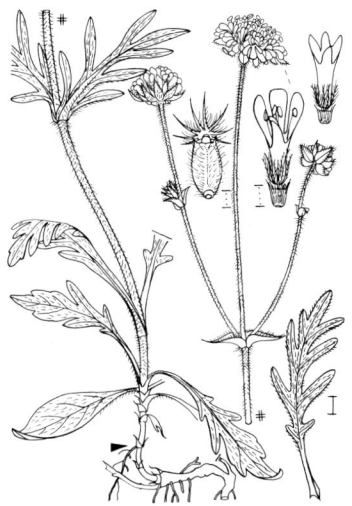

***Acker-Witwenblume** – *Knautia arvensis* 0,30–0,80 ♃ 7–8 (bläulichrot bis violett)
↗ S. 815

Balkan-W. – *K. drymeia* 0,40–0,80 ♃ 6–9 (violett bis rosa)

CAPRIFOLIACEAE

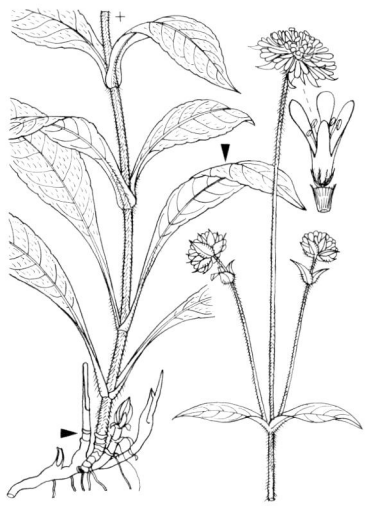

*Wald-Witwenblume – *Knautia maxima* 0,50–1,00 ♃ 6–9 (violett, selten rotlila bis weiß) ↗ S. 815

Samt-Skabiose – *Scabiosa atropurpurea* 0,60–1,20 ☉ 7–10 (schwarzpurpurn, selten rosa od. weiß)

Glanz-S. – *S. lucida* 0,10–0,60 ♃ 7–9 (blaulila, KeBorsten schwärzlich)

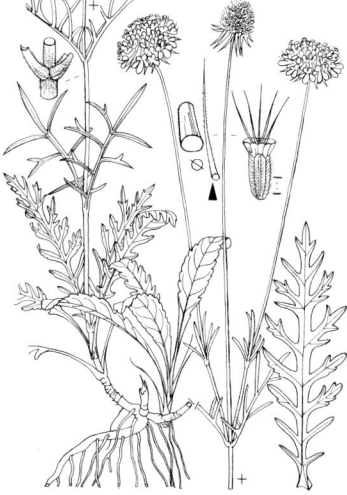

Tauben-S. – *S. columbaria* 0,25–0,60 ♃ 7–11 (blaulila, KeBorsten schwärzlich)

Graue Skabiose – *Scabiosa canescens* 0,20–0,50 ⚥ 7–11 (hellblau, KeBorsten bleichgelb)

Gelbe Skabiose – *Scabiosa ochroleuca* 0,25–0,60 ⚥ 7–10 (hellgelb, KeBorsten anfangs fuchsrot)

CAPRIFOLIACEAE

Gewöhnlicher Teufelsabbiss – *Succisa pratensis* 0,15–0,80 ⚁ 7–9 (blauviolett)

Eingebogener Moorabbiss – *Succisella inflexa* 0,30–1,00 ⚁ 6–9 (hellblau bis weißlich)

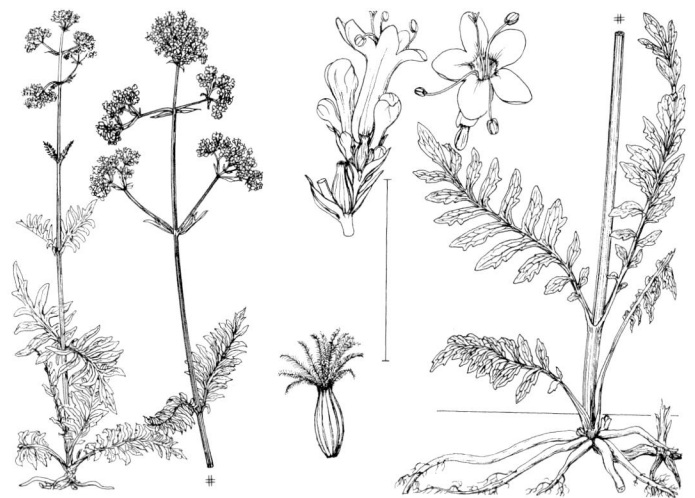

*****Arznei-Baldrian** – *Valeriana officinalis* 0,30–2,00 ⚁ 5–8 (hellrosa, variabel, Knospen kräftiger gefärbt. Wurzeln mit typischem, starkem Baldriangeruch) ↗ S. 815

CAPRIFOLIACEAE 695

Kleiner Baldrian – *Valeriana dioica* 0,10–0,30 ♃ 5–6 (♀ blassrosa bis weiß, ♂ hellrosa. Wurzeln mit wahrnehmbarem Baldriangeruch)

Zwerg-B. – *V. supina* 0,03–0,15 ♃ 7–8
(blassrot bis blasslila)

Stein-B. – *V. tripteris* 0,10–0,60 ♃ 4–7
(weiß bis blassrosa)

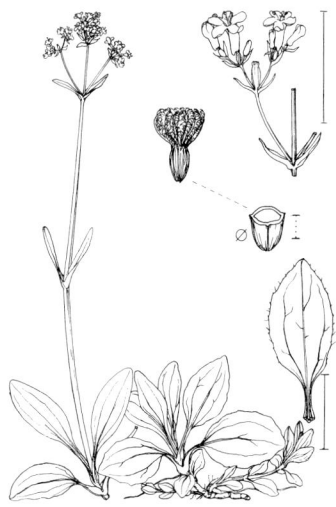

Felsen-Baldrian – *Valeriana saxatilis* 0,05–0,30 ♃ 6–8 (weiß)

Berg-B. – *V. montana* 0,05–0,50 ♃ 4–7 (helllila, rosa bis weiß)

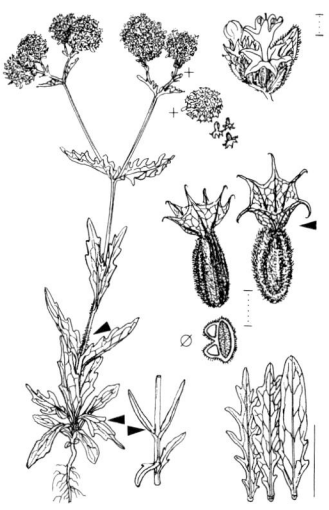

Gekröntes Rapünzchen – *Valerianella coronata* 0,10–0,30 ① ⊙ 5–6 (bläulichweiß)

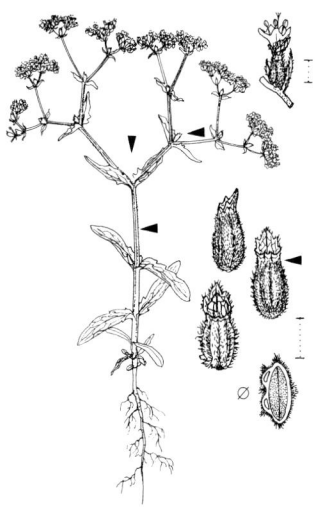

Wollfrucht-R. – *V. eriocarpa* 0,10–0,30 ⊙ ① 4–5 (blassbläulich)

CAPRIFOLIACEAE 697

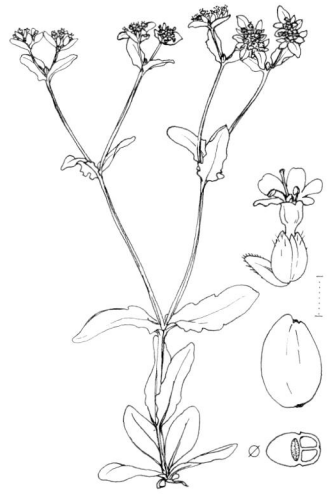

Gewöhnliches Rapünzchen –
Valerianella locusta 0,05–0,15 ① ☉ 4–5
(blassblau)

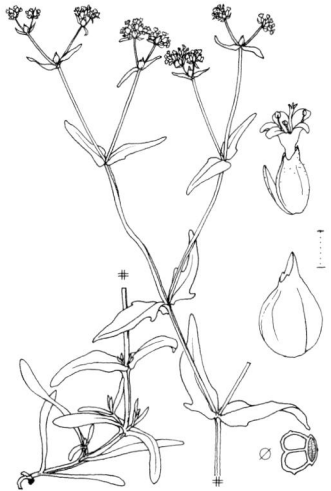

Gefurchtes R. – *V. rimosa* 0,10–0,30 ① ☉
6–7 (weiß bis bläulichweiß)

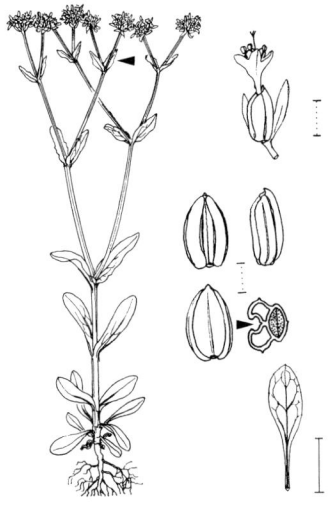

Gekieltes R. – *V. carinata* 0,10–0,40 ① ☉
4–5 (blassblau)

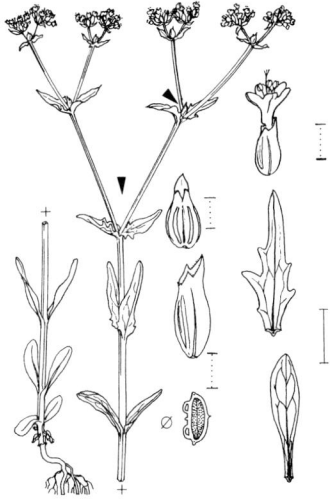

Gezähntes R. – *V. dentata* 0,10–0,40 ☉ ①
6–8 (gelblichweiß)

Rote Spornblume – *Centranthus ruber* 0,30–0,80 ⚥ 5–7 (purpurn, selten weiß)

Wohlriechende Schellenblume – *Adenophora liliifolia* 0,30–1,00 ⚥ 7–9 ▽ (hell blauviolett, duftend)

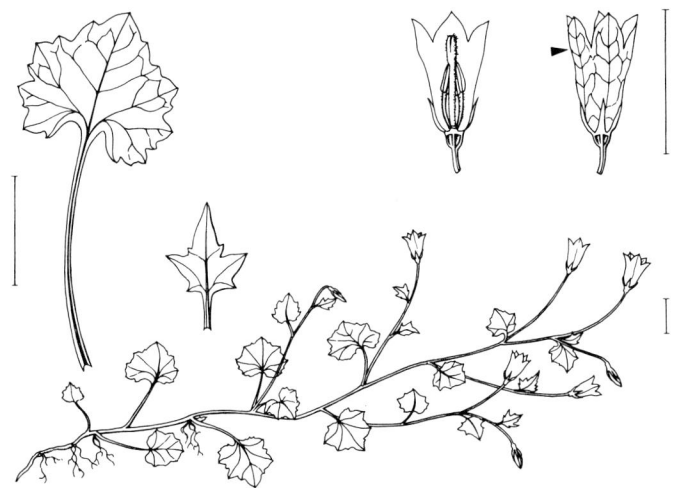

Efeu-Moorglöckchen – *Wahlenbergia hederacea* 0,05–0,30 ⚥ 6–9 ▽ (hellblau, dunkler geadert)

CAMPANULACEAE 699

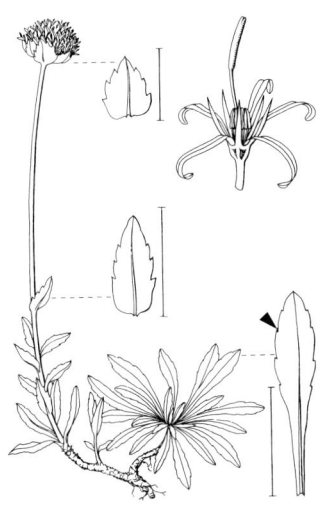

Ausdauernde Jasione – *Jasione laevis* 0,25–0,60 ⚃ 7–8 (hellblau, selten weiß)

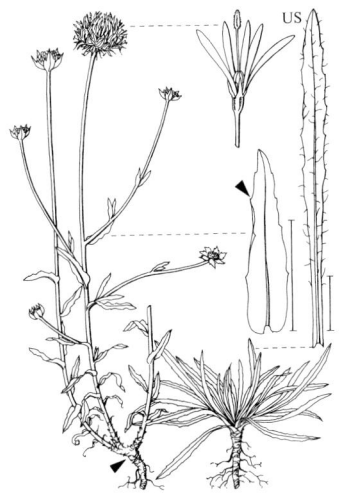

Berg-J. – *J. montana* 0,10–0,45 ① ☉ 6–8 (hellblau, selten weiß)

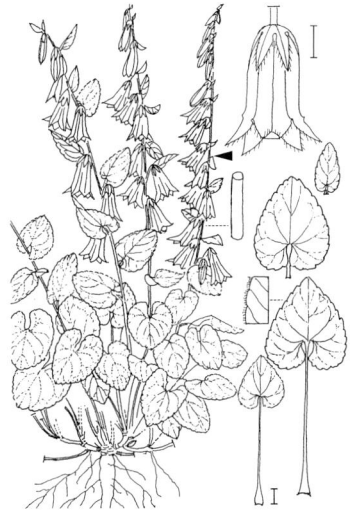

Knoblauchsraukenblättrige Glockenblume – *Campanula alliariifolia* 0,30–0,60 ⚃ 7–8 (weiß bis cremefarben)

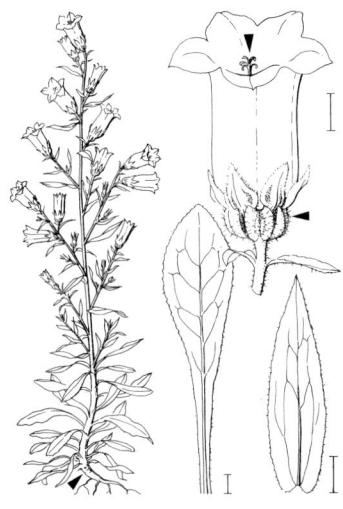

Marien-G. – *C. medium* 0,60–0,80 ☉ 6–9 (blau, weiß od. rosa)

CAMPANULACEAE

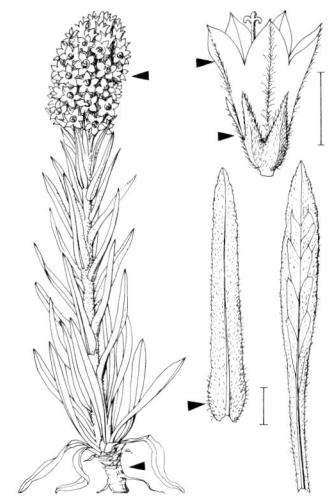

Strauß-Glockenblume – *Campanula thyrsoides* 0,10–0,40 ⊛ 7–8 ▽ (blassgelb)

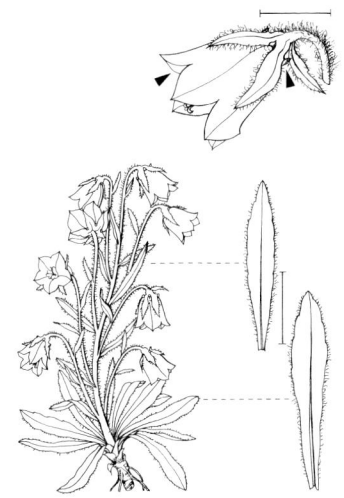

Alpen-G. – *C. alpina* 0,05–0,20 ⊙ ⊛ 7–8 (hell blauviolett)

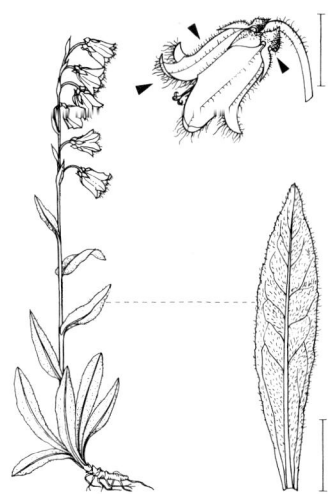

Bärtige G. – *C. barbata* 0,10–0,40 ⊛ ♃ 6–8 (hell blauviolett bis blau, selten weiß)

Sibirische G. – *C. sibirica* 0,15–0,50 ⊙ ⊛ 6 (blauviolett)

CAMPANULACEAE 701

Knäuel-Glockenblume – *Campanula glomerata* 0,20–0,60 ⚃ 6–9 (blauviolett)

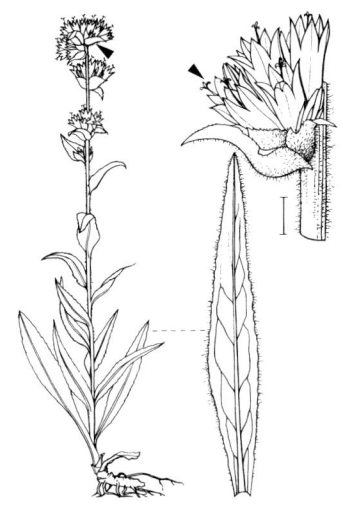

Borstige G. – *C. cervicaria* 0,40–0,80(–1,10) ☉ ⊗ 6–8 ▽ (blau)

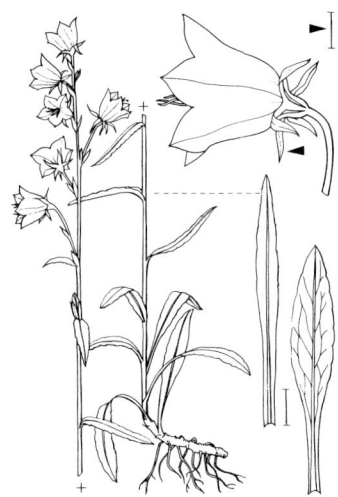

Pfirsichblättrige G. – *C. persicifolia* 0,30–0,80 ⚃ 6–7(–9) (hellblau, selten weiß)

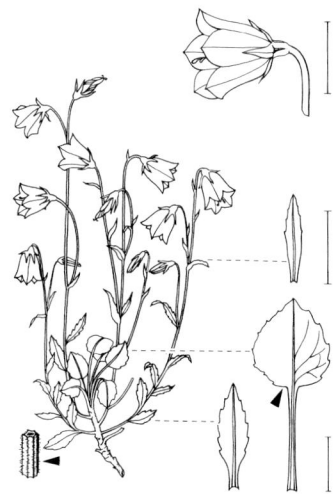

Zwerg-G. – *C. cochleariifolia* 0,05–0,15 ⚃ 6–9 (hellblau bis hell blauviolett)

CAMPANULACEAE

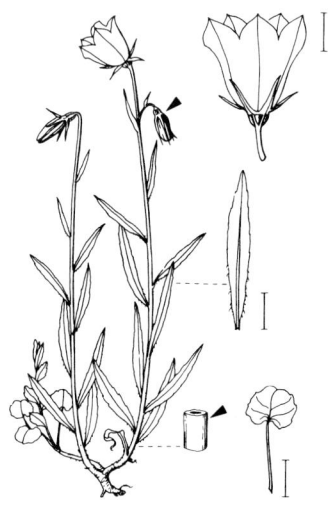

Scheuchzer-Glockenblume – *Campanula scheuchzeri* 0,10–0,30 ⚁ 7–8 (dunkel blauviolett)

Lanzettblättrige G. – *C. baumgartenii* 0,20–0,50(–0,60) ⚁ 7–8 (blauviolett)

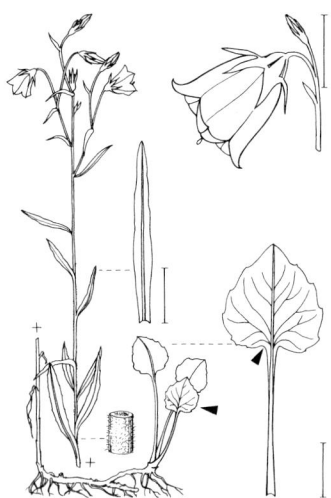

***Rundblättrige G.** – *C. rotundifolia* 0,10–0,30(–0,50) ⚁ 6–9 (blauviolett) ↗ S. 815

Rapunzel-G. – *C. rapunculus* 0,50–0,80 ⊙ 6–8 (hell blauviolett)

Wiesen-Glockenblume – *Campanula patula* 0,30–0,60 ☉ ⊗ 5–7 (rosalila)

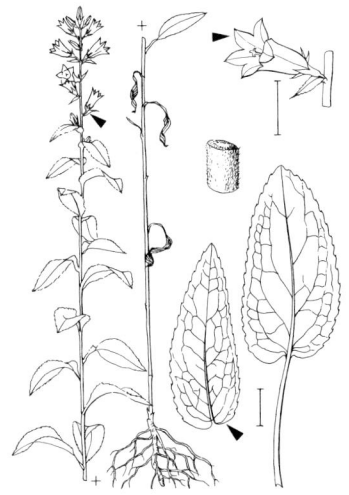

Bologneser G. – *C. bononiensis* 0,40–1,00 ♃ 7–8 ▽ (hell blauviolett)

Acker-G. – *C. rapunculoides* 0,30–0,80 ♃ 6–9 (blauviolett, selten weiß)

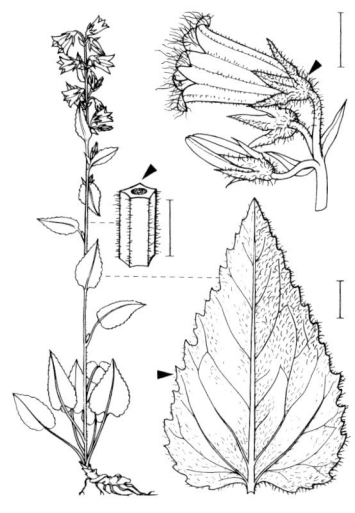

Nesselblättrige G. – *C. trachelium* 0,60–1,00 ♃ 7–8 (hell blauviolett bis hellblau)

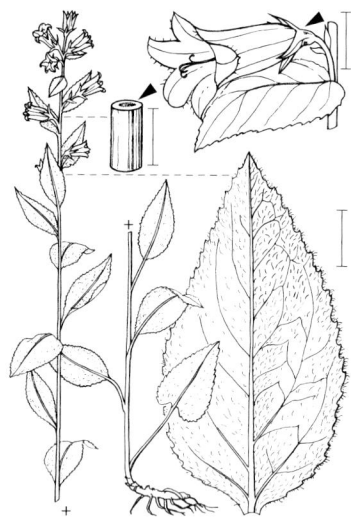

Breitblättrige Glockenblume – *Campanula latifolia* 0,60–1,00 ⚥ 6–7 ▽ (hellviolett)

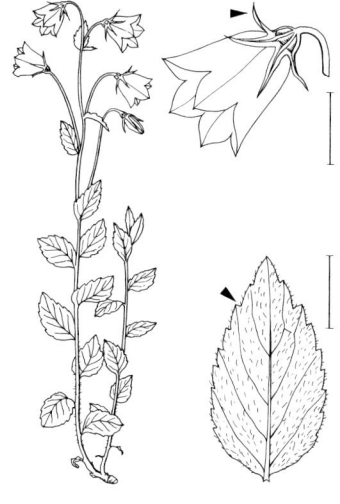

Rautenblättrige G. – *C. rhomboidalis* 0,20–0,70 ⚥ 6–8 (blauviolett)

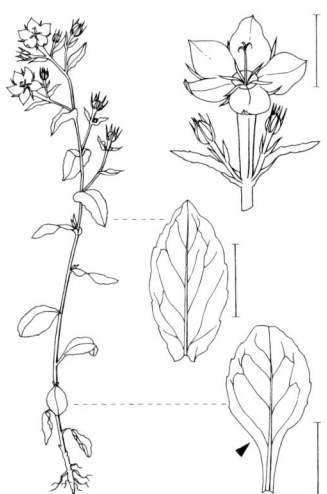

Echter Frauenspiegel – *Legousia speculum-veneris* 0,10–0,30 ☉ ① 6–8 (dunkelviolett)

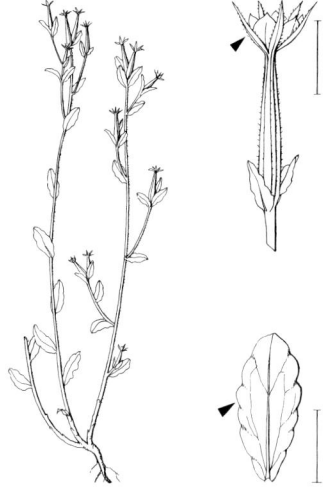

Kleinblütiger F. – *L. hybrida* 0,15–0,25 ☉ 6–7 (purpurn bis violett, am Grund grünlichgelb)

CAMPANULACEAE 705

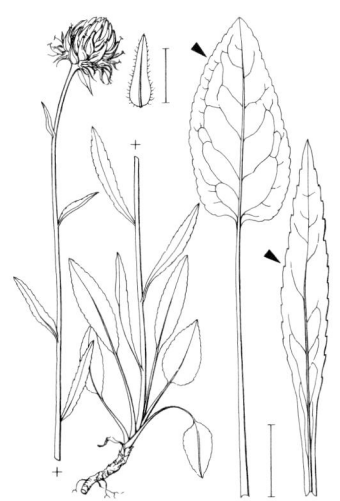

**Kugel-Teufelskralle – *Phyteuma orbiculare* 0,10–0,50 ⚲ 5–8 (blau)

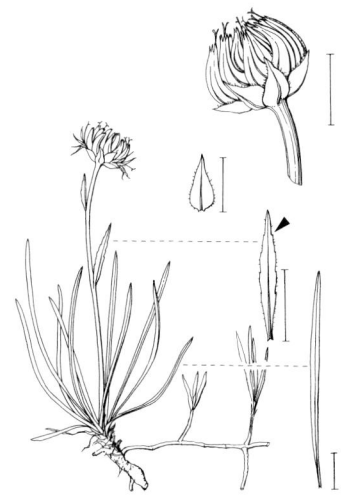

Halbkuglige T. – *Ph. hemisphaericum* 0,05–0,20 ⚲ 7–8 (blau)

Ährige T. – *Ph. spicatum* 0,30–0,80 ⚲ 5–7 (grünlich- bis gelblichweiß) ↗ S. 815

Schwarze T. – *Ph. nigrum* 0,20–0,50 ⚲ 5–7 (schwarzviolett)

Betonien-Teufelskralle – *Phyteuma betonicifolium* 0,15–0,60 ⚁ 6–9 (blauviolett, selten weiß)

Haller-T. – *Ph. ovatum* 0,30–0,70 ⚁ 7–8 (schwarzviolett)

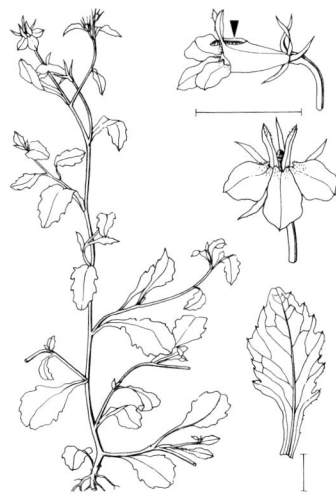

Blaue Lobelie – *Lobelia erinus* 0,10–0,30 ⊙ 6–10 (blau, selten purpurn, weiß od. rosa)

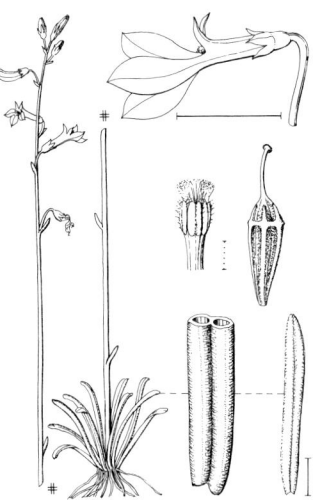

Wasser-L. – *L. dortmanna* 0,30–0,70 ⚁ 7–8 ▽ (Kr weiß, Röhre bläulich)

Fieberklee – *Menyanthes trifoliata* 0,15–0,30 ⚁ 4–6 ▽ (weiß, außen oft rosa überlaufen)

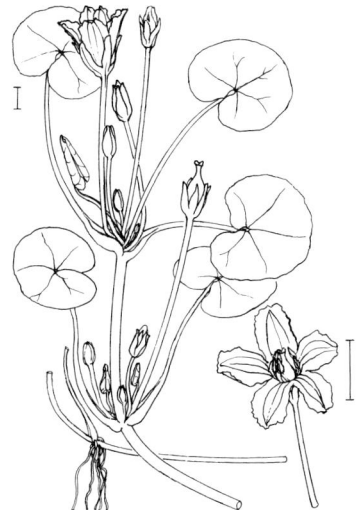

Gewöhnliche Seekanne – *Nymphoides peltata* 0,80–1,50 ⚁ 7–8 ▽ (gelb. Stg flutend, Bla u. Blü auf der Wasserfläche)

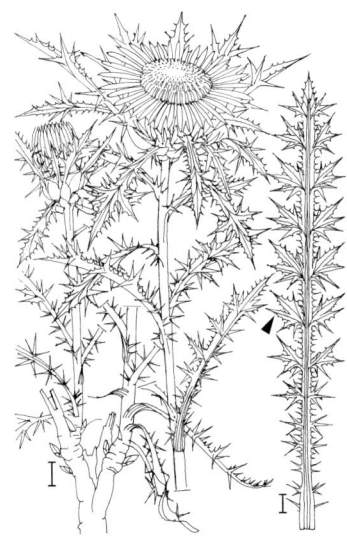

Schmalblättrige Silberdistel – *Carlina acaulis* subsp. *caulescens* (0,03–)0,20–0,60 ⚁ 7–9 ▽

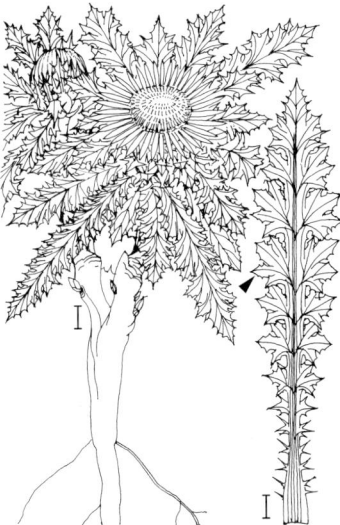

Breitblättrige S. – *C. a.* subsp. *acaulis* 0,03–0,05(–0,30) ⚁ 7–9 ▽ (innere HüllBl silberweiß od. blassrosa)

Gewöhnliche Golddistel – *Carlina vulgaris* 0,10–0,30 (–0,60) ⊗ ☉ 7–9 (innere HüllBl strohgelb)

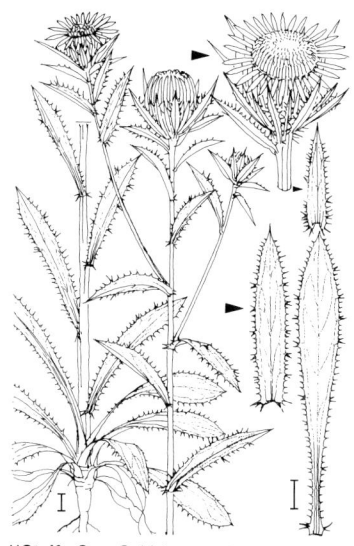

**Steife G. – *C. biebersteinii* 0,20–0,70 (–1,20) ⊗ ☉ 7–9 ↗ S. 815

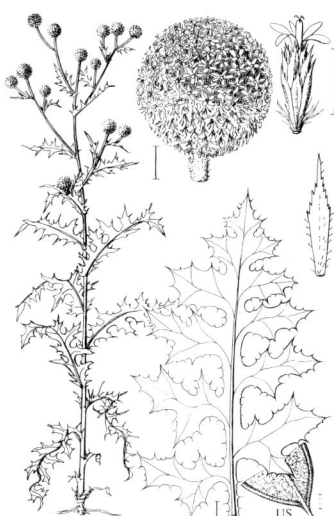

Große Kugeldistel – *Echinops sphaerocephalus* 0,50–1,80 (–3,00) ⊗ 6–8 (bläulichweiß)

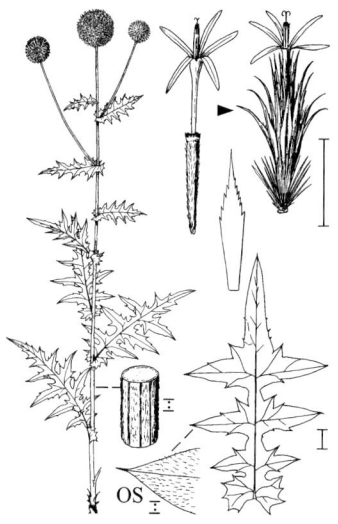

Drüsenlose K. – *E. exaltatus* 0,40–1,50 (–2,00) ⚃ 6–8 (bläulichgrau) (1) **Banater K.** – *E. bannaticus* 0,50–1,20 ⚃ 7–9 ↗ S. 815

ASTERACEAE

**Nickende Distel – *Carduus nutans*
0,30–1,00 ⊙ 7–9 (purpurrot) ↗ S. 815

Berg-D. – *C. defloratus* subsp. *defloratus*
0,30–0,60 ⚃ 6–9 (purpurrot. Bl grün bis blaugrün)

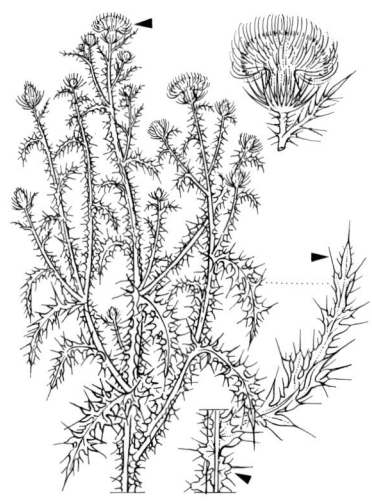

Weg-D. – *C. acanthoides* 0,30–1,00 ⊙
6–9 (purpurrot)

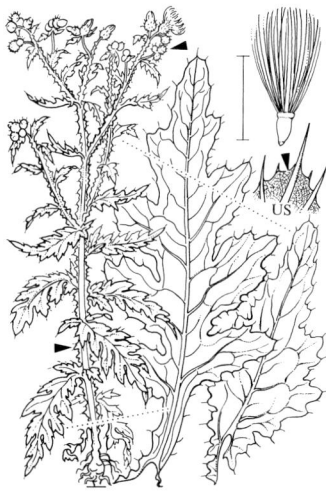

**Krause D. – *C. crispus* 0,60–1,80 ⊙ 7–9
(purpurrot) ↗ S. 815

Kletten-Distel – *Carduus personata*
0,60–1,20 ♃ 7–8 (purpurrot. HüllBl meist violett überlaufen)

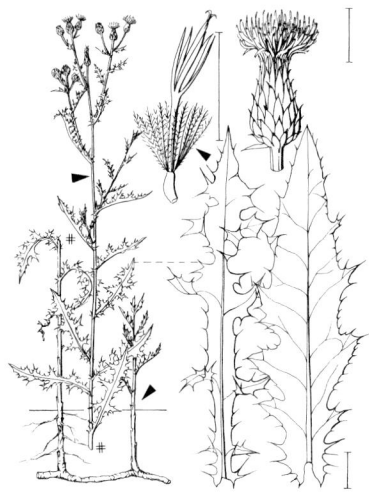

Acker-Kratzdistel – *Cirsium arvense*
0,60–1,20 ♃ 7–9 (lilarosa). R: Variabilität der Bl ↗ S. 815

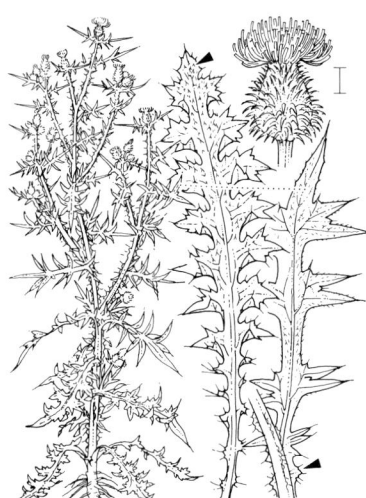

Lanzett-K. – *C. vulgare* 0,60–1,50 ⊙ 6–9 (purpurrot)

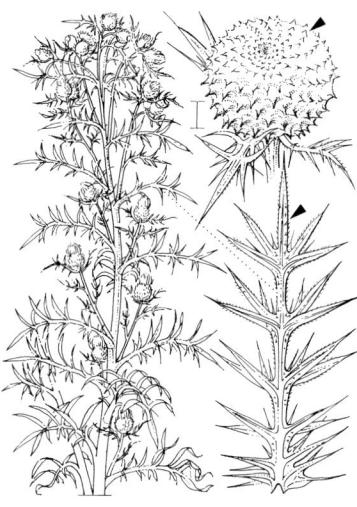

Wollkopf-K. – *C. eriophorum* 0,80–1,80 ⊙ 7–9 (purpurrot)

ASTERACEAE

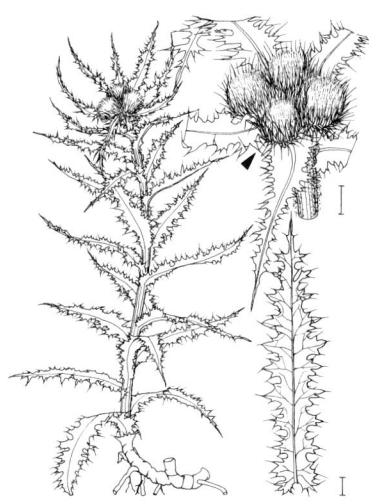

Alpen-Kratzdistel – *Cirsium spinosissimum* 0,15–0,60 ♃ 7–8 (bleichgelb. HochBl hellgrün)

Kohl-K. – *C. oleraceum* 0,50–1,50 ♃ 6–9 (bleichgelb. HochBl bleichgrün)

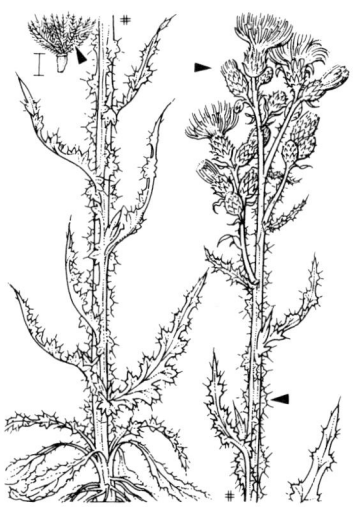

Sumpf-K. – *C. palustre* 0,50–1,50 ⊗ 7–9 (purpurrot)

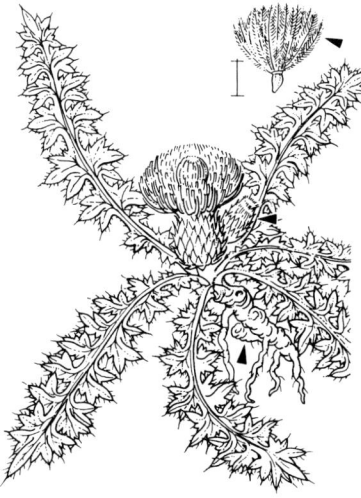

Stängellose K. – *C. acaule* 0,03–0,25 ♃ 7–9 (purpurrot)

Graue Kratzdistel – *Cirsium canum* 0,30–1,00 ♃ 7–8 (purpurrot)

Verschiedenblättrige K. – *C. heterophyllum* 0,40–1,00 ♃ 7–8 (purpurrot)

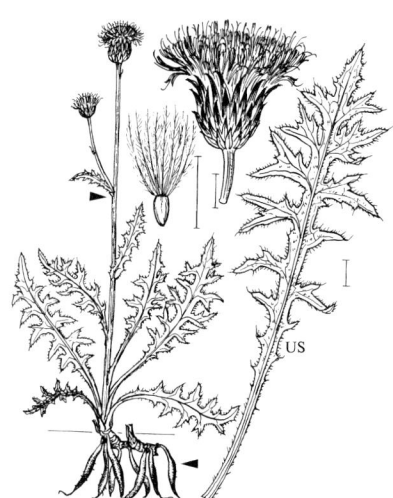

Knollen-K. – *C. tuberosum* 0,30–1,20 ♃ 7–8 (purpurrot)

Englische K. – *C. dissectum* 0,30–1,00 ♃ 6–7 (purpurrot)

ASTERACEAE 713

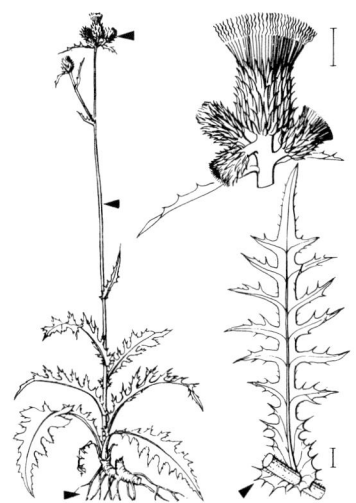

Bach-Kratzdistel – *Cirsium rivulare* 0,40–1,00 ♃ 5–6 (purpurrot)

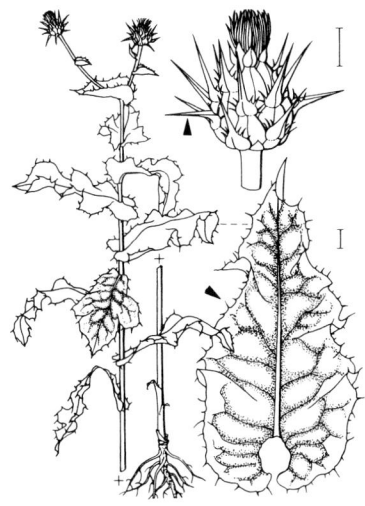

Echte Mariendistel – *Silybum marianum* 0,30–1,50 ☉ ① 7–8 (purpurrot. Bl weiß gefleckt)

Große Klette – A*rctium lappa* 0,80–1,50 ☉ ⊗ 7–8 (rotviolett)

Filz-K. – *A. tomentosum* 0,60–1,20 ☉ ⊗ 7–9 (rotviolett)

Kleine Klette – A*rctium minus* 0,50–1,30
⊙ ⊗ 7–9 (rotviolett)

Hain-K. – *A. nemorosum* 1,00–2,50 ⊙ ⊗
7–8 (rotviolett)

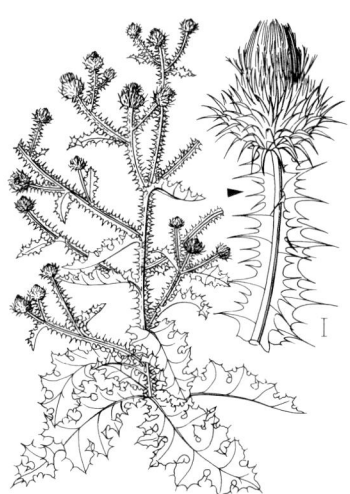

Gewöhnliche Eselsdistel – *Onopordum acanthium* 0,60–2,50 ⊙ 7–8 (purpurrot. Pfl weißfilzig)

Färber-Saflor – *Carthamus tinctorius* 0,50–0,80 ⊙ 7–8 (gelb, später orangerot)

ASTERACEAE

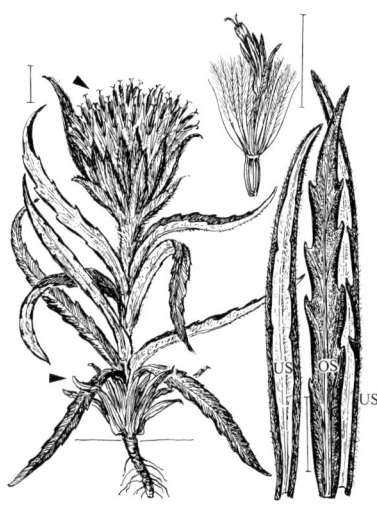

Zwerg-Alpenscharte – *Saussurea pygmaea* 0,05–0,20 ⚇ 7–8 (blauviolett)

Zweifarbige A. – *S. discolor* 0,05–0,35 ⚇ 7–9 (hellviolett od. tief rosarot, duftend)

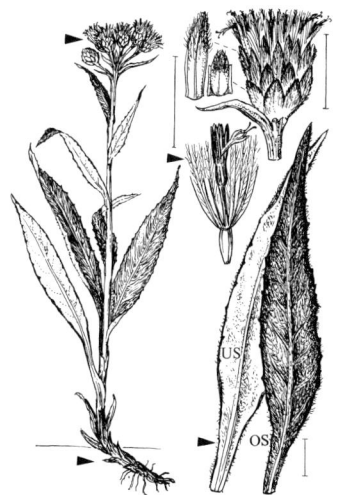

Echte A. – *S. alpina* 0,05–0,40 ⚇ 7–9 (rotviolett. HüllBl schwarz-violett überlaufen)

Sand-Silberscharte – *Jurinea cyanoides* 0,30–0,45 ⚇ 7–9 ▽ (purpurn. Bl useits weißfilzig)

Kriechende Federblume – *Rhaponticum repens* 0,40–0,75 ♃ 7–9 (rosa bis purpurn)

Färber-Scharte – *Serratula tinctoria* 0,20–1,00 ♃ 7–9 (purpurrot. HüllBlSpitzen purpurrot)

Phrygische Flockenblume – *Centaurea phrygia* 0,20–0,80 ♃ 8–9 (purpurrot)

Perücken-F. – *C. pseudophrygia* 0,20–1,00 ♃ 8–9 (purpurrot)

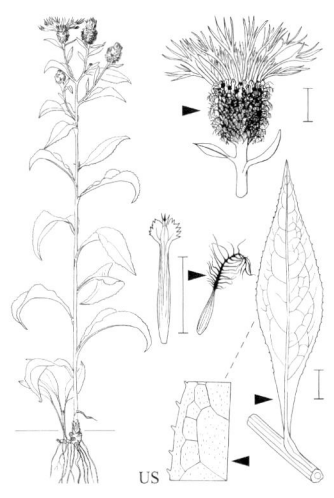

Schmalschuppige Flockenblume –
Centaurea stenolepis 0,50–1,20 ♃ 8–9
(purpurrot)

Schwarze F. – *C. nigra* 0,20–0,70 ♃ 7–9
(purpurrot). Mitte unten: HüllBla von **Hain-F.** – *C. nemoralis* 0,20–0,70 ♃ 7–9

Schwärzliche F. – *C. nigrescens*
0,20–0,80 ♃ 7–9 (purpurrot)

**Wiesen-F. – *C. jacea* 0,20–1,00 ♃ 6–11
(purpurrot). R unten: subsp. *angustifolia*
↗ S. 815

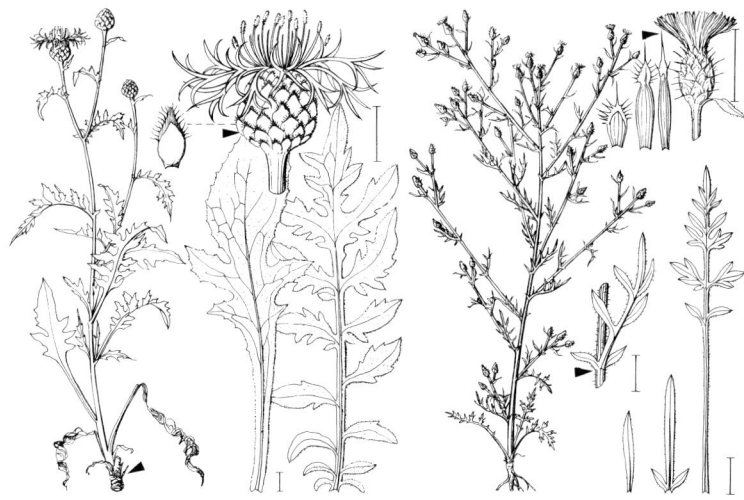

**Skabiosen-Flockenblume – *Centaurea scabiosa* 0,30–1,20 ⚥ 7–8 (trübpurpurn) ↗ S. 815

Sparrige F. – *C. diffusa* 0,10–0,60 ☉ 7–8 (weiß od. rosa, selten purpurn)

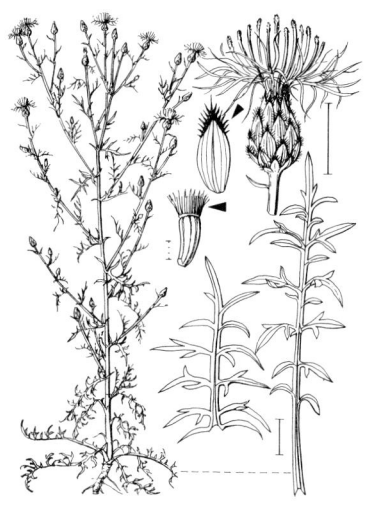

**Gefleckte F. – *C. stoebe* 0,30–1,20 (–1,50) ☉ ⊗ ⚥ 7–9 (trübpurpurn) ↗ S. 815

Sonnwend-F. – *C. solstitialis* 0,20–0,80 ☉ ① 7–9 (goldgelb)

ASTERACEAE

Stern-Flockenblume – *Centaurea calcitrapa* 0,15–0,60 ☉ 7–8 (purpurn)

Benediktenkraut – *C. benedicta* 0,30–0,50 ① ☉ 6–8 (gelb)

Berg-Flockenblume – *Cyanus montanus* 0,30–0,60 ⚃ 5–10 (blau, ScheibenB violett)

Filz-F. – *C. triumfettii* 0,10–0,60 ⚃ 5–7 (blau, ScheibenB violett)

ASTERACEAE

Gewöhnliche Kornblume – *Cyanus segetum* 0,30–0,60(–0,80) ☉ ① 6–10 (blau, ScheibenB blauviolett)

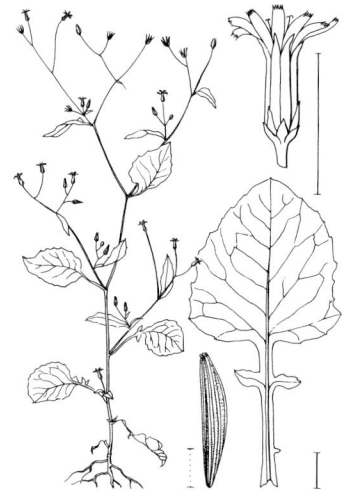

**Gewöhnlicher Rainkohl – *Lapsana communis* 0,30–1,00 ☉ – ♃ 6–9 (blassgelb) ↗ S. 815

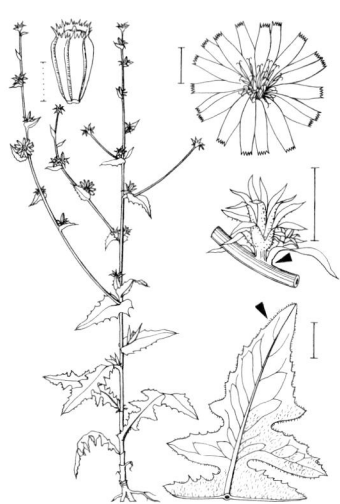

Gewöhnliche Wegwarte – *Cichorium intybus* 0,30–1,20 ♃ 7–10 (hellblau)

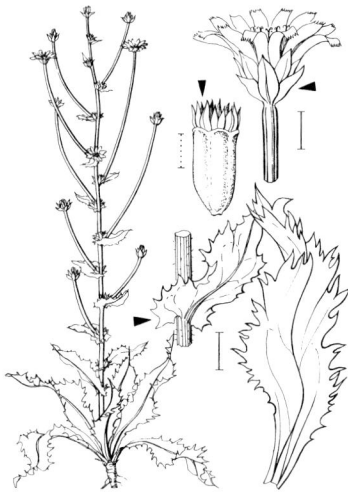

Endivie – *C. endivia* 0,50–1,00 ☉ ☉ 7–10 (hellblau)

ASTERACEAE

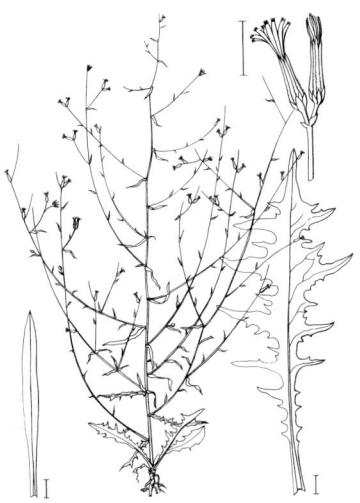

Großer Knorpellattich – *Chondrilla juncea* 0,30–1,00 ⚴ 7–9 (gelb. Bla blaugrün)

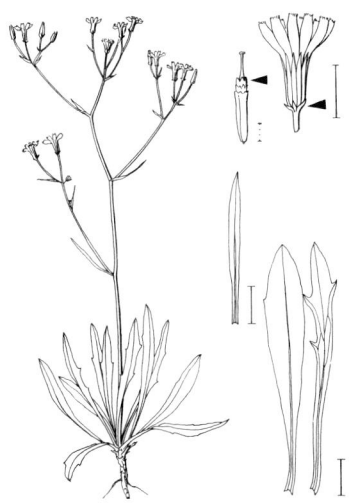

Alpen-K. – *Ch. chondrilloides* 0,10–0,30 ⚴ 7–8 (goldgelb. Bla blaugrün)

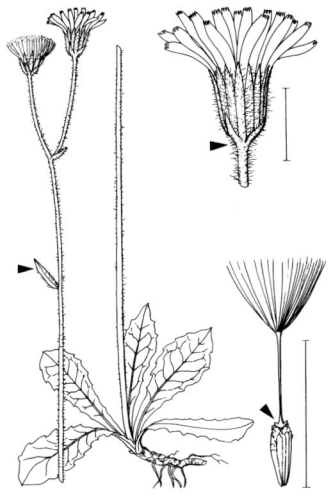

Kronenlattich – *Willemetia stipitata* 0,15–0,45 ⚴ 6–8 (goldgelb. Bla schwach bläulichgrün)

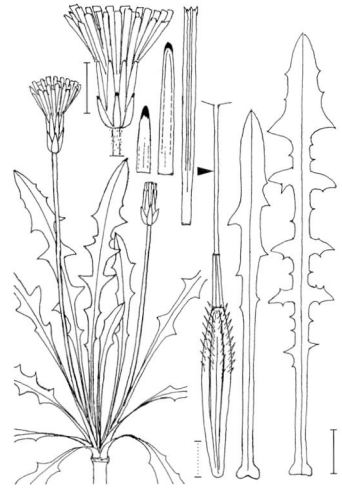

Salzwiesen-Kuhblume – *Taraxacum* sect. *Piesis*, *T. besarabicum* 0,05–0,20 ⚴ 8–10 (hellgelb) ↗ S. 816

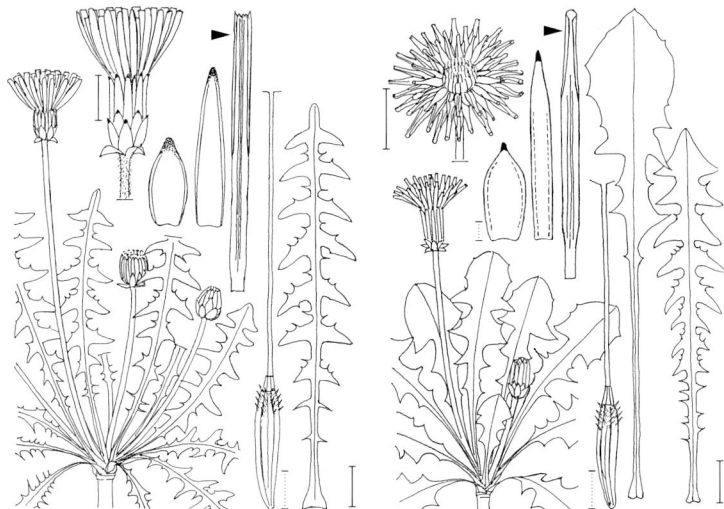

*Dünen-Kuhblumen-Gruppe – *Taraxacum* sect. *Obliqua* 0,05–0,15 ⚥ 4–5 (goldgelb. Fr grau) Dargestellt ist *T. obliquum*.

*Kapuzen-K.-Gr. – *T.* sect. *Cucullata* 0,05–0,25 ⚥ 5–8 (strohgelb) Dargestellt ist *T. cucullatum*. Bla R: *T. tiroliense*.

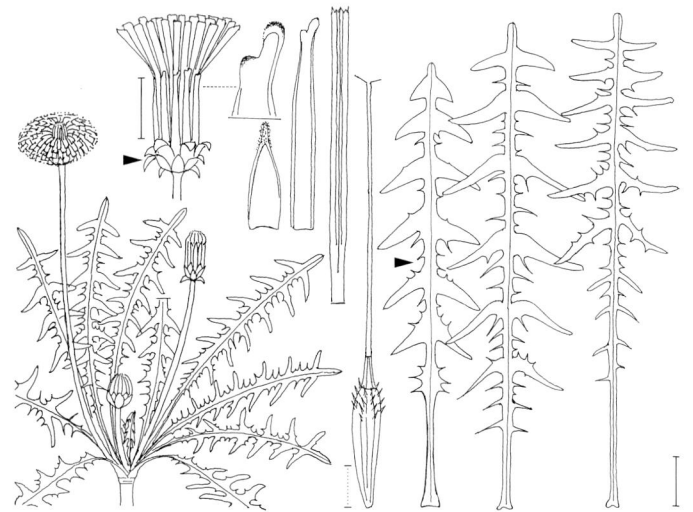

*Schwielen-K.-Gr. – *T.* sect. *Erythrosperma* 0,05–0,35 ⚥ 4–5 (bleichgelb. Fr rotbraun bis strohfarben) Dargestellt ist *T. rubicundum*. Bla L: *T. plumbeum*, Mitte: *T. lacistophyllum*, R. *T. tortilobum*.

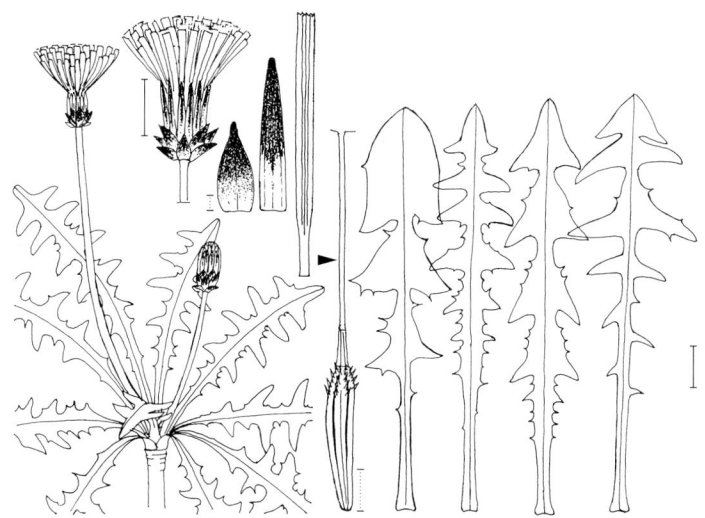

*Alpen-Kuhblumen-Gruppe – *Taraxacum* sect. *Alpina* 0,05–0,25 ⚁ 6–9 (goldgelb. HüllBla schwärzlich). Dargestellt ist *T. venustum*. Bla L: *T. vernelense*, Mitte L.: *T. vetteri*, Mitte R: *T. panalpinum*, R: *T. oreophilum*.

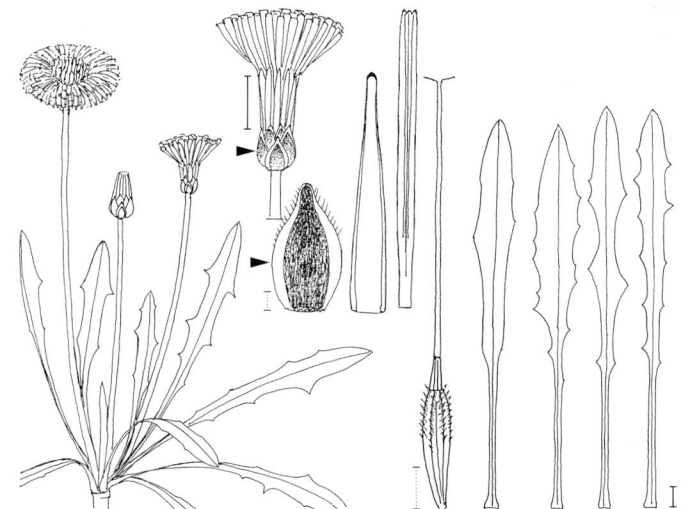

*Sumpf-K.-Gr. – *T.* sect. *Palustria* 0,05–0,30 ⚁ 4–5 (gelb).

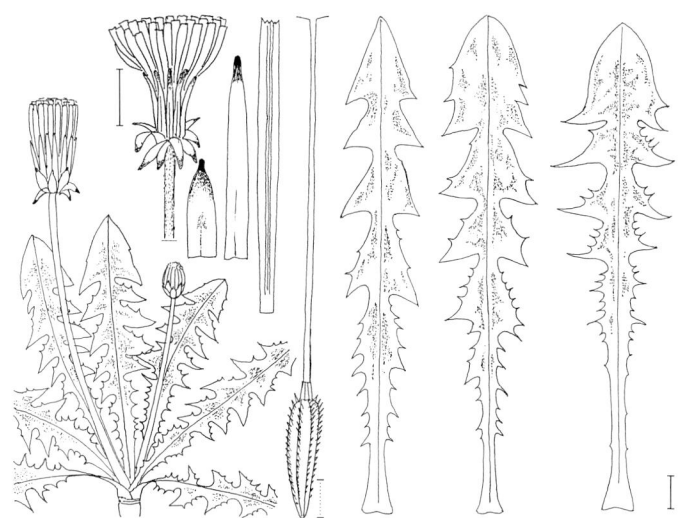

***Flecken-Kuhblumen-Gruppe** – *Taraxacum* sect. *Naevosa* 0,10–0,30 ♃ 4–5 (goldgelb. Bla mit dunklen Flecken). Bla L: *T. maculigerum*, Mitte: *T. lentiginosum*, R: *T. euryphyllum*.

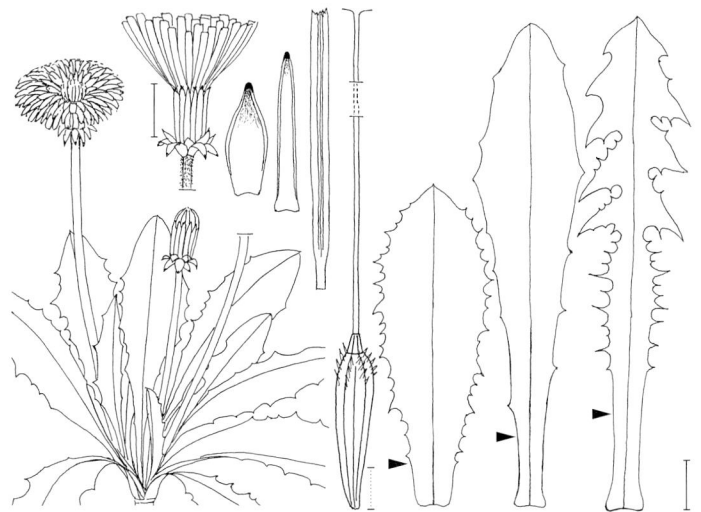

***Quell-K.-Gr.** – *Taraxacum* sect. *Crocea* (= *Fontana*) 0,15–0,25 ♃ 6–8 (goldgelb).

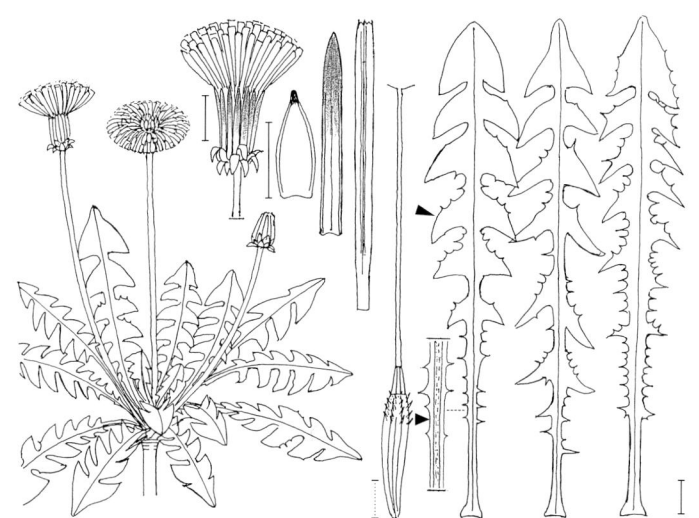

*Haken-Kuhblumen-Gruppe – *Taraxacum* sect. *Hamata* 0,15–0,30 ⚄ 4–5 (gelb. Innere HüllBla blauschwarz bereift. BlaStiel mit roten Linien). Bla L: *T. hamatum* Mitte: *T. fusciflorum*, R: *T. marklundii*.

*Quell-K.-Gr. – *T. schroeterianum* 0,15–0,20 ⚄ 7–8 (ZungenBlü goldgelb, außen purpurn. Fr rotbraun)

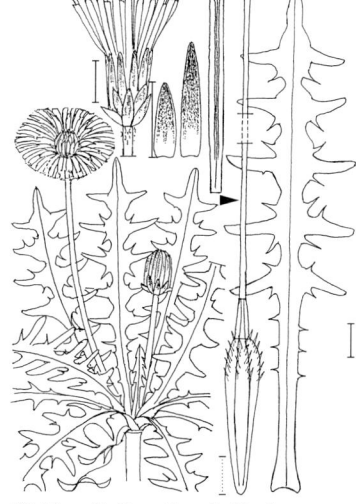

*Gebirgs-K.-Gr. – *T.* sect. *Rhodocarpa* (= *Alpestria*), *T. polycercum* 0,10–0,30 ⚄ 5–8 (goldgelb)

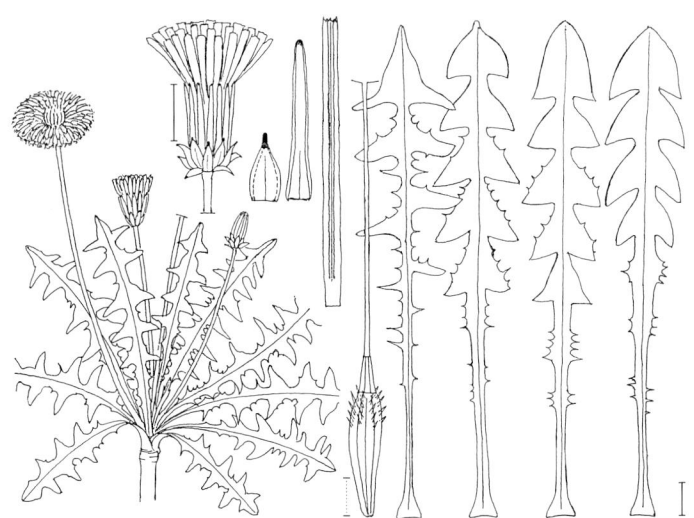

*Moor-Kuhblumen-Gruppe – *T.* sect. *Celtica* 0,15–0,35 ⚥ 4–5 (gelb. Äußere HüllBla blaugrün). Dargestellt ist *T. nordstedtii* Bla L: *T. reichlingii*, Mitte L: *T. prionum,* Mitte R: *T. bracteatum,* R: *T. hygrophilum.*

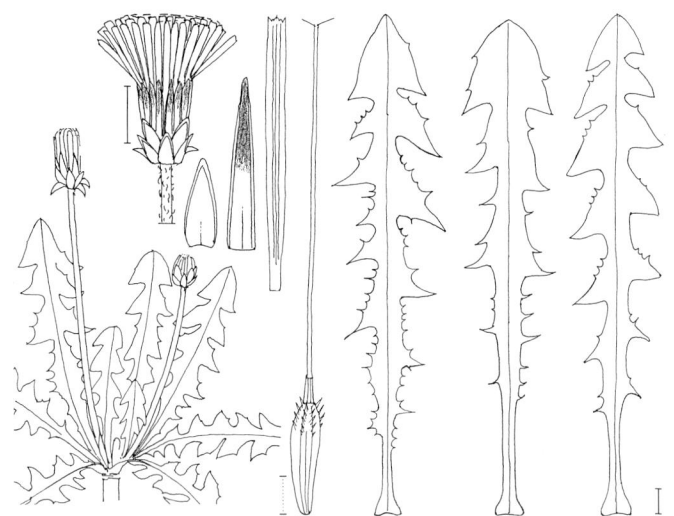

*Adam-K.-Gr. – *T. adamii*-Gruppe 0,15–0,25 ⚥ 4–5 (goldgelb. Innere HüllBla blaugrün bereift. BlaStiel mit roten Linien). Dargestellt ist *T. gelertii.* Bla L: *T. duplidentifrons*, Mitte: *T. adamii,* R: *T. excellens.*

ASTERACEAE

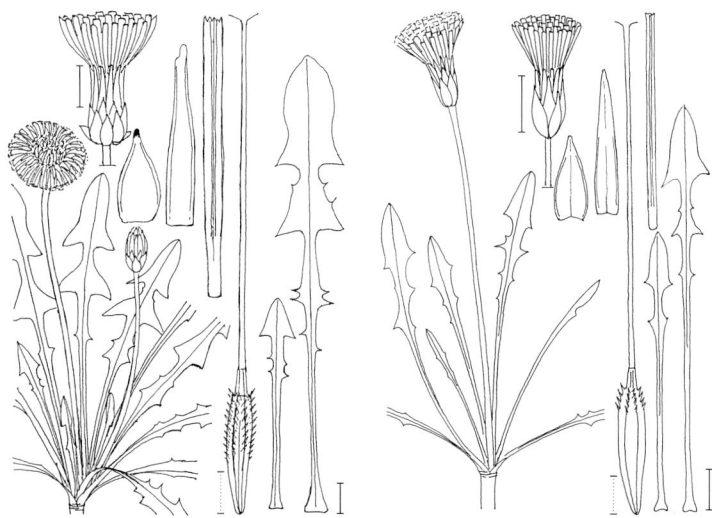

*Hudziok-Kuhblumen-Gruppe – *Taraxacum* sect. *Austropaludosa* 0,15–0,35 ♃ 4–5 (gelb). Dargestellt ist *T. subalpinum*.

Strand-K. – *T. litorale* 0,10–0,25 ♃ 4–5 (gelb)

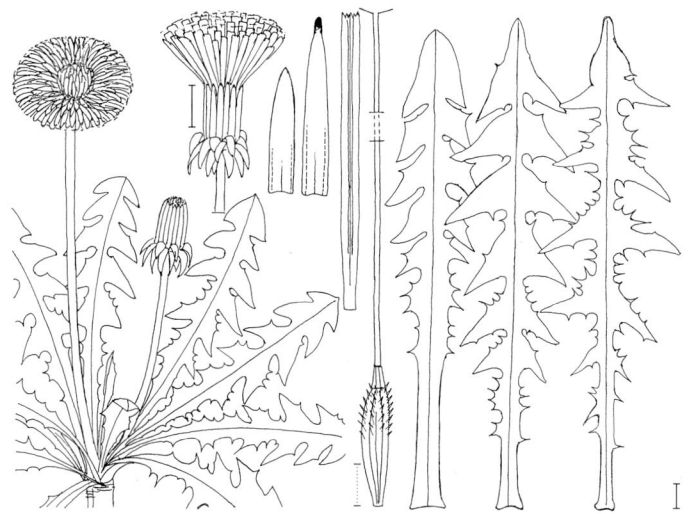

*Wiesen-K.-Gr. – *T.* sect. *Taraxacum* 0,15–0,40 ♃ 4–5 (gelb). Dargestellt ist *T. alatum*.

**Stink-Pippau – *Crepis foetida* 0,15–0,30 ⊙ ① 6–8 (zitronengelb, RandBlü useits rot, Griffel gelb)

Schöner P. – *C. pulchra* 0,30–0,70 ⊙ 5–7 (gelb)

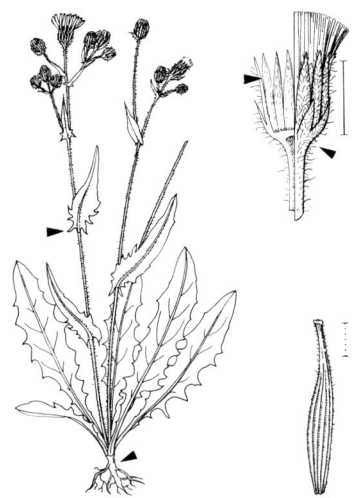

Borsten-P. – *C. setosa* 0,15–0,50 ⊙ 6–9 (goldgelb, Griffel grünlich)

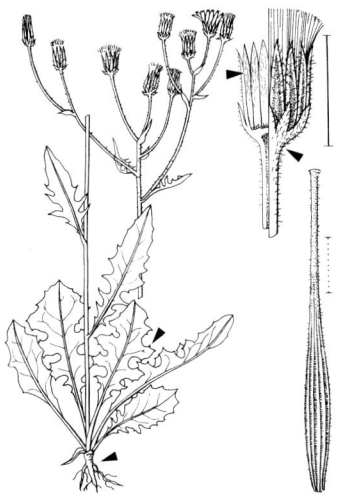

Blasen-P. – *C. vesicaria* subsp. *taraxacifolia* 0,30–0,80 ⊙ 5–6 (goldgelb, Griffel grünlich)

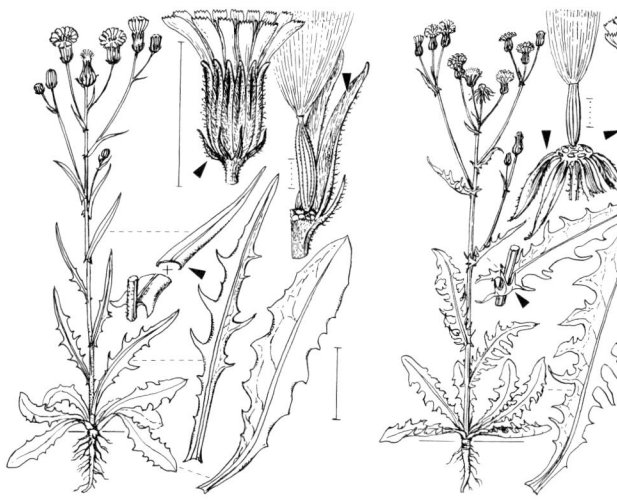

Dach-Pippau – *Crepis tectorum* 0,10–0,60
☉ ① 5–10 (hellgelb, Griffel bräunlichgrün)

Kleinköpfiger P. – *C. capillaris* 0,15–0,60
☉ ① 6–10 (goldgelb, useits oft rötlich, Griffel gelb)

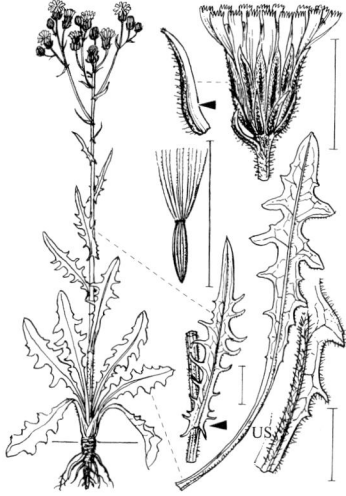

Wiesen-P. – *C. biennis* 0,50–1,20 ☉ ⊗
5–8 (goldgelb, useits nicht rot)

Nizza-P. – *C. nicaeensis* 0,30–0,90 ☉ 5–6
(blass- od. goldgelb, Griffel braun)

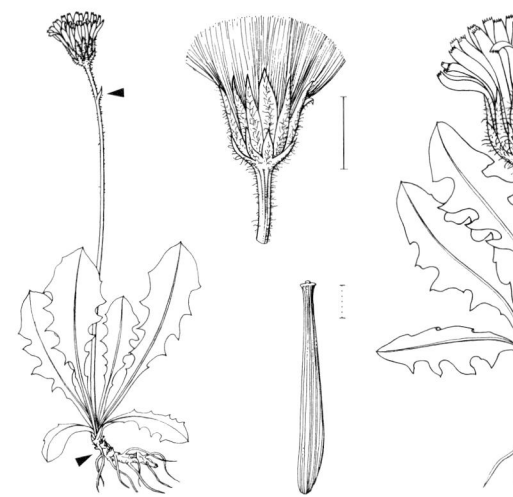

Gold-Pippau – *Crepis aurea* 0,05–0,20 ♃
6–8 (orangerot)

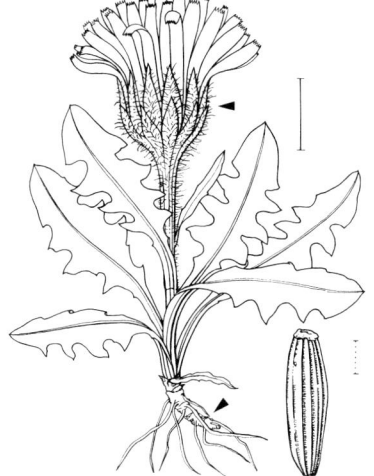

Triglav-P. – *C. terglouensis* 0,02–0,10 ♃
7–8 (goldgelb)

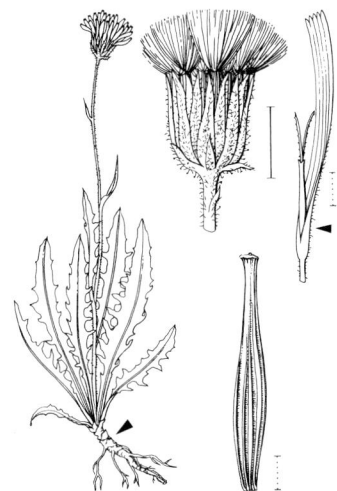

Alpen-P. – *C. alpestris* 0,10–0,30 ♃ 6–8
(goldgelb)

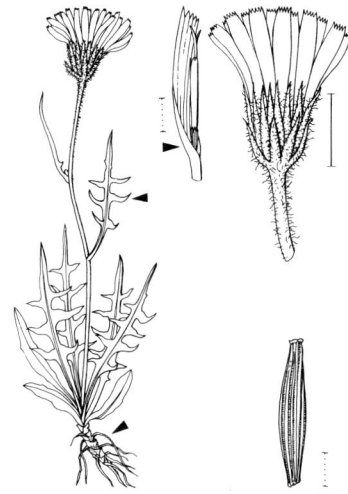

Felsen-P. – *C. jacquinii* subsp. *kerneri*
0,05–0,15 ♃ 7–8 (hellgelb)

ASTERACEAE

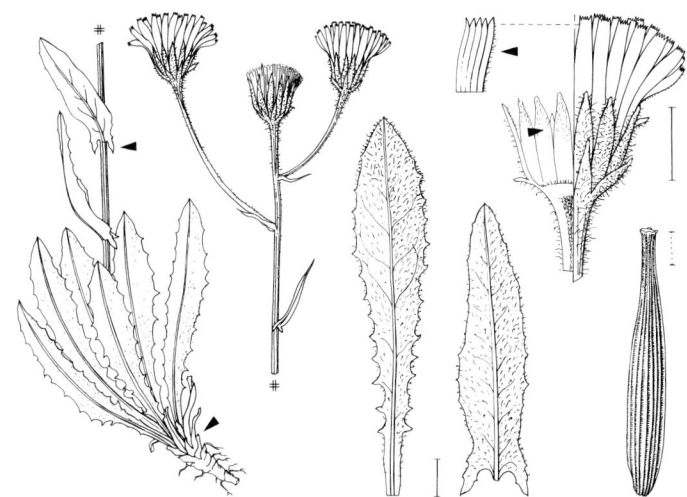

Großköpfiger Pippau – *Crepis conyzifolia* 0,15–0,60 ♃ 7–9 (goldgelb bis orangegelb)

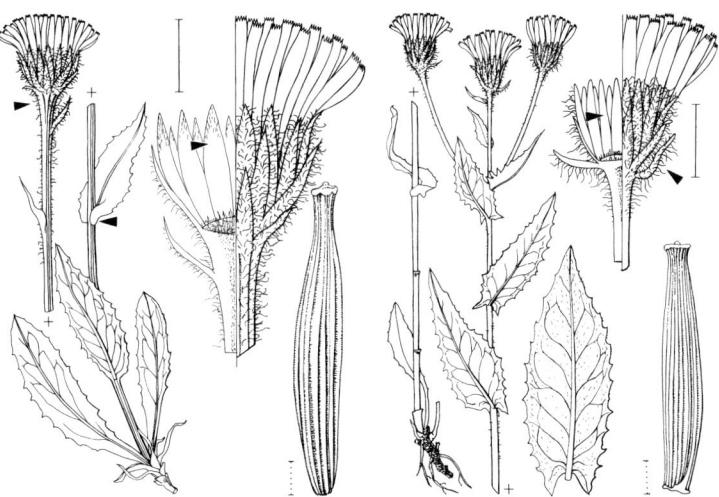

Berg-P. – *C. pontana* 0,20–0,60 ♃ 6–8 (goldgelb)

Pyrenäen-P. – *C. pyrenaica* 0,25–0,70 ♃ 6–8 (goldgelb)

ASTERACEAE

Abbiss-Pippau – *Crepis praemorsa* 0,15–0,45 ♃ 5–6 (hellgelb. Bla gelblichgrün)

**Weicher P. – *C. mollis* 0,30–0,60 ♃ 6–8 (gelb. Griffel schwärzlichgrün)

Sumpf-P. – *C. paludosa* 0,40–0,80 ♃ (goldgelb. Pappus gelblichweiß)

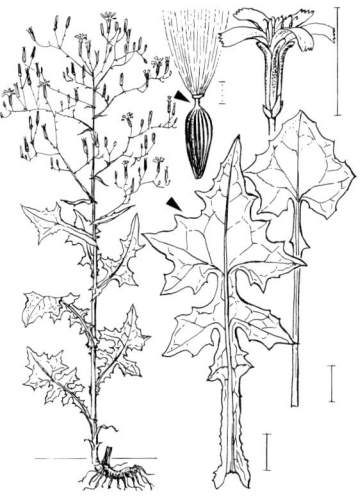

Gewöhnlicher Mauerlattich – *Mycelis muralis* 0,40–0,80 ♃ 7–8 (hellgelb)

ASTERACEAE 733

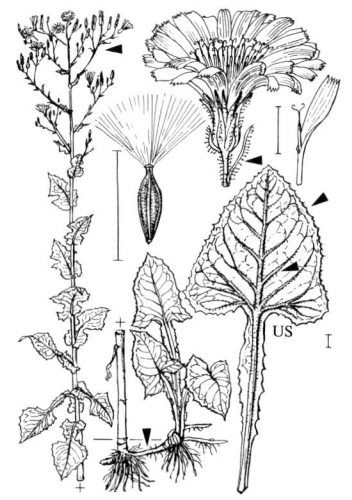

Großblättriger Milchlattich – *Cicerbita macrophylla* 0,60–1,80 ♃ 7–8 (hellviolett)

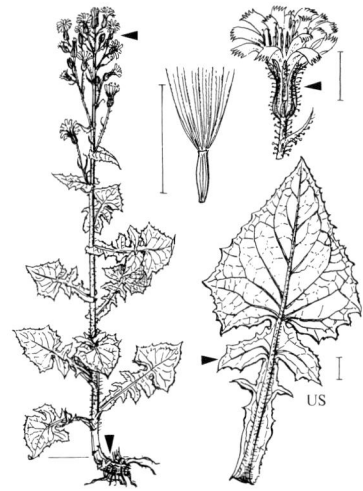

Alpen-M. – *C. alpina* 0,60–1,20 ♃ 7–9 (blauviolett)

Französischer M. – *C. plumieri* 0,60–1,30 ♃ 7–8 (hellblau)

Purpur-Hasenlattich – *Prenanthes purpurea* 0,50–1,50 ♃ 7–8 (purpurrot. Bla blaugrün)

ASTERACEAE

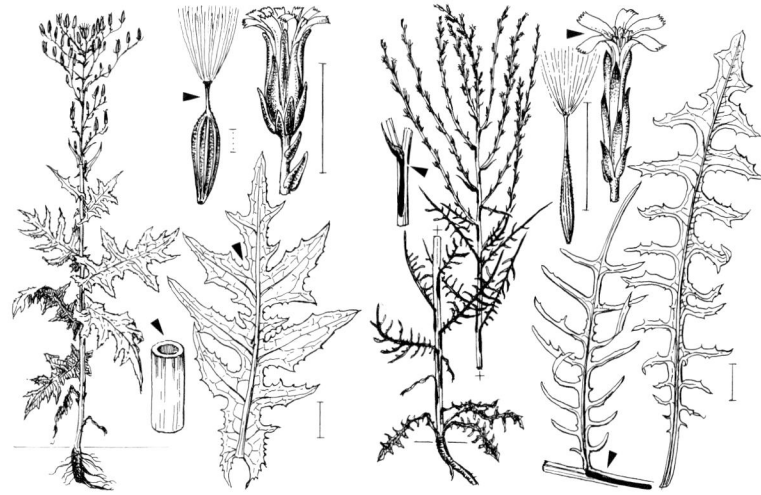

Eichen-Lattich – *Lactuca quercina* 0,60–1,20 ⊙ 7–9 (gelb)

Ruten-L. – *L. viminea* 0,30–0,60 ⊙ 7–8 (blassgelb. Fr schwarz. Stg weißlich. Bla blaugrün)

Weidenblättriger L. – *L. saligna* 0,30–0,60 ⊙ ① 7–8 (hellgelb. Bla blaugrün. Stg weißlich)

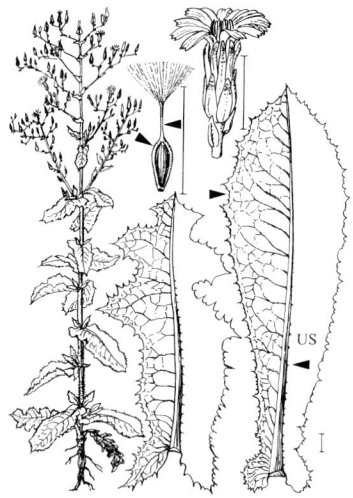

Gift-L. – *L. virosa* 0,50–1,50 ① ⊙ 7–8 (hellgelb. Bla bläulichgrün. HüllBlaSpitze rot)

ASTERACEAE

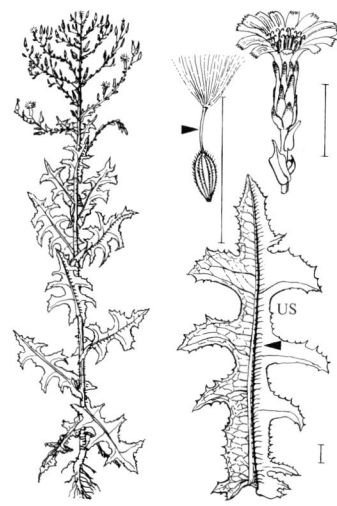

Kompass-Lattich – *Lactuca serriola* 0,60–1,20 ⊙ 7–9 (hellgelb. Stg weißlich. Bla bläulichgrün)

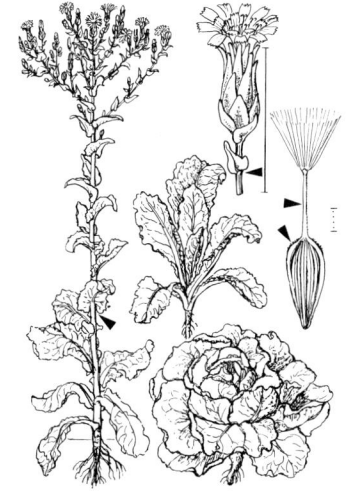

Grüner Salat – *L. sativa* 0,60–1,00 ⊙ ⊙ 6–8 (hellgelb). Varietäten: Kopf- u. Schnittsalat

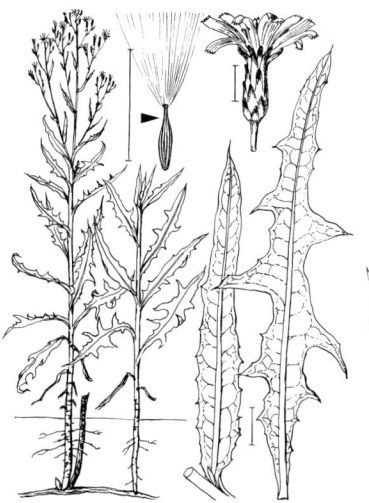

Tataren-Lattich – *L. tatarica* 0,30–0,80 ⚁ 7–8 (blauviolett. Fr schwärzlich. Bla blaugrün)

Blauer L. – *L. perennis* 0,30–0,50 ⚁ 5–6 (blau od. blauviolett. Bla blaugrün)

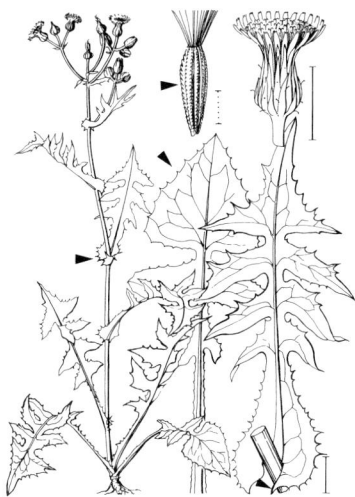

Kohl-Gänsedistel – *Sonchus oleraceus* 0,30–1,00 ⊙ ① 6–10 (hellgelb. Bla etwas blaugrün)

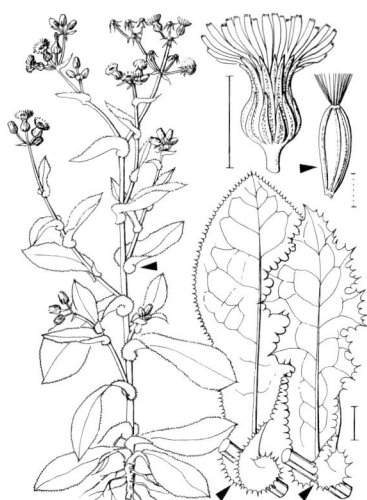

Raue G. – *S. asper* 0,30–0,80 ⊙ ① 6–10 (gelb. Bla grün, glänzend)

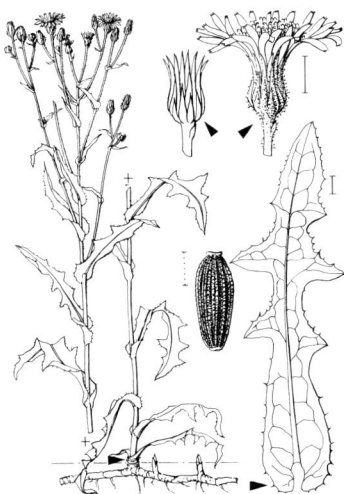

**Acker-G. – *S. arvensis* 0,50–1,50 ♃ 7–10 (goldgelb. Oben Mitte: Hülle bei subsp. *uliginosus* kahl. Fr braun)

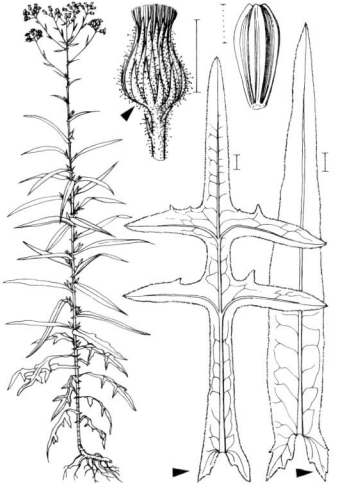

Sumpf-G. – *S. palustris* 1,00–3,00 ♃ 7–9 (goldgelb. Fr gelblich)

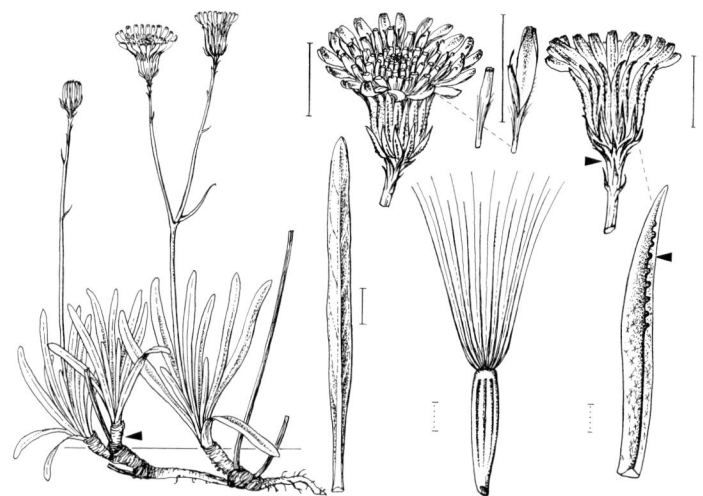

Grasnelken-Tolpis – *Tolpis staticifolia* 0,15–0,40 ⚥ 6–9 (hellgelb. Bla blaugrün)

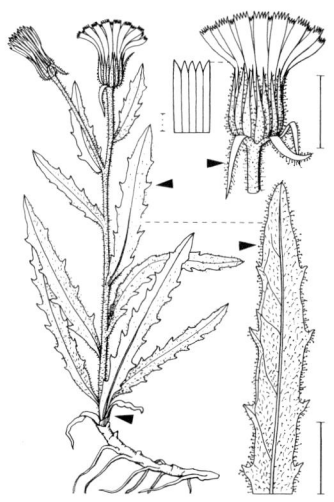

Zichorien-Habichtskraut – *Hieracium intybaceum* 0,05–0,30 ⚥ 7–9 (gelblichweiß, duftend)

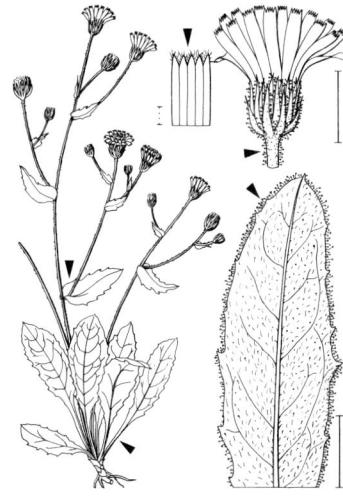

*****Stängelumfassendes H.** –
H. amplexicaule 0,10–0,50 ⚥ 6–8 (gelb)
↗ S. 816

ASTERACEAE

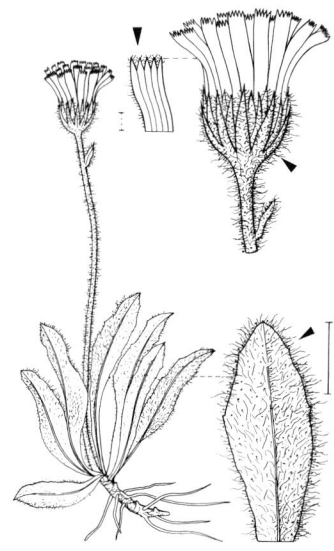

**Alpen-Habichtskraut – *Hieracium alpinum* 0,05–0,30 ♃ 7–8 (gelb)

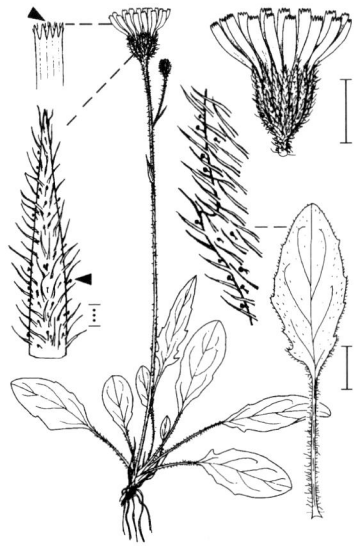

*Schwärzliches H. – *H. nigrescens* 0,10–35. ♃ 7–8 (gelb, Griffel dunkel)

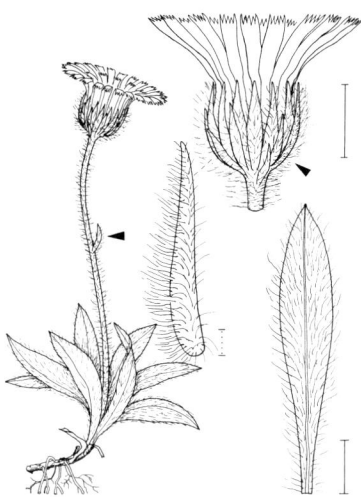

*Grauzottiges H. – *H. glanduliferum* subsp. *piliferum* 0,05–0,15 ♃ 7–8 (hellgelb. Bla hell-bis blaugrün)

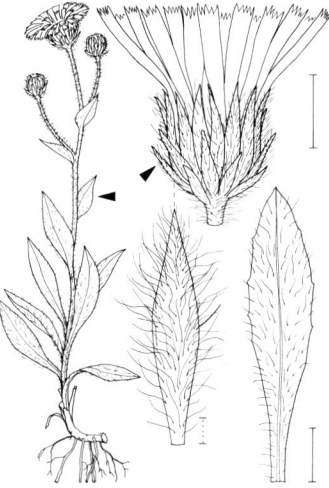

*Woll-H. – *H. villosum* 0,15–0,30 ♃ 7–9 (hellgelb. Bla blaugrün)

ASTERACEAE

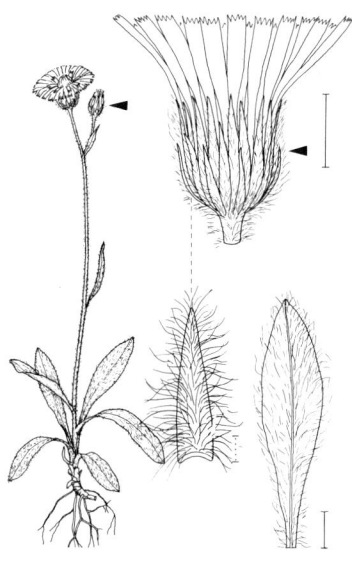

*Weißhaariges Habichtskraut – Hieracium pilosum 0,15–0,30 ⚃ 7–8 (hellgelb. Bla blaugrün)

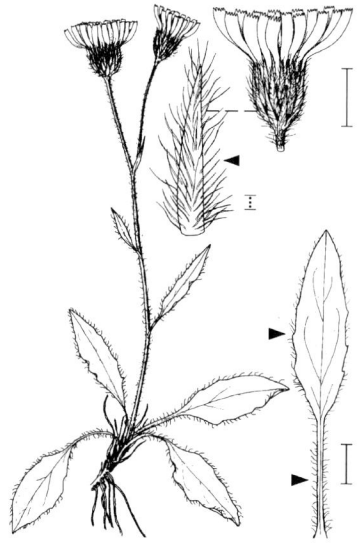

*Gezähntes H. – H. dentatum 0,10–0,50 ⚃ 7–8 (hellgelb. Bla blaugrün)

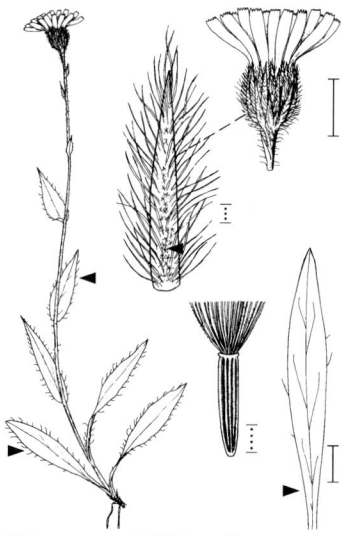

*Schwarzwurzelblättriges H. – H. scorzonerifolium 0,20–0,60 ⚃ 7–8 (hellgelb. Bla blaugrün)

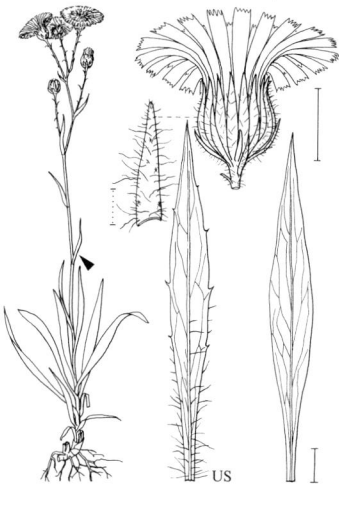

*Hasenohr-H. – H. bupleuroides 0,20–0,60 ⚃ 7–8 (gelb. Bla blaugrün)

ASTERACEAE

***Blaugrünes Habichtskraut** – *Hieracium glaucum* 0,20–0,60 ⚁ 7–9 (gelb. Bla blaugrün)

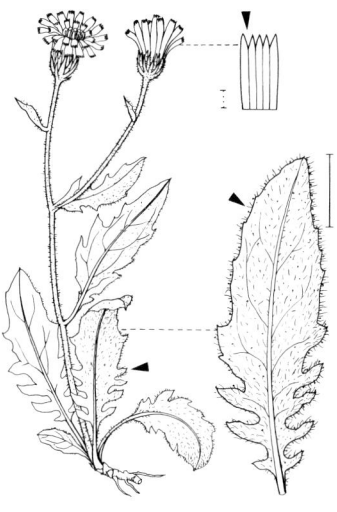

***Niedriges H.** – *H. humile* 0,10–0,30 ⚁ 6–8 (hell- bis sattgelb. StgGrund u. BlaStiele meist violett)

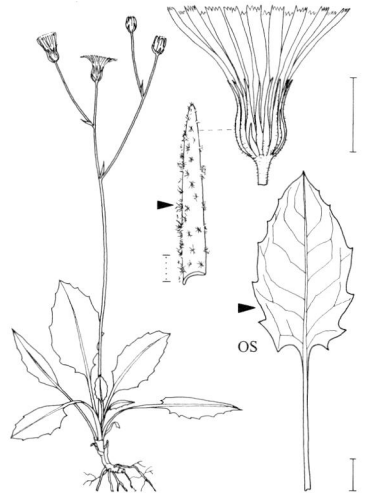

***Gabel-H.** – *H. bifidum* 0,10–0,40 ⚁ 5–7 (goldgelb. Bla grün bis blaugrün)

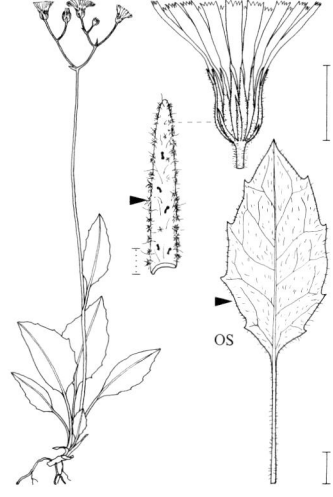

***Pfeil-H.** – *H. fuscocinereum* 0,20–0,70 ⚁ 5–7 (gelb bis goldgelb)

ASTERACEAE

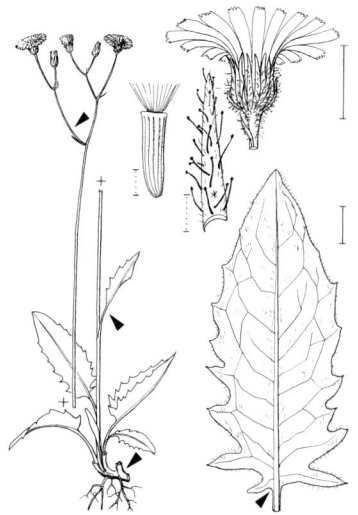

***Wald-Habichtskraut** – *Hieracium murorum* 0,20–0,60 ♃ 5–8 (gelb od. goldgelb)

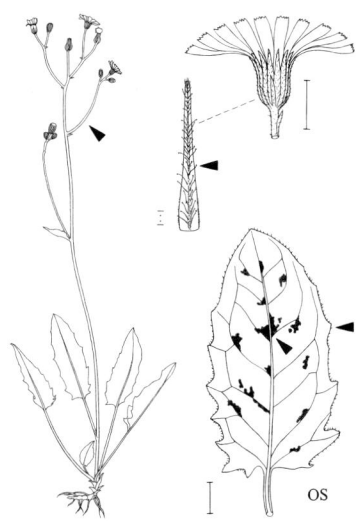

***Frühblühendes H.** – *H. glaucinum* 0,20–0,50 ♃ 4–7 (gelb. Bla etwas blaugrün, oft violett gefleckt)

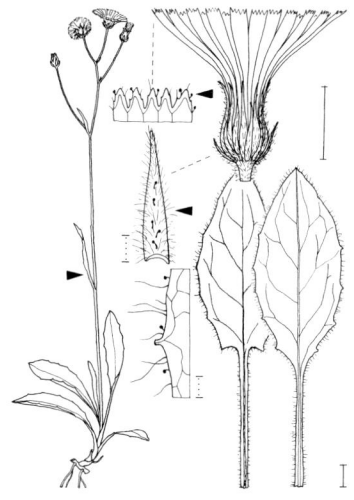

***Bleiches H.** – *H. schmidtii* 0,10–0,40 ♃ 5–7 (hellgelb. Bla blaugrün)

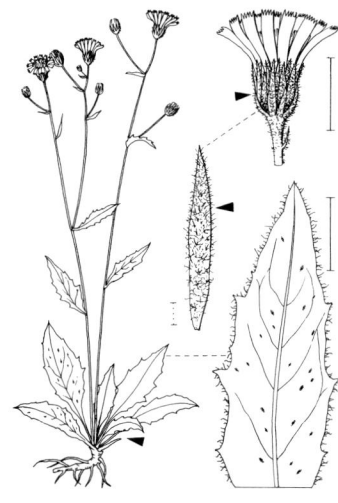

***Blaugraues H.** – *H. caesium* 0,10–0,50 ♃ 5–6(–8) (goldgelb. Bla grün od. bläulichgrün, oft gefleckt)

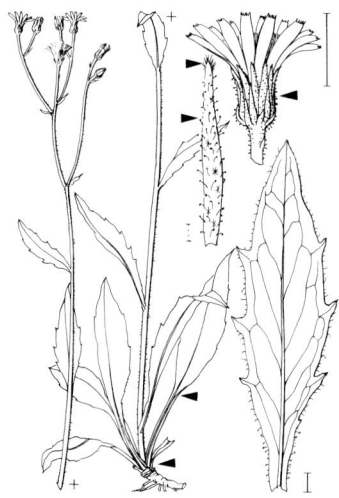

*Gewöhnliches Habichtskraut –
Hieracium lachenalii 0,30–1,00 ♃ 6–8
(goldgelb. Bla reingrün, selten gefleckt)

*Glattes H. – *H. laevigatum* 0,30–1,20 ♃
6–8 (sattgelb bis goldgelb)

*Dolden-H. – *H. umbellatum* 0,10–1,20 ♃
7–10 (satt- bis goldgelb, Griffel meist gelb)

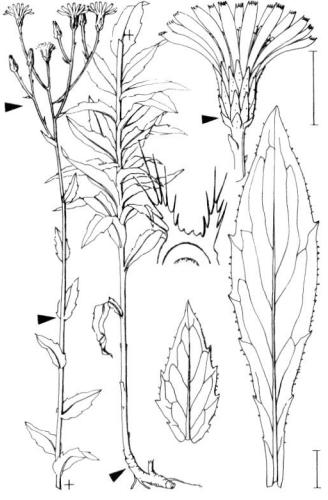

*Savoyer H. – *H. sabaudum* 0,50–1,50
♃ 8–10 (satt- bis goldgelb, Griffel meist
dunkel) Mitte: Korbboden-Grube

ASTERACEAE 743

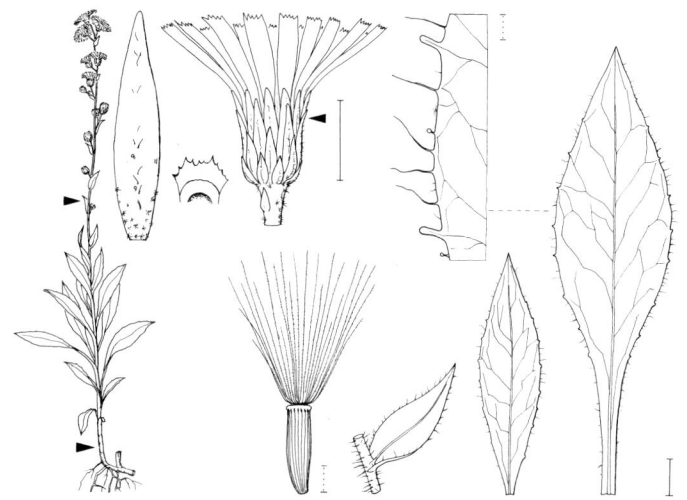

***Trauben-Habichtskraut** – *Hieracium racemosum* 0,10–0,80 ♃ 7–10 (gelb bis sattgelb, Griffel dunkel) Neben dem Kopf: Rand der Korbboden-Grube

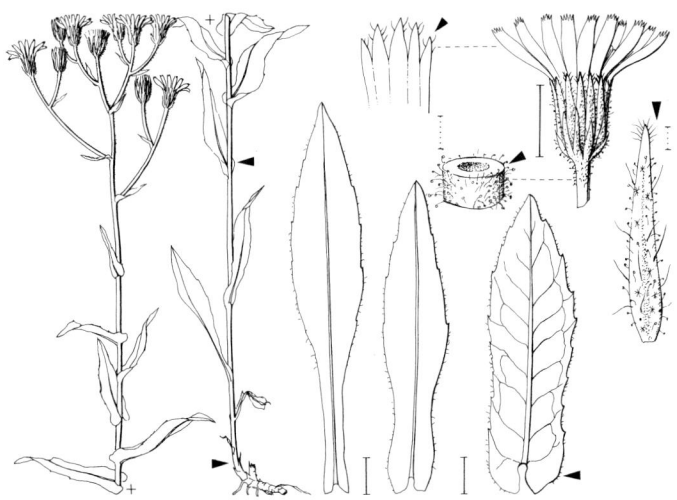

***Hasenlattich-H.** – *H. prenanthoides* 0,30–1,20 ♃ 7–9 (gelb bis goldgelb. Bla grün bis bläulichgrün, useits blasser)

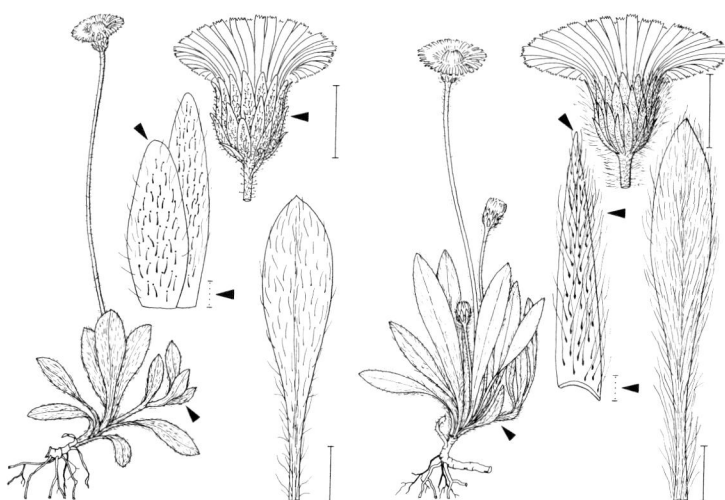

**Hoppe-Mausohrhabichtskraut – *Pilosella hoppeana* 0,05–0,30 ♃ 5–8 (gelb, RandBlü useits meist rotstreifig)

Peletier-M. – *P. peleteriana* 0,05–0,30 ♃ 5–6 (gelb, RandBlü useits meist rotstreifig)

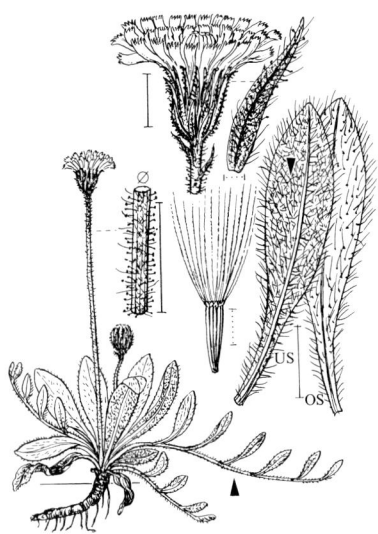

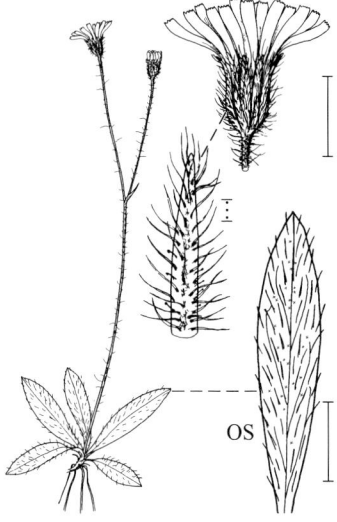

Kleines M. – *P. officinarum* 0,05–0,30 ♃ 5–10 (schwefelgelb, RandBlü useits meist rotstreifig)

Kugelköpfiges M. – *P. sphaerocephala* 0,10–0,25 ♃ 7–8 (gelb, useits meist nicht rotstreifig)

ASTERACEAE

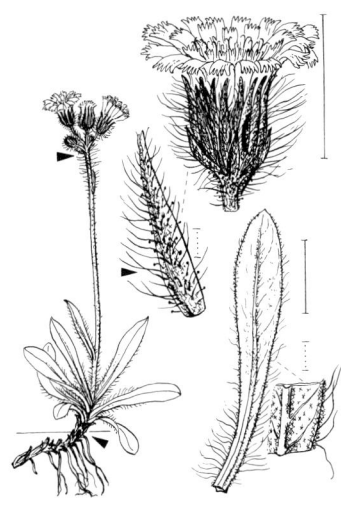

Gletscher-Mausohrhabichtskraut – *Pilosella glacialis* 0,10–0,20 ♃ 7–8 (hellgelb, nie gestreift. Bla grün od. blaugrün)

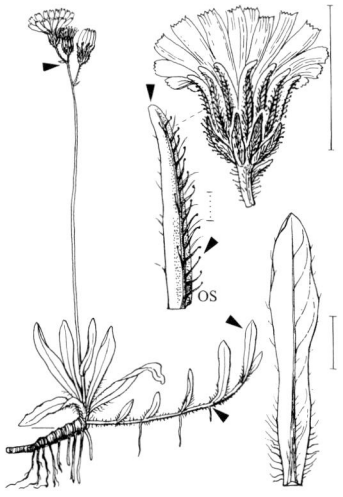

Öhrchen-M. – *P. lactucella* 0,05–0,30 ♃ 5–8 (hellgelb. Bla blaugrün)

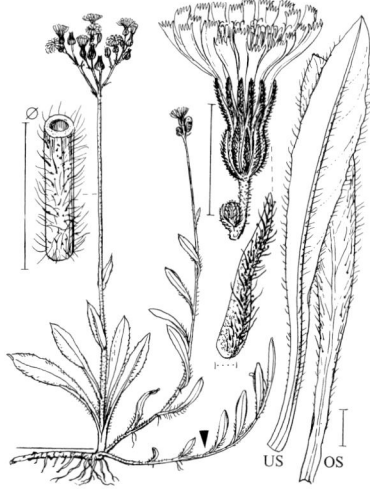

Reichblütiges M. – *P. floribunda* 0,15–0,55 ♃ 5–9 (gelb, RandBlü selten mit roten Spitzen) ↗ S. 816

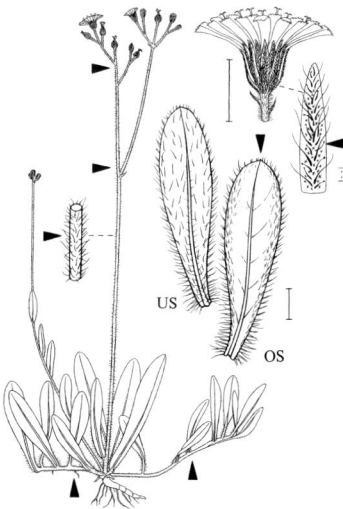

Isergebirgs-M. – *P. iserana* 0,20–0,50 ♃ 6–7 (gelb, RandBlü useits meist rotstreifig. Bla etwas blaugrün)

ASTERACEAE

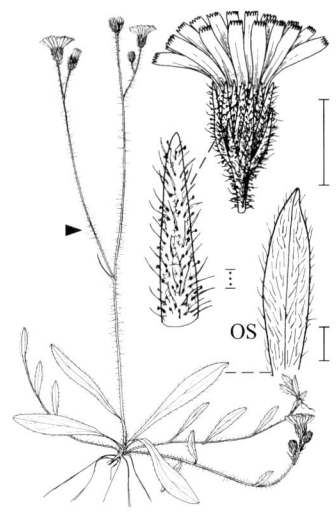

Ausläuferreiches Mausohrhabichtskraut – *Pilosella flagellaris* 0,15–0,40 ♃ 6–7 (gelb. RandBlü useits meist rotstreifig. Bla grasgrün)

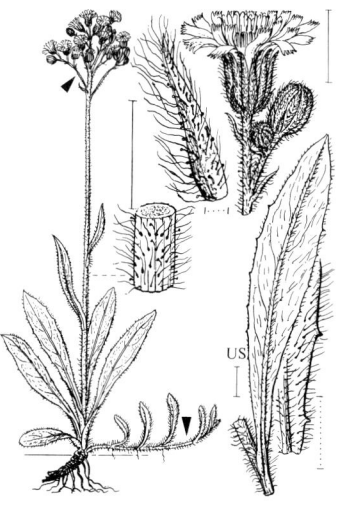

Wiesen-M. – *P. caespitosa* 0,30–0,60 ♃ 5–8 (gelb, RandBlü selten mit roten Spitzen. Griffel schmutziggelb bis braun)

**Orangerotes M. – *P. aurantiaca* 0,20–0,50 ♃ 6–8 (rot od. orange)

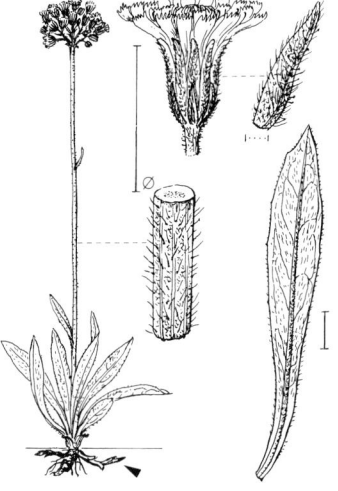

**Trugdoldiges M. – *P. cymosa* 0,30–0,80 ♃ 5–6 (gelb bis sattgelb, Griffel gelb)

ASTERACEAE

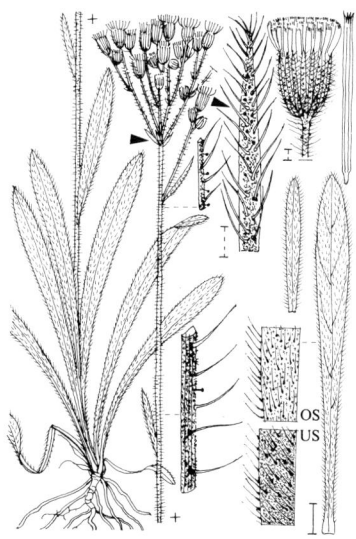

Täuschendes Mausohrhabichtskraut – *Pilosella cymosiformis* 0,35–0,60 ⚇ 6 (gelb bis sattgelb. Bla etwas graugrün)

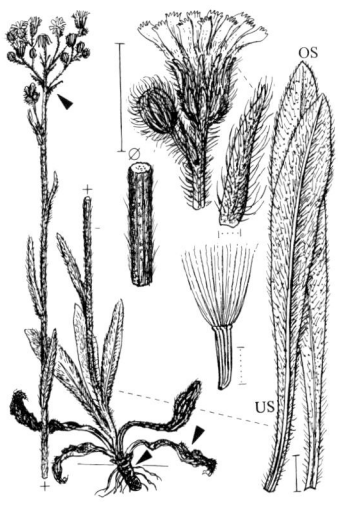

Natternkopf-M. – *P. echioides* 0,25–0,90 ⚇ 7–8 (sattgelb. Bla graugrün)

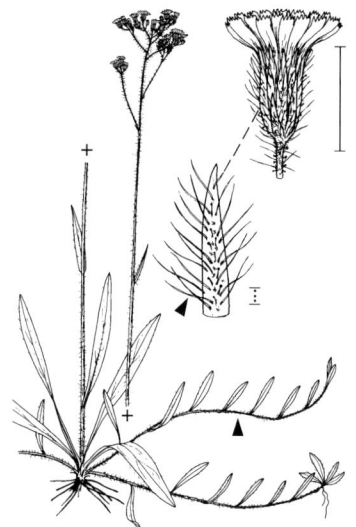

Pannonisches M. – *P. auriculoides* 0,30–0,80 ⚇ 5–6 (gelb)

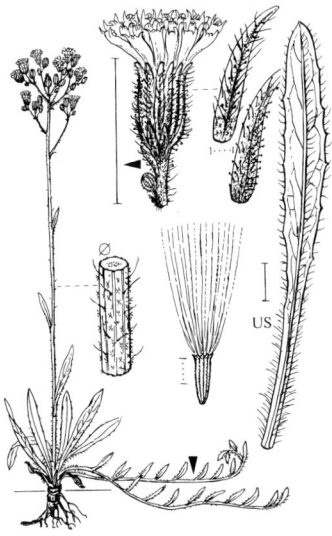

**Ungarisches M. – *P. bauhini* 0,25–0,80 ⚇ 5–7 (gelb. Bla blaugrün)

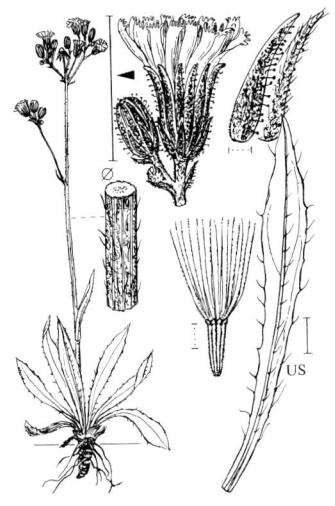

**Florentiner Mausohrhabichtskraut –
Pilosella piloselloides 0,20–0,80 ♃ 5–6
(gelb. Bla blaugrün)

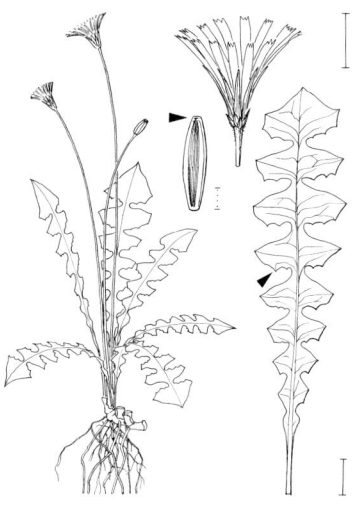

Hainsalat – *Aposeris foetida* 0,08–0,25 ♃
6–8 (gelb)

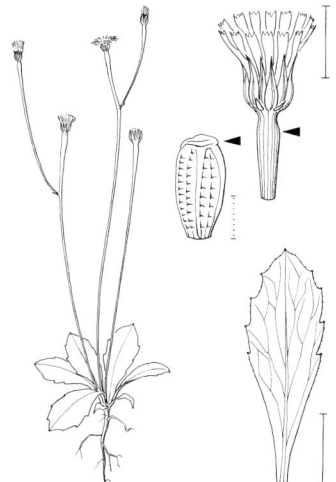

Lämmersalat – *Arnoseris minima*
0,10–0,25 ☉ ① 6–9 (blass- bis goldgelb)

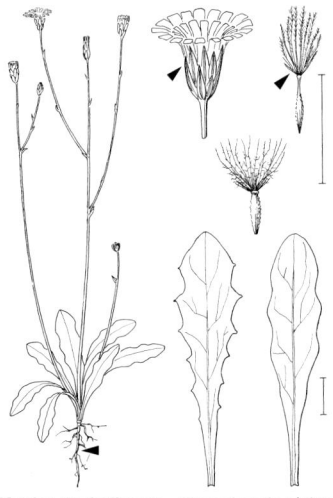

Kahles Ferkelkraut – *Hypochaeris glabra*
0,15–0,30 ☉ ① 6–10 (hellgelb)

ASTERACEAE

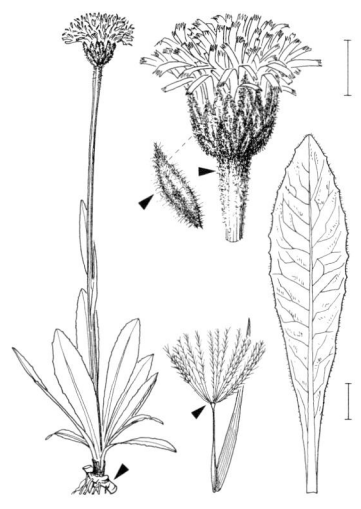

Einköpfiges Ferkelkraut – *Hypochaeris uniflora* 0,15–0,50 ♃ 7–9 (goldgelb)

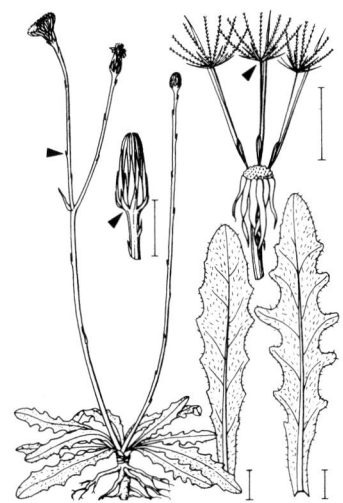

Gewöhnliches F. – *H. radicata* 0,15–0,60 ♃ 6–9 (gelb. Stg blaugrün)

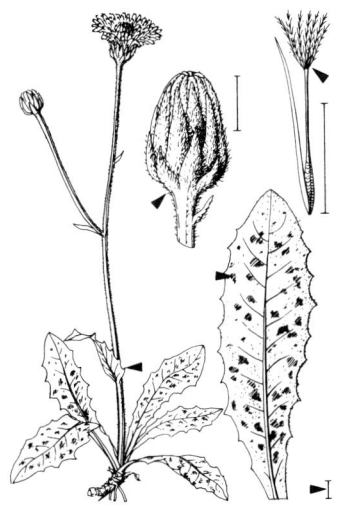

Geflecktes F. – *H. maculata* 0,30–1,00 ♃ 5–8 (zitronengelb. Bla rotbraun gefleckt)

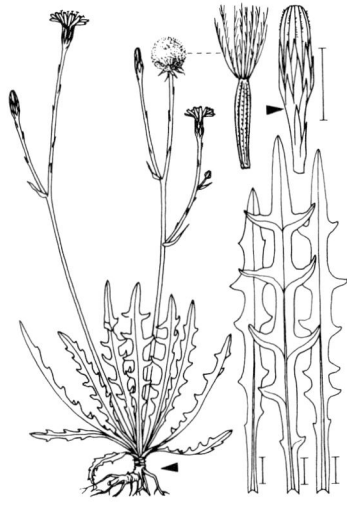

**Herbst-Schuppenlöwenzahn – *Scorzoneroides autumnalis* 0,15–0,45 ♃ 7–9 (goldgelb, Griffel grünlichgelb)

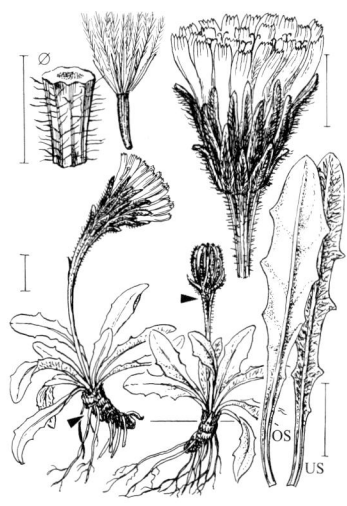

Berg-Schuppenlöwenzahn – *Scorzoneroides montana* subsp. *melanotricha* 0,03–0,10 ♃ 7–8 (goldgelb, Griffel gelb)

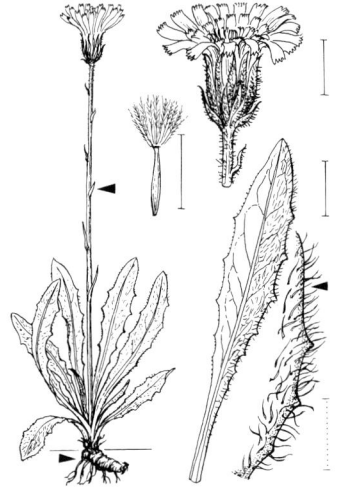

Schweizer Sch. – *S. helvetica* 0,10–0,30 ♃ 7–9 (gelb)

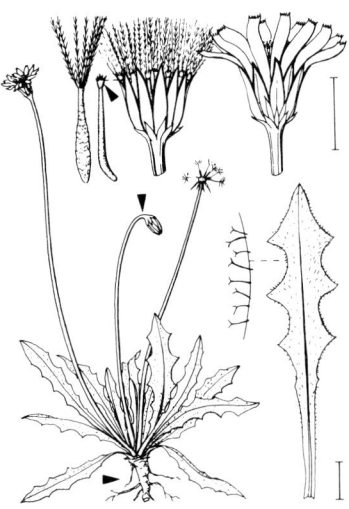

Nickender Löwenzahn – *Leontodon saxatilis* 0,03–0,30 ☉ ♃ 7–8 (zitronengelb, äußere Blü useits blaugrün)

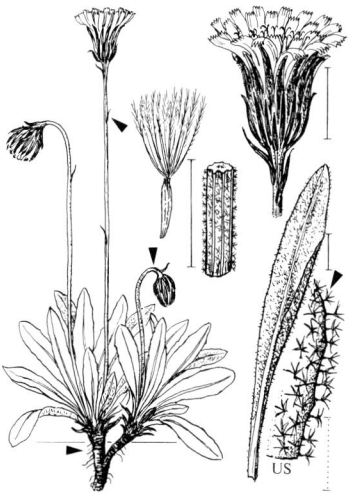

Grauer L. – *L. incanus* 0,15–0,45 ♃ 5–6 (goldgelb)

ASTERACEAE

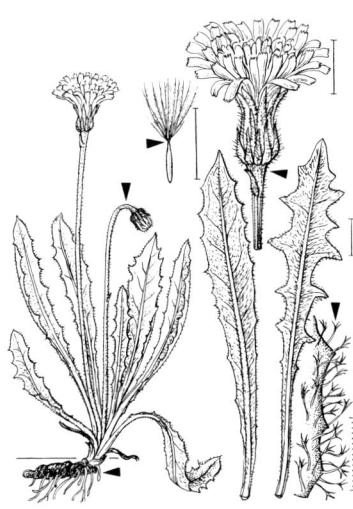

**Steifhaariger Löwenzahn – *Leontodon hispidus* 0,10–0,60 ♃ 6–10 (goldgelb. Wurzeln gelblich. Selten Blä kahl) ↗ S. 816

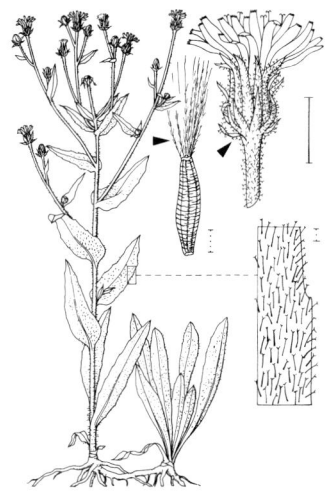

**Gewöhnliches Bitterkraut – *Picris hieracioides* 0,30–0,80 ♃ 7–10 (goldgelb)

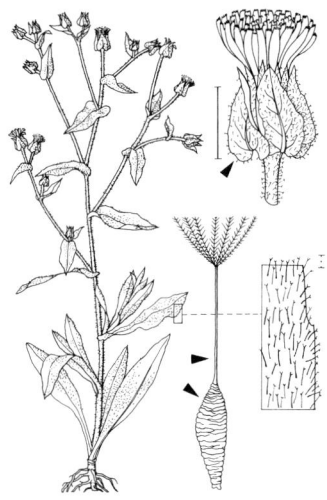

Natternkopf-Wurmlattich – *Helminthotheca echioides* 0,30–0,70 ☉ 7–8 (goldgelb, RandBlü außen oft purpurn)

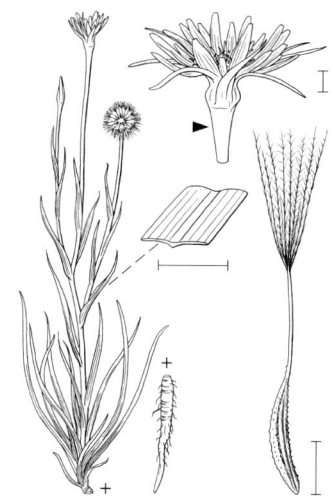

Haferwurz – *Tragopogon porrifolius* 0,40–1,20 ☉ ☉ 6–7 (weinrot bis violett)

Großer Bocksbart – *Tragopogon dubius* 0,30–0,60 ☉ ⊛ 5–7 (blassgelb)

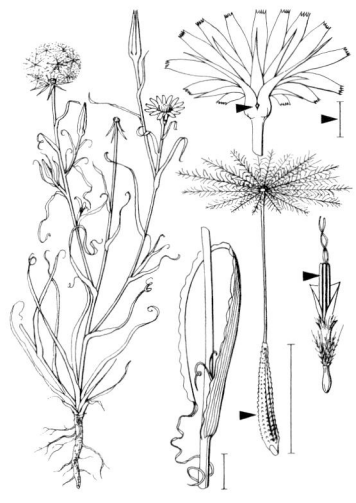

Orientalischer B.– *T. orientalis* 0,20–0,70 ☉ ⊛ 5–7 (goldgelb, Staubbeutel dunkel längsgestreift)

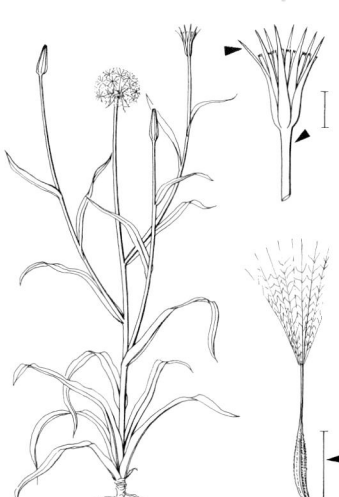

Kleinköpfiger B.– *T. pratensis* subsp. *minor* 0,20–0,60 ☉ ⊛ 5–7 (hellgelb)

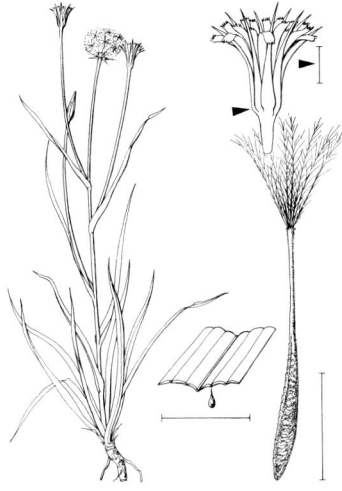

Wiesen-B. – *T. pratensis* subsp. *pratensis* 0,30–0,60 ☉ ⊛ 5–7 (hellgelb, Staubbeutelspitze dunkel-violett)

ASTERACEAE

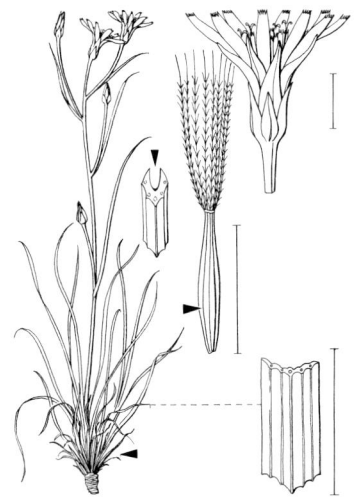

Violette Schwarzwurzel – *Scorzonera purpurea* 0,25–0,50 ♃ 5–6 ▽ (hellviolett)

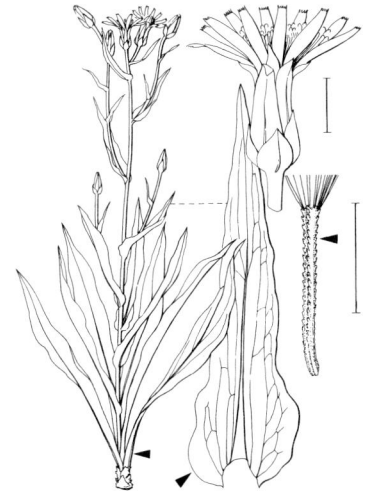

Garten-Sch. – *S. hispanica* 0,60–1,20 ♃ 6–8 ▽ (gelb)

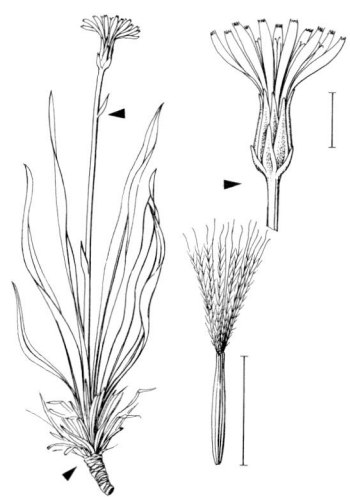

Österreichische Sch. – *S. austriaca* 0,05–0,35 ♃ 4–5 ▽ (gelb. Bla bläulichgrün)

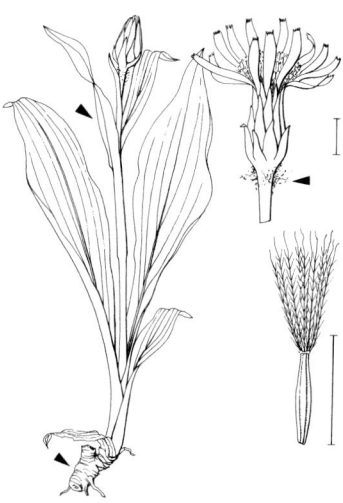

Niedrige Sch. – *S. humilis* 0,10–0,40 ♃ 5–6 ▽ (gelb. Bla grün)

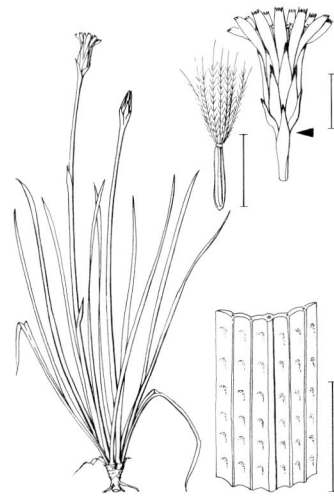

Kleinköpfige Schwarzwurzel – *Scorzonera parviflora* 0,20–0,40 ⚄ 5–7 (blassgelb)

Schlitzblatt-Sch. – *S. laciniata* 0,15–0,45 ⊙ ⊗ 5–7 (schwefelgelb)

Österreichische Gämswurz – *Doronicum austriacum* 0,30–1,50 ⚄ 7–8 (goldgelb)

Kriechende G. – *D. pardalianches* 0,50–1,00 ⚄ 5–6 (gelb bis goldgelb)

ASTERACEAE 755

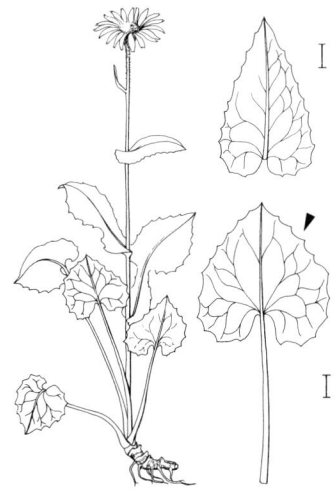

Herzblättrige Gämswurz – *Doronicum columnae* 0,15–0,60 ⚥ 5–8 (goldgelb)

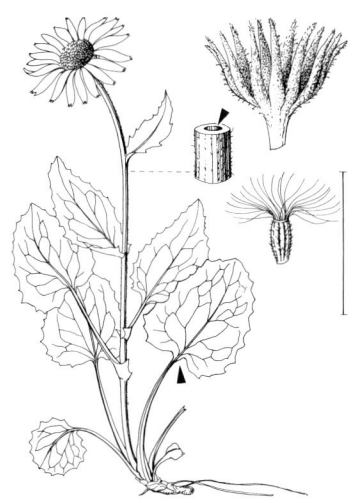

Großblütige G. – *D. grandiflorum* 0,06–0,60 ⚥ 7–8 (goldgelb)

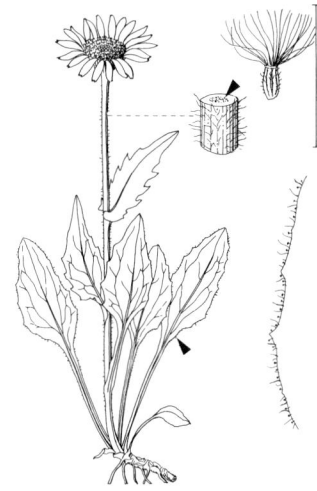

Gletscher-G. – *D. glaciale* 0,05–0,25 ⚥ 7–8 (goldgelb)

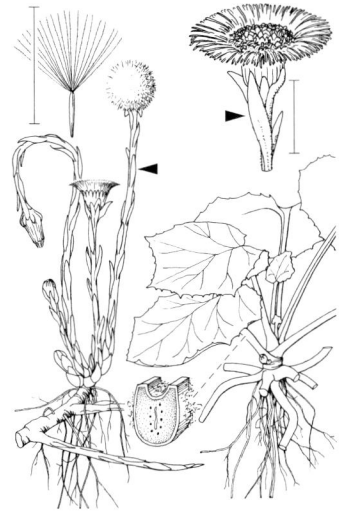

Huflattich – *Tussilago farfara* 0,07–0,30 ⚥ 3–4 (goldgelb. Bla dicklich, useits weißfilzig)

ASTERACEAE

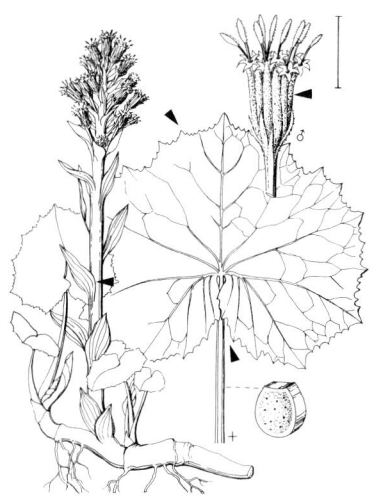

Weiße Pestwurz – *Petasites albus* 0,10–0,80 ♃ 4–5 (weißlich. Bla useits grau- bis weißfilzig)

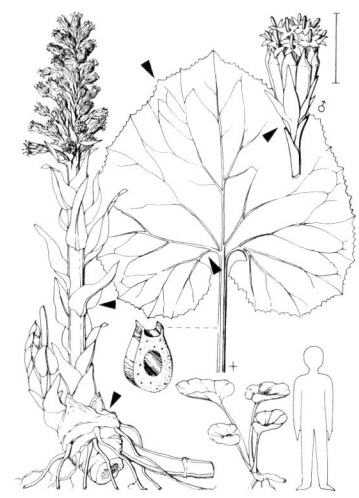

Gewöhnliche P. – *P. hybridus* 0,15–1,00 ♃ 4–5 (rötlichweiß. Bla useits grauwollig, verkahlend)

Filzige Pestwurz – *P. spurius* 0,10–0,30 ♃ 4 (hellgelb. Bla useits schneeweißfilzig)

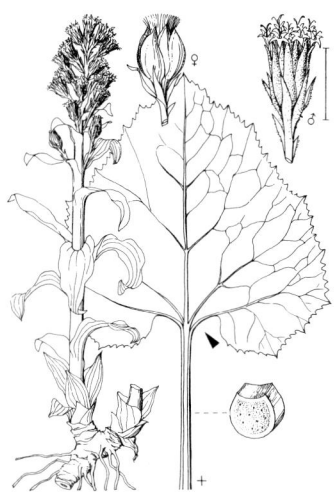

Alpen-P. – *P. paradoxus* 0,15–0,60 ♃ 4–5 (rötlichweiß. Bla useits schneeweißfilzig)

ASTERACEAE 757

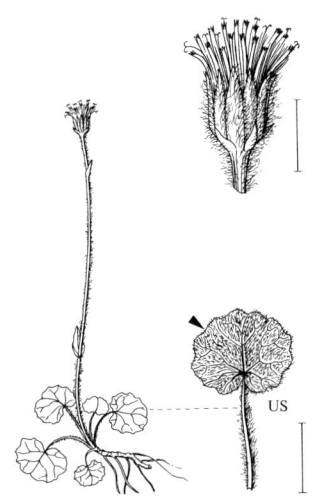

Filziger Alpenlattich – *Homogyne discolor* 0,15–0,25 ♃ 6–8 (hellpurpurn bis blassrötlich)

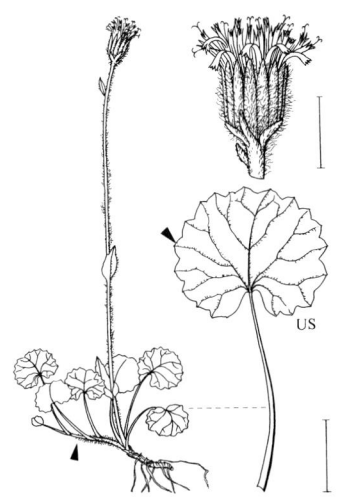

Gewöhnlicher A. – *H. alpina* 0,15–0,30 ♃ 5–7 (schmutzig hellviolett)

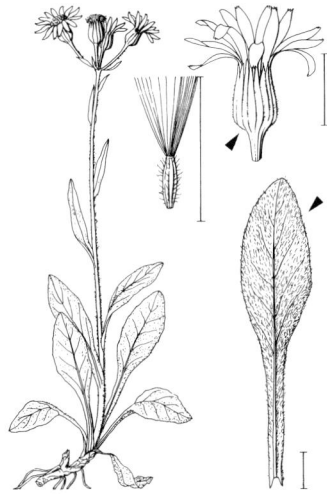

Steppen-Aschenkraut – *Tephroseris integrifolia* 0,08–0,50 ♃ 5–6 (goldgelb bis dottergelb)

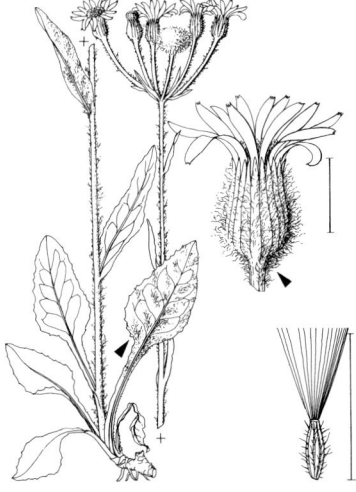

**Spatelblättriges A. – *T. helenitis* 0,30–1,00 ♃ 5–6 (hellgelb bis goldgelb)
↗ S. 816

ASTERACEAE

Krauses Aschenkraut – *Tephroseris crispa* 0,30–1,00 ⚁ 5–6 (hellgelb, goldgelb bis orange)

Schweizer A. – *T. longifolia* 0,20–0,80 ⚁ 5–7 (hell- bis dunkelgelb)

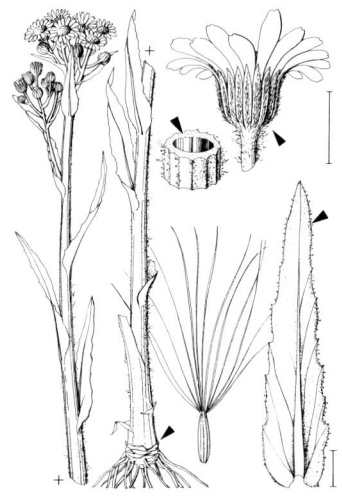

Moor-A. – *T. palustris* 0,15–1,00(–1,50) ☉ 6–7 (gelb bis goldgelb)

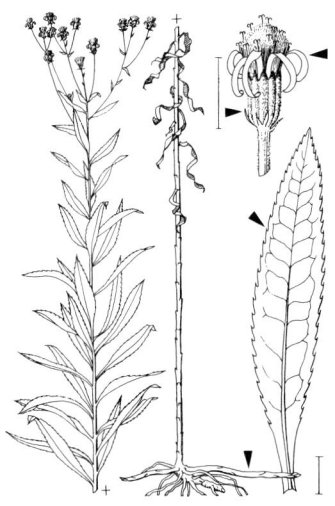

Fluss-Greiskraut – *Senecio sarracenicus* 0,60–1,80 ⚁ 8–9 (gelb)

ASTERACEAE

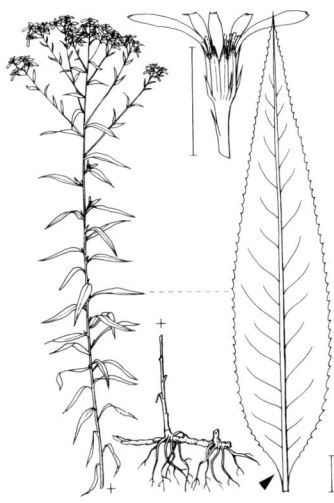

**Fuchssches Greiskraut – *Senecio ovatus* 0,60–1,50 ⚥ 7–8 (gelb. Stg oft rotbraun) ↗ S. 816

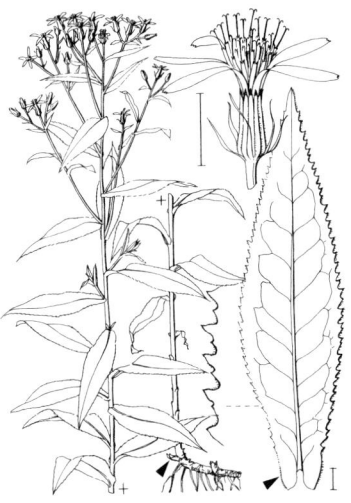

Harzer G. – *S. hercynicus* 0,60–1,50 ⚥ 6–7(–8) (gelb. Stg meist grün)

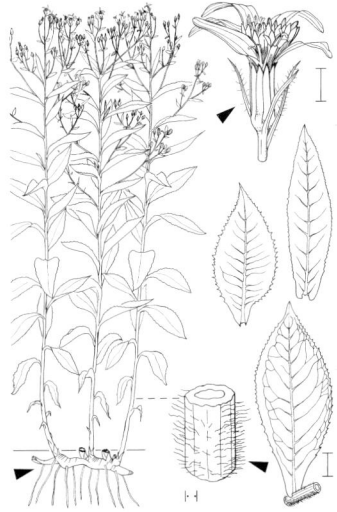

Deutsches G. – *S. germanicus* subsp. *germanicus* 0,60–1,30 ⚥ 8(–9) (gelb. Stg meist grün, unten kraushaarig)

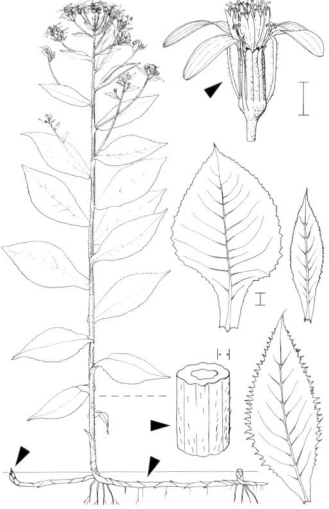

Verkahlendes Deutsches G. – *S. g.* subsp. *glabratus* 0,60–1,30 ⚥ 8(–9) (gelb. Stg unten kahl bis anliegend kurzhaarig)

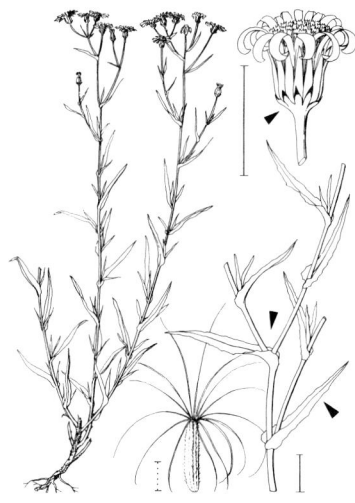

Schmalblättriges Greiskraut – *Senecio inaequidens* 0,30–1,00 h 7–11 (gelb)

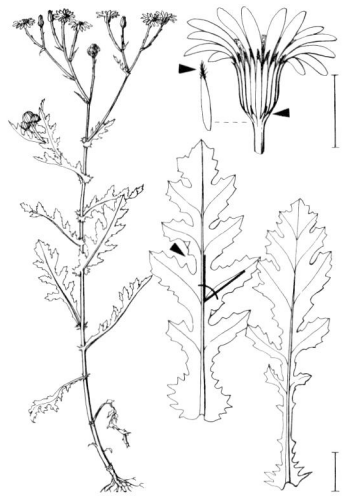

Felsen-G. – *S. rupestris* 0,20–0,60 ⊙ ⊙ 5–8 (hellgelb)

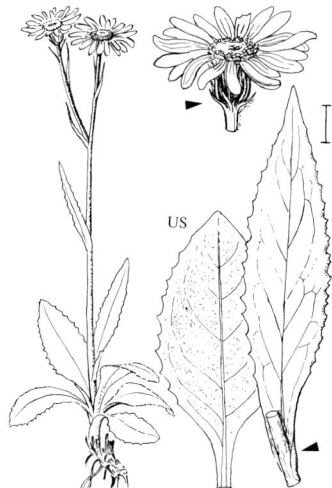

Gämswurz-G. – *S. doronicum* 0,20–0,40 ⚄ 7–8 (dottergelb bis orange)

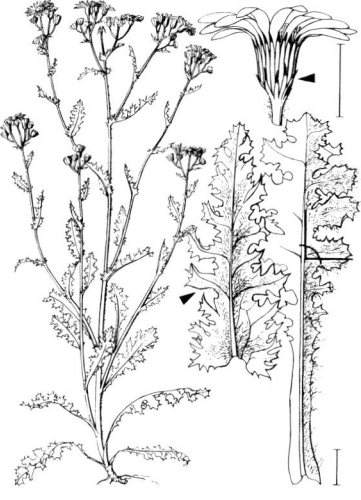

Frühlings-G. – *S. vernalis* 0,15–0,45 ① ⊙ 5(–11) (gelb)

ASTERACEAE

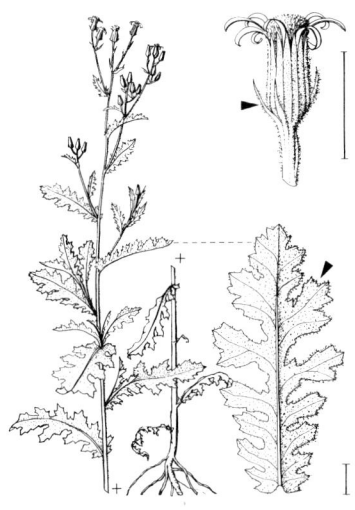

Klebriges Greiskraut – *Senecio viscosus* 0,15–0,50 ⊙ 6–10 (gelb, ZungenBlü bald zurückgerollt. Pfl klebrig)

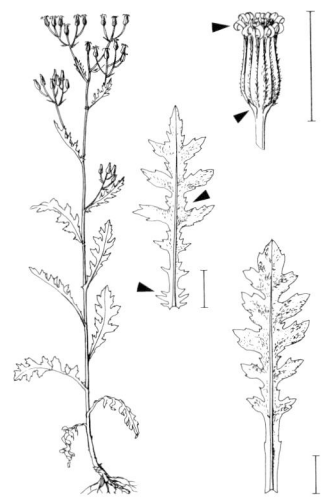

Wald-G. – *S. sylvaticus* 0,15–0,80 ⊙ ① 6–8 (hellgelb)

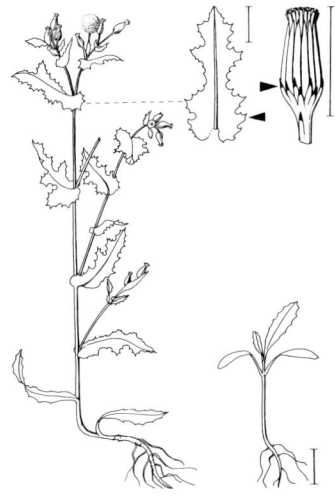

Gewöhnliches G. – *S. vulgaris* 0,10–0,30 ⊙ ① 2–11 (hellgelb) ↗ S. 816

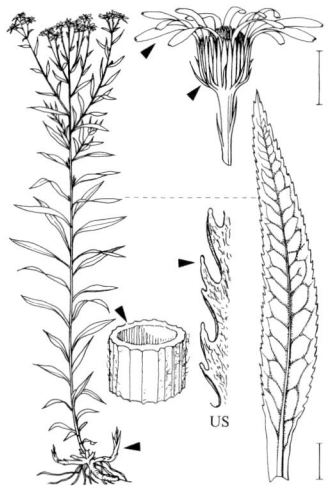

**Sumpf-G. – *Jacobaea paludosa* 0,80–1,70 ♃ 7–8 (goldgelb) ↗ S. 816

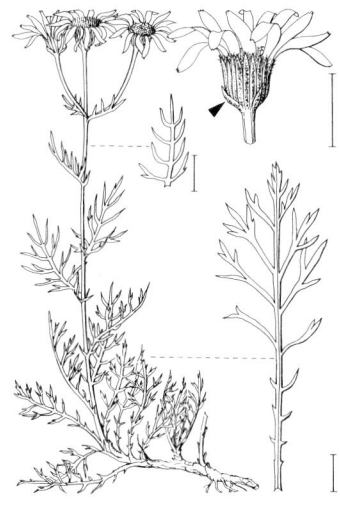

Eberrauten-Greiskraut – *Jacobaea abrotanifolia* 0,15–0,40 ⚃ 7–9 (orange, ZungenBlü braun liniert)

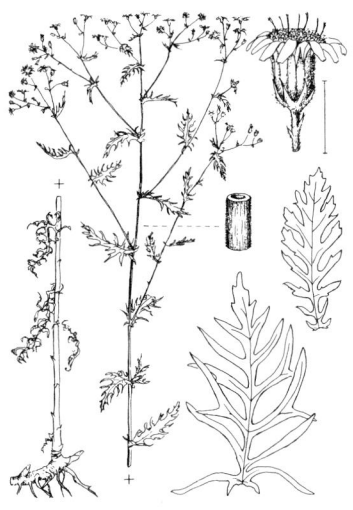

**Raukenblättriges G. – *J. erucifolia* 0,30–1,25 ⚃ 7–9 (gelb) ↗ S. 816

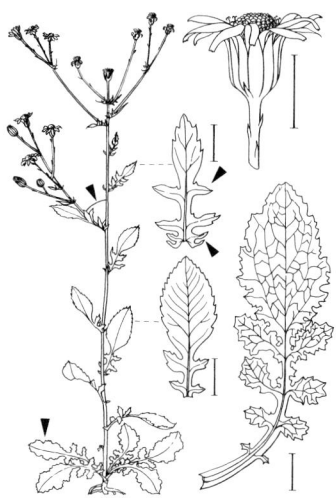

Spreizblättriges G. – *J. erratica* 0,30–1,00 ⊙ 7–10 (hellgelb)

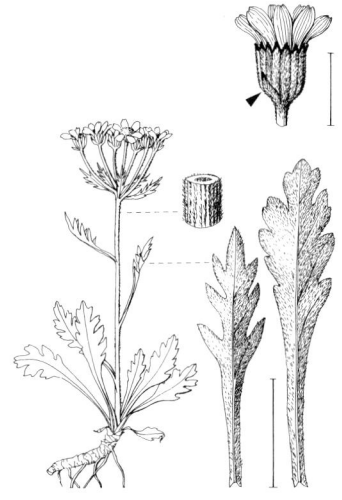

Krainer G. – *J. carniolica* 0,05–0,15 ⚃ 7–9 ▽ (dottergelb)

ASTERACEAE

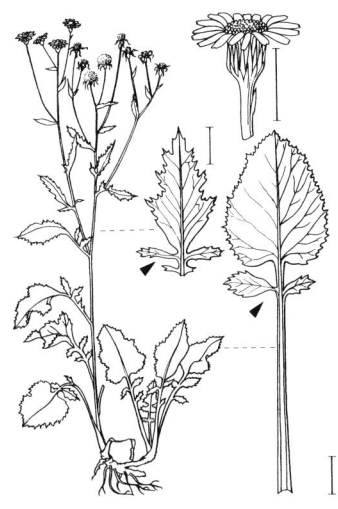

Berg-Greiskraut – *Jacobaea subalpina* 0,30–0,70 ⚇ 7–9 (goldgelb bis dottergelb)

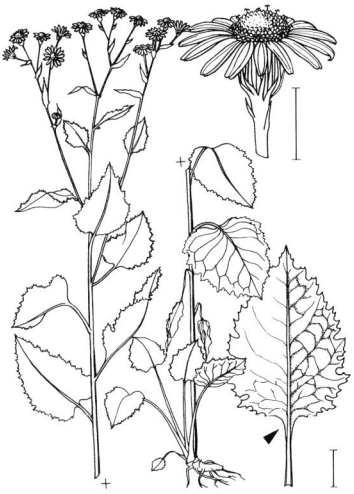

Alpen-G. – *J. alpina* 0,30–1,00 ⚇ 7–9 (goldgelb bis dottergelb)

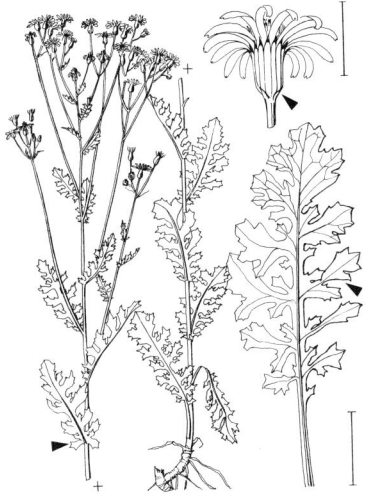

**Jakobs-G. – *J. vulgaris* 0,30–1,00 ☉ ⊗ ⚇ 7–9 (goldgelb) ↗ S. 816

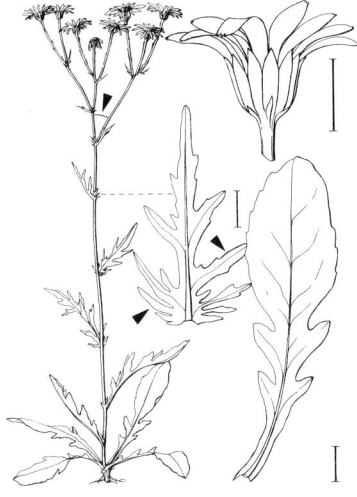

Wasser-G. – *J. aquatica* 0,15–0,60 ⊗ 7–8 (gelb)

ASTERACEAE

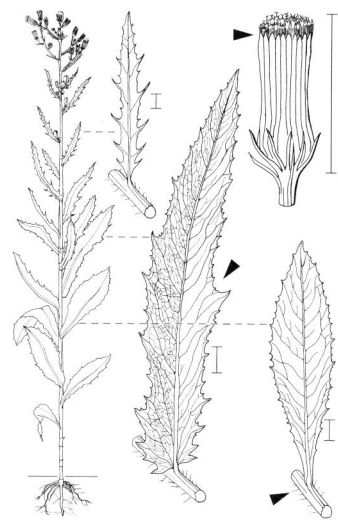

Amerikanisches Scheingreiskraut – *Erechtites hieraciifolius* 0,50–1,20(–1,80) ⊙ 7–10 (blassgelb)

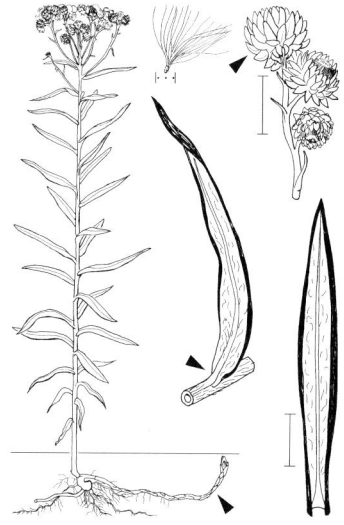

Perlkraut – *Anaphalis margaritacea* 0,30–0,80 ♃ 7–9 (HüllBla glänzend perlweiß)

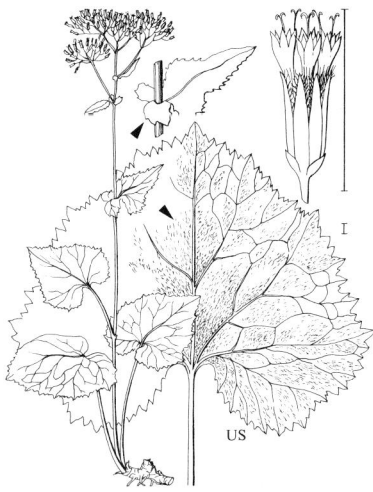

Grauer Alpendost – *Adenostyles alliariae* 0,50–1,20 ♃ 7–8 (hellpurpurn, selten weiß)

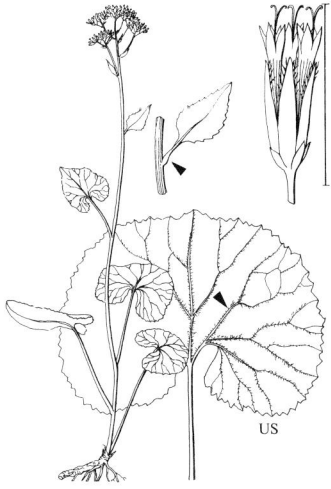

Kahler A. – *A. alpina* 0,40–0,90 ♃ 7–8 (hellpurpurn bis rotviolett)

ASTERACEAE

Garten-Ringelblume – *Calendula officinalis* 0,30–0,50 ⊙ 6–10 (orange, goldgelb, RöhrenBlü ebenso od. braun)

Acker-R. – *C. arvensis* 0,10–0,25 ⊙ ① 6–10 (hellgelb)

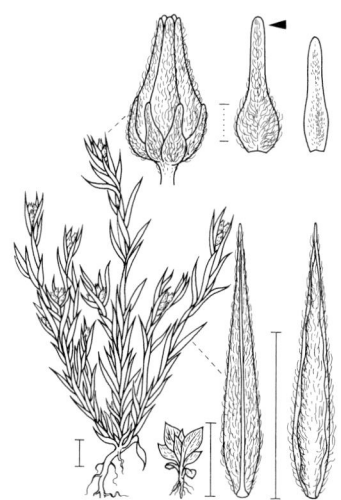

Französisches Filzkraut – *Filago gallica* 0,05–0,15 ⊙ ① 6–8 (gelblich. Bla angedrückt seidig-graufilzig) ⓕ

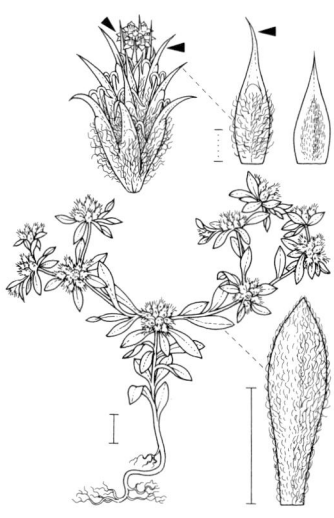

Spatelblättriges F. – *F. pyramidata* 0,05–0,30 ⊙ ① 7–9 (gelblich. Hülle nicht rot. Wolle grauweiß)

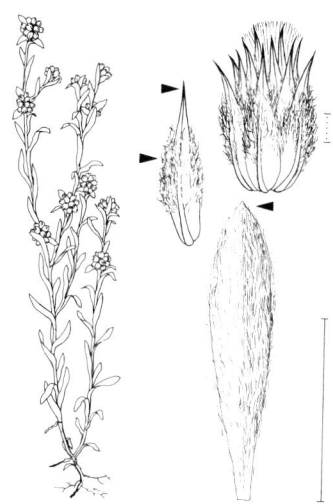

Gelbliches Filzkraut – *Filago lutescens* 0,05–0,30 ⊙ ① 7–9 (gelblich. HüllBlaSpitzen rot. Wolle gelblich)

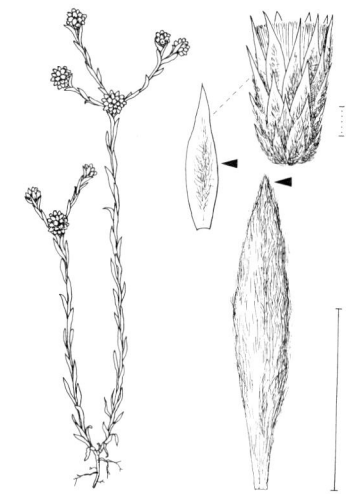

Deutsches-F. – *F. germanica* 0,10–0,40 ⊙ ① 7–9 (gelblich. HüllBla oft rötlich berandet. Wolle grauweiß)

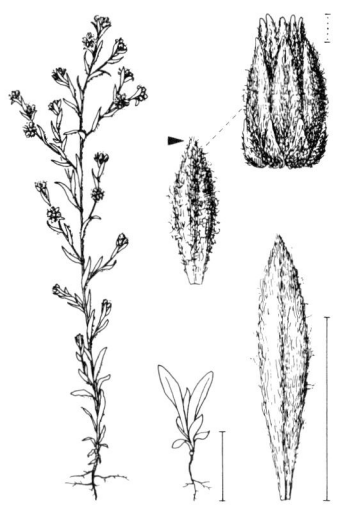

Acker-F. – *F. arvensis* 0,10–0,35 ⊙ ① 7–9 (gelblich, an der Spitze oft purpurn. Wolle grauweiß)

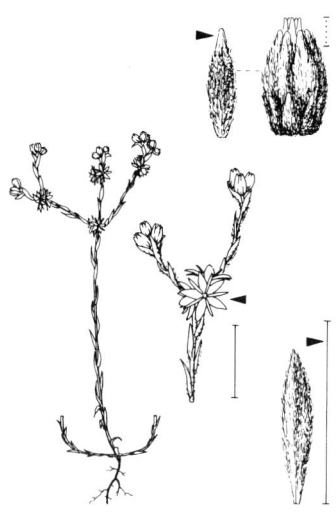

Zwerg-F. – *F. minima* 0,05–0,20 ⊙ ① 7–9 (gelblich. Bla angedrückt graufilzig)

ASTERACEAE

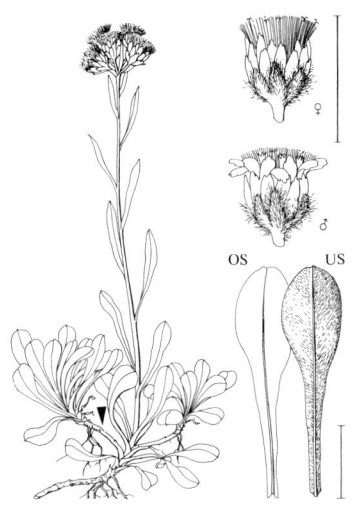

Gewöhnliches Katzenpfötchen – *Antennaria dioica* 0,07–0,20 ♃ 5–6 ▽ (Hülle der ♂ weiß, ♀ rosa, Kr gelblich)

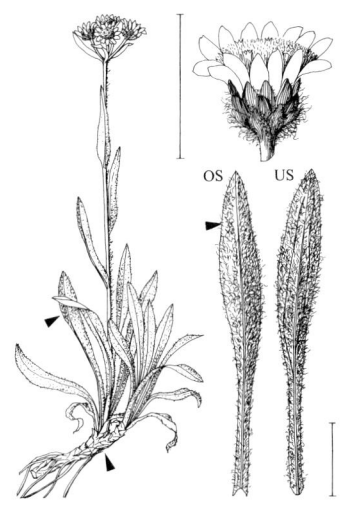

Karpaten-K. – *A. carpatica* 0,05–0,15 ♃ 6–8 (cremeweiß, Hülle bräunlich, Staubbeutel purpurn)

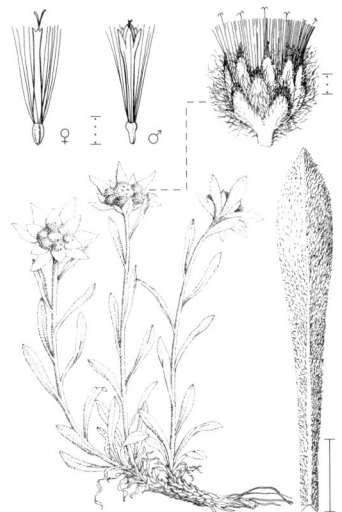

Alpen-Edelweiß – *Leontopodium alpinum* 0,05–0,20 ♃ 7–9 ▽ (gelblich. Pfl weißfilzig)

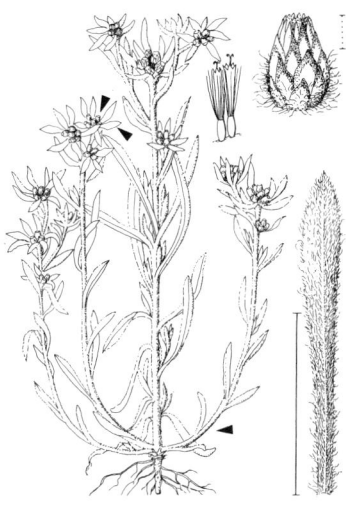

Sumpf-Ruhrkraut – *Gnaphalium uliginosum* 0,05–0,20 ⊙ 7–8 (gelblich)

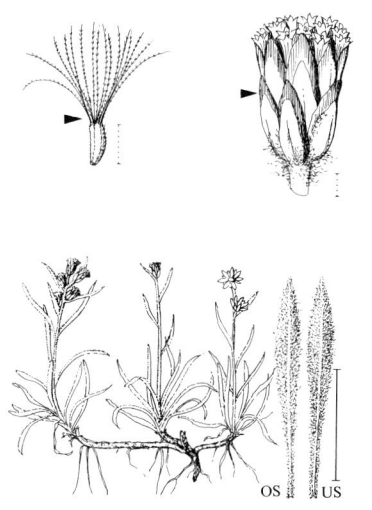

Zwerg-Ruhrkraut – *Omalotheca supina*
0,02–0,10 ♃ 6–9 (bräunlich)

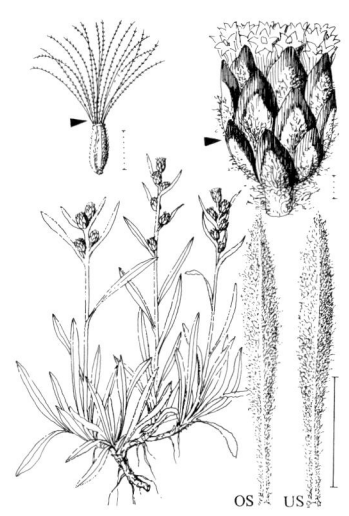

Hoppe-R. – *O. hoppeana* 0,02–0,10 ♃
7–8 (blass bräunlich)

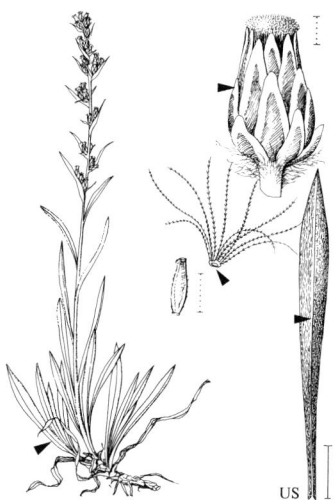

Wald-R. – *O. sylvatica* 0,10–0,60 ♃ 7–9
(gelblich-bräunlich)

Norwegisches R. – *O. norvegica*
0,10–0,40 ☉ ♃ 7–9 (blass bräunlich)

ASTERACEAE

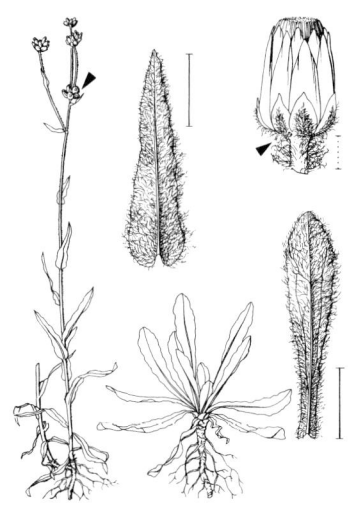

Gelbweißes Scheinruhrkraut – *Laphangium luteoalbum* 0,15–0,30 ⊙ 7–10 (gelblich, oben rötlich)

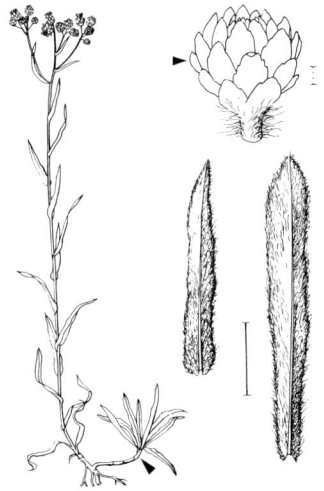

Sand-Strohblume – *Helichrysum arenarium* 0,10–0,30 ♃ 7–8 ▽ (Blü u. Hülle zitronengelb od. orange)

Garten-Strohblume – *Xerochrysum bracteatum* 0,20–1,00 ⊙ 7–9 (Hülle weiß, gelb, orange, rosa od. rot)

Alpen-Aster – *Aster alpinus* 0,05–0,15 (–30) ♃ 6–8 ▽ (blauviolett, RöhrenBlü gelb)

ASTERACEAE

Berg-Aster – *Aster amellus* 0,20–0,40(–0,70) ♃ 7–9 ▽ (blauviolett, RöhrenBlü gelb)

Alpenmaßliebchen – *A. bellidiastrum* 0,05–0,30 ♃ 4–6(–8) (weiß, selten leicht rötlich, RöhrenBlü gelb)

Ausdauerndes Gänseblümchen – *Bellis perennis* 0,03–0,15 ♃ 1–12 (weiß bis rötlich, RöhrenBlü gelb)

Salzaster – *Tripolium pannonicum* 0,15–0,60 ☉ ☉ ▽ 7–9 (hell blauviolett, RöhrenBlü gelb. Bla dicklich)

ASTERACEAE

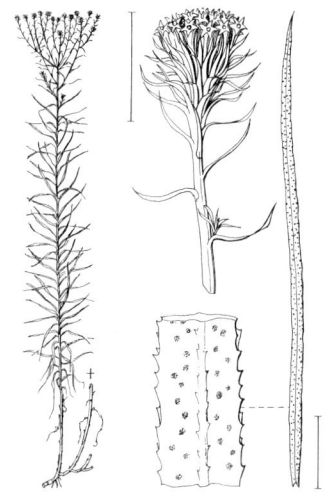

Gold-Steppenaster – *Galatella linosyris*
0,15–0,45 ⚁ 8–9 (goldgelb)

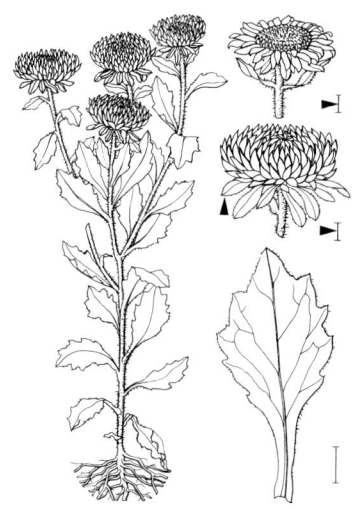

Gartenaster – *Callistephus chinensis*
0,20–0,50 ☉ 7–10 (vielfarbig, meist gefüllt)

Sparriges Gummikraut – *Grindelia squarrosa* (0,10–)0,40–1,00 ☉ ⚁ 6–9 (gelb)

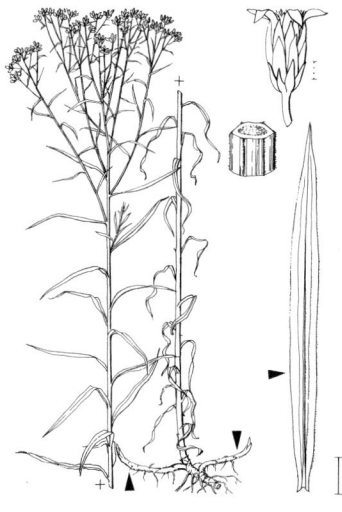

Grasblättrige Schirmgoldrute – *Euthamnia graminifolia* 0,50–0,80 ⚁ 7–10 (goldgelb)

Riesen-Goldrute – *Solidago gigantea*
0,50–1,50(–2,50) ⚥ 8–9 (goldgelb)

Kanadische G. – *S. canadensis* 0,50–2,00(–2,50) ⚥ 8–10 (goldgelb) ↗ S. 816

**Gewöhnliche G. – *S. virgaurea*
0,05–1,00 ⚥ 7–10 (gelb) ↗ S. 816

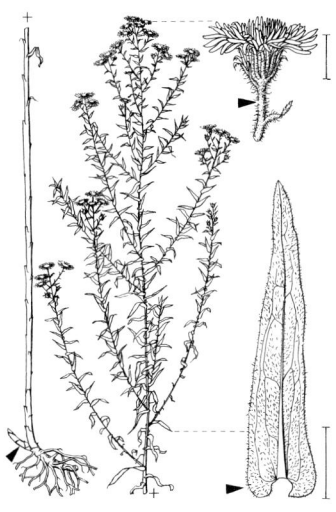

Neuengland-Herbstaster –
Symphyotrichum novae-angliae 1,00–1,50
⚥ 9–11 (dunkelrosa, RöhrenBlü gelb)

ASTERACEAE 773

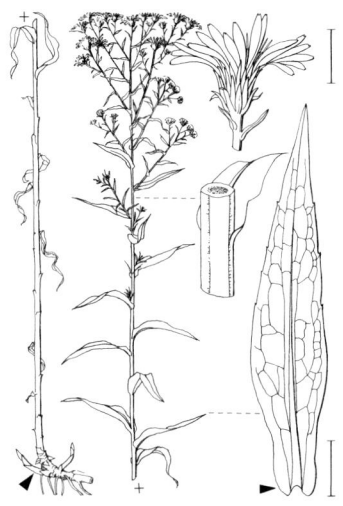

Neubelgien-Herbstaster –
Symphyotrichum novi-belgii 0,20–1,60 ♃
9–10 (blauviolett, RöhrenBlü gelb)

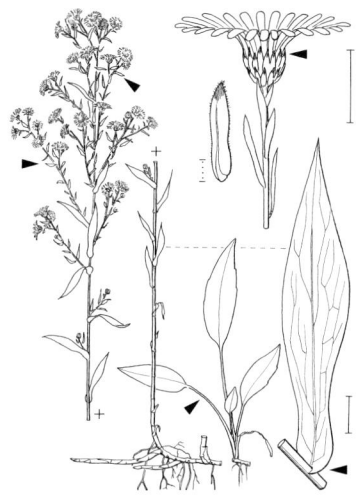

Glatte H. – *S. laeve* 0,60–1,20 ♃ 9–10
(blauviolett, RöhrenBlü gelb). R: oberes
StängelBla

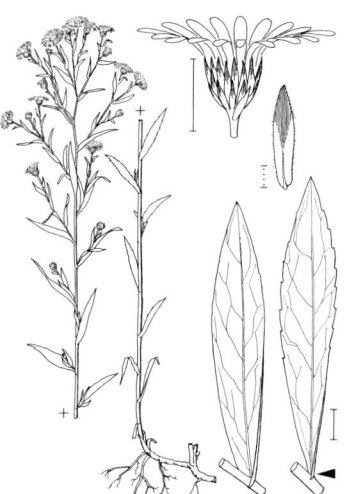

Bunte H. – *S.* ×*versicolor* 0,60–1,20 ♃
9–10 (blauviolett, RöhrenBlü gelb)

Weidenblatt-H. – *S.* ×*salignum* 0,20–1,50
♃ 9–10 (weißlich, später lila, RöhrenBlü
gelb)

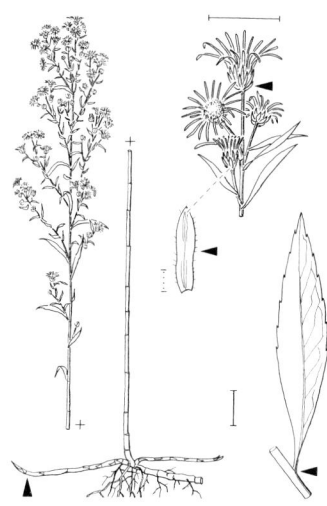

Kleinköpfige Herbstaster – *Symphyotrichum parviflorum* 0,80–1,00 ♃ 8–10 (weiß, anfangs rötlich, RöhrenBlü gelb)

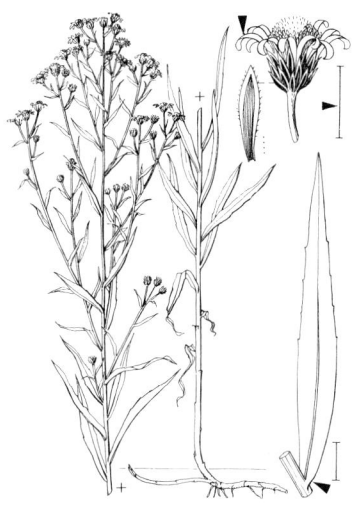

Lanzett-H. – *S. lanceolatum* 0,60–1,20 ♃ 8–10 (blasslila, RöhrenBlü gelb)

Karwinski-Berufkraut – *Erigeron karvinskianus* 0,10–0,30 ♃? 4–10(–12) (weiß bis rosa, RöhrenBlü gelb)

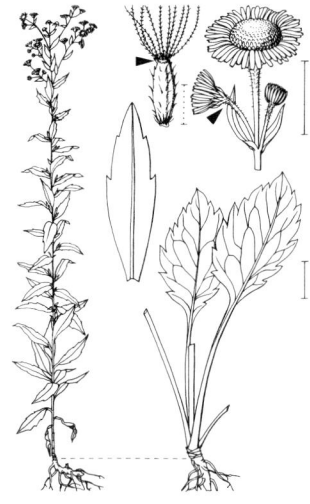

*Feinstrahl-B. – *E. annuus* 0,50–1,00(–1,50) ☉ 6–9 (weiß od. hellviolett, RöhrenBlü gelb) ↗ S. 816

ASTERACEAE

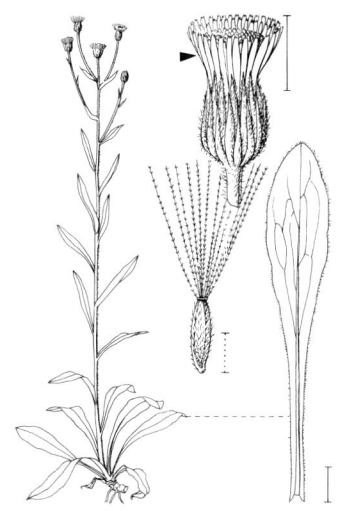

*Scharfes Berufkraut – *Erigeron acris* 0,10–0,30 ⊙ ⚳ (5–)6–7 (rötlich od. bläulich, RöhrenBlü gelb) ↗ S. 816

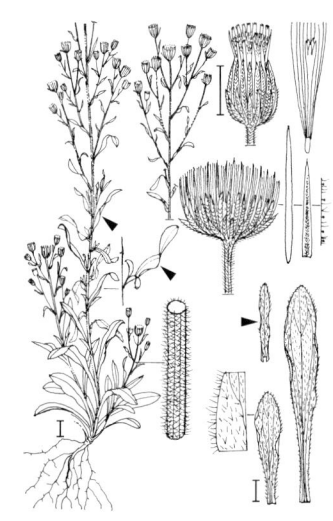

Mauer-B. – *E. muralis* (0,10–)0,30–0,45(–0,75) ⊙ ⚳ 7–10 (rötlich od. bläulich, RöhrenBlü gelb)

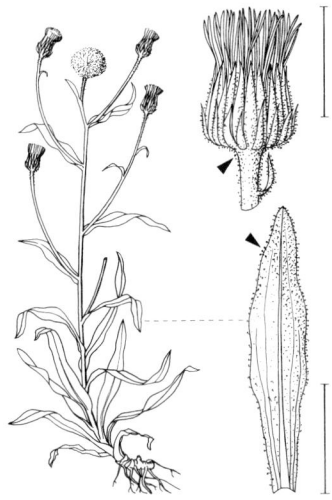

Gaudin-B. – *E. schleicheri* 0,05–0,30 ⚳ 7–8 (blassviolett, RöhrenBlü gelb)

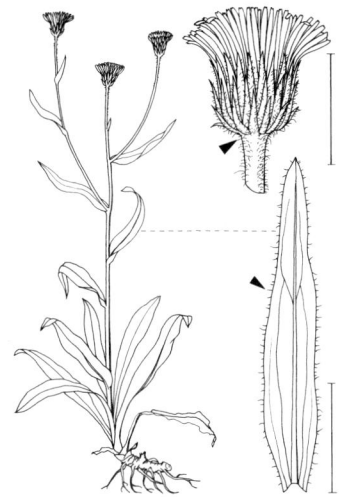

Kahles B. – *E. glabratus* 0,05–0,30 ⚳ 7–9 (hellviolett, hellrosa od. weiß, RöhrenBlü gelb)

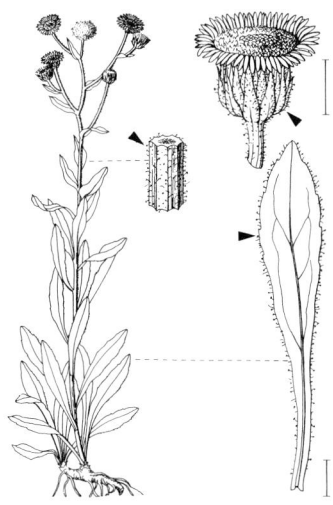

Attisches Berufkraut – *Erigeron atticus* 0,20–0,60 ♃ 7–9 (rotviolett, RöhrenBlü gelb)

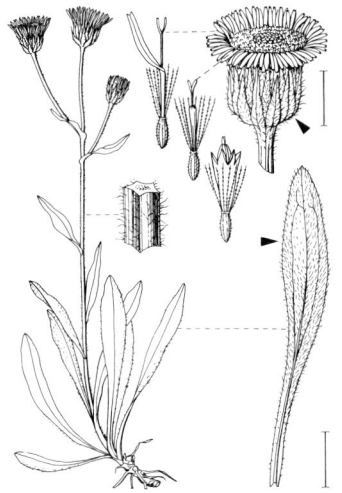

Alpen-B. – *E. alpinus* 0,05–0,30 ♃ 7–9 (purpurn od. weinrot, RöhrenBlü gelb)

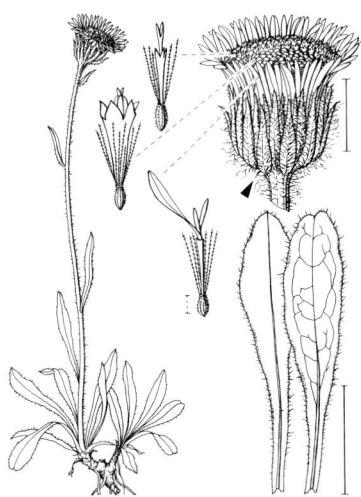

Verkanntes B. – *E. neglectus* 0,10–0,20 ♃ 7–8 (purpurn od. weinrot, RöhrenBlü gelb)

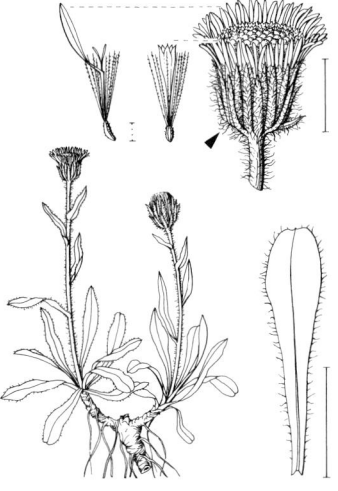

Einköpfiges B. – *E. uniflorus* 0,03–0,10 ♃ 7–9 (blassviolett, hellrosa od. weiß, RöhrenBlü gelb)

ASTERACEAE

Kanadisches Berufkraut – *Erigeron canadensis* (0,05–)0,20–0,75(–1,00) ☉ ⊙ 7–10 (weiß, RöhrenBlü gelblich)

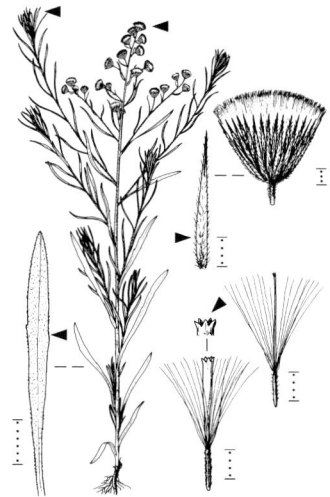

Argentinisches B. – *E. bonariensis* 0,20–0,50(–0,80) ☉ 7–10 (rötlich, HüllBla-Spitze rot)

Weißliches B. – *E. sumatrensis* 0,40–1,20 ☉ 7–10 (gelblichweiß)

Krähenfuß-Laugenblume – *Cotula coronopifolia* 0,08–0,20 ☉ 7–8 (RöhrenBlü weiß mit gelbem Saum)

ASTERACEAE

Estragon – *Artemisia dracunculus* 0,50–1,50 ♃ 8–9 (gelblich)

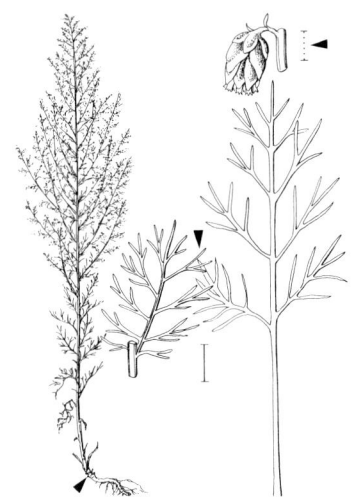

Besen-Beifuß – *A. scoparia* 0,30–0,60 ⊙ 8–10 (rötlich. Bla kahl bis seidenhaarig. Stg braunrot)

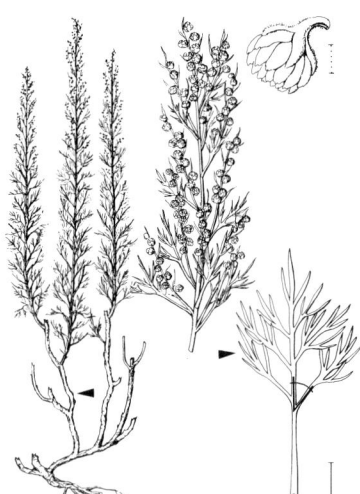

Eberraute – *A. abrotanum* 0,60–1,50 ♃ ♄ 7–10 (blassgelblich)

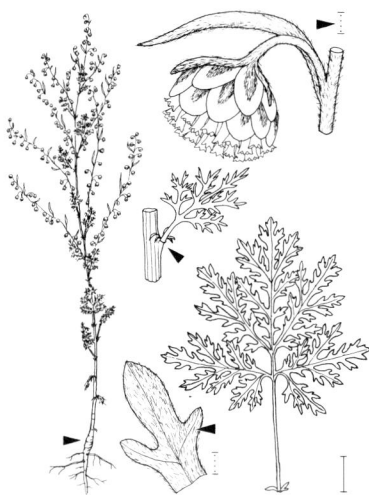

Sievers-Beifuß – *A. siversiana* 0,60–1,20 ⊙ 7–9 (gelb. Bla silbergrau. Stg rötlich)

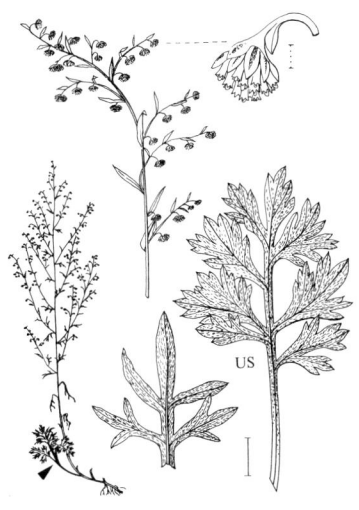

Wermut – *Artemisia absinthium* 0,60–1,20
♃ ♄ 7–9 (gelb. Bla silbergrau)

Gewöhnlicher Beifuß – *A. vulgaris*
0,60–1,50 ♃ 7–10 (gelblich od. rotbraun)

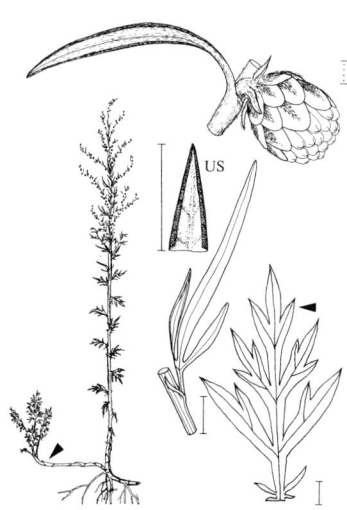

Verlot-B. – *A. verlotiorum* 1,50–2,50 ♃
9–11 (gelb od. rotbraun. Pfl duftend, mit Winterrosetten)

Einjähriger B. – *A. annua* 0,50–1,50 ⊙
8–10 (gelb. Pfl stark duftend)

Zweijähriger Beifuß – *Artemisia biennis*
0,30–1,00 ⊙ ⊙ 7–9 (gelb)

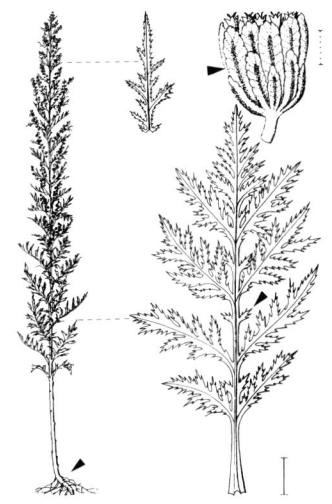

Armenischer B. – *A. tournefortiana*
0,50–2,00 ⊙ 7–9 (gelblich)

Felsen-B. – *A. rupestris* 0,08–0,40 ♃ 9–11
▽ (gelb)

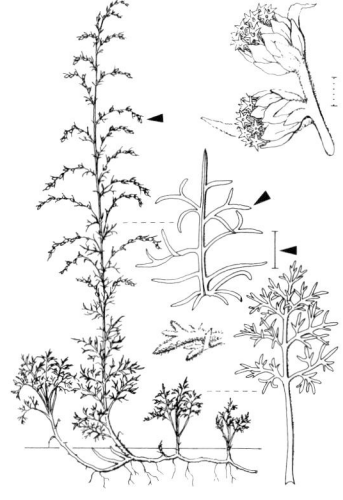

Strand-B. – *A. maritima* 0,20–0,80 ♃ ♄
9–10 (gelb. Bla stumpf weißfilzig)

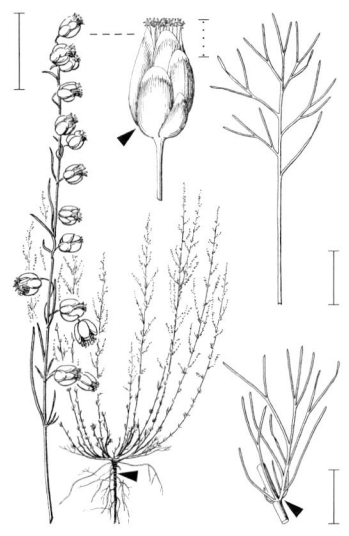

**Feld-Beifuß – *Artemisia campestris* 0,30–0,60 ♃ 8–10 (gelb od. rötlich. Bla zuerst seidig behaart, verkahlend) ↗ S. 816

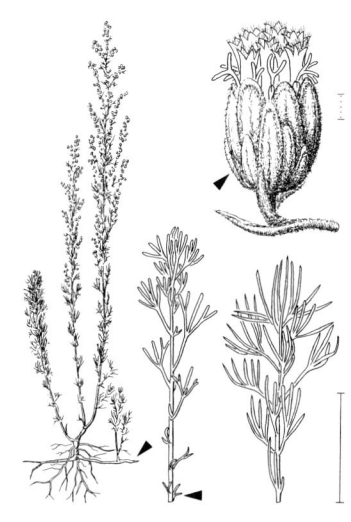

Österreichischer B. – *A. austriaca* 0,20–0,60 ♃ 7–9 (rötlichgelb. Bla seidig glänzend behaart)

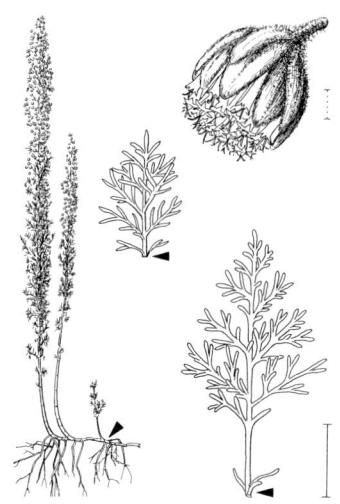

Pontischer B. – *A. pontica* 0,40–0,80 ♃ 8–10 (gelb. Bla stumpf graugrün behaart)

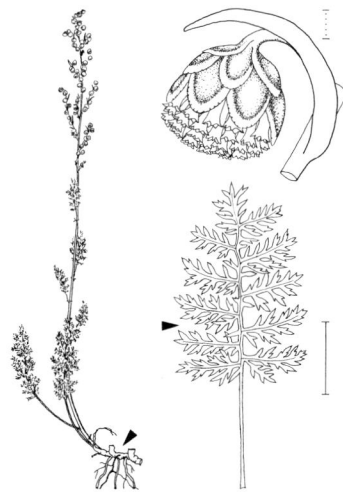

Schlitzblatt-B. – *A. laciniata* 0,10–0,50 ♃ 8–10 ▽ (gelb) ⊕

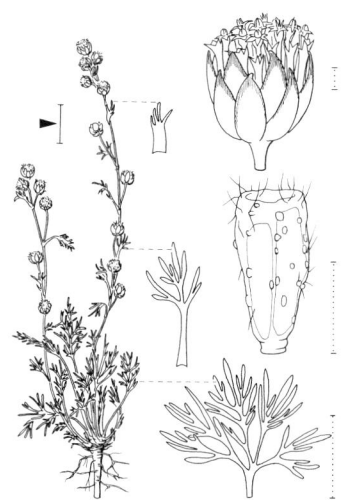
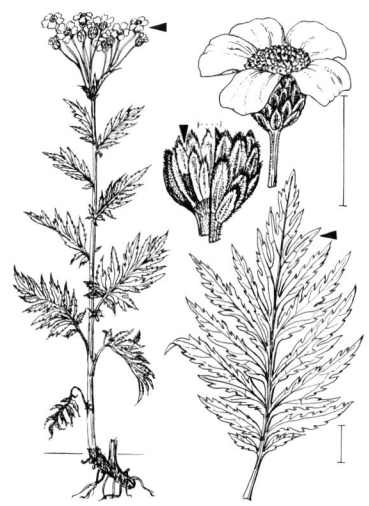

Edelraute – *Artemisia umbelliformis* 0,05–0,20 ⚄ 7–9 ▽ (gelb. Bla glänzend seidig-filzig)

Großblättrige Schafgarbe – *Achillea macrophylla* (0,30–)0,50–1,00 ⚄ 7–9 (bräunlichweiß; ZungenBlü weiß)

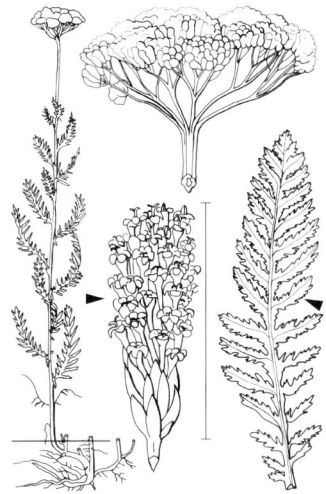

Gold-Sch. – *A. filipendulina* 0,40–1,00(–1,30) ⚄ 6–9 (goldgelb. Pfl stark riechend)

Edel-Sch. – *A. nobilis* 0,20–0,60 ⚄ 6–10 (gelblich, RöhrenBlü bräunlichweiß)

ASTERACEAE

Weidenblatt-Schafgarbe – *Achillea salicifolia* 0,20–1,50 ⚁ 7–9 (weiß, RöhrenBlü bräunlichweiß)

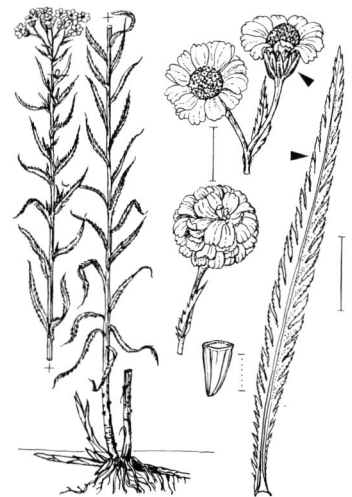

Sumpf-Sch. – *A. ptarmica* 0,20–1,00 ⚁ 7–9 (weiß, RöhrenBlü bräunlichweiß). Mitte: Gartenform

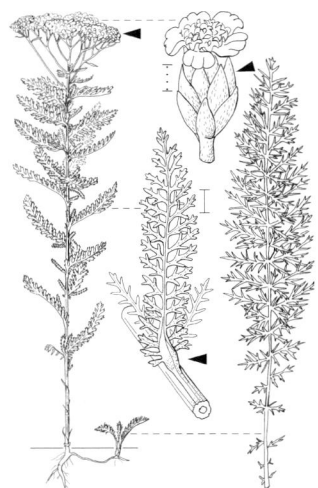

Meerfenchelblättrige Sch. – *A. crithmifolia* 0,15–0,55 ⚁ 5–10 (weiß bis gelblichweiß)

Feinblättrige Sch. – *A. setacea* 0,10–0,30(–0,40) ⚁ 5–6 (weiß bis gelblich, RöhrenBlü schmutzigweiß)

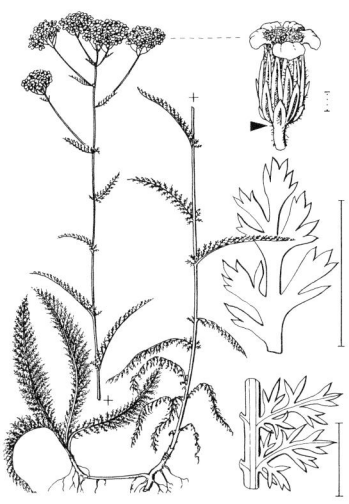

*Gewöhnliche Schafgarbe – *Achillea millefolium* (0,15–)0,30–0,60(–1,20) ♃ 6–10 (weiß, rosa od. rot, RöhrenBlü schmutzigweiß) ↗ S. 816

Ungarische Sch. – *A. pannonica* (0,20–)0,30–0,60(–1,00) ♃ 6–8 (weiß. Pfl zottig behaart)

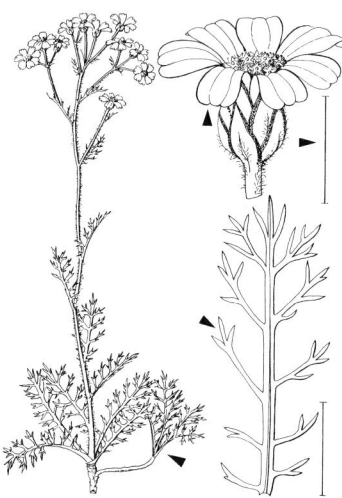

Schwarzrandige Sch. – *A. atrata* 0,08–0,20 ♃ 7–9 ▽ (weiß, RöhrenBlü weißlich. Bla grün)

Bittere Sch. – *A. clavenae* 0,10–0,25 ♃ 7–9 ▽ (weiß, RöhrenBlü weißlich. Bla seidig-filzig)

ASTERACEAE

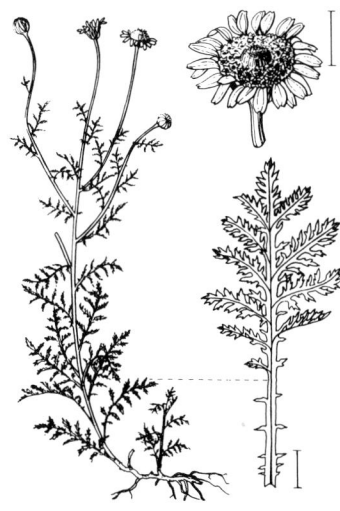

Färber-Hundskamille – *Cota tinctoria* 0,30–0,60 ♃ 6–9 (goldgelb, RöhrenBlü goldgelb)

Österreichische H. – *C. austriaca* 0,30–0,50 ⊙ 7–9 (weiß, RöhrenBlü gelb)

Stink-H. – *Anthemis cotula* 0,15–0,50 ⊙ ① 6–10 (weiß, RöhrenBlü gelb. Pfl stinkend)

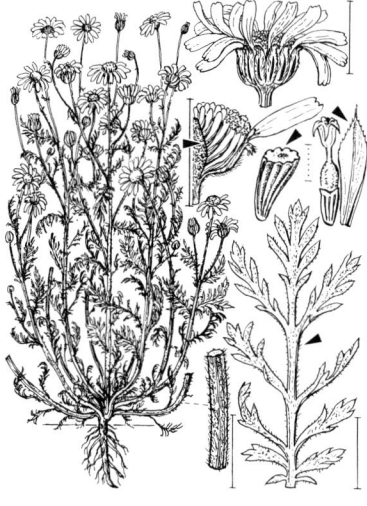

Russische H. – *A. ruthenica* 0,25–0,50 ⊙ 5–8 (weiß, RöhrenBlü gelb)

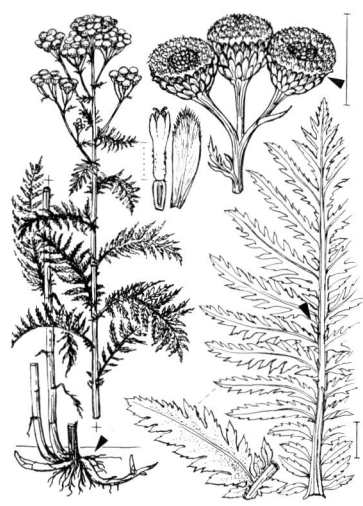

Acker-Hundskamille – *Anthemis arvensis* 0,15–0,50 ☉ ① 5–10 (weiß, RöhrenBlü gelb)

Rainfarn – *Tanacetum vulgare* 0,40–1,50 ♃ 7–9(–11) (gelb)

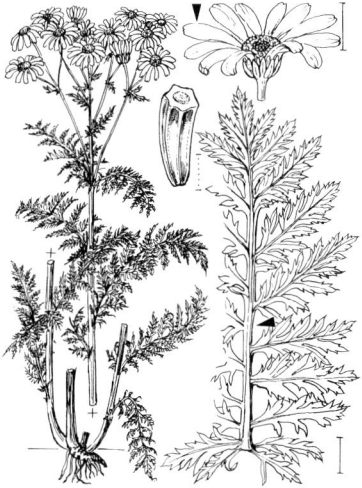

Großblättrige Straußmargerite – *T. macrophyllum* 0,40–1,50 ♃ 6–8 (weiß, RöhrenBlü bräunlichweiß)

Gewöhnliche St. – *T. corymbosum* 0,50–1,00 ♃ 6–8 (weiß, RöhrenBlü gelb)

ASTERACEAE

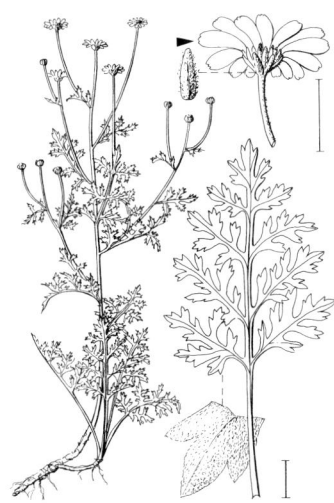

Staubige Straußmargerite – *Tanacetum partheniifolium* 0,30–0,80 ⚥ 7–8 (weiß, RöhrenBlü gelb. Bla graufilzig)

Mutterkraut – *T. parthenium* 0,30–0,60 ⚥ 6–8 (weiß, RöhrenBlü gelb, oft gefüllt. Pfl duftend)

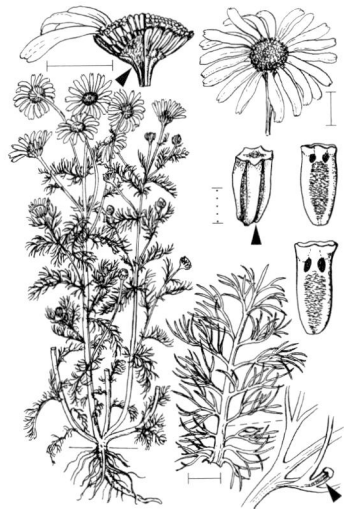

*Falsche Strandkamille – *Tripleurospermum inodorum* 0,10–0,60 (–0,80) ⊙ ① ⚥ 6–10 (weiß, RöhrenBlü gelb) ↗ S. 817

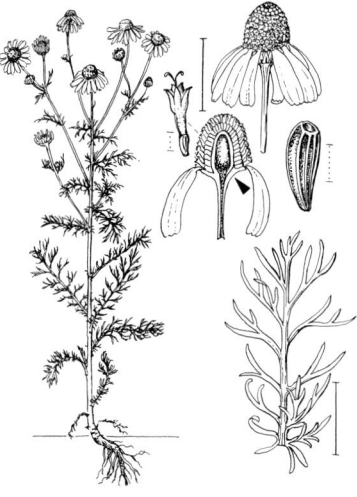

Echte Kamille – *Matricaria chamomilla* 0,15–0,40 ⊙ ① 5–8 (weiß, RöhrenBlü gelb)

ASTERACEAE

Strahlenlose Kamille – *Matricaria discoidea* 0,05–0,30 ☉ ① 6–8 (RöhrenBlü gelbgrün bis zitronengelb)

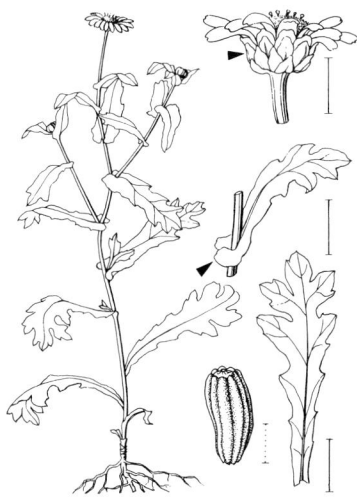

Saat-Wucherblume – *Glebionis segetum* 0,20–0,60 ☉ 6–10 (ZungenBlü u. RöhrenBlü gelb)

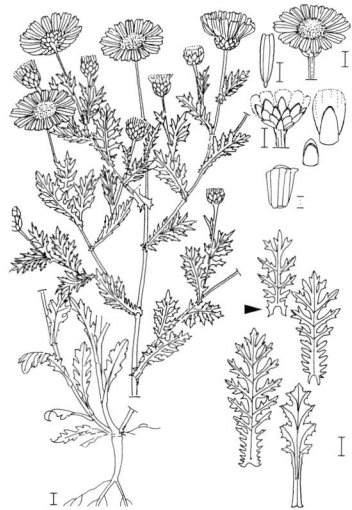

Kronen-W. – *G. coronaria* 0,30–0,80 ☉ ☉ 6–9 (ZungenBlü gelb od. bleichgelb mit gelber Basis, RöhrenBlü gelb)

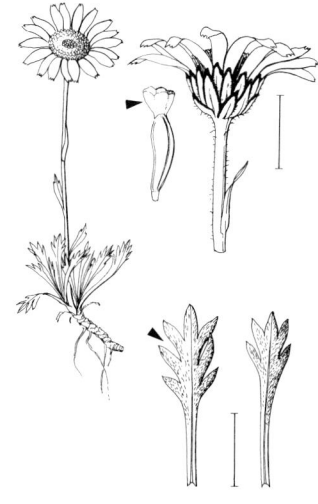

**Alpenmargerite – *Leucanthemopsis alpina* 0,05–0,15 ♃ 7–8 (weiß, RöhrenBlü goldgelb)

ASTERACEAE

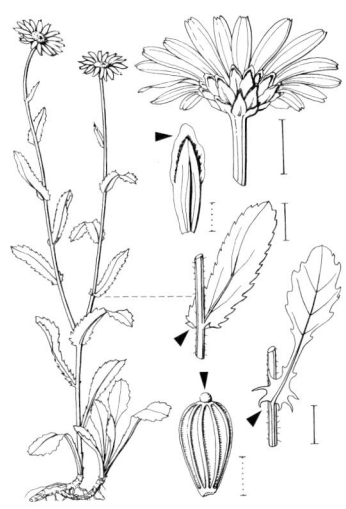

*Wiesen-Margerite – *Leucanthemum ircutianum* 0,20–0,80(–1,00) ♃ 6–9(–10) (weiß, RöhrenBlü gelb) ↗ S. 817

Berg-M. – *L. adustum* 0,20–0,50 ♃ 6–8 (weiß, RöhrenBlü gelb)

Haller-M. – *L. halleri* 0,10–0,20 ♃ 7–9 (weiß, RöhrenBlü goldgelb)

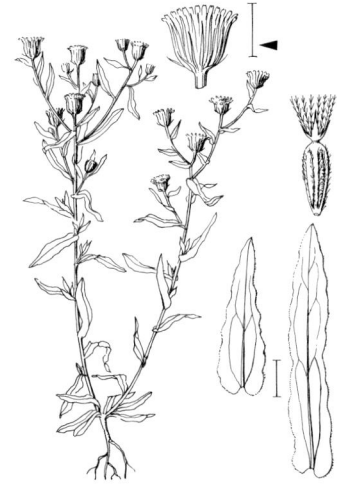

Kleines Flohkraut – *Pulicaria vulgaris* 0,10–0,30 ☉ 7–8 (schmutziggelb)

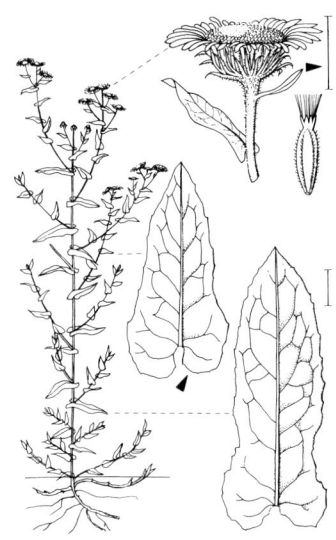

Großes Flohkraut – *Pulicaria dysenterica*
0,30–0,60 ♃ 7–9 (goldgelb)

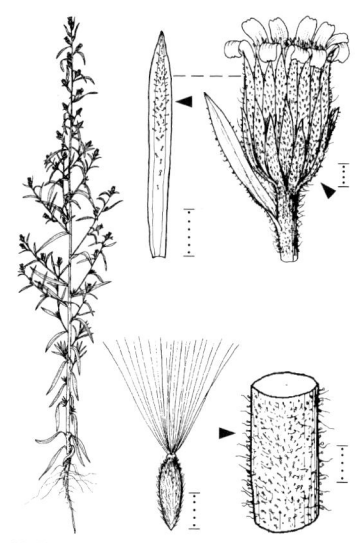

Klebalant – *Dittrichia graveolens*
0,15–0,80 ☉ 7–9 (rötlich gelb. Pfl klebrig, streng riechend)

Weidenblatt-Rindsauge – *Buphthalmum salicifolium* 0,15–0,70 ♃ 6–9 (goldgelb)

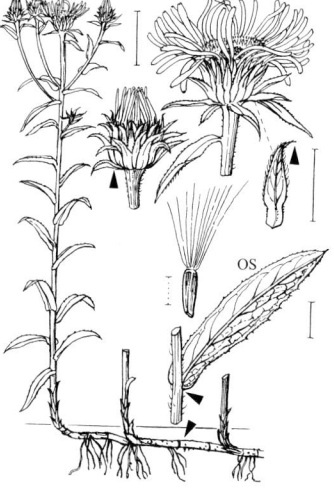

Weidenblättriger Alant – *Inula salicina*
0,25–0,80 ♃ 6–10 (goldgelb)

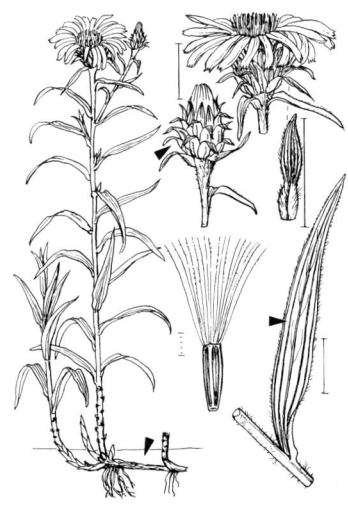

Schwertblättriger Alant – *Inula ensifolia* 0,10–0,40 ♃ 7–8 (goldgelb)

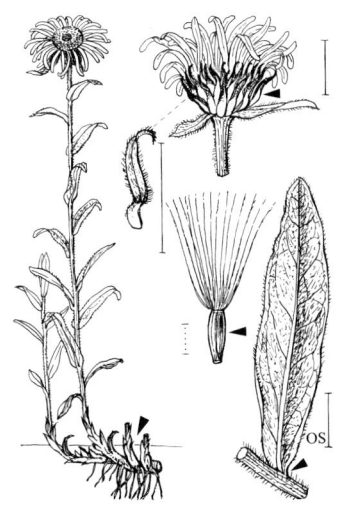

Rauhaariger A. – *I. hirta* 0,15–0,45 ♃ 6–7 (goldgelb)

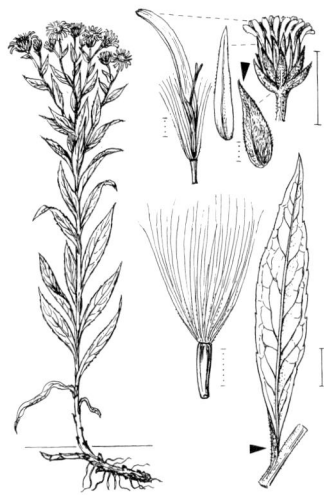

Schweizer A. – *I. helvetica* 0,30–0,60 ♃ 7–9 (gelb). R oben: Knospe

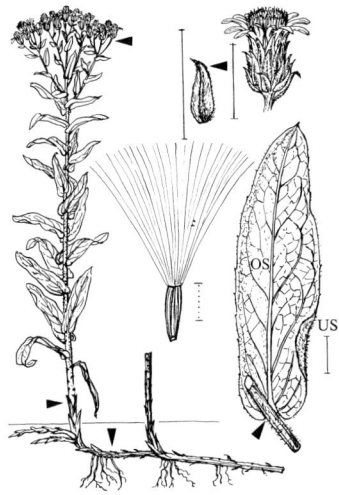

Deutscher A. – *I. germanica* 0,30–0,60 ♃ 7–8 ▽ (goldgelb)

Dürrwurz-Alant – *Inula conyzae*
0,50–1,00 ⚥ 6–10 (hell bräunlichgelb.
Hülle oft rötlich)

Wiesen-A. – *I. britannica* 0,20–0,60 ⚥ 7–9
(goldgelb)

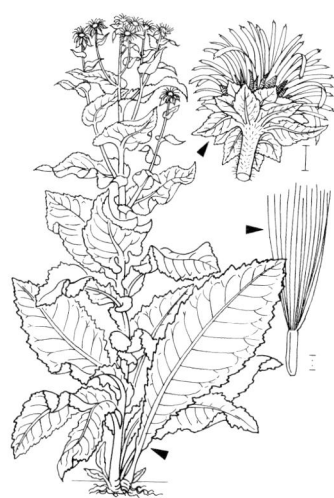

Echter A. – *I. helenium* 1,00–2,00 ⚥ 7–8
(gelb)

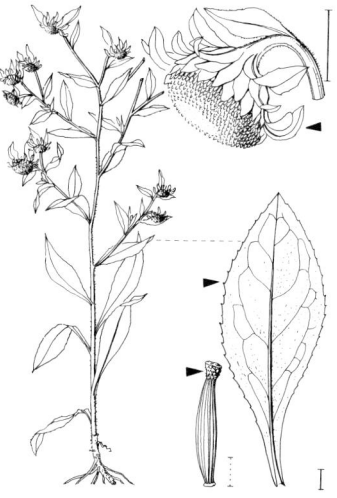

Nickende Kragenblume – *Carpesium
cernuum* 0,20–0,80 ☉ ⊗ 7–9 (blass
gelblichgrün) †

ASTERACEAE

Telekie – *Telekia speciosa* 0,60–1,60 ⚥
6–8 (goldgelb, RöhrenBlü orangebraun)

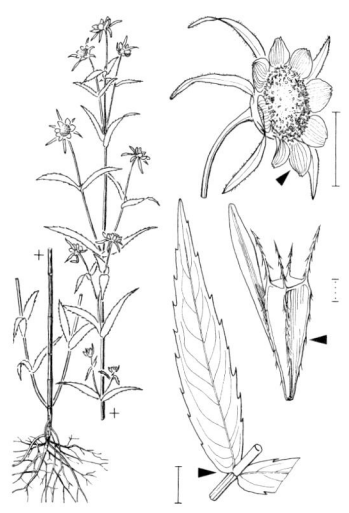

Nickender Zweizahn – *Bidens cernua*
0,05–1,00 ⊙ 8–10 (RöhrenBlü gelblich,
ZungenBlü gelb, oft fehlend)

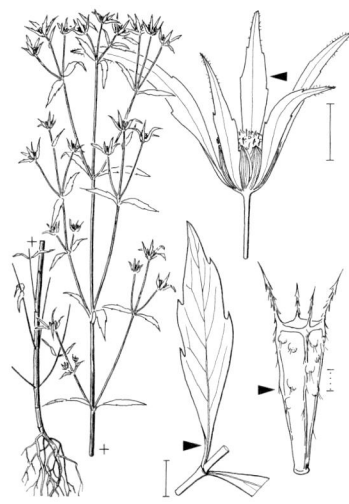

Verwachsenblättriger Z. – *B. connata*
0,15–1,00 ⊙ 8–10 (bräunlichgelb)

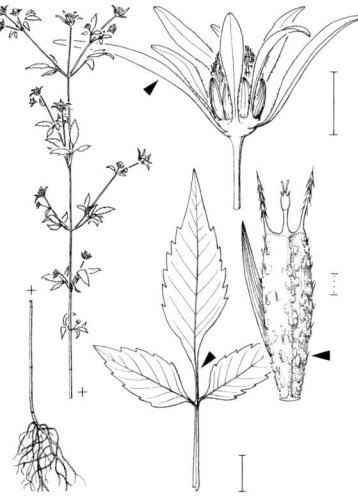

Schwarzfrüchtiger Z. – *B. frondosa*
0,05–1,00 ⊙ 8–9 (bräunlichgelb)

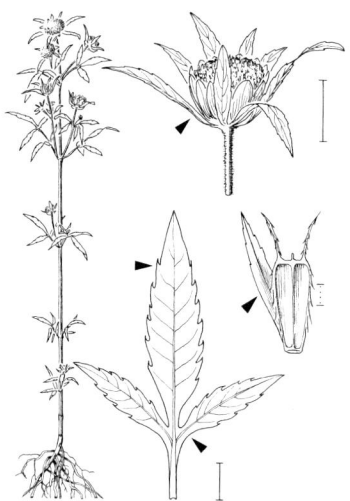

Strahlender Zweizahn – *Bidens radiata* 0,15–1,00 ⊙ 8–10 (bräunlichgelb. Pfl nie rot verfärbt)

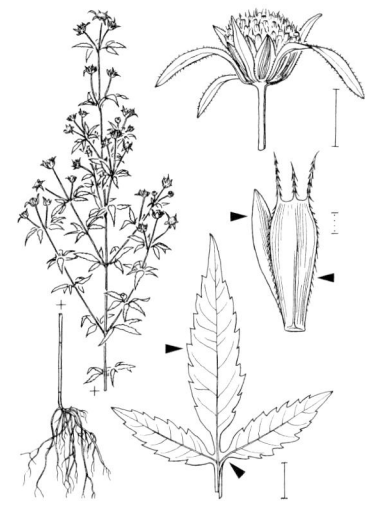

Dreiteiliger Z. – *B. tripartita* 0,15–1,00 ⊙ 7–10 (bräunlichgelb. Pfl oft rot überlaufen)

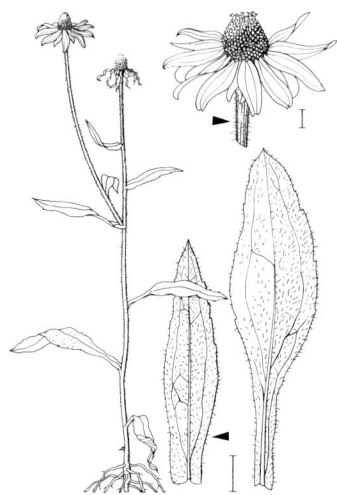

Rauhaarige Rudbeckie – *Rudbeckia hirta* 0,05–0,50 ⊙ ⊙ 7–9 (goldgelb, RöhrenBlü purpurbraun)

Schlitzblatt-R. – *R. laciniata* 1,00–2,00 ♃ 7–8 (gelb, RöhrenBlü gelbgrün; oft gefüllt)

ASTERACEAE

Lanzenblättriges Mädchenauge – *Coreopsis lanceolata* 0,20–0,60 ♃ 6–8(–10) (ZungenBlü gelb, oft am Grund braun)

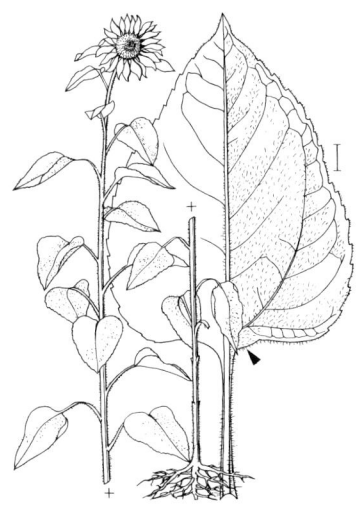

Einjährige Sonnenblume – *Helianthus annuus* 1,00–2,00 ⊙ 7–10 (gelb, RöhrenBlü meist bräunlich)

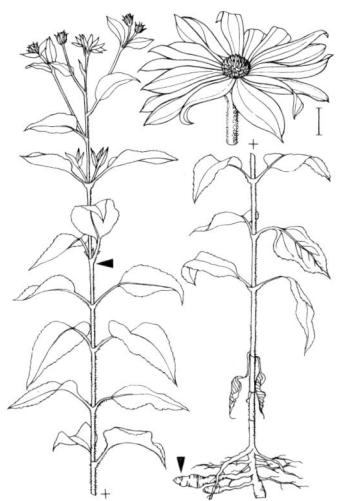

*****Topinambur** – *H. tuberosus* 1,00–2,50 ♃ 10–11 (gelb, RöhrenBlü gelb) ↗ S. 817

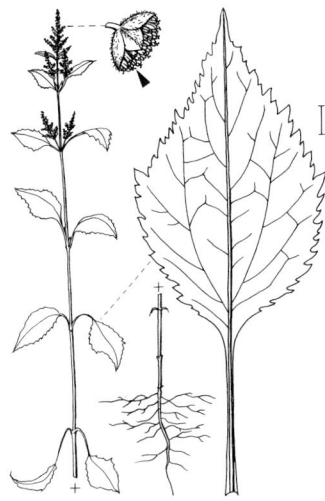

Spitzkletten-Rispenkraut – *Iva xanthiifolia* 0,90–2,00 ⊙ 8–10 (grünlich, sehr unscheinbar)

Durchwachsene Silphie – *Silphium perfoliatum* 1,00–2,50 ⚹ 7–10 (Zungen- u. RöhrenBlü gelb)

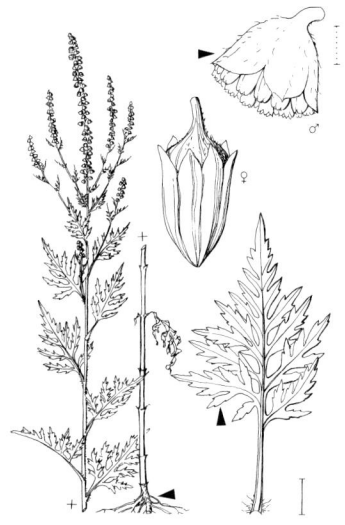

Beifuß-Ambrosie – *Ambrosia artemisiifolia* 0,50–1,00(–1,50) ⊙ 8–10 (♀ grün, ♂ gelblich)

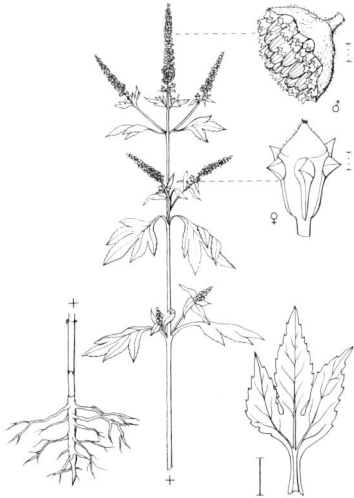

Dreispaltige A. – *A. trifida* 0,80–1,50(–2,00) ⊙ 8–10 (♀ grün, ♂ gelblich)

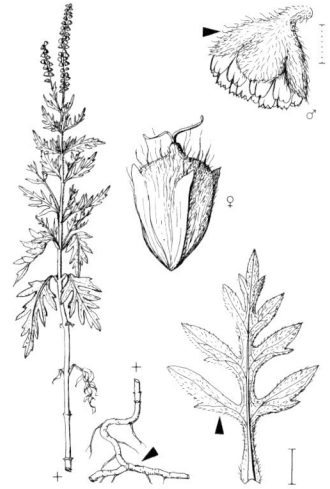

Stauden-A. – *A. psilostachya* 0,30–0,80 ⚹ 8–10 (♀ grün, ♂ gelblich)

ASTERACEAE

Dornige Spitzklette – *Xanthium spinosum* 0,30–1,00 ⊙ 8–9 (grünlich-gelblich, unscheinbar)

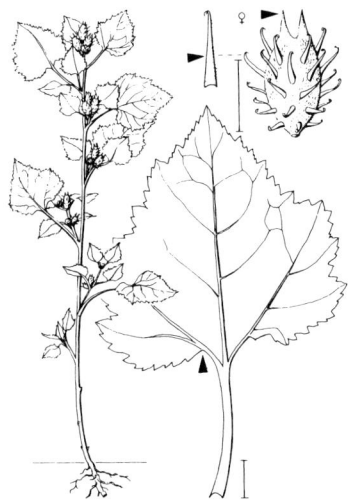

Gewöhnliche S. – *X. strumarium* 0,20–1,30 ⊙ 7–10 (♀ graugrün, ♂ gelblich. Bla graugrün, reife Fr graugrün)

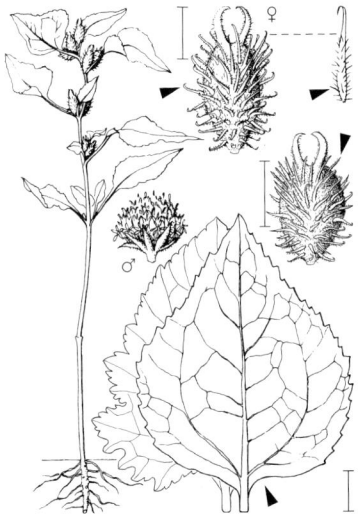

**Elbe-S. – *X. albinum* 0,10–1,00 ⊙ 8–10 (♀ grün, ♂ gelblich. Bla dunkelgrün, reife Fr braun, oft rot überlaufen) ↗ S. 817

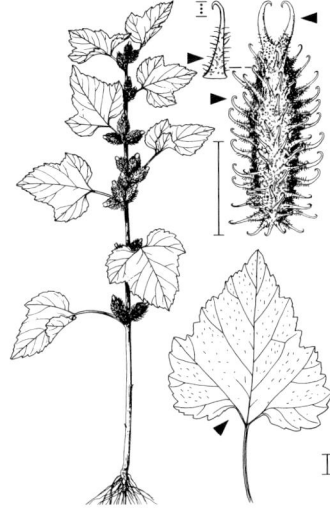

Großfrüchtige S. – *X. orientale* 0,30–1,00 ⊙ 8–9 (♀ grün, ♂ gelblich. Fr stark drüsig)

Abessinisches Ramtillkraut – *Guizotia abyssinica* 0,50–1,50 ⊙ 9–10 (Zungen- u. RöhrenBlü gelb)

Zottiges Franzosenkraut – *Galinsoga quadriradiata* 0,10–0,80 ⊙ 5–10 (Zungen-Blü weiß, RöhrenBlü gelb)

Kleinblütiges F. – *G. parviflora* 0,10–0,60 ⊙ 5–10 (weiß, RöhrenBlü gelb)

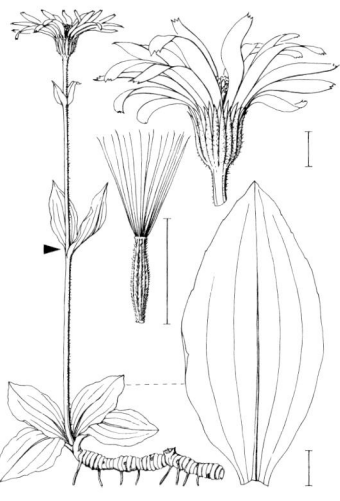

Echte Arnika – *Arnica montana* 0,20–0,50 ♃ 6–7 ▽ (goldgelb)

ASTERACEAE

Herzblatt-Siegesbeckie – *Sigesbeckia serrata* 0,50–1,50 ⊙ 8–9 (gelb. Köpfe stark klebrig, Stg oft rötlich)

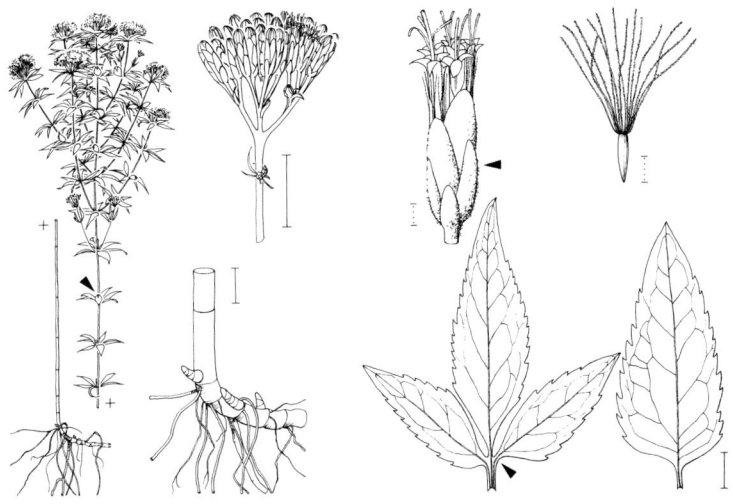

Gewöhnlicher Wasserdost – *Eupatorium cannabinum* 0,50–1,50 ♃ 7–9 (schmutzig rosarot bis kupferrot od. fast weißlich)

Ergänzungen

Die Ergänzungstexte enthalten Anmerkungen und Erläuterungen zu den Zeichnungen. Dabei werden zusätzliche Legendeninhalte und taxonomische Hinweise zum dargestellten Pflanzenmaterial gegeben. Die Zählung ist aus der Seitenzahl und den jeweiligen Quadranten A,B (obere Reihe) und C,D (untere Reihe) zusammengesetzt. Die zusätzlich zu den bei den Zeichnungen verwendeten Abkürzungen bedeuten: D – Deutschland, N, O, S, W – Nord-, Ost-, Süd-, West-, s. – siehe.

1A	**Gewöhnliche Armleuchteralge** – *Chara vulgaris*.	
	In D insges. 19 Arten der Gattung *Chara*, zu deren Unterscheidung genaue und z. T. mikroskopische Analyse nötig ist.	
2A	**Stachelspitzige Glanzleuchteralge** – *Nitella mucronata*.	
	In D insges. 10 Arten der Gattung *Nitella*, zu deren Unterscheidung genaue und z. T. mikroskopische Analyse nötig ist.	
2D	**Kleine Baumleuchteralge** – *Tolypella glomerata*.	
	In D insges. 4 Arten der Gattung *Tolypella*, zu deren Unterscheidung genaue und z. T. mikroskopische Analyse nötig ist.	
4B	**Gewöhnlicher Flachbärlapp** – *Diphasiastrum complanatum*.	
	Früher auch als Aggregat mit den folgenden *Diphasiastrum*-Arten geführt.	
5A	**Issler-Flachbärlapp** – *Diphasiastrum issleri*.	
	Wohl als Hybride *D. alpinum* × *D. complanatum* entstanden und intermediär zwischen den Elternarten.	
5B	**Oellgaard-Flachbärlapp** – *Diphasiastrum oellgaardii*.	
	Wohl als Hybride *D. alpinum* × *D. tristachyum* entstanden und intermediär zwischen den Elternarten.	
9A	**Winter-Schachtelhalm** – *Equisetum hyemale*.	
	In vielen Bundesländern wächst die Hybride *E. hyemale* × *E. ramosissimum* = **Moore's Schachtelhalm** – *E.* ×*moorei*. Ähnlich *E. hyemale* aber Stg. zuweilen ästig, StgScheiden 1,5–2× länger als br, untere Scheiden später abfallend, rund gekerbten Rand zurücklassend. Sporen fehlschlagend, krümelige weißliche Massen bildend.	
11D	**Prächtiger Dünnfarn** – *Vandenboschia speciosum*.	
	1 – Voll entwickeltes Bla einer Pfl aus dem atlantischen Hauptareal. 2 – Kümmerlich entwickeltes Bla einer Pfl aus D. In D meist nur Vorkeim (Zellfäden-Netz).	
13AB	**Adlerfarn** – *Pteridium aquilinum*.	
	Die Populationen in D bedürfen weiterhin einer taxonomischen Bearbeitung (s. Frank, D. in Mitt. Florist. Kart. Sachsen-Anhalt 13, 2008: 29–40) – Bearbeitung der Grafik: D. Frank, F. Ebel.	
14D	**Zerbrechlicher Blasenfarn** – *Cystopteris fragilis*.	
	Auch als *C. fragilis* agg. zusammengefasst mit *C. alpina* u. *C. dickieana*.	
17D	**Braunstieliger Streifenfarn** – *Asplenium trichomanes*.	
	3: subsp. *trichomanes*. 4: subsp. *quadrivalens*	
22A	**Schuppen-Wurmfarn** – *Dryopteris affinis*.	
	Auch zusammengefasst als *D. affinis* agg. mit *D. cambrensis*, *D. pseudodisjuncta*, *D. borreri* und *D. lacunosa*. Bei diesen und bei *D. remota* ist die Fiederrhachis am Grund schwarz (Frischmaterial).	
22B	**Walisischer Schuppen-Wurmfarn** – *Dryopteris cambrensis*.	
	Schleier zur Sporenreife vom Rand her z. T. bis zur Mitte einreißend.	
24A	**Dorniger Wurmfarn** – *Dryopteris carthusiana*.	
	Auch als *D. carthusiana* agg. mit *D. remota*, *D. dilata* und *D. expansa*.	

24CD	**Enferntfiedriger Wurmfarn** – *Dryopteris remota*.
	Fiederrachis am Grund schwarz (Frischmaterial), bei *D. carthusiana*, *D. dilatata* und *D. expansa* auch frisch grün.
25D	**Dorniger Schildfarn** – *Polystichum aculeatum*.
	Auch als *P. aculeatum* agg. mit *P. setiferum*.
26A	**Gewöhnlicher Tüpfelfarn** – *Polypodium vulgare*.
	Auch als *P. vulgare* agg. zusammengefasst mit *P. interjectum*.
27B	**Küsten-Tanne** – *Abies grandis*.
	In D gepflanzt wird die **Nikko-T.** – *A. homolepis* Bis 30,00 ♄ 5 (im Unterschied zu *A. grandis* Nadeln sehr dicht, schräg aufwärts abstehend, nicht gescheitelt. Zweige mit deutlichen Längsfurchen zwischen den Ansatzstellen der Nadeln).
29C	**Stech-Fichte** – *Picea pungens*.
	In D seltene Zier- u. Forstbäume mit Nadeln <15 mm lg sind **Schimmel-F.** – *P. glauca* Bis 25,00 ♄ 4–5 (junge Zweige kahl, oft leicht bereift. Nadeln 15 mm br. Zapfen 3,5–6,0 cm lg), **Schwarz-F.** – *P. mariana* Bis 25,00 ♄ 4–5 (junge Zweige dicht behaart. Nadeln <1,2 mm br. Zapfen 1,5–3,0 cm lg).
30A	**Zirbel-Kiefer** – *Pinus cembra*.
	In D wird gepflanzt **Pech-K.** – *P. rigida* Bis 30,00 ♄ 5 (Nadeln zu dritt, Stockausschläge vorhanden, am Stamm oft büschelfg. Jungtriebe).
31B	**Dreh-Kiefer** – *Pinus contorta*.
	In D wird gepflanzt **Banks-K.** – *P. banksiana* Bis 20,00 ♄ 4–6 (im Unterschied zu *P. contorta* nur Nadeln 20–40 mm lg. Knospen <1 cm lg u. nicht um ihre Achse gebogen).
32C	**Stink-Wacholder** – *Juniperus sabina*.
	In D wird als Parkbaum gepflanzt **Virginischer W.** – *J. virginiana* Bis 12,00 ♄ 4–5 (Baum, seltener Strauch. Die nadelfg Bla wie bei *J. sabina* meist gegenständig. Beerenzapfen aufrecht, nicht hängend).
37CD	**Große Teichrose** – *Nuphar lutea*.
	Ungenügend bekannt ist die Verbreitung der intermediären Hybride *N. lutea* × *N. pumila* = **Mittlere T.** – *N. ×spenneriana* (Bla mit 12–22 Nerven auf jeder BlaSeite. Narbenscheibe gelappt, mit 9–14 Strahlen).
42AB	**Großes Nixkraut** – *Najas marina*.
	Dargestellt ist subsp. *marina*, in D außerdem subsp. *intermedia* mit bestachelten BlaScheiden.
53A	**Sumpf-Teichfaden** – *Zannichellia palustris* subsp. *palustris*.
	Nicht dargestellt, kaum zu trennen: subsp. *polycarpa*, Frchen fast sitzend, 3,5–4,5 mm lg, zu 5–8, Griffel <½ so lg wie Frchen, 1–2 mm lg.
56A	**Felsen-Goldstern** – *Gagea bohemica*.
	Die früher unterschiedenen subsp. *saxatilis* u. subsp. *bohemica* sind durch Zwischenformen verbunden u. nicht trennbar.
57C	**Feuer-Lilie** – *Lilium bulbiferum*.
	Dargestellt ist Habitus der subsp. *bulbiferum*, nicht dargestellt: subsp. *croceum*, ohne Achselbulbillen. Blü nicht durchgängig zwittrig.
60B	**Schmallippige Sitter** – *Epipactis leptochila*.
	Dargestellt ist subsp. *leptochila*, in D außerdem subsp. *neglecta* (Bla dunkelgrün. Hinteres Lippenglied flach schüsselfg, die Ränder nach außen abgeflacht. Vorderglied zungenfg, nach hinten gekrümmt. PerigonBla nicht lg zugespitzt. Staubbeutel sitzend).
63C	**Weiße Waldhyazinthe** – *Platanthera bifolia*.
	Dargestellt ist subsp. *latiflora*, in D außerdem **Kleinblütige Weiße W.** – subsp. *bifolia* (nur 0,10–0,25(–0,35) hoch, Lippe 6–10,5 mm lg, Sporn 12–20(–25) mm lg).

64D	**Weißzunge** – *Pseudorchis albida*. Dargestellt ist subsp. *albida*, in D außerdem subsp. *tricuspis* (Blü waagerecht. Lippe cremeweiß bis gelblichweiß, tief 3lappig, Mittellappen 1,5 mm lg, ± so lg wie die 1,4 mm lg Seitenlappen, Sporn gelb. DeckBla so lg wie der FrKn od. wenig länger).
65A	**Große Händelwurz** – *Gymnadenia conopsea*. Zur *G. conopsea* Artengruppe gehören in D: *G. ornithis*, *G. graminea*, *G. conopsea* und *G. densiflora*
65D	**Österreichisches Kohlröschen** – *Nigritella austriaca*. Im bayerischen Alpenraum häufiger das ähnliche **Rhellicanus-K.** – *N. rhellicani*: Geöffneter BlüStand eifg, länger als br., schokoladenbraun bis dunkel rotbraun, selten orange, rosa, gelb. Meist (1–) mehrere der untersten DeckBla am Rand deutlich papillös. Lippe (ohne Sporn) 5–7 mm lg.
68C	**Brand-Knabenkraut** – *Orchis ustulata*. Außer subsp. *ustulata* in D noch subsp. *aestivalis* mit nach außen gebogenen äußeren Perigonblättern.
69C	**Stattliches Knabenkraut** – *Orchis mascula*. Dargestellt ist subsp. *mascula*, in D außerdem subsp. *speciosa* mit zugespitzten, bis 14 mm lg äußeren PerigonBla.
73C	**Gold-Krokus** – *Crocus flavus*. Kultiviert meist die sterile Hybride *C. angustifolius* × *C. flavus* = *C.* ×*luteus*.
79B	**Bären-Lauch** – *Allium ursinum*. Ob außer subsp. *ursinum* im Osten auch subsp. *ucrainicum*? (BlüStiele glatt, nicht papillös rau)
87A	**Dolden-Milchstern** – *Ornithogalum umbellatum*. Zum *O. umbellatum* agg. gehören außer *O. angustifolium* (BrutZwiebeln 0–3) u. *O. umbellatum* s. str. (BrutZwiebeln ± 4–5, schon im 1. Jahr LaubBla tragend. 2n = 27; westliche Sippe) noch *O. vulgare* (BrutZwiebeln >20, im 1. Jahr ohne LaubBla. FrKnLeisten abgerundet. 2n = 45, auch 36, 54; in D wohl verbreitet) u. *O. divergens* (BrutZwiebeln ebenso. FrKnLeisten vorstehend, scharfkantig. 2n = 54, 45; kult. u. in By verwildert, sonst?). Die Verbreitung der Sippen in D ist noch wenig erforscht.
87D	**Armenisches Träubel** – *Muscari armeniacum*. Wurde bisher häufig mit **Weinbergs-T.** – *M. neglectum* verwechselt (87C).
91A	**Ästiger Igelkolben** – *Sparganium erectum*. Zur Bestimmung der Unterarten sind reife Fr dargestellt. Links: subsp. *oocarpum*, Mitte: subsp. *erectum*, Rechts: subsp. *neglectum*, nicht dargestellt: subsp. *microcarpum* (FrOberteil kuppelfg, plötzlich in den höchstens 2 mm lg Schnabel verschmälert).
94A	**Schmalblättrige Hainbinse** – *Luzula luzuloides*. Dargestellt ist subsp. *luzuloides*, in D außerdem subsp. *rubella* (PerigonBla rötlich. Kapsel dunkelbraun. Ausläufer kurz).
95AB	**Wald-Hainbinse** – *Luzula sylvatica*. Dargestellt ist subsp. *sylvatica*, in D außerdem subsp. *sieberi* (GrundBla 4–8 mm br, Stg <0,50 hoch BlüStand kurz und locker).
96B	**Ähren-Hainbinse** – *Luzula spicata*. Im Alpenraum zwei Unterarten: subsp. *spicata* u. subsp. *conglomerata*.
103A	**Zwiebel-Binse** – *Juncus bulbosus*. Dargestellt ist subsp. *kochii*, in D außerdem subsp. *bulbosus* (StaubBla 3, Staubbeutel so lg wie die Staubfäden. Innere PerigonBla stumpf).
110CD	Artengruppe **Sparrige Segge** – *Carex muricata* agg. Nicht dargestellt: *C. muricata* s. str. (Ährenstand 2–3 cm lg, Schläuche 3,5–4,5 mm lg, am Rand deutlich geflügelt, Stg oben stark rau).

115D	**Starre Segge** – *Carex bigelowii*.
	Dargestellt ist die europäische subsp. *rigida*.
143A	**Deutsche Haarsimse** – *Trichophorum germanicum*.
	Nicht dargestellt: **Rasen-H.** – *T. cespitosum* [*T. c.* subsp. *cespitosum*]: Oberste BlaScheide gegenüber dem Spreitenansatz mit nur ca. 1 mm tiefer Einkerbung, basale BlaScheiden glänzend. Ährchen 4–6 mm lg, 3–10blütig.
145CD	**Weiche Trespe** – *Bromus hordeaceus*.
	Neben der subsp. *hordeaceus* dargestellt: **Dünen -T.** – *B. h.* subsp. *thominei*. In D noch eine Sippe mit dichter Rispe: subsp. *mediterraneus* (Halme >15 cm lg, aufrecht). Weitere lockerrispige Sippen: subsp. *longipedicellatus*, subsp. *pseudothominei* (vgl. Grundband S. 261–262).
149A	**Wiesen-Schwingel** – *Festuca pratensis*.
	Nicht dargestellt ist der sehr ähnliche **Apenninen-Sch.** – *F. apennina* (Dsp begrannt. GrundBlaScheiden bis zur Mitte geschlossen).
150A	**Kies-Dünnschwingel** – *Festuca lachenalii*.
	Synonym: *Micropyrum tenellum*. Indigene Vorkommen in D ausgestorben, jedoch unbeständig in By auftretend.
150B	**Zierlicher Schwingel** – *Festuca pulchella*.
	Im Alpenraum neben der typischen Unterart (rasenfg, mit lg unterirdischen Ausläufern. GrundBla in der Knospenlage gerollt. Rispe dicht zusammengezogen) noch subsp. *jurana* (lockerhorstig, mit kurzen unterirdischen Ausläufern. GrundBla in der Knospe gefaltet).
151C	**Blaugrüner Schwingel** – *Festuca csikhegyensis*.
	Nicht dargestellt ist der sehr ähnliche **Bleich-Schwingel** – *Festuca pallens*: Pfl deutlich bereift. BlaSpreiten mit (7–)9–11 Nerven, (0,6–)0,75–1,45 mm ⌀, glatt od. selten unter der Spitze schwach rau, Halme meist bogig überhängend.
157C	**Wasser-Schwaden** – *Glyceria maxima*.
	Dargestellt ist subsp. *maxima*. An der Elbe in An u. Bb auch subsp. *micrantha* (kleinere Ährchen mit kürzeren Sp).
164C	**Gewöhnliches Schwingelschilf** – *Scolochloa festucacea*.
	Ährchen u. Dsp U: **Märkisches Sch.** – *S. marchica*.
171A	**Mäuse-Gerste** – *Hordeum murinum*.
	Dargestellt ist subsp. *murinum*. In D außerdem subsp. *leporinum* mit gestieltem Mittelährchen.
186C	**Sand-Federgras** – *Stipa borysthenica*.
	In D zwei Unterarten: subsp. *borysthenica* (Rand der Dsp 3–6 mm unter der Ansatzstelle der Granne kahl od. (var. *marchica*) höchstens mit einigen wenigen Haaren) u. subsp. *germanica* (Rand der Dsp (fast) bis zur Ansatzstelle der Granne durchlaufend behaart).
186D	**Schönes-Federgras** – *Stipa pulcherrima*.
	In D drei Unterarten: subsp. *pulcherrima* (BlaScheiden kahl. Haarreihe auf DspMittelnerv so lg wie benachbarte od. etwas länger), subsp. *palatina* (BlaScheiden kahl, Haarreihe auf DspMittelnerv kürzer als benachbarte) u. subsp. *bavarica* (BlaScheiden dicht bis zerstreut kurzhaarig).
186D	**Zierliches-Federgras** – *Stipa eriocaulis*.
	In D zwei Unterarten: subsp. *lutetiana* (Rand der Dsp unterbrochen behaart od. 3–4 mm unter dem Grannenansatz kahl) u. subsp. *austriaca* (Rand der Dsp bis zum Grannenansatz durchlaufend behaart).
203AB	**Saat-Mohn** – *Papaver dubium*.
	Alle 3 Arten auch zusammengefasst als *P. dubium* agg.
208A	**Mahonie** – *Mahonia aquifolium*.
	Die meisten in D verwilderten Pfl sind vermutlich Hybriden mit *M. repens* und *M. pinnata*.

209A	**Alpen-Sockenblume** – *Epimedium alpinum*.
	In D selten verwildert **Kolchische S.** – *E. pinnatum* (BlüStg blattlos. Blchen 3–5, entfernt gezähnt oder ganzrandig).
209CD	**Einfache Wiesenraute** – *Thalictrum simplex*.
	Nicht dargestellt ist die subsp. *tenuifolium* (Blchen der oberen Bla zu 25–50% ganzrandig). Sie vermittelt zwischen subsp. *galioides* und subsp. *simplex*.
211A	**Gewöhnliche Akelei** – *Aquilegia vulgaris*.
	Auch als *A. vulgaris* agg. zusammengefasst mit *A. atrata*.
213A	**Blauer Eisenhut** – *Aconitum napellus*.
	Auch als *A. napellus* agg. zusammengefasst mit *A. plicatum* sowie *A. tauricum* (PerigonBla kahl, nicht dargestellt).
213C	**Bunter Eisenhut** – *Aconitum variegatum*.
	Auch als *A. variegatum* agg. zusammengefasst mit *A. degenii* und *A. pilipes*.
218D	**Gelbes Windröschen** – *Anemone ranunculoides*.
	In D selten ist Hybride *A. nemorosa* × *A. ranunculoides* = **Hybrid-W.** – *A. ×lipsiensis* 0,10–0,20 ⚄ 4–5 (bleichgelb. StgBla gestielt).
219C	**Alpen-Küchenschelle** – *Pulsatilla alpina*.
	In D wachsen außer der dargestellten subsp. *alba* noch subsp. *apiifolia* mit schwefelgelbem Perigon und subsp. *alpina* mit weißem Perigon und nicht abgewinkelten BlaSpreiten.
222A	**Sichelfrüchtiges Hornköpfchen** – *Ceratocephala falcata*.
	In D selten und unbeständig ist **Geradfrüchtiges H.** – *C. orthoceras* 0,02–0,10 ☉ ① 3–5 (Pfl dünn spinnwebig behaart. Blü 5–10 mm. FrSchnabel fast gerade).
223C	**Reinweißer Wasserhahnenfuß** – *Ranunculus ololeucos*.
	In D kommt nur kultiviert vor: **Dreiteiliger W.** – *R. tripartitus* 0,10–0,40. ☉ 3–5 (KrBla nur 1,5–4,5 mm mit ausgeprägtem gelbem Nagel. StaubBla 5–10).
225C	**Haarblättriger Wasserhahnenfuß** – *Ranunculus trichophyllus*.
	Der **Wurzelnde W.** – *R. confervoides* 0,10–1,00 ⚄ ☉ 7–8 (weiß, Grund gelb) ist bisher nur aus Skandinavien bekannt, aber niederliegende Zwergformen von *R. trichophyllos* werden oft hiermit verwechselt.
225D	**Flutender Wasserhahnenfuß** – *Ranunculus fluitans*.
	Ähnlich ist die sehr variable Hybride *R. fluitans* × *R. circinatus* = **Kalk-W.** – *R. ×redundans* (= *R. pseudofluitans* auct.) *pseudofluitans* 1,00–4,00 ⚄ 5–8 (weiß, Grund gelb. BlüBoden deutlich behaart. TauchBla nur 8–15 mm lg, meist kürzer als die StgGlieder, oft steif).
226D	**Alpen-Hahnenfuß** – *Ranunculus alpestris*.
	In D kommt nur in Berchtesgaden vor: **Séguiers H.** – *R. seguieri* 0,05–0,15 ⚄ 5–7 (Pfl behaart, später verkahlend. KeBla zerstreut behaart, BlüBoden behaart, bei *R. alpestris* BlüBoden kahl).
229C	**Vielblütiger Hahnenfuß** – *Ranunculus polyanthemos* subsp. *polyanthemos*.
	In D kommt auch vor subsp. *polyanthemophyllus* mit längerem, eingerolltem FrSchnabel.
229D	**Hain-Hahnenfuß** – *Ranunculus polyanthemos* subsp. *nemorosus*.
	In D kommen auch vor subsp. *serpens* mit niederliegendem bis aufrechtem Habitus und BlaRosetten in Achseln der StgBla, sowie subsp. *polyanthemoides* mit tief 3schnittigen GrundBla.
230A	**Gold-Hahnenfuß** – *Ranunculus auricomus*.
	Auch mit *R. cassubicus* als *R. auricomus* agg. zusammengefasst. Das gesamte Agg. ist nicht vollständig geklärt und umfasst in D insges. >50 Kleinarten.
231B	**Berg-Hahnenfuß** – *Ranunculus montanus*.
	Auch zusammengefasst als *R. montanus* agg. mit *R. villarsii*, *R. carinthiacus*, *R. breyninus*.

232B	**Bastard-Platane** – *Platanus ×hispanica*.
	Ein selten in D verwildernder Parkbaum ist **Morgenländische Platane** – *P. orientalis*. Bis 40,00 ♄. 4–6 (Bla tief handfg 3–7spaltig. Blü in (2–)3–6 kugligen hängenden Köpfen).
242B	**Kaukasus-Glanzfetthenne** – *Phedimus spurius*.
	In D weitere neophytische Vertreter der Gattung, z. B. **Sibirische G.** – *Ph. hybridus* (Bla wechselständig, KrBla gelb), s. Grundband 22. Aufl.
245D	**Felsen-Fetthenne** – *Sedum rupestre*.
	Zum *S. rupestre* agg. gehören in D auch *S. ochroleucum*, *S. forsterianum*.
249C	**Echte Weinrebe** – *Vitis vinifera*.
	In D auch die **Wilde W.** – *V. gmelinii* mit eingeschlechtlichen Blü.
252D	**Japanischer Blauregen** – *Wisteria floribunda*.
	Ähnlich: **Chinesischer B.** – *Wisteria sinensis*: Pfl linkswindend. Traube dichter u. kürzer (<30 cm). Bla plötzlich zugespitzt. Blü violettblau.
263A	**Kleiner Klee** – *Trifolium dubium*.
	Zum *T. dubium* agg. gehört in D noch *T. micranthum*.
270C	**Gewöhnlicher Hornklee** – *Lotus corniculatus*.
	Zum *L. corniculatus* agg. gehören in D auch *L. alpinus*, *L. tenuis*.
281A	**Saat-Wicke** – *Vicia sativa*.
	Zum *V. sativa* agg. gehören in D auch *V. cordata*, *V. angustifolia*, *V. segetalis*.
281B	**Schmalblättrige Wicke** – *Vicia angustifolia*.
	Ähnlich: **Korn-W.** – *V. segetalis* [*V. angustifolia* subsp. *segetalis*]: Fahne außen grünlich, Ke ¾ so lg wie die Kr.
283B	**Vogel-Wicke** – *Vicia cracca*.
	Zum *V. cracca* agg. gehören in D auch *V. tenuifolia*, *V. dalmatica*.
283D	**Zottel-Wicke** – *Vicia villosa*.
	Zum *V. villosa* agg. gehört in D auch *V. glabrescens*.
285B	**Viersamige Erve** – *Ervum tetraspermum*.
	Zum *E. tetraspermum* agg. gehört in D. auch *E. gracile*
293A	**Gewöhnliches Kreuzblümchen** – *Polygala vulgaris*.
	Nicht dargestellt ist *P. vulgaris* subsp. *collina*: Blü grünweiß od. blassblau, Deck-Bla kürzer als der BlüStiel.
293C	**Bitteres Kreuzblümchen** – *Polygala amara*.
	Zum *P. amara* agg. gehört in D auch *P. amarella*.
315A	**Sherard-Rose** – *Rosa sherardii*.
	Fr unten: *R. sherardii*, Fr oben: **Kratz-R.** – *R. pseudoscabriuscula*: Blü blassrosa, Wuchs lockerer (1,00–3,00).
316C	**Lederblättrige Rose** – *Rosa caesia*.
	Fr L: *R. caesia*, Fr R: **Falsche Hecken-R.** – *R. subcollina*: Blü kräftig rosa od. blassrosa, Wuchs lockerer (1,00–2,00).
316D	**Vogesen-Rose** – *Rosa dumalis*.
	Fr R: *R. dumalis*, Fr L: **Falsche Hunds-R.** – *R. subcanina*: Blü blassrosa od. weiß, Wuchs lockerer (1,00–3,00).
326CD	**Fadenstängel-Frauenmantel** – *Alchemilla filicaulis*.
	Die hier dargestellten Arten sind niedrigwüchsig, die Bla mittelgroß u. rundlappig. BlaOSeite L: grün (*A. subcrenata*). Mitte L: graugrün, NebenBla der GrundBla rosa (*A. filicaulis*). Mitte R: graugrün (*A. monticola*). R: grün (*A. crinita*).
327AB	**Gewöhnlicher Frauenmantel** – *Alchemilla vulgaris*.
	Die hier dargestellten Arten des *A. vulgaris* agg. sind hochwüchsig, die Bla großblättrig u. spitzlappig. BlaOSeite L: grün (*A. glabra*). Mitte L: dunkelgrün, BlaStiel im Ø rot (*A. micans*). Mitte R: hell blaugrün (*A. xanthochlora*). R: grün (*A. vulgaris*).

ERGÄNZUNGEN

327CD **Hoppe-F.** – *A. hoppeana*.
BlaOSeite L: dunkelgrün (*A. alpigena*). Mitte L: dunkelgrün (*A. nitida*). Mitte R: graugrün (*A. hoppeana*). R: graugrün (*A. pallens*).

339C **Krummkelchiger Großkelch-Weißdorn** – *Crataegus rhipidophylla*.
Blü weiß. BlaUSeite heller als OSeite. Fr dunkelrot. Zum *C. rhipidophylla* agg. gehört in D auch *C. lindmanii*.

340A **Verschiedenzähniger Weißdorn** – *Crataegus ×subsphaerica*.
Fr oben: *C. ×subsphaerica* s. str. mit schräg abstehenden od. zurückgebogenen KeBla. Fr unten: *C. ×domicensis* mit aufrechten od. zum Teil aufrechten KeBla.

341B **Echte Felsenbirne** – *Amelanchier ovalis*.
In D vor allem *A. ovalis* subsp. *embergeri*, auch als eigene Art aufgefasst: *A. embergeri*. *A. ovalis* subsp. *ovalis* (diploid) bisher: Alpenraum östlich des Lech.

352f. **Eiche** – *Quercus*
Flaum-E.: BlaOSeite behaart, USeite mit aufrecht verzweigten Büschelhaaren, ohne Sternhaare. Junge Zweige u. Knospen filzig. **Trauben-E.**: BlaOSeite kahl, USeite mit angedrückten Sternhaaren. **Stiel-E.**: BlaOSeite kahl, USeite kahl od. (var. *puberula*) mit Sternhaaren.

363C **Kanten-Hartheu** – *Hypericum maculatum*
Zur Artengruppe gehören auch **Französisches H.** – *H. desetangsii* u. **Stumpfliches H.** – *H. dubium*.

364C **Quirl-Tännel** – *Elatine alsinastrum*.
L: Unterwasserform. M: Übergangsform (aus dem Wasser ragend). R: Landform. Der Stg entspricht dem der anderen *Elatine*-Arten. Vergleiche mit dem Stg des habituell ähnlichen Tannenwedels – *Hippuris vulgaris* s. S. 612.

368A **Hunds-Veilchen** – *Viola canina*.
Zur Artengruppe gehört auch **Berg-V.** – *V. ruppii*. Das **Schultz-V.** – *V. schultzii* ist in D nicht ausreichend verstanden, bei den Merkmalen handelt es sich wohl teilweise um Standortmodifikationen.

376D **Stumpfblättrige Weide** – *Salix retusa*.
Zum *S. retusa* agg. gehört in D auch *S. serpillifolia*.

377B **Alpen-Weide** – *Salix alpina*.
Zum *S. alpina* agg. gehört in D auch *S. breviserrata*.

378B **Kriech-Weide** – *Salix repens*.
Bla oben: subsp. *dunensis*. Unten: subsp. *repens*.

389B **Esels-Wolfsmilch** – *Euphorbia esula*.
Zum *E. esula* agg. gehören in D auch *E. virgata*, *E. saratoi*.

392B **Ausdauernder Lein** – *Linum perenne*.
Zum *L. perenne* agg. gehören in D auch *L. alpinum*, *L. austriacum*, *L. leonii*.

394B **Stinkender Storchschnabel** – *Geranium robertianum*
Auch als *G. robertianum* agg zusammengefasst mit *G. purpureum*.

396AB **Sumpf-Storchschnabel** – *Geranium palustre*.
Ähnlich ist **Knotiger St.**– *G. nodosum*. 0,20–0,50 ♃ 5–9 (lila mit dunkleren Adern, KrBla ausgerandet. Bla 3–5 teilig, ihre Zipfel gezähnt).

398B **Spreizender Storchschnabel** – *Geranium divaricatum*.
Ähnlich ist **Sibirischer St.** – *G. sibiricum* 0,30–0,60 ♃ 7–8 (rosa, BlüStände meist einblütig. Stg mit rückwärts gerichteten Haaren).

399D **Gewöhnlicher Reiherschnabel** – *Erodium cicutarium*.
Auch als *E. cicutarium* agg. zusammengefasst mit **Drüsiger R.** – *E. lebelii*. Ähnlich **Moschus-R.** – *E. moschatum* 0,10–0,50 ① ☉ 5–6 (KrBla 13–15 mm lg, purpurn bis violett. BlaFiedern gestielt, stets weniger als halbwegs bis zur Mittelrippe der Fieder geteilt).

400C **Ysop-Blutweiderich** – *Lythrum hyssopifolia*.
Ähnlich ist **Binsen-B.** – *L. junceum* 0,05–0,60 ☉ ① 7–9 (StaubBla 6 kurze und 6 lange, die KrRöhre überragend. Pfl niederliegend–aufsteigend).

400D	**Gewöhnlicher Blutweiderich** – *Lythrum salicaria*.
	Selten verwildert der **Ruten-B.** – *L. virgatum* 0,30–1,00 ♃ 6–8 (Innere KeZähne so lg wie äußere. Pfl kahl. Bla am Grund verschmälert).
404B	**Berg-Weidenröschen** – *Epilobium montanum*.
	In SW By kommt auch vor: **Durieu-W.** – *E. duriaei* 0,10–0,40 ♃ 7 (Pfl mit bis 15 cm lg, beschuppten unterirdischen Ausläufern. Drüsenhaare der BlaFlächen gekrümmt, dadurch schwer erkennbar).
406C	**Vierkantiges Weidenröschen** – *Epilobium tetragonum*.
	Auch als *E. tetragonum* agg. zusammengefasst mit *E. lamyi*.
409D	**Rote Roßkastanie** – *Aesculus* ×*carnea*.
	In D gelegentlich verwildern **Echte Pavie** – *Ae. pavia* 2,00–6,00 ♄ 5–6 (orangegelb bis rot. Blchen deutlich gestielt. Knospen nicht klebrig) u. **Appalachen-R.** – *Ae. flava* Bis 20,00 ♄ 4–5 (gelb bis gelbgrün. StaubBla auffallend kurz).
414C	**Winter-Linde** – *Tilia cordata*.
	Oft gepflanzt und gelegentlich verwildert die Hybride *T. cordata* × *T. platyphyllos* = **Europäische L.** – *T.* ×*europaea* bis 30,00 ♄ 6–7 (BlaSpreite 6–10 cm lg, in den Nervenwinkeln gelblich- od. weißlichbärtig, BlaStiel 3–5 cm lg).
418A	**Wilde Malve** – *Malva sylvestris*.
	In D als Kulturpflanze und häufig in Blühstreifen gesät wird **Mauretanische M.** – *M. sylvestris* var. *mauritiana* Stg aufrecht 0,90–1,50 (KrBla dunkelpurpurn, weniger ausgerandet. BlaLappen stumpf).
418C	**Weg-Malve** – *Malva neglecta*.
	Auf Ruderalstellen wächst gelegentlich die **Nizza-M.** – *M. nicaeensis* 0,20–0,50(1,00) ⊙ ⊝ 4–7 (weiß bis blassrosa, dunkler gestreift. TeilFr stark runzlig. AußenKeBla verkehrt eifg, ca 2 mm br).
422A	**Garten-Resede** – *Reseda odorata*.
	Selten verwildert **Rapunzel-R.** – *R. phyteuma* 0,10–0,40. ⊙ ⊛ 6–9 (Blü weiß, kaum duftend. Bla spatelfg).
422B	**Gelbe Resede** – *Reseda lutea*.
	Selten verwildert **Weiße R.** – *R. alba* 0,30–0,80. 6–9 (Blü weiß, wohlriechend. Ke u. Kr 5(–6)teilig. Bla tief fiederteilig).
424A	**Gewöhnliches Hirtentäschel** – *Capsella bursa-pastoris*.
	Ähnlich ist **Rötliches H.** – *C. rubella* (aber KrBla 1,5–2,0 mm lg, den Ke nicht überragend, rötlich od. weiß u. am Rand rötlich. FrRänder seitlich konkav).
426C	**Bleicher Schöterich** – *Erysimum crepidifolium*.
	Ähnlich ist **Grauer Sch.** – *E. diffusum* 0,30–1,00 ⊙ 5–7 (hellgelb, BlüStiele 3–6 mm lg, KrBla 6–10 mm lg. Bla alle ganzrandig).
427B	**Ruten-Schöterich** – *Erysimum hieraciifolium*.
	Die Art ist nomenklatorisch problematisch und wird hier als weit gefasstes Taxon verstanden, das auch *E. virgatum* L. inkludiert.
429B	**Japanisches Schaumkraut** – *Cardamine occulta*.
	In D in rascher Einbürgerung begriffen (unbeständig, inbesondere westliche Bundesländer, aber auch Berlin, Sachsen).
431A	**Gewöhnliche Sumpfkresse** – *Rorippa palustris*.
	Ähnlich, aber nur in den Alpen vorkommend und am Grunde verzweigt **Island-S.** – *R. islandica* (0,05–)0,10–0,20(–0,25) ♃ 6–9.
433A	**Echte Winterkresse** – *Barbarea vulgaris*.
	Zum *B. vulgaris* agg. gehört in D auch *B. arcuata* 0,20–0,90 ♃ 5–7 (FrStiele u. Fr bogig aufsteigend. Endzipfel der GrundBla am Grund ± keilig).

438B	**Berg-Steinkraut** – *Alyssum montanum*.	

438B **Berg-Steinkraut** – *Alyssum montanum*.
Gelegentlich verwildert **Mauer-St.** – *A. murale* [*Odontarrhena muralis*] 0,25–0,70 ⚃ 5–6 (KrBla an der Spitze nicht ausgerandet sondern abgerundet. BlüStand schirmförmig).

442CD **Frühlings-Hungerblümchen** – *Draba verna*.
All drei Arten auch als *D. verna* agg. zusammengefasst.

445B **Behaarte Gänsekresse** – *Arabis hirsuta*.
Auch als *A. hirsuta* agg. zusammengefasst mit *A. sagittata* u. *A. nemorensis*.

446C **Alpen-Gänsekresse** – *Arabis alpina*.
Auch als *A. alpina* agg. zusammengefasst mit *A. caucasica*.

448AB **Gemüse-Kohl** – *Brassica oleracea*.
L: **Wild-Kohl** – subsp. *oleracea*. Oben von L nach R: **Kohlrabi** – var. *gongylodes*, **Grünkohl** – var. *sabellica*, **Rosenkohl** – var. *gemmifera*. Unten von L nach R: **Kopfkohl** – var. *capitata*, **Blumenkohl** – var. *botrytis*.

453D **Niedrige Rauke** – *Sisymbrium supinum*.
In Einbürgerung begriffen ist **Gehörnte R.** – *S. polyceratium* (Kr fahlgelb. Fr Stiele 0,5–1,0 mm lg).

460C **Gebräuchliches Löffelkraut** – *Cochlearia officinalis*.
Auch als *C. officinalis* agg. mit *C. pyrenaica*. Die seltene Hybride der beiden Elterntaxa wird als *C.* ×*bavarica* bezeichnet.

465C **Gewöhnlicher Strandflieder** – *Limonium vulgare*.
Auf Helgoland kommt vor **Fels-S.** – *L. binervosum* 0,20–0,50 ⚃ 8–9 (violett. Hauptnerven der Bla am Grund der Spreite entspringend, parallel).

468C **Fluss-Ampfer** – *Rumex hydrolapathum*.
Oft auch ohne Eltern kommt vor die Hybride *R. aquaticus* × *R. hydrolapathum* = **Verschiedenblättriger A.** – *R.* ×*heterophyllus* 1,00–1,50. ⚃ 7–8 (grünlich, äußere PerigonBla horizontal abstehend. Bla am Grunde ungleich, höchstens eine Seite verschmälert).

469B **Krauser Ampfer** – *Rumex crispus*.
Häufig unter den Elternarten ist die Hybride *R. crispus* × *R. obtusifolius* = **Bastard-A.** – *R.* ×*pratensis* 0,60–1,50. ⚃ 5–6 (Meist nur wenige Blü mit Fr, diese meist verkümmert, nur 1 Valve mit deutlicher Schwiele).

473CD **Sachalin-Flügelknöterich** – *Fallopia sachalinensis*.
Ebenfalls häufig und oft auch ohne Eltern kommt vor die Hybride *F. japonica* × *F. sachalinensis* = **Bastard-F.** – *F.* ×*bohemica* 2,50–4,00 ⚃ 8–9 (grünlich. Stg. zumindest teilweise rot gefleckt, wenige oder keine Grubennektarien an Knoten. Bla useits mit 0,5 mm lg. Haaren auf Nerven).

474D **Strand-Vogelknöterich** – *Polygonum oxyspermum*.
Fr braungrün od. hellbraun, Perigon um die Hälfte überragend. Ähnlich **Ray-Vogelknöterich** – *P. raii* 0,10–0,50 lg. ⊙ 7–9 (Fr dunkelbraun bis schwarz, Perigon nur bis zu 1/3 überragend).

476A **Floh-Knöterich** – *Persicaria maculosa*.
Selten verwildert die ZierPfl **Orient-Knöterich** – *P. orientalis* 0,70–2,50 ⚃ 7–10 (rosarot. Pfl sehr groß. Bla eifg, 0,08–0,20 lg, Ochrea mit abstehendem grünem Kragen).

476C **Ampfer-Knöterich** – *Persicaria lapathifolia*.
Bla useits filzig oder mit dtl. Drüsenpunkten. In D kommen vor die subsp. *pallida* (Stg mit 6–14 Knoten, StgGlieder lg), subsp. *leptoclada* (Stg mit 6–14 Knoten, sehr schlank, StGlieder sehr lg †), subsp. *lapathifolia* (Stg mit 14–30 Knoten, aufsteigend, 476C), subsp. *brittingeri* (Stg mit 14–30 Knoten, meist liegend, 476D).
In Einbürgerung begriffen ist **Pennsylvanischer Kn.** – *P. pensylvanica* 0,50–1,50 ⊙ 8–9. (BlüStandsachsen mit gestielten Drüsen. Bla useits nie filzig od. höchstens schwach drüsig).

477C	**Nepalesischer Knöterich** – *Persicaria nepalensis*.
	Selten verwildert die ZierPfl **Köpfchen-Knöterich** – *P. capitata* 0,05–0,15 ♃ 5–9 (rosa. Stg ebenfalls mit kopfigen BlüStänden. Pfl niederliegend, dicht beblättert, an den Knoten wurzelnd)
483A	**Quendel-Sandkraut** – *Arenaria serpyllifolia*.
	Auch als *A. serpyllifolia* agg. zusammengefasst mit *A. leptoclados*.
485B	**Knäuel-Hornkraut** – *Cerastium glomeratum*.
	Kapsel gekrümmt, 7–10 mm lg. Selten verwildert das ähnliche **Gabel-H.** – *C. dichotomum* 0,15–0,30. ① ☉ 4–6 (Kapsel kaum gekrümmt, 10–15 mm lg)
486A	**Dunkles Zwerg-Hornkraut** – *Cerastium pumilum*.
	Auch als *C. pumilum* agg. zusammengefasst mit *C. glutinosum*.
487A	**Quellen-Hornkraut** – *Cerastium fontanum*.
	Auch als *C. fontanum* agg. zusammengefasst mit *C. holosteoides* und *C. lucorum*.
489A	**Hain-Sternmiere** – *Stellaria nemorum*.
	Auch als *St. nemorum* agg. zusammengefasst mit *St. glochidiosperma*.
489D	**Vogel-Sternmiere** – *Stellaria media*.
	Auch als *S. media* agg. zusammengefasst mit *S. neglecta* und *S. pallida*.
490B	**Echte Sternmiere** – *Stellaria holostea*.
	Habituell ähnlich ist die **Blasenmiere** – *Lepyrodiclis holosteoides* 0,30–0,4 ☉ 6–8 (KrBla weiß, flach ausgerandet, außen drüsig, am Grund verwachsen).
495A	**Wimper-Miere** – *Sagina apetala*.
	Auch als *S. apetala* agg. zusammengefasst mit *S. micropetala*.
497A	**Einjähriger Knäuel** – *Scleranthus annuus*.
	Auch als *S. annuus* agg. zusammengefasst mit *S. polycarpos* u. *S. verticillatus*.
512A	**Garten-Fuchsschwanz** – *Amaranthus caudatus*.
	Selten u. unbeständig ist der **Wasserhanf** – *A. tuberculatus* 0,50–2,00(–3,00) ☉ 8–10.
515C	**Trauer Amarant** – *Amaranthus hypochondriacus*.
	Die Art ist leicht zu verwechseln mit dem **Rispigen A.** – *A. cruentus* (Fr an der Spitze meist abgesetzt, verschmälert bis geschnäbelt, dann erst in Griffel übergehend).
516A	**Ausgebreiteter Amarant** – *Amaranthus hybridus*.
	Auch als *A. hybridus* agg. zusammengefasst mit *A. powellii*, *A. hypochondriacus*, *A. cruentus*.
518B	**Langblättrige Melde** – *Atriplex oblongifolia*.
	In Ausbreitung begriffen ist die Hybride *A. oblongifolia* × *A. patula* = **Nordhäuser M.** – *A. ×northusiana*: 0,30–1,20 ☉ 7–9 (grünlich)
519D	**Spießblättrige Melde** – *Atriplex prostrata*.
	Bla L: subsp. *triangularis*. Bla R: subsp. *latifolia*. In D kommen außerdem vor subsp. *prostrata* u. subsp. *deltoidea* (nicht dargestellt).
523B	**Straßen-Gänsefuß** – *Chenopodium urbicum*.
	Ähnlich ist **Sägeblättriger G.** – *Ch. rhombifolium* 0,30–1,00(–1,80) ☉ 7–9 (lg Zweige des BlüStandes unterwärts beblättert, deutlich vom Stg. abgewinkelt. BlaRand mit vielen großen, teils gebogenen spitzen Zähnen, tief u. scharf ausgebissen, teilweise doppelt gezähnt. Grundständige Hauptseitennerven nur bis zur BlaMitte reichend).
525AB	**Weißer Gänsefuß** – *Chenopodium album*.
	Auch als *Ch. album* agg. zusammengefasst mit *Ch. strictum*, *Ch. striatiforme*, *Ch. opulifolium* sowie **Probst-G.** – *Ch. probstii* (nicht dargestellt) 7–10 ☉ 1,50–2,00 (Bla 4–10 cm lg, fleischig, sich früh über gelb bis nach rot verfärbend).
525CD	**Gestreifter Gänsefuß** – *Chenopodium strictum*.
	Durch ebenfalls rot gestreift Stg. ähnlich, aber als Pfl ingesamt zierlicher ist **Kleinblättriger G.** – *Ch. striatiforme* 0,10–0,40(–1,00) ☉ 8–10 (Bla nur 1,0–3,5 cm lg, nicht parallelrandig sondern zur Spitze hin gleichmäßig verjüngt).

ERGÄNZUNGEN

528CD **Gewöhnlicher Queller** – *Salicornia europaea*.
Alle drei Taxa auch zusammenfasst als *S. europaea* agg.

533B **Gekerbte Deutzie** – *Deutzia crenata*.
Oft verwechselt, aber in D selten ist die **Raue D.** – *D. scabra*, bzw. deren Hybriden mit *D. crenata*.

545A **Kleinstes Alpenglöckchen** – *Soldanella minima*.
Zum *S. minima* agg. gehört in D auch das nicht dargestellte **Österreichische A.** – *S. austriaca* (Bla- u. BlüStiele locker drüsenhaarig. BlaSpreite oft mit seichter Bucht).

546B **Rundblättriges Wintergrün** – *Pyrola rotundifolia*.
Dargestellt ist subsp. *rotundifolia*. In D außerdem subsp. *maritima* (Schaft mit 2–5 SchuppenBla. KeZipfel eifg, stumpf).

552B **Moor-Heidelbeere** – *Vaccinium uliginosum*.
Dargestellt ist *V. uliginosum* s. str. In D außerdem **Gebirgs-Rauschbeere** – *V. gaultherioides* (Pfl niederliegend bis aufsteigend, nur 0,05–0,15 m hoch. Bla 6–15 × bis 10 mm. Blü einzeln. BlüStiele 1–3 mm lg).

553A **Gewöhnliche Moosbeere** – *Vaccinium oxycoccus*.
Dargestellt ist *V. oxycoccus* s. str. In D außerdem **Kleinfrüchtige M.** – *V. microcarpum* (BlüStiele kahl, Blü meist einzeln, KrZipfel bis 5,5 mm lg) u. **Hagerup-M.** – *V. hagerupii* (KrZipfel 6,3–7,5 mm lg. Griffel >5,9 mm lg. Beeren 5–9 mm br). Eine sichere Artansprache ist oft nur durch Ermittlung des Ploidiegrades möglich.

559C **Echtes Labkraut** – *Galium verum*.
Dargestellt ist *G. verum* s. str. Ähnlich ist das nicht dargestellte **Wirtgen-L.** – *G. wirtgenii* (BlüStandszweige kürzer als StgGlieder).

560B **Weißes Labkraut** – *Galium album*.
In D mit den Unterarten subsp. *album* u. subsp. *pycnotrichum*. Dargestellt ist *G. album* subsp. *album*.

568A **Böhmischer Kranzenzian** – *Gentianella praecox*.
Die früher als *G. lutescens* geführte, durch frühere Blütezeit (7–8) und breit abgerundete Buchten zwischen den KeZipfeln charakterisierte Osterzgebirgs-Population wird neuerdings in *G. praecox* eingeschlossen.

569D **Strand-Tausendgüldenkraut** – *Centaurium littorale*.
Dargestellt ist subsp. *littorale*. In D außerdem subsp. *compressum* (Pfl dicht kurzhaarig).

573A **Acker-Rindszunge** – *Buglossoides arvensis*.
Dargestellt ist *B. arvensis* s. str. In D außerdem **Dickstielige R.** – *B. incrassata* subsp. *splitgerberi* (FrStiele angeschwollen u. mit der Fr gegen die BlüStandsachse geneigt).

574C **Sumpf-Vergissmeinnicht** – *Myosotis scorpioides*.
Ähnlich **Ostsee-V.** – *M. praecox* (KrSaum fast doppelt so groß. Klausen größer, 2–2,7 mm lg) u. **Hain-V.** – *M. nemorosa* (Stg scharfkantig, im unteren Teil abwärts abstehend behaart).

575D **Acker-Vergissmeinnicht** – *Myosotis arvensis*.
Dargestellt ist subsp. *arvensis*. In D außerdem subsp. *umbrata* (FrKe > 6 mm lg).

578C **Echtes Lungenkraut** – *Pulmonaria officinalis*.
Dargestellt ist *P. officinalis*. In D außerdem **Dunkles L.** – *P. obscura* (Bla ungefleckt. Ke walzig mit abgerundetem Grund).

579A **Weiches Lungenkraut** – *Pulmonaria mollis*.
Dargestellt ist subsp. *mollis*. In D außerdem subsp. *alpigena* (Pfl stärker borstig. Kr leuchtend blauviolett bis blau).

580C **Gewöhnlicher Beinwell** – *Symphytum officinale*.
Dargestellt ist *S. officinale* s. str. (Kr 14–17 mm lg, rotviolett, selten rein weiß od. blass gelblich). In D außerdem **Böhmischer B.** – *S. bohemicum* (Kr 10–13 mm lg, blassgelb od. gelblich weiß).
580D **Futter-Beinwell** – *Symphytum ×uplandicum*.
In D außerdem **Rauer B.** – *S. asperum* (obere Bla nicht herablaufend. Stg mit am Grund stark verdickten Stachelhaaren).
583A **Rainfarn-Phazelie** – *Phacelia tanacetifolia*.
In D außerdem selten verwildert **Klebrige Ph.** – *Ph. viscida* (Kapsel 40–80samig. Bla höchstens gelappt).
584A **Gewöhnliche Zaunwinde** – *Calystegia sepium*.
Dargestellt ist subsp. *sepium* (Blü weiß). In N-D außerdem subsp. *baltica* (Blü rosa, meist weiß gestreift).
584D **Quendel-Seide** – *Cuscuta epithymum*.
Unten R: **Klee-S.** – *C. epithymum* subsp. *trifolii* (Blü 4–5 mm lg, meist deutlich gestielt, zu 12–20(–25) in Knäueln. KeZipfel kürzer als die KrRöhre. Stg weiß od. rötlich).
589B **Schwarzer Nachtschatten** – *Solanum nigrum*.
Dargestellt ist *S. nigrum* s. str. In D außerdem **Täuschender N.** – *S. decipiens* (Pfl oberwärts dicht abstehend drüsig-zottig).
593B **Rot-Esche** – *Fraxinus pennsylvanica*.
In D außerdem selten verwildert **Weiß-E.** – *F. americana* (Fiedern useits weißlichgrün, mit Papillen, 5–13 mm lg gestielt. Junge Zweige meist kahl).
593D **Gewöhnlicher Liguster** – *Ligustrum vulgare*.
In D außerdem selten verwildert **Japanischer L.** – *L. ovalifolium* (KrRöhre etwa 3 mal so lang wie die KrZipfel. Junge Achsen kahl. Bla eifg-elliptisch bis elliptisch-lanzettlich).
594A **Gottes-Gnadenkraut** – *Gratiola officinalis*.
In D außerdem selten **Übersehenes G.** – *G. neglecta* (KrRöhre, Ke, BlüStiele u. Stg drüsig behaart).
594C **Klaffmund** – *Chaenorhinum minus*.
In D außerdem selten verwildert **Dostblättriger K.** – *Ch. origanifolium* (KrBla an Spitze ausgebuchtet. Bla eifg-rundlich).
596B **Ginsterblättriges Leinkraut** – *Linaria genistifolia*.
Dargestellt ist *L. genistifolia*. In D außerdem **Dalmatinisches L.** – *L. dalmatica* (Kr mit Sporn (20–)30–40(–50) mm lg. Bla 9–20(–40) mm br).
597C **Streifen-Leinkraut** – *Linaria repens*.
In D außerdem selten verwildert **Marokkanisches L.** – *L. maroccana* (Pfl ⊙, ohne Ausläufer, im BlüStand etwas drüsig. BlüStiel etwa doppelt so lg wie der Ke).
604A **Liegender Ehrenpreis** – *Veronica prostrata*.
Dargestellt ist *V. prostrata* s. str. In D außerdem **Scheerer-E.** – *V. satureiifolia* (Bla fast nur auf dem Mittelnerv der USeite behaart).
609C **Krähenfuß-Wegerich** – *Plantago coronopus*.
Dargestellt ist subsp. *coronopus*. In D außerdem subsp. *commutata* (KrRöhre abstehend behaart).
612B **Gewöhnlicher Wasserstern** – *Callitriche palustris*.
Dargestellt ist **Haken-W.** – *C. hamulata*. In D kommen innerhalb des *C. palustris* agg. 6 weitere Kleinarten vor, die sich hauptsächlich in Fr- u. BlaForm unterscheiden.
612C **Herbst-Wasserstern** – *Callitriche hermaphroditica*.
Dargestellt ist *C. hermaphroditica*. In W-D außerdem **Gestutzer W.** – *C. truncata* subsp. *occidentalis* (Fr ungeflügelt).

614D	**Motten-Königskerze** – *Verbascum blattaria*. Ähnlich ist die in D selten verwildert auftretende **Ruten-K.** – *V. virgatum* Stokes (Blü kurz gestielt bis fast sitzend, BlüStiel kürzer als Ke).
616B	**Flügel-Braunwurz** – *Scrophularia umbrosa*. Dargestellt ist *S. umbrosa* s. str. In D außerdem **Nees-B.** – *S. neesii* (oberer Teil des Staminodiums mindestens 3mal so br wie lg, am Oberrand schwach od. nicht eingekerbt).
619A	**Ockergelber Wasserschlauch** – *Utricularia ochroleuca*. In D außerdem **Dunkler W.** – *U. stygia* (Endzipfel der WasserBla am Rand mit je (2–)3–6(–7) Wimperzähnchen. Kürzeres Paar der Vierstrahlhaare spitz- bis rechtwinklig).
627C	**Echtes Herzgespann** – *Leonurus cardiaca*. Dargestellt ist subsp. *cardiaca*. In D außerdem subsp. *villosus* (Stg u. Ke abstehend zottig).
630B	**Gewöhnliche Betonie** – *Betonica officinalis*. In D außerdem die selten verwilderte **Großblütige B.** – *B. grandiflora* (Kr 25–40 mm lg. GrundBla eifg).
630D	**Schwarznessel** – *Ballota nigra*. Dargestellt ist subsp. *nigra*. In D außerdem subsp. *meridionalis* (KeZähne nur 1–3 mm lg).
632D	**Wiesen-Salbei** – *Salvia pratensis*. Ähnlich ist der nicht dargestellte **Ruten-S.** – *S. virgata* (BlüStand rispenfg verzweigt, drüsenlos).
633C	**Ufer-Wolfstrapp** – *Lycopus europaeus*. Dargestellt ist subsp. *europaeus*. In SO-By außerdem subsp. *mollis* (Stg dicht kraushaarig-wollig).
634C	**Quirl-Minze** – *Mentha* ×*verticillata*. Dargestellt ist *M.* ×*verticillata*. Zur Hybridgruppe **Quirl-M.** – *M.* ×*verticillata* agg. gehören in D 4 weitere hybridogene Arten.
635AB	**Pfeffer-Minze** – *Mentha* ×*piperita*. Dargestellt ist *M.* ×*piperita*. Zum *M.* ×*piperita* agg. in D auch **Gebüsch-M.** – *M.* ×*dumetorum* (Bla länglich-eifg bis elliptisch, spitz) u. **Liebliche M.** – *M.* ×*suavis* (Bla br eifg, am Grund herzfg, wollig behaart, Haare z. T. verzweigt).
636C	**Arznei-Thymian** – *Thymus pulegioides*. Zum *T. pulegioides* agg. gehören in D neben 3 weiteren subsp. von *T. pulegioides* noch der **Hochgebirgs-Th.** – *T. alpestris* (Kriechtriebe vegetativ endend).
637A	**Frühblühender Thymian** – *Thymus praecox*. Dargestellt ist subsp. *praecox*. In D außerdem subsp. *polytrichus* (nur 2 StgSeiten behaart) u. subsp. *clivorum* (Bla 10–15 mm lg, Kriechsprosse lg).
637C	**Gewöhnlicher Dost** – *Origanum vulgare*. Dargestellt ist subsp. *vulgare*. In D außerdem subsp. *megastachyum* (BlüStand locker, verlängert).
639B	**Kleinblütige Bergminze** – *Calamintha nepeta*. Ähnlich ist die nicht dargestellte **Österreichische B.** – *C. foliosa* (Kr 12–15 mm lg, Zymen ihr TragBla kaum überragend).
641D	**Großblütige Katzenminze** – *Nepeta grandiflora*. In D außerdem **Trauben-K.** – *N. racemosa* u. **Hybrid-K.** – *N.* ×*faassenii* (beide mit kürzerem Ke und Kr, Ke mit langen, weichen Haaren).
644D	**Violetter Blauwürger** – *Phelipanche purpurea*. In D außerdem **Böhmischer B.** – *Ph. bohemica* (BlüStand sehr kompakt. Narbe u. Staubbeutel gelblichweiß, Staubbeutel völlig kahl).

648B **Elsässer Sommerwurz** – *Orobanche alsatica*.
Außer subsp. *alsatica* (648B) u. subsp. *libanotidis* (648C) in SW-D subsp. *mayeri* (frische Pfl gelb. Griffel fast kahl, KeSegmente vorn meist nicht verwachsen. Ausschließlich auf *Laserpitium latifolium* parasitierend).

650A **Roter Zahntrost** – *Odontites vernus*.
Dargestellt ist **Acker-Z.** – *O. vernus* s. str. Zum *O. vernus* agg. in D außerdem **Roter Z.** – *O. vulgaris* (Stg vom Grund an verzweigt) u. **Salz-Z.** – *O. litoralis* (BlaSpitze abgerundet).

650D **Gewöhnlicher Augentrost** – *Euphrasia officinalis*.
Dargestellt ist *E. officinalis* subsp. *pratensis*. In D kommen aus der Verwandtschaft des *E. officinalis* außerdem die folgenden, hier nicht dargestellten Sippen vor: *Euphrasia officinalis* subsp. *monticola* (Pfl wenig verzweigt, erste Blü am 2.–6. Knoten) u. *E. picta* (DeckBla mit stumpfen od. zugespitzten Zähnen mit konvexem Innenrand).

651B **Zottiger Augentrost** – *Euphrasia hirtella*.
In D außerdem **Alpen-A.** – *E. minima* (DeckBla mit herzfg Grund. Stg einfach bis wenigästig, StgBla kurz gestielt. Pfl nie drüsenhaarig. Blü weiß, gelb od. violett) u. **Skandinavischer A.** – *E. frigida* (DeckBla mit herzfg Grund. Stg einfach bis wenigästig, StgBla sitzend. Pfl nie drüsenhaarig. Blü weiß od. violett).

653C **Sumpf-Läusekraut** – *Pedicularis palustris*.
Dargestellt ist subsp. *palustris*. In NO-D außerdem subsp. *opsiantha* (Kr 15 mm lg).

658A **Schuppenwurz** – *Lathraea squamaria*.
Dargestellt ist subsp. *squamaria*. In D außerdem subsp. *tatrica* (Griffel in der Mitte behaart).

659A **Gewöhnlicher Wassernabel** – *Hydrocotyle vulgaris*.
In D außerdem selten verwildert **Großer W.** – *H. ranunculoides* (BlaSpreite (25–)40–100(–180) mm Ø, bis auf 50% des Radius geteilt).

659B **Große Sterndolde** – *Astrantia major*.
Dargestellt ist *major*. In S-D außerdem subsp. *involucrata* (HüllBla bis doppelt so lg wie die Dolde, oft purpurn überlaufen).

662D **Wiesen-Kerbel** – *Anthriscus sylvestris*.
Dargestellt ist subsp. *sylvestris* (Blütezeit 5–6). In SW-D auch subsp. *stenophyllus* (Endabschnitte der Fiedern mit rechteckigen bis trapezfg Buchten. Blütezeit 7–8).

664B **Gewöhnlicher Klettenkerbel** – *Torilis japonica*.
Ähnlich ist der nicht dargestellte **Ukrainische K.** – *T. ucranica* (äußere KrBla der RandBlü deutlich vergrößert. Griffel (3–)4–6mal so lg wie das Griffelpolster).

665B **Acker-Haftdolde** – *Caucalis platycarpos*.
Dargestellt ist subsp. *platycarpos*. In D außerdem subsp. *muricata* (Fr nur mit kurzen Stacheln).

665D **Gewöhnliche Möhre** – *Daucus carota*.
Dargestellt ist die **Wilde M.** – *D. carota* subsp. *carota*. In D als KulturPfl ferner die **Garten-M.** – *D. carota* subsp. *sativus* (Wurzel rübenfg verdickt).

666C **Stängelumfassende Gelbdolde** – *Smyrnium perfoliatum*.
In D außerdem **Gespenst-G.** – *S. olusatrum* (obere Bla geteilt, mit aufgeblasenen BlaScheiden. Stg ungeflügelt).

673D **Große Pimpinelle** – *Pimpinella major*.
Dargestellt ist subsp. *major*. In S-D außerdem subsp. *rubra* (KrBla dunkelrosa).

675C **Berg-Sesel** – *Seseli montanum*.
In D außerdem **Meergrüner S.** – *S. osseum* (BlaStiel der unteren Bla oseits gewölbt. Doldenstrahlen fast stielrund, kahl. Fr flaumig od. kahl).

ERGÄNZUNGEN

676C **Fluss-Pferdesaat** – *Oenanthe fluviatilis*.
In D außerdem die nicht dargestellte **Schierling-Pf.** – *Oe. conioides* (Stg aufrecht. UnterwasserBla meist fehlend. Fr 4–4,5(–6) mm lg).

677A **Wiesen-Pferdesaat** – *Oenanthe lachenalii*.
In N-D außerdem selten verwildert **Safran-Pf.** – *Oe. crocata* (Zipfel der mittleren StgBla eifg od. keilfg. Dolde (6–)12–40strahlig. KrBla ausgerandet).

680D **Wilde Engelwurz** – *Angelica sylvestris*.
Dargestellt ist subsp. *sylvestris*. In D außerdem subsp. *bernardiae* (BlaAbschnitte länglich-lanzettlich bis lanzettlich).

691C **Acker-Witwenblume** – *Knautia arvensis*.
Dargestellt ist *K. arvensis* s. str. Zum *K. arvensis* agg. gehören in D ferner die nicht dargestellte **Serpentin-W.** – *K. serpentinicola* (Pfl niedrigwüchsig. Stg meist unverzweigt. StgBla 4–12 cm lg, 1,5–7 cm br) u. die **Gelbe W.** – *K. kitaibelii* (Kr gelblichweiß. StgBla meist ungeteilt).

692A **Wald-Witwenblume** – *Knautia maxima*.
In D ferner die ähnliche **Zierliche W.** – *K. gracilis* (Kopfstiele drüsenlos. Stg u. Bla kahl werdend. Obere StgBla mit verschmälertem Grund sitzend).

694CD **Arznei-Baldrian** – *Valeriana officinalis*.
Dargestellt ist **Kriech-B.** – *V. excelsa*. In D gehören zum *V. officinalis* agg. ferner **Arznei-B.** – *V. officinalis* u. **Wiesen-B.** – *V. pratensis*.

702C **Rundblättrige Glockenblume** – *Campanula rotundifolia*.
In S-D außerdem die ähnliche **Edle G.** – *C. gentilis* (StgBla im unteren Drittel des Stg gehäuft, linealisch bis schmal lanzettlich. Stg wenig- od. 1blütig).

705C **Ährige Teufelskralle** – *Phyteuma spicatum*.
Ähnlich ist die nicht dargestellte **Unechte T.** – *Ph. ×adulterinum* (Kr hell- bis blassblau od. schwärzlich- bis schmutzig braungrün. Narben bräunlich bis blau. GrundBlaSpreite 1,5–2mal so lg wie br).

708B **Steife Golddistel** – *Carlina biebersteinii*.
Dargestellt ist subsp. *biebersteinii*. In D auch subsp. *brevibracteata* (obere StgBla von den mittleren verschieden, jederseits mit 3–5 Dornlappen).

708D **Drüsenlose Kugeldistel** – *Echinops exaltatus*.
Einzelnes HüllBl oben Mitte: Banater Kugeldistel – *Echinops bannaticus* (Blü graublau. Bla oseits zerstreut drüsenhaarig u. locker spinnwebig).

709A **Nickende Distel** – *Carduus nutans*.
Dargestellt ist die verbreitete subsp. *nutans*. In D 2–3 weitere subsp., ungenügend erforscht.

709D **Krause Distel** – *Carduus crispus*.
Dargestellt ist subsp. *crispus*. In W-D auch subsp. *multiflorus* (StgBla mit 6–8 Lappen-Paaren).

710B **Acker-Kratzdistel** – *Cirsium arvense*.
Variabel: Bla useits kahl bis weißfilzig, fein- bis derbdornig.

717D **Wiesen-Flockenblume** – *Centaurea jacea* agg.
Dargestellt ist subsp. *jacea* u. subsp. *angustifolia*. In W-D auch subsp. *microptilon* (RandBlü nicht strahlend), subsp. *decipiens* (Bla graugrün, schmal) u. subsp. *timbalii* (Bla lg u. weich behaart, schmal); Wert der 3 letzteren umstritten, wohl Hybriden *C. jacea* × *C. nigra* od. ×*C. nigrescens*.

718A **Skabiosen-Flockenblume** – *Centaurea scabiosa*.
Dargestellt ist subsp. *scabiosa*. In S-D auch subsp. *alpestris* (Hülle schwarz. Stg 1–3köpfig).

718C **Gefleckte Flockenblume** – *Centaurea stoebe*.
Dargestellt ist subsp. *stoebe*. In W- u. M-D auch subsp. *australis* (Hülle 5–8 mm Ø).

720B **Gewöhnlicher Rainkohl** – *Lapsana communis*.
Dargestellt ist subsp. *communis*. In D auch subsp. *intermedia* (Blü goldgelb. Kopf 3 cm Ø).

721 f.	**Kuhblume** – *Taraxacum*
	Dargestellt sind die häufigsten in D vertretenden Sektionen und Artengruppen mit typischen Vertretern. *Taraxacum* umfasst in D >400 Kleinarten, was ca. 30% der realen Artenzahl entspricht (s. UHLEMANN 2016 im Kritischen Ergänzungsband der Rothmaler-Flora).
737D	**Stängelumfassendes Habichtskraut** – *Hieracium amplexicaule*
	Dargestellt ist subsp. *berardianum*
745C	**Reichblütiges Mausohrhabichtskraut** – *Pilosella floribunda*.
	Bla blaugrün.
751A	**Steifhaariger Löwenzahn** – *Leontodon hispidus*.
	Dargestellt ist subsp. *hispidus*. In S-D auch subsp. *dubius* u. subsp. *hyoseroides*.
756D	**Spatelblättriges Aschenkraut** – *Tephroseris helenitis*.
	Dargestellt ist subsp. *helenitis*. In S-D auch subsp. *salisburgensis* (Fr kahl. Bla entfernt gezähnt od. ganzrandig).
759A	**Fuchssches Greiskraut** – *Senecio ovatus*.
	Dargestellt ist subsp. *ovatus*. In S-D auch subsp. *alpestris* (ZungenBlü 2–3(–4), RöhrenBlü 3–8(–10)).
761C	**Gewöhnliches Greiskraut** – *Senecio vulgaris*.
	Dargestellt ist subsp. *vulgaris*. In NW-D auch (?) subsp. *denticulatus* (mit ZungenBlü).
761D	**Sumpf-Greiskraut** – *Jacobaea paludosa*.
	Dargestellt ist subsp. *paludosa*. In D auch subsp. *angustifolius* (Bla nur 7–12 mm br. Fr kahl).
762B	**Raukenblättriges Greiskraut** – *Jacobaea erucifolia*.
	Dargestellt ist subsp. *erucifolius*. In D auch subsp. *arenarius* (Bla anfangs auch oseits filzig. BlaBuchten spitz) u. subsp. *tenuifolius* (BlaAbschnitte <2 mm br).
763C	**Jakobs-Greiskraut** – *Jacobaea vulgaris*.
	Dargestellt ist subsp. *jacobaea*. In NW-D auch subsp. *dunensis* (ZungenBlü fehlen, Pfl spinnwebig behaart).
772B	**Kanadische Goldrute** – *Solidago canadensis*.
	In D außerdem selten verwildert **Hohe G.** – *S. altissima* (obere StgBla fein gesägt bis ganzrandig. Pappushaare 2–3 mm lg).
772C	**Gewöhnliche Goldrute** – *Solidago virgaurea*.
	Dargestellt ist subsp. *virgaurea*. Im Gebirge auch subsp. *minuta* (Köpfe 15–20 mm Ø. BlüStand meist unverzweigt).
774D	**Feinstrahl-Berufkraut** – *Erigeron annuus*.
	Ähnlich: **Philadelphia-B.** – *E. philadelphicus* (ZungenBlü tief rosa. StgBla halb stängelumfassend).
775A	**Scharfes Berufkraut** – *Erigeron acris*.
	Außer *E. acris* s. str. u. *E. muralis* in D **Großblättriges B.** – *E. droebachiensis* (Stg kahl od. spärlich behaart. Hülle kahl. Untere StgBla 15–20 mm br) und nur in S-D **Kantiges B.** – *E. angulosus* (Stg kahl od. spärlich behaart. Hülle zerstreut behaart. Untere StgBla 5–10 mm br).
781A	**Feld-Beifuß** – *Artemisia campestris*.
	Dargestellt ist subsp. *campestris*. In D auch subsp. *lednicensis* (silbern seidigfilzig) u. in NO-D subsp. *inodora* (BlüStandsÄste nickend. BlaZipfel >1 mm br).
784A	Artengruppe **Gewöhnliche Schafgarbe** – *Achillea millefolium* agg.
	Rechts unten: **Hügel-Sch.** – *A. collina* (BlaAusschnitt. Pfl in der unteren StgHälfte mit Seitenzweigen. GrundBla u. mittlere StgBla schmal). Zum *A. millefolium* agg. gehören in D auch **Wiesen-Sch.** – *A. pratensis* (ZungenBlü weiß bis dunkelrosa. BlaSpindel geflügelt. StgØ rund, <3 mm) u. **Blassrote Sch.** – *A. roseoalba* (ZungenBlü hell- bis dunkelrosa. BlaSpindel nicht geflügelt. Stg kantig, <3 mm Ø).

787C	**Falsche Strandkamille** – *Tripleurospermum inodorum.*
	Untere Fr R: **Echte S.** – *T. maritimum.*
789A	**Wiesen-Margerite** – *Leucanthemum ircutianum.*
	StgBla R: **Fiederöhrchen-M.** – *L. vulgare.*
795C	**Topinambur** – *Helianthus tuberosus.*
	In D an ähnlichen Arten ferner die nicht dargestellte **Wenigblütige Sonnenblume** – *H. pauciflorus* (RöhrenBlü rot bis braun. HüllBla eifg) u. **Blühfreudige S.** – *H. ×laetiflorus* (BlaSpreiten br eilanzettlich, auch useits rau. Köpfe >20 cm gestielt).
797C	**Elbe-Spitzklette** – *Xanthium albinum.*
	Dargestellt ist subsp. *albinum.* In D auch subsp. *riparium* (BlaSpreite am Grund keilfg. Nur wenige Hülldornen hakig). Fr oben: **Zucker-Sp.** – *X. saccharatum.*

Literaturverzeichnis

Aus Platzgründen können nur die wichtigsten als Quellen benutzten Werke aufgeführt werden.

Aichele, D., Schwegler, H.-W.: Die Blütenpflanzen Mitteleuropas, Bd. 1–5. Franckh-Kosmos, Stuttgart 1994–1996.

Arbeitsgruppe Characeen Deutschlands: Armleuchteralgen. Springer Spektrum, Heidelberg 2016.

Clapham, A.R., Tutin, T.G., Warburg, E.F.: Flora of the British Isles. Illustrations by S.J. Roles, Vol. 1–4. Cambridge University Press, Cambridge 1957–1965.

Clement, E.J., Smith, D.P.J., Thirlwell, I.R.: Illustrations of alien plants of the British Isles. Botanical Society of the British Isles, London 2005.

Cullen, J., Knees, S.G., Cubey, H.S.: The European Garden Flora. Bd. 1–5. 2. Aufl. Cambridge University Press, Cambridge 2011.

Dressler, S., Gregor, T., Hellwig, F.H., Korsch, H., Wesche, K., Wesenberg, J. & Ritz, C.M.: Bestimmungskritische Taxa der deutschen Flora. Herbarium Senckenbergianum Frankfurt/Main, Görlitz & Herbarium Haussknecht Jena. [online] https://bestikri.senckenberg.de. 2015ff .

Eggenberg, S., Möhl, A.: Flora Vegetativa. Ein Bestimmungsbuch für Pflanzen der Schweiz im blütenlosen Zustand. 4. Aufl. Haupt Verlag, Bern 2020.

Fischer, M.A., Oswald, K., Adler, W.: Exkursionsflora für Österreich, Liechtenstein und Südtirol. 3. Aufl. Land Oberösterreich. Biologiezentrum der OÖ Landesmuseen, Linz 2008.

Flora SSSR, Bd. 1–30. Akademiia Nauk SSSR, Moskva, Leningrad 1934–1964.

Fryer, J., Hylmö, B.: Cotoneasters – A comprehensive guide to shrubs for flowers, fruit and foliage. Timber Press, London 2009.

Haeupler, H., Muer, T.: Bildatlas der Farn- und Blütenpflanzen Deutschlands. 2. Aufl. Eugen Ulmer, Stuttgart 2007.

Hand, R., Thieme, M. & Mitarbeiter: Florenliste von Deutschland (Gefäßpflanzen), begründet von Karl Peter Buttler, Version 14, 2024. https://florenliste-deutschland.de/

Hassler, M., Muer, T. Flora Germanica – Alle Farn- und Blütenpflanzen in Text und Bild. Verlag Regionalkultur, Ubstadt-Weiher 2022.

Hegi, G.: Illustrierte Flora von Mittel-Europa, Bd. 1–7,1.–3. Aufl. Paul Parey, Weissdorn-Verlag, München 1939–1974, Berlin 1975–2006, Jena 2007ff.

Hejný, S., Slavík, B. (Eds.): Květena České socialistické republiky (ab Bd. 2: Květena České republiky, Bd. 4–6: Slavík, B. (Ed.); Bd. 7: Slavík, B., Štěpánková, J. (Eds.), Bd. 8: Štěpánková, J., Chrtek, J., Kaplan, Z. (Eds.), Praha, Academia, Bd. 1–8. Praha 1988ff.

Hess, H.E., Landolt, E., Hirzel, R.: Flora der Schweiz und angrenzender Gebiete, Bd. 1–3. Birkhäuser, Stuttgart 1967–1980.

Hess, H.E., Landolt, E., Hirzel, R., Baltisberger, M.: Bestimmungsschlüssel zur Flora der Schweiz und angrenzender Gebiete. 6. Aufl. Springer, Basel 2010.

Jäger, E.J. & Kadereit, J.W. (2021) Die Ranunculaceae der Flora von Zentraleuropa. Online publiziert von der GEFD. https://www.flora-deutschlands.de/ranunculaceae.html

Jonsell, B.: Flora Nordica Bd. 1–3, Swedish Royal Academy of Sciences, 6. Stockholm 2000–2011.

Kaplan, Z., Danihelka, J., Chrtek, J. jun., Kirschner, J., Kubát, K., Štech, M. & Štěpánek, J. (Eds.): Klíč ke květeně České republiky. 2. Aufl. Praha Academia, Praha 2019.

Kirchner, O., Loew, E., Schroeter, C.: Lebensgeschichte der Blütenpflanzen Mitteleuropas, Bd. 1–4. Eugen Ulmer, Stuttgart 1908–1942.

Klapp, E.: Taschenbuch der Gräser, 14. Aufl. Eugen Ulmer, Stuttgart 2013.

Lauber, K., Wagner, G., Gygax, A.: Flora Helvetica. 7. Aufl. Haupt Verlag, Bern 2024.

Meierott, L. Flora der Haßberge und des Grabfelds. Neue Flora von Schweinfurt. 2 Bde., IHW-Verlag, Eching 2008.

Meyer, T.: Flora-de: Flora von Deutschland. https://www.blumeninschwaben.de/

Page, C.N.: The Ferns of Britain and Ireland. 2. Aufl. Cambridge University Press, Cambridge 1997.

Parolly, G. & Rohwer, J.G.: Schmeil - Fitschen. Die Flora Deutschlands und der angrenzenden Länder. 98. Aufl. Quelle & Meyer Verlag, Wiebelsheim, 2024.

POWO 2025. Plants of the World Online. Facilitated by the Royal Botanic Gardens, Kew. https://powo.science.kew.org/.
Pignatti, S.: Flora d'Italia, Bd. 1–3. Edagricole , Bologna 1982.
Rasbach, K., Rasbach, H., Wilmanns, O.: Die Farnpflanzen Zentraleuropas. Elsevier, Stuttgart 1976.
Richards, A.J.: Field Handbook to British and Irish Dandelions. BSBI Handbook 23. 2021.
Schmidt, P.A. & Schulz, B.: Fitschen Gehölzflora. 14. Aufl. Quelle & Meyer Verlag, Wiebelsheim, 2023.
Schou, J.C., Moeslund, B., Båstrup-Spohr, L., Sand-Jensen, K. Danmarks vandplanter. BFN's Forlag, Thisted 2017
Sell, P., Murrell, G.: Flora of Great Britain and Ireland. Bd. 3–5. Cambridge University Press, Cambridge 1996–2009.
Sebald, O., Seybold, S., Philippi, G.: Die Farn- und Blütenpflanzen Baden-Württembergs. Bd. 1–8. 2. Aufl. Eugen Ulmer, Stuttgart 1993–1998.
Stace, C.: New Flora of the British Isles. 4. Aufl. Cambridge University Press, Cambridge 2019.
The Angiosperm Phylogeny Group: An update of the Angiosperm Phylogeny Group classification for the orders and families of flowering plants: APG IV. Botanical Journal of the Linnean Society 181: 1–20, 2016.
Thommen, E., Becherer, A., Antonietti, A.: Taschenatlas der Schweizer Flora. 7. Aufl. Birkhäuser, Stuttgart 1993.
Tison, J.M. & de Foucault, B.: Flora Gallica. Biotope Èditions, Mèze 2014.
Tutin, T.G., Burges, N.A., Chater, A.O., Edmondson, J.R., Heywood, V.H., Moore, D.M., Valentine, D.H., Walters, S.M., Webb, D.A.: Flora Europaea. Bd. 2–5. Cambridge 1964-1993. Bd. 1. 2. Aufl. Cambridge University Press, Cambridge 1993.
van de Weyer, K., Schmidt, C.: Bestimmungsschlüssel für die aquatischen Makrophyten (Gefäßpflanzen, Armleuchteralgen und Moose) in Deutschland. Bd. 1–2. Fachbeiträge des LUGV 119–120, Potsdam 2011.
Weymar, H.: Buch der Farne, Radebeul 1960; Buch der Gräser und Binsengewächse, Radebeul 1953; Buch der Rosengewächse, Radebeul 1973; Buch der Schmetterlingsblütler, Radebeul 1966; Buch der Doldengewächse, Radebeul 1959; Buch der Lippenblütler und Rauhblattgewächse, Radebeul 1966; Buch der Korbblütler, Radebeul 1966.
Wesenberg, J., Dressler, S., Gebauer, P., Gregor, T., Ritz, C.M., Wesche, K. Zizka, G.: Virtuelles Herbarium der Flora von Deutschland. Herbarium Senckenbergianum Frankfurt/Main, Görlitz. [online] https://virtherbard.senckenberg.de, 2023ff.
Wiegleb, G.: Die Neubearbeitung der Familie Potamogetonaceae und der Sektion *Batrachium* (*Ranunculus*, Ranunculaceae). Schlechtendalia 35: 47-63, 2019.

Außerdem zahlreiche Spezialschlüssel für einzelne Gruppen, vor allem in

Berichte der Bayerischen Botanischen Gesellschaft, München, Bd. 1 (1891)ff.
Berichte des Geobotanischen Instituts der ETH, Stiftung Rübel, Zürich, Bd. 1 (1924)–61 (1995), = Bulletin of the Geobotanic Institute ETH Bd. 62 (1996)–69 (2003).
Botanischer Rundbrief für Mecklenburg-Vorpommern, Neubrandenburg, Bd. 1 (1969)ff.
Göttinger Floristische Rundbriefe, Göttingen, Bd. 1 (1967)–20 (1986), = Floristische Rundbriefe, Bd. 21 (1987)ff.
Hoppea – Denkschriften der Regensburgischen Botanischen Gesellschaft, Regensburg, Bd 1 (1815)ff.
Informationen zur floristischen Kartierung in Thüringen, Jena, Bd. 1 (1991)ff.
Kieler Notizen zur Pflanzenkunde in Schleswig-Holstein, Kiel, Bd. 1 (1971) – Bd. 12 (1980), = Kieler Notizen zur Pflanzenkunde, Bd. 13 (1981)ff.
Kochia, Berlin, Bd. 1 (2006)ff.
Mitteilungen zur Floristischen Kartierung in Sachsen-Anhalt, Halle/Saale, Bd. 1 (1996)ff.
Sächsische Floristische Mitteilungen, Leipzig, Bd 1 (1990)ff.
Verhandlungen des Botanischen Vereins von Berlin und Brandenburg, Berlin, Bd 1 (1859)ff.

Register der wissenschaftlichen und deutschen Pflanzennamen

Familien und Gattungen; bei Gattungen mit mehr als 20 Arten sind die Artnamen gesondert geführt, bei kleineren Gattungen nur die Synonyme. Seitenzahlen in [ ] verweisen bei Synonymen auf die im Buch akzeptierten Namen.

Abies 27, 802
Abutilon 415
Acer 410ff.
Aceras anthropophorum [→ Orchis a. 67D]
Acetosa pratensis [→ Rumex acetosa 470B]
Achillea 782ff., 816
Achnatherum 187
Acinos 639
Ackerfrauenmantel 328
Ackerkohl 453
Ackerlöwenmaul 594
Ackerröte 553
Aconitum 212ff., 805
– vulparia [→ A. lycoctonum 212D]
Aconogonon polystachyum [→ Koenigia polystachya 474A]
Acoraceae 37
Acorus 37
Acroptilon repens [→ Rhaponticum r. 716A]
Actaea 217
Adenophora 698
Adenostyles 764
– glabra [→ A. alpina 764D]
Adlerfarn 13, 801
Adlerfarngewächse 13
Adonis 211f.
Adonisröschen 211f.
Adoxa 687
Adoxaceae 685ff.
Aegopodium 674
Aesculus 409, 808
Aethionema 422
Aethusa 677
Affodillgewächse 78
Agrimonia 310
Agropyron [→ Elymus]
– caninum [→ Elymus caninus 169A]
– elongatum [→ Elymus obtusiflorus 168D]
– intermedium [→ Elymus hispidus subsp. hispidus 168B]
– junceum [→ Elymus junceiformis 167C]

– littorale [→ Elymus athericus 168A]
– pycnanthum [→ Elymus athericus 168A]
– repens [→ Elymus r. 167D]
Agrostemma 510
Agrostis 173ff.
– agrostiflora [→ A. schraderiana 175C]
– alba [→ A. stolonifera 173B]
– coarctata [→ A. vinealis 174D]
– spica-venti [→ Apera s.-v. 172C]
– stricta [→ A. vinealis 174D]
– tenuis [→ A. capillaris 174C]
– vulgaris [→ A. capillaris 174C]
Ahorn 410ff.
Ährenhafer 181
Ailanthus 413
Aira 180
Ajuga 621f.
Akelei 211, 805
Alant 790ff.
Alcea 415
Alchemilla 326ff., 806
Aldrovanda 478
Algenfarn 12
Alisma 44
– arcuatum [→ A. gramineum 44A]
– loeselii [→ A. gramineum 44A]
– natans [→ Luronium n. 43B]
– parnassiifolium [→ Caldesia p. 44D]
– ranunculoides [→ Baldellia r. 43C]
Alismataceae 43ff.
Allermannsharnisch 79
Alliaria 456
Allium 79ff., 803
– acutangulum [→ A. angulosum 80A]
– cirrhosum [→ A. carinatum subsp. pulchellum 81D]
– fallax [→ A. lusitanicum 80B]
– lineare [→ A. strictum 80C]

– montanum [→ A. lusitanicum 80B]
– pulchellum [→ A. carinatum subsp. p. 81C]
– scorodoprasum subsp. rotundum [→ A. rot. 82C]
– senescens [→ A. lusitanicum 80B]
Alnus 356
– viridis [→ A. alnobetula 356AB]
Alopecurus 189f.
– utriculatus [→ A. rendlei 190C]
– ventricosus [→ A. arundinaceus subsp. exserens 189B]
Alpendost 764
Alpenglöckchen 545, 811
Alpenhelm 649
Alpenlattich 757
Alpenmargerite 788
Alpenmaßliebchen 770
Alpenrachen 657
Alpenrose 549
Alpenscharte 715
Alpenveilchen 539
Althaea 416
Alyssum 438, 809
– saxatile [→ Aurinia saxatilis 438C]
Amarant 512ff., 810
Amaranthaceae 510ff.
Amaranthus 512ff., 810
– sylvestris [→ A. graecizans subsp. s. 512C]
Amaryllidaceae 79ff.
Amaryllisgewächse 79ff.
Ambrosia 796
Ambrosie 796
Amelanchier 341f., 807
Ammi 671
Ammocalamagrostis baltica [→ ×Calammophila b. 172B]
Ammophila 172
Amorpha 251
Ampfer 465ff., 809
Anacamptis
– coriophora [→ Orchis c. 68B]
– morio [→ Orchis m. 68A]
– palustris [→ Orchis p. 70B]

Anacardiaceae 408
Anagallis 537 f.
Anaphalis 764
Anarrhinum 596
Anchusa 581 f.
Andorn 631
Andromeda 551
Andropogon ischaemum [→ *Bothriochloa i.* 197B]
Androsace 539 ff.
Anemonastrum narcissiflorum [→ *Anemone narcissiflora* 218A]
Anemone 218 f., 802
Anethum 678
Angelica 680 f., 815
Anis 672
Anisantha sterilis [→ *Bromus st.* 144A]
- *tectorum* [→ *Bromus t.* 144D]
Antennaria 767
Anthemis 785 f.
- *austriaca* [→ *Cota a.* 785B]
- *tinctoria* [→ *Cota t.* 785A]
Anthericum 90
Anthoxanthum puelii [→ *A. aristatum* 191D]
Anthriscus 662 f., 814
Anthyllis 269
Antirrhinum 594
Apera 172
Apfel 336
Apfelbeere 336
Aphanes 328
Apiaceae 659 ff.
Apium 670
- *inundatum* [→ *Helosciadium i.* 670B]
- *nodiflorum* [→ *Helosciadium n.* 670D]
- *repens* [→ *Helosciadium r.* 670C]
Apocynaceae 570 f.
Aposeris 748
Aprikose 333
Aquifoliaceae 658
Aquilegia 211, 805
Arabidopsis 424 f.
Arabis 444 ff., 809
- *brassica* [→ *Fourraea alpina* 462B]
- *glabra* [→ *Turritis g.* 444A]
- *pauciflora* [→ *Fourraea alpina* 462B]
- *pumila* [→ *A. bellidifolia* 444D]
- *turrita* [→ *Pseudoturritis t.* 447A]
Araceae 38 ff.
Araliaceae 658
Araliengewächse 658

Arctium 713 f.
Arctostaphylos 548
Arctous alpina [→ *Arctostaphylos a.* 548B]
Aremonia 311
Aremonie 311
Arenaria 483, 810
Aristavena setacea [→ *Deschampsia s.* 182A]
Aristolochia 37
Aristolochiaceae 37
Armeniaca vulgaris [→ *Prunus armeniaca* 333D]
Armeria 465
Armleuchteralge 1, 801
Armleuchteralgen 1 f.
Armoracia 432
Arnica 798
Arnika 798
Arnoseris 748
Aronia 336
Aronstab 38
Aronstabgewächse 38 ff.
Arrhenatherum 181
Artemisia 778 ff., 816
Arum 38
- *alpinum* [→ *A. cylindraceum* 38D]
- *orientale* [→ *A. cylindraceum* 38D]
Aruncus 331
- *sylvestris* [→ *A. dioicus* 331B]
Asarina 595
Asarine 595
Asarum 37
Aschenkraut 757 f.
Asclepias 571
Asparagaceae 89 f.
Asparagus 89
Asperugo 576
Asperula 554 f.
- *glauca* [→ *Galium glaucum* 555D]
- *odorata* [→ *Galium odoratum* 555C]
Asphodelaceae 78
Aspleniaceae 16 ff.
Asplenium 16 ff., 801
Aster 769 f.
- ×*salignus* [→ *Symphyotrichum* ×*salignum* 773D]
- ×*versicolor* [→ *Symphyotrichum* ×*v.* 773C]
- *laevis* [→ *Symphyotrichum laeve* 773B]
- *lanceolatus* [→ *Symphyotrichum lanceolatum* 774B]
- *linosyris* [→ *Galatella l.* 771A]
- *novae-angliae* [→ *Symphyotrichum n.-a.* 772D]

- *novi-belgii* [→ *Symphyotrichum n.-b.* 773A]
- *parviflorus* [→ *Symphyotrichum parviflorum* 774A]
- *tripolium* [→ *Tripolium pannonicum* 770D]
Aster 769 f.
Asteraceae 707 ff.
Astragalus 273 ff.
Astrantia 659, 814
Athamantha 678
Athyriaceae 21
Athyrium 21
- *alpestre* [→ *A. distentifolium* 21D]
Atocion 503
Atriplex 517 ff., 810
- *nitens* [→ *A. sagittata* 517B]
- *sabulosa* [→ *A. laciniata* 520B]
Atropa 587
Aubrieta 443
Aucuba 553
Augentrost 650 f., 814
Augenwurz 678
Aukube 553
Aurikel 543
Aurinia 438
Avena 178
Avenastrum pratense [→ *Helictotrichon p.* 178D]
Avenella flexuosa [→ *Deschampsia f.* 182B]
Avenochloa pratensis [→ *Helictotrichon pratense* 178D]
- *pubescens* [→ *Helictotrichon p.* 179C]
- *versicolor* [→ *Helictotrichon v.* 179A]
Avenula pratensis [→ *Helictotrichon pratense* 178D]
- *pubescens* [→ *Helictotrichon p.* 179C]
- *versicolor* [→ *Helictotrichon v.* 179A]
Azolla 12

Backenklee 269 f.
Baeothryon alpinum [→ *Trichophorum a.* 143B]
Baldellia 43
Baldingera arundinacea [→ *Phalaris a.* 191B]
Baldrian 694 ff., 815
Ballota 630, 813
Balsaminaceae 534 f.
Balsaminengewächse 534 f.
Barbarea 433, 808
Bärenklau 683 f.
Bärentraube 548

Register der wissenschaftlichen und deutschen Pflanzennamen 823

Bärlapp 3ff.
Bärlappgewächse 3ff.
Bartgras 197
Bartsia 649
Bärwurz 679
Basilienkraut 643
Bassia 527
– *hirsuta* [→ *Spirobassia h.* 527B]
Bastardindigo 251
Bastardsenf 449
Bastardstrandhafer 172
Batrachium spp. [→ *Ranunculus p. p.* 223ff.]
Bauernsenf 458
Baumleuchteralge 2, 801
Baumwürgergewächse 360
Becherkätzchengewächse 553
Beifuß 778ff., 816
Beilwicke 271
Beinbrech 53
Beinbrechgewächse 53
Beinwell 580f., 812
Bellardia 652
Bellidiastrum michelii [→ *Aster bellidiastrum* 770B]
Bellis 770
Benediktenkraut 719
Berberidaceae 208f.
Berberis 208
Berberitze 208
Berberitzengewächse 208f.
Bergfarn 21
Berghähnlein 218
Bergknöterich 474
Bergmiere 492
Bergminze 639, 813
Berle 674
Berteroa 440
Berufkraut 774ff., 816
Berula 674
Besenginster 255f.
Besenrauke 453
Beta 517
Betonica 630, 813
Betonie 630, 813
Betula 355
Betulaceae 354ff.
Bidens 793f.
Bifora 666
Bignoniaceae 617
Bilsenkraut 588
Bingelkraut 390
Binse
– Alpen- 104
– Baltische 99
– Blaugrüne 98
– Dreiblatt-Berg- 93
– Dreiblütige 102
– Einblütige-Berg- 93

– Faden- 99
– Flatter- 98
– Frosch- 101
– Glieder- 104
– Jacquin- 98
– Kleinste 102
– Knäuel- 99
– Kopf- 101
– Kröten- 102
– Kugelfrucht- 101
– Moor- 102
– Salz- 100
– Sand- 101
– Schwarzblütige 103
– Schwertblättrige 100
– Sparrige 99
– Spitzblütige 104
– Strand- 98
– Stumpfblütige 103
– Zarte 100
– Zusammengedrückte 100
– Zweischneidige 104
– Zwerg- 103
– Zwiebel- 103, 803
Binsengewächse 93ff.
Biota orientalis [→ *Platycladus o.* 33A]
Birke 355
Birkengewächse 354ff.
Birne 335
Birngrün 547
Biscutella 439
Bistorta 475
Bittereschengewächse 413
Bitterkraut 751
Bitterling 569
Blackstonia 569
Blasenbinse 53
Blasenbinsengewächse 53
Blasenesche 409
Blasenfarn 14f., 801
Blasenfarngewäche 13f.
Blasenkirsche 587f.
Blasenspiere 329
Blasenstrauch 252
Blauglockenbaumgewächse 644
Blaugras 166
Blaukissen 443
Blauregen 252, 806
Blaustern 85
Blauweiderich 607
Blauwürger 644, 813
Blechnaceae 20
Blechnum 20
Bleiwurzgewächse 465
Blitum 516
Blutauge 319
Blutweiderich 400, 807f.
Blutweiderichgewächse 400
Blutwurz 321

Blysmus 136
Bocksbart 752
Bocksdorn 586
Bockshornklee 258
Bohne 291
Bohnenkraut 638
Bolboschoenus 135
Boraginaceae 571ff.
Borago 581
Borretsch 581
Borretschgewächse 571ff.
Borstenhirse 198f.
Borstgras 193
Bothriochloa 197
Botrychium 10f.
Brachsenkraut 6
Brachsenkrautgewächse 6
Brachypodium 147
Brandkraut 628
Brandschopf 511
Brassica 447f., 809
Brassicaceae 422ff.
Braunelle 640
Braunwurz 615f., 813
Braunwurzgewächse 613ff.
Breitsame 665
Brennessel 349f.
Brennnesselgewächse 349ff.
Brillenschötchen 439
Briza 167
Brombeere 297ff.
– Allegheny- 298
– Angenehme 302
– Armenische 300
– Bereifte Haselblatt- 307
– Bewimperte Haselblatt- 309
– Bleiche 305
– Breitstachlige 302
– Büschelblütige 309
– Dornige 299
– Dunkle 298
– Eingeschnittene 297
– Falten- 298
– Feindliche 304
– Feingesägte Haselblatt- 307
– Filz- 304
– Friedliche Haselblatt- 308
– Gefurchte 298
– Geradachsige Haselblatt- 307
– Gewöhnliche 303
– Gotische Haselblatt- 309
– Grabowski- 301
– Großblättrige 301
– Günther- 307
– Haarstänglige 302
– Hain- 302
– Hainbuchenblättrige 301

- Hain-Haselblatt- 308
- Koehler- 306
- Krummnadlige Haselblatt- 308
- Lappenzähnige Haselblatt- 308
- Mittelgebirgs- 300
- Mittelmeer- 300
- Pyramiden- 303
- Raspel- 305
- Raue 305
- Rundstänglige 306
- Samt- 303
- Samtblättrige 304
- Scharfe 305
- Schleicher- 306
- Schlitzblättrige 303
- Schmiedeberger Haselblatt- 310
- Sorbische 299
- Sparrige 299
- Sprengel- 304
- Träufelspitzen- 306
- Üppige 299
- Wald- 301
- Weiche Haselblatt- 310
- Wildere Haselblatt- 309
- Zweifarbige 300

Bromopsis benekenii [→ *Bromus b.* 143D]
- *erecta* [→ *Bromus erectus* 144B]
- *inermis* [→ *Bromus i.* 144A]
- *ramosa* [→ *Bromus ramosus* 143C]

Bromus 143 ff., 804
- *serotinus* [→ *B. ramosus* 143C]

Bruchkraut 482
Brunnenkresse 434
Brunnera 582
Bryonia 358
Buche 351
Buchenfarn 20
Buchengewächse 351 ff.
Buchsbaum 232
Buchsbaumgewächse 232
Büchsenkraut 617
Büchsenkrautgewächse 617
Buchweizen 477 f.
Buddleja 616
Buglossoides 573, 811
Bunias 459
Bunium 672
Buphthalmum 790
Bupleurum 667 f.
- *gerardii* [→ *B. virgatum* 667C]

Butomaceae 45
Butomus 45
Buxaceae 232
Buxus 232

Cakile 452
Calamagrostis 175 ff.
- *pseudopurpurea* [→ *C. rivalis* 176B]
- *tenella* [→ *Agrostis schraderiana* 175C]

Calamintha 639, 813
- *sylvatica* [→ *C. menthifolia* 639A]

Calammophila 172
Caldesia 44
Calendula 765
Calepina 456
Calepine 456
Calla 38
Callistephus 771
Callitriche 612, 812
Calluna 550
Caltha 217
Calycocorsus stipitatus [→ *Willemetia stipitata* 721C]
Calystegia 583 f., 812
Camelina 423
Campanula 699 ff., 815
Campanulaceae 698 ff.
Cannabaceae 347 f.
Cannabis 348
Caprifoliaceae 687 ff.
Capsella 424, 808
Caragana 252
Cardamine 427 ff., 808
Cardaminopsis arenosa [→ *Arabidopsis a.* 424D]
- *halleri* [→ *Arabidopsis h.* 425A]
- *petraea* [→ *Arabidopsis p.* 425B]

Cardaria draba [→ *Lepidium d.* 434D]
Carduus 709 f.
Carex 105 ff.
- *acuta* 116
- *acutiformis* 126
- *alba* 122
- *appropinquata* 112
- *aquatilis* 116
- *arenaria* 109
- *atherodes* 121
- *atrata* 118
- *baldensis* 110
- *bigelowii* 115, 803
- *binervis* 130
- *bohemica* 110
- *brachystachys* 128
- *brizoides* 108
- *brizoides* subsp. *intermedia* [→ *C. praecox* subsp. *i.* 109D]
- *brunnescens* 113
- *buekii* 115
- *buxbaumii* 117
- *canescens* 113
- *capillaris* 123
- *capitata* 106
- *caryophyllea* 120
- *cespitosa* 115
- *chabertii* [→ *C. leersii* 110CD]
- *chordorrhiza* 108
- *contigua* [→ *C. spicata* 110CD]
- *crawfordii* 112
- *cuprina* [→ *C. otrubae* 111C]
- *curta* [→ *C. canescens* 113B]
- *curvata* [→ *C. praecox* subsp. *intermedia* 109D]
- *davalliana* 106
- *demissa* 131
- *depauperata* 129
- *diandra* 111
- *digitata* 120
- *dioca* 106
- *distans* 129
- *disticha* 108
- *echinata* 114
- *elata* 115
- *elongata* 114
- *ericetorum* 119
- *extensa* 131
- *ferruginea* 128
- *firma* 128
- *flacca* 124
- *flava* 130
- *frigida* 127
- *fritschii* 119
- *fuliginosa* 117
- *fusca* [→ *C. nigra* 116B]
- *glauca* [→ *C. flacca* 124C]
- *goodenowii* [→ *C. nigra* 116B]
- *gracilis* [→ *C. acuta* 116C]
- *guestphalica* [→ *C. polyphylla* 110CD]
- *halleriana* 123
- *hartmaniorum* 117
- *heleonastes* 113
- *hirta* 121
- *hordeistichos* 125
- *hostiana* 129
- *humilis* 120
- *laevigata* 127
- *lasiocarpa* 123
- *leporina* 112
- *ligerica* 108
- *limosa* 124
- *liparocarpos* 118
- *loliacea* 113
- *magellanica* 124
- *melanostachya* 126
- *michelii* 130
- *microglochin* 107
- *montana* 119
- *mucronata* 114
- *muricata* 110, 803

- muricata agg. [→ *C. pairae, C. divulsa, C. spicata, C. leersii* 110CD]
- myosuroides 105
- nigra 116
- nutans [→ *C. melanostachya* 126B]
- obtusata 107
- ornithopoda 121
- ornithopodioides 121
- otrubae 111
- ovalis [→ *C. leporina* 112C]
- pallescens 123
- panicea 124
- paniculata 112
- parviflora 117
- pauciflora 107
- paupercula [→ *C. magellanica* 124B]
- pendula 122
- pilosa 122
- pilulifera 118
- polyphylla [→ *C. leersii* 110CD]
- polyrrhiza [→ *C. umbrosa* 120B]
- praecox [→ *C. caryophyllea* 120A]
- praecox subsp. *intermedia* 109
- praecox subsp. *praecox* 109
- pseudobrizoides 109
- pseudocyperus 127
- pulicaris 107
- punctata 129
- remota 114
- riparia 126
- rostrata 125
- rupestris 106
- schreberi [→ *C. praecox* subsp. *praecox* 109C]
- secalina 125
- sempervirens 128
- serotina [→ *C. viridula* 131B]
- simpliciuscula 105
- stellulata [→ *C. echinata* 114B]
- strigosa 122
- supina 118
- sylvatica 127
- tomentosa 119
- trinervis 116
- tumidicarpa [→ *C. demissa* 131C]
- umbrosa 120
- vaginata 126
- vesicaria 125
- viridula 131
- vulgaris [→ *C. nigra* 116B]
- vulpina 111
- vulpinoidea 111

Carlina 707 f.
Carpesium 792
Carpinus 354
Carthamus 714
Carum 671 f.
Caryophyllaceae 479 ff.
Castanea 351
Catabrosa 163
Catalpa 617
Catapodium 156
Caucalis 665, 814
Caulinia flexilis [→ *Najas f.* 42D]
- minor [→ *Najas m.* 42C]
Celastraceae 360
Celosia 511
Celtis 348
Cenchrus racemosus [→ *Tragus r.* 196C]
Centaurea 716 ff.
- cyanus [→ *Cyanus segetum* 720A]
- montana [→ *Cyanus montanus* 719C]
- triumfettii [→ *Cyanus t.* 719D]
Centaurium 569 f., 811
Centranthus 698
Centunculus minimus [→ *Anagallis minima* 538C]
Cephalanthera 59
Cerastium 485 ff., 810
- cerastioides [→ *Dichodon c.* 483C]
- dubium [→ *Dichodon viscidum* 483D]
- macrocarpum [→ *C. lucorum* 486D]
- pallens [→ *C. glutinosum* 486B]
- viscosum [→ *C. glomeratum* 485B]
Cerasus mahaleb [→ *Prunus m.* 332D]
- avium [→ *Prunus a.* 332C]
- fruticosa [→ *Prunus f.* 333A]
- vulgaris [→ *Prunus cerasus* 333B]
Ceratocapnos 205
Ceratocephala 222, 805
Ceratochloa carinata [→ *Bromus carinatus* 146D]
Ceratophyllaceae 200
Ceratophyllum 200
Cerinthe 571 f.
- glabra [→ *C. alpina* 572A]
Cervaria 683
Ceterach officinarum [→ *Asplenium ceterach* 16B]
Chaenomeles 335
Chaenorhinum 594, 812
Chaerophyllum 661 f.
Chamaecyparis 33

Chamaesyce
- humifusa [→ *Euphorbia h.* 383B]
- maculata [→ *Euphorbia m.* 384A]
- nutans [→ *Euphorbia n.* 384B]
- prostrata [→ *Euphorbia p.* 383D]
- serpens [→ *Euphorbia s.* 383C]
Chamomilla suaveolens [→ *Matricaria discoidea* 788A]
Chamorchis 67
Chara 1, 801
Characeae 1 f.
Cheiranthus cheiri [→ *Erysimum ch.* 425C]
Chelidonium 200
Chenopodiaceae 516 ff.
Chenopodium 521 ff., 810
- ambrosioides [→ *Dysphania a.* 526A]
- bonus-henricus [→ *Blitum b.-h.* 516B]
- botryodes [→ *Ch. chenopodioides* 523A]
- botrys [→ *Dysphania b.* 526C]
- capitatum [→ *Blitum c.* 516D]
- foliosum [→ *Blitum virgatum* 516C]
- pumilio [→ *Dysphania p.* 526B]
- schraderianum [→ *Dysphania schraderiana* 526D]
- viride [→ *Ch. suecicum* 524D]
Cherleria 492
- sedoides [→ *Minuartia s.* 492B]
Chimaphila 547
Chlorocrepis staticifolia [→ *Tolpis st.* 737AB]
Chlorocyperus badius [→ *Cyperus longus* subsp. *b.* 140B]
- esculentus [→ *Cyperus e.* 141A]
- longus [→ *Cyperus l.* subsp. *l.* 140A]
Chondrilla 721
Chorispora 461
Christophskraut 217
Christrose 216
Chrysosplenium 240
Cicendia 568
Cicerbita 733
Cichorium 720
Cicuta 669
Circaea 401
Cirsium 710 ff.
- helenioides [→ *C. heterophyllum* 712B]

Cistaceae 420f.
Cistrosengewächse 420f.
Citrullus 358
Cladium 131
Claytonia 530
Clematis 221f.
Clinopodium 638
Cnicus benedictus [→ *Centaurea benedicta* 719B]
Cnidium dubium [→ *Selinum d.* 679C]
Cnidium silaifolium [→ *Selinum s.* 679D]
Cochlearia 460, 807
Coeloglossum 64
Coincya 453
- *cheiranthos* [→ *C. monensis* subsp. *ch.* 453A]
Colchicaceae 54
Colchicum 54
Coleanthus 193
Collomia 536
Colutea 252
Comarum 319
Comastoma 568
Conium 666
Conopodium 672
Conringia 453
Consolida regalis [→ *Delphinium consolida* 215A]
Convallaria 90
Convolvulaceae 583ff.
Convolvulus 583
Conyza [→ *Erigeron*]
- *albida* [→ *Erigeron sumatrensis* 777C]
Corallorhiza 73
Coreopsis 795
Coriandrum 666
Corispermum 528
Cornaceae 531f.
Cornus 531
Coronilla 272
- *emerus* [→ *Hippocrepis e.* 273AB]
- *varia* [→ *Securigera v.* 271CD]
Coronopus didymus [→ *Lepidium didymum* 435A]
- *squamatus* [→ *Lepidium coronopus* 435B]
Corrigiola 481
Cortusa matthioli [→ *Primula m.* 544AB]
Corydalis 204
- *alba* [→ *Pseudofumaria a.* 205B]
- *claviculata* [→ *Ceratocapnos c.* 205C]
- *lutea* [→ *Pseudofumaria l.* 205A]

Corylus 357
Corynephorus 181
Cota 785
Cotinus 408
Cotoneaster 342ff.
- *lucidus* [→ *C. acutifolius* 344D]
Cotula 777
Crambe 452
Crassula 247f.
Crassulaceae 241ff.
Crataegus 339ff., 807
Crepis 728ff.
- *bocconi* [→ *C. pontana* 731C]
- *taraxacifolia* [→ *C. vesicaria* subsp. *taraxacifolia* 728D]
Crithmum 676
Crocus 73f.
Cruciata 562
Cryptogramma 13
Cucubalus baccifer [→ *Silene baccifera* 505B]
Cucumis 359
Cucurbita 358f.
Cucurbitaceae 357ff.
Cupressaceae 32ff.
Cuscuta 584ff., 812
- *australis* [→ *C. scandens* 585C]
Cuviera europaea [→ *Hordelymus europaeus* 171C]
Cyanus 719f.
Cyclamen 539
Cydonia 334
Cymbalaria 595
Cynanchum vincetoxicum [→ *Vincetoxicum hirundinaria* 571A]
Cynodon 197
Cynoglossum 578
Cynosurus 164
Cyperaceae 105ff.
Cyperus 139ff.
Cypripedium 59
Cystopteridaceae 13ff.
Cystopteris 14f., 801
Cytisus 255ff.

Dactylis 163
Dactylorhiza 70ff.
- *majalis* subsp. *praetermissa* [→ *D. praetermissa* 71C]
- *majalis* subsp. *sphagnicola* [→ *D. sphagnicola* 71D]
- *viridis* [→ *Coeloglossum viride* 64C]
Danthonia 185
Daphne 419
Dasiphora 319
Datura 591f.

Daucus 665, 814
Delphinium 214f.
Dennstaedtiaceae 13
Dentaria bulbifera [→ *Cardamine b.* 430B]
- *enneaphyllos* [→ *Cardamine e.* 430A]
- *heptaphyllos* [→ *Cardamine h.* 430D]
- *pentaphyllos* [→ *Cardamine p.* 430C]
Deschampsia 182f.
- *rhenana* [→ *D. littoralis* 183A]
Descurainia 453
Deutzia 533, 810
Deutzie 533
Dianthus 500ff.
- *seguieri* [→ *D. sylvaticus* 502D]
Dicentra spectabilis [→ *Lamprocapnos sp.* 203D]
Dichanthium ischaemum [→ *Bothriochloa i.* 197B]
Dichodon 484
Dichoropetalum 682
Dichostylis micheliana [→ *Cyperus michelianus* 139C]
Dickblatt 247
Dickblattgewächse 241ff.
Dickmännchen 232
Dictamnus 413
Digitalis 597f.
Digitaria 197f.
Dill 678
Dingel 61
Dioscorea 55
Dioscoreaceae 55
Diphasiastrum 4f., 801
Diplotaxis 449
Dipsacus 690f.
Diptam 413
Distel 709f.
Dittrichia 790
Doldengewächse 659ff.
Donarsbart [→ Fransenhauswurz 243]
Doppelsame 449
Doronicum 754f.
Dorycnium
- *germanicum* [→ *Lotus g.* 269C]
- *herbaceum* [→ *Lotus he.* 269D]
- *hirsutum* [→ *Lotus hi.* 270A]
Dost 637, 813
Dotterblume 217
Douglasie 28
Draba 440ff., 809
- *carinthiaca* [→ *D. siliquosa* 441D]
Drachenkopf 642

Drachenmaul 640
Dracocephalum 642
Drehmelde 527
Dreizack 46
Dreizackgewächse 46
Dreizahn 185
Drosera 478
- *longifolia* [→ *D. anglica* 479A]
Droraceae 478f.
Drüsengänsefuß 526
Dryas 294
Drymocallis 319
Drymochloa sylvatica [→ *Festuca altissima* 149D]
Dryopteridaceae 22ff.
Dryopteris 22ff., 801f.
- *abbreviata* [→ *D. oreades* 23C]
- *assimilis* [→ *D. expansa* 24AB]
- *austriaca* [→ *D. dilatata* 24AB, 24C]
- *linnaeana* [→ *Gymnocarpium dryopteris* 13D]
- *oreopteris* [→ *Oreopteris limbosperma* 21A]
- *phegopteris* [→ *Phegopteris connectilis* 20D]
- *rigida* [→ *D. villarii* 23D]
- *spinulosa* [→ *D. carthusiana* 24D]
Duchesnea indica [→ *Potentilla i.* 320D]
Dünnfarn 11, 801
Dünnschwanz 169
Dünnschwingel 150, 804
Duwock [→ 7C]
Dysphania 526

Eberesche 338
Eberraute 778
Echinochloa 196ff.
Echinocystis 357
Echinops 708
Echium 573
Edelraute 782
Edelweiß 767
Efeu 658
Egeria 41
Ehrenpreis 598ff., 812
- Acker- 603
- Alpen- 600
- Bach- 606
- Berg- 605
- Blauer Wasser- 606
- Dillenius- 601
- Dreilappen- 602
- Echter 605
- Efeu- 602
- Faden- 603

- Feld- 600
- Felsen- 600
- Finger- 601
- Fremder 601
- Früher 599
- Frühlings- 601
- Gamander- 605
- Gänseblümchen- 599
- Glanz- 603
- Glanzloser 603
- Großer 605
- Halbstrauch- 600
- Hecken- 602
- Jacquin- 604
- Kölme- 599
- Liegender 604, 812
- Nacktstiel- 598
- Nesselblatt- 608
- Österreichischer 604
- Persischer 602
- Quendel- 599
- Roter Wasser- 606
- Schild- 608
- Schlamm- 606
- Schmalblättriger 604
Eibe 35
Eibengewächse 35
Eibisch 416
Eiche 352f., 807
Eichenfarn 13
Einbeere 54
Einblatt 72
Eisenhut 212ff., 805
Eisenkraut 619
Eisenkrautgewächse 619
Elaeagnaceae 345
Elaeagnus 345
Elatinaceae 364f.
Elatine 364f., 807
Eleocharis 137f., 806
Eleogiton fluitans [→ *Isolepis f.* 139B]
Elisma natans [→ *Luronium n.* 43B]
Elodea 41
- *densa* [→ *Egeria d.* 41C]
Elsbeere 337
Elsholtzia 631
Elymus 167ff.
Elymus arenarius [→ *Leymus a.* 171D]
- *europaeus* [→ *Hordelymus eu.* 171C]
- *repens* subsp. *arenosus* [→ *E. arenosus* 168C]
Elyna myosuroides [→ *Carex m.* 105C]
Elytrigia [→ *Elymus*]
- *arenosa* [→ *Elymus arenosus* 168C]

- *atherica* [→ *Elymus athericus* 168A]
- *canina* [→ *Elymus caninus* 169A]
- *elongata* [→ *Elymus obtusiflorus* 168D]
- *intermedia* [→ *Elymus hispidus* subsp. *hispidus* 168B]
- *junceiformis* [→ *Elymus j.* 167C]
- *obtusiflora* [→ *Elymus obtusiflorus* 168D]
- *repens* [→ *Elymus r.* 167D]
Emerus major [→ *Hippocrepis emerus* 273AB]
Empetrum 550
Endivie 720
Endymion non-scriptus [→ *Hyacinthoides non-scripta* 88D]
Engelsüß [→ 26B]
Engelwurz 680f., 815
Enzian 562ff.
Enziangewächse 562ff.
Epilobium 402ff., 808
- *adenocaulon* [→ *E. ciliatum* subsp. *a.* 406B]
Epimedium 209, 805
Epipactis 60f.
- *atropurpurea* [→ *E. atrorubens* 61A]
- *latifolia* [→ *E. helleborine* 60A]
- *rubiginosa* [→ *E. atrorubens* 61A]
- *violacea* [→ *E. purpurata* 60D]
Epipogium 63
Equisetaceae 6ff.
Equisetum 6ff., 801
Eragrostis 194f.
- *megastachya* [→ *E. cilianensis* 194B]
Eranthis 216
Erbse 286
Erbsenstrauch 252
Erdbeere 318
Erdbeerspinat 516
Erdkastanie 672
Erdmandel 141
Erdrauch 205ff.
Erechtites 764
Erica 551
Ericaceae 546ff.
Erigeron 774ff., 816
- *E. acris* subsp. *serotinus* [→ *E. muralis* 775B]
- *gaudinii* [→ *E. schleicheri* 775C]
Eriophorum 141f.
- *alpinum* [→ *Trichophorum a.* 143B]

- *polystachion* [→ *E. angustifolium, E. latifolium* 142A, 142B]
Erle 356
Erodium 399f., 807
Erophila verna s.l. [→ *Draba* v. s.l. 442CD]
Eruca 451
Erucastrum 450
Erve 285, 806
Ervilia 284f.
Ervilie 284f.
Ervum 285, 806
Eryngium 660f.
Erysimum 425ff., 808
- *virgatum* [→ 427B]
Erythraea [→ *Centaurium*]
Esche 592f., 812
Eschscholzia 200
Eseldistel 714
Esparsette 277f.
Essigbaum 408
Estragon 778
Euclidium 459
Euonymus 360
Eupatorium 799
Euphorbia 383ff.
- *amygdaloides* 387
- *angulata* 386
- *brittingeri* [→ *E. verrucosa* 387A]
- *cyparissias* 389
- *dulcis* 386
- *epithymoides* 386
- *esula* 389, 807
- *exigua* 388
- *falcata* 388
- *helioscopia* 385
- *humifusa* 383
- *illirica* 385
- *lathyris* 384
- *lucida* 388
- *maculata* 384
- *marginata* 384
- *myrsinites* 385
- *nutans* 384
- *palustris* 386
- *peplus* 390
- *platyphyllos* 387
- *polychroma* [→ *E. epithymoides* 386B]
- *prostrata* 383
- *pseudovirgata* [→ *E. saratoi* 389D]
- *salicifolia* 388
- *saratoi* 389
- *seguieriana* 385
- *serpens* 383
- *stricta* 387
- *verrucosa* 387
- *villosa* [→ *E. illirica* 385C]

- *virgata* 389
- *virgultosa* [→ *E. saratoi* 389D]
- *waldsteinii* [→ *E. virgata* 389C]
Euphorbiaceae 383ff.
Euphrasia 650f., 814
Euthamnia 771

Fabaceae 250ff.
Facchinia 492
Fagaceae 351ff.
Fagopyrum 477f.
Fagus 351
Falcaria 671
Fallopia 472f., 809
- *aubertii* [→ *F. baldschuanica* 472D]
Faltenlilie 57
Färberröte 553
Faserschirm 669
Faulbaum 346
Federblume 716
Federgras 186
Federschwingel 155
Feigenbaum 348
Felsenbirne 341f., 807
Felsenblümchen 440ff.
Felsenleimkraut 503
Felsenmiere 492
Felsennelke 503
Felsensteinkraut 438
Fenchel 678
Ferkelkraut 748f.
Festuca 149ff.
- *airoides* 152
- *alpina* 150
- *altissima* 149
- *amethystina* 151
- *arundinacea* 149
- *brevipila* 152
- *csikhegyensis* 151, 804
- *filiformis* 151
- *gigantea* 149
- *glaucina* [→ *F. csikhegyensis* 151D]
- *heterophylla* 154
- *lachenalii* 150, 804
- *melanopsis* [→ *F. nigricans* 154D]
- *nigricans* 154
- *norica* 154
- *ovina* 152
- *pallens* 804
- *polesica* 153
- *pratensis* 149, 804
- *psammophila* 153
- *pseudovina* [→ *F. pulchra* 153C]
- *pulchella* 150, 804
- *pulchra* 153

- *pumila* 151
- *rubra* 154
- *rupicaprina* 150
- *rupicola* 152
- *supina* [→ *F. airoides* 152A]
- *tenuifolia* [→ *F. filiformis* 151C]
- *trachyphylla* [→ *F. brevipila* 152C]
- *valesiaca* 153
Fetthenne 244ff., 806
Fettkraut 617f.
Feuerdorn 345
Ficaria 222
Fichte 29, 802
Fichtenspargel 547
Ficus 348
Fieberklee 707
Fieberkleegewächse 707
Fiederspiere 329
Filago 765f.
- *vulgaris* [→ *F. germanica* 747B]
Filipendula 294
Filzkraut 765f.
Fingerhirse 197f.
Fingerhut 597f.
Fingerkraut 319ff.
- Aufrechtes 325
- Englisches 322
- Erdbeer- 320
- Frühlings- 324
- Gänse- 321
- Gold- 323
- Graues 325
- Kleinblütiges 321
- Kriechendes 322
- Lindacker 324
- Mittleres 325
- Niedriges 321
- Norwegisches 322
- Ostalpen- 320
- Rheinisches 324
- Rötliches 324
- Sand- 323
- Scheinerdbeer- 320
- Silber- 323
- Stängel- 319
- Thüringisches 325
- Weißenburger 324
- Weißes 320
- Zottiges 323
- Zwerg- 322
Fingerwurz 70ff.
Finkensame 423
Fischkraut 47
Flachbärlapp 4f., 801
Flattergras 183
Flieder 593
Flockenblume 716ff.
Flohkraut 789f.

Flügelknöterich 473, 809
Flügelnuss 354
Foeniculum 678
Forsythia 592
Forsythie 592
Fourraea 462
Fragaria 318
Frangula 346
Fransenblume 241
Fransenenzian 566
Fransenhauswurz 243
Franzosenkraut 798
Frauenfarn 21
Frauenfarngewächse 21
Frauenmantel 326 ff., 806
Frauenschuh 59
Frauenspiegel 704
Fraxinus 592 f., 812
Fritillaria 58
Froschbiss 43
Froschbissgewächse 40 ff.
Froschkraut 43
Froschlöffel 44
Froschlöffelgewächse 43 ff.
Fuchsbeere 297
Fuchsschwanz 189 f., 512, 810
Fuchsschwanzgewächse 510 ff.
Fuchsschwanzleuchteralge 1
Fumana 421
Fumaria 205 ff.
Fünfzunge 582

Gagea 55 ff.
– arvensis [→ G. villosa 55C]
– fistulosa [→ G. liotardii 55D]
– fragifera [→ G. liotardii 55D]
– sylvatica [→ G. lutea 56D]
Gagel 353
Gagelstrauchgewächse 353
Galanthus 83
Galatella 771
Galega 278
Galeobdolon 625
Galeopsis 625 ff.
Galinsoga 798
– ciliata [→ G. quadriradiata 798B]
Galium 555 ff., 811
– album 560
– anisophyllon 561
– aparine 557
– aristatum 559
– boreale 556
– elongatum 558
– glaucum 555
– harcynicum [→ G. saxatile 560C]
– intermedium 559

– megalospermum 560
– mollugo 560
– noricum 561
– odoratum 555
– palustre 558
– parisiense 556
– pumilum 561
– rotundifolium 556
– rubioides 556
– saxatile 560
– schultesii [→ G. intermedium 559A]
– spurium 557
– sterneri 562
– sylvaticum 558
– tricornutum 557
– truniacum 559
– uliginosum 558
– valdepilosum 561
– verrucosum 557
– verum 559
Gamander 620 f.
Gämsheide 550
Gämskresse 439
Gämswurz 754 f.
Gänseblümchen 770
Gänsedistel 736
Gänsefuß 521 ff., 810
Gänsefußgewächse 516 ff.
Gänsekresse 444 ff., 809
Garryaceae 553
Gartenaster 771
Gauchheil 537 f.
Gaudinia 181
Gauklerblume 643
Gauklerblumengewächse 643
Gedenkemein 577
Geißbart 331
Geißblatt 687
Geißblattgewächse 687 ff.
Geißklee 255
Geißraute 278
Gelbdolde 666, 814
Gelbling 317
Genista 254 f.
Genistella sagittalis [→ Genista s. 255A]
Gentiana 562 ff.
– kochiana [→ G. acaulis 564D]
Gentianella 566 ff., 811
– aspera [→ G. obtusifolia 567C]
– bohemica [→ G. praecox 568A]
– ciliata [→ Gentianopsis c. 566B]
– lutescens [→ G. praecox 568A]
– tenella [→ Comastoma tenellum 568B]

Gentianaceae 562 ff.
Gentianopsis 566
Geraniaceae 393 ff.
Geranium 393 ff., 807
Germer 54
Germergewächse 54
Gerste 170 f.
Geum 295 f.
Giersch 674
Giftbeere 591
Gilbweiderich 536 f.
Ginkgo 26
Ginkgoaceae 26
Ginkgogewächse 26
Ginster 254 f.
Gipskraut 498 f.
Gladiolus 77
Glanzfetthenne 242, 806
Glanzgras 191
Glanzkraut 73
Glanzleuchteralge 1 f., 801
Glaskraut 350 f.
Glatthafer 181
Glaucium 201
Glaux 538
Glebionis 788
Glechoma 641
Gleditschie 250
Gleditsia 250
Gliederschote 461
Globularia 608 f.
Glockenblume 699 ff., 815
Glockenblumengewächse 698 ff.
Glyceria 157 f.
– plicata [→ G. notata 158A]
Gnadenkraut 594, 812
Gnaphalium 767
Golddistel 708
Goldhafer 179
Goldlack 425
Goldnessel 625
Goldregen 251
Goldröschen 328
Goldrute 772, 816
Goldstern 55 f.
Goodyera 63
Götterbaum 413
Grannengänsefuß 527
Grannenhafer 180
Graslilie 90
Grasnelke 465
Grasschwertel 78
Gratiola 594, 812
Graukresse 440
Greiskraut 758 ff.
– Alpen- 763
– Berg- 763
– Deutsches 759
– Eberrauten- 762
– Felsen- 760

- Fluss- 758
- Frühlings- 760
- Fuchssches 759, 816
- Gämswurz- 760
- Gewöhnliches 761, 816
- Harzer 759
- Jakobs- 763, 812
- Klebriges 761
- Krainer 762
- Raukenblättriges 762, 816
- Schmalblättriges 760
- Spreizblättriges 762
- Sumpf- 761, 816
- Verkahlendes Deutsches 759
- Wald- 761
- Wasser- 763

Grindelia 771
Groenlandia 47
Grossulariaceae 233 ff.
Guizotia 798
Gummikraut 771
Gundermann 641
Günsel 621 f.
Gurke 359
Guter Heinrich 516
Gymnadenia 65
- *albida* [→ *Pseudorchis a.* 64D]
- *nigra* subsp. *austriaca* [→ *Nigritella a.* 65D]
- *rubra* [→ *Nigritella miniata* 65C]

Gymnocarpium 13 f.
Gypsophila 497 ff.

Haarschlund 568
Haarsimse 143
Haarstrang 681 f.
Habichtskraut 737 ff., 816
- Alpen- 738
- Blaugraues 741
- Blaugrünes 740
- Bleiches 741
- Dolden- 742
- Frühblühendes 741
- Gabel- 740
- Gewöhnliches 742
- Gezähntes 739
- Glattes 742
- Grauzottiges 738
- Hasenlattich- 743
- Hasenohr- 739
- Niedriges 740
- Pfeil- 740
- Savoyer 742
- Schwärzliches 738
- Schwarzwurzelblättriges 739
- Stängelumfassendes 737, 816

- Trauben- 743
- Wald- 741
- Weißhaariges 739
- Woll- 738
- Zichorien- 737

Hackelia deflexa [→ *Lappula d.* 577B]
Hacquetia 660
Hafer 178
Haferschmiele 180
Haferwurz 751
Haftdolde 665, 814
Hahnenfuß 226 ff.
- Acker- 230
- Alpen- 226, 805
- Berg- 231, 805
- Brennender 227
- Eisenhut- 226
- Gebirgs- 231
- Gift- 229
- Gletscher- 227
- Gold- 230, 805
- Hain- 229
- Herzblättriger 226
- Illyrischer 228
- Kärntner 231
- Kaschubischer Gold- 230
- Knolliger 228
- Kriechender 228
- Nierenblättriger 228
- Platanen- 226
- Rauer 229
- Scharfer 230
- Ufer- 227
- Vielblütiger 229, 805
- Villars 232
- Wolliger 231
- Zungen- 227

Hahnenfußgewächse 209 ff.
Hainbinse 93 ff.
Hainbuche 354
Hainsalat 748
Halimione pedunculata [→ *Atriplex ped.* 521A]
- *portulacoides* [→ *Atriplex port.* 521B]

Haloragaceae 248 f.
Hammarbya 72
Händelwurz 65
Hanf 348
Hanfgewächse 347 f.
Hartgras 167
Hartheu 362 ff., 807
Hartriegel 531 f.
Hartriegelgewächse 531 f.
Hasel 357
Haselblattbrombeere 307 ff.
Haselwurz 37
Hasenglöckchen 88
Hasenlattich 733
Hasenohr 667 f.

Hauhechel 257 f.
Hauswurz 242 f.
Hautfarn 11
Hautfarngewächse 11
Heckenkirsche 687 ff.
Hedera 658
Hederich 451
Hedysarum 273
Heide 551
Heidekraut 550
Heidekrautgewächse 546 ff.
Heidelbeere 552, 811
Heilglöckel 544
Heilwurz 675
Helianthemum 420
Helianthus 795, 817
Helichrysum 769
- *bracteatum* [→ *Xerochrysum b.* 750D]
- *luteoalbum* [→ *Laphangium l.* 750B]

Helictotrichon 178 f.
Heliosperma 509
Heliotropium 571
Helleborus 216
Hellerkraut 458
Helminthotheca 751
Helmkraut 622 f.
Helosciadium 670
Hemerocallis 78
- *flava* [→ *H. lilioasphodelus* 78C]

Hemlocktanne 28
Hepatica 217
Heracleum 683 f.
Herbstaster 772 ff.
Herminium 64
Herniaria 482
Herzblatt 360
Herzgespann 627, 813
Herzlöffel 44
Hesperis 458
Heusenkraut 402
Hexenkraut 401
Hibiscus 415
Hieracium 737 ff., 816
- *alpinum* 738
- *amplexicaule* 737, 816
- *angustifolium* [→ *Pilosella glacialis* 745A]
- *bifidum* 740
- *bupleuroides* 739
- *caesium* 741
- *dentatum* 739
- *fuscocinereum* 740
- *glanduliferum* subsp. *piliferum* 738
- *glaucinum* 741
- *glaucum* 740
- *humile* 740
- *intybaceum* 737

Register der wissenschaftlichen und deutschen Pflanzennamen 831

- lachenalii 742
- laevigatum 742
- murorum 741
- nigrescens 738
- piliferum [→ H. glanduliferum 738C]
- pilosella [→ Pilosella officinarum 744C]
- pilosum 739
- prenanthoides 743
- racemosum 743
- sabaudum 742
- schmidtii 741
- scorzonerifolium 739
- staticifolium [→ Tolpis staticifolia 737AB]
- umbellatum 742
- villosum 738

Hierochloë 192
Himantoglossum 72
Himbeere 297
Himmelsleiter 535
Himmelsleitergewächse 535 ff.
Hippocrepis 272 f.
Hippophaë 345
Hippuris 612
Hirschfeldia 449
- incana [→ Erucastrum incanum 449D]
Hirschsprung 481
Hirschwurz 683
Hirschzunge 16
Hirse 195 f.
Hirtentäschel 424, 808
Hohldotter 456
Hohlsame 666
Hohlzahn 625 ff.
Hohlzunge 64
Holandrea carvifolia [→ Dicheropetalum carvifolia 682D]
Holcus 185
Holoschoenus romanus [→ Scirpoides holoschoenus subsp. australis 136A]
Holoschoenus vulgaris [→ Scirpoides holoschoenus subsp. hol. 136B]
Holosteum 491
Holunder 685 f.
Homalotrichon pubescens [→ Helictotrichon p. 179C]
Homogyne 757
Honckenya 494
Honiggras 185
Honigorchis 64
Hopfen 347
Hordelymus 171
Hordeum 170 f.
Horminum 640
Hornblatt 200

Hornblattgewächse 200
Hornklee 270 f., 806
Hornköpfchen 222, 805
Hornkraut 485 ff., 810
Hornmohn 201
Hornungia 439
Hortensiengewächse 533
Hottonia 544
Hufeisenklee 272
Huflattich 755
Hühnerbiss 505
Hühnerhirse 196 f.
Humulus 347
Hundsgiftgewächse 570 f.
Hundskamille 785 f.
Hundspetersilie 677
Hundsrauke 450
Hundszahngras 197
Hundszunge 578
Hungerblümchen 442, 809
Huperzia 3
Hutchinsia alpina [→ Hornungia a. 439A]
Hyacinthoides 88
Hydrangeaceae 533
Hydrocharis 43
Hydrocharitaceae 40 ff.
Hydrocotyle 659, 814
Hylotelephium 241 f.
Hymenolobus procumbens [→ Hornungia p. 439D]
Hymenophyllaceae 11
Hymenophyllum 11
Hyoscyamus 588
Hypericaceae 362 ff.
Hypericum 362 ff., 807
Hypochaeris 748 f.
Hypopitys 547
Hyssopus 633

Iberis 461
- intermedia [→ I. linifolia 461C]
Igelkolben 91
Igelsame 577
Igelschlauch 43
Ilex 658
Illecebrum 482
Immenblatt 623
Immergrün 570
Impatiens 534 f.
Inula 790 ff.
- graveolens [→ Dittrichia g. 790B]
Iridaceae 73 ff.
Iris 74 ff.
Isatis 456
Isoëtaceae 6
Isoëtes 6
Isolepis 139
Iva 795

Jacobaea 761 ff.
- abrotanifolia 762
- alpina 763
- aquatica 763
- carniolica 762
- erratica 762
- erucifolia 762, 816
- paludosa 761, 816
- subalpina 763
- vulgaris 763, 816
Jasione 699
Jasione 699
Johannisbeere 233 ff.
Johanniskraut 362 ff.
Johanniskrautgewächse 362 ff.
Jovibarba 243
Juglandaceae 354
Juglans 354
Juncaceae 93 ff.
Juncaginaceae 46
Juncus 98 ff.
- acutiflorus 104
- alpinoarticulatus 104
- alpinus [→ J. alpinoarticulatus 104C]
- ambiguus [→ J. ranarius 101D]
- anceps 104
- articulatus 104
- atratus 103
- balticus 99
- bufonius 102
- bulbosus 103, 803
- capitatus 101
- compressus 100
- conglomeratus 99
- effusus 98
- ensifolius 100
- filiformis 99
- gerardii 100
- inflexus 98
- jacquinii 98
- maritimus 98
- minutulus 102
- monanthos [→ Oreojuncus m. 93B]
- mutabilis [→ J. pygmaeus 103B]
- obtusiflorus [→ J. subnodulosus 103C]
- pygmaeus 103
- ranarius 101
- sphaerocarpus 101
- squarrosus 99
- stygius 102
- subnodulosus 103
- supinus [→ J. bulbosus 103A]
- tenageia 101
- tenuis 100

- *trifidus* [→ *Oreojuncus tr.* 93A]
- *triglumis* 102
Jungfer im Grünen 215
Jungfernrebe 249f.
Juniperus 32, 802
- *sibirica* [→ *J. communis* subsp. *nana* 32B]
Jurinea 715

Kälberkropf 661f.
Kalmia 549f.
Kalmus 37
Kalmusgewächse 37
Kamille 787f.
Kammfarn 25
Kammgras 164
Kammminze 631
Kanariengras 191
Kapuzinerkresse 421
Kapuzinerkressengewächse 421
Karde 690f.
Kartoffel 590
Kastanie 351
Katzenminze 641, 813
Katzenpfötchen 767
Katzenschwanz 627
Kaukasusvergissmeinnicht 582
Kerbel 662f., 814
Kermesbeere 530
Kermesbeerengewächse 530
Kernera 462
Kerria 328
Kickxia 595
Kiefer 30f., 802
Kieferngewächse 27ff.
Kirsche 332f.
Kirschlorbeer 331
Klaffmund 594, 812
Klappertopf 656f.
Klebalant 790
Klee 262ff.
- Alexandriner 267
- Armblütiger 263, 806
- Berg- 265
- Blassgelber 267
- Braun- 262
- Erdbeer- 266
- Feld- 263
- Gold- 263
- Hasen- 266
- Hügel- 268
- Inkarnat- 268
- Kleinblütiger 264
- Kleiner 263, 806
- Moor- 262
- Persischer 266

- Purpur- 268
- Rasiger 264
- Rauer 267
- Rot- 269
- Schweden- 265
- Streifen- 267
- Vogelfuß- 264
- Weiß- 264
- Zickzack- 268
Kleefarn 12
Kleefarngewächse 12
Kleeulme 412
Kleintäschelkraut 457
Klette 713f.
Klettengras 196
Klettenkerbel 664, 814
Knabenkraut 68ff.
Knäuel 496f., 810
Knoblauchsrauke 456
Knoblauch 81
Knollenkümmel 672
Knorpelkraut 510f.
Knorpellattich 721
Knorpelmiere 482
Knorpelmöhre 671
Knotenblume 84
Knotenfuß 55
Knöterich 475f., 809f.
Knöterichgewächse 465ff.
Kobresia [→ *Carex*]
- *caricina* [→ *Carex simpliuscula* 125A]
Kochia laniflora [→ *Bassia l.* 527C]
- *scoparia* [→ *Bassia sc.* 527D]
Koeleria 183f.
- *cristata* [→ *K. pyramidata, K. macrantha* 184CD]
- *gracilis* [→ *K. macrantha* 184D]
- *polonica* [→ *K. grandis* 184D]
Koelreuteria 409
Koenigia 474
Kohl 447f., 809
Kohlkresse 462
Kohlröschen 65
Kohlrübe 448
Kolbenhirse 199
Königsfarngewächse 11
Königskerze 613ff., 813
Kopfgras 166
Kopffried 142
Korallenwurz 73
Korbblütengewächse 707ff.
Koriander 666
Kornblume 720

Kornelkirsche 532
Kragenblume 792
Krähenbeere 550
Krähenfuß 435
Kranzenzian 566ff., 811
Kratzbeere 297
Kratzdistel 710ff.
Krebsschere 41
Kresse 435ff.
Kreuzblümchen 292f., 806
Kreuzblümchengewächse 291ff.
Kreuzblütengewächse 422ff.
Kreuzdorn 346
Kreuzdorngewächse 346
Kreuzlabkraut 562
Krokus 73f.
Kronenlattich 721
Kronwicke 272
Krummhals 581
Küchenschelle 219f., 805
Kugelblume 608f.
Kugeldistel 708
Kugelorchis 67
Kugelschötchen 462
Kugelsimse 136
Kuhblume 721ff., 816
Kuhnelke 497
Kümmel 671f.
Kümmelblatthaarstrang 682
Kürbis 358f.
Kürbisgewächse 357ff.

Labkraut 555ff., 811
- Anis- 557
- Blaugrünes 555
- Dreihörniges 557
- Echtes 559
- Glattes 559
- Grannen- 559
- Harzer 560
- Heide- 561
- Kleinfrüchtiges Kletten- 557
- Kletten- 557
- Krapp- 556
- Mährisches 561
- Moor- 558
- Nordisches 556
- Norisches 561
- Pariser 556
- Rundblatt- 556
- Schweizer 560
- Sterner- 562
- Sumpf- 558
- Traunsee- 559
- Ungleichblättriges 561
- Verlängertes 558
- Wald- 558
- Weißes 560

Register der wissenschaftlichen und deutschen Pflanzennamen 833

- Wiesen- 560
Laburnum 251
Lactuca 734f.
Laichkraut 47ff.
- Alpen- 50
- Berchtold- 49
- Durchwachsenes 50
- Faden- 52
- Flachstängliges 47
- Gefärbtes 51
- Gestrecktes 49
- Glanz- 51
- Gras- 50
- Haarblättriges 48
- Kamm- 52
- Knoten- 52
- Knöterich- 51
- Krauses 49
- Rötliches 48
- Schmalblättriges 51
- Schwimmendes 52
- Spiegelndes 50
- Spitzblättriges 47
- Stachelspitziges 48
- Stumpfblättriges 48
- Zwerg- 49
Laichkrautgewächse 47ff.
Lamiaceae 620ff.
Lamium 623f.
- argentatum [→ Galeobdolon a. 625B]
- galeobdolon [→ Galeobdolon luteum 625A]
- montanum [→ Galeobdolon m. 625C]
Lämmersalat 748
Lamprocapnos 203
Lamprothamnium 1
Laphangium 769
Lappula 577
Lapsana 720
Lärche 28
Larix 28
Laser 684
Laserkraut 684f.
Laserpitium 684f.
Lasiagrostis calamagrostis [→ Achnatherum c. 187A]
Lastrea limbosperma [→ Oreopteris l. 21A]
- thelypteris [→ Thelypteris palustris 21B]
Lathraea 658, 814
Lathyrus 285ff.
- occidentalis [→ L. laevigatus 289D]
Lattich 734f.
Lauch 79ff.
Laugenblume 777
Läusekraut 652ff., 814
Lavandula 642

Lavatera thuringiaca [→ Malva th. 416C]
- trimestris [→ Malva t. 416D]
Lavendel 642
Lebensbaum 34
Leberblümchen 217
Lederstrauch 412
Ledum groenlandicum [→ Rhododendron g. 548D]
Ledum palustre [→ Rhododendron tomentosum 548C]
Leersia 196
Legousia 704
Leimkraut 504ff.
Leimsaat 536
Lein 391ff., 807
Leindotter 423
Leingewächse 391ff.
Leinkraut 596f., 812
Lemna 39f.
- minuscula [→ L. minuta 40A]
- polyrhiza [→ Spirodela p. 40C]
Lens culinaris [→ Vicia lens 279A]
Lentibulariaceae 617ff.
Leontodon 750ff., 816
- autumnalis [→ Scorzoneroides a. 749D]
- helveticus [→ Scorzoneroides helvetica 750B]
- montanus [→ Scorzoneroides montana subsp. melanotricha 750A]
Leontopodium 767
Leontopodium nivale subsp. alpinum [→ L. alpinum 767C]
Leonurus 627, 813
Lepidium 434ff.
Lerchensporn 204
Lepyrodiclis holosteoides 810
Leucanthemopsis 788
Leucanthemum 789, 817
Leucojum 84
Leucopoa pulchella [→ Festuca p. 150B]
Leucorchis albida [→ Pseudorchis a. 64D]
Levisticum 681
Levkoje 459
Leymus 171
Libanotis pyrenaica [→ Seseli libanotis 675A]
Lichtnelke 505, 509f.
Liebesgras 194f.
Liebstöckel 681
Lieschgras 187f.
Liguster 593, 812
Ligusticum mutellina [→ Mutellina adonidifolia 680A]

Ligusticum mutellinoides [→ Pachypleurum m. 680B]
Ligustrum 593, 812
Liliaceae 55ff.
Lilie 57f.
Liliengewächse 55ff.
Lilium 57f., 148
Limodorum 61
Limonium 465, 809
Limosella 616
Linaceae 391ff.
Linaria 596f., 812
Linde 414, 808
Lindernia 617
- pyxidaria [→ L. procumbens 617A]
Linderniaceae 617
Linnaea 690
Linse 279
Linum 391ff., 807
- laeve [→ L. alpinum 392C]
- perenne subsp. alpinum [→ L. alpinum 392C]
Liparis 73
Lippenblütengewächse 620ff.
Listera 62
Lithospermum 572
- arvense [→ Buglossoides arvensis 573A]
- purpurocaeruleum [→ Buglossoides purpurocaerulea 573B]
Littorella 612
Lloydia serotina [→ Gagea s. 57B]
Lobelia 706
Lobelie 706
Lobularia 438
Lochschlund 596
Löffelkraut 460, 809
Loiseleuria procumbens [→ Kalmia p. 550A]
Lomatogonium 568
Lonicera 687ff.
Loranthaceae 464
Loranthus 464
Lorbeerrose 549
Loroglossum hircinum [→ Himantoglossum h. 72B]
Lotus 269f., 806
- glaber [→ L. tenuis 271A]
- uliginosus [→ L. pedunculatus 270D]
Lotwurz 572
Löwenmaul 594
Löwenzahn 750ff., 816
Ludwigia 402
Lunaria 443
Lungenkraut 578f., 811
Lupine 253

Lupinus 253
Luronium 43
Luzerne 260f.
Luzula 93ff., 803
Lychnis 509f.
Lychnothamnus 1
Lycium 586
Lycopersicum esculentum [→ *Solanum lycopersicon* 588C]
Lycopodiaceae 3ff.
Lycopodiella 3
Lycopodium 3
Lycopus 633, 813
Lysichiton 38
Lysimachia 536f.
Lythraceae 400f.
Lythrum 400, 807f.

Mädchenauge 795
Mädesüß 294
Mahonia 208, 804
Mahonie 208, 804
Maianthemum 90
Maiglöckchen 90
Mais 199
Majoran 637
Majorana hortensis [→ *Origanum majorana* 637D]
Malachium aquaticum [→ *Stellaria aquatica* 488D]
Malaxis 72
– *paludosa* [→ *Hammarbya p.* 72D]
Malus 336
– *pumila* [→ *M. domestica* 336B]
Malva 416ff., 808
Malvaceae 414ff.
Malve 417f., 808
Malvengewächse 414ff.
Mannsschild 539ff.
Mannstreu 660f.
Margerite 789, 817
Mariendistel 713
Mariengras 192
Marrubium 631
Marsilea 12
Marsileaceae 12
Märzbecher 84
Mastkraut 494ff.
Matricaria 787f.
– *recutita* [→ *M. chamomilla* 787D]
Matteuccia 20
Matthiola 459
Mauerlattich 732
Mauerpfeffer 247
Mauerraute 18
Maulbeere 349
Maulbeergewächse 348f.

Mäuseschwänzchen 223
Mausohrhabichtskraut 744ff., 816
Meconopsis cambrica [→ *Papaver cambricum* 201C]
Medicago 260ff.
Meerfenchel 676
Meerkohl 452
Meerrettich 432
Meersenf 452
Mehlbeere 337f.
Meier 554f.
Meisterwurz 681
Melampyrum 655f.
Melanthiaceae 54
Melde 517ff., 810
Melica 164f.
Melilotus 259f.
Melissa 642
Melisse 642
Melittis 623
Memoremea 577
Mentha 634ff., 813
Menyanthaceae 707
Menyanthes 707
Mercurialis 390
Merk 674
Mespilus 336
Metasequoia 34
Meum 679
Mexikanischer Tee 526
Mibora 193
Micranthes 240
Microstylis monophyllos [→ *Malaxis m.* 72C]
Microthlaspi 457
Miere 492f., 810
Milchkraut 538
Milchlattich 733
Milchstern 86f.
Milium 183
Milzfarn 16
Milzkraut 240
Mimulus 643
Minuartia 492f.
– *austriaca* [→ *Sabulina a.* 493D]
– *cherlerioidis* [→ *Facchinia ch.* 492A]
– *rupestris* [→ *Facchinia r.* 492B]
– *sedoides* [→ *Cherleria s.* 492C]
– *stricta* [→ *Sabulina s.* 494A]
– *tenuifolia* [→ *Sabulina t.* 493C]
– *verna* [→ *Sabulina v.* 494B]
– *viscosa* [→ *Sabulina v.* 493B]
Minze 634ff., 813
Misopates 594
Mispel 336

Mistel 464
Mistelgewächse 464
Moehringia 483f.
Moenchia 488
Mohn 201ff., 804
Mohngewächse 200ff.
Möhre 665, 814
Molinia 190
Moltebeere 296
Monarda 638
Monarde 638
Mönchskraut 579f.
Moneses 547
Monotropa hypophegea [→ *Hypopitys h.* 547D]
– *hypopitys* [→ *Hypopitys monotropa* 547D]
Montia 531
– *perfoliata* [→ *Claytonia p.* 530C]
Montiaceae 530f.
Moorabbiss 694
Moorbärlapp 3
Moorglöckchen 698
Moorkönig 652
Moosauge 547
Moosbeere 552f., 811
Moosfarn 5
Moosfarngewächse 5
Moosglöckchen 690
Moraceae 348f.
Morus 349
Moschuskraut 687
Moschuskrautgewächse 685ff.
Mummenhoffia alliacea [→ *Thlaspi alliaceum* 458B]
Muscari 87f.
– *racemosum* [→ *M. neglectum* 87C]
Mutellina 680
Mutterkraut 787
Mutterwurz 680
Myagrum 456
Mycelis 732
Myosotis 574ff., 811
– *caespitosa* [→ *M. laxa* 574A]
– *palustris* [→ *M. scorpioides* 574C]
Myosoton aquaticum [→ *Stellaria aquatica* 488D]
Myosurus 223
Myrica 353
Myricaceae 353
Myricaria 464
Myriophyllum 248f.
Myrrhis 664

Nabelmiere 483f.
Nachtkerze 407

Register der wissenschaftlichen und deutschen Pflanzennamen 835

Nachtkerzengewächse 401 ff.
Nachtschatten 588 ff., 812
Nachtschattengewächse
586 ff.
Nachtviole 458
Nadelkraut 248
Nadelröschen 421
Nagelkraut 481
Najas 42
- *major* [→ *N. marina* 42AB]
Narcissus 84
Nardus 193
Nartheciaceae 53
Narthecium 53
Narzisse 84
Nasturtium 434
Natternkopf 573
Natternzunge 9
Natternzungengewächse 9 ff.
Nelke 500 ff.
Nelkengewächse 479 ff.
Nelkenköpfchen 503
Nelkenwurz 295 f.
Neotinea tridentata [→ *Orchis t.* 69D]
Neotinea ustulata [→ *Orchis u.* 68C]
Neottia 64
- *cordata* [→ *Listera c.* 62B]
- *ovata* [→ *Listera o.* 62A]
Nepeta 641, 813
- *pannonica* [→ *N. nuda* 641C]
Neslia 423
Nestwurz 64
Netzblatt 63
Nicandra 591
Nicotiana 591
Nieswurz 216
Nigella 215
Nigritella 65
- *rubra* [→ *N. miniata* 65C]
Nitella 2, 801
Nitellopsis 2
Nixkraut 42
Noccaea 457
Nonea 579 f.
- *erecta* [→ *N. pulla* 580A]
Nuphar 36, 802
Nyctaginaceae 529
Nymphaea 35 f.
Nymphaeaceae 35 f.
Nymphoides 707

Oberna behen [→ *Silene vulgaris* 505D]
Obione pedunculata [→ *Atriplex ped.* 521A]
- *portulacoides* [→ *Atriplex port.* 521B]
Ochsenzunge 582

Ocimum 643
Odermennig 310
Odontites 650, 814
Oenanthe 676 f., 815
Oenothera 407
Ohnhorn 67
Ölbaumgewächse 592 f.
Oleaceae 592 f.
Ölrauke 451
Ölweide 345
Ölweidengewächse 345
Omalotheca 768
Omphalodes 577
- *scorpioides* [→ *Memoremea s.* 577C]
Onagraceae 401 ff.
Onobrychis 277 f.
Onoclea 20
Onocleaceae 20
Ononis 257 f.
Onopordum 714
Onosma 572
Ophioglossaceae 9 ff.
Ophioglossum 9
Ophrys 66
- *aranifera* [→ *O. sphegodes* 66B]
- *muscifera* [→ *O. insectifera* 66A]
Orchidaceae 59 ff.
Orchideengewächse 59 ff.
Orchis 67 ff.
- *traunsteineri* [→ *Dactylorhiza t.* 72A]
- *fuchsii* [→ *Dactylorhiza f.* 70D]
- *globosa* [→ *Traunsteinera g.* 67B]
- *incarnata* [→ *Dactylorhiza i.* 71B]
- *maculata* [→ *Dactylorhiza m.* 70D]
- *majalis* [→ *Dactylorhiza m.* 71A]
- *sambucina* [→ *Dactylorhiza s.* 70C]
Oreochloa 166
Oreojuncus 93
- *monanthos* 93
- *trifidus* 93
Oreopteris 21
Orientlebensbaum 33
Origanum 637, 813
Orlaya 665
Ornithogalum 86 f.
- *gussonii* [→ *O. angustifolium* 87B]
- *kochii* [→ *O. angustifolium* 87B]
- *orthophyllum* [→ *O. angustifolium* 87B]

Ornithopus 277
Orobanchaceae 644 ff.
Orobanche 645 ff., 814
- *alba* 645
- *alsatica* subsp. *alsatica* 648, 814
- *alsatica* subsp. *libanotidis* 648, 814
- *amethystea* 647
- *arenaria* [→ *Phelipanche a.* 644C]
- *artemisiae-campestris* 646
- *caryophyllacea* 646
- *coerulescens* 645
- *elatior* 648
- *flava* 649
- *gracilis* 647
- *hederae* 648
- *lucorum* 649
- *lutea* 646
- *minor* 647
- *picridis* 645
- *purpurea* [→ *Phelipanche p.* 644D]
- *ramosa* [→ *Phelipanche r.* 644B]
- *rapum-genistae* 647
- *reticulata* 645
- *salviae* 649
- *teucrii* 646
Orthilia 547
Oryza clandestina [→ *Leersia oryzoides* 196B]
Osmunda 11
Osmundaceae 11
Osterluzei 37
Osterluzeigewächse 37
Othocallis amoena [→ *Scilla a.* 85AB]
- *siberica* [→ *Scilla s.* 85D]
Oxalidaceae 361 f.
Oxalis 361 f.
- *fontana* [→ *O. stricta* 361C]
Oxybaphus 529
Oxycoccus macrocarpos [→ *Vaccinium macrocarpos* 552D]
- *palustris* [→ *Vaccinium oxycoccos* 553A]
Oxyria 472
Oxytropis 276 f.
Oxytropis jacquinii [→ *O. montana* 276D]

Pachypleurum 680
Pachysandra 232
Padus avium [→ *Prunus padus* 332A]
- *serotina* [→ *Prunus s.* 331D]
Paeonia 233

Paeoniaceae 233
Panicum
- *riparium* [→ *P. barbipulvinatum* 196A]
Panicum 195 f.
Papaver 201 ff., 804
Papaveraceae 200 ff.
Pappel 372 ff.
Parapholis 169
Parietaria 350 f.
Paris 54
Parnassia 360
Parthenocissus 249 f.
Pastinaca 683
Pastinak 683
Paulownia 644
Paulowniaceae 644
Paulownie 644
Paulowniengewächse 644
Pechnelke 509
Pedicularis 652 ff., 814
Pentaglottis 582
Peplis portula [→ *Lythrum p. p.* 400B]
Perlfarn 20
Perlfarngewächse 20
Perlgras 164 f.
Perlkraut 764
Persicaria 475 ff., 809 f.
Persica vulgaris [→ *Prunus persica* 333C]
Perückenstrauch 408
Pestwurz 756
Petasites 756
Petersilie 669
Petrocallis 443
Petrorhagia 503
Petroselinum 669
Peucedanum 681 f.
- *carvifolia* [→ *Dicheropetalum c.* 682D]
- *cervaria* [→ *Cervaria rivini* 683A]
Pfaffenhütchen 360
Pfeifengras 190
Pfeifenstrauch 533
Pfeifenwinde 37
Pfeilkraut 45
Pfeilkresse 434
Pferdesaat 676 f., 815
Pfingstrose 233
Pfingstrosengewächse 233
Pfirsich 333
Pflaume 334
Pfriemengras 186
Pfriemenkresse 434
Phacelia 583, 812
Phalaris 191
Phalaroides arundinacea [→ *Phalaris a.* 191B]
Phaseolus 291

Phazelie 583, 812
Phedimus 242, 806
Phegopteris 20
Phelipanche 644, 813
Philadelphus 533
Phleum 187 f.
- *boehmeri* [→ *Ph. phleoides* 187B]
- *commutatum* [→ *Ph. alpinum* 188C]
- *michelii* [→ *Ph. hirsutum* 187C]
Phlomis tuberosa [→ *Phlomoides t.* 628A]
Phlomoides 628
Phlox 535
Phlox 535
Phragmites 193
- *communis* [→ *Ph. australis* 193A]
Phrymaceae 643
Phyllitis scolopendrium [→ *Asplenium sc.* 16A]
Physalis 587 f.
Physocarpus 329
Phyteuma 705 f., 815
Phytolacca 530
Phytolaccaceae 530
Picea 29, 802
Picris 751
- *echioides* [→ *Helminthotheca e.* 751C]
Pillenfarn 12
Pilosella 744 ff., 816
Pilularia 12
Pimpernuss 409
Pimpernussgewächse 409
Pimpinella 672 f., 814
Pimpinelle 673, 814
Pinaceae 27 ff.
Pinguicula 617 f.
Pinus 30 f., 802
Pippau 728 ff.
Pisum sativum [→ *Lathyrus oleraceus* 286D]
Plantaginaceae 594 ff.
Plantago 609 ff., 812
- *intermedia* [→ *P. uliginosa* 611A]
- *maritima* subsp. *serpentina* [→ *P. strictissima* 611C]
- *winteri* [→ *P. major* subsp. *w.* 610D]
Platanaceae 232
Platane 232, 806
Platanengewächse 232
Platanthera 63
Platanus 232, 806
Platterbse 285 ff.
Platycladus 33
Pleurospermum 667
Plumbaginaceae 465

Poa 159 ff.
- *subcaerulea* [→ *P. humilis* 162A]
Poaceae 143 ff.
Podospermum laciniatum [→ *Scorzonera laciniata* 754B]
Polemoniaceae 535 f.
Polemonium 535
Polycarpon 481
Polycnemum 510 f.
Polygala 291 ff., 806
Polygalaceae 291 ff.
Polygonaceae 465 ff.
Polygonatum 89
- *officinale* [→ *P. odoratum* 89C]
Polygonum 474, 809
- *bistorta* [→ *Bistorta officinalis* 475A]
- *convolvulus* [→ *Fallopia c.* 472B]
- *dumetorum* [→ *Fallopia d.* 472C]
- *persicaria* [→ *Persicaria maculosa* 476C]
- *polystachyum* [→ *Koenigia polystachya* 474A]
- *viviparum* [→ *Bistorta vivipara* 475B]
Polypodiaceae 26
Polypodium 26, 802
Polystichum 25 f., 802
- *lobatum* [→ *P. aculeatum* 25D]
Populus 372 ff.
Porree 82
Porst 548
Portulaca 531
Portulacaceae 531
Portulak 531
Portulakgewächse 531
Potamogeton 47 ff.
- ×*angustifolius* 51
- ×*nitens* 51
- ×*zizii* [→ *P.* ×*angustifolius* 51A]
- *acutifolius* 47
- *alpinus* 50
- *berchtoldii* 49
- *coloratus* 51
- *compressus* 49
- *crispus* 49
- *densus* [→ *Groenlandia densa* 47B]
- *filiformis* [→ *Stuckenia f.* 52D]
- *friesii* 48
- *gramineus* 50
- *lucens* 50
- *mucronatus* [→ *P. friesii* 48B]
- *natans* 52
- *nodosus* 52

Register der wissenschaftlichen und deutschen Pflanzennamen

- obtusifolius 48
- panormitanus [→ P. pusillus 49A]
- pectinatus [→ Stuckenia pectinata 52A]
- perfoliatus 50
- polygonifolius 51
- praelongus 49
- pusillus 49
- rutilus 48
- trichoides 48

Potamogetonaceae 47 ff.
Potentilla 319 ff.
- alba 320
- anglica 322
- anserina 321
- argentea 323
- aurea 323
- brauneana 322
- caulescens 319
- cinerea subsp. incana 323
- clusiana 320
- crantzii 323
- erecta 321
- fruticosa [→ Dasiphora f. 319A]
- heptaphylla 324
- incana [→ P. cinerea subsp. incana 323D]
- inclinata 325
- indica 320
- intermedia 325
- leucopolitana 324
- lindackeri 324
- micrantha 321
- neumanniana [→ P. verna 324C]
- norvegica 322
- palustris [→ Comarum palustre 319B]
- recta 325
- reptans 322
- rhenana 324
- rupestris [→ Drymocallis r. 319C]
- sterilis 320
- supina 321
- tabernaemontani [→ P. verna 324C]
- thuringiaca 325
- verna 324

Preiselbeere 552
Prenanthes 733
Primel 541 ff.
Primelgewächse 536 ff.
Primula 541 ff.
Primulaceae 536 ff.
Pritzelago alpina [→ Hornungia a. 439B]
Prunella 640
Prunus 331 ff.

Pseudofumaria 205
Pseudognaphalium luteoalbum [→ Laphangium l. 769A]
Pseudolysimachion longifolium [→ Veronica longifolia 607CD]
- spicatum [→ Veronica spicata 607B]
- spurium [→ Veronica spuria 607A]

Pseudorchis 64
Pseudotsuga 28
Pseudoturritis 447
Psilathera ovata [→ Sesleria o. 166C]
Ptelea 412
Pteridaceae 13
Pteridium 13, 801
Pterocarya 354
Puccinellia 156 f.
Puffbohne 282
Pulicaria 789 f.
Pulmonaria 578 f., 811
Pulsatilla 219 f., 805
- micrantha [→ P. alpina subsp. alba 519D]
Pycreus flavescens [→ Cyperus f. 121D]
Pyracantha 345
Pyrola 546, 811
Pyrus 335

Quecke 167 ff.
Queller 528, 811
Quellgras 163
Quellkraut 531
Quellkrautgewächse 530 f.
Quellried 136
Quercus 352 f., 807
Quitte 334

Rade 510
Radieschen 451
Radiola 393
Radmelde 527
Ragwurz 66
Rainfarn 786
Rainkohl 720
Ramtillkraut 798
Rankenlerchensporn 205
Ranunculaceae 209 ff.
Ranunculus 226 ff.
- aconitifolius 226
- acris 230
- alpestris 226, 805
- aquatilis 224
- arvensis 230
- auricomus 230, 805
- baudotii 223
- breyninus 231

- bulbosus 228
- carinthiacus 231
- cassubicus 230
- circinatus 225
- ficaria [→ Ficaria verna 222B]
- flammula 227
- fluitans 225, 805
- glacialis 227
- hederaceus 223
- hybridus 228
- illyricus 228
- lanuginosus 231
- lingua 227
- montanus 231, 805
- ololeucos 223, 805
- parnassiifolius 226
- peltatus 224
- penicillatus 224
- platanifolius 226
- polyanthemos 229, 805
- repens 228
- reptans 227
- rionii 225
- saniculifolius 224
- sardous 229
- sceleratus 229
- trichophyllus 225, 805
- villarsii 232

Raphanus 451
Rapistrum 452
Raps 448
Rapünzchen 696 f.
Raublattgewächse 571 ff.
Raugras 187
Rauke 453 ff., 809
Raute 413
Rautenfarn 10 f.
Rautengewächse 412 f.
Regenschirmkraut 529
Reiherschnabel 399 f., 807
Reisquecke 196
Reitgras 175 ff.
Reseda 422, 808
Resedaceae 421 f.
Resede 422, 808
Resedengewächse 421 f.
Rettich 451
Reynoutria japonica [→ Fallopia j. 473AB]
- sachalinensis [→ Fallopia s. 473CD]

Rhabarber 471
Rhamnaceae 346
Rhamnus 346
Rhaponticum 716
Rheum 471
Rhinanthus 656 f.
- angustifolius [→ Rh. serotinus 657B]
- pulcher [→ Rh. riphaeus 656D]

Rhodiola 241
Rhododendron 548 f.
Rhodothamnus 549
Rhus 408
- *cotinus* [→ *Cotinus coggyria* 408CD]
Rhynchosinapis [→ *Coincya* 453A]
Rhynchospora 105
Ribes 233 ff.
Ricinus 391
Riemenmistel 464
Riemenmistelgewächse 464
Riemenzunge 72
Riesenmammutbaum 35
Rindsauge 790
Rindszunge 573, 811
Ringelblume 765
Rippenfarn 20
Rippenfarngewächse 20
Rippensame 667
Rispelstrauch 464
Rispenfarn 11
Rispengras 159 ff.
Rispenkraut 795
Rittersporn 214 f.
Rizinus 391
Robinia 251
Robinie 251
Roegneria canina [→ *Elymus caninus* 169A]
Roggen 170
Rohrkolben 92
Rohrkolbengewächse 91 f.
Rollfarn 13
Rorippa 431 f., 808
Rosa 311 ff.
- *agrestis* 316
- *alpina* [→ *R. pendulina* 313C]
- *arvensis* 312
- *balsamica* 317
- *caesia* 316, 806
- *canina* 317
- *chinensis* 311
- *cinnamomea* [→ *R. majalis* 313D]
- *corymbifera* 317
- *dumalis* 316, 806
- *elliptica* [→ *R. inodora* 316B]
- *foetida* 312
- *gallica* 314
- *glauca* 314
- *gremlii* [→ *R. rubiginosa* 315C]
- *inodora* 316
- *jundzillii* [→ *R. marginata* 314C]
- *majalis* 313
- *marginata* 314
- *micrantha* 315
- *mollis* [→ *R. villosa* 314D]

- *multiflora* 312
- *pendulina* 313
- *pimpinellifolia* [→ *R. spinosissima* 312B]
- *pseudoscabriuscula* 806
- *rubiginosa* 315
- *rubrifolia* [→ *R. glauca* 314A]
- *rugosa* 313
- *sherardii* 315, 806
- *spinosissima* 312
- *stylosa* 313
- *subcanina* 317, 806
- *subcollina* 806
- *tomentella* [→ *R. balsamica* 317A]
- *tomentosa* 315
- *trachyphylla* [→ *R. marginata* 314C]
- *villosa* 314
Rosaceae 294 ff.
Rose 311 ff.
- Acker- 316
- Apfel- 314
- Büschel- 312
- China- 311
- Duftarme 316
- Essig- 314
- Falsche Hecken- 316, 806
- Falsche Hunds- 316, 806
- Filz- 315
- Flaum- 317
- Gebirgs- 313
- Gelbe 312
- Hecken- 317
- Hunds- 317
- Kleinblütige 315
- Kratz- 806
- Kriechende 312
- Lederblättrige 316, 806
- Pimpinell- 312
- Raublättrige 314
- Rotblättrige 314
- Runzel- 313
- Sherard- 315, 806
- Verwachsengrifflige 313
- Vogesen- 316, 806
- Wein- 315
- Zimt- 313
Rosengewächse 294 ff.
Rosenwurz 241
Rosmarin 643
Rosmarinheide 551
Rosmarinus 643
Rosskastanie 409, 808
Rosskümmel 684
Rötegewächse 553 ff.
Rübe 517
Rubia 553
Rubiaceae 553 ff.
Rubrivena polystachya [→ *Koenigia p.* 474A]

Rübsen 448
Rubus 296 ff.
- *adspersus* 301
- *affinis* 299
- *allegheniensis* 298
- *armeniacus* 300
- *bifrons* 300
- *caesius* 297
- *camptostachys* 309
- *canescens* 304
- *chamaemorus* 296
- *curvaciculatus* 308
- *dethardingii* [→ *R. curvaciculatus* 308B]
- *divaricatus* 299
- *fabrimontanus* 310
- *fasciculatus* 309
- *ferocior* 309
- *gothicus* 309
- *grabowskii* 301
- *gracilis* 302
- *gratus* 302
- *guentheri* 307
- *hypomalacus* 304
- *idaeus* 297
- *infestus* 304
- *koehleri* 306
- *laciniatus* 303
- *lamprocaulos* 307
- *lobatidens* 308
- *macrophyllus* 301
- *mollis* 310
- *montanus* 300
- *nemoralis* 302
- *nemorosus* 308
- *nessensis* 297
- *ochracanthus* [→ *R. scissus* 297C]
- *odoratus* 296
- *opacus* 298
- *orthostachys* 307
- *pallidus* 305
- *pedemontanus* 306
- *placidus* 308
- *platyacanthus* 302
- *plicatus* 298
- *pruinosus* 307
- *pyramidalis* [→ *R. umbrosus* 303C]
- *radula* 305
- *rudis* 305
- *saxatilis* 296
- *scaber* 305
- *schleicheri* 306
- *scissus* 297
- *senticosus* 299
- *silvaticus* 301
- *sorbicus* 299
- *sprengelii* 304
- *sulcatus* 298
- *tereticaulis* 306

Register der wissenschaftlichen und deutschen Pflanzennamen 839

- *ulmifolius* 300
- *umbrosus* 303
- *vestitus* 303
- *vigorosus* [→ *R. affinis* 299A]
- *villicaulis* [→ *R. gracilis* 302C]
- *vulgaris* 303
Ruchgras 191
Rudbeckia 794
Rudbeckie 794
Ruhrkraut 767 f.
Rumex 465 ff., 809
- *alpestris* [→ *R. arifolius* 471A]
- *pseudoalpinus* [→ *R. alpinus* 468AB]
- *salicifolius* [→ *R. triangulivalvis* 465D]
Ruppia 47
Ruppiaceae 47
Ruprechtsfarn 14
Ruta 413
Rutaceae 412 f.

Sabulina 493 f.
Sadebaum 33, 802
Saflor 714
Sagina 494 ff., 810
Sagittaria 45
Salat 735
Salbei 631 ff., 813
Salde 47
Saldengewächse 47
Salicaceae 372 ff.
Salicornia 528
Salix 374 ff.
- *acutifolia* 383
- *alba* 375
- *alpina* 377, 809
- *appendiculata* 381
- *aurita* 380
- *bicolor* 380
- *breviserrata* 377, 807
- *caesia* 376
- *caprea* 381
- *cinerea* 380
- *daphnoides* 382
- *dasyclados* [→ *S. gmelinii* 382A]
- *eleagnos* 382
- *fragilis* 374
- *glabra* 379
- *gmelinii* 382
- *hastata* 379
- *helvetica* 378
- *herbacea* 377
- *myrsinifolia* 380
- *myrtilloides* 378
- *pentandra* 375
- *purpurea* 382
- *repens* 378, 807
- *reticulata* 376
- *retusa* 376, 807
- *rosmarinifolia* 378
- ×*sepulcralis* 375
- *serpillifolia* 377, 807
- *starkeana* 379
- *triandra* 376
- *viminalis* 381
- *waldsteiniana* 379
Salsola 529
Salvia 631 ff., 813
Salvinia 12
Salviniaceae 12
Salzaster 770
Salzbunge 541
Salzkraut 529
Salzmiere 494
Salzschwaden 156 f.
Salztäschel 439
Sambucus 685 f.
Samolus 541
Samtpappel 415
Sanddorn 345
Sandelholzgewächse 462 f.
Sandkraut 483, 810
Sändling 493 f.
Sandröschen 421
Sanguisorba 311
Sanicula 659
Sanikel 659
Santalaceae 462 f.
Sapindaceae 409 ff.
Saponaria 499
Sarothamnus scoparius [→ *Cytisus s.* 255CD]
Satureja 638
Sauerampfer 469 f.
Sauergrasgewächse 105 ff.
Sauerklee 361 f.
Sauerkleegewächse 361 f.
Säuerling 472
Saumfarngewächse 13
Saussurea 715
Saxifraga 235 ff.
- *stellaris* subsp. *robusta* [→ *Micranthes s.* 240B]
Saxifragaceae 235 ff.
Scabiosa 692 f.
Scandix 663
Schabzigerklee 258
Schachblume 58
Schachtelhalm 6 ff., 801
Schachtelhalmgewächse 6 ff.
Schafgarbe 782 ff., 816
Schaftdolde 660
Scharbockskraut 222
Scharte 716
Schattenblume 90
Schaumkraut 427 ff., 808

Schedonorus arundinaceus [→ *Festuca arundinacea* 149B]
- *giganteus* [→ *Festuca giganteus* 149C]
- *pratensis* [→ *Festuca p.* 149A]
Scheidenblütgras 193
Scheinerdrauch 205
Scheingreiskraut 764
Scheinkalla 38
Scheinmohn 201
Scheinquitte 335
Scheinruhrkraut 769
Scheinzypresse 33
Schellenblume 698
Scheuchzeria 53
Scheuchzeriaceae 53
Schierling 666
Schildfarn 25 f., 802
Schilf 193
Schillergras 183 f.
Schirmgoldrute 771
Schlafmützchen 200
Schlammkraut 616
Schlangenäuglein 576
Schlangenwurz 38
Schlehe 334
Schleifenblume 461
Schlickgras 192
Schlüsselblume 542
Schmalwand 424 f.
Schmerwurz 55
Schmetterlingsblütengewächse 250 ff.
Schmiele 182 f.
Schmielenhafer 181
Schnabelried 105
Schnabelschötchen 459
Schnabelsenf 453
Schneckenklee 261 f.
Schneeball 686
Schneebeere 689
Schneeglöckchen 83
Schneide 131
Schnittlauch 83
Schoenoplectiella 133
Schoenoplectus 133 f.
Schoenus 142
Schöllkraut 200
Schöterich 425 ff., 808
Schuppenlöwenzahn 749 f.
Schuppenmiere 480 f.
Schuppensimse 139
Schuppenwurz 658, 814
Schwaden 157 f., 804
Schwalbenwurz 571
Schwanenblume 45
Schwanenblumengewächse 45
Schwarzkümmel 215

Schwarznessel 630, 813
Schwarzwurzel 753f.
Schwertlilie 74ff.
Schwertliliengewächse 73ff.
Schwimmfarn 12
Schwimmfarngewächse 12
Schwingel 149ff., 804
- Alpen- 150
- Amethyst- 151
- Blaugrüner 151, 804
- Dünen 153
- Falscher Schaf- 153
- Furchen- 152
- Gämsen- 150
- Haar- 151
- Norischer 154
- Raublatt- 152
- Riesen- 149
- Rohr- 149
- Rot- 154
- Sand- 153
- Schaf- 152
- Schwarzvioletter 154
- Sudeten- 152
- Verschiedenblättriger 154
- Wald- 149
- Walliser 153
- Wiesen- 149, 804
- Zierlicher 150, 804
- Zwerg- 151
Schwingelschilf 164, 804
Scilla 85
- *non-scripta* [→ *Hyacinthoides n.-sc.* 88D]
Scirpidiella fluitans [→ *Isolepis f.* 139B]
Scirpoides 136
Scirpus 132
- *atrovirens* [→ *Sc. georgianus* 132C]
- *compressus* [→ *Blysmus c.* 136C]
- *lacustris* [→ *Schoenoplectus l.* 134B]
- *michelianus* [→ *Cyperus m.* 139C]
- *mucronatus* [→ *Schoenoplectiella mucronata* 133B]
- *palustris* [→ *Eleocharis p.* 137C]
- *pungens* [→ *Schoenoplectus p.* 133C]
- *rufus* [→ *Blysmus r.* 136D]
- *setaceus* [→ *Isolepis setacea* 139A]
- *supinus* [→ *Schoenoplectiella supina* 133A]
- *tabernaemontani* [→ *Schoenoplectus t.* 134D]
- *triqueter* [→ *Schoenoplectus t.* 133D]

Scleranthus 496f., 810
Sclerochloa 167
Scolochloa 164
Scorzonera 753f.
Scorzoneroides 749f.
Scrophularia 615f., 813
Scrophulariaceae 613ff.
Scutellaria 622f.
Secale 170
Securigera 271
Sedum 244ff., 806
- *maximum* [→ *Hylotelephium m.* 241CD]
- *reflexum* [→ *S. rupestre* 245D]
- *roseum* [→ *Rhodiola rosea* 241B]
- *spurium* [→ *Phedimus spurius* 242B]
- *telephium* [→ *Hylotelephium vulgare* 242A]
Seegras 46
Seegrasgewächse 46
Seekanne 707
Seerose 35f.
Seerosengewächse 35f.
Segge 106ff.
- Alpen-Vogelfuß- 121
- Banat- 115
- Behaarte 121
- Berg- 119
- Blasen- 125
- Blaugrüne 124
- Bleich- 123
- Bräunliche 113
- Buchsbaum- 117
- Crawford- 112
- Draht- 111
- Dreinervige 116
- Dünnährige 122
- Eis- 127
- Entferntährige 129
- Erd- 120
- Faden- 123
- Falsche Fuchs- 111
- Felsen- 106
- Filz- 119
- Finger- 120
- Floh- 107
- Französische 108
- Fritsch- 119
- Frühe 109
- Frühlings- 120
- Fuchs- 111
- Fuchsartige 111
- Gekrümmte 109
- Gelb- 130
- Gersten- 125
- Glanzfrucht- 118
- Glatte 127
- Grannen- 121

- Grau- 113
- Grundstielige 123
- Grünliche Gelb- 131
- Haarstiel- 123
- Hartmann- 117
- Hasenpfoten- 112
- Heide- 119
- Hirse- 124
- Horst- 128
- Igel- 114
- Kleinblütige 117
- Kleingrannige 107
- Kopf- 106
- Kurzährige 128
- Langährige 114
- Lolch- 113
- Micheli- 130
- Monte-Baldo- 110
- Nacktried 105
- Pillen- 118
- Polster- 128
- Punktierte 129
- Rasen- 115
- Reichenbach- 109
- Riesel- 124
- Riesen- 122
- Rispen- 112
- Roggen- 125
- Rost- 128
- Ruß- 117
- Saum- 129
- Schatten- 120
- Scheiden- 126
- Scheinzypergras- 127
- Schlamm- 124
- Schlank- 116
- Schlenken- 113
- Schnabel- 125
- Schuppenried 105
- Schwarzährige 126
- Schwarzschopf- 112
- Sparrige 110, 803
- Späte Gelb- 131
- Stachelspitzige 114
- Starre 115, 803
- Steif- 115
- Steppen- 118
- Strand- 109, 131
- Strick- 108
- Stumpfe 107
- Sumpf- 126
- Torf- 106
- Trauer- 118
- Ufer- 126
- Verarmte 129
- Vogelfuß- 121
- Wald- 127
- Wasser- 116
- Weiße 122
- Wenigblütige 107
- Wiesen- 116

Register der wissenschaftlichen und deutschen Pflanzennamen 841

- Wimper- 122
- Winkel- 114
- Zittergras- 108
- Zweihäusige 106
- Zweinervige 130
- Zweizeilige 108
- Zypergras- 110

Seide 584 ff., 812
Seidelbast 419
Seidenpflanze 571
Seifenbaumgewächse 409 ff.
Seifenkraut 499
Selaginella 5
Selaginellaceae 5
Selinum 679
Sellerie 670
Sempervivum 242 f.
- *arenarium* [→ *Jovibarba globifera* subsp. *arenaria* 243D]
- *globiferum* [→ *Jovibarba globifera* subsp. *gl.* 243C]

Senecio
- *abrotanifolius* [→ *Jacobaea abrotanifolia* 762A]
- *alpinus* [→ *Jacobaea alpina* 763B]
- *aquaticus* [→ *Jacobaea aquatica* 763D]
- *campestris* [→ *Tephroseris integrifolia* 757C]
- *cordatus* [→ *Jacobaea alpina* 763B]
- *doronicum* 760
- *erraticus* [→ *Jacobaea erratica* 762C]
- *erucifolius* [→ *Jacobaea erucifolia* 762B]
- *fluviatilis* [→ *S. sarracenicus* 758D]
- *gaudinii* [→ *Tephroseris longifolia* 758B]
- *germanicus* subsp. *germanicus* 759
- *germanicus* subsp. *glabratus* 759
- *helenitis* [→ *Tephroseris h.* 757D]
- *hercynicus* 759
- *inaequidens* 760
- *incanus* subsp. *carniolicus* [→ *Jacobaea carniolica* 762D]
- *jacobaea* [→ *Jacobaea vulgaris* 761C]
- *jacquinianus* [→ *S. germanicus* subsp. *germanicus* 742C]
- *ovatus* 759
- *paludosus* [→ *Jacobaea paludosa* 761D]
- *rivularis* [→ *Tephroseris crispa* 758A]
- *rupestris* 760
- *sarracenicus* 758
- *subalpinus* [→ *Jacobaea subalpina* 763A]
- *sylvaticus* 761
- *tubicaulis* [→ *Tephroseris palustris* 758C]
- *vernalis* 760
- *viscosus* 761
- *vulgaris* 751, 816

Senf 447, 450
Sequoiadendron 35
Sequoia gigantea [→ *Sequoiadendron giganteum* 35A]
Serradella 277
Serratula 716
Sesamoides 421
Sesel 675, 814
Seseli 675, 814
Seslaria 166
Sesleria
- *albicans* [→ *S. coerulea* 166B]
- *varia* [→ *S. coerulea* 166B]

Setaria 198 f.
- *ambigua* [→ *P. verticilliformis* 199A]
- *decipiens* [→ *P. verticilliformis* 199A]

Sherardia 553
Sibbaldia 317
Sichelmöhre 671
Siebenstern 536
Siegesbeckie 799
Sieglingia decumbens [→ *Danthonia d.* 185D]
Siegmarswurz 417
Siegwurz 77
Sigesbeckia 799
Silau 678
Silaum 678
Silberblatt 443
Silberdistel 707
Silbergras 181
Silberkraut 438
Silberregen 472
Silberscharte 715
Silberwurz 294
Silene 504 ff.
- *armeria* [→ *Atocion a.* 503D]
- *chalcedonica* [→ *Lychnis c.* 510B]
- *coronaria* [→ *Lychnis c.* 509D]
- *flos-cuculi* [→ *Lychnis f.-c.* 510A]
- *pratensis* [→ *S. latifolia* 504B]
- *pusilla* [→ *Heliosperma pusillum* 509B]
- *rupestris* [→ *Atocion rupestre* 503C]
- *viscaria* [→ *Lychnis v.* 509C]

Silge 679
Silphie 796
Silphium 796
Silybum 713
Simaroubaceae 413
Simse 132
Simsenlilie 45
Simsenliliengewächse 45
Sinapis 450
Sisymbrium 453 ff., 809
Sisyrinchium 78
Sitter 60 f.
Sium 674
Skabiose 692 f.
Smyrnium 666, 814
Sockenblume 209, 805
Sode 529
Solanaceae 586 ff.
Solanum 588 ff., 812
- *physalifolium* [→ *S. nitidibaccatum* 588D]

Soldanella 545, 811
Solidago 772, 816
Sommerflieder 616
Sommerwurz 645 ff., 814
- Amethyst- 647
- Berberitzen- 649
- Bitterkraut- 645
- Bläuliche 645
- Blutrote 647
- Distel- 645
- Efeu- 648
- Elsässer 648, 814
- Gamander- 646
- Gelbe 646
- Gewöhnliche 646
- Ginster- 647
- Große 648
- Heilwurz- 648
- Kleine 647
- Panzer- 646
- Pestwurz- 649
- Quendel- 645
- Salbei- 649

Sommerwurzgewächse 644 ff.
Sonchus 736
Sonnenblume 795, 817
Sonnenröschen 420
Sonnentau 478 f.
Sonnentaugewächse 478 f.
Sonnenwende 571
Sorbaria 329
Sorbus 337 f.
Spaltzahn 484
Sparganium 91
- *minimum* [→ *S. natans* 91C]
- *ramosum* [→ *S. erectum* 91A]

Spargel 89
Spargelerbse 270
Spargelgewächse 89 f.
Spartina 192

Spatzenzunge 418
Spatzenzungengewächse 418f.
Speierling 338
Spergel 479f.
Spergula 479f.
Spergularia 480f.
- *maritima* [→ *S. media* 480C]
- *salina* [→ *S. marina* 480D]
Sperrkrautgewächse 535f.
Spierstrauch 329ff.
Spinacia 517
Spinat 517
Spindelbaumgewächse 360
Spindelstrauch 360
Spiraea 329ff.
Spiranthes 62
- *autumnalis* [→ *S. spiralis* 62C]
Spirobassia 527
Spirodela 40
Spitzkiel 276f.
Spitzklette 797, 817
Spitzorchis 67
Spornblume 698
Springkraut 534f.
Spurre 491
Stachelbeere 233
Stachelbeergewächse 233ff.
Stachelgurke 357
Stachys 628ff.
- *officinalis* [→ *Betonica o.* 630B]
Staphylea 409
Staphyleaceae 409
Staudenhafer 179
Stechapfel 591f.
Stechenhafer 179
Stechginster 252
Stechpalme 658
Stechpalmengewächse 658
Steifgras 156
Steinbrech 235ff.
Steinbrechgewächse 235ff.
Steinfingerkraut 319
Steinklee 259f.
Steinkraut 438, 809
Steinquendel 639
Steinsame 572
Steinschmückel 443
Steintäschel 422
Steinweichsel 332
Stellaria 488ff., 810
- *pallida* [→ *S. apetala* 490A]
- *uliginosa* [→ *S. alsine* 490D]
Steppenaster 771
Steppenkresse 439
Sterndolde 659, 814
Sternfrucht 421
Sternmiere 489ff., 810
Sternsteinbrech 240
Stiefmütterchen 365f.

Stipa 186
- *calamagrostis* [→ *Achnatherum c.* 187A]
- *gallica* [→ *S. eriocaulis* 186D]
- *joannis* [→ *S. pennata* 186C]
- *sabulosa* [→ *S. borysthenica* 186C]
- *stenophylla* [→ *S. tirsa* 186C]
Stockrose 415
Storchschnabel 393ff., 807
Storchschnabelgewächse 393ff.
Strahlensame 509
Stranddistel 660
Strandflieder 465, 809
Strandhafer 172
Strandkamille 787, 817
Strandling 612
Strandroggen 171
Strandsimse 135
Strandweizen 167
Stratiotes 41
Strauchfingerkraut 319
Strauchpappel 416
Strauchwicke 273
Straußenfarn 20
Straußgras 173ff.
Straußmargerite 786f.
Streifenfarn 16ff., 801
Streifenfarngewächse 16ff.
Streptopus 55
Strohblume 769
Stuckenia 52
Stundenblume 415
Suaeda 529
Subularia 434
Succisa 694
Succisella 694
Sumach 408
Sumachgewächse 408
Sumpfdotterblume 217
Sumpffarn 21
Sumpffarngewächse 20f.
Sumpfkresse 431f., 808
Sumpfquendel 400
Sumpfsellerie 670
Sumpfsimse 137f.
Sumpfzypresse 34
Süßdolde 664
Süßgräser 143ff.
Süßklee 273
Swertia 566
Symphoricarpos 689
Symphyotrichum 772ff.
Symphytum 580f., 812
Syringa 593

Tabak 591
Taglilie 78
Tamaricaceae 464

Tamariskengewächse 464
Tamus communis [→ *Dioscorea c.* 63A]
Tanacetum 786f.
Tanne 27, 802
Tännel 364f., 807
Tännelgewächse 364f.
Tännelkraut 595
Tannenwedel 612
Tarant 566
Taraxacum 721ff., 816
Täschelkraut 457
Taubnessel 623f.
Tauernblümchen 568
Tausendblatt 248f.
Tausendblattgewächse 248f.
Tausendgüldenkraut 569f., 811
Taxaceae 35
Taxodium 34
Taxus 35
Teerkraut 652
Teesdalia 458
Teichfaden 53
Teichlinse 40
Teichrose 36, 802
Teichsimse 133f.
Telekia 793
Telekie 793
Tellerkraut 530
Tellima 241
Teloxys 527
Tephroseris 757f.
Tetragonolobus maritimus [→ *Lotus m.* 270B]
Teucrium 620f.
Teufelsabbiss 694
Teufelsklaue 3
Teufelskralle 705f., 815
Thalictrum 209f., 805
Thelycrania sanguinea [→ *Cornus s.* 532B]
- *alba* [→ *Cornus a.* 532C]
- *stolonifera* [→ *Cornus sericea* 532D]
Thelypteridaceae 20f.
Thelypteris 21
- *limbosperma* [→ *Oreopteris l.* 21A]
- *phegopteris* [→ *Phegopteris connectilis* 20D]
Thesium 462f.
Thlaspi 458
- *alpestre* [→ *Noccaea caerulescens* 457B]
- *caerulescens* [→ *Noccaea c.* 457B]
- *montanum* [→ *Noccaea montana* 457C]
- *perfoliatum* [→ *Microthlaspi p.* 457D]

Register der wissenschaftlichen und deutschen Pflanzennamen 843

- *rotundifolium* [→ *Noccaea rotundifolia* 457A]
Thuja 34
Thymelaea 418
Thymelaeaceae 418f.
Thymian 636f., 813
Thymus 636f., 813
- *marschallianus* [→ *Th. pannonicus* 637B]
Tilia 414, 808
- *argentea* [→ *T. tomentosa* 415D]
Tofieldia 45
Tofieldiaceae 45
Tollkirsche 587
Tolpis 737
Tolpis 737
Tolypella 2, 801
Tomate 588
Topinambur 795, 817
Tordylium 684
Torilis 664, 814
Tozzia 657
Tragant 273ff.
Tragopogon 751f.
Tragus 196
Tränendes Herz 203
Trapa 401
Träubel 87f.
Traubenhafer 185
Traubenkirsche 331f.
Traunsteinera 67
Trespe 143ff., 804
Trichomanes speciosum [→ *Vandenboschia speciosa* 11D]
Trichophorum 143, 804
- *cespitosum* [→ *T. germanicum* 143A]
Trientalis 536
Trifolium 262ff.
- *alexandrinum* 267
- *alpestre* 268
- *arvense* 266
- *aureum* 263
- *badium* 262
- *campestre* 263
- *dubium* 263, 806
- *fragiferum* 266
- *hybridum* 265
- *incarnatum* 268
- *medium* 268
- *micranthum* 263, 806
- *minus* [→ *T. dubium* 263A]
- *montanum* 265
- *ochroleucon* 267
- *ornithopodioides* 264
- *pratense* 269
- *procumbens* [→ *T. campestre* 263C]
- *repens* 264

- *resupinatum* 266
- *retusum* 264
- *rubens* 268
- *scabrum* 267
- *spadiceum* 262
- *striatum* 267
- *thalii* 264
Triglochin 46
Trigonella 258
- *melilotus-caerulea* [→ *T. caerulea* 258C]
Trinia 669
Tripleurospermum 787, 817
Tripolium 770
Trisetum 179f.
- *subspicatum* [→ *T. spicatum* subsp. *ovatipaniculatum* 180A]
Triticum 169
Trollblume 210
Trollius 210
Trompetenbaum 617
Trompetenbaumgewächse 617
Tropaeolaceae 421
Tropaeolum 421
Tsuga 28
Tuberaria 421
Tulipa 58
Tulpe 58
Tüpfelfarn 26, 802
Tüpfelfarngewächse 26
Turgenia 665
Turgenie 665
Turmgänsekresse 447
Turmkraut 444
Turritis 444
Tussilago 755
Typha 92
Typhaceae 91f.
Typhoides arundinacea [→ *Phalaris a.* 191B]

Ulex 252
Ulmaceae 347
Ulme 347
Ulmengewächse 347
Ulmus 347
Urtica 349f.
Urticaceae 349ff.
Urweltmammutbaum 34
Utricularia 618f., 813

Vaccaria hispanica [→ *Gypsophila vaccaria* 497D]
Vaccinium 552f., 811
Valeriana 694ff., 815
Valerianella 696f.
Vallisneria 40
Vandenboschia 11, 801

Veilchen 367f.
- Behaartes 370
- Berg- 368, 807
- Blau- 372
- Graben 369
- Hain- 367
- Hohes 368
- Hügel- 370
- Hunds- 368, 807
- März- 371
- Moor- 369
- Pyrenäen- 371
- Sand- 367
- Steppen- 370
- Sumpf- 369
- Torf- 370
- Wald- 367
- Weißes 371
- Wunder- 369
- Zweiblütiges 367
- Zwerg- 368
Veilchengewächse 365ff.
Ventenata 181
Venuskamm 663
Veratrum 54
Verbascum 613ff., 813
- *thapsiforme* [→ *V. densiflorum* 613A]
Verbena 619
Verbenaceae 619
Vergissmeinnicht 574ff., 811
Vermeinkraut 462f.
Veronica 598ff., 812
- *acinifolia* 599
- *agrestis* 603
- *alpina* 600
- *anagallis-aquatica* 606
- *anagalloides* 606
- *angustifolia* 604
- *aphylla* 598
- *arvensis* 600
- *austriaca* 604
- *beccabunga* 606
- *bellidioides* 599
- *catenata* 606
- *chamaedrys* 605
- *dillenii* 601
- *filiformis* 603
- *fruticans* 600
- *fruticulosa* 600
- *hederifolia* 602
- *jacquinii* 604
- *longifolia* 607
- *maritima* [→ *V. longifolia* 607CD]
- *montana* 605
- *officinalis* 605
- *opaca* 603
- *orsiniana* [→ *V. angustifolia* 604D]
- *peregrina* 601

- *persica* 602
- *polita* 603
- *praecox* 599
- *prostrata* 604, 812
- *scutellata* 608
- *serpyllifolia* 599
- *spicata* 607
- *spuria* 607
- *sublobata* 602
- *teucrium* 605
- *triloba* 602
- *triphyllos* 601
- *urticifolia* 608
- *verna* 601

Viburnum 686

Vicia 279 ff.
- *angustifolia* 281, 806
- *articulata* [→ *Ervilia articulata* 284D]
- *cassubica* 283
- *cracca* 283, 806
- *dalmatica* 806
- *dasycarpa* [→ *V. glabrescens* 284A]
- *dumetorum* 282
- *ervilia* [→ *Ervilia sativa* 284C]
- *faba* 282
- *glabrescens* 284, 806
- *gracilis* [→ *Ervum g.* 285C]
- *grandiflora* 280
- *hirsuta* [→ *Ervilia h.* 285A]
- *lathyroides* 281
- *lens* 279
- *lutea* 279
- *melanops* 280
- *monanthos* [→ *Ervilia articulata* 284D]
- *narbonensis* 280
- *oroboides* 281
- *orobus* 282
- *pannonica* 279
- *pannonica* subsp. *purpurascens* [→ *V. striata* 279C]
- *pisiformis* 282
- *robus* 282
- *sativa* 281, 806
- *segetalis* 806
- *sepium* 280
- *striata* 279
- *sylvatica* [→ *Ervilia s.* 284B]
- *tenuifolia* 283, 806
- *tetrasperma* [→ *Ervum t.* 285B]
- *villosa* 283, 806

Vinca 570
Vincetoxicum 571
Viola 365 ff.
- *alba* 371
- *ambigua* 370
- *arvensis* 365
- *biflora* 367
- *calaminaria* 366
- *calcarata* 366
- *canina* 368, 807
- *collina* 370
- *elatior* 368
- *epipsila* 370
- *hirta* 370
- *kitaibeliana* 366
- *mirabilis* 369
- *montana* [→ *V. ruppii* 368B]
- *odorata* 371
- *palustris* 369
- *pumila* 368
- *pyrenaica* 371
- *reichenbachiana* 367
- *riviniana* 367
- *rupestris* 367
- *ruppii* 368, 807
- *schultzii* [→ *V. canina* 368A]
- *sepincola* [→ *V. suavis* 372B]
- *stagnina* 369
- *suavis* 372
- *tricolor* 365
- *uliginosa* 369
- *wittrockiana* 366

Violaceae 365 ff.
Virga pilosa [→ *Dipsacus pilosus* 691AB]
- *strigosa* [→ *Dipsacus strigosus* 691AB]

Viscaceae 464
Viscaria 509
Viscum 464
Vitaceae 249 f.
Vitis 249, 806
Vogelfuß 277
Vogelknöterich 474, 809
Vulpia 155

Wacholder 32, 802
Wachsblume 571 f.
Wachtelweizen 655 f.
Wahlenbergia 698
Waid 456
Waldfetthenne 241 f.
Waldgerste 171
Waldhyazinthe 63
Waldmeister 555
Waldrebe 221 f.
Waldsteinia 294 f.
Waldsteinie 294 f.
Waldvöglein 59
Walnuss 354
Walnussgewächse 354
Wanzensame 528
Wasserdarm 488
Wasserdost 799
Wasserfalle 478
Wasserfeder 544
Wasserfenchel 676

Wasserhahnenfuß
- Brackwasser- 223
- Efeu- 223
- Flutender 225, 805
- Gewöhnlicher 224
- Haarblättriger 225, 805
- Pinselblättriger 224
- Reinweißer 223, 805
- Sanikelblättriger 224
- Schild- 224
- Spreizender 225
- Zarter 225

Wasserlinse 39 f.
Wassermelone 358
Wassernabel 659, 814
Wassernuss 401
Wasserpest 41
Wasserpfeffer 477
Wasserrübe 448
Wasserschierling 669
Wasserschlauch 618 f., 813
Wasserschlauchgewächse 617 ff.
Wasserschraube 40
Wasserstern 612, 812
Wegerich 609 ff., 812
Wegerichgewächse 594 ff.
Wegwarte 720
Weichwurz 72
Weide 374 ff.
- Alpen- 377, 807
- Bäumchen- 379
- Blaugrüne 376
- Bleiche 379
- Bruch- 374
- Filzast- 382
- Grau- 380
- Großblättrige 381
- Heidelbeer- 378
- Kahle 379
- Korb- 381
- Kraut- 377
- Kriech- 378, 807
- Lavendel- 382
- Lorbeer- 375
- Mandel- 376
- Matten- 377
- Netz- 376
- Ohr- 380
- Purpur- 382
- Quendelblättrige 377
- Reif- 382
- Rosmarin- 378
- Sal- 381
- Schwarz- 380
- Schweizer 378
- Silber- 375
- Spieß- 379
- Spitzblättrige 383
- Stumpfblättrige 376, 807

- Trauer- 375
- Zweifarben- 380

Weidelgras 148
Weidengewächse 372 ff.
Weidenröschen 402 ff., 808
Weiderichgewächse 400 f.
Weigela 689
Weigelie 689
Weingaertneria canescens [→ *Corynephorus c.* 181D]
Weinrebe 249, 806
Weinrebengewächse 249 f.
Weißdorn 339 ff., 807
Weißmiere 488
Weißwurz 89
Weißzunge 64
Weizen 169
Wendelorchis 62
Wermut 779
Wicke 279 ff.
- Bunte 284
- Dalmatinische 812
- Erbsen- 282
- Feinblättrige 283
- Gelbe 279
- Großblütige 280
- Grünblütige 280
- Hecken- 282
- Heide- 282
- Kaschuben- 283
- Korn- 806
- Maus- 280
- Pannonische 279
- Platterbsen- 281
- Saat- 281, 806
- Schmalblättrige 281, 806
- Streif- 279
- Vogel- 283, 806
- Walderbsen- 281
- Zaun- 280
- Zottel- 283, 806

Widerbart 63
Wiesenhafer 178 f.
Wiesenknopf 311
Wiesenknöterich 475
Wiesenraute 209 f., 805
Willemetia 721
Wimperfarn 15
Wimperfarngewächse 15
Winde 583
Windengewächse 583 ff.
Windenknöterich 472
Windhalm 172
Windröschen 218 f.
Windsbock 452
Wintergrün 546, 811
Winterkresse 433, 808
Winterlieb 547
Winterling 216
Winterzwiebel 83
Wirbeldost 638

Wisteria 252, 806
Witwenblume 691 f., 815
Wolffia 40
Wolfsmilch 383 ff.
- Breitblättrige 387
- Esels- 389, 807
- Garten- 390
- Gefleckte 384
- Glanz- 388
- Hingestreckte 383
- Kanten- 386
- Kleine 388
- Mandel- 387
- Nickende 384
- Niederliegende 383
- Ruten- 389, 807
- Schein-Ruten- 389
- Schlängelnde 383
- Sichel- 388
- Sonnenwend- 385
- Spring- 384
- Steife 387
- Steppen- 385
- Sumpf- 386
- Süße 386
- Vielfarbige 386
- Walzen- 385
- Warzen- 387
- Weidenblatt- 388
- Weißrand- 384
- Wollige 385
- Zypressen- 389

Wolfsmilchgewächse 383 ff.
Wolfstrapp 633, 813
Wollgras 141 f.
Woodsia 15
Woodsiaceae 15
Wucherblume 788
Wunderblumengewächse 529
Wundklee 269
Wurmfarn 22 ff., 801 f.
Wurmfarngewächse 22 ff.
Wurmlattich 751

Xanthium 797, 817
Xerochrysum 769

Yamswurzelgewächse 55
Ysop 633

Zackenschote 459
Zahntrost 650, 814
Zannichellia 53
- *pedunculata* [→ *Z. palustris* subsp. *p.* 53A]

Zaunrübe 358
Zaunwinde 583 f., 812
Zea 199

Zeitlose 54
Zeitlosengewächse 54
Zerna benekenii [→ *Bromus benekenii* 143D]
- *erecta* [→ *Bromus erectus* 144B]
- *inermis* [→ *Bromus i.* 144A]
- *ramosa* [→ *Bromus ramosus* 143C]

Ziest 628 ff.
Zimbelkraut 595
Zindelkraut 568
Zirmet 684
Zittergras 167
Zostera 46
Zosteraceae 46
Zürgelbaum 348
Zweiblatt 62
Zweizahn 793 f.
Zwenke 147
Zwergalpenrose 549
Zwergbuchs 291
Zwergflachs 393
Zwergginster 256
Zwerggras 193
Zwergmispel 342 ff.
Zwergmutterwurz 680
Zwergorchis 67
Zwergwasserlinse 40
Zwiebel 83
Zwiebel-Binse 103, 803
Zypergras 139 f.
Zypressengewächse 32 ff.

Hinweise zur Benutzung des Buches

In den Abbildungen ist im Allgemeinen links die ganze Pflanze dargestellt. Ihre natürliche Größe geht aus der Abbildungsunterschrift hervor. Ist in diesem Übersichtsbild die Pflanze aus räumlichen Gründen geteilt dargestellt, so markieren Kreuze (+) die zusammengehörenden Schnittstellen, Doppelkreuze (#) die Stellen, zwischen denen ein Teil der Pflanze in der Abbildung weggelassen wurde. Besonders charakteristische Teile der Pflanze sind in teilweise stark vergrößerten Detailabbildungen wiedergegeben. Mit dem Zeichen ▶ wird auf wichtige Merkmale aufmerksam gemacht. Allen Detailabbildungen sind Maßstäbe beigegeben; dabei entspricht die durchgezogene Linie (⊢―――⊣) einem Zentimeter (1 cm), die punktierte (⊢┈┈┈┈⊣) einem Millimeter (1 mm) in der Natur. Die unterbrochene Linie (------------) soll die Zuordnung vergrößert dargestellter Ausschnitte erleichtern.

In den Abbildungsunterschriften ist zuerst der deutsche Name, dann der wissenschaftliche Name mit Betonungszeichen (Unterstreichung) genannt. Autornamen wurden aus Raumgründen weggelassen, sie können im Band *Gefäßpflanzen: Grundband* nachgeschlagen werden. Mit den Zeichen * (Sammelart) und ** (Art mit mehreren Unterarten im Gebiet) vor dem Namen sind Arten gekennzeichnet, bei denen mit stärkeren Abweichungen von der dargestellten häufigen Form gerechnet werden muss.

Nach dem Namen steht die Angabe der Höhe oder Länge der Pflanze in Meter. Dabei bleiben – wie im Band *Gefäßpflanzen: Grundband* – Extreme unberücksichtigt. Es folgen das Symbol für die Lebensform, die Angabe der Blütezeit (Monate in Ziffern) und gegebenenfalls das Zeichen für „geschützt" (vergleiche Zeichenerklärung auf der gegenüberliegenden Seite).

In Klammern steht zunächst die Blütenfarbe, nach dem Punkt gegebenenfalls Farb- und Merkmalsangaben zu anderen Pflanzenteilen. Sind Farbbezeichnungen durch „od." beziehungsweise „bis" verbunden, kommen bei der Art unterschiedliche Blütenfarben vor (z. B. bei „weiß bis rot" weiße, rosa oder rote Blüten). Sind die Blütenfarben durch „u." verbunden, bedeutet dies, dass die Blüten selbst mehrfarbig sind; so kann beispielsweise bei „weiß und rot" die Krone weiß mit roter Zeichnung sein. Hinter der Klammer finden sich manchmal weitere Angaben zu den dargestellten Sippen. Ein Pfeil (↗) am Ende der Abbildungsunterschrift weist darauf hin, dass weitere Angaben in den Ergänzungen (S. 801 ff.) zu finden sind.

Arten, die in Deutschland ausgestorben sind, werden durch ein Kreuz im Kreis gekennzeichnet.

Abkürzungen und Zeichen in den Abbildungen

▶	Hinweis auf wichtige Merkmale
⊢――⊣	1 cm-Maßstab
⊢⋯⋯⊣	1 mm-Maßstab
------------	Zuordnungslinie
⌀	Querschnitt
OS	Oberseite
US	Unterseite
♂	männlich
♀	weiblich
+	Schnittstellen zusammengehörender Teile
⧣	Schnittstellen, zwischen denen ein Teil weggelassen ist

Abkürzungen und Zeichen in den Abbildungsunterschriften

Blü	Blüte		O	oben
Bla	Blatt		od.	oder
Blchen	Blättchen		OSeite	Oberseite
br	breit		oseits	oberseits
Dsp	Deckspelze		Pfl	Pflanze
fg	-förmig		R	rechts
Fr	Frucht		Sa	Samen
Frchen	Früchtchen		Sp	Spelze
FrKn	Fruchtknoten		Stg	Stängel
Hsp	Hüllspelze		subsp.	Unterart
Ke	Kelch		U	unten
Kr	Krone		u.	und
L	links		USeite	Unterseite
lg	lang		useits	unterseits
M	Mitte		Vsp	Vorspelze

*	Sammelart (Kollektivspezies)
**	Art mit 2 od. mehr Unterarten im Gebiet
±	mehr oder weniger
×	Hybride
⊙	einjährige Sommerpflanze
⊙	einjährig-überwinternd
⊖	zweijährig
⊗	mehrjährig, nur einmal blühend (hapaxanth)
♃	ausdauerndes Kraut, Staude
ℏ	Halbstrauch, Zwergstrauch
♄	Baum, Strauch
▽	unter Naturschutz
⊕	ausgestorben
↗	Hinweis auf weitere Angaben in den Ergänzungen ab S. 801

SPRINGER NATURE

GPSR Compliance

The European Union's (EU) General Product Safety Regulation (GPSR) is a set of rules that requires consumer products to be safe and our obligations to ensure this.

If you have any concerns about our products, you can contact us on ProductSafety@springernature.com

In case Publisher is established outside the EU, the EU authorized representative is:

Springer Nature Customer Service Center GmbH
Europaplatz 3
69115 Heidelberg, Germany

Printed by Wilco bv, the Netherlands